Q1. 전기기능사는 어떤 자격증일까?

전기기능사는 전기에 필요한 장비 및 공구를 사용하여 회전기, 정지기, 제어장치 또는 빌딩, 공장, 주택 및
전력시설물의 전선, 케이블, 전기기계 및 기구를 설치, 보수, 검사, 시험 및 관리하는 직무를 수행합니다.
또한, 전기기능사 시험은 연령, 학력, 경력, 성별, 지역 등의 제한 없이 누구나 시험에 응시할 수 있습니다.

Q2. 전기기능사, 어떻게 준비해야 할까?

전기기능사의 필기 과목은 총 3가지로 전기이론, 전기기기, 전기설비입니다.
실기 과목은 전기설비작업 1과목이며, 작업형으로 진행됩니다.
필기 시험과 실기 시험 사이의 기간이 약 6주 정도로 길지 않기 때문에,
동차 합격을 위해서는 필기 시험 대비 시 실기 시험도 함께 학습을 하면 좋습니다.
특히, 해커스 스타강사진의 기출 분석 데이터를 참고하여 연계 내용을 학습하시면 더욱 좋습니다.

Q3. 다음 자격증은?

전기기능사 자격을 취득한 후, 동일직무분야에서 1년 이상 실무에 종사한자는
전기산업기사 시험 응시자격을 가지게 되고, 3년 이상 종사한 경우에는 전기기사 시험 응시자격을 가지게 됩니다.
기능사 자격을 취득 한 후 2년 이상 전력기술업무를 수행하면 전력기술인 초급기술자 자격을 얻을 수 있습니다.

해커스
전기기능사
필기
한권합격 이론+최신기출+핵심노트

해커스

오우진

약력

현 | 인천대학교 공과대학 전자공학과 졸업
해커스자격증 전기기사·전기산업기사·전기기능사 강의
국가직무능력표준(NCS) 전기설비운영부문 개발위원(2016년, 2019년)
한양E&S 기술진단팀 부장(전기설비 점검 및 진단, 계전기 시험 및 점검)
㈜이선이엔지 연구개발팀 부장(전기안전 장비 및 교재 개발업무)
한국전기기술인협회, 한전 배전직군 직업능력향상 강의
전기기술인협회, 한국폴리텍대학, 대덕대학교 등 컨소시엄 교육(수배전 관련)

전 | NCS 기반 국가기술자격 실기시험 평가방법 개발위원
(참여분야: 전기기사 및 전기산업기사 실기시험)
한국전기학원 전기 강의 및 교재 개발
한국전기기술인협회 컨소시엄 교재 개발 참여
㈜이레전력기술 기술부장(전기진단 및 안전관리 업무)
수도공업고등학교 전기설비실무 강의

저서

- 해커스 전기기능사 필기 한권합격 이론+최신기출+핵심노트
- 해커스 전기기사·산업기사 필기 전기자기학 한권완성 이론
+최신기출+핵심노트
- 해커스 전기기사 필기 제어공학 한권완성 이론
+최신기출+핵심노트
- 해커스 전기기사·산업기사 필기 회로이론 한권완성 이론
+최신기출+핵심노트
- 참!쉬움 3개년 전기기사·산업기사 기출문제집 필기, 성안당
- 참!쉬움 1. 전기자기학, 성안당
- 참!쉬움 4. 회로이론, 성안당
- 참!쉬움 5. 제어공학, 성안당
- 참!쉬움 전기기사 확실한 30일 완성, 성안당
- 참!쉬움 전기기사·산업기사 실기, 성안당
- 참!쉬움 전기산업기사 확실한 30일 완성, 성안당

전기기능사 필기 합격으로 직행하는 한 권의 기적!

해커스 전기기능사 필기 한권합격
이론 + 최신기출 + 핵심노트

우리나라는 현대사회에 들어오면서 빠르게 산업화가 진행되고 눈부신 발전을 이룩하였는데, 그러한 원동력이 되어준 어떠한 힘, 에너지가 있다면 그것은 바로 전기라 생각합니다. 이러한 전기는 우리의 생활을 좀 더 편리하고 윤택하게 만들어주지만, 관리를 잘못하면 무서운 재앙으로 변할 수 있습니다. 따라서 전기를 안전하게 사용하기 위해서는 이에 관련된 지식을 습득해야 하며, 그 지식을 습득할 수 있는 방법이 바로 전기기능사 자격시험(이하 자격증)이라고 볼 수 있습니다.

현재 전기에 관련된 산업체에 입사하기 위해서는 자격증이 필수가 되고 전기설비를 관리하는 업무를 수행하기 위해서도 반드시 자격증이 있어야 가능하며, 전기사업법 시행규칙 제45조에서도 '전기안전관리자 선임 자격에 자격증을 소지한 자'라고 명시되어 있습니다. 이처럼 자격증은 전기인들에게는 필수이지만 자격증 취득이 어려워 전기인의 길을 포기하시는 분들이 많습니다.

이에 최단기간 내에 효과적으로 자격증을 취득할 수 있도록 본서를 출간하게 되었습니다.
본서가 전기를 입문하는 분들에게 조금이나마 도움이 되었으면 합니다.

『해커스 전기기능사 필기 한권합격 이론 + 최신기출 + 핵심노트』는 다음과 같은 특징으로 구성되어 있습니다.

1 본서를 완독하면 충분히 합격할 수 있도록 이론과 기출문제를 유기적으로 구성하였습니다.
2 이론적 배경을 꼼꼼히 수록하여 교재만으로도 학습이 가능하도록 구성하였습니다.
3 문제응용력을 높일 수 있도록 단원별 출제예상문제를 엄선하여 구성하였습니다.
4 실전에 더욱 효과적으로 대비할 수 있도록 기출문제를 가능한 원문대로 수록하였습니다.

더불어 자격증 시험 전문 사이트 해커스자격증(pass.Hackers.com)에서 교재 학습 중 궁금한 점을 나누고 다양한 무료 학습자료를 함께 이용하여 학습 효과를 극대화할 수 있습니다.

이 책을 통해 합격의 영광이 함께하길 바라며, 또한 여러분의 앞날을 밝힐 수 있는 밑거름이 되기를 바랍니다. 앞으로도 더 좋은 도서를 만들기 위해 항상 연구하고 노력하겠습니다.

오우진

목차

책의 구성 및 특징	6	시험 소개	8
출제기준	10	학습플랜	12

이론 + 출제예상문제

전기기능사 4개년 필기 기출 및 해설(PDF)
[인증화면 내 퀴즈 정답 입력]
사이트 상단 [전기기능사] 클릭 → [교재정보] 메뉴의
[부가자료] 클릭 → 퀴즈 정답 입력 시 기출문제 제공
*2018년 ~ 2015년 4개년 기출 제공

무료 동영상강의 · 학습 콘텐츠 제공
pass.Hackers.com

책의 구성 및 특징

이론 + 출제예상문제

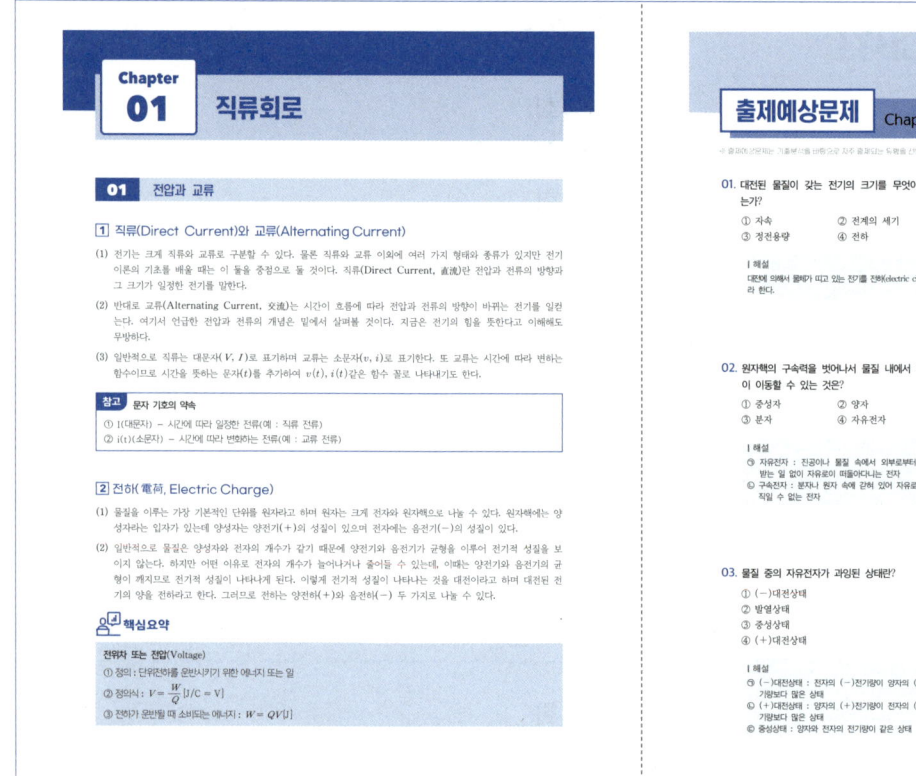

■ 이론

1. 실전에 필요한 이론을 체계적으로 정리하여 전기기능사의 내용 중 자격증 시험에 나오는 이론만을 효과적으로 학습할 수 있습니다.

2. 한국산업인력공단(Q-net)에 공시된 최신 출제기준 및 한국전기설비규정(KEC)을 교재 내에 빠짐없이 반영하여 오류 없이 정확하게 학습할 수 있습니다.

3. 알아 두면 학습에 도움이 되는 내용인 '참고'와 주요 이론을 요약한 '핵심요약'을 통해 이론을 완성할 수 있습니다.

■ 출제예상문제

1. '이론'을 공부하고 각 단원 마지막에 구성된 '출제예상문제' 풀이를 통해 이론과 문제를 연계하여 학습할 수 있습니다.

2. '출제예상문제'를 통해 자주 출제되는 중요 포인트를 파악하고 학습한 이론이 어떻게 문제화되는지 확인하며, 부족한 부분을 확실하게 정리할 수 있습니다.

최신기출(CBT)

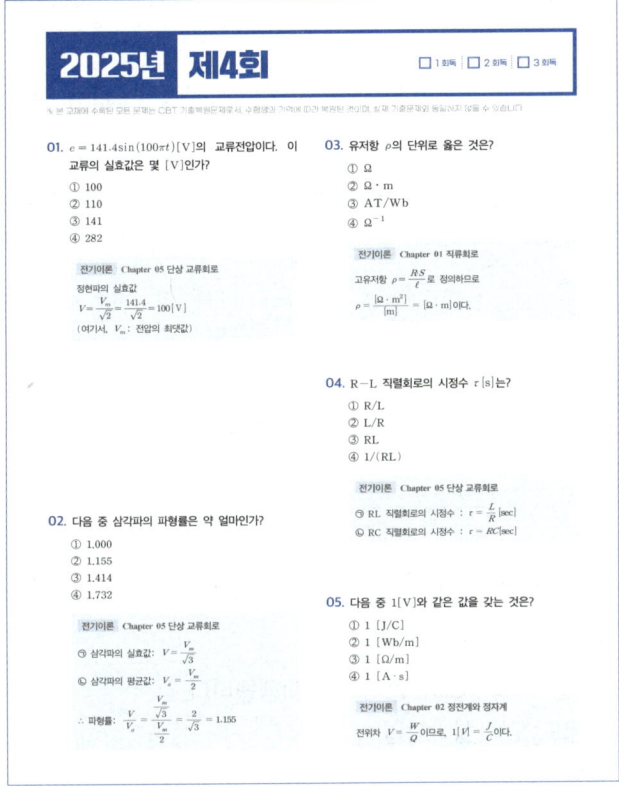

핵심노트

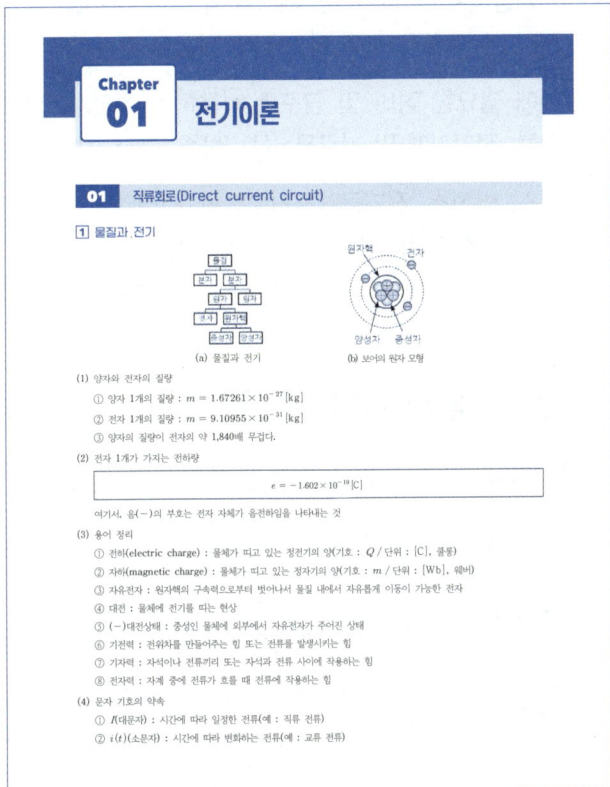

1. 2025~2019년의 7개년 기출문제를 수록하였습니다.

2. 수록된 '모든' 문제에는 상세한 해설을 수록하여 문제풀이 과정에서 실전감각을 높이고 실력을 한층 향상시킬 수 있습니다.

3. 해설을 통해 옳은 지문뿐만 아니라 옳지 않은 지문의 내용까지 확인할 수 있으므로 문제를 풀고 답을 찾아가는 과정에서 자신의 학습 수준을 스스로 점검하고 보완하여 학습 효과를 높일 수 있습니다.

※ 본 교재에 수록된 모든 문제는 CBT 기출복원문제이며, 수험생의 기억에 따라 복원된 것으로 실제 기출문제와 동일하지 않을 수 있습니다.

1. 핵심이론을 요약 및 정리한 '핵심노트'를 수록하였습니다.

2. 휴대성 좋은 책속책으로 제공하여 언제 어디서든 효율적으로 학습할 수 있으며, 시험 직전 최종 마무리 학습이 가능합니다.

시험 소개

전기기능사는 어떤 자격증인가요?

• 전기기능사는 전기로 인한 재해를 방지하기 위하여 일정한 자격을 갖춘 사람으로 하여금 전기기기를 제작, 제조 조작, 운전, 보수 등을 하도록 하기 위해 제정된 자격제도 입니다.

• 전기에 필요한 장비 및 공구를 사용하여 회전기, 정지기, 제어장치 또는 빌딩, 공장, 주택, 및 전력시설물의 전선, 케이블, 전기기계 및 기구를 설치, 보수, 검사, 시험 및 관리하는 일을 수행합니다.

• 발전소, 변전소, 전기공작물시설업체, 건설업체, 한국전력공사 및 일반사업체나 공장의 전기부서, 가정용 및 산업용 전기 생산업체, 부품제조업체 등에 취업하여 전기와 관련된 제반시설의 관리 및 검사업무 보조 및 담당 등 다양한 분야에 진출할 수 있으며, 전기 자격증 취득의 첫 단계입니다.

전기기능사 시험 제도 및 과목

〈시험 제도〉

응시자격	자격제한이 없습니다.
검정기준	전기기능사에 대한 숙련기능을 가지고 제작 · 제조 조작 · 운전 · 보수 · 정비 · 채취 · 검사 또는 작업관리 및 이에 관련되는 업무를 수행할 수 있는지를 검정합니다.
검정방법	필기 : 객관식 4지 택일형으로 총 60문항이 출제되며, CBT 방식으로 시행됩니다. 실기 : 작업형으로 시행됩니다(4시간 30분 정도, 전기설비작업).
합격기준	필기 : 60점 이상을 받으면 합격입니다(100점 만점 기준). 실기 : 60점 이상을 받으면 합격입니다(100점 만점 기준).

〈시험 과목〉

필기	1. 전기이론 2. 전기기기 3. 전기설비
실기	전기설비작업

■ 전기기능사 시험 일정

※ 아래 시험일정은 2025년 기준으로 작성되었으며, 구체적인 일정은 Q-net(www.Q-net.or.kr)을 확인해주시기 바랍니다.

구분		원서접수(휴일제외)	시험일	합격(예정)자 발표일
필기	제1회	1월 중	1월 중	2월 중
	제2회	3월 중	4월 중	4월 중
	제3회	6월 중	6월 중	7월 중
	제4회	8월 중	9월 중	10월 중
실기	제1회	2월 중	3월 중	4월 중
	제2회	4월 중	6월 중	6월 중
	제3회	7월 중	8월 중	9월 중
	제4회	10월 중	11월 중	12월 중

■ 전기기능사 최근 6년간 검정현황

구분		2025	2024	2023	2022	2021	2020
필기	응시자	67,010	61,127	60,239	48,440	57,148	49,176
	합격자	25,307	22,133	21,042	16,212	19,587	18,313
	합격률	37.8%	36.2%	34.9%	33.5%	34.3%	37.2%
실기	응시자	22,729	25,776	26,413	27,498	32,755	31,921
	합격자	15,847	17,930	19,020	20,053	23,473	21,432
	합격률	70%	69.6%	72.0%	72.9%	71.7%	67.1%

※ 2025년 실기 시험 미포함

 더 많은 내용이 알고 싶다면?

> 시험일정 및 자격증에 대한 더 자세한 사항은 해커스자격증(pass.Hackers.com)
또는 Q-net(www.Q-net.or.kr)에서 확인할 수 있습니다.

> 모바일의 경우 QR 코드로 접속이 가능합니다.

모바일 해커스자격증 (pass.Hackers.com) 바로가기 ▲

출제기준

※ 한국산업인력공단에 공시된 출제기준으로, 『해커스 전기기능사 필기 한권합격 이론 + 최신기출 + 핵심노트』 교재의 전체 내용은 출제기준에 근거하여 제작되었습니다.

필기 과목명	주요항목	세부항목	
전기이론, 전기기기, 전기설비	1. 전기의 성질과 전하에 의한 자기장	1. 전기의 본질 2. 정전기의 성질 및 특수현상 3. 콘덴서(커패시터) 4. 전기장과 전위	
	2. 자기의 성질과 전류에 의한 자기장	1. 자석에 의한 자기현상 3. 자기회로	2. 전류에 의한 자기현상
	3. 전자력과 전자유도	1. 전자력	2. 전자유도
	4. 직류회로	1. 전압과 전류	2. 전기저항
	5. 교류회로	1. 정현파 교류회로 3. 비정현파 교류회로	2. 3상 교류회로
	6. 전류의 열작용과 화학작용	1. 전류의 열작용	2. 전류의 화학작용
	7. 변압기	1. 변압기의 구조와 원리 2. 변압기 이론 및 특성 3. 변압기 결선 4. 변압기 병렬운전 5. 변압기 시험 및 보수	
	8. 직류기	1. 직류기의 원리와 구조 2. 직류발전기의 종류 및 특성 3. 직류전동기의 종류 및 특성 4. 직류전동기의 이론 및 용도 5. 직류기의 시험법	
	9. 유도전동기	1. 유도전동기의 원리와 구조 2. 유도전동기의 속도제어 및 용도	
	10. 동기기	1. 동기기의 원리와 구조 2. 동기발전기의 이론 및 특성 3. 동기발전기의 병렬운전 4. 동기발전기의 운전	

필기 과목명	주요항목	세부항목
	11. 정류기 및 제어기기	1. 정류용 반도체 소자 2. 정류회로 및 특성 3. 제어 정류기 4. 사이리스터의 응용회로 5. 제어기 및 제어장치
	12. 보호계전기	1. 보호계전기의 종류 및 특성
	13. 배선재료 및 공구	1. 전선 및 케이블 2. 배선재료 3. 전기설비에 관련된 공구
	14. 전선접속	1. 전선의 피복 벗기기 2. 전선의 각종 접속방법 3. 전선과 기구단자와의 접속
	15. 배선설비공사 및 전선허용전류 계산	1. 전선관시스템 2. 케이블트렁킹시스템 3. 케이블덕팅시스템 4. 케이블트레이시스템 5. 케이블공사 6. 저압 옥내배선 공사 7. 특고압 옥내배선 공사 8. 전선 허용전류
	16. 전선 및 기계기구의 보안공사	1. 전선 및 전선로의 보안 2. 과전류 차단기 설치공사 3. 각종 전기기기 설치 및 보안공사 4. 접지공사 5. 피뢰설비 설치공사
	17. 가공인입선 및 배전선 공사	1. 가공인입선 공사 2. 배전선로용 재료와 기구 3. 장주, 건주(건주세움) 및 가선(전선설치) 4. 주상기기의 설치
	18. 고압 및 저압 배전반 공사	1. 배전반 공사 2. 분전반 공사
	19. 특수장소 공사	1. 먼지가 많은 장소의 공사 2. 위험물이 있는 곳의 공사 3. 가연성 가스가 있는 곳의 공사 4. 부식성 가스가 있는 곳의 공사 5. 흥행장, 광산, 기타 위험 장소의 공사
	20. 전기응용시설 공사	1. 조명배선 2. 동력배선 3. 제어배선 4. 신호배선 5. 전기응용기기 설치공사

학습플랜

7주 학습플랜

- 비전공자이거나 관련 학습경험이 없는 수험생에게 추천합니다.
- 이론을 꼼꼼히 학습하여 기초를 튼튼히 하고, 상세한 기출문제 풀이로 확실하게 실력을 키우고 싶은 분들에게 추천합니다.

	1일	2일	3일	4일	5일	6일	7일
	□__월__일	□__월__일	□__월__일	□__월__일	□__월__일	□__월__일	□__월__일
1주	PART 01 전기이론						
	Chapter 01 직류회로 [01 전압과 전류 ~04 저항의 접속법+출제예상문제(1~40)]	Chapter 01 직류회로 [05 전력과 열량~07 전류의 화학작용+출제예상문제(41~58)]	Chapter 02 정전계와 정자계[01 정전계+출제예상문제(1~15)]	Chapter 02 정전계와 정자계[02 정전용량+출제예상문제(16~27)]	Chapter 02 정전계와 정자계[03 정자계+출제예상문제(28~38)]	Chapter 03 전류의 자기현상[01 앙페르의 법칙~02 비오-사바르의 법칙+출제예상문제(1~12)]	Chapter 03 전류의 자기현상[03 전류의 작용력~04 자성체와 자기회로+출제예상문제(13~33)]
	□__월__일	□__월__일	□__월__일	□__월__일	□__월__일	□__월__일	□__월__일
2주	PART 01 전기이론						
	Chapter 04 전자유도법칙[01 전자유도법칙+출제예상문제(1~10)]	Chapter 04 전자유도법칙[02 인덕턴스~03 인덕턴스 접속법+출제예상문제(11~27)]	Chapter 05 단상 교류회로[01 교류의 발생원리~03 단일 소자 교류회로+출제예상문제(1~26)]	Chapter 05 단상 교류회로[04 RLC 직렬회로 해석~06 교류전력과 역률+출제예상문제(27~57)]	Chapter 06 단상 교류회로[01 개요~02 3상 교류 결선법+출제예상문제(1~16)]	Chapter 06 단상 교류회로[03 Y-Δ 결선의 등가변환법~04 3상 전력 측정법+출제예상문제(17~25)]	Chapter 07 비정현파 교류회로
	□__월__일	□__월__일	□__월__일	□__월__일	□__월__일	□__월__일	□__월__일
3주	PART 02 전기기기						
	Chapter 01 직류기[01 직류발전기 구성요소~02 전기자 권선법+출제예상문제(1~22)]	Chapter 01 직류기 [03 직류발전기 이론~04 직류발전기의 종류+출제예상문제(23~43)]	Chapter 01 직류기 [05 직류전동기 이론~07 직류전동기의 속도제어법+출제예상문제(44~51)]	Chapter 01 직류기 [08 전동기 기동 및 제동법~10 특수 직류기+출제예상문제(52~66)]	Chapter 02 동기기[01 개요~04 동기발전기의 이론+출제예상문제(1~18)]	Chapter 02 동기기 [05 동기발전기의 특성~08 동기조상기+출제예상문제(19~56)]	Chapter 03 변압기 [01 개요~03 변압기의 구조 및 특성+출제예상문제(1~15)]
	□__월__일	□__월__일	□__월__일	□__월__일	□__월__일	□__월__일	□__월__일
4주	PART 02 전기기기						
	Chapter 03 변압기 [04 변압기 등가회로~05 변압기의 전압변동률+출제예상문제(16~51)]	Chapter 03 변압기 [06 변압기의 손실과 효율~10 변압기 시험+출제예상문제(52~75)]	Chapter 04 유도기[01 유도전동기 원리 및 구조~02 유도전동기의 등가회로+출제예상문제(1~38)]	Chapter 04 유도기 [03 비례추이~05 3상 유도전동기의 기동 특성+출제예상문제(39~49)]	Chapter 04 유도기 [06 속도제어법~07 유도전동기의 전기적 제동법+출제예상문제(50~59)]	Chapter 04 유도기 [08 특수 농형 3상 유도전동기~10 유도전압조정기+출제예상문제(60~67)]	Chapter 05 정류기

□ __월__일	□ __월__일	□ __월__일	□ __월__일	□ __월__일	□ __월__일	□ __월__일
5주 PART 03 전기설비						
Chapter 01 전선 및 전선의 전속~ Chapter 02 배선재료와 공구	Chapter 03 옥내배선공사	Chapter 04 전로의 절연 및 접지공사	Chapter 05 저압 전기설비 보호	Chapter 06 전선로 및 배전공사	Chapter 07 특수설비	Chapter 08 전원설비 및 기타설비
□ __월__일	□ __월__일	□ __월__일	□ __월__일	□ __월__일	□ __월__일	□ __월__일
6주 기출문제 1 회독						
2025년	2024~2023년	2022년	2021년	2020년	2019년	2025년
□ __월__일	□ __월__일	□ __월__일	□ __월__일	□ __월__일	□ __월__일	□ __월__일
7주 기출문제 2회독			기출문제 3회독			
2024~2023년	2022~2021년	2020~2019년	2024~2023년	2022~2021년	2020~2019년	최종정리

📅 3주 학습플랜

- 전공자이거나 관련 학습경험이 있는 수험생에게 추천합니다.
- '핵심노트'를 통해 시험에 출제되는 이론과 핵심 공식을 정리하고, 기출문제를 반복하여 풀이합니다.

	1일	2일	3일	4일	5일	6일	7일
	□ __월__일	□ __월__일	□ __월__일	□ __월__일	□ __월__일	□ __월__일	□ __월__일
1주	Chapter 01 전기이론					Chapter 02 전기기기	
	01 직류회로 ~ 02 정전계와 정자계	03 전류의 자기현상 ~ 04 전자유도법칙	05 단상 교류회로	06 3상 교류회로	07 비정현파 교류회로	01 직류기	
	□ __월__일	□ __월__일	□ __월__일	□ __월__일	□ __월__일	□ __월__일	□ __월__일
2주	Chapter 02 전기기기				Chapter 03 전기설비		
	02 동기기	03 변압기	04 유도기	05 정류기	01 전선 및 전선의 접속 ~ 03 옥내배선공사	04 전로의 절연 및 접지공사 ~ 05 저압 전기설비 보호	07 특수설비 ~ 08 전원설비 및 기타설비
	□ __월__일	□ __월__일	□ __월__일	□ __월__일	□ __월__일	□ __월__일	□ __월__일
3주	기출문제 1회독			기출문제 2회독		기출문제 3회독	
	2025~2023년	2022~2021년	2020~2019년	2024~2022년	2021~2019년	2024~2021년	2020~2019년, 최종정리

✔ **학습전략**

Chapter 01 **직류회로**	전기 공부에 있어서 가장 중요한 단원으로 전기공학에 필요한 회로해석 능력을 학습한다. 시험문제는 기존 기출문제가 반복되어 출제되기보다는 응용문제가 자주 출제되므로 특정 이론(공식 전개 및 증명)을 집중해서 공부하기보다는 많은 문제를 학습하여 회로해석 능력을 키우는 것이 더욱 좋다. 즉, 전기기능사에서 가장 많은 시간을 투자해야 될 단원이라고 볼 수 있다.
Chapter 02 **정전계와 정자계**	단순 숫자 대입으로 풀이하는 문제가 출제되고 있어 용어(유전율, 투자율, 전하, 전속, 전기력선, 자기력선 등)를 이해하고 핵심정리의 공식 암기가 중요하다.
Chapter 03 **전류의 자기현상**	전류에 의해 발생되는 자기장(자계)의 세기 공식과 플레밍의 왼손 법칙 그리고 평행 도선 사이의 작용력(전기력)에 관한 계산 문제가 주로 출제된다. 시험문제는 대부분 계산 문제이며 기존 계산 문제에서 숫자만 바꾸어 출제되고 있으니 공식 정리 위주로 학습하자.
Chapter 04 **전자유도법칙**	패러데이 법칙과 플레밍의 오른손 법칙에 대해서 문제가 출제되며, 법칙에 관한 문제는 항상 동일하게 출제된다. 계산문제 또한 공식만 암기하고 있다면 단순 숫자 대입만으로 풀 수 있는 문제만 출제되고 있으니 핵심정리와 문제 풀이 위주로 학습하자.
Chapter 05 **단상 교류회로**	교류의 표현법(순시값, 평균값, 실효값)과 L과 C소자에 축적되는 에너지 문제가 가장 많이 출제된다. 5장에 내용이 많고 어려우니 단기 합격이 목적이면 문제 풀이 위주로 학습하는 것이 좋다.
Chapter 06 **3상 교류회로**	3상 교류 결선법(Y결선, △결선, V결선)의 특징에 대해서 학습하며, 시험에서 가장 많이 출제되는 것은 2전력계법에서 유효전력을 구하는 문제이다.
Chapter 07 **비정현파 교류회로**	대부분 비정현파의 실효값을 구하는 문제가 출제되고 있다. 학문 자체가 매우 어려우니 이론보다는 정현파의 실효값에 관련된 문제만 학습(문제 풀이 반복)하는 것이 효과적이다.

PART 01
전기이론

Chapter 01 직류회로

01 전압과 교류

1 직류(Direct Current)와 교류(Alternating Current)

(1) 전기는 크게 직류와 교류로 구분할 수 있다. 물론 직류와 교류 이외에 여러 가지 형태와 종류가 있지만 전기 이론의 기초를 배울 때는 이 둘을 중점으로 둘 것이다. 직류(Direct Current, 直流)란 전압과 전류의 방향과 그 크기가 일정한 전기를 말한다.

(2) 반대로 교류(Alternating Current, 交流)는 시간이 흐름에 따라 전압과 전류의 방향이 바뀌는 전기를 일컫는다. 여기서 언급한 전압과 전류의 개념은 밑에서 살펴볼 것이다. 지금은 전기의 힘을 뜻한다고 이해해도 무방하다.

(3) 일반적으로 직류는 대문자(V, I)로 표기하며 교류는 소문자(v, i)로 표기한다. 또 교류는 시간에 따라 변하는 함수이므로 시간을 뜻하는 문자(t)를 추가하여 $v(t)$, $i(t)$ 같은 함수 꼴로 나타내기도 한다.

> **참고** 문자 기호의 약속
>
> ① I(대문자) - 시간에 따라 일정한 전류(예 : 직류 전류)
> ② i(t)(소문자) - 시간에 따라 변화하는 전류(예 : 교류 전류)

2 전하(電荷, Electric Charge)

(1) 물질을 이루는 가장 기본적인 단위를 원자라고 하며 원자는 크게 전자와 원자핵으로 나눌 수 있다. 원자핵에는 양성자라는 입자가 있는데 양성자는 양전기($+$)의 성질이 있으며 전자에는 음전기($-$)의 성질이 있다.

(2) 일반적으로 물질은 양성자와 전자의 개수가 같기 때문에 양전기와 음전기가 균형을 이루어 전기적 성질을 보이지 않는다. 하지만 어떤 이유로 전자의 개수가 늘어나거나 줄어들 수 있는데, 이때는 양전기와 음전기의 균형이 깨지므로 전기적 성질이 나타나게 된다. 이렇게 전기적 성질이 나타나는 것을 대전이라고 하며 대전된 전기의 양을 전하라고 한다. 그러므로 전하는 양전하($+$)와 음전하($-$) 두 가지로 나눌 수 있다.

(3) 전하는 회로를 설명하는 기본적인 개념이며 대표문자는 Q(또는 q)이고, 단위로 [C](Coulomb, 쿨롱)을 사용한다. 전하 자체는 새로 생기거나 없어지지 않으며 그 자체는 변하지 않는다.

(4) 전자(e) 1개의 전하(전기량)는 다음과 같다.

$$e = -1.602 \times 10^{-19} \, [\text{C}]$$

여기서, 음($-$)의 부호는 전자 자체가 음전하임을 나타내는 것이다.

③ 전압(電壓, Voltage)

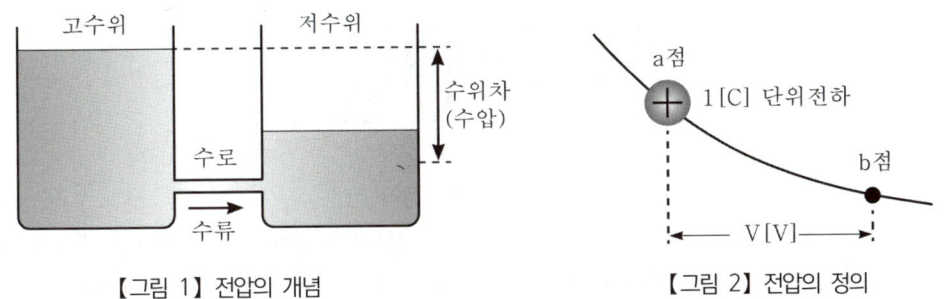

【그림 1】 전압의 개념　　　　　　　　　【그림 2】 전압의 정의

(1) 【그림 1】과 같이 두 물통의 아래를 뚫어 물이 흐를 수 있는 길(수로, 水路)을 만들면 두 물통 사이에는 수위차(수압, 水壓)가 발생하여 수위가 높은 곳(고수위)에서 낮은 곳으로 물이 흐르는데 이를 수류라 한다. 이러한 수류는 수위차에 비례하며 물 높이가 같아질 때까지(등수위, 等水位) 연속적으로 흐르게 되는데 전기 또한 이와 유사한 특성을 지니고 있다. 따라서 【그림 1】의 수위차, 수로, 수류 등을 전위차, 전로, 전류 등으로 바꾸어 해석하면 전압 또는 전기적인 특성을 쉽게 이해할 수 있다.

(2) 【그림 1】에서 전하를 담을 수 있는 통을 도체라 하며 도체에 축적되어 있는 전기적인 (위치)에너지를 전위라 한다. 이때 두 도체를 또 다른 도체의 선(전선 등)으로 연결하면 두 도체 사이에 전위차(전압)가 발생하여 두 도체가 등전위가 될 때까지 전류가 흐르게 된다.

(3) 【그림 2】와 같이 1[C]의 단위전하(unit charge) 또는 시험전하(test charge)가 a 점에서 b 점까지 운반될 때 소비되는 에너지를 W[J, 줄]로 정의한다. 전압의 대표문자는 V, 단위는 [V](volt, 볼트)이다.

(4) 예를 들어 1[C]의 단위전하가 a 점에서 b 점까지 운반될 때 10[J]만큼 소비되었다면 a, b 사이에 10[V]만큼의 전압이 인가되었다고 볼 수 있다. 따라서 전압의 정의식은 다음과 같다.

---

① 전압 : $V_{ab} = \dfrac{W}{Q} \left[\dfrac{\text{J}}{\text{C}} = \text{V}\right]$

② 전하가 운반될 때 소비되는 에너지(전하를 운반시키기 위해 필요한 에너지) : $W = QV$[J]

여기서, W : 전하가 운반될 때 소비되는 에너지[J]

Q : 전하량(전기량)[C]　　V_{ab} : a, b 사이의 전압(전위차)

🖥 핵심요약

전위차 또는 전압(Voltage)

① 정의 : 단위전하를 운반시키기 위한 에너지 또는 일

② 정의식 : $V = \dfrac{W}{Q}$ [J/C = V]

③ 전하가 운반될 때 소비되는 에너지 : $W = QV$[J]

4 전류(電流, Current)

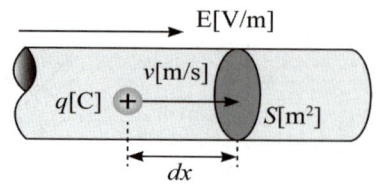

【그림 3】 전류의 정의

(1) 【그림 1】의 개념과 같이 대전된 두 도체를 가느다란 도체(전선)에 연결하면 두 도체 사이에 전위차가 발생하여 전위가 높은 곳에서 낮은 곳으로 전하가 이동한다. 이러한 전하의 움직임을 전류(Current)라 하고, 대표문자는 I, 단위는 $[A]$(Ampere, 암페어)를 사용한다.

(2) 전류의 크기는 【그림 3】과 같이 단면적이 $S[m^2]$인 도체에 수직인 단면을 단위시간($1[sec]$) 동안 통과하는 전하량으로 정의하며 전류의 정의식은 다음과 같다.

> ① 전류의 크기 : $I = \dfrac{Q}{t} = \dfrac{CV}{t} [C/S = A]$ 　　② 전하량 : $Q = It = CV[A \cdot sec = C]$

여기서, C : 정전용량(제2장에서 설명한다.)

---

02 전기저항과 옴의 법칙

1 전기저항(Resistance)과 컨덕턴스(Conductance)

(1) 전기는 물질을 통해 전달되는데 어떤 물질은 전기를 잘 전달하고 어떤 물질은 전기가 거의 지나가지 못한다. 이를 개념화한 것을 전기저항(Resistance)이라고 하며 전기의 흐름(전류)을 방해하는 성질을 뜻한다. 대표문자로 R, 단위로 $[\Omega]$(ohm, 옴)을 사용하며 이 값이 클수록 전기가 잘 통하지 않음을 나타낸다.

(2) 전기저항의 역수를 컨덕턴스라 하고, 대표문자로 G, 단위로 $[℧]$(mho, 모우) 또는 $[S]$(Siemens, 지멘스)를 사용하며 병렬 회로망 해석에 유용하게 사용된다.

(3) 전기저항과 컨덕턴스를 식으로 나타내면 다음과 같다.

> ① 전기저항 : $R = \rho \dfrac{\ell}{S} = \dfrac{\ell}{kS} [\Omega]$ 　　② 컨덕턴스 : $G = \dfrac{1}{R} = k \dfrac{S}{\ell} = \dfrac{S}{\rho \ell} \left[\dfrac{1}{\Omega} = \Omega^{-1} = S = ℧ \right]$

여기서, ρ : 저항률 또는 고유저항$[\Omega \cdot m]$컨트롤 알트 씨프트 + M 　　ℓ : 도체의 길이$[m]$
　　　　k(또는 σ) : 도전율$[(\Omega \cdot m)^{-1}]$ 　　S(또는 A) : 도체의 단면적$[m^2]$

🔊 핵심요약

전기저항(Resistance, R[Ω])

① 정의 : 전류의 흐름을 방해하는 성질로, 물체에 인가된 전압과 흐르는 전류의 비율을 말한다.

② 정의식 : $R = \rho \dfrac{\ell}{S} = \dfrac{\ell}{kS} [\Omega]$

여기서, ρ : 고유저항(저항율)$[\Omega \cdot m]$ 　　ℓ : 도체의 길이$[m]$ 　　S : 도체의 단면적$[m^2]$ 　　$k = \sigma$: 도전율$[℧/m]$

2 저항률 또는 고유저항(Specific Resistance)

(1) 물질마다 전기저항은 동일하지 않다. 이렇게 각각의 물질이 가지는 전기저항의 크기를 고유저항(Specific Resistance)이라 한다.

(2) 고유저항은 단위 체적($1[\mathrm{m}^3]$)을 이루는 물질에 전압을 인가했을 때의 전류의 비율($R = \dfrac{V}{I}[\Omega]$) 또는 단위 체적을 이루는 물체의 전기저항이라 정의하고 있다. 또한 물체의 크기, 생김새, 온도 등에 따라 저항의 크기가 달라질 수 있다.

(3) 고유저항의 기본단위는 $[\Omega \cdot \mathrm{mm}^2/\mathrm{m}]$이므로 $[\Omega \cdot \mathrm{m}]$의 관계는 다음과 같다.

> ① 고유저항 : $\rho = \dfrac{RS}{\ell} \left[\dfrac{\Omega \cdot \mathrm{m}^2}{\mathrm{m}} = \Omega \cdot \mathrm{m} \right]$
>
> ② $1[\Omega \cdot \mathrm{m}] = 10^6 [\Omega \cdot \mathrm{mm}^2/\mathrm{m}]$

(4) 전선의 고유저항

> ① 연동선 : $\rho = \dfrac{1}{58}[\Omega \cdot \mathrm{mm}^2/\mathrm{m}]$
>
> ② 경동선 : $\rho = \dfrac{1}{55}[\Omega \cdot \mathrm{mm}^2/\mathrm{m}]$
>
> ③ 알루미늄선 : $\rho = \dfrac{1}{35}[\Omega \cdot \mathrm{mm}^2/\mathrm{m}]$

(5) 주변온도 $20[℃]$에서의 물질의 고유저항은 【표 1】과 같다.

재료	고유저항(20℃에서) $\times 10^2 [\Omega \cdot \mathrm{mm}^2/\mathrm{m}]$	고유저항의 온도계수 20℃ 부근에 대하여
은(Ag)	1.62	0.0038
구리(Cu)	1.69	0.00393
경동	1.78	−
알루미늄(Al)	2.62	0.0039
금(Au)	2.40	0.0034
백금(Pt)	10.5	0.003
텅스텐(W)	5.48	0.0045
순철(Fe)	10	0.005
주철	75~100	0.0019
규소철	50~60	
니켈(Ni)	6.9	0.006
탄소(C)	3,500~7,500	−0.0006~0.0012

【표 1】 고유저항과 온도계수

③ 옴의 법칙(Ohm's law)

(1) 옴의 법칙이란 어떤 전기회로에 흐르는 전류는 그 회로에 가하여진 전압에 정비례하고, 저항에 반비례한다는 법칙이며, 금속성 회로나 전해질적 저항을 포함하는 많은 회로에 대하여 성립한다.

(2) 옴의 법칙은 1826년 과학자 게오르크 옴(Georg Simon Ohm)에 의해 발견되었으며, 수많은 실험을 통해 다음과 같은 식을 설명하였다.

$$\text{옴의 법칙} : I = \frac{V}{R} = GV \left[A = \frac{V}{\Omega} \right]$$

여기서, G : 컨덕턴스$[\mho]$ (저항의 역수)

(3) 위 식은 모든 전기회로 해석의 기초가 되므로 $V = IR$, $I = \dfrac{V}{R}$, $R = \dfrac{V}{I}$와 같이 어느 형태로도 자유롭게 변환하여 사용할 줄 알아야 한다.

④ 저항의 온도계수

(1) 모든 물질은 주변 온도에 따라 저항의 크기가 변화하며 주변 온도가 $1[℃]$ 상승할 때 변화하는 저항의 크기 비율을 온도계수(temperature coefficient of resistance)라 한다.

(2) 온도계수에는 온도가 상승하면 저항이 증가하는 양의 온도계수(정특성 온도계수)와 온도 상승에 따라 저항이 감소하는 음의 온도계수(부특성 온도계수)가 있다.

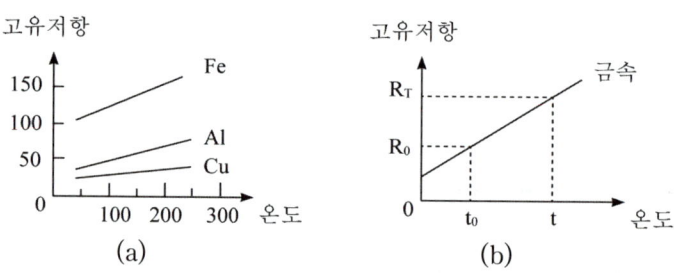

【그림 4】 저항의 온도계수

(3) 일반적으로 금속은 양의 온도계수이고, 전해액이나 반도체, 대지 등은 음의 온도계수이다.

(4) 구리의 온도계수와 온도변화에 따른 금속도체의 저항 크기

> ① 구리의 온도계수 : $\alpha = \dfrac{1}{234.5 + t_0}$
>
> ② 온도변화에 따른 전기저항($t[℃]$에서의 전기저항) : $R_T = R_0 + R_0 \alpha (t - t_0) = R_0 [1 + \alpha (t - t_0)]$

여기서, t_0 : 초기온도$[℃]$ R_0 : 주변온도 t_0에서의 전기저항$[\Omega]$

(5) 직렬로 접속된 두 금속 A, B의 온도계수가 α_1, α_2라 할 때 합성 온도계수 α_0은 다음과 같이 유도할 수 있다.

> $R_1 + R_1 \alpha_1 (t - t_0) + R_2 + R_2 \alpha_2 (t - t_0) = (R_1 + R_2) + (R_1 + R_2) \alpha_0 (t - t_0)$
>
> $= R_1 \alpha_1 (t - t_0) + R_2 \alpha_2 (t - t_0) = (R_1 + R_2) \alpha_0 (t - t_0) = R_1 \alpha_1 + R_2 \alpha_2 = (R_1 + R_2) \alpha_0$이므로
>
> $\therefore$ 합성 온도계수 $\alpha_0 = \dfrac{R_1 \alpha_1 + R_2 \alpha_2}{R_1 + R_2}$

여기서, R_1, R_2 : t_0에서의 금속 저항 크기

1 개요(Kirchhoff's law)

(1) 독일의 물리학자 키르히호프(Gustav R. Kirchhoff)는 1849년에 전류에 관한 법칙과 열복사에 관한 법칙을 발견하였다.

(2) 전류에 관한 법칙은 전자기학 분야에서 정상전류에 대한 옴의 법칙을 일반화하여, 임의의 복잡한 회로에 흐르는 전류를 구할 때 사용된다.

(3) 키르히호프의 법칙은 전류에 관한 제1법칙과 전압에 관한 제2법칙이 있다.

2 키르히호프의 제1법칙(전류법칙, KCL)

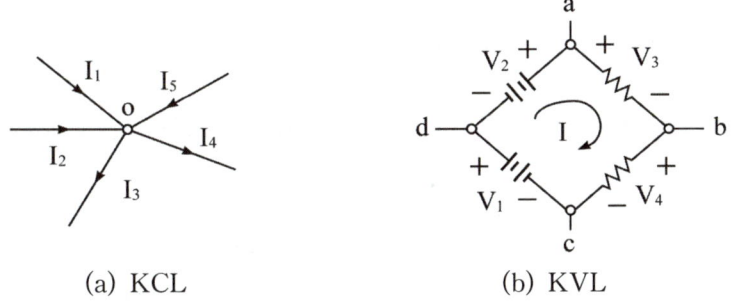

(a) KCL　　　　　　　　　(b) KVL

【그림 5】키르히호프의 법칙

(1) 임의의 마디(또는 절점)에 유입되는 전류의 총합은 유출되는 전류의 총합과 같다. 즉 전류는 회로의 어느 한 지점에 머무르거나 고여있지 못하며 회로의 어느 한 점이든 들어온 전류는 반드시 나가게 되어 있다.

(2) 이를 식으로 표현하면 다음과 같다.

> $I_1 + I_2 + I_5 = I_3 + I_4$ 에서 $I_1 + I_2 + (-I_3) + (-I_4) + I_5 = 0$이므로
>
> ∴ 제1법칙(KCL) : $\displaystyle\sum_{i=1}^{n} I_i = 0$

3 키르히호프의 제2법칙(전압법칙, KVL)

(1) 임의의 폐회로(loop) 내의 기전력의 총합은 전기소자(저항 등)에 의한 전압강하의 총합과 같다. 즉 전기소자에 걸리는 총 전압은 기전력이 제공하는 총 전압값과 같고 초과할 수 없다.

(2) 이를 식으로 표현하면 다음과 같다[【그림 5】(b)].

> $V_1 + V_2 = V_3 + V_4$ 에서 $V_1 + V_2 + (-V_3) + (-V_4) = 0$이므로
>
> ∴ 제2법칙(KVL) : $\displaystyle\sum_{i=1}^{n} V_i = 0$

1 저항의 직렬접속

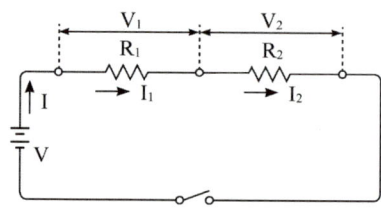

【그림 6】 저항의 직렬접속

(1) 회로가 복잡해짐에 따라 하나의 회로에 여러 개의 저항이 들어있을 수 있고 여러 개의 저항이 다양한 형태로 들어있을 수 있다. 모든 도면과 회로의 모양을 외우는 것은 불가능에 가까우므로 복잡한 회로를 분석할 수 있는 원리가 필요하다.

(2) 2개 이상의 저항을 접속하는 방법에는 크게 직렬과 병렬접속이 있다.

(3) 여기서 직렬접속법이란 여러 개의 저항을 일렬로 접속한 것으로 전류가 지나갈 수 있는 길이 오직 하나뿐인 방식을 말한다. 이를 그림으로 나타내면 【그림 6】과 같고 저항의 개수가 더욱 늘어나더라도 전류가 흐를 수 있는 길은 딱 하나밖에 없다.

(4) 키르히호프의 제1법칙과 제2법칙을 적용하면 직렬회로의 특징을 알 수 있다.

> ① KCL : $I = I_1 = I_2$ (전류 일정) 　　　　② KVL : $V = V_1 + V_2$ (전압 분배)

(5) 위 (4)를 옴의 공식을 적용하면 다음과 같이 정리할 수 있다.

> ③ 전압 분배 : $V = V_1 + V_2 = I_1 R_1 + I_2 R_2$ 　　　④ $I = I_1 = I_2$ 적용 : $V = I(R_1 + R_2)$

(6) 이때 ④의 $(R_1 + R_2)$를 또 다른 저항 R_T로 놓으면 ④는 $V = IR_T$가 되며 이는 옴의 공식인 $V = IR$ 꼴이 된다. 즉 두 개의 저항 R_1과 R_2가 직렬로 놓인 회로는 하나의 저항 R_T를 놓은 회로와 같다는 것이다. 이와 같이 저항이 여러 개인 회로를 그것과 같은 가치를 지닌 하나의 저항으로 바꾸는 것을 회로의 등가 변환(等價 : 값이 같다) 또는 저항의 합성이라고 하며 이렇게 만들어진 하나의 저항을 등가 저항 또는 합성저항이라고 한다.

(7) 따라서 직렬 회로에서 합성저항을 구하는 방법은 아래와 같이 정리할 수 있다.

> 직렬 합성저항 : $R_T = \dfrac{V}{I} = \dfrac{I(R_1 + R_2)}{I} = R_1 + R_2\,[\Omega]$

여기서, 합성저항 R_T의 첨자 T는 total을 의미하나 이 표현은 교재나 문제마다 다를 수 있다.

(8) 또한 키르히호프의 전압 법칙에 따르면 회로의 기전력과 부하가 받는 전압의 크기는 같다. 위 ③에 의하면 부하저항 R_1과 R_2가 기전력의 전압을 일정량씩 나눠 갖는 것으로 이해할 수 있다. 이를 전압 분배 법칙이라고 하며 각 저항에 걸리는 전압은 아래와 같이 정리할 수 있다.

> ⑤ $V_1 = I_1 R_1 = IR_1 = \dfrac{V}{R_T} \times R_1 = \dfrac{R_1}{R_1 + R_2} \times V$ 　　⑥ $V_2 = I_2 R_2 = IR_2 = \dfrac{V}{R_T} \times R_2 = \dfrac{R_2}{R_1 + R_2} \times V$

 **핵심요약**

저항의 직렬 접속

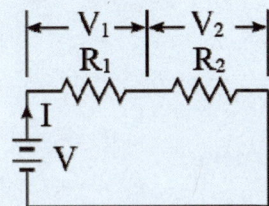

① 합성저항 : $R_T = R_1 + R_2 [\Omega]$

② R_1의 단자전압 : $V_1 = \dfrac{R_1}{R_1 + R_2} \times V$

③ R_2의 단자전압 : $V_2 = \dfrac{R_2}{R_1 + R_2} \times V$

2 저항의 병렬접속

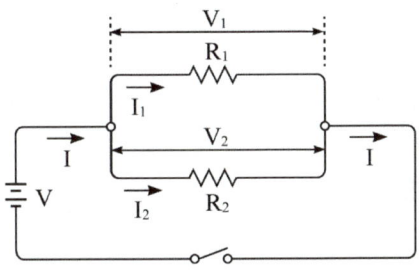

【그림 7】 저항의 병렬접속

(1) 여러 개의 저항을 일렬로 배치하는 방법 말고도 나란히 배치하는 방법이 있다. 이를 저항의 병렬접속이라고 하며 그 모양은 【그림 7】과 같다. 즉 회로의 어느 한 지점(node)에서 전류가 지나갈 수 있는 길이 2개 이상 이라면 이것을 병렬 회로라고 할 수 있다.

(2) 키르히호프의 제1법칙과 제2법칙을 적용하면 병렬회로의 특징을 알 수 있다.

> ① KCL : $I = I_1 + I_2$(전류 분배)　　② KVL : $V = V_1 = V_2$(전압 일정)

(3) 위 (2)를 옴의 공식을 적용하면 다음과 같이 정리할 수 있다.

> ③ 전류 분배 : $I = I_1 + I_2 = \dfrac{V_1}{R_1} + \dfrac{V_2}{R_2}$　　④ $V = V_1 = V_2$ 적용 : $I = V\left(\dfrac{1}{R_1} + \dfrac{1}{R_2}\right)$

(4) 직렬회로와 같은 방법으로 병렬회로의 합성저항을 구하면 다음과 같다.

> 병렬 합성저항 : $R_T = \dfrac{V}{I} = \dfrac{1}{\dfrac{1}{R_1} + \dfrac{1}{R_2}} = \dfrac{R_1 \times R_2}{R_1 + R_2} [\Omega]$

(5) 위 (4)를 보듯이 병렬회로에는 분수 꼴이 자주 등장하므로 컨덕턴스를 이용하면 회로를 해석하는 것이 상대적 으로 편리할 수 있다.

> 합성 컨덕턴스 : $G = \dfrac{1}{R_T} = \dfrac{1}{R_1} + \dfrac{1}{R_2} = G_1 + G_2 [\mho]$

(6) 키르히호프의 전류 법칙에 따르면 회로의 한 점에서 들어온 전류와 나가는 전류의 크기는 같다. 위 ③에 의하면 큰 강물이 여러 갈래로 나누어 흐르는 것처럼 전류도 여러 길로 나뉘는 것으로 이해할 수 있다. 이를 전류 분배 법칙이라고 하며 아래와 같은 식으로 나타낸다.

$$⑤ \quad I_1 = \frac{V_1}{R_1} = \frac{V}{R_1} = \frac{R_T}{R_1} \times I = \frac{R_2}{R_1+R_2} \times I = \frac{\frac{1}{G_2}}{\frac{1}{G_1}+\frac{1}{G_2}} \times I = \frac{\frac{1}{G_2}}{\frac{G_1+G_2}{G_1 \times G_2}} \times I = \frac{G_1}{G_1+G_2} \times I$$

$$⑥ \quad I_2 = \frac{V_2}{R_2} = \frac{V}{R_2} = \frac{R_T}{R_2} \times I = \frac{R_1}{R_1+R_2} \times I = \frac{\frac{1}{G_1}}{\frac{1}{G_1}+\frac{1}{G_2}} \times I = \frac{\frac{1}{G_1}}{\frac{G_1+G_2}{G_1 \times G_2}} \times I = \frac{G_2}{G_1+G_2} \times I$$

(7) 크기가 동일한 저항($R[\Omega]$)을 여러 개(n개) 사용하여 회로를 구성한 경우, 더욱 간단하게 합성저항을 구할 수 있다.

⑦ 직렬 시 합성저항 : $R_S = nR[\Omega]$

⑧ 병렬 시 합성저항 : $R_P = \dfrac{R}{n}[\Omega]$

(8) 병렬 합성의 증명은 아래와 같다.

$$R_P = \frac{1}{\frac{1}{R_1}+\frac{1}{R_2}+\cdots+\frac{1}{R_n}} = \frac{1}{\frac{n}{R}} = \frac{R}{n}[\Omega]$$

여기서, $R_1 = R_2 = R_3 = \cdots = R_n = R$

(9) 즉, 크기가 같은 저항을 직렬로 접속한 경우의 합성저항은 저항의 크기에 개수를 곱한 것과 같고 병렬로 접속한 경우는 한 개 저항의 크기를 병렬 회로 수(저항의 개수)로 나눈 것과 같다.

📊 핵심요약

저항의 병렬 접속

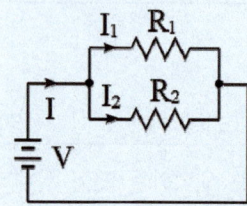

① 합성저항 : $R_T = \dfrac{1}{\frac{1}{R_1}+\frac{1}{R_2}} = \dfrac{R_1 \times R_2}{R_1+R_2}[\Omega]$

② R_1에 흐르는 전류 : $I_1 = \dfrac{R_2}{R_1+R_2} \times I$

③ R_2에 흐르는 전류 : $I_2 = \dfrac{R_1}{R_1+R_2} \times I$

3 휘트스톤 브리지 평형 회로

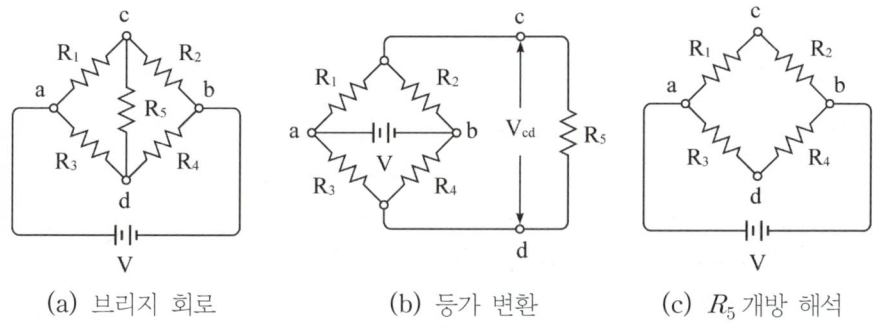

(a) 브리지 회로   (b) 등가 변환   (c) R_5 개방 해석

【그림 8】 휘트스톤 브리지 평형 회로

(1) 휘트스톤 브리지 회로란 【그림 8】 (a) 같은 회로이다. 얼핏 보면 단순한 병렬회로 같지만 저항 R_5 때문에 해석하기 매우 곤란하다.

(2) 이때 특정 조건을 만족하면 c점과 d점의 전위가 같아져(등전위) R_5 측으로 전류가 지나가지 않게 되므로 【그림 8】 (c)와 같이 개방된 회로로 해석할 수 있다. 이를 브리지 회로의 평형 또는 평형조건이라고 하며 그 내용은 다음과 같다.

---

① 브리지 회로의 평형조건 : $R_1 R_4 = R_2 R_3$

② 회로 합성저항 : $R_T = \dfrac{(R_1 + R_2) \times (R_3 + R_4)}{(R_1 + R_2) + (R_3 + R_4)}$ [Ω]

---

(3) 즉, 브리지 회로에서 마주 보는 저항끼리 곱의 크기가 같다면($R_1 R_4 = R_2 R_3$) 가운데 저항(R_5)은 마치 전선이 끊어진 것처럼(개방, open) 취급할 수 있다.

(4) 브리지 회로의 평형조건 증명(【그림 8】 (b)에서 단자전압 V_{cd}를 구하면)

---

③ $V_c = \dfrac{R_2}{R_1 + R_2} \times V, \qquad V_d = \dfrac{R_4}{R_3 + R_4} \times V$

④ $V_{cd} = V_c - V_d = \dfrac{R_2 R_3 - R_1 R_4}{(R_1 + R_2)(R_3 + R_4)} \times V$

위 ④에서 $R_1 R_4 = R_2 R_3$의 조건을 만족하면 c점과 d점은 등전위($V_{cd} = 0$)가 되어 c, d 사이의 지로에는 전류가 흐르지 않는다.

(5) 만약, $R_1 R_4 \neq R_2 R_3$와 같이 평형조건이 아닐 경우에는 테브난의 정리에 의해서 해석할 수 있다.

1 전력(電力, Power)

(1) 전력이란, 단위시간당 전기가 행한 일을 나타내며 대표문자로 P, 단위로 [W](와트, watt)를 사용한다. 여기서 단위시간이란 1초이며 순간적으로 측정되는 순시값으로 이해하는 편이 좋다.

(2) 전력 정의식은 아래와 같고 여기에 전압과 전류의 정의식과 옴의 법칙을 대입하면 아래와 같이 정리할 수 있다.

---

① 전력의 정의식 : $P = \dfrac{W}{t}$ [J/s = W]

② 전압·전류식 대입 : $P = \dfrac{W}{t} = \dfrac{QV}{t} = \dfrac{ItV}{t} = VI$ [W]

③ 옴의 법칙 대입 : $P = VI = I^2 R = \dfrac{V^2}{R}$ [W]

---

(3) 부하의 소비전력을 구할 때 직렬회로에서는 전류가 일정하므로 $P = I^2 R$을 사용하고, 병렬에서는 전압이 일정하므로 $P = \dfrac{V^2}{R}$의 공식을 사용한다. 여기서 I는 저항 R을 통과하는 전류의 크기이고, V는 저항의 단자전압을 의미한다.

2 전력량과 줄열(Joule's heat)

(1) 전력량이란 정해진 시간 동안에 얼마나 많은 전력을 소모하였는지에 대한 개념으로, 특정 부하에서 소모하는 에너지가 된다. 전력량의 대표문자는 W, 단위로 [W·s = J]을 사용한다.

(2) 도체에 전류가 흐르면 도체는 에너지(전력)를 소비하며 이 에너지는 열의 형태로 소비된다. 이렇게 소비되는 열(발열량)을 줄열(Joule's heat)이라고 하며 대표문자로 H, 단위로 [cal]을 사용한다.

---

① 전력량 : $W = Pt = VIt = I^2 Rt = \dfrac{V^2}{R} t$ [W·sec = J]

② 발열량 (1 [J] ≒ 0.24 [cal])

$H = 0.24 W = 0.24 VIt = 0.24 I^2 Rt = 0.24 \dfrac{V^2}{R} t$ [cal]

여기서, $1 [J] = \dfrac{1}{4.2} [cal] = 0.23089 ≒ 0.24 [cal]$

(3) 현장에서 전력량의 단위로 [kWh]를 사용하며, 이를 발열량 또는 줄열로 환산하면 다음과 같다.

$1 [kWh] = 3,600 [kWs = kJ] = 3,600 \times 0.24 ≒ 860 [kcal]$

---

(4) 전열기 용량

> ① 온도를 상승시킬 때 필요한 열량 : $Q = mc\theta$ [kcal]
> ② 전력량을 열량으로 환산 : $W = 860\,Pt$ [kcal]
> ③ 전열기(입력) 용량 : $P = \dfrac{mc\theta}{860\,t\eta}$ [kW] (효율 : $\eta = \dfrac{출력}{입력}$)

여기서, P : 소비전력(출력)[kW] t : 사용 시간[h] η : 효율

m : 질량[kg] c : 비열[kcal/kg·℃] θ : 온도차[℃]

 **핵심요약**

전력 공식

① 정의 : 단위 시간당 전기가 행한 일

② 정의식 : $P = \dfrac{W}{t}$ [W/s = J]

③ 전력량(소비되는 에너지) : $W = Pt$ [J = W·s]

④ 옴의 법칙 대입 : $P = VI = I^2 R = \dfrac{V^2}{R}$ [W]

06 전류의 열작용(열전현상)

1 접촉 전위차와 볼타(Volta)의 법칙

(1) 두 종류의 도체를 접촉시키면 접촉면에 일정한 전위차가 생긴다. 이 전위차를 접촉 전위차라고 한다.

(2) 일정 온도에서 다수의 도체를 직렬로 접촉시켰을 때 양 단자의 전위차의 합은 양 단자의 도체를 직접 접촉시켰을 때의 전위차와 같다. 이것이 볼타의 법칙이다.

2 열기전력(Seebeck effect)

(1) 두 종류의 금속을 고리 모양으로 이어서 두 접속점을 다른 온도로 유지하면, 이 회로에 전류가 흐른다.

(2) 이것을 열전류, 이와 같이 연결한 금속의 루프를 열전대라고 하며, 이 현상을 제벡 효과(Seebeck effect)라고 한다.

3 펠티에 효과(Peltier effect)

(1) 두 종류의 금속의 접속점을 통하여 전류가 흐를 때 접속점에 줄열 이외의 발열 또는 흡열이 일어나는 현상을 말한다.

(2) 제벡 현상과 반대의 개념으로 펠티에 소자를 이용하여 전자냉장고 등을 만들 수 있다.

4 톰슨 효과(Thomson effect)

동일 금속이라도 부분적으로 온도가 다른 금속선에 전류를 흘리면 온도 구배가 있는 부분에 줄열 이외의 발열 또는 흡열이 일어나는 현상이다.

07 전류의 화학작용

1 원자

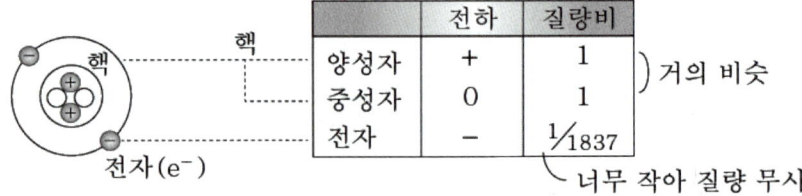

	전하	질량비
양성자	+	1
중성자	0	1
전자	−	$\frac{1}{1837}$

) 거의 비슷

너무 작아 질량 무시

【그림 9】 원자의 구조

(1) 원자란 물질이 이루는 가장 작은 물질의 단위를 말하며 원자 중심에 양(+)전하를 띠는 원자핵이 있고, 그 주위를 음(−)전하를 띠는 전자가 움직이고 있다. 원자의 크기는 반지름 $10^{-7} \sim 10^{-8}[cm]$로 매우 작으며 이러한 원자들이 여러 개 모여 하나의 분자를 이루게 된다.

(2) 원자핵에는 양성자와 중성자로 이루어지고 양성자는 +전하를 띠지만, 중성자는 전하를 띠지 않고 양성자와 전자의 수는 같으므로 원자는 전기적으로 중성상태가 된다.

(3) 원자와 원소

a : 원자번호 = 양성자의 수 = 전자의 수
b : 질량의 수 = 양성자 + 중성자
c : 원자의 수
d : 전하의 수
예) H_2O : 2종류의 원소, 3개의 원자

(4) 원자번호

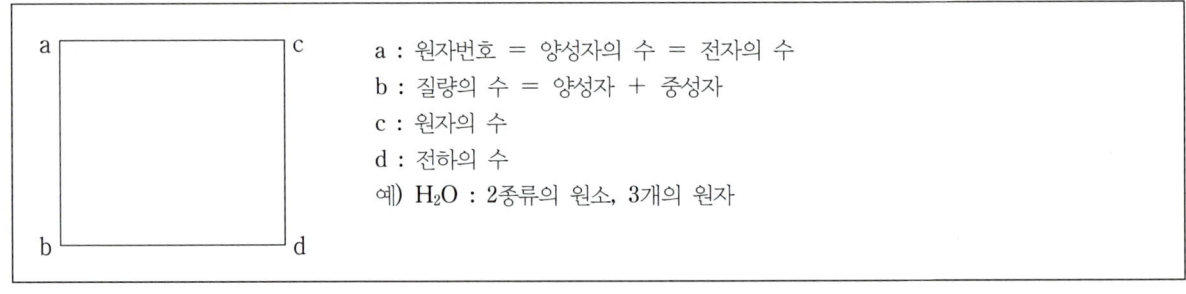

$_1H$	$_2He$	$_3Li$	$_4Be$	$_5B$	$_6C$	$_7N$
수소	헬륨	리튬	베릴륨	붕소	탄소	질소
$_8O$	$_9F$	$_{10}Ne$	$_{11}Na$	$_{12}Mg$	$_{13}Al$	$_{14}Si$
산소	플루오르	네온	나트륨	마그네슘	알루미늄	규소
$_{15}P$	$_{16}S$	$_{17}Cl$	$_{18}Ar$	$_{19}K$	$_{20}Ca$	
인	황	염소	아르곤	칼륨	칼슘	

2 산화와 환원

(1) 산화와 환원은 좁은 의미로는 산소와 수소의 결합으로, 넓은 의미로는 전자의 이동이나 산화수의 변화로 정의하며, 아래와 같이 정리할 수 있다.

① 산소를 얻으면 산화, 산소를 잃으면 환원

② 전자를 잃으면 산화, 전자를 얻으면 환원

③ 수소를 잃으면 산화, 수소를 얻으면 환원

(2) 동(Cu)을 공기 중에서 가열하면 검정색인 산화동이 되는데 이 변화를 화학식으로 나타낼 수 있으며 전자의 움직임에 대하여 반응을 살펴보면 동(Cu)은 원자 1개당 2개의 전자를 잃는 산화작용을 하고, 산소(O_2)는 원자 1개당 2개의 전자를 얻어 환원작용을 한다.

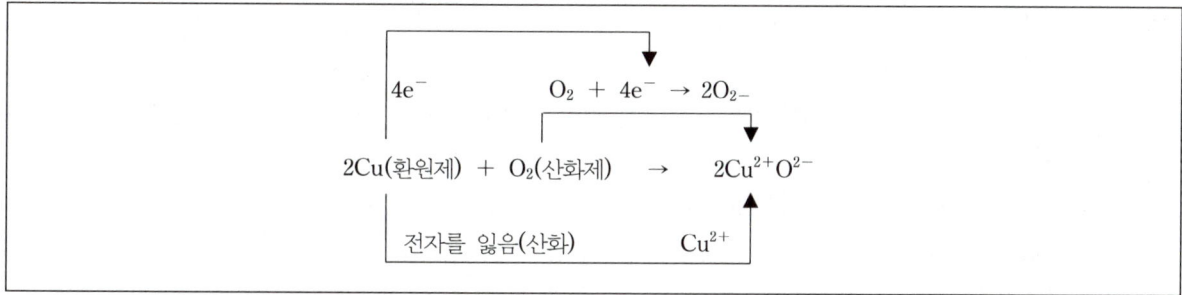

① 산화제 : 상대 물질을 산화시키는 물질

② 환원제 : 상대 물질을 환원시키는 물질

(3) 금속의 반응성

반응성이 커짐 ←   반응성이 작아짐 →

K Ca Na Mg Al Zn Fe Ni Sn Pb (H) Ca Hg Ag Pt Au

금속의 반응성이 크다. = 전자를 잘 잃음 = 양이온이 잘 된다. = 환원력이 크다.

3 화학식

(1) 화학식은 원소기호를 이용하여 물질을 이루는 분자, 이온 등을 표현하는 식으로 화합물은 항상 중성상태가 되어야 한다. 즉, 전하량의 합은 0이 된다.

(2) 다원자 이온

여러 개의 원자가 집단을 이루어 하나의 원자처럼 행동하면서, 동시에 전하를 띠고 있어 일반적인 단원자이온과 비슷하게 행동하는 물질이다.

① OH^- : 수산화 이온($O^{2-} + H^+ \rightarrow OH^-$)   ② NO_3^- : 질산 이온   ③ CO_3^{2-} : 탄산 이온

④ SO_4^{2-} : 황산 이온($S^{6+} + O_4^{2-} \rightarrow SO_4^{2-}$)   ⑤ MnO_4^- : 과망간산 이온   ⑥ NH_4^+ : 암모늄 이온

⑦ PO_4^{3-} : 인산 이온

(3) 예제

① $Na^+ + Cl^- \rightarrow NaCl$: 염화 나트륨	② $Ca^{2+} + Cl^- \rightarrow CaCl$: 염화 칼슘
③ $Al^{3+} + O^{2-} \rightarrow Al_2O_3$: 산화 알루미늄	④ $Li^+ + O^{2-} \rightarrow Li_2O$: 산화 리튬
⑤ $Ca^{2+} + O^{2-} \rightarrow CaO$: 산화 칼슘	⑥ $Na^+ + OH^- \rightarrow NaOH$: 수산화 나트륨
⑦ $Ca^{2+} + OH^- \rightarrow NaOH$: 수산화 칼슘	⑧ $Na^+ + CO_3^{2-} \rightarrow NaOH$: 탄산 나트륨
⑨ $Ca^{2+} + CO_3^{2-} \rightarrow NaOH$: 탄산 칼슘	⑩ $NH_4^+ + Cl^- \rightarrow NaOH$: 염화 암모늄
⑪ $H^+ + PO_4^{3-} \rightarrow NaOH$: 인산	

4 전기 분해

(1) 전기 분해(electrolysis)란 전극 사이에 전해질 수용액 또는 용융염 등의 이온 도전체에 직류 또는 교류를 인가하여 두 전극에서 발생하는 화학반응을 이용해 원하는 생성물을 얻는 방법으로, 전해(電解, electrolysis)라고도 한다.

① 전리(ionization) : 어떤 물질이 물에 녹아 양이온과 음이온으로 분리되는 현상을 말한다.

② 이온(ion) : 전기적으로 중성인 원자 또는 전자를 잃어서 양전하(＋)를 띠거나 전자를 얻어서 음전하(－)를 띤 입자를 말한다.

③ 전해질(electrolyte) : 물에 용해되어 전류가 흐를 수 있도록 한 물질을 말한다.

④ 전해액(electrolyte) : 전기 분해를 위하여 전지의 양극과 음극을 담그는 용액으로 이온을 전도시키는 역할을 한다.

(2) 즉, 전해질 수용액에 전류를 흘려 물질을 분해시키는 일을 말하며 아래와 같이 전기분해 할 수 있다.

① 황산구리 : $CuSO_4 \rightarrow Cu^{2+} + SO_4^{2-}$	② 황산 : $H_2SO_4 \rightarrow 2H^+ + SO_4^{2-}$

5 패러데이의 법칙

(1) 전기 분해에 의하여 전극에 석출되는 물질의 양(W)은 전해액을 통과하는 총 전기량(Q)과 그 물의 화학당량(K, chemical equivalent)에 비례한다.

(2) 패러데이 법칙의 수식적 표현

① $W = KQ = KIt[g]$	② $K = \dfrac{원자량}{원자가}$

여기서, W : 석출된 물질의 양[g] Q : 전기량[C]

K : 전기 화학당량(어떤 원소의 원자량을 원자가로 나눈 값으로, 원자가란 한 원자가 다른 원자와 결합할 수 있는 능력을 말한다)

I : 전해액을 통과한 전류의 크기[A] t : 통전 시간[s]

(3) 전기화학 반응속도는 온도, 농도, 전압, 전극의 재질, 전위 등에 영향을 받는다.

6 전지의 원리(볼타 전지)

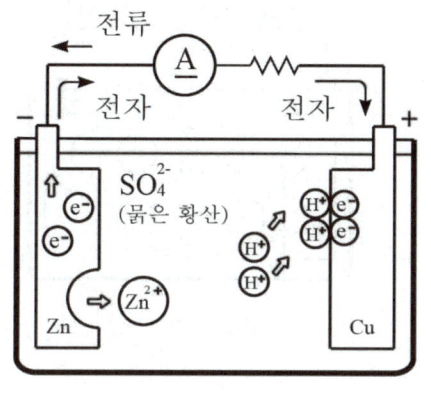 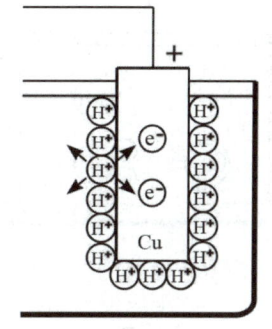

(a) 전지의 원리   (b) 분극현상

【그림 10】 볼타 전지

(1) 【그림 10】 (a)와 같이 아연판(Zn)과 동판(Cu)을 묽은 황산(SO_4^{2-})에 넣으면 이온화 경향이 큰 아연은 묽은 황산 중에 아연이온(Zn^{2+})으로 되어 용출하고, 아연판 표면에 전자(e^-)를 발생시킨다.

> (−)극 : $Zn \rightarrow Z_n^{2+} + 2e^-$: 산화 반응

(2) 동판과 아연판을 전선으로 연결하면 아연판에서 발생한 전자는 도선을 따라 동판측으로 흘러가 동판 표면에서 용액 중의 수소이온과 반응하여 수소(H_2)를 발생시켜 전류는 동판에서 아연판으로 흘러가게 된다.

> (+)극 : $2H^+ + 2e^- \rightarrow H_2$: 환화 반응

(3) 볼타전지에서 전류가 흐르면 (+)극인 동판(Cu)에서 수소(H_2) 기체가 발생하고, 이 수소 기체가 동판(Cu) 주변을 둘러싸서 수소이온(H^+)이 동판으로부터 전자를 받는 것을 방해하는 현상을 분극현상이라 한다. 이러한 분극현상에 의해 볼타전지의 기전력은 처음에는 $1.1[V]$이지만, 잠시 후 분극작용에 의해 $0.4[V]$로 떨어지게 된다.

(4) 분극현상을 없애기 위해서는 발생한 수소 기체를 없애주거나 염다리를 이용해야 한다. 이때 수소 기체를 산화시키기(H_2를 물로 바꾸어 준다) 위해 사용되는 산화제를 감극제 또는 소극제(depolarizer)라 하며 이와 같이 분극현상을 방지하기 위해 고안된 전지가 다니엘 전지가 된다.

7 납축전지

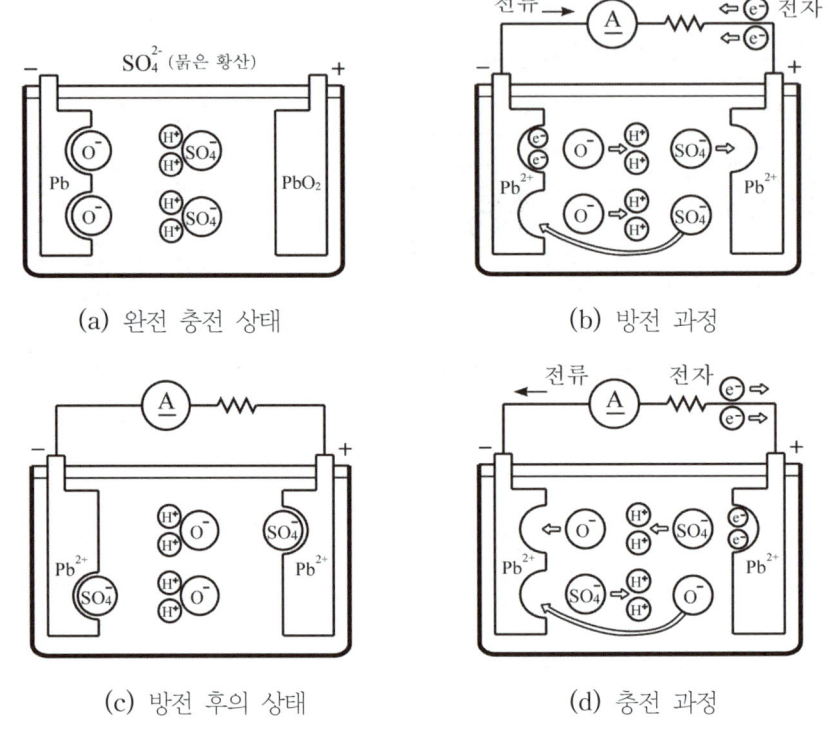

(a) 완전 충전 상태   (b) 방전 과정

(c) 방전 후의 상태   (d) 충전 과정

【그림 11】 납축전지(연축전지)

(1) 완전충전 상태 납축전지의 전해액은 비중이 1.2~1.3인 묽은 황산(SO_4^{2-})을 사용하며 양극(＋)에 갈색의 과산화납(PbO_2)을 음극(－)에 해면상의 회색 납(Pb)을 사용한다.

　① 클레드식(CS형) : 완만한 방전형

　② 페이스트식(HS형) : 급 방전형

(2) 두 극판 사이에 부하(예 : 전구)를 연결하면 두 전극판에 화학반응을 일으켜 양극에서 음극으로 전류가 흐르게 되는데(전자는 음극에서 양극으로 이동) 이때 양극판에서 화학작용을 보면 다음과 같다.

(3) 【그림 11】 (b)와 같이 양극판의 과산화납(PbO_2)은 4가의 납이온(Pb^{4+})과 산소이온(O^{2-})으로 분해되어 음극으로부터 부하(예 : 전구)를 거쳐 양극으로 전자가 이동하면, 4가의 납이온(Pb^{4+})으로부터 2가의 납이온(Pb^{2+})이 생성된다. 이때 2가의 납이온(Pb^{2+})은 전해액에서 해리된 2가의 황산이온(SO_4^{2-})과 반응하여 황산납($PbSO_4$)이 된다. 또한 양극판으로부터 전리된 2가의 산소이온(O^{2-})은 전해액에서 분리된 1가의 수소이온(H^+)과 반응하여 물이 생성하게 된다.

$$\text{양극} : PbO_2 + 4H^+ + SO_4^{2-} + 2e^- \xrightarrow{\text{방전}} PbSO_4 + 2H_2O$$

(4) 음극판은 방전 시 양극판으로 전자를 보내기 때문에 전기적으로 중성상태의 납(Pb), 2가의 납이온(Pb^{2+})으로 변한 다음 전해액 내의 황산이온(SO_4^{2-})과 반응하여 황산납($PbSO_4$)이 된다.

$$\text{음극 : } Pb + SO_4^{2-} \xrightarrow{\text{방전}} PbSO_4 + 2e^-$$

(5) 납축전지 충전 시에는 충전기(외부 전원)를 이용하여 충전기의 (＋)극을 납축전지의 (＋)극에, 충전기의 (－)극을 납축전지의 (－)에 연결하여 충전시킬 수 있다. 충전 시에는 납축전지의 양극판에서 전자를 흡수하고, 전해액으로부터 2가의 황산이온(SO_4^{2-})이 양극판으로 이동하여, 자신이 가지고 있던 전자를 양극판에 주면서 불안전한 4가의 과황산화납($2PbSO_4$)이 된다.

(6) 충전전압은 과황산화납($2PbSO_4$)을 4가의 납이온(Pb^{4+})과 2가의 황산이온(SO_4^{2-})으로 분리시켜 4가의 납이온(Pb^{4+})은 물로부터 전리된 2가의 산소이온(O^{2-})과 반응하여 과산화납(PbO_2)이 된다. 양극판으로부터 전리된 황산이온(SO_4^{2-})은 물로부터 해리된 수소이온(H^+)과 반응하여 황산(H_2SO_4)이 된다.

$$\text{전체 : } Pb + PbO_2 + 2H_2SO_4 \underset{\text{충전}}{\overset{\text{방전}}{\rightleftarrows}} 2PbSO_4 + 2H_2O$$
$$\text{(음극) (양극) (전해액)} \qquad \text{(양극) (전해액)}$$

(7) 납축전지 기전력은 약 2[V], 공칭용량은 10[Ah]가 된다.

8 알칼리 축전지

(1) 전해액으로 알칼리 용액을 사용하며 양극(＋)에 수산화 니켈($Ni(OH)_3$)을, 음극(－)에 철(Fe)을 사용한 에디슨형과 음극에 철 대신 카드뮴(Cd)을 구성한 융그너형이 있으며 최근에는 융그너형(니켈－카드뮴)을 많이 사용하고 있다.

포켓식	소결식
① AL형 : 완만한 방전형	① AH-S형 : 초 급방전형
② AH형 : 표준형	② AHH형 : 초초 급방전형
③ AMH형 : 급방전형	
④ AH-P형 : 초 급방전형	

【표 2】 알칼리 축전지의 종류

(2) 알칼리 축전지의 공칭전압은 1.2[V], 공칭용량은 5[Ah]가 되며 화학 반응식은 다음과 같다.

$$① \text{ 양극 } PbO_2 + 4H^+ + SO_4^{2-} + 2e^- \underset{\text{충전}}{\overset{\text{방전}}{\rightleftarrows}} PbSO_4 + 2H_2O$$

$$② \text{ 음극 } Cd + 2OH \underset{\text{충전}}{\overset{\text{방전}}{\rightleftarrows}} Cd(Oh)_2 + 2e^-$$

$$③ \text{ 전체 } 2NiO(OH) + Cd + 2H_2O \underset{\text{충전}}{\overset{\text{방전}}{\rightleftarrows}} 2Ni(OH)_2 + Cd(OH)_2$$
$$\text{(양극) (음극) (전해액)} \qquad \text{(양극) (음극)}$$

※ 출제예상문제는 기출분석을 바탕으로 자주 출제되는 유형을 선별하였습니다.

01. 대전된 물질이 갖는 전기의 크기를 무엇이라 하는가?

① 자속   ② 전계의 세기
③ 정전용량   ④ 전하

| 해설
대전에 의해서 물체가 띠고 있는 전기를 전하(electric charge)라 한다.

02. 원자핵의 구속력을 벗어나서 물질 내에서 자유로이 이동할 수 있는 것은?

① 중성자   ② 양자
③ 분자   ④ 자유전자

| 해설
㉠ 자유전자 : 진공이나 물질 속에서 외부로부터 힘을 받는 일 없이 자유로이 떠돌아다니는 전자
㉡ 구속전자 : 분자나 원자 속에 갇혀 있어 자유로이 움직일 수 없는 전자

03. 물질 중의 자유전자가 과잉된 상태란?

① (-)대전상태
② 발열상태
③ 중성상태
④ (+)대전상태

| 해설
㉠ (-)대전상태 : 전자의 (-)전기량이 양자의 (+)전기량보다 많은 상태
㉡ (+)대전상태 : 양자의 (+)전기량이 전자의 (-)전기량보다 많은 상태
㉢ 중성상태 : 양자와 전자의 전기량이 같은 상태

04. 어떤 전지에서 5[A]의 전류가 10분간 흘렀다면 이 전지에서 나온 전기량은?

① 0.83[C]   ② 50[C]
③ 250[C]   ④ 3,000[C]

| 해설
전지에서 나온 전기량
$Q = It = 5 \times (10 \times 60) = 3,000\,[A \cdot s = C]$
여기서, 시간 t의 단위는 초[s]가 된다.

05. 1[Ah]는 몇 [C]인가?

① 1,200   ② 2,400
③ 3,600   ④ 4,800

| 해설
$1\,[A \cdot h] = 3,600\,[A \cdot s] = 3,600\,[C]$
여기서, 1시간(1h)은 3,600초(3,600s)가 된다.

06. 전류를 계속 흐르게 하려면 전압을 연속적으로 만들어 주는 어떤 힘이 필요하게 되는데, 이 힘을 무엇이라 하는가?

① 자기력   ② 전자력
③ 기전력   ④ 전기장

| 해설
㉠ 자기력(Magnetic force) : 자석이나 전류끼리 또는 자석과 전류가 서로 끌어당기거나 밀어내는 힘
㉡ 전자력(Electric force) : 자계 중에 전류가 흐를 때, 전류에 작용하는 힘
㉢ 기전력(Electromotive force) : 전하를 이동시키려는 힘(전위차)
㉣ 전기장(= 전계, Electric field) : 전하로 인하여 전기력이 미치는 공간
㉤ 자기장(= 자계, Magnetic field) : 자력(자극에 작용하는 힘)이 미치는 공간

정답   01 ④   02 ④   03 ①   04 ④   05 ③   06 ③

07. 다음 중 1[V]와 같은 값을 갖는 것은?

① 1[J/C]　　　　② 1[Wb/m]
③ 1[Ω/m]　　　　④ 1[A·Wb]

| 해설

전위차 : $V = \dfrac{W}{Q}$ [J/C = V]

여기서, W : 전하를 운반시키기 위해 필요한 에너지(일)
또는 전하가 운반될 때 소비되는 에너지

08. 24[C]의 전기량이 이동해서 144[J]의 일을 했을 때 기전력은?

① 2[V]　　　　② 4[V]
③ 6[V]　　　　④ 8[V]

| 해설

기전력의 정의식 : $V = \dfrac{W}{Q} = \dfrac{144}{24} = 6$ [V]

여기서, W : 전하를 운반시키기 위해 필요한 일[J]
Q : 전하 또는 전기량[C]

09. 1.5[V]의 전위차로 3[A]의 전류가 3분 동안 흘렀을 때 한 일은?

① 1.5[J]　　　　② 13.5[J]
③ 810[J]　　　　④ 2,430[J]

| 해설

전하를 운반시키기 위해 필요한 에너지(일)
$W = QV = ItV = 3 \times (3 \times 60) \times 1.5$
$= 810$ [J]

10. 도체의 전기저항에 대한 설명으로 옳은 것은?

① 길이와 단면적에 비례한다.
② 길이와 단면적에 반비례한다.
③ 길이에 비례하고 단면적에 반비례한다.
④ 길이에 반비례하고 단면적에 비례한다.

| 해설

전기저항 $R = \rho \dfrac{\ell}{S} = \dfrac{\ell}{kS}$ [Ω]

여기서, ρ : 고유저항　　ℓ : 도체의 길이
$k = \sigma$: 도전율　　S : 단면적

11. 어떤 도체의 길이를 2배로 하고 단면적을 1/3로 했을 때의 저항은 원래 저항의 몇 배가 되는가?

① 3배　　　　② 4배
③ 6배　　　　④ 9배

| 해설

전기저항 $R = \rho \dfrac{\ell}{S}$ 에서

$\therefore R' = \rho \dfrac{2\ell}{\frac{S}{3}} = 6\rho \dfrac{\ell}{S} = 6R$

12. 어떤 도체의 길이를 n 배로 하고 단면적을 $\dfrac{1}{n}$ 배로 하였을 때의 저항은 원래 저항보다 어떻게 되는가?

① n 배로 된다.　　② n^2 배로 된다.
③ $\sqrt{n}$ 배로 된다.　　④ $\dfrac{1}{n}$ 배로 된다.

| 해설

전기저항 $R = \rho \dfrac{\ell}{S}$ 에서

$\therefore R' = \rho \dfrac{n\ell}{\frac{S}{n}} = n^2 \rho \dfrac{\ell}{S} = n^2 R$

정답　07 ①　08 ③　09 ③　10 ③　11 ③　12 ②

13. 동선의 길이를 2배로 늘리면 저항은 처음의 몇 배가 되는가? (단, 동선의 체적은 일정하다.)

① 2배   ② 4배

③ 8배   ④ 16배

| 해설

㉠ 초기 전기저항 : $R = \rho \dfrac{\ell}{S}$

㉡ 체적($V = S \times \ell \, [\text{m}^3]$)이 일정한 조건에서 길이를 2배로 늘리면 동선의 단면적이 1/2배가 된다.

㉢ 길이를 2배 늘렸을 때의 전기저항

$: R' = \rho \dfrac{2\ell}{\dfrac{S}{2}} = 2^2 \rho \dfrac{\ell}{S} = 4R$

14. 도전율(전도율)의 단위는?

① $[\Omega \cdot \text{m}]$ ② $[\mho \cdot \text{m}]$

③ $[\Omega / \text{m}]$ ④ $[\mho / \text{m}]$

| 해설

전기저항 $R = \rho \dfrac{\ell}{S} = \dfrac{\ell}{kS}$ 에서 도전율은

$\therefore \; k = \dfrac{\ell}{RS} \left[\dfrac{\text{m}}{\Omega \cdot \text{m}^2} = \dfrac{1}{\Omega \cdot \text{m}} = \mho / \text{m} \right]$

15. $1[\Omega \cdot \text{m}]$과 같은 것은?

① $1[\mu \Omega \cdot \text{cm}]$ ② $10^6 [\Omega \cdot \text{mm}^2 / \text{m}]$

③ $10^2 [\Omega \cdot \text{mm}]$ ④ $10^4 [\Omega \cdot \text{cm}]$

| 해설

㉠ $1[\text{mm}] = 10^{-3} [\text{m}] \;\; \rightarrow \;\; 1[\text{m}] = 10^3 [\text{mm}]$

㉡ $1[\text{mm}^2] = 10^{-6} [\text{m}^2] \rightarrow 1[\text{m}^2] = 10^6 [\text{mm}^2]$

㉢ $1[\Omega \cdot \text{mm}^2 / \text{m}] = 10^{-6} [\Omega \cdot \text{m}^2 / \text{m} = \Omega \cdot \text{m}]$

$\therefore \; 1[\Omega \cdot \text{m}] = 10^6 [\Omega \cdot \text{mm}^2 / \text{m}]$

16. 전기 전도도가 좋은 순서대로 도체를 나열한 것은?

① 은 → 구리 → 금 → 알루미늄

② 구리 → 금 → 은 → 알루미늄

③ 금 → 구리 → 알루미늄 → 은

④ 알루미늄 → 금 → 은 → 구리

| 해설

전기 전도도가 좋은 순서대로 도체를 나열하면 은 → 구리 → 금 → 알루미늄 순이다.

17. 일반적으로 온도가 높아지게 되면 전도율이 커져서 온도계수가 부($-$)의 값을 가지는 것이 아닌 것은?

① 구리   ② 반도체

③ 탄소   ④ 전해액

| 해설

㉠ 정특성 온도계수 : 금속

㉡ 부특성 온도계수 : 전해액, 대지, 반도체, 탄소 등

18. 전구를 점등하기 전의 저항과 점등한 후의 저항을 비교하면 어떻게 되는가?

① 점등 후의 저항이 크다.

② 점등 전의 저항이 크다.

③ 변동 없다.

④ 경우에 따라 다르다.

| 해설

전구를 작동시키고 있으면 전구 내부 온도가 올라간다. 일반적인 조명부하(저항체)는 온도가 올라갈수록 저항값이 커진다.

정답   13 ②   14 ④   15 ②   16 ①   17 ①   18 ①

19. "회로의 접속점에서 볼 때, 접속점에 흘러 들어오는 전류의 합은 흘러나가는 전류의 합과 같다."라고 정의되는 법칙은?

① 키르히호프 제1법칙
② 키르히호프 제2법칙
③ 플레밍의 오른손 법칙
④ 앙페르의 오른나사 법칙

> **| 해설**
> ○ 키르히호프의 제1법칙 : 전류법칙(KCL)
> ○ 키르히호프의 제2법칙 : 전압법칙(KVL)
> ○ 플레밍의 오른손 법칙 : 발전기 법칙
> ○ 앙페르의 오른나사 법칙 : 전류와 자계의 방향을 나타내는 법칙

20. 다음 중 ( ) 속에 들어갈 내용은?

> 회로에 흐르는 전류의 크기는 저항에 (㉮)하고, 가해진 전압에 (㉯)한다.

	㉮	㉯
①	비례	비례
②	비례	반비례
③	반비례	비례
④	반비례	반비례

> **| 해설**
> 옴의 법칙($I = \dfrac{V}{R}$[A])에서 전류 I는 저항 R에 반비례하고 전압 V에 비례한다.
> 여기서, V : 기전력(전압)[V] R : 저항[Ω]

21. 어떤 저항(R)에 전압(V)을 가하니 전류(I)가 흘렀다. 이 회로의 저항(R)을 20[%] 줄이면 전류(I)는 처음의 몇 배가 되는가?

① 0.8   ② 0.88
③ 1.25   ④ 2.04

> **| 해설**
> 전류 $I = \dfrac{V}{R}$ 에서 R을 $0.8R$로 20[%] 줄이면 전류는 1.25배로 상승한다.
> $$\therefore I' = \frac{V}{0.8R} = 1.25\frac{V}{R} = 1.25I$$

22. 100[V]에서 5[A]가 흐르는 전열기에 120[V]를 가하면 흐르는 전류는?

① 4.1[A]   ② 6.0[A]
③ 7.2[A]   ④ 8.4[A]

> **| 해설**
> ○ 전류 $I = \dfrac{V}{R}$ 에서 전열기의 저항값은 변하지 않으므로 전류는 인가되는 전압에 비례한다.
> ○ 따라서 전압이 1.2배 증가하면 전류 또한 1.2배 커지게 된다.
> $$\therefore I' = 1.2I = 1.2 \times 5 = 6\,[A]$$

23. 기전력이 V_0[V], 내부저항이 r[Ω]인 n개의 전지를 직렬 연결하였다. 전체 내부저항을 옳게 나타낸 것은?

① $\dfrac{r}{n}$ ② nr

③ $\dfrac{r}{n^2}$ ④ nr^2

> **| 해설**
> 전지를 직렬로 접속하면 기전력과 내부저항이 모두 n배 된다.
> $$\therefore 합성 내부저항 r_0 = nr\,[Ω]$$
>
> <참고>
> 전지를 병렬로 접속하면 전압은 전지 1개의 전압과 같고, 내부저항은 $1/n$배가 된다.

24. 기전력 1.5[V], 내부 저항이 0.2[Ω]인 전지 5개를 직렬로 연결하고 이를 단락하였을 때의 단락전류[A]는?

① 1.5   ② 4.5
③ 7.5   ④ 15

| 해설
전지의 단락회로는 다음과 같다.

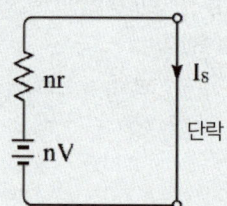

∴ 단락전류 $I_s = \dfrac{nV}{nr} = \dfrac{5 \times 1.5}{5 \times 0.2} = 7.5\,[\mathrm{A}]$

여기서, nV : 전지의 합성 기전력
$\quad\quad\quad nr$: 전지의 합성 내부 저항

25. 그림에서 단자 A−B 사이의 전압은 몇 [V]인가?

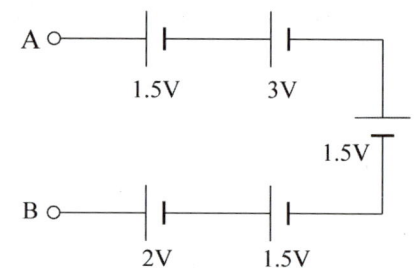

① 1.5   ② 2.5
③ 6.5   ④ 9.5

| 해설
전류가 A에서 B측으로 흐른다고 가정했을 때 회로 단자 전압은 다음과 같다.
$V = -1.5 - 3 - 1.5 + 1.5 + 2 = -2.5\,[\mathrm{V}]$
∴ 전압의 크기 $V = 2.5\,[\mathrm{V}]$

26. 그림에서 폐회로에 흐르는 전류는 몇 [A]인가?

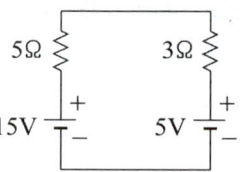

① 1   ② 1.25
③ 2   ④ 2.5

| 해설
전압의 극성이 서로 반대로 접속되어 있으므로 회로의 전위차는 $V = 15 - 5$가 된다.
∴ 전류 $I = \dfrac{V}{R} = \dfrac{15 - 5}{5 + 3} = 1.25\,[\mathrm{A}]$

27. $R_1[\Omega]$, $R_2[\Omega]$, $R_3[\Omega]$의 저항 3개를 직렬 접속했을 때의 합성저항[Ω]은?

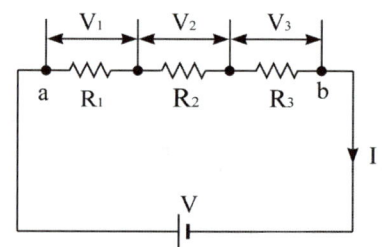

① $R = \dfrac{R_1 \cdot R_2 \cdot R_3}{R_1 + R_2 + R_3}$

② $R = \dfrac{R_1 + R_2 + R_3}{R_1 \cdot R_2 \cdot R_3}$

③ $R = R_1 \cdot R_2 \cdot R_3$

④ $R = R_1 + R_2 + R_3$

| 해설
직렬 합성저항 $R_s = R_1 + R_2 + R_3$

28. 2개의 저항 R_1, R_2를 병렬 접속하면 합성저항은?

① $\dfrac{1}{R_1 + R_2}$ 　　② $\dfrac{R_1}{R_1 + R_2}$

③ $\dfrac{R_1 \times R_2}{R_1 + R_2}$ 　　④ $\dfrac{R_2}{R_1 + R_2}$

| 해설
병렬 접속 시 합성저항

$$R = \dfrac{1}{\dfrac{1}{R_1} + \dfrac{1}{R_2}} = \dfrac{R_1 \times R_2}{R_1 + R_2} \, [\Omega]$$

29. 4[Ω], 6[Ω], 8[Ω]의 3개 저항을 병렬 접속할 때 합성저항은 약 몇 [Ω]인가?

① 1.8[Ω] 　　② 2.5[Ω]
③ 3.6[Ω] 　　④ 4.5[Ω]

| 해설
㉠ 병렬 합성저항

$$R = \dfrac{1}{\dfrac{1}{R_1} + \dfrac{1}{R_2} + \dfrac{1}{R_3}} = \dfrac{1}{\dfrac{1}{4} + \dfrac{1}{6} + \dfrac{1}{8}}$$
$$= 1.85 \, [\Omega]$$

㉡ 위 공식을 정리하여 아래와 같이 풀 수 있다.
$$R = \dfrac{R_1 R_2 R_3}{R_1 R_2 + R_2 R_3 + R_3 R_1}$$
$$= \dfrac{4 \times 6 \times 8}{4 \times 6 + 6 \times 8 + 8 \times 4} = 1.85 \, [\Omega]$$

30. 저항의 병렬접속에서 합성저항을 구하는 설명으로 옳은 것은?

① 연결된 저항을 모두 합하면 된다.
② 각 저항값의 역수에 대한 합을 구하면 된다.
③ 저항값의 역수에 대한 합을 구하고 다시 그 역수를 취하면 된다.
④ 각 저항값을 모두 합하고 저항 숫자로 나누면 된다.

| 해설
㉠ n개의 저항을 병렬로 접속 시 합성저항

$$R_P = \dfrac{1}{\dfrac{1}{R_1} + \dfrac{1}{R_2} + \cdots + \dfrac{1}{R_n}} \, [\Omega]$$

㉡ $R_1 = R_2 = \cdots = R_n = R$인 경우

$$R_P = \dfrac{1}{\dfrac{n}{R}} = \dfrac{R}{n} \, [\Omega]$$

31. 10[Ω] 저항 5개를 가지고 얻을 수 있는 가장 작은 합성저항 값은?

① 1[Ω] 　　② 2[Ω]
③ 4[Ω] 　　④ 5[Ω]

| 해설
합성저항은 직렬로 접속하면 최대, 병렬로 접속하면 최소가 된다.

$$\therefore R_P = \dfrac{R}{n} = \dfrac{10}{5} = 2 \, [\Omega]$$

32. 그림과 같은 회로에서 합성저항은 몇 [Ω]인가?

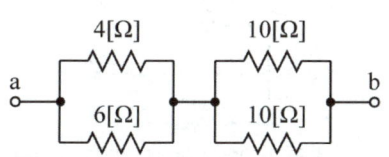

① 6.8[Ω] 　　② 7.4[Ω]
③ 8.7[Ω] 　　④ 9.4[Ω]

| 해설

$$R_{ab} = \dfrac{4 \times 6}{4 + 6} + \dfrac{10 \times 10}{10 + 10} = 7.4 \, [\Omega]$$

정답　 28 ③　29 ①　30 ③　31 ②　32 ②

33. 다음 회로에서 a, b 간의 합성저항은?

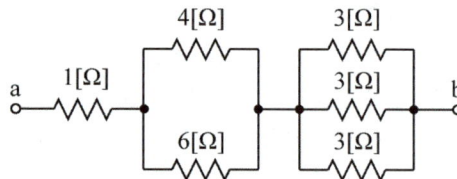

① 4[Ω]   ② 2.2[Ω]

③ 3[Ω]   ④ 4.4[Ω]

| 해설

$$R_{ab} = 1 + \frac{4 \times 6}{4+6} + \frac{3}{3} = 4.4\,[\Omega]$$

34. 다음 회로에서 a, b 간의 합성저항은?

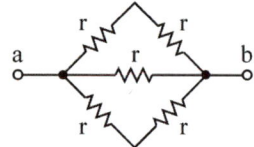

① $\dfrac{r}{2}$ ② r

③ $\dfrac{3}{2}r$ ④ $2r$

| 해설

㉠ 문제의 그림을 다시 그리면 아래와 같다.

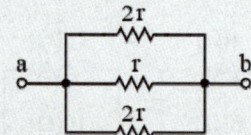

㉡ 위 병렬회로에서 위쪽과 아래쪽의 $2r$ 끼리 합성하면 다음과 같다. (병렬 합성 시 저항의 크기가 같으면 한 개 저항값을 병렬회로수로 나누어 구할 수 있다. 즉, $\dfrac{2r}{2} = r$)

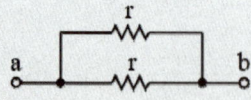

$$\therefore R_{ab} = \frac{r}{2}\,[\Omega]$$

35. 회로에서 a－b단자 간의 합성저항[Ω] 값은?

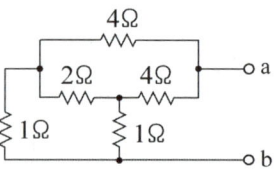

① 1.5   ② 2

③ 2.5   ④ 4

| 해설

㉠ 주어진 회로는 아래와 같이 그릴 수 있다.

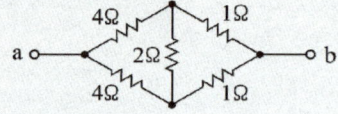

㉡ 위 회로는 휘트스톤 브리지 회로이며 평형 조건을 갖추었으므로 아래와 같이 등가변환할 수 있다.

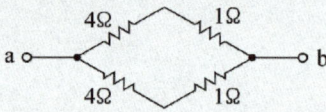

$$\therefore \text{합성저항 } R = \frac{(1+4) \times (1+4)}{(1+4)+(1+4)} = 2.5\,[\Omega]$$

36. 저항 R_1, R_2, R_3가 직렬로 접속되어 있을 때 R_2에 걸리는 전압을 구하는 공식은?

① $\dfrac{R_2}{R_1 + R_2 + R_3} \times V$

② $\dfrac{R_1 R_2}{R_1 + R_2 + R_3} \times V$

③ $\dfrac{R_2}{R_1 R_2 R_3} \times V$

④ $\dfrac{R_1 R_2}{R_1 R_2 R_3} \times V$

| 해설

㉠ 전류 : $I = \dfrac{V}{R} = \dfrac{V}{R_1 + R_2 + R_3}$ [A]

㉡ 직렬접속 시에는 회로에 흐르는 전류는 일정하므로 R_2의 단자전압은 R_2를 통과하는 전류와 R_2를 곱해서 구할 수 있다.

$$\therefore V_2 = IR_2 = \frac{R_2}{R_1 + R_2 + R_3} \times V\,[V]$$

정답   33 ④   34 ①   35 ③   36 ①

37. 그림과 같은 회로에서 저항 R_1에 흐르는 전류는?

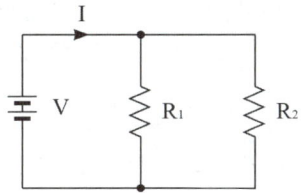

① $(R_1 + R_2)I$ 　　② $\dfrac{R_2}{R_1 + R_2}I$

③ $\dfrac{R_1}{R_1 + R_2}I$ 　　④ $\dfrac{R_1 R_2}{R_1 + R_2}I$

| 해설
전류 분배 법칙

㉠ R_1 통과 전류 : $I_1 = \dfrac{R_2}{R_1 + R_2} \times I$

㉡ R_2 통과 전류 : $I_2 = \dfrac{R_1}{R_1 + R_2} \times I$

38. 그림과 같은 회로에서 4[Ω]에 흐르는 전류[A] 값은?

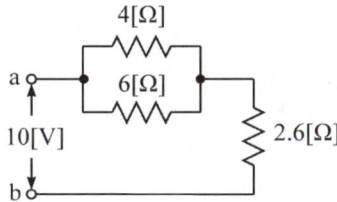

① 0.6 　　　② 0.8
③ 1.0 　　　④ 1.2

| 해설
㉠ 합성저항
$$R = \dfrac{4 \times 6}{4 + 6} + 2.6 = 5\,[\Omega]$$
㉡ 전전류
$$I = \dfrac{V}{R} = \dfrac{10}{5} = 2\,[A]$$
㉢ 4[Ω]에 흐르는 전류(전류 분배 법칙)
$$I_1 = \dfrac{R_2}{R_1 + R_2} \times I = \dfrac{6}{4 + 6} \times 2 = 1.2\,[A]$$

39. 그림의 회로에서 모든 저항값은 2[Ω]이고, 전류 전체 I는 6[A]이다. I_1의 크기는?

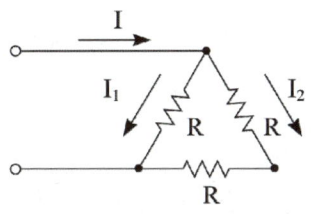

① 1[A] 　　　② 2[A]
③ 3[A] 　　　④ 4[A]

| 해설
㉠ 회로를 정리해서 다시 그리면 아래와 같다.

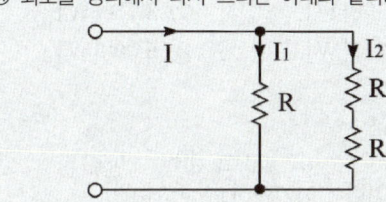

㉡ 전류분배법칙을 활용해서 I_1을 구하면
$$\therefore I_1 = \dfrac{2R}{R + 2R} \times I = \dfrac{2}{3} \times 6 = 4\,[A]$$

40. 10[Ω]의 저항과 R[Ω]의 저항이 병렬로 접속되어 있고 10[Ω]의 전류가 5[A], R[Ω]의 전류가 2[A]이면 저항 R[Ω]은?

① 10 　　　② 20
③ 25 　　　④ 30

| 해설

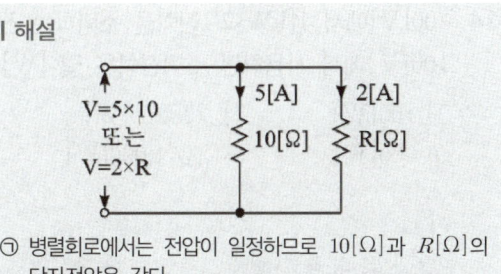

㉠ 병렬회로에서는 전압이 일정하므로 10[Ω]과 R[Ω]의 단자전압은 같다.
㉡ 병렬 단자전압 : $V = 5 \times 10 = 2 \times R$
$$\therefore R = \dfrac{5 \times 10}{2} = 25\,[\Omega]$$

41. 20분간 876,000[J]의 일을 할 때 전력은 몇 [kW]인가?

① 0.73

② 7.3

③ 73

④ 730

| 해설
전력 정의식

$$P = \frac{W}{t} = \frac{876,000}{20 \times 60} = 730[\text{W}] = 0.73[\text{kW}]$$

42. 5[HP]를 와트[W] 단위로 환산하면?

① 4,300[W]

② 3,730[W]

③ 1,317[W]

④ 5,000[W]

| 해설
$1[\text{HP}] = 746[\text{W}]$이므로 ([HP] : 마력)
$$\therefore 5[\text{HP}] = 5 \times 746[\text{W}] = 3,730[\text{W}]$$

43. 전력량 1[Wh]와 그 의미가 같은 것은?

① 1[C]

② 1[J]

③ 3,600[C]

④ 3,600[J]

| 해설
전력량
$$W = P \times t = 1[\text{W}] \times 1[\text{hour}] = 1[\text{W}] \times 3,600[\text{s}]$$
$$= 3,600[\text{W} \cdot \text{s}] = 3,600[\text{J}]$$

44. 200[V]에서 1[kW]의 전력을 소비하는 전열기를 100[V]에서 사용하면 소비전력은 몇 [W]인가?

① 150[W]

② 250[W]

③ 400[W]

④ 1,000[W]

| 해설
㉠ 전열기의 내부저항
$$: R = \frac{V^2}{P} = \frac{200^2}{1,000} = 40[\Omega]$$
㉡ 100[V] 인가 시 소비전력
$$: P = \frac{V^2}{R} = \frac{100^2}{40} = 250[\text{W}]$$

45. 100[V], 300[W]의 전열선의 저항값은?

① 약 0.33[Ω]

② 약 3.33[Ω]

③ 약 33.3[Ω]

④ 약 333[Ω]

| 해설
㉠ 전열기기와 조명기구는 순수한 저항 부하로 취급한다.
㉡ 유효전력 $P = I^2 R = \dfrac{V^2}{R}$ [W]에서

$$\therefore \text{저항 } R = \frac{V^2}{P} = \frac{100^2}{300} = 33.3[\Omega]$$

46. 전류의 발열작용에 관한 법칙으로 가장 알맞은 것은?

① 옴의 법칙

② 패러데이의 법칙

③ 줄의 법칙

④ 키르히호프의 법칙

| 해설
줄의 법칙(Joule's Law)
전류가 흐르면 도체는 에너지를 소비하며 이 에너지는 열의 형태로 소비된다.

47. 1[kWh]는 몇 [kcal]인가?

① 8,600

② 4,200

③ 2,400

④ 860

| 해설
㉠ $1[\text{W} \cdot \text{s}] = 1[\text{J}] \fallingdotseq 0.24[\text{cal}]$
㉡ $1[\text{kWh}] = 3,600[\text{kWs}] = 3,600[\text{kJ}]$
$$\fallingdotseq 3,600 \times 0.24[\text{kcal}] \fallingdotseq 860[\text{kcal}]$$

48. 저항이 10[Ω]인 도체에 1[A]의 전류를 10분간 흘렸다면 발생하는 열량은 몇 [kcal]인가?

① 0.62[kcal]

② 1.44[kcal]

③ 4.46[kcal]

④ 6.24[kcal]

| 해설
줄의 법칙에 의한 발열량
$$H = 0.24 I^2 R t = 0.24 \times 1^2 \times 10 \times (10 \times 60)$$
$$= 1,440[\text{cal}] = 1.44[\text{kcal}]$$

정답   41 ①   42 ②   43 ④   44 ②   45 ③   46 ③   47 ④   48 ②

49. 3[kW]의 전열기를 정격 상태에서 20분간 사용하였을 때의 열량은 몇 [kcal]인가?

① 430   ② 4,200
③ 2,400   ④ 860

| 해설

㉠ $W = Pt = 3[\text{kW}] \times \dfrac{20}{60}[\text{h}] = 1[\text{kWh}]$

㉡ $1[\text{kWh}] = 860[\text{kcal}]$

50. 전류계의 측정범위를 확대시키기 위하여 전류계와 병렬로 접속하는 것은?

① 분류기   ② 배율기
③ 검류기   ④ 전위차계

| 해설

② 배율기 : 배율저항을 전압계와 직렬로 접속하여 전압의 측정범위를 확대시킨다.
③ 검류기 : 전기회로의 매우 작은 전류, 전압, 전기량을 측정하는 기구를 말한다.
④ 전위차계 : 일반적으로 전압을 나누는 목적으로 만들어진 가변저항을 말한다.

51. 두 금속을 접속하여 여기에 전류를 흘리면, 줄열 외에 그 접점에서 열의 발생 또는 흡수가 일어나는 현상은?

① 줄 효과   ② 홀 효과
③ 제벡 효과   ④ 펠티에 효과

| 해설

③ 제벡 효과 : 서로 다른 두 금속을 접속하여 한 접합부에 온도변화를 주면 기전력이 발생하는 현상
④ 펠티에 효과 : 서로 다른 두 금속을 접속하여 여기에 전류를 흘리면, 줄열 외에 그 접점에서 열의 발생 또는 흡수가 일어나는 현상

52. 서로 다른 종류의 안티몬과 비스무트의 두 금속을 접속하여 여기에 전류를 통하면, 그 접점에서 열의 발생 또는 흡수가 일어난다. 줄열과 달리 전류의 방향에 따라 열의 흡수와 발생이 다르게 나타나는 이 현상은?

① 펠티에 효과   ② 제벡 효과
③ 제3금속의 법칙   ④ 열전 효과

| 해설
펠티에 효과는 전기로 열을 일으키는 현상이다.

53. 다음이 설명하는 것은?

> 금속 A와 B로 만든 열전쌍과 접점 사이에 임의의 금속 C를 연결해도 C의 양 끝의 접점의 온도를 똑같이 유지하면 회로의 열기전력은 변화하지 않는다.

① 제벡의 효과   ② 톰슨 효과
③ 제3금속의 법칙   ④ 펠티에 효과

| 해설
제3금속의 법칙에 대한 설명이다.

54. 전기분해를 하면 석출되는 물질의 양은 통과한 전기량에 관계가 있다. 이것을 나타낸 법칙은?

① 옴의 법칙   ② 쿨롱의 법칙
③ 앙페르의 법칙   ④ 패러데이의 법칙

| 해설
패러데이 법칙 $W = KQ = KIt[\text{g}]$
여기서, W : 석출된 물질의 양 Q : 전기량[C]
      I : 전류[A] t : 통전 시간[s]
     K : 전기화학당량[g/C]

정답   49 ④   50 ①   51 ④   52 ①   53 ③   54 ④

55. 전기분해를 통하여 석출된 물질의 양은 통과한 전기량 및 화학당량과 어떤 관계인가?

① 전기량과 화학당량에 비례한다.
② 전기량과 화학당량에 반비례한다.
③ 전기량에 비례하고 화학당량에 반비례한다.
④ 전기량에 반비례하고 화학당량에 비례한다.

| 해설
패러데이 법칙 $W = KQ = KIt$ [g]
여기서, W : 석출된 물질의 양　　Q : 전기량[C]
　　　　I : 전류[A]　　　　　t : 통전 시간[s]
　　　　K : 전기화학당량[g/C]

56. 황산구리 용액의 10[A]의 전류를 60분간 흘린 경우 이때 석출되는 구리의 양은? (단, 구리의 전기화학당량은 0.3293×10^{-3}[g/C]이다.)

① 약 1.97[g]
② 약 5.93[g]
③ 약 7.82[g]
④ 약 11.86[g]

| 해설
패러데이 법칙
$$W = KQ = KIt$$
$$= 0.3293 \times 10^{-3} \times 10 \times 60 \times 60$$
$$= 11.86 \,[g]$$

57. 다음 중 1차 전지에 해당하는 것은?

① 망간 건전지
② 니켈－카드뮴 전지
③ 납축전지
④ 리튬 이온 전지

| 해설
㉠ 1차 전지(충전할 수 없는 전지) : 망간 전지, 알카리·망간 전지, 산화은 전지, 수은 전지, 공기 전지, 리튬 전지 등
㉡ 2차 전지(충전할 수 있는 전지) : 납축전지, 알칼리 전지(니켈－카드뮴 전지)

58. 알칼리 축전지의 대표적인 축전지로 널리 사용되고 있는 2차 전지는?

① 망간 전지
② 산화은 전지
③ 페이퍼 전지
④ 니켈－카드뮴 전지

| 해설
㉠ 1차 전지(충전할 수 없는 전지) : 망간 전지, 알카리·망간 전지, 산화은 전지, 수은 전지, 공기 전지, 리튬 전지 등
㉡ 2차 전지(충전할 수 있는 전지) : 납축전지, 알칼리 전지(니켈－카드뮴 전지)

정답　　55 ①　56 ④　57 ①　58 ④

Chapter 02 정전계와 정자계

01 정전계

1 정전계의 기초 사항

(1) 구속전자와 자유전자

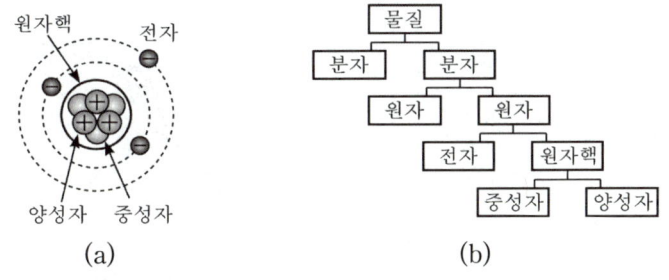

【그림 1】 보어의 원자모양

① 전자는 원자핵으로부터 인력을 받고 있어 원자핵 주위를 돌며 속박되어 있다. 이러한 전자를 구속전자라 한다. 이 중 원자핵에서 멀리 떨어진 외곽전자는 특정한 원자에 속박되어 있지 않고 원자 사이를 자유롭게 돌아다닐 수 있다. 이러한 전자를 자유전자라 한다.

② 자유전자가 없는 절연체에 전기력을 가하면 구속전자의 변위만 일어나고 전자는 이동하지 않는다. 이와 같이 절연체 중에서 전기작용이 일어나는 것을 유전체(誘電體 : dielectric)라 한다.

(2) 전기분극과 유전율

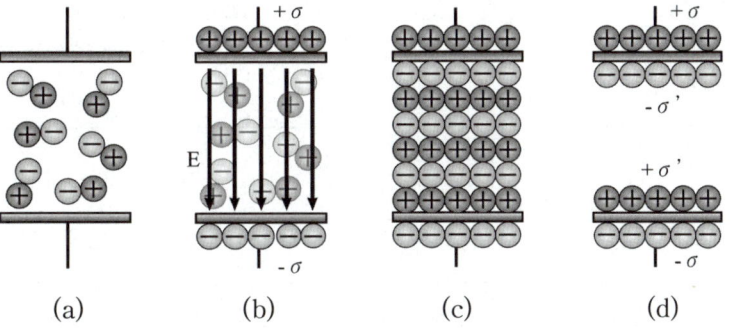

여기서, $\pm\sigma$: 진전하 밀도 $\pm\sigma'$: 분극 전하밀도

【그림 2】 전기 분극

① 유전체에는 【그림 2】 (a)와 같이 여러 개의 전자, 원자, 분자 등으로 구성된 전기쌍극자가 있으며 유전체에 전계 E를 가하면 【그림 2】 (c)와 같이 전기 쌍극자는 재배열된다. 이때, 유전체 내부에서 맞닿은 양전하와 음전하는 상쇄되고 유전체 양 끝의 전하는 상쇄되지 않아 【그림 2】 (d)와 같이 최외각에만 전하가 나타나게 된다. 이러한 현상을 전기분극(電氣分極 : electric polarization)이라 한다.

② 유전율(permittivity, 誘電率)이란 물질(또는 공간)마다 갖고 있는 고유한 전기 상수로, 대표문자로 ϵ(epsilon, 입실론), 단위 $[\text{F/m}]$을 사용한다. 전계를 이해하고 계산할 때 필수적인 개념으로 전기의 힘이 어느 공간에 어느 정도로 작용하고 있는지 알 수 있게 하는 값이다.

③ 유전율은 물질마다 다르지만, 진공의 유전율(ϵ_0)은 불변이므로 진공을 유전율 값의 기준으로 정한다. 물질마다 다른 유전율은 진공의 유전율 값의 상수배로 표기하며 이때 곱하는 상수를 비유전율(ϵ_s)이라고 한다.

> ㉠ 유전율 : $\epsilon = \epsilon_0 \times \epsilon_s\,[\text{F/m}]$
>
> ㉡ 진공의 유전율 : $\epsilon_0 = 8.855 \times 10^{-12}\,[\text{F/m}]$

여기서, ϵ_0 : 진공의 유전율 ϵ_s 또는 ϵ_r : 비유전율

(3) 비유전율

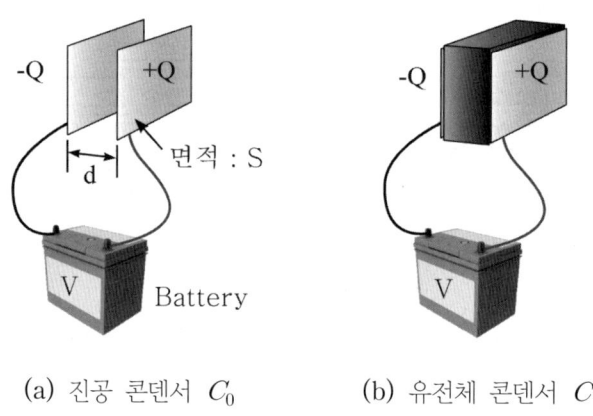

(a) 진공 콘덴서 C_0 (b) 유전체 콘덴서 C

【그림 3】 콘덴서에 축적된 전기량(정전용량 C)

① 비유전율은 진공 상태를 기준으로 유전체의 전기적 특성변화를 나타낸 비율로, 진공 콘덴서의 정전용량 C_0 와 유전체 콘덴서의 정전용량 C 에 축적되는 전기량의 비를 의미한다.

② 【그림 3】과 같이 극판 간격, 단면적, 구조가 모두 동일한 두 콘덴서에 한쪽에는 진공을, 다른 한쪽에는 유전체(종이, 기름, 운모 등)를 채우고 동일한 전위차 V 를 인가하면, 유전체를 채운 콘덴서에 더 많은 전기량이 축적된다($Q_0 < Q$).

> ㉠ 콘덴서에 축적되는 총 전하량 : $Q = CV = \epsilon_s C_0 V$
>
> ㉡ 비유전율 : $\epsilon_s = \dfrac{Q}{Q_0} = \dfrac{CV}{C_0 V} = \dfrac{C}{C_0}$

③ 위와 같이 진공 콘덴서에 유전체를 삽입하면 ϵ_s배만큼 콘덴서의 정전용량과 전기량이 증가하게 되는데, 이때의 비율을 비유전율이라 하며 비유전율은 1보다 크고 【표 1】과 같이 유전체의 종류에 따라 크기가 다르다.

물질	비유전율	물질	비유전율
진공	1	유황	3.6~4.2
수소	1.000264	종이	2.0~2.6
산소	1.000547	에보나이트	2.8
공기	1.000587	베클라이트	4.5~5.5
변압기 유	2.2~2.4	운모	5.5~6.6
에틸알코올	25.8	유리	5.4~9.9
물	80.7	금강석	16.5
파라핀	2.1~2.5	장석자기	6~7
고무	2.0~3.5	염화티탄	15~5000

【표 1】 물질의 비유전율

(4) 투자율(magnetic permeability, 透磁率)

① 투자율이란 자기장의 영향을 받아 진공에서 나타나는 값인 자계의 세기 H와 자성체가 자기장의 영향을 받아 자화할 때에 생기는 자속밀도 B와 진공 중에서 나타나는 자계의 세기 H의 비($M = \dfrac{B}{H}$)를 말한다.

② 즉, 자성체가 자계에 의해 자화되는 정도를 나타내는 자기상수이다.

> ㉠ 투자율 : $\mu = \mu_0 \times \mu_s$ [H/m]
>
> ㉡ 진공의 투자율 : $\mu_0 = 4\pi \times 10^{-7}$ [H/m]

여기서, μ_0 : 진공의 투자율 μ_s 또는 μ_r : 비투자율

③ 진공의 비투자율은 1이며, 자성체의 종류에 따라 비투자율 값은 다르다.

참고   용어 정리

① 유전체 : 전기적 특성을 끌어낼 수 있는 절연체
② 유전율 : 전기적 특성을 나타내는 상수(유전체로 인하여 도체에 축적되는 전하량, 정전용량, 전기력 등의 변화를 나타내는 비례상수)
③ 자성체 : 자기적인 특성(자석의 힘)을 끌어낼 수 있는 물체
④ 투자율 : 자기적인 특성을 나타내는 상수(자성체로 인하여 자성체 내의 자속, 인덕턴스, 자기력 등의 변화를 나타내는 비례상수)

2 쿨롱의 법칙

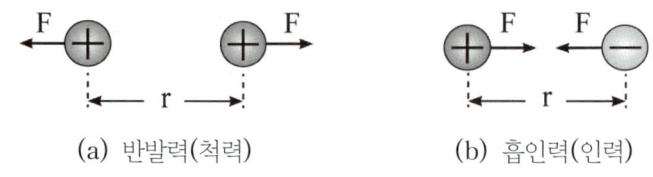

(a) 반발력(척력) (b) 흡인력(인력)

【그림 4】 전기력의 방향

(1) 어떤 공간에 두 개의 전하가 존재하면 둘 사이에는 힘이 생긴다. 이를 쿨롱의 법칙이라고 하며 전계를 해석하는 가장 기본적인 원리이다. 식은 다음과 같다.

$$F = k \cdot \frac{Q_1 Q_2}{r^2} = \frac{1}{4\pi\epsilon_0} \cdot \frac{Q_1 Q_2}{r^2} = 9 \times 10^9 \cdot \frac{Q_1 Q_2}{r^2} \, [\text{N}]$$

여기서, $F > 0$: 반발력(척력) $F < 0$: 흡인력(인력)

(2) 쿨롱의 법칙으로 생기는 힘을 전기력 또는 정전력이라고 하며 그 힘은 전하 사이의 거리가 멀어질수록 약해지고 전하가 클수록 강해진다. 이때 작용하는 힘의 방향은 전하의 부호에 따라 결정되는데 두 전하의 부호가 같다면 서로를 밀어내는 방향으로 힘이 생기며(반발력, 척력), 두 전하의 부호가 다르면 서로 들러붙는 방향으로 힘(인력, 흡인력)이 생긴다. 【그림 4】와 같으며 힘은 두 전하를 연결하는 직선상에 존재한다.

3 전계의 세기(Intensity of electric field)

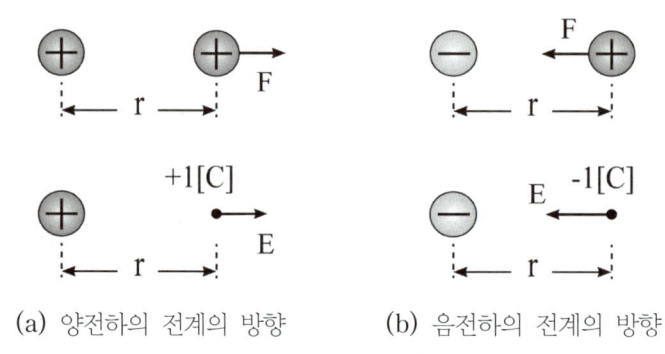

(a) 양전하의 전계의 방향 (b) 음전하의 전계의 방향

【그림 5】 전계의 세기

(1) 쿨롱의 법칙을 통해 전하 사이의 힘을 수식으로 살펴보았다면 이번엔 전기의 힘이 미치는 공간을 수식으로 살펴보자.

(2) 전계(電界)란 전기의 힘이 미치는 공간을 뜻한다. 전기의 힘은 전하가 있어야 생기므로 전계는 간단히 말해 전하가 있는 공간이라고 할 수 있다. 전계를 만드는 근원 전하 이외에 단위 전하(크기가 $+1[\text{C}]$인 전하)를 전계의 어떤 지점에 두면 쿨롱의 법칙에 의해 단위 전하에 전기력이 작용할 것이다. 이를 식으로 나타내면 다음과 같다.

$$\text{전계(전기장)의 세기} : E = \frac{Q}{4\pi\epsilon_0 r^2} = 9 \times 10^9 \cdot \frac{Q}{r^2} \, [\text{V/m}]$$

여기서, r : 점전하 중심에서 떨어진 거리[m]

(3) 정의식에 의해 전계는 근원 전하와의 거리의 제곱에 반비례하지만, 가상으로 모든 점의 전계의 세기가 동일한 전계를 만들어 볼 수 있다. 이러한 전계를 평등 전계라고 하며 평등 전계 내에 전하(q) 또는 전자(e)가 놓여 있을 때 작용하는 전기력은 다음과 같이 구할 수 있다. 이때 전자는 음($-$)전하로 취급하여 이해하면 된다.

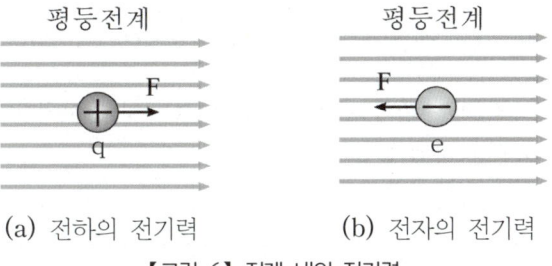

(a) 전하의 전기력   (b) 전자의 전기력

【그림 6】 전계 내의 전기력

> ① 전하가 받는 전기력 : $F = qE$[N]
> ② 전자가 받는 전기력 : $F = eE = -qE$[N]

여기서, $-$는 전계와 반대 방향을 의미한다.

4 전위

(1) 전위(전기적인 위치에너지, electric potential)란 위치에너지와 관련지어 이해할 수 있는 개념이다. 전위란 정 전계에서 단위 전하(1[C])를 전계와 반대 방향으로 무한 원점에서 P점까지 운반하는 데 필요한 일 또는 이때 소비되는 에너지를 말한다. 즉 전계에서 전하의 위치에 따라 보유하는 에너지가 다양하다는 의미이다.

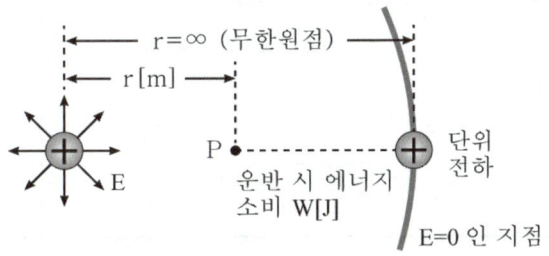

【그림 7】 전위의 정의

> 전위 : $V = -\int_{\infty}^{P} E\,dr = -\int_{\infty}^{r} \dfrac{Q}{4\pi\epsilon_0 r^2}\,dr = \dfrac{Q}{4\pi\epsilon_0 r}$ [V](결과 공식만 기억)

여기서, $-$는 전계와 반대 방향을 의미한다.

(2) 단위 전하(unit charge)가 특정한 a점에서 b점까지 운반될 때 소비되는 에너지를 전위차(electric potential difference) 또는 전압(Voltage)이라고 한다. 즉, 전위차란 a지점의 전위와 b지점의 전위의 차이이며 정의식은 다음과 같다.

> 전위차 : $V = \dfrac{W}{Q}\left[\dfrac{\text{J}}{\text{C}} = \text{V}\right]$

여기서, W : 전하가 운반될 때 소비되는 에너지[J]

5 전속밀도

(1) 전하 $Q[\text{C}]$ 주변에는 전기장이 만들어지고 그 위치에 따라 전계의 세기 E의 크기와 방향이 결정된다. 이때 전계의 세기를 여러 방향의 선으로 표현한 것을 전기력선이라 한다. $Q[\text{C}]$의 전하에서 발산되는 전기력선의 총수는 $\dfrac{Q}{\epsilon}$[개, 가닥]이다. 이는 공간(매질)마다 전계의 세기(전기력선의 수)가 다름을 나타낸다.

(2) 전기력선을 확장해서 유전율(매질)의 크기와 관계없이 1개(1[C])의 전하에서 1개의 선이 나간다고 가정한 것을 전속(dielectric flux : ϕ) 또는 유전속이라 한다.

(3) 전속의 성질은 다음과 같다.

> ① 전속(ϕ)과 전하(Q)의 크기는 같다. 　　　② 전속은 방향이 있는 벡터이고 전하는 방향이 없는 스칼라이다.

(4) 임의의 전속이 공간의 단위 면적($1[\text{m}^2]$)과 수직으로 지나는 것을 전속밀도(dielectric flux density)라 정의하고, 이를 $D[\text{C/m}^2]$로 나타낸다. 도체 구(점전하)의 전속밀도는 다음과 같다.

> ① 전속밀도 : $D = \dfrac{\phi}{S_구} = \dfrac{Q}{4\pi r^2}[\text{C/m}^2]$ 　　　② 전속밀도와 전계의 세기의 관계 : $D = \epsilon_0 E\ [\text{C/m}^2]$

6 전하밀도(Density)

(1) 전하밀도의 종류

구분	전하밀도	총 전하량
체적 전하밀도	$\rho_v = \rho = \dfrac{Q}{v}\ [\text{C/m}^3]$	$Q = \rho v = \displaystyle\int_v \rho\ dv$
면 전하밀도	$\rho_s = \sigma = \dfrac{Q}{s}\ [\text{C/m}^2]$	$Q = \sigma s = \displaystyle\int_s \sigma\ ds$
선 전하밀도	$\rho_\ell = \lambda = \dfrac{Q}{\ell}\ [\text{C/m}]$	$Q = \lambda \ell = \displaystyle\int_\ell \lambda\ d\ell$

【표 2】 전하밀도의 종류

(2) 전하밀도의 특징

구분		
곡률	작다.	크다.
곡률반경 r	크다.	작다.
전하밀도 ρ	작다.	크다.

【표 3】 전하밀도의 특징

① 전하는 도체 표면에만 분포한다.

② 전하는 곡률이 큰 곳(뾰족한 곳)으로 모이려는 특성이 있다.

핵심요약

점전하 관련 정리

① 두 전하 사이에 작용하는 힘(쿨롱의 법칙) : $F = \dfrac{Q_1 Q_2}{4\pi\epsilon_0 r^2}$ [N] ② 전기자(전계)의 세기 : $E = \dfrac{Q}{4\pi\epsilon_0 r^2}$ [V/m]

③ 전위(전기적인 위치에너지) : $V = \dfrac{Q}{4\pi\epsilon_0 r}$ [V] ④ 전속밀도 : $D = \dfrac{\phi}{S_구} = \dfrac{Q}{4\pi r^2}$ [C/m²]

⑤ 전기장 관계식 : $F = QE,\ V = rE,\ D = \epsilon_0 E$

7 전기력선(Electric field lines)

(1) 전하 주변에는 전계가 생성되고 힘이 작용하지만 이를 눈으로 확인할 수는 없다. 전계의 한 지점에 작용하는 전계의 세기와 그 방향을 가상의 선으로 나타낸 것을 전기력선이라 한다.

(2) 전기력선의 특징

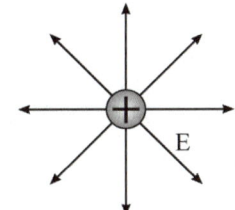

(a) 양전하의 전기력선

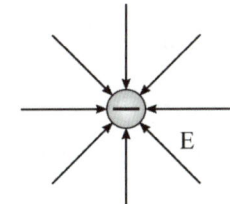

(b) 음전하의 전기력선

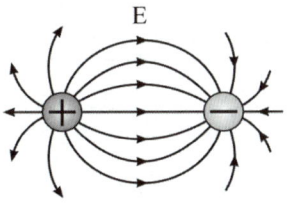

(c) 전기력선의 방향

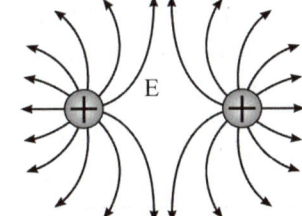

(d) 전기력선은 교차 안 함

【그림 8】 전기력선의 특징

① 전기력선의 방향은 그 점의 전계의 방향과 같으며 전기력선의 밀도는 그 점에서 전계의 세기와 같다.

② 전기력선은 양전하(+)에서 시작하여 음전하(−)에서 끝난다.

③ 전하가 없는 곳에서는 전기력선이 생기거나 없어지지 않는다. 즉, 연속이다.

④ 단위 전하(1[C])는 $1/\epsilon_0$[개]의 전기력선을 만든다.

⑤ 전기력선은 전위가 낮아지는 방향으로 향한다.

⑥ 전기력선은 그 자신만으로 폐곡선을 만들지 않는다.

⑦ 전계가 0인 점을 제외하고 전기력선끼리는 서로 교차하지 않는다.

⑧ 전기력선은 등전위면과 직교한다.

⑨ 도체 내부에는 전기력선이 존재하지 않는다.

8 가우스의 법칙

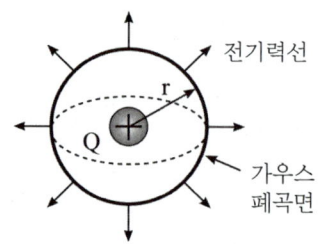

【그림 9】 가우스의 법칙

(1) 임의의 폐곡면을 관통하여 밖으로 나가는 전기력선의 총 가닥수는 폐곡면 내부에 있는 전하의 $1/\epsilon_0$배와 같다. 이를 가우스의 법칙이라고 한다.

(2) 전기력선의 밀도는 그 점에서의 전계의 세기와 같다고 정의했으므로 전기력선의 밀도(= 전계의 세기)에 가우스 폐곡면(전계의 세기가 같은 지점을 연결했을 때 만들어지는 면)을 곱하면 점전하로부터 발산되는 전체 전기력 수를 알 수 있다. 이를 식으로 나타내면 다음과 같다.

$$\text{가우스 법칙} : N = \int_s E\,\vec{n}\,ds = \frac{Q}{\epsilon_0}$$

여기서, E : 전기력선의 밀도(= 전계의 세기) $S = \int ds$: 가우스의 폐곡면

    $\vec{n}$: 법선벡터(normal vector) 전계가 폐곡면에 대해서 수직 방향으로 향한다는 것을 의미한다.

    Q : 폐곡면 내부의 총 전하량($\sum Q$) N : 전기력선의 총수

(3) 점전하로부터 발생되는 전속과 전기력선 수는 다음과 같다.

① 전기력선 수 : $N = \dfrac{Q}{\epsilon_0}$[개]

② 전속 수 : $N = Q$[개]

전속은 1[C]의 단위전하로부터 발생되는 전기력선의 묶음으로 1[C] 점전하에서 1개의 전속선이 발생된다고 정의했으므로 전하량과 전속 수는 같다고 볼 수 있다.

02 정전용량

1 개요

(1) 앞서 살펴본 내용에서 전위는 전기량에 비례함을 알아냈다.

(2) 정전용량(electrostatic capacity)이란 도체에 전위차 V 를 주었을 때 축적되는 전하량 Q 의 관계를 표시한 것으로 전위차와 전하량의 비례상수이다. 이 비례상수(정전용량)를 C 라 하며, 단위는 패럿[F, Farad]을 사용한다.

> ① 정전용량 : $C = \dfrac{Q}{V} = \dfrac{전기량}{전위차}$ [F : 패럿]
>
> ② 도체에 축적되는 총 전기량(전하량) : $Q = CV$ [C]

(3) 정전용량의 역수를 엘라스턴스 P (elastance) 또는 전위계수라 하며, 엘라스턴스의 단위는 다래프[daraf]를 사용한다.

2 콘덴서의 직렬접속

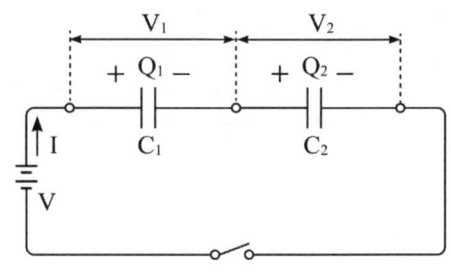

【그림 10】콘덴서의 직렬접속

(1) 콘덴서의 직렬접속은 저항의 직렬접속과 같이 키르히호프의 법칙을 적용할 수 있다. 【그림 10】과 같이 두 개의 콘덴서를 직렬로 접속하면 각 콘덴서에 흐르는 전류는 일정하므로 같은 시간 충전했다면 축적되는 전기량은 같다. 따라서 콘덴서를 직렬로 접속하면 두 콘덴서에 축적된 전하는 같고 전압은 분배된다.

> ① KCL : $Q = Q_1 = Q_2$ (전하 일정)
>
> ② KVL : $V = V_1 + V_2$ (전압 분배)

여기서, Q : 총 전하량[C]

(2) 위 (1)에 옴의 공식을 적용하면 다음과 같이 정리할 수 있다.

> ③ 전압 분배 : $V = V_1 + V_2 = \dfrac{Q_1}{C_1} + \dfrac{Q_2}{C_2}$
>
> ④ $Q = Q_1 = Q_2$ 적용 : $V = Q\left(\dfrac{1}{C_1} + \dfrac{1}{C_2}\right)$

Chapter 02 정전계와 정자계 **53**

(3) 직렬회로에서 합성 정전용량은 아래와 같이 정리할 수 있다.

$$합성\ 정전용량 : C = \frac{Q}{V} = \frac{1}{\dfrac{1}{C_1} + \dfrac{1}{C_2}} = \frac{C_1 \times C_2}{C_1 + C_2}\ [\text{F}]$$

(4) 콘덴서에 인가되는 단자전압(분배전압)은 다음과 같다.

⑤ $V_1 = \dfrac{Q_1}{C_1} = \dfrac{Q}{C_1} = \dfrac{C}{C_1} \times V = \dfrac{C_2}{C_1 + C_2} \times V$

⑥ $V_2 = \dfrac{Q_2}{C_2} = \dfrac{Q}{C_2} = \dfrac{C}{C_2} \times V = \dfrac{C_1}{C_1 + C_2} \times V$

3 콘덴서의 병렬접속

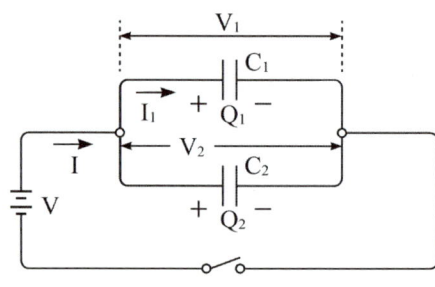

【그림 11】 콘덴서의 병렬접속

(1) 병렬회로의 특징은 다음과 같다.

① KCL : $Q = Q_1 + Q_2$ (전하 분배)
② KVL : $V = V_1 = V_2$ (전압 일정)

(2) 위 (1)에 옴의 공식을 적용하면 다음과 같이 정리할 수 있다.

③ 전하 분배 : $Q = Q_1 + Q_2 = C_1 V_1 + C_2 V_2$
④ $V_1 = V_2 = V$ 적용 : $Q = V(C_1 + C_2)$

(3) 병렬회로에서 합성 정전용량은 아래와 같이 정리할 수 있다.

$$합성\ 정전용량 : C = \frac{Q}{V} = C_1 + C_2\ [\text{F}]$$

(4) 콘덴서에 분배되는 전하의 크기는 다음과 같다.

⑤ $Q_1 = C_1 V_1 = C_1 V = C_1 \times \dfrac{Q}{C} = \dfrac{C_1}{C_1 + C_2} \times Q$

⑥ $Q_2 = C_2 V_2 = C_2 V = C_2 \times \dfrac{Q}{C} = \dfrac{C_2}{C_1 + C_2} \times Q$

4 동일 용량의 콘덴서의 접속

(1) 크기가 동일한 정전용량($C[\text{F}]$)을 여러 개(n개) 사용하여 회로를 구성한 경우, 더욱 간단하게 합성 정전용량을 구할 수 있다.

> ① 직렬 시 합성 정전용량 : $C_S = \dfrac{C}{n}\,[\text{F}]$
>
> ② 병렬 시 합성 정전용량 : $C_P = n\,C[\text{F}]$

(2) 직렬 합성의 증명은 아래와 같다.

> $$C_S = \cfrac{1}{\dfrac{1}{C_1} + \dfrac{1}{C_2} + \cdots + \dfrac{1}{C_n}} = \cfrac{1}{\dfrac{n}{C}} = \dfrac{C}{n}\,[\text{F}]$$

여기서, $C_1 = C_2 = C_3 = \cdots = C_n = C$

5 정전에너지

(1) 콘덴서 충전이란 외부에서 전기에너지를 가하여 전하를 콘덴서의 전극판 사이로 운반시켜 저장하는 것을, 방전은 저장된 전하를 부하에 공급하는 것을 의미한다.

(2) 콘덴서에 충전된 전하는 에너지를 보유하고 있으며, 방전되는 전하는 이러한 에너지를 방출하는 것이므로 충전 에너지와 방전 에너지는 서로 같음을 알 수 있다. 콘덴서에 충전된 전하는 방전되지 않는 이상 콘덴서 내에 에너지를 보유하면서 정지되어 있기 때문에 콘덴서에 저장되는 에너지를 정전에너지(electrostatic energy)라 한다.

(3) 콘덴서에 축적되는 정전에너지

> ① 콘덴서에 축적되는 전하량(전기량) : $Q = CV[\text{C}]$
>
> ② 콘덴서에 축적되는 전기적인 에너지(정전에너지) : $W_C = \dfrac{1}{2}CV^2 = \dfrac{1}{2}QV = \dfrac{Q^2}{2C}\,[\text{J}]$

핵심요약

정전용량 관계식

① 전하가 운반될 때 소비되는 에너지 : $W = QV[\text{J}]$

② 콘덴서에 축적되는 전하량(전기량) : $Q = CV[\text{C}]$

③ 콘덴서에 축적되는 전기적인 에너지(정전에너지) : $W_C = \dfrac{1}{2}CV^2 = \dfrac{1}{2}QV = \dfrac{Q^2}{2C}\,[\text{J}]$

④ 직렬접속 시 합성 정전용량 : $C = \cfrac{1}{\dfrac{1}{C_1} + \dfrac{1}{C_2}} = \dfrac{C_1 \times C_2}{C_1 + C_2}\,[\text{F}]$

⑤ 병렬접속 시 합성 정전용량 : $C = C_1 + C_2\,[\text{F}]$

03 정자계

1 자석의 성질

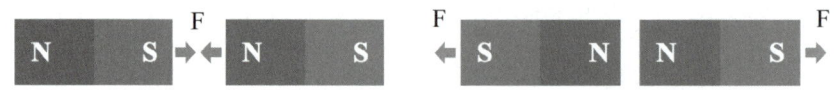

(a) 다른 극끼리는 흡인력   (b) 같은 극끼리는 반발력

【그림 12】 자석의 성질

(1) 자석은 광물 중에서 자성을 띠는 것을 말한다. 자석은 용도와 재료에 따라 다양하나 주로 자철광으로 만든 자석이 일반적이다.

(2) 자성이란 물체가 쇳조각이나 다른 자석을 끌어당기는 능력이다. 자석은 N극과 S극으로 이루어져 있고 N극과 N극, S극과 S극끼리는 서로 밀쳐내는 성질이 있다. 반대로 N극과 S극은 서로 잡아당기는 성질이 있다. 하나의 자석에서 N극과 S극의 힘의 크기는 같다.

(3) 자석의 힘은 항상 자석의 양 끝에서 가장 강하며 이를 수치화하기 위해 자석의 양 끝에만 자석의 힘이 존재한다고 가정한다. 이렇게 어떤 물체가 지닌 자석의 힘을 자기량 또는 자하라고 하며 대표문자는 m, 단위는 [Wb](weber, 웨버)를 사용한다. 이때 N극을 양자하로 S극을 음자하로 취급하며 하나의 자석에서 그 크기는 같다.

2 정자계

(1) 개요

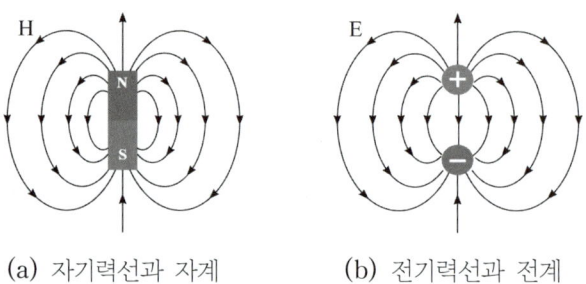

(a) 자기력선과 자계   (b) 전기력선과 전계

【그림 13】 정전계와 정자계

① 전기의 힘이 작용하는 공간을 전계 또는 전기장이라 하는 것처럼 자기적인 힘이 작용하는 공간을 자계 또는 자기장이라 한다.

② 자석의 성질에 의해 두 자하 사이에서는 밀어내거나 끌어당기는 힘이 발생한다. 이를 자기력(magnetic force)이라 하며 쿨롱의 법칙으로 해석되므로 자계의 개념과 전개방식은 전계와 닮은꼴이다.

③ 정전계와 정자계의 공식을 비교하면 다음과 같다. 앞서 배운 전계 용어에서 번개 전(電)자 대신 자석 자(磁)자를 넣으면 대부분 자계의 용어가 된다.

(2) 정전계와 정자계 비교 공식

정전계	정자계
① 두 전하 사이에 작용하는 힘 $\quad$ ㉠ 쿨롱상수 : $\dfrac{1}{4\pi\epsilon_0} = 9\times10^9$ $\quad$ ㉡ 쿨롱의 힘 : $F = \dfrac{Q_1 Q_2}{4\pi\epsilon_0 r^2}$ [N] $\quad$ ㉢ 유전율 : $\epsilon = \epsilon_0 \times \epsilon_s$ [F/m] $\qquad$ ◦ 진공의 비유전율 : $\epsilon_s = \epsilon_r = 1$ $\qquad$ ◦ 진공의 유전율 : $\epsilon_0 = 8.855\times10^{-12}$ [F/m]	① 두 자하(자극) 사이에 작용하는 힘 $\quad$ ㉠ 쿨롱상수 : $\dfrac{1}{4\pi\mu_0} = 6.33\times10^4$ $\quad$ ㉡ 쿨롱의 힘 : $F = \dfrac{m_1 m_2}{4\pi\mu_0 r^2}$ [N] $\quad$ ㉢ 투자율 : $\mu = \mu_0 \times \mu_s$ [H/m] $\qquad$ ◦ 진공의 비투자율 : $\mu_s = \mu_r = 1$ $\qquad$ ◦ 진공의 투자율 : $\mu_0 = 4\pi\times10^{-7}$ [H/m]
② 점전하의 전계의 세기 : $E = \dfrac{Q}{4\pi\epsilon_0 r^2}$ [V/m]	② 점자하의 자계의 세기 : $H = \dfrac{m}{4\pi\mu_0 r^2}$ [AT/m]
③ 점전하의 전위 : $V = \dfrac{Q}{4\pi\epsilon_0 r}$ [V]	③ 점자하의 자위 : $U = \dfrac{m}{4\pi\mu_0 r}$ [A = AT]
④ 전속밀도 : $D = \dfrac{\psi}{S} = \dfrac{Q}{S} = \dfrac{Q}{4\pi r^2}$ [C/m²]	④ 자속밀도 : $B = \dfrac{\phi}{S} = \dfrac{m}{S} = \dfrac{m}{4\pi r^2}$ [Wb/m²]
⑤ 전계와의 관계식 $\quad$ ㉠ 전기력 : $F = QE$ $\quad$ ㉡ 전위 : $V = rE$ $\quad$ ㉢ 전속밀도 : $D = \epsilon_0 E$	⑤ 자계와의 관계식 $\quad$ ㉠ 자기력 : $F = mH$ $\quad$ ㉡ 자위 : $U = rH$ $\quad$ ㉢ 자속밀도 : $B = \mu_0 H$

【표 4】 정전계와 정자계

(3) 자기력선의 특징

① 자계의 한 지점에 작용하는 자계의 세기를 크기와 방향이 있는 선으로 나타낸 것을 자기력선이라 한다.

② 자기력선의 성질은 다음과 같다.

㉠ 자기력선은 양(+)자하에서 방사되어 음(-)자하로 흡수된다.

㉡ 자기력선 상의 어느 한 점에서 접선 방향은 그 점의 자계의 방향을 나타낸다.

㉢ 자기력선은 서로 반발한다.

㉣ m [Wb]의 자하는 진공에서 $\dfrac{m}{\mu_0}$ 개의 자기력선을 발산한다.

㉤ 자기력선은 등자위면과 직교한다.

③ 전계와 자계에서의 가우스의 법칙을 비교하면 다음과 같다.

정전계	정자계
전력선 수 : $N = \dfrac{Q}{\epsilon} = \dfrac{Q}{\epsilon_0 \epsilon_s}$	자력선 수 : $N = \dfrac{m}{\mu} = \dfrac{m}{\mu_0 \mu_s}$
전속 수 : $N = Q$	자속 수 : $N = m$

【표 5】 가우스의 법칙

여기서, 주위 매질이 진공의 경우 $\epsilon s = m s = 1$

(4) 전계에너지와 자계에너지

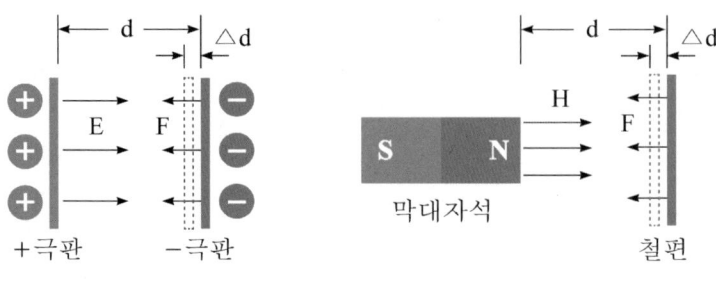

(a) 콘덴서 극판의 흡인력   (b) 철편의 흡인력

【그림 14】 전계에너지와 자계에너지

① 【그림 14】 (a)와 같이 콘덴서 양극판에 전하를 충전하면 두 극판 사이에는 흡인력(또는 전기력) F가 작용하여 극판의 간격이 d[m]에서 $d - \Delta d$[m]으로 줄어든다. 전계에너지란 이때 작용한 흡인력을 에너지 공식으로 변환시킨 것을 말한다.

$$\text{전계에너지} : w_e = \frac{1}{2}\epsilon E^2 = \frac{1}{2}ED = \frac{D^2}{2\epsilon} \text{ [J/m}^3\text{]}$$

여기서, 전속밀도 : $D = \epsilon E$ [C/m^2]   전계의 세기 : E [V/m]

② 【그림 14】 (a)와 같이 평행판 콘덴서에서 $+\sigma$에 의해서 발생되는 전계의 세기는 $E = \dfrac{\sigma}{2\epsilon}$ [V/m]이다. 그림 $-\sigma$에서 받는 흡인력, 즉 정전응력은 다음과 같다.

$$F = QE = \sigma S \times \frac{\sigma}{2\epsilon} = \frac{\sigma^2}{2\epsilon} \times S \text{[N]에서 } f = \frac{\sigma^2}{2\epsilon} \text{ [N/m}^2\text{]}$$
단위 면적당 작용하는 힘(정전응력)
$$\therefore \ f = \frac{1}{2}\epsilon E^2 = \frac{1}{2}ED = \frac{D^2}{2\epsilon} = \frac{\sigma^2}{2\epsilon} \text{ [N/m}^2\text{]}$$

여기서, 전속밀도 D와 전하밀도 σ의 크기는 같다.

③ 【그림 14】 (b)와 같이 고정된 철편에 막대자석을 가져가면 고정된 철편에 흡인력(또는 자기력) F가 작용하여 막대자석과 철편 간의 간격이 Δd[m]만큼 변화하게 된다. 자계에너지란 이때 작용한 흡인력을 에너지 공식으로 변환시킨 것을 말한다.

$$\text{자계에너지} : w_m = \frac{1}{2}\mu H^2 = \frac{1}{2}HB = \frac{B^2}{2\mu} \text{ [J/m}^3\text{]}$$

여기서, 자속밀도 : $B = \mu H$ [Wb/m^2]   자계의 세기 : H [A T/m]

④ 【그림 14】 (b)와 같이 철편에서 받아지는 힘은 위의 정전응력과 같은 개념으로 정리하면 된다.

$$\text{철편의 흡인력} : f = \frac{1}{2}\mu_0 H^2 = \frac{1}{2}HB = \frac{D^2}{2\mu_0} \text{ [N/m}^2\text{]}$$

여기서, 철편 주위 매질은 공기이므로 $\mu_s = 1$로 본다.

③ 막대자석의 회전력

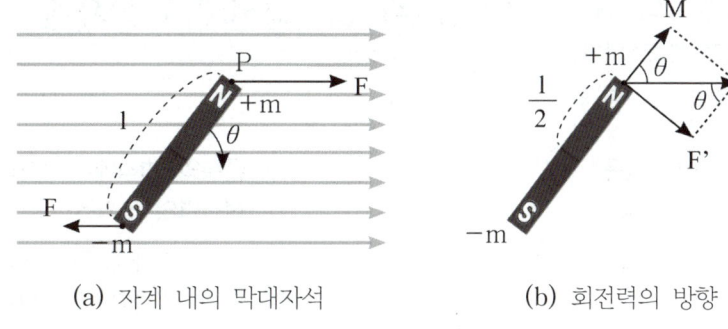

(a) 자계 내의 막대자석   (b) 회전력의 방향

【그림 15】 자계에 의한 힘(회전력)

(1) 【그림 15】와 같이 자계에 막대자석을 놓으면 자기쌍극자 모멘트에 의하여 회전력이 발생한다. P점에 놓인 양자하가 받는 힘은 $F = mH$이고, 【그림 15】 (b)와 같이 쌍극자 모멘트 $\vec{M}$에 수직인 F'에 의해 회전력을 받게 된다.

막대자석의 세기(쌍극자 모멘트) : $M = m\ell$ [Wb·m]

(2) 막대자석 반대편의 음자하도 같은 힘을 받으므로 막대자석 전체가 받는 회전력은 F'의 2배와 같다.

전체 회전력 : $T = m\ell H\sin\theta = MH\sin\theta$ [N·m]

(3) 막대자석을 회전시킬 때 필요한 에너지는 위에서 구한 토크를 막대자석이 회전한 회전각 θ에 대해서 적분하여 구할 수 있다.

$$W = \int T\, d\theta = \int_0^\theta MH\sin\theta\, d\theta = -MH\,|\cos\theta|_0^\theta$$
$$= -MH(\cos\theta - 1) = MH(1 - \cos\theta)[\text{J}]$$
$$\therefore \text{막대자석 회전 시 필요한 에너지} : W = MH(1 - \cos\theta)[\text{J}]$$

※ 출제예상문제는 기출분석을 바탕으로 자주 출제되는 유형을 선별하였습니다.

01. 진공의 비유전율 ϵ_r의 값은?

① 1　　　　　② 6.33×10^4

③ 8.855×10^{-12}　④ 9×10^9

| 해설
㉠ 진공의 비유전율 : $\epsilon_r = 1$
㉡ 공기의 비유전율 : $\epsilon_r = 1.00059$

02. 비유전율이 9인 물체의 유전율은 약 얼마인가?

① $80 \times 10^{-12} [\mathrm{F/m}]$　② $80 \times 10^{-6} [\mathrm{F/m}]$

③ $1 \times 10^{-12} [\mathrm{F/m}]$　④ $1 \times 10^{-6} [\mathrm{F/m}]$

| 해설
유전율 : $\epsilon = \epsilon_0 \times \epsilon_r$
$= 8.855 \times 10^{-12} \times 9$
$= 79.6 \times 10^{-12} \fallingdotseq 80 \times 10^{-12} [\mathrm{F/m}]$
여기서, ϵ_0 : 진공의 유전율　ϵ_r : 비유전율

03. 절연체 중에서 플라스틱, 고무, 종이, 운모 등과 같이 전기적으로 분극현상이 일어나는 물체를 특히 무엇이라 하는가?

① 도체　　　② 유전체

③ 도전체　　④ 반도체

| 해설
㉠ 도체(도전체) : 전기가 통하는 물질
㉡ 유전체 : 전기분극현상을 일으키는 절연체
㉢ 반도체 : 도체와 부도체의 중간영역에 속하는 것으로 어떤 특별한 조건하에서만 전기가 통하는 물질

04. 쿨롱의 법칙에서 2개의 점전하 사이에 작용하는 정전력의 크기는?

① 두 전하의 곱에 비례하고 거리에 반비례한다.

② 두 전하의 곱에 반비례하고 거리에 비례한다.

③ 두 전하의 곱에 비례하고 거리의 제곱에 비례한다.

④ 두 전하의 곱에 비례하고 거리의 제곱에 반비례한다.

| 해설
두 전하 사이에 작용하는 힘(쿨롱의 법칙)
$$F = \frac{Q_1 Q_2}{4\pi\epsilon r^2} = \frac{Q_1 Q_2}{4\pi\epsilon_0 \epsilon_r r^2} = 9 \times 10^9 \times \frac{Q_1 Q_2}{r^2}$$
여기서, 쿨롱 상수 $\dfrac{1}{4\pi\epsilon_0} = 9 \times 10^9$

05. $4 \times 10^{-5} [\mathrm{C}]$과 $6 \times 10^{-5} [\mathrm{C}]$의 두 전하가 자유공간에 $2[\mathrm{m}]$의 거리에 있을 때 그 사이에 작용하는 힘은?

① $5.4 [\mathrm{N}]$, 흡인력이 작용한다.

② $5.4 [\mathrm{N}]$, 반발력이 작용한다.

③ $7.9 [\mathrm{N}]$, 흡인력이 작용한다.

④ $7.9 [\mathrm{N}]$, 반발력이 작용한다.

| 해설
㉠ 쿨롱의 법칙 : 두 전하 사이에 작용하는 힘
$$F = \frac{Q_1 Q_2}{4\pi\epsilon r^2} = 9 \times 10^9 \times \frac{Q_1 Q_2}{\epsilon_r r^2}$$
$$= 9 \times 10^9 \times \frac{4 \times 10^{-5} \times 6 \times 10^{-5}}{1 \times 2^2} = 5.4 [\mathrm{N}]$$
(여기서, 공기의 비유전율 : $\epsilon_r = 1$)
㉡ 동일 부호의 전하 사이 : 흡인력 작용
㉢ 다른 부호의 전하 사이 : 반발력 작용

정답　01 ①　02 ①　03 ②　04 ④　05 ②

06. 진공 중에서 10^{-4}[C]과 10^{-8}[C]의 두 전하가 10[m]의 거리에 놓여 있을 때, 두 전하 사이에 작용하는 힘[N]은?

① 9×10^2
② 1×10^4
③ 9×10^{-5}
④ 1×10^{-8}

| 해설
두 전하 사이의 작용하는 힘(쿨롱의 법칙)
$$F = \frac{Q_1 Q_2}{4\pi\varepsilon r^2} = \frac{Q_1 Q_2}{4\pi\varepsilon_0\varepsilon_r r^2} = 9 \times 10^9 \times \frac{Q_1 Q_2}{\varepsilon_r r^2}$$
$$= 9 \times 10^9 \times \frac{10^{-4} \times 10^{-8}}{1 \times 10^2} = 9 \times 10^{-5} \text{[N]}$$

07. 전기장의 세기에 관한 단위는?

① H/m
② F/m
③ AT/m
④ V/m

| 해설
① H/m : 투자율 μ의 단위
② F/m : 유전율 ϵ의 단위
③ AT/m : 자계(자기장) 세기의 단위

08. 전기장 중에 단위 전하를 놓았을 때 그것에 작용하는 힘은 어느 값과 같은가?

① 전장의 세기
② 전하
③ 전위
④ 전위차

| 해설
전기장(전계) 내에 단위 전하가 받는 힘을 전계의 세기(전장의 세기)라 한다.

09. 다음은 전기력선의 성질이다. 틀린 것은?

① 전기력선은 서로 교차하지 않는다.
② 전기력선은 도체의 표면에 수직이다.
③ 전기력선의 밀도는 전기장의 크기를 나타낸다.
④ 같은 전기력선은 서로 끌어당긴다.

| 해설
같은 전기력선은 서로 반발한다.

10. 전기력선의 성질 중 맞지 않는 것은?

① 전기력선은 양(+)전하에서 나와 음(−)전하에서 끝난다.
② 전기력선의 접선방향이 전장의 방향이다.
③ 전기력선은 도중에 만나거나 끊어지지 않는다.
④ 전기력선은 등전위면과 교차하지 않는다.

| 해설
전기력선은 등전위면과 수직으로 교차한다.

11. 유전율 ε의 유전체 내에 있는 전하 Q[C]에서 나오는 전기력선 수는?

① Q
② $\dfrac{Q}{\varepsilon}$
③ $\dfrac{Q}{\varepsilon_s}$
④ $\dfrac{Q}{\varepsilon_0}$

| 해설
가우스의 법칙
㉠ 전기력선의 총수 : $N = \dfrac{Q}{\varepsilon} = \dfrac{Q}{\varepsilon_0\varepsilon_r}$
㉡ 자기력선의 총수 : $N = \dfrac{m}{\mu} = \dfrac{m}{\mu_0\mu_s}$
여기서, m : 자하[Wb] μ : 투자율

정답 06 ③ 07 ④ 08 ① 09 ④ 10 ④ 11 ②

12. 표면 전하밀도 $\sigma[\mathrm{C/m^2}]$로 대전된 도체 내부의 전속밀도는 몇 $[\mathrm{C/m^2}]$인가?

① $\varepsilon_0 E$ ② 0

③ σ ④ $\dfrac{E}{\varepsilon_0}$

> **| 해설**
> 도체 내·외부 전속밀도
> ㉠ 도체 내부 : 0(전하는 도체 표면에만 분포되므로 도체 내부에는 전하가 존재하지 않는다. 따라서 도체 내부 전계 또는 전속밀도는 0이 된다.)
> ㉡ 표면·외부 : $D = \varepsilon E[\mathrm{C/m^2}]$

13. 비유전율 2.5의 유전체 내부의 전속밀도가 $2 \times 10^{-6}[\mathrm{C/m^2}]$이 되는 점의 전기장의 세기는 몇 $[\mathrm{V/m}]$인가?

① 18×10^4 ② 9×10^4

③ 6×10^4 ④ 3.6×10^4

> **| 해설**
> 전속밀도 $D = \varepsilon E = \varepsilon_0 \varepsilon_r E[\mathrm{C/m^2}]$에서
> $\therefore E = \dfrac{D}{\varepsilon_0 \varepsilon_r} = \dfrac{2 \times 10^{-6}}{8.855 \times 10^{-12} \times 2.5}$
> $= 9 \times 10^4$

14. 유전체 내에서 크기가 같고 극성이 반대인 한 쌍의 전하를 가지는 원자는?

① 분극자   ② 전자
③ 원자   ④ 쌍극자

> **| 해설**
> 유전체 내에서 크기는 같고 부호가 반대인 한 쌍의 전하를 전기쌍극자라 한다.

15. 도면과 같이 공기 중에 놓은 $2 \times 10^{-8}[\mathrm{C}]$의 전하에서 2[m] 떨어진 점 P와 1[m] 떨어진 점 Q와의 전위차는 몇 $[\mathrm{V}]$인가?

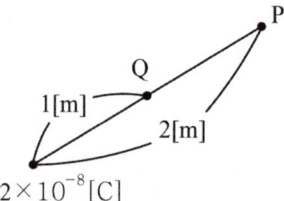

① 110   ② 90
③ 80   ④ 100

> **| 해설**
> 전위 공식 $V = \dfrac{Q}{4\pi\varepsilon_0 r} = 9 \times 10^9 \times \dfrac{Q}{r}$ 에서
> ㉠ Q점의 전위
> $V_Q = 9 \times 10^9 \times \dfrac{2 \times 10^{-8}}{1} = 180[\mathrm{V}]$
> ㉡ P점의 전위
> $V_P = 9 \times 10^9 \times \dfrac{2 \times 10^{-8}}{2} = 90[\mathrm{V}]$
> $\therefore$ 전위차 $V_{QP} = V_Q - V_P = 180 - 90 = 90[\mathrm{V}]$

16. 어떤 콘덴서에 $1,000[\mathrm{V}]$의 전압을 가하였더니 $5 \times 10^{-3}[\mathrm{C}]$의 전하가 축적되었다. 이 콘덴서의 용량은?

① $2.5[\mu\mathrm{F}]$ ② $5[\mu\mathrm{F}]$
③ $250[\mu\mathrm{F}]$ ④ $5,000[\mu\mathrm{F}]$

> **| 해설**
> 정전용량 : $C = \dfrac{Q}{V} = \dfrac{5 \times 10^{-3}}{1,000}$
> $= 5 \times 10^{-6}[\mathrm{F}] = 5[\mu\mathrm{F}]$

정답   12 ②   13 ②   14 ④   15 ②   16 ②

17. 콘덴서 용량 0.001[F]와 같은 것은?

① 100[μF]　　　　② 1,000[μF]
③ 10,000[μF]　　　④ 100,000[μF]

| 해설

$1\,[\mu F] = 10^{-6}\,[F]\;\rightarrow\;1\,[F] = 10^{6}\,[\mu F]$
$\therefore\;0.001\,[F] = 0.001 \times 10^{6}\,[\mu F] = 1,000\,[\mu F]$

18. 콘덴서의 정전용량에 대한 설명으로 틀린 것은?

① 전압에 반비례한다.
② 이동 전하량에 비례한다.
③ 극판의 넓이에 비례한다.
④ 극판의 간격에 비례한다.

| 해설

평행판 콘덴서의 용량은 $C = \dfrac{\epsilon S}{d}$ 이므로 넓이 S에 비례하고 간격 d에 반비례한다.

19. 용량을 변화시킬 수 있는 콘덴서는?

① 바리콘　　　　　② 전해 콘덴서
③ 마일러 콘덴서　　④ 세라믹 콘덴서

| 해설

① 바리콘(가변콘덴서) : 정전용량의 값을 바꿀 수 있는 콘덴서이며, 텔레비전이나 라디오의 송수신기의 축전기로 사용된다.
② 전해 콘덴서 : 전자회로용 전원의 평활회로나 바이어스를 가할 때에 직류전원에 남아 있는 맥류를 제거하기 위해 사용된다.
③ 마일러 콘덴서 : 가격이 저렴하여 많이 사용되며, 고주파를 잘 흐르게 하므로 고주파 필터에 사용된다.
④ 세라믹 콘덴서 : 전극에 티탄산바륨과 같은 유전율이 높은 세라믹 재료로 만들었으며, 전극의 극성이 없는 것이 특징이다.

20. 정전용량 C_1, C_2를 병렬로 접속하였을 때의 합성 정전용량은?

① $C_1 + C_2$　　　　② $\dfrac{1}{C_1 + C_2}$

③ $\dfrac{1}{C_1} + \dfrac{1}{C_2}$　　　④ $\dfrac{C_1 C_2}{C_1 + C_2}$

| 해설

합성 정전용량
㉠ 직렬접속 $C_S = \dfrac{1}{\dfrac{1}{C_1} + \dfrac{1}{C_2}} = \dfrac{C_1 \times C_2}{C_1 + C_2}\,[F]$

㉡ 병렬접속 $C_P = C_1 + C_2\,[F]$

21. 정전용량이 같은 콘덴서 2개를 병렬로 연결하였을 때의 합성 정전용량은 직렬로 접속하였을 때의 몇 배인가?

① 1/4　　　　　② 1/2
③ 2　　　　　　④ 4

| 해설

㉠ 직렬 합성 정전용량 $C_S = \dfrac{C}{n}$

㉡ 병렬 합성 정전용량 $C_P = nC$

$\therefore\;\dfrac{C_P}{C_S} = \dfrac{nC}{\dfrac{C}{n}} = n^2 = 2^2 = 4$배

22. 다음 회로의 합성 정전용량[μF]은?

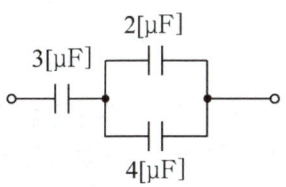

① 5[μF]　　　　　② 4[μF]
③ 3[μF]　　　　　④ 2[μF]

| 해설

콘덴서의 합성 정전용량
$C = \dfrac{3 \times (2+4)}{3 + (2+4)} = 2\,[\mu F]$

정답　17 ②　18 ④　19 ①　20 ①　21 ④　22 ④

23. 그림에서 a, b 간의 합성 정전용량은 10[μF]이다. C_x의 정전용량은?

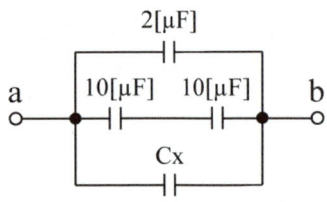

① 3[μF]　　　　　② 4[μF]
③ 5[μF]　　　　　④ 6[μF]

24. C_1, C_2인 콘덴서가 직렬로 접속되어 있다. 그 합성 정전용량을 C라 하면 C는 C_1, C_2와 어떤 관계가 있는가?

① $C < C_1$　　　　② $C = C_1 + C_2$
③ $C > C_2$　　　　④ $C > C_1$

25. 어떤 콘덴서에 $V[\mathrm{V}]$의 전압을 가해서 $Q[\mathrm{C}]$의 전하를 충전할 때 저장되는 에너지$[\mathrm{J}]$는?

① $2QV$　　　　　② $2QV^2$
③ $\dfrac{1}{2}QV$　　　　　④ $\dfrac{1}{2}QV^2$

26. 어떤 콘덴서에 전압 20[V]를 가할 때 전하 800[μC]이 축적되었다면 이때 축적되는 에너지는?

① 0.008[J]　　　　② 0.16[J]
③ 0.8[J]　　　　　④ 160[J]

27. 정전 흡인력에 대한 설명 중 옳은 것은?

① 정전 흡인력은 전압의 제곱에 비례한다.
② 정전 흡인력은 극판 간격에 비례한다.
③ 정전 흡인력은 극판 면적의 제곱에 비례한다.
④ 정전 흡인력 쿨롱의 법칙으로 직접 계산된다.

28. 공기의 비투자율은?

① 0　　　　　　　② 1
③ 2　　　　　　　④ 10

29. 자석에 대한 성질을 설명한 것으로 옳지 않은 것은?

① 자극은 자석의 양 끝에서 가장 강하다.

② 자극이 가지는 자기량은 항상 N극이 강하다.

③ 자석에는 언제나 두 종류의 극성이 있다.

④ 같은 극성의 자석은 서로 반발하고, 다른 극성은 서로 흡인한다.

| 해설

자석의 특징

㉠ 자석은 항상 N극과 S극이 함께 공존한다.

㉡ 자극은 자석의 양 끝에서 가장 강하게 나타난다.

㉢ N극과 S극의 세기는 같다.

㉣ 자석은 같은 극끼리는 반발력, 다른 극끼리는 흡인력이 발생된다.

30. 진공 중에서 같은 크기의 두 자극을 1[m] 거리에 놓았을 때, 그 작용하는 힘[N]은? (단, 자극의 세기는 1[Wb]이다.)

① 6.33×10^4 ② 8.33×10^4

③ 9.33×10^5 ④ 9.09×10^9

| 해설

두 자극 사이에 작용하는 힘(쿨롱의 법칙)

$$F = \frac{m_1 m_2}{4\pi\mu r^2} = \frac{m_1 m_2}{4\pi\mu_0 \mu_s\, r^2}$$

$$= 6.33 \times 10^4 \times \frac{m_1 m_2}{\mu_s r^2}$$

$$= 6.33 \times 10^4 \times \frac{1 \times 1}{1 \times 1^2} = 6.33 \times 10^4 \,[\text{N}]$$

여기서, 쿨롱 상수 $\dfrac{1}{4\pi\mu_0} = 6.33 \times 10^4$

31. $m_1 = 4 \times 10^{-5}\,[\text{Wb}]$, $m_2 = 6 \times 10^{-3}\,[\text{Wb}]$, $r = 10\,[\text{cm}]$이면, 두 자극 m_1, m_2 사이에 작용하는 힘은 약 몇 [N]인가?

① 1.52   ② 2.4

③ 24   ④ 152

| 해설

두 자극 사이에 작용하는 힘(쿨롱의 법칙)

$$F = \frac{m_1 m_2}{4\pi\mu_0 r^2} = 6.33 \times 10^4 \times \frac{m_1 m_2}{r^2}$$

$$= 6.33 \times 10^4 \times \frac{4 \times 10^{-5} \times 6 \times 10^{-3}}{0.1^2} = 1.52$$

여기서, 쿨롱 상수 $\dfrac{1}{4\pi\mu_0} = 6.33 \times 10^4$

32. 공기 중 자장의 세기가 20[AT/m]인 곳에 8×10^{-3}[Wb]의 자극을 놓으면 작용하는 힘[N]은?

① 0.16   ② 0.32

③ 0.43   ④ 0.56

| 해설

자기력 $F = mH = 8 \times 10^{-3} \times 20 = 0.16\,[\text{N}]$

33. 자력선의 성질을 설명한 것이다. 옳지 않은 것은?

① 자력선은 서로 교차하지 않는다.

② 자력선은 N극에서 나와 S극으로 향한다.

③ 진공에서 나오는 자력선의 수는 m개이다.

④ 한 점의 자력선 밀도는 그 점의 자장의 세기를 나타낸다.

| 해설

가우스의 법칙(주위 매질 : 진공)

㉠ 자기력선 수 $N = \dfrac{m}{\mu_0}$개

㉡ 자속선 수 $N = m$개

㉢ 1[Wb]의 자극(m[Wb])으로부터 1개의 자속 ϕ[Wb] 가 발생한다.

정답   29 ②   30 ①   31 ①   32 ①   33 ③

34. 공기 중에서 1[Wb]의 자극에서 나오는 자력선의 수는 몇 개인가?

① 6.33×10^4 　　② 7.958×10^5

③ 8.855×10^3 　　④ 1.256×10^6

| 해설
자기력선의 수
$$N = \frac{m}{\mu_0} = \frac{1}{4\pi \times 10^{-7}} = 7.958 \times 10^5 \,[\text{개}]$$

35. 비투자율이 1인 환상 철심 중에 자장의 세기가 H[AT/m]이었다. 이때 비투자율이 10인 물질로 바꾸면 철심의 자속밀도[Wb/m²]는?

① 1/10로 줄어든다.

② 10배 커진다.

③ 50배 커진다.

④ 100배 커진다.

| 해설
자속밀도 $B = \mu H = \mu_0 \mu_s H \propto \mu_s$ 이므로 비투자율 μ_s에 비례한다. 따라서 비투자율이 10배 커지면 자속밀도도 10배 커지게 된다.

36. 다음 중 자장의 세기에 대한 설명으로 잘못된 것은?

① 자속밀도에 투자율을 곱한 것과 같다.

② 단위 자극에 작용하는 힘과 같다.

③ 단위 길이당 기자력과 같다.

④ 수직 단면의 자력선 밀도와 같다.

| 해설
㉠ 자속밀도 $B = \mu H[\text{Wb/m}^2]$이므로 $H = \frac{B}{\mu}[\text{AT/m}]$이다.

㉡ 자기력 $F = mH[\text{N}]$에서 $H = \frac{F}{m}[\text{N/Wb}]$이다.

㉢ 기자력 $F = IN[\text{AT}]$에서 앙페르 법칙에 의한 자계 $H = \frac{NI}{\ell} = \frac{F}{\ell}[\text{AT/m}]$이다.

37. 자극의 세기 $m[\text{Wb}]$, 자축의 길이 $\ell[\text{m}]$일 때 자기 모멘트[Wb·m]는?

① $m\ell$ 　　② $m\ell^2$

③ $\dfrac{m}{\ell}$ 　　④ $\dfrac{\ell}{m}$

| 해설
㉠ 전기 쌍극자 모멘트 $M = Q\ell[\text{C·m}]$
㉡ 자기 쌍극자 모멘트 $M = m\ell[\text{Wb·m}]$
여기서, ℓ : 쌍극자 거리

38. 자극의 세기 4[Wb], 자축의 길이 10[cm]의 막대 자석이 100[AT/m]의 평등자장 내에서 20[N·m]의 회전력을 받았다면 이때 막대자석과 자장이 이루는 각도는?

① 0° 　　② 30°

③ 60° 　　④ 90°

| 해설
㉠ 막대자석의 회전력 : $T = m\ell H \sin\theta$
㉡ $\sin\theta = \dfrac{T}{m\ell H} = \dfrac{20}{4 \times 0.1 \times 100} = 0.5$
∴ $\theta = \sin^{-1} 0.5 = 30°$

전류의 자기현상

01 앙페르의 법칙(Ampere's Law)

1 앙페르의 법칙(Ampere's Law)

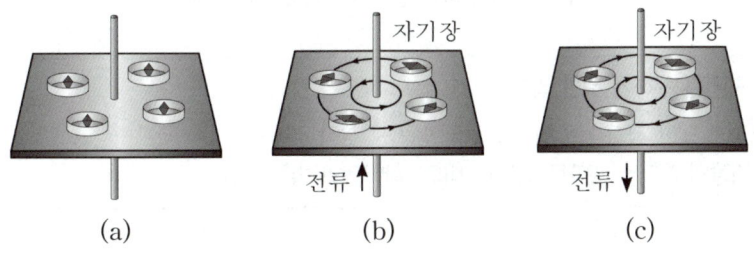

【그림 1】 전류의 자기현상

(1) 1820년 덴마크의 물리학자 외르스테드(Oersted)는 전기에 관한 실험 중 도선에 전류를 흘려주었더니 도선 근처에 있는 나침반의 자침이 회전하는 현상을 발견하여 전류에 의해 자침이 회전하는 힘이 두 자석 사이에 작용하는 힘과 같은 종류의 힘이라는 사실을 알아내고 전류가 자기장을 만든다는 결론을 내렸다.

(2) 외르스테드의 발표 이후 비오─사바르와 앙페르 등이 많은 실험을 통하여 전류와 자기장 사이의 관계를 밝히게 된다.

2 앙페르의 오른손 법칙

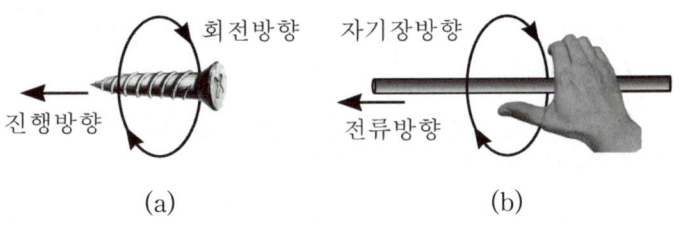

【그림 2】 앙페르의 오른나사 법칙

(1) 앙페르의 오른손 법칙은 전류와 그 전류에 의해 생성되는 자기장의 방향을 결정하는 법칙으로, 【그림 2】와 같이 오른손 엄지손가락을 세우고 나머지 네 손가락을 구부렸을 때 엄지손가락 방향으로 전류가 흐르면 나머지 네 손가락을 구부린 방향으로 자기장이 생기는 것을 오른손 법칙이라 한다.

(2) 반대로 네 손가락을 구부린 방향으로 전류가 흐르면 자기장은 엄지손가락 방향으로 발생되는데 이는 나사의 회전방향과 같기 때문에 오른나사 법칙이라 부르기도 한다.

(3) 【그림 3】에서 ⊙표시는 어떤 힘이 지면(또는 교재의 종이)을 뚫고 나오는 방향을 뜻하며 ⊗표시는 지면을 뚫고 나가 멀어지는 방향이다. 예를 들어 【그림 3】 (c)에서 ⊙방향으로 엄지손가락을 펴고 나머지 손가락을 말아 쥐면 반시계방향으로 회전하는 모양이 될 것이다. 이때 엄지손가락을 편대로 전류가 지나는 방향이 되고 네 손가락을 말아쥐는 대로 자기장이 회전하는 방향이 된다.

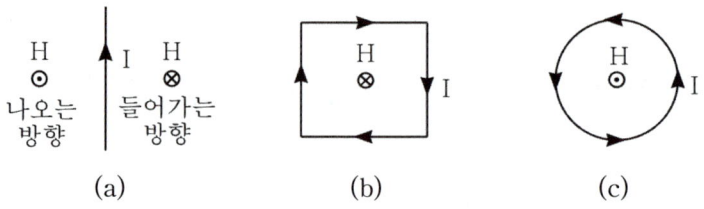

【그림 3】 앙페르의 오른손 법칙의 각종 예

> **참고** **자기장(자계)의 세기를 구하기 위한 법칙**
>
> ① 점자하 또는 막대자석에 의한 자기장의 세기 : 쿨롱의 법칙 활용
> ② 전류에 발생되는 자기장의 세기 : 앙페르 법칙과 비오−사바르의 법칙 활용

③ 앙페르의 주회적분 법칙

(1) 앙페르의 주회적분 법칙은 도선에 흐르는 전류의 크기와 도선 주변에 발생되는 자계의 세기의 양적인 관계를 나타내는 법칙으로 【그림 4】와 같이 한 폐곡선에 대한 H(자계의 세기)의 선적분이 이 폐곡선으로 둘러싸이는 전류와 같음을 정의한 것이다.

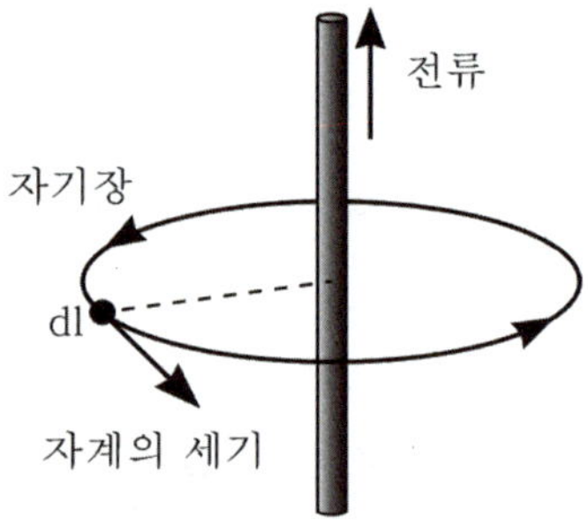

> ① 주회적분 : $\oint_c H \, d\ell = NI$
>
> ② 자계의 세기 : $H = \dfrac{NI}{\ell}$ [AT/m]

【그림 4】 앙페르의 주회적분법칙

여기서, N : 권선 수 I : 도선에 흐르는 전류 ℓ : 자계의 경로 길이

(2) 간단히 말해 전류가 클수록 그로 인해 생성되는 자기장도 강해짐을 나타낸다. 이때 전류 이외에도 자기장의 세기에 영향을 주는 요소들이 있는데 바로 전류가 흐르는 모양이다.

(3) 전류가 흐르는 모양에 따라 자계의 경로가 달라지며, 이 자계의 경로 길이 ℓ에 따라 자기장의 세기가 어떻게 변하는지 살펴보자.

4 무한장 원주형 직선 전류에 의한 자계

(1) 무한장 직선 전류란 전류가 곧게 직선으로 흐르는 것을 뜻한다. 전류는 반드시 전선을 타고 흐르므로 무한장 직선 도체와 같은 의미가 된다. 【그림 4】와 같이 전류의 방향과 수직인 면에 원 모양의 자기장이 만들어진다.

(2) 자계의 경로는 원의 둘레를 따라가므로 $\ell = 2\pi r\,[\text{m}]$이고, 권선 수(또는 도체 수)는 $N = 1$이다. 그러므로 P 점에서의 자계의 세기는 다음과 같다.

> 자계의 세기 : $H = \dfrac{NI}{\ell} = \dfrac{I}{2\pi r}\,[\text{AT/m}]$

5 무한장 원주형 도체 내·외부 자계의 세기

(1) 개요

① 원주형 도체란 원통 또는 원기둥 모양의 도체이다. 쉽게 말해 앞서 살펴본 직선 도체가 굵어진 것이다. 즉 원주형 도체와 직선 도체는 본질적으로 같은 형태이므로 전류 주변에 생기는 자기장도 같은 형태이다.

② 다만, 여기서는 자기장을 도체 외부와 내부 2가지로 구분해서 살펴봐야 한다.

(2) 전류가 도체 표면으로만 흐를 경우

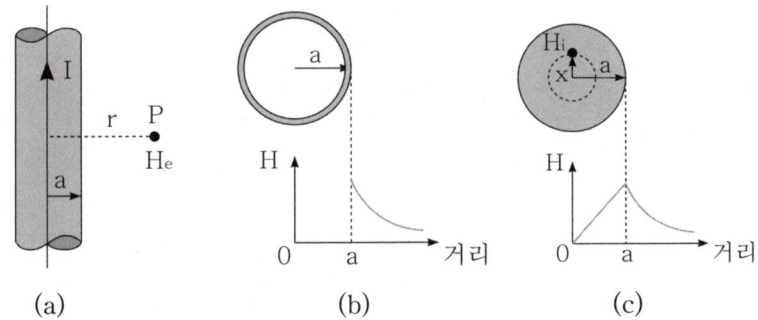

(a) : 무한장 원주형 직선도체 전류에 의한 자계의 세기
(b) : 전류가 도체 표면에만 흐를 때의 도체 내·외부 자계의 세기
(c) : 전류가 도체 내부에 균일하게 흐를 때의 내·외부 자계의 세기

【그림 5】 무한장 원주형 도체

① 원통도체에 교류전류를 흘리면 【그림 5】 (b)와 같이 표피효과가 발생되어 전류는 도체 표면으로만 흐르게 된다. 따라서 원통도체 내부에는 자계가 존재하지 않고 도체 표면과 외부공간에만 존재하게 된다.

② 도체 내부와 외부공간에서 자계의 세기를 구하면 다음과 같다.

> ㉠ 도체 내부 자계의 세기 : $H_i = 0\,[\text{AT/m}]$
>
> ㉡ 도체 외부 자계의 세기 : $H_e = \dfrac{I}{2\pi r}\,[\text{AT/m}]$

(3) 전류가 도체 내부에 균일하게 흐를 경우

① 원통도체에 직류전류를 흘리면 【그림 5】(c)와 같이 전류는 도체 내부에 균일하게 흐르게 되므로 도체 내부 공간에도 자계가 존재하게 된다.

② 도체 내부 임의의 x점에서의 자계의 세기는 다음과 같다.

$$\text{도체 내부 자계의 세기 : } H_i = \frac{I'}{2\pi x} \text{ [AT/m]}$$

여기서, I' : 반경 x[m]가 되는 원의 단면을 통과하는 전류 크기
x : 도체 내부 임의의 거리

③ 전체 전류 I와 I'의 관계 : 도체 내부에 흐르는 전류는 균일하므로 I와 I'의 전류밀도는 같다.

$\bigcirc$ 반경이 a[m]인 원통 도체의 전류밀도 : $i = \dfrac{I}{S} = \dfrac{I}{\pi a^2}$ [A/m²]

$\bigcirc$ 반경이 x[m]인 원통 도체의 전류밀도 : $i = \dfrac{I'}{S'} = \dfrac{I'}{\pi x^2}$ [A/m²]

$\bigcirc$ 전류밀도 $i = \dfrac{I}{\pi a^2} = \dfrac{I'}{\pi x^2}$에서 I'을 구하면 다음과 같다.

$\therefore$ 반경이 x[m] 원통 도체 내의 전류 : $I' = \dfrac{x^2}{a^2} \times I$ [A]

④ 도체 중심에서 x[m] 떨어진 도체 내부 자계의 세기는 다음과 같다.

$$H_i = \frac{I'}{2\pi x} = \frac{1}{2\pi x} \times \frac{x^2}{a^2} \times I = \frac{xI}{2\pi a^2} \text{ [AT/m]}$$

⑤ 도체 내·외부 공간에서 자계의 세기를 정리하면 다음과 같다.

$\bigcirc$ 도체 외부 자계의 세기 : $H_e = \dfrac{I}{2\pi r}$ [AT/m]

$\bigcirc$ 도체 표면 자계의 세기 : $H_s = \dfrac{I}{2\pi a}$ [AT/m]

$\bigcirc$ 도체 내부 자계의 세기 : $H_i = \dfrac{xI}{2\pi a^2}$ [AT/m]

여기서, r : 도체 중심에서 도체 외부 어떤 점까지의 거리[m]
a : 도체의 반경[m] x : 도체 중심에서 도체 내부 어떤 점까지의 거리[m]

6 솔레노이드(Solenoid)에 의한 자계의 세기

(1) 유한 솔레노이드와 무한 솔레노이드

① 자석의 영향을 잘 받는 물질(자성체)을 가운데 놓고 전선을 스프링 모양으로 촘촘하고 균일하게 원통처럼 감는다. 감은 전선에 전류가 흐르면 자성체 내부에는 강력한 자기장이 형성된다. 이처럼 도선을 촘촘하고 균일하게 원통형으로 길게 감아 만든 장치를 솔레노이드(Solenoid)라 하고, 에너지변환장치나 전자석에 쓰인다. 구체적으로 직선 솔레노이드라고 부르기도 하며, 【그림 6】은 솔레노이드의 개념과 작동 원리를 나타낸 것이다.

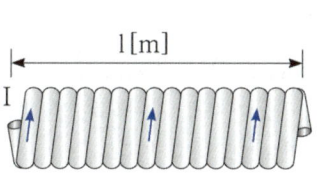
(a) 유한 솔레노이드

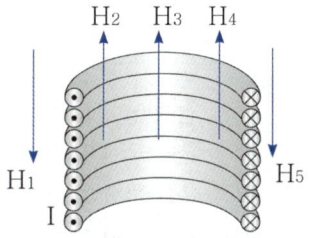
(b) 무한 솔레노이드

【그림 6】 솔레노이드

② 원칙적으로 솔레노이드는 내부 자계의 크기가 일정하지 않다. 【그림 6】(b)에서 H_2와 H_3는 전류와의 거리가 서로 다른 지점의 자계이기 때문이다. 만약 솔레노이드의 길이가 무한이어서 단면적에 비해 길이가 충분히 길다면 어떨까. 처음 생성된 자기장의 세기는 다르겠지만 이들은 같은 방향으로 진행하므로 결국 어느 시점에서 일정한 값에 수렴할 것이다. 그러므로 길이가 무한대인 솔레노이드에서는 내부 자계가 일정하다고 취급하며 솔레노이드에 대해 특별한 언급이 없다면 길이가 무한대인 직선형 솔레노이드를 의미한다.

③ 솔레노이드의 외부 자기장 H_1, H_5는 이론상 존재하며 그 값이 0이 아니지만, 일반적인 솔레노이드에서 외부 자계의 값은 내부 자계에 비하면 매우 작은 값이므로 이 크기를 무시하여 0으로 취급한다. 따라서 무한장 솔레노이드의 특징은 다음과 같다.

> ㉠ 솔레노이드 외부 자계는 0이다($H_e = 0$).
> ㉡ 솔레노이드 내부 자계는 평등자계이다.

④ 무한장 솔레노이드는 길이와 권선수가 무한대이므로 단위 길이(1[m])당 권선수 $n = \dfrac{N}{\ell}$의 개념을 활용하여 내부 자계의 세기를 구하면 다음과 같다.

> ㉠ 유한장 솔레노이드 내부 자계 : $H_i = \dfrac{NI}{\ell}$ [AT/m]
> ㉡ 무한장 솔레노이드 내부 자계 : $H_i = nI$ [AT/m]

여기서, N : 권선 수 I : 전류
         ℓ : 자계의 경로 길이 n : 단위 길이당 권선 수

(2) 환상 솔레노이드에 의한 자계의 세기

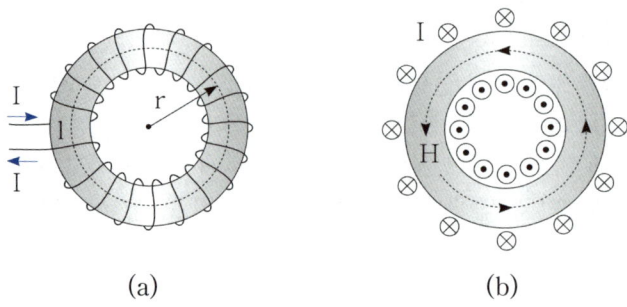

(a)   (b)

【그림 7】 환상 솔레노이드

① 환상 솔레노이드는 무단 솔레노이드, 토로이달 코일(toroidal coil) 등으로도 불린다. 앞서 배운 직선 솔레노이드의 일부를 잘라 양 끝을 붙이면 도넛 모양의 고리가 만들어지고 자기장은 원 모양의 철심을 따라 돌게 된다. 이때 철심을 빼고 감긴 코일만 다루는 것을 공심 솔레노이드라고 한다.

② 솔레노이드 내부 자계의 세기와 자속의 크기는 다음과 같다.

$\bigcirc$ 내부 자계의 세기 : $H_i = \dfrac{NI}{\ell} = \dfrac{NI}{2\pi r}$ [AT/m]

$\bigcirc$ 내부 자속밀도 : $B_i = \mu_0 H_i = \dfrac{\mu_0 NI}{2\pi r} = \dfrac{\mu_0 NI}{\ell}$ [Wb/m²]

$\bigcirc$ 내부 자속 : $\phi_i = \displaystyle\int_s B_i \, ds = B_i S = \dfrac{\mu_0 SNI}{\ell}$ [Wb]

여기서, ℓ : 자계의 경로 길이 r : 평균 반지름 S : 단면적

 핵심요약

앙페르의 법칙에 의한 자기장의 세기

① 무한장 직선 도체 외부 자계 : $H = \dfrac{I}{2\pi r}$ [AT/m]

② 유한장 솔레노이드 내부 자계 : $H = \dfrac{NI}{\ell}$ [AT/m]

③ 무한장 솔레노이드 내부 자계 : $H = nI$ [AT/m]

④ 환상 솔레노이드 내부 자계 : $H = \dfrac{NI}{2\pi r}$ [AT/m]

02 비오-사바르의 법칙

1 개요

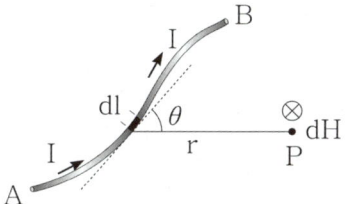

【그림 8】 비오-사바르의 법칙

(1) 앞에서 배운 앙페르의 주회적분은 대칭형 도체(무한장 직선 도체 및 솔레노이드 등)에만 적용되고 비대칭 구조에는 적용되지 않는다. 이 비대칭 구조를 해석하기 위해 비오－사바르의 법칙을 적용한다.

(2) 비오와 사바르는 실험을 통하여 아래와 같이 유도하였고, 【그림 8】에서 도체의 미소길이 $d\ell$에 의한 임의의 P 점의 자계 dH를 구한 다음 도체의 구간을 적분함으로써 전체 자계의 세기를 구할 수 있다.

> ① 미소 자계의 세기 : $dH = \dfrac{Id\ell \sin\theta}{4\pi r^2}$ [AT/m]
>
> ② 전체 자계의 세기 : $H = \displaystyle\int_A^B dH = \dfrac{I\ell \sin\theta}{4\pi r^2}$ [AT/m]

2 유한장 직선 도체의 전류에 의한 자계

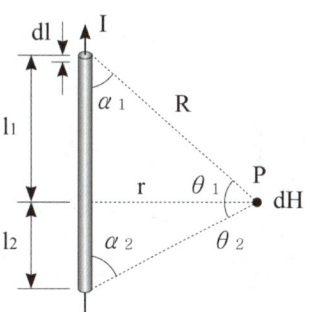

【그림 9】 유한장 직선도체

(1) 【그림 9】와 같이 유한장 직선 도체에 전류 I를 흘릴 때 도체에서 r[m] 떨어진 P점에서 자계의 세기를 비오－사바르 법칙을 통해 구해보자.

(2) 도체의 미소 길이 $d\ell$에 R[m] 떨어진 P점의 미소 자계의 세기인 dH는 다음과 같다.

> 미소 자계의 세기 : $dH = \dfrac{Id\ell \sin\alpha}{4\pi R^2} = \dfrac{Id\ell \cos\theta}{4\pi R^2}$ [AT/m]

(3) 위 식에서 미소 길이 $d\ell$에 대해서 적분하면 θ과 R이 동시에 변하기 때문에 미소 길이 $d\ell$을 아래와 같이 변경해 준다.

① $\tan\theta = \dfrac{\ell}{r} \implies r\tan\theta = \ell$

② 양변을 θ에 대해서 미분하면 : $r\sec^2\theta = \dfrac{d\ell}{d\theta}$

③ $\sec\theta = \dfrac{1}{\cos\theta} = \dfrac{R}{r}$ 이 되므로 $d\ell = \dfrac{R^2}{r}\,d\theta$ 이 된다.

∴ 미소 자계의 세기 $dH = \dfrac{Id\ell\cos\theta}{4\pi R^2} = \dfrac{I\dfrac{R^2}{r}\,d\theta\cos\theta}{4\pi R^2} = \dfrac{I}{4\pi r}\cos\theta\,d\theta$

(4) 위 결과식에서 직선 도체의 경로($-\theta_2$에서 θ_1까지)를 적분하여 전체 자계의 세기를 구하면 다음과 같다.

$$H = \int_{-\theta_2}^{\theta_1} dH = \int_{-\theta_2}^{\theta_1} \dfrac{I}{4\pi r}\cos\theta\,d\theta = \dfrac{I}{4\pi r}\int_{-\theta_2}^{\theta_1}\cos\theta\,d\theta = \dfrac{I}{4\pi r}\left[\sin\theta\right]_{-\theta_2}^{\theta_1}$$

$$= \dfrac{I}{4\pi r}(\sin\theta_1 + \sin\theta_2)\,[\mathrm{AT/m}]$$

$$\therefore\ H = \dfrac{I}{4\pi r}(\sin\theta_1 + \sin\theta_2)\,[\mathrm{AT/m}]$$

③ 한 변의 길이가 $\ell\,[\mathrm{m}]$인 도체 중심에서의 자계

(1) 정사각형 도체 중심에서의 자계의 세기

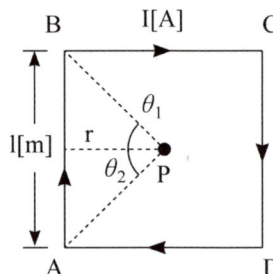

· $r = \dfrac{\ell}{2}$

· $\theta_1 = \theta_2 = \theta = 45°$

· $\sin 45° = \dfrac{\sqrt{2}}{2}$

【그림 10】 정사각형 도체 중심에서의 자계의 세기

① 【그림 10】과 같이 정사각형 도체는 선분 $\overline{AB}$에 의한 유한장 직선도체 4개가 연결된 것과 같다.

② 각 선분 $\overline{AB}$, $\overline{BC}$, $\overline{CD}$, $\overline{DA}$에 흐르는 전류에 의해 발생된 자계는 도체 중심에서 지면의 아래쪽에서 위쪽 방향으로 모두 동일하므로 선분 $\overline{AB}$에 의해 발생된 자계에 4배를 취해서 구할 수 있다.

③ 정사각형 도체 중심에서의 자계의 세기

$$= \frac{I}{4\pi \times \frac{\ell}{2}} \times \sin 45° \times 2 \times 4 = \frac{I}{2\pi\ell} \times \frac{\sqrt{2}}{2} \times 2 \times 4$$

> ㉠ 선분 $\overline{AB}$에 의한 자계 : $H = \frac{I}{4\pi r}(\sin\theta_1 + \sin\theta_2)$
>
> ㉡ 정사각형 중심에서 작용하는 자계의 세기
>
> $$H = \frac{I}{4\pi r}(\sin\theta_1 + \sin\theta_2) \times 4 = \frac{I}{4\pi r} \times \sin\theta \times 2 \times 4$$
>
> $$= \frac{I}{4\pi \times \frac{\ell}{2}} \times \sin 45° \times 2 \times 4 = \frac{I}{2\pi\ell} \times \frac{\sqrt{2}}{2} \times 2 \times 4$$
>
> ∴ 자계의 세기 : $H = \frac{2\sqrt{2}\,I}{\pi\ell}$ [AT/m]

(2) 정삼각형 도체 중심에서의 자계의 세기

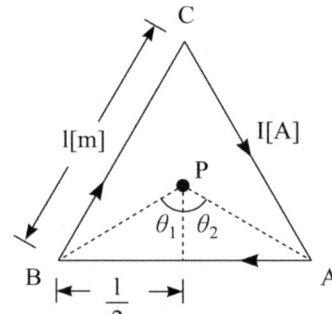

> · $r = \frac{\ell}{2} \times \tan 30° = \frac{\ell}{2\sqrt{3}}$
>
> · $\theta_1 = \theta_2 = \theta = 60°$
>
> · $\sin 60° = \frac{\sqrt{3}}{2}$

【그림 11】 정삼각형 도체 중심에서의 자계의 세기

① 【그림 11】과 같이 정삼각형 도체는 선분 $\overline{AB}$에 의한 유한장 직선도체 3개가 연결된 것과 같다.

② 각 선분 $\overline{AB}$, $\overline{BC}$, $\overline{CD}$에 흐르는 전류에 의해 발생된 자계는 도체 중심에서 지면의 아래쪽에서 위쪽 방향으로 모두 동일하므로 선분 $\overline{AB}$에 의해 발생된 자계에 3배를 취해서 구할 수 있다.

③ 정삼각형 도체 중심에서의 자계의 세기

> ㉠ 선분 $\overline{AB}$에 의한 자계 : $H = \frac{I}{4\pi r}(\sin\theta_1 + \sin\theta_2)$
>
> ㉡ 정삼각형 중심에서 작용하는 자계의 세기
>
> $$H = \frac{I}{4\pi r}(\sin\theta_1 + \sin\theta_2) \times 3 = \frac{I}{4\pi r} \times \sin\theta \times 2 \times 3$$
>
> $$= \frac{I}{4\pi \times \frac{\ell}{2\sqrt{3}}} \times \sin 60° \times 2 \times 3 = \frac{2\sqrt{3}\,I}{4\pi\ell} \times \frac{\sqrt{3}}{2} \times 2 \times 3$$
>
> ∴ 자계의 세기 : $H = \frac{9\,I}{2\pi\ell}$ [AT/m]

(3) 정육각형 도체 중심에서의 자계의 세기

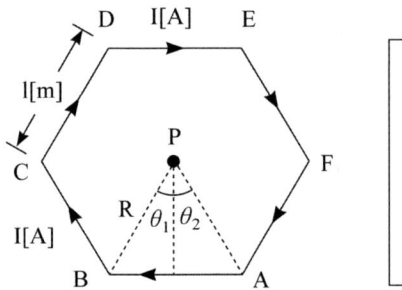

【그림 12】 정육각형 도체 중심에서의 자계의 세기

① **【그림 12】**와 같이 정육각형 도체는 선분 $\overline{AB}$에 의한 유한장 직선도체 3개가 연결된 것과 같다.

② 각 선분 $\overline{AB}$, $\overline{BC}$, $\overline{CD}$, $\overline{DE}$, $\overline{EF}$, $\overline{FA}$에 흐르는 전류에 의해 발생된 자계는 도체 중심에서 지면의 아래쪽에서 위쪽 방향으로 모두 동일하므로 선분 $\overline{AB}$에 의해 발생된 자계에 6배를 취해서 구할 수 있다.

③ 정육각형 도체 중심의 자계

> 정육각형 중심에서 작용하는 자계의 세기
>
> $$H = \frac{I}{4\pi r}(\sin\theta_1 + \sin\theta_2) \times 6 = \frac{I}{4\pi \times \frac{\sqrt{3}\,\ell}{2}} \times \sin 30° \times 2 \times 6$$
>
> $$= \frac{I}{2\sqrt{3}\,\pi\ell} \times \frac{1}{2} \times 2 \times 6 = \frac{3I}{\sqrt{3}\,\pi\ell} = \frac{3I}{\sqrt{3}\,\pi\ell} \times \frac{\sqrt{3}}{\sqrt{3}} = \frac{\sqrt{3}\,I}{\pi\ell}$$
>
> ∴ 자계의 세기 : $H = \dfrac{\sqrt{3}\,I}{\pi\ell}$ [AT/m]

4 원형 코일에 의한 자계의 세기

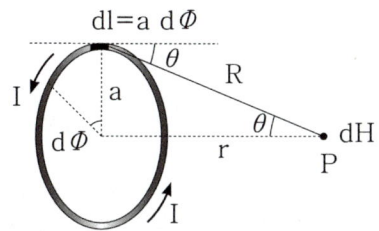

【그림 13】 원형 코일에 의한 자계

(1) 【그림 13】에서 P 점에서의 자계의 세기를 구하면

$$dH = \frac{I d\ell \sin\theta}{4\pi R^2} = \frac{Ia\sin\theta}{4\pi R^2}\, d\phi$$ 이므로 전체 자계의 세기는

$$H = \int dH = \int_0^{2\pi} \frac{aI\sin\theta}{4\pi R^2}\, d\phi = \frac{aI\sin\theta}{4\pi R^2} \int_0^{2\pi} d\phi = \frac{aI\sin\theta}{4\pi R^2} [\phi]_0^{2\pi} = \frac{2\pi aI\sin\theta}{4\pi R^2}$$

$$= \frac{aI}{2R^2} \times \sin\theta \, [\text{AT/m}]$$

여기서, $\sin\theta = \dfrac{a}{R}$, $R = \sqrt{a^2 + r^2} = (a^2 + r^2)^{1/2}$ 이므로

$$H = \frac{aI}{2R^2} \times \frac{a}{R} = \frac{a^2 I}{2R^3} = \frac{a^2 I}{2(a^2 + r^2)^{\frac{3}{2}}} \, [\text{AT/m}]$$ 이 된다.

(2) 원형 코일 중심점의 자계의 세기를 구하기 위해서는 P점의 자계의 세기에서 거리 $r = 0$을 대입하여 구할 수 있다.

① P점에서 자계의 세기 : $H = \dfrac{a^2 I}{2(a^2 + r^2)^{\frac{3}{2}}} \, [\text{AT/m}]$

② 원형 코일 중심에서의 자계의 세기 : $H = \dfrac{I}{2a} \, [\text{AT/m}]$

핵심요약

비오−사바르의 법칙에 의한 자기장의 세기

① 실험식(정의식) : $H = \dfrac{I\ell\sin\theta}{4\pi r^2} \, [\text{AT/m}]$

② 원형 코일 중심에서의 자계 : $H = \dfrac{I}{2a} \, [\text{AT/m}]$

③ 원형 코일 중심에서의 자계(권수가 주어질 경우) : $H = \dfrac{NI}{2a} \, [\text{AT/m}]$

1 플레밍의 왼손 법칙

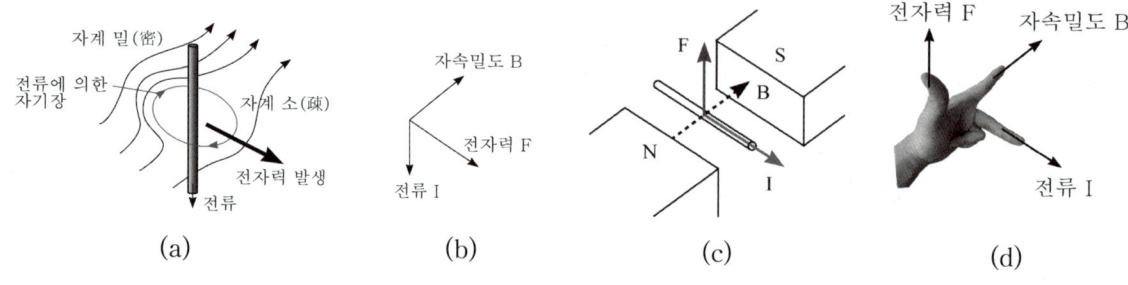

【그림 14】 자계 내의 전류에 작용력

(1) 전자력이란 전류와 자기장이 만나 발생하는 힘이다. 【그림 14】 (a)에서 도체는 자기장의 영향을 받고 있고 여기에 도체에 전류가 지나가면 도체를 움직이는 힘이 생기는 것이다.

(2) 전류 자체가 자기장을 생성하므로 자기장을 자기력선으로 나타냈을 때 자기력선이 빽빽한 곳(밀, 密)과 엉성한 곳(소, 疎)으로 나누어져 에너지 밀도가 높은 쪽에서 낮은 쪽으로 힘이 작용하게 된다. 즉, 도체는 자기력선이 엉성한 곳으로 밀리게 되고 이 힘을 전자력(Electromagnetic force)이라 한다.

(3) 전자력의 식은 다음과 같다.

전자력 : $F = IB\ell\sin\theta$ [N]

여기서, I : 전류[A]　　　　　　　ℓ : 도선의 길이[m]

　　　　B : 자속밀도[Wb/m^2]　　θ : 전류와 자계가 이루는 각도

(4) 따라서 전자력은 전류와 자속밀도가 수직($I \perp B$)일 때 가장 크고($F = IB\ell$), 평행($\theta = 0$)일 때는 발생하지 않는다.

(5) 【그림 14】 (d)와 같이 왼손으로 전자력의 방향을 파악할 수 있다. 손가락이 각각 수직이 되도록 폈을 때 엄지는 힘의 방향(F), 검지는 자속밀도의 방향(B), 중지는 전류의 방향(I)을 뜻하며 이를 플레밍의 왼손 법칙이라 한다. 플레밍의 왼손 법칙은 전동기(motor)의 원리로 이해할 수 있다.

핵심요약

플레밍의 왼손 법칙
① 자계 내에 있는 도체에 전류가 흐르면 도체에는 전자력이 발생된다.
② 자계 내 → 전류 → 전자력
③ 전자력 : $F = IB\ell\sin\theta$ [N]

2 평행도체 전류 사이의 작용력

(1) 다음과 같은 평행 도선이 있다. 도선에는 전류가 흐른다.

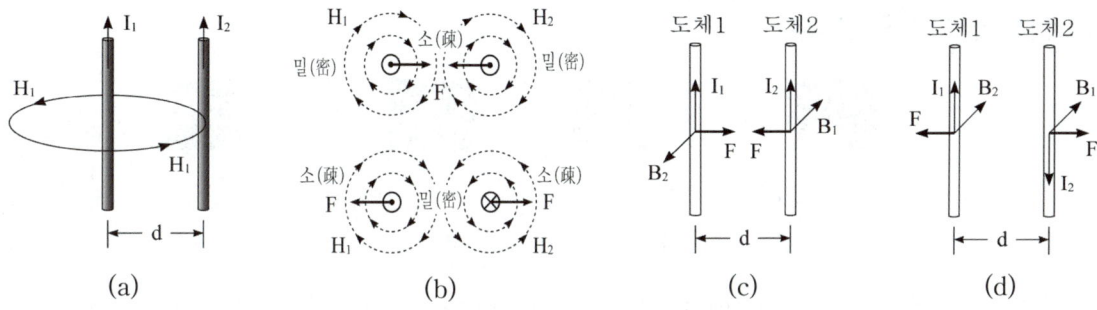

【그림 15】 평행도체 전류 사이에 작용력

(2) 평행하게 흐르는 전류 사이에는 전자력이 작용한다. 도체 1의 한 점에서 생성된 자기장이 도체 2에 도달하여 전류와 만나고 그 점에서 힘이 작용한다. 이때 힘의 방향은 전류의 방향으로 판단할 수 있는데 【그림 15】 (c)와 같이 두 전류가 같은 방향으로 흐르면 흡인력이, 【그림 15】 (d)와 같이 전류가 반대 방향으로 흐르면 반발력이 작용한다. 여기서, 전류가 반대 방향으로 흐르는 것은 단상 2선식에서의 왕복전류 또는 3상 선로에서 선간 단락 사고가 발생되어 흐르게 되는 단락전류라 볼 수 있다.

(3) 평행도체 사이에 작용하는 힘은 플레밍 왼손 법칙에 의해서 정리할 수 있다. 이때 단위 길이당 작용하는 전자력은 다음과 같다.

> ① I_1에 의한 자계의 세기 : $H_1 = \dfrac{I_1}{2\pi d}$ [AT/m]
>
> ② 도체 2를 통과하는 자속밀도 : $B_1 = \mu_0 H_1 = \dfrac{\mu_0 I_1}{2\pi d}$ [Wb/m²]
>
> ③ 도체 2에서 작용하는 전자력($I_2 \perp B_1 : \sin\theta = \sin 90° = 1$) : $F_1 = I_2 B_1 \ell \sin\theta = I_2 B_1 \ell$ [N] $= I_2 B_1$ [N/m]
>
> ∴ 단위 길이당 작용하는 힘(전자력) : $f = \dfrac{\mu_0 I_1 I_2}{2\pi d} = \dfrac{2 I_1 I_2}{d} \times 10^{-7}$ [N/m]

여기서, 진공의 투자율 : $\mu_0 = 4\pi \times 10^{-7}$ [H/m]

(4) 왕복도선의 경우 평형 도선에 흐르는 전류의 방향이 반대가 되므로 두 도체 사이에는 반발력이 작용하며 그 크기는 다음과 같다.

> $f = \dfrac{2 I^2}{d} \times 10^{-7}$ [N/m] $= 2.08 \times \dfrac{I^2}{d} \times 10^{-8}$ [kg/m]

여기서, 왕복전류 조건 : $I_1 = I_2 = I$, 1 [N/m] $= \dfrac{1}{0.8}$ [kg/m]

핵심요약

평행도체 전류 사이의 작용력

① 전류가 같은 방향으로 흐를 경우 : 흡인력 작용

② 전류가 다른 방향으로 흐를 경우 : 반발력 작용

③ 단위 길이당 작용하는 힘 : $f = \dfrac{2 I_1 I_2}{d} \times 10^{-7}$ [N/m]

04 자성체와 자기회로

1 자화현상과 자기유도현상

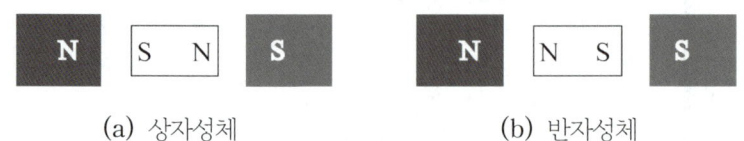

(a) 상자성체   (b) 반자성체

【그림 16】 자기유도현상

(1) 어떤 물질은 자계에 놓이면 【그림 16】과 같이 양 끝에 자극이 생긴다. 이런 현상을 자기유도라 하며 물질이 자성을 띤 상태로 바뀌는 것을 자화(magnetization)라 한다.

(2) 자화가 일어나는 물질을 자성체, 자화가 일어나지 않는 물질을 비자성체라 한다.

(3) 자성체는 자화의 경향에 따라 상자성체, 반자성체(또는 역자성체), 강자성체 세 가지로 나누어진다. 물체가 자화된 방향에 따라 외부 자기장과 흡인력이 생기면 상자성체, 반발력이 생기면 반자성체라 한다. 특히 자화의 정도가 커서 강한 자극이 나타나는 물질을 강상자성체 또는 강자성체라 한다.

(4) 자성체의 종류

① 상자성체 : 알루미늄(Al), 망간(Mn), 백금(Pt), W(텅스텐), Sn(주석), 산소(O_2), 질소(N_2) 등

② 반자성체 : 비스무트(Bi), 탄소(C), 규소(Si), 은(Ag), Pb(납), 아연(Zn), 구리(Cu), 황(S), 게르마늄(Ge), 수소(H_2), 헬륨(He) 등

③ 강자성체 : 철(Fe), 니켈(Ni), 코발트(Co) 및 그 합금

(5) 자력의 근원은 전자의 자전운동(spin)이고 그 정도를 화살표로 표시한다. 자성체에 가하는 외부 자계를 서서히 증가시키면 【그림 17】과 같이 화살표가 서서히 정렬하여 자화의 세기가 강해진다.

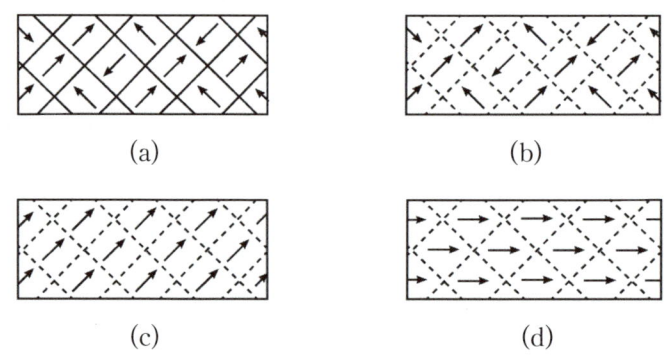

(a)   (b)

(c)   (d)

【그림 17】 전자의 자전운동

(6) 이때 【그림 17】 (d)처럼 정렬이 완전히 끝나면 외부 자계가 더 강해지더라도 자화의 세기는 증가하지 않는다. 이와 같은 현상을 자기포화라 한다.

2 히스테리시스 현상

(1) 히스테리시스 곡선(Hysteresis Loop)은 자성체에 가하는 자계의 세기(외부 자계 H)에 따라 자성체의 자화의 정도(자속밀도 B)가 어떻게 변하는지를 나타낸다.

(2) 자성체가 외부 자계에 의해 한번 자화되면 그 외부 자계가 없어져도 일시적으로 자석의 힘이 남아 있는데, 이를 잔류자기(Residual magnetic, B_r)라 한다.

(3) 그래프에서 히스테리시스 곡선이 종축(세로축)과 만나는 지점을 잔류자기, 횡축(가로축)과 만나는 지점을 보자력이라 한다.

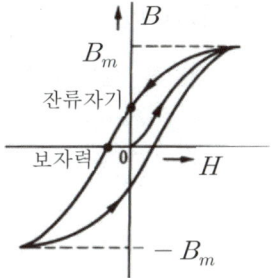

【그림 18】 전자의 자전운동

(4) 자화된 물체가 자화된 방향을 바꿀 때 히스테리시스 곡선의 면적만큼의 에너지가 필요하다. 이를 히스테리시스 손실(Hysteresis Loss)이라 하고 자성체 내의 열에너지 형태로 소비된다. 각 식은 아래 설명과 같다.

① 자성체가 히스테리시스 곡선 한 바퀴를 따라 자화의 방향을 바꾸는 데 드는 에너지

② 교번자계에 의한 히스테리시스 손실을 나타낸 스타인메츠(C.P.Steinmetz)의 실험식

$$\bigcirc \ W_h = \oint H \, dB \, [\text{J/m}^3]$$

$$\bigcirc \ P_h = f \, W_h = \sigma_h \, f \, B_m^{1.6} \, [\text{W/m}^3]$$

여기서, σ_h : 히스테리시스 상수(또는 Steinmetz 상수) f : 주파수 B_m : 최대 자속밀도

참고 히스테리시스 곡선

① 곡선이 이루는 면적의 의미 : 단위 체적당 열 에너지(손실)$[\text{W/m}^3]$

② 히스테리시스 손실(열 손실) : $P \propto B^{1.6}$

③ 종축과 만나는 점 : 잔류자기

④ 횡축과 만나는 점 : 보자력

---

(5) 영구자석과 전자석의 히스테리시스 곡선

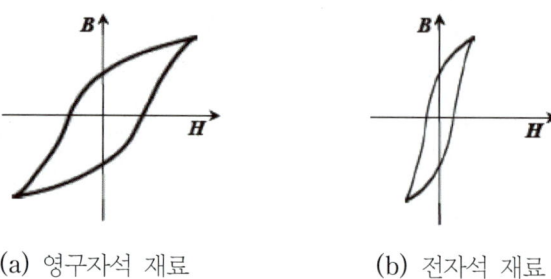

(a) 영구자석 재료   (b) 전자석 재료

【그림 19】 재질에 따른 히스테리시스 곡선

① 영구자석은 곡선의 면적이 넓고 잔류자기와 보자력 모두 커야 하므로 경철(hard iron) 등이 적합하다.

② 전자석은 곡선의 면적이 좁고 잔류자기는 크고 보자력이 작아야 하므로 연철(soft iron), 규소강판 등이 적합하다.

3 자화의 세기

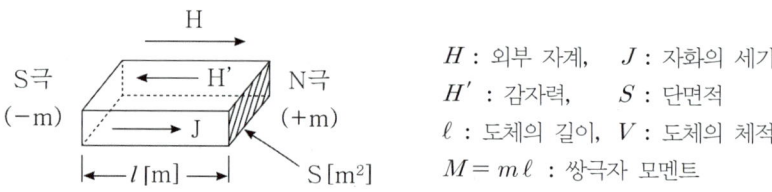

H : 외부 자계, J : 자화의 세기
H' : 감자력, S : 단면적
ℓ : 도체의 길이, V : 도체의 체적
$M = m\ell$: 쌍극자 모멘트

【그림 20】 자화의 세기

(1) 자계 내에 자성체를 놓으면 자석의 성질이 발생하는데 이를 자화(磁化)라 한다.

(2) 자성체의 양 단면의 단위면적에 발생된 자기량을 그 자성체에 대한 자화의 세기 또는 자화도라 하며, 자성체의 자화 정도를 표시한다.

$$\text{자화의 세기} : J = \frac{m}{S} = \frac{m \cdot \ell}{S \cdot \ell} = \frac{M}{V} \, [\text{Wb/m}^2]$$

(3) 자화의 세기($J = \dfrac{m}{S} \, [\text{Wb/m}^2]$)에서 분자와 분모에 자성체 길이 $\ell[\text{m}]$을 곱하여 정리하면 자성체의 단위 체적(V)당 자기쌍극자 모멘트(M)가 된다.

(4) 자화의 세기는 인가되는 자계의 세기 H에 비례하므로 다음과 같이 정리할 수 있다.

① 자화의 세기 : $J = \chi H [\text{Wb/m}^2]$
② 자화율 : $\chi = \mu - \mu_0 = \mu_0(\mu_s - 1) \, [\text{H/m}]$
③ 자성체의 자속밀도 : $B = \mu H = \mu_0 \mu_s H [\text{Wb/m}^2]$

$$\therefore J = \mu_0(\mu_s - 1)H = B - \mu_0 H = B\left(1 - \frac{1}{\mu_s}\right) [\text{Wb/m}^2]$$

(5) 자성체 종류에 따른 자화율과 비투자율

자성체 종류	자화율	비자율	비투자율
비상성체	$\chi = 0$	$\chi_{er} = 0$	$\mu_s = 1$
강자성체	$\chi \gg 0$	$\chi_{er} \gg 0$	$\mu_s \gg 1$
상자성체	$\chi > 0$	$\chi_{er} > 0$	$\mu_s > 1$
반자성체	$\chi < 0$	$\chi_{er} < 0$	$\mu_s < 1$

【표 1】 자성체 종류에 따른 자화율과 비투자율

4 자기회로

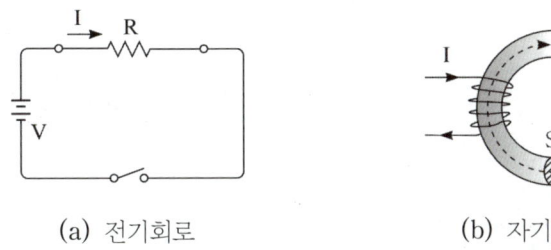

(a) 전기회로   (b) 자기회로

【그림 21】 전기회로와 자기회로

(1) 전류가 통과하는 모양을 파악하기 위해 만든 것을 전기회로라 하는 것처럼 자속이 이동하는 모양을 파악하기 위해 만든 회로를 자기회로라고 한다. 전기회로의 개념과 요소를 빌려 자기회로의 개념을 만들기 때문에 각 회로에서 대응하는 성분들을 설정하고 비교해야 한다.

(2) 전기회로와 자기회로

전기회로	자기회로
① 기전력 : $V[\text{V}]$	① 기자력 : $F = IN[\text{AT}]$
② 전기저항 $R = \dfrac{\ell}{kS} = \rho\dfrac{\ell}{S}\ [\Omega]$ 여기서, k : 도전율 ρ : 고유저항 S : 도체의 단면적 ℓ : 도체 길이	② 자기저항 $R_m = \dfrac{\ell}{\mu S} = \dfrac{F}{\phi}\ [\text{AT/Wb}]$ 여기서, μ : 투자율 ℓ : 철심의 길이 S : 철심의 단면적
③ 전류 $I = \dfrac{V}{R} = \dfrac{\ell E}{\dfrac{\ell}{kS}} = kES[\text{A}]$ 여기서, E : 전계의 세기	③ 자속 $\phi = \dfrac{F}{R_m} = \dfrac{\mu SNI}{\ell}\ [\text{Wb}]$
④ 전류밀도 $i = \dfrac{I}{S} = kE = \dfrac{E}{\rho}\ [\text{A/m}^2]$	④ 자속밀도 $B = \dfrac{\phi}{S} = \mu H = \mu \cdot \dfrac{NI}{\ell}\ [\text{Wb/m}^2]$

【표 2】 전기회로와 자기회로의 대응관계

참고   **전기회로와 자기회로의 대응관계**

① 기전력 – 기자력   ② 전기저항 – 자기저항
③ 콘덕턴스 – 퍼미언스   ④ 도전율 – 투자율
⑤ 전류 – 자속   ⑥ 전류밀도 – 자속밀도

※ 출제예상문제는 기출분석을 바탕으로 자주 출제되는 유형을 선별하였습니다.

01. 전류에 의해 발생되는 자기장에서 자력선의 방향을 간단하게 알아내는 법칙은?

① 오른나사의 법칙
② 플레밍의 왼손 법칙
③ 주회적분의 법칙
④ 줄의 법칙

| 해설
앙페르의 오른나사 법칙

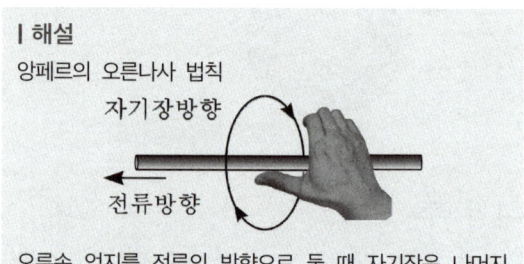

자기장방향
전류방향

오른손 엄지를 전류의 방향으로 둘 때 자기장은 나머지 손가락이 말리는 방향과 같다.

02. 전류에 의한 자기장과 직접적으로 관련이 없는 것은?

① 줄의 법칙
② 플레밍의 왼손 법칙
③ 비오 − 사바르의 법칙
④ 앙페르의 오른나사의 법칙

| 해설
줄의 법칙은 전류와 열작용에 관한 법칙이다.

03. 비오 − 사바르의 법칙과 가장 관계가 깊은 것은?

① 전류가 만드는 자장의 세기
② 전류와 전압의 관계
③ 기전력과 자계의 세기
④ 기전력과 자속의 변화

| 해설
앙페르의 법칙과 비오−사바르의 법칙은 전류 주변에 생기는 자기장에 관한 법칙이다.

04. 전류와 자속에 관한 설명 중 옳은 것은?

① 전류와 자속은 항상 폐회로를 이룬다.
② 전류와 자속은 항상 폐회로를 이루지 않는다.
③ 전류는 폐회로이나 자속은 아니다.
④ 자속은 폐회로이나 전류는 아니다.

| 해설
㉠ 전류는 전원을 중심으로 폐회로를 구성하여야 흐른다.
㉡ 자속은 전류 주위를 회전한다.

05. 긴 직선 도선에 $I[A]$의 전류가 흐를 때 이 도선으로부터 $r[m]$만큼 떨어진 곳에 자장의 세기는?

① 전류 I에 반비례하고 r에 비례한다.
② 전류 I에 비례하고 r에 반비례한다.
③ 전류 I의 제곱에 반비례하고 r에 반비례한다.
④ 전류 I에 반비례하고 r의 제곱에 반비례한다.

| 해설
앙페르의 주회적분 법칙
㉠ 한 폐곡선에 대한 자계의 세기의 선적분이 이 폐곡선에 둘러싸인 전류와 같다.

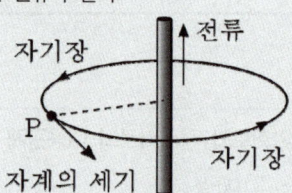

자기장
전류
자계의 세기
P
자기장

㉡ 자계의 세기 : $H = \dfrac{I}{2\pi r}[AT/m]$

정답 01 ① 02 ① 03 ① 04 ① 05 ②

06. 반지름 $r\,[\mathrm{m}]$, 권수 N회의 환상 솔레노이드에 $I\,[\mathrm{A}]$의 전류가 흐를 때, 그 내부의 자장의 세기 $H\,[\mathrm{AT/m}]$는 얼마인가?

① $\dfrac{NI}{r^2}$ ② $\dfrac{NI}{2\pi}$

③ $\dfrac{NI}{4\pi r^2}$ ④ $\dfrac{NI}{2\pi r}$

| 해설
전류에 의한 자계의 세기
㉠ 무한장 직선 도체 $H = \dfrac{I}{2\pi r}$
㉡ 유한장 솔레노이드 $H = \dfrac{NI}{\ell}$
㉢ 환상 솔레노이드 $H = \dfrac{NI}{2\pi r}$
㉣ 원형 선전류 $H = \dfrac{NI}{2r}$

07. 환상 솔레노이드 내부의 자장의 세기에 관한 설명으로 옳은 것은?

① 자장의 세기는 권수에 반비례한다.
② 자장의 세기는 권수, 전류, 평균 반지름과는 관계없다.
③ 자장의 세기는 전류에 반비례한다.
④ 자장의 세기는 전류에 비례한다.

| 해설
환상 솔레노이드의 자계(자기장)의 세기
$H = \dfrac{NI}{2\pi r}\,[\mathrm{AT/m}]$

08. 1[cm]당 권선 수가 10인 무한 길이 솔레노이드에 1[A]의 전류가 흐르고 있을 때 솔레노이드 외부 자계의 세기는?

① 0[AT/m] ② 5[AT/m]
③ 10[AT/m] ④ 20[AT/m]

| 해설
솔레노이드에 의한 자계의 세기
㉠ 솔레노이드 외부 자계 : $H = 0$
㉡ 솔레노이드 내부 자계 : $H = \dfrac{NI}{\ell} = n_0 I$
여기서, n_0 : 단위 길이당 권선 수

09. 길이 2[m]의 균일한 자로에 8,000회의 도선을 감고 10[mA]의 전류를 흘릴 때 자로의 자장의 세기는?

① 4[AT/m] ② 16[AT/m]
③ 40[AT/m] ④ 160[AT/m]

| 해설
솔레노이드 내부 자장의 세기
$H = \dfrac{NI}{\ell} = \dfrac{8,000 \times 10 \times 10^{-3}}{2} = 40\,[\mathrm{AT/m}]$

10. 반지름 50[cm], 권수 10[회]인 원형 코일에 0.1[A]의 전류가 흐를 때, 이 코일 중심의 자계의 세기 $[H]$는?

① 1[AT/m] ② 2[AT/m]
③ 3[AT/m] ④ 4[AT/m]

| 해설
원형 코일 중심의 자계의 세기
$H = \dfrac{NI}{2a} = \dfrac{10 \times 0.1}{2 \times 0.5} = 1\,[\mathrm{AT/m}]$

11. 반지름 0.2[m], 권수 50회의 원형 코일이 있다. 코일 중심의 자기장의 세기가 850[AT/m]이었다면, 코일에 흐르는 전류의 크기[A]는?

① 0.68[A] ② 6.8[A]
③ 10[A] ④ 20[A]

| 해설
원형 코일의 자계 $H = \dfrac{NI}{2a}\,[\mathrm{AT/m}]$에서
$\therefore I = \dfrac{H \times 2a}{N} = \dfrac{850 \times 2 \times 0.2}{50} = 6.8\,[\mathrm{A}]$

정답 06 ④ 07 ④ 08 ① 09 ③ 10 ① 11 ②

12. 전류에 의한 자기장의 세기를 구하는 비오-사바르의 법칙을 옳게 나타낸 것은?

① $\triangle H = \dfrac{I \triangle \ell \sin \theta}{4 \pi r^2}$ [AT/m]

② $\triangle H = \dfrac{I \triangle \ell \sin \theta}{4 \pi r}$ [AT/m]

③ $\triangle H = \dfrac{I \triangle \ell \cos \theta}{4 \pi r}$ [AT/m]

④ $\triangle H = \dfrac{I \triangle \ell \cos \theta}{4 \pi r^2}$ [AT/m]

| 해설
전류에 의한 자기장의 세기를 구하는 비오-사바르의 법칙을 옳게 나타낸 것은 ①이다.

13. 다음 중 전동기의 원리에 적용되는 법칙은?

① 렌츠의 법칙
② 플레밍의 오른손 법칙
③ 플레밍의 왼손 법칙
④ 옴의 법칙

| 해설
플레밍의 왼손 법칙(전동기의 원리)
㉠ 자계 내의 도체에 전류를 흘리면 도체에는 전자력 F 가 발생한다.
㉡ 전자력 : $F = IB\ell \sin \theta$ [N]
<참고>
플레밍의 오른손 법칙(발전기의 원리)

14. 그림과 같은 자극 사이에 있는 도체에 전류 (I)가 흐를 때 힘은 어느 방향으로 작용하는가?

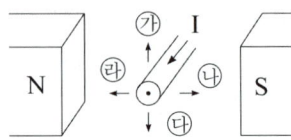

① ㉮
② ㉯
③ ㉰
④ ㉱

| 해설
플레밍의 왼손 법칙(전동기의 원리)
㉠ 엄지손가락 : 전자력의 방향(F)
㉡ 검지손가락 : 자장의 방향(B)
㉢ 중지손가락 : 전류의 방향(I)

15. 도체가 자기장에서 받는 힘의 관계 중 틀린 것은?

① 자기력선속 밀도에 비례
② 도체의 길이에 반비례
③ 흐르는 전류에 비례
④ 도체가 자기장과 이루는 각도에 비례(0~90°)

| 해설
전자력 : $F = IB\ell \sin \theta$ [N]
∴ 전자력은 전류, 자속밀도, 도체의 길이에 비례

16. 공기 중에서 자속밀도 $3[\text{Wb/m}^2]$의 평등 자장 속에 길이 10[cm]의 직선 도선을 자장의 방향과 직각으로 놓고 여기에 4[A]의 전류를 흐르게 하면 이 도선이 받는 힘은 몇 [N]인가?

① 0.5
② 1.2
③ 2.8
④ 4.2

| 해설
플레밍의 왼손 법칙 : 자계 내의 도체에 전류를 흘리면 도체에는 전자력 F가 발생한다.
∴ $F = IB\ell \sin \theta = 4 \times 3 \times 0.1 \times \sin 90°$
$= 1.2 [\text{N}]$

17. 평등자장 내에 있는 도선에 전류가 흐를 때 자장의 방향과 어떤 각도로 되어 있으면 작용하는 힘이 최대가 되는가?

① 30°
② 45°
③ 60°
④ 90°

| 해설
㉠ 플레밍의 왼손 법칙에 의한 전자력
$F = IB\ell \sin \theta$[N] $\propto \sin \theta$(비례관계)
㉡ 전자력은 $\theta = 0°$일 때 최소, $\theta = 90°$일 때 최대가 된다.
여기서, 전자력 F란, 자계 내에 흐르는 전류에 의해 작용하는 힘을 말한다.

정답   12 ① 13 ③ 14 ① 15 ② 16 ② 17 ④

18. 공기 중에서 5[cm] 간격을 유지하고 있는 2개의 평행 도선에 각각 10[A]의 전류가 동일한 방향으로 흐를 때 도선 1[m]당 발생하는 힘의 크기는?

① 4×10^{-4}[N] ② 2×10^{-5}[N]

③ 4×10^{-5}[N] ④ 2×10^{-4}[N]

| 해설
평행 전류에 작용하는 힘 f[N/m]

$$f = \frac{2I_1 I_2}{d} \times 10^{-7} = \frac{2 \times 10^2}{5 \times 10^{-2}} \times 10^{-7}$$
$$= 4 \times 10^{-4} \text{[N/m]}$$

19. 평행한 두 도선 간의 전자력은?

① 거리 r에 비례한다.

② 거리 r에 반비례한다.

③ 거리 r^2에 비례한다.

④ 거리 r^2에 반비례한다.

| 해설
평행 전류에 작용하는 힘 f[N/m]

$$f = \frac{2I_1 I_2}{r} \times 10^{-7} \text{[N/m]} \propto \frac{1}{r}$$

20. 자석의 성질로 옳은 것은?

① 자석은 고온이 되면 자력이 증가한다.

② 자기력선에는 고무줄과 같은 장력이 존재한다.

③ 자력선은 자석 내부에서도 N극에서 S극으로 이동한다.

④ 자력선은 자성체는 투과하고, 비자성체는 투과하지 못한다.

| 해설
① 자성체는 온도가 증가하면 자성이 약해진다.
③ 자성체 내부에는 자기력선이 존재하지 않는다.
④ 자기력선은 자성체와 비자성체를 모두 투과한다.

21. 전자석의 특징으로 옳지 않은 것은?

① 전류의 방향이 바뀌면 전자석의 극도 바뀐다.

② 코일을 감은 횟수가 많을수록 강한 전자석이 된다.

③ 전류를 많이 공급하면 무한정 자력이 강해진다.

④ 같은 전류라도 코일 속에 철심을 넣으면 더 강한 전자석이 된다.

| 해설
전류가 증가하면 자력이 강해지다가 더 이상 자력이 증가하지 않는 점에 도달하는데 이를 자기 포화(saturation)라 한다.

22. 히스테리시스 곡선에서 가로축과 만나는 점과 관계있는 것은?

① 보자력 ② 잔류자기

③ 자속밀도 ④ 기자력

| 해설
히스테리시스 곡선
자성체가 자화되는 특성을 나타낸 곡선으로 외부에서 인가한 자기력에 대한 자성체 내의 자속밀도를 나타낸 곡선

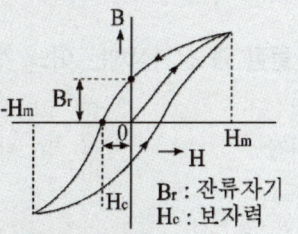

B_r : 잔류자기
H_c : 보자력

㉠ 횡축과 만나는 점 : 보자력 H_c
㉡ 종축과 만나는 점 : 잔류자기 B_r

정답 18 ① 19 ② 20 ② 21 ③ 22 ①

23. 영구자석의 재료로서 적당한 것은?

① 잔류자기가 적고 보자력이 큰 것
② 잔류자기와 보자력이 모두 큰 것
③ 잔류자기와 보자력이 모두 작은 것
④ 잔류자기가 크고 보자력이 작은 것

> **│ 해설**
> 영구자석은 자석의 방향이 쉽게 바뀌지 않는 물질이어야 한다. 따라서 히스테리시스 그래프의 면적이 커야 하며 잔류자기와 보자력이 모두 큰 물질이 유리하다.

24. 다음 중 강자성체가 아닌 것은 어느 것인가?

① 철
② 코발트
③ 니켈
④ 텅스텐

> **│ 해설**
> 자성체의 종류
> ㉠ 강자성체 : 철, 니켈, 코발트, 망간
> ㉡ 상자성체 : 알루미늄, 산소, 텅스텐, 백금
> ㉢ 반자성체 : 구리, 아연, 비스무트, 납, 안티몬

25. 다음 물질 중 상자성체는 어느 것인가?

① 철
② 코발트
③ 니켈
④ 텅스텐

> **│ 해설**
> 자성체의 종류
> ㉠ 강자성체 : 철, 니켈, 코발트, 망간
> ㉡ 상자성체 : 알루미늄, 산소, 텅스텐, 백금
> ㉢ 반자성체 : 구리, 아연, 비스무트, 납, 안티몬

26. 다음 물질 중 반자성체는 어느 것인가?

① 안티몬
② 알루미늄
③ 코발트
④ 니켈

> **│ 해설**
> 자성체의 종류
> ㉠ 강자성체 : 철, 니켈, 코발트, 망간
> ㉡ 상자성체 : 알루미늄, 산소, 텅스텐, 백금
> ㉢ 반자성체 : 구리, 아연, 비스무트, 납, 안티몬

27. 물질에 따라 자석에 반발하는 물체를 무엇이라 하는가?

① 비자성체
② 상자성체
③ 반자성체
④ 가역성체

> **│ 해설**
>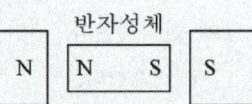
> 반자성체는 외부 N극 방향으로 N극이, 외부 S극 방향으로 S극이 되는 자성체이다. 따라서 자성체는 반발력을 갖는다.

28. 반자성체 물질의 특색을 나타낸 것은? (단, μ_s는 비투자율이다.)

① $\mu_s > 1$
② $\mu_s \gg 1$
③ $\mu_s = 1$
④ $\mu_s < 1$

> **│ 해설**
> 자성체의 종류
>
> | 종류 | 자화율 | 비투자율 |
> | --- | --- | --- |
> | 비자성체 | $\chi = 0$ | $\mu_s = 1$ |
> | 상자성체 | $\chi > 0$ | $\mu_s > 1$ |
> | 강자성체 | $\chi \gg 0$ | $\mu_s \gg 1$ |
> | 반(역)자성체 | $\chi < 0$ | $\mu_s < 1$ |
>
> 자화율이란, 자성체에 자기장(자계)을 인가했을 때 발생하는 자화의 세기의 비율을 말한다.
> 자화율 : $\chi = \mu_s - 1$

29. 다음 중 자기작용에 관한 설명으로 틀린 것은?

① 기자력의 단위는 [AT]를 사용한다.
② 자기회로의 자기저항이 작은 경우는 누설자속이 거의 발생되지 않는다.
③ 자기장 내에 있는 도체에 전류를 흘리면 힘이 작용하는데, 이 힘을 기전력이라 한다.
④ 평행한 두 도체 사이에 전류가 동일한 방향으로 흐르면 흡인력이 작용한다.

| 해설
자기장 내에 있는 도체에 전류를 흘렸을 때 작용하는 힘을 전자력이라고 한다.

30. 자기회로에 기자력을 주면 자로에 자속이 흐른다. 그러나 기자력에 의해 발생되는 자속 전부가 자기회로 내를 통과하는 것이 아니라, 자로 이외의 부분을 통과하는 자속도 있다. 이와 같이 자기회로 이외 부분을 통과하는 자속을 무엇이라 하는가?

① 종속자속   ② 누설자속
③ 주자속   ④ 반사자속

| 해설
자기회로 이외 부분을 통과하는 자속은 누설자속이다.

31. 단면적 $5[\text{cm}^2]$, 길이 $\ell[\text{m}]$, 비투자율 10^3인 환상 철심에 $600[회]$의 권선을 감고 이것에 $0.5[\text{A}]$의 전류를 흐르게 한 경우 기자력은?

① 100[AT]   ② 200[AT]
③ 300[AT]   ④ 400[AT]

| 해설
기자력 $F = NI = 600 \times 0.5 = 300[\text{AT}]$

32. 자기회로의 길이 $\ell[\text{m}]$, 단면적 $A[\text{m}^2]$, 투자율 $\mu[\text{H/m}]$일 때 자기저항 $R[\text{AT/Wb}]$을 나타낸 것은?

① $R = \dfrac{\mu\ell}{A}$ ② $R = \dfrac{A}{\mu\ell}$

③ $R = \dfrac{\mu A}{\ell}$ ④ $R = \dfrac{\ell}{\mu A}$

| 해설
자기회로 공식
㉠ 기자력 $F = IN[\text{AT}]$
㉡ 자기저항 $R = \dfrac{\ell}{\mu A} = \dfrac{F}{\phi}[\text{AT/Wb}]$
㉢ 옴의법칙 $\phi = \dfrac{F}{R} = \dfrac{NI}{\dfrac{\ell}{\mu A}} = \dfrac{\mu ANI}{\ell}[\text{Wb}]$

33. 자기저항의 단위는?

① AT/m   ② Wb/AT
③ AT/Wb   ④ Ω/AT

| 해설
자기회로 공식
㉠ 기자력 $F = IN[\text{AT}]$
㉡ 자기저항 $R = \dfrac{\ell}{\mu A} = \dfrac{F}{\phi}[\text{AT/Wb}]$
㉢ 옴의법칙 $\phi = \dfrac{F}{R} = \dfrac{NI}{\dfrac{\ell}{\mu A}} = \dfrac{\mu ANI}{\ell}[\text{Wb}]$

정답   29 ③ 30 ② 31 ③ 32 ④ 33 ③

Chapter 04 전자유도법칙

01 전자유도법칙

1 패러데이의 전자유도법칙

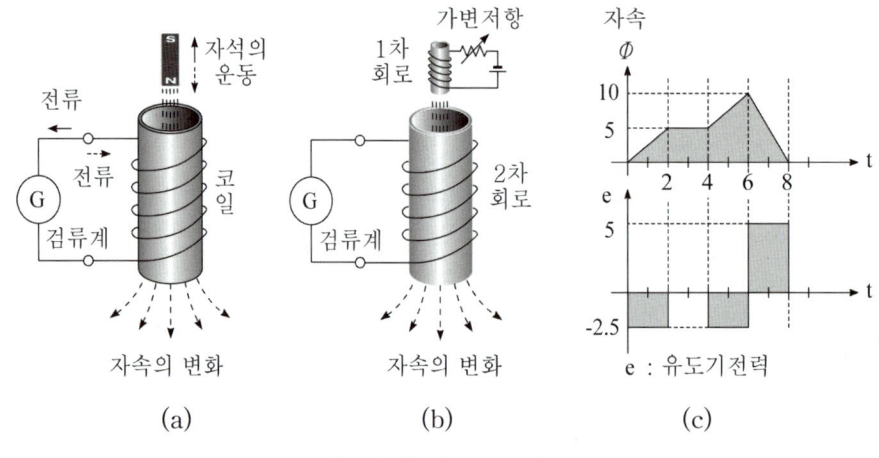

【그림 1】 전자유도 실험

(1) 1820년 외르스테드(Oersted)가 전류에 의한 자기작용을 발견했다. 이후 패러데이(M. Faraday)는 이를 뒤집어 자기장으로 전류를 일으킬 수 있는지 연구하였고 그 이후 1831년 전자유도에 관한 법칙을 정립하였다.

(2) 【그림 1】 (a)는 코일에 자석을 넣었다 빼는 것을 반복하여 코일 주변에 전류가 유도됨을 나타낸다. 이때 자석을 코일(1차 회로)로 대체하여 진행한 실험이 【그림 1】 (b)이고, 해석은 다음과 같다.

① 1차 회로의 가변저항을 조절하면 1차 회로에 흐르는 전류의 크기가 변한다. 전류의 크기에 따라 자기장의 크기도 변하고 이 자기장(자속)이 2차 회로를 통과한다. 2차 회로의 코일을 통과한 자속은 기전력을 만들고 검류계 쪽으로 전류가 흐르게 된다.

② 【그림 1】 (c)는 시간에 따라 변하는 자속과 이때 코일에 유도되는 기전력의 관계를 나타낸 것이다.

(3) 실험으로 살펴본 이러한 현상을 전자유도(electromagnetic induction)라 하며, 이때 발생된 기전력을 유도기전력(induced electromotive force)이라 한다.

(4) 전자유도법칙에 의해 회로에 생기는 유도전류는 쇄교자속의 변화를 방해하는 방향이다. 이것을 렌츠의 법칙(Lenz's law)이라 하고, 전자유도법칙을 수식화한 것을 노이만의 법칙(Neumann's law)이라고 한다.

$$\text{유도기전력} : e = -N\frac{d\phi}{dt} \, [\text{V}]$$

여기서, 음의 부호는 유도기전력의 방향을 나타내며, 렌츠의 법칙이다.

(5) 【그림 1】 (b)에서 직류 대신 교류를 넣을 경우 가변 저항을 조절하지 않고도 시간에 따라 값이 변하는 전류를 얻을 수 있다. 이때 자속을 교류식 $\phi = \phi_m \sin \omega t \,[\text{Wb}]$으로 놓고 유도기전력의 크기와 위상의 관계를 알아보면 다음과 같다.

> ① $e = -N\dfrac{d\phi}{dt} = -N\phi_m \dfrac{d}{dt}(\sin \omega t) = -\omega N\phi_m \cos \omega t$
>
> $\qquad = -\omega N\phi_m \sin \left(\omega t + \dfrac{\pi}{2}\right) = \omega N\phi_m \sin \left(\omega t - \dfrac{\pi}{2}\right)$
>
> ② 유도기전력의 최댓값 : $E_m = \omega N\phi_m = 2\pi f N\phi_m \,[\text{V}]$
>
> ③ 유도기전력의 위상 관계 : e는 ϕ보다 $\dfrac{\pi}{2}\,[\text{rad}]$만큼 위상이 느리다.

여기서, N : 권선 수, $\pi\,[\text{rad, 라디안}] = 180\,^\circ$ $\qquad\qquad \omega = 2\pi f$: 각주파수$[\text{rad/s}]$

$\qquad\quad f$: 주파수$[\text{Hz}]$ $\qquad\qquad\qquad\qquad\qquad \cos \omega t = \sin (\omega t + 90\,^\circ)$

> **참고** **전자유도법칙**
>
> ① 패러데이 : 전자유도법칙을 발견
> ② 노이만 : 전자유도법칙을 수식화, 즉 크기를 결정함
> ③ 렌츠 : 유도기전력의 방향을 실험

2 전자유도에 의한 기전력

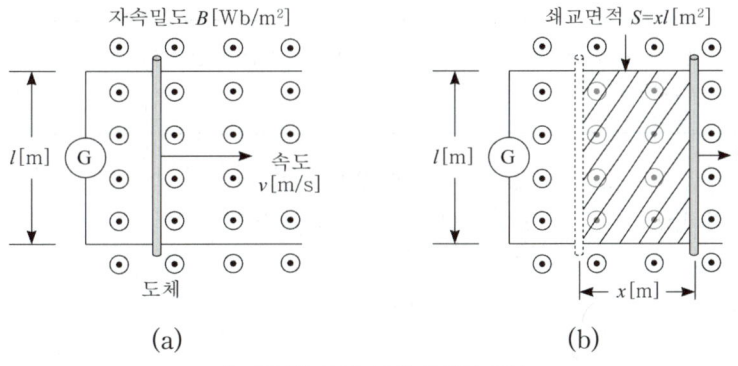

【그림 2】 자계 내에 도체의 운동

(1) 【그림 2】와 같이 평등자계 내에 있는 도체를 $v\,[\text{m/s}]$로 운동하면 도체에는 유도기전력이 발생된다.

(2) 미소시간 dt에 대하여 도체가 자속과 쇄교하는 면적은 $S = x\ell\,[\text{m}^2]$이고, 자속밀도 $B[\text{Wb/m}^2]$와 도체의 길이 $\ell\,[\text{m}]$는 일정하므로 시간에 따라 변화하는 것은 도체의 이동거리 $x\,[\text{m}]$가 된다.

(3) 따라서 유도기전력의 크기는 다음과 같다.

$$e = N\frac{d\phi}{dt} = \frac{d}{dt}BS = \frac{d}{dt}Bx\ell = \frac{dx}{dt}B\ell = vB\ell\,[\text{V}]$$

여기서, 도체의 권선 수 : $N = 1$ $\qquad$ 자속 : $\phi = \displaystyle\int B ds = BS = Bx\ell\,[\text{Wb}]$

(4) 도체가 자속밀도를 수직으로 끊으면서 운동하면 유도기전력은 $e = vB\ell$이 되지만, 자속밀도와 도체가 θ를 이루며 운동하면 다음과 같이 정리할 수 있다.

> 유도기전력 : $e = vB\ell \sin\theta\,[\mathrm{V}]$

3 플레밍의 오른손 법칙

(1) 자기장의 영향을 받는 도체가 $v\,[\mathrm{m/s}]$의 속도로 움직이면 도체에는 기전력이 유도된다. 이때 【그림 3】과 같이 오른손의 엄지, 검지, 중지를 직각으로 펼쳐서 엄지를 v, 검지를 B의 방향에 놓으면 유도기전력 e는 중지의 방향이 된다. 이것을 플레밍의 오른손 법칙이라 한다.

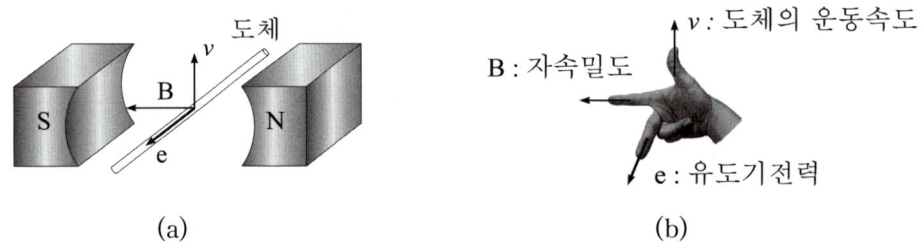

(a)　　　　　　　　　　　　　　　　　(b)

【그림 3】 플레밍의 오른손 법칙

(2) 도체가 자기장과 수직으로 운동하는 경우 유도기전력이 발생하기 때문에 자속밀도와 도체가 각도 θ을 이루며 운동하면 다음과 같이 정리할 수 있다.

> ① 플레밍의 오른손 법칙 : 자계 내 → 도체가 운동하면 → 유도기전력 발생
> ② 유도기전력 : $e = vB\ell \sin\theta\,[\mathrm{V}]$

여기서, v : 도체의 운동 속도$[\mathrm{m/s}]$　　B : 자속밀도$[\mathrm{Wb/m^2}]$
　　　　　ℓ : 도체의 길이$[\mathrm{m}]$　　　　θ : v와 B가 이루는 사이 각

핵심요약

플레밍의 오른손 법칙
① 자계 내에 있는 도체가 운동하면 도체에는 기전력이 유도된다.
② 자계 내 → 도체의 운동 → 유도기전력 발생
③ 유도기전력 : $e = vB\ell \sin\theta\,[\mathrm{V}]$

1 자기 인덕턴스(self inductance)

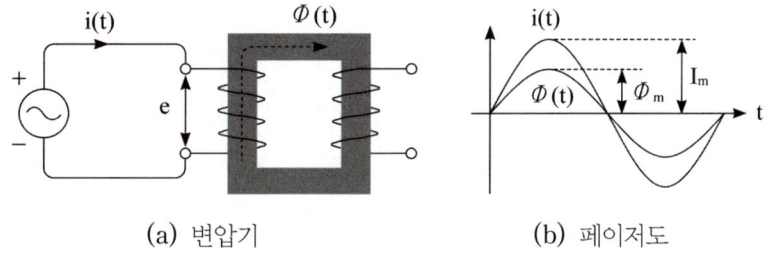

(a) 변압기　　　　　(b) 페이저도

【그림 4】 유도기전력과 인덕턴스의 관계

(1) 변압기(Transformer) 한쪽 코일에 전류가 지나가면 전류에 의해 자속이 생긴다. 이때 전류가 시간에 따라 변하는 교류라면 자속도 시간에 따라 변하는 모양이 된다. 이 자속은 철심을 따라 흐르며 코일과 만나(쇄교) 기전력을 일으킨다.

(2) 자속의 변화가 유도기전력($e = - N\dfrac{d\phi}{dt}$)을 일으킨다고 했지만, 자속의 변화는 교류전류 때문에 나타난 것이므로 결국 유도기전력은 전류의 변화와 관계가 있다고 볼 수 있다.

> ① 유도기전력 : $e = - N\dfrac{d\phi}{dt} = - L\dfrac{di}{dt}\,[\mathrm{V}]$　　　② 쇄교자속 : $\Phi = N\phi = LI\,[\mathrm{Wb}]$

여기서, N : 권선 수　　　ϕ : 자속[Wb]　　　L : 자기 인덕턴스[H]

(3) 여기서 자기 인덕턴스(L, self inductance)란, 전류의 변화량($\dfrac{di}{dt}$)과 유도기전력(e) 사이의 비례상수를 의미하며 자기 유도계수(coefficient of self inductance)라고도 한다.

(4) 자기 인덕턴스는 아래와 같이 정리할 수 있으며 권선 수 제곱(N^2)에 비례하고 자기저항(R_m)에 반비례하는 것을 알 수 있다. 또한 자기저항 $R_m = \dfrac{\ell}{\mu_0 \mu_s S}$ 이므로 자기 인덕턴스는 철심에 감긴 코일의 권선 수, 철심의 재질(투자율), 철심의 길이와 단면적의 크기에 따라 결정된다.

> $L = \dfrac{N}{I}\phi = \dfrac{N}{I} \times \dfrac{F}{R_m} = \dfrac{N^2}{R_m} = \dfrac{\mu S N^2}{\ell}\,[\mathrm{H}]$

핵심요약

인덕턴스 기본 공식

① 유도기전력 : $e = - N\dfrac{d\phi}{dt} = - L\dfrac{di}{dt}$　　　② 쇄교자속 : $\Phi = N\phi = LI\,[\mathrm{Wb}]$

③ 자기회로의 옴의 법칙 : $\phi = \dfrac{F}{R_m} = \dfrac{IN}{\dfrac{\ell}{\mu S}} = \dfrac{\mu S N I}{\ell}\,[\mathrm{Wb}]$　　　④ 인덕턴스 : $L = \dfrac{\Phi}{I} = \dfrac{N\phi}{I} = \dfrac{\mu S N^2}{\ell}\,[\mathrm{H}]$

2 자계에너지

(1) 인덕턴스 회로에 발생한 유도기전력은 렌츠의 법칙에 따라 전류의 흐름을 방해하려고 한다. 따라서 전원측에서는 이 것을 이겨낼 수 있는 여분의 에너지(일)를 공급해 주어야 하고 이 에너지(일)는 인덕턴스에 자계에너지로 축적된 다. 이와 같은 에너지를 전자에너지(electromagnetic energy) 또는 자계에너지(magnetic energy)라고 한다.

(2) 자기 인덕턴스 L에 $I[\text{A}]$의 전류가 흐르면 전류 변화에 의한 자기 인덕턴스에 유도되는 역기전력은 $e = -L\dfrac{dI}{dt}$ 가 되므로 이 유도 기전력과 반대 방향으로 대항하여 미소 전하 dq를 운반하는 데 필요한 일(에너지) dW는 다음과 같이 정리할 수 있다.

$$① \ dW = -e\,dq = -\left(-L\frac{dI}{dt}\right)dq = L\frac{dq}{dt}dI$$

$$② \ dW = L\frac{dq}{dt}dI = LI\,dI$$

$$\therefore \ W = \int dW = \int_0^I LI\,dI = \frac{1}{2}LI^2\,[\text{J}]$$

(3) 따라서 자기 인덕턴스 L에 흐르는 전류를 $0[\text{A}]$부터 $I[\text{A}]$까지 증가시키는 데 필요한 일(에너지)은 양변을 적 분해서 구할 수 있다.

(4) 이러한 자계에너지는 에너지를 저장할 뿐 소비하지 않는다. 즉, 전원을 개방하면 코일에 저장된 자계에너지는 전계에너지로 변환되어 회로에 일정 시간만큼 전류를 흘려준다.

(5) 위 자계에너지 W에서 $L = \dfrac{\mu SN^2}{\ell}$를 대입하여 아래와 같이 다시 정리할 수 있다.

$$① \ W_L = \frac{1}{2}LI^2 = \frac{1}{2}\times\frac{\mu SN^2}{\ell}\times I^2 = \frac{1}{2}\mu S\times\frac{N^2 I^2}{\ell}\,[\text{J}]$$

$$② \ w_L = \frac{W_L}{V} = \frac{W_L}{S\ell} = \frac{1}{2}\mu\times\left(\frac{NI}{\ell}\right)^2 = \frac{1}{2}\mu H^2\,[\text{J/m}^3]$$

$$\therefore \ W_m = w_L = \frac{1}{2}\mu H^2 = \frac{1}{2}HB = \frac{B^2}{2\mu}\,[\text{J/m}^3]$$

여기서, W_L : 자계 에너지[J]　　　　　V : 체적$[\text{m}^3]$
　　　　w_L : 자계 에너지 밀도$[\text{J/m}^3]$　　W_m : 자계 에너지를 자계의 세기로 표현한 공식

핵심요약

전기 소자에 저장되는 에너지

① 콘덴서에 전압을 걸었을 때 축적되는 전기적인 에너지 : $W_C = \dfrac{1}{2}CV^2\,[\text{J}]$

② 코일에 전류가 흘렀을 때 축적되는 자기적인 에너지 : $W_L = \dfrac{1}{2}LI^2\,[\text{J}]$

3 상호 인덕턴스

(1) 1차 회로에 전류가 흐를 경우

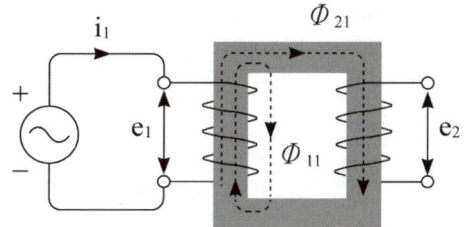

【그림 5】 1차 회로에 전류가 흐를 경우

① 【그림 5】와 같이 1차 회로에 교류전류 i_1가 흐르면 1차 권선에 자속(ϕ_1)이 발생된다. ϕ_1의 대부분은 철심을 따라 2차 권선과 쇄교하지만 일부 자속은 철심을 벗어나 공기 중으로 순환한다. 이때 철심을 따라 2차 권선과 쇄교한 자속을 쇄교자속(ϕ_{21}), 그렇지 못한 자속을 누설자속(ϕ_{11})이라 하고 그 총합은 ϕ_1과 같다.

> 1차 전류에 의한 자속 : $\phi_1 = \phi_{11} + \phi_{21}$

여기서, ϕ_{11} : 누설자속　　　　　ϕ_{21} : 2차측 쇄교자속

② 권수 N_2인 2차 코일에 쇄교자속(ϕ_{21})이 지날 때 $e = -N\dfrac{d\phi}{dt}$에 따라 전자유도현상이 일어난다. 이는 1차 코일과 2차 코일이 둘 다 관여한 현상이므로 상호유도(mutual induction)작용이라고 하며, 이때의 유도계수를 M(상호인덕턴스 또는 상호유도계수)이라고 한다. i_1에 의한 1차, 2차의 유도기전력은 다음과 같다.

> ㉠ $e_1 = -N_1\dfrac{d\phi_1}{dt} = -N_1\dfrac{d\phi_1}{di_1}\dfrac{di_1}{dt} = -L_1\dfrac{di_1}{dt}$ [V]
>
> ㉡ $e_2 = -N_2\dfrac{d\phi_{21}}{dt} = -N_2\dfrac{d\phi_{21}}{di_1}\dfrac{di_1}{dt} = -M_{21}\dfrac{di_1}{dt}$ [V]

여기서, L_1 : 1차측 자기 인덕턴스　　　M_{21} : 상호 인덕턴스 또는 상호 유도계수

(2) 2차 회로에 전류가 흐를 경우

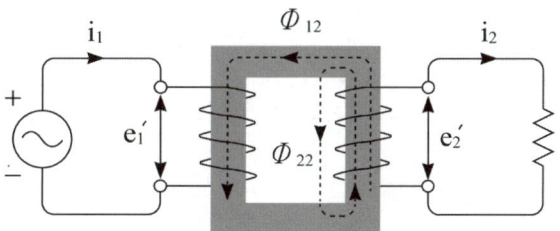

【그림 6】 2차 회로에 전류가 흐를 경우

① 【그림 6】과 같이 2차 회로에 부하를 연결하면 2차 전류 i_2가 흐르게 되고 마찬가지로 자속 ϕ_2를 만들어 낸다. 자속 ϕ_2 역시 철심을 따라 1차, 2차 권선을 모두 쇄교하므로 전류 i_2에 의해 또 다른 상호유도작용이 일어난다. i_2에 의한 1차, 2차의 유도기전력은 다음과 같다.

$$\bigcirc\ {e_1}' = -N_1\frac{d\phi_{12}}{dt} = -N_1\frac{d\phi_{12}}{di_2}\frac{di_2}{dt} = -M_{12}\frac{di_2}{dt}\ [\text{V}]$$

$$\bigcirc\!\!\!\!\bigcirc\ {e_2}' = -N_2\frac{d\phi_2}{dt} = -N_2\frac{d\phi_2}{di_2}\frac{di_2}{dt} = -L_2\frac{di_2}{dt}\ [\text{V}]$$

여기서, L_2 : 2차측 자기 인덕턴스 M_{12} : 상호 인덕턴스 또는 상호 유도계수

② 따라서 1차 전류에 의해 발생된 자속과 2차 전류에 의해 발생된 자속은 서로 반대방향이므로 변압기 1차측에 유도된 기전력은 $E_1 = e_1 - {e_1}'$가 되고, 2차측에 유도된 기전력은 $E_2 = e_2 - {e_2}'$이 된다. 이와 같이 1차, 2차에서 발생된 자속이 서로 감쇄가 되도록 코일을 감은 것을 감극성이라 하며, 대부분의 변압기 또는 변성기는 감극성으로 제작된다.

③ 또한 변압기 2차측 코일을 반대로 감으면 2차 회로에 의해 발생된 자속은 1차 회로의 자속과 동일 방향으로 흐르기 때문에 변압기 1차측에 유도되는 기전력은 $E_1 = e_1 + {e_1}'$이 되고, 2차측에 유도되는 기전력은 $E_2 = e_2 + {e_2}'$이 된다. 이와 같이 1차, 2차에서 발생된 자속이 서로 더해지도록 코일을 감은 것을 가극성이라 한다.

④ 결합계수(coupling coefficient)

(1) 【그림 5】와 같이 교류전류 i_1으로 인해 만들어진 전체자속 $\phi_1 = \phi_{11} + \phi_{21}$ 중 실제로 상호유도에 쓰이는 것은 ϕ_{21}뿐이다. 또한 2차 전류에 의해 발생된 전체자속 ϕ_2 중 실제로 상호유도에 쓰이는 것은 ϕ_{12}뿐이므로 전체자속과 쇄교자속의 비율을 따질 수 있다. 이 비율을 결합계수 k라 하며 아래와 같이 정리할 수 있다.

$$k = \sqrt{\frac{\phi_{21}}{\phi_1} \times \frac{\phi_{12}}{\phi_2}} = \sqrt{\frac{\dfrac{M_{21}i_1}{N_2}}{\dfrac{L_1 i_1}{N_1}} \times \frac{\dfrac{M_{12}i_2}{N_1}}{\dfrac{L_2 i_2}{N_2}}} = \sqrt{\frac{M_{21}}{L_1} \times \frac{M_{12}}{L_2}} = \frac{M}{\sqrt{L_1 L_2}}$$

① 결합계수 $k = \dfrac{M}{\sqrt{L_1 L_2}}$ ② 상호 인덕턴스 : $M = k\sqrt{L_1 L_2}\ [\text{H}]$

여기서, $M_{21} = M_{12} = M$

(2) 결합계수는 두 회로의 자기적 결합 정도를 표시하는 양으로 $k = 0$이면 자기적인 비결합 상태를, $k = 1$이면 자기적인 완전 결합상태를 의미한다.

결합계수의 범위는 : $0 < k \le 1$

🧑‍💻 핵심요약

자기 인덕턴스와 상호 인덕턴스

① 1차측 자기 인덕턴스 : $L_1 = \dfrac{\mu S N_1^2}{\ell}\ [\text{H}]$ ② 2차측 자기 인덕턴스 : $L_2 = \dfrac{\mu S N_2^2}{\ell} = \left(\dfrac{N_2}{N_1}\right)^2 L_1\ [\text{H}]$

③ 상호 인덕턴스 : $M = \dfrac{\mu S N_1 N_2}{\ell} = \dfrac{N_2}{N_1} \times L_1$ ④ 결합계수 : $k = \dfrac{M}{\sqrt{L_1 L_2}}$

1 직렬접속

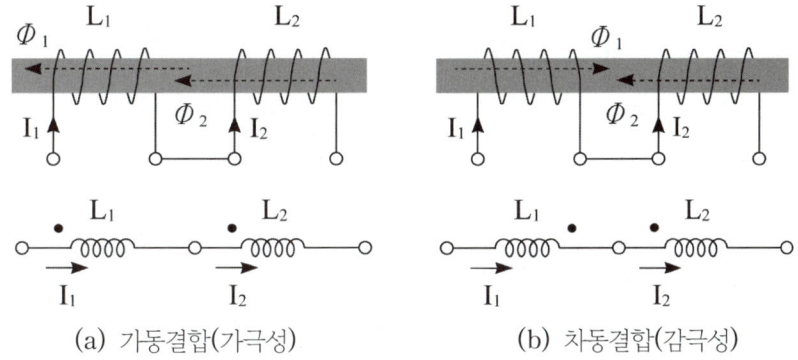

(a) 가동결합(가극성)   (b) 차동결합(감극성)

【그림 7】 L의 직렬접속

(1) 두 코일 간에 상호 인덕턴스가 없다고 하면 L_1과 L_2를 【그림 7】 (a)와 같이 직렬로 접속하면 전류는 일정하고 전압이 분배되므로 다음과 같이 정리된다.

> ① $V = V_1 + V_2 = L_1 \dfrac{di}{dt} + L_2 \dfrac{di}{dt} = L \dfrac{di}{dt}$ [V]
>
> ② 합성 인덕턴스 : $L = L_1 + L_2$ [H]

(2) 한 개의 철심에 1, 2차 코일을 모두 감았다면 두 코일 간에는 상호 인덕턴스가 반드시 존재하므로 각 코일의 단자전압은 $V_1 = L_1 \dfrac{di}{dt} \pm M \dfrac{di}{dt}$, $V_2 = L_2 \dfrac{di}{dt} \pm M \dfrac{di}{dt}$ (상호 인덕턴스가 $+M$인 것을 가동결합 또는 가극성, $-M$인 것을 차동결합 또는 감극성이 된다)이 된다. 따라서 전압분배 법칙을 이용하여 합성 인덕턴스 공식을 다음과 같이 정리할 수 있다.

> ① 가동결합 : $L_a = L_1 + L_2 + 2M$[H]
>
> ② 차동결합 : $L_b = L_1 + L_2 - 2M$[H]

(3) 여기서 위 가동결합과 차동결합의 식을 빼면 상호 인덕턴스의 크기를 구할 수 있다.

> 상호 인덕턴스 : $M = \dfrac{L_a - L_b}{4}$ [H]

핵심요약

인덕턴스 직렬접속

① 가동결합 : $L_a = L_1 + L_2 + 2M$

② 차동결합 : $L_b = L_1 + L_2 - 2M$

③ 상호 인덕턴스 : $M = \dfrac{L_a - L_b}{4}$ [H]

2 병렬접속

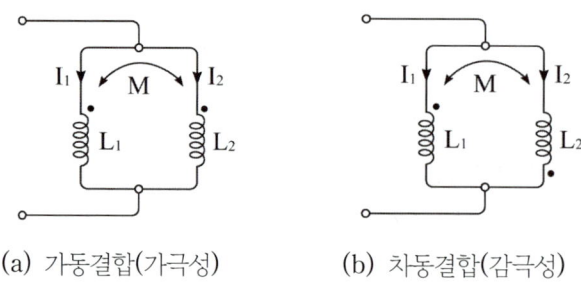

(a) 가동결합(가극성)   (b) 차동결합(감극성)

【그림 8】 L 의 병렬접속

(1) 상호 인덕턴스가 없는 L_1과 L_2를 【그림 8】과 같이 병렬로 연결하면 전압은 일정하고 전류가 분배되므로 다음과 같이 정리된다.

① $V = V_1 = V_2$이므로 $L\dfrac{di}{dt} = L_1\dfrac{di_1}{dt} = L_2\dfrac{di_2}{dt}$

② $V_1 = L_1\dfrac{di_1}{dt}$, $V_2 = L_2\dfrac{di_2}{dt}$에서

$\dfrac{di_1}{dt} = \dfrac{V_1}{L_1} = \dfrac{V}{L_1}$, $\dfrac{di_2}{dt} = \dfrac{V_2}{L_2} = \dfrac{V}{L_2}$

③ $V = L\dfrac{di}{dt} = L\left(\dfrac{di_1}{dt} + \dfrac{di_2}{dt}\right) = L\left(\dfrac{V}{L_1} + \dfrac{V}{L_2}\right)$이므로 $\dfrac{1}{L} = \dfrac{1}{L_1} + \dfrac{1}{L_2}$이 된다.

∴ 합성 인덕턴스 : $L = \dfrac{1}{\dfrac{1}{L_1} + \dfrac{1}{L_2}} = \dfrac{L_1 L_2}{L_1 + L_2}$ [H]

(2) 두 코일 사이에 상호 인덕턴스가 존재하면 다음과 같이 정리할 수 있다.

① 가동결합 : $L_a = \dfrac{L_1 L_2 - M^2}{L_1 + L_2 - 2M}$ [H]

② 차동결합 : $L_b = \dfrac{L_1 L_2 - M^2}{L_1 + L_2 + 2M}$ [H]

(3) 인덕턴스의 가동결합과 차동결합은 L에 표시된 점(dot)을 기준으로 두 코일에 유입되는 전류의 방향으로 판단할 수 있다. 【그림 8】(a)와 두 코일에 유입되는 전류의 방향이 동일하면 가동결합이 되고, 【그림 8】(b)와 두 코일에 유입되는 전류의 방향이 반대가 되면 차동결합이 된다. 또한 인덕턴스 병렬접속의 공식을 유도하려면 매우 어렵기 때문에 위 결과식을 그대로 암기하는 것이 효과적이라고 볼 수 있다.

3 가동결합 시 합성 인덕턴스 증명

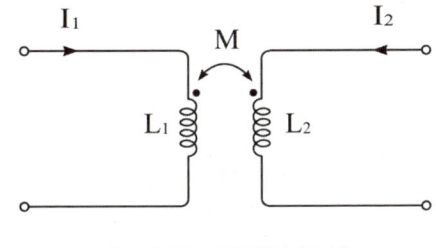

【그림 9】 가동결합(가극성)

(1) 【그림 9】와 같이 인덕턴스에 표시된 점으로 전류가 들어가면 가동결합이라 한다. 또는 두 인덕턴스 모두 점과 반대로 전류가 들어가도 가동결합으로 본다.

(2) 가동결합에서 변압기의 각 단자전압은 다음과 같다.

> ① $V_1 = L_1 \dfrac{dI_1}{dt} + M\dfrac{dI_2}{dt} = j\omega L_1 I_1 + j\omega M I_2$
>
> ② $V_2 = L_2 \dfrac{dI_2}{dt} + M\dfrac{dI_1}{dt} = j\omega L_2 I_2 + j\omega M I_1$

$\dfrac{d}{dt}$를 라플라스 변환하면 $j\omega$가 된다. 여기서 라플라스 변환은 미분방정식($\dfrac{d}{dt}$)을 손쉽게 풀이하기 위한 하나의 연산방법이다.

(3) 위 식은 아래와 같이 변형시킬 수 있다.

> ③ $V_1 = j\omega L_1 I_1 + j\omega M I_2 + j\omega M I_1 - j\omega M I_1 = j\omega(L_1 - M)I_1 + j\omega M(I_1 + I_2)$
>
> ④ $V_2 = j\omega L_2 I_2 + j\omega M I_1 + j\omega M I_2 - j\omega M I_2 = j\omega(L_1 - M)I_2 + j\omega M(I_1 + I_2)$

(4) 위 ③, ④의 식을 통해 아래 【그림 10】과 같이 등가변환시켜 정리할 수 있다.

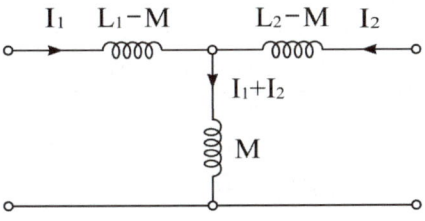

【그림 10】 가동결합 등가변환

> $L_a = \dfrac{(L_1 - M) \times (L_2 - M)}{(L_1 - M) + (L_2 - M)} + M = \dfrac{L_1 L_2 - M(L_1 + L_2) + M^2}{L_1 + L_2 - 2M} + M$
>
> $= \dfrac{L_1 L_2 - M(L_1 + L_2) + M^2}{L_1 + L_2 - 2M} + \dfrac{M(L_1 + L_2 - 2M)}{L_1 + L_2 - 2M}$
>
> $\therefore$ 가동결합 : $L_a = \dfrac{L_1 L_2 - M^2}{L_1 + L_2 - 2M}$ [H]

4 차동결합 시 합성 인덕턴스 증명

(1) 【그림 11】과 같이 한쪽의 인덕턴스는 점 쪽으로 전류가 들어가고, 반대쪽 인덕턴스 점측 반대로 전류가 들어가면 차동결합이라 한다.

(2) 차동결합에서 변압기의 각 단자전압은 다음과 같다.

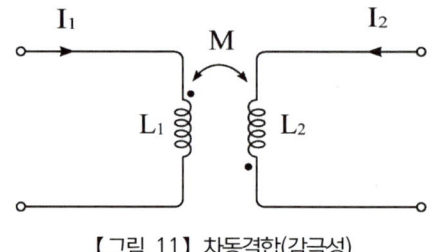

【그림 11】 차동결합(감극성)

$$① \ V_1 = L_1 \frac{dI_1}{dt} - M\frac{dI_2}{dt} = j\omega L_1 I_1 - j\omega M I_2 \qquad ② \ V_2 = L_2\frac{dI_2}{dt} - M\frac{dI_1}{dt} = j\omega L_2 I_2 - j\omega M I_1$$

(3) 위 식은 아래와 같이 변형시킬 수 있다.

$$③ \ V_1 = j\omega L_1 I_1 - j\omega M I_2 + j\omega M I_1 - j\omega M I_1 = j\omega(L_1 + M)I_1 - j\omega M(I_1 + I_2)$$

$$④ \ V_2 = j\omega L_2 I_2 - j\omega M I_1 + j\omega M I_2 - j\omega M I_2 = j\omega(L_1 + M)I_2 - j\omega M(I_1 + I_2)$$

(4) 위 ③, ④의 식을 통해 아래 【그림 12】와 같이 등가변환시켜 정리할 수 있다.

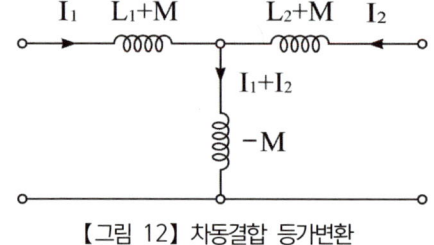

【그림 12】 차동결합 등가변환

$$L_b = \frac{(L_1+M)\times(L_2+M)}{(L_1+M)+(L_2+M)} - M = \frac{L_1 L_2 + M(L_1+L_2) + M^2}{L_1 + L_2 + 2M} - M$$

$$= \frac{L_1 L_2 + M(L_1+L_2) + M^2}{L_1 + L_2 + 2M} - \frac{M(L_1+L_2+2M)}{L_1 + L_2 + 2M}$$

$$\therefore \ 차동결합 : L_b = \frac{L_1 L_2 - M^2}{L_1 + L_2 + 2M} \ [\text{H}]$$

핵심요약

인덕턴스 병렬접속

① 가동결합 : $L_a = \dfrac{L_1 L_2 - M^2}{L_1 + L_2 - 2M}$ ② 차동결합 : $L_b = \dfrac{L_1 L_2 - M^2}{L_1 + L_2 + 2M}$

※ 출제예상문제는 기출분석을 바탕으로 자주 출제되는 유형을 선별하였습니다.

01. 패러데이의 전자유도법칙에서 유도기전력의 크기는 코일을 지나는 (ⓐ)의 매초 변화량과 코일의 (ⓑ)에 비례한다. ⓐ와 ⓑ에 알맞은 내용은?

	ⓐ	ⓑ
①	자속	굵기
②	자속	권수
③	전류	권수
④	전류	굵기

| 해설

패러데이 전자유도법칙

㉠ 유도기전력 : $e = -N\dfrac{d\phi}{dt} = -L\dfrac{di}{dt}$ [V]

여기서, N : 권선 수 L : 인덕턴스

㉡ $\dfrac{d\phi}{dt}$: 시간적 변화에 따른 자속의 변화량

㉢ $\dfrac{di}{dt}$: 시간적 변화에 따른 전류의 변화량

02. 다음은 어떤 법칙을 설명한 것인가?

> 전류가 흐르려고 하면 코일은 전류의 흐름을 방해한다. 또, 전류가 감소하면 이를 계속 유지하려고 하는 성질이 있다.

① 쿨롱의 법칙
② 렌츠의 법칙
③ 패러데이의 법칙
④ 플레밍의 왼손 법칙

| 해설

렌츠는 코일에 흐르는 전류의 크기가 변화하는 코일은 초기상태를 유지하기 위한 관성력(유도기전력)을 발생시킨다고 했다.

03. 50회 감은 코일과 쇄교하는 자속이 0.5[sec] 동안 0.1[Wb]에서 0.2[Wb]로 변화하였다면 기전력의 크기는?

① 5[V]
② 10[V]
③ 12[V]
④ 15[V]

| 해설

패러데이 전자유도법칙(유도기전력)

$e = -N\dfrac{d\phi}{dt} = -50 \times \dfrac{0.2-0.1}{0.5} = -10[V]$

여기서, $-$는 자속변화를 방해하는 방향

04. 권수가 150인 코일에서 2초간 1[Wb]의 자속이 변화한다면, 코일에 발생되는 유도기전력의 크기는 몇 [V]인가?

① 50
② 75
③ 100
④ 150

| 해설

유도기전력 : $e = -N\dfrac{d\phi}{dt} = -150 \times \dfrac{1}{2} = -75[V]$

여기서, $-$는 자속변화를 방해하는 방향

05. 도체가 운동하는 경우 유도기전력의 방향을 알고자 할 때 유용한 법칙은?

① 렌츠의 법칙
② 플레밍의 오른손 법칙
③ 플레밍의 왼손 법칙
④ 비오-사바르의 법칙

| 해설

㉠ 플레밍의 오른손 법칙(발전기의 원리)
  자계 내의 도체가 운동하면 도체에는 기전력이 유도된다.
㉡ 플레밍의 왼손 법칙(전동기의 원리)
  자계 내의 도체에 전류가 흐르면 도체에는 전자력이 발생된다.

정답   01 ② 02 ② 03 ② 04 ② 05 ②

06. 발전기의 유도 전압의 방향을 나타내는 법칙은?

① 패러데이의 법칙

② 렌츠의 법칙

③ 오른나사의 법칙

④ 플레밍의 오른손 법칙

| 해설

플레밍의 오른손 법칙(발전기 법칙)

v : 도체의 운동속도

B : 자속밀도

e : 유도기전력

㉠ 자계 내의 도체가 운동하면 도체에는 기전력이 유도된다.

㉡ 유도기전력 : $e = vB\ell\sin\theta\,[\text{V}]$

07. 플레밍의 오른손 법칙에서 셋째 손가락의 방향은?

① 운동방향

② 자속밀도의 방향

③ 자력선의 방향

④ 유도기전력의 방향

| 해설

플레밍의 오른손 법칙(발전기의 원리)

㉠ 엄지손가락 : 운동(힘)의 방향(속도 v)

㉡ 검지손가락 : 자장(자속밀도)의 방향(B)

㉢ 중지손가락 : 유도기전력의 방향(e)

08. 자속밀도 $B\,[\text{Wb/m}^2]$되는 균등한 자계 내에 길이 $\ell\,[\text{m}]$의 도선을 자계에 수직인 방향으로 운동시킬 때 도선에 $e\,[\text{V}]$의 기전력이 발생한다면 이 도선의 속도[m/s]는?

① $B\ell e\sin\theta$

② $B\ell e\cos\theta$

③ $\dfrac{B\ell\sin\theta}{e}$

④ $\dfrac{e}{B\ell\sin\theta}$

| 해설

유도기전력 $e = vB\ell\sin\theta\,[\text{V}]$에서 속도는

$\therefore v = \dfrac{e}{B\ell\sin\theta}\,[\text{m/s}]$

09. 다음 ( ) 안에 들어갈 알맞은 내용은?

> 자기 인덕턴스 1[H]는 전류의 변화율이 1[A/s]일 때, (   )가(이) 발생할 때의 값이다.

① 1[N]의 힘

② 1[J]의 에너지

③ 1[V]의 기전력

④ 1[Hz]의 주파수

| 해설

도체에 흐르는 전류가 시간에 따라 변화가 발생하면 도체에는 기전력이 유도되는데 이때, 전류의 변화량과 유도기전력의 비례상수를 자기 인덕턴스 L[H]라 한다.

$\therefore$ 유도기전력 $e = -L\dfrac{di}{dt} = -1\times1 = -1\,[\text{V}]$

여기서, $-$는 전류변화를 방해하는 방향

10. 자체 인덕턴스가 100[H]가 되는 코일에 전류를 1초 동안 0.1[A]만큼 변화시켰다면 유도기전력 [V]은?

① 1[V]

② 10[V]

③ 100[V]

④ 1,000[V]

| 해설

유도기전력 $e = -L\dfrac{di}{dt} = -100\times\dfrac{0.1}{1}$

$\qquad\qquad = -10\,[\text{V}]$

여기서, $-$는 전류변화를 방해하는 방향

11. 권선수 100회 감은 코일에 2[A]의 전류가 흘렀을 때 $50\times10^{-3}\,[\text{Wb}]$의 자속이 코일에 쇄교되었다면 자기 인덕턴스는 몇 [H]인가?

① 1.0

② 1.5

③ 2.0

④ 2.5

| 해설

자기 인덕턴스

$L = \dfrac{N\phi}{I} = \dfrac{100\times50\times10^{-3}}{2} = 2.5\,[\text{H}]$

정답　06 ④　07 ④　08 ④　09 ③　10 ②　11 ④

12. 코일의 자체 인덕턴스(L)와 권수(N)의 관계로 옳은 것은?

① $L \propto N$ 　　② $L \propto N^2$

③ $L \propto N^3$ 　　④ $L \propto \dfrac{1}{N}$

| 해설

㉠ 쇄교자속 : $\varPhi = N\phi = LI\,[\mathrm{Wb}]$

㉡ 자기 인덕턴스 : $L = \dfrac{\varPhi}{I} = \dfrac{N}{I}\phi\,[\mathrm{H}]$

㉢ 자속 : $\phi = \dfrac{F}{R_m} = \dfrac{IN}{\dfrac{\ell}{\mu S}} = \dfrac{\mu SNI}{\ell}\,[\mathrm{Wb}]$

∴ 인덕턴스 : $L = \dfrac{N}{I}\phi = \dfrac{\mu SN^2}{\ell}\,[\mathrm{H}] \rightarrow L \propto N^2$

13. 환상 솔레노이드에 감겨진 코일의 권회수를 3배로 늘리면 자체 인덕턴스는 몇 배로 되는가?

① 1 　　② 3

③ 6 　　④ 9

| 해설

자기 인덕턴스 $L = \dfrac{\mu SN^2}{l}\,[\mathrm{H}]$에서 권선수가 3배가 되면 인덕턴스는 권선수 제곱만큼 커지므로 9배가 된다.

14. 단면적 $4\,[\mathrm{cm}^2]$, 자기 통로의 평균 길이 $50\,[\mathrm{cm}]$, 코일 감은 횟수 1,000회, 비투자율 2,000인 환상 솔레노이드가 있다. 이 솔레노이드의 자체 인덕턴스는? (단, 진공의 투자율 $\mu_0 = 4\pi \times 10^{-7}$이다.)

① 약 2[H] 　　② 약 20[H]

③ 약 200[H] 　　④ 약 2,000[H]

| 해설

$$L = \frac{\mu SN^2}{l} = \frac{\mu_0 \mu_s SN^2}{l}$$

$$= \frac{4\pi \times 10^{-7} \times 2{,}000 \times (4 \times 10^{-4}) \times 1{,}000^2}{50 \times 10^{-2}}$$

$$\fallingdotseq 2\,[\mathrm{H}]$$

15. 2의 코일을 서로 근접시켰을 때 한쪽 코일의 전류가 변화하면 다른 쪽 코일에 유도기전력이 발생하는 현상을 무엇이라고 하는가?

① 상호 결합 　　② 자체 유도

③ 상호 유도 　　④ 자체 결합

| 해설

상호 유도(Mutual induction)

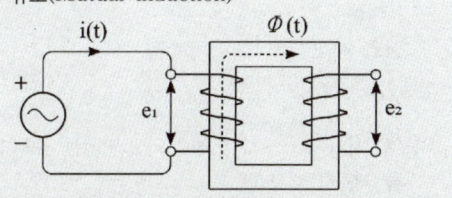

㉠ 하나의 코일에 흐르는 전류가 변화하면 근접해 있는 다른 코일에 기전력이 생기는 현상

㉡ 유도기전력 : $e_1 = -L\dfrac{di}{dt}\,[\mathrm{V}]$

　여기서, L : 자기 인덕턴스(자기 유도계수)

㉢ 상호 유도 전압 : $e_2 = -M\dfrac{di}{dt}\,[\mathrm{V}]$

　여기서, M : 상호 인덕턴스(상호 유도계수)

16. 두 코일이 있다. 한 코일에 매초 전류가 150[A]의 비율로 변할 때 다른 코일에 60[V]의 기전력이 발생하였다면, 두 코일의 상호 인덕턴스는 몇 [H]인가?

① 0.4[H] 　　② 2.5[H]

③ 4.0[H] 　　④ 25[H]

| 해설

상호 유도 전압 $e = -M\dfrac{di}{dt}$에서

$$\therefore M = e \times \frac{dt}{di} = 60 \times \frac{1}{150} = 0.4\,[\mathrm{H}]$$

정답　12 ②　13 ④　14 ①　15 ③　16 ①

17. 감은 횟수 200회의 코일 N_1과 300회의 코일 N_2를 가까이 놓고 N_1에 1[A]의 전류를 흘릴 때 N_2와 쇄교하는 자속이 4×10^{-4}[Wb]이었다면 이들 코일 사이의 상호 인덕턴스는?

① 0.12[H]　　　　② 0.12[mH]

③ 0.08[H]　　　　④ 0.08[mH]

| 해설
상호 인덕턴스(상호 유도계수)
$$M = \frac{N_2}{I_1}\phi_{21} = \frac{300}{1} \times 4 \times 10^{-4} = 0.12\,[\mathrm{H}]$$
여기서, ϕ_{21} : 1차 전류에 의해 발생된 자속이 2차 권선을 쇄교하는 자속

18. 환상 철심의 평균 자로 길이 ℓ[m], 단면적 A[m²], 비투자율 μ_s, 권선수 N_1, N_2인 두 코일의 상호 인덕턴스는?

① $\dfrac{2\pi\mu_s\ell N_1 N_2}{A} \times 10^{-7}\,[\mathrm{H}]$

② $\dfrac{A N_1 N_2}{2\pi\mu_s\ell} \times 10^{-7}\,[\mathrm{H}]$

③ $\dfrac{4\pi\mu_s A N_1 N_2}{\ell} \times 10^{-7}\,[\mathrm{H}]$

④ $\dfrac{4\pi^2\mu_s N_1 N_2}{A\ell} \times 10^{-7}\,[\mathrm{H}]$

| 해설
상호 인덕턴스(상호 유도계수)
$$M = \frac{\mu_0\mu_s A N_1 N_2}{\ell} = \frac{4\pi\mu_s A N_1 N_2}{\ell} \times 10^{-7}\,[\mathrm{H}]$$
여기서, 진공의 투자율 $\mu_0 = 4\pi \times 10^{-7}$

19. 코일이 접속되어 있을 때, 누설 자속이 없는 이상적인 코일 간의 상호 인덕턴스는?

① $\sqrt{L_1 + L_2}$　　　　② $\sqrt{L_1 - L_2}$

③ $\sqrt{L_1 L_2}$　　　　④ $\sqrt{\dfrac{L_1}{L_2}}$

| 해설
결합계수 $k = \dfrac{M}{\sqrt{L_1 L_2}}$ 에서 누설 자속이 없는 이상적인

경우 결합계수는 $k = 1$이 되므로
∴ 상호 인덕턴스 : $M = \sqrt{L_1 L_2}\,[\mathrm{H}]$

20. 자체 인덕턴스 L_1, L_2 상호 인덕턴스 M인 두 코일을 같은 방향으로 직렬 연결한 경우 합성 인덕턴스는?

① $L_1 + L_2 + M$　　　② $L_1 + L_2 - M$

③ $L_1 + L_2 + 2M$　　④ $L_1 + L_2 - 2M$

| 해설
㉠ 가동결합 시 합성 인덕턴스 : $L_a = L_1 + L_2 + 2M$
㉡ 차동결합 시 합성 인덕턴스 : $L_b = L_1 + L_2 - 2M$
㉢ 상호 인덕턴스 : $M = \dfrac{L_a - L_b}{4}$

21. 0.25[H]와 0.23[H]의 자체 인덕턴스를 직렬로 접속할 때 합성 인덕턴스의 최댓값은 약 몇 [H]인가?

① 0.48[H]　　　　② 0.96[H]

③ 4.8[H]　　　　④ 9.6[H]

| 해설
㉠ 합성 인덕턴스의 결합
　－ 최대가 되는 결합 : 가동결합
　－ 최소가 되는 결합 : 차동결합
㉡ 상호 인덕턴스
　$M = k\sqrt{L_1 L_2} = \sqrt{0.25 \times 0.23} = 0.24\,[\mathrm{H}]$
　여기서, 결합계수의 범위가 $0 \le k \le 1$이므로 인덕턴스가 최대가 되려면 $k = 1$을 대입해야 한다.
∴ $L_a = L_1 + L_2 + 2M$
　$= 0.25 + 0.23 + 2 \times 0.24 = 0.96\,[\mathrm{H}]$

정답　17 ①　18 ③　19 ③　20 ③　21 ②

22. 자체 인덕턴스가 각각 160[mH], 250[mH]의 두 코일이 있다. 두 코일 사이의 상호 인덕턴스가 150[mH]이면 결합계수는?

① 0.5 ② 0.62
③ 0.75 ④ 0.86

| 해설
결합계수
$$k = \frac{M}{\sqrt{L_1 L_2}} = \frac{150}{\sqrt{160 \times 250}} = 0.75$$

23. 두 개의 자체 인덕턴스를 직렬로 접속하여 합성 인덕턴스를 측정하였더니 95[mH]이었다. 한쪽 인덕턴스를 반대로 접속하였더니 합성 인덕턴스가 15[mH]로 되었다. 두 코일의 상호 인덕턴스는?

① 20[mH] ② 40[mH]
③ 80[mH] ④ 160[mH]

| 해설
$$M = \frac{L_a - L_b}{4} = \frac{95 - 15}{4} = 20\,[mH]$$
여기서, L_a : 가동 결합 시 합성 인덕턴스
L_b : 차동 결합 시 합성 인덕턴스

24. 그림과 같은 회로를 고주파 브리지로 인덕턴스를 측정하였더니 그림 (a)는 40[mH], 그림 (b)는 24[mH]이었다. 이 회로의 상호 인덕턴스[M]는?

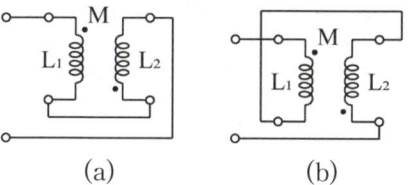

(a)   (b)

① 2[mH] ② 4[mH]
③ 6[mH] ④ 8[mH]

| 해설
㉠ 코일에 표시된 점(dot)을 기준으로 전류가 동일방향으로 흐르면 가동결합(그림 a), 반대로 흐르면 차동결합(그림 b)이 된다.
㉡ 그림 (a) : $L_a = L_1 + L_2 + 2M = 40\,[mH]$
㉢ 그림 (b) : $L_a = L_1 + L_2 - 2M = 24\,[mH]$
$$\therefore M = \frac{L_a - L_b}{4} = \frac{40 - 24}{4} = 4\,[mH]$$

25. 자체 인덕턴스 40[mH]의 코일에 10[A]의 전류가 흐를 때 저장되는 에너지는 몇 [J]인가?

① 2 ② 3
③ 4 ④ 8

| 해설
코일의 저장되는 자기에너지
$$W = \frac{1}{2}LI^2 = \frac{1}{2} \times 40 \times 10^{-3} \times 10^2 = 2\,[J]$$

26. 자체 인덕턴스 2[H]의 코일에 25[J]의 에너지가 저장되어 있다면 코일에 흐르는 전류는?

① 2[A] ② 3[A]
③ 4[A] ④ 5[A]

| 해설
코일의 저장되는 자기에너지 $W = \frac{1}{2}LI^2$ 에서
$$\therefore I = \sqrt{\frac{2W}{L}} = \sqrt{\frac{2 \times 25}{2}} = 5\,[A]$$

27. 자기 인덕턴스에 축적되는 에너지에 대한 설명으로 가장 옳은 것은?

① 자기 인덕턴스 및 전류에 비례한다.
② 자기 인덕턴스 및 전류에 반비례한다.
③ 자기 인덕턴스에 비례하고 전류의 제곱에 비례한다.
④ 자기 인덕턴스에 반비례하고 전류의 제곱에 반비례한다.

| 해설
코일에 저장되는 자기에너지는 $W = \frac{1}{2}LI^2$ 이므로 인덕턴스 L과 전류 제곱 I^2에 비례한다.

정답 22 ③ 23 ① 24 ② 25 ① 26 ④ 27 ③

Chapter 05

단상 교류회로

01 교류의 발생원리

1 패러데이의 전자유도법칙

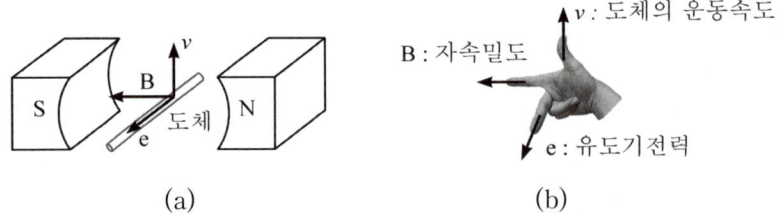

【그림 1】 플레밍의 오른손 법칙

(1) 교류의 발생은 패러데이 전자유도법칙에 의한 플레밍의 오른손 법칙을 이용하는 것으로 【그림 1】과 같이 2극 발전기를 이용하여 만들 수 있다.

(2) 플레밍의 오른손 법칙이란 "자계 내에 있는 도체를 $v[\mathrm{m/s}]$의 속도로 운동하게 되면 도체에는 기전력이 유도된다."는 것이며 【그림 1】 (b)와 같이 오른손 검지측으로 자속밀도가 작용하고 있을 때 엄지측 방향으로 도체가 운동하면 유도기전력은 중지의 방향으로 발생하게 된다.

(3) 유도기전력의 크기는 아래와 같이 도체의 순간 운동방향과 자속밀도의 진행방향이 이루는 각도가 0°일 때 유도기전력은 0이 되고, 90°일 때 최댓값을 갖는다.

> 유도기전력 : $e = vB\ell \sin\theta \,[\mathrm{V}]$

여기서, v : 도체의 운동속도$[\mathrm{m/s}]$ B : 자속밀도$[\mathrm{Wb/m^2}]$ ℓ : 도체의 길이$[\mathrm{m}]$

핵심요약

플레밍의 오른손 법칙
① 자계 내에 있는 도체가 운동하면 도체에는 기전력이 유도된다.
② 자계 내 → 도체의 운동 → 유도기전력 발생
③ 유도기전력 : $e = vB\ell \sin\theta \,[\mathrm{V}]$

2 단상 교류의 발생원리

(1) 정현파 교류 기전력을 발생하는 가장 간단한 장치가 2극 발전기이며 평등자계 내의 도체가 외부의 기계적인 힘을 받아 운동(회전)하면 도체에는 아래와 같은 기전력이 발생한다. 【그림 2】와 같이 2극 발전기의 브러시 양단에는 도체 1과 도체 2가 직렬로 접속되어 있으므로 유도기전력은 두 도체에서 발생된 기전력의 합이 된다.

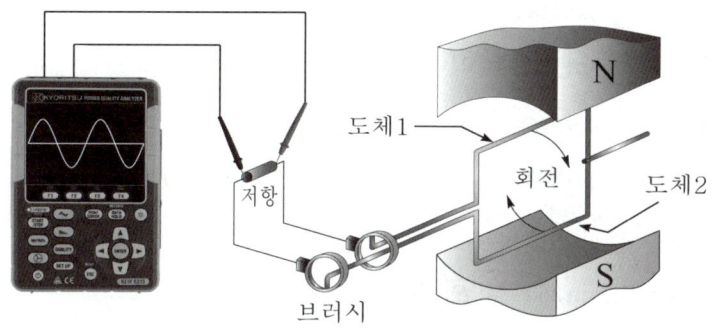

【그림 2】 2극 발전기

① 도체 1에 유도되는 기전력 : $e = vB\ell\sin\theta\,[\mathrm{V}]$
② 브러시 양단에 유도되는 기전력 : $2e = 2vB\ell\sin\theta\,[\mathrm{V}]$

(2) 도체에 따른 브러시 양단의 유도기전력의 크기는 다음과 같다.

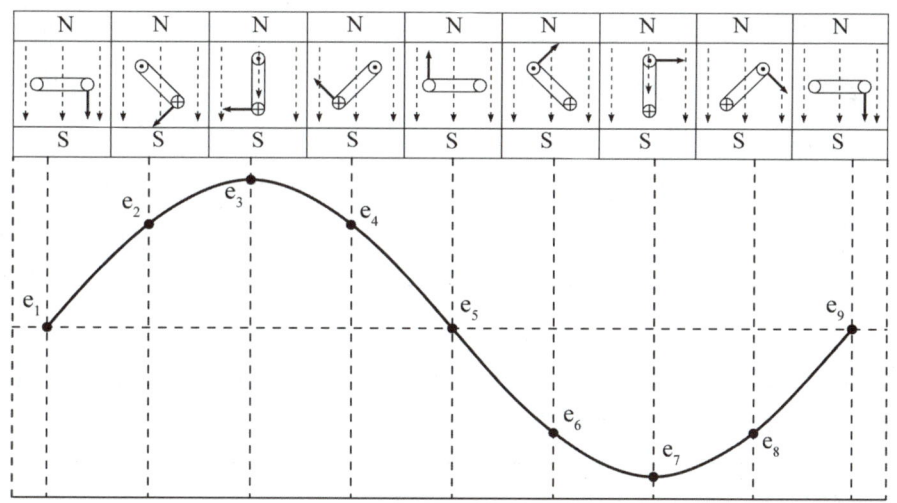

【그림 3】 단상 교류의 발생원리

$$\text{①} \ e_1 = 2e = 2vB\ell\sin\theta = E_m\sin\theta = E_m\sin 0 = 0 \, [\mathrm{V}]$$

$$\text{②} \ e_2 = 2vB\ell\sin\theta = E_m\sin 45° = \frac{\sqrt{2}}{2}E_m \, [\mathrm{V}]$$

$$\text{③} \ e_3 = 2vB\ell\sin\theta = E_m\sin 90° = E_m \, [\mathrm{V}]$$

$$\text{④} \ e_4 = 2vB\ell\sin\theta = E_m\sin 135° = \frac{\sqrt{2}}{2}E_m \, [\mathrm{V}]$$

$$\text{⑤} \ e_5 = 2vB\ell\sin\theta = E_m\sin 180° = 0 \, [\mathrm{V}]$$

$$\text{⑥} \ e_6 = 2vB\ell\sin\theta = E_m\sin 225° = -\frac{\sqrt{2}}{2}E_m \, [\mathrm{V}]$$

$$\text{⑦} \ e_7 = 2vB\ell\sin\theta = E_m\sin 270° = -E_m \, [\mathrm{V}]$$

$$\text{⑧} \ e_8 = 2vB\ell\sin\theta = E_m\sin 315° = -\frac{\sqrt{2}}{2}E_m \, [\mathrm{V}]$$

$$\text{⑨} \ e_9 = 2vB\ell\sin\theta = E_m\sin 360° = E_m\sin 0° = 0 \, [\mathrm{V}]$$

3 용어 정리

(1) 주파수(f, frequency)

주파수란 단위시간(1초 기준) 내에 발생한 주기적인 파형의 수를 말하며, 1초에 주기적인 파형이 60번 반복되면 60[Hz]라 한다. 60[Hz]의 주파수를 발생시키기 위해서는 【그림 3】의 발전기가 1초에 60바퀴를 회전하여야 하므로 주파수와 발전기의 초당 회전수 $n\,[\mathrm{rps}]$은 같은 것으로 본다. 또한 주파수의 역수를 주기($T = \dfrac{1}{f}\,[\mathrm{sec}]$)라고 하며 한 파형이 만들어지는 데 걸리는 시간을 의미한다. 즉, $f = 60\,[\mathrm{Hz}]$ 파형에서 주기는 1/60[sec]가 된다.

> 주기 : $T = \dfrac{1}{f}\,[\mathrm{sec}]$

(2) 호도법

원의 반지름 r과 호의 길이 ℓ이 같을 때의 중심각의 크기를 1호도 또는 1[rad, 라디안]이라 한다. 1[rad]을 육십분법(Degree)으로 나타내면 약 57.3°가 된다.

> ① $\pi\,[\mathrm{rad}] = 180°$
> ② $2\pi\,[\mathrm{rad}] = 360°$

(3) 각속도(ω, angular velocity)

단위 시간당 회전하는 각도를 나타내는 값을 각속도라고 하며 회전 운동하는 물체의 속도를 알기 위해 사용한다.

> 각속도 : $\omega = \dfrac{\theta}{t}\,[\mathrm{rad/sec}]$

(4) 각주파수(ω, angular frequency)

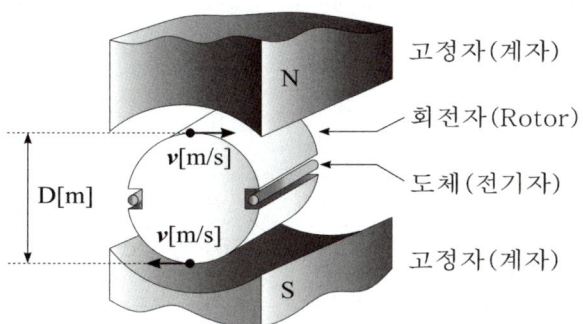

고정자(계자)

회전자(Rotor)

도체(전기자)

고정자(계자)

【그림 4】 단상 발전기의 구조

【그림 4】와 같이 고정자(자기장을 만드는 장치이므로 계자라고도 한다)에서 만드는 자기장 내에서 회전자(또는 전기를 만드는 장치이므로 전기자라고도 한다)가 한 바퀴 회전해야 정현파 교류전압 한 사이클(1cycle)이 만들어진다. 그럼 한 사이클 또는 한 주기 시간 T에서의 회전각은 2π[rad]이므로 각속도는 아래 ①과 같고, 이때 주기를 주파수로 나타낸 것을 각주파수라 한다. 주파수는 세계적으로 50 또는 60[Hz]를 사용하고 있으며 우리나라는 60[Hz]를 상용주파수로 사용하고 있다.

① 각주파수 : $\omega = \dfrac{\theta}{t} = \dfrac{2\pi}{T} = 2\pi f\,[\text{rad/sec}]$

② 60[Hz]에서 각주파수 : $\omega_{60} = 2\pi \times 60 = 120\pi = 377\,[\text{rad/sec}]$

③ 50[Hz]에서 각주파수 : $\omega_{50} = 2\pi \times 50 = 100\pi = 314\,[\text{rad/sec}]$

(5) 주변속도(v, peripheral speed)

주변속도란 물체가 회전할 때 회전축으로부터 가장 먼 바깥 부분의 속도를 말한다. 【그림 4】와 같이 직경이 D(반경 : r)인 회전자의 주변속도를 구하면 다음과 같다.

① 각속도 : $\omega = \dfrac{\theta}{t} = \dfrac{\ell}{t \times r} = \dfrac{v}{r}\,[\text{rad/sec}]$

② 주변속도 : $v = \omega r = 2\pi f r = D\pi f = D\pi n\,[\text{m/sec}]$

여기서, θ : 회전각 ℓ : 호의 길이 r : 원통의 반지름 v : 주변속도
       D : 원통의 직경 n : 초당 회전수[rps] f : 주파수[Hz]

핵심요약

용어 정리

① 주파수 f[Hz] : 단위 시간 내에 발생한 주기적인 파형의 수

② 주기 $T = \dfrac{1}{f}$[s] : 같은 현상이나 특징이 한 번 나타나고부터 다음번 되풀이되기까지의 시간

③ 각속도 $\omega = \dfrac{\theta}{t}$[rad/s] : 단위 시간당 회전하는 각도

④ 각주파수 : $\omega = \dfrac{\theta}{t} = \dfrac{2\pi}{T} = 2\pi f$[rad/sec]

02 교류의 표시법

1 순시값(instantaneous value)

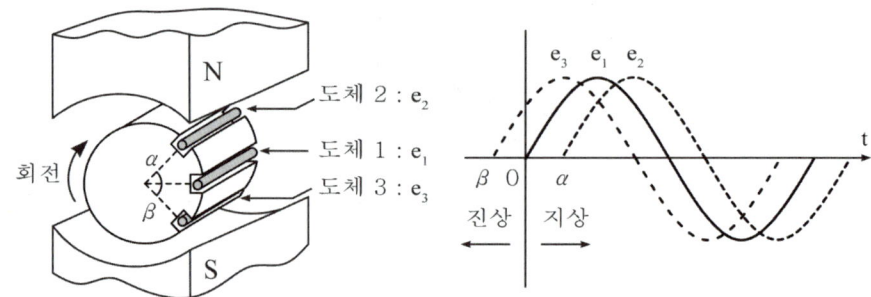

【그림 5】 정현파 교류의 위상 관계

(1) 【그림 5】에서 전기자(armature) 또는 회전자(rotor)가 발전기 안에서 회전하면 전기자 도체에는 각각 기전력이 유도된다. 도체 $1(e_1$이 유도되는 도체)에 위치한 지점에서의 유도기전력은 $0[\text{V}]$이고 이를 기준점($t = 0$, $\theta = 0$)으로 삼는다. 이때의 상(相, phase)을 초기위상(initial phase), 초기각(initial angle) 또는 간단히 위상이라 한다.

(2) e_2는 e_1보다 위상이 $\theta = \alpha$만큼 뒤지므로 이를 지상(遲相, lagging phase)이라 하며, e_3는 e_1보다 위상이 $\theta = \beta$만큼 앞서므로 이를 진상(進相, leading pha se)이라고 한다. 위 기전력의 순시값은 다음과 같이 표현한다.

> ① 도체 1의 순시값 : $e_1 = E_m \sin \omega t \, [\text{V}]$
> ② 도체 2의 순시값 : $e_2 = E_m \sin (\omega t - \alpha) \, [\text{V}]$
> ③ 도체 3의 순시값 : $e_3 = E_m \sin (\omega t + \beta) \, [\text{V}]$

여기서, E_m : 전압의 최댓값$[\text{V}]$ ω : 각속도$[\text{rad}/\text{s}]$

2 평균값(Average value 또는 Mean value)

(1) 교류의 평균값이란, 파형을 한 주기로 적분(면적을 구함)하여 주기로 나누어 구한 산술적 평균값이다.

(2) 정현파 교류의 한 주기를 적분하면 0이 되므로 반주기를 적분하여 평균값을 구해야 한다.

(3) 정현파 교류의 평균값은 정류기의 출력값을 의미한다.

  ① 정류기(rectifier) 또는 컨버터(converter) : 교류(AC)를 직류(DC)로 변환시켜주는 장치
  ② 인버터(Inverter) : 직류(DC)를 교류(AC)로 변환시켜주는 장치

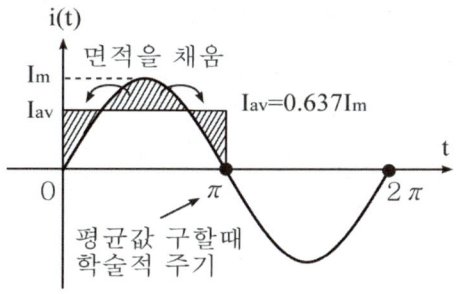

【그림 6】 정현파 교류의 평균값

$$평균값 : I_{av} = \frac{1}{T} \int_0^T i(t) \ dt \ \text{또는} \ I_{av} = \frac{1}{\pi} \int_0^\pi i(\omega t) \ d\omega t$$

(4) 정현파 전류 $i(t) = I_m \sin \omega t \, [\text{A}]$의 경우 평균값은 다음과 같다.

$$I_{av} = \frac{1}{\pi} \int_0^\pi i(\omega t) \ d\omega t = \frac{1}{\pi} \int_0^\pi I_m \sin \omega t \ d\omega t$$

$$= \frac{I_m}{\pi} \int_0^\pi \sin \omega t \ d\omega t = -\frac{I_m}{\pi} \Big[\cos \omega t \Big]_0^\pi$$

$$= -\frac{I_m}{\pi} (\cos pi - \cos 0)$$

$$= \frac{I_m}{\pi} \times 2 \simeq 0.637 \, I_m \, [\text{A}] = 0.9 \, I [\text{A}]$$

$$\therefore \ 교류의 \ 평균값 : I_{av} = \frac{I_m}{\pi} \times 2 \simeq 0.637 \, I_m \, [\text{A}] = 0.9 \, I [\text{A}]$$

여기서, I_m : 전류의 최댓값　　I : 전류의 실횻값($I_m = \sqrt{2} \, I$)

핵심요약

평균값

① 한 주기를 평균내면 수학적으로 0이 되므로 반주기로 평균값을 구한다.

② 정현파의 평균값 : $I_{av} = \dfrac{2I_m}{\pi} = 0.637 \, I_m = 0.637 \times I \sqrt{2} = 0.9 I [\text{A}]$

여기서, I_m : 최댓값　　I : 실횻값

⑶ 실횻값(effective value 또는 root mean square value)

(1) 교류는 시간에 따라 변화하기 때문에 그 크기를 얘기할 때 어느 값을 특정하여 말할 수 없다. 이때 교류의 크기를 가늠해 볼 수 있도록 대푯값을 설정해보자. 【그림 7】 (a)는 저항에 교류를 가한 것이고 (b)는 직류를 가한 것이다. 이때 두 저항에서 발생하는 열량이 같을 때 그 직류회로에 흐르는 전류의 크기로 교류의 크기를 나타낼 수 있다. 이를 실횻값이라 정의한다.

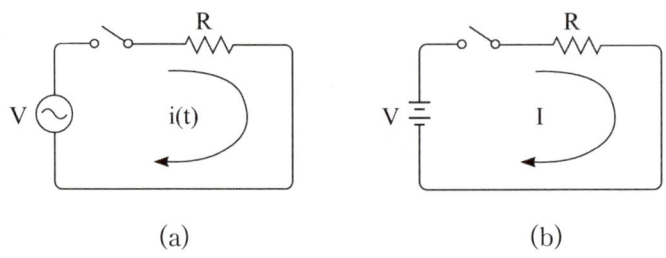

(a)   (b)

【그림 7】 정현파 교류의 실횻값

---

① 교류회로에서 저항의 발열량 : $H = 0.24 \int_0^T i^2(t) R \, dt$

② 직류회로에서 저항의 발열량 : $H = 0.24 I^2 R T$

③ 두 회로의 발열량이 같을 때의 전류는 아래와 같다.

$$0.24 \int_0^T i^2(t) R \, dt = 0.24 I^2 R T \rightarrow I^2 = \frac{1}{T} \int_0^T i^2(t) \, dt$$

∴ 실횻값 전류 : $I_{rms} = I = \sqrt{\dfrac{1}{T} \int_0^T i^2(t) \, dt}$ [A]

여기서, 소비전력 : $W = P T = V I T = I^2 R T = \dfrac{V^2}{R} T$ [J]

에너지와 발열량의 관계 : $1 \, [\text{J}] = \dfrac{1}{4.2} \, [\text{cal}] \fallingdotseq 0.24 \, [\text{cal}]$

(2) 실횻값은 전압 또는 전류의 제곱값(square)을 평균(mean)하고 여기에 제곱근(root)을 취한 것과 같기 때문에 실횻값을 다른 말로 r.m.s(root mean square value)라고도 한다.

(3) 정현파 전류 $i(t) = I_m \sin \omega t$ [A]의 경우 실횻값은 다음과 같다.

$$I = \sqrt{\frac{1}{2\pi} \int_0^{2\pi} i^2(\omega t) \, d\omega t} = \sqrt{\frac{1}{2\pi} \int_0^{2\pi} I_m^2 \sin^2 \omega t \, d\omega t}$$

$$= \sqrt{\frac{I_m^2}{2\pi} \int_0^{2\pi} \frac{1 - \cos 2\omega t}{2} \, d\omega t} = \sqrt{\frac{I_m^2}{4\pi} \int_0^{2\pi} 1 - \cos 2\omega t \, d\omega t}$$

$$= \sqrt{\frac{I_m^2}{4\pi} \left[\omega t - \frac{1}{2} \sin 2\omega t \right]_0^{2\pi}} = \sqrt{\frac{I_m^2}{2}} = \frac{I_m}{\sqrt{2}}$$

∴ 실횻값 : $I_{rms} = I = \dfrac{I_m}{\sqrt{2}} = 0.707 I_m$ [A]

핵심요약

실횻값

① 부하에서 소비되는 열량을 기준으로 교류를 직류로 환산한 값을 말한다.

② 정현파의 실횻값 : $I = \dfrac{I_m}{\sqrt{2}} = 0.707\,I_m$

　여기서, I_m : 최댓값

4 파고율과 파형률

(1) 평균값과 실횻값은 교류의 크기만 나타낼 뿐 파의 형태는 알 수 없다. 파형의 개략적인 상태를 알기 위해 파고율 (crest factor)과 파형률(form factor)을 사용하며 정의는 다음과 같다.

> ① 파고율 $= \dfrac{최댓값}{실횻값}$
>
> ② 파형률 $= \dfrac{실횻값}{평균값}$

(2) 정현파 교류의 경우 파고율과 파형률은 다음과 같다.

> ① 파고율 $= \dfrac{I_m}{I_{rms}} = \dfrac{I_m}{\dfrac{I_m}{\sqrt{2}}} = \sqrt{2} = 1.414$
>
> ② 파형률 $= \dfrac{I_{rms}}{I_{av}} = \dfrac{\dfrac{I_m}{\sqrt{2}}}{\dfrac{2 I_m}{\pi}} = \dfrac{\pi}{2\sqrt{2}} = 1.11$

(3) 각 파형에 따른 표현법

구분	파형	평균값		실횻값		파고율	파형률
		전파	반파	전파	반파	전파	전파
구형파		V_m	$\dfrac{V_m}{2}$	V_m	$\dfrac{V_m}{\sqrt{2}}$	1	1
정현파		$\dfrac{2 V_m}{\pi}$	$\dfrac{V_m}{\pi}$	$\dfrac{V_m}{\sqrt{2}}$	$\dfrac{V_m}{2}$	$\sqrt{2}$	1.11
삼각파		$\dfrac{V_m}{2}$	$\dfrac{V_m}{4}$	$\dfrac{V_m}{\sqrt{3}}$	$\dfrac{V_m}{\sqrt{6}}$	$\sqrt{3}$	1.155
제형파		$\dfrac{2}{3} V_m$	/	$\dfrac{\sqrt{5}}{3} V_m$	/	1.34	1.118

【표 1】 각 파형에 따른 표현법

03 단일 소자 교류회로

1 저항 회로

(1) 전류의 순시값

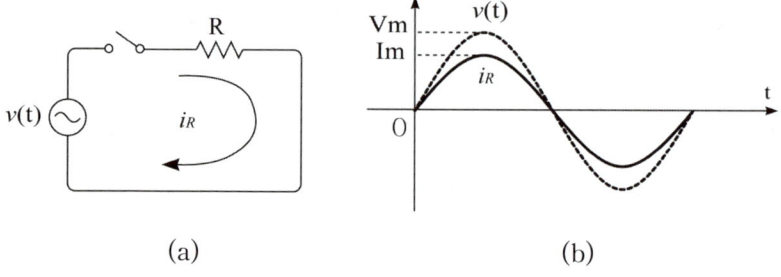

(a)   (b)

【그림 8】 저항 회로의 전압과 전류의 관계

① 저항 $R\,[\Omega]$만 있는 회로에 정현파 전압 $v(t) = V_m \sin \omega t\,[\mathrm{V}]$를 가하면 옴의 법칙으로 회로에 흐르는 전류를 구할 수 있다.

$$i_R = \frac{v}{R} = \frac{V_m}{R} \sin \omega t = I_m \sin \omega t\,[\mathrm{A}]$$

② i_R의 특징

㉠ 전류의 크기는 저항 R의 비(比)에 의해 결정된다.

㉡ 전류의 위상은 전압과 같으며(동상, 동위상), 주파수도 변화하지 않는다.

(2) 전력(electric power)과 에너지(electric energy)

① 평균전력(유효전력 = 소비전력) : $P = VI = I^2 R = \dfrac{V^2}{R}\,[\mathrm{W}]$

② 에너지(= 전력량) : $W = pt = VIt = I^2 Rt = \dfrac{V^2}{R} t\,[\mathrm{J}]$

2 인덕턴스 회로

(1) 전류의 순시값

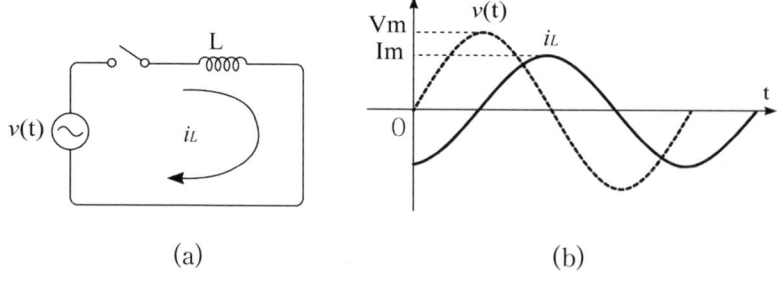

(a)   (b)

【그림 9】 인덕턴스 회로의 전압과 전류의 관계

① 인덕턴스 L[H]인 코일 회로에 정현파 전압 $v(t) = V_m \sin \omega t$ [V]를 인가했을 때 회로에 흐르는 전류는 자기유도에 의하여 발생하는 전압강하를 이용하여 구할 수 있다.

> ㉠ 전압강하 $V_L = L \dfrac{di_L}{dt}$ 에서 $di_L = \dfrac{1}{L} V_L \, dt = \dfrac{1}{L} v(t) \, dt$ 가 된다. 따라서 전류의 순시값은 다음과 같다.
>
> $$\therefore i_L = \int di_L = \frac{1}{L} \int v(t) \, dt$$
>
> ㉡ 인덕턴스 회로의 전류 $i_L = \dfrac{1}{L} \int V_m \sin \omega t \, dt = \dfrac{V_m}{L} \int \sin \omega t \, dt = -\dfrac{V_m}{\omega L} \cos \omega t$
>
> $$= -\frac{V_m}{\omega L} \sin\left(\omega t + \frac{\pi}{2}\right) = \frac{V_m}{\omega L} \sin\left(\omega t - \frac{\pi}{2}\right) \text{[A]}$$

② i_L의 특징

  ㉠ (전압이 일정할 때) 전류의 크기는 ωL과 반비례한다.
  ㉡ 전류의 위상은 전압보다 $90°$ 늦다(지상전류, lag current).
  ㉢ 전류와 전압의 주파수는 변하지 않는다.

③ 유도 리액턴스(inductive reactance)

  ㉠ 시간에 따라 변화하는 교류전류가 흐르면 회로에는 이에 반응하여 전류의 반대방향으로 기전력을 유도 $(e = -L \dfrac{di}{dt})$시키는데 이는 저항처럼 작용한다.

  ㉡ 이러한 저항성분은 직류에서 발생하지 않기 때문에 교류저항이라 하고, 이를 유도 리액턴스 X_L라 한다 (직류에서는 $X_L = 0$).

> 유도 리액턴스 : $X_L = \omega L = 2\pi f L$ [Ω]

(2) 리액턴스(reactance)의 정의

① 전기회로에서 직류전류를 방해하는 것은 저항 R뿐이지만 시간에 따라 변화하는 교류전류를 흘리게 되면 저항 이외에 전류를 방해하는 저항성분이 만들어지는데 이를 리액턴스라 한다. 리액턴스에는 유도성과 용량성이 있다.

② 시간에 따라 변화하는 교류전류가 흐르면 전류의 반대 방향으로 기전력$(e = -L \dfrac{di}{dt})$이 형성되기 때문에 이는 전류의 흐름을 방해하는 역할 즉, 저항으로 작용한다. 이와 같이 유도에 의해서 발생한 저항성분을 유도 리액턴스라 한다.

③ 회로에 $i(t) = I_m \sin \omega t$ [A]의 교류전류가 흘렀을 때 전류의 역방향으로 발생되는 기전력의 크기는 다음과 같다.

> $$V_L = L \frac{di(t)}{dt} = L \frac{d}{dt} I_m \sin \omega t = L I_m \frac{d}{dt} \sin \omega t = \omega L I_m \cos \omega t = \omega L I_m \sin(\omega t + 90°)$$
>
> $$= j\omega L I_m \sin \omega t \text{ [V]}$$
>
> $$\therefore V_L = j\omega L \, i(t) = j X_L \, i(t) \text{ [V]}$$

여기서, 허수 j의 의미는 위상이 $90°$ 빠르다는 것을 의미

④ 옴의 법칙([V] = [Ω][A])에서와 같이 $X_L = \omega L$의 차원이 [Ω]이 되는 것을 알 수 있다. 이때, X_L을 유도 리액턴스라 한다.

3 정전용량 회로

(1) 전류의 순시값

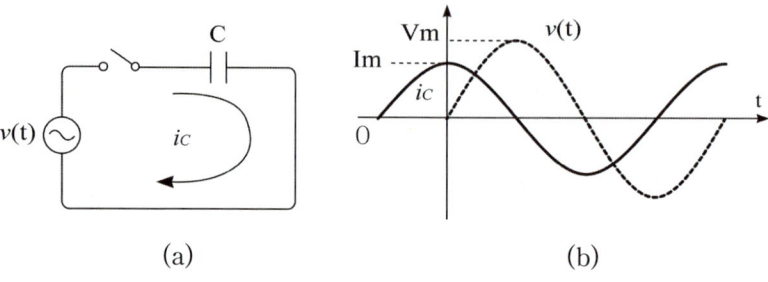

【그림 10】 커패시턴스 회로의 전압과 전류의 관계

① 콘덴서 충전전류는 콘덴서 극판에 전하가 충전되는 순간, 즉 충전되는 전하량이 변화하는 순간에만 흐르게 되므로 아래의 ㉠과 같이 나타낼 수 있다.

이때 콘덴서에 축적되는 전하량은 ㉡이고 콘덴서 양단의 단자전압 V_C는 교류 입력전압 $v(t)$와 동일하기 때문에 콘덴서 충전전류는 아래와 같이 나타낼 수 있다.

> ㉠ 충전전류 : $i_C = \dfrac{dQ}{dt}$ [A]
>
> ㉡ 콘덴서에 축적되는 전하량 : $Q = CV_C$ [C]
>
> $\therefore i_C = \dfrac{dQ}{dt} = C\dfrac{dV_C}{dt} = C\dfrac{dv(t)}{dt}$ [A]

여기서, C : 콘덴서의 정전용량[F] V_C : 콘덴서 단자전압[V]

② $v(t) = V_m \sin \omega t$ [V]의 교류전압을 인가했을 때 흐르는 충전전류는 다음과 같다.

> 순시값 : $i_c = C\dfrac{dv(t)}{dt} = C\dfrac{d}{dt}V_m \sin \omega t = CV_m \dfrac{d}{dt}\sin \omega t$
>
> $= \omega C V_m \cos \omega t = \omega C V_m \sin\left(\omega t + \dfrac{\pi}{2}\right)$
>
> $= \dfrac{V_m}{1/\omega C}\sin\left(\omega t + \dfrac{\pi}{2}\right)$ [A]

③ i_C의 특징

㉠ (전압이 일정할 때) 전류의 크기는 $\dfrac{1}{\omega C}$와 반비례한다.

㉡ 전류의 위상은 전압보다 $90°$ 빠르다(진상전류, lead current).

㉢ 전류와 전압의 주파수는 변하지 않는다.

(2) 용량 리액턴스(capacitive reactance)

① 콘덴서 정전용량에 의해 전류의 흐름을 방해하는 성분의 비율을 용량 리액턴스라 한다. 즉, 콘덴서 충전전류와 인가전원의 비례상수이며 콘덴서 충전전류의 순시값을 통해 실횻값 전류로 나타낼 수 있고 이를 옴의 공식의 형태로 용량 리액턴스의 크기를 구하면 아래와 같이 정리할 수 있다.

> ㉠ 전류의 실횻값 : $I_C = \dfrac{V}{1/j\omega C} = j\omega CV[\mathrm{A}]$ ㉡ $\dfrac{V}{I_C} = \dfrac{1}{j\omega C} = -j\dfrac{1}{\omega C} = -jX_C$

여기서, X_C : 용량 리액턴스$[\Omega]$

② 이와 같이 리액턴스에는 용량성과 유도성이 있으며 이를 정리하면 다음과 같다.

> ㉠ 유도 리액턴스 : $X_L = \omega L = 2\pi f L[\Omega]$ ㉡ 용량 리액턴스 : $X_C = \dfrac{1}{\omega C} = \dfrac{1}{2\pi f C}[\Omega]$

핵심요약

리액턴스의 종류

① 유도 리액턴스(코일의 저항) : $X_L = \omega L = 2\pi f L[\Omega]$ ② 용량 리액턴스(콘덴서의 저항) : $X_C = \dfrac{1}{\omega C} = \dfrac{1}{2\pi f C}[\Omega]$

4 R, L, C 회로의 전력 및 에너지 파형 분석

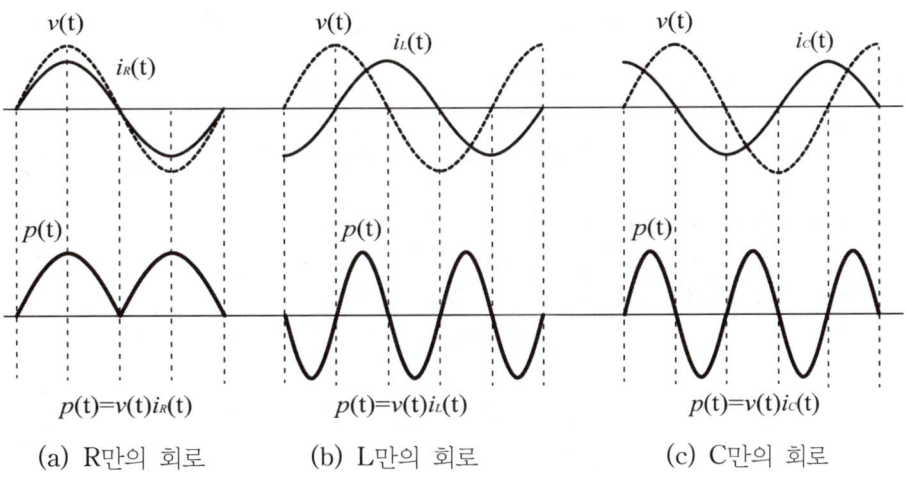

| (a) R만의 회로 | (b) L만의 회로 | (c) C만의 회로 |

【그림 11】 전압, 전류, 전력 파형 분석

(1) R만의 회로에서 순시전력 $p(t)$를 보면 $100[\%]$ 소비만 하고 L, C만의 회로에서 순시전력 $p(t)$를 보면 $p > 0$일 때는 전원으로부터 소자에 전력이 공급되고, $p < 0$일 때에는 반대로 소자에서 전원측으로 전력을 반환하고 있다.

(2) 이것만 보더라도 L, C 소자에는 충전과 방전만을 반복할 뿐 전력소모가 없다는 것을 알 수 있다.

5 교류의 페이저법

(1) 개요

① 교류회로의 크기는 시간에 따라 그 크기가 변화하므로 여러 정현파의 가감 연산을 하려면 상당히 복잡한 부분이 많이 있다. 따라서 교류회로를 정지벡터도로 표현하는 페이저(phasor)에 의한 방법으로 교류회로를 비교적 쉽게 해석할 수 있다.

② 페이저란, phase(위상)로부터 유래된 말이며 정현파 교류를 크기와 위상으로 표현하여 여러 정현파의 가감 연산을 하는 방법을 말한다.

(2) 복소수(complex number)의 연산

① 복소수의 가감법은 실수는 실수끼리, 허수는 허수끼리의 합 또는 차를 구하면 된다.

> ㉠ $\dot{A} + \dot{B} = (a + jb) + (c + jd) = (a + c) + j(b + d)$
>
> ㉡ $\dot{A} - \dot{B} = (a + jb) - (c + jd) = (a - c) + j(b - d)$

② 복소수의 곱하기(승법, 乘法)에서 허수의 단위크기 j는 $\sqrt{-1}$이므로 $j^2 = -1$을 기본으로 승법을 구하면 된다.

> $\dot{A} \times \dot{B} = (a + jb) \times (c + jd) = ac + j(ad + bc) + j^2 bd = (ac - bd) + j(ad + bc)$

③ 공액 복소수(conjugate complex number)란, 복소평면(complex plane)에서 실수축에 대해 대칭관계에 있는 두 복소수 즉, $a + jb$와 $a - jb$상의 관계를 공액이라 하며, $\dot{A}$의 공액 복소수는 $\dot{A}^*$로 표시한다.

> ㉠ $\dot{A} + \dot{A}^* = (a + jb) + (a - jb) = 2a$
>
> ㉡ $\dot{A} - \dot{A}^* = (a + jb) - (a - jb) = j2b$
>
> ㉢ $\dot{A} \times \dot{A}^* = (a + jb) \times (a - jb) = a^2 + b^2$

④ 복소수의 나누기(제법, 除法)는 아래와 같이 분모의 복소수를 공액시킨 값을 본 공식의 분모와 분자에 모두 곱해서 구하면 된다.

> $\dfrac{\dot{A}}{\dot{B}} = \dfrac{a + jb}{c + jd} = \dfrac{(a + jb) \times (c - jd)}{(c + jd) \times (c - jd)} = \dfrac{ac + bd}{c^2 + d^2} + j\dfrac{bc - ad}{c^2 + d^2}$

(3) 오일러의 정리

① 지수함수(e, exponential function)를 사용하면 심각함수 연산을 보다 손쉽게 구할 수 있다.

$$\text{지수함수} : e = \lim_{x \to \infty} \left(1 + \frac{1}{x}\right)^2 \simeq 2.71828...$$

② 매클로린 정리

$$\bigcirc\ e^x = 1 + x + \frac{x^2}{2!} + \frac{x^3}{3!} + ... + \frac{x^n}{n!}$$

$$\bigcirc\ \sin x = x - \frac{x^3}{3!} + \frac{x^5}{5!} - \frac{x^7}{7!} + ...$$

$$\bigcirc\ \cos x = 1 - \frac{x^2}{2!} + \frac{x^4}{4!} - \frac{x^6}{6!} + ...$$

③ 오일러의 정리

$$e^{j\theta} = 1 + j\theta + \frac{(j\theta)^2}{2!} + \frac{(j\theta)^3}{3!} + ... + \frac{(j\theta)^n}{n!} = \left(1 - \frac{\theta^2}{2!} + \frac{\theta^4}{4!} - ...\right) + j\left(\theta - \frac{\theta^3}{3!} + \frac{\theta^5}{5!} - ...\right)$$

$$= \cos\theta + j\sin\theta$$

$$\therefore\ e^{j\theta} = \cos\theta + j\sin\theta$$

④ 극형식 연산

$$\bigcirc\ A \angle \theta_1 \times B \angle \theta_2 = A(\cos\theta_1 + j\sin\theta) \times B(\cos\theta + j\sin\theta)$$

$$= Ae^{j\theta_1} \times Be^{j\theta_2} = AB\,e^{j(\theta_1 + \theta_2)} = AB \angle \theta_1 + \theta_2$$

$$\therefore\ A \angle \theta_1 \times B \angle \theta_2 = AB \angle \theta_1 + \theta_2$$

$$\bigcirc\ \frac{A \angle \theta_1}{B \angle \theta_2} = \frac{A\,e^{j\theta_1}}{B\,e^{j\theta_2}} = \frac{A}{B}\,e^{j\theta_1 - \theta_2} = \frac{A}{B} \angle \theta_1 - \theta_2$$

$$\therefore\ \frac{A \angle \theta_1}{B \angle \theta_2} = \frac{A}{B} \angle \theta_1 - \theta_2$$

(4) 페이저 표시법

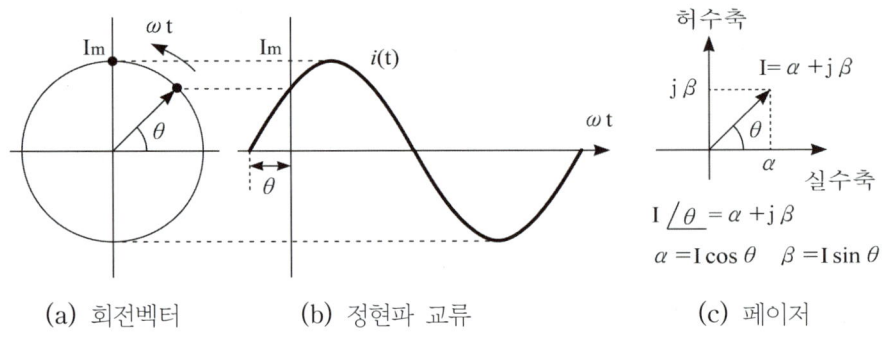

(a) 회전벡터   (b) 정현파 교류   (c) 페이저

【그림 12】 정현파 교류의 페이저 표시법

① 순시값을 페이저로 표현할 때에는 위와 같이 전류 또는 전류의 실횻값과 위상차로 나타내면 된다.

② 【그림 12】 (c)와 같이 극형식으로 표현된 전류는 복소수로 나타낼 수 있다.

> ㉠ 순시값 표현 : $i(t) = I_m \sin(\omega t + \theta) = I\sqrt{2}\,\sin(\omega t + \theta)$ [A]
>
> ㉡ 페이저(극형식) 표현 : $\dot{I} = I \angle \theta$ [A] $= \sqrt{\alpha^2 + \beta^2} \angle \tan^{-1}\dfrac{\beta}{\alpha}$ [A]
>
> ㉢ 복소수 표현 : $\dot{I} = \alpha + j\beta = I(\cos\theta + j\sin\theta)$ [A]
>
> ㉣ 지수형식 표현 : $\dot{I} = Ie^{j\theta}$ [A]

여기서, I_m : 전류의 최댓값 I : 전류의 실횻값 θ : 위상차

핵심요약

페이저(극형식) 연산

① $A \angle \theta_1 \times B \angle \theta_2 = AB \angle \theta_1 + \theta_2$

② $\dfrac{A \angle \theta_1}{B \angle \theta_2} = \dfrac{A}{B} \angle \theta_1 - \theta_2$

③ 오일러 공식 : $i(t) = I_m \sin(\omega t + \theta) = I\sqrt{2}\,\sin(\omega t + \theta) = I \angle \theta = I(\cos\theta + j\sin\theta) = Ie^{j\theta}$ [A]

(5) 두 정현파 전류의 합성

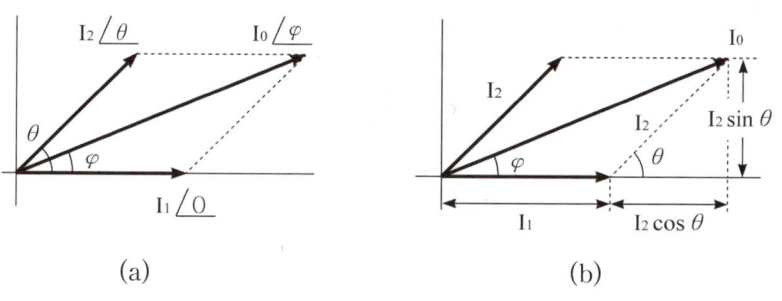

(a)   (b)

【그림 13】 두 정현파 교류전류의 합성

① 합성 전류의 크기(실횻값)

$$
\begin{aligned}
\left| \dot{I_0} \right| = I_0 &= \sqrt{실수^2 + 허수^2} \\
&= \sqrt{(I_1 + I_2 \cos\theta)^2 + (I_2 \sin\theta)^2} \\
&= \sqrt{I_1^2 + 2I_1 I_2 \cos\theta + I_2^2 \cos^2\theta + I_2^2 \sin^2\theta} \\
&= \sqrt{I_1^2 + I_2^2 (\cos^2\theta + \sin^2\theta) + 2I_1 I_2 \cos\theta} \\
&= \sqrt{I_1^2 + I_2^2 + 2I_1 I_2 \cos\theta} \\
\therefore \ \left| \dot{I_0} \right| = I_0 &= \sqrt{I_1^2 + I_2^2 + 2I_1 I_2 \cos\theta}
\end{aligned}
$$

② 합성 전류의 위상차

$$
\phi = \tan^{-1} \frac{허수}{실수} = \tan^{-1} \frac{I_2 \sin\theta}{I_1 + I_2 \cos\theta}
$$

③ 합성 전류의 순시값

$$
\dot{I_0} = I_0 \angle \phi = I_0 \sqrt{2} \sin(\omega t + \phi) \, [\text{A}]
$$

6 페이저를 이용한 단일 소자 회로의 전류

(1) 앞에서도 설명한 것과 같이 R만의 회로에서의 전류는 전압과 동위상이고, L만의 회로에서는 전압보다 90°
늦은 지상전류가, C만의 회로에서는 전압보다 90° 빠른 진상전류가 흐르게 된다. 이를 정리하면 【그림 14】와
같이 그릴 수 있다.

(2) 교류회로에 전류의 흐름을 방해하는 요소로는 저항 R과 리액턴스 X가 있으며 저항은 실수, 리액턴스는 허수의
값을 갖는다. 이와 같이 교류회로에서 전류가 흐르기 어려운 정도를 나타내는 비례상수를 임피던스(impedance)
라 부른다. 즉, 임피던스는 저항과 리액턴스의 합으로 구할 수 있다.

(3) 페이저를 이용한 전류계산

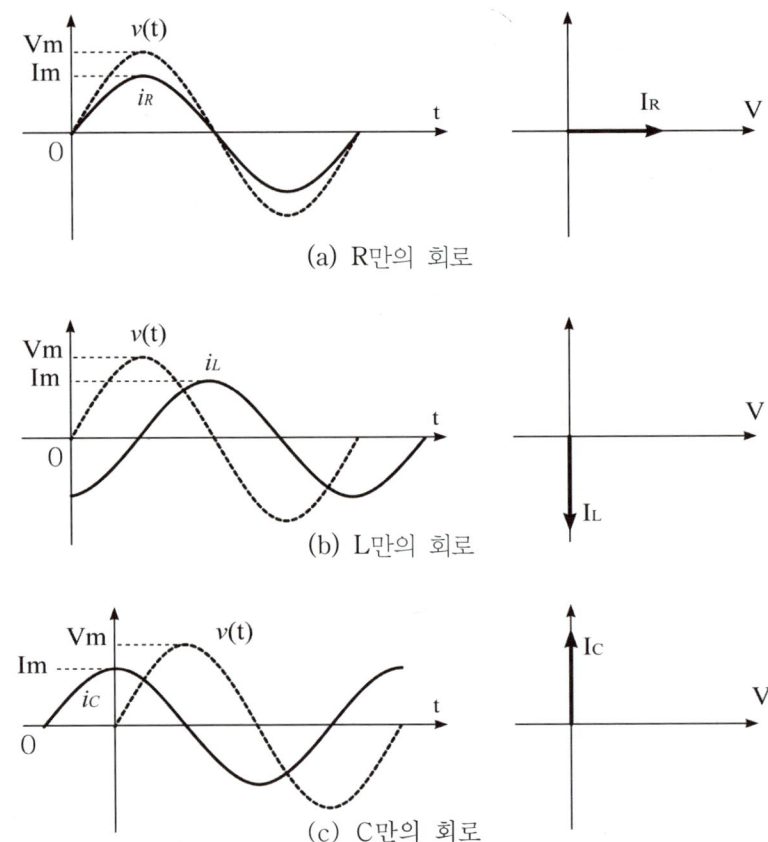

(a) R만의 회로

(b) L만의 회로

(c) C만의 회로

【그림 14】 전압과 전류의 위상 관계

① $I_R = \dfrac{V}{R} = \dfrac{V_m}{R} \sin \omega t \,[\text{A}]$

② $I_L = \dfrac{V}{jX_L} = -j\dfrac{V}{X_L} = \dfrac{V}{X_L} \angle -90° = \dfrac{V_m}{\omega L} \sin(\omega t - 90°)\,[\text{A}]$

③ $I_C = \dfrac{V}{-jX_C} = j\dfrac{V}{X_C} = \dfrac{V}{X_C} \angle 90° = \omega C V_m \sin(\omega t + 90°)\,[\text{A}]$

여기서, V_m : 전압의 최댓값($V_m = \sqrt{2}\,V$)　　V : 전압의 실횻값　$\omega = 2\pi f$: 각주파수

핵심요약

전기소자에 흐르는 전류 위상 비교

① R만의 회로 : 전류는 전압과 동위상
② L만의 회로 : 전류는 전압보다 위상이 90° 느리다(지상전류).
③ C만의 회로 : 전류는 전압보다 위상이 90° 빠르다(진상전류).

1 RL 직렬회로

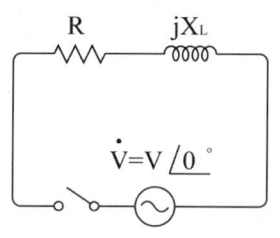 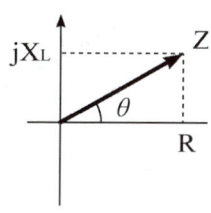 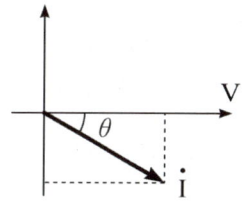

(a) RL 직렬회로　　　(b) 임피던스 벡터　　　(c) 전류 벡터

【그림 15】 RL 직렬회로의 페이저 표시

(1) 복소 임피던스

$$\dot{Z} = R + jX_L = \sqrt{R^2 + X_L^2} \angle \tan^{-1}\frac{X_L}{R}$$

---

① 임피던스 : $Z = \sqrt{R^2 + X_L^2} = \sqrt{R^2 + (\omega L)^2}\,[\Omega]$

② 상차각(부하각) : $\theta = \tan^{-1}\dfrac{X_L}{R}$

---

(2) 전류

---

① 페이저 : $\dot{I} = \dfrac{\dot{V}}{\dot{Z}} = \dfrac{V\angle 0}{Z\angle\theta} = \dfrac{V}{\sqrt{R^2 + X_L^2}}\angle -\tan^{-1}\dfrac{X_L}{R}\,[\text{A}]$

② 순시값 : $i(t) = \dfrac{V\sqrt{2}}{\sqrt{R^2 + X_L^2}}\sin\left(\omega t - \tan^{-1}\dfrac{X_L}{R}\right)[\text{A}]$

---

2 RC 직렬회로

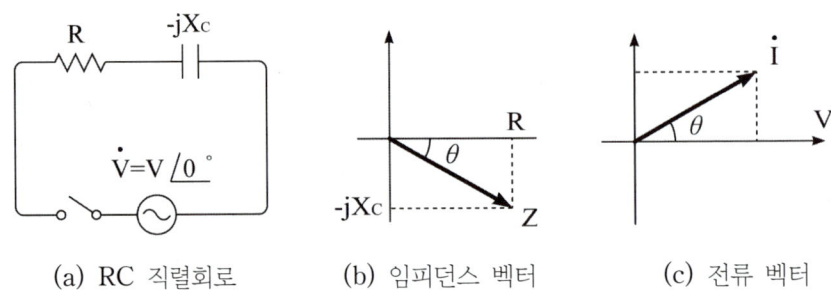

(a) RC 직렬회로   (b) 임피던스 벡터   (c) 전류 벡터

【그림 16】 RC 직렬회로의 페이저 표시

(1) 복소 임피던스

$$\dot{Z} = R - jX_C = \sqrt{R^2 + X_C^2} \; \angle -\tan^{-1}\frac{X_C}{R}$$

---

① 임피던스 : $Z = \sqrt{R^2 + X_C^2} = \sqrt{R^2 + \left(\dfrac{1}{\omega C}\right)^2}$ [Ω]

② 상차각(부하각) : $\theta = -\tan^{-1}\dfrac{X_C}{R} = -\tan^{-1}\dfrac{1}{\omega CR}$

---

(2) 전류

---

① 페이저 : $\dot{I} = \dfrac{\dot{V}}{\dot{Z}} = \dfrac{V\angle 0}{Z\angle\theta} = \dfrac{V}{\sqrt{R^2 + X_C^2}} \; \angle\tan^{-1}\dfrac{X_C}{R}$ [A]

② 순시값 : $i(t) = \dfrac{V\sqrt{2}}{\sqrt{R^2 + X_C^2}} \sin\left(\omega t + \tan^{-1}\dfrac{X_C}{R}\right)$ [A]

---

3 RLC 직렬회로(단, $X_L > X_C$)

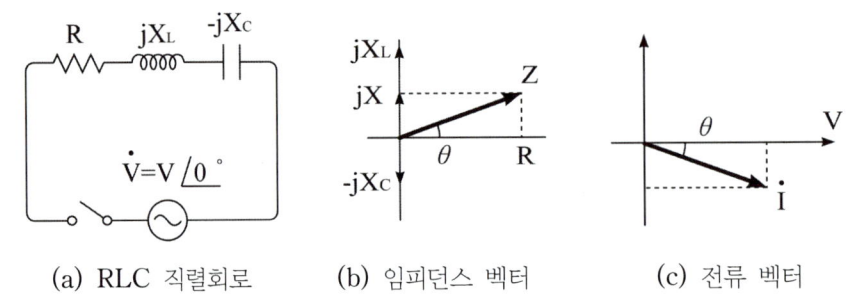

(a) RLC 직렬회로   (b) 임피던스 벡터   (c) 전류 벡터

【그림 17】 RLC 직렬회로의 페이저 표시

(1) 복소 임피던스

$$\dot{Z} = R + j(X_L - X_C) = R + jX = \sqrt{R^2 + X^2} \angle \tan^{-1}\frac{X}{R}$$

> ① 임피던스 : $Z = \sqrt{R^2 + X^2} = \sqrt{R^2 + \left(\omega L - \dfrac{1}{\omega C}\right)^2}$ [Ω]
>
> ② 상차각(부하각) : $\theta = \tan^{-1}\dfrac{X}{R} = \tan^{-1}\dfrac{\omega L - \dfrac{1}{\omega C}}{R}$

(2) 전류

> ① 페이저 : $\dot{I} = \dfrac{\dot{V}}{\dot{Z}} = \dfrac{V\angle 0}{Z\angle\theta} = \dfrac{V}{\sqrt{R^2 + X^2}} \angle -\tan^{-1}\dfrac{X}{R}$
>
> ② 순시값 : $i(t) = \dfrac{V\sqrt{2}}{\sqrt{R^2 + X^2}}\sin\left(\omega t - \tan^{-1}\dfrac{X}{R}\right)$ [A]

(3) 리액턴스 크기에 따른 특성

① $X_L > X_C$의 경우 : 유도성 회로($R-L$)가 되어 뒤진 전류(지상전류)가 흐른다.

② $X_L < X_C$의 경우 : 용량성 회로($R-C$)가 되어 앞선 전류(진상전류)가 흐른다.

③ $X_L = X_C$의 경우(직렬 공진 회로라고도 한다.) : 순 저항 회로가 되고 전압과 전류의 위상차는 생기지 않는다.

핵심요약

RLC 직렬회로

① RL 직렬회로의 합성 임피던스 : $Z = R + jX_L = \sqrt{R^2 + X_L^2} = \sqrt{R^2 + (\omega L)^2}$ [Ω]

② RC 직렬회로의 합성 임피던스 : $Z = R - jX_C = \sqrt{R^2 + X_C^2} = \sqrt{R^2 + \left(\dfrac{1}{\omega C}\right)^2}$ [Ω]

③ RLC 직렬회로의 합성 임피던스 : $Z = R + j(X_L - X_C) = \sqrt{R^2 + X^2} = \sqrt{R^2 + \left(\omega L - \dfrac{1}{\omega C}\right)^2}$ [Ω]

4 직렬 공진(共振, resonance)

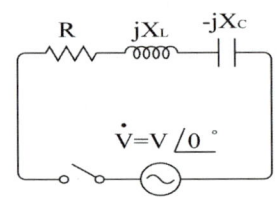 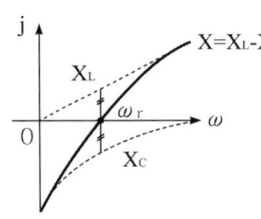 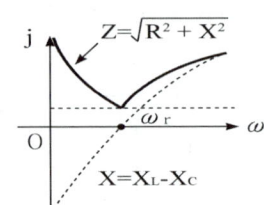 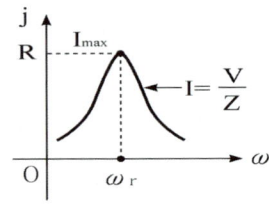

(a) RLC 직렬회로　　(b) 주파수변환에 따른 X　　(c) 주파수변환에 따른 Z　　(d) 주파수변환에 따른 I

【그림 18】 직렬공진의 특징

(1) 전기회로에서 공진이란, 인가되는 전원의 주파수와 회로 자체의 고유주파수가 일치하면 전압과 전류가 동위상이 되어 회로에 전기적 큰 진동이 발생하는 현상을 말한다. 공진에는 직렬공진과 병렬공진이 있으며 공진특성을 이용하여 특정 주파수의 전류를 흘릴 수 있는 필터(filter)회로를 설계할 수 있다. 직렬공진 시 전류파형이, 병렬공진 시에는 전압파형의 진동이 최대가 된다.

(2) 회로가 공진이 되기 위해서는 【그림 18】과 같이 각주파수 또는 주파수의 크기를 조절하여 리액턴스 성분(허수부)을 0으로 만들면 된다. 따라서 공진 시 회로에는 순수한 저항 성분만 남게 되므로 회로 임피던스는 최소, 전류는 최대가 된다. 또한 전압과 전류의 위상은 동위상이 된다.

(3) 직렬 임피던스 $Z = R + j\left(X_L - X_C\right) = R + j\left(\omega L - \dfrac{1}{\omega C}\right)$ 에서 $X_L = X_C$ 가 되는 것은 직렬회로에서의 공진 조건이며 이때의 주파수를 공진주파수(resonance frequency)라 한다.

(4) 공진조건에서 공진주파수를 구하면 다음과 같다.

> 공진조건 $\omega L = \dfrac{1}{\omega C}$ 에서 $\omega^2 = \dfrac{1}{LC}$ 이 되고, 양변에 제곱근을 취하면 $\omega = \dfrac{1}{\sqrt{LC}}$ 이 된다.
>
> 이때 각주파수 $\omega = 2\pi f$ 이므로 공진주파수는 다음과 같다.
>
> ∴ 공진주파수 : $f_r = \dfrac{1}{2\pi\sqrt{LC}}\,[\text{Hz}]$

핵심요약

직렬 공진

① 공진조건 : $X_L = X_C$

② 공진주파수 : $f_r = \dfrac{1}{2\pi\sqrt{LC}}\,[\text{Hz}]$

① RL 직렬회로

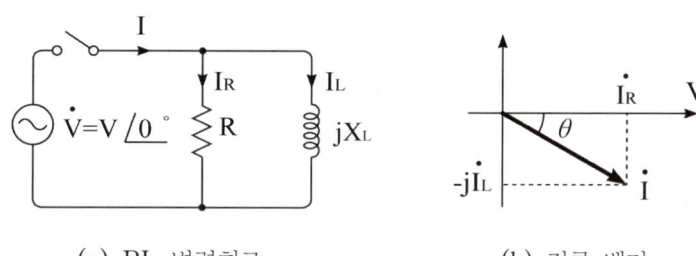

(a) RL 병렬회로   (b) 전류 벡터

【그림 19】 RL 병렬회로의 페이저 표시

(1) 복소 임피던스

$$\dot{Z} = \frac{1}{\frac{1}{R} + \frac{1}{jX_L}} = \frac{jRX_L}{R + jX_L} = \frac{RX_L \big/ 90^\circ}{\sqrt{R^2 + X_L^2} \Big/ \tan^{-1}\frac{X_L}{R}} = \frac{RX_L}{\sqrt{R^2 + X_L^2}} \bigg/ 90^\circ - \tan^{-1}\frac{X_L}{R}$$

> ① 임피던스 : $Z = \dfrac{RX_L}{\sqrt{R^2 + X_L^2}} = \dfrac{\omega RL}{\sqrt{R^2 + (\omega L)^2}}$ [Ω]
>
> ② 상차각(부하각) : $\theta = 90^\circ - \tan^{-1}\dfrac{X_L}{R} = \tan^{-1}\dfrac{R}{X_L}$

(2) 전류

> ① R에 흐르는 전류 : $\dot{I}_R = \dfrac{\dot{V}}{R} = \dfrac{V}{R}$ [A]
>
> ② L에 흐르는 전류 : $\dot{I}_L = \dfrac{\dot{V}}{jX_L} = -j\dfrac{V}{X_L} = -j\dfrac{V}{\omega L}$ [A]
>
> ③ 전체 전류 : $\dot{I} = \dot{I}_R + \dot{I}_L = \dfrac{V}{R} - j\dfrac{V}{X_L}$ [A]

② RC 병렬회로

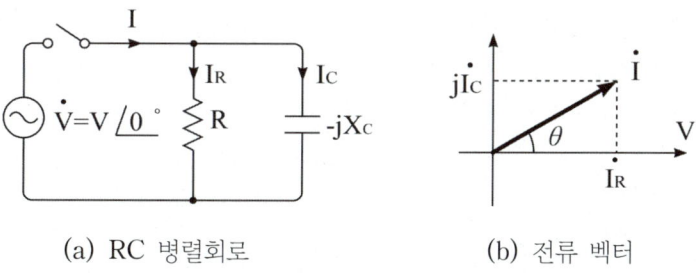

(a) RC 병렬회로   (b) 전류 벡터

【그림 20】 RC 병렬회로의 페이저 표시

(1) 복소 임피던스

$$\dot{Z} = \cfrac{1}{\cfrac{1}{R} + \cfrac{1}{-jX_C}} = \frac{-jRX_C}{R - jX_C} = \frac{RX_C \big/ -90°}{\sqrt{R^2 + X_C^2} \big/ -\tan^{-1}\dfrac{X_C}{R}}$$

$$= \frac{RX_C}{\sqrt{R^2 + X_C^2}} \bigg/ -90° + \tan^{-1}\frac{X_C}{R}$$

---

① 임피던스 : $Z = \dfrac{RX_C}{\sqrt{R^2 + X_C^2}} = \dfrac{R}{\sqrt{1 + (\omega CR)^2}}\ [\Omega]$

② 상차각(부하각) : $\theta = -90° + \tan^{-1}\dfrac{X_C}{R} = -\tan^{-1}\dfrac{R}{X_C}$

---

(2) 전류

---

① R에 흐르는 전류 : $\dot{I}_R = \dfrac{\dot{V}}{R} = \dfrac{V}{R}\ [\text{A}]$

② C에 흐르는 전류 : $\dot{I}_C = \dfrac{\dot{V}}{-jX_C} = j\dfrac{V}{X_C} = j\omega CV\ [\text{A}]$

③ 전체 전류 : $\dot{I} = \dot{I}_R + \dot{I}_C = \dfrac{V}{R} + j\dfrac{V}{X_C}\ [\text{A}]$

---

3 RLC 병렬회로

(1) 병렬회로에서 합성 임피던스를 구하기란 쉽지 않기 때문에 어드미턴스 Y를 사용하여 회로의 전류를 구한다. 여기서 어드미턴스란, 임피던스의 역수를 의미한다.

(2) 저항과 리액턴스 그리고 임피던스의 역수는 다음과 같다.

---

① 컨덕턴스(conductance) : $G = \dfrac{1}{R}\ [\mho]$

② 서셉턴스(susceptance) : $B = \dfrac{1}{X}\ [\mho]$

③ 어드미턴스(admittance) : $Y = \dfrac{1}{Z}\ [\mho]$

---

(3) 유도성 리액턴스는 양의 허수값(jX_L), 용량성 리액턴스는 음의 허수값($-jX_C$)을 갖지만 서셉턴스는 리액턴스의 허수 부호가 반대가 된다. 이를 정리하면 다음과 같다.

---

① 유도성 서셉턴스 : $\dfrac{1}{jX_L} = -j\dfrac{1}{X_L} = -jB_L$

② 용량성 서셉턴스 : $\dfrac{1}{-jX_C} = j\dfrac{1}{X_C} = jB_C$

---

(4) 병렬회로 해석

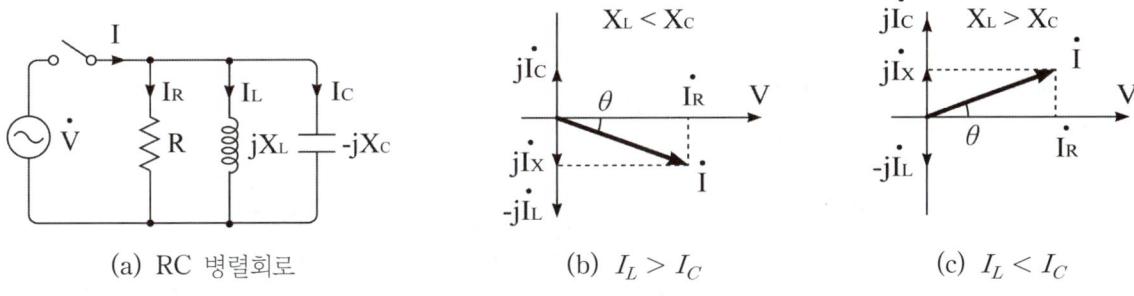

(a) RC 병렬회로　　　　　　　　(b) $I_L > I_C$　　　　　　　　(c) $I_L < I_C$

【그림 21】 RLC 병렬회로의 페이저 표시

① 합성 임피던스 : $Z = \dfrac{1}{\dfrac{1}{R} + \dfrac{1}{jX_L} + \dfrac{1}{-jX_C}} = \dfrac{1}{G - jB_L + jB_C}$

② 합성 어드미턴스 : $Y = \dfrac{1}{Z} = G + j(B_L - B_C)$ [℧]

③ 전류 : $I = I_R + I_L + I_C = \dfrac{V}{R} + \dfrac{V}{jX_L} + \dfrac{V}{-jX_C}$

$\qquad = \dfrac{V}{R} - j\dfrac{V}{X_L} + j\dfrac{V}{X_C} = \dfrac{V}{R} - j\dfrac{V}{\omega L} + j\omega CV$ [A]

(5) 병렬회로 전류의 위상관계

① $X_L < X_C$의 경우 : 유도성 회로(RL 회로)가 되어 뒤진 전류(지상전류)가 흐른다.

② $X_L > X_C$의 경우 : 용량성 회로(RC 회로)가 되어 앞선 전류(진상전류)가 흐른다.

③ $X_L = X_C$의 경우 : 순 저항 회로가 되고 전압과 전류는 동위상(병렬공진)이 된다.

4 병렬 공진

(1) 병렬 공진은 용량성 서셉턴스와 유도성 서셉턴스의 크기가 같아 어드미턴스에서 허수부, 즉 서셉턴스가 0이 되는 상태를 말한다.

(2) 병렬회로에서 공진이 발생하면 회로는 순저항만의 회로가 되어 전압과 전류가 동위상이 되지만 직렬공진과 반대로 전류는 최소가 된다.

(3) $B_L = B_C$의 조건을 이용하여 공진주파수를 구하면 다음과 같다.

$\dfrac{1}{\omega L} = \omega C$ 에서 $\omega^2 = \dfrac{1}{LC}$ 이 되고, 양변에 제곱근을 취하면 $\omega = \dfrac{1}{\sqrt{LC}}$ 이 된다.

이때 각주파수 $\omega = 2\pi f$ 이므로 공진주파수는 다음과 같다.

$\therefore$ 공진주파수 $f_r = \dfrac{1}{2\pi\sqrt{LC}}$ [Hz]

1 교류전력

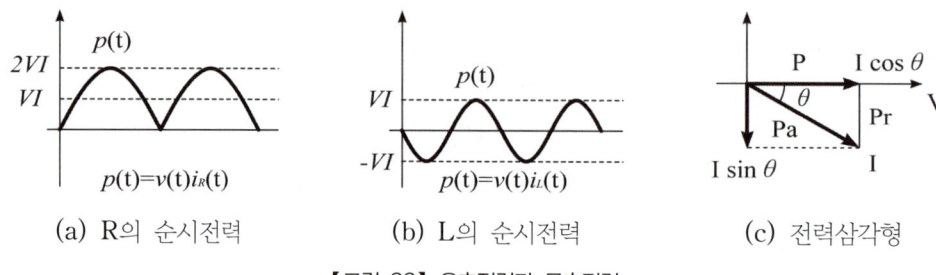

(a) R의 순시전력　　　(b) L의 순시전력　　　(c) 전력삼각형

【그림 22】유효전력과 무효전력

(1) 유효전력(active power)

R에서 발생하는 전력은 【그림 22】(a)와 같고 실제 소비하고 있는 전력이다. 유효전력은 평균전력에 기여하는 유효전류인 $I\cos\theta$와 전압 V의 곱으로 나타내고, 단위는 와트[W]를 사용한다. 또는 피상전력(VI)에 역률($\cos\theta$)을 곱한 모양으로 이해할 수도 있다.

$$\text{유효전력} : P = VI\cos\theta = I^2 R = \frac{V^2}{R}\,[\text{W}]$$

(2) 무효전력(reactive power)

L 또는 C, 즉 리액턴스에서 발생되는 전력으로 【그림 22】(b)와 같이 에너지 저장만 할 뿐 소비하지 않는 전력을 말한다. 무효전력은 평균전력에 전혀 기여하지 않는 무효전류인 $I\sin\theta$와 전압 V의 곱으로 나타내고, 단위는 바(volt−ampere reactive, Var)를 사용한다. 피상전력(VI)에 무효율($\sin\theta$)을 곱한 모양으로 이해할 수도 있다.

$$\text{무효전력} : P_r = Q = VI\sin\theta = I^2 X = \frac{V^2}{X}\,[\text{Var}]$$

(3) 피상전력(apparent power)

【그림 22】(c)와 같이 유효전력 P와 무효전력 P_r의 벡터합으로 회로 단자에 인가된 단자전압과 전류 실횻값의 곱으로 나타내며, 단위는 볼트암페어[VA]를 사용한다.

$$\text{피상전력} : P_a = P + jP_r = \sqrt{P^2 + P_r^2} = VI\sqrt{\cos^2\theta + \sin^2\theta}$$
$$= VI = I^2 Z = \frac{V^2}{Z}\,[\text{VA}]$$

단상 전력 공식

① 유효전력 : $P = VI\cos\theta = I^2 R = \dfrac{V^2}{R}$ [W]

② 무효전력 : $P_r = Q = VI\sin\theta = I^2 X = \dfrac{V^2}{X}$ [Var]

③ 피상전력 : $P_a = S = \sqrt{P^2 + P_r^2} = VI = I^2 Z = \dfrac{V^2}{Z}$ [VA]

2 복소전력(complex power)

(1) 전압과 전류가 복소수로 표현되어 있을 때 복소전력을 이용하면 유효전력, 무효전력, 피상전력, 역률 등을 편리하게 구할 수 있다.

(2) 전류가 $\dot{I} = a + jb$ [A]인 경우 전류의 실횻값(크기)은 $I = |\dot{I}| = \sqrt{a^2 + b^2}$ [A]가 되므로 $I^2 = a^2 + b^2$이 된다.

(3) 켤레 복소수 공식을 이용하면 $\dot{I} \cdot \dot{I}^* = (a + jb) \times (a - jb) = a^2 + b^2 = I^2$의 관계를 얻는다. 여기서, $\dot{I}^*$는 $\dot{I}$의 켤레 복소수(또는 공액복소수)를 의미하며 컨쥬게이트(conjugate)라고 읽는다. 따라서 전력식은 다음과 같다.

$$P_a = S = I^2 Z = \dot{I} \cdot \dot{I}^* \, Z = \dot{V}\dot{I}^*$$

① $P_a = \dot{V}\dot{I}^* = P \pm jP_r$의 경우 : $P_r > 0$ (유도성), $P_r < 0$ (용량성)

② $P_a = \dot{V}^*\dot{I} = P \pm jP_r$의 경우 : $P_r > 0$ (용량성), $P_r < 0$ (유도성)

(4) 위 ②와 같이 전류가 아닌 전압을 켤레 복소수 하여 계산하면 허수의 부호가 반대가 되므로 ①과 ②의 식은 본질적으로 같다.

3 역률(力率, power factor)

(1) 역률은 피상전력과 유효전력의 비율을 말한다. 즉, 역률은 다음과 같이 나타낼 수 있다.

$$\text{역률} : p.f = \cos\theta = \frac{P}{P_a} = \frac{\text{유효전력}}{\text{피상전력}}$$

(2) 계통에는 일반적으로 전동기나 변압기와 같은 유도성 부하가 많기 때문에 지상전류(lag)가 흐른다. 회로에 유도성 부하가 많을수록 전류의 위상은 전압보다 더욱 느려지게 되는데 이것을 역률이 나쁘다고 표현한다. 역률이 나쁘다는 것은 실제 부하가 필요로 하는 전류보다 더 많은 전류를 공급해야 하므로 계통의 손실과 전압강하가 증가하여 전압변동률이 커지게 된다. 이에 따라 전력회사에서는 역률을 90[%]로 기준하여 이보다 작을 경우 전기요금에 할증을 부가하고, 기준보다 높을 경우 할인해주고 있다. 이는 한전 전기 공급약관 제43조에 기재되어 있다. 따라서 역률을 개선하면(높이면) 변압기 및 배전선의 손실저감, 설비용량 이용률의 향상, 전압강하 감소, 전기요금 저감 등의 이점이 있다. 그렇다고 역률을 무작정 높여 진상이 되면(전압보다 전류의 위상이 빠를 경우) 페란티 현상을 초래하여 수용가의 단자전압을 상승시키게 된다. 따라서 전력회사측에서는 이 또한 전기요금에 할증을 부여한다.

(3) 직렬회로의 역률

직렬회로는 전류가 일정하므로 전력식을 아래와 같이 전류에 관한 식으로 정리할 수 있다.

$$\cos\theta = \frac{P}{P_a} = \frac{I^2R}{I^2Z} = \frac{IR}{IZ} = \frac{V_R}{V} = \frac{R}{Z} = \frac{R}{\sqrt{R^2+X^2}}$$

여기서, 직렬회로의 합성 임피던스 : $Z = \sqrt{R^2+X^2}$

V_R : R의 단자전압 V : 회로 전체 전압

(4) 병렬회로의 역률

병렬회로는 전압이 일정하므로 전력식을 아래와 같이 전압에 관한 식으로 정리할 수 있다.

$$\cos\theta = \frac{P}{P_a} = \frac{\dfrac{V^2}{R}}{\dfrac{V^2}{Z}} = \frac{\dfrac{V}{R}}{\dfrac{V}{Z}} = \frac{I_R}{I} = \frac{Z}{R} = \frac{X}{\sqrt{R^2+X^2}}$$

여기서, 병렬회로의 합성 임피던스 : $Z = \dfrac{RX}{\sqrt{R^2+X^2}}$

I_R : R을 통과하는 전류 I : 회로 전체 전류

핵심요약

역률

① 역률의 정의식 : $\cos\theta = \dfrac{P}{P_a} = \dfrac{\text{유효전력}}{\text{피상전력}}$

② 직렬회로의 역률 : $\cos\theta = \dfrac{R}{\sqrt{R^2+X^2}} = \dfrac{V_R}{V}$

③ 병렬회로의 역률 : $\cos\theta = \dfrac{X}{\sqrt{R^2+X^2}} = \dfrac{I_R}{I}$

4 최대전력 전달조건

(1) 전원과 부하계통 사이에 적당한 회로망을 삽입하여 전원측 내부 임피던스와 부하측 임피던스를 정합(impedance matching)하면 부하에 최대전력을 전달할 수 있다.

(2) 전원측 내부 임피던스가 R_g일 때 최대전력이 전달되기 위한 R_L의 크기

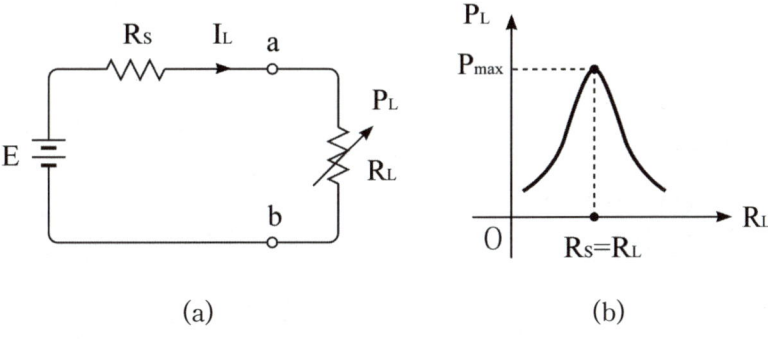

(a)   (b)

【그림 23】 최대전력 전달조건

---

① 부하전류 : $I_L = \dfrac{E}{R_S + R_L}$ [A]

② 소비전력 : $P_L = I_L^2 R_L = \dfrac{E^2}{(R_S+R_L)^2} \times R_L$ [W]

③ 최대전력 전달조건 : $\dfrac{dP_L}{dR_L} = 0$

$$\dfrac{dP_L}{dR_L} = \dfrac{E^2(R_S+R_L)^2 - 2(R_S+R_L)E^2 R_L}{(R_S+R_L)^4} = 0$$

$E^2(R_S+R_L)^2 = 2(R_S+R_L)E^2 R_L$에서 $R_S+R_L = 2R_L$

$\therefore R_L = R_S$

④ 부하의 최대 출력 : $P_{\max} = \dfrac{E^2}{(R_S+R_L)^2} \times R_L = \dfrac{E^2}{(2R_L)^2} \times R_L = \dfrac{E^2}{4R_L}$ [W]

※ 출제예상문제는 기출분석을 바탕으로 자주 출제되는 유형을 선별하였습니다.

01. $\frac{\pi}{6}$[rad]는 몇 도인가?

① 30°　　　　② 45°

③ 60°　　　　④ 90°

| **해설**
π[rad] 이 180°가 되므로

∴ $\frac{\pi}{6}$[rad] $= \frac{180°}{6} = 30°$

02. 주파수 100[Hz]의 주기는?

① 0.01[sec]　　　② 0.6[sec]

③ 1.7[sec]　　　④ 6[sec]

| **해설**
주기 : $T = \frac{1}{f} = \frac{1}{100} = 0.01$[s]

03. 각주파수 $\omega = 100\pi$[rad/s]일 때, 주파수 f[Hz]는?

① 50[Hz]　　　② 60[Hz]

③ 300[Hz]　　　④ 360[Hz]

| **해설**
각주파수 $\omega = 2\pi f$ 에서 주파수는

∴ $f = \frac{\omega}{2\pi} = \frac{100\pi}{2\pi} = 50$[Hz]

04. 다음 전압 파형의 주파수는 약 몇 [Hz]인가?

$$e = 100\sin\left(377t - \frac{\pi}{5}\right)[V]$$

① 50　　　　② 60

③ 80　　　　④ 100

| **해설**
교류의 순시값 $e = E_m \sin(\omega t \pm \theta)$에서
각주파수 $\omega = 2\pi f$이므로 주파수 f는

∴ $f = \frac{\omega}{2\pi} = \frac{377}{2\pi} = 60$[Hz]

05. 사인파 교류전압을 표시한 것으로 잘못된 것은? (단, θ는 회전각이며, ω는 각속도이다.)

① $v = V_m \sin\theta$　　　② $v = V_m \sin\omega t$

③ $v = V_m \sin 2\pi t$　　　④ $v = V_m \sin \frac{2\pi}{T} t$

| **해설**
① 각속도 $\omega = \frac{\theta}{t}$ 에서 $\theta = \omega t$ 가 된다.

　→ $v = V_m \sin\omega t = V_m \sin\theta$

③ 각주파수 $\omega = 2\pi f$ 이므로

　→ $v = V_m \sin\omega t = V_m \sin 2\pi ft$

④ 주기 $T = \frac{1}{f}$ 에서

　→ $v = V_m \sin 2\pi ft = V_m \sin \frac{2\pi}{T} t$

∴ 보기 ③에서 $2\pi f$ 에서 f 가 빠져있다.

정답　01 ①　02 ①　03 ①　04 ②　05 ③

06. $e = 200 \sin(100\pi t)[\text{V}]$의 교류 전압에서 $t = \dfrac{1}{600}$ 초일 때, 순시값은?

① $100[\text{V}]$ ② $173[\text{V}]$

③ $200[\text{V}]$ ④ $346[\text{V}]$

> **| 해설**
>
> 순시값 $e = 200 \sin(100\pi t)$ 에서 $t = \dfrac{1}{600}$ 을 대입하면
>
> $e = 200 \sin\left(100\pi \times \dfrac{1}{600}\right) = 200 \sin \dfrac{\pi}{6}$
>
> $\quad = 200 \sin 30° = 100[\text{V}]$

07. 실횻값 $5[\text{A}]$, 주파수 $f[\text{Hz}]$, 위상 $60°$인 전류의 순시값 $i[\text{A}]$를 수식으로 옳게 표현한 것은?

① $i = 5\sqrt{2} \sin\left(2\pi ft + \dfrac{\pi}{2}\right)$

② $i = 5\sqrt{2} \sin\left(2\pi ft + \dfrac{\pi}{3}\right)$

③ $i = 5 \sin\left(2\pi ft + \dfrac{\pi}{2}\right)$

④ $i = 5 \sin\left(2\pi ft + \dfrac{\pi}{3}\right)$

> **| 해설**
>
> ㉠ 순시값 : $i(t) = I_m \sin(\omega t \pm \theta)$
>
>   여기서, I_m : 최댓값($I_m = \sqrt{2} \times$실횻값)
>
> θ : 위상차
>
> ㉡ 전류의 최댓값 : $I_m = \sqrt{2}\,I = 5\sqrt{2}$
>
> ㉢ 위상차 : $\theta = 60° = \dfrac{\pi}{3}[\text{rad}]$
>
> ∴ 순시값 : $i(t) = 5\sqrt{2} \sin\left(2\pi ft + \dfrac{\pi}{3}\right)[\text{A}]$
>
> 여기서, 각속도 $\omega = 2\pi f$ I : 전류 실횻값

08. 어떤 정현파 교류의 최댓값이 $220[\text{V}]$이면 평균값은?

① 약 $120.4[\text{V}]$ ② 약 $125.4[\text{V}]$

③ 약 $127.3[\text{V}]$ ④ 약 $140.1[\text{V}]$

> **| 해설**
>
> 교류의 평균값 $V_a = \dfrac{2}{\pi} V_m = 0.637 V_m$ 에서
>
> ∴ $V_a = 0.637 \times 220 = 140.14 ≒ 140.1[\text{V}]$

09. 어떤 사인파 교류전압의 평균값이 $191[\text{V}]$이면 최댓값은?

① $150[\text{V}]$ ② $250[\text{V}]$

③ $300[\text{V}]$ ④ $400[\text{V}]$

> **| 해설**
>
> 교류의 평균값 $V_a = \dfrac{2}{\pi} V_m = 0.637 V_m$ 에서
>
> ∴ 최댓값 : $V_m = \dfrac{V_a}{0.637} = \dfrac{191}{0.637} = 300[\text{V}]$

10. 일반적으로 교류전압계의 지시값은?

① 최댓값   ② 순시값

③ 평균값   ④ 실횻값

> **| 해설**
>
> 일반적으로 크기만 언급된 교류는 모두 실횻값이다.

정답   06 ①   07 ②   08 ④   09 ③   10 ④

11. 가정용 전등 전압이 200[V]이다. 이 교류의 최댓값은 몇 [V]인가?

① 70.7   ② 86.7

③ 141.4   ④ 282.8

| 해설

최댓값 : $V_m = V\sqrt{2} = 200\sqrt{2}\,[V] = 282.8[V]$

여기서, V : 전압의 실횻값

12. 어느 교류전압의 순시값이 아래와 같을 때 이 전압의 실횻값은 얼마인가?

$$v = 311\sin(120\pi t)\,[V]$$

① 180[V]   ② 220[V]

③ 440[V]   ④ 622[V]

| 해설

실횻값 : $V = \dfrac{V_m}{\sqrt{2}} = \dfrac{311}{\sqrt{2}} = 220\,[V]$

여기서, $V_m =$ 전압의 최댓값

13. $i = I_m \sin\omega t\,[A]$인 사인파 교류에서 ωt가 몇 도일 때 순시값과 실횻값이 같게 되는가?

① 30°   ② 45°

③ 60°   ④ 90°

| 해설

㉠ 전류의 실횻값 : $I = \dfrac{I_m}{\sqrt{2}}$

㉡ 순시값 $i = I_m \sin\omega t = \dfrac{I_m}{\sqrt{2}}$의 조건에서

$\sin\omega t = \sin\theta = \dfrac{1}{\sqrt{2}}$의 관계를 얻는다.

$\therefore \ \theta = \omega t = \sin^{-1}\dfrac{1}{\sqrt{2}} = 45°$

14. 교류에서 파형률은?

① 파형률 $= \dfrac{최댓값}{실횻값}$ ② 파형률 $= \dfrac{실횻값}{평균값}$

③ 파형률 $= \dfrac{평균값}{실횻값}$ ④ 파형률 $= \dfrac{최댓값}{평균값}$

| 해설

㉠ 파고율 $= \dfrac{최댓값}{실횻값}$

㉡ 파형률 $= \dfrac{실횻값}{평균값}$

15. 파고율 값이 1.414인 것은 어떤 파인가?

① 반파 정류파   ② 직사각형파

③ 정현파   ④ 톱니파

| 해설

㉠ 각종 파형(전파)의 특성

구분	실횻값	평균값	파형률	파고율
구형파	최댓값	최댓값	1	1
정현파	$\dfrac{최댓값}{\sqrt{2}}$	$\dfrac{최댓값}{2}$	1.11	$\sqrt{2}$
삼각파	$\dfrac{최댓값}{\sqrt{3}}$	$\dfrac{최댓값}{\sqrt{6}}$	1.155	$\sqrt{3}$

㉡ 정현파의 파고율

파고율 $= \dfrac{최댓값}{실효값} = \dfrac{최댓값}{\dfrac{최댓값}{\sqrt{2}}} = \sqrt{2} = 1.414$

정답　11 ④　12 ②　13 ②　14 ②　15 ③

16. 파형률, 파고율이 다 같이 1인 파형은?

① 고조파   ② 삼각파

③ 구형파   ④ 사인파

| 해설

각종 파형(전파)의 특성

구분	실횻값	평균값	파형률	파고율
구형파	최댓값	최댓값	1	1
정현파	$\dfrac{최댓값}{\sqrt{2}}$	$\dfrac{최댓값}{\sqrt{2}}$	1.11	$\sqrt{2}$
삼각파	$\dfrac{최댓값}{\sqrt{3}}$	$\dfrac{최댓값}{\sqrt{6}}$	1.155	$\sqrt{3}$

17. 다음 전압과 전류의 위상차는 어떻게 되는가?

$$v = \sqrt{2}\,V \sin\left(\omega t - \frac{\pi}{3}\right) [\text{V}]$$

$$i = \sqrt{2}\,I \sin\left(\omega t - \frac{\pi}{6}\right) [\text{A}]$$

① 전류가 $\dfrac{\pi}{3}$ 만큼 앞선다.

② 전압이 $\dfrac{\pi}{3}$ 만큼 앞선다.

③ 전류가 $\dfrac{\pi}{6}$ 만큼 앞선다.

④ 전압이 $\dfrac{\pi}{6}$ 만큼 앞선다.

| 해설

㉠ 전압 위상 : $\theta_1 = -\dfrac{\pi}{3}[rad] = -\dfrac{180°}{3} = -60°$

㉡ 전류 위상 : $\theta_2 = -\dfrac{\pi}{6}[rad] = -\dfrac{180°}{6} = -30°$

∴ 전류가 전압보다 30° $= \dfrac{\pi}{6}[rad]$ 앞선다.

18. 아래의 두 전류의 차에 상당한 실횻값은?

$$i_1 = 8\sqrt{2}\,\sin \omega t\,[\text{A}]$$

$$i_2 = 4\sqrt{2}\,\sin (\omega t - 180°)\,[\text{A}]$$

① 4   ② 6

③ 10   ④ 12

| 해설

㉠ $\dot{I}_1 = 8 \angle 0° = 8\,[\text{A}]$

㉡ $\dot{I}_2 = 4 \angle -180° = -4\,[\text{A}]$

∴ $\dot{I}_1 - \dot{I}_2 = 8 - (-4) = 12\,[\text{A}]$

19. 전기저항 25[Ω]에 50[V]의 사인파 전압을 가할 때 전류의 순시값은? (단, 각속도 $\omega = 377\,[\text{rad/sec}]$ 이다.)

① $2 \sin 377\,t\,[\text{A}]$

② $2\sqrt{2}\,\sin 377\,t\,[\text{A}]$

③ $4 \sin 377\,t\,[\text{A}]$

④ $4\sqrt{2}\,\sin 377\,t\,[\text{A}]$

| 해설

㉠ 전류의 실횻값 : $I = \dfrac{V}{R} = \dfrac{50}{25} = 2\,[\text{A}]$

   여기서, V : 전압의 실횻값

㉡ 전압의 최댓값 : $I_m = I\sqrt{2} = 2\sqrt{2}\,[\text{A}]$

㉢ R만의 회로에서는 전압과 전류가 동위상이므로 전압이 $v = V\sqrt{2}\,\sin \omega t\,[\text{V}]$인 경우 전류의 순시값은 다음과 같다.

∴ 전류 순시값 : $i = 2\sqrt{2}\,\sin \omega t\,[\text{A}]$

여기서, $\omega = 377\,[\text{rad/sec}]$

20. 어떤 회로에 전압을 가하니 $90°$ 위상이 뒤진 전류가 흘렀다. 이 회로는?

① 저항 성분　　　　② 용량성
③ 무유도성　　　　④ 유도성

| 해설
전압과 전류의 위상 관계
㉠ R만의 회로(저항 성분)
　전류는 전압과 동위상(동상 전류)
㉡ L만의 회로(유도성 부하)
　전류는 전압보다 $90°$ 늦다(지상 전류).
㉢ C만의 회로(용량성 부하)
　전류는 전압보다 $90°$ 빠르다(진상 전류).

21. 어떤 회로 소자에 $e = 125\sin 377t\,[\mathrm{V}]$를 가했을 때 전류 $i = 50\cos 377t\,[\mathrm{A}]$가 흐른다. 이 소자는 어떤 것인가?

① 순저항　　　　② 저항과 유도 리액턴스
③ 용량 리액턴스　　　　④ 유도 리액턴스

| 해설
$i = 50\cos 377t = 50\sin(377t + 90)$이므로 전류가 전압보다 위상이 $90°$ 빠르다.
∴ 전류의 위상이 빠르면 용량성부하(용량 리액턴스)가 된다.

22. 자체 인덕턴스가 $1[\mathrm{H}]$인 코일에 $200[\mathrm{V}]$, $60[\mathrm{Hz}]$의 사인파 교류 전압을 가했을 때 전류와 전압의 위상차는? (단, 저항 성분은 무시한다.)

① 전류는 전압보다 위상이 $\dfrac{\pi}{2}[\mathrm{rad}]$만큼 뒤져진다.

② 전류는 전압보다 위상이 $\pi[\mathrm{rad}]$만큼 뒤져진다.

③ 전류는 전압보다 위상이 $\dfrac{\pi}{2}[\mathrm{rad}]$만큼 앞선다.

④ 전류는 전압보다 위상이 $\pi[\mathrm{rad}]$만큼 앞선다.

| 해설
전기 소자에 따른 전류의 위상
㉠ R만의 회로 : 동상 전류
㉡ L만의 회로 : 지상 전류($90°$ 늦다)
㉢ C만의 회로 : 진상 전류($90°$ 빠르다)
<참고>
$\pi[\mathrm{rad}] = 180°$

23. 자체 인덕턴스가 $0.01[\mathrm{H}]$인 코일에 $100[\mathrm{V}]$, $60[\mathrm{Hz}]$인 사인파 전압을 가할 때 유도 리액턴스는 약 몇 $[\Omega]$인가?

① $3.77[\Omega]$　　　　② $6.28[\Omega]$
③ $12.28[\Omega]$　　　　④ $37.68[\Omega]$

| 해설
유도 리액턴스
$X_L = \omega L = 2\pi f L = 2\pi \times 60 \times 0.01$
$\quad = 3.77\,[\Omega]$

24. 용량 리액턴스가 $1[\mathrm{kHz}]$에서 $50[\Omega]$이었다면 $50[\mathrm{Hz}]$에서는 약 몇 $[\Omega]$인가?

① 250　　　　② 500
③ 750　　　　④ 1,000

| 해설
㉠ 용량 리액턴스 $X_C = \dfrac{1}{\omega C} = \dfrac{1}{2\pi f C}$
　즉, 주파수와 용량 리액턴스는 반비례한다.
㉡ 주파수가 $1[\mathrm{kHz}]$에서 $50[\mathrm{Hz}]$으로 20배 줄어들면 용량 리액턴스는 20배 증가한다.
∴ $50 \times 20 = 1,000[\Omega]$

25. 자기 인덕턴스 $10[\mathrm{mH}]$의 코일에 $50[\mathrm{Hz}]$, $314[\mathrm{V}]$의 교류전압을 가했을 때 몇 $[\mathrm{A}]$의 전류가 흐르는가? (단, 코일의 저항은 없는 것으로 하며, $\pi = 3.14$로 계산한다.)

① 10　　　　② 3.14
③ 62.8　　　　④ 100

| 해설
㉠ 유도 리액턴스
$X_L = \omega L = 2\pi f L = 100\pi \times (10 \times 10^{-3})$
$\quad = 314 \times 10 \times 10^{-3} = 3.14\,[\Omega]$
㉡ 전류
$I_L = \dfrac{V}{X_L} = \dfrac{314}{3.14} = 100\,[\mathrm{A}]$

26. 어떤 회로의 소자에 일정한 크기의 전압으로 주파수를 2배로 증가시켰더니 흐르는 전류의 크기가 1/2로 되었다. 이 소자의 종류는?

① 저항　　　　　　② 코일
③ 콘덴서　　　　　④ 다이오드

| 해설
㉠ 저항만의 회로 전류

$I_R = \dfrac{V}{R}$ → 주파수에 관계없음

㉡ 코일(인덕턴스)만의 회로 전류

$I_L = \dfrac{V}{X_L} = \dfrac{V}{2\pi f L}$ → 주파수에 반비례

㉢ 콘덴서(정전용량)만의 회로 전류

$I_C = \dfrac{V}{X_C} = 2\pi f C V$ → 주파수에 비례

∴ 코일만의 회로에서 주파수를 2배 증가시키면 전류는 1/2배가 된다.

27. 어떤 회로의 소자에 일정한 크기의 전압으로 주파수를 증가시키면서 흐르는 전류를 관찰하였다. 주파수를 2배로 하였더니 전류의 크기가 2배로 되었다. 이 회로 소자는?

① 저항　　　　　　② 코일
③ 콘덴서　　　　　④ 다이오드

| 해설
콘덴서(정전용량)만의 회로 전류

$I_C = \dfrac{V}{X_C} = 2\pi f C V$ → 주파수에 비례

28. RL직렬회로에서 임피던스(Z)의 크기를 나타내는 식은?

① $Z = R^2 + X_L^2$　　② $Z = R^2 - X_L^2$
③ $Z = \sqrt{R^2 + X_L^2}$　　④ $Z = \sqrt{R^2 - X_L^2}$

| 해설

허수
jX_L
$\dot{Z} = R + jX_L$
Z
X_L
0　R　실수

임피던스 삼각형
R : 저항
X_L : 유도 리액턴스
Z : 임피던스

임피던스 삼각형에서 임피던스 크기는
∴ $Z = R + jX_L = \sqrt{R^2 + X_L^2}\,[\Omega]$

29. $R = 5\,[\Omega]$, $L = 30\,[\mathrm{mH}]$의 RL 직렬회로에 $V = 200\,[\mathrm{V}]$, $f = 60\,[\mathrm{Hz}]$의 교류전압을 가할 때 전류의 크기는 약 몇 $[\mathrm{A}]$인가?

① 8.67　　　　　　② 11.42
③ 16.18　　　　　④ 21.25

| 해설
㉠ 유도 리액턴스
$X_L = \omega L = 2\pi f L = 2\pi \times 60 \times 30 \times 10^{-3}$
　　$= 11.3\,[\Omega]$
㉡ 임피던스의 크기
$Z = \sqrt{R^2 + X_L^2} = \sqrt{5^2 + 11.3^2} = 12.36\,[\Omega]$

∴ 전류 : $I = \dfrac{V}{Z} = \dfrac{200}{12.36} = 16.18\,[\mathrm{A}]$

30. $R = 8\,[\Omega]$, $L = 19.1\,[\mathrm{mH}]$의 직렬회로에 $5\,[\mathrm{A}]$가 흐르고 있을 때 인덕턴스(L)에 걸리는 단자전압의 크기는 약 몇 $[\mathrm{V}]$인가? (단, 주파수는 $60\,[\mathrm{Hz}]$이다.)

① 12　　　　　　　② 25
③ 29　　　　　　　④ 36

| 해설
㉠ 유도 리액턴스
$X_L = 2\pi f L = 2\pi \times 60 \times 19.1 \times 10^{-3} = 7.2\,[\Omega]$
㉡ 인덕턴스(L)의 단자전압
$V_L = IX_L = 5 \times 7.2 = 36\,[\mathrm{V}]$

31. 저항 $8[\Omega]$과 코일이 직렬로 접속된 회로에 $200[\mathrm{V}]$의 교류 전압을 가하면 $20[\mathrm{A}]$의 전류가 흐른다. 코일의 리액턴스는 몇 $[\Omega]$인가?

① $2[\Omega]$　　　　　② $4[\Omega]$
③ $6[\Omega]$　　　　　④ $8[\Omega]$

| 해설
㉠ 임피던스 : $Z = \dfrac{V}{I} = \dfrac{200}{20} = 10\,[\Omega]$
㉡ $Z = \sqrt{R^2 + X_L^2}$ 에서 X_L을 구하면
∴ $X_L = \sqrt{Z^2 - R^2} = \sqrt{10^2 - 8^2} = 6\,[\Omega]$

32. 저항이 9[Ω]이고, 용량 리액턴스가 12[Ω]인 직렬회로의 임피던스[Ω]는?

① 3[Ω]　　　　　② 15[Ω]
③ 21[Ω]　　　　　④ 108[Ω]

| 해설

임피던스 삼각형
R : 저항
X_C : 용량 리액턴스
Z : 임피던스

임피던스 삼각형에서 임피던스 크기는
$$\therefore Z = \sqrt{R^2 + X_C^2} = \sqrt{9^2 + 12^2} = 15\,[\Omega]$$

33. $R = 15\,[\Omega]$인 RC 직렬회로에 80[Hz], 100[V]의 전압을 가하니 4[A]의 전류가 흘렀다면 용량 리액턴스는?

① 10[Ω]　　　　　② 15[Ω]
③ 20[Ω]　　　　　④ 25[Ω]

해설

㉠ 임피던스 $Z = \dfrac{V}{I} = \dfrac{100}{4} = 25\,[\Omega]$

㉡ $Z = \sqrt{R^2 + X_C^2}$ 에서 용량 리액턴스는
$$\therefore X_C = \sqrt{Z^2 - R^2} = \sqrt{25^2 - 15^2} = 20\,[\Omega]$$

34. $R = 6\,[\Omega]$, $X_C = 8\,[\Omega]$이 직렬로 접속된 회로에 $I = 10\,[A]$ 전류가 흐른다면 전압은?

① $60 + j\,80$　　　　② $60 - j\,80$
③ $100 + j\,150$　　　④ $100 - j\,150$

| 해설

㉠ 임피던스 : $Z = R - jX_C = 6 - j8\,[\Omega]$
㉡ 전압 : $V = IZ = 10\,(6 - j8)$
$\qquad\qquad = 60 - j80\,[V]$

35. R＝10[Ω], X_L＝15[Ω], X_C＝15[Ω]의 직렬회로에 100[V]의 교류전압을 인가할 때 흐르는 전류는?

① 6　　　　　② 8
③ 10　　　　④ 12

| 해설

㉠ 임피던스
$$Z = R + jX_L - jX_C = R + j(X_L - X_C)$$
$$= 10 + j(15 - 15) = 10\,[\Omega]$$
㉡ 전류 : $I = \dfrac{V}{Z} = \dfrac{100}{10} = 10\,[A]$

36. $Z_1 = 2 + j11\,[\Omega]$, $Z_2 = 4 - j3\,[\Omega]$의 직렬회로에 교류전압 $100\,[V]$를 가할 때 합성 임피던스와 전류는?

① 5[Ω], 20[A]　　　② 10[Ω], 10[A]
③ 20[Ω], 5[A]　　　④ 25[Ω], 4[A]

| 해설

㉠ 합성 임피던스
: $\dot{Z} = Z_1 + Z_2 = (2 + j11) + (4 - j3) = 6 + j8\,[\Omega]$
㉡ 임피던스 크기
: $Z = \sqrt{6^2 + 8^2} = 10\,[\Omega]$
$\therefore$ 전류 : $I = \dfrac{V}{Z} = \dfrac{100}{10} = 10\,[A]$

37. 임피던스 $Z = 6 - j8\,[\Omega]$으로 표시되는 것은 일반적으로 어떤 회로인가?

① RC 직렬회로　　　② RL 병렬회로
③ RC 병렬회로　　　④ RL 직렬회로

| 해설

㉠ RL 직렬회로 : $Z = R + jX_L$
㉡ RC 직렬회로 : $Z = R - jX_C$

정답　32 ②　33 ③　34 ②　35 ③　36 ②　37 ①

38. $R = 4[\Omega]$, $X_L = 8[\Omega]$, $X_C = 5[\Omega]$이 직렬로 연결된 회로에 $100[V]$의 교류를 가했을 때 흐르는 전류와 임피던스는?

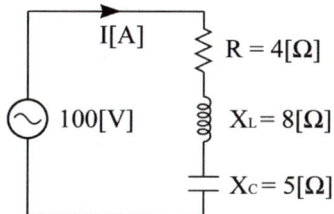

① 5.9[A], 용량성
② 5.9[A], 유도성
③ 20[A], 용량성
④ 20[A], 유도성

| 해설
㉠ 합성 임피던스
$$\dot{Z} = R + jX_L - jX_C = R + j(X_L - X_C)$$
$$= \sqrt{4^2 + 3^2} = 5[\Omega]$$
㉡ 임피던스 크기 : $Z = \sqrt{4^2 + 3^2} = 5[\Omega]$
㉢ $X_L > X_C$: 유도성
∴ 전류 : $I = \dfrac{V}{Z} = \dfrac{100}{5} = 20[A]$

39. $\omega L = 5[\Omega]$, $\dfrac{1}{\omega C} = 25[\Omega]$의 $L - C$ 직렬회로에서 $100[V]$의 교류를 가할 때 전류[A]는?

① 3.3[A], 유도성
② 5[A], 유도성
③ 3.3[A], 용량성
④ 5[A], 용량성

| 해설
㉠ 합성 임피던스
$$Z = jX_L - jX_C = j\omega L - j\dfrac{1}{\omega C}$$
$$= j5 - j25 = -j20[\Omega]$$
㉡ $X_L < X_C$: 용량성
㉢ 전류 : $I = \dfrac{V}{Z} = \dfrac{100}{20} = 5[A]$

40. 어떤 회로에 50[V]의 전압을 가하니 $8 + j6[A]$의 전류가 흘렀다면 이 회로의 임피던스는?

① $3 - j4[\Omega]$
② $3 + j4[\Omega]$
③ $4 - j3[\Omega]$
④ $4 + j3[\Omega]$

| 해설
전류 : $I = \dfrac{V}{Z} = \dfrac{50}{8 + j6} = \dfrac{50(8 - j6)}{(8 + j6)(8 - j6)}$
$$= \dfrac{50(8 - j6)}{8^2 + 6^2} = \dfrac{50(8 - j6)}{100}$$
$$= 4 - j3[\Omega]$$

41. 6[Ω]의 저항과, 8[Ω]의 용량성 리액턴스의 병렬회로가 있다. 이 병렬회로의 임피던스는 몇 [Ω]인가?

① 1.5
② 2.6
③ 3.8
④ 4.8

| 해설
임피던스의 병렬회로(공학용 계산기를 이용하면 쉽게 풀 수 있다.)

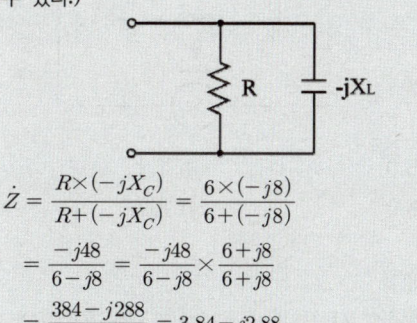

$$\dot{Z} = \dfrac{R \times (-jX_C)}{R + (-jX_C)} = \dfrac{6 \times (-j8)}{6 + (-j8)}$$
$$= \dfrac{-j48}{6 - j8} = \dfrac{-j48}{6 - j8} \times \dfrac{6 + j8}{6 + j8}$$
$$= \dfrac{384 - j288}{6^2 + 8^2} = 3.84 - j2.88$$
$$\therefore Z = \sqrt{3.84^2 + 2.88^2} = 4.8[\Omega]$$

정답 38 ④ 39 ④ 40 ③ 41 ④

42. $R = 10[\Omega]$, $C = 220\,[\mu\mathrm{F}]$의 병렬회로에 $f = 60\,[\mathrm{Hz}]$, $V = 100\,[\mathrm{V}]$의 사인파 전압을 가할 때 저항 R에 흐르는 전류는?

① 0.45[A]　　　　② 6[A]
③ 10[A]　　　　④ 22[A]

| 해설
병렬 시 전압은 일정하므로 R에 흐르는 전류는
$$\therefore I_R = \frac{V}{R} = \frac{100}{10} = 10\,[\mathrm{A}]$$

43. 그림과 같은 RL 병렬회로에서 $R = 25\,[\Omega]$, $\omega L = \dfrac{100}{3}\,[\Omega]$일 때, $200[\mathrm{V}]$의 전압을 가하면 코일에 흐르는 전류 $I_L\,[\mathrm{A}]$은?

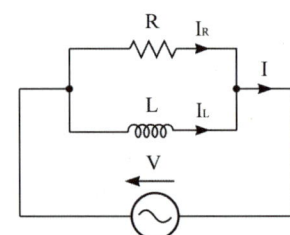

① 3.0　　　　② 4.8
③ 6.0　　　　④ 8.2

| 해설
병렬접속 시 전압은 일정하기 때문에 R과 L의 단자전압은 V가 된다.
$$\therefore I_L = \frac{V}{X_L} = \frac{V}{\omega L} = \frac{200}{\frac{100}{3}} = 6\,[\mathrm{A}]$$

44. 그림의 브리지 회로에서 평형이 되었을 때의 C_x는?

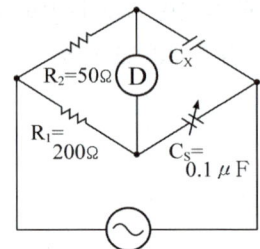

① 0.1 $[\mu\mathrm{F}]$　　　② 0.2 $[\mu\mathrm{F}]$
③ 0.3 $[\mu\mathrm{F}]$　　　④ 0.4 $[\mu\mathrm{F}]$

| 해설
브리지 평형 조건 ($\dfrac{R_2}{j\omega C_s} = \dfrac{R_1}{j\omega C_x}$)에서
$$\therefore C_x = \frac{R_1}{R_2} \times C_s = \frac{200}{50} \times 0.1 = 0.4\,[\mu\mathrm{F}]$$

45. RLC 직렬회로의 공진 시 최대가 되는 것은?

① 저항　　　　② 전류
③ 리액턴스　　　④ 임피던스

| 해설
㉠ 직렬 공진 시 임피던스가 최소가 되어 전류는 최대가 된다.
㉡ 병렬 공진 시 임피던스가 최대가 되어 전류는 최소가 된다.

46. RLC 직렬회로에서 전압과 전류가 동상이 되기 위한 조건은?

① $L = C$　　　　② $\omega LC = 1$
③ $\omega^2 LC = 1$　　　④ $(\omega LC)^2 = 13$

| 해설
㉠ 전압과 전류가 동위상이 되기 위해서는 순저항(R)만의 회로가 되어야 한다.
㉡ RLC 직렬회로에서 합성 임피던스
$$Z = R + j(X_L - X_C)$$
㉢ $X_L = X_C$의 조건. 즉 직렬공진 시 R만의 회로가 된다.
㉣ $X_L = X_C \rightarrow \omega L = \dfrac{1}{\omega C}$에서
$$\therefore \omega^2 LC = 1$$

정답　42 ③　43 ③　44 ④　45 ②　46 ③

47. RLC 병렬공진회로에서 공진주파수는?

① $\dfrac{1}{\pi\sqrt{LC}}$ ② $\dfrac{1}{\sqrt{LC}}$

③ $\dfrac{2\pi}{\sqrt{LC}}$ ④ $\dfrac{1}{2\pi\sqrt{LC}}$

> **| 해설**
> 공진주파수(직렬회로와 병렬회로 모두 동일)
> $\therefore f_r = \dfrac{1}{2\pi\sqrt{LC}}$ [Hz]

48. 유효전력의 식으로 옳은 것은? (단, V는 전압, I는 전류, θ는 위상각이다.)

① $VI\cos\theta$ ② $VI\sin\theta$

③ $VI\tan\theta$ ④ VI

> **| 해설**
> ㉠ 피상전력 : $P_a = S = VI = I^2Z = \dfrac{V}{Z^2}$ [VA]
>
> ㉡ 유효전력 : $P = VI\cos\theta = I^2R = \dfrac{V^2}{R}$ [W]
>
> ㉢ 무효전력 : $P_r = Q = VI\sin\theta = I^2X = \dfrac{V^2}{X}$ [Var]
>
> 여기서, $\cos\theta$: 역률 또는 유효율
> $\sin\theta$: 무효율

49. [VA]는 무엇의 단위인가?

① 피상전력 ② 무효전력

③ 유효전력 ④ 역률

> **| 해설**
> [VA]는 피상전력의 단위이다.

50. 교류회로에서 무효전력의 단위는?

① [W] ② [VA]

③ [Var] ④ [V/m]

> **| 해설**
> 무효전력의 단위 [Var]는 Volt−Ampere Reactive의 약자이다.

51. 교류 전력에서 일반적으로 전기기기의 용량을 표시하는 데 쓰이는 전력은?

① 피상전력 ② 유효전력

③ 무효전력 ④ 기전력

> **| 해설**
> 일반적으로 기기의 용량은 피상전력으로 나타낸다.

52. 무효전력에 대한 설명으로 틀린 것은?

① $P = VI\cos\theta$로 계산된다.

② 부하에서 소모되지 않는다.

③ 단위로는 [Var]를 사용한다.

④ 전원과 부하 사이를 왕복하기만 하고 부하에 유효하게 사용되지 않는 에너지이다.

> **| 해설**
> ㉠ 유효전력 : $P = VI\cos\theta$ [W]
> ㉡ 무효전력 : $P_r = VI\sin\theta$ [Var]

정답 47 ④ 48 ① 49 ① 50 ③ 51 ① 52 ①

53. 그림의 회로에서 전압 $100[V]$의 교류전압을 가했을 때 전력은?

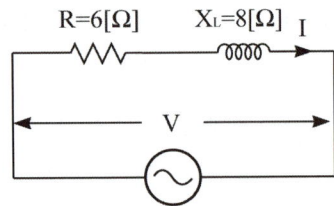

① $10[W]$ ② $60[W]$
③ $100[W]$ ④ $600[W]$

> **| 해설**
> ⊙ 임피던스 : $Z = \sqrt{R^2 + X_L^2} = \sqrt{6^2 + 8^2} = 10[\Omega]$
> ⓛ 전류 : $I = \dfrac{V}{Z} = \dfrac{100}{10} = 10[A]$
> ∴ 유효전력(소비전력)
> $P = I^2 R = 10^2 \times 6 = 600[W]$

54. 단상 전압 $220[V]$에 소형 전동기를 접속하였더니 $2.5[A]$의 전류가 흘렀다. 이때의 역률이 $75[\%]$이었다. 이 전동기의 소비전력$[W]$은?

① $187.5[W]$ ② $412.5[W]$
③ $545.5[W]$ ④ $714.5[W]$

> **| 해설**
> 소비전력(유효전력)
> $P = VI\cos\theta = 220 \times 2.5 \times 0.75 = 412.5[W]$

55. $100[V]$의 교류 전원에 선풍기를 접속하고 입력과 전류를 측정하였더니 $500[W]$, $7[A]$였다. 이 선풍기의 역률은?

① 0.61 ② 0.71
③ 0.81 ④ 0.91

> **| 해설**
> 역률 $\cos\theta = \dfrac{P}{P_a} = \dfrac{P}{VI} = \dfrac{500}{100 \times 7} = 0.71$
> 여기서, P : 유효전력$[W]$ P_a : 피상전력$[VA]$

56. 리액턴스가 $10[\Omega]$인 코일에 직류전압 $100[V]$를 가하였더니 전력을 $500[W]$ 소비하였다. 이 코일의 저항은 얼마인가?

① $5[\Omega]$ ② $10[\Omega]$
③ $20[\Omega]$ ④ $25[\Omega]$

> **| 해설**
> 유효전력 $P = \dfrac{V^2}{R}[W]$에서 저항은
> ∴ $R = \dfrac{V^2}{P} = \dfrac{100^2}{500} = 20[\Omega]$

57. 단상 $100[V]$, $800[W]$, 역률 $80[\%]$인 회로의 리액턴스는 몇 $[\Omega]$인가?

① 10 ② 8
③ 6 ④ 2

> **| 해설**
> ⊙ 유효전력 $P = VI\cos\theta[W]$에서 전류는
> $I = \dfrac{P}{V\cos\theta} = \dfrac{800}{100 \times 0.8} = 10[A]$
> ⓛ $\sin^2\theta + \cos^2\theta = 1$에서 무효율 $\sin\theta$는
> $\sin\theta = \sqrt{1 - \cos^2\theta}$
> $= \sqrt{1 - 0.8^2} = 0.6$
> ⓒ 무효전력 $P_r = VI\sin\theta = I^2 X$에서 리액턴스는
> ∴ $X = \dfrac{V\sin\theta}{I} = \dfrac{100 \times 0.6}{10} = 6[\Omega]$

Chapter 06 3상 교류회로

01 개요

1 3상 교류의 사용 목적

(1) 단상 교류는 전압이나 전류를 교류 파형 한 개로 나타낼 수 있는 교류이다. 다상 교류는 주파수가 같고 위상이 서로 다른 여러 개의 파형으로 나타내는 교류를 말한다. 이때 각 파형의 크기와 위상차가 동일한 교류를 대칭(또는 평형) 다상 교류라고 한다. 다상 교류 중 가장 널리 쓰이는 방식이 3상 교류이고 3상 교류를 사용하는 주된 이유는 다음과 같다.

① 단상은 교번자계를 발생시키지만 3상은 안정적인 회전자계를 발생시킨다.

② 3상 회전자계를 이용하면 구조가 간단한 전동기를 만들 수 있고 이것을 3상 유도전동기라고 한다.

③ 단상의 경우 2가닥의 케이블을 통해서 전력을 공급해야 하지만 3상 결선법(Y결선 또는 △결선)을 활용하면 3가닥만으로도 3상을 보낼 수 있다. 동시에 3상을 이용하면 전력손실을 줄일 수 있어 발전, 송전, 배전 등 거의 모든 계통에서 3상을 사용하고 있다.

(2) 3상 교류의 회전자계(rotating field)

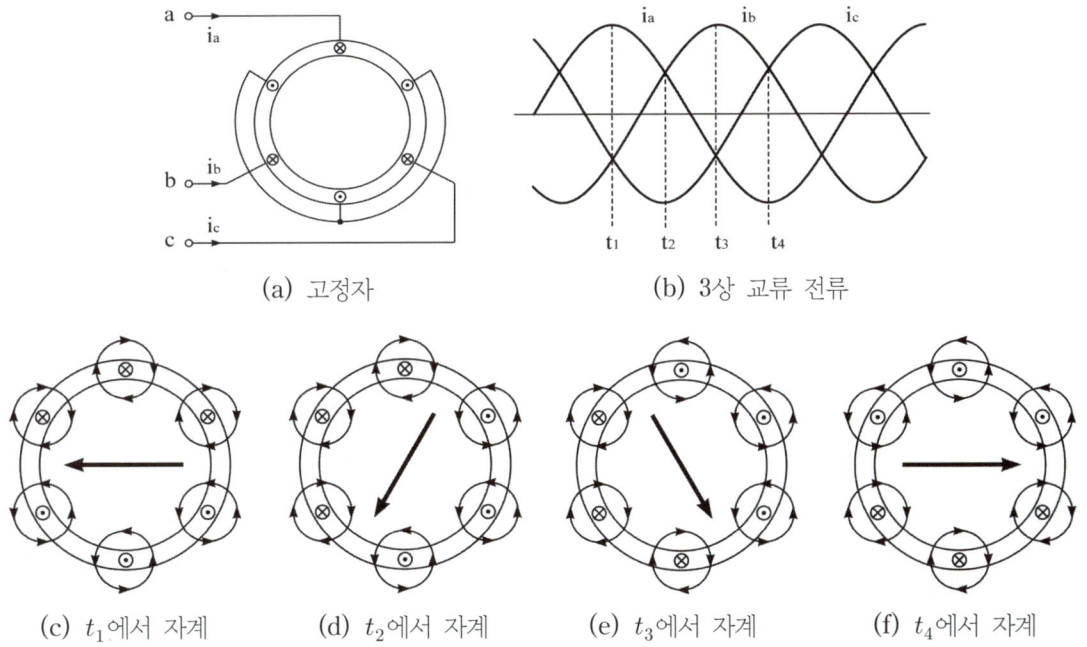

(a) 고정자　　　　　　　　　(b) 3상 교류 전류

(c) t_1에서 자계　　(d) t_2에서 자계　　(e) t_3에서 자계　　(f) t_4에서 자계

【그림 1】3상 회전자계 원리

① 【그림 1】(a)와 같이 고정자에 전기각 120° 간격으로 배치한 권선에 3상 교류전원을 인가하면 마치 자석을 돌리는 것과 동일한 자계(회전자계)가 발생되는 것을 알 수 있다.

② 【그림 1】 (b)와 같이 시간 t_1에서 전류의 극성을 보면 a상은 정(＋)극성, b상과 c상은 부(－)극성이 된다. 이때, 정(＋)극성 전류란 【그림 1】 (a)와 같이 고정자 권선에 유입되는 전류의 방향을 정(＋)극성으로 하여 전류가 반대로 흐를 경우(교류전류 파형이 －의 경우)를 부(－)극성으로 보면 된다.

③ 【그림 1】 (c)와 같이 a상 권선에는 전류가 들어가는 방향(⊗ 심볼), b상과 c상 권선에는 전류가 나가는 방향(⊙ 심볼)이 된다. 그럼 앙페르 오른나사 법칙에 의해서 전류에 대한 자계의 방향을 설정하면 합성된 자계가 9시 방향으로 발생되는 것을 알 수 있다.

④ 【그림 1】 (b)와 같이 시간 t_2에서 전류의 극성은 a상과 b상은 정(＋)극성, c상은 부(－)극성이 되기 때문에 이에 대한 전류와 자계방향은 【그림 1】 (d)와 같이 되어 합성된 자계는 7시 방향이 된다.

⑤ 【그림 1】 (b)와 같이 시간 t_3에서 전류의 극성은 b상은 정(＋)극성, a상과 c상은 부(－)극성이 되기 때문에 이에 대한 전류와 자계방향은 【그림 1】 (e)와 같이 되어 합성된 자계는 5시 방향이 된다.

⑥ 이와 같이 고정자 권선에 3상 교류전류를 흘려주면 고정자 내에 합성자계가 반시계방향으로 회전하며, 여기에 회전자를 위치시키면 회전자계 방향으로 회전하게 된다.

(3) 단상 교류의 교번자계(alternating magnetic field)

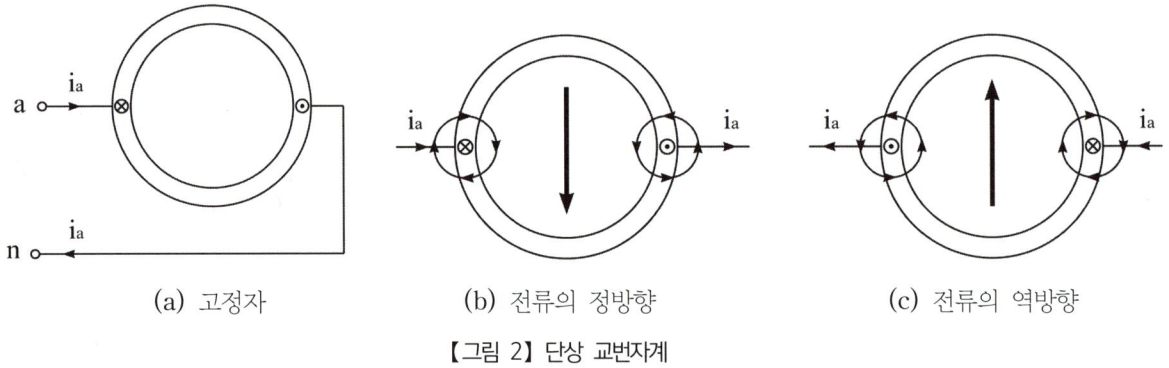

| (a) 고정자 | (b) 전류의 정방향 | (c) 전류의 역방향 |

【그림 2】 단상 교번자계

① 【그림 2】 (a)와 같이 고정자에 전기각 180° 간격으로 배치한 권선에 단상 교류전원을 인가하면 자계가 위아래로 움직이는 교번자계가 발생되는 것을 알 수 있다.

② 단상 교류전류가 【그림 2】 (b)와 같이 정(＋)극성으로 흐르면 합성된 자계는 6시 방향이 되며, 부(－)극성으로 흐르면 【그림 2】 (c)와 같이 합성된 자계는 12시 방향이 된다.

③ 이와 같이 단상 교류에서는 회전자계를 만들 수 없어 3상 교류를 이용하는 것이 좀 더 효율적인 것을 알 수 있다.

④ 단상 교류전원에서 유도전동기를 제작하기 위해서는 단상 교류에서도 회전자계를 만들기 위해서 모터기동 콘덴서 또는 셰이딩 코일을 사용하여야 한다.

핵심요약

3상 교류의 사용 목적

① 경제적으로 전기를 전송시킬 수 있다(3가닥만으로 3상을 공급 가능).
② 3상의 3선 중 2선으로 단상 교류를 뽑아서 사용할 수 있다.
③ 단상 기기보다 3상 기기의 효율이 좋다.
④ 회전자계를 발생시킨다.

2 3상 교류의 발생

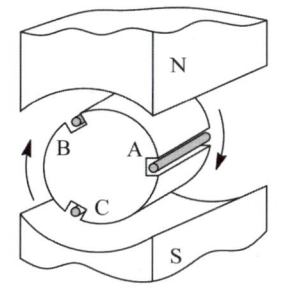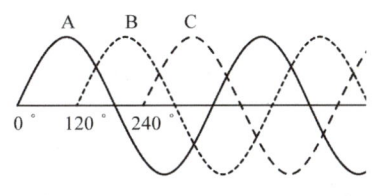

(a) 3상 교류 발전기   (b) 3상 phase

【그림 3】 3상 교류 발전기와 phase

【그림 3】 (a)에는 전기자(armature) 도체 3개가 각 120° 간격으로 놓여있다. 전기자를 발전(회전)하면 【그림 3】 (b)와 같은 3개의 상(phase)을 얻을 수 있다. 이와 같이 크기는 같고 각상의 위상차가 120°인 3상을 대칭(평형) 3상 교류(symmetrical three-phase AC)라 하며, 처음 발전되는 상을 기준으로 a, b, c 또는 R, S, T 순으로 부른다. 대칭 3상 교류의 순시값은 다음과 같이 나타낸다.

① $v_a(t) = V_m \sin \omega t = V\sqrt{2} \sin \omega t$ [V]

② $v_b(t) = V_m \sin (\omega t - 120°) = V\sqrt{2} \sin \left(\omega t - \dfrac{2\pi}{3}\right)$ [V]

③ $v_c(t) = V_m \sin (\omega t - 240°) = V\sqrt{2} \sin \left(\omega t - \dfrac{4\pi}{3}\right)$ [V]

3 벡터 오퍼레이터(vector operator)

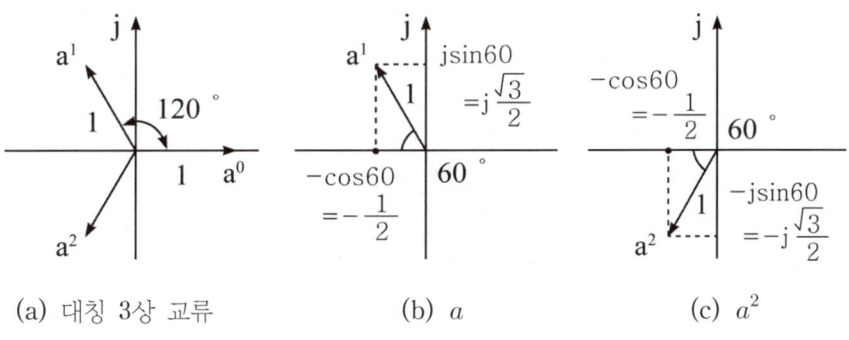

(a) 대칭 3상 교류   (b) a (c) a^2

【그림 4】 벡터 오퍼레이터

(1) 벡터 오퍼레이터 $\dot{a}$를 3상 교류회로에서 사용하면 표현이 간결하게 되고 편리해진다. 또 보통 점(dot)을 없애고 간단히 a로 표시한다.

(2) a는 j와 마찬가지로 함수의 크기는 변화시키지 않으면서 함수의 위상만 변화시켜주는 연산자(operator)가 된다.

① $j = 1\angle 90°$: 함수의 위상을 90° 앞서게 한다.

② $a = 1\angle 120°$: 함수의 위상을 120° 앞서게 한다.

(3) 벡터 오퍼레이터 a

① $a = 1 \angle 120° = 1 \angle -240° = -\dfrac{1}{2} + j\dfrac{\sqrt{3}}{2}$

② $a^2 = 1 \angle 240° = 1 \angle -120° = -\dfrac{1}{2} - j\dfrac{\sqrt{3}}{2}$

③ $a^3 = 1 \angle 360° = 1 \angle 0° = 1 = a^0$

④ $a^4 = 1 \angle 480° = 1 \angle 120° = a^1$

⑤ $a^5 = 1 \angle 600° = 1 \angle 240° = a^2$

⑥ $a + a^2 = \left(-\dfrac{1}{2} + j\dfrac{\sqrt{3}}{2} \right) + \left(-\dfrac{1}{2} - j\dfrac{\sqrt{3}}{2} \right) = -1$이므로

∴ $1 + a + a^2 = 0$

(4) 대칭 3상 교류의 정지 벡터도

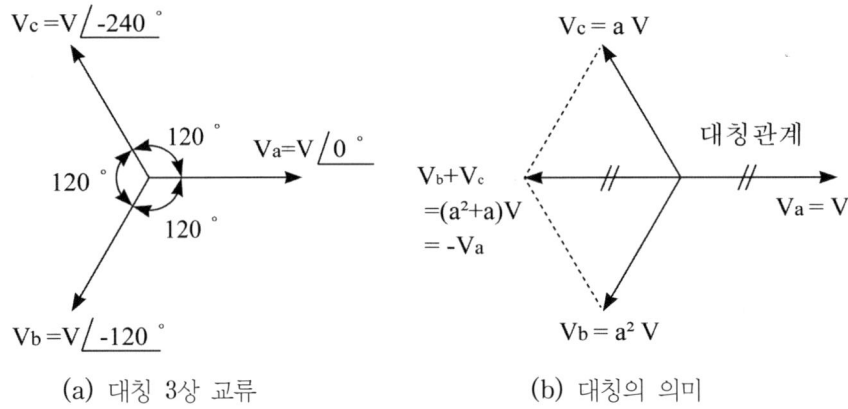

(a) 대칭 3상 교류   (b) 대칭의 의미

【그림 5】 3상 교류의 정지벡터도

① 【그림 5】 (a)와 같이 3상 교류에서 a상 기준으로 표시하면 $V_a = V$가 되고, b상 전압은 $V_b = V \angle 240°$ $= a^2 V$가 되고, c상 전압은 $V_c = V \angle 120° = aV$가 된다.

② 그럼, 【그림 5】 (b)와 같이 b상과 c상의 전압을 합성하면 a상 전압과 크기는 같고 방향은 반대(평형＝대칭)가 된다. 이와 같이 두 교류전압 또는 전류의 합성이 나머지 한 상의 전압 또는 전류와 평형상태가 되면 대칭 또는 평형 3상 교류라 한다.

③ 대칭 또는 평형 3상 교류는 아래의 결론과 같이 세 전압 또는 전류의 합성이 0이 된다.

⊙ $\dot{V}_a = V \angle 0° = V [\text{V}]$

⊙ $\dot{V}_b = V \angle -120° = V \angle 240° = a^2 V [\text{V}]$

⊙ $\dot{V}_c = V \angle -240° = V \angle 120° = a V [\text{V}]$

⊙ $\dot{V}_b + \dot{V}_c = V(a^2 + a) = -V = -\dot{V}_a$

∴ $\dot{V}_a + \dot{V}_b + \dot{V}_c = V(1 + a^2 + a) = 0$

02   3상 교류 결선법

1 성상결선(성형결선 또는 스타결선)

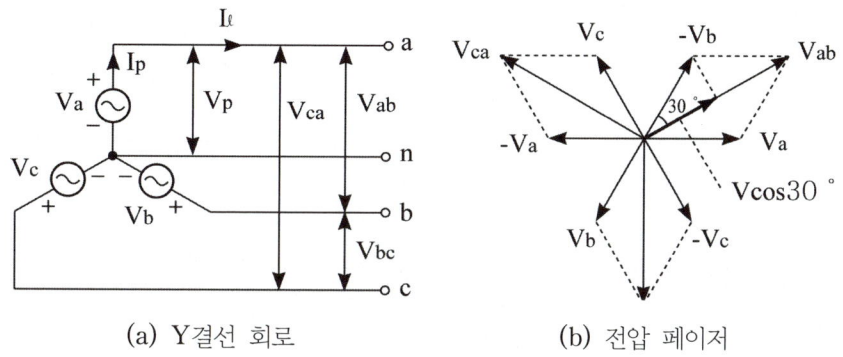

(a) Y결선 회로   (b) 전압 페이저

【그림 6】 성형결선(Y결선)

(1) 다상교류결선 방식 중 【그림 6】 (a)와 같이 각 상의 (−)단자를 한 점으로 모두 연결하는 방식을 성형결선(스타결선)이라 하고 이때 3상 회로를 Y결선이라 부른다.

(2) Y결선 시 회로특징은 상전류(phase current, $\dot{I}_p$)와 선전류(line current, $\dot{I}_\ell$)는 크기와 위상이 모두 같고, 선간전압(line to linevoltage, $\dot{V}_{ab}$, $\dot{V}_{bc}$, $\dot{V}_{ca}$)은 상전압(phase voltage, $\dot{V}_a$, $\dot{V}_b$, $\dot{V}_c$)보다 크기가 $\sqrt{3}$ 배 커지고 위상이 $30°$ 앞서게 된다. 이러한 Y결선은 선간전압에 비해 상전압이 $\sqrt{3}$ 배 작아지기 때문에 변압기와 같은 기기의 절연비용을 줄일 수 있고 $220[V]$와 $380[V]$을 동시에 사용할 수 있어 우리나라의 경우 대부분의 일반부하(조명설비, 전열설비)는 Y결선 방식을 사용하고 있다.

> ① 선전류(부하전류) : $I_\ell = I_p \angle 0°$ ② 선간전압 : $V_\ell = \sqrt{3}\, V_p \angle 30°$

(3) 【그림 6】 (b)에서 상전압과 선간전압의 관계는 다음과 같다.

> ① $\dot{V}_{ab} = \dot{V}_a - \dot{V}_b = \dot{V}_a + \left(-\dot{V}_b\right) = V_a \cos 30° \times 2 = V_a \times \dfrac{\sqrt{3}}{2} \times 2 = V_a\sqrt{3}\ \angle 30° = V_{ab} \angle 30°$
>
> ② $\dot{V}_{bc} = \dot{V}_b - \dot{V}_c = \dot{V}_b + \left(-\dot{V}_c\right) = V_b\sqrt{3}\ \angle 30° = V_{bc} \angle -90°$
>
> ③ $\dot{V}_{ca} = \dot{V}_c - \dot{V}_a = \dot{V}_c + \left(-\dot{V}_a\right) = V_c\sqrt{3}\ \angle 30° = V_{ca} \angle -210°$

(4) 3상 전력은 단상 전력의 3배이지만 3상 전력의 정격을 표시할 때에는 상전압, 상전류가 아닌 선간전압과 선전류로 표시하기 때문에 단상과 3상이 마치 $\sqrt{3}$ 배만큼 차이가 발생하는 것처럼 보여지게 된다. 이를 나타내면 다음과 같다.

> 3상 전력 : $P_3 = 3P_1 = 3\,V_p I_p = 3 \times \dfrac{V_\ell}{\sqrt{3}} \times I_\ell = \dfrac{3}{\sqrt{3}} \times \dfrac{\sqrt{3}}{\sqrt{3}}\, V_\ell I_\ell = \sqrt{3}\ V_\ell I_\ell = \sqrt{3}\ VI$

여기서, P_1 : 단상 피상전력 P_3 : 3상 피상전력 V_p : 상전압 V_ℓ : 선간전압 I_p : 상전류 I_ℓ : 선전류

(5) 3상 전력공식은 다음과 같다.

$$① \text{ 피상전력} : P_a = \sqrt{3}\,VI = 3\,I_Z^2 Z = 3\,\frac{V_Z^2}{Z}\,[\text{VA}]$$

$$② \text{ 유효전력} : P = \sqrt{3}\,VI\cos\theta = 3\,I_R^2 R = 3\,\frac{V_R^2}{R}\,[\text{W}]$$

$$③ \text{ 무효전력} : P_r = \sqrt{3}\,VI\sin\theta = 3\,I_X^2 X = 3\,\frac{V_X^2}{X}\,[\text{Var}]$$

여기서, I_Z : Z를 통과하는 전류 V_Z : Z의 단자전압

I_R : R을 통과하는 전류 V_R : R의 단자전압

I_X : X를 통과하는 전류 V_X : X의 단자전압

② 환상결선(환형결선)

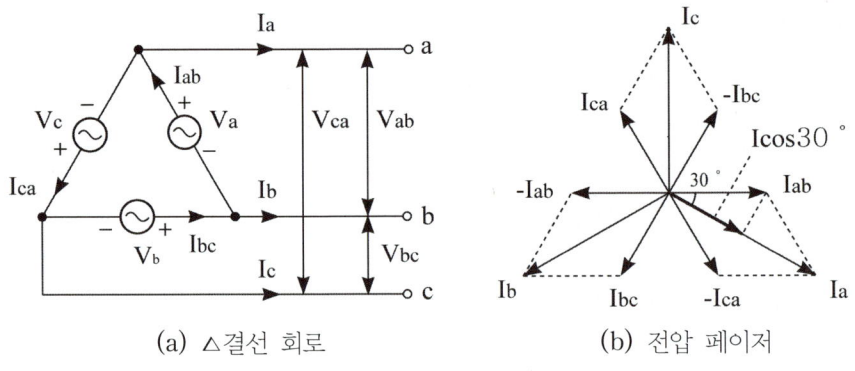

(a) △결선 회로   (b) 전압 페이저

【그림 7】 환상결선(△결선)

(1) 【그림 7】 (a)와 같이 전원을 고리형태로 연결하는 방법을 환상결선이라 하고 이때 3상 회로를 △(델타, delta) 결선이라 한다.

(2) △결선 시 회로특징은 상전압과 선간전압의 크기와 위상이 모두 같고, 선전류는 상전류보다 크기가 $\sqrt{3}$ 배 커 지고 위상이 30° 늦어지게 된다. 즉, △결선을 취하면 선전류가 $\sqrt{3}$ 배 커지기 때문에 대전류 부하(전동기 등) 에 용이하며, 또한 △결선은 제3고조파 전류의 순환통로로 작용하므로 부하측에서 유입된 제3고조파 전류를 계통측으로 흐르지 못하도록 차단하여 계통의 파형이 왜곡되는 것을 방지시키는 역할을 한다.

$$① \text{ 선간전압} : V_\ell = V_p \angle 0° \qquad ② \text{ 선전류(부하전류)} : I_\ell = \sqrt{3}\,I_p \angle -30°$$

(3) 【그림 7】 (b)에서 선전류와 상전류의 관계는 다음과 같다.

$$① \ \dot{I_a} = \dot{I}_{ab} - \dot{I}_{ca} = \dot{I}_{ab} + (-\dot{I}_{ca}) = I_{ab}\cos 30° \times 2 = I_{ab} \times \frac{\sqrt{3}}{2} \times 2 = I_{ab}\sqrt{3}\ \angle -30° = I_a \angle -30°$$

$$② \ \dot{I_b} = \dot{I}_{bc} - \dot{I}_{ab} = \dot{I}_{bc} + (-\dot{I}_{ab}) = I_{bc}\sqrt{3}\ \angle -30°\ \ = I_b \angle -150°$$

$$③ \ \dot{I_c} = \dot{I}_{ca} - \dot{I}_{bc} = \dot{I}_{ac} + (-\dot{I}_{bc}) = I_{ca}\sqrt{3}\ \angle -30°\ = I_c \angle -270°$$

(4) △결선도 Y결선과 동일하게 상 기준의 전력공식을 정격(선간전압, 선전류)으로 변환하면 다음 식을 얻는다.

$$3상 \ 전력 : P_3 = 3P_1 = 3V_pI_p = 3 \times V_\ell \times \frac{I_\ell}{\sqrt{3}} = \sqrt{3}\,VI$$

(5) 3상 전력공식은 다음과 같다.

① 피상전력 : $P_a = \sqrt{3}\,VI = 3I_Z^2 Z = 3\dfrac{V_Z^2}{Z}$ [VA]

② 유효전력 : $P = \sqrt{3}\,VI\cos\theta = 3I_R^2 R = 3\dfrac{V_R^2}{R}$ [W]

③ 무효전력 : $P_r = \sqrt{3}\,VI\sin\theta = 3I_X^2 X = 3\dfrac{V_X^2}{X}$ [Var]

3 Y결선과 △결선의 특징 정리

(1) 변압기 결선 방식

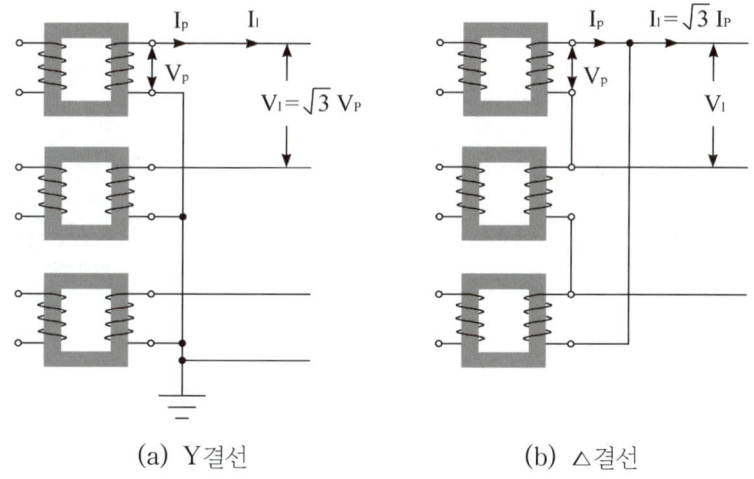

(a) Y결선   (b) △결선

【그림 8】 변압기 결선법 및 특징

(2) 결선방식에 따른 선전류의 비교

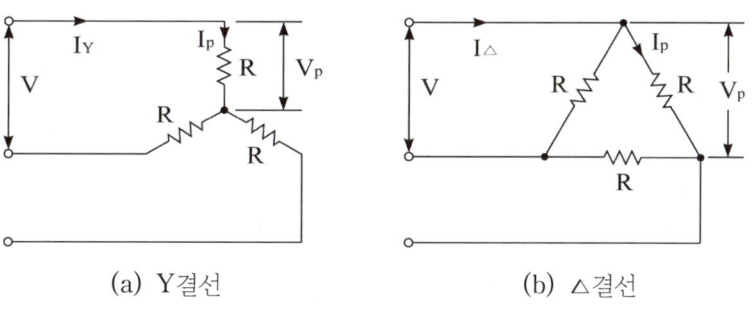

(a) Y결선   (b) △결선

【그림 9】 Y, △결선의 비교

① 【그림 9】와 같이 동일 크기의 부하 R을 Y와 △결선으로 각각 결선했을 때 선에 흐르는 전류는 다음과 같다.

$$\bigcirc \ \text{Y결선} : I_Y = \frac{V_p}{R} = \frac{V}{R\sqrt{3}} \ [A]$$

$$\bigcirc \ \text{△결선} : I_\triangle = \sqrt{3} \ I_p = \sqrt{3} \ \frac{V_p}{R} = \frac{\sqrt{3} \ V}{R} \ [A]$$

$$\therefore \ \frac{I_Y}{I_\triangle} = \frac{1}{3} \quad \text{또는} \quad I_Y = \frac{1}{3} I_\triangle$$

② 따라서 동일 부하라 하더라도 Y결선했을 때와 △결선했을 때는 부하전류(선전류)는 3배만큼 차이나기 때문에 이를 이용하여 전동기의 기동전류를 낮출 수 있는 효과를 볼 수 있다. 즉, 기동전류를 낮추기 위해서 전동기 권선을 Y결선으로 기동시키고 기동전류가 사라지면(5~7초 정도) △결선으로 변환시켜 전동기를 운전한다. 이러한 기동법을 Y-△ 기동 방식이라 하며, 현장에서 가장 많이 사용되고 있는 기동법 중 하나이다.

(3) 결선방식에 따른 유효전력의 비교

① 【그림 9】와 같이 동일 크기의 부하 R을 Y와 △결선으로 각각 결선했을 때 부하의 소비전력은 다음과 같다.

$$\bigcirc \ \text{Y결선} : P_Y = 3\frac{V_R^2}{R} = \frac{3V_p^2}{R} = \frac{3\left(\frac{V}{\sqrt{3}}\right)^2}{R} = \frac{V}{R} \ [W]$$

$$\bigcirc \ \text{△결선} : P_\triangle = 3\frac{V_R^2}{R} = \frac{3V_p^2}{R} = \frac{3V}{R} \ [W]$$

$$\therefore \ \frac{P_Y}{P_\triangle} = \frac{1}{3} \quad \text{또는} \quad P_Y = \frac{1}{3} P_\triangle$$

② 위에서 살펴본 바와 같이 Y결선은 △결선보다 선전류와 소비전력이 모두 1/3배로 낮아진다.

📊 핵심요약

Y결선과 △결선의 비교(동일 크기의 부하)

① 선전류 : $I_Y = \frac{1}{3} I_\triangle$

② 소비전력 : $P_Y = \frac{1}{3} P_\triangle$

4 V결선의 특징

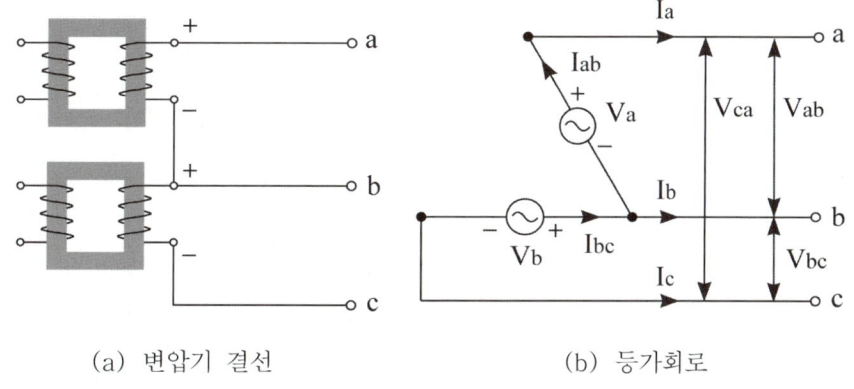

(a) 변압기 결선   (b) 등가회로

【그림 10】 V결선

(1) V결선은 △결선에서 파생된 방법으로 【그림 10】처럼 단상 변압기 2대로 3상 전력을 공급하는 방식을 말한다. 즉, 단상 변압기 3대를 △결선으로 운전하던 중 변압기 1대가 고장나거나 보수로 인하여 정지했을 때 단상 변압기 2대로 3상 전원을 공급하는 방식이다.

(2) V결선 시 출력은 단상 변압기 1대 용량의 $\sqrt{3}$ 배이므로 변압기 2대의 출력의 86.6[%]만 출력이 발생한다. 또한 변압기 3대로 운전했을 때와 V결선 시 출력비는 57.7[%]가 된다.

---

① V결선 출력 : $P_V = \sqrt{3}\,P_1\,[\text{kVA}]$

② 이용율 : $\epsilon_1 = \dfrac{P_V}{P_2} = \dfrac{\sqrt{3}\,P_1}{2\,P_1} = 0.866 = 86.6\,[\%]$

③ 출력비 : $\epsilon_2 = \dfrac{P_V}{P_\triangle} = \dfrac{\sqrt{3}\,P_1}{3\,P_1} = 0.577 = 57.7\,[\%]$

---

1 개요

(1) 회로에서 등가변환이라는 것은 저항의 크기 및 접속방법이 변경되어도 전원단에서 바라본 합성저항이 동일하다는 것을 의미한다. 즉, 동일 전압원에서 회로에 흐르는 전류는 같아야 한다.

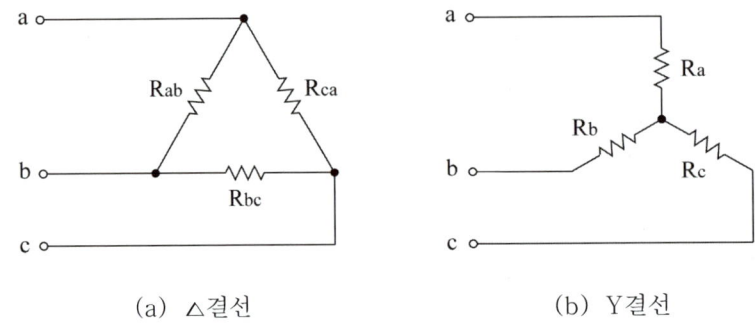

(a) △결선　　　　　　　　　　(b) Y결선

【그림 11】 △-Y결선 등가변환

(2) △결선에서 Y결선으로 등가변환

① $R_{ab} = R_{bc} = R_{ca} = R$로 부하가 평형상태이면 $R_a = R_b = R_c = \dfrac{R}{3}\,[\Omega]$이 된다.

② 즉, 평형상태의 △결선된 부하를 Y결선으로 등가변환하면 저항의 크기는 3배로 감소하게 된다.

$$\bigcirc \ R_a = \frac{R_{ab} \cdot R_{ca}}{R_{ab} + R_{bc} + R_{ca}}\,[\Omega]$$

$$\bigcirc \ R_b = \frac{R_{ab} \cdot R_{bc}}{R_{ab} + R_{bc} + R_{ca}}\,[\Omega]$$

$$\bigcirc \ R_c = \frac{R_{bc} \cdot R_{ca}}{R_{ab} + R_{bc} + R_{ca}}\,[\Omega]$$

(3) Y결선에서 △결선으로 등가변환

① $R_a = R_b = R_c = R$로 부하가 평형상태이면 $R_{ab} = R_{bc} = R_{ca} = 3R\,[\Omega]$이 된다.

② 즉, 평형상태의 Y결선된 부하를 △결선으로 등가변환하면 저항의 크기는 3배로 증가하게 된다.

$$\bigcirc \ R_{ab} = \frac{R_a \cdot R_b + R_b \cdot R_c + R_c \cdot R_a}{R_c}\,[\Omega]$$

$$\bigcirc \ R_{bc} = \frac{R_a \cdot R_b + R_b \cdot R_c + R_c \cdot R_a}{R_a}\,[\Omega]$$

$$\bigcirc \ R_{ca} = \frac{R_a \cdot R_b + R_b \cdot R_c + R_c \cdot R_a}{R_b}\,[\Omega]$$

2 △결선에서 Y결선으로 등가변환 증명

(1) a, b 단자에서 바라본 합성저항 R_1 구하기

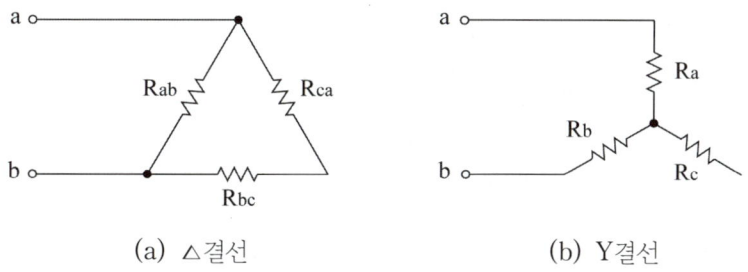

(a) △결선 (b) Y결선

【그림 12】 a, b 단자에서 바라본 합성저항

△회로는 R_{ab}와 $(R_{bc} + R_{ca})$가 병렬로 접속되어 있고, Y회로는 R_a와 R_b가 직렬로 접속된 회로가 되고, 두 회로가 등가가 되기 위해서는 두 합성저항이 같아야 한다.

$$R_1 = \frac{R_{ab}(R_{bc} + R_{ca})}{R_{ab} + (R_{bc} + R_{ca})} = \frac{R_{ab}R_{bc} + R_{ca}R_{ab}}{R_{ab} + R_{bc} + R_{ca}} = R_a + R_b$$

(2) b, c 단자에서 바라본 합성저항 R_2 구하기

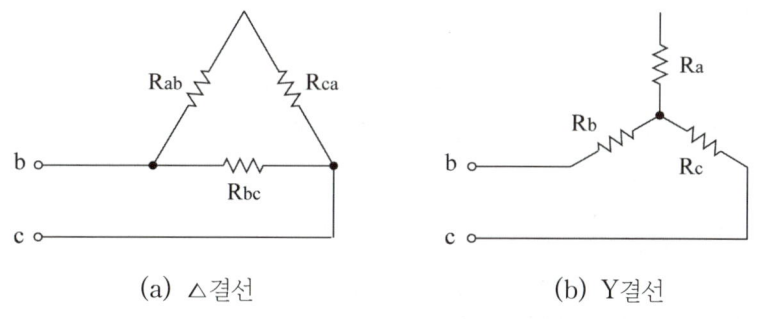

(a) △결선 (b) Y결선

【그림 13】 b, c 단자에서 바라본 합성저항

△회로는 R_{bc}와 $(R_{ab} + R_{ca})$가 병렬로 접속되어 있고, Y회로는 R_b와 R_c가 직렬로 접속된 회로가 되고, 두 회로가 등가가 되기 위해서는 두 합성저항이 같아야 한다.

$$R_2 = \frac{R_{bc}(R_{ab} + R_{ca})}{R_{bc} + (R_{ab} + R_{ca})} = \frac{R_{ab}R_{bc} + R_{bc}R_{ca}}{R_{ab} + R_{bc} + R_{ca}} = R_b + R_c$$

(3) c, a 단자에서 바라본 합성저항 R_3 구하기

△회로는 R_{ca}와 $(R_{ab} + R_{bc})$가 병렬로 접속되어 있고, Y회로는 R_a와 R_c가 직렬로 접속된 회로가 되고, 두 회로가 등가가 되기 위해서는 두 합성저항이 같아야 한다.

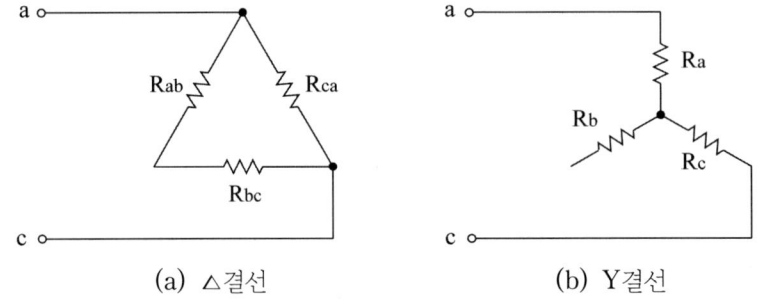

(a) △결선　　　　　　(b) Y결선

【그림 14】 c, a 단자에서 바라본 합성저항

$$R_3 = \frac{R_{ca}(R_{ab} + R_{bc})}{R_{ca} + (R_{ab} + R_{bc})} = \frac{R_{ca}R_{ab} + R_{bc}R_{ca}}{R_{ab} + R_{bc} + R_{ca}} = R_a + R_c$$

(4) R_a, R_b, R_c의 산출

① 【그림 12】, 【그림 13】, 【그림 14】로부터 구한 R_1, R_2, R_3를 모두 더한 저항 R_0는 다음과 같다.

$$R_0 = \frac{R_{ab}R_{bc} + R_{bc}R_{ca} + R_{ca}R_{ab}}{R_{ab} + R_{bc} + R_{ca}} = R_a + R_b + R_c$$

② R_a를 구하려면 R_0에서 R_2를 빼면 된다$(R_a = R_0 - R_2)$.

$$R_a = \frac{R_{ab} \cdot R_{ca}}{R_{ab} + R_{bc} + R_{ca}} [\Omega] \quad \cdots\cdots\cdots\cdots\cdots\cdots\cdots\cdots\cdots\cdots (式\ 6-1)$$

③ R_b를 구하려면 R_0에서 R_3을 빼면 된다$(R_b = R_0 - R_3)$.

$$R_b = \frac{R_{ab} \cdot R_{bc}}{R_{ab} + R_{bc} + R_{ca}} [\Omega] \quad \cdots\cdots\cdots\cdots\cdots\cdots\cdots\cdots\cdots\cdots (式\ 6-2)$$

④ R_c를 구하려면 R_0에서 R_1을 빼면 된다$(R_b = R_0 - R_1)$.

$$R_c = \frac{R_{bc} \cdot R_{ca}}{R_{ab} + R_{bc} + R_{ca}} [\Omega] \quad \cdots\cdots\cdots\cdots\cdots\cdots\cdots\cdots\cdots\cdots (式\ 6-3)$$

3 Y결선에서 △결선으로 등가변환 증명

(1) (式 6-1), (式 6-2), (式 6-3)을 이용하여 다음과 같이 정리할 수 있다.

① (式 6-1)과 (式 6-2)를 곱하면 다음과 같다.

$$R_a R_b = \frac{R_{ab}(R_{ab}R_{bc}R_{ca})}{(R_{ab}+R_{bc}+R_{ca})^2} \, [\Omega] \quad \cdots\cdots\cdots\cdots\cdots\cdots\cdots\cdots\cdots \text{(式 6-4)}$$

② (式 6-2)와 (式 6-3)을 곱하면 다음과 같다.

$$R_b R_c = \frac{R_{bc}(R_{ab}R_{bc}R_{ca})}{(R_{ab}+R_{bc}+R_{ca})^2} \, [\Omega] \quad \cdots\cdots\cdots\cdots\cdots\cdots\cdots\cdots\cdots \text{(式 6-5)}$$

③ (式 6-3)과 (式 6-1)을 곱하면 다음과 같다.

$$R_c R_a = \frac{R_{ca}(R_{ab}R_{bc}R_{ca})}{(R_{ab}+R_{bc}+R_{ca})^2} \, [\Omega] \quad \cdots\cdots\cdots\cdots\cdots\cdots\cdots \text{(式 6-6)}$$

④ (式 6-4), (式 6-5), (式 6-6)을 모두 더하면 다음과 같다.

$$R_a R_b + R_b R_c + R_c R_a = \frac{(R_{ab}+R_{bc}+R_{ca})(R_{ab}R_{bc}R_{ca})}{(R_{ab}+R_{bc}+R_{ca})^2} \text{에서}$$

$$R_a R_b + R_b R_c + R_c R_a = \frac{R_{ab}R_{bc}R_{ca}}{R_{ab}+R_{bc}+R_{ca}} \, [\Omega] \quad \cdots \text{(式 6-7)}$$

(2) R_{ab}, R_{bc}, R_{ca}의 산출

① (式 6-7)과 (式 6-3)을 나누어 R_{ab}를 구할 수 있다.

$$R_{ab} = \frac{R_a R_b + R_b R_c + R_c R_a}{R_c} \, [\Omega]$$

② (式 6-7)과 (式 6-1)을 나누어 R_{bc}를 구할 수 있다.

$$R_{bc} = \frac{R_a R_b + R_b R_c + R_c R_a}{R_a} \, [\Omega]$$

③ (式 6-7)과 (式 6-2)를 나누어 R_{ca}를 구할 수 있다.

$$R_{ca} = \frac{R_a R_b + R_b R_c + R_c R_a}{R_b} \, [\Omega]$$

1 3전력계법

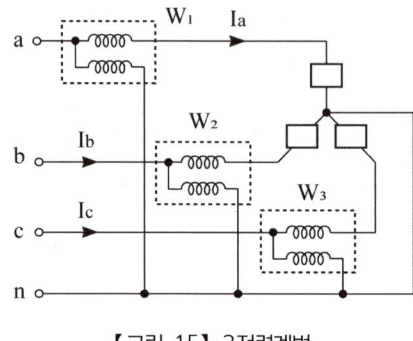

【그림 15】3전력계법

(1) 3전력계법이란, 말 그대로 단상 전력계 3개를 이용하여 3상 전력을 측정하는 방법으로 Y계통에서 주로 활용한다.

(2) 단상 전력계를 접속할 때에는 【그림 15】와 같이 상전압과 상전류를 각각 접속하여야 한다. Y결선의 특징은 상전류와 선전류가 같으므로 상전류 대신 선전류를 연결해도 관계없다. 3전력계법에 의한 유효전력은 다음과 같다.

> 3상 유효전력 : $P = W_1 + W_2 + W_3 \,[\mathrm{W}]$

(3) Y계통에서 2전력계법으로 측정하면 영상분이 측정되지 않아 오차가 발생할 수 있다.

2 2전력계법

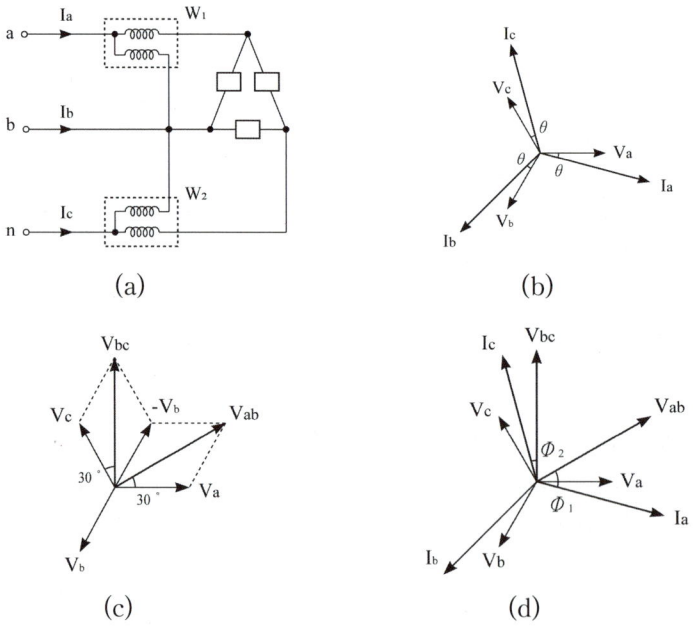

【그림 16】2전력계법의 전압·전류 벡터도

(1) 개요

① 2전력계법이란, 단상 전력계 2개를 이용하여 3상 전력을 측정하는 방법으로 영상분이 존재하지 않는 △결선에서 활용한다.

② 단상 전력계를 접속할 때에는 【그림 16】(a)와 같이 선간전압과 선전류를 각각 측정할 수 있도록 접속하여야 한다.

③ 만약, 순저항(R)만의 회로라면, Y결선에서도 2전력계법을 활용할 수 있다.

(2) 2전력계법 벡터 해석

① 【그림 16】(b)와 같이 대칭 3상 전압을 인가하면 θ 만큼 늦은 지상전류가 흐르게 된다.

② 단상 전력계에 측정된 선간전압은 【그림 16】(c)와 같다.

$$\bigcirc\ \dot{V}_{ab} = \dot{V}_a - \dot{V}_b = \dot{V}_a + \left(-\dot{V}_b\right) = V\angle 30°$$
$$\bigcirc\ \dot{V}_{cb} = \dot{V}_c - \dot{V}_b = \dot{V}_c + \left(-\dot{V}_b\right) = V\angle 90°$$
$$\bigcirc\ 대칭\ 3상\ 교류이므로\ V_{ab} = V_{cb} = V가\ 된다.$$

③ 단상 전력계에서 측정된 유효전력

$$\bigcirc\ W_1 = \dot{V}_{ab}\dot{I}_a\cos\phi_1 = VI\cos(30° + \theta)$$
$$= VI[\cos 30°\cos\theta - \sin 30°\sin\theta] \cdots\cdots (式\ 6-8)$$
$$\bigcirc\ W_2 = \dot{V}_{cb}\dot{I}_c\cos\phi_2 = VI\cos(30° - \theta)$$
$$= VI[\cos 30°\cos\theta + \sin 30°\sin\theta] \cdots\cdots (式\ 6-9)$$

④ 유효전력은 (式 6-9)와 (式 6-8)을 더해서 구할 수 있다.

$$W_1 + W_2 = VI(2\cos 30°\cos\theta) = VI\left(2\times\frac{\sqrt{3}}{2}\times\cos\theta\right) = \sqrt{3}\,VI\cos\theta$$
$$\therefore\ 유효전력\ P = W_1 + W_2 = \sqrt{3}\,VI\cos\theta\,[\text{W}]$$

⑤ 무효전력은 (式 6-9)와 (式 6-8)을 더해서 구할 수 있다.

$$\bigcirc\ W_2 - W_1 = VI(2\sin 30°\sin\theta) = VI\left(2\times\frac{1}{2}\times\sin\theta\right) = VI\sin\theta$$
$$\bigcirc\ 양변에\ \sqrt{3}\,을\ 곱해서\ 3상\ 무효전력을\ 구할\ 수\ 있다.$$
$$\therefore\ 무효전력\ P_r = \sqrt{3}\,(W_2 - W_1) = \sqrt{3}\,VI\sin\theta\,[\text{Var}]$$

⑥ 피상전력은 $P_a = P \pm jP_r = \sqrt{P^2 + P_r^2}$ 에 의해서 구할 수 있다.

$$P_a = \sqrt{(W_1 + W_2)^2 + \left[\sqrt{3}\,(W_2 - W_1)\right]^2} = \sqrt{W_1^2 + 2W_1W_2 + W_2^2 + 3(W_2 - W_1)^2}$$
$$= \sqrt{W_1^2 + 2W_1W_2 + W_2^2 + 3W_2 - 3W_1W_2 + 3W_2^2}$$
$$= \sqrt{4W_1^2 + 4W_2^2 - 4W_1W_2} = 2\sqrt{W_1^2 + W_2^2 - W_1W_2}$$
$$\therefore\ 피상전력\ P_a = 2\sqrt{W_1^2 + W_2^2 - W_1W_2} = \sqrt{3}\,VI\,[\text{VA}]$$

⑦ 역률은 다음과 같다.

$$\therefore \text{역률 } \cos\theta = \frac{W_1 + W_2}{2\sqrt{W_1^2 + W_2^2 - W_1 W_2}} = \frac{W_1 + W_2}{\sqrt{3}\ VI}$$

㉠ W_1, W_2 둘 중 하나의 측정량이 0일 경우($W_2 = 0$의 경우)

$$\cos\theta = \frac{W_1}{2 \times W_1} = \frac{1}{2} = 0.5$$

㉡ W_1, W_2 둘의 측정량이 같은 경우($W_1 = 1$, $W = 1$의 경우)

$$\cos\theta = \frac{2}{2\sqrt{1+1^2-1}} = \frac{2}{2\sqrt{1}} = 1$$

㉢ W_1, W_2 둘 중 하나가 측정량이 2배일 경우($W_1 = 1$, $W = 2$의 경우)

$$\cos\theta = \frac{3}{2\sqrt{1+2^2-2}} = \frac{3}{2\sqrt{3}} = 0.866$$

㉣ W_1, W_2 둘 중 하나가 측정량이 3배일 경우($W_1 = 1$, $W = 3$의 경우)

$$\cos\theta = \frac{4}{2\sqrt{1+3^2-3}} = \frac{4}{2\sqrt{7}} = 0.756$$

핵심요약

2전력계법 전력측정

① 유효전력 : $P = W_1 + W_2 = \sqrt{3}\ VI\cos\theta\ [\text{W}]$

② 무효전력 : $P_r = \sqrt{3}\ (W_2 - W_1) = \sqrt{3}\ VI\sin\theta\ [\text{Var}]$

③ 피상전력 : $P_a = 2\sqrt{W_1^{2/} + W_2^2 - W_1 W_2} = \sqrt{3}\ VI[\text{VA}]$

※ 출제예상문제는 기출분석을 바탕으로 자주 출제되는 유형을 선별하였습니다.

01. 대칭 3상 교류를 올바르게 설명한 것은?

① 3상의 크기 및 주파수가 같고 상차가 $60°$의 간격을 가진 교류

② 3상의 크기 및 주파수가 각각 다르고 상차가 $60°$의 간격을 가진 교류

③ 동시에 존재하는 3상의 크기 및 주파수가 같고 상차가 $120°$의 간격을 가진 교류

④ 동시에 존재하는 3상의 크기 및 주파수가 같고 상차가 $90°$의 간격을 가진 교류

> **| 해설**
> 대칭 3상 교류의 조건
> ㉠ 기전력의 크기가 같을 것
> ㉡ 주파수가 같을 것
> ㉢ 파형이 같을 것
> ㉣ 위상차가 각각 $120°$일 것

02. 선간전압 210[V], 선전류 10[A]의 Y결선 회로가 있다. 상전압과 상전류는 각각 얼마인가?

	상전압	상전류
①	121[V]	5.77[A]
②	121[V]	10[A]
③	210[V]	5.77[A]
④	210[V]	10[A]

> **| 해설**
> 3상 Y결선의 특징
> ㉠ 선간전압 $V_\ell = \sqrt{3}\,V_p$에서 상전압은
> $$V_p = \frac{V_\ell}{\sqrt{3}} = \frac{210}{\sqrt{3}} = 121\,[V]$$
> ㉡ 선전류 $I_\ell = I_p$에서 상전류는
> $$I_p = I_\ell = 10\,[A]$$

03. Y－Y결선 회로에서 선간 전압이 200[V]일 때 상전압은 약 몇 [V]인가?

① 100[V]   ② 115[V]

③ 120[V]   ④ 135[V]

> **| 해설**
> 3상 Y결선의 특징
> ㉠ 선간전압 : $V_\ell = \sqrt{3}\,V_p$
> ㉡ 선전류 : $I_\ell = I_p$
> $$\therefore 상전압 : V_p = \frac{V_\ell}{\sqrt{3}} = \frac{200}{\sqrt{3}} = 115.47 ≒ 115\,[V]$$

04. Y－Y 평형 회로에서 상전압 V_p가 100[V], 부하 $Z = 8 + j6\,[\Omega]$이면 선전류 I_ℓ의 크기는 몇 [A]인가?

① 2   ② 5

③ 7   ④ 10

> **| 해설**
> ㉠ 한 상의 임피던스
>
>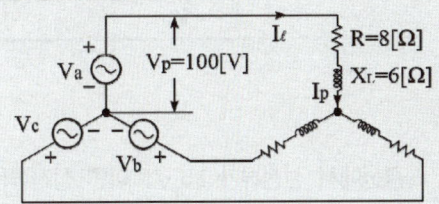
>
> $$: Z = \sqrt{R^2 + X_L^2} = \sqrt{8^2 + 6^2} = 10\,[\Omega]$$
> ㉡ 상전류 : $I_p = \dfrac{V_p}{Z} = \dfrac{100}{10} = 10\,[A]$
> ㉢ Y결선을 취하면 상전류(I_p)와 선전류(I_ℓ)의 크기는 같으므로
> $$\therefore 선전류 : I_\ell = I_p = 10\,[A]$$

정답   01 ③   02 ②   03 ②   04 ④

05. $200\,[\mathrm{V}]$의 3상 3선식 회로에 $R = 4\,[\Omega]$, $X_L = 3\,[\Omega]$의 부하 3조를 Y결선했을 때 부하전류는?

① 약 $11.5[\mathrm{A}]$ ② 약 $23.1[\mathrm{A}]$

③ 약 $28.6[\mathrm{A}]$ ④ 약 $40[\mathrm{A}]$

| 해설

㉠ 교류 3상에서 전압의 크기만 표시할 경우 선간전압을 의미한다.

㉡ 상전압 : $V_p = \dfrac{V_\ell}{\sqrt{3}} \doteq \dfrac{200}{\sqrt{3}}\,[\mathrm{V}]$

㉢ 한 상의 임피던스

$\quad : Z = \sqrt{R^2 + X_L^2} = \sqrt{4^2 + 3^2} = 5\,[\Omega]$

㉣ 상전류 : $I_p = \dfrac{V_p}{Z} = \dfrac{200/\sqrt{3}}{5} = 23.1[\mathrm{A}]$

$\therefore$ 부하전류(선전류) : $I_\ell = I_p = 23.1\,[\mathrm{A}]$

06. △결선에서 V_ℓ(선간전압), V_p(상전압), I_ℓ(선전류), I_p(상전류)의 관계식으로 옳은 것은?

① $V_\ell = \sqrt{3}\,V_p,\qquad I_\ell = I_p$

② $V_\ell = V_p,\qquad\quad I_\ell = \sqrt{3}\,I_p$

③ $V_\ell = \dfrac{1}{\sqrt{3}}\,V_p,\qquad I_\ell = I_p$

④ $V_\ell = V_p,\qquad\quad I_\ell = \dfrac{1}{\sqrt{3}}\,I_p$

| 해설

3상 교류 결선법의 특징

구분	선간전압	선전류
Y결선	$V_\ell = \sqrt{3}\,V_p$	$I_\ell = I_p$
△결선	$V_\ell = V_p$	$I_\ell = \sqrt{3}\,I_p$

07. △결선에서 선전류가 $10\sqrt{3}$이면 상전류는?

① $5\,[\mathrm{A}]$ ② $10\,[\mathrm{A}]$

③ $10\sqrt{3}\,[\mathrm{A}]$ ④ $30\,[\mathrm{A}]$

| 해설

△결선 시 선전류 $I_\ell = \sqrt{3}\,I_p$이므로

$\therefore$ 상전류 : $I_p = \dfrac{I_\ell}{\sqrt{3}} = \dfrac{10\sqrt{3}}{\sqrt{3}} = 10\,[\mathrm{A}]$

08. △결선인 3상 유도전동기의 상전압(V_p)과 상전류(I_p)를 측정하였더니 각각 $200[\mathrm{V}]$, $30[\mathrm{A}]$였다. 이 3상 유도전동기의 선간전압(V_ℓ)과 선전류(I_ℓ)의 크기는 각각 얼마인가?

① $V_\ell = 200\,[\mathrm{V}],\qquad I_\ell = 30\,[\mathrm{A}]$

② $V_\ell = 200\sqrt{3}\,[\mathrm{V}],\quad I_\ell = 30\,[\mathrm{A}]$

③ $V_\ell = 200\sqrt{3}\,[\mathrm{V}],\quad I_\ell = 30\sqrt{3}\,[\mathrm{A}]$

④ $V_\ell = 200\,[\mathrm{V}],\qquad I_\ell = 30\sqrt{3}\,[\mathrm{A}]$

| 해설

㉠ 선간전압 : $V_\ell = V_p = 200\,[\mathrm{V}]$

㉡ 선전류 : $I_\ell = \sqrt{3}\,I_p = 30\sqrt{3}\,[\mathrm{A}]$

09. 전원과 부하가 다 같이 △결선된 3상 평형회로가 있다. 상전압이 $200[\mathrm{V}]$, 부하 임피던스가 $Z = 6 + j8\,[\Omega]$인 경우 선전류는 몇 $[\mathrm{A}]$인가?

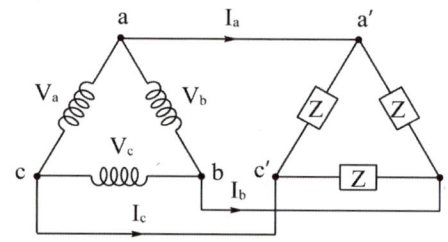

① 20 ② $\dfrac{20}{\sqrt{3}}$

③ $20\sqrt{3}$ ④ $10\sqrt{3}$

| 해설

㉠ Z를 통과하는 상전류

$\quad I_p = \dfrac{V}{Z} = \dfrac{200}{\sqrt{6^2 + 8^2}} = \dfrac{200}{10} = 20\,[\mathrm{A}]$

㉡ △결선 시 선전류는 상전류의 $\sqrt{3}$ 배이므로

$\quad I_\ell = \sqrt{3}\,I_p = 20\sqrt{3}\,[\mathrm{A}]$

10. 3상 220[V], △결선에서 1상에서 부하가 $Z = 8 + j6\,[\Omega]$이면 선전류는?

① 11   ② $22\sqrt{3}$

③ 22   ④ $\dfrac{22}{\sqrt{3}}$

| 해설

㉠ 한 상의 임피던스의 크기

$|Z| = \sqrt{R^2 + X^2} = \sqrt{8^2 + 6^2} = 10\,[\Omega]$

㉡ 상전류 $I_p = \dfrac{V}{Z} = \dfrac{220}{10} = 22\,[A]$

㉢ △결선에서 선전류는 상전류의 $\sqrt{3}$ 배이므로

∴ 선전류 $I_\ell = \sqrt{3}\,I_p = 22\sqrt{3}\,[A]$

---

11. 대칭 3상 △결선에서 선전류와 상전류와의 위상 관계는?

① 상전류가 $\dfrac{\pi}{3}\,[rad]$ 앞선다.

② 상전류가 $\dfrac{\pi}{3}\,[rad]$ 뒤진다.

③ 상전류가 $\dfrac{\pi}{6}\,[rad]$ 앞선다.

④ 상전류가 $\dfrac{\pi}{6}\,[rad]$ 뒤진다.

| 해설

㉠ △결선에서 선전류의 크기는 상전압의 $\sqrt{3}$ 배이고, 위상은 30° 뒤진다.

㉡ Y결선에서 선간전압의 크기는 상전압의 $\sqrt{3}$ 배이고, 위상은 30° 앞선다.

여기서, $\dfrac{\pi}{6}\,[rad] = 30°$

---

12. 3상 전원에서 한 상에 고장이 발생하였다. 이때 3상 부하에 3상 전력을 공급할 수 있는 결선방법은?

① Y결선   ② △결선

③ 단상결선   ④ V결선

| 해설

V결선

단상 변압기 3대를 △−△ 결선으로 운전 중 한 대의 고장 및 유지보수로 인하여 변압기 2개로 3상을 공급하는 방식

---

13. 변압기 2대를 V결선했을 때의 이용률은 몇 [%] 인가?

① 57.7[%]   ② 70.7[%]

③ 86.6[%]   ④ 100[%]

| 해설

V결선의 특징

㉠ 출력량 : $P_V = \sqrt{3}\,P\,[kVA]$

    여기서, P : 변압기 1대 용량[kVA]

㉡ 출력비 : $\dfrac{\sqrt{3}\,P}{3P} = \dfrac{\sqrt{3}}{3} = 57.7\,[\%]$

㉢ 이용률 : $\dfrac{\sqrt{3}\,P}{2P} = \dfrac{\sqrt{3}}{2} = 86.6\,[\%]$

---

14. 1대의 출력이 250[kVA]인 단상 변압기 2대로 V결선하여 3상 전력을 공급할 수 있는 최대전력은 몇 [kVA]인가?

① 144[kVA]   ② 353[kVA]

③ 433[kVA]   ④ 525[kVA]

| 해설

V결선 출력

$P_V = \sqrt{3}\,P = 250\sqrt{3} = 433\,[kVA]$

정답   10 ②   11 ③   12 ④   13 ③   14 ③

15. $20[\text{kVA}]$의 단상변압기 2대를 이용하여 $V-V$ 결선으로 3상 전압을 얻으려고 한다. 이때 여기에 접속할 수 있는 3상 부하는 몇 $[\text{kVA}]$인가?

① 14.4 ② 40.0
③ 34.6 ④ 17.3

| 해설
V결선 출력은 단상변압기 1대 용량 $P[\text{kVA}]$의 $\sqrt{3}$ 배이므로
$$\therefore P_V = \sqrt{3} P = \sqrt{3} \times 20 = 34.6[\text{kVA}]$$

16. 평형 3상 회로에서 1상의 소비전력이 $P[\text{W}]$라면, 3상 회로 전체 소비전력[W]은?

① P ② $\sqrt{2}\,P$
③ $3P$ ④ $\sqrt{3}\,P$

| 해설
3상 전력 : $P_3 = 3P_1 = 3V_pI_p = \sqrt{3}\,V_\ell I_\ell$
(예 : Y결선 시 $I_\ell = I_p$, $V_\ell = \sqrt{3}\,V_p$)
$\therefore$ 3상 전력은 단상 전력의 3배이다.

17. 전압 $220[\text{V}]$, 전류 $10[\text{A}]$, 역률 0.8인 3상 전동기 사용 시 소비전력은?

① 약 $1.5[\text{kW}]$ ② 약 $3.0[\text{kW}]$
③ 약 $5.2[\text{kW}]$ ④ 약 $7.1[\text{kW}]$

| 해설
3상 소비전력(유효전력)
$$P = \sqrt{3}\,VI\cos\theta = \sqrt{3} \times 220 \times 10 \times 0.8$$
$$= 3,048[\text{W}] = 3[\text{kW}]$$
여기서, V : 선간전압 I : 선전류(부하전류)

18. △결선으로 된 부하에 각 상의 전류가 $10[\text{A}]$이고, 각 상의 저항이 $4[\Omega]$, 리액턴스가 $3[\Omega]$이라 하면 전체 소비전력은 몇 $[\text{W}]$인가?

① 2,000 ② 1,800
③ 1,500 ④ 1,200

| 해설
3상 소비전력(유효전력)
$$P = 3I^2 R = 3 \times 10^2 \times 4 = 1,200[\text{W}]$$
여기서, I : R을 통과하는 전류(상전류)

19. 어떤 3상 회로에서 선간전압이 $200[\text{V}]$, 선전류 $25[\text{A}]$, 3상 전력이 $7[\text{kW}]$였다. 이때 역률은?

① 약 $60[\%]$ ② 약 $70[\%]$
③ 약 $80[\%]$ ④ 약 $90[\%]$

| 해설
㉠ 피상전력
$$P_a = \sqrt{3}\,VI = \sqrt{3} \times 200 \times 25 = 8,660[\text{VA}]$$
㉡ 유효전력
$$P = 7[\text{kW}] = 7,000[\text{W}]$$
$$\therefore \text{역률} : \cos\theta = \frac{P}{P_a} = \frac{7,000}{8,660} = 0.8 = 80[\%]$$

20. 단상전력계 2대를 사용하여 2전력계법으로 3상 전력을 측정하고자 한다. 두 전력계의 지시값이 각각 P_1, $P_2[\text{W}]$이었다. 3상 전력 $P[\text{W}]$를 구하는 식으로 옳은 것은?

① $P = \sqrt{3}\,(P_1 \times P_2)$
② $P = P_1 - P_2$
③ $P = P_1 \times P_2$
④ $P = P_1 + P_2$

| 해설
2전력계법의 3상 전력 측정
㉠ 유효전력 : $P = P_1 + P_2[\text{W}]$
㉡ 무효전력 : $P_r = \sqrt{3}\,(P_2 - P_1)[\text{Var}]$
㉢ 피상전력 : $P_a = \sqrt{P^2 + P_r^2}[\text{VA}]$
여기서, P_1, P_2 : 단상전력계 측정값

정답　15 ③　16 ③　17 ②　18 ④　19 ③　20 ④

21. 2전력계법으로 3상 전력을 측정할 때 지시값이 P_1 =200[W], P_2 =200[W]이었다. 부하전력[W]은?

① 600   ② 500

③ 400   ④ 300

> **│해설**
> 2전력계법
> $P = P_1 + P_2 = 200 + 200 = 400[\text{W}]$

22. 평형 3상 교류회로의 Y회로로부터 △회로로 등가변환하기 위해서는 어떻게 하여야 하는가?

① 각 상의 임피던스를 3배로 한다.

② 각 상의 임피던스를 $\sqrt{3}$ 배 한다.

③ 각 상의 임피던스를 $\dfrac{1}{\sqrt{3}}$ 배 한다.

④ 각 상의 임피던스를 $\dfrac{1}{3}$ 배 한다.

> **│해설**
> 각 상의 임피던스의 크기가 동일한 경우
> ㉠ Y회로 → △회로
>   : 각 상의 임피던스를 3배로 한다.
> ㉡ △회로 → Y회로
>   : 각 상의 임피던스를 1/3배로 한다.

23. 평형 3상 교류 회로에서 △부하의 한 상의 임피던스가 $Z_\triangle$일 때, 등가 변환한 Y부하의 한 상의 임피던스 Z_Y는 얼마인가?

① $Z_Y = \sqrt{3}\,Z_\triangle$ ② $Z_Y = 3Z_\triangle$

③ $Z_Y = \dfrac{1}{\sqrt{3}}Z_\triangle$ ④ $Z_Y = \dfrac{1}{3}Z_\triangle$

> **│해설**
> △결선된 임피던스를 Y결선으로 등가변환했을 때 각 상의 임피던스는 다음과 같다(단, 각 상의 임피던스의 크기는 모두 같다).
> $\therefore Z_Y = \dfrac{1}{3}Z_\triangle\,[\Omega]$

24. 10[Ω]인 저항 3개가 △결선으로 되어 있는 것은 Y결선으로 환산하면 1상의 저항[Ω]은?

① $\dfrac{10}{3}$ ② 10

③ 30   ④ $\dfrac{3}{10}$

> **│해설**
> △결선 부하를 Y결선 부하로 등가변환하면
> $\therefore R_Y = \dfrac{1}{3}R_\triangle = \dfrac{10}{3}\,[\Omega]$

25. 그림과 같은 평형 3상 △회로를 등가 Y결선으로 환산하면 각 상의 임피던스는 몇 [Ω]이 되는가? (단, $Z = 12\,[\Omega]$이다.)

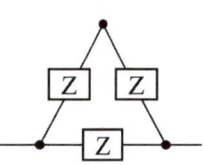

① 48[Ω]   ② 36[Ω]

③ 4[Ω]   ④ 3[Ω]

> **│해설**
> △결선 부하를 Y결선 부하로 등가변환하면
> $\therefore Z_Y = \dfrac{1}{3}Z_\triangle = \dfrac{12}{3} = 4\,[\Omega]$

정답   21 ③   22 ①   23 ④   24 ①   25 ③

01 비정현파와 고조파

1 개요

(1) 교류 전력계통의 주파수는 세계적으로 50[Hz] 또는 60[Hz]이다. 이를 상용주파수라고 하며 계통에 기기나 계기 등을 사용하려면 해당 국가의 주파수와 기기의 정격 주파수가 일치하는지 확인해야 한다. 우리나라의 상용주파수는 60[Hz]이다.

(2) 현실적으로 교류전압이나 전류는 완벽한 정현파가 될 수 없다. 교류발전기의 전기자반작용이나 치수 불량 등 기타 영향으로 파형이 미세하게나마 일그러질 수 있다.

(3) 공급되는 전압이 정현파라고 하더라도 부하에서 작용하는 전류파형이 정현파가 아닌 경우도 있다. 예를 들어 형광등의 관전압과 관전류는 아크의 부특성에 의해서 파형이 일그러지며 정류회로의 전류파형, 전기통신의 신호파형도 회로와 반도체의 특성으로 인해 일그러진다. 이와 같이 정현파에서 모양이 일그러진 파형을 '왜형파(Distorted Wave) 또는 왜곡파형'이라 하며 이를 수학적으로 해석하는 기법을 푸리에 급수(Fourier series)라 한다.

(4) 푸리에 급수란 주기적으로 반복되는 왜형파를 기본 정현파와 무수히 많은 여현항과 정현항의 합으로 전개하는 방법이다. 이때 전개된 상용 주파수의 배수가 되는 정현파 또는 여현파를 고조파(Harmonics)라 한다.

> **참고** 고조파의 개념
> ① 정현파에 고조파가 유입되면 파형은 비정현파(왜형파)가 된다.
> ② 고조파는 교류와 직류를 변환시키는 전력변환장치나 아크로, 전기로 등에 의해서 발생된다.

2 고조파(Harmonics)의 정의

(1) 고조파란 기본파에 비해 주파수가 정수배 큰 파형이다. 즉, 주기적 복합파의 성분 중 기본파 이외의 것을 말하며, 이때 주파수가 기본파보다 n배 큰 경우 '제n고조파'와 같은 식으로 명명한다.

(2) 고조파 전류가 전원 측에 유출되면 각종 기기의 과열이나 오동작 같은 장해를 일으킬 수 있다.

(3) 전력계통의 고조파는 50차수(3,000[Hz])까지를 다루며 그 이상은 고주파(High frequency)라 하고 전력계통에서는 다루지 않는다.

③ 고조파의 발생원리(Mechanism)

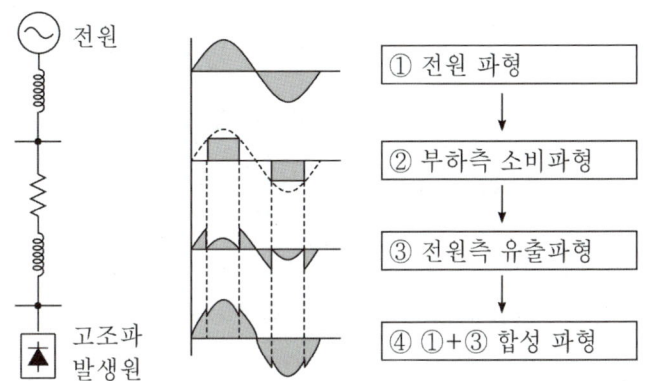

【그림 1】 고조파 발생원리

(1) 【그림 1】과 같이 상용주파수를 공급하는 전원계통에서 부하의 사이리스터(SCR)가 구형파 전류만 소비한다. 소비하고 남은 전류가 다시 전원측 정현파와 합성되어 고조파의 형태를 지니게 된다.

(2) 고조파 발생원

    ① 사이리스터(SCR)를 사용한 전력변환장치(인버터, 컨버터, UPS, VVVF 등)

    ② 전기로, 아크로, 용접기 등 비선형 부하의 기기

    ③ 변압기, 회전기 등의 철심의 자기포화 특성 기기

    ④ 형광등, 전자기기 등 콘덴서의 병렬공진

    ⑤ 이상전압 및 과도현상에 의한 것

④ 고조파 함유에 따른 파형의 비교

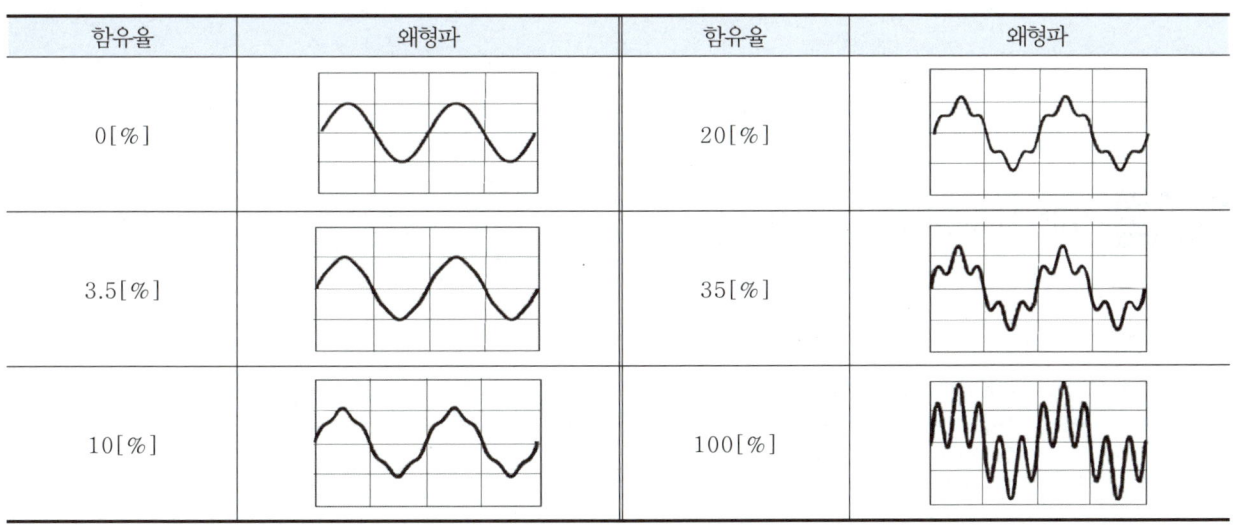

함유율	왜형파	함유율	왜형파
0[%]		20[%]	
3.5[%]		35[%]	
10[%]		100[%]	

【표 1】 고조파 함유율에 따른 파형의 비교

(1) 일반적으로 전압의 고조파(V_{THD})는 8[%] 이하이지만 고조파 발생부하가 많은 계통의 전류 고조파 함유율(I_{THD})은 50[%] 이상인 경우도 있다.

(2) 【표 1】은 전류 고조파의 형태를 나타낸 것이며, 고조파 함유율이 클수록 파형의 왜곡이 커지는 것을 알 수 있다.

5 고조파의 크기와 위상 관계

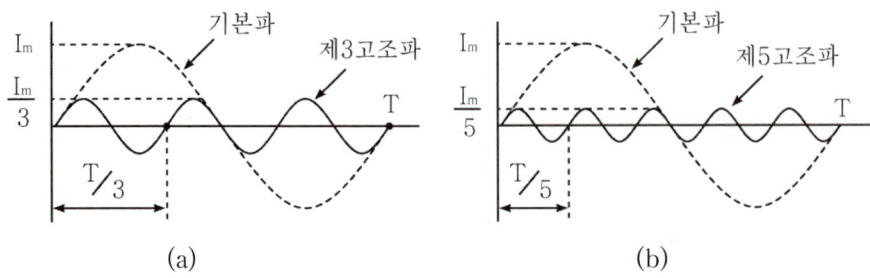

【그림 2】 고조파의 크기와 위상 관계

(1) 제 n 고조파는 【그림 2】와 같이 기본파 한 주기(T) 동안 파형이 n번 발생되며 그 크기는 $\dfrac{1}{n}$ 배, 주파수와 위상은 모두 n배이다.

(2) 기본파 전류와 고조파 전류의 크기

> ① 기본파 : $i = I_m \sin(\omega t \pm \theta)\,[\text{A}]$
>
> ② 제3고조파 : $i_3 = \dfrac{I_m}{3} \sin 3(\omega t \pm \theta)\,[\text{A}]$
>
> ③ 제5고조파 : $i_5 = \dfrac{I_m}{5} \sin 5(\omega t \pm \theta)\,[\text{A}]$
>
> ④ 제7고조파 : $i_7 = \dfrac{I_m}{7} \sin 7(\omega t \pm \theta)\,[\text{A}]$
>
> ∴ 제n고조파 : $i_n = \dfrac{I_m}{n} \sin n(\omega t \pm \theta)\,[\text{A}]$

02 비정현파 교류회로 해석

1 개요

(1) 회로에 인가한 비정현파 전압과 전류는 다음과 같다.

> ① 비정현파 전압 : $v(t) = V_0 + \displaystyle\sum_{n=1}^{\infty} V_{nm} \sin n\omega t\,[\text{V}]$
>
> ② 비정현파 전류 : $i(t) = I_0 + \displaystyle\sum_{n=1}^{\infty} I_{nm} \sin(n\omega t - \theta_n)\,[\text{A}]$

(2) 여기에 비정현파 회로의 전력, 역률, 왜형률을 알아볼 것이다.

2 비정현파의 실횻값(r.m.s)

(1) 비정현파의 실횻값은 각 파의 실횻값의 제곱의 합을 다시 제곱근(root)하여 구한다. 이때 직류전압과 직류전류는 그 자체를 실횻값으로 취급한다.

(2) 전압과 전류의 실횻값

> ① 전압의 실횻값 정의식 : $|V| = \sqrt{\dfrac{1}{T}\displaystyle\int_0^T v^2(t)\,dt}$
>
> ② 전류의 실횻값 정의식 : $|I| = \sqrt{\dfrac{1}{T}\displaystyle\int_0^T i^2(t)\,dt}$
>
> ③ 실횻값 전압 : $|V| = \sqrt{V_0^2 + |V_1|^2 + |V_2|^2 + \cdots + |V_n|^2}$
>
> ④ 실횻값 전류 : $|I| = \sqrt{I_0^2 + |I_1|^2 + |I_2|^2 + \cdots + |I_n|^2}$

여기서, V_0, I_0 : 전압과 전류의 직류분 V_1, I_1 : 전압과 전류의 기본파의 실횻값

V_2, I_2 : 제2고조파의 전압과 전류의 실횻값 V_n, I_n : 제n고조파의 전압과 전류의 실횻값

핵심요약

비정현파의 실횻값

① 각 파의 실횻값의 제곱의 합에 다시 제곱근을 취한 값

② $I = \sqrt{I_0^2 + I_1^2 + \cdots + I_n^2}$

   여기서, I_0 : 전류의 직류분 I_1 : 기본파 전류 실횻값 I_3 : 3고조파 전류 실횻값 I_n : n고조파 전류 실횻값

③ 직류성분은 그 자체가 실횻값이 된다.

3 전력(Power)과 역률(Power Factor)

(1) 피상전력은 전압과 전류의 실횻값의 곱으로 구할 수 있다.

> 피상전력 : $P_a = |V||I|\,[\mathrm{VA}]$

(2) 유효전력은 각 성분끼리의 유효전력을 모두 더해서 구할 수 있다. 즉, 직류분 전압과 전류끼리의 유효전력, 기본파 전압과 전류의 유효전력, 각 고조파 전압과 전류의 유효전력을 각각 구해서 모두 더하면 된다. 이때 서로 다른 주파수끼리의 유효전력은 구할 수 없다.

> 유효전력 : $P = V_0 I_0 + \displaystyle\sum_{n=1}^{m} V_n I_n \cos\theta_n\,[\mathrm{W}]$

(3) 무효전력을 구하는 방법은 유효전력과 동일하다. 단, 직류전원에서는 무효전력이 발생하지 않기 때문에 기본파와 각 고조파 성분만으로 구한다.

$$\text{무효전력} : P_r = \sum_{n=1}^{m} V_n I_n \sin\theta_n \, [\text{Var}]$$

(4) 역률은 피상전력과 유효전력의 비를 말한다.

$$\text{역률} : \cos\theta = \frac{P}{P_a} = \frac{V_0 I_0 + \sum_{n=1}^{m} V_n I_n \cos\theta_n}{|V||I|}$$

(5) 종합 고조파 왜형률(THD : Total Harmonics Distortion)은 고조파에 의해서 파형의 왜곡된 정도를 나타낸다.

$$\text{왜형률} : THD = \frac{\text{고조파만의 실효치}}{\text{기본파의 실효치}}$$

4 고조파 유입에 따른 임피던스와 전류의 변화

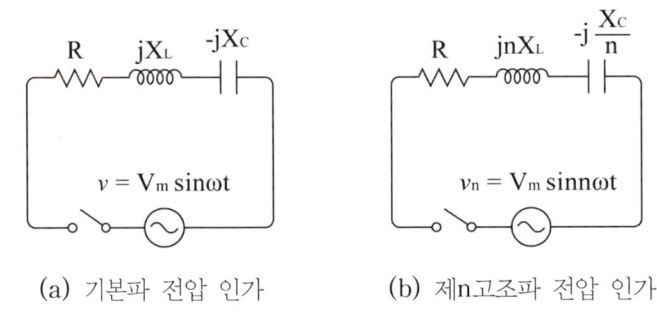

(a) 기본파 전압 인가   (b) 제n고조파 전압 인가

【그림 3】 고조파 유입에 따른 임피던스의 변화

(1) 유도 리액턴스 $X_L = \omega L = 2\pi f L$이므로 X_L은 주파수에 비례한다. 따라서 고조파가 많은 계통에 인덕터를 설치하면 고조파 전류가 감소한다.

(2) 용량 리액턴스 $X_C = \dfrac{1}{\omega C} = \dfrac{1}{2\pi f C}$이므로 X_C는 주파수에 반비례한다. 따라서 고조파가 많은 계통에 콘덴서를 설치하면 고조파 전류가 증가된다.

(3) 제n고조파 임피던스

$$Z_n = R + j\left(nX_L - \frac{X_C}{n}\right)$$
$$= R + j\left(n\omega L - \frac{1}{n\omega C}\right)[\Omega]$$

(4) 비정현파 교류회로 해석 예제

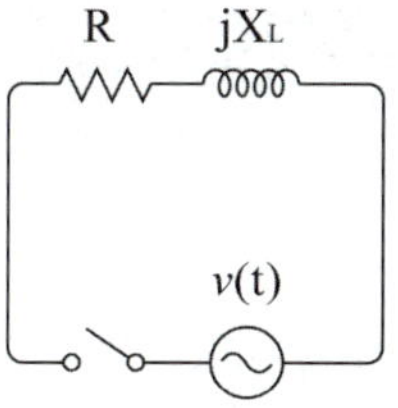

$\cdot\ v(t) = 12 + 30\sqrt{3}\sin\omega t + 10\sqrt{2}\sin 3\omega t$

$\cdot\ R = 1\,[\Omega]$

$\cdot\ X_L = \omega L = 1\,[\Omega]$

【그림 4】 비정현파 교류회로 해석

① 직류분 전류 : $I_0 = \dfrac{V_0}{R} = \dfrac{12}{4} = 3\,[\mathrm{A}]$

② 기본파 전류의 실횻값 : $I_1 = \dfrac{V_1}{\sqrt{R^2 + (\omega L)^2}} = \dfrac{30}{\sqrt{4^2 + 1^2}} = 7.28\,[\mathrm{A}]$

③ 제3고조파 전류의 실횻값 : $I_3 = \dfrac{V_3}{\sqrt{R^2 + (3\omega L)^2}} = \dfrac{10}{\sqrt{4^2 + 3^2}} = 2\,[\mathrm{A}]$

④ 전류의 실횻값 : $|I| = \sqrt{I_0^2 + I_1^2 + I_3^2} = \sqrt{3^2 + 7.28^2 + 2^2} = 8.12\,[\mathrm{A}]$

⑤ 유효전력 : $P = I^2 R = 8.12 \times 3 = 24.36\,[\mathrm{W}]$

5 고조파 공진 주파수

(1) 교류회로에서 직렬공진이 일어나면 임피던스가 최소가 됨을 이용하여 수동필터(Passive filter)를 만들 수 있다. 수동필터는 특정 주파수(차수)의 고조파 전류가 주 계통으로 흐르지 못하도록 미리 흡수하는 기능이 있다.

(2) 고조파는 주파수가 n배이므로 (式 7-1)에서 $nX_L = \dfrac{X_C}{n}$, $n\omega L = \dfrac{1}{n\omega C}$가 성립된다. 이를 정리하면 다음과 같다.

고조파 공진 주파수 : $f_n = \dfrac{1}{2\pi n\sqrt{LC}}\,[\mathrm{Hz}]$

※ 출제예상문제는 기출분석을 바탕으로 자주 출제되는 유형을 선별하였습니다.

01. 비정현파를 여러 개의 정현파의 합으로 표시하는 방법은?

① 중첩의 원리　　② 노튼의 정리

③ 푸리에 분석　　④ 테일러의 분석

> **| 해설**
> 푸리에 분석
> ㉠ 비정현파를 여러 개의 정현파의 합으로 표현
> ㉡ 가장 낮은 주파수를 기본파, 기본파의 주파수의 정수 배수의 주파수를 갖는 파형을 고조파(Harmonics)라 한다.
> ㉢ 비정현파는 직류파, 기본파, 고조파로 구성된다.

02. 비사인파의 일반적인 구성이 아닌 것은?

① 순시파　　② 고조파

③ 기본파　　④ 직류파

> **| 해설**
> 비사인파 = 직류파 + 기본파 + 고조파

03. 비정현파에 속하지 않는 것은?

① 사인 주기파　　② 사각파

③ 삼각파　　④ 펄스파

> **| 해설**
> 사인(sin) 주기파는 정현파를 의미한다.

04. 그림과 같은 비사인파의 제3고조파 주파수는? (단, $V = 20[V]$, $T = 10[ms]$이다.)

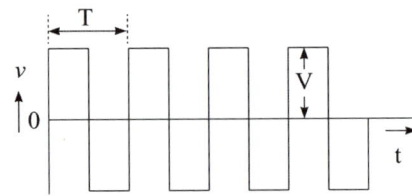

① 100[Hz]　　② 200[Hz]

③ 300[Hz]　　④ 400[Hz]

> **| 해설**
> 제3고조파는 기본파 주파수의 3배이므로
> $$\therefore f_3 = 3f_1 = \frac{3}{T_1} = \frac{3}{10 \times 10^{-3}} = 300\,[Hz]$$

05. 비정현파의 실횻값을 나타낸 것은?

① 최대파의 실횻값

② 각 고조파의 실횻값의 합

③ 각 고조파의 실횻값의 합의 제곱근

④ 각 고조파의 실횻값의 제곱의 합의 제곱근

> **| 해설**
> 비정현파 교류의 실횻값 : 각 성분의 실횻값의 제곱의 합에 다시 제곱근(루트)을 취한 값
> $$V_{rms} = \sqrt{직류파^2 + 기본파^2 + 고조파^2}$$

06. $v = 100 \sin \omega t + 100 \cos \omega t\,[V]$의 **실횻값은?**

① 100　　② 141

③ 173　　④ 200

> **| 해설**
> 비정현파 전압의 실횻값
> $$V = \sqrt{V_1^2 + V_2^2} = \sqrt{\left(\frac{100}{\sqrt{2}}\right)^2 + \left(\frac{100}{\sqrt{2}}\right)^2} = 100\,[V]$$

정답　01 ③　02 ①　03 ①　04 ③　05 ④　06 ①

07. 어느 회로의 전류가 다음과 같을 때, 이 회로에 대한 전류의 실횻값[A]은?

$$i = 3 + 10\sqrt{2}\sin\left(\omega t - \frac{\pi}{6}\right)$$
$$+ 5\sqrt{2}\sin\left(3\omega t - \frac{\pi}{3}\right) \text{[A]}$$

① 11.6   ② 23.2
③ 32.2   ④ 48.3

│ 해설
비정현파 교류의 실횻값은 파의 각 성분(직류분, 기본파, 고조파)의 실횻값 제곱의 합에 다시 제곱근(루트)을 취한 값을 말한다.
$$\therefore I = \sqrt{3^2 + 10^2 + 5^2} = 11.6\text{[A]}$$

08. $i = 3\sin\omega t + 4\sin(3\omega t - \theta)\,\text{[A]}$로 표시되는 전류의 등가 사인파 최댓값은?

① 2 [A]   ② 3 [A]
③ 4 [A]   ④ 5 [A]

│ 해설
비정현파 교류의 최댓값
각 성분의 최댓값(기본파와 제3고조파의 최댓값)의 제곱의 합에 다시 제곱근(루트)을 취한 값
$$\therefore I_m = \sqrt{3^2 + 4^2} = 5\text{[A]}$$

09. 비정현파 교류회로의 전력성분과 거리가 먼 것은?

① 맥류성분과 사인파와의 곱
② 직류성분과 사인파와의 곱
③ 직류성분
④ 주파수가 같은 두 사인파의 곱

│ 해설
비정현파는 직류분, 기본파(사인파), 고조파(주파수가 60Hz가 아닌 사인파)로 구성되어 있어 맥류성분은 비정현파 성분이 아니다.

10. 비정현파 교류회로의 전력에 대한 설명으로 옳은 것은?

① 전압의 제3고조파와 전류의 제3고조파 성분 사이에서 소비전력이 발생한다.
② 전압의 제2고조파와 전류의 제3고조파 성분 사이에서 소비전력이 발생한다.
③ 전압의 제3고조파와 전류의 제5고조파 성분 사이에서 소비전력이 발생한다.
④ 전압의 제5고조파와 전류의 제7고조파 성분 사이에서 소비전력이 발생한다.

│ 해설
교류전력은 주파수가 같은 전압과 전류 사이에서만 발생한다. 따라서 전압과 전류의 차수가 같은 고조파끼리만 전력이 존재한다.

11. 정현파 교류의 왜형률(Distortion factor)은?

① 0   ② 0.1212
③ 0.2273   ④ 0.4834

│ 해설
왜형률 = $\dfrac{\text{고조파만의 실횻값}}{\text{기본파의 실횻값}}$ 에서 정현파의 경우 고조파의 실횻값이 0이므로 왜형률은 0이 된다.

12. 기본파의 3[%]인 제3고조파와 4[%]인 제5고조파를 포함하는 전압파의 왜형률은?

① 3[%]   ② 4[%]
③ 5[%]   ④ 6[%]

│ 해설
$$V_{THD} = \frac{\sqrt{(0.03\,V)^2 + (0.04\,V)^2}}{V} = \frac{V\sqrt{0.03^2 + 0.04^2}}{V}$$
$$= \frac{\sqrt{0.03^2 + 0.04^2}}{1} = 0.05 = 5\text{[\%]}$$

정답   07 ①   08 ④   09 ①   10 ①   11 ①   12 ③

✓ 학습전략

| Chapter 01 직류기 | 직류기를 구성하고 있는 전기자, 계자 등 각각의 역할을 숙지하고 직류발전기의 기전력, 전기자반작용, 발전기 종류에 따른 특성을 익혀야 합니다. 병렬운전 시의 조건 및 주의사항을 숙지해야 합니다. 직류전동기의 경우 토크, 속도, 전동기에 따른 운전 시 주의사항을 학습하고 효율 및 손실의 개념을 숙지해야 합니다. |

| Chapter 02 동기기 | 동기발전기를 사용목적에 따라 구분하고 동기속도, 권선법, 기전력 등에 대해 이해하고 설비특성을 알 수 있는 단락비 및 병렬운전에 대해 숙지해야 합니다. 동기전동기와 동기조상기의 특성 및 운전 시 주의사항에 대해 이해해야 합니다. |

| Chapter 03 변압기 | 변압기의 사용목적과 구조에 대해 파악하고 특성시험, 전압변동률, 효율 및 손실에 대한 내용을 숙지해야 합니다. 변압기의 결선과 병렬운전 및 CT, PT 등의 특수변압기에 대한 내용을 이해해야 합니다. |

| Chapter 04 유도기 | 유도전동기의 구조적 특성을 파악하여 농형과 권선형을 구분하고 슬립 및 토크, 기동, 속도제어에 대해 숙지해야 합니다. 전력의 변환 및 3상 유도전동기와 단상 유도전동기의 차이점을 이해해야 합니다. |

| Chapter 05 정류기 | 다이오드 및 SCR의 동작 특성, 반파 및 전파정류 회로에 대해 이해하고 SCR의 종류별 특성을 숙지해야 합니다. |

PART 02
전기기기

직류기

01 직류발전기 구성요소

1 계자(Field magnet)

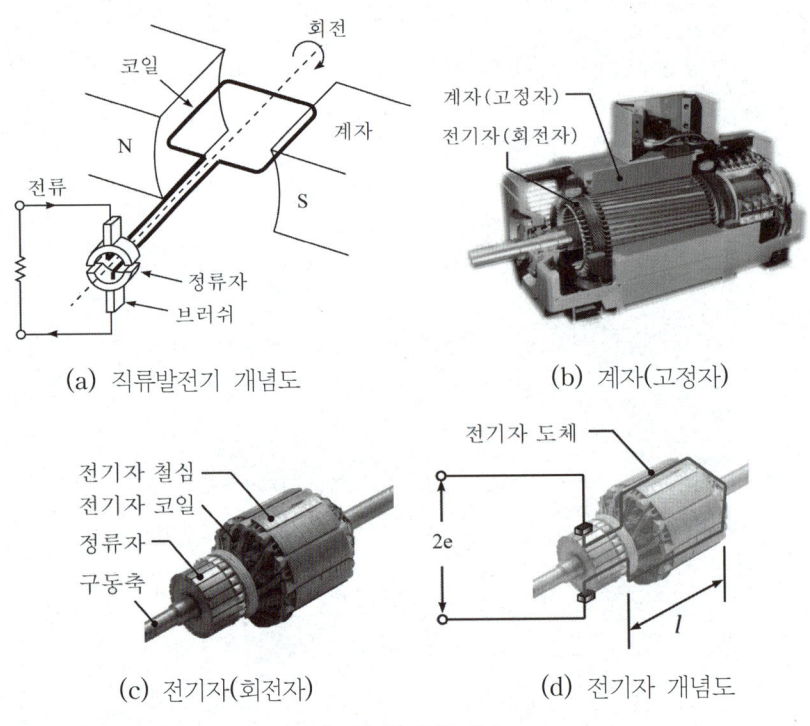

(a) 직류발전기 개념도

(b) 계자(고정자)

(c) 전기자(회전자)

(d) 전기자 개념도

【그림 1】 구성 요소

(1) 직류기에서 N극과 S극을 만드는 부분이다. 직류기는 계자가 움직이지 않도록 고정되어있기 때문에 고정자라고도 한다. 자석의 힘을 만들기 위해 영구자석이나 철심(코일)을 사용할 수 있지만 일반적으로는 철심이 쓰인다.

(2) 철심에 전선을 감고 여기에 직류전류가 흐르면 자속이 생기는데 이를 활용하는 것이다. 이때 계자에 감겨있는 권선을 계자권선이라고 하며 계자권선에 흐르는 직류전류를 계자전류(I_f)라고 한다. 고정자를 간단히 극(자극)이라고 한다.

(3) 계자에서 자속을 만드는 중 손실이 발생하는데 이를 철손이라 한다. 철손은 주로 히스테리시스손과 와류손으로 이루어져 있다.

① 히스테리시스손($P_h \propto f B_m^2$) : 철심의 자화 과정에서 발생하는 열로 인한 전력 손실

② 와류손($P_e \propto t^2 f^2 B_m{}^2$) : 자화되어 발생되는 자속에 의해 철심의 단면에 맴도는 전류로 인해 소비되는 손실

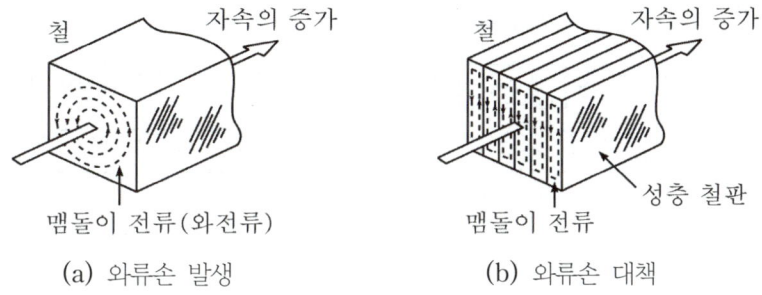

(a) 와류손 발생   (b) 와류손 대책

【그림 2】 와전류와 와류손

2 전기자(Armature)

(1) 자극 사이에서 회전하는 원통형 부분을 일반적으로 회전자라고 하며, 직류기에는 이 회전자에 감긴 권선에 전류가 흐르기 때문에 특별히 전기자라고 부른다.

(2) 이 전기자에 감긴 권선을 전기자 권선이라 하며 이 전기자 권선에 흐르는 전류를 전기자 전류(I_a)라고 한다.

3 정류자와 브러시(Commutator and Brush)

(1) 브러시와 정류자편은 발생된 교류전력을 직류전력으로 정류해준다.

(2) 정류자편은 회전자권선의 끝에 설치된 원형고리 부분이며, 브러시는 부하측에 설치된 부분으로 회전하는 부분과 고정된 부분을 전기적으로 연결한다.

핵심요약

직류발전기의 구성
① 계자 : 철심에 권선을 감아 직류전류를 흘려 자속을 발생시키는 부분
② 전기자 : 계자에서 발생한 자속을 절단하여 기전력(발전기) 및 회전력(전동기)을 발생시키는 부분
③ 정류자 : 교류를 직류로 변환시키는 부분

02   전기자 권선법

1 전기자 권선

【그림 3】 전기자 권선

(1) 환상권

　환상 철심에 도선을 환상으로 감은 것

(2) 고상권

　원통형 철심의 표면에만 권선을 감은 것으로 절연이 양호하고 제작이 용이하며, 리액턴스가 적어 정류 시 효율이 좋다.

(3) 단층권

　1개의 슬롯(slot) 내에 1개의 코일변(전기자 도체)을 삽입하는 권선법

(4) 2층권

　1개의 슬롯(slot) 내에 2개의 코일변(전기자 도체)을 삽입하는 권선법

2 중권과 파권

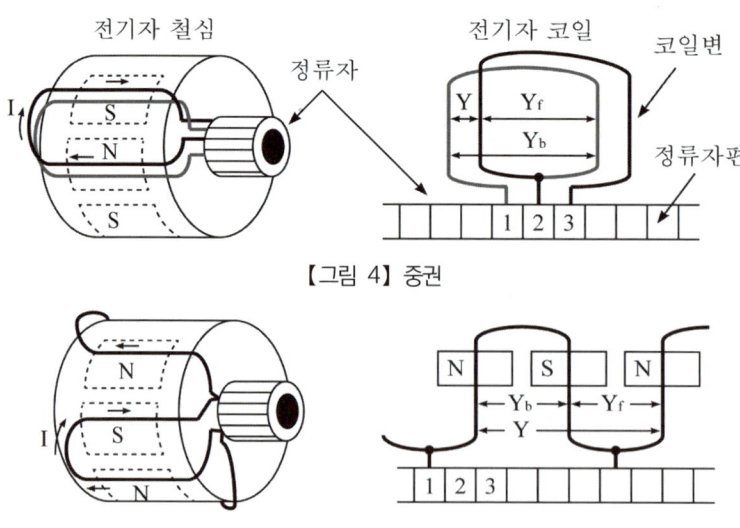

【그림 4】 중권

【그림 5】 파권

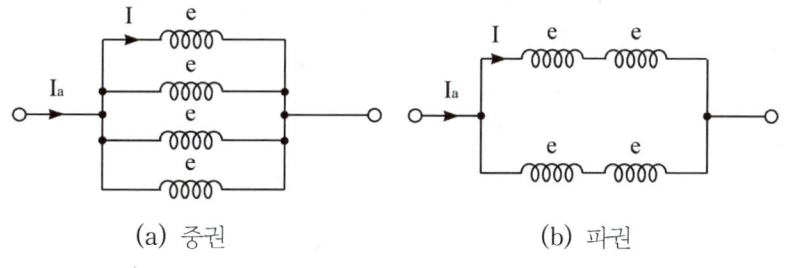

| | (a) 중권 | (b) 파권 |

【그림 6】 등가회로

(1) 중권

저전압, 대전류에 적당하며 전기자의 병렬 회로수 a와 브러시 수 b는 극수 P와 같다.

(2) 파권

파권은 코일의 연결 모양이 파도 모양으로 고전압, 소전류 시스템에 적당하며 전기자의 병렬 회로수 a와 브러시 수 b는 항상 2이다.

구분	중권(병렬권)	파권(직렬권)
병렬회로 수(a)	극수와 같다($a = P$).	극수와 관계없이 2다($a = 2$).
브러시 수(b)	극수와 같다($b = P$).	2개
균압환	○	×
용도	저전압, 대전류($I = \dfrac{I_a}{2}$)	고전압, 소전류($I = \dfrac{I_a}{a}$)

【표 1】 중권과 파권의 비교

$$\text{정류자 편수} = \frac{\text{총 도체수}}{2} = \frac{\text{슬롯수} \times \text{슬롯 내부 도체수}}{2}$$

03 직류발전기 이론

1 유도기전력

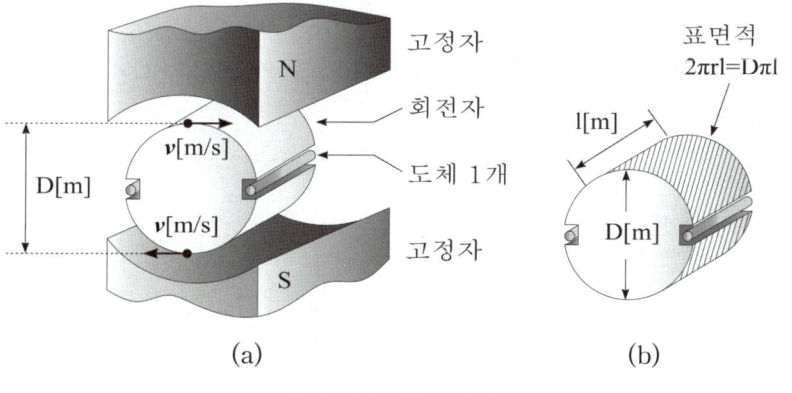

【그림 7】 직류 발전기

(1) 【그림 7】과 같이 회전자가 운동하면 플레밍 오른손 법칙에 의해 각 도체에는 기전력이 유도(유기)된다. 이때 도체 1개의 유도기전력은 다음과 같다.

> ① 도체 1개의 유도기전력 : $e = B\ell v \sin\theta\,[\mathrm{V}]$
>
> ② 회전자 주변속도 : $v = \pi D \cdot \dfrac{N}{60}\,[\mathrm{m/s}]$

여기서, r : 회전자 반경[m]　D : 회전자 직경　P : 극수　n : 초당 회전수[rps]　N : 분당 회전수[rpm]

(2) 실제 기기에서 전기자의 출력 단자전압은 병렬회로의 도체 수 Z와 각 도체의 전압을 곱한 값과 같다. 전체 유도기전력은 다음과 같다.

> 전체 유도기전력 : $E = \dfrac{PZ\phi N}{a60} = K\phi N\,[\mathrm{V}]$

여기서, Z : 전기자 총 도체 수　　　a : 병렬 회로 수(중권 : $a = P$, 파권 : $a = 2$)

　　　　K : 기계적 상수($K = \dfrac{PZ}{a60}$)

(3) 유도기전력(유기기전력)은 자속 ϕ와 회전수 N에 비례하고, 유도기전력이 일정할 때 자속과 회전수는 반비례 관계를 갖는다.

핵심요약

플레밍의 오른손 법칙
① 자계 내의 도체가 $v\,[\mathrm{m/s}]$의 속도로 운동하면 도체에는 기전력이 유도된다.
② 유도기전력(= 유기기전력) : $e = B\ell v \sin\theta\,[\mathrm{V}]$

직류발전기의 유도기전력

$E = \dfrac{PZ\phi N}{a60}\,[\mathrm{V}]$

2 전기자 반작용(Armature reaction)

(1) 개요

전기자 반작용은 전기자 전류에 의한 자기력선(누설자속)이 계자(고정자)에 의한 자기력선(주자속)에 영향을 주는 현상을 의미한다.

(2) 전기자 반작용의 문제점

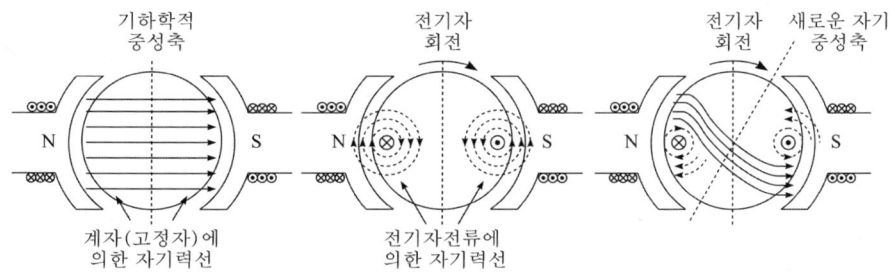

【그림 8】 전기적 중성축 이동

① 【그림 8】과 같이 전기자가 회전하여 전기자 도체에 전류가 흐르면 전기자 전류에 의한 자기력선에 의해 계자에 의한 자기력선의 방향에 변화가 발생하여 결과적으로 자기적인 중성축이 이동하는 편자작용이 발생된다.

　㉠ 발전기 : 발전기 회전방향으로 중성축이 이동

　㉡ 전동기 : 전동기 회전에 반대방향으로 중성축이 이동

② 전기자 기자력(AT_a)의 2분력

　㉠ 매극당 감자 기자력 : 주자속 감속

$$AT_d = \frac{I_a Z}{2aP} \cdot \frac{2\alpha}{180} \, [\text{AT/극}]$$

　㉡ 매극당 교차 기자력 : 중성축 이동

$$AT_c = \frac{I_a Z}{2aP} \cdot \frac{\beta}{180} \, [\text{AT/극}]$$

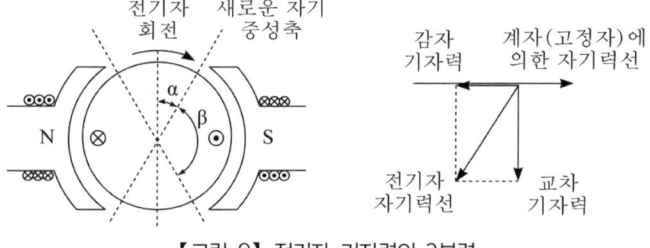

【그림 9】 전기자 기자력의 2분력

③ 주자속의 감소(감자작용)로 인하여 유도기전력이 감소한다.

④ 자기적 중성축의 이동으로 인한 브러시에 기전력이 발생하여 정류자 편간에 전압이 불균일하게 되어 브러시에서 불꽃 및 섬락이 발생한다. 즉, 원활하게 정류가 되지 않는다(정류불량의 원인).

(3) 전기자 반작용 방지 대책

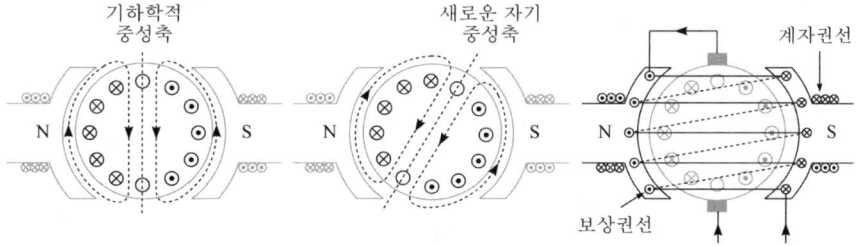

【그림 10】 전기자 반작용 방지 대책

① 중성축 이동 : 로커를 이용하여 브러시를 이동시킨다. 이때, 직류 발전기는 회전방향으로 이동시키고, 직류 전동기는 회전반대방향으로 이동시킨다.

② 보극 설치 : 공극에서의 자속밀도를 균일하게 만든다.

③ 보상권선 설치 : 계자극 표면에 보상권선을 설치하여 전기자 전류와 반대방향으로 전류를 흘리면 전기자 전류에 의한 자기장을 줄일 수 있다.

전기자 반작용 문제점

① 편자작용으로 전기적 중성축의 이동
② 감자작용으로 유기기전력의 감소
③ 정류불량 : 정류자와 브러시의 접촉면에서 불꽃 및 섬락 발생

전기자 반작용 방지 대책

① 보극 설치
② 보상권선 설치

3 정류(Commutation) 작용

(1) 직류발전기의 전기자 권선에서 발생한 교류전력을 직류전력으로 바꾸어 주는 것을 정류라 하는데 정류 시 발생하는 불꽃이 정류자를 손상시킬 수 있어서 불꽃 없는 정류를 하는 것이 필요하다.

(2) 정류에 따른 전류의 방향

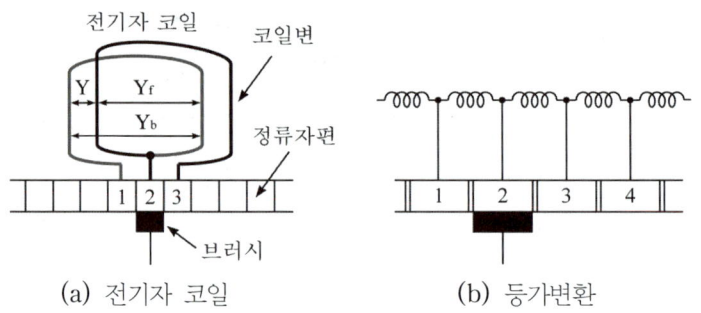

【그림 11】 전기자 코일 등가회로

(3) 리액턴스 전압

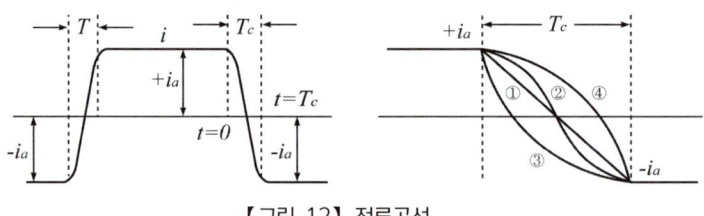

【그림 12】 정류곡선

① 전기자 코일에는 자기 인덕턴스가 있으므로 전류의 크기가 변화하면 렌츠의 법칙에 의해 전류의 변화를 방해하는 작용을 받게 된다. 이때 코일의 인덕턴스를 $L\,[\mathrm{H}]$라 하고 정류되고 있는 코일의 전류는 정류 주기 T_c 사이에 $+i_c$에서 $-i_c$로 변화하므로 기전력이 발생하는데 이를 리액턴스 전압이라 한다.

② 리액턴스 전압

$$
\text{리액턴스 전압} : e_L = L\frac{2\,i_c}{T_c}
$$

여기서, L : 자기 인덕턴스 　　T_c : 정류 주기

(4) 정류곡선

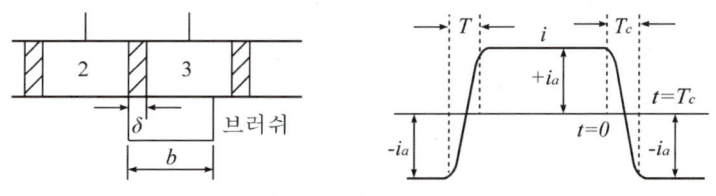

【그림 13】 정류곡선

① 직선 정류곡선 : 전류가 직선적으로 변화하는 것으로 브러시의 접촉면에 나타나는 전류의 밀도가 균일하여 이상적인 정류곡선
② 정현 정류곡선 : 정류의 개시, 종료 때의 전류변화가 없으므로 불꽃 또한 발생하지 않음
③ 과 정류곡선 : 정류가 시작될 때 브러시 앞쪽에서 불꽃 발생
④ 부족 정류곡선 : 정류가 끝날 때 브러시 뒤쪽에서 불꽃 발생

(5) 저항정류

① 부하가 커지면 흐르는 전류도 증가하기 때문에 리액턴스 전압이 커져서 불꽃의 발생도 많아지고 정류자나 브러시를 과열시켜서 손상될 수 있다.
② 이와 같은 손상을 방지하기 위해 접촉저항이 큰 흑연질 또는 탄소질 브러시를 써서 정류시키는 것을 저항정류라 한다.

(6) 전압정류

① 정류 중의 코일에서 인덕턴스에 의하여 발생한 리액턴스 전압을 상쇄시킬 수 있는 반대 방향의 정류 전압을 코일에 발생시키면 정류가 좋게 된다. 이를 전압정류라 한다.
② 전압정류를 하기 위해 주자극 중간에 작은 철심에 코일을 감은 보극을 설치하여 리액턴스 전압을 감소시킨다.

(7) 양호한 정류를 얻으려면

① 리액턴스 전압이 작을 것
② 인덕턴스가 작을 것
③ 정류주기가 클 것 → 회전속도가 적을 것
④ 보극을 설치할 것 → 전압정류
⑤ 브러시 접촉 저항이 클 것 → 저항정류
⑥ 리액턴스 전압 < 브러시 전압 강하

(8) 정류주기

$$\text{정류주기} : T_c = \frac{b - \delta}{v_c}$$

여기서, b : 브러시 폭[m] v_c : 주변속도[m/s] δ : 정류자 편간 절연물의 폭[m]

핵심요약

전력 변환

① 인버터(Inverter) : 직류를 교류로 변환시켜주는 장치(DC → AC)
② 컨버터(Converter) : 교류를 직류로 변환시켜주는 장치(AC → DC)

1 여자방식에 따른 분류

(1) 타여자 발전기

　발전기 외부의 다른 직류 전원을 공급받아 계자 자속을 만드는 발전기이다.

(2) 자여자 발전기

　계자 자속을 만들기 위한 전원을 외부에서 끌어오는 것이 아니라 전기자에서 만들어진 기전력을 그대로 이용하는 발전기이다. 이때 계자권선과 전기자 권선의 연결 방법에 따라 직권 발전기, 분권 발전기, 복권 발전기로 나누어진다. 자여자 발전기는 역회전 시 잔류자기가 소멸하여 발전이 안 되므로 역회전이 되지 않도록 주의해야 한다.

　① 직권 발전기 : 계자 권선과 전기자 권선을 직렬로 접속한 발전기

　② 분권 발전기 : 계자 권선과 전기자 권선을 병렬로 접속한 발전기

　③ 복권 발전기 : 직렬 계자 권선과 병렬 계자 권선을 동시에 사용하는 것으로 내분권과 외분권 복권 발전기로 구성되어 있다.

2 타여자 발전기의 특징

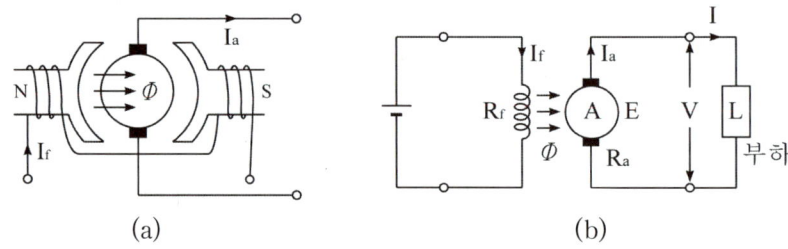

여기서, R_f : 계자저항　　I_f : 계자전류　　R_a : 전기자저항　　I_a : 전기자전류　　I : 부하전류　　V : 단자전압

【그림 14】 타여자 발전기

(1) 타여자 발전기는 독립된 외부전원을 이용하여 계자전류를 흘리는 발전기이다. 독립된 외부전원으로 주자속이 공급되기 때문에 전기자 전류가 주자속의 크기에 영향을 미치지 않는다. 따라서 타여자 발전기를 영구자석 발전기라고도 부른다.

(2) 정상상태

> ① 전기자 전류 : $I_a = I\,[\mathrm{A}]$　　　　② 유도기전력 : $E = V + I_a R_a\,[\mathrm{V}]$

(3) 무부하 상태

> ① 전기자 전류 : $I_a = I = 0$　　　　② 유도기전력 : $E = V_0$

여기서, V_0 : 무부하 단자전압

(4) 발전기 운용 시 전압 변화가 작기 때문에 안정된 운전이 가능하므로 화학공장의 전원 및 실험실 전원으로 사용된다.

3 직권 발전기의 특징

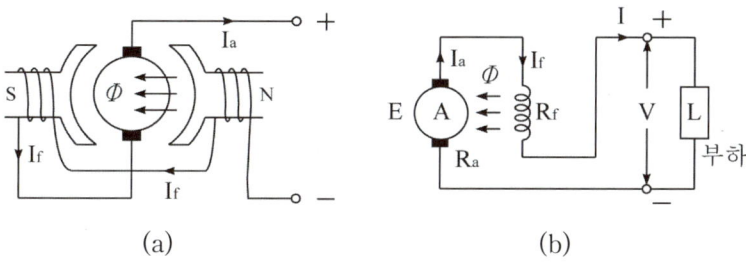

【그림 15】 직류 직권 발전기

(1) 직권 발전기는 계자권선이 전기자와 직렬로 연결된 발전기이다. 전기자에 흐르는 전류가 분권 발전기의 분권계자에 흐르는 전류보다 훨씬 많기 때문에 이 발전기의 직권계자에는 권선수가 적고 사용하는 전선도 분권계자에 비해서 훨씬 굵은 전선을 사용한다.

(2) 정상상태

---

① 전기자 전류 : $I_a = I_f = I[\mathrm{A}]$

② 유도기전력 : $E = V + I_a R_a + I_f R_f[\mathrm{V}]$

③ 부하 단자전압 : $V = E - I_a(R_a + R_f)[\mathrm{V}]$

여기서, I_f : 계자전류 R_f : 계자저항 R_a : 전기자 저항

(3) 무부하 상태($I_a = I_f = I = 0$)

회로가 개방되어 전류가 흐르지 않기 때문에 전압확립이 되지 않는다. 즉 무부하상태에서는 발전하지 못한다.

(4) 부하에 따른 전압변동이 커서 직류전원으로 사용하기 어렵기 때문에 선로의 전압강하 보상용의 승압기로 사용된다.

4 분권 발전기의 특징

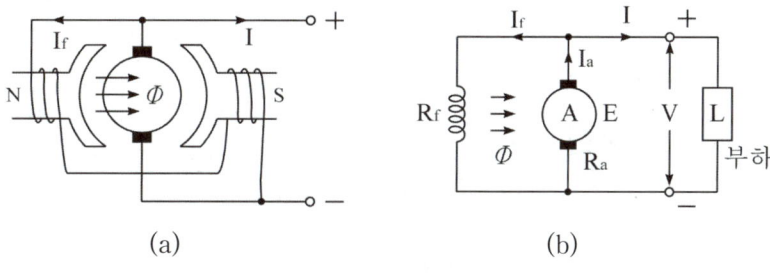

【그림 16】 직류 분권 발전기

(1) 분권 발전기는 발전기의 단자에 병렬로 연결된 계자를 이용하여 스스로 계자전류를 흘리는 발전기이다. 즉, 원동기를 통해 발전된 유도기전력 E에 의하여 계자전류 I_f가 결정된다.

(2) 계자권선의 잔류자기를 이용하여 발전하므로 전기자의 회전방향을 반대로 할 경우 잔류자기가 소멸하여 발전이 되지 않는다.

(3) 정상상태

① 전기자 전류 : $I_a = I + I_f$ [A]

② 유도기전력 : $E = V + I_a R_a$ [V]

③ 부하 단자전압 : $V = I_f R_f$ [V]

여기서, I_f : 계자전류 R_f : 계자저항 R_a : 전기자 저항

(4) 무부하 상태

회로가 개방되면 부하전류가 0이 되므로($I = 0$) 전기자 전류 I_a가 전부 계자전류 I_f가 되어 계자권선이 소손될 우려가 있다. 따라서 직류 분권 발전기는 무부하 운전을 금지하고 있다.

(5) 타여자 발전기와 같이 전압변동률이 적고, 다른 여자 전원이 필요 없다. 또한 계자 저항기 R_f로 전압 조정이 가능하므로 화학용 전원, 축전지의 충전용 전원으로 사용된다.

5 복권 발전기의 특징

(1) 직권 계자 권선과 분권 계자 권선을 함께 사용하는 발전기로 전기자 권선과 계자 권선이 병렬로 먼저 접속되어있으면 내분권 복권 발전기이고, 전기자 권선과 계자 권선이 직렬로 먼저 접속되어있으면 외분권 복권 발전기가 된다.

(2) 복권 발전기는 직권 계자 권선을 단락시키면 분권 발전기로 사용 할 수 있으며, 분권 계자 권선을 개방시키면 직권 발전기로 사용할 수 있다.

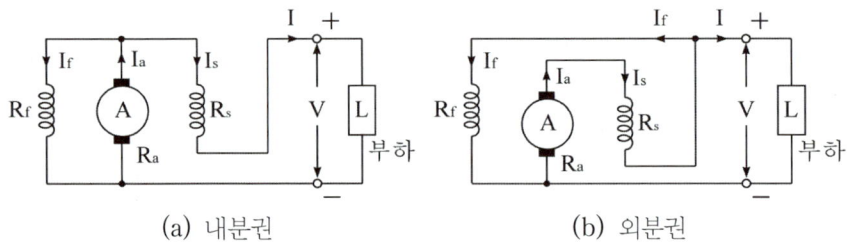

(a) 내분권   (b) 외분권

【그림 17】 직류 복권 발전기

(3) 복권 발전기의 외부 특성 곡선

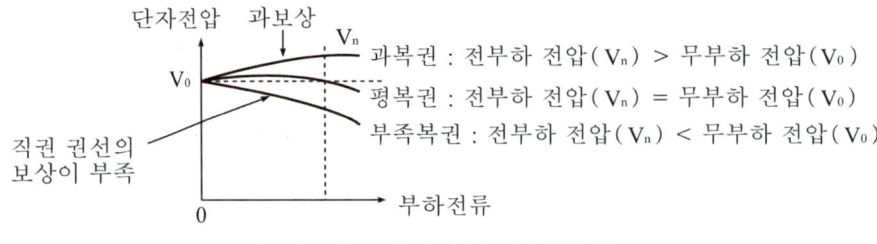

【그림 18】 복권 발전기의 외부 특성 곡선

① 가동 복권 발전기 : 직권 계자 권선에 의한 자속과 분권 계자 권선에 자속이 서로 합쳐져서($\phi = \phi_s + \phi_f$) 전체 유도기전력을 증가시키는 발전기를 말한다.

② 차동 복권 발전기 : 분권 계자의 기자력을 직권 계자의 기자력으로 감소되어 전체 유도기전력을 감소($\phi = \phi_s - \phi_f$)시키는 발전기를 말한다.

(4) 용도

　① 평복권 발전기 : 부하가 증가해도 전압이 일정하므로 직류 전원 및 기기의 여자전원으로 사용한다.

　② 과복권 발전기 : 급전선의 전압강하 보상용으로 사용한다.

　③ 차동복권 발전기 : 수하특성을 갖는 정전류 발전기로서 아크용접용 발전기로 사용한다.

　④ 수하특성 : 부하 증가 시 단자전압이 현저하게 강하되면서 부하전류가 급격히 감소되어 전류가 일정해지는 정전류특성을 말한다.

6 전압변동률

(1) 발전기를 정격속도, 정격전류 및 정격출력으로 운전하고 여자회로를 조정하지 않고 속도를 일정하게 유지하면서 정격부하에서 무부하로 했을 때, 전압이 변동하는 비율을 전압변동률 ϵ이라 한다.

$$\text{전압변동률} : \epsilon = \frac{V_o - V_n}{V_n} \times 100 \, [\%]$$

(2) 전압변동률에 따른 발전기 종류

　① $\epsilon > 0$: 타여자 발전기, 분권 발전기, 부족복권 발전기

　② $\epsilon = 0$: 평복권 발전기

　③ $\epsilon < 0$: 과복권 발전기, 직권 발전기

7 직류 발전기의 병렬운전

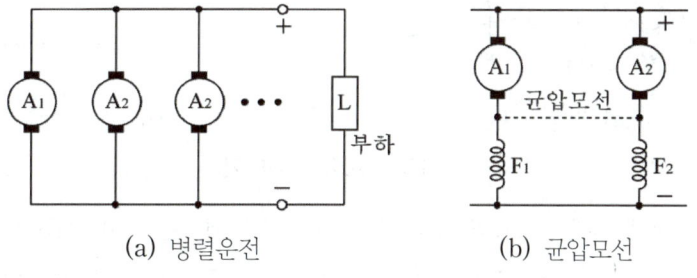

(a) 병렬운전　　　　(b) 균압모선

【그림 19】 발전기 병렬운전

(1) 어떤 부하의 크기가 크거나 발전기 용량이 작은 경우 발전기 1대로는 수요를 감당할 수 없다. 따라서 수요에 맞게 여러 대의 발전기를 동시에 운용하는 방법이 있는데 이를 발전기의 병렬운전이라고 한다. 병렬운전을 하면 부하에 안정적으로 전기를 공급할 수 있다. 또 여러 발전기가 같이 돌아가므로 개별 발전기가 받는 부담이 줄어들어 고장이나 사고 위험을 줄이는 효과도 거둘 수 있다.

(2) 직류 발전기의 병렬운전 조건은 다음과 같다.

　① 직류 발전기의 극성이 같을 것

　② 정격(단자)전압이 같을 것

　③ 부하전류 부담은 용량에 비례할 것

④ 외부 특성 곡선이 수하 특성일 것(수하 특성을 이용한 기기 : 용접기, 누설변압기, 차동 복권기)

⑤ 직권 및 복권발전기의 경우 균압모선을 설치하여 안성된 운진이 가능할 것. 직권의 특성을 나타내는 발전기의 경우 전압차가 상대적으로 크게 되면 발생된 전류가 부하로 흐르지 않고 발전기로 유입될 수 있으므로 전압을 맞춰주는 균압모선을 설치한다.

 **핵심요약**

직류발전기의 병렬운전 조건

① 극성이 같을 것

② 정격(단자)전압이 같을 것

③ 부하전류 부담은 용량에 비례할 것

④ 외부 특성 곡선이 수하 특성일 것

---

05 직류전동기 이론

1 플레밍의 왼손 법칙(= 전동기 법칙)

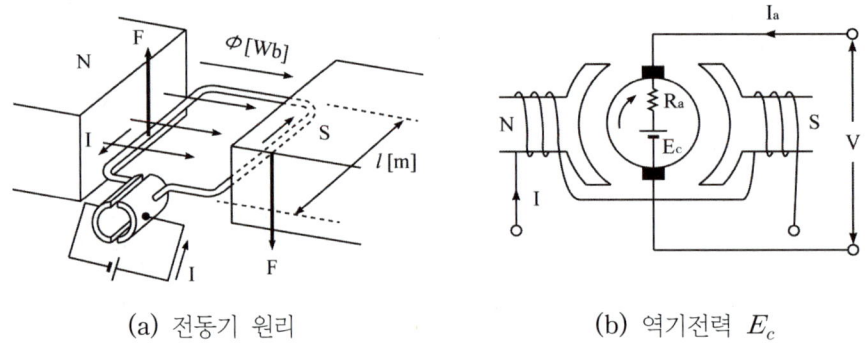

(a) 전동기 원리　　　　　　(b) 역기전력 E_c

【그림 20】 직류전동기

(1) 자기장 내에 있는 도체에 전류가 흐르면 도체에는 전자력이 발생하는데 이를 플레밍의 왼손 법칙이라 한다.

(2) 플레밍의 왼손 법칙은 왼손의 검지(둘째 손가락)가 자기장의 방향이고, 왼손의 중지(가운데 손가락)가 전류의 방향이며, 왼손의 엄지가 도체가 받아지는 힘 즉, 전자력 F의 방향이 된다. 전동기는 이 전자력에 의해 회전하게 된다.

전자력 : $F = BI\ell \sin\theta$ [N]

여기서, B : 자속밀도[Wb/m²]　　I : 전류[A]　　ℓ : 코일 변의 길이[m]　　θ : B와 I의 사잇각

2 역기전력

(1) 전동기의 회전 시 전기자 도체가 자속을 끊게 되므로 발전기의 경우와 같이 기전력이 만들어진다. 이때 유도기전력의 방향은 [그림 20] (b)와 같이 전원측 단자전압과 반대방향으로 발생하게 되므로 역기전력이라 한다.

(2) 역기전력과 단자전압은 다음과 같다.

> ① 역기전력 : $E_c = \dfrac{PZ\phi N}{a60} = K\phi N[\text{V}]$
>
> ② 단자전압 : $V = E_c + I_a R_a \rightarrow E_c = V - I_a R_a$

여기서, 기계적 상수 : $K = \dfrac{PZ}{a60}$

3 전동기 회전속도와 토크

(1) 회전속도

전동기의 회전속도는 $E_c = K\phi N$을 통해서 알 수 있으며, 회전 속도는 역기전력 및 단자전압에 비례하고 자속에는 반비례한다.

> 회전속도 : $N = \dfrac{E_c}{K\phi} = k\dfrac{E_c}{\phi} = k\dfrac{V - I_a R_a}{\phi}\,[\text{rpm}]$

여기서, V : 정격전압[V] I_a : 전기자 전류[A] R_a : 전기자 저항[Ω] ϕ : 자속[Wb]

(2) 토크 T

회전자 권선에 전류가 흐르면 플레밍 왼손 법칙에 의해 도체에는 전자력이 발생하여 회전자 축은 토크(회전력)를 발생시킨다.

> ① 전동기 출력 : $P_0 = E_c I_a = \omega T[\text{W}]$
>
> ② $T = \dfrac{PZ\phi I_a}{2\pi a} = K\phi I_a$
>
> ③ $T = 0.975 \times \dfrac{P_0}{N}\,[\text{kg·m}] = K\phi I_a\,[\text{N·m}]$

여기서, 기계적 상수 : $K = \dfrac{PZ}{2\pi a}$ a : 병렬 회로 수

핵심요약

전동기 회전 속도

① $N = k\dfrac{V - I_a R_a}{\phi}\,[\text{rpm}]$

② 회전속도는 단자전압에 비례하고 자속에 반비례한다.

전동기 토크(회전력)

① $T = 0.975 \times \dfrac{P_0}{N}\,[\text{kg·m}]$

② $T = \dfrac{PZ\phi I_a}{2\pi a} = K\phi I_a\,[\text{N·m}]$

1 개요

(1) 직류 전동기는 여자 방식, 계자 권선, 전기자 권선의 접속 방식에 따라 구분된다.

　① 타여자 전동기 : 계자 권선과 전기자 권선의 전원이 서로 다른 전동기

　② 자여자 전동기 : 계자 권선과 전기자 권선의 전원이 같은 전동기

(2) 자여자 전동기 중에서 직류 발전기와 마찬가지로 계자 권선과 전기자 권선이 직렬로 접속되어 있으면 직권 전동기, 병렬로 접속되어 있으면 분권 전동기, 직권 계자 권선과 분권 계자 권선을 동시에 사용하면 복권 전동기라 한다.

2 직권 전동기

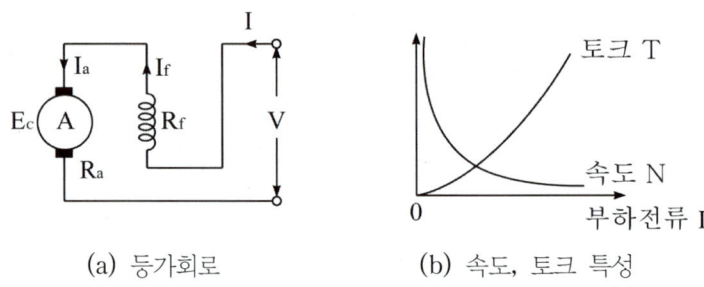

(a) 등가회로　　　　(b) 속도, 토크 특성

【그림 21】 직권 전동기의 특성

(1) 직권 전동기의 특성은 다음과 같다.

> ① 전기자 전류 : $I_a = I_f = I\,[\text{A}]$
>
> ② 역기전력 : $E_c = V - I_a(R_a + R_f)\,[\text{V}]$
>
> ③ 회전 속도 : $N = k\dfrac{V - I_a(R_a + R_f)}{\phi}\,[\text{rpm}]$
>
> ④ 토크 : $T = K\phi I \propto I^2\,[\text{N·m}]$

여기서, I_f : 계자 전류　　I : 부하 전류　　R_f : 계자 저항

(2) 속도 특성 $I = I_f = I_a = 0$

무부하에서는 회로에 전류가 흐르지 않으므로 계자 권선의 자속도 0이 된다. 그럼 위 회전속도 공식과 같이 $\phi = 0$이 되면 $N = \infty$이 되어 전동기는 위험속도가 된다. 따라서 직권 전동기는 무부하 운전을 금지하는 것만큼 전동기 축에 벨트를 걸어 사용하는 부하에는 적합지 않다(벨트가 벗겨지게 되면 위험속도가 된다).

(3) 토크 특성

직권 전동기의 자속은 부하전류에 비례($I_f \propto \phi$)하므로 결과적으로 토크는 전류 제곱에 비례($T \propto I^2$)하게 된다. 따라서 직권 전동기는 권상기, 기중기, 크레인 등과 같이 큰 토크가 요구되는 부하에 사용된다.

3 분권 전동기

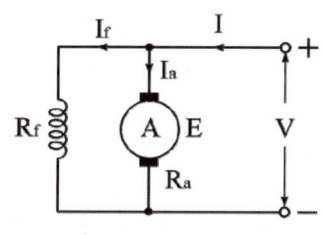
(a) 등가회로

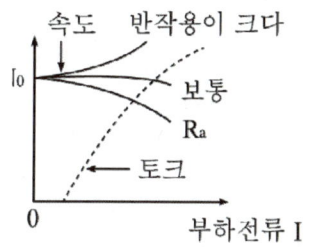
(b) 속도, 토크 특성

【그림 22】 분권 전동기의 특성

(1) 분권 전동기는 전기자 권선과 계자 권선이 병렬로 접속되어 있어서 정격전압이 일정하면 계자 전류도 일정하게 나타나는 특성이 있다.

---

① 전기자 전류 : $I_a = I - I_f \, [\text{A}]$

② 역기전력 : $E_c = V - I_a R_a \, [\text{V}]$

③ 회전 속도 : $N = k \dfrac{V - I_a R_a}{\phi} \, [\text{rpm}]$

④ 토크 : $T = K \phi I \propto I \, [\text{N·m}]$

---

(2) 속도 특성

단자전압이 일정하면 계자 전류의 변화는 거의 없으므로 토크와 회전 속도의 변화가 직권 또는 복권 전동기에 비해 작다.

(3) 부족 여자 특성

계자 회로 단선 시 계자 전류가 0이 되어 자속이 0으로 변해 회전 속도가 급격히 상승하여 위험속도에 도달하게 된다. 따라서 계자 회로에 퓨즈 및 과전류차단기를 설치해서는 안 된다.

07 직류전동기의 속도제어법

1 개요

(1) 부하 종류에 따른 특성과 운전의 목적에 맞도록 직류 전동기의 회전속도를 제어할 필요가 있다.

(2) 전동기 회전속도($N = k \dfrac{V - I_a R_a}{\phi} \, [\text{rpm}]$)는 정격 전압 V, 계자 자속 ϕ, 전기자 저항 R_a이 포함되어 있으므로 회전속도는 이 세 가지 요소를 통해 제어할 수 있으며, 이를 전압 제어, 자속 제어, 저항 제어라 한다. 또한 자속은 계자에서 만들어지므로 자속 제어라는 말 대신 주로 계자 제어라고 한다.

② 속도 제어법의 종류

(1) 전압 제어법

① 전압 제어법은 전동기 전원의 정격 전압 V를 변화시켜 속도를 조절하는 방법으로 속도를 광범위하게 제어할 수 있고 효율이 높은 것이 특징이다.

② 워드 레오나드 방식 : 직류 전동기의 입력 단자가 M−G set(전동기−발전기 세트)의 출력단자와 연결되어 있는 방식으로 M−G set의 전동기는 3상 유도전동기 또는 3상 동기전동기이고 발전기의 회전자 축을 회전시키는 원동기의 역할을 한다. 이러한 워드 레오나드 방식은 권상기, 압연기, 엘리베이터 등에 사용한다.

③ 일그너 방식 : 플라이휠을 사용하여 부하변동이 심한 곳에서 전동기를 안정적으로 운전시킬 때 사용한다.

(2) 계자 제어법

① 계자의 가변저항을 통해 계자 전류와 자속 ϕ를 조절하여 속도를 제어하는 방식이다.

② 계자 전류의 크기는 손실도 적고 전기자와 관계없이 광범위한 속도조정이 가능하므로 정출력 제어라고 한다.

(3) 저항 제어법

① 전기자 회로에 삽입된 가변저항 R을 조절하여 속도를 제어하는 방법으로 제어가 용이하고 보수점검이 쉽고 가격이 저렴하다.

② 다만 전력손실과 전압강하가 크기 때문에 속도변동률이 크다.

③ 속도 변동률

$$속도변동률 : \epsilon_n = \frac{N_0 - N_n}{N_n} \times 100\,[\%]$$

여기서, N_0 : 무부하 속도 N_n : 정격속도

(1) 직류 전동기가 일정한 전원에서 정격상태로 운전하고 있을 때 무부하 상태부터 정격부하 상태까지의 변화한 속도와 정격속도의 비율을 나타낸다.

(2) 직류 전동기의 속도−토크 특성 곡선

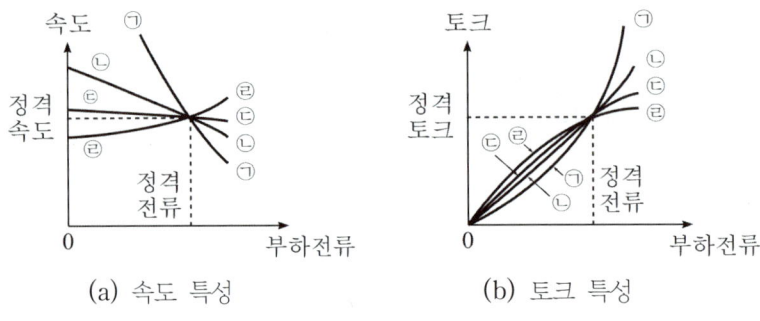

【그림 23】 직류 전동기의 특성

① 속도 변동률 비교 : ㉠ > ㉡ > ㉢ > ㉣
② 토크 변동률 비교 : ㉠ > ㉡ > ㉢ > ㉣

여기서, ㉠ 직권 전동기   ㉡ 가동복권 전동기   ㉢ 분권 전동기   ㉣ 차동복권 전동기

08 전동기 기동 및 제동법

1 직류 전동기의 기동

(1) 개요

① 기동이란 정지 상태에 있는 전동기가 운전 상태로 변화되는 과정을 말한다.

② 전동기는 기동할 때 대단히 큰 기동전류가 흘러서 배전선 및 기기를 손상시키고, 전압강하가 커져 부하 단자
전압에 악영향을 준다.

(2) 직류 전동기의 기동

$$기동전류 : I_{start} = \frac{V}{r_a + R} \text{ [A]}$$

여기서, V : 단자전압 r_a : 전기자 저항 R : 기동저항

① 전동기 기동 시

㉠ 기동전류를 작게 제한 → 기동 저항(R)을 최대

㉡ 기동 토크 크게 → 계자 저항(R_f)을 최소(또는 0)로 하여 자속을 크게 발생

② 전동기 운전 시

㉠ 손실 감소 : 기동 저항(R) 최소

㉡ 계자 저항 : 부하에 따라 적당히 선정

2 제동법

(1) 역상 제동(플러깅)

전동기가 전원에 접속된 상태에서 전기자의 접속을 반대로 하여 회전 방향과 반대 방향으로 토크를 발생시킨
다. 전동기를 급히 정지시키거나 역전시키는 방법이다.

(2) 발전 제동

운전 중인 전동기를 전원에서 분리시키고 전원으로부터 분리된 전동기에 저항을 연결하면 직류발전기가 된다. 여기
서 발생된 기전력을 저항에서 열로 소비하여 제동하는 방법이다.

(3) 회생 제동

발전 제동과 마찬가지로 운전 중인 전동기를 전원으로부터 분리한 후, 이때 발생된 전력을 전원에 반환하여 제
동하는 방법이다.

09　직류기의 손실 및 효율

1　손실

(1) 동손(P_c)

　　① 구리선에 전류가 흘러 발생하는 열로써 줄의 법칙($P_c = I^2 r$)으로 나타난다.

　　② 정격전류 및 여자전류에 의해 발생되는 손실로 부하전류의 제곱에 비례하여 변화한다.

(2) 철손(P_i)

　　① 철손이란 철심에서 자속을 형성하는 과정에서 발생하는 손실을 말하며, 히스테리시스손과 와류손으로 나눈다.

　　② 철손을 줄이기 위해서 규소강판을 성층철심의 형태로 철심이 제작된다.

(3) 표유부하손(P_s)

　　계산이나 측정이 되지 않고 부하전류가 흐를 때 도체 또는 금속 내부에서 발생하여 부하에 비례하여 변화한다.

2　효율

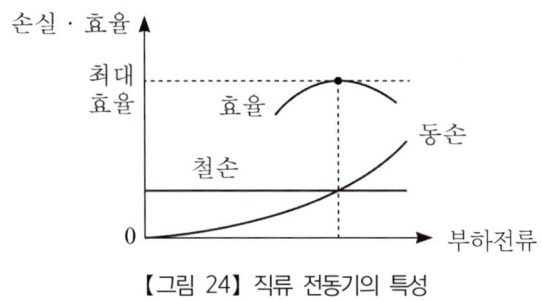

【그림 24】 직류 전동기의 특성

(1) 효율이란 기기의 입력과 출력의 비를 나타내는 것으로 입력에너지가 얼마만큼 유효하게 사용되는가를 백분율로 나타낸 것을 말한다.

(2) 실측효율

　　기기에 정격부하를 연결시켜 입력과 출력을 측정하여 계산하는 효율을 말한다.

$$실측효율 : \eta = \frac{출력}{입력} \times 100\,[\%]$$

(3) 규약효율

　　규정된 방법에 의해 각각의 손실을 측정하고 어떤 출력에 대한 입력, 입력에 대한 출력을 구하여 계산하는 효율을 말한다.

$$① \ 발전기 \ 효율 : \eta = \frac{출력}{출력 + 손실} \times 100\,[\%]$$

$$② \ 전동기 \ 효율 : \eta = \frac{입력 - 손실}{입력} \times 100\,[\%]$$

(4) 최대 효율 조건 : 철손(P_i) = 동손(P_c)

핵심요약

10 특수 직류기

1 전기 동력계

(1) 전기동력계는 전동기, 원동기의 출력을 측정하는 특수 직류기이다.

(2) 측정하고자 하는 전동기, 원동기를 전기동력계의 전기자 축에 연결하고 전기동력계를 직류 발전기로 구동하여 출력 단자에 부하저항을 접속하고 발생된 기계동력을 전기에너지로 변환 후 흡수한다.

(3) 이때 동력계의 전기자에 가해지는 토크는 변하지 않고 계자 플레임에 전달되므로 프레임의 회전을 멈추는 데 필요한 힘을 가하여 이것을 저울로 측정하면 토크의 크기를 알 수 있다.

2 단극 발전기

(1) 일정한 방향의 기전력을 발생하여 정류장치가 필요 없는 발전기를 단극발전기라고 한다.

(2) 전기자 도체는 1개지만 다수의 도체를 직렬로 접속하기 위해 슬립링이 필요하고 도체의 단면적이 커서 저전압 및 수천 암페어 이상의 대전류가 발생되므로 화학공장 및 저항 용접 등에 적용된다.

3 승압기

직류회로에 직렬의 방법으로 접속해서 회로의 전압을 광범위하게 제어하기 위한 직류 발전기를 승압기라고 한다.

※ 출제예상문제는 기출분석을 바탕으로 자주 출제되는 유형을 선별하였습니다.

01. 직류기의 3대 요소가 아닌 것은?

① 전기자   ② 계자
③ 공극   ④ 정류자

> **｜해설**
> ㉠ 직류기 3요소 : 전기자, 계자, 정류자
> ㉡ 교류기 3요소 : 전기자, 계자, 슬립링

02. 직류발전기에서 계자의 주된 역할은?

① 기전력을 유도한다.
② 자속을 만든다.
③ 정류작용을 한다.
④ 정류자면에 접촉한다.

> **｜해설**
> 각 부분에서의 역할
> ㉠ 전기자 : 계자에서 발생한 자속을 절단하여 기전력을 유도
> ㉡ 계자 : 여자현상으로 자속을 발생
> ㉢ 정류자 : 교류전력을 직류전력으로 변환하는 정류작용
> ㉣ 브러시 : 회전하는 전기자와 외부 회로와의 접속

03. 정류자와 접촉하여 전기자 권선과 외부 회로를 연결하는 역할을 하는 것은?

① 계자   ② 전기자
③ 브러시   ④ 계자철심

> **｜해설**
> 브러시
> 회전하는 전기자와 외부의 권선을 전기적으로 접속하는 역할을 하는 부분

04. 직류발전기에서 교류 기전력을 직류 기전력으로 변환하는 데 필요한 것은?

① 정류자 - 브러시   ② 슬립링 - 브러시
③ 회전자 - 브러시   ④ 전기자 - 브러시

> **｜해설**
> 정류자와 브러시는 교류전력을 정류하여 직류전력을 얻을 수 있게 해준다.

05. 직류기에서 계자자속을 전기자 표면에 널리 분포시켜주는 역할을 하는 것은?

① 정류자   ② 전기자
③ 공극   ④ 자극편

> **｜해설**
> 자극편은 계자에서 발생한 자속을 균등한 자속분포로 형성한다.

06. 그림은 4극 직류발전기의 자기회로를 보인 것이다. 자기 저항이 가장 큰 부분은?

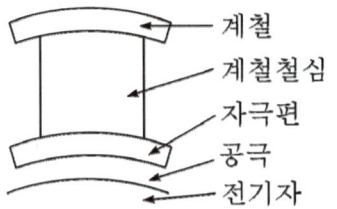

① 계철   ② 자극편
③ 계자 철심   ④ 공극

> **｜해설**
> 공극은 고정자와 회전자 사이의 공간으로 자속의 흐름을 방해하는 정도인 자기 저항이 크게 나타난다.

정답   01 ③   02 ②   03 ③   04 ①   05 ④   06 ④

07. 8극 파권 직류발전기의 전기자 권선의 병렬 회로수 a는 얼마로 하고 있는가?

① 1
② 2
③ 6
④ 8

| 해설

전기자 권선법의 중권과 파권 비교

구분	중권	파권
병렬회로수(a)	$a = P$	$a = 2$
브러시 수(b)	$b = P$	$b = 2$
용도	저전압, 대전류	고전압, 소전류
균압환	사용함	사용 안 함

여기서, P : 극수

08. 단중 중권의 극수가 P인 직류기에서 전기자 병렬 회로수 a는 어떻게 되는가?

① 극수 P와 무관하게 항상 2가 된다.
② 극수 P와 같게 된다.
③ 극수 P의 2배가 된다.
④ 극수 P의 3배가 된다.

| 해설

전기자 권선법의 중권과 파권 비교

구분	중권	파권
병렬회로수(a)	$a = P$	$a = 2$
브러시 수(b)	$b = P$	$b = 2$
용도	저전압, 대전류	고전압, 소전류
균압환	사용함	사용 안 함

* a : 병렬회로수, b : 브러시 수

09. 직류발전기에서 균압환을 설치하는 이유로 옳은 것은?

① 전압을 높인다.
② 전압강하 방지
③ 저항 감소
④ 브러시 불꽃 방지

| 해설

균압환은 극수가 많은 직류기의 운전 중에 브러시에서 발생하는 불꽃을 방지하기 위하여 설치한다.

10. 2극의 직류발전기에서 코일 변의 유효길이 $\ell\,[\mathrm{m}]$, 공극의 평균자속밀도 $B\,[\mathrm{wb/m^2}]$, 주변 속도 $v\,[\mathrm{m/s}]$일 때 전기자 도체 1개에 유도되는 기전력의 평균값은 $e\,[\mathrm{V}]$는?

① $e = B\ell v\,[\mathrm{V}]$
② $e = \sin wt\,[\mathrm{V}]$
③ $e = v^2 B\ell\,[\mathrm{V}]$
④ $e = 2B\sin\omega t\,[\mathrm{V}]$

| 해설

플레밍의 오른손 법칙(발전기 원리)
㉠ 자계 중의 도체가 운동하면 도체에는 기전력이 유도된다.
㉡ 유도기전력 : $E = B\ell v\,[\mathrm{V}]$

11. 그림에서와 같이 ㉠, ㉡의 약 자극 사이에 정류자를 가진 코일을 두고 ㉢, ㉣에 직류를 공급하여 X, X'를 축으로 하여 코일을 시계 방향으로 회전시키고자 한다. ㉠, ㉡의 자극성과 ㉢, ㉣의 전원극성을 어떻게 해야 되는가?

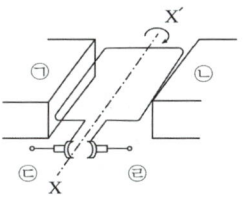

① ㉠ N ㉡ S ㉢ + ㉣ −
② ㉠ N ㉡ S ㉢ − ㉣ +
③ ㉠ S ㉡ N ㉢ + ㉣ +
④ ㉠ S ㉡ N ㉢, ㉣ 극성에 무관

| 해설

플레밍 왼손 법칙에 의해 아래와 같이 전자력이 발생하여 전동기는 회전하게 된다.

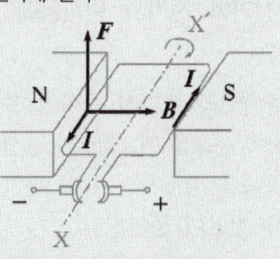

㉠ 엄지(v) : 전자력(도체의 운동방향)
㉡ 검지(B) : 자속밀도
㉢ 중지(I) : 전류
∴ 전류가 나가는 단자가 (+)가 된다.

정답 07 ② 08 ② 09 ④ 10 ① 11 ②

12. 전기자 지름이 0.2[m]의 직류발전기가 1.5[kW]의 출력에서 1,800[rpm]으로 회전하고 있을 때 전기자 주변속도는 약 몇 [m/s]인가?

① 9.42　　　　② 18.84
③ 21.43　　　　④ 42.86

| 해설
전기자 주변속도
$$v = \pi D \frac{N}{60} = 3.14 \times 0.2 \times \frac{1,800}{60} = 18.84 [\text{m/sec}]$$

13. 6극 파권 발전기의 전기자 도체 수 300, 매극 자속 0.02[Wb], 회전수 900[rpm]일 때 유도기전력[V]은?

① 90　　　　② 110
③ 220　　　　④ 270

| 해설
병렬회로수(a)는 파권이므로 $a = 2$
유기기전력 $E = \dfrac{PZ\phi N}{a60} [\text{V}]$

여기서, P : 자극수　Z : 총도체수　ϕ : 자속수[Wb]
　　　　　N : 매분회전수[rpm]
　　　　　a : 병렬회로수(파권 : $a = 2$ 중권 : $a = P$)
$$E = \frac{6 \times 300 \times 0.02 \times 900}{60 \times 2} = 270 [\text{V}]$$

14. 직류발전기의 전기자 반작용에 의하여 나타나는 현상은?

① 정류자편과 브러시 사이에 불꽃을 발생시킨다.
② 주자속 분포를 찌그러뜨려 중성축을 고정시킨다.
③ 주자속을 감소시켜 유도 전압을 증가시킨다.
④ 직류 전압이 증가한다.

| 해설
전기자 반작용으로 인한 문제점
㉠ 주자속 감소(감자작용)로 인한 기전력 감소
㉡ 편자 작용에 의한 중성축 이동
㉢ 정류자와 브러시 부근에서 불꽃 발생(정류 불량의 원인)

15. 직류발전기에서 전기자 반작용을 없애는 방법으로 옳은 것은?

① 브러시 위치를 전기적 중성점이 아닌 곳으로 이동시킨다.
② 보극과 보상권선을 설치한다.
③ 브러시의 압력을 조정한다.
④ 보극은 설치하되 보상권선은 설치하지 않는다.

| 해설
전기자 반작용에 의한 문제점 및 대책
㉠ 전기자 반작용으로 인한 문제점
　· 주자속 감소(감자작용)로 인한 기전력 감소
　· 편자 작용에 의한 중성축 이동
　· 정류자와 브러시 부근에서 불꽃 발생(정류 불량의 원인)
㉡ 전기자 반작용 대책
　· 보극 설치(소극적 대책)
　· 보상권선 설치(적극적 대책)

16. 보극이 없는 직류기 운전 중 중성점의 위치가 변하지 않는 경우는?

① 과부하　　　　② 전부하
③ 중부하　　　　④ 무부하

| 해설
㉠ 직류기에서 중성점의 위치를 변화시키는 원인은 전기자반작용이므로 중성점의 위치가 변하지 않는 경우는 전기자반작용이 발생하지 않는 상태로 전기자에 전류가 흐르지 않을 때이다.
㉡ 따라서, 전기자에 전류가 흐르지 않는 경우는 무부하 상태이다.

17. 직류기의 전기자 반작용의 영향을 보상하는 데 효과가 큰 것은 어느 것인가?

① 탄소 브러시　　　　② 보극
③ 균압 고리　　　　④ 보상권선

| 해설
전기자 반작용 대책
㉠ 보극 설치(소극적 대책)
㉡ 보상권선 설치(적극적 대책)

정답　12 ②　13 ④　14 ①　15 ②　16 ④　17 ④

18. 직류기에서 전기자 반작용을 방지하기 위한 보상 권선의 전류 방향은 어떻게 되는가?

① 전기자 권선의 전류 방향과 같다.
② 전기자 권선의 전류 방향과 반대이다.
③ 계자권선의 전류 방향과 같다.
④ 계자권선의 전류 방향과 반대이다.

| 해설
전기자 권선에 흐르는 전기자 전류에 의해 발생된 누설자속을 전기자 전류와 반대 방향으로 보상권선에 흐르는 전류에 의한 자속으로 상쇄시켜 공극의 자속분포를 수정할 수 있다.

19. 다음의 정류 곡선 중 브러시의 후단에서 불꽃이 발생하기 쉬운 것은?

① 직선 정류 　　② 정현파 정류
③ 과 정류 　　　④ 부족 정류

| 해설
① 직선 정류 곡선 : 전류가 직선적으로 변화하는 전류의 밀도가 균일한 이상적인 정류 곡선
② 정현파 정류 곡선 : 정류의 개시, 종료 때의 전류변화가 없으므로 불꽃이 거의 발생하지 않음
③ 과 정류 곡선 : 정류가 시작될 때 브러시 앞쪽에서 불꽃 발생
④ 부족 정류 곡선 : 정류가 끝날 때 브러시 뒤쪽에서 불꽃 발생

20. 직류기에 있어서 불꽃 없는 정류를 얻는 데 가장 유효한 방법은?

① 보극과 탄소브러시
② 탄소브러시와 보상권선
③ 보극과 보상권선
④ 자기포화와 브러시 이동

| 해설
직류기의 정류 시 불꽃 없는 정류를 하기 위해 보극과 탄소브러시를 사용한다.

21. 직류기에서 정류를 좋게 하는 방법 중 전압정류의 역할은?

① 보극 　　　　② 탄소
③ 보상권선 　　④ 리액턴스 전압

| 해설
정류 개선 대책
㉠ 전압 정류 : 보극(리액턴스 전압 보상)
㉡ 저항 정류 : 탄소브러시(접촉저항 크다.)

22. 직류기에서 보극을 두는 가장 주된 목적은?

① 기동 특성을 좋게 한다.
② 전기자 반작용을 크게 한다.
③ 정류 작용을 돕고 전기자 반작용을 약화시킨다.
④ 전기자 자속을 증가시킨다.

| 해설
보극의 설치목적
㉠ 전기자 반작용 발생 시 감자작용 완화
㉡ 정류 시 발생하는 전압강하 경감

23. 계자 권선이 전기자와 접속되어 있지 않은 직류기는?

① 직권기 　　　② 분권기
③ 복권기 　　　④ 타여자기

| 해설
직류발전기의 종류
① 직권기 : 계자권선과 전기자가 직렬로 접속됨
② 분권기 : 계자권선과 전기자가 병렬로 접속됨
③ 복권기 : 직권 계자권선과 분권 계자권선이 전기자와 직병렬로 접속됨
④ 타여자기 : 계자권선과 전기자가 별개로 결선됨

정답　18 ②　19 ④　20 ①　21 ①　22 ③　23 ④

24. 직류발전기에서 계자 철심에 잔류자기가 없어도 발전을 할 수 있는 발전기는?

① 분권 발전기　　　② 직권 발전기
③ 복권 발전기　　　④ 타여자 발전기

| 해설
타여자 발전기는 계자권선이 별도의 회로이므로 잔류자기가 없어도 발전이 가능하다.

25. 직권발전기의 설명 중 틀린 것은?

① 계자권선과 전기자권선이 직렬로 접속되어 있다.
② 승압기로 사용되며 수전 전압을 일정하게 유지하고자 할 때 사용된다.
③ 단자전압을 V, 유기 기전력을 E, 부하전류를 I, 전기자 저항 및 직권 계자저항을 각각 r_a, r_s라 할 때 $V = E + I(r_a + r_s)[\text{V}]$이다.
④ 부하전류에 의해 여자 되므로 무부하 시 자기여자에 의한 전압확립은 일어나지 않는다.

| 해설
직권발전기의 단자전압
$V = E - I(r_a + r_s)[\text{V}]$

26. 계자 권선이 전기자에 병렬로만 접속된 직류기는?

① 타여자기　　　② 직권기
③ 분권기　　　　④ 복권기

| 해설
직류발전기의 종류
① 타여자기 : 계자권선과 전기자가 별개로 결선됨
② 직권기 : 계자권선과 전기자가 직렬로 접속
③ 분권기 : 계자권선과 전기자가 병렬로 접속
④ 복권기 : 직권 계자권선과 분권 계자권선이 전기자와 직병렬로 접속됨

27. 분권발전기의 회전 방향을 반대로 하면?

① 전압이 유기된다.
② 발전기가 소손된다.
③ 고전압이 발생한다.
④ 잔류자기가 소멸된다.

| 해설
자여자 발전기(직권 및 분권발전기)의 경우 역회전 시 잔류자기가 소멸되어 발전이 되지 않는다.

28. 분권발전기는 잔류 자속에 의해서 잔류 전압을 만들고 이때 여자 전류가 잔류 자속을 증가시키는 방향으로 흐르면서, 여자 전류가 점차 증가하면서 단자 전압이 상승하게 된다. 이 현상을 무엇이라 하는가?

① 자기 포화　　　② 여자 조절
③ 보상 전압　　　④ 전압 확립

| 해설
자여자 발전기인 분권 발전기는 잔류자속을 이용하여 기전력을 발생시켜 이때 흐르는 전류의 일부가 여자전류가 되어 잔류자속을 증가시키는 과정이 반복적으로 나타나며 단자 전압이 상승하게 되는데 이를 전압 확립이라 한다.

29. 전압변동률이 적고 자여자이므로 다른 전원이 필요 없으며, 계자저항기를 사용한 전압조정이 가능하므로 전기 화학용, 전지의 충전용 발전기로 가장 적합한 것은?

① 타여자 발전기　　　② 직류 복권발전기
③ 직류 분권발전기　　　④ 직류 직권발전기

| 해설
분권발전기
㉠ 계자회로와 단자전압이 같아서 계자저항기를 이용하여 전압조정이 가능
㉡ 자여자 발전기이므로 외부의 여자전원이 필요 없음
㉢ 전기 화학용 및 축전지 충전용으로 사용가능

30. 직류 분권발전기를 동일 극성의 전압을 단자에 인가하여 전동기로 사용하면?

① 동일 방향으로 회전한다.
② 반대 방향으로 회전한다.
③ 회전하지 않는다.
④ 소손된다.

| 해설

직류 분권발전기에 동일 극성의 전압을 단자에 인가할 경우 계자전류의 방향은 변하지 않아서 계자에서 발생하는 자속의 방향이 변하지 않고 전기자전류의 방향이 반대로 나타나게 된다. 이때 플레밍의 전동기법칙에 의해 분권전동기로 동작하는데 회전방향은 발전기로 운전할 때와 동일 방향이 된다.

31. 정격 전압 $100[V]$, 정격 전류 $50[A]$, 전기자 저항 $0.2[\Omega]$인 타여자 발전기의 유기기전력$[V]$은?

① 125
② 127.5
③ 110
④ 120

| 해설

타여자 발전기 유기기전력 $E_a = V_n + I_a \cdot r_a[V]$
여기서, V_n : 정격전압 I_a : 전기자전류
          r_a : 전기자저항
타여자 발전기는 $I_a = I_n$이므로 $I_a = 50[A]$
$E_a = 100 + 50 \cdot 0.2 = 110[V]$

32. 다음 그림은 직류발전기의 분류 중 어느 것에 해당되는가?

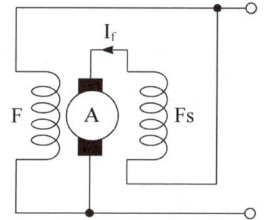

① 분권발전기
② 직권발전기
③ 자석발전기
④ 복권발전기

| 해설

복권발전기
전기자(A)와 직렬로 직권 계자권선(F_s)이 접속되고 병렬로 분권 계자권선(F)이 접속되는 발전기이다.

33. 직류발전기에서 급전선의 전압강하 보상용으로 사용되는 것은?

① 분권기
② 직권기
③ 과복권기
④ 차동복권기

| 해설

③ 과복권기 : 급전선 등의 전압강하 보상용으로 사용
④ 차동복권기 : 용접용 발전기의 전원으로 사용

34. 전기 용접기용 발전기로 가장 적합한 것은?

① 직류 분권형 발전기
② 차동 복권형 발전기
③ 가동 복권형 발전기
④ 직류 타여자식 발전기

| 해설

차동 복권형 발전기
부하의 크기에 관계없이 전류가 일정하게 되는 수하특성을 갖는 발전기로서 용접기의 전원으로 사용된다.

정답 30 ① 31 ③ 32 ④ 33 ③ 34 ②

35. 직류발전기의 무부하 특성곡선은?

① 부하전류와 무부하 단자전압과의 관계이다.

② 계자전류와 부하전류와의 관계이다.

③ 계자전류와 무부하 단자전압과의 관계이다.

④ 계자전류와 회전력과의 관계이다.

> **┃ 해설**
> 직류발전기의 특성곡선
> ㉠ 무부하 포화곡선 : 계자전류와 유기기전력과의 관계곡선
> ㉡ 부하 포화곡선 : 계자전류와 부하전압과의 관계곡선
> ㉢ 외부 특성곡선 : 부하전류와 단자전압과의 관계곡선
> ㉣ 위상 특성곡선(= V곡선) : 계자전류와 부하전류와의 관계곡선

36. 전압변동률 ϵ의 식은? (단, 정격 전압 V_n[V], 무부하 전압 V_0[V]이다.)

① $\epsilon = \dfrac{V_o - V_n}{V_n} \times 100\,[\%]$

② $\epsilon = \dfrac{V_n - V_o}{V_n} \times 100\,[\%]$

③ $\epsilon = \dfrac{V_n - V_o}{V_o} \times 100\,[\%]$

④ $\epsilon = \dfrac{V_o - V_n}{V_o} \times 100\,[\%]$

> **┃ 해설**
> 전압변동률 $\varepsilon = \dfrac{V_o - V_n}{V_n} \times 100\,[\%]$
> 여기서, V_o : 무부하 전압 V_n : 정격전압

37. 직류발전기의 정격전압 100[V], 무부하 전압 109[V]이다. 이 발전기의 전압변동률 ϵ[%]은?

① 1   ② 3

③ 6   ④ 9

> **┃ 해설**
> 전압변동률 $\epsilon = \dfrac{V_o - V_n}{V_n} \times 100\,[\%]$
> $= \dfrac{109 - 100}{100} \times 100 = 9\,[\%]$
> 여기서, V_o : 무부하 전압 V_n : 정격전압

38. 부하의 변동에 대하여 단자전압의 변화가 가장 적은 직류발전기는?

① 직권   ② 분권

③ 평복권   ④ 과복권

> **┃ 해설**
> 평복권 발전기는 전압변동률 $\epsilon = 0$으로써 부하의 변동에 대하여 단자전압의 변화가 적게 나타난다. 직류발전기의 전압변동률은 다음과 같다.
> ㉠ $\epsilon(+)$: 타여자, 분권, 부족복권
> ㉡ $\epsilon(0)$: 평복권
> ㉢ $\epsilon(-)$: 과복권

39. 무부하일 때 108[V]인 분권발전기가 8[%]의 전압변동률을 가지고 있다. 전부하 단자전압[V]은?

① 94   ② 98

③ 100   ④ 105

> **┃ 해설**
> ㉠ 전압변동률 $\varepsilon = \dfrac{V_o - V_n}{V_n} \times 100\,[\%]$
> 여기서 V_o : 무부하 전압 V_n : 정격전압
> ㉡ 정격전압 $V_n = \dfrac{V_o}{1 + \dfrac{\epsilon}{100}} = \dfrac{108}{1 + \dfrac{8}{100}} = 100\,[V]$

40. 직류 분권 발전기의 병렬운전의 조건에 해당되지 않는 것은?

① 극성이 같을 것
② 단자전압이 같을 것
③ 외부특성곡선이 수하특성일 것
④ 균압모선을 접속할 것

| 해설
직류 발전기 병렬운전 조건
㉠ 발전기의 극성이 같을 것
㉡ 정격(단자)전압이 같을 것
㉢ 외부특성곡선이 일치할 것 → 수하특성(용접기, 누설변압기, 차동복권기)
㉣ 직권 및 복권발전기의 경우 균압(모)선을 접속할 것 (분권발전기는 설치하지 않음)

41. 다음 중 병렬운전 시 균압선을 설치해야 하는 직류 발전기는?

① 분권
② 차동복권
③ 평복권
④ 부족복권

| 해설
균압선을 설치해야 하는 직류발전기
㉠ 직권발전기
㉡ 복권(평복권, 과복권)발전기

42. 다음 중 전기 용접기용 발전기로 가장 적당한 것은?

① 직류 분권형 발전기
② 차동 복권형 발전기
③ 가동 복권형 발전기
④ 직류 타여자식 발전기

| 해설
차동복권 발전기의 경우 수하특성을 이용하여 용접용으로 사용할 수 있다.

43. 직류발전기의 병렬 운전 중 한쪽 발전기의 여자를 늘리면 그 발전기는?

① 부하전류는 불변, 전압은 증가
② 부하전류는 줄고, 전압은 증가
③ 부하전류는 늘고, 전압은 증가
④ 부하전류는 늘고, 전압은 불변

| 해설
직류발전기의 병렬운전 중에 계자전류 변화 시
㉠ 계자전류 증가하면 전압이 증가 : 부하전류 증가하여 부하분담 증가
㉡ 계자전류 감소하면 전압이 감소 : 부하전류 감소하여 부하분담 감소

44. 타여자 전동기의 경우 전원의 극성을 바꾸면 회전방향은?

① 정지된다.
② 과속으로 운전된다.
③ 역회전한다.
④ 변하지 않는다.

| 해설
타여자 전동기의 경우 전원의 극성을 바꾸게 되면 전기자 전류의 방향은 바뀌고 계자 전류의 방향은 바뀌지 않아서 이로 인한 전기자에서 발생한 자속의 방향이 바뀌어서 역회전하게 된다.

정답 40 ④ 41 ③ 42 ② 43 ③ 44 ③

45. 직류 직권전동기의 특징에 대한 설명으로 틀린 것은?

① 부하전류가 증가하면 속도가 크게 감소된다.
② 기동토크가 작다.
③ 무부하 운전이나 벨트를 연결한 운전은 위험하다.
④ 계자권선과 전기자권선이 직렬로 접속되어 있다.

| 해설

직권 전동기의 특성 $T \propto I_a^2 \propto \dfrac{1}{N^2}$

여기서, T : 토크 I_a : 전기자 전류 N : 회전수

㉠ 부하전류가 증가하면 토크가 증가하여 회전속도는 크게 감소한다.
㉡ $T \propto I_a^2$: 전류 제곱에 비례하여 기동토크는 크게 발생한다.
㉢ $n \propto k\dfrac{E_c}{\phi}$: 무부하 운전이나 벨트를 연결하여 운전하다 벨트가 벗어지면 무부하 운전으로 되어 위험속도가 될 수 있어 위험하다.
㉣ 계자권선과 전기자 권선이 직렬로 접속되어 있다.

46. 직류 직권전동기를 사용하려고 할 때 벨트(belt)를 걸고 운전하면 안 되는 가장 타당한 이유는?

① 벨트가 기동할 때나 또는 갑자기 중부하를 걸 때 미끄러지기 때문에
② 벨트가 벗겨지면 전동기가 갑자기 고속으로 회전하기 때문에
③ 벨트가 끊어졌을 때 전동기의 급정지 때문에
④ 부하에 대한 손실을 최대로 줄이기 위해서

| 해설

직권전동기의 경우 운전 중에 벨트가 벗겨지면 무부하상태가 되어 위험속도에 도달하므로 기어 및 체인을 이용하여 회전력을 전달한다.

47. 정격 속도에 비하여 기동 회전력이 가장 큰 전동기는?

① 타여자기   ② 직권기
③ 분권기   ④ 복권기

| 해설

직권전동기 $T \propto I_a^2 \propto \dfrac{1}{N^2}$

직권전동기의 경우 토크가 전류의 제곱에 비례하므로 기동 회전력이 크다.

48. 기중기, 전기 자동차, 전기 철도와 같은 곳에 가장 많이 사용되는 전동기는?

① 가동 복권 전동기   ② 차동 복권 전동기
③ 분권 전동기   ④ 직권 전동기

| 해설

직권전동기 $T \propto I_a^2 \propto \dfrac{1}{N^2}$

직권전동기의 기동토크가 다른 직류전동기보다 가장 크기 때문에 토크 변동이 심한 기중기, 크레인, 전동차 등에 사용된다.

49. 직류 직권전동기의 공급 전압의 극성을 반대로 하면 회전방향은 어떻게 되는가?

① 변하지 않는다.
② 반대로 된다.
③ 회전하지 않는다.
④ 발전기로 된다.

| 해설

직권전동기의 경우 공급전압의 극성을 반대로 하면 계자권선과 전기자권선에서 발생하는 자속의 방향이 같이 바뀌므로 회전방향은 변하지 않는다.

정답   45 ②   46 ②   47 ②   48 ④   49 ①

50. 다음 그림의 직류전동기는 어떤 전동기인가?

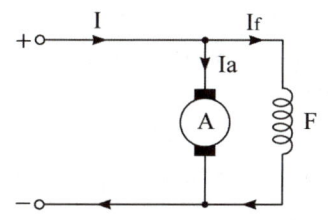

① 직권 전동기　② 타여자 전동기
③ 분권 전동기　④ 복권 전동기

| 해설
계자권선(F)과 전기자권선(A)의 접속 관계
㉠ 직렬 접속 : 직권 전동기
㉡ 병렬 접속 : 분권 전동기
㉢ 계자권선이 별도 회로 : 타여자 전동기
㉣ 직·병렬 접속 : 복권 전동기

51. 다음 중 정속도 전동기에 속하는 것은?

① 유도 전동기　　② 직권 전동기
③ 교류 정류자 전동기　④ 분권 전동기

| 해설
타여자 전동기와 분권 전동기는 토크와 회전속도의 관계가 다음과 같이 나타나는 정속도 전동기이다.
$$\therefore\ T \propto I_a \propto \frac{1}{N}$$

52. 직류 분권전동기의 회전방향을 바꾸기 위해 일반적으로 무엇의 방향을 바꾸어야 하는가?

① 전원　　　　② 주파수
③ 계자 저항　　④ 전기자 전류

| 해설
운전 중인 직류 분권전동기의 회전방향을 바꾸기 위해서는 계자권선과 전기자 권선 중 전기자 권선만 접속을 반대로 하여 전기자 전류의 방향을 바꾸면 된다.

53. 직류 분권전동기에서 운전 중 계자권선의 저항을 증가하면 회전속도의 값은?

① 감소한다.　　② 증가한다.
③ 일정하다.　　④ 관계없다.

| 해설
㉠ 직류전동기 회전속도
$$n = k\frac{V_n - I_a \cdot r_a}{\phi}\ [\text{rps}]$$
여기서, V_n : 단자(= 정격)전압
　　　　I_a : 전기자전류　　r_a : 전기자저항
　　　　k : 기계적상수　　ϕ : 자속
㉡ 계자권선 저항 증가 → 계자전류 감소 → 자속 감소 → 회전수 증가

54. 직류 분권전동기의 기동방법 중 가장 적당한 것은?

① 기동 토크를 작게 한다.
② 계자 저항기의 저항값을 크게 한다.
③ 계자 저항기의 저항값을 0으로 한다.
④ 기동저항기의 전기자와 병렬접속 한다.

| 해설
분권전동기의 기동 시에 기동토크($T \propto k\phi I_a$)가 커야 하므로 큰 계자전류가 흘러 자속(ϕ)이 크게 발생하여야 한다. 따라서 계자 저항기의 저항값을 0으로 하여 계자전류를 크게 하여야 한다.

55. 직류전동기를 기동할 때 전기자 전류를 제한하는 가감 저항기를 무엇이라 하는가?

① 단속기　　　② 제어기
③ 가속기　　　④ 기동기

| 해설
직류전동기의 기동 시 큰 기동전류가 흐르게 되므로 이를 제한하기 위해 기동기(= 기동장치)로 가감 저항기를 사용한다.

정답　50 ③　51 ④　52 ④　53 ②　54 ③　55 ④

56. 분권전동기에 대한 설명으로 옳지 않은 것은?

① 토크는 전기자 전류의 자승에 비례한다.
② 부하전류에 따른 속도변화가 거의 없다.
③ 계자회로에 퓨즈를 넣어서는 안 된다.
④ 계자권선과 전기자권선이 전원에 병렬로 접속되어 있다.

| 해설
분권전동기의 특성
㉠ 계자권선과 전기자권선이 전원에 병렬로 접속
㉡ $T \propto I_a \propto \dfrac{1}{N}$으로 토크($T$)는 전기자전류($I_a$) 1승에 비례
㉢ 운전 중에 계자회로가 개방될 경우 자속이 급격히 감소하여 과속도로 운전될 수 있으므로 계자회로에 퓨즈를 설치하지 않음
㉣ 정속도 전동기로 부하전류의 변화에 따른 속도변화가 적음

57. 직류 복권전동기를 직권전동기로 사용하려면 어떻게 해야 하는가?

① 직권 계자를 단락시킨다.
② 직권 계자를 개방시킨다.
③ 분권 계자를 단락시킨다.
④ 분권 계자를 개방시킨다.

| 해설
㉠ 복권전동기 → 직권전동기 : 분권계자를 개방
㉡ 복권전동기 → 분권전동기 : 직권계자를 단락

58. 효율 80[%], 출력 10[kW]일 때 입력은 몇 [kW]인가?

① 7.5   ② 10
③ 12.5   ④ 20

| 해설
효율 $\eta = \dfrac{출력}{입력} \times 100[\%]$

입력 $= \dfrac{출력}{효율} = \dfrac{10}{0.8} = 12.5[kW]$

59. 직류전동기의 특성에 대한 설명으로 틀린 것은?

① 직권전동기는 가변 속도 전동기이다.
② 분권전동기에서는 계자 회로에 퓨즈를 사용하지 않는다.
③ 분권전동기는 정속도 전동기이다.
④ 가동 복권전동기는 기동 시 역회전할 염려가 있다.

| 해설
직류전동기의 특성
㉠ 타여자 및 분권전동기는 정속도 전동기이다.
㉡ 직권전동기는 가변 속도 전동기이다.
㉢ 분권전동기의 경우 운전 중에 계자회로가 개방될 경우 자속이 급격히 감소하여 과속도로 운전되어 위험하다.

60. 직류전동기에 있어 무부하일 때의 회전수 N_0는 1,200[rpm], 정격부하일 때의 회전수 N_1은 1,150[rpm]이라 한다. 속도 변동률은 약 몇 [%]인가?

① 4.55   ② 4.10
③ 4.35   ④ 4.15

| 해설
속도변동률 $\epsilon = \dfrac{N_o - N_n}{N_n} \times 100[\%]$

(여기서, N_o : 무부하속도 N_n : 정격속도)

$\epsilon = \dfrac{1,200 - 1,150}{1,150} \times 100 = 4.35[\%]$

61. 전기기계의 철심을 규소강판으로 성층하는 이유는?

① 동손 감소   ② 기계손 감소
③ 철손 감소   ④ 제작이 용이

| 해설
철손 = 히스테리시스손 + 와류손
㉠ 히스테리시스손 경감 → 규소를 함유한 규소강판 사용
㉡ 와류손 경감 → 얇은 두께의 철심을 성층하여 사용

정답   56 ①   57 ④   58 ③   59 ④   60 ③   61 ③

62. 전기기기의 철심 재료로 규소 강판을 많이 사용하는 이유로 가장 적당한 것은?

① 와류손을 줄이기 위해
② 구리손을 줄이기 위해
③ 맴돌이 전류를 없애기 위해
④ 히스테리시스손을 줄이기 위해

| 해설
히스테리시스손을 감소시키기 위해 규소를 함유한 규소 강판을 사용한다.

63. 전기기계에 있어 와류손(eddy current loss)을 감소하기 위한 적합한 방법은?

① 규소강판을 성층하여 사용한다.
② 보상권선을 설치한다.
③ 교류전원을 사용한다.
④ 냉각 압연한다.

| 해설
와류손을 감소시키기 위해 얇은 두께의 규소강판을 성층하여 사용한다.

64. 직류전동기의 규약효율을 표시하는 식은?

① $\dfrac{출력}{출력+손실}\times 100[\%]$

② $\dfrac{출력}{입력}\times 100[\%]$

③ $\dfrac{입력-손실}{입력}\times 100[\%]$

④ $\dfrac{입력}{출력+손실}\times 100[\%]$

| 해설
규약 효율
㉠ 전동기 $\eta_M = \dfrac{입력-손실}{입력}\times 100[\%]$

㉡ 발전기 $\eta_G = \dfrac{출력}{출력+손실}\times 100[\%]$

65. 전기기계의 효율 중 발전기의 규약 효율 η_G는 몇 [%]인가?

① $\eta_G = \dfrac{P-L}{P}\times 100[\%]$

② $\eta_G = \dfrac{P-L}{P+L}\times 100[\%]$

③ $\eta_G = \dfrac{Q}{P}\times 100[\%]$

④ $\eta_G = \dfrac{Q}{Q+L}\times 100[\%]$

| 해설
규약 효율(η_G)
㉠ 발전기
$\eta_G = \dfrac{출력}{출력+손실}\times 100 = \dfrac{Q}{Q+L}\times 100[\%]$

㉡ 전동기
$\eta_M = \dfrac{입력-손실}{입력}\times 100 = \dfrac{P-L}{P}\times 100[\%]$

<참고>
실측효율 $\eta = \dfrac{출력}{입력}\times 100[\%]$

66. 직류전동기의 최저 절연저항값[MΩ]은?

① $\dfrac{정격전압[V]}{1,000+정격출력[kW]}$

② $\dfrac{정격출력[V]}{1,000+정격입력[kW]}$

③ $\dfrac{정격입력[V]}{1,000+정격출력[kW]}$

④ $\dfrac{정격전압[V]}{1,000+정격입력[kW]}$

| 해설
최저 절연저항값 $R = \dfrac{V}{P+1000}[\text{M}\Omega]$

여기서, V : 정격전압[V] P : 정격출력[kW]

정답 62 ④ 63 ① 64 ③ 65 ④ 66 ①

Chapter 02 동기기

01 개요

(1) 현재 전 세계의 발전소에서 전력발생을 목적으로 사용되고 있는 대부분의 기기는 교류발전기이다. 교류발전기를 동기발전기라 하고 동기발전기와 같은 구조로 동력을 만드는 동기전동기도 있다. 두 가지 기기는 정격상태로 운전 시 일정한 속도로 일정한 출력을 내는데 이를 동기기라 한다. 동기기의 응용 분야는 넓다.

(2) 동기기의 주된 용도는 발전기로서 동기발전기는 1[kVA] 이하부터 1,500[kVA]까지 사용되고 있는데 전 세계 사람들이 사용하는 전기 에너지의 99% 이상을 생산한다. 현재 전기 에너지에 대한 중요한 연구와 개발이 연료 전지, 열전기, 태양 에너지 발전기 및 자기 수력 동력 등의 새로운 형태의 발전기에 치중되어 있지만 동기발전기가 앞으로도 여러 해 동안은 계속해서 주된 전기 에너지 발전기로 역할을 할 것임에는 틀림없다.

(3) 물론 다른 대부분의 기기들과 마찬가지로 동기기는 발전기뿐만 아니라 전동기로서도 동작이 가능하다. 대형(수 백 또는 수천 kW) 동기기는 발전소에서 펌프로 사용되고, 소형 동기기는 일정 속도가 요구되는 전기 시계, 타이머, 레코드 턴테이블 등에 사용된다. 그리고 산업용으로 사용되는 대부분의 구동 장치는 가변속으로 운전된다.

02 동기발전기의 원리

1 개요

(1) 대부분의 동기기는 동기발전기를 말하며 내부 회전자에서 N−S의 극을 만들기 위하여 여자코일을 권선하여 여기에 직류 전압을 가한 후, 이 자극을 동기 속도로 회전시킨다.

(2) 이때, 고정자의 권선 a−a′에서는 1상의 유도기전력이 발생한다. 이를 회전 계자형 동기발전기라고 한다.

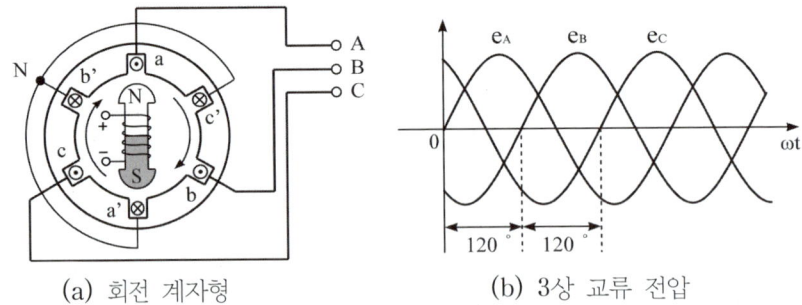

(a) 회전 계자형   (b) 3상 교류 전압

【그림 1】 동기발전기

(3) a상의 유도기전력 e_A는 사인파의 교류 기전력으로 되고, 120° 전기각으로 배치되어 있는 전기자 3상 권선 a, b, c에서는 평형 3상 파형 e_A, e_B, e_C가 발전되어 출력된다.

② 전기자 권선을 Y결선으로 하는 이유

(1) 회전계자형 발전기의 다수는 전기자 권선의 결선을 Y결선으로 하는데, 이유는 △결선과 비교하여 다음과 같은 특징이 있기 때문이다.

(2) Y결선의 특징

　① Y결선은 △결선에 비해 상전압이 $\dfrac{1}{\sqrt{3}}$ 배 낮기 때문에 기기의 절연이 용이하다.

　② 중성점 접지 시 단절연이 가능하여 절연비용이 절감되어 기기의 가격이 낮아진다.

　③ 지락사고 검출이 용이해져서 보호계전기의 동작이 확실해진다.

　④ 대지전압 저하 및 이상전압 발생을 억제할 수 있다.

　⑤ 3고조파 전류가 기기 내부에 나타나지 않아 불필요한 열이 발생하지 않는다.

핵심요약

전기자를 Y결선하는 이유

① 선간전압에 비해 상전압이 $\sqrt{3}$ 배 작아 △결선에 비해 절연에 유리
② 제3고조파 등에 의한 순환 전류가 흐르지 않음
③ 중성점 접지를 할 수 있어 이상전압에 대한 방지 대책이 용이

③ 동기속도

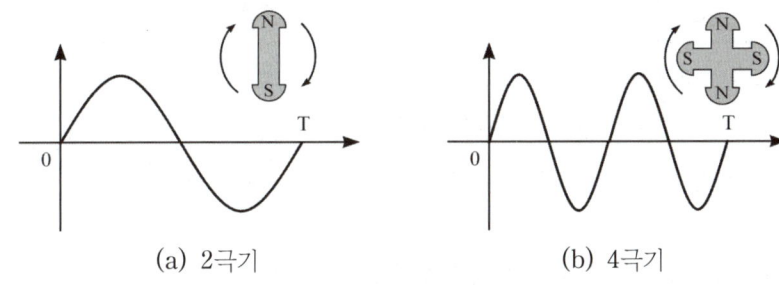

|(a) 2극기|(b) 4극기|

【그림 2】 교류 전압 파형

(1) 회전계자형의 계자가 한바퀴 회전했을 때 2극기(N, S극)의 경우에는 정현파 파형이 1개, 4극기(N, S, N, S극)의 경우에는 파형이 2개 만들어진다.

(2) 발전기 극수 P와 전기자 회전수 $n\,[\text{rps}]$, 주파수 $f\,[\text{Hz}]$ 간에는 $f = \dfrac{P}{2}n$의 관계가 성립하므로 다음과 같은 동기 속도식을 구할 수 있다.

$$\text{동기속도}: N_s = \frac{120f}{P}\,[\text{rpm}] \text{ 또는 } n_s = \frac{2f}{P}\,[\text{rps}]$$

여기서, f : 주파수[Hz]　　P : 자극 수　　N_s : 동기속도(분당)[rpm]　　n_s : 동기속도(초당)[rps]

(3) 주파수 및 극수에 동기속도를 적용하면 다음과 같다.

극수	2	4	6	8	10	12	16
50[Hz]	3,000	1,500	1,000	750	600	500	375
60[Hz]	3,600	1,800	1,200	900	720	600	450

【표 1】 주파수와 극수에 따른 동기속도 비교

03 동기발전기의 구조

1 회전자의 종류

(1) 회전 계자형

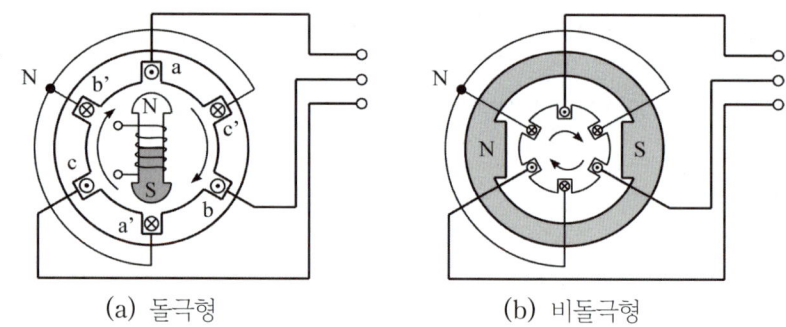

(a) 돌극형   (b) 비돌극형

【그림 3】 회전자 형태

① 회전 계자형이란 계자를 회전자로, 전기자를 고정자로 사용하는 동기기를 말한다.
② 특징
    ㉠ 전기자 권선의 발생 전압이 높아 출력이 커서 대용량 부하에 적합하다.
    ㉡ 계자회로는 직류전력을 사용하는데 회전 전기자형에 비해 소요전력이 적다.
    ㉢ 기계적으로 튼튼하게 만들 수 있어 수명이 길다.
    ㉣ 전기자 권선 Y결선의 사용으로 결선이 복잡하고 기기의 치수가 크다.

(2) 회전 전기자형
① 회전 전기자형이란 회전자를 전기자로, 고정자를 계자로 사용하는 동기기를 말한다.
② 특징
    ㉠ 대전력용으로 제작이 어렵다.
    ㉡ 110~220[V]의 저전압, 소용량에 적용한다.

(3) 유도자형
① 유도자형이란 계자와 전기자를 모두 고정시켜 발전하는 동기기를 말한다.
② 특징
    ㉠ 고주파 발전기, 유도발전기로 사용한다.
    ㉡ 상용전원을 만들기에 용량이 부족하여 실험실이나 특수장소에 사용한다.

핵심요약

회전 계자형 특징

① 계자회로의 직류소요전력이 적음
② 기계적 특성이 우수하여 장시간 사용 가능
③ 대용량 부하에 적합하고 전기자권선의 결선 복잡

유도자형 특징

① 계자와 전기자 모두 고정
② 고주파발전기, 유도발전기로 사용

② 회전 계자형의 종류

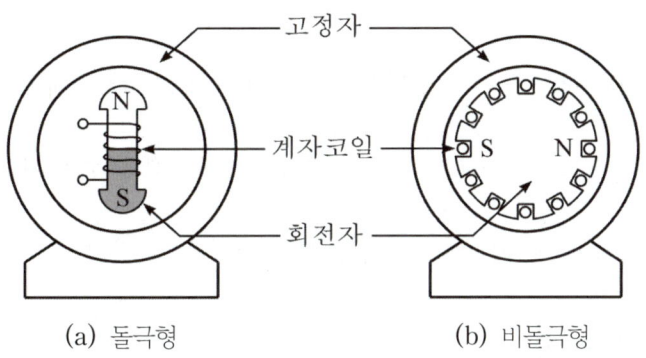

고정자

계자코일

회전자

(a) 돌극형   (b) 비돌극형

【그림 4】 회전 계자형의 종류

(1) 회전자는 발전기의 회전속도에 따라 돌극형과 비돌극형으로 나눌 수 있다.

(2) 돌극형은 주로 저속도로 회전하는 수차 발전기나 엔진 발전기에 사용하고 비돌극형은 고속도로 회전하는 터빈 발전기에 사용한다.

(3) 특징

구분	돌극형	비돌극형
회전 속도	저속도기	고속도기
극수	다극기	2극 또는 4극
냉각 방식	공기 냉각 방식	수소 냉각 방식
적용	수차 발전기	터빈 발전기
단락비	크다.	작다.
최대 출력 부하각	60°	90°

【표 2】 회전자 형태에 따른 특징

3 여자장치

(1) 동기발전기의 계자에 여자전류를 공급하는 장치로 이때 직류전류를 공급해야 한다.
(2) 종류
　① 직류 여자방식 : 동기발전기 외부에 별개로 같은 축에 연결하여 사용되는데 소용량 기에는 분권발전기가 사용되고, 중용량기 이상에서는 타여자발전기, 복권발전기 등이 사용된다.
　② 정류기 여자방식 : 발전기가 발생한 전력의 일부를 사용하여 반도체 정류기를 통해 정류한 직류전류를 계자권선에 공급하는 방식으로 회전하지 않으므로 취급, 보수가 용이하여 최근 사용이 증가하고 있고 정지형 여자방식이라고도 한다.
　③ 브러시레스 여자방식 : 회전전기자형의 교류발전기를 사용하고 이 발생된 교류를 회전자상에 설치된 반도체 정류기로 정류하여 계자권선에 공급하는 방식이다. 또한 정류자와 브러시가 없어 보수가 용이하다.

4 원동기의 종류

(1) 수차 발전기
　물의 유속을 이용하여 수차를 회전시켜 그 힘을 발전기에 전달하여 회전시키는 방법으로 저속도기에 사용한다.
(2) 터빈 발전기
　증기터빈이나 가스터빈으로 터빈을 회전시켜 그 힘을 발전기에 전달하여 회전시키는 방법으로 고속도기에 사용한다.
(3) 엔진 발전기
　엔진으로 발전기를 회전시키는데, 비상용발전기 등에 많이 사용한다.

5 수소 장치(수소 냉각 방식)

(1) 수소 냉각 방식은 전폐형 냉각 방식으로 수소를 공기 대신해서 사용하는 것을 말한다.
(2) 수소 냉각 방식의 특징
　① 수소가스의 밀도는 공기의 약 7%이므로 풍손이 공기냉각방식에 비해 1/10로 감소하여 풍손에 의한 영향이 큰 고속도기에서 약 0.75~1%의 효율 이득을 볼 수 있다.
　② 수소가스는 공기에 비해 열전도율이 약 6.7배, 비열은 약 14배이기 때문에 냉각효과가 크다. 그래서 공기냉각방식에 비해 기기의 치수를 약 25% 작게 할 수 있다.
　③ 수소가스는 공기에 비해 활성화 반응이 없으므로 코일의 절연능력을 상대적으로 오랫동안 유지할 수 있다.
　④ 수소가스의 외부누출을 막기 위해 전폐형으로 하기 때문에 수분 및 산소의 침입이 적고 소음을 현저하게 감소시킨다.
　⑤ 수소냉각방식의 단점으로는 수소가스와 공기가 혼합하여 폭발하는 사고의 우려가 있어 방지하는 장비가 필요하여 설비비용이 높아진다.

핵심요약

수소 냉각 방식
① 수소가스의 순도를 85% 이상으로 유지
② 고속도로 회전하는 터빈 발전기에 적용

1 전기자 권선법

(1) 전절권과 단절권

① 동기기의 전기자 권선법은 아래와 같이 고상권, 폐로권, 이층권, 중권, 분포권, 단절권을 사용한다.

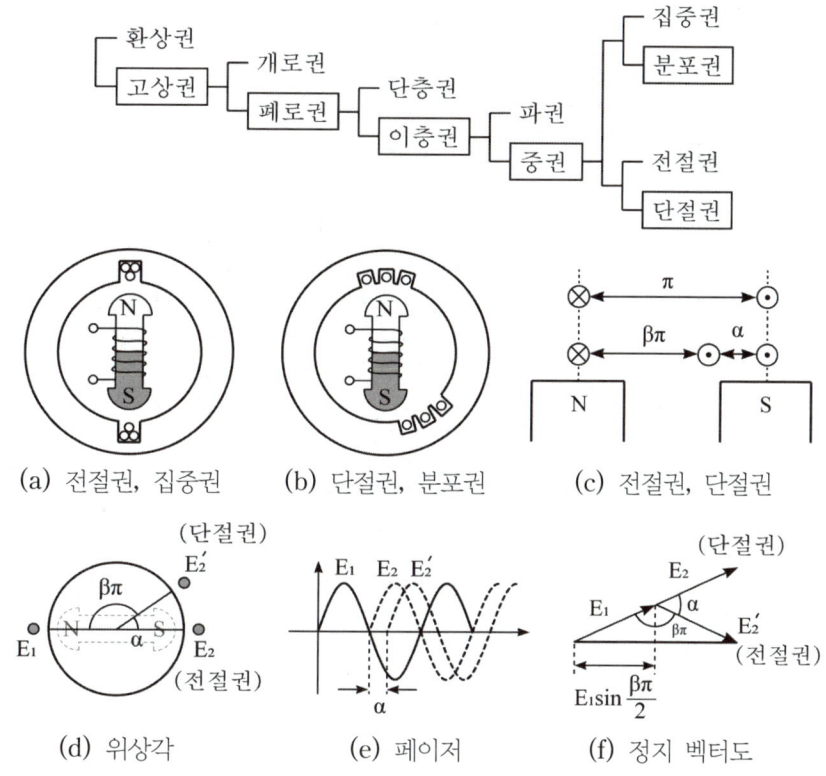

(a) 전절권, 집중권   (b) 단절권, 분포권   (c) 전절권, 단절권

(d) 위상각   (e) 페이저   (f) 정지 벡터도

※ 현재 집중권 및 전절권은 사용하지 않음

【그림 5】 전절권과 단절권

② 전절권 : 코일 간격과 극 간격을 같게 하는 권선법을 말한다.

③ 단절권 : 코일 간격을 극 간격보다 작게 하는 권선법을 말한다.

④ 단절비율과 단절계수

ㄱ 단절권을 사용하면 전절권을 사용할 때보다 유도기전력이 감소하는데 이때 유도기전력이 감소되는 비율을 단절계수 K_p라 하고 극 간격과 코일 간격의 비율을 단절비율 β라 한다.

ㄴ 단절비율

$$\text{단절비율} : \beta = \frac{\text{코일 간격}}{\text{극 간격}} = \frac{\text{코일 간격 슬롯 수}}{\text{전 슬롯 수/극 수}}$$

ㄷ 단절계수 K_p

$$K_p = \sin\frac{\beta\pi}{2}$$

⑤ 고조파의 단절계수

> ㉠ 기본파 단절계수 : $K_p = \sin \dfrac{\beta\pi}{2}$
>
> ㉡ 제 n 고조파 단절계수 : $K_{pn} = \sin \dfrac{n\beta\pi}{2}$

⑥ 위와 같이 단절권을 사용하면 합성 유도기전력은 단절계수 K_p만큼 감소하지만, 고조파를 저감시켜 기전력의 파형을 좋게 개선하고, 코일 끝부분의 길이가 줄어들어 동량의 감소 및 기계 전체의 길이가 작아지는 이점이 있어 주로 단절권을 사용한다.

(2) 집중권과 분포권

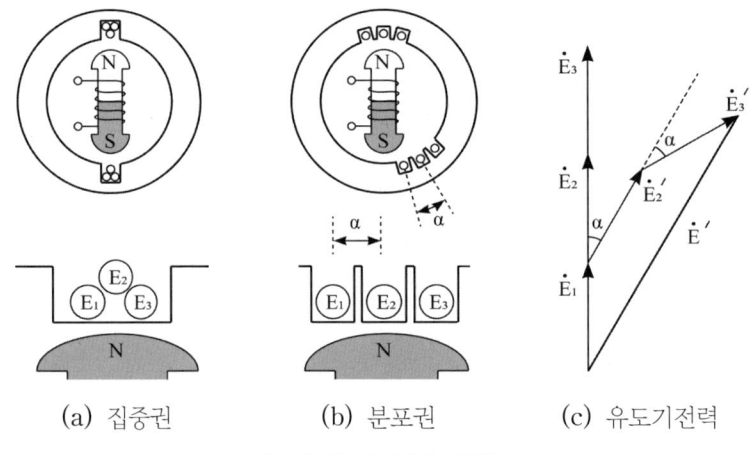

(a) 집중권   (b) 분포권   (c) 유도기전력

【그림 6】 집중권과 분포권

집중권은 【그림 6】 (a)와 같이 매극 매상의 도체를 한 슬롯에 집중시켜 감아주는 방법이고, 분포권은 【그림 6】 (b)와 같이 매극 매상의 도체를 각각의 슬롯에 분포시켜 감아주는 방법을 말한다.

(3) 분포계수

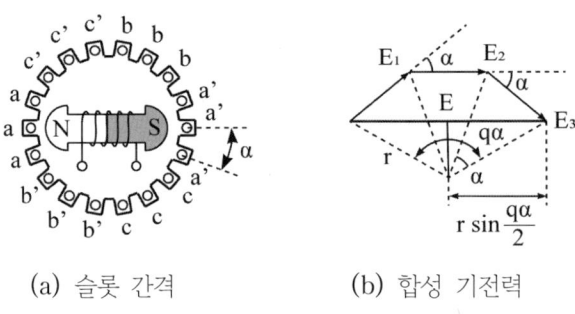

(a) 슬롯 간격   (b) 합성 기전력

【그림 7】 분포권의 합성 기전력

① 매극 매상당 슬롯 수 q

> 매극 매상당 슬롯 수 : $q = \dfrac{\text{전체 슬롯 수}}{\text{상수} \times \text{극수}}$

② 분포계수

$$분포계수 : K_d = \dfrac{\sin \dfrac{\pi}{2m}}{q \sin \dfrac{\pi}{2mq}}$$

여기서, q : 매극 매상당 슬롯 수 m : 상수

③ 고조파의 분포계수

$$ⓐ 기본파 분포계수 : K_d = \dfrac{\sin \dfrac{\pi}{2m}}{q \sin \dfrac{\pi}{2mq}}$$

$$ⓑ 제 n 고조파 분포계수 : K_d = \dfrac{\sin \dfrac{n\pi}{2m}}{q \sin \dfrac{n\pi}{2mq}}$$

④ 위와 같이 분포권으로 감게 되면 집중권에 비해 한 상의 유도기전력의 합은 감소하지만 고조파 성분이 감소하여 기전력의 파형이 개선되고, 권선의 누설 리액턴스가 감소되며 전기자에 발생되는 열을 고르게 분포시켜 과열을 방지하는 장점이 있어 주로 분포권을 사용한다.

핵심요약

단절권 계수

① 단절권 계수 $K_p = \sin \dfrac{\beta\pi}{2}$

② 단절계수 $\beta = \dfrac{코일피치}{극피치}$

분포권 계수

① 분포권 계수 $K_d = \dfrac{\sin \dfrac{\pi}{2m}}{q \sin \dfrac{\pi}{2mq}}$

② 매극 매상당 슬롯 수 $q = \dfrac{총 슬롯수}{상수 \times 극수}$

2 동기발전기의 유기기전력

(1) 개요

① 회전자에는 계자 권선이 설치되어 있으며, 외부 장치에 의해 계자 권선에 직류의 계자 전류가 흐른다. 이 계자 전류에 의해 회전자에는 항상 일정한 방향, 일정한 크기의 자속이 발생된다.

② 자속이 만들어지고 있는 회전자를 원동기 등으로 회전시키면 자속이 공극에서 회전을 하게 되며 이 자속은 고정자 3상 권선과 쇄교하게 된다.

③ 권선에는 자속과 고정자 권선 도체 상호 반응(패러데이 전자유도법칙)에 의해 기전력이 발생한다.

(2) 유기기전력

① 전기자 도체 1개당 유기기전력

> ㉠ 유기기전력 : $e = Blv\,[\mathrm{V}]$
>
> ㉡ 자속밀도(여기서, l : 도체의 길이) : $B = \dfrac{총\ 자속}{전기자단면적} = \dfrac{P_{극수} \times \phi_{극당}}{\pi Dl}\,[\mathrm{Wb/m^2}]$
>
> ㉢ 주변 속도 : $v = D\pi n = \pi D \cdot \dfrac{2f}{2}\,[\mathrm{m/s}]$
>
> ㉣ 파형률 $= \dfrac{실횻값}{평균값}$ → 실횻값=파형률×평균값 (여기서, 정현파의 파형률 1.11을 적용)
>
> $\therefore\ e = Blv = \dfrac{P\phi}{\pi Dl} \times l \times \pi D \cdot \dfrac{2f}{P} = 2f\phi$

② 한 상의 유기기전력

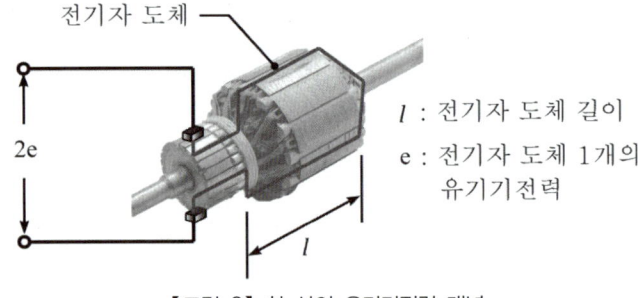

【그림 8】 한 상의 유기기전력 개념

> ㉠ 한 상의 유기기전력은 전기자 도체로부터 출력되는 기전력 $2e$에 전기자 권선법에 의한 권선계수 K_w와 한 상의 직렬 전체 권수 N을 곱해서 구할 수 있다.
>
> ㉡ 또한 유기기전력의 평균값을 실횻값으로 표현하기 위해서는 파형률 1.11배를 곱해 주어야 한다.

> $E = 2e \times K_w \times N \times 1.11 = 4f\phi \times K_w \times N \times 1.11 = 4.44\,K_w fN\phi\,[\mathrm{V}]$
>
> $\therefore$ 한 상의 유기기전력 : $E = 4.44\,K_w fN\phi\,[\mathrm{V}]$

여기서, 권선계수 : $K_w = K_p \times K_d$ f : 주파수 K_p : 단절계수 K_d : 분포계수

         N : 한 상의 직렬 전체 권수 ϕ : 매극당 평균 자속

③ 3상의 경우 단자전압(V_n)

> ㉠ Y결선 : $V_n = \sqrt{3} \times 4.44\,K_w fN\phi\,[\mathrm{V}]$ ㉡ △결선 : $V_n = 4.44\,K_w fN\phi\,[\mathrm{V}]$

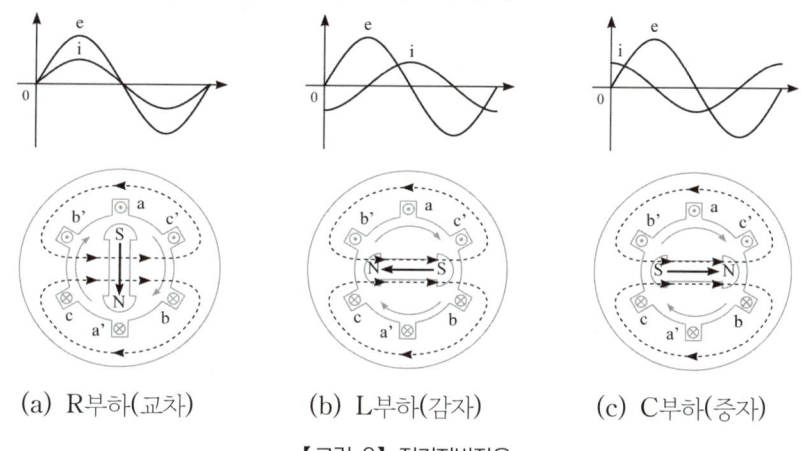

핵심요약

상에 따른 기전력의 구분

① 한 상의 유기기전력 : $E = 4.44\,k_w\,f\,N\phi\,[\text{V}]$

② 3상의 단자전압(= 정격전압) : $V_n = \sqrt{3} \times 4.44\,k_w\,f\,N\phi\,[\text{V}]$

3 전기자반작용

(1) 전기자 전류에 의한 자속 중에서 공극을 지나 계자에서 만들어지는 주자속에 영향을 미치는 것을 전기자 반작용이라 하며 이 반작용은 부하의 역률에 따라서 그 작용이 다르게 된다.

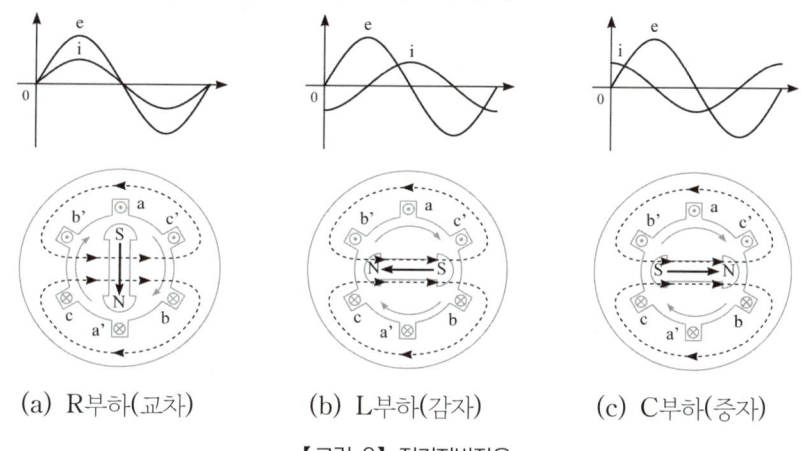

(a) R부하(교차)　　(b) L부하(감자)　　(c) C부하(증자)

【그림 9】 전기자반작용

(2) 전기자반작용의 구분

구분		내용
교차 자화 작용	I_n가 E_a와 동상일 때	① 횡축 반작용 : $I_n \cos\theta$ ② 자속량의 변화가 없음
감자작용	I_n가 E_a에 대해서 90° 지상일 때	① 직축 반작용 : $I_n \sin\theta$ ② 자속 감소 → 기전력 감소
증자작용	I_n가 E_a에 대해서 90° 진상일 때	① 직축 반작용 : $I_n \sin\theta$ ② 자속 증가 → 기전력 증가

【표 3】 전기자 반작용의 구분

① 교차 자화 작용(횡축 반작용) : 주자속에 의해서 만들어지는 유기기전력은 주자속보다 위상이 90° 늦어지게 된다. 이때 R만의 부하를 접속했을 때 전기자 전류는 유기기전력과 동위상으로 전류가 흐르므로 【그림 9】(a)와 같이 주자속에 대해 전기자 전류에 의한 자속이 직각으로 교차하게 된다. 따라서 이를 교차 자화 작용 또는 횡축 반작용이라 한다.

② 감자 작용(직축 반작용) : L만의 부하를 접속했을 때 전기자 전류는 유기기전력에 대해 위상이 90° 늦으므로(지상전류) 【그림 9】(b)와 같이 주자속에 대해 전기자 전류에 의한 자속이 반대 방향이 되어 주자속을 감소시킨다. 따라서 이를 감자작용이라 하고, 전기자 전류에 의한 자속이 계자 자극축과 일치하기 때문에 직축 반작용이라고도 한다.

③ 증자 작용(직축 반작용) : C만의 부하를 접속했을 때 전기자 전류는 유기기전력에 대해 위상이 90° 빠르므로(진상 전류) 【그림 9】 (c)와 같이 주자속에 대해 전기자 전류에 의한 자속이 같은 방향이 되어 수자속을 증가시킨다. 따라서 이를 증자 작용이라 하고, 전기자 전류에 의한 자속이 계자 자극축과 일치하기 때문에 직축 반작용이라고도 한다.

(3) 기전력에 비해 일정한 위상차를 유지하는 전류가 흐를 경우

① 유효분 $I_n \cos\theta$ 에 의해 교차자화작용 발생

② 무효분 $I_n \sin\theta$ 에 의해 늦은 역률일 경우 감자작용 발생

③ 무효분 $I_n \sin\theta$ 에 의해 앞선 역률일 경우 증자작용 발생

참고

동기발전기와 동기전동기에서 전기자반작용은 증자와 감자가 반대로 나타남

---

4 동기발전기의 출력

(1) 동기발전기의 등가회로

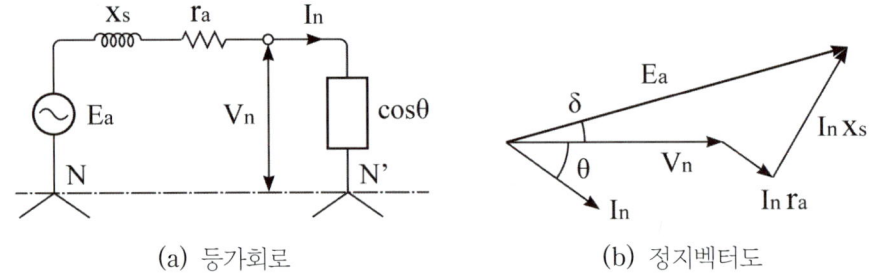

(a) 등가회로   (b) 정지벡터도

【그림 10】 동기발전기 등가회로

① 전기자 누설리액턴스(x_l) : 전기자 전류에 의한 자속 중 전기자 권선 코일단 부분에서 발생하는 누설자속으로 인해 발생하는 리액턴스를 말한다.

② 전기자 반작용 리액턴스(x_a) : 부하 존재 시 전기자 전류에 의한 자속 중 전기자 권선 코일변 부분에서 발생하는 전기자반작용 자속으로 인해 발생하는 리액턴스를 말한다.

> 동기 리액턴스 : $x_s = x_a + x_l$

③ 동기 임피던스(Z_s) : 전기자 권선의 저항 r_a는 동기 리액턴스에 비해 너무 작으므로 동기 임피던스의 대부분의 성분은 리액턴스 이므로 실용상 동기 리액턴스라 할 수 있다.

> 동기 임피던스 : $Z_s = r_a + jx_s \fallingdotseq jx_s\,[\Omega]\ (r_a \ll x_s)$

④ 유기기전력 E_a

$\quad$ ㉠ 지상전류 시 : $E_a = V + j\,I_n\,x_s\,[\mathrm{V}]$

$\quad$ ㉡ 진상전류 시 : $E_a = V - j\,I_n\,x_s\,[\mathrm{V}]$

여기서, V_n : 부하의 단자전압(상전압)　$I_n Z_s \fallingdotseq I_n x_s$: 전압강하

(2) 동기발전기의 출력

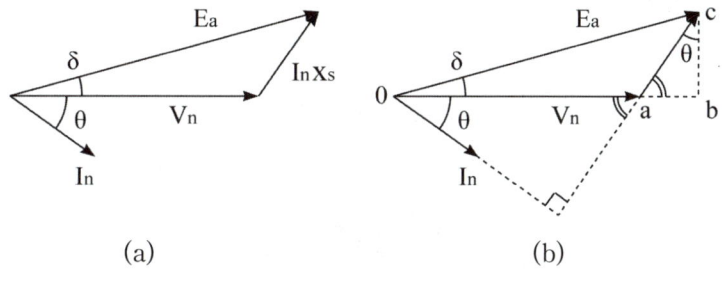

(a)　　　　　　　　　　　　　(b)

【그림 11】 동기발전기 출력 벡터도

① 【그림 11】 벡터도에서 $\overline{bc} = I_n x_s \cos\theta = E_a \sin\delta$ 이므로 $I_n \cos\theta = \dfrac{E_a}{x_s} \sin\delta$ 로 표현할 수 있다.

② 동기발전기 1상의 출력은 다음과 같다.

$\quad$ ㉠ 동기발전기 1상당 출력 : $P = V_n I_n \cos\theta\,[\mathrm{W}]$

$\quad$ ㉡ 비돌극형 발전기의 출력 : $P = \dfrac{E_a V_n}{x_s} \sin\delta\,[\mathrm{W}]$

$\qquad$ 여기서, 최대 출력 부하각 : $\delta = 90\,°$

$\quad$ ㉢ 돌극형 발전기의 출력 : $P = \dfrac{E_a V_n}{x_d} \sin\delta + \dfrac{(x_d - x_q)}{2 x_d x_q} V_n^2 \sin 2\delta\,[\mathrm{W}]$

$\qquad$ 여기서, 최대 출력 부하각 : $\delta = 60\,°$

③ 돌극형의 경우에는 직축 리액턴스(x_d)보다 횡축 리액턴스(x_q)가 매우 크게 작용한다($x_d >> x_q$).

핵심요약

동기 임피던스

① $Z_s = r_a + j\,x_s\,[\Omega]$

② $r_a \ll x_s$ (저항 r_a는 동기리액턴스 x_s에 비해 너무 작음)

③ $Z_s \fallingdotseq x_s\,[\Omega]$ (동기임피던스는 실용상 동기리액턴스와 같음)

비돌극형 발전기 출력

① $P \equiv \dfrac{E_a V_n}{x_s} \sin\delta\,[\mathrm{kW}]$

② 최대출력 부하각 : $90\,°$

1 특성시험의 개요

동기기의 동기 임피던스를 측정하기 위해 특성시험을 한다. 이때, 동기기의 특성시험에는 무부하 전압시험과 단락시험이 있다.

2 무부하 시험(개방 시험)

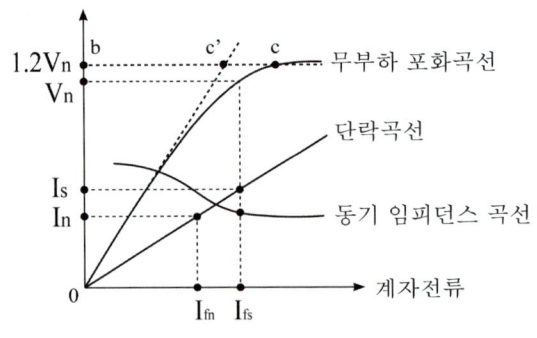

【그림 12】 동기발전기 특성시험

(1) 무부하 시험(개방 시험)은 부하측 회로를 개방한 상태에서 회전자를 동기속도로 운전하는 상황에서 시험하게 된다.

(2) 부하측을 개방한 상태에서 회전자를 동기속도까지 올리게 되면 전압은 【그림 12】의 무부하 포화곡선을 이루게 된다. 결국 이 시험은 무부하 상태에서 계자전류와 단자전압 간의 관계를 나타낸 것을 말한다.

① 무부하 상태에서는 전기자 권선의 유기기전력이 그대로 단자전압이 되고, 유기기전력은 자속에 비례하여 발생하게 된다.

② 이때 전압이 낮은 동안 단자전압은 계자전류에 비례하지만, 전압이 높아지면 점차 계자전류에 대해서 전압의 증가 비율이 줄어들게 된다. 즉, 계자전류를 증가시킨 경우와 감소시킨 경우에는 히스테리시스 현상 또는 자기포화현상 때문에 동일 곡선으로 되지 않는다.

(3) 포화율

【그림 12】와 같이 무부하 포화곡선에서 계자전류 0점에서 접선과 $1.2\,V_n$(정격전압 1.2배)와 만나는 점을 $c\,'$, 무부하 포화곡선과 $1.2\,V_n$과 만나는 점을 c라 할 때 포화율은 다음과 같다.

$$포화율 : \sigma = \frac{cc'}{bc'}$$

3 단락 시험

(1) 단락 시험은 출력단자를 단락시킨 상태에서 회전자를 동기속도로 운전하는 상황에서 시험하게 된다.

(2) 출력단자를 단락한 상태에서 계자전류를 서서히 올리면 전기자 전류가 매우 커지게 되는데 이는 오로지 동기기의 동기 임피던스에 의해서만 결정된다.

(3) 이때, 전기자 전류가 동기기의 정격전류가 될 때까지의 필요한 계자전류와 단락전류와의 관계를 나타낸 선을 단락곡선이라 한다.

① 철심이 포화되기 전까지는 단락전류 $I_s = \dfrac{E}{x_s}$ 이므로 계자전류가 증가하면 자속이 증가하여 기전력 E 가 상승한다. 따라서 계자전류가 상승하면 이에 비례하여 단락전류도 증가한다.

② 하지만 철심이 포화되면 더 이상 기전력이 증가하지 않기 때문에 단락전류도 일정해져야 하지만 철심이 포화되면 동기 리액턴스가 감소하기 때문에 【그림 12】와 같이 단락전류가 계속 직선적으로 증가하는 특성을 갖게 된다.

4 단락전류의 특성

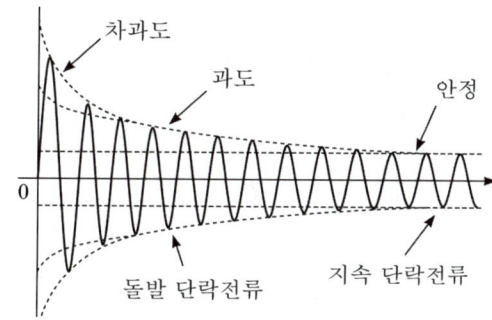

【그림 13】 단락전류의 특성

(1) 돌발 단락전류

① 동기발전기의 단락전류의 특성은 처음엔 크나 점차 감소한다.

② 단락전류 초기에는 전기자반작용이 없어 누설 리액턴스(x_l)에 의해서 단락전류가 발생하지만, 전기자에 전류가 흐르는 순간부터는 전기자반작용에 의해 단락전류가 점차 줄어들게 된다.

(2) 지속(영구) 단락전류

① 지속 단락전류는 동기 리액턴스에 의해서 크기가 결정되며 【그림 13】과 같이 크기가 일정한 단락전류로 대칭 단락전류라고도 한다.

② 지속 단락전류의 크기

$$ \text{지속 단락전류} : I_s = \frac{E}{x_l + x_a} = \frac{E}{x_s} \, [\text{A}] $$

여기서, x_l : 누설 리액턴스 x_a : 전기자반작용 리액턴스 x_s : 동기 리액턴스

핵심요약

단락전류

① 돌발 단락전류
- 처음엔 크나 점차 감소하여 일정
- 억제 : 누설리액턴스

② 지속 단락전류
- $I_s = \dfrac{E_a}{x_s} \, [\text{A}]$
- 크기가 변하지 않는 직선인 이유 : 전기자반작용 때문

5 %동기 임피던스와 단락비

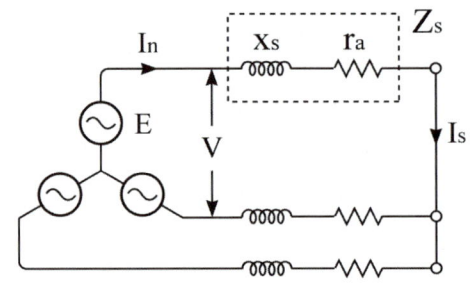

【그림 14】%동기 임피던스

(1) 동기 임피던스 Z_s는 [Ω]으로 표현하지 않고 정격전류 I_n에 임피던스를 곱한 임피던스 전압강하와 정격전압의 비를 백분율로 나타내기도 하는데, 이것을 %동기 임피던스라고 한다.

$$\%동기\ 임피던스 : \%Z_s = \frac{I_n \cdot Z_s}{E} \times 100\,[\%]\,(상전압\ 기준)$$

여기서, I_n : 정격전류 Z_s : 동기 임피던스 E : 정격전압(상전압)

(2) 동기발전기 전기자 권선은 Y결선이므로 공칭전압인 선간전압 V를 기준으로 %동기 임피던스를 표현하면 다음과 같다.

$$\%Z_s = \frac{Z_s I_n}{E} \times 100 = \frac{Z_s I_n}{\dfrac{V_n}{\sqrt{3}} \times 10^3} \times 100 = \frac{\sqrt{3}\,Z_s I_n}{10\,V_n} = \frac{\sqrt{3}\,V_n I_n Z_s}{10\,V_n^2} = \frac{P_n Z_s}{10\,V_n^2}\,[\%]$$

여기서, E : 상전압[V] V_n : 선간전압(정격전압)[kV] P_n : 정격용량($P_n = \sqrt{3}\,V_n I_n\,[\mathrm{kVA}]$)

(3) 단락비

【그림 12】와 같이 정격속도에서 무부하 정격전압 V_n을 발생시키는 데 필요한 계자전류 I_{fn}와 지속 단락전류가 흐르도록 하는 데 필요한 계자전류 I_{fs}의 비를 단락비 K_s라 한다.

$$단락비 : K_s = \frac{I_s}{I_n} = \frac{100}{\%Z_s} = \frac{1}{Z_s\,[\mathrm{pu}]}$$

(4) 단락비가 큰 기계의 특징

① 동기 임피던스가 작다.　　　② 전기자 반작용이 작다.

③ 전압변동률이 작다.　　　　④ 공극이 크다.

⑤ 안정도가 높다.　　　　　　⑥ 철손이 크다.

⑦ 효율이 나쁘다.　　　　　　⑧ 가격이 비싸다.

⑨ 선로에 충전용량이 크다.　　⑩ 기계의 크기와 중량이 크다.

(5) 발전기의 단락비

① 단락비가 큰 기계를 철기계라 하며, 대표되는 발전기로 수차 발전기가 있다. 이때 수차 발전기의 단락비는 0.9~1.2 정도이다.

② 단락비가 작은 기계를 동기계라 하며, 대표되는 발전기로 터빈 발전기가 있다. 이때 터빈 발전기의 단락비는 0.6~1.0 정도이다.

 **핵심요약**

%동기 임피던스

① 임피던스 전압과 정격전압의 비

② $\%Z_s = \dfrac{I_n \cdot Z_n}{E} \times 100 = \dfrac{P \cdot Z_s}{10 \cdot E^2}\,[\%]$

단락비(K_s)

① 구하는 시험 : 무부하 포화시험, 3상 단락시험

② $K_s = \dfrac{I_s}{I_n} = \dfrac{100}{\%Z_s} = \dfrac{1}{Z_s}\,[\mathrm{pu}]$

6 자기 여자현상 및 안정도 증진 대책

(1) 자기 여자현상

무부하로 운전하는 동기발전기를 장거리 송전선로 등에 접속한 경우 선로의 충전용량(진상전류)에 의한 전기자 반작용(증자작용) 등의 원인으로 인해 발전기가 스스로 여자되어 전압이 상승하는 현상을 말한다.

(2) 자기 여자현상 방지대책

① 수전단에 병렬로 리액턴스를 접속하여 진상전류를 보상한다.

② 변압기의 자화전류를 선로에 흘려주는데 자화전류는 지상전류로서 진상분인 충전전류를 보상하게 된다.

③ 동기조상기를 이용하는 방법으로 수전단에 부족여자로 운전하는 동기조상기를 접속하여 지상전류를 흘려 충전전류를 보상하게 한다.

④ 발전기를 2대 이상 모선에 접속하여 안정도가 향상된 운전을 한다.

⑤ 발전기가 송전선로를 충전하는 경우 자기여자 현상을 보상하기 위해서 단락비를 크게 한다.

(3) 안정도 증진 대책

① 정상 과도 리액턴스는 작게 하고 및 단락비를 크게 한다.

② 자동전압 조정기의 속응도를 크게 한다.

③ 회전자의 관성력을 크게 한다.

④ 영상 및 역상 임피던스를 크게 한다.

⑤ 관성을 크게 하거나 플라이휠 효과를 크게 한다.

(4) 난조

① 부하가 급변하는 경우 발전기의 회전수가 동기속도 부근에서 진동하는 현상을 말한다.

② 방지책 - 제동권선을 설치

1 병렬운전의 조건

부하에 안정된 전력공급과 신뢰성을 높이기 위해 2대 이상의 동기 발전기를 모선에 접속하여 부하에 전력을 공급하는 방식을 병렬운전이라 한다.

(1) 유도기전력의 크기가 같을 것

① 크기가 다를 경우 → 무효 순환전류(무효 횡류)가 흐름

② 해결책 : 무효 순환전류를 없애기 위해서는 발전기의 여자전류를 조정하여 발생되는 기전력 크기를 같게 만들어 준다.

③ $E_A > E_B$의 경우

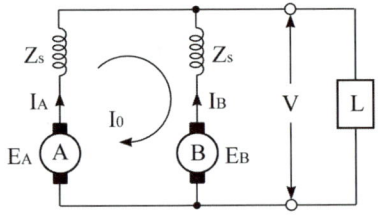

【그림 15】 무효 순환전류

$$\text{무효 순환전류} : I_0 = \frac{E_A - E_B}{2Z_s} \, [\text{A}]$$

㉠ A 발전기 : I_0는 90° 지상전류 → 감자작용 → 역률 감소

㉡ B 발전기 : I_0는 90° 진상전류 → 증자작용 → 역률 증가

(2) 유도기전력의 위상이 같을 것

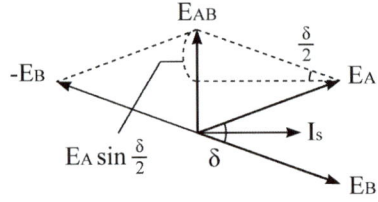

【그림 16】 동기화 전류

① 위상이 다를 경우 → 유효 순환전류(동기화 전류)가 흐름

$$\text{유효 순환전류} : I_s = \frac{E_{AB}}{2Z_s} = \frac{2E_A}{2Z_s} \sin \frac{\delta}{2} \, [\text{A}]$$

② 동기화 전류에 의해 수수전력(서로 주고받는 전력)이 발생

$$\text{수수전력} : P_a = E_A I_s \cos\frac{\delta}{2} = \frac{E_A^2}{Z_s}\sin\frac{\delta}{2}\cos\frac{\delta}{2}$$

$$\therefore \ P_s = \frac{E_A^2}{2Z_s}\sin\delta\,[\text{W}]$$

③ 해결책 : 동기 검정등을 이용하여 위상의 일치를 확인한 다음 동기발전기를 모선에 접속하여야 한다.

(3) 유도 기전력의 주파수가 같을 것

① 주파수가 다를 경우 → 난조 발생

② 해결책 : 난조를 없애기 위해서는 원동기의 속도를 조정하여 모두 정격 주파수에서 발전 동작을 하도록 한다.

(4) 유도 기전력의 파형이 같을 것

① 파형이 다를 경우 → 고주파 무효 순환전류가 흐름

② 해결책 : 발전기에서 발생하는 기전력의 고조파를 제거하여 정현파를 발생시켜야 한다.

(5) 유도 기전력의 상회전 방향이 같을 것

기전력의 상회전방향이 같지 않으면 위상을 측정하는 기기인 동기검정기로 측정 시 점등되고 추후 단락사고로 발전할 수 있다.

2 원동기의 필요조건

동기발전기의 병렬운전 시 회전력을 발생시키는 원동기가 가져야 할 조건은 다음과 같다.

(1) 각속도가 균일해야 한다.

병렬 운전하고 있는 동기발전기의 회전수가 서로 같더라도 1회전 중의 각속도가 일정하지 않으면 순간적 기전력의 크기와 위상에 차이가 생기므로 고조파 횡류가 흐른다.

(2) 속도 조정률이 적당해야 한다.

부하의 변동에 대해서는 속도 조정률이 작은 것이 바람직하나 부하의 분담을 원활히 하기 위해서는 적당한 속도 조정률을 가져야 한다.

핵심요약

동기발전기 병렬운전 조건

① 기전력의 크기가 같을 것
② 기전력의 위상이 같을 것
③ 기전력의 주파수가 같을 것
④ 기전력의 파형이 같을 것
⑤ 기전력의 상회전 방향이 같을 것

1 개요

(1) 동기전동기는 부하의 변화와 전압변동에도 불구하고 일정한 속도로 동작하고 전동기 중에 효율(92~96%)이 가장 높다.

(2) M − G 세트, 공기 압축기, 원심력 펌프, 송풍기, 분쇄기 및 다양한 형태의 연속 처리 압연기와 같은 일정 속도, 연속 운전 구동 분야에 가장 적절한 전동기이다.

2 동기전동기의 특징

(1) 동기전동기의 원리

영구 자석을 회전자로 하고 회전자의 자극 가까이에 권선으로 만든 전자석을 가까이하여 회전시키면 회전자는 이동하는 전자석에 흡인되어 회전하는데 이것이 동기전동기의 회전원리이다.

(2) 동기전동기의 장점

① 역률 1로 운전이 가능

② 필요시 지상, 진상으로 변환 가능

③ 정속도 전동기로 속도가 거의 불변

④ 타 기기에 비해 효율이 양호

(3) 동기전동기의 단점

① 기동토크가 없어서 기동장치가 필요

② 구조가 복잡하고 가격이 높음

③ 속도 조정하기가 어려움

④ 난조가 일어나기 쉬움

3 동기전동기의 기동법

(1) 자기 기동법

회전자의 제동 권선을 이용하여 기동 토크를 발생시켜 기동하는 방식

(2) 타 전동기 기동법

기동용 전동기로 유도 전동기를 이용하여 기동하는 방법으로 동기전동기에 비해 2극 적은 전동기를 선정

4 동기전동기의 전기자 반작용

(1) 교차 자화작용

① 전기자전류 I_a가 유기기전력 E_a와 동상일 때 발생(R 부하)

② 횡축 반작용

(2) 감자작용

① 전기자전류 I_a가 유기기전력 E_a보다 위상이 $90°$ 앞설 때 발생(L 부하)

② 직축 반작용

(3) 증자작용

① 전기자전류 I_a가 유기기전력 E_a보다 위상이 $90°$ 뒤질 때 발생(C 부하)

② 직축 반작용

5 동기전동기의 토크

(1) 전동기의 1상 출력을 P_2라 하면 3상 동기전동기는 이것을 3배한 것이 동기 와트로 표시한 토크가 된다. 여기서 철손과 기계손을 뺀 것이 유효 출력 또는 유효 토크가 된다.

(2) 동기와트

$$\text{동기와트}:\ P_2 = \omega T = 2\pi n T = 2\pi \frac{N_s}{60} T [\text{W}]$$

(3) 토크

$$\text{토크}:\ T = 0.975 \frac{P_2}{N_s} [\text{kg·m}]$$

핵심요약

동기전동기

① 동기전동기의 특성
- 동기속도로 회전
- 기동토크가 없음
- 역률 1.0으로 운전
- 무부하 상태로 운전 시 동기조상기로 사용 가능
- 송풍기, 압축기, 분쇄기 등에 사용

② 동기전동기의 기동법
- 자기 기동법 : 제동권선을 이용하여 기동토크를 발생
- 타전동기 기동법 : 기동용 전동기로 유도전동기를 이용하여 기동토크를 발생

1 동기조상기의 기능

동기전동기를 무부하로 운전하며 계자 전류를 조정하면 전원으로부터 지상(유도성) 무효전력을 흡수하거나 공급하는 역할을 함으로써 무효전력의 크기를 조절하여 전압 조정 및 역률을 개선하는 역할을 한다.

2 V결선(위상 특성 곡선)의 특징

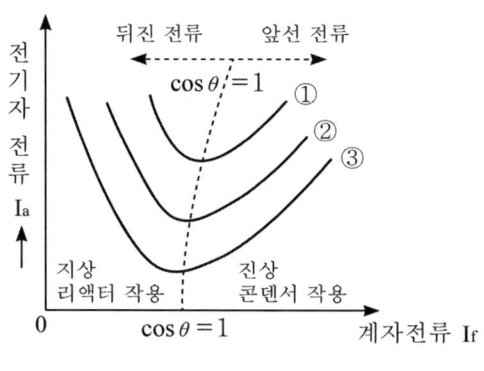

【그림 17】V곡선

(1) 여자전류 I_f와 전기자전류 I_a 간의 관계 곡선

(2) 곡선상에서 전기자전류가 최소인 점이 역률 1.0인 점이다.

(3) 과여자 시 → 진상 전기자전류 증가 → 콘덴서(S.C) 역할

(4) 부족여자 시 → 지상 전기자전류 증가 → 분로리액터(Sh. R) 역할

(5) 출력의 크기 순서는 $P_o = 0 < P_1 < P_2$이며, 동기조상기는 무부하로 운전하므로 출력 $P_o = 0$인 곡선으로 운전된다.

(6) 동기조상기의 용량 $Q_c = P[\mathrm{kw}](\tan\theta_1 - \tan\theta_2)[\mathrm{kVA}]$

핵심요약

위상특성곡선(= V곡선)
여자전류를 변환시키면 전기자전류와 역률이 조정됨(부하의 크기는 일정)

동기조상기
① 무부하 운전 중인 동기전동기를 과여자 운전하면 콘덴서로 작용
② 무부하 운전 중인 동기전동기를 부족여자 운전하면 리액터로 작용
③ 역률이 1.0인 경우 전기자전류는 최소
④ 동기조상기의 용량 $Q_c = P[\mathrm{kw}](\tan\theta_1 - \tan\theta_2)[\mathrm{kVA}]$

※ 출제예상문제는 기출분석을 바탕으로 자주 출제되는 유형을 선별하였습니다.

01. 교류기를 구성하는 3가지 요소 중에 자속을 발생시키는 것은?

① 정류자   ② 계자
③ 회전자   ④ 전기자

| 해설
교류기의 3가지 요소 : 계자, 전기자, 슬립링
㉠ 계자 : 전류를 흘려 자속을 발생
㉡ 정류자 : 교류전력을 직류전력으로 변환하는 정류작용
㉢ 회전자 : 회전하며 기전력 및 회전력을 발생시키는 부분
㉣ 전기자 : 계자에서 발생한 자속을 절단하여 기전력을 유도
<참고>
직류기의 3요소 : 계자, 전기자, 정류자

02. 주파수 60[Hz]를 내는 발전용 원동기인 터빈 발전기의 최고 속도는?

① 2,000[rpm]   ② 2,400[rpm]
③ 3,600[rpm]   ④ 4,800[rpm]

| 해설
㉠ 터빈 발전기의 경우 고속도로 회전하는 설비로서 극수는 2극 또는 4극을 사용한다.
㉡ 발전기의 회전속도는 동기속도로 표현되며 다음과 같다.
동기속도 $N_s = \dfrac{120f}{P}$[rpm]
여기서, f : 주파수 P : 극수
$\therefore N_s = \dfrac{120 \times 60}{2} = 3,600$[rpm]
<참고>
4극 발전기의 경우 60[Hz]에서는 1,800[rpm]으로 회전한다.

03. 극수 10, 동기속도 600[rpm]인 동기발전기에서 나오는 전압의 주파수는 몇 [Hz]인가?

① 50   ② 60
③ 80   ④ 120

| 해설
㉠ 동기속도 $N_s = \dfrac{120f}{P}$ [rpm]
여기서, f : 주파수 P : 극수
㉡ 주파수 $f = \dfrac{N_s \times P}{120} = \dfrac{600 \times 10}{120} = 50$[Hz]

04. 60[Hz], 2,000[kVA]의 발전기의 회전수가 1,200[rpm]이라면 이 발전기의 극수는?

① 6극   ② 8극
③ 12극   ④ 14극

| 해설
㉠ 동기속도 $N_s = \dfrac{120f}{P}$ [rpm]에서
㉡ 극수 $P = \dfrac{120f}{N_s} = \dfrac{120 \times 60}{1,200} = 6$극
여기서, f : 주파수 P : 극수

정답   01 ②   02 ③   03 ①   04 ①

05. 3상 동기 발전기의 상가 접속을 Y결선으로 하는 이유 중 틀린 것은?

① 중성점을 이용할 수 있다.

② 선간전압이 상전압의 $\sqrt{3}$ 배가 된다.

③ 선간전압에 제3고조파가 나타나지 않는다.

④ 발전기 권선의 절연이 어렵다.

> **| 해설**
> 전기자권선을 Y결선 하는 이유
> ㉠ 중성점을 접지할 수 있다.
> ㉡ 고조파가 중성점으로 흘러 선로에 제3고조파가 나타나지 않는다.
> ㉢ 선간전압이 상전압의 $\sqrt{3}$ 배가 되어 권선의 절연이 용이하다.

06. 동기발전기를 회전계자형으로 하는 이유가 아닌 것은?

① 고전압에 견딜 수 있게 전기자 권선을 절연하기가 쉽다.

② 전기자 단자에 발생한 고전압을 슬립링 없이 간단하게 외부회로에 인가할 수 있다.

③ 기계적으로 튼튼하게 만드는 데 용이하다.

④ 전기자가 고정되어 있지 않아 제작비용이 저렴하다.

> **| 해설**
> 동기발전기를 회전계자형으로 하는 이유
> ㉠ 슬립링 및 브러시를 사용하지 않는다.
> ㉡ 기계적으로 튼튼하다.
> ㉢ 발전 시 직류소요전력이 작다.
> ㉣ 절연이 용이하고 고전압에 견딜 수 있다.

07. 자속밀도 $0.8[\mathrm{Wb/m^2}]$인 자계에서 길이 50[cm]인 도체가 30[m/sec]로 회전할 때 유기되는 기전력[V]은?

① 8   ② 12

③ 15   ④ 24

> **| 해설**
> 플레밍의 오른손 법칙(유도기전력)
> $e = B\ell v = 0.8 \times 0.5 \times 30 = 12\,[\mathrm{V}]$
> 여기서, B : 자속밀도$[\mathrm{Wb/m^2}]$ ℓ : 도체의 길이[m]
> v : 도체의 운동 속도[m/s]

08. 동기기의 전기자 권선법이 아닌 것은?

① 전절권   ② 분포권

③ 2층권   ④ 중권

> **| 해설**
> 현재 동기기의 전기자 권선법은 고조파를 제거하여 파형을 개선하기 위해 집중권 및 전절권을 사용하지 않고 분포권 및 단절권을 사용한다.

09. 동기발전기의 권선을 분포권으로 사용하는 이유로 옳은 것은?

① 파형이 좋아진다.

② 권선의 누설 리액턴스가 커진다.

③ 집중권에 비하여 유기기전력이 높아진다.

④ 전기자 권선이 과열되어 소손되기 쉽다.

> **| 해설**
> 현재 동기기의 전기자 권선법은 고조파를 제거하여 파형을 개선하기 위해 집중권 및 전절권을 사용하지 않고 분포권 및 단절권을 사용한다.

10. 6극 36슬롯 3상 동기 발전기의 매극 매상당 슬롯 수는?

① 2   ② 3

③ 4   ④ 5

> **| 해설**
> 매극 매상당 슬롯수
> $q = \dfrac{\text{총 슬롯수}}{\text{극수} \times \text{상수}} = \dfrac{36}{6 \times 3} = 2$

11. 동기발전기의 전기자 권선을 단절권으로 하면?

① 고조파를 제거한다. ② 절연이 잘 된다.

③ 역률이 좋아진다.   ④ 기전력을 높인다.

> **| 해설**
> 분포권, 단절권을 사용하는 이유는 고조파를 제거하여 기전력의 파형을 개선하기 위함이다.

정답 05 ④ 06 ④ 07 ② 08 ① 09 ① 10 ① 11 ①

12. 3상 교류 발전기의 기전력에 대하여 90° 늦은 전류가 통할 때의 반작용 기자력은?

① 자극축과 일치하고 감자작용
② 자극축보다 90° 빠른 증자작용
③ 자극축보다 90° 늦은 증자작용
④ 자극축과 직교하는 교차자화작용

| 해설
동기발전기의 전기자 반작용
㉠ 교차 자화작용(= 횡축 반작용) : 기전력 E와 전기자 전류 I_a가 동상
㉡ 감자작용(= 직축반작용) : 기전력 E에 비해 전기자 전류 I_a의 위상이 90° 늦은 경우
㉢ 증자작용(= 직축반작용) : 기전력 E에 비해 전기자 전류 I_a의 위상이 90° 앞선 경우

13. 동기발전기의 전기자 반작용에서 어떤 역률 $\cos\theta$의 전류 I가 흐를 때 $I\cos\theta$를 나타내는 것은?

① 횡축반작용
② 감자작용
③ 직축자화작용
④ 자화작용

| 해설
전기자반작용
㉠ 횡축반작용 : $I_n\cos\theta$
㉡ 직축반작용 : $I_n\sin\theta$

14. 동기발전기에 앞선 전류가 흐를 때 현상은?

① 효율 향상
② 속도 상승
③ 증자작용
④ 감자작용

| 해설
동기발전기의 전기자 반작용
㉠ 교차 자화작용(= 횡축반작용) : 기전력 E와 전기자 전류 I_a가 동상
㉡ 감자작용(= 직축반작용) : 기전력 E에 비해 전기자 전류 I_a가 지상
㉢ 증자작용(= 직축반작용) : 기전력 E에 비해 전기자 전류 I_a가 진상

15. 3상 동기발전기에서 전기자 전류가 무부하 유도 기전력보다 $\frac{\pi}{2}$ [rad] 앞선 경우(X_c만의 부하)의 전기자 반작용은?

① 횡축반작용
② 증자작용
③ 감자작용
④ 편자작용

| 해설
동기발전기의 전기자 반작용
㉠ 교차 자화작용(= 횡축반작용) : 유기 기전력 E와 전기자 전류 I_a가 동상
㉡ 감자작용(= 직축반작용) : 유기 기전력 E에 비해 전기자 전류 I_a의 위상이 90° 늦은 경우
㉢ 증자작용(= 직축반작용) : 유기 기전력 E에 비해 전기자 전류 I_a의 위상이 90° 앞선 경우

16. 정격전압 220[V]의 동기발전기를 무부하로 운전하였을 때의 단자 전압이 253[V]이었다. 이 발전기의 전압 변동률은?

① 13[%]
② 15[%]
③ 20[%]
④ 33[%]

| 해설
전압변동률 $\epsilon = \dfrac{V_o - V_n}{V_n} \times 100[\%]$

여기서, V_o : 무부하 전압 V_n : 정격전압

$\therefore \epsilon = \dfrac{253 - 220}{220} \times 100 = 15[\%]$

17. 동기발전기에서 비돌극기의 출력이 최대가 되는 부하각(power angle)은?

① 0°
② 45°
③ 90°
④ 180°

| 해설
동기발전기의 출력
㉠ 비돌극기의 출력 $P = \dfrac{E_a V_n}{x_s} \sin\delta[\text{W}]$
  (최대출력이 부하각 $\delta = 90°$에서 발생)
㉡ 돌극기의 경우 최대출력이 부하각 $\delta = 60°$에서 발생

정답   12 ①   13 ①   14 ③   15 ②   16 ②   17 ③

18. 동기발전기의 돌발 단락전류를 주로 제한하는 것은?

① 누설 리액턴스　　② 역상 리액턴스
③ 동기 리액턴스　　④ 권선저항

19. 동기발전기의 무부하 포화곡선에 대한 설명으로 옳은 것은?

① 정격전류와 단자전압의 관계이다.
② 정격전류와 정격전압의 관계이다.
③ 계자전류와 부하전압의 관계이다.
④ 계자전류와 유기기전력의 관계이다.

| 해설

동기발전기의 특성곡선
㉠ 무부하 포화곡선 : 계자전류와 유기기전력과의 관계곡선
㉡ 부하 포화곡선 : 계자전류와 부하전압과의 관계곡선
㉢ 외부 특성곡선 : 부하전류와 단자전압과의 관계곡선
㉣ 위상 특성곡선(= V곡선) : 계자전류와 부하전류와의 관계곡선

20. 단락비가 1.2인 동기발전기의 %동기 임피던스는 약 몇 [%]인가?

① 68　　　　　　② 83
③ 100　　　　　④ 120

| 해설

단락비 $K_s = \dfrac{I_s}{I_n} = \dfrac{100}{\%Z}$

여기서, I_s : 단락전류　I_n : 정격전류
　　　　$\%Z$: %동기 임피던스

$\%Z = \dfrac{100}{1.2} = 83.3 ≒ 83[\%]$

21. 정격이 10,000[V], 500[A], 역률 90[%]의 3상 동기발전기의 단락전류 I_s[A]는? (단, 단락비는 1.3으로 하고, 전기자저항은 무시한다.)

① 450　　　　　② 550
③ 650　　　　　④ 750

| 해설

단락비 $K_s = \dfrac{I_s}{I_n}$ 에서 단락전류 I_s 는

∴ $I_s = K \times I_n = 1.3 \times 500 = 650[A]$

여기서, I_n : 정격전류

22. 다음 중 단락비가 큰 동기발전기를 설명하는 것으로 옳은 것은?

① 동기 임피던스가 작다.
② 단락 전류가 작다.
③ 전기자 반작용이 크다.
④ 전압변동률이 크다.

| 해설

단락비가 큰 기기의 특징
㉠ 동기 임피던스가 작다(단락전류가 크다).
㉡ 전기자 반작용이 작다.
㉢ 전압 변동률이 작다.
㉣ 공극이 크다.
㉤ 안정도가 높다.
㉥ 철손이 크다.
㉦ 효율이 낮다.
㉧ 가격이 높다.
㉨ 송전선의 충전용량이 크다.

23. 자기여자 현상의 방지법이 아닌 것은?

① 단락비 증대　　② 리액턴스 접속
③ 변압기 접속　　④ 발전기 직렬연결

| 해설

자기여자 현상의 방지대책
㉠ 수전단에 병렬로 리액터(리액턴스)를 설치
㉡ 변압기를 설치하여 지상전류를 흘림
㉢ 수전단에 부족여자로 운전하는 동기조상기를 설치하여 지상전류를 흘림
㉣ 발전기를 2대 이상 병렬로 설치
㉤ 단락비가 큰 기계를 사용

24. 동기발전기의 병렬운전 조건이 아닌 것은?

① 전압의 크기가 같을 것
② 주파수가 같을 것
③ 회전수가 같을 것
④ 위상이 같을 것

| 해설
동기발전기를 병렬운전 조건
㉠ 기전력의 크기가 같을 것
㉡ 기전력의 위상이 같을 것
㉢ 기전력의 주파수가 같을 것
㉣ 기전력의 파형 및 상회전 방향이 같을 것

동기발전기의 병렬운전 시 정격주파수가 같을 때 극수가 다를 경우 회전수는 달라진다. (예: 6극, 8극 병렬운전 시 6극 발전기는 1,200[rpm], 8극 발전기는 900[rpm])

25. 동기발전기의 병렬운전에 필요한 조건이 아닌 것은?

① 기전력의 주파수가 같을 것
② 기전력의 크기가 같을 것
③ 기전력의 용량이 같을 것
④ 기전력의 위상이 같을 것

| 해설
동기발전기의 병렬운전 시 용량, 출력, 부하전류, 임피던스는 달라도 큰 문제가 없다.

26. 2대의 동기발전기 A, B가 병렬 운전하고 있을 때 A기의 여자 전류를 증가시키면 어떻게 되는가?

① A기의 역률은 낮아지고 B기의 역률은 높아진다.
② A기의 역률은 높아지고 B기의 역률은 낮아진다.
③ A, B 양 발전기의 역률이 높아진다.
④ A, B 양 발전기의 역률이 낮아진다.

| 해설
동기발전기 병렬운전에서 여자전류가 다를 경우
㉠ 여자전류 작은 발전기(기전력 작은 발전기)
　: 90° 진상전류가 흐르고 역률이 높아진다.
㉡ 여자전류 큰 발전기(기전력 큰 발전기)
　: 90° 지상전류가 흐르고 역률이 낮아진다.

27. 다음 중 2대의 동기발전기가 병렬운전하고 있을 때 무효횡류(무효순환전류)가 흐르는 경우는?

① 부하 분담에 차가 있을 때
② 기전력의 주파수에 차가 있을 때
③ 기전력의 위상에 차가 있을 때
④ 기전력의 크기에 차가 있을 때

| 해설
무효 순환전류는 동기발전기를 2대 이상 병렬운전 시 발전기의 기전력(전압)의 크기가 다를 경우 동기발전기의 사이를 순환하는 전류이다.

28. 동기발전기의 병렬 운전 중 기전력의 크기가 다를 경우 나타나는 현상이 아닌 것은?

① 권선이 가열된다.
② 동기화 전력이 생긴다.
③ 무효순환전류가 흐른다.
④ 고압 측에 감자작용이 생긴다.

| 해설
㉠ 동기발전기의 병렬운전 중 기전력의 크기가 다를 경우 무효순환전류가 흐른다.
㉡ 무효순환전류는 병렬운전인 발전기 중에 전압이 높은 발전기에는 감자작용이 발생하고 전압이 낮은 발전기에는 증자작용이 발생한다.
㉢ 무효순환전류는 발전기의 전기자권선에 불필요한 열을 발생시킨다.
㉣ 동기화 전력은 병렬운전 중인 발전기에 위상차가 나타날 경우 발생한다.

29. 동기발전기의 병렬운전 중 주파수가 틀리면 어떤 현상이 나타나는가?

① 무효 전력이 생긴다.
② 무효 순환전류가 흐른다.
③ 유효 순환전류가 흐른다.
④ 출력이 요동치고 권선이 가열된다.

| 해설
동기발전기의 병렬운전 중 주파수가 다르게 되면 병렬운전 중인 발전기 사이에 동기화 전류가 흘러 권선에 열이 발생하고 동기화를 하기 위해 회전속도의 변화가 커져 출력의 변화가 크게 나타난다. 이를 난조라고 한다.

30. 2대의 3상 동기 발전기에서 동기임피던스가 각각 5[Ω]이고 유도 기전력 사이에 100[V]의 전압 차이가 있다면 무효 순환전류는?

① 10[A] ② 15[A]
③ 20[A] ④ 25[A]

31. 동기기에서 사용되는 절연재료로 B종 절연물의 온도상승한도는 약 몇 [℃]인가? (단, 기준온도는 공기 중에서 40[℃]이다.)

① 65 ② 75
③ 90 ④ 120

32. 4극 1,800[rpm]인 동기발전기와 병렬운전 하는 8극 동기발전기의 회전수는 몇 [rpm]인가?

① 1,600 ② 1,200
③ 900 ④ 600

33. 4극인 동기전동기가 1,800[rpm]으로 회전할 때 전원 주파수는 몇 [Hz]인가?

① 50[Hz] ② 60[Hz]
③ 70[Hz] ④ 80[Hz]

34. 동기전동기의 여자전류를 변화시켜도 변하지 않는 것은? (단, 공급전압과 부하는 일정하다.)

① 동기속도 ② 역기전력
③ 역률 ④ 전기자 전류

35. 3상 동기전동기의 토크에 대한 설명으로 옳은 것은?

① 공급전압 크기에 비례한다.
② 공급전압 크기의 제곱에 비례한다.
③ 부하각 크기에 반비례한다.
④ 부하각 크기의 제곱에 비례한다.

36. 동기전동기에서 공급전압보다 전기자전류가 앞선 전류일 경우에는 어떤 작용을 하는가?

① 역률작용
② 교차 자화작용
③ 증자작용
④ 감자작용

| 해설
동기전동기의 전기자 반작용
㉠ 교차 자화작용 : 전기자 전류가 공급전압과 동상일 때
㉡ 감자작용 : 전기자 전류가 공급전압보다 앞선 전류일 때
㉢ 증자작용 : 전기자 전류가 공급전압보다 뒤진 전류일 때

37. 동기전동기의 장점이 아닌 것은?

① 직류 여자가 필요하다.
② 전부하 효율이 양호하다.
③ 역률 1로 운전할 수 있다.
④ 동기 속도를 얻을 수 있다.

| 해설
동기전동기의 계자는 직류전원을 사용하므로 정류장치 또는 축전지를 필요로 하여 비용이 높아지고 유지보수가 어려워진다.

동기전동기의 특성
㉠ 역률 1.0으로 운전이 가능하다.
㉡ 다른 기기에 비해 효율이 높다.
㉢ 여자전류를 조정하여 역률의 조정이 가능하다.
㉣ 동기속도로 회전한다.

38. 동기전동기에 관한 내용으로 틀린 것은?

① 기동토크가 작다.
② 역률을 조정할 수 없다.
③ 난조가 발생하기 쉽다.
④ 여자기가 필요하다.

| 해설
㉠ 무부하 상태로 동기전동기를 운전할 경우 동기 조상기로 사용이 가능하여 역률을 조정할 수 있다.
㉡ 동기전동기의 경우 기동토크가 너무 작아서 제동권선을 이용한 자기 기동법 및 유도전동기를 이용한 타 전동기에 의한 기동법을 사용한다.
㉢ 난조가 일어나기 쉽기 때문에 제동권선을 설치한다.
㉣ 직류 여자기가 필요하다.

39. 3상 동기전동기의 출력(P)을 부하각으로 나타낸 것은? (단, V는 1상 단자전압, E는 역기전력, X_s는 동기 리액턴스, δ는 부하각이다.)

① $P = 3VE\sin\delta\,[\mathrm{W}]$

② $P = \dfrac{3VE\sin\delta}{X_s}\,[\mathrm{W}]$

③ $P = \dfrac{3VE\cos\delta}{X_s}\,[\mathrm{W}]$

④ $P = 3VE\cos\delta\,[\mathrm{W}]$

| 해설
㉠ 동기전동기의 1상의 출력 $P = \dfrac{VE}{X_s}\sin\delta$
㉡ 3상 출력은 1상 출력의 3배이므로
∴ 출력은 $P = \dfrac{3VE}{X_s}\sin\delta\,[\mathrm{W}]$

40. 동기전동기의 부하각(load angle)은?

① 공급전압 V와 역기전압 E와의 위상각
② 역기전압 E와 부하전류 I와의 위상각
③ 공급전압 V와 부하전류 I와의 위상각
④ 3상 전압의 상전압과 선간전압과의 위상각

| 해설
부하각은 동기전동기의 공급전압 V와 역기전압 E와의 위상각 차이를 나타 낸다.

41. 3상 동기기에 제동권선을 설치하는 주된 목적은?

① 출력 증가
② 효율 증가
③ 역률 개선
④ 난조 방지

| 해설
제동권선의 사용목적
㉠ 난조방지
㉡ 기동토크 발생

정답 36 ④ 37 ① 38 ② 39 ② 40 ① 41 ④

42. 동기발전기이 난조를 방지하는 가장 유효한 방법은?

① 회전자의 관성을 크게 한다.
② 제동권선을 자극면에 설치한다.
③ Xs를 작게 하고 동기화력을 크게 한다.
④ 자극 수를 적게 한다.

> **| 해설**
> 부하가 급변하는 경우 동기발전기의 회전수가 동기속도 부근에서 진동하는 난조현상이 발생하는데 이를 방지하기 위해 제동권선을 설치하여 방지한다.

43. 3상 동기기에 제동권선을 설치하는 목적 중 가장 적합한 것은?

① 기동작용 및 효율증가
② 기동작용 및 난조방지
③ 출력증가 및 효율증가
④ 출력증가 및 난조방지

> **| 해설**
> 제동권선은 동기전동기에서 기동토크를 발생시킬 수 있고 운전 중에 난조를 방지하여 안정도를 높일 수 있다.

44. 동기전동기의 자기 기동법에서 계자권선을 단락하는 이유는?

① 기동이 쉽다.
② 기동권선으로 이용
③ 고전압 유도에 의한 절연파괴 위험 방지
④ 전기자 반작용을 방지한다.

> **| 해설**
> 동기전동기의 자기 기동 시에 고정자에서 발생하는 회전 자계가 계자권선과 쇄교하여 큰 기전력이 발생하여 흐르는 큰 전류로 인해 계자권선이 과열·소손되는 것을 방지하기 위해 단락하여 기동한다.

45. 기동전동기로서 유도전동기를 사용하려고 한다. 동기전동기의 극수가 10극인 경우 유도전동기의 극수는?

① 8극 ② 10극
③ 12극 ④ 14극

> **| 해설**
> 동기전동기 기동 시 유도전동기를 이용할 경우 유도전동기가 sN_s만큼 동기전동기보다 늦게 회전하므로 동기전동기보다 2극 적은 유도전동기를 사용하여 기동한다. 이때 동기전동기의 극수가 10극인 경우 유도전동기의 극수는 8극을 사용한다.

46. 동기전동기를 송전선의 전압 조정 및 역률 개선에 사용한 것을 무엇이라 하는가?

① 댐퍼 ② 동기이탈
③ 제동권선 ④ 동기조상기

> **| 해설**
> ① 댐퍼 : 송전선로에서 전선로의 진동방지
> ③ 제동권선 : 난조 방지 및 동기전동기의 기동토크 발생
> ④ 동기조상기 : 무부하 상태에서 회전하는 동기전동기로 무효전력을 조정하여 전압 조정 및 역률개선에 사용

47. 동기조상기를 부족여자로 하여 운전하면?

① 콘덴서로 작용 ② 뒤진 역률 보상
③ 리액터로 작용 ④ 저항손의 보상

> **| 해설**
> 동기조상기
> ㉠ 무부하상태에서 회전하는 동기전동기
> ㉡ 과여자 운전 시 : 콘덴서로 작용
> ㉢ 부족여자 운전 시 : 리액터로 작용

정답 42 ② 43 ② 44 ③ 45 ① 46 ④ 47 ③

48. 동기전동기의 계자 전류를 가로축에, 전기자 전류를 세로축으로 하여 나타낸 V곡선에 관한 설명으로 옳지 않은 것은?

① 위상 특성 곡선이라 한다.
② 부하가 클수록 V곡선은 아래쪽으로 이동한다.
③ 곡선의 최저점은 역률 1에 해당한다.
④ 계자 전류를 조정하여 역률을 조정할 수 있다.

| 해설
V곡선(= 위상특성곡선)의 특징

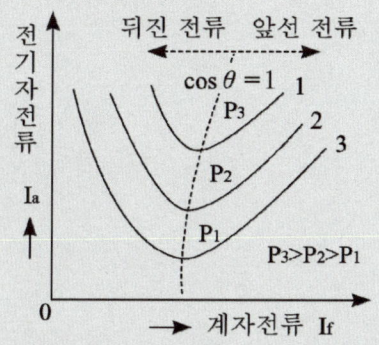

㉠ 계자전류 I_f와 전기자전류 I_a 간의 관계 곡선
㉡ V곡선상에서 역률이 1.0일 때 전기자전류는 최소가 된다.
㉢ 과여자 시 → 콘덴서(S.C) 역할
㉣ 부족여자 시 → 분로리액터(Sh. R) 역할
㉤ 부하가 증가할 경우 V곡선은 위로 이동

49. 동기전동기의 V곡선(위상특성곡선)에서 종축이 표시하는 것은?

① 계자전류
② 전기자전류
③ 단자 전압
④ 토크

| 해설
V곡선(= 위상특성곡선)
계자전류(I_f)와 전기자전류(I_a)의 관계곡선
㉠ 횡축에 계자전류
㉡ 종축에 전기자전류

50. 동기조상기가 전력용 콘덴서보다 우수한 점은?

① 손실이 적다.
② 보수가 쉽다.
③ 지상 역률을 얻는다.
④ 가격이 싸다.

| 해설
동기조상기
㉠ 무부하상태에서 회전하는 동기전동기
㉡ 과여자 운전 시 : 콘덴서(진상역률)로 작용
㉢ 부족여자 운전 시 : 리액터(지상역률)로 작용

51. 동기기 운전 시 안정도 증진법이 아닌 것은?

① 단락비를 크게 한다.
② 회전부의 관성을 크게 한다.
③ 속응 여자방식을 채용한다.
④ 역상 및 영상 임피던스를 작게 한다.

| 해설
안정도 증진법
㉠ 정상 과도 리액턴스 또는 동기 리액턴스는 작게 하고 단락비를 크게 한다.
㉡ 자동전압 조정기의 속도를 크게 한다(속응여자 방식을 채용).
㉢ 회전자의 관성력을 크게 한다.
㉣ 영상 및 역상 임피던스를 크게 한다.
㉤ 관성을 크게 하거나 플라이휠 효과를 크게 한다.

52. 동기기의 손실에서 고정손에 해당되는 것은?

① 계자철심의 철손
② 브러시의 전기손
③ 계자 권선의 저항손
④ 전기자 권선의 저항손

| 해설
㉠ 고정손(= 무부하손) : 철손
㉡ 가변손(= 부하손) : 동손

정답 48 ② 49 ② 50 ③ 51 ④ 52 ①

53. 동기기 손실 중 무부하손(no load loss)이 아닌 것은?

① 풍손　　　　　② 와류손
③ 전기자 동손　　④ 베어링 마찰손

| 해설

무부하손	철손(= 히스테리시스손 + 와류손)
	풍손
	베어링 마찰손
	브러시 마찰손
부하손	전기자 동손

∴ 전기자 동손은 부하손에 해당된다.

54. 3상 4극 60[MVA], 역률 0.8, 60[Hz], 22.9 [kV] 수차발전기의 전부하 손실이 1,600[kW]이면 전부하 효율[%]은?

① 90　　　　　② 95
③ 97　　　　　④ 99

| 해설

발전기 출력 $P = P[\text{kVA}] \times \cos\theta$
$$= 60 \times 10^3 \times 0.8$$
$$= 48,000 [\text{kW}]$$

∴ 전부하 효율(발전기 효율)

$$\eta = \frac{출력[\text{kW}]}{출력[\text{kW}] + 손실[\text{kW}]} \times 100$$

$$= \frac{48,000}{48,000 + 1,600} \times 100 = 96.77 ≒ 97 [\%]$$

55. 발전기 권선의 층간단락보호에 가장 적합한 계전기는?

① 차동 계전기　　② 방향 계전기
③ 온도 계전기　　④ 접지 계전기

| 해설

차동계전기는 발전기, 변압기, 모선 등의 단락사고 시 검출용으로 사용된다.

56. 동기검정기로 알 수 있는 것은?

① 전압의 크기　　② 전압의 위상
③ 전류의 크기　　④ 주파수

| 해설

병렬운전하는 두 동기발전기의 상회전 방향 및 위상이 일치하는지 시험하기 위해 동기검정기를 사용한다.

정답　53 ③　54 ③　55 ①　56 ②

Chapter 03 변압기

01 개요

(1) 전력회사의 송·배전 전압은 765[kV], 345[kV], 154[kV], 22.9[kV]로 특고압을 사용하고 있기 때문에 수용가측에서는 변압기를 이용하여 220/380[V]의 저압으로 변전하여 사용하여야 한다.

(2) 발전설비의 발전전압은 약 11[kV]로 작기 때문에 승압용 변압기를 통해 765[kV], 345[kV], 154[kV]로 송전선로에 보내지고, 배전선로는 22.9[kV]를 사용하고 있다. 그리고 전기를 공급받는 수용가는 수전용량이 500[kVA] 이하인 경우에는 전력회사의 주상변압기(22.9[kV]를 220[V]로 변전하는 기기로 전주 위에 설치되어 있다)를 통해 저압으로 공급이 가능하고 500[kV]를 초과하는 수용가에 대해서는 22.9[kV]의 특고압으로 수전받아야 하므로 건물 내 수변전설비를 구축하여 380/220[V]의 사용전압으로 변전하여 전기를 사용하여야 한다.

(3) 전력회사에서 높은 전압으로 전력을 공급하는 이유는 전압이 높아진 것만큼 전류를 줄일 수 있어 선로의 전압강하와 전압변동률 그리고 케이블 중량과 동량(전류가 작아진 것만큼 케이블 크기를 줄일 수 있다)을 줄일 수 있다. 또한 케이블 중량이 줄어든 것만큼 철탑과 전주의 지지물의 크기를 줄일 수 있는 여러 장점을 가지고 있다.

(4) 따라서 작은 전력손실에서 전압의 크기를 변전할 수 있는 변압기는 전기설비에 있어서 가장 중요한 기기라 할 수 있다.

02 변압기 원리

1 변압기의 원리

(1) 변압기는 패러데이의 전자유도법칙(유도기전력)을 따르며 한쪽 권선에 교류전력을 공급했을 때 반대쪽 권선에 같은 크기와 주파수의 교류전력을 만드는 역할을 한다.

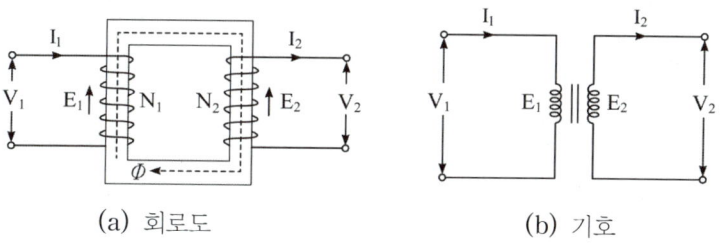

(a) 회로도 (b) 기호

【그림 1】 변압기의 회로 구성

(2) 변압기는 1차 권선(primary winding)과 2차 권선(secondary winding)이 전기적으로 분리되어 있으나 자기적으로는 결합되어 있다. 1차측에 교류 전류(변압기 여자전류 $i_0 = I_m \sin \omega t \, [\mathrm{A}]$)를 인가하면 철심의 자속 $\phi = \phi_m \sin \omega t \, [\mathrm{Wb}]$에 의해 2차 권선에 유도기전력이 발생된다. 이때 유도기전력은 자기회로를 통과하는 자속의 변화율과 권선수에 따라 달라진다.

유도기전력 $E = 4.44 f N \phi_m \, [\mathrm{V}]$

2 유도기전력 및 권수비

(1) 변압기 1·2차 유도기전력의 실횻값은 다음과 같다.

① 1차측 유도기전력 : $E_1 = 4.44 f N_1 \phi_m \, [\mathrm{V}]$
② 2차측 유도기전력 : $E_2 = 4.44 f N_2 \phi_m \, [\mathrm{V}]$
③ 전압비 : $a = \dfrac{E_1}{E_2} = \dfrac{4.44 f N_1 \phi_m}{4.44 f N_2 \phi_m} = \dfrac{N_1}{N_2}$

여기서, N_1 : 1차측 권선수　　N_2 : 2차측 권선수

(2) 위와 같이 변압기 1·2차측 전압비는 권수비(turn ratio)로 표현할 수 있고, 전력 $P = VI$에서 전압과 전류는 반비례 관계이므로 이를 정리하면 아래와 같이 권수비를 나타낼 수 있다.

권수비 : $a = \dfrac{V_1}{V_2} = \dfrac{E_1}{E_2} = \dfrac{I_2}{I_1} = \dfrac{N_1}{N_2}$

여기서, V_1 : 1차측 단자전압　　E_1 : 1차측 유도기전력　　V_2 : 2차측 단자전압　　E_2 : 2차측 유도기전력

(3) 2차 권수가 1차 권수보다 작으면 2차 전압이 1차 전압보다 낮아지는 강압기(step-down transformer)라 하고, 반대로 2차 권수가 많으면 1차 전압보다 2차 전압이 커지는 승압기(step-up transformer)라 한다.

핵심요약

변압기 구분
① 1차측 = 전원측 ≠ 고압측
② 2차측 = 부하측 ≠ 저압측

변압기 기전력
① 1차 $E_1 = 4.44 f N_1 \phi_m \, [\mathrm{V}]$
② 2차 $E_2 = 4.44 f N_2 \phi_m \, [\mathrm{V}]$

권수비와 저항 환산
① 권수비 $a = \dfrac{E_1}{E_2} = \dfrac{N_1}{N_2} = \dfrac{I_2}{I_1}$
② 2차측 저항을 1차로 환산 $r_1 = a^2 r_2$

1 변압기의 정격

(1) 정격

① 변압기의 정격이란 제조자가 정격상태의 조건하에 사용할 수 있도록 보장된 사용 한도로서 피상전력으로 나타내고 정격용량이라 한다.

② 정격상태는 정격용량에 대한 전압, 전류, 주파수와 역률 등을 변압기 명판에 기재한다.

(2) 정격용량

① 변압기의 정격용량은 정격 2차 전압, 정격 2차 전류, 정격 주파수 및 역률에 대하여 2차 단자 사이에 얻어지는 피상전력으로 나타내고 이것을 [VA]로 표시한다.

② 역률은 변압기 설계 시 정해진 역률을 나타낸다.

(3) 정격전압

① 변압기의 정격 2차 전압이란 명판에 기록된 권선의 단자전압의 실효치이며, 이 전압에서 정격출력을 얻는 전압이다.

② 3상 변압기의 경우 정격전압은 선간전압으로 나타낸다.

(4) 정격전류

① 변압기의 정격 1차 전류란 정격전류와 정격 1차 전압의 곱인 정격용량과 같은 피상전력이 되는 전류를 말한다.

② 정격 2차 전류란 정격 2차 전류와 정격 2차 전압과의 관계에서 정격용량이 되는 전류를 말한다.

2 변압기의 구조

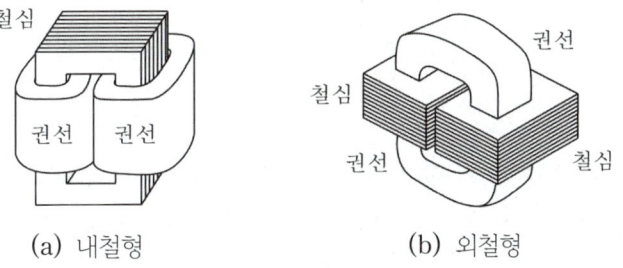

(a) 내철형   (b) 외철형

【그림 2】 변압기의 구조

(1) 변압기는 자기회로인 철심과 전기회로인 권선이 쇄교하여 만들어지는 것으로 그 모양에 따라 두 가지로 나누어진다.

① 내철형 변압기

철심을 안쪽에 두고 권선으로 철심을 둘러싸는 형태

② 외철형 변압기

권선을 안쪽에 두고 철심으로 권선을 감싸는 형태

(2) 철심(iron core)

   ① 냉각압연 규소강대 : 규소의 함유량이 약 4[%] 정도로 방향성 규소강판이라고도 하며 두께는 0.35[mm]를 표준으로 한다.

   ② 권철심 : 폭이 일정한 방향성 규소강판을 직사각형 또는 원형으로 감은 것으로 자속은 항상 압연강판 방향으로 진행하기 때문에 자기특성이 우수하다.

(3) 권선(coil 또는 winding)

   ① 소형 변압기 : 철심을 절연하고 그 위에 직접 저압권선과 고압권선을 감는 직권 방식을 채택한다.

   ② 대형 변압기 : 절연통의 위에 코일을 감고 절연처리를 한 후에 조립하는 형권 방식을 채택한다.

(4) 외함(enclosure)

   용량이 커지면 냉각면적을 넓히기 위해서 판형의 철판을 사용하거나 방열관 또는 방열기를 설치한다.

(5) 부싱(bushing)

   권선의 인출선을 외함에서 끌어내는 절연단자를 부싱이라고 한다.

③ 변압기의 건조법

변압기의 권선과 철심을 건조함으로써 습기를 없애고 절연을 향상시킬 수 있고 건조 방법에는 열풍법, 단락법, 진공법이 있다.

(1) 열풍법

   열풍법은 송풍기와 전열기에 의하여 뜨거운 바람을 보내어 건조한다. 건조의 정도는 권선과 철심간, 권선 상호간의 절연 저항을 측정하여 알 수 있다. 처음 10시간 정도는 절연 저항이 내려가지만, 이후에는 올라간다. 절연 저항값이 일정한 값 이상으로 되면 건조를 정지한다.

(2) 단락법

   단락법은 변압기의 1차 권선 또는 2차 권선을 단락하고, 다른 권선에 임피던스 전압의 약 20[%] 정도를 인가시켜 단락 전류에 의한 동손을 이용하여 가열 건조한다.

(3) 진공법

   진공법은 주로 제조 공정에서 사용하는 방법으로 건조가 빠르고 결과도 좋다. 변압기를 탱크에 넣어 밀봉하고, 그 속에 증기가 통하는 관을 설치하여 보일러를 이용하여 가열하는 한편, 진공 펌프로 탱크 내의 공기를 빼내고 절연물 속의 습기를 증발 건조시킨다. 탱크 내의 온도는 80~90[℃] 정도로 한다.

🔊 핵심요약

변압기의 건조법

① 열풍법
② 단락법
③ 진공법

4 변압기의 냉각방식

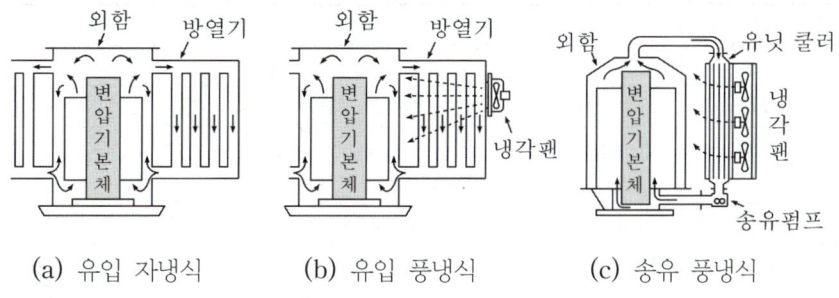

(a) 유입 자냉식   (b) 유입 풍냉식   (c) 송유 풍냉식

【그림 3】 변압기의 냉각방식

(1) 건식 자냉식(Air Cooled Type : AN)

특별한 냉각방식을 취하지 않고 공기의 자연대류에 의하여 방열하는 방식

(2) 건식 풍냉식(Air Blast Type : AF)

변압기를 절연유 속에 넣는 대신에 철심이나 권선 각층에 마련된 특수 통풍기에 강제로 전동송풍기를 사용하여 송풍함으로써 열을 방산하는 방식

(3) 유입 자냉식(Oil-immersed Self-cooled Type : ONAN)

절연유가 채워진 외함 속에 변압기 본체를 넣고 기름의 대류작용으로 열이 외함에 전달되고 외함에서 방사, 대류, 전도에 의하여 외부에 방산되는 방식으로 가장 널리 채용

(4) 유입 풍냉식(Oil-immersed Air Blast Type : ONAF)

유입 자냉식의 방열기에 송풍기를 달고 강제 냉각하는 방식으로 유입 자냉식에 비해 20~30%의 용량증가가 가능

(5) 유입 수냉식(Oil-immersed Water-cooled Type : ONWF)

외함의 상부에 나선형의 냉각관을 두고 냉각수를 순환시켜서 기름을 냉각하는 방식

(6) 송유 풍냉식(Forced-oil Blast Type : OFAF)

절연유를 기름펌프를 사용하여 다른 냉각기로 가져가 송풍기로 강제 냉각시키고 다시 외함 속에 송유, 순환시키는 방식

(7) 송유 수냉식(Forced-oil Water-cooled Type : OFWF)

송유 수냉식은 송유 풍냉식의 풍냉 대신에 수냉을 채용함으로 냉각효과가 크게 나타나는 방식

5 절연의 종류와 최고 허용온도

절연물 종류	최고 허용온도	절연물의 종류
Y	90℃	목면, 견, 종이등의 재료로 구성된 절연물
A	105℃	Y종에 상당하는 재료를 와니스 처리를 하거나 또는 절연유에 함침하여 사용하는 것
E	120℃	면섬유를 적층한 종이등에 메라민수지, 페놀수지계의 와니스로 처리한 것. 마이카, 에폭스 수지등의 절연물을 주재로 한 것
B	130℃	마이카, 석면, 유리섬유등을 써서, 접착재료와 함께 구성된 절연
F	155℃	B종과 같은 재료를 쓰지만 실리콘, 알키드 수지등의 접착재료를 써서 구성된 절연
H	180℃	B종과 같은 재료를 쓰고 규소수지 또는 이와 동등 이상의 성질을 갖는 접착재료를 써서 접착 마무리한 절연
C	180℃ 초과	마이카, 석면, 자기등을 단독으로 쓴 절연, 또는 이들을 유리, 시멘트와 같은 무기질 접착 재료를 써서 마무리한 절연

【표 1】 절연물의 종류와 최고 허용온도

6 변압기 유와 열화방지

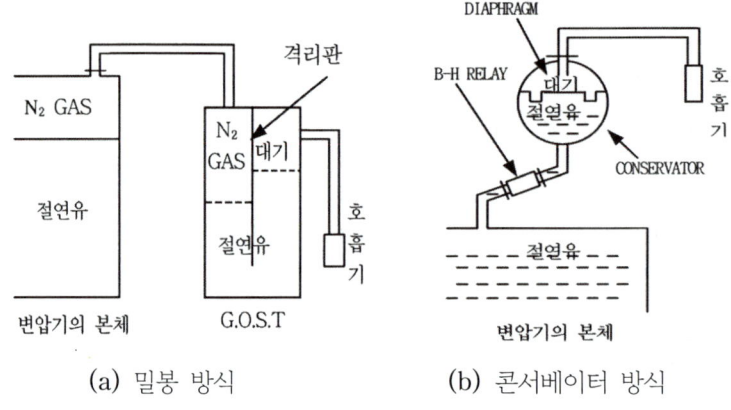

(a) 밀봉 방식   (b) 콘서베이터 방식

【그림 4】 변압기 열화방지

(1) 변압기 유(절연유)는 유입변압기에서 권선과 외함 접촉의 차단 및 고체 절연물을 보호하고 권선에서 발생되는 열을 대류에 의해 방열하는 절연과 냉각이라는 두 가지 중요한 기능을 한다.

(2) 변압기 유의 조건

    ① 절연내력($30[\text{kV}/2.5\text{mm}]$)이 클 것

    ② 점도가 낮아 냉각작용이 양호할 것

    ③ 인화점이 $130[℃]$ 이상으로 높을 것

    ④ 응고점이 $-30[℃]$ 이하로 낮을 것

    ⑤ 화학적으로 안정되고 변질되지 말 것

(3) 밀봉 방식

변압기 내부의 절연유가 공기와 접촉되지 않도록 질소 가스 및 절연유로 밀봉하여 변압기 내부 압력의 변화에 따라 질소 가스의 이동 및 절연유 면의 높이가 조절되어 절연유의 열화를 방지

(4) 콘서베이터 방식

　　콘서베이터 내부 절연유의 팽창 및 수축에 따라 고무막 유동으로 절연유의 열화를 방지할 수 있고 변압기 내부에 항상 일정한 기압을 유지하며 냉각효과를 크게 할 수 있다.

핵심요약

변압기 유

① 변압기 유의 사용 목적 : 절연 및 냉각
② 변압기 유(= 절연유)의 조건
　　㉠ 절연내력이 클 것
　　㉡ 점도가 낮고 냉각작용이 양호할 것
　　㉢ 인화점이 높고 응고점이 낮을 것
　　㉣ 화학적으로 안정되고 변질되지 말 것
③ 콘서베이터 : 변압기 유의 열화 및 산화방지를 목적으로 사용

04　변압기 등가회로

1　여자전류

(1) 여자전류는 변압기 2차측을 개방시켜(무부하 시험) 측정할 수 있으므로 무부하 전류라 하며, 여자전류 벡터를 통해 아래와 같은 등가회로로 나타낼 수 있다.

(2) 이때 변압기에는 철심에서 철손이 발생하고 1차 권선에서는 자속이 발생한다. 그러므로 여자전류는 인가전압과 동상인 철손전류 I_i와 철심의 자속과 동상인 자화전류 I_m으로 나누어진다.

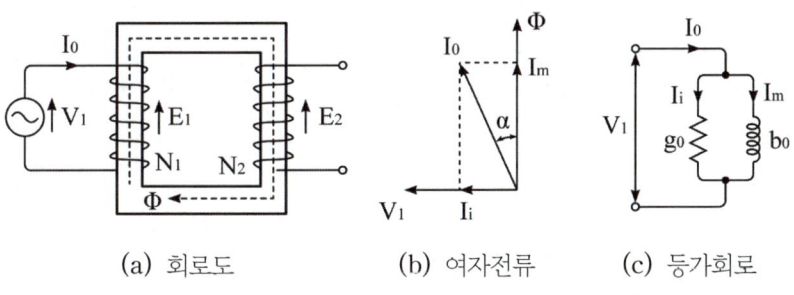

　　(a) 회로도　　　　　　(b) 여자전류　　　　(c) 등가회로

【그림 5】여자전류와 등가회로

2 무부하 시험

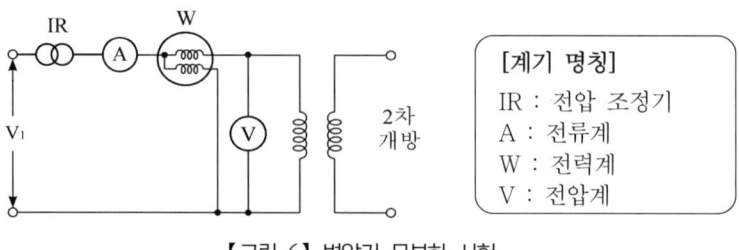

【그림 6】 변압기 무부하 시험

(1) 무부하 시험은 【그림 6】과 같이 변압기 2차측을 개방시킨 상태에서 시험한다. 2차측을 개방하면 직렬부로는 전류가 흐르지 않기 때문에 병렬부 회로의 값(어드미턴스)들을 측정할 수 있다.

(2) 이때 전력계에서 측정된 값의 대부분은 철손(P_i, 유효전력)이므로 전력계의 측정값에서 전압계의 측정값을 나누면 철손전류를 구할 수 있다. 또한 철손전류는 인가되는 전압과 동위상이 된다.

> ① 철손전류 : $I_i = \dfrac{P_i}{V_1}$ [A]
>
> ② 철손 : $P_i = \dfrac{I_i^2}{g_0} = g_0 V_1^2$ [W]
>
> ③ 여자 컨덕턴스 : $g_0 = \dfrac{P_i}{V_1^2}$ [℧]

여기서, V_1 : 1차측 단자전압 g_0 : 여자 컨덕턴스

(3) 【그림 6】과 같이 무부하 시험에서 1차측 단자전압 V_1을 변압기 정격전압 V_n까지 올려주었을 때 회로에 흐르는 전류가 여자전류(무부하 전류)가 되고 그 크기는 전류계에 표시가 된다. 또한 여자전류는 1차측 단자전압에서 변압기 여자 어드미턴스를 곱해주어 구할 수 있다.

> 여자전류 : $I_0 = \dfrac{V_1}{Z} = Y V_1$ [A]

여기서, Z : 여자 임피던스 Y : 여자 어드미턴스

핵심요약

무부하전류(= 여자전류)

① 무부하 시 흐르는 전류

② $\dot{I_0} = \dot{I_m} + \dot{I_i}$

여기서, $\dot{I_0}$: 무부하전류 $\dot{I_m}$: 자화전류 $\dot{I_i}$: 철손 전류

3 단락 시험

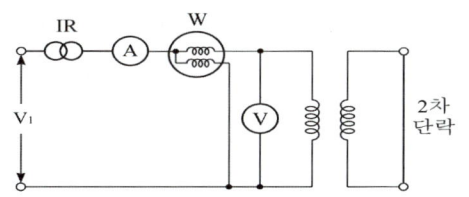

[계기 명칭]
IR : 전압 조정기
A : 전류계
W : 전력계
V : 전압계

【그림 7】 변압기 단락 시험

(1) 단락 시험은 【그림 7】과 같이 변압기 2차측을 단락시킨 상태에서 시험한다. 2차측을 단락시키면 병렬부 회로에 비해 직렬부 회로의 임피던스가 작기 때문에 대부분 직렬부 회로측으로 전류가 흐르게 되므로 직렬부 회로의 값(임피던스)들을 측정할 수 있다.

(2) 단락 시험 시 주의할 점은 무부하 시험처럼 1차 단자전압에 정격전압을 걸어주면 아주 큰 단락전류가 흘러 변압기가 소손될 수 있으므로 전류계 값이 변압기 정격전류가 될 때까지 천천히 올려주어야 한다. 이때 변압기 내에 정격 전류가 흐를 때의(전류계 표시값이 변압기 정격전류일 때의) 1차측 단자전압을 단락전압 또는 임피던스 전압 (V_Z)이라 한다. 이러한 임피던스 전압은 변압기 정상운전 시 내부 전압강하로서 작용한다.

(3) 임피던스 전압 측정 시 전력계에 표시되는 값은 변압기 전부하 시 동손(P_c)의 크기와 같으며, 이를 임피던스 와트라 한다.

(4) 퍼센트 임피던스 %Z

권선의 정격전압에 대한 임피던스 전압의 비율을 말한다.

$$\%Z = \frac{V_Z}{V_n} \times 100 = \frac{I_n Z}{V_n} \times 100 = \frac{P_n Z}{10 V_n^2} \, [\%]$$

여기서, V_n : 변압기 1차측 정격전압 Z : 변압기 내부 임피던스
I_n : 변압기 1차측 정격전류 P_n : 변압기 정격용량

 핵심요약

무부하 시험을 통해 알 수 있는 사항

① 무부하전류(= 여자전류)   ② 철손   ③ 여자 어드미턴스

단락 시험을 통해 알 수 있는 사항

① 임피던스 전압   ② 임피던스 와트   ③ 동손   ④ 전압변동률

퍼센트 임피던스(%Z)

① 정격전압에 대한 임피던스 전압의 비율   ② $\%Z = \dfrac{I_n Z}{V_n} \times 100 = \dfrac{PZ}{10 V_n^2}$

4 변압기의 등가회로

(1) 변압기의 실제 회로는 1차 회로와 2차 회로가 서로 분리된 두 개의 회로로 구성되어 있지만, 전자 유도작용에 의하여 1차 전력이 2차측으로 전달되므로 2개의 서로 독립된 회로로 생각하는 것보다 하나의 전기회로로 변환시키면 회로가 간단해지며 특성 계산을 쉽게 할 수 있다.

(2) 이와 같이, 두 개의 독립된 회로를 하나의 전기회로로 변환시킨 것을 등가회로라고 한다.

(3) 1차측에서 본 변압기 등가회로

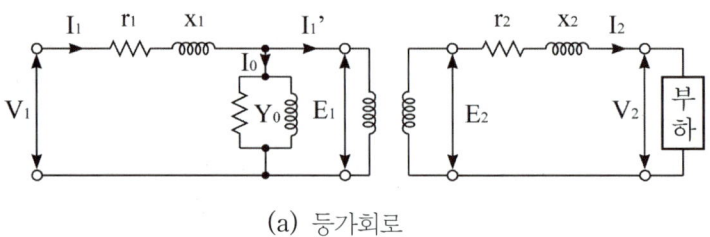

(a) 등가회로

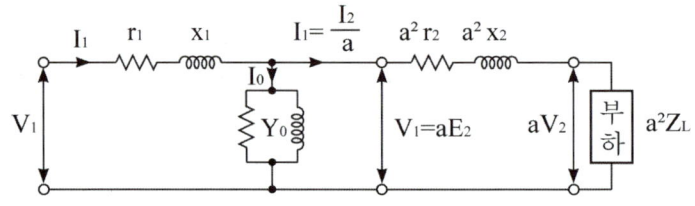

(b) 1차측에서 본 등가회로

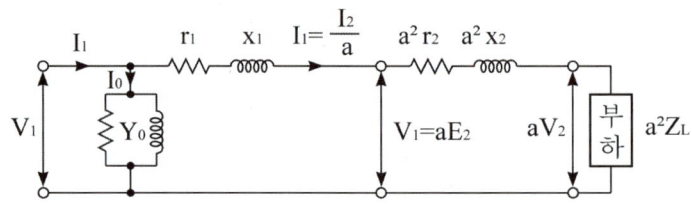

(c) 변압기 등가회로 일반적 표현

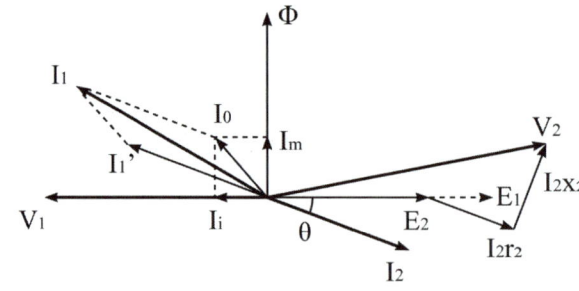

(d) 변압기 정지 벡터도

【그림 8】 변압기 등가회로

① 변압기 권수비 : $a = \dfrac{V_1}{V_2} = \dfrac{E_1}{E_2} = \dfrac{I_2}{I_1} = \dfrac{N_1}{N_2}$ 　　② 1 · 2차 전류 관계 : $I_1 = \dfrac{I_2}{a}$

③ 1 · 2차 전압 관계 : $V_1 = a V_2$

④ 2차 임피던스를 1차측으로 환산 : $Z_1 = \dfrac{V_1}{I_1} = \dfrac{a V_2}{I_2 / a} = a^2 \dfrac{V_2}{I_2} = a^2 Z_2 = a^2 r_2 + j a^2 x_2$

여기서, 2차 임피던스 : $Z_2 = r_2 + j x_2 \, [\Omega]$

(4) 위와 같이 2차측의 임피던스 Z_2와 Z_L을 a^2배하여 1차 쪽에 접속하여도 무방하다고 생각할 수 있으며, a^2를 변압기의 환산 계수라고 한다.

05 　변압기의 전압 변동률

1 개요

(1) 변압기에 부하를 걸어 전류가 흐르면 변압기 내부 임피던스(코일의 저항과 리액턴스)에 의해 전압강하가 발생한다.

(2) 이와 같이 변압기 전부하 시 2차 단자전압과 무부하 시 2차 단자전압은 다르게 나타나는데 이를 전압 변동률이라 한다.

전압 변동률 : $\epsilon = \dfrac{V_{20} - V_{2n}}{V_{2n}} \times 100 \, [\%]$

여기서, V_{20} : 무부하 시 2차 전압　　　V_{2n} : 전부하 시 2차 정격전압

2 전압 변동률 수식 정리

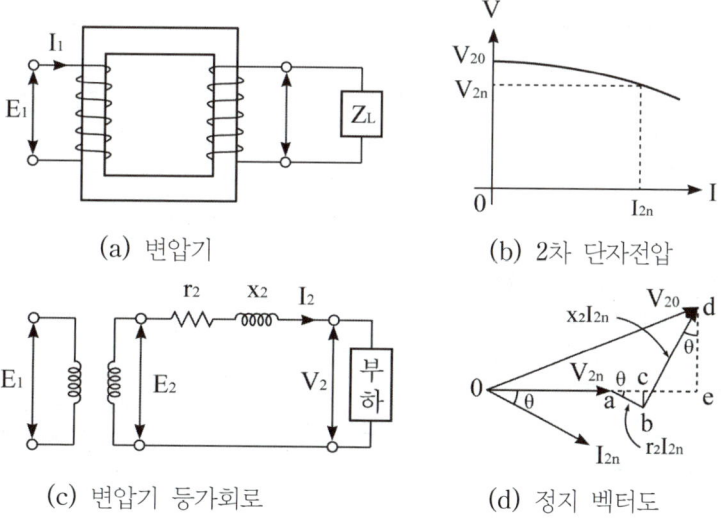

(a) 변압기　　　　　(b) 2차 단자전압

(c) 변압기 등가회로　　　(d) 정지 벡터도

【그림 9】 전압 변동률

(1) 무부하 시에는 변압기 2차측에는 전류가 흐르지 않으므로 전압강하가 발생되지 않는다. 따라서 무부하 정격전압과 2차측 유도기전력의 크기는 같게 된다(무부하 시 : $E_2 = V_{20}$). 이러한 관계를 통해 전압 변동률을 정리하면 다음과 같다.

① 무부하 2차 전압 : $V_{20} = E_2 = V_{2n} + I_{2n} r_2 \cos\theta + I_{2n} x_2 \sin\theta$

② 전압강하 : $e = V_{20} - V_{2n} = I_{2n} r_2 \cos\theta + I_{2n} x_2 \sin\theta$

③ 전압 변동률 : $\epsilon = \dfrac{V_{20} - V_{2n}}{V_{2n}} \times 100 = \dfrac{I_{2n} r_2 \cos\theta + I_{2n} x_2 \sin\theta}{V_{2n}} \times 100$

$$= \left(\dfrac{I_{2n} r_2}{V_{2n}} \cos\theta + \dfrac{I_{2n} x_2}{V_{2n}} \sin\theta \right) \times 100 = p\cos\theta + q\sin\theta$$

∴ 전압 변동률 : $\epsilon = \dfrac{V_{20} - V_{2n}}{V_{2n}} \times 100\,[\%] = p\cos\theta + q\sin\theta$

여기서, %저항 강하 : $p = \dfrac{I_{2n} r_2}{V_{2n}} \times 100\,[\%]$　　%리액턴스 강하 : $q = \dfrac{I_{2n} x_2}{V_{2n}} \times 100\,[\%]$

$\cos\theta$: 역률　　$\sin\theta$: 무효율　　θ : 역률각(부하각)

(2) %임피던스 강하와 역률

① %임피던스 강하 : $\%Z = \dfrac{I_{2n} Z_2}{V_{2n}} \times 100 = \dfrac{I_{2n}(r_2 + jx_2)}{V_{2n}} \times 100 = p + jq = \sqrt{p^2 + q^2}\,[\%]$

② 역률 : $\cos\theta = \dfrac{r}{Z} = \dfrac{p}{\%Z} = \dfrac{p}{\sqrt{p^2 + q^2}}$

3 최대 전압 변동률

(1) 전압 변동률은 역률에 따라 그 크기가 변화한다. 따라서 최대 전압 변동률을 구하기 위해서는 $\epsilon = p\cos\theta + q\sin\theta$에서 역률각 θ에 대하여 미분하여 구할 수 있다.

① 전압 변동률 : $\epsilon = p\cos\theta + q\sin\theta$

② θ에 대하여 미분 : $\dfrac{d\epsilon}{d\theta} = -p\sin\theta + q\cos\theta = 0$

③ $\sin\theta = \dfrac{q}{p}\cos\theta$

(2) 위 식을 전압 변동률 식에 대입하여 최대 전압 변동률을 나타내면 다음과 같다.

$$\epsilon_m = p\cos\theta + q\sin\theta = p\cos\theta + \dfrac{q^2}{p}\cos\theta = \dfrac{p^2 + q^2}{p}\cos\theta = \dfrac{p^2 + q^2}{p} \times \dfrac{p}{\sqrt{p^2 + q^2}} = \sqrt{p^2 + q^2} = \%Z$$

(3) 위 식과 같이 최대 전압 변동률은 %임피던스의 크기와 같다.

(4) 역률에 따른 전압 변동률

    ① 전류가 전압보다 위상이 θ_2 늦은 경우 : $\epsilon = p\cos\theta + q\sin\theta$

    ② 전류가 전압보다 위상이 θ_2 앞선 경우 : $\epsilon = p\cos\theta - q\sin\theta$

    ③ 부하역률 $\cos\theta = 1$인 경우 : $\epsilon \fallingdotseq p[\%]$

(5) 단락전류

    변압기의 2차측에 단락사고가 발생하면 큰 단락전류가 흐르게 되는데 이 전류의 크기는 고장점의 %임피던스에 의해 결정된다.

    ① $I_s = \dfrac{E}{Z}$에서 $Z = \dfrac{E}{I_s}$

    ② $\%Z = \dfrac{I_n Z}{E} \times 100 = \dfrac{I_n \cdot \dfrac{E}{I_s}}{E} \times 100 = \dfrac{I_n}{I_s} \times 100$이므로

>   ㉠ 단상 단락전류 : $I_s = \dfrac{100}{\%Z} \times I_n = \dfrac{100}{\%Z} \times \dfrac{P}{E}\,[\text{A}]$
>
>   ㉡ 3상 단락전류 : $I_s = \dfrac{100}{\%Z} \times I_n = \dfrac{100}{\%Z} \times \dfrac{P}{\sqrt{3}\,V_n}\,[\text{A}]$

핵심요약

전압변동률(ε)

$$\varepsilon = \frac{V_{20} - V_{2n}}{V_{2n}} \times 100 = p\cos\theta + q\sin\theta$$

임피던스 강하

① %저항 강하 $p = \dfrac{I_n r_2}{V_{2n}} \times 100\,[\%]$

② %리액턴스 강하 $q = \dfrac{I_n x_2}{V_{2n}} \times 100\,[\%]$

③ %임피던스 강하 $\%Z = \dfrac{I_n Z_2}{V_{2n}} \times 100 = \dfrac{P Z_2}{10\,V_{2n}^{\,2}} = \sqrt{P^2 + q^2}$

단락전류

$$I_s = \frac{100}{\%Z} \times I_n$$

1 개요

(1) 변압기에서 나타나는 손실은 회전 기기인 발전기나 전동기에 비해 기계손이 없고 무부하손과 부하손만이 있으므로 회전기에 비해 효율이 좋다.

(2) 손실을 구분하면 다음과 같다.

손실	무부하손	철손 = 히스테리시스손 + 와류손
		유전체손
		여자전류 저항손
	부하손	동손
		표유부하손

【표 2】 손실의 구분

2 무부하손(No load loss)

(1) 무부하손은 2차 권선을 개방하고 1차에 정격전압을 인가 시 발생하는 손실로 자속에 의하여 철심 중에 생기는 손실과 절연물질에 대한 손실이다. 이것은 철손과 유전체손으로 구분 되어지는데 유전체손은 철손에 비해 매우 적어서 보통 무부하손을 철손이라고 한다.

(2) 철손(Iron loss) $P_i = P_h + P_e$

---

① 히스테리시스손 : $P_h = k_h \cdot f \cdot B_m^{\ 2}$

② 와류손 : $P_e = k_h k_e (t \cdot f \cdot B_m)^2$

여기서, k : 재료에 따른 상수 f : 전원 주파수[Hz]

        B_m : 최대 자속밀도[Wb/m²] t : 철심의 두께

(3) 자속밀도는 주파수에 반비례($B_m \propto 1/f$)이므로 히스테리시스손은 주파수에 반비례($P_h \propto 1/f$)하고, 와류손은 주파수와는 무관하고 인가되는 전압과 철심 두께의 제곱에 비례하게 된다.

(4) 유전체손

① 절연체에서 발생하는 손실로서 전압이 일정하면 일정한 크기가 되므로 고정손의 일종으로 본다.

② 철손에 비하여 아주 작으므로 일반적으로 무시한다.

3 부하손(load loss)

(1) 변압기에 부하전류가 흐르면 부하손이 발생하는데 부하손은 권선의 저항에 의한 저항손과 도체 내의 와전류에 의한 와류손 및 권선 이외 부분의 누설자속에 의한 표유부하손이 있다.

(2) 동손

    ① 부하전류와 변압기의 권선저항에 의한 손실로서 동손이라 하며 부하손의 대부분을 차지한다.

    ② 동손 : $P_c = I_n^2 \cdot r [\text{W}]$ → 동손은 부하전류 2승에 비례

(3) 표유부하손

    ① 부하전류가 흐를 때 권선 이외의 철심, 외함 등에서 누설 자속에 의한 와류손이 발생하는데 이를 표유부하손이라 한다.

    ② 표유부하손 역시 부하전류의 2승에 비례하는 부하손의 일종이지만 이를 정확하게 계산하는 것은 힘들며 크기는 전손실의 2~3[%] 정도 이하로 작다.

핵심요약

변압기의 무부하손

① 철손을 감소시키기 위해 규소강판을 성층하여 철심을 제작

② 철손 : $P_i = P_h + P_e$

    여기서, P_h : 히스테리시스손 P_e : 와류손

변압기의 부하손

① $P_e = I_n^2 \cdot r [\text{W}]$

② 부하전류 2승에 비례

4 변압기의 효율

(1) 효율은 전압 변동률과 함께 변압기의 특성을 나타내는 중요한 요소이다. 전동기와 같은 회전기에는 변압기의 여러 손실들 외에 회전 마찰손실 등의 기계손이 있는 데 비하여 정지기인 변압기에는 기계손이 없기 때문에 같은 유도기인 유도전동기보다 효율이 훨씬 더 높아서 전력용 변압기의 경우 적어도 97[%] 이상이 된다.

(2) 실측 효율

    기기에서 효율이란 입력과 출력의 비로써 직접 측정하여 나타내는 것이 보통인데 이를 실측효율이라 한다.

$$\text{실측 효율} : \eta = \frac{출력}{입력} \times 100 [\%]$$

(3) 규약 효율

① 직접 측정이 곤란한 경우에는 입력을 출력과 손실의 합으로 나타내는 방법을 채택하는데 이를 규약효율이라 한다.

② 부하율이 $\dfrac{1}{m}$배가 되면 전류가 $\dfrac{1}{m}$배로 감소하여 출력이 $\dfrac{1}{m}$배가 되고, 동손($P_c = I^2 r$, 부하전류 제곱에 비례)은 $\left(\dfrac{1}{m}\right)^2$배로 감소한다.

⊙ 규약 효율

$$\eta = \frac{\text{출력}}{\text{출력} + \text{손실}} \times 100 = \frac{P_o}{P_o + P_i + P_c} \times 100 = \frac{V_{2n} I_{2n} \cos\theta}{V_{2n} I_{2n} \cos\theta + P_i + P_c} \times 100 \,[\%]$$

⊙ 부하율이 $\dfrac{1}{m}$인 경우

$$\eta = \frac{\dfrac{1}{m} V_{2n} I_{2n} \cos\theta}{\dfrac{1}{m} V_{2n} I_{2n} \cos\theta + P_i + \left(\dfrac{1}{m}\right)^2 P_c} \times 100 \,[\%]$$

여기서, P_o : 출력 　 P_i : 철손 　 P_c : 동손 　 V_{2n}, I_{2n} : 정격 2차 전압 및 전류

$\dfrac{1}{m}$: 부하율 　 $\cos\theta$: 부하 역률

(4) 최대 효율 조건

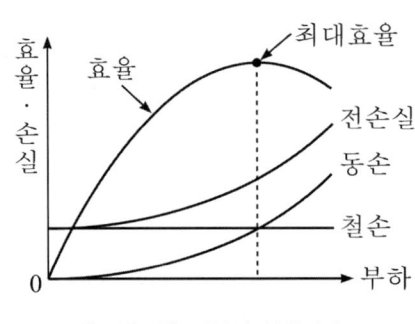

【그림 10】 변압기 최대 효율

① 변압기가 일정한 전압 및 역률에서 운전하고 있을 때 효율이 최대가 되는 조건은 무부하손(P_i)과 부하손($P_c = I_n^2 r$)의 합이 최소가 되는 경우로 무부하손과 부하손이 같은 크기가 되는 경우이다.

② 최대 효율 조건

⊙ 전부하 시 : 무부하손(P_i) = 부하손(P_c)

⊙ $\dfrac{1}{m}$ 부하 시 : $P_i = (\dfrac{1}{m})^2 P_c$

⊙ 최대 효율 시 부하율 : $\dfrac{1}{m} = \sqrt{\dfrac{P_i}{P_c}}$

(5) 전일 효율

전일 효율은 하루 24시간 동안 전력량계에 적산된 출력에 대한 비율로 동손(P_c)은 변압기를 운전하는 동안에만 발생하지만 철손(P_i)은 부하와 관계없이 24시간 동안 발생된다.

> ① 사용시간 h
>
> ② $\dfrac{1}{m}$ 부하 시 : $P_i = (\dfrac{1}{m})^2 P_c$
>
> ③ 최대 효율 시 부하율 : $\dfrac{1}{m} = \sqrt{\dfrac{P_i}{P_c}}$

핵심요약

최대 효율 조건(무부하손과 동손이 같을 경우)

① 전부하인 경우 : $P_i = P_c$

② 부하율이 $\dfrac{1}{m}$ 인 경우 : $\dfrac{1}{m} = \sqrt{\dfrac{P_i}{P_c}}$

07 변압기 결선

1 변압기 극성

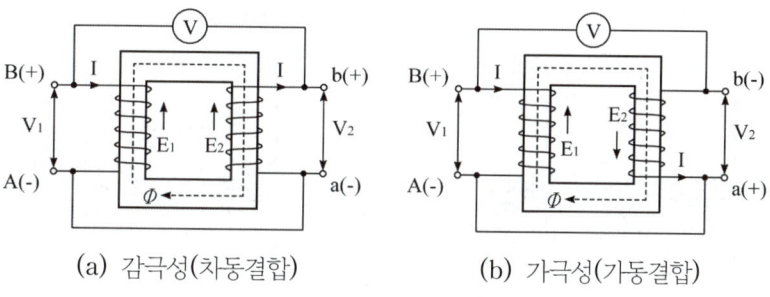

(a) 감극성(차동결합) (b) 가극성(가동결합)

【그림 11】변압기 극성

(1) 변압기의 극성은 1차 단자와 2차 단자에 나타나는 유도 기전력의 방향을 나타낸다. 극성은 3상 결선과 병렬 운전을 할 경우에는 반드시 고려하여야 한다.

(2) 감극성(차동결합)

변압기 단자 중 A와 a, B와 b는 동일 방향으로 하여 같은 쪽에 있는 고저압 단자가 동일한 극성이 되는 변압기로 1차와 2차 권선 간의 전압은 경감되게 된다. 우리나라는 감극성을 표준으로 한다.

> ① 극성시험(전압계) : $V = V_1 - V_2$
> ② 단자 A와 a, B와 b는 동일 방향
> ③ 1차와 2차 권선 간의 전압은 경감

(3) 가극성(가동결합)

변압기 단자 중 A와 a, B와 b는 반대 방향으로 하여 같은 쪽에 있는 고저압 단자가 반대 극성이 되는 변압기로 1차와 2차 권선 간의 전압은 커지게 된다.

① 극성시험(전압계) : $V = V_1 + V_2$
② 단자 A와 a, B와 b는 반대 방향
③ 1차와 2차 권선 간의 전압은 증대

 **핵심요약**

변압기의 극성
① 감극성 : $V = V_1 - V_2$
② 가극성 : $V = V_1 + V_2$

2 변압기 결선 방식

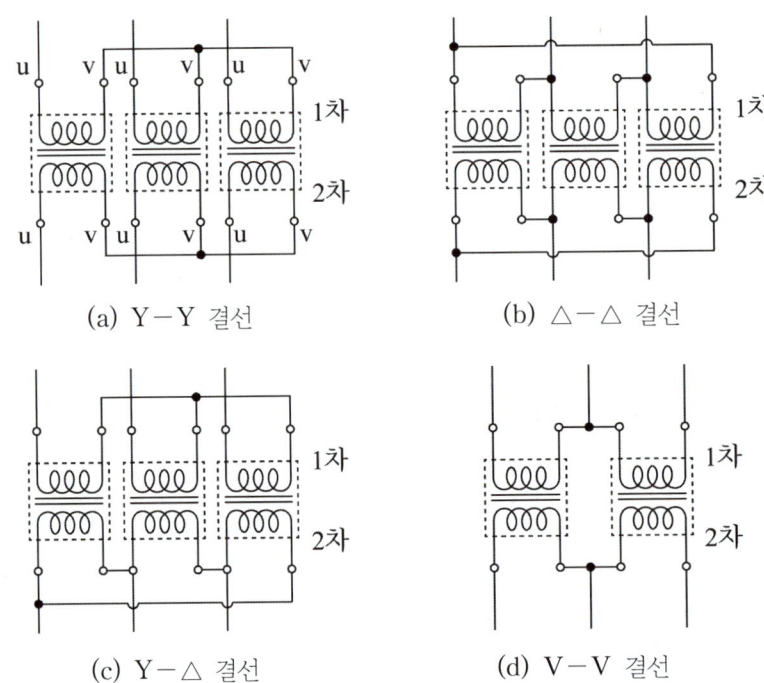

(a) Y−Y 결선   (b) △−△ 결선

(c) Y−△ 결선   (d) V−V 결선

【그림 12】 3상 결선 방식

(1) △−△결선

① 여자전류의 제3고조파 성분이 △결선 내를 순환하므로 기전력이 정현파가 된다.

② 각 상의 전류가 선전류의 $\dfrac{1}{\sqrt{3}}$이 되므로 대전류에 유리하다.

③ 운전 중 변압기 1대가 고장 시 V−V결선으로 3상 전력의 공급이 가능하다.

④ 중성점 접지가 불가능하므로 1선 지락 시 건전상 대지전위 상승이 커지고, 또한 지락사고의 검출이 어렵다.

(2) Y-Y결선

① 1차, 2차측 모두 중성점을 접지할 수가 있으므로 이상전압의 발생을 억제할 수 있고 단절연이 가능하며 또한 지락사고의 검출이 용이하다.

② 상전압이 선간전압의 $\dfrac{1}{\sqrt{3}}$ 밖에 되지 않으므로 고전압 권선에 적합하다.

③ 단상변압기의 조합인 경우 권수비나 임피던스가 달라도 순환전류가 흐르지 않는다.

④ 중성점을 접지하여 변압기에 제3고조파가 나타나지 않는다.

(3) △-Y결선 및 Y-△결선

① △결선이 있으므로 선로에 제3고조파가 나타나지 않는다.

② Y결선의 중성점을 접지할 수 있으므로 이상전압의 발생을 억제할 수 있으며 지락사고 시 검출이 용이하다.

③ 1차와 2차 간에 30° 위상차가 생긴다.

④ 단상 변압기의 조합인 경우 1대가 고장이 나면 송전이 불가능하다.

⑤ △-Y결선이 승압용으로 적합하고 Y-△결선은 강압용으로 적합하다.

(4) V-V결선(V결선)

① △-△결선 방식으로 운전 중에 변압기 1대 고장 시 변압기 2대를 이용하여 3상 전력공급이 가능하다.

② △-△결선 방식에 비해 출력이 $\dfrac{1}{\sqrt{3}}$ 배로 감소하여 출력비가 57.7%가 된다.

③ 변압기의 이용률이 $\dfrac{\sqrt{3}}{2}$ 배로 86.6%가 된다.

핵심요약

△결선의 특징
① 선간전압 : $V_\ell = V_p$
② 선전류 : $I_\ell = \sqrt{3}\,I_p$

Y결선의 특징
① 선간전압 : $V_\ell = \sqrt{3}\,V_p$
② 선전류 : $I_\ell = I_p$

V결선의 특징
① V결선 시 변압기 이용률 : $U = \dfrac{\text{V결선 출력}}{\text{변압기 2대 용량}} = \dfrac{\sqrt{3}\,VI}{2\,VI} = 0.866 = 86.6\,[\%]$
② V결선 시 변압기 출력비 : $m = \dfrac{\text{V결선 출력}}{\text{△결선 출력}} = \dfrac{\sqrt{3}\,VI}{3\,VI} = 0.577 = 57.7\,[\%]$

3 상수 변환

(1) 3상에서 2상 변환

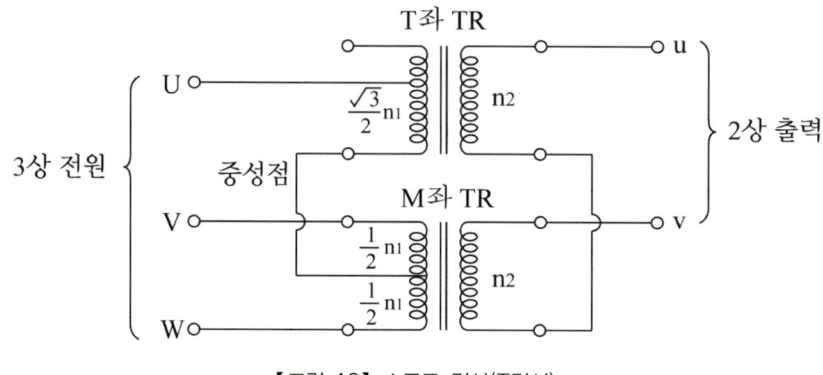

【그림 13】 스코트 결선(T결선)

① 단상 변압기 2대를 사용하여 3상 전력을 2상으로 변환시킬 수 있는 결선방법으로 전기철도나 전기로에서 이용되고 있다.

② 용량이 일정한 2대의 변압기에서 T좌 변압기 1차 권선의 $\frac{\sqrt{3}}{2}$이 되는 점에서 탭을 내고, 다른 쪽 단자는 M좌 변압기의 1차 권선의 중심인 $\frac{1}{2}$이 되는 점과 접속하여 1차측에 3상 전원을 인가하면 2차측 단자 사이에는 위상차 90°인 평형 2상 전압을 얻을 수 있다.

③ 3상을 2상으로 변환시키는 방법에는 스코트 결선(T결선) 외에 메이어 결선, 우드브리지 결선 등이 있다.

(2) 3상에서 6상 변환

3대의 단상변압기를 사용하여 6상 또는 12상으로 변환시킬 수 있는 결선방법으로 파형 개선 및 정류기 전원용 등에 사용한다.

① 2차 2중 Y결선
② 2차 2중 △결선
③ 대각결선
④ 포크결선

1 개요

(1) 변압기의 운전 시 부하의 증가로 과부하가 우려될 경우 변압기를 병렬로 추가 연결하여 운전하는 것을 병렬운전이라 한다.

(2) 각 변압기가 정상적인 병렬운전을 하게 되면 변압기의 운전 상태는 다음과 같이 유지된다.

　① 각 변압기가 그 용량에 비례하여 부하를 분담한다.

　② 각 변압기에 대한 전류의 대수합은 항상 전체의 부하전류와 같다.

　③ 병렬로 연결되어 있는 각 변압기의 폐회로에 순환 전류가 흐르지 않는다.

2 단상 변압기의 병렬운전 조건

(1) 극성 및 상순이 일치할 것

　① 단상 : 극성이 같을 것

　② 3상 : 상순이 같을 것

　③ 다를 경우 : 큰 순환전류(단락전류)가 흘러 권선이 소손된다.

(2) 권수비가 같을 것

　① 각 변압기의 1차, 2차 정격전압이 같을 것

　② 권수비 차이가 0.25% 정도 이내는 허용된다.

　③ 다를 경우 : 큰 순환전류가 흘러 (동손 증가로) 권선이 가열된다.

(3) 각 변압기의 %임피던스 강하가 같을 것

　① %임피던스가 완전하게 일치하기 어려우므로 ±10% 이내에서 허용된다.

　② 부하전류가 변압기 용량에 비례하여 분배된다. 즉, 부하분담은 변압기 용량에 비례하고 %임피던스에 반비례한다.

　③ 다를 경우 : 부하분담이 용량의 비가 되지 않아 부하분담의 불균형이 발생한다.

(4) 저항과 리액턴스비가 같을 것

　① 각 변압기의 부하전류가 동위상일 것

　② 전압이 다를 경우($E_a > E_b$ 의 경우) : 전압차가 발생하여 두 변압기 사이에 순환전류($I = \dfrac{E_{ab}}{Z_a + Z_b}$)가 흐른다.

　③ 위상이 다를 경우 : 전압차가 발생하여 순환전류가 흐른다.

3 병렬운전 시 변압기의 부하 분담

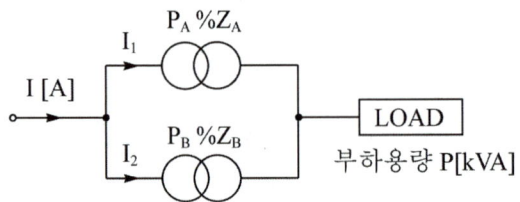

【그림 14】 변압기 병렬운전

(1) 병렬운전 시 변압기의 정격용량에 따라 부하 분담은 비례하지만 $\%Z$의 크기가 다르면 부하 분담의 크기가 달라진다.

(2) 변압기 분담 용량

    A 변압기 분담 용량

       ⓐ A 변압기 분담 용량 : $P_A = \dfrac{m\%Z_B}{\%Z_A + m\%Z_B} \times P\,[\text{kVA}]$

       ⓑ B 변압기 분담 용량 : $P_B = \dfrac{m\%Z_A}{\%Z_A + m\%Z_B} \times P\,[\text{kVA}]$

    여기서, 용량비 $m = \dfrac{P_A}{P_B}$ P : 부하용량[kVA]

(3) 병렬운전 시 변압기의 합성용량(계산값 중 작은 값을 선정)

    A 변압기 분담 용량

       ⓐ A 변압기 용량 : $P_o = \dfrac{\%Z_A + m\%Z_B}{m\%Z_B} \times P_A\,[\text{kVA}]$

       ⓑ B 변압기 용량 : $P_o = \dfrac{\%Z_A + m\%Z_B}{\%Z_A} \times P_B\,[\text{kVA}]$

4 병렬운전 가능 결선과 불가능 결선

(1) 단상 변압기의 병렬운전 조건 외에 상회전방향 및 1차, 2차 권선 간 유도기전력의 위상차(= 각변위)가 같아야 한다. 이 조건이 다르면 양쪽의 결선이 서로 각각 다른 차이로 위상차에 의한 순환전류가 흘러 병렬운전이 불가능하게 된다.

(2) 3상 변압기 병렬운전이 가능한 조합과 불가능한 조합은 다음과 같다.

가능 결선		불가능 결선	
A 변압기	B 변압기	A 변압기	B 변압기
△－△	△－△	△－△	△－Y
Y－Y	Y－Y	△－△	Y－△
△－△	Y－Y	Y－Y	Y－△
△－Y	△－Y	Y－Y	△－Y
△－Y	Y－△		
Y－△	Y－△		
결선이 같더라도 각 변위가 다를 경우 병렬운전이 불가하다.			

【표 3】 병렬운전 가능 결선과 불가능 결선

핵심요약

변압기 병렬운전조건

① 권수비가 같을 것
② 극성이 같을 것
③ 퍼센트 임피던스 강하가 같을 것
④ 퍼센트 저항강하 및 퍼센트 리액턴스 강하의 비가 같을 것
⑤ 3상변압기는 극성이 없으므로 극성 대신 상회전 방향 및 각 변위가 같을 것

3상 변압기의 병렬운전이 불가능한 결선조합

① △－Y와 △－△
② △－Y와 Y－Y

1 3권선 변압기

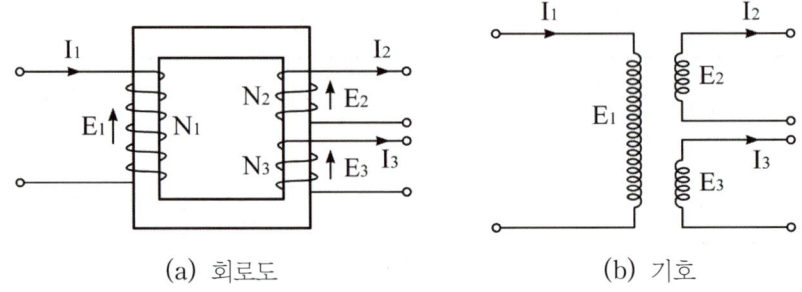

(a) 회로도   (b) 기호

【그림 15】 3권선 변압기

(1) 3권선 변압기의 구조

1개의 철심에 3개의 권선을 감은 한 개의 철심에 3개의 권선이 감긴 형태이다. 각 권선은 각각 1차(Primary), 2차(Secondary) 및 3차(Tertiary) 권선이라 한다.

(2) 3권선 변압기의 용도

① 변압기의 3차 권선을 △결선으로 하여 변압기에서 발생하는 제3고조파를 제거

② 3차 권선에 조상설비를 접속하여 무효전력의 조정

③ 3차 권선을 통해 발전소나 변전소 내에 전력을 공급

2 단권 변압기

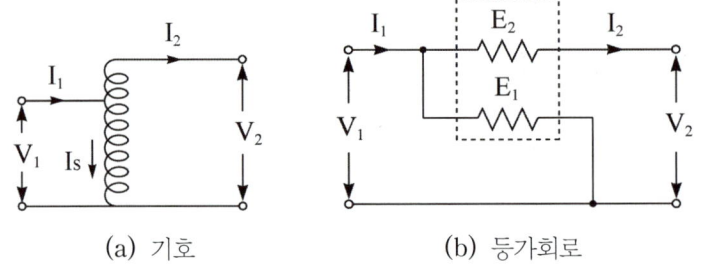

(a) 기호   (b) 등가회로

【그림 16】 단권 변압기

(1) 단권 변압기는 일반적으로 2개의 권선을 사용하는 2권선 변압기와 달리 하나의 권선을 두 단자에서 공유해서 사용한다. 일반 변압기가 전기적으로 격리되어 있고 자기적으로만 결합되어 있는 반면, 단권 변압기는 전기·자기적으로 함께 연결되어 있다. 권선을 공유하므로 변압기가 소형으로 제작되고 자재를 절약할 뿐 아니라 특성도 좋아진다.

(2) 단권 변압기의 구조

단권 변압기는 한 권선의 중간에서 탭을 만들어 사용하는 변압기로서 1차 권선과 2차 권선이 절연되지 않고 권선의 일부를 공통회로로 사용한다. 공통회로는 분로권선, 공통되지 않은 권선은 직렬권선이다.

(3) 자기용량과 부하용량

단권 변압기는 분로 권선을 1차 권선, 직렬 권선을 2차 권선으로 하는 보통 승압기로 사용된다. 자기용량은 직렬 권선의 출력 $(V_2 - V_1)I_2$로 하고 변압기를 통하여 공급되는 부하 $V_2 I_2$를 부하용량으로 한다.

---

① 2차측 전압(승압기) : $V_2 = E_1 + E_2 = V_1 + \dfrac{V_1}{a} = V_1\left(1 + \dfrac{1}{a}\right)$

② 단권 변압기 용량 : $P = P_L \times \dfrac{V_2 - V_1}{V_2} = P_L\left(1 - \dfrac{V_1}{V_2}\right)$

여기서, P : 단권변압기의 자기용량(권선용량, 고유용량)

$\quad\quad\quad P_L$: 단권변압기의 부하용량(출력용량, 정격용량)

$$\frac{\text{자기용량}}{\text{부하용량}} = \frac{P}{P_L} = \frac{(V_2 - V_1)I_2}{V_2 I_2} = \frac{V_2 - V_1}{V_2} = 1 - \frac{V_1}{V_2}$$

(4) 단권 변압기의 장점

① 철심 및 권선을 적게 사용하여 변압기의 소형화, 경량화가 가능하다.

② 철손 및 동손이 적어 효율이 높다.

③ 자기용량에 비하여 부하용량이 커지므로 경제적이다.

④ 누설자속이 거의 없으므로 전압변동률이 작고 안정도가 높다.

(5) 단권 변압기의 단점

① 고압측과 저압측이 직접 접촉되어 있으므로 저압측의 절연강도는 고압측과 동일한 크기의 절연이 필요하다.

② 누설자속이 거의 없어 %임피던스가 작기 때문에 사고 시 단락전류가 크다.

(6) 단권 변압기의 용도

① 가정용의 작은 승·강압용 사용

② 배전선로의 승압기(Booster)나 정전압 공급전원용 슬라이닥스 등으로 사용

③ $Y - Y - \triangle$ 결선의 계통 연계용으로 사용

④ 단상 3선식의 불평형 방지 목적으로 밸런서로 사용

⑤ 초고압용 승압기로 사용

(7) 3상용 단권 변압기

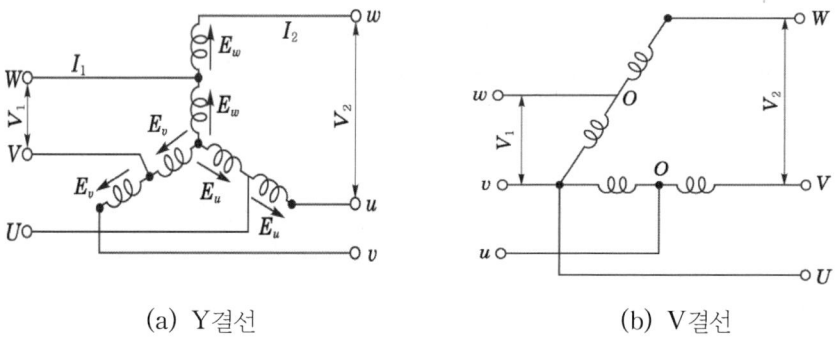

(a) Y결선   (b) V결선

【그림 17】 3상용 단권 변압기

$$① \; V결선 : \frac{자기용량}{부하용량} = \frac{1}{0.866}\left(\frac{V_1 - V_2}{V_1}\right)$$

$$② \; Y결선 : \frac{자기용량}{부하용량} = \frac{V_1 - V_2}{V_1}$$

$$③ \; \triangle결선 : \frac{자기용량}{부하용량} = \frac{1}{\sqrt{3}} \cdot \frac{V_1^2 - V_2^2}{V_1 V_2}$$

 **핵심요약**

3권선 변압기 용도

① 제3고조파를 제거
② 변전소 내 전원을 공급
③ 조상설비를 설치

단권 변압기 용량

$$\frac{자기용량}{부하용량} = \frac{V_2 - V_1}{V_2} = 1 - \frac{V_1}{V_2}$$

승압 시 2차측 전압

$$V_2 = V_1\left(1 + \frac{1}{a}\right)$$

3 계기용 변성기

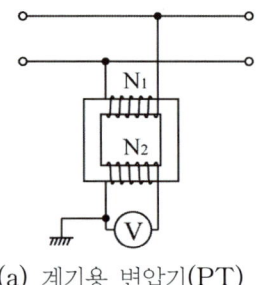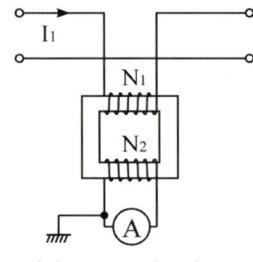

(a) 계기용 변압기(PT)　　　(b) 변류기(CT)

【그림 18】 계기용 변성기

(1) 고전압의 교류 회로 전압, 전류를 측정하고자 할 때 직접 고압 이상의 회로에 계기를 연결할 수 없으므로 계기용 변성기를 이용하여 접속한다. 전압 측정 변성기는 계기용 변압기를 사용하고, 전류 측정 시에는 변류기를 이용한다.

(2) 변류기

① 변류기는 1차 권선을 고압 회로와 직렬로 접속하는 계기용 변성기이다. 사용할 때에는 2차 권선이 계기를 통해 폐쇄 회로가 된다.

$$변류비 : \frac{I_1}{I_2} = \frac{n_2}{n_1}$$

② 2차측 전류계의 눈금으로 1차측 전류 값을 계산할 수 있다.

③ 변류기의 2차 전류는 표준이 5[A]이다.

④ 변류기의 사용 중에 계기 점검 및 교체를 목적으로 2차 회로를 개방하면 절연이 파괴될 우려가 있으므로 2차 측을 절대로 개방하여서는 안 된다.

(3) 계기용 변압기

① 계기용 변압기(PT)는 보통의 전력용 변압기의 원리와 구조를 비교하여 큰 차이는 없다. 다만, 특성을 좋게 하고, 오차를 줄이기 위하여 철심을 비투자율이 크고 철손이 적은 규소 강판을 사용한다.

② 【그림 18】은 계기용 변압기를 사용하여 2차측에 연결된 전압계의 눈금으로 1차측 전압을 쉽게 알 수 있는 결선이다.

변류비 : $V_1 = \dfrac{n_1}{n_2} V_2 = a\,V_2[\text{V}]$

③ 계기용 변압기의 2차 전압 표준은 110[V]이고 허용 최고 전압은 150[V]이다.

④ 계기용 변압기 1차 및 2차측에는 사고 파급을 방지하기 위하여 퓨즈를 설치한다.

ⓐ 퓨즈의 1차측 설치 : 계기용 변압기의 고장이 선로측에 파급되는 것을 방지
ⓑ 퓨즈의 2차측 설치 : 계기 및 장비의 고장이 계기용 변압기에 미치는 영향으로부터 보호

핵심요약

계기용 변압기(PT)

① 2차측 정격전압 : 110[V]
② 단락보호용 퓨즈 설치

변류기(CT)

① 2차측 정격전류 : 5[A]
② 절연파괴를 방지하기 위해 퓨즈 설치하지 않음(2차측 개방금지)

4 탭 전환변압기와 부하 시 탭전환

(1) 부하의 공급을 중단하지 않고 공급전압을 단계적으로 조정하기 위해 탭 권선과 부하 시 전압조정기가 설치된 변압기이다. 전압조정기 종류와 결선에 따라서 송출전압의 조정뿐만 아니라 송출전압의 위상각도 조정할 수 있다.

(2) 송출전압의 크기와 위상각을 같이 조정할 수 있는 변압기를 부스터변압기라고 하며, 송출전압의 위상만을 조정하는 변압기를 위상조정변압기라 한다.

5 누설변압기

(1) 전력용 변압기는 누설 자속을 적게 함으로써 누설 리액턴스를 되도록 적게 하여 전압변동이 작게 하려 하지만, 네온램프용 변압기나 용접용 변압기는 일정 전류를 유지시키기 위해 부하전류의 증가에 따른 전압강하를 크게 하려고 리액턴스를 증가시키게 된다.

(2) 이런 특징을 갖도록 만들어진 변압기가 누설변압기이다.

1 극성 시험

(1) 변압기의 극성을 확인하고 권선의 내부 결선, 위상각 및 상회전 방향이 옳은지를 확인하기 위한 시험으로 우리나라에서는 감극성을 표준으로 한다. 극성 및 각변위를 시험하는 방법은 다음과 같다.

① 감극성 : 두 개의 권선이 동일 방향으로 권선된 경우 감극성이라 한다.

② 가극성 : 두 개의 권선이 반대 방향으로 권선된 경우 가극성이라 한다.

(2) 교류전압에 의한 극성 확인
전압측정에 의한 방법은 고압 권선측에 전압을 인가하고 전압계로 전압을 측정한다. 이때 전압계의 지시전압이 인가전압보다 높으면 가극성, 낮으면 감극성이다.

2 온도상승시험

(1) 유입변압기의 경우 변압기 유와 권선의 온도상승이 규정치 이하인지를 확인해야 한다. 온도 시험 방법에는 부하법에 따라 3가지가 있다.

(2) 온도상승시험의 종류

① 실부하법 : 소용량의 기기에 해당되는 것으로 수저항, 금속저항기 등을 부하로 설정하는데 전력 손실이 큰 것에는 별로 사용하지 않는다.

② 반환부하법 : 2대 이상의 변압기가 있는 경우에 사용하고 전원으로부터 변압기의 손실분을 공급받는 방법으로 실제의 부하를 걸지 않고도 부하 시험이 가능하여 가장 널리 이용되고 있다.

③ 등가 부하법 : 임피던스 시험과 같은데 1차권선에 정격전압을 가하여 2차측을 단락시킨 상태에서 전류를 흘려 부하의 손실분을 공급하는 방법이다.

3 절연내력시험

(1) 변압기의 외함과 대지 간 또는 대지와 권선 간 충전 부분 상호 간 등의 절연강도를 보증하기 위한 시험을 말한다.

(2) 절연내력시험의 종류

① 유도시험

② 충격전압시험

③ 가압시험

※ 출제예상문제는 기출분석을 바탕으로 자주 출제되는 유형을 선별하였습니다.

01. 다음 중 변압기의 원리와 관계있는 것은?

① 전기자 반작용
② 전자 유도 작용
③ 플레밍의 오른손 법칙
④ 플레밍의 왼손 법칙

| 해설
변압기는 전자 유도 작용을 이용하여 한 권선에 공급한 교류전력을 다른 권선에 동일한 주파수의 교류전력으로 변환하는 기기이다.

02. 변압기의 용도가 아닌 것은?

① 교류 전압의 변환
② 주파수의 변환
③ 임피던스의 변환
④ 교류 전류의 변환

| 해설
변압기의 용도는 전원측과 부하측의 권수를 조정하여 전압, 전류, 임피던스 등의 크기를 변화시켜 전압강하 및 전력손실을 최소화하여 전력을 공급하는 것이다.

03. 다음 중 변압기의 1차측이란?

① 고압측
② 저압측
③ 전원측
④ 부하측

| 해설
변압기의 1차 및 2차 구분
㉠ 1차측 : 전원측
㉡ 2차측 : 부하측
<참고>
고압측과 저압측은 변압기의 운전상태에 따라 적용하여야 한다.
㉠ 승압기 : 1차측이 저압측, 2차측이 고압측
㉡ 강압기 : 1차측이 고압측, 2차측이 저압측

04. 변압기에서 2차측이란?

① 부하측
② 고압측
③ 전원측
④ 저압측

| 해설
변압기의 1차 및 2차 구분
㉠ 1차측 : 전원측
㉡ 2차측 : 부하측

05. 변압기에 대한 설명 중 틀린 것은?

① 전압을 변성한다.
② 전력을 발생하지 않는다.
③ 정격출력은 1차측 단자를 기준으로 한다.
④ 변압기의 정격용량은 피상전력으로 표시한다.

| 해설
㉠ 변압기는 전력을 발생시키지 않고 전압 및 전류를 변성하는 설비이다.
㉡ 정격용량은 전압과 전류의 곱으로 표현되는 피상전력으로 나타낸다.
㉢ 정격출력은 2차측 단자를 기준으로 한다.

06. 1차 권수 6,000, 2차 권수 200인 변압기의 전압비는?

① 10
② 30
③ 60
④ 90

| 해설
전압비(= 권수비) $a = \dfrac{N_1}{N_2} = \dfrac{E_1}{E_2} = \dfrac{I_2}{I_1}$ 에서

$\therefore a = \dfrac{N_1}{N_2} = \dfrac{6,000}{200} = 30$

여기서, N_1 : 1차 권수 N_2 : 2차 권수

정답 01 ② 02 ② 03 ③ 04 ① 05 ③ 06 ②

07. 변압기의 권수비에 관한 식으로 맞는 것은? (단, a는 권수비이다.)

① $a = \dfrac{V_1}{V_2} = \dfrac{N_1}{N_2} = \dfrac{I_2}{I_1}$

② $a = \dfrac{V_2}{V_1} = \dfrac{N_1}{N_2} = \dfrac{I_2}{I_1}$

③ $a = \dfrac{V_1}{V_2} = \dfrac{N_2}{N_1} = \dfrac{I_2}{I_1}$

④ $a = \dfrac{V_1}{V_2} = \dfrac{N_1}{N_2} = \dfrac{I_1}{I_2}$

> **| 해설**
> 권수비 : $a = \dfrac{N_1}{N_2} = \dfrac{V_1}{V_2} = \dfrac{I_2}{I_1}$
>
> 여기서, N_1 : 1차 권수 N_2 : 2차 권수

08. 1차 전압 13,200[V], 2차 전압 220[V]인 단상 변압기의 1차에 6,000[V]의 전압을 가하면 2차 전압은 몇 [V]인가?

① 100   ② 200

③ 50   ④ 250

> **| 해설**
> ㉠ 권수비 공식 : $a = \dfrac{N_1}{N_2} = \dfrac{E_1}{E_2} = \dfrac{I_2}{I_1}$
>
> ㉡ 본 문제의 권수비 : $a = \dfrac{E_1}{E_2} = \dfrac{13,200}{220} = 60$
>
> ∴ 2차 전압 : $E_2 = \dfrac{E_1}{a} = \dfrac{6,000}{60} = 100\,[V]$

09. 변압기의 1차 권회수 80회, 2차 권회수 320회일 때 2차측의 전압이 100[V]이면 1차 전압 [V]은?

① 15   ② 25

③ 50   ④ 100

> **| 해설**
> ㉠ 권수비 : $a = \dfrac{N_1}{N_2} = \dfrac{80}{320} = 0.25$
>
> ㉡ 1차 전압 : $E_1 = aE_2 = 0.25 \times 100 = 25\,[V]$

10. 변압기의 권수비가 60일 때 2차 측 저항이 0.1 [Ω]이다. 이것을 1차로 환산하면 몇 [Ω]인가?

① 310   ② 360

③ 380   ④ 410

> **| 해설**
> ㉠ 변압기의 권수비 및 저항비
>   : $a = \dfrac{N_1}{N_2} = \dfrac{E_1}{E_2} = \dfrac{I_2}{I_1}$, $r_1 = a^2 r_2$
>
> ㉡ 1차로 환산한 저항
>   : $r_1 = 60^2 \times 0.1 = 360\,[Ω]$

11. 다음 중 변압기에서 자속과 비례하는 것은?

① 권수   ② 주파수

③ 전압   ④ 전류

> **| 해설**
> ㉠ 변압기 유도기전력 $E_1 = 4.44 f N_1 \phi_m\,[V]$
>   여기서, E_1 : 1차 전압 f : 주파수,
> N_1 : 1차 권선수 ϕ_m : 최대자속
> ㉡ 변압기의 유도기전력(= 전압)은 자속, 주파수, 권수와 비례한다.

12. 50[Hz]의 변압기에 60[Hz]의 같은 전압을 가했을 때 자속 밀도는 50[Hz] 때의 몇 배인가?

① $\dfrac{6}{5}$ ② $\dfrac{5}{6}$

③ $\left(\dfrac{6}{5}\right)^2$ ④ $\left(\dfrac{6}{5}\right)^{1.6}$

> **| 해설**
> ㉠ 변압기에 자속밀도(B)와 주파수(f)의 관계
>   : $B \propto \dfrac{1}{f}$
> ㉡ $B_{50} : B_{60} = \dfrac{1}{50} : \dfrac{1}{60}$
>
> ∴ 60[Hz]의 자속밀도
> $B_{60} = \dfrac{1}{60} \times B_{50} \times 50 = \dfrac{50}{60}B_{50} = \dfrac{5}{6}B_{50}$

13. 변압기의 철심에서 실제 철의 단면적과 철심의 유효면적과의 비를 무엇이라고 하는가?

① 권수비　　　　　② 변류비
③ 변동률　　　　　④ 점적률

| 해설
점적률은 전체 공간 중에 실제로 사용되고 있는 공간의 비로서 전체 철심의 면적에 대해 자속이 나타나는 유효 철심의 면적에 대한 비를 나타낸다.

14. 변압기 명판에 표시된 정격에 대한 설명으로 틀린 것은?

① 변압기의 정격출력 단위는 [kW]이다.
② 변압기 정격은 2차 측을 기준으로 한다.
③ 변압기의 정격은 용량, 전류, 전압, 주파수 등으로 결정된다.
④ 정격이란 정해진 규정에 적합한 범위 내에서 사용할 수 있는 한도이다.

| 해설
㉠ 변압기의 정격출력은 2차 단자 사이의 피상전력으로 나타내고 [kVA]로 표시한다.
㉡ 변압기의 정격이란 제조자가 정격상태의 조건하에 사용할 수 있도록 보장된 사용 한도로서 피상전력으로 나타내고 정격용량이라 한다.
㉢ 정격상태는 정격 용량에 대한 전압, 전류, 주파수와 역률이 변압기 명판에 기재되어 있다.

15. 변압기의 정격출력으로 맞는 것은?

① 정격 1차 전압 × 정격 1차 전류
② 정격 1차 전압 × 정격 2차 전류
③ 정격 2차 전압 × 정격 1차 전류
④ 정격 2차 전압 × 정격 2차 전류

| 해설
변압기의 정격출력은 정격 2차 전압, 정격 2차 전류, 정격 주파수 및 역률에 대하여 2차 단자 사이에 얻어지는 피상전력(2차 전압×2차 전류)으로 나타내고 이것을 [VA]로 표시한다.

16. 변압기의 절연내력 시험법이 아닌 것은?

① 유도시험　　　　② 가압시험
③ 단락시험　　　　④ 충격전압시험

| 해설
변압기의 외함과 대지 간 또는 대지와 권선 간 등의 절연강도를 보완하기 위한 시험으로 유도시험, 충격전압시험, 가압시험 등이 있다.

17. 복잡한 전기회로를 등가 임피던스를 사용하여 간단히 변화시킨 회로는?

① 유도회로　　　　② 전개회로
③ 등가회로　　　　④ 단순회로

| 해설
등가회로
복잡하고 비선형적으로 구성된 회로를 해석이 용이하도록 등가 임피던스를 이용하여 간단하게 표현한 회로로 전압, 전류, 전력 등을 계산할 수 있음

18. 변압기의 무부하 시험, 단락 시험에서 구할 수 없는 것은?

① 동손　　　　　　② 철손
③ 전압 변동률　　　④ 절연 내력

| 해설
변압기의 특성 시험
㉠ 무부하 시험 : 무부하전류(여자전류), 철손, 여자어드미턴스
㉡ 단락 시험 : 임피던스 전압, 임피던스 와트, 동손, 전압 변동률

19. 변압기의 2차측을 개방하였을 경우 1차측에 흐르는 전류는 무엇에 의하여 결정되는가?

① 저항
② 임피던스
③ 누설 리액턴스
④ 여자 어드미턴스

> **｜해설**
> 무부하 전류(= 여자전류) : $I_o = YV_1$ [A]
> 여기서, Y : 여자 임피던스(= 여자 어드미턴스)
> V_1 : 1차 정격전압

20. 단락시험과 관계없는 것은?

① 여자 어드미턴스
② 임피던스 와트
③ 전압변동률
④ 임피던스

> **｜해설**
> 단락시험으로 임피던스 전압, 임피던스 와트, 동손, 전압변동률을 구할 수 있고 여자 어드미턴스는 무부하시험으로 구할 수 있다.

21. 변압기의 임피던스 전압이란?

① 정격전류가 흐를 때의 변압기 내의 전압강하
② 여자전류가 흐를 때의 2차측 단자 전압
③ 정격전류가 흐를 때의 2차측 단자 전압
④ 2차 단락 전류가 흐를 때의 변압기 내의 전압강하

> **｜해설**
> 변압기 2차측을 단락한 상태에서 1차측의 인가전압을 서서히 증가시켜 정격전류가 흐를 때의 변압기 내부 전압강하이다.

22. 어떤 변압기에서 임피던스 강하가 5[%]인 변압기가 운전 중 단락되었을 때 그 단락전류는 정격전류의 몇 배인가?

① 5
② 20
③ 50
④ 200

> **｜해설**
> 단락전류 $I_s = \dfrac{100}{\%Z} \times I_n = \dfrac{100}{5} \times I_n = 20I_n$
> 여기서, I_n : 정격전류

23. 변압기의 퍼센트 저항강하가 3[%], 퍼센트 리액턴스 강하가 4[%]이고, 역률이 80[%] 지상이다. 이 변압기의 전압 변동률[%]은?

① 3.2
② 4.8
③ 5.0
④ 5.6

> **｜해설**
> 전압변동률 $\epsilon = p\cos\theta + q\sin\theta$ [%]
> 여기서, p : 백분율 저항강하
> q : 백분율 리액턴스 강하
> $\therefore \epsilon = 3 \times 0.8 + 4 \times 0.6 = 4.8$ [%]

24. 퍼센트 저항강하 3[%], 리액턴스 강하 4[%]인 변압기의 최대 전압변동률[%]은?

① 1
② 5
③ 7
④ 12

> **｜해설**
> ㉠ 퍼센트 저항강하 : $p = 3\%$,
> ㉡ 퍼센트 리액턴스 강하 : $q = 4\%$
> ㉢ 최대 전압변동률 $\dfrac{d\epsilon}{d\theta} = 0$일 경우
> $\epsilon_m = \sqrt{p^2 + q^2}$ 로 나타낼 수 있다.
> $\therefore$ 최대 전압변동률 : $\epsilon_m = \sqrt{3^2 + 4^2} = 5\%$

정답　19 ④　20 ①　21 ①　22 ②　23 ②　24 ②

25. 3상 100[kVA], 13,200/200[V] 변압기의 저압 측 선전류의 유효분은 약 몇 [A]인가? (단, 역률은 80%이다.)

① 100　　　　　　② 173

③ 230　　　　　　④ 260

| 해설

변압기 저압측 선전류

㉠ $I_2 = \dfrac{P}{\sqrt{3}\,E_2} = \dfrac{100}{\sqrt{3}\times0.2} = 288.68[A]$

㉡ $I_2 = |I_2|(\cos\theta + \sin\theta)$

　　$= 288.68\times(0.8 + j\,0.6)$

　　$= 230.94 + j\,173.2[A]$

∴ 유효분 전류 : 230.94[A]

26. 변압기의 손실에 해당되지 않는 것은?

① 동손　　　　　　② 히스테리시스손

③ 와류손　　　　　④ 기계손

| 해설

㉠ 기계손 : 발전기, 전동기 등의 회전하는 설비에서 발생되는 손실

㉡ 변압기 손실

　• 무부하손 : 철손(히스테리시스손+와류손)

　• 부하손 : 동손

27. 변압기 무부하손의 대부분을 차지하는 것은?

① 유전체손　　　　② 철손

③ 표류무부하손　　④ 구리손

| 해설

무부하손의 대부분을 차지하는 손실은 철손이다.

28. 변압기 철심에는 철손을 적게 하기 위하여 철이 몇 [%]인 강판을 사용하는가?

① 약 50~55[%]　　② 약 60~70[%]

③ 약 76~86[%]　　④ 약 96~97[%]

| 해설

변압기에서 철손을 적게 하기 위하여 철(Fe)은 96[%] 정도, 규소(Si)는 4[%] 정도로 하여 철심을 제작한다.

29. 변압기의 철심을 성층하는 이유는?

① 동손을 줄이기 위해

② 유전체손을 줄이기 위해

③ 맴돌이 전류손을 줄이기 위해

④ 히스테리시스손을 줄이기 위해

| 해설

철손 = 히스테리시스손 + 와류손

㉠ 히스테리시스손 경감 → 규소를 함유한 규소강판 사용

㉡ 와류손(= 맴돌이 전류손) 경감 → 얇은 두께의 철심을 성층하여 사용

30. 변압기에서 철손과 부하전류는 어떤 관계인가?

① 부하전류에 비례한다.

② 부하전류의 자승에 비례한다.

③ 부하전류에 반비례한다.

④ 부하전류와 관계없다.

| 해설

변압기에서 철손은 무부하 시험으로 구해지는 값으로 부하전류의 크기와 관계없이 일정하다.

단, 철손은 $P_i \propto \dfrac{V_1^{\,2}}{f}$ 으로 주파수(f)에 반비례하고 인가전압(V_1) 제곱에 비례한다.

31. 변압기의 부하전류 및 전압이 일정하고 주파수만 낮아지면?

① 철손이 증가　　　② 철손이 감소

③ 동손이 증가　　　④ 동손이 감소

| 해설

㉠ 철손 $P_i \propto \dfrac{1}{f}$ 이므로 전압이 일정하고 주파수가 감소하면 철손은 증가

㉡ 동손 $P_c = I_n^{\,2} \cdot r$ 이므로 전압이 일정하고 부하전류가 일정하면 동손은 일정

32. 다음 (㉠), (㉡)에 들어갈 내용으로 알맞은 것은?

> 철손은 인가전압의 (㉠)승에 비례하고 주파수에 (㉡) 한다.

① ㉠ 1.2   ㉡ 비례
② ㉠ 2.0   ㉡ 비례
③ ㉠ 1.2   ㉡ 반비례
④ ㉠ 2.0   ㉡ 반비례

| 해설

철손 $P_i \propto \dfrac{V_1^2}{f}$

여기서, V_1 : 인가전압 f : 주파수

33. 변압기 규약 효율은?

① $\eta = \dfrac{출력}{입력} \times 100 [\%]$

② $\eta = \dfrac{출력}{출력 + 손실} \times 100 [\%]$

③ $\eta = \dfrac{출력}{입력 - 손실} \times 100 [\%]$

④ $\eta = \dfrac{입력 + 손실}{입력} \times 100 [\%]$

| 해설

규약효율

㉠ 발전기 및 변압기 $\eta = \dfrac{출력}{출력 + 손실} \times 100 [\%]$

㉡ 전동기 $\eta = \dfrac{입력 - 손실}{입력} \times 100 [\%]$

34. 변압기의 효율이 가장 좋을 때의 조건은?

① 철손 = 동손   ② 철손 = $\dfrac{1}{2}$ 동손

③ 동손 = $\dfrac{1}{2}$ 철손   ④ 동손 = 2철손

| 해설

변압기의 최대 효율 조건

㉠ 전부하인 경우 : 철손(P_i) = 동손(P_c)

㉡ 부하율이 $\dfrac{1}{m}$ 인 경우 : $P_i = \left(\dfrac{1}{m}\right)^2 P_c$

35. 변압기 권선과 철심의 건조법이 아닌 것은?

① 열풍법   ② 단락법
③ 반환부하법   ④ 진공법

| 해설

㉠ 변압기의 권선과 철심을 건조함으로써 습기를 없애고 절연을 향상시킬 수 있는데 건조방법에는 열풍법, 단락법, 진공법이 있다.
㉡ 반환부하법은 온도시험이다.

36. 다음 중 ( ) 속에 들어갈 내용은?

> 유입변압기에 많이 사용되는 목면, 명주, 종이 등의 절연재료는 내열등급( )으로 분류되고, 장시간 지속하여 최고 허용온도 ( )[℃]를 넘어서는 안 된다.

① Y종 - 90   ② A종 - 105
③ E종 - 120   ④ B종 - 130

| 해설

절연의 종류와 최고 허용온도

절연물의 종류	최고 허용온도
Y	90[℃]
A	105[℃]
E	120[℃]
B	130[℃]

A종 105[℃]
유입변압기에 사용하는 목면, 견, 종이 등 와니스처리 및 절연유에 함침

37. E종 절연물의 최고 허용온도는 몇 ℃인가?

① 40 　　　　② 60
③ 120 　　　　④ 125

| 해설
절연물의 절연에 따른 허용온도의 종별 구분
Y종(90℃), A종(105℃), E종(120℃), B종(130℃), F종(150℃), H종(180℃), C종(180℃ 초과)

38. 다음 변압기의 냉각 방식 종류가 아닌 것은?

① 건식 자냉식 　　　② 유입 자냉식
③ 유입 예열식 　　　④ 유입 송유식

| 해설
변압기의 냉각방식에는 건식 자냉식, 건식 풍냉식, 유입 자냉식, 유입 풍냉식, 유입 수냉식, 송유 풍냉식, 송유 수냉식 등이 있다.

39. 변압기유의 구비조건으로 틀린 것은?

① 냉각효과가 클 것
② 응고점이 높을 것
③ 절연내력이 클 것
④ 고온에서 화학반응이 없을 것

| 해설
변압기유의 사용 목적 및 조건
㉠ 사용 목적 : 절연 및 냉각
㉡ 조건
　• 절연내력이 높을 것
　• 점도가 낮을 것
　• 인화점이 높고 응고점이 낮을 것
　• 산화 및 열화현상이 없을 것
　• 비열이 커서 냉각효과 클 것

40. 변압기유로 쓰이는 절연유에 요구되는 특성이 아닌 것은?

① 점도가 클 것
② 절연 내력이 클 것
③ 응고점이 낮을 것
④ 인화점이 높을 것

| 해설
변압기유가 갖추어야 할 조건
㉠ 절연내력이 높을 것
㉡ 점도가 낮을 것
㉢ 인화점이 높고 응고점이 낮을 것
㉣ 산화 및 열화현상이 없을 것
㉤ 비열이 커서 냉각효과 클 것

41. 변압기에 콘서베이터(conservator)를 설치하는 목적은?

① 열화 방지 　　　② 코로나 방지
③ 강제 순환 　　　④ 통풍 장치

| 해설
콘서베이터는 절연 및 냉각을 위해 사용되는 변압기유의 열화 및 산화를 방지하기 위한 설비이다.

42. 변압기유의 열화 방지를 위해 쓰이는 방법이 아닌 것은?

① 방열기 　　　　② 브리더
③ 콘서베이터 　　④ 질소봉입

| 해설
㉠ 방열기는 열을 발산시켜 변압기를 냉각시키는 기구이다.
㉡ 변압기유의 열화방지를 위해 질소봉입 방식으로 변압기의 산화를 억제하고 브리더(= 호흡기)가 부착된 콘서베이터를 설치한다.

43. 변압기유의 열화방지와 관계가 가장 먼 것은?

① 브리더 ② 콘서베이터
③ 불활성 질소 ④ 부싱

44. 부흐홀쯔 계전기로 보호되는 기기는?

① 변압기 ② 유도전동기
③ 직류 발전기 ④ 교류 발전기

45. 변압기 내부고장 시 급격한 유류 또는 gas의 이동이 생기면 동작하는 부흐홀츠 계전기의 설치위치는?

① 변압기 본체
② 변압기의 고압측 부싱
③ 컨서베이터 내부
④ 변압기 본체와 컨서베이터를 연결하는 파이프

46. 변압기, 동기기 등의 층간 단락 등의 내부 고장 보호에 사용되는 계전기는?

① 차동 계전기 ② 접지 계전기
③ 과전압 계전기 ④ 역상 계전기

47. 고장 시의 불평형 차전류가 평형 전류의 어떤 비율 이상으로 되었을 때 동작하는 계전기는?

① 과전압 계전기 ② 과전류 계전기
③ 전압차동 계전기 ④ 비율차동 계전기

48. 평행 2회선의 선로에서 단락 고장회선을 선택하는데 사용하는 계전기는?

① 선택단락 계전기 ② 방향단락 계전기
③ 차동단락 계전기 ④ 거리단락 계전기

정답 43 ④ 44 ① 45 ④ 46 ① 47 ④ 48 ①

49. 변압기 절연물의 열화 정도를 파악하는 방법으로서 적절하지 않은 것은?

① 유전정접
② 유중가스분석
③ 접지저항측정
④ 흡수전류나 잔류전류측정

| 해설
접지저항은 접지극과 대지와의 저항값으로 접지공사 시 시행하는 과정이다.

50. 다음의 변압기 극성에 관한 설명에서 틀린 것은?

① 우리나라는 감극성이 표준이다.
② 1차와 2차 권선에 유기되는 전압의 극성이 서로 반대이면 감극성이다.
③ 3상결선 시 극성을 고려해야 한다.
④ 병렬운전 시 극성을 고려해야 한다.

| 해설
㉠ 고압측과 저압측의 전압의 방향이 같으면 감극성이고 서로 반대이면 가극성이다.
㉡ 우리나라의 변압기는 감극성을 표준으로 한다.
㉢ 3상 변압기의 병렬운전 시에는 극성을 고려할 필요가 없다.

51. 권수비 30인 변압기의 저압측 전압이 8[V]인 경우 극성시험에서 가극성과 감극성의 전압차이는 몇 [V]인가?

① 24
② 16
③ 8
④ 4

| 해설
㉠ 변압기 권수비 $a = \dfrac{E_1}{E_2}$

여기서, E_1: 고압측 전압 E_2: 저압측 전압
㉡ 고압측 전압
$E_1 = a \times E_2 = 30 \times 8 = 240[V]$
㉢ 가극성일 경우 전압
$\text{ⓥ} = E_1 + E_2 = 240 + 8 = 248[V]$
㉣ 감극성일 경우 전압
$\text{ⓥ} = E_1 - E_2 = 240 - 8 = 232[V]$
∴ 가극성과 감극성의 전압차이
$V = 248 - 232 = 16[V]$

52. 낮은 전압을 높은 전압으로 승압할 때 일반적으로 사용되는 변압기의 3상 결선방식은?

① △−△
② △−Y
③ Y−Y
④ Y−△

| 해설
변압기 3상 결선방식의 용도
㉠ △−Y : 승압용으로 사용
㉡ Y−△ : 강압용으로 사용

53. 다음 그림은 단상 변압기 결선도이다. 1, 2차는 각각 어떤 결선인가?

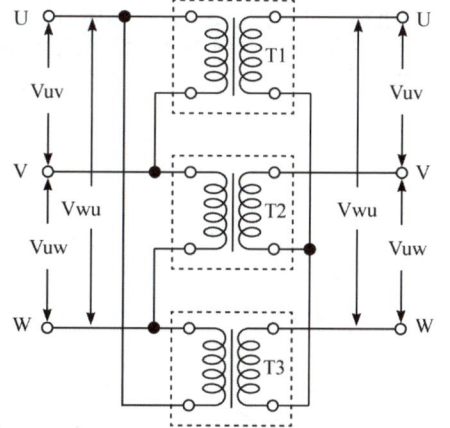

① Y−Y 결선
② △−Y 결선
③ △−△결선
④ Y−△ 결선

| 해설
㉠ △결선 : 변압기 1차측과 같이 각 변압기를 직렬로 접속한 것처럼 고리 형태로 접속
㉡ Y결선 : 변압기 2차측과 같이 각 변압기의 '−' 단자를 한 점으로 접속(변압기 위 단자를 '+', 아래 단자를 '−'로 표시)

54. 변압기를 △−Y로 연결할 때 1, 2차 간의 위상
차는?

① 30° ② 45°

③ 60° ④ 90°

55. 변압기의 결선에서 제3고조파를 발생시켜 통신선
에 유도장애를 일으키는 3상 결선은?

① Y−Y ② △−△

③ Y−△ ④ △−Y

56. Y−Y결선 회로에서 선간전압이 200[V]일 때
상전압은 얼마인가?

① 100[V] ② 115[V]

③ 120[V] ④ 135[V]

57. 수전단 변전소용 변압기 결선에 주로 사용하고 있
으며 한쪽은 중성점을 접지할 수 있고 다른 한쪽은
제3고조파에 의한 영향을 없애주는 장점을 가지고
있는 3상 결선방식은?

① Y−Y ② △−△

③ Y−△ ④ V

58. 변압기를 △−Y 결선한 경우에 대한 설명으로
옳지 않은 것은?

① 1차 선간전압 및 2차 선간전압의 위상차는 60°
이다.

② 제3고조파에 의한 장해가 적다.

③ 1차 변전소의 승압용으로 사용된다.

④ Y결선의 중성점을 접지할 수 있다.

59. 3상 전원에서 한 상에 고장이 발생하였다. 이때
3상 부하에 3상 전력을 공급할 수 있는 결선 방
법은?

① Y결선 ② △결선

③ 단상 결선 ④ V결선

60. 변압기 V결선의 특징으로 틀린 것은?

① 고장 시 응급처치 방법으로도 쓰인다.
② 단상변압기 2대로 3상 전력을 공급한다.
③ 부하 증가가 예상되는 지역에 시설한다.
④ V결선 시 출력은 △결선 시 출력과 그 크기가 같다.

| 해설

V결선은 △결선에 비해 출력이 $\dfrac{1}{\sqrt{3}}$ 배로 감소

<참고> 변압기 V결선의 특징
㉠ △결선 운전 중 1대 고장 시 V결선으로 사용할 수 있다.
㉡ 단상변압기 2대를 이용하여 3상 전력을 공급한다.
㉢ 추후 부하 증가가 예상되는 지역에서 사용할 수 있다.

61. 2대의 변압기를 V결선하여 3상 변압하는 경우 변압기 이용률[%]은?

① 57.8
② 86.6
③ 66.6
④ 100

| 해설
㉠ 이용률

$$\frac{V결선출력}{변압기\ 2대\ 용량} = \frac{\sqrt{3}\,VI}{2VI} = 0.866 \times 100 = 86.6[\%]$$

㉡ 출력비

$$\frac{V결선출력}{△결선출력} = \frac{\sqrt{3}\,P_1}{3P_1} = 0.577 \times 100 = 57.7[\%]$$

62. △결선 변압기의 한 대가 고장으로 제거되어 V결선으로 공급할 때 공급할 수 있는 전력은 고장 전 전력에 대하여 약 몇 [%]인가?

① 57.7[%]
② 66.7[%]
③ 70.5[%]
④ 86.6[%]

| 해설
㉠ 출력비

$$\frac{고장\ 후\ 전력(V)}{고장\ 전\ 전력(△)} = \frac{\sqrt{3}\,P_1}{3P_1} = 0.577 \times 100 = 57.7[\%]$$

㉡ 이용률

$$\frac{V결선\ 출력}{변압기\ 2대\ 용량} = \frac{\sqrt{3}\,VI}{2VI} = 0.866 \times 100 = 86.6[\%]$$

63. 용량 100[kVA]인 동일 정격의 단상변압기 2대로 낼 수 있는 3상 최대 출력용량[kVA]은?

① 200
② $200\sqrt{3}$
③ $100\sqrt{3}$
④ 100

| 해설
㉠ 단상변압기 2대 3상 출력하는 변압기 결선법 : V결선
㉡ V결선 시 변압기 용량 $P_V = \sqrt{3}\,P_1$[kVA]
∴ $P = \sqrt{3} \times 100 = 100\sqrt{3}$[kVA]

64. 3상 전원에서 2상 전원을 얻기 위한 변압기의 결선 방법은?

① △
② Y
③ V
④ T

| 해설
3상전원을 2상전원으로 변환시키는 결선방법
㉠ 스코트 결선(= T결선)
㉡ 메이어 결선
㉢ 우드브리지 결선

65. 3상 변압기의 병렬운전 시 병렬운전이 불가능한 결선 조합은?

① △-△ 와 Y-Y
② △-△ 와 △-Y
③ △-Y 와 △-Y
④ △-△ 와 △-△

| 해설
△-△와 △-Y, △-Y와 Y-Y의 결선은 위상차가 30° 발생하여 순환전류가 흐르기 때문에 병렬운전이 불가능하다.

66. 단상 변압기를 병렬 운전하는 경우 부하전류의 분담은 어떻게 되는가?

① 용량에 비례하고 누설 임피던스에 비례한다.
② 용량에 비례하고 누설 임피던스에 역비례한다.
③ 용량에 역비례하고 누설 임피던스에 비례한다.
④ 용량에 역비례하고 누설 임피던스에 역비례한다.

| 해설
변압기의 병렬 운전 시 부하전류의 분담은 정격용량에 비례하고 누설 임피던스의 크기에 반비례하여 운전된다.

67. 3권선 변압기에 대한 설명으로 옳은 것은?

① 한 개의 전기회로에 3개의 자기회로로 구성되어 있다.
② 3차권선에 조상기를 접속하여 송전선의 전압 조정과 역률개선에 사용된다.
③ 3차권선에 단권변압기를 접속하여 송전선의 전압조정에 사용된다.
④ 고압배전선의 전압을 10[%] 정도 올리는 승압용이다.

| 해설
3권선 변압기의 특성
㉠ 1차 변전소에 설치된 변압기로 초고압의 변성에 사용한다.
㉡ 1개의 자기회로와 3개의 전기회로로 구성된다.
㉢ 3차 권선을 조상설비접속(전압조정 및 역률개선), △ 결선(3고조파 제거), 소내 전원공급용으로 사용한다.

68. 200[V]의 배전선 전압을 220[V]로 승압하여 30[kVA]의 부하에 전력을 공급하고 있는 단권 변압기의 자기 용량[kVA]은?

① 5.5   ② 4.2
③ 3.8   ④ 2.7

| 해설
$$\frac{자기용량}{부하용량} = \frac{V_h - V_l}{V_h}$$

여기서, V_h : 높은 전압 V_l : 낮은 전압

$$\therefore 자기용량 = \frac{V_h - V_l}{V_h} \times 부하용량$$

$$= \frac{220 - 200}{220} \times 30 = 2.72$$

69. 주상변압기의 고압 측에 여러 개의 탭을 설치하는 이유는?

① 선로 고장 대비   ② 선로 전압 조정
③ 선로 역률 개선   ④ 선로 과부하 방지

| 해설
주상변압기 탭 조정장치는 1차측에 약 5% 간격 정도의 5개의 탭을 설치한 것으로 이를 변화시켜 배전선로의 전압을 조정하기 위해 사용한다.

70. 사용 중인 변류기의 2차를 개방하면?

① 1차 전류가 감소한다.
② 2차 권선에 110[V]가 걸린다.
③ 개방단의 전압은 불변하고 안전하다.
④ 2차 권선에 고압이 유도된다.

| 해설
CT의 사용 중 2차측 개방하면 1차측 부하전류가 모두 여자전류가 되어 2차측에 고전압이 유기되어 절연파괴의 우려가 있다.

정답   66 ②   67 ②   68 ④   69 ②   70 ④

71. 고압 배전반에 전압을 측정할 목적으로 설치하는 기기는?

① CT   ② MOF

③ PCT   ④ PT

| 해설
계기용 변압기(PT)
㉠ 고압 및 특고압 등의 어떤 전압을 변성하여 전압계에 공급하기 위한 변성기
㉡ 정격 1차전압 : 계통의 전압
㉢ 정격 2차전압 : 110[V]

72. 계기용 변압기의 2차측 단자에 접속하여야 할 것은?

① O.C.R   ② 전압계

③ 전류계   ④ 전열부하

| 해설
㉠ 계기용 변압기(PT) : 고전압을 저전압(110V)으로 변성하는 설비로 2차측에 전압계를 설치함
㉡ 변류기(CT) : 대전류를 소전류(5A)로 변성하는 설비로 2차측에 전류계를 설치함

73. 수·변전설비 구성 기기의 계기용 변압기(PT)의 설명으로 맞는 것은?

① 낮은 전압을 높은 전압으로 변성하는 기기이다.
② 적은 전류를 많은 전류로 바꾸어 주는 기기이다.
③ 많은 전류를 적은 전류로 변성하는 기기이다.
④ 높은 전압을 낮은 전압으로 변성하는 기기이다.

| 해설
계기용 변압기(PT)
㉠ 고압 및 특고압 등의 전압을 낮은 전압으로 변성하여 전압계에 공급하기 위한 변성기
㉡ 정격 1차 전압 : 계통의 전압
㉢ 정격 2차 전압 : 110[V]

74. 다음 설명 중 틀린 것은?

① 3상 유도 전압조정기의 회전자 권선은 분로권선이고, Y결선으로 되어 있다.
② 디프 슬롯형 전동기는 냉각효과가 좋아 기동 정지가 빈번한 중·대형 저속기에 적당하다.
③ 누설 변압기가 네온사인이나 용접기의 전원으로 알맞은 이유는 수하특성 때문이다.
④ 계기용 변압기의 2차 표준은 110/220[V]로 되어 있다.

| 해설
계기용 변압기
㉠ 고압 및 특고압 등의 어떤 전압을 변성하여 전압계에 공급하기 위한 변성기
㉡ 정격 1차 전압 : 계통의 전압
㉢ 정격 2차 전압 : 110[V]

75. 변압기 2차 회로의 과부하를 보호하기 위해 과전류를 차단하는 기능을 갖는 배선용 차단기의 약호는?

① EOCR   ② DS

③ ELB   ④ MCCB

| 해설
배선용차단기(MCCB, Molded Case Circuit Breaker)
과전류(과부하전류, 단락전류)로부터 선로 및 부하를 보호하기 위해 사용한다.

01 유도전동기 원리 및 구조

1 개요

(1) 유도기는 발전기보다는 전동기로 사용되며 산업에서 사용되는 대부분의 전동기는 유도기에 해당된다. 산업용 동력으로써는 3상 유도전동기가, 가정용 소동력으로는 단상 유도전동기가 다른 직류 전동기와 동기 전동기보다 상용화되어 있다.

(2) 현재 산업현장 및 가정에서 유도기가 널리 사용되는 이유는 다음과 같다.

① 3상 및 단상 전원을 쉽게 얻을 수 있다.

② 기기 구조가 간단하고 튼튼하다.

③ 타 동력설비에 비해서 가격이 저렴하다.

④ 제어가 쉽고 유지 보수가 용이하다.

⑤ 전동기 특성상 부하가 변해도 속도의 변동이 적다.

2 유도전동기의 원리

(1) 아라고 원판

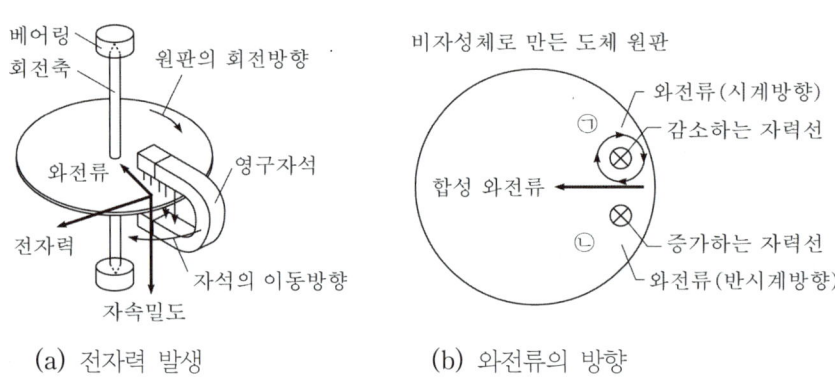

(a) 전자력 발생   (b) 와전류의 방향

【그림 1】 아라고 원판 원리

① 구리 또는 알루미늄으로 만든 원판을 수직으로 지지하고 자유로이 회전할 수 있게 하고, 그 둘레에서 자석을 회전시키면 원판은 자석보다 느리지만 자석과 같은 방향으로 회전한다.

② 영구자석을 시계방향으로 회전시키면 【그림 1】 (b)의 ㉠ 지점에서는 자력선이 감소하여 유도기전력에 의한 와전류는 시계 방향으로 회전하고, ㉡ 지점에서는 자력선이 증가하여 유도기전력에 의한 와전류는 반시계 방향으로 회전하여 합성된 와전류는 원판 중으로 향하게 된다.

③ 발생된 와전류와 자석에 의한 자속밀도에 의해 플레밍의 왼손 법칙에 따라 자석을 따라 회전하는 힘(전자력)을 만들어 내고 원판이 회전하게 된다.

(2) 3상 교류의 회전자계

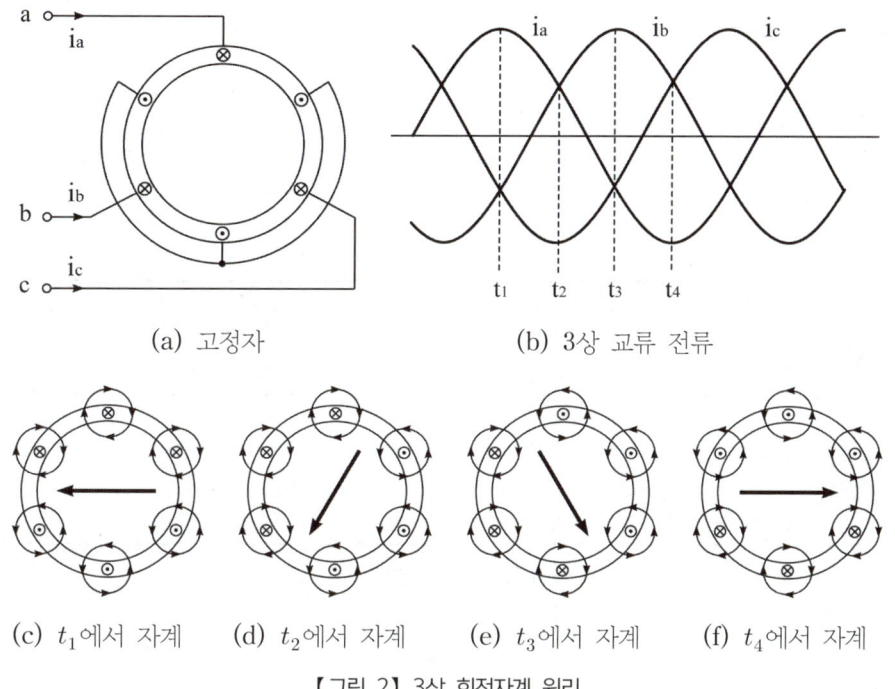

(a) 고정자   (b) 3상 교류 전류

(c) t_1에서 자계   (d) t_2에서 자계   (e) t_3에서 자계   (f) t_4에서 자계

【그림 2】 3상 회전자계 원리

① 유도전동기는 영구자석 대신 교류가 만들어 내는 교류 회전자계를 사용한다.
② 고정자에 3상 교류전력을 인가하면 【그림 2】와 같이 회전자계가 발생한다.

3 유도전동기의 구조

(1) 고정자

① 유도전동기는 회전자계를 형성하기 위해 3상 권선을 감은 고정자 부분과 회전자계에 의해 회전하는 회전자 부분으로 구성된다.
② 고정자는 얇은 규소강판을 겹쳐서 고정자를 만들고 홈(슬롯, slot)을 판다. 이 슬롯에 3상 교류가 지날 수 있도록 도체를 넣고 회전자계를 얻는다.

(2) 회전자

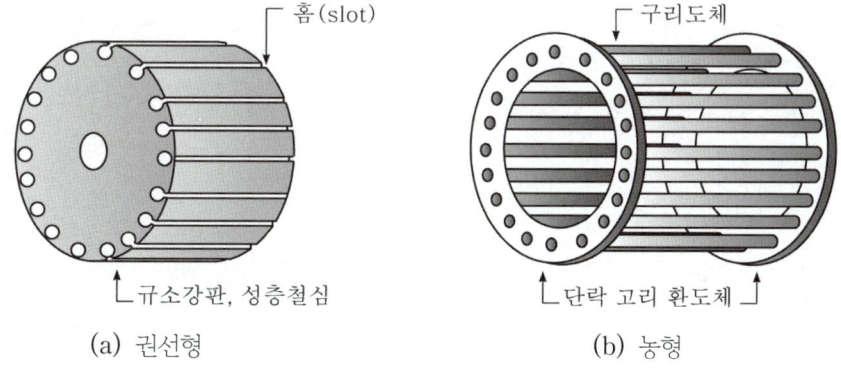

(a) 권선형   (b) 농형

【그림 3】 회전자의 구조

① 권선형 회전자: 권선형 회전자는 회전자 철심의 슬롯 속에 구리 도체를 넣어서 3상 결선을 하는 것으로 3상 권선의 3단자는 절연하여 설치된 슬립링 3개와 접속되고 슬립링은 브러시와 접속하여 외부와 연결된다. 브러시는 가변저항기와 연결되어 있게 되고 이 가변저항의 변화가 권선형 회전자의 회전력과 속도를 변화시킬 수 있다.

② 농형 회전자: 회전자 권선이 여러 개의 도체와 이 도체를 단락시키는 단락환으로 구성되어 있으며 알미늄다이캐스팅으로 대량 생산이 가능하고 취급과 구조가 간단하고 견고하기 때문에 가격이 싸고 효율과 역률 및 최대 회전력이 우수하다.

③ 회전자 구성에 따른 특징

권선형 유도전동기	㉠ 슬립링을 이용하여 외부저항을 접속하여 기동 및 속도 특성을 개선 ㉡ 속도 제어가 용이 ㉢ 가격이 높고 슬립링에서 불꽃 발생 우려
농형 유도전동기	㉠ 구조는 대단히 견고하고 취급이 용이 ㉡ 가격이 저렴하고 기동토크가 작음 ㉢ 슬립링이 없기 때문에 불꽃이 없음 ㉣ 속도 제어가 어려움

【표 1】 유도전동기 구성에 따른 특징

4 슬립(slip)

(1) 3상 유도전동기에서는 동기 속도 N_s와 회전자 속도 N 간의 속도 차이인 상대 속도가 발생된다. 이 상대 속도와 동기 속도와의 비를 슬립(slip)이라 한다.

> ① 슬립 : $s = \dfrac{N_s - N}{N_s} \times 100\,[\%]$
>
> ② 상대 속도 : $N_s - N = s N_s$

여기서, N_s : 동기 속도 N : 회전자 속도

(2) 유도전동기 회전 속도

> 회전 속도 : $N = (1 - s) N_s = (1 - s) \dfrac{120 f}{P}\,[\text{rpm}]$

① 전동기 정지 상태 : $s = 1\,(N = 0)$

② 전동기 동기 속도 회전 : $s = 0\,(N = N_s)$

③ 슬립의 범위 : $0 < s < 1$

④ 전부하 운전 시 슬립 : $s = 2.5 \sim 5\,[\%]$ 정도

(3) 슬립 측정 방법에는 직류밀리볼트계법, 수화기법, 스트로보스코프법 등이 있다.

02 유도전동기의 등가회로

1 전동기가 정지하고 있는 경우

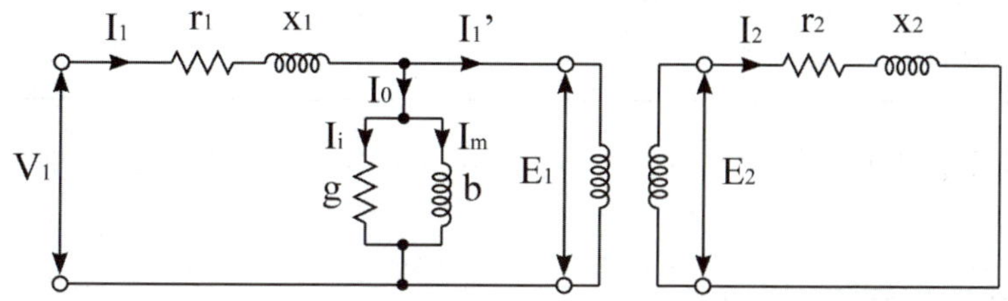

【그림 4】 정지 시 등가회로

(1) 1차 권선에 여자전류가 흐르면 1차 권선과 2차 권선에 각각 기전력이 유도되는 관계는 변압기의 경우와 같으며, 1차 권선에서 1상 직렬권선 횟수를 N_1, 1극당 평균자속을 ϕ[Wb], 주파수를 f_1[Hz]라고 하면 1차 권선의 1상에 유도되는 기전력의 실횻값 E_1[V]는 다음과 같다.

> ① 1차 유도기전력 : $E_1 = 4.44K_{w1}f_1N_1\phi_m$[V]
> ② 2차 유도기전력 : $E_2 = 4.44K_{w2}f_2N_2\phi_m$[V]

여기서, N_1, N_2 : 전동기 1·2차 권선 수 K_{w1}, K_{w2} : 전동기 1·2차 권선 계수
ϕ_m : 고정자 권선으로 만들어진 1극당 평균 자속

(2) 정지 시 주파수와 권수비의 관계

> ① 주파수 관계 : $f_2 = f_1$
> ② 권수비 : $a = \dfrac{E_1}{E_2} = \dfrac{4.44k_{w1}fN_1\phi_m}{4.44k_{w2}fN_2\phi_m} = \dfrac{k_{w1}N_1}{k_{w2}N_2}$

2 전동기가 회전하고 있는 경우

(1) 유도전동기 2차 권선에 유도기전력은 정지 시에는 동기 속도 N_s로 회전하는 자속에 의하여 결정되지만, 운전 시에는 상대 속도 sN_s에 의해 결정된다. 따라서 운전 시에는 주파수와 유도기전력 모두 슬립 s만큼 변화하게 된다.

> ① 상대 속도 : $N_s - N = sN_s$
> ② 회전 시 주파수 : $f_2 = sf_1$
> ③ 회전 시 유도기전력 : $E_{2s} = sE_2$

(2) 운전 시 유도기전력

① 1차 유도기전력 : $E_1 = 4.44\,K_{w1}\,f_1\,N_1\,\phi_m\,[\mathrm{V}]$

② 2차 유도기전력 : $E_{s2} = 4.44\,K_{w2}\,f_2\,N_2\,\phi_m = 4.44\,K_{w2}\,s\,f_1\,N_2\,\phi_m\,[\mathrm{V}]$

③ 권수비 : $a' = \dfrac{E_1}{E_{2s}} = \dfrac{E_1}{s\,E_2} = \dfrac{a}{s} = \dfrac{K_{w1}N_1}{s\,K_{w2}N_2}$

여기서, N_1, N_2 : 전동기 1 · 2차 권선 수 K_{w1}, K_{w2} : 전동기 1 · 2차 권선 계수

3 유도전동기의 등가회로(등가변환)

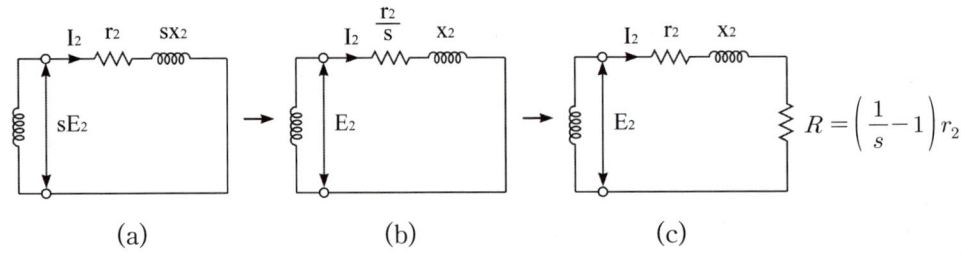

【그림 5】 회전자 회로의 등가변환

(1) 【그림 5】 (a) − 유도전동기가 운전하면 고정자 회로는 변화가 없고 회전자 회로의 2차 유도기전력(sE_2)과 누설 리액턴스(sx_2)가 변화한다.

(2) 【그림 5】 (b) − 전기소자(E_2, r_2, sx_2)를 모두 슬립 s로 나눈다.

(3) 【그림 5】 (c) − 2차 저항의 분류

① 2차 저항 : $\dfrac{r_2}{s} = \left(\dfrac{r_2}{s} - r_2\right) + r_2 = \left(\dfrac{1}{s} - 1\right)r_2 + r_2 = R + r_2$

② 등가 부하저항 : $R = \left(\dfrac{1}{s} - 1\right)r_2\,[\Omega]$

여기서, 등가 부하저항 R은 기계적인 2차 출력을 발생시키는 상수를 의미한다.

(4) 유도전동기 등가변환

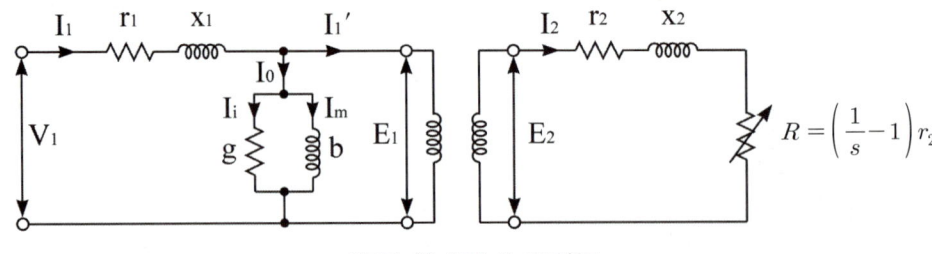

【그림 6】 운전 시 등가회로

핵심요약

전동기 운전 시(회전 시)

① 권수비 : $a = \dfrac{K_{w1}N_1}{s\,K_{w2}N_2}$

② 전압 : $E_{2s} = s\,E_2$

③ 주파수(= 슬립 주파수) : $f_2 = s\,f_1$

등가 부하 저항

① 기계적인 2차 출력을 발생시키는 상수를 의미

② $R = \left(\dfrac{1}{s} - 1\right)r_2 = \dfrac{1-s}{s} \cdot r_2\,[\Omega]$

4 유도전동기의 전력 변환

(1) 유도전동기 2차 전류

① 정지 시 2차 권선의 임피던스 : $Z_2 = r_2 + j\,x_2 = \sqrt{r_2^2 + x_2^2}\,[\Omega]$

② 정지 시 2차 전류 : $I_2 = \dfrac{E_2}{\sqrt{r_2^2 + x_2^2}}\,[A]$

③ 운전 시 2차 전류 : $I_2 = \dfrac{s\,E_2}{\sqrt{r_2^2 + (s\,x_2)^2}} = \dfrac{E_2}{\sqrt{\left(\dfrac{r_2}{s}\right)^2 + x_2^2}}\,[A]$

여기서, 2차 저항 : $\dfrac{r_2}{s} = r_2 + R$

(2) 2차 입력, 2차 손실(동손), 기계적 출력과 슬립의 관계

$P_2 : P_{c2} : P_o = 1 : s : 1-s$

핵심요약

운전 시(회전 시) 2차 전류

$I_2 = \dfrac{E_2}{\sqrt{(r_2/s)^2 + x_2^2}}\,[A]$

유도전동기 전력 변환

① 2차 동손 : $P_{c2} = s\,P_2$

② 2차 출력 : $P_o = P_2 - P_{c2}$

③ $P_2 : P_{c2} : P_o = 1 : s : 1-s$

5 유도전동기의 회전력(토크, Torque)

(1) 유도전동기는 저항 R에서 발생하는 전기적 출력이 기계적인 출력 토크를 발생시키므로 다음과 같이 토크를 정리할 수 있다.

---

① R의 전기적 출력

$$P_o = \omega T = 2\pi \times \frac{N}{60} \times T = 4\pi f \times \frac{1-s}{P} \times T \, [\text{W}]$$

② 토크 : $T = \dfrac{P_o}{\omega} = \dfrac{P_o}{2\pi \dfrac{N}{60}} = \dfrac{60}{2\pi} \dfrac{P_o}{N} = \dfrac{60}{2\pi} \dfrac{(1-s)P_2}{(1-s)N_s} = \dfrac{60}{2\pi} \dfrac{P_2}{N_s} \, [\text{N}\cdot\text{m}] = 0.975 \dfrac{P_2}{N_s} \, [\text{kg}\cdot\text{m}]$

---

(2) 위의 토크식을 이용하여 2차 입력을 구하면 다음과 같다.

2차 입력 : $P_2 = \dfrac{1}{0.975} \times N_s\, T = 1.026\, N_s\, T \, [\text{W}]$

---

(3) 동기속도 N_s는 회전자계에 해당되므로 주파수가 변하지 않는 이상 항상 일정한 속도를 가지므로 유도전동기 2차 입력은 토크에 비례하게 된다. 따라서 2차 입력을 통해 유도전동기의 토크 특성을 해석할 수 있다.

(4) 2차 입력이 동기 속도하에서 발생하는 와트[W]이므로 동기 와트라 하며, 이 동기 와트는 토크에 비례하므로 동기 와트는 곧 토크라 해석할 수 있다.

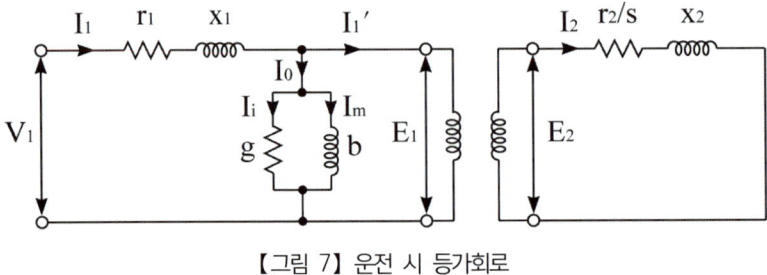

【그림 7】 운전 시 등가회로

---

① 유도전동기 2차 전류(운전 시 등가회로 참고) : $I_2 = \dfrac{V_1}{\sqrt{\left(r_1 + \dfrac{r_2}{s}\right)^2 + (x_1 + x_2)^2}} \, [\text{A}]$

② 토크 : $T = \dfrac{PV_1^2}{4\pi f} \times \dfrac{\dfrac{r_2}{s}}{\left(r_1 + \dfrac{r_2}{s}\right)^2 + (x_1 + x_2)^2} \, [\text{N}\cdot\text{m}]$

---

(5) 위 식에서 보는 바와 같이 토크는 극수에 비례하고, 주파수에 반비례하며 1차측 정격전압의 제곱에 비례하고 $\dfrac{r_2}{s}$에 비례함을 알 수 있다.

토크 관계 : $T \propto P_{극수} \propto \dfrac{1}{f} \propto V_1^2 \propto \dfrac{r_2}{s}$

토크

$$T = 0.975 \frac{P_o}{N} = 0.975 \frac{P_2}{N_s} \, [\text{kg} \cdot \text{m}]$$

동기와트(= 2차 입력)

$$P_2 = 1.026 \, T N_s \times 10^{-3} \, [\text{kW}]$$

토크 관계 $\left(T \propto P_{\text{극수}} \propto \dfrac{1}{f} \propto V_1^2 \propto \dfrac{r_2}{s} \right)$

① 극수에 비례
② 주파수에 반비례
③ 인가전압 제곱에 비례

6 유도전동기의 손실

(1) 고정손

철손, 베어링 마찰손, 브러시 마찰손, 풍손

(2) 동손(부하손)

1차 코일의 동손, 2차 회로의 동손, 브러시 전기손

(3) 표유부하손

고정손과 부하손 이외에 부하가 걸리면 측정하기가 곤란한 작은 손실이 도체와 철심에 나타나는데 이것을 표유부하손이라 하며 효율을 구하는 데 무시하는 것이 일반적이다. 브러시 전기손은 브러시전류와 브러시전압 강하의 곱으로 산정한다.

7 유도전동기의 효율

(1) 효율은 다른 기기와 같이 다음 식으로 표시된다.

$$효율 : \eta = \frac{출력}{입력} \times 100 = \frac{입력 - 손실}{입력} \times 100 \, [\%]$$

(2) 효율에 실측효율과 규약효율이 있는 것도 다른 기기의 경우와 같다. 유도전동기의 효율은 원선도법으로 구하는 규약효율을 사용하는 것이 일반적이다.

(3) 2차 입력 P_2와 출력 P_o의 비를 2차 효율이라 하며, 다음 식과 같이 나타낸다.

$$2차 효율 : \eta = \frac{P_o}{P_2} \times 100 = (1-s) \times 100 = \frac{N}{N_s} \times 100 \, [\%]$$

1 토크 곡선

2차 입력과 토크는 정비례하므로 2차 입력식을 통해서 토크와 슬립의 관계를 알 수 있다.

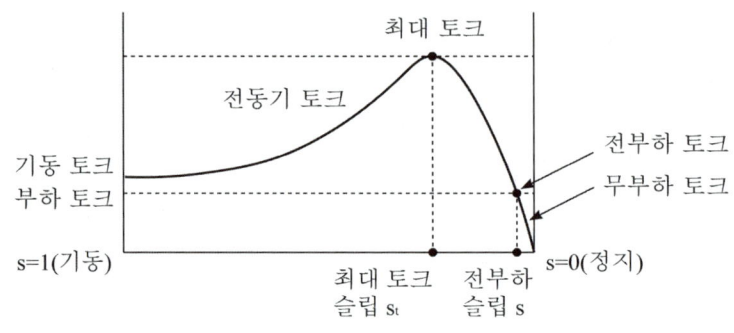

【그림 8】 토크 곡선

(1) 기동 토크

전동기는 정지상태에서 기동하므로 $s = 1$일 때 발생하는 토크로 전동기 기동을 위해 반드시 기동 토크는 부하 토크보다 커야 한다.

(2) 전부하 토크

전동기 토크와 부하 토크가 만나는 점에서의 토크로, 이때 가속 토크는 0이 되고 전동기는 일정한 속도로 운전하는 평형 속도 상태가 된다.

(3) 최대 토크

전동기 회전자에서 발생하는 토크 중에서 가장 큰 토크로 이때 슬립은 2차 입력을 변수 s에 대하여 미분한 $\dfrac{dP_2}{ds} = 0$으로부터 구할 수 있다.

$$\text{최대 토크 슬립} : s_t = \frac{r_2}{\sqrt{r_1{}^2 + (x_1 + x_2)^2}} ≒ \frac{r_2}{x_2}$$

2 슬립과 토크와의 관계

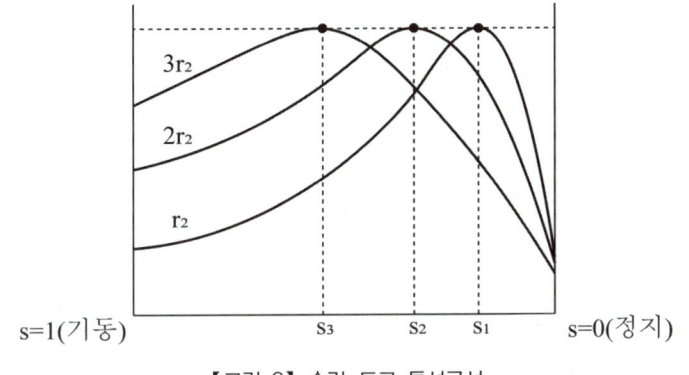

【그림 9】 슬립-토크 특성곡선

(1) 유도전동기의 토크는 다음과 같다.

$$\text{토크} : \ T = \frac{PV_1^2}{4\pi f} \times \frac{\dfrac{r_2}{s}}{\left(r_1 + \dfrac{r_2}{s}\right)^2 + (x_1 + x_2)^2} \ [\text{N} \cdot \text{m}]$$

(2) 슬립－토크 관계곡선

일정 전압 V_1이 가해진 경우 저항 및 리액턴스는 정수이기 때문에 슬립 s를 변화시켜 T를 종축, s를 횡축으로 나타낸다.

(3) 비례추이

최대토크 T_m의 크기는 $s_t \fallingdotseq \dfrac{r_2}{x_2}$에 관계로 인해 2차 저항을 m배 증가하면 s_t도 m배 증가하므로 크기가 변하지 않고 일정하다.

$$\text{토크} : \ T_m \propto \frac{r_2}{s_t} = \frac{2r_2}{2s_t} = \frac{2r_2}{ms_t}$$

① 비례추이 가능 : 토크, 1차 전류, 2차 전류, 역률, 동기 와트
② 비례추이 불가능 : 2차 동손, 효율

비례추이 가능 전동기

① 권선형 유도전동기
② 이유 : 2차측 회전자에 외부에서 가변저항 접속 가능

비례추이 불가능 전동기

① 농형 유도전동기
② 이유 : 2차측 회전자에 가변저항 접속 불가능

토크 곡선

① 기동 토크 : $s = 1$인 경우 발생

② 최대 토크 발생 시 슬립 : $s_t ≒ \dfrac{r_2}{x_2}$

③ 2차 저항을 변화시켜도 최대 토크는 항상 일정

2차 회전자에 접속된 외부 가변저항의 변화에 따른 곡선의 변화

① 가변저항의 증가 시 슬립－토크 곡선은 왼쪽으로 이동
② 가변저항이 최대일 경우 기동토크가 최대로 발생

비례추이 가능

토크, 1차 전류, 2차 전류, 역률, 동기와트

비례추이 불가능

2차 동손, 효율

비례추이 목적

① 기동전류 감소
② 기동토크 증대

1 개요

(1) 원선도란 유도전동기 2차 회로를 1차로 등가변환하여 부하 증감에 따라 1차 부하전류 $I_1{}'$ 의 궤적을 그린 것으로 유도 전동기의 특성을 파악할 수 있다. 여기서 원선도를 그리기 위해서는 무부하 시험, 구속 시험, 저항측정 등을 하여야 한다.

(2) 유도전동기 등가회로 및 원선도

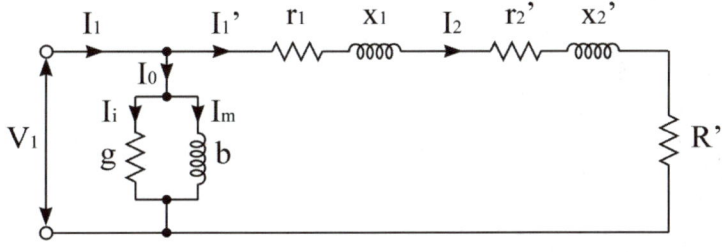

(a) 2차 회로를 1차로 등가변환

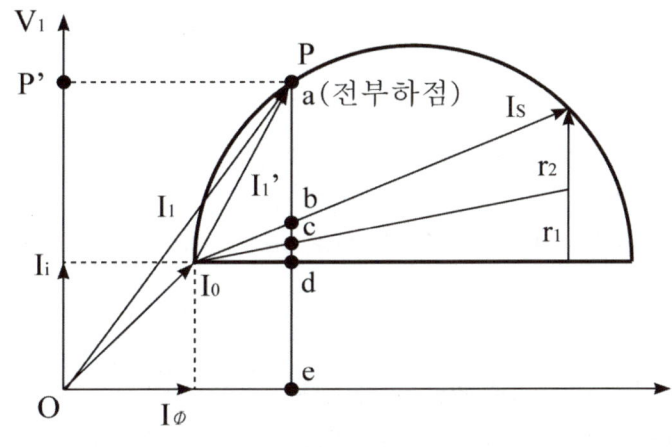

(b) 원선도

【그림 10】 등가회로와 원선도

① $r_2{}' = a^2 r_2, \quad x_2{}' = a^2 x_2, \quad R' = a^2 R$

② 1차 전류 : $I_1{}' = \dfrac{V_1}{\sqrt{(r_1 + r_2{}' + R')^2 + (x_1 + x_2{}')^2}}$ [A]

여기서, 유도전동기의 권수비 : $a = 1$

등가 부하저항(기계적인 2차 출력) : $R = \left(\dfrac{1}{s} - 1 \right) r_2$

2 원선도 특성

(1) 【그림 10】 (b)의 원선도에서 P점의 의미는 다음과 같다.

    ① P_{ae} : 전입력   ② P_{be} : 2차 동손

    ③ P_{cd} : 1차 동손   ④ P_{de} : 철손

    ⑤ P_{ac} : 2차 입력   ⑥ P_{ab} : 2차 출력

(2) 유도전동기 특성

> ① 전부하 효율 : $\eta = \dfrac{2\text{차 출력}}{\text{전입력}} = \dfrac{P_{ab}}{P_{ae}}$
>
> ② 2차 효율 : $\eta_2 = \dfrac{2\text{차 출력}}{2\text{차 입력}} = \dfrac{P_{ab}}{P_{ac}}$
>
> ③ 슬립 : $s = \dfrac{2\text{차 동손}}{2\text{차 입력}} = \dfrac{P_{bc}}{P_{ac}}$
>
> ④ 역률 : $\cos\theta = \dfrac{\text{동상 전류}}{\text{전체 전류}} = \dfrac{\overrightarrow{OP'}}{\overrightarrow{OP}}$

3 원선도 작성 시험

위와 같은 원선도를 그리기 위해서는

(1) 무부하 시험 − 여자전류, 철손 측정

유도전동기를 무부하로 정격전압 V_n, 정격주파수 f_1로 운전하여 그때의 무부하전류 I_0과 무부하입력 P_0을 측정한다.

(2) 구속 시험(단락 시험) − 2차 동손 측정

유도전동기의 회전자를 적당한 방법으로 회전하지 못하도록 구속하고 권선형 회전자에서는 2차 권선을 슬립링에서 단락하여 1차측에 정격주파수의 전압을 가하여 정격 1차 전류에 가까운 구속전류 I_s를 흘려서 그때의 전압과 1차 전압 입력을 측정한다.

(3) 저항 측정 − 1차 동손 측정

임의의 주위온도에서 1차 권선 각 단자 간에 직류로 측정한 저항의 평균치를 R_1이라 하고 이 값에서 다음 식에 의해 75[℃]에서의 1차 권선의 1상분의 저항 r_1을 산출한다.

> 1상분의 저항 : $r_1 = \dfrac{R_1}{2} \times \dfrac{234.5+75}{234.5+t}$ [Ω]

여기서, R_1 : 1차 저항 측정값 t : 주위온도

1 개요

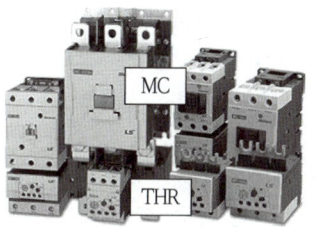
(a) 전자개폐기(MS)

(b) 기동용 리액터

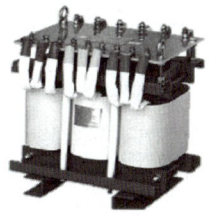
(c) 단권변압기

【그림 11】전동기반 부속설비

(1) 정지해 있는 유도전동기에 갑자기 정격 전압을 가하면 정격보다 5~10배 큰 기동전류가 흐를 수 있다. 큰 기동 전류는 코일을 과열시키고 전원 계통에 나쁜 영향을 주므로 전동기 용량에 따라 기동전류를 적당히 제한할 필 요가 있다.

(2) 이러한 기동전류는 다양한 기동법으로 문제점을 해결할 수 있으며 기동법에 따라 부가적으로 기동 토크나 역률 측면에 서 이득을 볼 수도 있다.

(3) 저압 전동기의 개폐장치로는 전자접촉기(MC, Magnetic Contactor)를 사용하고, 전동기의 과전류보호는 배선용 차단기 (MCCB, Molded Case Circuit Breaker)를, 과부하 보호는 열동계전기(THR, Thermal Relay) 또는 전자식 과부하 계전기(EOCR, Electronic Overload Relay)를 사용한다. 그리고 전자접촉기와 열동계전기를 결합하면 전자 개폐기(MS, Magnetic Switch)라 한다.

2 농형 유도전동기 기동법

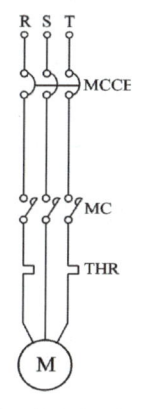
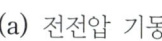
(a) 전전압 기동

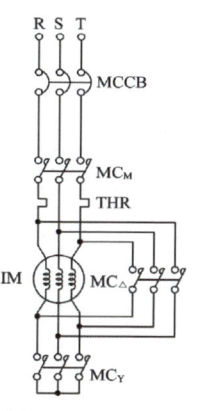
(b) Y−△ 기동

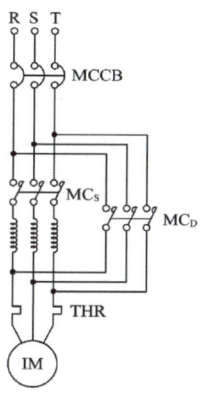
(c) 리액터 기동

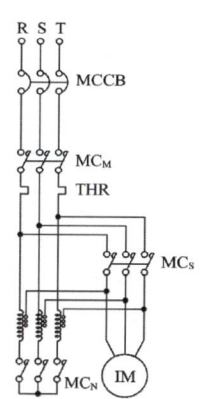
(d) 기동보상기법

【그림 12】유도전동기 기동법

(1) 전전압 기동(직입 기동)

① 5[kW] 이하의 소용량 농형 유도전동기에 적용하는 기동법으로 경제적인 면을 고려하고 기동장치를 따로 쓰 지 않고【그림 12】(a)와 같이 직접 전동기에 정격전압을 가하여 기동을 시키는 방법이다.

② 기동 시의 기동전류는 정격전류의 약 5~10배 정도가 흐르지만, 전동기의 용량이 작기 때문에 전전압을 직접 인가해도 큰 지장이 없다.

(2) Y−△ 기동법

① 약 5~15[kW] 정도의 농형 유도전동기에 적용하는 방법은 기동 시 고정자의 전기자권선을 Y결선으로, 기동 완료 후 운전 시에는 △결선으로 전환하여 운전하는 방법이다. 【그림 12】 (b)에서 기동 시에는 MC_Y가 폐로되어 3상 전동기 코일이 Y결선으로 전동기를 기동시키고, 기동 완료 후 운전 시에는 $MC_\triangle$가 폐로되어 △결선으로 운전한다.

② 이 기동방식은 기동전류 및 기동토크가 전전압 기동 시의 1/3배가 되지만, Y결선에서 △결선으로 전환되는 순간 큰 과도전류가 흘러서 전동기에 악영향을 미칠 수 있다.

③ 하지만 별도의 기동장치 없이 전동기 내부 결선만 바꾸면 되므로 다른 기동법에 비해 가격이 저렴하다.

(3) 리액터 기동법

① Y−△기동과 같이 유도전동기 기동 시 전동기에 투입되는 큰 기동전류를 감소시키기 위해 사용하는 방법으로 【그림 12】 (c)와 같이 기동 시에는 MC_S를 폐로시켜 기동용 리액터에(리액터 코일에 의한 역기전력으로) 의해 감전압으로 기동시키고, 기동 완료 후 운전 시에는 MC_D를 폐로시켜(기동용 리액터를 단락시켜) 전전압으로 운전하는 방식이다.

② 펌프나 송풍기와 같이 부하토크가 기동할 때 작고 가속하며 증가하는 부하의 전동기에 적합하다. 기동보상기를 쓰는 방법에 비해 기동토크가 감소하는 단점이 있으나 기동장치가 간단하여 가격이 저렴하고 리액터 탭조정을 통해 기동전류를 가감할 수 있는 장점이 있다.

(4) 기동보상기에 의한 기동법(콘돌퍼 기동법)

① 15[kW] 이상의 대용량의 농형 유도전동기에 적용하는 방법은 [그림 12] (d)와 같이 기동 시에 MC_N과 MC_M을 순차적으로 투입하여 단권변압기에 의해 감전압 기동을 하고, 기동 완료 후 운전 시에는 MC_S를 폐로시켜(단권변압기를 단락시켜) 전전압으로 운전하는 방식이다.

② 기동장치로 단권변압기를 설치해야 하므로 가격이 전동기 기동법 중 가장 비싸지만 단권변압기의 탭 조정을 통해 전동기의 입력전압을 조정하여 기동전류를 안정적으로 감소시킬 수 있다. 또한 Y−△기동법과는 다르게 결선전환이 없어 전동기에 큰 과도전류가 흐르지 않는다.

(5) 기동법에 따른 기동전류와 기동토크 비교

구분	기동전류	기동토크
전전압 기동	$I_s = 5 \sim 10\, I_n$	$T_s = 1 \sim 2\, T_n$
Y−△ 기동	$I_s{'} = \dfrac{1}{3} \times I_s$	$T_s{'} = \dfrac{1}{3} \times T_s$
리액터 기동	$I_s{'} = \dfrac{1}{a} \times I_s$	$T_s{'} = \left(\dfrac{1}{a}\right)^2 \times T_s$
기동보상기법	$I_s{'} = \left(\dfrac{1}{a}\right)^2 \times I_s$	$T_s{'} = \left(\dfrac{1}{a}\right)^2 \times T_s$

여기서, I_n : 전동기 정격전류 T_n : 전동기 정격토크
    I_s : 전전압 기동 시 기동전류 $I_s{'}$: 기동장치를 사용했을 때의 기동전류
    $T_s{'}$: 기동장치를 사용했을 때의 기동토크

【표 2】 기동전류와 기동토크 비교

③ 권선형 유도전동기 기동법

(1) 2차 저항 기동(= 기동저항기법)

비례추이 특성을 이용하여 기동하는 방법으로 회전자에 외부 저항을 삽입하여 기동전류를 감소시키고 기동토크는 증가하고 유효분 성분의 변화로 인해 역률이 개선되는 특성이 나타난다.

(2) 게르게스 기동

④ 이상 기동 현상

(1) 크로우닝 현상 − 농형 회전자

농형 유도전동기에서 일어나는 현상으로 농형유도전동기 계자에 고조파가 유기되거나 공극이 일정하지 않을 때 전동기 회전자가 정격속도에 이르지 못하고 저속도로 운전되는 현상으로 슬롯을 사구의 형태로 하여 방지한다.

(2) 게르게스 현상

권선형 유도전동기에서 전동기가 무부하 또는 경부하로 운전 중 회전자 한상이 결상되어도 전동기가 소손되지 않고 정격속도의 50%의 속도에서 운전되는 현상으로 슬립이 대략 0.5 정도 나타난다.

핵심요약

① 기동법
    ㉠ 기동전류 감소
    ㉡ 기동토크 증대
② 농형 유도전동기
    ㉠ 전전압 기동법(직입기동) : 5[kW] 이하
    ㉡ Y−△ 기동법 : 5~15[kW]에서 사용(기동전류 1/3배, 기동토크 1/3배로 감소)
    ㉢ 기동 보상기법(단권변압기 기동) : 15[kW] 이상 대용량
    ㉣ 리액터 기동법
    ㉤ 콘도르퍼 기동
③ 권선형 유도전동기
    ㉠ 2차 저항 기동법(기동 저항기법) : 비례추이를 이용
    ㉡ 게르게스법(게르게스 현상 S = 0.5)

06 속도제어법

1 개요

(1) 유도 전동기의 속도식은 다음과 같다.

> ① 회전자 속도 : $N = (1-s)N_s$ [rpm]
>
> ② 동기 속도 : $N_s = \dfrac{120f}{P}$ [rpm]

여기서, f : 주파수[Hz] P : 극수 s : 슬립(slip)

(2) 위 식과 같이 슬립, 극수, 주파수 등을 변화시키면 속도를 제어할 수 있다.

2 농형 유도전동기

(1) 극수 변환법

동기속도에서 극수(P)는 속도에 반비례하므로 코일(고정자 권선)의 접속을 바꾸어 극수를 바꿀 수 있다. 이를 극수 변환법이라 하고 극수 변환법은 다른 속도제어에 비해 효율이 좋고 속도변화가 잦은 부하나 속도가 단계적으로 변하는 부하 등에 쓰인다.

(2) 1차 전압 제어

사이리스터(SCR)의 위상각을 조정하여 1차 전압을 변화시키면 토크가 변화하는 것을 이용해서 슬립의 크기를 변화시켜 속도를 제어하는 방법이다.

(3) 주파수 변환법

① 유도 전동기의 회전 속도는 공급 주파수에 비례한다.

> 회전자 속도 : $N = (1-s)N_s = (1-s)\dfrac{120f}{P}$ [rpm]

② 양호한 운전 특성을 위해서는 공극에 자속을 일정하게 유지해야 하므로 공급전압을 주파수에 비례해서 변화시켜야 한다.

> 회전자 유도전압 : $E = 4.44\,k_w N f \phi_m$ [V]

③ 주파수를 변환시키기 위해서는 컨버터와 인버터를 조합시킨 것이나 사이클로 컨버터를 사용한다. 주파수 변환법은 전력의 손실이 없고 연속적인 속도제어가 가능하지만 전원이 별도로 필요하고 주파수 변환기를 구비해야 하는 등 설비비용이 크다.

④ 전기 추진선이나 인견 공장의 포트 모터 운전인 경우에 사용된다.

3 권선형 유도전동기

(1) 2차 저항제어

① 비례추이를 활용한 방법으로 권선형 유도전동기에서만 사용할 수 있다. 2차 회로의 저항을 조정하면 토크가 변하고 바뀐 토크를 통해 속도를 조절하는 방식이다(비례추이).

② 회전자에 연결되어있는 슬립링을 통해 외부의 저항을 가감할 수 있다. 이 방법은 전류에 의한 동손이 증가하여 손실이 커져 효율은 떨어지지만, 조작이 간단하고 동기속도 이하로도 원활하고 광범위하게 속도를 조절할 수 있으므로 기중기, 권상기 등에 널리 쓰이고 있다.

(2) 2차 여자법

① 2차 저항 제어 방식에서 저항값을 조정하는 대신에 슬립 주파수의 2차 여자 전압을 제어하여 속도제어를 하는 방법이다.

② 이 방법에는 크레이머 방식과 셀비우스 방식이 있다.

(3) 종속법

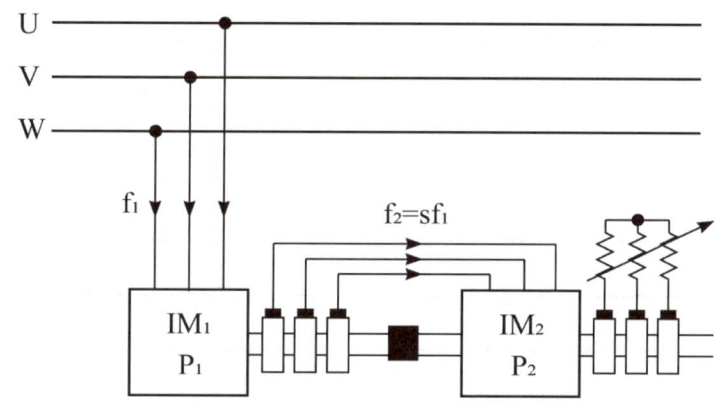

【그림 13】 직렬 종속법

① 2대 이상의 유도전동기를 속도제어 할 때 사용하는 방법으로 한쪽 고정자를 다른 쪽 회전자와 연결하고 기계적으로 축을 연결하여 속도를 제어하는 방법이다.

② 종속법의 종류

㉠ 직렬 종속 접속 : 【그림 13】과 같이 IM_1과 IM_2인 전동기를 기계적으로 결합하고, IM_1의 고정자에 $f[Hz]$의 전원을 인가하면 회전자에는 $sf[Hz]$의 출력을 얻을 수 있다. 그럼 이것을 IM_2의 고정자에 연결한 후 IM_2 2차 회로에 저항을 연결하여 기동과 속도제어를 하는 방식을 말하며 아래 결과 식과 같이 극수는 $P_1 + P_2$를 가지므로 직렬종속법이라 한다.

ⓐ IM$_1$의 무부하 속도 : $N_1 = \dfrac{120f}{P_1}(1-s)$

ⓑ IM$_2$의 무부하 속도 : $N_2 = \dfrac{120 \times sf}{P_2}$

ⓒ 두 전동기는 기계적으로 연결되어 속도는 같다.

$\dfrac{120f}{P_1}(1-s) = \dfrac{120sf}{P_2}$ ∴ 슬립 $s = \dfrac{P_2}{P_1 + P_2}$

ⓓ 전체 무부하 속도

$N_0 = \dfrac{120sf}{P_2} = \dfrac{120f}{P_2} \times \dfrac{P_2}{P_1+P_2} = \dfrac{120f}{P_1+P_2}$ [rpm]

∴ 전체 무부하 속도 : $N_0 = \dfrac{120f}{P_1 + P_2}$ [rpm]

ⓛ 직렬 차동 접속 : IM$_1$ 전동기의 고정자가 만드는 회전자계의 방향과 IM$_1$ 전동기 회전자가 만드는 회전
자계의 방향이 서로 반대가 되어 극수가 작아지도록 접속하는 방법을 말한다.

전체 무부하 속도 : $N_0 = \dfrac{120f}{P_1 - P_2}$ [rpm]

ⓒ 병렬 종속 접속

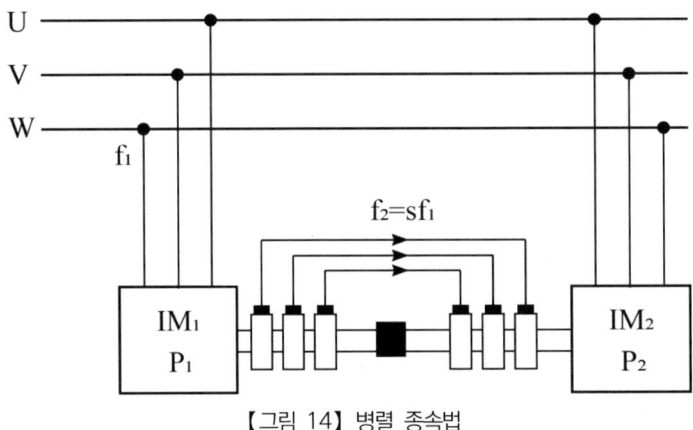

【그림 14】 병렬 종속법

2대의 전동기 회전자를 기계적으로 직결하고 고정자 회로를 각각 같은 전원에 병렬로 접속한 후 각각의
전동기 고정자 권선에서 발생한 회전자계의 방향은 같게 하지만, 회전자 권선의 상회전 방향을 반대로 한
구조의 접속법이다.

회전자 속도 : $N_0 = \dfrac{120f}{\dfrac{P_1 + P_2}{2}} = \dfrac{2 \times 120f}{P_1 + P_2}$ [rpm]

핵심요약

농형 유도전동기 속도제어법

① 극수 변환법 : 고정자 권선의 접속 상태를 변경하여 극수를 조절하는 방식

② 주파수제어법 : SCR 등을 이용하여 전동기의 주파수를 변환하여 속도를 조정하는 방식(선박 추진용 전기모터, 인견 및 방직공장의 포트모터)

③ 1차 전압 제어법 : SCR을 이용하여 위상각 제어를 통해 속도를 변화하는 방법

권선형 유도전동기 속도제어법

① 2차 저항제어 : 회전자에 접속되어 있는 외부저항의 크기를 변화시켜 슬립을 조정하여 속도를 제어

② 2차 여자법 : 슬립주파수의 2차 여자전압을 제어하여 속도제어를 하는 방법

③ 종속법

ㄱ 직렬종속 $N = \dfrac{120f}{P_1 + P_2}[\text{rpm}]$

ㄴ 차동종속 $N = \dfrac{120f}{P_1 - P_2}[\text{rpm}]$

ㄷ 병렬종속 $N = \dfrac{2 \times 120f}{P_1 + P_2}[\text{rpm}]$

---

07 유도전동기의 전기적 제동법

1 발전제동

(1) 전동기의 운전을 정지시키고자 할 때 사용되는 방법으로 전동기를 발전기로 변환시켜 제동을 실시하는 방법이다.

(2) 이는 운전 중인 유도전동기의 교류전원을 제거하고 직류전원을 투입시켜 고정자에서 회전자계가 발생되지 않고 고정된 극으로 만들게 되면 교류발전기가 된다.

(3) 즉, 회전자가 회전하고 있을 경우 회전자 도체는 고정자에서 발생하는 자속을 절단하여 기전력을 발생시키게 된다. 이때 발생한 교류전력은 권선형 유도전동기의 경우에는 회전자 외부 가변저항이 소비시키고 농형 유도전동기의 경우에는 농형 회전자권선이 소비시켜 제동한다.

2 역상제동

(1) 유도전동기의 운전을 급제동할 때 사용하는 방법이다.

(2) 운전 중인 유도전동기 1차권선의 3선 중 2선의 접속을 바꾸어 회전자계의 회전방향을 반대로 하여 회전자에 가해지는 토크의 방향을 역으로 만들어 유도전동기가 제동되어 회전속도가 급속히 감속하게 되고 정지하기 바로 전에 전원을 차단한다.

3 회생제동

(1) 유도전동기를 외력에 의해 동기속도 이상의 속도로 회전시키면 유도발전기가 되어 제동력을 발생한다. 이 경우에 발생한 전력을 전원에 반환하여 제동하는 방법을 회생제동이라 한다.

(2) 회생제동은 마찰력과 같은 마모나 발열이 없어 다른 제동법에 비해 상대적으로 유리하다.

 **핵심요약**

제동법
① 발전제동 : 유도전동기를 발전기로 작용시켜 그 출력을 저항에서 소비시킴으로써 제동력을 발생시키는 방법
② 역상제동 : 3상 유도전동기가 운전하고 있을 때 3단자 중 임의의 2단자 접속을 바꾸면 회전자계의 방향이 반대로 되어 역상제동이 이루어져서 급제동하는 방법
③ 회생제동 : 유도전동기는 외력에 의해 동기속도 이상의 속도로 회전시키면 유도발전기가 되어 제동력을 발생하는데, 이 경우에 발생한 전력을 전원에 반환하는 방법

---

08 | 특수 농형 3상 유도전동기

1 2중 농형 유도전동기

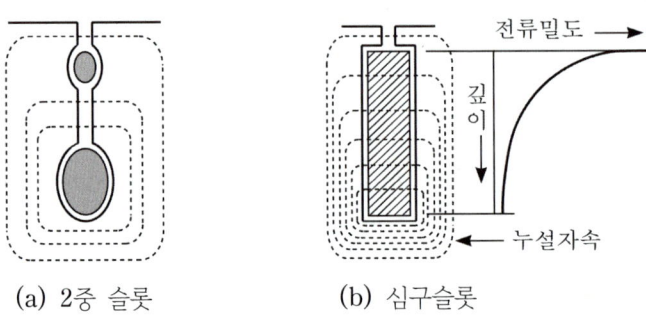

(a) 2중 슬롯   (b) 심구슬롯

【그림 15】 특수 농형 3상 유도전동기

(1) 회전자의 슬롯(Slot)은 회전자도체를 2중으로 하여 도체 저항이 큰 외측 슬롯과 도체 저항이 적은 내측 슬롯을 병렬 연결한 것이다.

(2) 2차측(회전자) 주파수는 운전 시 낮고, 기동 시는 높기 때문에 슬롯 내측은 누설자속에 의해 누설 리액턴스가 증가하여 기동 시 대부분의 회전자 전류는 고저항인 외측으로 흐르고, 정격 회전속도에 이르면 회전자 전류는 저항이 적은 내측 도체로 흐르게 된다.

(3) 따라서 기동 시는 권선형 회전자에 기동저항을 연결한 상태가 되고, 정격 회전속도에는 농형 회전자의 상태가 되어 고효율, 고역률이다.

(4) 특성은 보통농형과 권선형의 중간이고, 기동전류는 정격전류의 500~700[%], 기동토크는 정격토크의 150~350[%]이다.

② 심구형(디프슬롯) 농형 유도전동기

(1) 심구형 농형 회전자는 회전자에 삽입하는 도체바가 보통 농형 유도전동기에 비해 회전자의 안쪽 방향으로 길쭉한 모양을 가지고 있다. 심구형 회전자의 동작 원리는 다음과 같다.

(2) 회전자에 삽입되는 하나의 길쭉한 도체는 저항은 같지만, 하층부로 갈수록 누설자속이 많아져서 리액턴스가 커지게 된다. 따라서 회전자의 중심으로 갈수록 도체바의 임피던스는 커지게 된다.

(3) 기동 시 리액턴스 성분의 영향력이 커져서 하층부 임피던스는 아주 커진다. 그래서 전류는 상층부에만 집중해서 흐르게 된다. 정상 운전 시에는 슬립이 작아져 리액턴스 성분이 무시되고 전류는 상층부에 고르게 흐르게 된다.

③ 2중 농형과 디프슬롯 농형의 비교

심구형 회전자는 2중 농형 회전자에 비해서 다음과 같은 특징을 가진다.

(1) 단일 도체이므로 냉각 효과가 좋아서 기동, 정지를 되풀이하는 용도에 적합하다.

(2) 도체가 가늘고 기계적으로 약하기 때문에 도체의 단면이 큰 중형이나 대형 저속 기계에 사용된다.

(3) 2차 저항을 설계하는 데 융통성이 별로 없으므로 기동토크가 큰 것보다는 작은 기동전류를 요구하는 기계에 적합하다.

핵심요약

특수 농형 3상 유도전동기의 특징
2중 농형 및 심구형 유도전동기는 보통 유도전동기에 비해 기동전류가 작고 기동토크가 크다.

09 단상 유도전동기의 회전원리

① 기동 원리

(1) 단상 권선에 교류 전류가 흐르면 교번자계가 발생하는데, 크기가 $\frac{1}{2}$이고 서로 반대 방향으로 회전하는 2개의 회전자계로 분해할 수 있다.

(2) 두 회전자계는 실제로는 교번자계가 되는데 이를 회전자계로 가정하여 적용하면 이 교번자계로 인해 회전자에 반대 방향의 힘이 가해지는 것으로, 이를 2회전자계설 또는 2전동기설이라 한다.

2 단상 유도전동기의 특성

(1) 3상 유도전동기가 운전하고 있을 때 3개의 퓨즈 중 1개가 끊어져도 전동기는 계속 회전하는 원리를 응용한 것이다.

(2) 기동토크가 전혀 없다.

(3) 외력에 의해 어느 속도로 돌리면 그 방향으로 가속한다.

3 기동방법에 의한 분류

(1) 반발 기동형 전동기

① 반발 기동형 단상유도전동기는 고정자에는 단상의 주권선이 감겨져 있고 회전자는 직류 전동기의 전기자와 거의 같은 권선과 정류자로 되어 있다. 브러시는 회전자 권선을 단락시킨다.

② 고정자가 여자되면 단락된 회전자 권선에 전압이 유기되고 이 전압에 의해 전류가 흐르고 이 전류에 의해 자계가 형성되어 고정자 권선이 만드는 자계와 상호작용으로 반발력이 발생한다.

③ 반발전동기의 기동 토크는 브러시의 위치를 적당히 하면 대단히 커지는데 보통 전부하 토크의 400~500% 정도이다.

(2) 분상 기동형 전동기

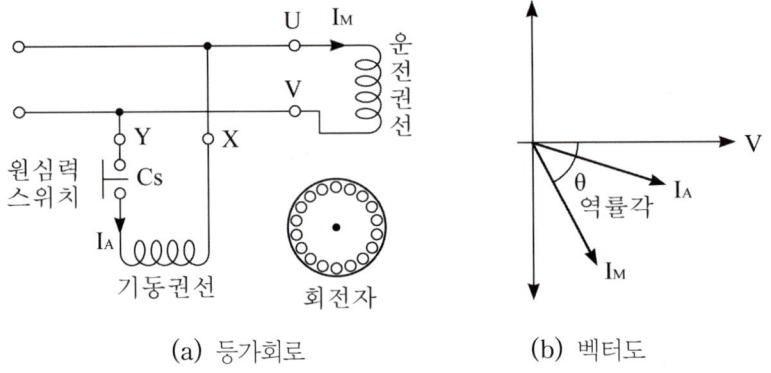

(a) 등가회로　　　　(b) 벡터도

【그림 16】 분상 기동형 전동기

① 분상 기동형은 주권선과 기동권선으로 구성되어 있는데 기동권선은 전동기의 기동 시에만 접속이 되고 기동 완료가 되면 분리된다. 두 권선의 전기적 성분을 비교해 보면 주권선은 리액턴스가 크고 저항이 작고 기동권선은 리액턴스가 작고 저항이 상대적으로 크다.

② 전원이 투입되면 주권선과 기동권선에서 발생하는 기자력은 주권선의 기자력은 기동권선의 기자력에 비해 위상이 뒤지게 되어 회전자에 가해지는 자계는 위상이 다르게 되므로 회전을 시작하게 된다.

③ 회전자의 회전속도가 정격속도의 **75%** 이상에 도달하면 원심력 개폐기가 개방되어 기동권선은 분리되고 주권선이 단상유도전동기의 운전을 지속시킨다. 분상기동형 전동기는 팬이나 송풍기 등에 사용되고 있다.

(3) 콘덴서 기동형 전동기

① 기동권선 회로에 직렬로 콘덴서를 연결해서 주권선의 지상전류와 콘덴서의 진상전류로 인해 두 전류 사이의 상차각이 커져서 분상 기동형보다 더 큰 기동토크를 얻을 수 있도록 한 것이다.

② 콘덴서 기동형 전동기는 다른 단상 유도전동기에 비해서 효율과 역률이 좋고 진동과 소음도 적기 때문에 운전상태가 양호하다. 정격은 일반적으로 1마력 정도가 많이 쓰이나 크게는 10마력까지도 사용된다.

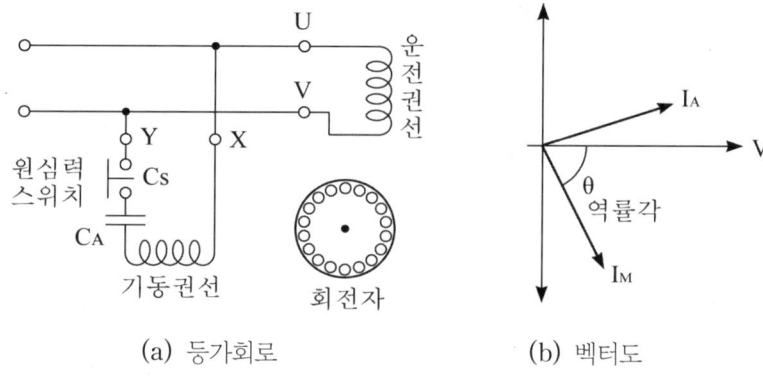

(a) 등가회로　　　　　(b) 벡터도

【그림 17】 콘덴서 기동형 전동기

(4) 영구 콘덴서형 전동기

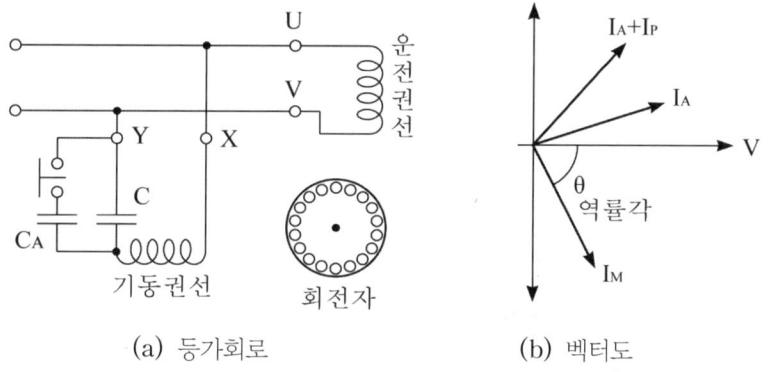

(a) 등가회로　　　　　(b) 벡터도

【그림 18】 영구 콘덴서형 전동기

① 기동권선 회로에 직렬로 콘덴서를 연결해서 주권선의 지상전류와 콘덴서의 진상전류로 인해 두 전류 사이의 상차각이 커져서 분상 기동형보다 더 큰 기동토크를 얻을 수 있도록 한 것이다.

② 콘덴서 기동형 전동기에서 원심력 스위치를 제거하여 콘덴서를 기동 시뿐만 아니라 정상 운전 시에도 계속하여 사용한다.

③ 용량이 적은 콘덴서를 사용하기 때문에 기동토크는 콘덴서 기동형 전동기보다 작으나, 원심력 스위치가 없어서 구조가 간단하다.

④ oil-filled capacitor가 주로 사용되며, 큰 기동토크가 필요하지 않은 선풍기나 세탁기 등에 많이 사용한다.

(5) 셰이딩 코일형 전동기

① 셰이딩 코일이 있는 쪽으로 회전하므로 회전 방향을 바꿀 수가 없다.

② 구조가 간단하나 기동토크가 작고, 운전 중의 셰이딩 코일에는 계속 전류가 흘러 손실이 매우 크다. 따라서 효율이 나쁘고, 역률도 낮아서 선풍기, 레코드 플레이어, 계량기 등의 소용량 전동기로 사용된다.

1 단상 유도전압조정기

(1) 유도전동기와 유사한 슬롯을 가진 성층철심의 고정자에는 2차권선이 감고 회전자에는 1차권선이 감겨있다. 1차 권선에는 권선축이 $90°$인 단락권선이 되어있다. 권선의 결선은 단권변압기와 같고, 회전자권선(1차권선)이 분 로권선이 되어 고정자의 권선(2차권선)이 직렬권선이 된다.

(2) 단락권선은 직렬권선의 전압강하 방지를 위해 설치한다.

① 유도전압조정기 용량 : $P = E_2 I_2 \,[\mathrm{VA}]$

② 부하용량 : $P = V_2 I_2 \,[\mathrm{VA}]$

③ 2차 전압 : $V_2 = V_1 + E_2 \cos\theta$

2 3상 유도전압조정기

3상 유도전압조정기는 단권변압기 3대를 3상 성형결선한 것으로 분로권선과 고정부에 붙인 직렬권선과의 권선축이 일 치할 때 각상마다 위상을 바꿈에 따라 출력전압의 조정을 할 수 있다.

① 유도전압조정기 용량 : $P = \sqrt{3}\, E_2 I_2 \,[\mathrm{VA}]$

② 부하용량 : $P = \sqrt{3}\, V_2 I_2 \,[\mathrm{VA}]$

③ 2차 전압 : $V_2 = V_1 + E_2 \cos\theta \,[\mathrm{V}]$

3 단상, 3상 유도전압조정기의 비교

단상 유도전압조정기	3상 유도전압조정기
① 1상 용량 : $P = E_2 I_2 \,[\mathrm{VA}]$	① 3상 용량 : $P = \sqrt{3}\, E_2 I_2 \,[\mathrm{VA}]$
② 교번자계 이용	② 회전자계 이용
③ 단락권선(전압강하 방지)이 있음	③ 단락권선이 없음
④ 1, 2차 전압 사이 위상차가 없음	④ 1, 2차 전압 사이 위상차가 있음

※ 출제예상문제는 기출분석을 바탕으로 자주 출제되는 유형을 선별하였습니다.

01. 유도전동기가 많이 사용되는 이유가 아닌 것은?

① 값이 저렴
② 취급이 어려움
③ 전원을 쉽게 얻음
④ 구조가 간단하고 튼튼함

> **| 해설**
> 유도전동기가 많이 사용되는 이유
> ㉠ 3상 및 단상 전원을 쉽게 얻을 수 있다.
> ㉡ 기기 구조가 간단하고 튼튼하다.
> ㉢ 타 동력설비에 비해서 가격이 저렴하다.
> ㉣ 취급 및 유지 보수가 용이하다.

02. 3상 유도전동기 원리와 관계있는 것은?

① 옴의 법칙
② 키르히호프의 법칙
③ 회전자계
④ 플레밍의 오른손 법칙

> **| 해설**
> 3상 유도전동기의 고정자에 3상 평형의 교류전력을 공급하면 회전자계가 발생하여 회전자를 유도하여 전동기가 회전한다.

03. 고압전동기 철심의 강판 홈(slot)의 모양은?

① 반폐형
② 개방형
③ 반구형
④ 밀폐형

> **| 해설**
> ㉠ 고압전동기 : 개방형 슬롯
> ㉡ 저압전동기 : 반폐형 슬롯

04. 4극 24홈 표준 농형 3상 유도전동기의 매극 매상당의 홈 수는?

① 6
② 3
③ 2
④ 1

> **| 해설**
> 매극 매상당 슬롯수(= 홈수)
> $$q = \frac{\text{총 슬롯수}}{\text{극수} \times \text{상수}} = \frac{24}{4 \times 3} = 2$$

05. 다음은 3상 유도전동기 고정자 권선의 결선도를 나타낸 것이다. 맞는 사항을 고르시오.

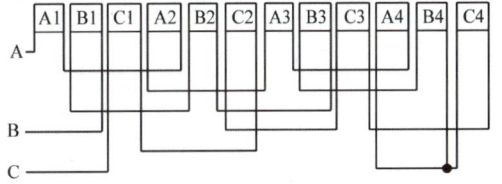

① 3상 2극, Y결선
② 3상 4극, Y결선
③ 3상 2극, △결선
④ 3상 4극, △결선

> **| 해설**
> ㉠ 3상 : 전원이 A, B, C로 구성
> ㉡ Y결선 : A_4, B_4, C_4가 한점에 접속
> ㉢ 4극 : 각 상이 1, 2, 3, 4로 구성

06. 유도전동기의 슬립을 측정하는 방법으로 옳은 것은?

① 전압계법
② 전류계법
③ 평형 브리지법
④ 스트로보스코프법

> **| 해설**
> 슬립 측정방법
> ㉠ 직류밀리볼트계법
> ㉡ 수화기법
> ㉢ 스트로보스코프법

정답 01 ② 02 ③ 03 ② 04 ③ 05 ② 06 ④

07. 3상 유도전동기의 회전원리를 설명한 것 중 틀린 것은?

① 회전자의 회전속도가 증가하면 도체를 관통하는 자속수는 감소한다.
② 회전자의 회전속도가 증가하면 슬립도 증가한다.
③ 부하를 회전시키기 위해서는 회전자의 속도는 동기속도 이하로 운전되어야 한다.
④ 3상 교류전압을 고정자에 공급하면 고정자 내부에서 회전 자기장이 발생된다.

| 해설
3상 유도전동기의 회전
㉠ 3상 교류전원을 이용하여 고정자에서 회전자계(= 회전자기장)를 발생시켜 회전자에 가해서 운전을 한다.
㉡ 3상 유도전동기의 회전속도는 $N = (1-s)N_s = N_s - sN_s$[rpm]이므로 동기속도($N_s$) 이하로 운전된다.
㉢ 회전속도와 자속은 반비례이므로 회전속도가 증가하면 자속은 감소한다.
㉣ 슬립은 $s = \dfrac{N_s - N}{N_s} \times 100$[%]로 회전속도($N$)가 증가하면 슬립($s$)은 감소한다.

08. 유도전동기에서 슬립이 0이란 것은 어느 것과 같은가?

① 유도전동기가 동기속도로 회전한다.
② 유도전동기가 정지 상태이다.
③ 유도전동기의 전부하 운전 상태이다.
④ 유도제동기의 역할을 한다.

| 해설
회전자 속도 $N = (1-s)N_s$[rpm]
여기서, N : 회전자속도 N_s : 동기속도
㉠ 회전자가 정지 또는 기동 시
  $N = 0$이므로 $s = 1$
㉡ 동기속도 또는 무부하로 회전 시
  $N = N_s$이므로 $s = 0$

09. 3상 유도전동기의 슬립의 범위는?

① $0 < s < 1$
② $-1 < s < 0$
③ $1 < s < 2$
④ $0 < s < 2$

| 해설
슬립은 동기속도와 회전자속도의 비로서 크기는 다음과 같다.
㉠ 유도전동기 슬립의 범위 : $0 < s < 1$
㉡ 유도발전기 슬립의 범위 : $-1 < s < 0$

10. 유도전동기의 무부하 시 슬립은?

① 4
② 3
③ 1
④ 0

| 해설
슬립은 동기속도와 회전자속도의 비로서 크기는 다음과 같다.
㉠ 슬립의 범위 : $0 < s < 1$
㉡ 무부하 시 슬립 : $s = 0$
㉢ 정지 시 및 기동 시 슬립 : $s = 1$

11. 유도전동기에서 슬립이 가장 큰 경우는?

① 무부하 운전 시
② 경부하 운전 시
③ 기동 시
④ 정격부하 운전 시

| 해설
회전자 속도 $N = (1-s)N_s$[rpm]
㉠ 회전자가 정지 또는 기동 시
  $N = 0$이므로 $s = 1$
㉡ 동기속도 또는 무부하로 회전 시
  $N = N_s$이므로 $s = 0$

정답   07 ②   08 ①   09 ①   10 ④   11 ③

12. 용량이 작은 유도전동기의 경우 전부하에서의 슬립[%]은?

① 1~2.5 　　　　② 2.5~4
③ 5~10 　　　　　④ 10~20

| 해설
유도전동기의 전부하에서의 슬립
㉠ 용량이 작은 전동기(소형) : 5~10%
㉡ 용량이 큰 전동기(중형 및 대형) : 2.5~5%

13. 유도전동기의 동기속도 N_s, 회전속도 N일 때 슬립은?

① $s = \dfrac{N_s - N}{N}$ 　　　② $s = \dfrac{N - N_s}{N}$

③ $s = \dfrac{N_s - N}{N_s}$ 　　　④ $s = \dfrac{N_s + N}{N_s}$

| 해설
슬립 $s = \dfrac{N_s - N}{N_s} \times 100[\%]$

여기서, N_s : 동기속도 　N : 회전자 속도

14. 회전수 1,728[rpm]인 유도전동기의 슬립[%]은? (단, 동기속도는 1,800[rpm]이다.)

① 2 　　　　② 3
③ 4 　　　　④ 5

| 해설
슬립 $s = \dfrac{N_s - N}{N_s} \times 100[\%]$

(여기서, N_s: 동기속도 　N : 회전자 속도)

$\therefore s = \dfrac{1,800 - 1,728}{1,800} \times 100 = 4[\%]$

15. 60[Hz], 4극 유도전동기가 1,700[rpm]으로 회전하고 있다. 이 전동기의 슬립은 약 얼마인가?

① 3.43[%] 　　　　② 4.56[%]
③ 5.56[%] 　　　　④ 6.64[%]

| 해설
㉠ 동기속도 : $N_s = \dfrac{120f}{P} = \dfrac{120 \times 60}{4} = 1,800$

㉡ 슬립 : $s = \dfrac{N_s - N}{N_s}$

$= \dfrac{1,800 - 1,700}{1,800} = 0.0556$

㉢ 슬립을 [%]로 나타내면 $0.0556 \times 100 = 5.56[\%]$

16. 4극 60[Hz], 슬립 5[%]인 유도전동기의 회전수는 몇 [rpm]인가?

① 1,836 　　　　② 1,710
③ 1,540 　　　　④ 1,200

| 해설
㉠ 동기속도 $N_s = \dfrac{120f}{P} = \dfrac{120 \times 60}{4} = 1,800$

㉡ 회전수 $N = (1-s)N_s$
$= (1 - 0.05) \times 1,800 = 1,710$

17. 주파수 60[Hz]의 회로에 접속되어 슬립 4[%], 회전수 1,728[rpm]으로 회전하고 있는 유도전동기의 극수는?

① 4극 　　　　② 6극
③ 8극 　　　　④ 10극

| 해설
㉠ 회전자 속도

$N = (1-s)N_s = (1-s)\dfrac{120f}{P}[\text{rpm}]$

㉡ 유도전동기 극수

$P = (1 - 0.04) \times \dfrac{120 \times 60}{1,728} = 4$극

정답 　12 ③ 　13 ③ 　14 ③ 　15 ③ 　16 ② 　17 ①

18. 유도전동기의 2차에 있어 E_2가 127[V], r_2가 0.03[Ω], x_2가 0.05[Ω], s가 5[%]로 운전하고 있다. 이 전동기의 2차 전류 I_2는? (단, s는 슬립, x_2는 2차 권선 1상의 누설리액턴스, r_2는 2차 권선 1상의 저항, E_2는 2차 권선 1상의 유기기전력이다.)

① 약 201[A]   ② 약 211[A]
③ 약 221[A]   ④ 약 231[A]

> **| 해설**
> 운전 시 2차 전류 $I_2 = \dfrac{E_2}{\sqrt{(\dfrac{r_2}{s})^2 + x_2^2}}$ [A]
>
> $I_2 = \dfrac{127}{\sqrt{(\dfrac{0.03}{0.05})^2 + 0.05^2}} = 210.93 ≒ 211$ [A]

19. 슬립이 0.05이고 전원 주파수가 60[Hz]인 유도전동기의 회전자 회로의 주파수[Hz]는?

① 1   ② 2
③ 3   ④ 4

> **| 해설**
> 회전자 회로의 주파수 $f_2 = s f_1$ [Hz]
> 여기서, f_1 : 전원주파수 f_2 : 회전 시 주파수
> $∴ f_2 = s f_1 = 0.05 \times 60 = 3$ [Hz]

20. 슬립 4[%]인 유도 전동기의 등가 부하 저항은 2차 저항의 몇 배인가?

① 5   ② 19
③ 20   ④ 24

> **| 해설**
> 등가 부하저항 $R = (\dfrac{1}{s} - 1) r_2$ [Ω]
> 여기서, s : 슬립 r_2 : 2차 저항
> $∴ R = (\dfrac{1}{0.04} - 1) r_2 = 24 r_2$

21. 슬립 $S = 5[\%]$, 2차 저항 $r_2 = 0.1[\Omega]$인 유도전동기의 등가 저항 $R[\Omega]$은 얼마인가?

① 0.4   ② 0.5
③ 1.9   ④ 2.0

> **| 해설**
> 등가 부하저항 $R = (\dfrac{1}{s} - 1) r_2 [\Omega]$에서
> $∴ R = (\dfrac{1}{0.05} - 1) \times 0.1 = 1.9 [\Omega]$

22. 유도전동기가 회전하고 있을 때 생기는 손실 중에서 구리손이란?

① 브러시의 마찰손
② 베어링의 마찰손
③ 표유 부하손
④ 1차, 2차 권선의 저항손

> **| 해설**
> 구리손은 고정자 및 회전자에 감은 권선에서 발생하는 손실로서 열의 형태로 발생하는 저항손이다.

23. 회전자 입력을 P_2, 슬립을 s라 할 때 3상 유도전동기의 기계적 출력의 관계식은?

① $s P_2$ ② $(1-s) P_2$
③ $s^2 P_2$ ④ P_2 / s

> **| 해설**
> 2차 입력, 2차 동손, 기계적 출력과 슬립의 관계
> $P_2 : P_c : P_o = 1 : s : 1-s$
> $P_2 : P_o = 1 : 1-s$에서
> $∴$ 기계적 출력 : $P_o = (1-s) P_2$

24. 회전자 입력 10[kW], 슬립 3[%]인 3상 유도전동기의 2차 동손은 몇 [W]인가?

① 700   ② 300

③ 400   ④ 500

| 해설

2차 입력, 2차 동손, 출력과 슬립의 관계

$P_2 : P_c : P_o = 1 : s : 1-s$

$P_2 : P_c = 1 : s$ 에서

∴ 2차 동손 : $P_c = sP_2$

$= 0.03 \times 10 \times 10^3 = 300[W]$

25. 3상 유도전동기의 1차 입력 60[kW], 1차 손실 1[kW], 슬립 3%일 때 기계적 출력은 약 몇 [kW]인가?

① 57   ② 75

③ 95   ④ 100

| 해설

㉠ 2차 입력(P_2) = 1차입력(P_1) − 1차손실(P_{1l})

㉡ 2차 입력 : $P_2 = 60 - 1 = 59[kW]$

㉢ 2차 손실(P_{2l}) = 동손(P_c)이므로

$P_2 : P_c = 1 : s$ 에서

$P_c = s \cdot P_2 = 0.03 \times 59 = 1.77[kW]$

∴ $P_o = P_2 - P_c = 59 - 1.77 = 57.23 ≒ 57[kW]$

여기서, P_o : 기계적 출력 P_2 : 2차 입력

P_c : 2차 손실(동손)

26. 슬립 4[%]인 3상 유도전동기의 2차 동손이 0.4[kW]일 때 회전자 입력[kW]은?

① 10   ② 8

③ 12   ④ 6

| 해설

㉠ 2차 입력, 2차 동손, 출력과 슬립의 관계

$P_2 : P_c : P_o = 1 : s : 1-s$

㉡ $P_2 : P_c = 1 : s$ 에서

$P_2 = \dfrac{1}{s} P_c = \dfrac{1}{0.04} \times 0.4 = 10[kW]$

여기서, 회전자 입력 = 2차 입력

27. 회전자속도 N[rpm], 동기속도 N_s[rpm], 슬립 s[%]인 유도전동기의 2차 효율[%]은?

① $s^2 \times 100$ ② $\dfrac{1}{2}(N_s - N) \times 100$

③ $\dfrac{N}{N_s} \times 100$ ④ $(s-1) \times 100$

| 해설

$P_2 : P_c : P_o = 1 : s : 1-s$ 에서

∴ 2차 효율 : $\eta_2 = \dfrac{출력}{2차\ 입력} \times 100 = \dfrac{P_o}{P_2} \times 100$

$= (1-s) \times 100 = \dfrac{N}{N_s} \times 100$

28. 200[V], 50[Hz], 8극, 15[kW]의 3상 유도전동기에서 전부하 회전수가 720[rpm]이면 이 전동기의 2차 효율은 몇 [%]인가?

① 86   ② 96

③ 98   ④ 100

| 해설

㉠ 동기속도 $N_s = \dfrac{120f}{P_{극수}} = \dfrac{120 \times 50}{8} = 750[rpm]$

$P_2 : P_{2c} : P_o = 1 : s : 1-s$

㉡ 2차 효율 : $\eta_2 = \dfrac{출력}{2차\ 입력} \times 100 = \dfrac{P_o}{P_2} \times 100$

$= (1-s) \times 100 = \dfrac{N}{N_s} \times 100$

∴ $\eta_2 = \dfrac{N}{N_s} \times 100 = \dfrac{720}{750} \times 100 = 96[\%]$

29. 동기 와트 P_2, 출력 P_0, 슬립 s, 동기속도 N_s, 회전속도 N, 2차 동손 P_{2c}일 때 2차 효율 표기로 틀린 것은?

① $1-s$

② $\dfrac{P_{2c}}{P_2}$

③ $\dfrac{P_0}{P_2}$

④ $\dfrac{N}{N_s}$

30. 3상 유도전동기의 정격 전압을 V_n[V], 출력을 P [kW], 1차 전류를 I_1[A], 역률을 $\cos\theta$라 하면 효율을 나타내는 식은?

① $\dfrac{P \times 10^3}{3\,V_n I_1 \cos\theta} \times 100\%$

② $\dfrac{3\,V_n I_1 \cos\theta}{P \times 10^3} \times 100\%$

③ $\dfrac{P \times 10^3}{\sqrt{3}\,V_n I_1 \cos\theta} \times 100\%$

④ $\dfrac{\sqrt{3}\,V_n I_1 \cos\theta}{P \times 10^3} \times 100\%$

31. 정격전압 200[V], 정격전류 2[A]에서 역률이 80[%]인 단상 전동기의 경우에 소비전력[W]은?

① 120

② 220

③ 320

④ 420

32. 정격용량 5.2[kW], 8[A]의 전동기를 3상 380[V] 전원에 접속했을 때 이 전동기의 무효율은 몇 [%]인가?

① 16

② 25

③ 47

④ 53

33. 출력 4[kW], 1,400[rpm]인 전동기의 토크[kgm]는?

① 2.79

② 27.9

③ 2.6

④ 26.5

34. 3[kW], 1,500[rpm] 유도전동기의 토크[N·m]는 약 얼마인가?

① 1.91[N·m] ② 19.1[N·m]

③ 29.1[N·m] ④ 114.6[N·m]

| 해설

㉠ 1[kg·m] = 9.8[N·m]

㉡ 토크 $T = 0.975 \dfrac{P_o}{N}$

$= 0.975 \times \dfrac{3 \times 10^3}{1,500} = 1.95[\text{kg·m}]$

∴ [N·m]으로 [kg·m]을 단위변환 시 9.8배를 해야 하므로 $1.95 \times 9.8 = 19.1[\text{N·m}]$

35. 3상 유도전동기의 토크는?

① 2차 유도기전력의 2승에 비례한다.

② 2차 유도기전력에 비례한다.

③ 2차 유도기전력과 무관하다.

④ 2차 유도기전력의 0.5승에 비례한다.

| 해설

3상 유도전동기의 토크 $T = K_o \dfrac{s r_2 E_2^2}{r_2 + (s x_2)^2}[\text{N·m}]$

따라서 $T \propto E_2^2$으로 된다.

36. 슬립이 일정한 경우 유도전동기의 공급 전압이 $\dfrac{1}{2}$로 감소되면 토크는 처음에 비해 어떻게 되는가?

① 2배가 된다. ② 1배가 된다.

③ $\dfrac{1}{2}$로 줄어든다. ④ $\dfrac{1}{4}$로 줄어든다.

| 해설

유도전동기의 토크와 전압관계 $T \propto V_1^2$

유도전동기에 공급전압이 $\dfrac{1}{2}$로 감소 시 토크는

$T : xT = V_1^2 : \left(\dfrac{1}{2} V_1^2\right)$

$x = \left(\dfrac{1}{2} V_1^2\right) \times T \times \dfrac{1}{V_1^2} \times \dfrac{1}{T} = \dfrac{1}{4}$

37. 일정한 주파수의 전원에서 운전하는 3상 유도전동기의 전원 전압이 80[%]가 되었다면 토크는 약 몇 [%]가 되는가? (단, 회전수는 변하지 않은 상태로 한다.)

① 55 ② 64

③ 76 ④ 82

| 해설

㉠ 유도전동기의 특성 : $T \propto V_1^2$

㉡ 토크(T)는 전압(V_1)의 제곱에 비례하므로 전원전압(V_1)이 80[%]가 되면 다음과 같다.

㉢ $T : T' = 100^2 : 80^2$에서 $T' = \dfrac{80^2}{100^2} T = 0.64 T$

∴ %로 환산하면 $0.64 \times 100 = 64\%$

38. 220[V], 60[Hz], 4극의 3상 유도전동기가 있다. 슬립 5[%]로 회전할 때 출력 17[kW]를 낸다면, 이때의 토크는 약 [N·m]인가?

① 56.2[N·m] ② 95[N·m]

③ 191[N·m] ④ 935.8[N·m]

| 해설

㉠ 동기속도 : $N_s = \dfrac{120f}{P} = \dfrac{120 \times 60}{4} = 1,800$

여기서, f : 주파수 P : 극수

㉡ 회전자속도

$N = (1-s)N_s = (1-0.05) \times 1,800 = 1,710$

㉢ 토크 $T = 0.975 \dfrac{P_o}{N}[\text{kg·m}]$

$= 0.975 \times \dfrac{17 \times 10^3}{1,710} = 9.69[\text{kg·m}]$

여기서, P_o : 출력 N : 회전자속도

㉣ $1[\text{kg·m}] = 9.8[\text{N·m}]$이므로

∴ $T = 9.69 \times 9.8 = 94.96 = 95[\text{N·m}]$

정답 34 ② 35 ① 36 ④ 37 ② 38 ②

39. 3상 유도전동기의 원선도를 그리는 데 필요하지 않은 것은?

① 무부하 시험   ② 구속 시험
③ 저항측정   ④ 슬립측정

| 해설
원선도 작성 시 필요시험
㉠ 무부하시험
㉡ 구속시험
㉢ 저항측정

40. 다음 중 유도전동기에서 비례 추이를 할 수 있는 것은?

① 출력   ② 2차 동손
③ 효율   ④ 역률

| 해설
㉠ 비례추이 가능 : 토크, 1차 전류, 2차 전류, 역률, 동기와트
㉡ 비례추이 불가능 : 출력, 2차 동손, 효율

41. 교류 전동기를 기동할 때 그림과 같은 기동특성을 가지는 전동기는? (단, 곡선 (1)~(5)는 기동 단계에 대한 토크특성 곡선이다.)

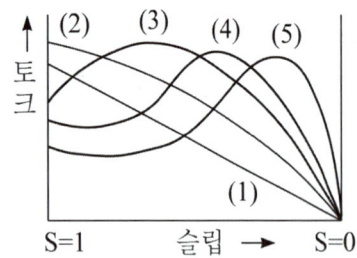

① 반발 유도전동기
② 2중 농형 유도전동기
③ 3상 분권 정류자전동기
④ 3상 권선형 유도전동기

| 해설
㉠ 3상 권선형 유도전동기의 비례추이를 나타내는 곡선이다.
㉡ 2차 저항(= 회전자 저항(r_2))을 증가시키면 최대토크 발생 슬립이 $s = 1$쪽으로 변화되는 특성을 나타낸다.

42. 3상 유도전동기에서 2차측 저항을 2배로 하면 최대 토크는 어떻게 되는가?

① $\sqrt{2}$ 배로 된다.   ② 2 배로 된다.

③ 변하지 않는다.   ④ $\dfrac{1}{\sqrt{2}}$ 배로 된다.

| 해설
3상 유도전동기의 최대토크의 크기는 2차측 저항의 변화와 관계없이 항상 일정하다.

43. 3상 유도전동기의 2차 저항을 2배로 하면 그 값이 2배로 되는 것은?

① 슬립   ② 토크
③ 전류   ④ 역률

| 해설
㉠ 최대 토크를 발생하는 슬립 : $s_t \propto \dfrac{r_2}{x_2}$

(여기서, x_t는 일정)

㉡ 최대 토크 $T_m \propto \dfrac{r_2}{s_t} = \dfrac{mr_2}{ms_t}$ 이므로 2차 저항이 2배로 되면 슬립이 2배로 된다.

44. 농형 유도전동기의 기동법이 아닌 것은?

① 2차 저항기법
② Y−△ 기동법
③ 전전압 기동법
④ 기동보상기에 의한 기동법

| 해설
3상 유도전동기의 기동법
㉠ 농형 유도전동기 기동법
  • 전전압 기동
  • Y−△ 기동
  • 기동보상기법(= 단권변압기 기동)
  • 리액터 기동
  • 콘드로퍼 기동
㉡ 권선형 유도전동기 기동법
  • 2차 저항 기동(= 기동 저항기법)
  • 게르게스 기동

정답 39 ④   40 ④   41 ④   42 ③   43 ①   44 ①

45. 10[kW]의 농형 유도전동기를 기동하려고 할 때, 다음 중 가장 적당한 기동 방법은?

① 분상기동형
② Y−△ 기동법
③ 셰이딩코일형
④ 기동보상기법

┃해설
Y−△ 기동은 약 5~15[kW] 정도의 농형 유도전동기에 적용하는 방법이다.

46. 3상 농형 유도전동기의 Y−△ 기동 시의 기동전류를 전전압 기동 시와 비교하면?

① 전전압 기동전류의 1/3로 된다.
② 전전압 기동전류의 $\sqrt{3}$ 배로 된다.
③ 전전압 기동전류의 3배로 된다.
④ 전전압 기동전류의 9배로 된다.

┃해설
Y−△ 기동법의 특성
㉠ 전전압 기동에 비해 기동전류 $\frac{1}{3}$, 기동토크 $\frac{1}{3}$로 감소
㉡ 기동용량은 5~15[kW]에 적용

47. 5.5[kW], 220[V] 유도전동기의 전전압 기동 시의 기동전류가 150[A] 이었다. 여기에 Y−△ 기동 시 기동전류는 몇 [A]가 되는가?

① 50
② 70
③ 87
④ 95

┃해설
Y−△ 기동 시 기동전류는 전전압 기동 시에 비해 기동전류가 $\frac{1}{3}$배로 감소하므로

∴ $150 \times \frac{1}{3} = 50$[A]로 나타난다.

48. 50[kW]의 농형 유도전동기를 기동하려고 할 때, 다음 중 가장 적당한 기동 방법은?

① 분상 기동법
② 기동보상기법
③ 권선형 기동법
④ 2차 저항기동법

┃해설
기동보상기법은 15[kW]를 초과하는 대용량 유도전동기에 적용한다.

49. 권선형에서 비례추이를 이용한 기동법은?

① 리액터 기동법
② 기동보상기법
③ 2차 저항기동법
④ Y−△기동법

┃해설
권선형 유도전동기의 2차 저항기동은 비례추이를 이용한 기동법으로 회전자의 외부에 저항을 접속하여 기동전류 감소 및 기동토크를 증가시킬 수 있다.

50. 선박의 전기추진용 모터에 사용되는 속도 제어법은?

① 주파수 변환에 의한 제어
② 저항 조정에 의한 제어
③ 극수 변환에 의한 제어
④ 결선변화에 의한 제어

┃해설
주파수 변환에 의한 속도제어
㉠ 선박의 전기추진용 모터
㉡ 인견공장 및 방직공장의 포트모터

정답 45 ② 46 ① 47 ① 48 ② 49 ③ 50 ①

51. 3상 유도전동기의 속도제어 방법 중 인버터(inverter)를 이용한 속도 제어법은?

① 극수 변환법　　② 전압 제어법
③ 초퍼 제어법　　④ 주파수 제어법

| 해설
주파수 제어법
인버터를 이용하여 주파수를 변화시켜 속도를 제어하는 방법으로 선박의 전기추진용 모터 및 포트모터에 사용된다.

52. 다음 중 유도 전동기의 속도 제어에 사용되는 인버터 장치의 약호는?

① CVCF　　② VVVF
③ CVVF　　④ VVCF

| 해설
유도전동기 속도제어를 위해 인버터를 이용한 가변전압 가변주파수 공급장치(VVVF)를 이용한다.

53. 12극과 8극인 2개의 유도전동기를 종속법에 의한 직렬 종속법으로 속도 제어할 때 전원 주파수가 50[Hz]인 경우 무부하 속도 N은 몇 [rps]인가?

① 5　　② 50
③ 300　　④ 3,000

| 해설
㉠ 직렬 종속법
$$N = \frac{120f}{P_1 + P_2} = \frac{120 \times 50}{12 + 8} = 300[\text{rpm}]$$
㉡ [rpm]을 [rps]로 변환하기 위해서는 1분을 1초로 환산하여야 하므로
$$\therefore N = 300 \times \frac{1}{60} = 5[\text{rps}]$$

54. 교류 전동기를 직류 전동기처럼 속도 제어하려면 가변 주파수의 전원이 필요하다. 주파수 f_1에서 직류로 변환하지 않고 바로 주파수 f_2로 변환하는 변환기는?

① 사이클로 컨버터
② 주파수원 인버터
③ 전압 · 전류원 인버터
④ 사이리스터 컨버터

| 해설
교류전력을 직접 교류전력으로 변환하는 변환기는 사이클로 컨버터이다.

55. 유도전동기의 회전자에 슬립 주파수의 전압을 공급하여 속도 제어를 하는 것은?

① 2차 저항법
② 2차 여자법
③ 자극수 변환법
④ 인버터 주파수변환법

| 해설
유도전동기의 2차 회로에 2차 주파수와 같은 주파수(슬립주파수)로 적당한 크기와 위상의 전압을 외부에서 가하여 속도를 제어하는 것을 2차 여자법이라 한다.

56. 3상 유도전동기의 회전방향을 바꾸기 위한 방법으로 옳은 것은?

① 전원의 전압과 주파수를 바꾸어 준다.
② △−Y결선으로 결선법을 바꾸어 준다.
③ 기동보상기를 사용하여 권선을 바꾸어 준다.
④ 전동기의 1차 권선에 있는 3개의 단자 중 어느 2개의 단자를 서로 바꾸어 준다.

| 해설
3상 유도전동기의 회전방향을 바꾸기 위해서는 전원의 3선 중 2선을 바꾸어 접속하는데, 이때 고정자에 발생하는 회전자계가 역방향으로 발생하여 회전방향을 바꿀 수 있다.

정답　51 ④　52 ②　53 ①　54 ①　55 ②　56 ④

57. 다음 제동 방법 중 급정지하는 데 가장 좋은 제동방법은?

① 발전제동
② 회생제동
③ 역상제동
④ 단상제동

> **| 해설**
> 유도전동기의 제동방법
> ① 발전제동 : 회전 중인 유도전동기를 전원으로부터 분리한 후 전원에 직류전원을 공급하여 발전기로 동작시켜서 제동하는 방식으로 발생된 전류로 역방향의 힘을 발생시켜 제동하고 발생된 전류는 저항에서 열로써 소비하는 방법
> ② 회생제동 : 유도전동기를 유도 발전기로 운전하여 그때 발생된 전력을 전원에 반환하여 제동하는 방법
> ③ 역상제동 : 1차 권선의 3선 중 2선의 접속을 바꾸어 역방향의 회전자계를 발생시켜 급제동하는 방법
> ④ 단상제동 : 단상 유도전동기의 2차 저항이 큰 경우는 토크가 제동력이 되는 성질을 나타내므로 이것을 제동토크로 이용하는 방법

58. 유도전동기의 제동법이 아닌 것은?

① 3상제동
② 발전제동
③ 회생제동
④ 역상제동

> **| 해설**
> 유도전동기의 제동방법
> ㉠ 발전제동 : 회전 중인 유도전동기를 전원으로부터 분리한 후 전원에 직류전원을 공급하여 발전기로 동작시켜서 제동하는 방식으로 발생된 전류로 역방향의 힘을 발생시켜 제동하고 발생된 전류는 저항에서 열로써 소비하는 방법
> ㉡ 회생제동 : 유도전동기를 유도 발전기로 운전하여 그때 발생된 전력을 전원에 반환하여 제동하는 방법
> ㉢ 역상제동 : 1차 권선의 3선 중 2선의 접속을 바꾸어 역방향의 회전자계를 발생시켜 급제동하는 방법

59. 전동기의 제동에서 전동기가 가지는 운동에너지를 전기에너지로 변화시키고 이것을 전원에 환원시켜 전력을 회생시킴과 동시에 제동하는 방법은?

① 발전제동(dynamic braking)
② 역전제동(plugging braking)
③ 맴돌이전류 제동(eddy current braking)
④ 회생제동(regenerative braking)

> **| 해설**
> 회생제동
> 전동기가 갖는 운동에너지를 전기에너지로 변화하고, 이것을 전원으로 반환하여 제동하는 방법

60. 단상 유도전동기의 기동 방법 중 기동 토크가 가장 큰 것은?

① 반발 기동형
② 분상 기동형
③ 반발 유동형
④ 콘덴서 기동형

> **| 해설**
> 단상 유도전동기의 기동토크 크기의 순서
> 반발 기동형 > 반발 유도형 > 콘덴서 기동형 > 분상 기동형 > 셰이딩 코일형

61. 다음 단상 유도전동기 중 기동 토크가 큰 것부터 옳게 나열한 것은?

> (ㄱ) 반발 기동형
> (ㄴ) 콘덴서 기동형
> (ㄷ) 분상 기동형
> (ㄹ) 셰이딩 코일형

① (ㄱ) > (ㄴ) > (ㄷ) > (ㄹ)
② (ㄱ) > (ㄹ) > (ㄴ) > (ㄷ)
③ (ㄱ) > (ㄷ) > (ㄹ) > (ㄴ)
④ (ㄱ) > (ㄴ) > (ㄹ) > (ㄷ)

> **| 해설**
> 단상 유도전동기의 기동토크 크기 비교
> 반발 기동형 > 반발 유도형 > 콘덴서 기동형 > 분상 기동형 > 셰이딩 코일형 > 모노사이크릭형

62. 선풍기, 가정용 펌프, 헤어드라이기 등에 주로 사용되는 전동기는?

① 단상 유도전동기　　② 권선형 유도전동기
③ 동기전동기　　　　④ 직류 직권전동기

> **┃해설**
> ㉠ 가정용의 소용량 부하인 선풍기, 가정용 펌프, 헤어드라이기에는 단상 유도전동기를 사용
> ㉡ 권선형 유도전동기 : 크레인, 압축기, 압연기 등에 적용
> ㉢ 동기전동기 : 분쇄기, 대용량 송풍기 등에 적용
> ㉣ 직류 직권전동기 : 기중기, 전동차 등에 적용

63. 다음 단상 유도 전동기에서 역률이 가장 좋은 것은?

① 콘덴서 기동형　　② 분상 기동형
③ 반발 기동형　　　④ 셰이딩 코일형

> **┃해설**
> 콘덴서 기동형 전동기는 다른 기동방법을 사용하는 전동기에 비해 효율 및 역률이 좋고 진동과 소음이 적어 선풍기, 세탁기, 냉장고 등에 많이 사용하고 있다.

64. 역률과 효율이 좋아서 가정용 선풍기, 전기 세탁기, 냉장고 등에 주로 사용되는 것은?

① 분상 기동형 전동기
② 반발 기동형 전동기
③ 콘덴서 기동형 전동기
④ 셰이딩 코일형 전동기

> **┃해설**
> 콘덴서 기동형 전동기는 다른 기동방법을 사용하는 전동기에 비해 효율 및 역률이 좋고 진동과 소음이 적어 선풍기, 세탁기, 냉장고 등에 많이 사용하고 있다.

65. 고정자의 두 극에 홈을 파고 저항이 큰 나동선의 단락된 링 코일을 설치하여 회전자계를 만들고, 토크를 발생시켜 기동하는 것은?

① 분상 기동형　　　② 콘덴서 기동형
③ 셰이딩 기동형　　④ 반발 기동형

> **┃해설**
> 셰이딩 기동형
> ㉠ 한쪽 방향으로만 회전가능(역회전 불가능)
> ㉡ 돌출된 극(돌극형)의 고정자와 회전자로 구성된 단상 유도전동기
> ㉢ 단락된 구리 코일을 설치

66. 단상 유도전압조정기의 단락권선의 역할은?

① 절연 보호　　　　② 철손 경감
③ 전압강하 경감　　④ 전압조정 수월

> **┃해설**
> 단상 유도전압조정기에 사용되는 단락권선은 전압강하 경감을 목적으로 사용된다.

67. 그림과 같은 분상 기동형 단상 유도전동기를 역회전시키기 위한 방법이 아닌 것은?

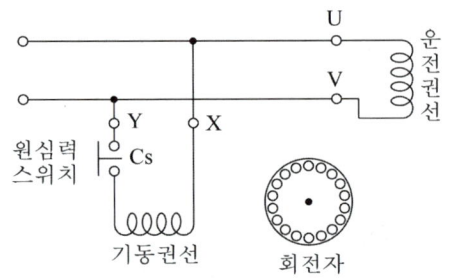

① 원심력 스위치를 개로 또는 폐로한다.
② 기동권선이나 운전권선의 어느 한 권선의 단자 접속을 반대로 한다.
③ 기동권선의 단자접속을 반대로 한다.
④ 운전권선의 단자접속을 반대로 한다.

> **┃해설**
> 분상 기동형의 단상 유도전동기를 역회전시키기 위해서는 기동권선 또는 운전권선 중 하나의 단자접속을 반대로 하여 접속한다.

01 개요

1 개요

(1) 지난 60여 년 간 전동기의 활용분야에 대변혁이 있었으며, 이것은 트랜지스터 등 반도체를 이용하여 실제적인 전력 제어가 가능하게 하려는 목적의 정지형(solid-state) 전동기를 운전하고, 직류전원으로 교류전동기를 운전하는 것을 가능하게 만들었을 뿐만 아니라, 한 가지 주파수의 교류전력을 여러 가지 주파수의 교류전력으로 변화시키는 것도 가능하게 되었다.

(2) 정지형 구동장치 시스템의 신뢰도도 높아지고 가격도 크게 낮으므로 교류전동기의 응용범위가 다양하게 확대되어 직류전동기가 하던 일들을 대신할 수 있게 되었다.

(3) 이러한 변화는 대전력 정지형 구동장치의 개발과 발달로 가능하게 되었다. 따라서 현대의 전동기 활용에 관해 쉽게 이해하기 위해서는 전력전자에 관련된 일반적인 이론을 어느 정도 숙지하는 것이 중요하다고 볼 수 있다.

2 반도체(semiconductor)의 재료

(1) 반도체란

① 도체와 부도체의 중간영역에 속하는 것으로 어떤 특별한 조건하에서만 전기가 통하는 물질로 필요에 따라 전류를 조절하는 데 사용된다. 반도체에 가해진 전압이나 열, 조사된 빛의 파장에 따라서 전기전도도 값이 변화한다.

② 반도체로 사용되는 원자로는 실리콘(Si), 게르마늄(Ge), 셀렌(Se) 등이 있으며 정류, 증폭, 변환 등을 위해 사용된다.

(2) 진성 반도체

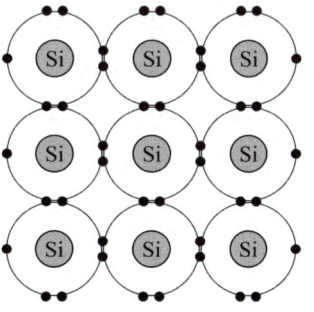

【그림 1】 진성 반도체의 공유결합

① 게르마늄(Ge)과 실리콘(Si)과 같이 불순물이 들어 있지 않은 순수한 반도체를 말한다.

② 게르마늄과 실리콘과 같은 원자들은 외각 전자가 모두 4개가 되어 화학적으로 4가의 원자라는 공통점이 있다.

③ 【그림 1】과 같이 진성 반도체는 보통 4가 원소로 원소들끼리 공유결합을 함으로써 8개의 전자를 가지는 안정상태가 된다.

(3) 불순물 반도체(P형, N형 반도체)

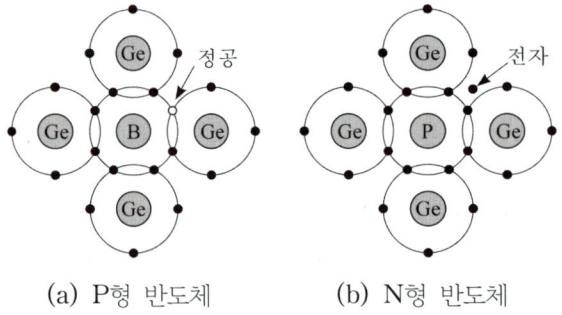

(a) P형 반도체   (b) N형 반도체

【그림 2】 불순물 반도체

① 불순물(외인성) 반도체는 진성 반도체에 의도적으로 첨가 물질을 도핑(doping)한 것으로 반도체에 불순물 첨가제에 의하여 과잉 발생된 다수 캐리어가 전류의 흐름을 주도하게 하려는 목적을 갖는다. 이와 같이 불순물이 첨가된 반도체는 오히려 도체의 성질이 강하게 나타난다.

② 진성 반도체에 도너(donor)나 억셉터(acceptor) 등의 불순물을 가하여 P형 또는 N형의 반도체를 만든다.

　㉠ 도너 : 보다 많은 전도전자를 생성하기 위해 의도적으로 주입되는 불순물로 5가 원소인 인(P), 비소(As), 안티몬(Sb), 비스무트(Bi) 등을 사용하여 N형 반도체를 만든다.

　㉡ 억셉터 : 보다 많은 정공들을 생성하기 위해(전자를 받아들이기 위해) 의도적으로 주입되는 불순물로, 3가 원소인 붕소(B), 알루미늄(Al), 갈륨(Ga), 인듐(In) 등을 사용하여 P형 반도체를 만든다.

③ PN 접합의 특징

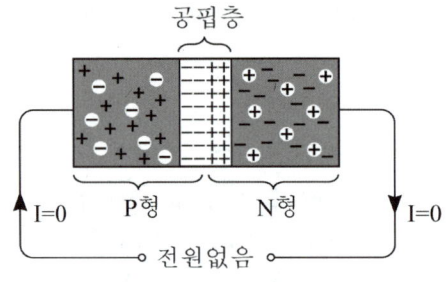

【그림 3】 PN 접합의 특징

(1) PN 접합이 구성되면, 양쪽의 다수 캐리어들은 상대적으로 농도가 묽은 반대쪽으로 확산되어 일부 전자와 정공이 결합하여 함께 소멸된다. 그럼 【그림 3】과 같이 PN 접합면 양쪽 인근에 다수 캐리어의 공핍층이 발생된다.

(2) PN 접합면의 공간 전하 지역에는 결과적으로 역방향의 전위 장벽이 생긴다. 이와 같이 PN 접합 안에 존재하는 내장 전위는 제작 상황에 따라 각각 다르나 대체로 Si 접합에서 0.7[V], Ge 접합에서 0.3[V] 정도가 나타난다.

④ PN 접합 바이어스

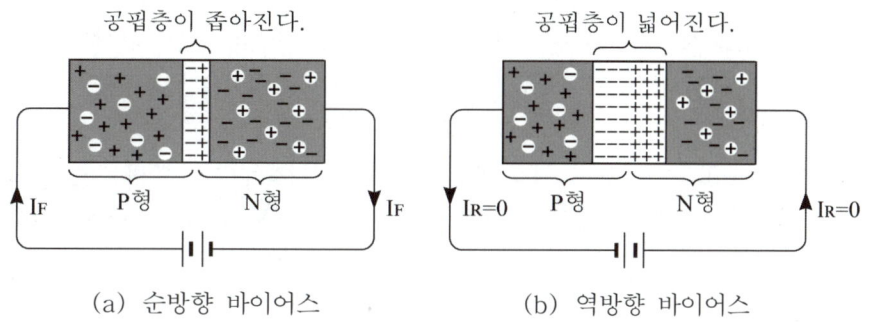

공핍층이 좁아진다.

공핍층이 넓어진다.

P형   N형 I_F $I_R=0$ P형   N형 $I_R=0$

I_F

(a) 순방향 바이어스   (b) 역방향 바이어스

【그림 4】 PN 접합 바이어스

(1) 【그림 4】 (a)와 같이 순방향(forward) 바이어스를 가하면 전원으로부터 다수 캐리어의 주입(injection)이 시작되면 PN 접합의 공간 전하 영역, 즉 공핍층이 조금씩 좁혀지기 시작한다. 이때 처음 PN 접합의 전위 장벽의 높이에 이르기까지, 즉 공핍층이 완전히 사라지기까지는 거의 전류가 흐르지 못하다가 바이어스 전압이 전위 장벽의 높이를 넘어서면, 갑자기 다수 캐리어에 의한 전류가 상승한다. 이것을 순방향 전류 I_F라 한다.

(2) 【그림 4】 (b)와 같이 역방향(reverse) 바이어스를 가하면, 공핍층 양쪽에 남아 있던 다수 캐리어들이 외부 단자 쪽으로 이동하여 공핍층은 더욱 넓어진다. 따라서 전위 장벽은 역방향 바이어스만큼 더욱 높아지면서 역방향 전류는 거의 흐르지 못한다. 하지만 역방향 바이어스를 계속 높여가면 어느 지점에서 전류가 흐르게 되는데 이를 전자 사태(electron avalanche)라 부르고, 그 임계전압을 항복 전압이라 부른다.

02 다이오드(Diode)

① 다이오드의 특성

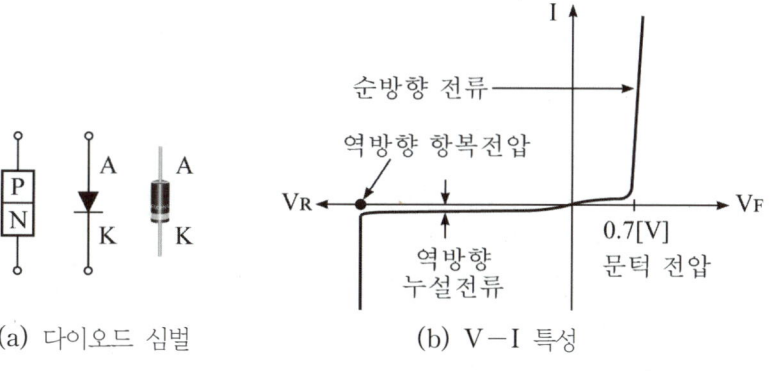

순방향 전류

역방향 항복전압

V_R V_F

역방향
누설전류

0.7[V]
문턱 전압

(a) 다이오드 심벌   (b) V−I 특성

【그림 5】 다이오드의 특성

(1) 다이오드란, 【그림 5】와 같이 2개의 단자를 가지고 옴의 법칙에 따라 순방향 전압에서는 전류를 흐르게 하고 역방향으로 거의 흐르지 못하게 하는 성질을 가진 반도체 소자를 말한다. 즉 다이오드는 순방향 바이어스 때의 저항값은 아주 작고, 역방향 바이어스 때의 저항값은 매우 크다고 볼 수 있다.

(2) 다이오드는 대부분 정류(rectification)작용으로 활용하며, 다이오드의 P형 단자를 양극 또는 애노드(A, anode), N형 단자를 음극 또는 캐소드(K, cathode)로 표시한다.

(3) 다이오드는 【그림 5】 (b)와 같이 순방향으로 다이오드의 전위 장벽 이상의 전압(문턱 전압)을 가하면 순방향 전류가 흐르고 반대로 전원을 역방향으로 걸어주면 수 [nA] 정도의 누설전류가 흐르지만, 일반적으로 그 크기가 너무 작아 무시할 수 있다.

(4) 만약 역방향으로 큰 전압(항복 전압)이 가해질 경우 역방향으로 전류가 흐르고 다이오드는 파괴된다. 이때 다이오드가 파괴되지 않도록 역전압을 제한하는데 이를 최대 역전압(PIV, Peak Inverse Voltage)이라 한다.

2 다이오드의 종류

종류	심벌	주요 응용 분야
정류 다이오드		교류를 직류로 변환할 때 응용
스위칭 다이오드		고속 ON/OFF 특성을 스위칭에 응용
제너(정전압) 다이오드		정전압 특성을 전압 안정화에 응용
가변용량(바랙터) 다이오드		가변 용량 특성을 FM 변조, AFC 동조에 응용
터널(에사키) 다이오드		음저항 특성을 마이크로파 발진에 응용
쇼트키(MES) 다이오드		금속과 반도체의 접촉 특성을 응용
발광(LED) 다이오드		발광 특성을 응용하여 표시용 램프로 사용
포트(수광) 다이오드		광검출 특성을 응용하여 광 센서로 사용
배리스터 다이오드		트랜지스터의 출력단의 온도 보상에 주로 사용

【표 1】 다이오드의 종류별 주요 응용 분야

핵심요약

다이오드의 특징
① 순방향으로 전압 인가 시 : Turn on(전류 흐름)
② 역방향으로 전압 인가 시 : Turn off(전류 차단)
③ 다이오드는 전류 크기를 제어할 수 없이 전류를 한쪽 방향으로만 흐르게 하는 순방향 소자를 말한다.

다이오드의 종류
① 정류 다이오드 : 교류를 직류로 변환할 때 사용
② 제너 다이오드 : 정전압 특성을 이용하여 전압의 안정화에 사용
③ 발광 다이오드(LED) : 전기에너지를 빛에너지로 바꾸는 발광특성 이용
④ 환류 다이오드 : 온 − 오프 동작에 따라 부하에 방전전류가 전원으로 역류하지 못하도록 환류시키는 역할

1 단상 반파 정류회로

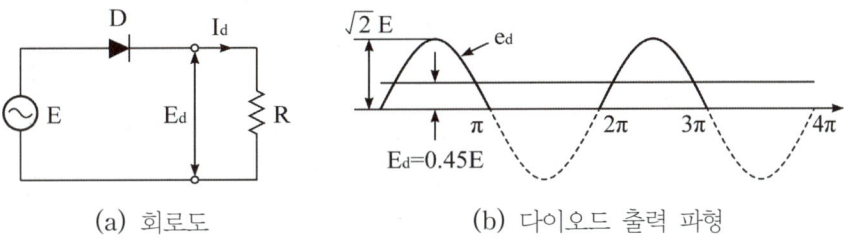

|(a) 회로도|(b) 다이오드 출력 파형|

【그림 6】 단상 반파 정류회로

(1) 전원에 교류전압 $e = E_m \sin\omega t = \sqrt{2} E \sin\omega t\,[\mathrm{V}]$를 인가하면 부하측에는 다음과 같은 전압과 전류가 나타난다.

(2) 단상 반파 정류회로의 특징

---

① 직류전압

$$E_d = \frac{\sqrt{2}}{\pi} E = 0.45E$$

$$\therefore E_d = 0.45E\,[\mathrm{V}]$$

② 다이오드 전압강하를 고려 시 : $E_d = \dfrac{\sqrt{2}}{\pi} E - e\,[\mathrm{V}]$

③ 교류전압의 실효값 : $E = \dfrac{\pi}{\sqrt{2}} (E_d + e)\,[\mathrm{V}]$

④ 직류전류 : $I_d = \dfrac{E_d}{R} = \dfrac{\sqrt{2}}{\pi} I = 0.45\,I\,[\mathrm{A}]$

⑤ 최대 역전압 : $\mathrm{PIV} = E_m = \sqrt{2}\,E\,[\mathrm{V}]$

⑥ 정류 효율 : $\eta = \dfrac{P_{DC}}{P_{AC}} \times 100 = 40.6\,[\%]$

⑦ 맥동률 : $\nu = \dfrac{\text{출력전압의 교류분}}{\text{출력전압의 직류분}} \times 100$

여기서, E_m : 교류전압의 최댓값 E : 교류전압의 실효값 e : 다이오드에 의한 전압강하

2 단상 전파 정류회로

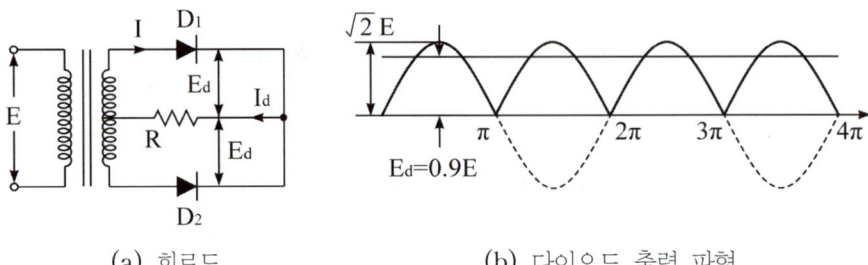

(a) 회로도　　　　　(b) 다이오드 출력 파형

【그림 7】 단상 전파 정류회로

(1) 전원에 교류전압 $e = E_m \sin \omega t = \sqrt{2} E \sin \omega t \, [\text{V}]$를 인가하면 부하측에는 다음과 같은 전압과 전류가 나타난다.

(2) 단상 전파 정류회로의 특징

① 직류전압

$$E_d = \frac{2\sqrt{2}}{\pi} E = 0.9E$$

$$\therefore \ E_d = 0.9E \, [\text{V}]$$

② 다이오드 전압강하를 고려 시 : $E_d = \dfrac{2\sqrt{2}}{\pi} E - e \, [\text{V}]$

③ 교류전압의 실횻값 : $E = \dfrac{\pi}{2\sqrt{2}} (E_d + e) \, [\text{V}]$

④ 직류전류 : $I_d = \dfrac{2\sqrt{2}}{\pi} I = 0.9 I \, [\text{A}]$

⑤ 최대 역전압 : $\text{PIV} = E_m = 2\sqrt{2} E \, [\text{V}]$

⑥ 정류 효율 : $\eta = \dfrac{P_{DC}}{P_{AC}} \times 100 = 81.2 \, [\%]$

⑦ 맥동률 : $\nu = \dfrac{\text{출력전압의 교류분}}{\text{출력전압의 직류분}} \times 100$

3 단상 브리지 전파 정류회로

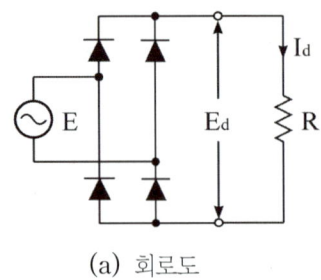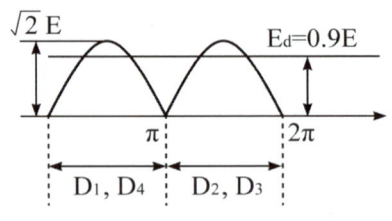

(a) 회로도　　　　　(b) 다이오드 출력 파형

【그림 8】 단상 브리지 전파 정류회로

(1) 전원에 교류전압 $e = E_m \sin\omega t = \sqrt{2}\,E \sin\omega t\,[\mathrm{V}]$를 인가하면 부하측에는 다음과 같은 전압과 전류가 나타난다.

(2) 단상 브리지 전파 정류회로의 특징

> ① 직류전압
>
> $$E_d = \frac{2\sqrt{2}}{\pi}E = 0.9E$$
>
> $$\therefore\ E_d = 0.9E\,[\mathrm{V}]$$
>
> ② 다이오드 전압강하를 고려 시 : $E_d = \dfrac{2\sqrt{2}}{\pi}E - e\,[\mathrm{V}]$
>
> ③ 교류전압의 실횻값 : $E = \dfrac{\pi}{2\sqrt{2}}(E_d + e)\,[\mathrm{V}]$
>
> ④ 직류전류 : $I_d = \dfrac{2\sqrt{2}}{\pi}I = 0.9I\,[\mathrm{A}]$
>
> ⑤ 최대 역전압 : $\mathrm{PIV} = E_m = 2\sqrt{2}\,E\,[\mathrm{V}]$

4 3상 반파 정류회로

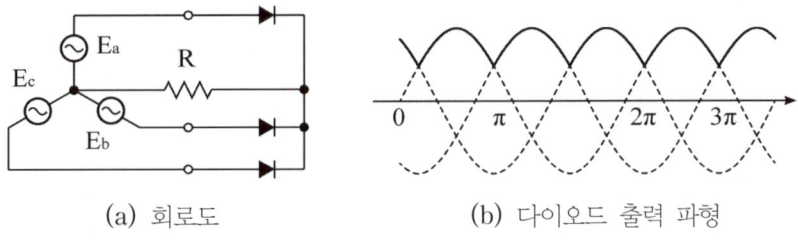

(a) 회로도　　　　　　(b) 다이오드 출력 파형

【그림 9】 3상 반파 정류회로

(1) 3상 반파 정류회로의 정류파형은 단상 전파 파형보다 더 평활하다. 이것은 180[Hz]와 그 고조파의 교류전압 성분을 포함하고 있으며 정류기의 맥동률은 18[%]이다.

(2) 3상 반파 정류회로의 특징

> ① 직류전압
>
> $$E_d = \frac{3\sqrt{3}}{\sqrt{2}\,\pi}E = 1.17E$$
>
> $$\therefore\ E_d = 1.17E\,[\mathrm{V}]$$
>
> ② 직류전류 : $I_d = \dfrac{E_d}{R} = 1.17\dfrac{E}{R} = 1.17I\,[\mathrm{A}]$

5 3상 전파 정류회로

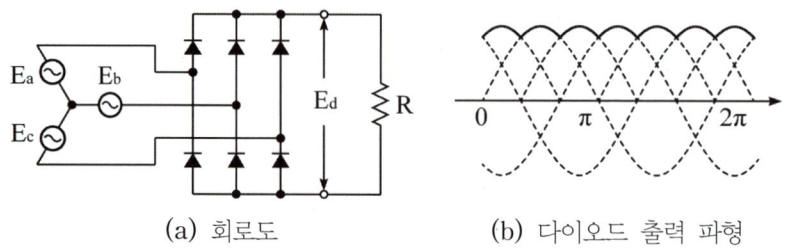

(a) 회로도　　　　　　(b) 다이오드 출력 파형

【그림 10】3상 전파 정류회로

(1) 3상 전파 정류회로의 정류파형은 3상 반파 정류파형보다 더 평활하며, 가장 낮은 교류주파수 성분은 360[Hz] 이고 맥동률은 4.2[%] 정도 나타난다.

(2) 3상 전파 정류회로의 특징

> ① 직류전압
> 　㉠ 선간전압(E)의 경우 $E_d = 1.35 \cdot E$
> 　㉡ 상전압(E)의 경우 $E_d = 2.34 \cdot E$
>
> ② 직류전류 : $I_d = \dfrac{E_d}{R} = 1.35 \dfrac{E}{R}$ [A]
>
> ③ 직류전력 : $P_d = E_d I_d = 1.35^2 \cdot \dfrac{E^2}{R}$ [W]

핵심요약

단상 반파 정류회로

① 직류전압 $E_d = \dfrac{\sqrt{2}}{\pi} E_a = 0.45 E_a$[V]

③ 최대 역전압(PIV) $PIV = E_m = \sqrt{2}\, E_a$[V]

② 직류전류 $I_d = \dfrac{\sqrt{2}}{\pi} I_a = 0.45 I_a$[A]

④ 정류 효율 $\eta = 40.6$ [%]

단상 전파 정류회로

① 직류전압 $E_d = \dfrac{2\sqrt{2}}{\pi} E_a = 0.9 E_a$[V]

③ 최대 역전압 − 소자 2개
　$PIV = 2\sqrt{2}\, E_a$[V]

⑤ 정류 효율 $\eta = 81.2$ [%]

② 직류전류 $I_d = \dfrac{2\sqrt{2}}{\pi} I_a = 0.9 I_a$[A]

④ 최대 역전압 − 소자 4개
　$PIV = \sqrt{2}\, E_a$[V]

3상 정류회로

① 반파 정류회로 $E_d = 1.17 E$[V]

② 전파 정류회로 $E_d = 1.35 E$[V]

맥동률

① 단상 반파 정류 $\nu = 121$ [%]

③ 3상 반파 정류 $\nu = 17$ [%]

② 단상 전파 정류 $\nu = 48$ [%]

④ 3상 전파 정류 $\nu = 4$ [%]

⑤ 맥동률 $\nu = \dfrac{출력전압의\ 교류분}{출력전압의\ 직류분}$

1 SCR(Silicon Controlled Rectifier)의 동작 특성

(1) 사이리스터는 애노드에 (+), 캐소드에 (−)의 전압을 인가하여 주고 게이트에 펄스 전류를 충분히 흘려 주면 ON 상태로 된다. 이때 사이리스터가 ON 상태가 되면 게이트 전류를 제거하여도 부하전류가 유지전류 이하로 감소하기 전까지는 ON 상태를 유지한다. 사이리스터를 OFF 상태로 하려면 부하전류를 0으로 하거나 역전압을 인가하면 된다.

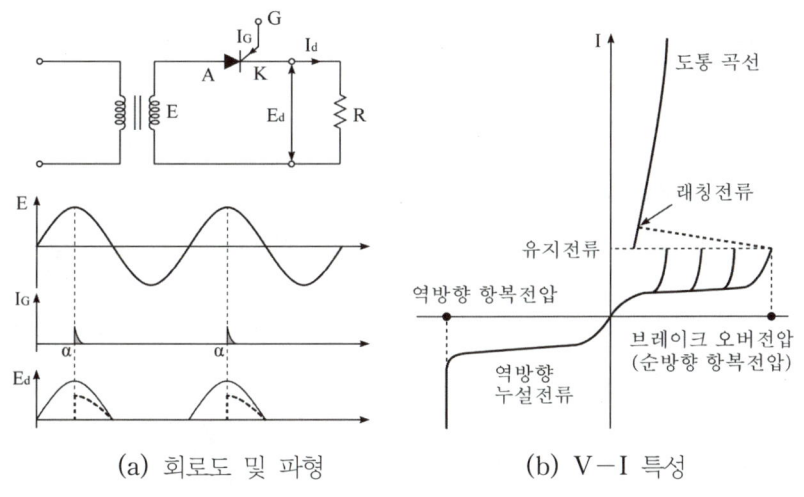

(a) 회로도 및 파형　　　　(b) V−I 특성

【그림 11】 SCR 동작 특성

(2) SCR turn on 조건

　① 양극(Anode, 애노드)과 음극(Cathode, 캐소드) 간에 브레이크 오버 전압 이상의 전압을 인가한다.

　② 게이트(Gate)에 트리거 펄스 전류를 인가한다.

(3) SCR turn off 조건

　① 전원을 역으로 걸어준다(A에 음극, K에 양극을 인가).

　② SCR에 흐르는 전류를 유지전류 이하로 한다.

(4) 용어정리

　① 래칭전류 : SCR을 turn on시키기 위하여 흘러야 할 최소한의 전류

　② 유지전류 : SCR을 ON 상태로 유지에 필요한 최소한의 전류

　③ 브레이크 오버전압 : 게이트를 개방한 상태에서 양극과 음극 간에 전압을 계속 상승시킬 때 어느 일정 전압에서 SCR 양극 간에 대전류가 흐르는 전압

2 사이리스터의 종류

(1) SCR(Silicon Controlled Rectifier)

　　단방향 3단자 사이리스터로서 게이트 단자를 통해 전류를 흘려 제어하는 소자이다.

(2) 트라이액(TRIAC, Triode AC)

　　① 트라이액은 하나의 게이트에 두 개의 사이리스터를 반대로 연결해 놓은 구조로 교류전력 제어에 주로 사용된다.

　　② 트라이액은 양(+) 또는 음(−)의 전력 중 어떤 것이 들어와도 SCR과 같은 방식의 동작을 하는 것으로 한번 도통이 되면 부하전류가 유지전류 이하로 감소하기 전까지는 ON 상태를 유지한다.

(3) GTO(Gate Turn off Thyristor)

　　① 게이트에 '+' 전류를 흘리면 ON되고, '−' 전류를 흘리면 OFF되는 사이리스터이다.

　　② GTO는 사이리스터(SCR)와 달리 '−'의 게이트 전류 펄스에 의하여 턴 오프가 가능하다.

(4) IGBT(insulated gate bipolar transistor)

　　① 고속 스위칭, 전압 구동 특성과 바이폴러 트랜지스터의 낮은 ON 전압 특성을 한 칩 내로 복합한 파워 소자이다.

　　② 스위칭 주파수가 높고 대전류, 고전압 사용에 적합하고 인버터, AC 서보 드라이버나 무정전 전원 장치(UPS), 스위칭 전원 등의 분야에 적용한다.

3 사이리스터의 응용 예

(1) 역저지 사이리스터

종류	단자	기호
SCR	3단자	
LASCR		
GTO		
SCS	4단자	

【표 2】 역저지 사이리스터

(2) 쌍방향 사이리스터

종류	단자	기호
SSS	2단자	T₁ ──▷◁── T₂
TRIAC	3단자	G ── ▷◁ ── T₁ ─── T₂
DIAC	2단자	T₁ ──▷◁── T₂

【표 3】 쌍방향 사이리스터

 **핵심요약**

사이리스터

① 3단자 순방향 소자
② 단자 구성 : 애노드, 캐소드, 게이트
③ 목적 : 정류 작용

단방향 사이리스터

① SCR
② GTO
③ LASCR
④ SCS

양방향 사이리스터

① SSS
② DIAC
③ TRIAC

4 SCR의 위상 제어 및 정류

다이오드 대신 SCR을 설치하여 SCR이 도통되는 순간을 임의로 결정할 수 있을 때 회로는 제어 정류 동작이 가능하다. 제어 정류장치는 교류를 직류로 바꾸면서 동시에 직류의 크기를 조절할 수 있는 정류기이다. SCR을 도통시키는 위상을 a로 표현하며 이를 점호각이라고 한다.

(1) 단상 반파 정류 회로

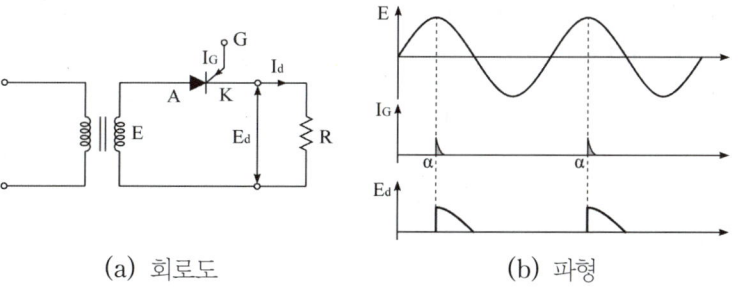

(a) 회로도   (b) 파형

【그림 12】 SCR 단상 반파 정류 회로

① 직류 전압

$$\text{직류전압} : E_d = \frac{1}{2\pi} \int_{\alpha}^{\pi} E_m \sin\omega t \; d\omega t = \frac{E_m}{\pi} \cdot \frac{1 + 2\cos\alpha}{2} = 0.45E\left(\frac{1 + \cos\alpha}{2}\right)$$

$$\therefore \; E_d = 0.45E\left(\frac{1 + \cos\alpha}{2}\right) [\text{V}]$$

② 유도성 부하인 경우 전압보다 위상이 역률각 θ 만큼 늦은 지상전류가 흐르므로 반드시 점호각 α 는 θ 보다 커야 전류제어가 가능해진다. 즉, '점호각(제어각) $>$ 역률각'의 관계를 가져야 한다.

③ 부하가 인덕턴스를 포함한 경우 인덕턴스가 크면 클수록 완전한 직류가 된다.

(2) 단상 전파 정류 회로

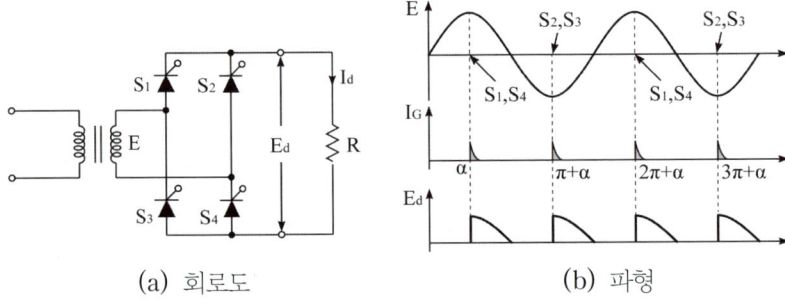

        (a) 회로도   (b) 파형

【그림 13】 SCR 단상 전파 정류 회로

① 저항만의 부하의 경우 직류전압

$$\text{직류전압} : E_d = \frac{1}{\pi} \int_{\alpha}^{\pi} \sqrt{2}\, E \sin\omega t \; d\omega t = \frac{\sqrt{2}\, E}{\pi}(1 + \cos\alpha) = 0.45E(1 + \cos\alpha)$$

$$\therefore \; E_d = 0.45E(1 + \cos\alpha) [\text{V}]$$

② 유도성 부하의 경우 직류전압

$$\text{직류전압} : E_d = \frac{1}{\pi} \int_{\alpha}^{\pi + \alpha} \sqrt{2}\, E \sin\omega t \; d\omega t = \frac{2\sqrt{2}\, E}{\pi}\cos\alpha = 0.9E\cos\alpha$$

$$\therefore \; E_d = 0.9E\cos\alpha [\text{V}]$$

핵심요약

SCR 위상 제어

① 단상 반파 정류 회로 : $E_d = 0.45E\left(\dfrac{1 + \cos\alpha}{2}\right) [\text{V}]$

② 단상 전파 정류 회로 : $E_d = 0.45E(1 + \cos\alpha) [\text{V}]$

SCR 위상 제어의 특징

① 게이트에 인가되는 트리거 신호에 의한 위상 제어

② 제어각 $>$ 역률각

③ 유도성 부하에서 인덕턴스가 크면 클수록 완전한 직류가 된다.

1 수은 정류기의 구조 및 원리

(1) 저압의 수은 증기 중에서 발생하는 아크 방전을 이용하여 정류작용을 이용하는 기기로 진공 속의 수은 호광이 한쪽으로만 전류를 통과시키는 특성을 이용한 것으로, 용기 안에 수은 음극과 흑연 또는 은 양극을 봉입한 구조로 되어 있다.

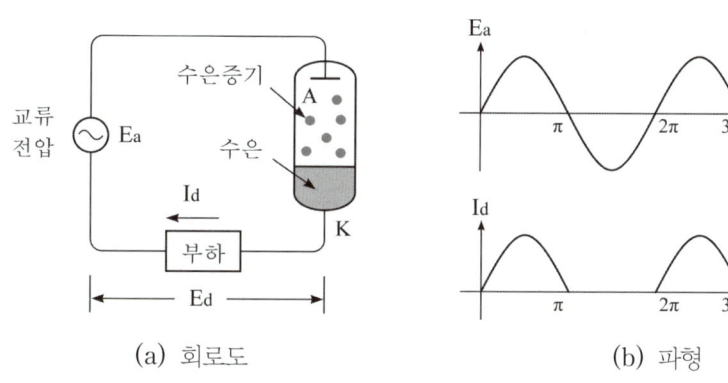

(a) 회로도   (b) 파형

【그림 14】 수은 정류기

(2) 전압비와 전류비

> ① 전압비 : $\dfrac{E_a}{E_d} = \dfrac{\dfrac{\pi}{m}}{\sqrt{2}\,\sin\dfrac{\pi}{m}}$
>
> ② 3상의 경우 직류전압 : $E_d = 1.17E_a\,[\mathrm{V}]$
>
> ③ 6상의 경우 직류전압 : $E_d = 1.35E_a\,[\mathrm{V}]$
>
> ④ 전류비 : $\dfrac{I_a}{I_d} = \dfrac{1}{\sqrt{m}}$

여기서, m : 상수

2 수은 정류기의 이상 현상

(1) 역호

① 통전 중에 있는 양극에 역전류가 흘러 이상전압을 일으켜 변압기나 정류기를 손상시키는 경우가 있다. 이와 같이 정류기의 밸브작용이 상실되는 현상을 말한다.

② 역호의 발생 원인

    ㉠ 내부 잔존가스 압력의 상승   ㉡ 화성 불충분

    ㉢ 양극에 수은방울 부착   ㉣ 양극표면의 불순물의 부착

    ㉤ 양극재료의 불량   ㉥ 전압, 전류의 과대

    ㉦ 증기밀도의 과대

③ 역호의 방지방법

　　㉠ 정류기를 과부하로 되지 않도록 할 것

　　㉡ 냉각장치에 주의하여 과열, 과냉각을 피할 것

　　㉢ 진공도를 충분히 높게 유지시킬 것

　　㉣ 양극재료의 선택에 주의할 것

　　㉤ 양극에 직접 수은증기가 접촉되지 않도록 양극부의 유리를 구부린다.

　　㉥ 철제 수은정류기에서는 그리드를 설치하고 이것을 부전위하여 역호를 저지시킨다.

(2) 통호

수은정류기는 양극전압보다 격자전압이 낮은 경우 아크를 정지시켜야 하는데 이 기능이 상실되어 아크가 방전되는 현상을 말한다.

(3) 실호

격자전압이 임계전압보다 정($正$)의 값이 되어 아크를 점호하여야 할 때 양극의 점호가 실패하는 현상을 말한다.

06　회전 변류기

1 기동

(1) 직류측 기동에 의한 방법

동기전동기의 교류전원의 개폐기를 열고 직류출력의 양단에 직류 전원을 공급시켜 직류전동기로 기동하는 방법

(2) 교류측 기동에 의한 방법

동기전동기를 기동할 때와 같이 기동권선(제동권선)을 이용하여 기동시키는 방법

(3) 기동용 전동기에 의한 방법

기동용 전동기로 직류전동기를 같은 축에 접속시켜 기동시킨 다음 동기상태가 되면 회전변류기에 교류전원을 접속시킨 다음 기동용 전동기를 떼어 내어 운전한다.

2 직류 전압제어

(1) 회전변류기에서 직류전압을 제어하려면 다른 외부장치를 사용하여야 한다.

(2) 교류전압을 조절하여 얻는데 다음과 같은 방법들이 있다.

　　① 동기승압기에 의한 방법

　　② 유도전압조정기에 의한 방법

　　③ 전력 공급 변압기의 단자 변화

　　④ 직렬리액터에 의한 방법

　　⑤ 파형의 변화에 의한 방법

※ 출제예상문제는 기출분석을 바탕으로 자주 출제되는 유형을 선별하였습니다.

01. P형 반도체의 전기 전도의 주된 역할을 하는 반송자는?

① 전자
② 가전자
③ 불순물
④ 정공

| 해설
주요 반송자의 구분
㉠ P형 반도체 : 정공
㉡ N형 반도체 : 전자

02. 반도체 내에서 정공은 어떻게 생성되는가?

① 결합전자의 이탈
② 자유전자의 이동
③ 접합불량
④ 확산용량

| 해설
정공은 전자가 비어있는 자리로서 결합전자의 이탈로 생성된다.

03. PN 접합 정류소자의 설명 중 틀린 것은? (단, 실리콘 정류소자인 경우이다.)

① 온도가 높아지면 순방향 및 역방향 전류가 모두 감소한다.
② 순방향 전압은 P형에 (＋), N형에 (－) 전압을 가함을 말한다.
③ 정류비가 클수록 정류특성은 좋다.
④ 역방향 전압에서는 극히 작은 전류만이 흐른다.

| 해설
PN 접합 정류소자의 경우 온도와 저항은 서로 반비례 관계로 온도가 높아지면 저항이 감소하여 순방향 전류가 증가하게 된다.

04. 다음 회로도에 대한 설명으로 옳지 않은 것은?

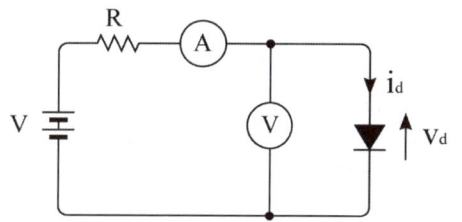

① 다이오드의 양극의 전압이 음극에 비하며 높을 때를 순방향 도통 상태라 한다.
② 다이오드의 양극의 전압이 음극에 비하여 낮을 때를 역방향 저지 상태라 한다.
③ 실제의 다이오드는 순방향 도통 시 양 단자 간의 전압 강하가 발생하지 않는다.
④ 역방향 저지 상태에서는 역방향으로(음극에서 양극으로) 약간의 전류가 흐르는데 이를 누설 전류라고 한다.

| 해설
다이오드의 순방향 도통 시 전류가 흘러 양단자 사이에 전압강하(0.7[V] 정도)가 발생한다.

05. 다이오드를 사용한 정류회로에서 과대한 부하전류에 의해 다이오드를 파손할 우려가 있을 때 보호방식으로 적당한 조치는?

① 다이오드를 병렬로 추가
② 다이오드를 직렬로 추가
③ 다이오드 양단에 저항을 추가
④ 다이오드 양단에 콘덴서를 추가

| 해설
다이오드 보호방식
㉠ 과전류로부터 다이오드 보호 : 다이오드를 병렬로 추가접속
㉡ 과전압으로부터 다이오드 보호 : 다이오드를 직렬로 추가접속

정답 01 ④ 02 ① 03 ① 04 ③ 05 ①

06. 다이오드를 사용한 정류회로에서 다이오드를 여러 개 직렬로 연결하여 사용하는 경우의 설명으로 옳은 것은?

① 다이오드를 과전압으로부터 보호할 수 있다.
② 부하출력의 맥동률을 감소시킬 수 있다.
③ 다이오드를 과전류로부터 보호할 수 있다.
④ 낮은 전압 전류에 적합하다.

> **해설**
> 다이오드 보호방식
> ㉠ 과전류로부터 보호 : 다이오드를 병렬로 추가접속
> ㉡ 과전압으로부터 보호 : 다이오드를 직렬로 추가접속

07. 전압을 일정하게 유지하기 위해서 이용되는 다이오드는?

① 발광 다이오드　　② 포토 다이오드
③ 제너 다이오드　　④ 바리스터 다이오드

> **해설**
> 제너 다이오드
> 정전압 다이오드라고도 하는데 넓은 전류 범위에서 안정된 전압 특성을 나타내므로 정전압을 만들거나 과전압으로부터 소자를 보호하는 용도로 사용된다.

08. 다음 중 SCR 기호는?

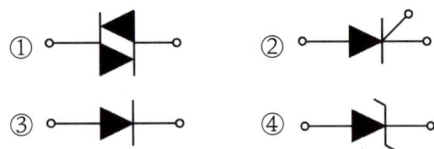

> **해설**
> ① 다이악(DIAC) 기호
> ② 사이리스터(SCR) 기호
> ③ 다이오드 기호
> ④ 제너 다이오드 기호

09. SCR의 특성 중 적합하지 않은 것은?

① PNPN 구조로 되어 있다.
② 정류작용을 할 수 있다.
③ 정방향 및 역방향의 제어 특성이 있다.
④ 고속도의 스위칭 작용을 할 수 있다.

> **해설**
> SCR의 특성
> ㉠ P−N−P−N 접합의 4층 구조로 된 단방향 3단자 사이리스터
> ㉡ 정류작용을 통해 위상 및 전압제어가 가능
> ㉢ 고속도 스위칭이 가능

10. 통전 중인 사이리스터를 턴 오프(turn off)하려면?

① 순방향 Anode 전류를 유지전류 이하로 한다.
② 순방향 Anode 전류를 증가시킨다.
③ 게이트 전압을 0 또는 −로 한다.
④ 역방향 Anode 전류를 통전한다.

> **해설**
> 사이리스터의 동작
> ㉠ 게이트에 펄스를 인가하여 애노드 전류가 증가하게 되면 턴 온(turn−on) 됨
> ㉡ 온 상태에서 애노드 전류가 유지전류 이하로 감소되면 턴 오프(turn−off) 됨

11. SCR의 애노드 전류가 20[A]로 흐르고 있었을 때 게이트 전류를 반으로 줄이면 애노드 전류는?

① 5[A]　　② 10[A]
③ 20[A]　　④ 40[A]

> **해설**
> 게이트 전류가 흘러 SCR이 ON 상태가 되면 에노드전류가 유지전류 이상으로 유지되고 있을 경우 게이트 전류의 크기에 관계없이 항상 일정하게 흐른다.

정답　06 ①　07 ③　08 ②　09 ③　10 ①　11 ③

12. 3단자 사이리스터가 아닌 것은?

① SCS   ② SCR
③ TRIAC   ④ GTO

| 해설
정류소자 구분
① SCS : 단방향성 4단자
② SCR : 단방향성 3단자
③ TRIAC : 양방향성 3단자
④ GTO : 단방향성 3단자

13. 다음 사이리스터 중 3단자 형식이 아닌 것은?

① SCR   ② GTO
③ DIAC   ④ TRIAC

| 해설
① SCR : 단방향성 3단자
② GTO : 단방향성 3단자
③ DIAC : 양방향성 2단자
④ TRIAC : 양방향성 3단자

14. 교류회로에서 양방향 점호(ON) 및 소호(OFF)를 이용하며, 위상제어를 할 수 있는 소자는?

① TRIAC   ② SCR
③ GTO   ④ IGBT

| 해설
트라이액(TRIAC)

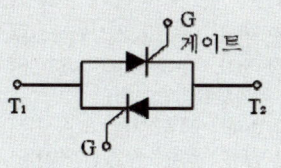

SCR 2개를 연결하여 사용하는 교류 회로의 위상제어에 사용할 수 있는 2방향성 3단자 사이리스터

15. SCR 2개를 역병렬로 접속한 그림과 같은 기호의 명칭은?

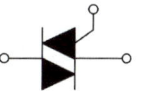

① SCR   ② TRIAC
③ GTO   ④ UJT

| 해설
트라이액(TRIAC)
SCR 2개를 연결하여 양방향 스위칭을 하는 소자이다.

16. 다음 중 턴 오프(소호)가 가능한 소자는?

① GTO   ② TRIAC
③ SCR   ④ LASCR

| 해설
GTO(Gate Turn off Thyristor)
주전류를 차단할 수 있는 소자로 게이트를 이용하여 소자를 턴-오프시킬 수 있다.

17. 다음 중 자기소호 기능이 가장 좋은 소자는?

① SCR   ② GTO
③ TRIAC   ④ LASCR

| 해설
GTO(Gate Turn-Off thyristor)
㉠ SCR의 일종으로서, 게이트에 역방향의 전류를 흐르게 하는 것으로 턴-오프할 수 있다.
㉡ 자기소호능력을 갖는 고내압용 소자로서 초기에 2.5[kV], 최근 6[kV] 등 고전압에 사용되고 있다.

정답   12 ①   13 ③   14 ①   15 ②   16 ①   17 ②

18. 대전류 · 고전압의 전기량을 제어할 수 있는 자기 소호형 소자는?

① FET   ② DIODE

③ TRIAC   ④ IGBT

> **┃해설**
>
> IGBT(Insulated Gate Bipolar Transistor : 절연 게이트 바이폴라 트랜지스터)
> 입력 신호에 의해서 온/오프가 생기는 자기소호형이므로, 대전력의 고속 스위칭이 가능한 반도체 소자이다.

19. 그림의 기호는?

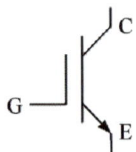

① SCR   ② TRIAC

③ IGBT   ④ GTO

> **┃해설**
>
> IGBT(Insulated Gate Bipolar Transistor : 절연 게이트 바이폴라 트랜지스터)
> 입력 신호에 의해서 온/오프가 생기는 자기소호형이므로, 대전력의 고속 스위칭이 가능한 반도체 소자이다.

20. 단상 반파정류회로에서 직류전압과 교류전압의 관계로 옳은 것은? (단, 직류전압은 E_d, 교류전압은 E라 한다.)

① $E_d = 0.45E$ ② $E_d = 0.9E$

③ $E_d = 1.17E$ ④ $E_d = 1.35E$

> **┃해설**
>
> 정류시 전압관계
> ㉠ 단상 반파 $E_d = 0.45E_a[V]$
> ㉡ 단상 전파 $E_d = 0.9E_a[V]$
> ㉢ 3상 반파 $E_d = 1.17E_a[V]$
> ㉣ 3상 전파 $E_d = 1.35E_a[V]$

21. 반파 정류 회로에서 변압기 2차 전압의 실효치를 E[V]라 하면 직류 전류 평균치는? (단, 정류기의 전압 강하는 무시한다.)

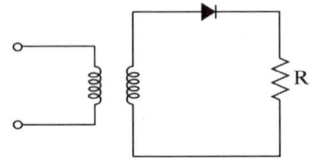

① $\dfrac{E}{R}$ ② $\dfrac{1}{2} \cdot \dfrac{E}{R}$

③ $\dfrac{2\sqrt{2}}{\pi} \cdot \dfrac{E}{R}$ ④ $\dfrac{\sqrt{2}}{\pi} \cdot \dfrac{E}{R}$

> **┃해설**
>
> ㉠ 단상 반파 $E_d = \dfrac{\sqrt{2}}{\pi}E = 0.45E[V]$
> ㉡ R에 흐르는 전류 $I_d = \dfrac{E_d}{R} = \dfrac{\sqrt{2}E}{\pi R}[A]$

22. 다음 그림에 대한 설명으로 틀린 것은?

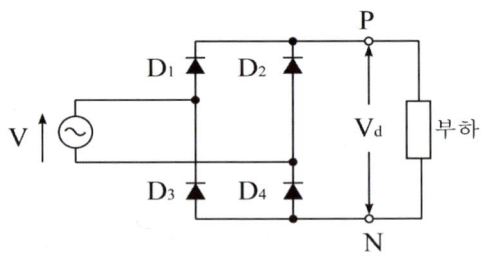

① 브리지(bridge) 회로라고도 한다.
② 실제의 정류기로 널리 사용된다.
③ 반파 정류회로라고도 한다.
④ 전파 정류회로라고도 한다.

> **┃해설**
>
> ㉠ 단상 반파 : 정류소자를 1개 사용
> ㉡ 단상 전파 : 정류소자를 2개 또는 4개 사용(4개 사용 시 브리지회로라고 함)
> ㉢ 3상 반파 : 정류소자를 3개 사용
> ㉣ 3상 전파 : 정류소자를 6개 사용

23. 그림과 같은 회로에서 사인파 교류입력 12[V] (실횻값)를 가했을 때, 저항 R 양단에 나타나는 전압[V]은?

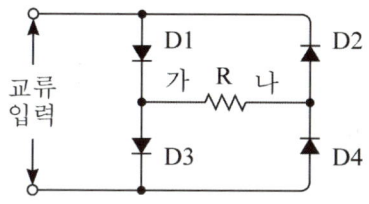

① 5.4V
② 6V
③ 10.8V
④ 12V

| 해설
정류에 정류소자의 구분
㉠ 단상반파 : 소자 1개
㉡ 단상전파 : 소자 2개 또는 4개
저항(R) 양단의 직류전압은
$E_d = 0.9E_a = 0.9 \times 12 = 10.8[V]$

24. 단상 전파 정류회로에서 전원이 220[V]이면 부하에 나타나는 전압의 평균값은 약 몇 [V]인가?

① 99
② 198
③ 257.4
④ 297

| 해설
정류회로의 평균값(여기서, V : 실횻값)

구분	평균값 전압
단상 반파	$V_a = 0.45\,V$
단상 전파	$V_a = 0.9\,V$
3상 반파	$V_a = 1.17\,V$
3상 전파	$V_a = 1.35\,V$

∴ 단상 전파 정류회로의 평균값 전압
$V_a = 0.9\,V = 0.9 \times 220 = 198[V]$

25. 교류 전압의 실횻값이 200[V]일 때 단상 반파 정류에 의하여 발생하는 직류 전압의 평균값은 약 몇 [V]인가?

① 45
② 90
③ 105
④ 110

| 해설
정류회로의 평균값(여기서, V : 실횻값)

구분	평균값 전압
단상 반파	$V_a = 0.45\,V$
단상 전파	$V_a = 0.9\,V$
3상 반파	$V_a = 1.17\,V$
3상 전파	$V_a = 1.35\,V$

∴ 단상 반파 정류회로의 평균값 전압
$V_a = 0.45 \times 200 = 90[V]$

26. 상전압 300[V]의 3상 반파 정류 회로의 직류 전압은 약 몇 [V]인가?

① 520
② 350
③ 50
④ 260

| 해설
3상 반파 $E_d = 1.17E_a[V]$
$E_d = 1.17 \times 300 = 351 ≒ 350[V]$

27. 3상 전파 정류회로에서 출력전압의 평균전압 값은? (단, V는 선간 전압의 실횻값)

① 0.45V
② 0.9V
③ 1.17V
④ 1.35V

| 해설
정류방식에 따른 직류전압
㉠ 단상 반파 : $V_a = 0.45\,V$
㉡ 단상 전파 : $V_a = 0.9\,V$
㉢ 3상 반파 : $V_a = 1.17\,V$
㉣ 3상 전파 : $V_a = 1.35\,V$

정답 23 ③ 24 ② 25 ② 26 ② 27 ④

28. 3상 전파 정류회로에서 전원 250[V]일 때 부하에 나타나는 전압[V]의 최댓값은?

① 약 177

② 약 292

③ 약 354

④ 약 433

29. 정류방식 중에서 맥동률이 가장 작은 회로는?

① 단상 반파정류회로

② 단상 전파정류회로

③ 3상 반파정류회로

④ 3상 전파정류회로

30. 60[Hz] 3상 반파 정류회로의 맥동주파수는?

① 60[Hz]

② 120[Hz]

③ 180[Hz]

④ 360[Hz]

31. 단상 반파의 정류 효율은?

① $\dfrac{4}{\pi^2} \times 100\,[\%]$

② $\dfrac{\pi^2}{4} \times 100$

③ $\dfrac{8}{\pi^2} \times 100$

④ $\dfrac{\pi^2}{8} \times 100$

32. 반도체 사이리스터에 의한 전동기의 속도제어 중 주파수 제어는?

① 초퍼 제어

② 인버터 제어

③ 컨버터 제어

④ 브리지 정류 제어

33. 전원전압 100[V]인 단상 전파제어 정류에서 점호각이 30°일 때 직류 평균전압[V]은?

① 84

② 87

③ 92

④ 98

정답   28 ③   29 ④   30 ③   31 ①   32 ②   33 ①

34. 애벌런치 항복 전압은 온도 증가에 따라 어떻게 변화하는가?

① 감소한다.
② 증가한다.
③ 무관하다.
④ 증가했다 감소한다.

| 해설

애벌런치 항복전압은 온도 또는 농도가 증가하게 되면 증가하게 된다.

36. 그림의 정류회로에서 다이오드의 전압강하를 무시할 때 콘덴서 양단의 최대 전압은 약 몇 [V]까지 충전되는가?

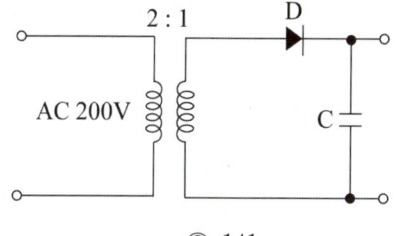

① 70
② 141
③ 280
④ 352

| 해설

㉠ 권수비 : $a = \dfrac{E_1}{E_2}$

㉡ 2차측 실횻값 : $E_2 = \dfrac{E_1}{a} = \dfrac{200}{2} = 100 \, [\mathrm{V}]$

㉢ 콘덴서 양단에는 2차측 입력전압의 최댓값까지 충전이 되므로 콘덴서 충전전압(V_c)은 다음과 같다.

$\therefore V_c = \sqrt{2} \times$ 실횻값
$\qquad = \sqrt{2} \times 100 = 141.4 \fallingdotseq 141 \, [\mathrm{V}]$

35. 아래 회로에서 부하의 최대 전력을 공급하기 위해서 저항 R 및 콘덴서 C의 크기는?

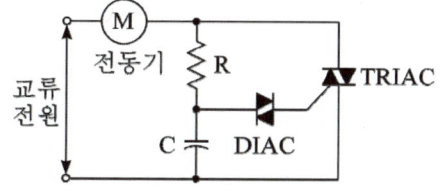

① R은 최대, C는 최대로 한다.
② R은 최소, C는 최소로 한다.
③ R은 최대, C는 최소로 한다.
④ R은 최소, C는 최대로 한다.

| 해설

㉠ 최대 전력 공급 → R : 최소, C : 최소
㉡ 전동기 기동 → R : 최대, C : 최소
㉢ 전동기 운전 → R : 최소, C : 최대

37. 스위칭 주기 10[μs], 온(ON) 시간 5[μs]일 때 강압형 초퍼의 출력 전압 E_2와 입력 전압 E_1의 관계는?

① $E_2 = 3E_1$
② $E_2 = 2E_1$
③ $E_2 = E_1$
④ $E_2 = 0.5E_1$

| 해설

출력 전압 : $E_2 = \dfrac{t_{on}}{T} \times E_1 \, [\mathrm{V}]$

여기서, E_1 : 입력전압 $\qquad E_2$: 출력전압
$\qquad\quad t_{on}$: 온(ON) 시간 $\qquad T$: 스위칭 주기

$\therefore E_2 = \dfrac{5}{10} \times E_1 = 0.5E_1 \, [\mathrm{V}]$

38. 그림의 전동기 제어회로에 대한 설명으로 잘못된 것은?

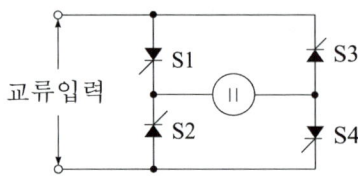

① 교류를 직류로 변환한다.
② 사이리스터 위상제어 회로이다.
③ 전파 정류회로이다.
④ 주파수를 변환하는 회로이다.

| 해설
단상에서 정류소자(SCR)가 2개 또는 4개일 경우 교류를 직류로 변환하는 전파정류회로이고 SCR의 경우 게이트를 이용하여 위상제어가 가능하다.

39. 회전 변류기의 직류측 전압을 조정하려는 방법이 아닌 것은?

① 직렬 리액턴스에 의한 방법
② 여자 전류를 조정하는 방법
③ 동기 승압기를 사용하는 방법
④ 부하 시 전압 조정 변압기를 사용하는 방법

| 해설
회전변류기의 직류측 전압 조정방법
㉠ 탭 절환 변압기의 사용
㉡ 유도 전압 조정기의 사용
㉢ 동기 승압기의 사용
㉣ 직렬 리액턴스의 사용

40. 그림은 전력제어 소자를 이용한 위상제어 회로이다. 전동기의 속도를 제어하기 위해서 (가) 부분에 사용되는 소자는?

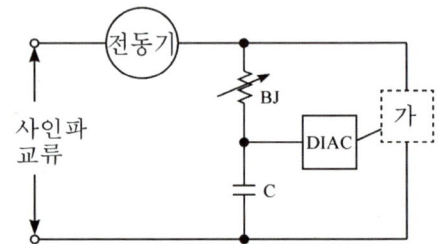

① 전력용 트랜지스터
② 제너 다이오드
③ 트라이악
④ 레귤레이터 78XX 시리즈

| 해설
전동기의 속도를 제어하기 위해서 (가) 부분에 사용되는 소자는 트라이악이다.

정답　38 ④　39 ②　40 ③

pass.Hackers.com

✔ **학습전략**

Chapter 01 **전선 및 전선의 접속**	전선 및 케이블의 종류와 전선 접속법 및 유의사항에 관련된 문제가 출제되며, 항상 출제되는 문제만 나오고 있으니 기출문제에 중점을 두고 학습하는 것이 효과적이다.
Chapter 02 **배선재료와 공구**	현장에서 사용되는 배선재료와 공구에 관한 문제가 출제되고 있다. 요점정리 위주로 학습하는 것이 효과적이다.
Chapter 03 **옥내배선공사**	시험 출제 빈도가 가장 높은 단원으로 내용이 상당히 많기 때문에 기출문제 위주로 학습하는 것이 효과적이다.
Chapter 04 **전로의 절연 및 접지공사**	시험 출제 빈도가 높지 않은 단원이므로 단원 핵심 문제 위주로 학습하는 것이 효과적이다.
Chapter 05 **저압 전기설비 보호**	시험 출제 빈도가 높지 않은 단원이므로 단원 핵심 문제 위주로 학습하는 것이 효과적이다.
Chapter 06 **전선로 및 배전공사**	옥외 전선로(송전/배전)에 관한 문제로, CBT로 전환되면서 전기기사 및 전기산업기사에 출제되는 KEC 규정에 관한 문제가 새롭게 추가되고 있어 수험생들에게 어려움을 주고 있지만 이러한 문제가 1~2문제 밖에 되지 않는다. 따라서 신규문제에 신경쓰지 말고 기존 기출문제에 집중해서 학습하는 것이 효과적이다.
Chapter 07 **특수설비**	CBT로 전환되면서 특수설비에서 1문제씩 출제되고 있다. 하지만 시험 출제 빈도가 높지 않은 단원이므로 단원 핵심 문제 위주로 학습하는 것이 효과적이다.
Chapter 08 **전원설비 및 기타설비**	전원설비란 수변전설비와 예비전원설비를 말한다. 이번 단원에 학습하는 내용은 전기기사 및 전기산업기사 2차 실기 내용으로, 그 내용은 상당히 방대하다. 따라서 전원설비에 관련된 정확한 내용은 전기기사 및 전기산업기사에서 학습하고 전기기능사에서는 단원 핵심 문제 위주로 학습하는 것이 효과적이다.

PART 03
전기설비

전선 및 전선의 접속

01 전선

1 전선의 선정 및 식별

(1) 전선의 식별(KEC 121)

① 전선의 색상은 [표 1]에 따른다.

상(문자)	색상
L1	갈색
L2	검은색
L3	회색
N	파란색
보호도체(PE)	녹색-노란색(녹황색)

【표 1】 전선의 색상(식별)

② 색상 식별이 종단 및 연결지점에서만 이루어지는 나도체 등은 전선 종단부에 색상이 반영구적으로 유지될 수 있는 도색, 밴드, 색테이프 등의 방법으로 표시해야 한다.

> **참고** 2021년 이전 전선의 식별
>
> | 상(문자) | A | B | C | N | E |
> |---|---|---|---|---|---|
> | 색상 | 흑색 | 적색 | 청색 | 백색 | 녹색 |

(2) 전선의 구비조건

전기회로를 연결하기 위한 도체에는 나전선, 절연전선, 코드, 저압 케이블, 고압 케이블, 특고압케이블, 제어용 케이블 등 많은 종류가 있다.

① 도전율이 높고, 허용전류가 커야 한다.

② 고유저항과 전압강하가 작아야 한다.

③ 기계적 강도가 커야 한다.

④ 가요성(flexibility, 유연성)이 좋아야 한다.

⑤ 내구성, 내열성, 내식성이 커야 한다.

⑥ 비중이 작아야 한다(= 가벼울 것. 비중의 기준은 물이며 그 값은 1로 한다).

⑦ 가격이 저렴하고, 시공과 보수가 편리해야 한다.

(3) 전압의 구분(KEC 111)

구분	교류(AC)	직류(DC)
저압	1,000[V] 이하	1,500[V] 이하
고압	저압을 초과하고 7,000[V] 이하의 것	
특고압	7,000[V]를 초과하는 것	

【표 2】 전압의 구분

2 전선의 종류와 용도

(1) 나전선(KEC 231.4)

① 나전선이란 피복이 없는 전선으로, 사용 장소는 한국전기설비규정(KEC)에 의해 옥내에 시설하는 저압전선에는 나전선을 사용해서는 안 된다.

② 하지만 아래의 장소에서는 나전선을 시설할 수 있다.

　　㉠ 애자공사에 의해 전개된 곳에 전선을 시설하는 경우

　　　　ⓐ 전기로용 전선

　　　　ⓑ 전선의 피복 절연물이 부식하는 장소에 시설하는 전선

　　　　ⓒ 취급자 이외의 자가 출입할 수 없도록 설비한 장소에 시설하는 전선

　　㉡ 버스덕트공사에 의하여 시설하는 경우

　　㉢ 라이팅덕트공사에 의하여 시설하는 경우

(2) 전선 중 가장 많이 쓰이는 재료

① 옥외 전선 : 알루미늄전선

② 옥내 전선 : 동선이며 동선은 경동선과 연동선으로 나뉜다.

　　㉠ 경동선(hard drawn copper wire) : 인장강도가 커서 주로 송·배전선에 쓰인다.

　　㉡ 연동선(soft copper 또는 annealed copper wire) : 전기저항이 작고 구부리기 쉬워 주로 옥내배선에 사용한다.

(3) 단선

① 전선 구성이 도체 1개로만 이루어진 전선을 말한다.

② 전선의 크기는 직경[mm] 및 단면적[mm²]으로 표시한다.

(4) 연선
  ① 중심 소선 1가닥의 주위를 여러 가닥의 단선을 층수 증가마다 6의 배수로 증가시키면서 합쳐 꼬아 만든 전선을 말한다.

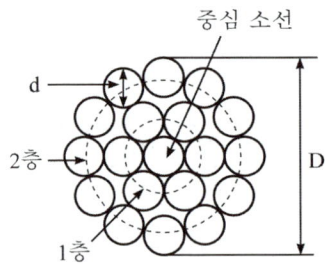

【그림 1】 연선의 구조

  ② 연선의 크기는 [mm²]를 사용하며 공칭단면적은 아래와 같다.

IEC 전선 규격[mm²]										
1.5	2.5	4	6	10	16	25	35	50	70	95
120	150	185	240	300	400	500	630			

【표 3】 IEC 전선 규격

  ③ 공칭단면적은 전선의 실제 단면적과 반드시 같은 것은 아니라 전선의 굵기를 나타내는 호칭이며, 계산상의 단면적은 따로 있다.

> ㉠ 소선의 총수 : $N = 1 + 3n(n+1)$
> ㉡ 연선의 지름 : $D = (1+2n)d\,[\text{mm}]$
> ㉢ 단면적 : $A = \pi r^2 N = \pi \times \left(\dfrac{d}{2}\right)^2 N = \dfrac{N\pi d^2}{4}\,[\text{mm}^2]$

  여기서, n : 층수 d : 소선의 지름 r : 소선의 반지름

(5) 절연전선(insulated wire)
  ① 나전선을 고무, 지, 면사, 견사 등으로 피복하거나 또는 에나멜 등을 말아 절연을 보호한 전선을 말한다.
  ② 절연전선의 종류

약호	명칭	약호	명칭
NR	450/750[V] 일반용 단심 비닐절연전선	NF	450/750[V] 일반용 유연성 단심 비닐절연전선
NFI	300/500[V] 기기 배선용 유연성 단심비닐절연전선	HR	450/750[V] 이하 고무절연전선
OW	옥외용 비닐절연전선	DV	인입용 비닐절연전선
FL	형광 방전등용 전선	N	네온 방전등용 전선
IV	600[V] 비닐절연전선	HIV	내열용 비닐절연전선
IC	600[V] 폴리에틸렌 절연전선	—	

【표 4】 절연전선의 종류

> **참고** 450/750[V]의 의미
>
> 단상(상전압) 450[V] 이하, 3상(선간전압) 750[V] 이하에 사용하는 절연전선을 의미한다.

1 케이블 약호 및 종류

(1) 개요

약호	명칭
C	클로로프렌
V	비닐
E	폴리에틸렌
R	고무
B	부틸고무
N	네온전선

【표 5】 케이블 약호

① 지중에 시설한 절연전선은 토양의 열저항이나 전선 사이로 침투한 절연물 등으로 인해 전기적 부식(전식)이 일어난다.

② 이를 방지하기 위해 도체와 절연체 사이에 반도전체나 금속시스를 설비한 것을 케이블이라 한다.

(2) 캡타이어 케이블(Captire Cable)

① 캡타이어 케이블은 주석도금한 연동연선을 종이테이프나 무명실로 감은 뒤, 순고무 30% 이상의 고무 혼합물로 피복하고 그 위를 다시 질긴 고무혼합물로 피복한 것이다.

② 구조 또는 고무질에 따른 분류

　㉠ 제1종 : 표면 피복을 캡타이어의 고무로 피복한 것으로, 전기공사에는 사용하지 않는다.

　㉡ 제2종 : 캡타이어의 피복 고무질이 제1종보다 좋은 것

　㉢ 제3종 : 캡타이어의 고무 피복 중간에 면포를 넣어서 강도를 보강한 것

　㉣ 제4종 : 제3종과 같이 만들고, 각 심선 사이를 고무로 채워서 더욱 튼튼하게 만든 것

③ 캡타이어 케이블의 심선 색깔

　㉠ 단심 : 검정

　㉡ 2심 : 검정, 흰색

　㉢ 3심 : 검정, 흰색, 빨강

　㉣ 4심 : 검정, 흰색, 빨강, 녹색

　㉤ 5심 : 검정, 흰색, 빨강, 녹색, 노랑

(3) 비닐 외장 케이블

① 염화비닐수지가 주재료인 케이블로 원형, 평형, 동심형의 3종류가 있다.

② 심선의 색깔은 캡타이어 케이블과 동일하다.

2 저압용 케이블

(1) 저압전로의 전선으로 사용하는 케이블

「전기용품 및 생활용품 안전관리법」의 적용을 받는 것 이외에는 KS에 적합한 것을 사용해야 한다.

① 0.6/1[kV] 연피(鉛皮) 케이블

② 클로로프렌 외장(外裝) 케이블

③ 비닐 외장 케이블

④ 폴리에틸렌 외장 케이블

⑤ 무기물 절연 케이블(MI)

⑥ 금속 외장 케이블

⑦ 0.6/1[kV] 가교폴리에틸렌절연 비닐시스 케이블(CV)

⑧ 0.6/1[kV] 제어용 가교폴리에틸렌절연 비닐시스 케이블(CCV)

⑨ 0.6/1[kV] 비닐절연 비닐시스제어 케이블(CVV)

⑩ 유선텔레비전용 급전 겸용 동축케이블

(2) 예외 사항

다음 장소에 사용하는 케이블은 저압용 케이블을 사용할 수 없다.

① 선박용 케이블

② 엘리베이터용 케이블

③ 출퇴표시등, 소세력 회로에 따른 통신용 케이블

④ 아크 용접기의 용접용 케이블

⑤ 발열선 접속용 통신 케이블

⑥ 물밑 케이블

(3) 저압 옥내 배선 이동용 케이블 및 코드

① 0.6/1[kV] EP 고무 절연 클로로프렌 캡타이어 케이블

② 정격전압 450/750[V] 이하 고무 절연 케이블

③ 300/300[V] 편조 고무 코드

④ 비닐 코드

⑤ 금실(금사) 코드

ⓐ 고도의 가요성을 가진 코드로 튼튼하고 부드러운 끈을 심으로 하여 그 주위에 띠상의 얇은 금실을 감아 붙인 구조의 것

ⓑ 전기이발기, 헤어드라이기, 전기면도기 등의 코드선으로 사용

⑥ 캡타이어 케이블

3 고압 및 특고압용 케이블

(1) 고압인 전로에 사용하는 케이블

① 연피 케이블

② 알루미늄피 케이블

③ 클로로프렌 외장 케이블

④ 비닐 외장 케이블

⑤ 폴리에틸렌 외장 케이블

⑥ 저독성 난연 폴리올레핀 외장 케이블

⑦ 콤바인 덕트 케이블(CD)

(2) 특고압인 전로에 사용하는 케이블

절연체가 에틸렌 프로필렌 고무 혼합물 또는 가교 폴리에틸렌 혼합물인 케이블로서 선심 위에 금속제의 전기적 차폐층을 설치한 것이거나 파이프형 압력 케이블, 금속 피복을 한 케이블을 사용한다.

① 가교 폴리에틸렌 절연 비닐 시스 케이블

② 가교 폴리에틸렌 절연 폴리에틸렌 시스 케이블

③ 비행장 등화용 케이블

④ 수저 케이블

4 지중 배전계통 케이블

(1) 전압에 따른 지중 케이블의 종류

구분	사용 가능한 케이블
저압	알루미늄피, 클로로프렌 외장, 비닐 외장, 폴리에틸렌 외장, 미네랄 인슐레이션(MI) 케이블
고압	알루미늄피, 클로로프렌 외장, 비닐 외장, 폴리에틸렌 외장, 콤바인 덕트(CD) 케이블

【표 6】 지중 케이블의 종류

(2) 특고압 다중 접지 동심 중성선 전력 케이블

① 최대 사용전압은 25.8[kV] 이하일 것

② 도체 내부의 홈에는 물이 쉽게 침투하지 않도록 수밀 혼합물(콤파운드, 파우더 또는 수밀 테이프)을 충전하고 절연체는 동심원상으로 동시 압출(3중 동시 압출)한 내부 반도전층, 절연층 및 외부 반도전층으로 구성하여야 하며, 건식 방식으로 가교할 것

③ 절연층은 가교 폴리에틸렌(XLPE) 또는 수트리 억제 가교 폴리(TR-XLPE)를 사용하며, 도체 위에 동심원상으로 압출 형성할 것

④ 중성선 수밀층은 물이 침투하면 자기 부풀음성을 갖는 부풀음 테이프를 사용

(3) 특고압용 지중 케이블의 종류

① 동심 중성선 차수형 전력 케이블(CNCV) : 절연층은 가교 폴리에틸렌, 외장층은 PVC를 사용한 케이블

② 동심 중성선 수밀형 전력 케이블(CNCV-W) : CNCV 케이블의 중성선 층 및 도체 부분까지 수밀처리한 케이블

③ 트리 억제형 동심 중성선 수밀형 전력 케이블(TR CNCV-W) : CNCV-W 케이블에서 사용한 절연체를 수트리 억제형 가교 폴리에틸렌으로 대체한 케이블

④ 동심 중성선 수밀형 저독성 난연 전력 케이블(FR-CNCO-W) : CNCV-W에서 시즈를 PVC 대신 할로겐프리 폴리올레핀을 사용

1 전선 접속 시 유의사항

전선을 접속하는 경우에는 전선의 전기저항을 증가시키지 아니하도록 접속하여야 하며, 또한 다음에 따라야 한다.

(1) 나전선 상호 또는 나전선과 절연전선 또는 캡타이어 케이블과 접속하는 경우에는 다음에 의할 것
   ① 전선의 세기를 20[%] 이상 감소시키지 아니할 것
   ② 접속부분은 접속관 기타의 기구를 사용할 것

(2) 절연전선 상호·절연전선과 코드, 캡타이어 케이블과 접속하는 경우에는 접속되는 절연전선의 절연물과 동등 이상의 절연성능이 있는 접속기를 사용하거나 접속부분을 그 부분의 절연전선의 절연물과 동등 이상의 절연성능이 있는 것으로 충분히 피복할 것

(3) 코드 상호, 캡타이어 케이블 상호 또는 이들 상호간을 접속하는 경우에는 코드 접속기·접속함 기타의 기구를 사용할 것(다만, 공칭단면적이 10[mm²] 이상인 캡타이어 케이블 상호를 접속하는 경우에는 접속부분을 (1)과 (2)에 의해 시설할 것)

(4) 도체에 알루미늄을 사용하는 전선과 동을 사용하는 전선을 접속하는 등 전기화학적 성질이 다른 도체를 접속하는 경우에는 접속부분에 전기적 부식이 생기지 않도록 할 것

(5) 두 개 이상의 전선을 병렬로 사용하는 경우에는 다음에 의하여 시설할 것
   ① 병렬로 사용하는 각 전선의 굵기는 구리선 50[mm²] 이상 또는 알루미늄선 70[mm²] 이상으로 하고, 전선은 같은 도체, 같은 재료, 같은 길이 및 같은 굵기의 것을 사용할 것
   ② 같은 극의 각 전선은 동일한 터미널러그에 완전히 접속할 것
   ③ 같은 극인 각 전선의 터미널러그는 동일한 도체에 2개 이상의 리벳 또는 2개 이상의 나사로 접속할 것
   ④ 병렬로 사용하는 전선에는 각각에 퓨즈를 설치하지 말 것
   ⑤ 교류회로에서 병렬로 사용하는 전선은 금속관 안에 전자적 불평형이 생기지 않도록 시설할 것

핵심요약

전선 접속 시 유의사항
① 전기저항을 증가시키지 말 것
② 전선의 세기를 20[%] 이상 감소시키지 말 것
③ 코드 상호, 케이블 상호, 코드와 케이블 상호 : 코드 접속기, 접속함에서 접속

② 단선의 직선 접속

(1) 트위스트 직선 접속

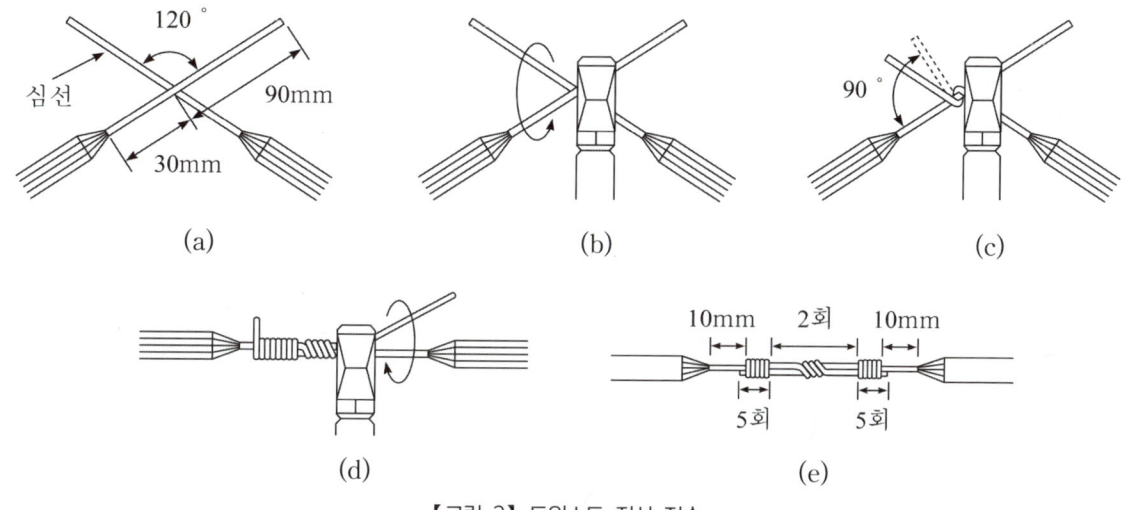

【그림 2】 트위스트 직선 접속

① 단면적 6[mm²] 이하의 단선에 적용되며, 피복을 벗긴 두 전선을 120°의 각도로 교차시킨다.

② 전선이 교차하는 점의 오른쪽을 펜치로 잡고 심선을 1회 꼰다.

③ 꼬은 심선을 직각으로 세워서 다른 심선에 틈이 없도록 4~5회 정도 감은 다음, 나머지 부분은 자르고 끝부분을 오므린다.

④ 오른쪽 부분도 같은 방법으로 작업한다.

(2) 브리타니어 직선 접속

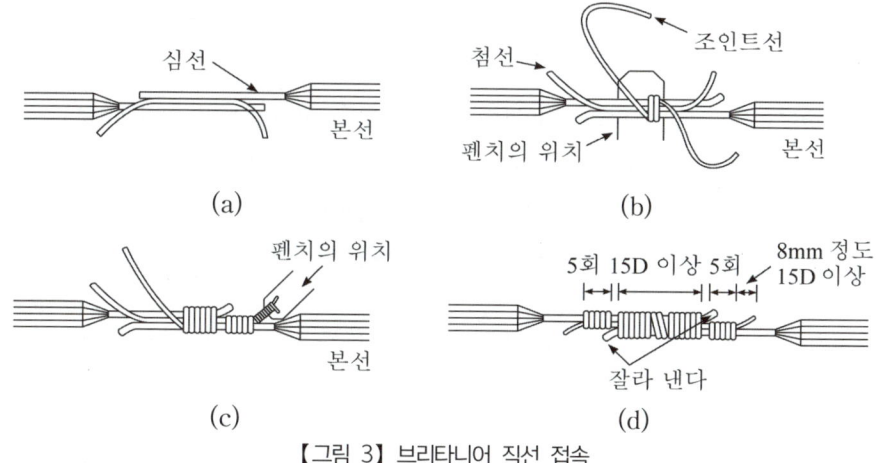

【그림 3】 브리타니어 직선 접속

① 단면적 10[mm²] 이상에 적용되며, 1.0~1.2[mm]의 조인트선과 침선을 준비하여 사포로 닦는다.

② 두 심선의 접속 부분을 서로 겹치고, 약 120[mm] 길이의 침선을 댄다.

③ 1[mm] 정도 되는 조인트선의 중간을 전선 접속 부분의 중앙에 대고 2회 정도 감은 다음, 각각 양쪽을 조밀하게 감는다. 이때 감은 전체의 길이가 직경의 15배 이상 되도록 한다.

④ 오른쪽으로 감은 부분의 길이는 심선 지름의 5배 이상, 남은 부분의 분기선을 구부려 잘라낸다.

⑤ 조인트선은 본선과 침선에만 5회 이상 감는다.

⑥ 반대쪽도 같은 방법으로 감아 완성시킨다.

3 쥐꼬리 접속

(1) 굵기가 같은 두 단선의 쥐꼬리 접속

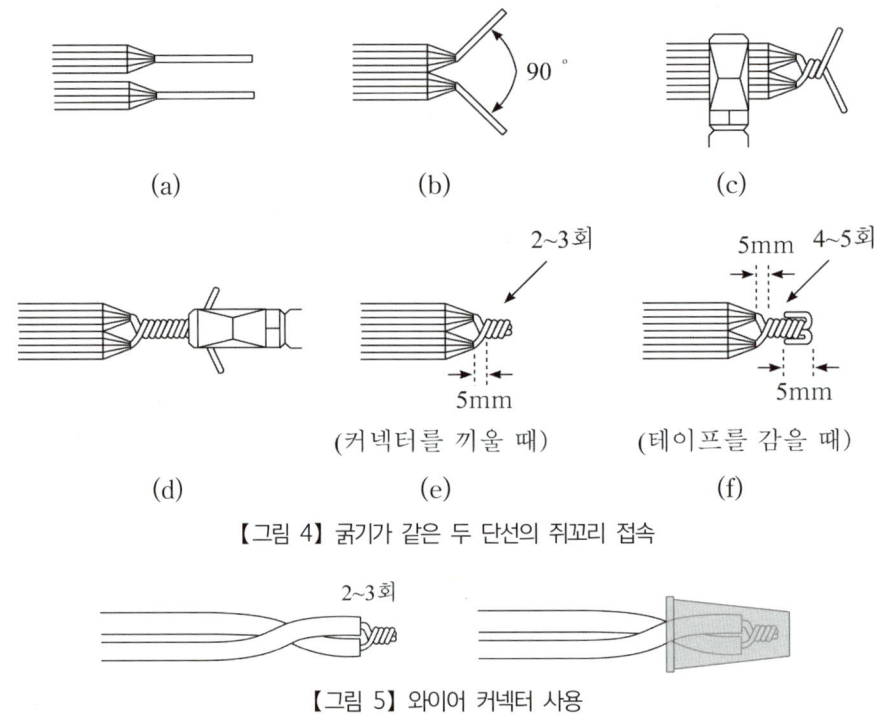

【그림 4】 굵기가 같은 두 단선의 쥐꼬리 접속

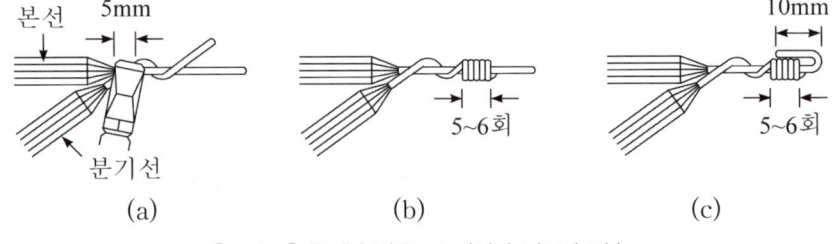

【그림 5】 와이어 커넥터 사용

① 단면적이 2.5[mm²]인 전선은 45[mm], 4.0[mm²]인 전선은 50[mm] 정도 피복을 벗긴다.

② 두 전선을 합쳐 펜치로 잡은 다음, 심선을 90°로 벌리고 오른손으로 1회 비틀어 놓는다.

③ 펜치로 꼰 심선의 끝을 잡고 심선을 잡아당기면서 1~2회 꼰다.

④ 커넥터를 사용할 때에는 심선을 2~3회 정도 꼰 다음 끝을 잘라 낸 다음 【그림 5】와 같이 와이어 커넥터를 돌려서 끼운다.

⑤ 커넥터를 사용하지 않고 테이프로 마감할 때에는 심선을 4회 이상 꼰 다음 5[mm] 정도 길이로 구부린 다음 테이핑을 한다.

(2) 굵기가 다른 두 단선의 쥐꼬리 접속

【그림 6】 굵기가 다른 두 단선의 쥐꼬리 접속

① 단면적이 2.5[mm²]인 전선은 50[mm], 4.0[mm²]인 전선은 100[mm] 정도 피복을 벗긴다.

② 두 전선을 합친 다음 펜치로 잡고, 굵은 선에 가는 선을 겹쳐서 1회 감은 다음, 조밀하게 5회 이상 감아 붙이고 나머지는 잘라 낸다.

③ 굵은 전선의 심선 끝을 10[mm] 정도 구부린 다음 나머지를 잘라 내고, 잘라 낸 끝을 펜치로 꼭 눌러 놓는다.

(3) 연선의 쥐꼬리 접속

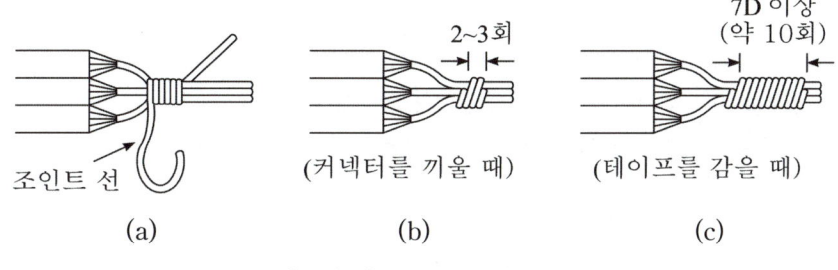

【그림 7】 연선의 쥐꼬리 접속

① 접속하려는 단면적 16[mm²]의 비닐절연전선을 같은 길이로 세 가닥을 취하여, 세 심선의 끝을 약 50[mm] 정도씩 일정하게 피복을 벗긴다.

② 세 심선을 나란히 하여 조인트 선으로 한두 번 감은 다음 펜치로 잡고 감는다.

③ 커넥터를 사용할 경우에는 조인트 선을 2~3회 정도 감고, 테이프를 감을 경우에는 10회(대략 전선 직경의 7배) 이상 감아 붙인다.

4 링 슬리브를 이용한 접속

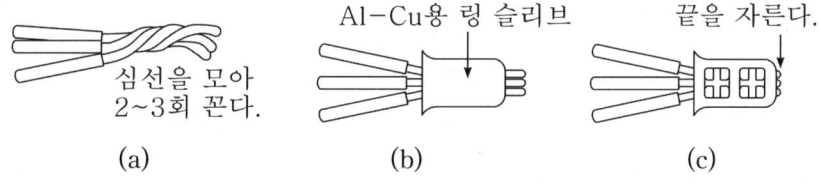

【그림 8】 링 슬리브를 이용한 접속

(1) 링 슬리브를 이용하여 접속하는 경우에는 접속하려는 전선의 피복을 링 슬리브보다 10[mm] 정도 더 길게 벗겨 내고 사포로 닦아 낸다.

(2) 전선을 나란히 하여 링 슬리브의 압착 홈에 넣고 압착 펜치로 압착한다. 이때, 끝단은 잘라 내고 절연처리한다. 알루미늄 전선의 경우에는 2~3회 꼬고 링 슬리브를 끼운 후 압착한다.

(3) 선단을 구부릴 때에는, 외부에서 가하는 힘에 의하여 슬리브가 변형되면서 내부 전선의 이완이 생길 우려가 있으므로 전용 공구(압착펜치)를 사용한다.

5 동전선의 접속

(1) 동선의 직선접속

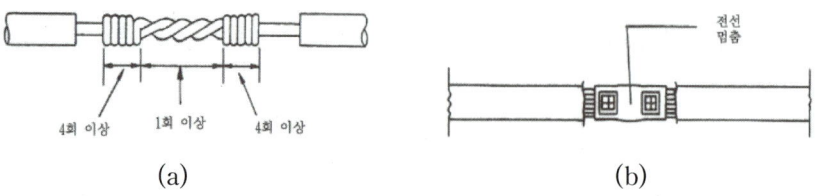

(a)   (b)

【그림 9】 동선의 직선접속

① 【그림 9】 (a) : 6[mm²] 이하의 단선의 직선접속(트위스트접속)

② 【그림 9】 (b) : 직선맞대기용 슬리브(B형)에 의한 압착접속

(2) 동선의 분기접속

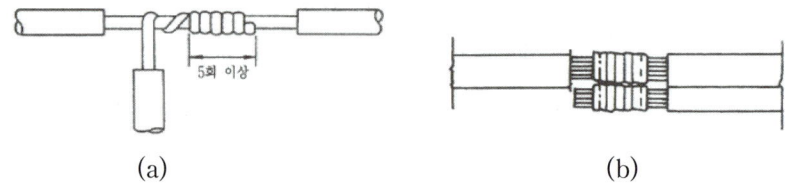

(a)   (b)

【그림 10】 동선의 분기접속

① 【그림 10】 (a) : 6[mm²] 이하의 단선의 분기접속

② 【그림 10】 (b) : T형 커넥터에 의한 분기접속(연선을 적용한다.)

(3) 동선의 종단접속

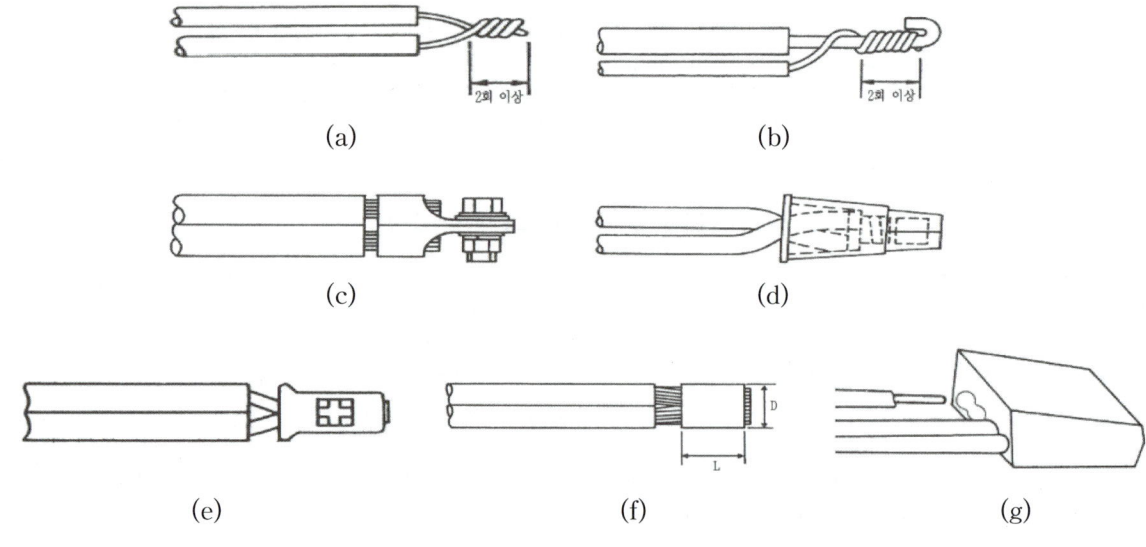

(a)   (b)

(c)   (d)

(e)   (f)   (g)

【그림 11】 동선의 종단접속

① 【그림 11】 (a) : 4[mm²] 이하의 단선의 종단접속

　　금속관 배선 등의 박스 안에서 사용한다.

② 【그림 11】(b) : 4[mm²] 이하의 단선의 종단접속(지름이 다른 경우)

배선과 전등기구용 심선과의 접속인 경우에 사용한다.

③ 【그림 11】(c) : 동선압착단자에 의한 접속

압착단자 및 동관단자에 대하여도 같이 적용한다.

④ 【그림 11】(d) : 비틀어 꽂는 형의 전선접속기에 의한 접속

⑤ 【그림 11】(e) : 종단겹침용 슬리브(E형)에 의한 접속

⑥ 【그림 11】(f) : 직선겹침용 슬리브(P형)에 의한 접속

⑦ 【그림 11】(g) : 꽂음형 커넥터에 의한 접속

가는 전선을 박스 내 등의 접속에 사용한다.

(4) 슬리브에 의한 접속

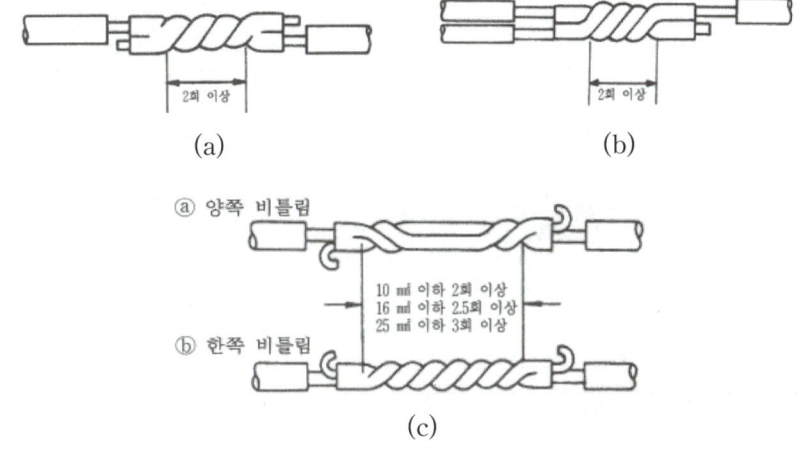

【그림 12】슬리브에 의한 접속

① 【그림 12】(a) : S형 슬리브에 의한 직선접속
② 【그림 12】(b) : S형 슬리브에 의한 분기접속
③ 【그림 12】(c) : 매킹타이어 슬리브에 의한 직선접속

6 알루미늄전선의 접속

(1) 접속 시 유의사항

① 전선의 피복은 도체에 상처가 생기지 않도록 벗길 것

② 도체는 접속작업 직전에 표면을 충분히 닦을 것

③ 전선접속기는 알루미늄선용 또는 알루미늄선, 동선 공용의 것을 사용할 것

④ 전선접속기와 전선과의 조합은 제작자의 시방에 따라 적정한 것을 선정할 것

⑤ 압축(압착)형의 전선접속기를 사용하는 경우는 정해진 압축(압착)공구를 사용하여 정하여진 위치에 정해진 횟수로 압축할 것

⑥ 틀어 끼우는 형의 전선 커넥터를 사용하는 경우는 전선의 선단을 가지런히 하여 전선 커넥터를 충분히 틀어 끼울 것

(2) 직선접속과 분기접속

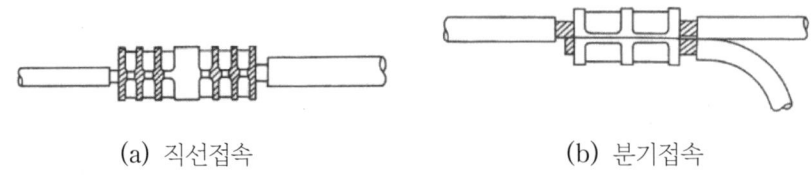

(a) 직선접속   (b) 분기접속

【그림 13】 알루미늄전선의 직선 · 분기접속

① 【그림 13】 (a) : 인입선과 인입구 배선과의 접속 등과 같이 장력이 걸리지 않는 장소에 사용한다.

② 【그림 13】 (b) : 간선에서 분기선을 분기하는 경우 등에 사용한다.

(3) 분기접속

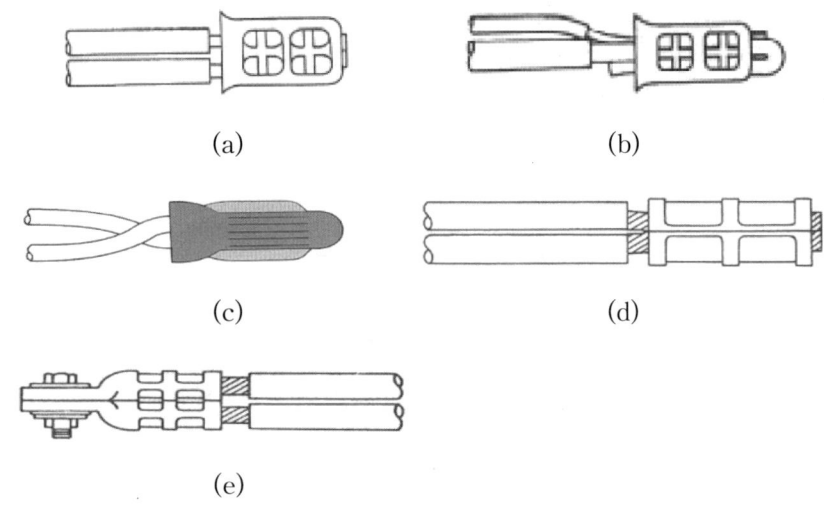

【그림 14】 알루미늄전선의 종단기접속

① 【그림 14】 (a) : 종단겹침용 슬리브에 의한 접속 Ⅰ

가는 전선을 박스 안 등에서 접속할 때에 사용한다. 압착공구를 사용하여 보통 2개소를 압착한다.

② 【그림 14】 (b) : 종단겹침용 슬리브에 의한 접속 Ⅱ

리드선이 붙은 조명기구 등의 접속에 사용한다. 압착공구를 사용하여 보통 2개소를 압착한다.

③ 【그림 14】 (c) : 비틀어 꽂는 형의 전선접속기에 의한 접속

가는 전선을 박스 안 등에 접속할 때에 사용한다.

④ 【그림 14】 (d) : C형 전선접속기 등에 의한 접속

굵은 전선을 박스 안 등에서 접속할 때에 사용한다. 전선접속기는 분기접속에 사용하는 것과 같은 것을 사용한다.

⑤ 【그림 14】 (e) : 터미널러그에 의한 접속

굵은 전선을 박스 안 등에서 접속할 때에 사용한다.

7 전선과 기계기구의 단자접속

(1) 동관단자

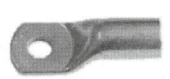  

(a) 동관단자　　　(b) 스프링 와셔　　　(c) 평와셔

【그림 15】전선과 기계기구의 단자접속

① 굵은 전선과 기계기구의 단자를 접속할 경우 접속하려는 전선의 심선 끝을 납땜 등으로 고정시킨 다음 볼트너트 등을 이용하여 접속하는 접속기구이다.

② 온도나 진동 등의 원인으로 접속단자가 풀릴 우려가 있는 경우에는 이중 너트나 스프링 와셔(얇은 금속성 원형고리)를 사용하여 완전하게 접속한다.

(2) 압착단자

① 코드나 케이블 등을 기계기구의 단자 등에 접속할 때 이용하는 단자대를 말한다.

② 접속 시에는 먼저 굵기에 적합한 단자를 선정한 다음 전용의 압착공구를 사용하여 완전하게 접속한 다음 볼트너트 등을 이용하여 접속하는 접속기구로 납땜할 필요가 없다.

(3) 고리형 단자의 기구 접속

① 전선의 굵기가 비교적 굵지 않은 10[mm²] 이하 등에서 기계기구의 단자에 전선을 직접 접속하는 단자를 말한다.

② 접속 시 너트가 돌아가는 방향 쪽으로 전선을 구부려 사용한다.

핵심요약

동관단자와 스프링 와셔

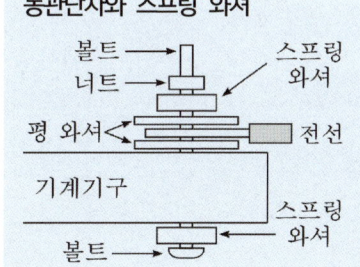

① 굵은 전선 : 동관단자 사용
② 진동 발생 : 스프링 와셔 사용

1 납땜

(1) 전선 접속 시 커넥터나 슬리브를 이용하여 전선을 접속하는 경우를 제외하고는 접속 부분의 전기저항을 증가 시키지 않도록 반드시 납땜을 실시한다.

(2) 납땜 실시는 납물의 고른 투입과 산화 방지를 위하여 페이스트(paste)라는 화학약품을 바른 후 납물에 투입한다.

2 테이프

(1) 테이핑 시 유의 사항

① 테이프를 감기 전 납땜 후 남은 페이스트를 닦아낼 것

② 반 폭씩 겹쳐 감은 테이프 두께가 피복 두께보다 얇지 않도록 할 것

(2) 테이프의 종류

① 비닐 테이프 : 염화비닐수지를 이용하여 만든 테이프로, 그 한쪽 면에 접착제를 바른 테이프를 말한다.

② 리노 테이프 : 건조한 목면 위에 절연성 니스를 몇 차례 칠한 다음 건조시킨 것으로, 점착성은 없으나 내열 성, 내유성 및 절연 내력이 뛰어난 테이프로 연피케이블 접속 시에 사용한다.

③ 자기 융착 테이프(셀로폰 테이프) : 합성수지와 합성고무를 주성분으로 하여 만든 판상의 것을 압연 처리한 다음 다시 적당한 격리물과 함께 감아서 만든 테이프로 비닐 외장 케이블 및 클로로프렌 외장 케이블을 접 속할 때 사용한다. 자기 융착 테이프 사용 시 약 2배 정도 늘려서 감아야 한다.

※ 출제예상문제는 기출분석을 바탕으로 자주 출제되는 유형을 선별하였습니다.

01. 다음 중 특고압은?

① 1,000[V] 이하
② 1,500[V] 이하
③ 1,000[V] 초과, 7,000[V] 이하
④ 7,000[V] 초과

| 해설

전압의 구분(KEC 111.1)

구분	교류(AC)	직류(DC)
저압	1[kV] 이하	1.5[kV] 이하
고압	저압 초과 7[kV] 이하	
특고압	7[kV] 초과	

02. 3상 4선식 380/220[V] 전로에서 전원의 중성극에 접속된 전선을 무엇이라 하는가?

① 접지선
② 중성선
③ 전원선
④ 접지측선

| 해설

전선의 식별(KEC 121.2)

- L1(갈색)
- L2(검은색)
- L3(회색)
- N(파란색)
- PE(녹색-노란색)

㉠ L1, L2, L3 : 전원선(상도체)
㉡ N : 중성선
㉢ PE : 접지선(보호도체)

03. 다음 전선 중 부드럽고 도전율이 커 옥내 배선에 사용하는 전선은?

① 연동선
② 경동선
③ 연선
④ 단선

| 해설

① 연동선 : 전기저항이 작고 구부리기 쉬워 주로 옥내 배선에 사용한다.
② 경동선 : 인장강도가 커서 주로 송·배전선에 쓰인다.
③ 연선 : 중심 소선 1가닥의 주위 여러 가닥의 단선을 층수 증가마다 6의 배수로 증가시키면서 합쳐 꼬아 만든 전선을 말한다.
④ 단선 : 전선 구성이 도체 1개로만 이루어진 전선을 말한다.

04. 전선의 재료로서 구비해야 할 조건이 아닌 것은?

① 기계적 강도가 클 것
② 가요성이 풍부할 것
③ 고유저항이 클 것
④ 비중이 작을 것

| 해설

전선 및 케이블의 구비조건
㉠ 도전율이 높을 것(= 고유저항이 작을 것)
㉡ 기계적 강도가 클 것
㉢ 가요성(유연성)이 좋을 것
㉣ 내구성이 좋을 것
㉤ 비중이 작을 것(= 가벼울 것)
㉥ 가격이 저렴할 것
㉦ 시공과 보수가 용이할 것

정답   01 ④   02 ②   03 ①   04 ③

05. 저압 옥내배선 공사 시 전선의 굵기를 결정하는 요소가 아닌 것은?

① 허용 전류　　② 기계적 강도
③ 전선색깔　　④ 전압강하

┃ 해설
전선의 굵기를 결정하는 요소
㉠ 전선의 허용 전류
㉡ 기계적 강도
㉢ 전압강하

06. 전선에 안전하게 흘릴 수 있는 최대 전류를 무엇이라 하는가?

① 과전 전류　　② 전도 전류
③ 허용 전류　　④ 맥동 전류

┃ 해설
허용 전류
전선에서 안전하게 흘릴 수 있는 전류의 한도를 말하며, 주위온도와 공사방법에 따라 그 크기가 달라진다.

07. 다음 중 나전선 상호 간 또는 나전선과 절연 전선 접속 시 접속 부분의 전선의 세기는 일반적으로 어느 정도 유지해야 하는가?

① 80[%] 이상　　② 70[%] 이상
③ 60[%] 이상　　④ 50[%] 이상

┃ 해설
전선 접속 시 유의사항
㉠ 전기저항을 증가시키지 말 것
㉡ 전선의 세기를 20[%] 이상 감소시키지 말 것
㉢ 코드 상호, 케이블 상호, 코드와 케이블 상호 : 코드 접속기, 접속함에서 접속

08. 전선의 접속에 대한 설명으로 틀린 것은?

① 접속 부분의 전기저항이 20[%] 이상 증가되도록 한다.
② 접속 부분의 인장강도가 80[%] 이상 유지되도록 한다.
③ 접속 부분에 전선 접속 기구를 사용한다.
④ 알루미늄전선과 구리선의 접속 시 전기적인 부식이 생기지 않도록 한다.

┃ 해설
전선 접속 시 전기적 저항을 증가시키지 않도록 한다.

09. 코드 상호, 캡타이어케이블 상호 접속 시 사용해야 하는 것은?

① 와이어 커넥터　　② 케이블 타이
③ 코드 접속기　　④ 테이블 탭

┃ 해설
전선의 접속(KEC 123)
코드 상호, 캡타이어케이블 상호 또는 이들 상호를 접속하는 경우에는 코드 접속기, 접속함 기타의 기구를 사용할 것

10. 전선과 기구 단자 접속 시 나사를 덜 죄었을 경우 발생할 수 있는 위험과 거리가 먼 것은?

① 누전　　② 화재 위험
③ 과열 발생　　④ 저항 감소

┃ 해설
전선과 기구 단자 접속 시 나사를 덜 죄게 되면 접촉불량에 의해 접촉저항이 증가하여 단자부의 과열, 누전, 화재 등의 사고를 일으킬 수 있다.

정답　05 ③　06 ③　07 ①　08 ①　09 ③　10 ④

11. 전선의 공칭단면적에 대한 설명으로 옳지 않은 것은?

① 소선 수와 소선의 지름으로 나타낸다.
② 단위는 [mm²]로 표시한다.
③ 전선의 실제 단면적과 같다.
④ 연선의 굵기를 나타내는 것이다.

┃해설
㉠ 단선과 연선 모두 전선의 굵기를 공칭단면적으로 나타내며 단위는 [mm²]를 사용한다.
㉡ 전선의 공칭단면적은 전선의 실제 단면적과 같지 않고 근사값을 사용한다.

12. 연선 결정에 있어서 중심 소선을 뺀 층수가 3층이다. 전체 소선 수는?

① 91   ② 61
③ 37   ④ 19

┃해설
연선의 전체 소선 수
$N = 3n(n+1) + 1$
$= 3 \times 3(3+1) + 1 = 37$ 가닥
여기서, n : 층수

13. 굵기가 같은 단선을 쥐꼬리 접속하는 경우 두 심선 사이에는 몇 도 정도 벌려서 접속하는 것이 적당한가?

① 30도   ② 45도
③ 60도   ④ 90도

┃해설
쥐꼬리 접속방법은 아래 그림과 같이 두 심선 사이를 90° 벌려서 4~5회 정도 감아준다.

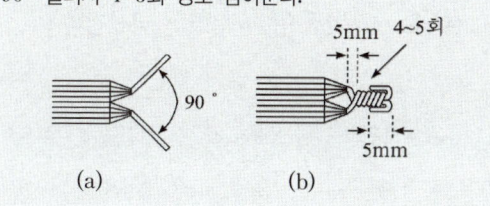

(a)   (b)

14. 옥내배선의 접속함이나 박스 내에서 접속할 때 주로 사용하는 접속법은?

① 슬리브 접속   ② 쥐꼬리 접속
③ 트위스트 접속   ④ 브리타니아 접속

┃해설
㉠ 쥐꼬리 접속 : 박스 내 접속법

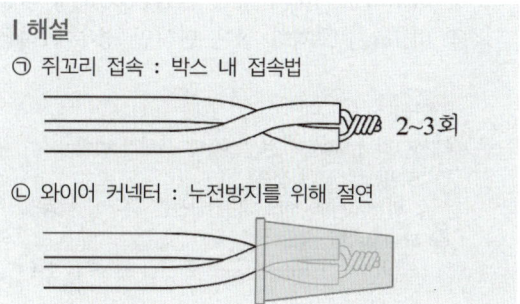

2~3회

㉡ 와이어 커넥터 : 누전방지를 위해 절연

15. 박스 내의 전선접속에 있어서 절연 커넥터를 쓰는 것이 쥐꼬리 접속하는 것보다 유리한 점은 무엇인가?

① 시간이 절약된다.
② 접지사고 우려가 감소한다.
③ 전기저항이 감소한다.
④ 기계적 강도가 크기 때문이다.

┃해설
절연 커넥터(와이어 커넥터)는 금속박스 내에서 전선 접속부의 절연파괴에 의한 누전 및 지락(접지)사고를 방지하기 위해 사용한다.

16. 일반적으로 정크션 박스 내에서 사용되는 전선 접속방식은?

① 슬리브   ② 코드 노트
③ 코드 파스너   ④ 와이어 커넥터

┃해설
와이어 커넥터
정크션 박스 내에서 비닐 테이프를 사용하지 않고 직접 전선 상호 간을 접속하는 배선재료

정답   11 ③   12 ③   13 ④   14 ②   15 ②   16 ④

17. 전선 접속 방법 중 트위스트 직선 접속의 설명으로 옳은 것은?

① 연선의 직전 접속에 적용된다.
② 연선의 분기 접속에 적용된다.
③ 6[mm²] 이하의 가는 단선인 경우에 적용된다.
④ 6[mm²] 초과의 굵은 단선인 경우에 적용된다.

> **| 해설**
> 내선규정 1430-8 전선접속의 구체적 방법
> ㉠ 트위스트 직선 접속
> : 6[mm²] 이하의 가는 단선인 경우에 적용
> ㉡ 브리타니어 직선 접속
> : 10[mm²] 이상의 굵은 단선인 경우에 적용

18. 코드나 케이블 등을 기계 기구의 단자 등에 접속할 때 몇 [mm²]가 넘으면 그림과 같은 터미널 러그(압착 단자)를 사용해야 하는가?

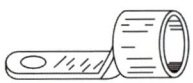

① 6 ② 4
③ 8 ④ 10

> **| 해설**
> 터미널 러그란, 코드 또는 캡타이어 케이블을 전기 사용 기계기구에 접속하는 압착 단자로 단면적 6[mm²]를 초과하는 연선에는 반드시 터미널 러그를 사용하여 접속하여야 한다.

19. 동전선의 직선접속에서 단선 및 연선에 적용되는 접속 방법은?

① 직선맞대기용 슬리브에 의한 압착접속
② 가는 단선(2.6[mm] 이상)의 분기접속
③ S형 슬리브에 의한 분기접속
④ 터미널 러그에 의한 접속

> **| 해설**
> 구리선의 직선접속(내선규정 1430-8)
> ㉠ 가는 단선(단면적 6[mm²] 이하)의 직선접속 : 트위스트 조인트
> ㉡ 직선맞대기용 슬리브(B형)에 의한 압착접속

20. S형 슬리브를 사용하여 전선을 접속하는 경우의 유의사항이 아닌 것은?

① 전선은 연선만 사용이 가능하다.
② 전선의 끝은 슬리브의 끝에서 조금 나오는 것이 좋다.
③ 슬리브는 전선의 굵기에 적합한 것을 사용한다.
④ 도체는 센드페이퍼 등으로 닦아서 사용한다.

> **| 해설**
> 내선규정 1430-8(S형 슬리브 분기 접속)
> S형 슬리브는 단선, 연선 어느 것에도 사용할 수 있다.

21. S형 슬리브 접속 시 슬리브는 몇 회 이상 꼬아서 접속하여야 하는가?

① 2회 ② 3회
③ 4회 ④ 5회

> **| 해설**
>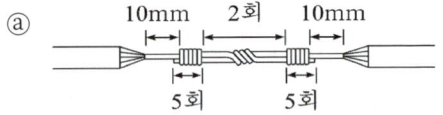

22. 다음과 같은 전선의 접속방법으로 옳게 나열된 것은?

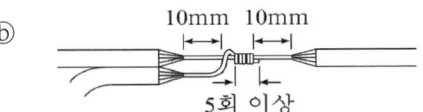

① ⓐ : 종단접속, ⓑ : 분기접속
② ⓐ : 직선접속, ⓑ : 분기접속
③ ⓐ : 분기접속, ⓑ : 종단접속
④ ⓐ : 분기접속, ⓑ : 직선접속

> **| 해설**
> ⓐ : 트위스트 직선접속, ⓑ : 트위스트 분기접속

23. 전선을 종단겹침용 슬리브에 의해 종단 접속할 경우 소정의 압축공구를 사용하여 보통 몇 개소를 압착하는가?

① 1

② 2

③ 3

④ 4

| 해설

전선접속의 구체적 방법(내선규정 1430 – 8절)

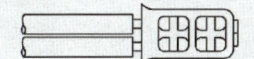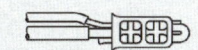

압착공구를 사용하여 보통 2개소를 압착한다.

24. 동전선의 종단접속 방법이 아닌 것은?

① 동선압착단자에 의한 접속

② 종단 겹침용 슬리브에 의한 접속

③ C형 전선접속기 등에 의한 접속

④ 비틀어 꽂는 형의 전선접속기에 의한 접속

| 해설

전선접속의 구체적 방법(내선규정 1430 – 8)

㉠ 동전선의 종단접속의 방법

• 가는 단선의 종단접속

• 동선압착단자에 의한 접속

• 비틀어 꽂는 형의 전선접속기에 의한 접속

• 종단 겹침용 슬리브에 의한 접속

• 직선 겹침용 슬리브에 의한 접속

• 꽂음형 커넥터에 의한 접속

㉡ C형 전선접속기 등에 의한 접속은 알루미늄의 종단접속 방법이다.

25. 전선 접속 시 사용되는 슬리브(sleeve)의 종류가 아닌 것은?

① E형

② S형

③ D형

④ P형

| 해설

전선 접속 시 사용되는 슬리브의 종류

E형, S형, P형, B형, 매킹타이어 슬리브 등

26. 전선의 접속법에서 두 개 이상의 전선을 병렬로 사용하는 경우의 시설기준으로 틀린 것은?

① 각 전선의 굵기는 구리선인 경우 50[mm²] 이상이어야 한다.

② 각 전선의 굵기는 알루미늄인 경우 70[mm²] 이상이어야 한다.

③ 병렬로 사용하는 전선은 각각에 퓨즈를 설치할 것

④ 동극의 각 전선은 동일한 터미널러그에 완전히 접속할 것

| 해설

병렬접속(KEC 232.3.2)

병렬도체 사이에는 부하전류가 균일하게 배분될 수 있도록 조치를 취한다. → 병렬도체를 사용 중 한쪽 도체의 퓨즈가 용단되면 다른 한쪽의 도체에 과부하 전류가 흘러 소손이 발생할 우려가 있다. 따라서 병렬도체에는 차단기 및 퓨즈를 설치해서는 안 된다.

27. 인입용 비닐절연전선을 나타내는 약호는?

① OW

② EV

③ DV

④ NV

| 해설

① OW : 옥외용 비닐절연전선

② EV : 폴리에틸렌 절연 비닐 시스케이블

③ DV : 인입용 비닐절연전선

④ NV : 비닐절연 네온전선

28. 옥외용 비닐절연전선의 약호(기호)는?

① VV

② DV

③ OW

④ NR

| 해설

① VV : 0.6/1[kV] 비닐절연 비닐시스 케이블

② DV : 인입용 비닐절연전선

③ OW : 옥외용 비닐절연전선

④ NR : 450/750[V] 일반용 단심 비닐절연전선

정답   23 ②   24 ③   25 ③   26 ③   27 ③   28 ③

29. ACSR 약호의 품명은?

① 경동연선 　　　② 중공연선
③ 알루미늄선 　　④ 강심알루미늄연선

| 해설
Aluminum Conductor Steel Reinforced
강심알루미늄연선

30. 전선 약호가 VV인 케이블의 종류로 옳은 것은?

① 0.6/1[kV] 비닐절연 비닐시스 케이블
② 0.6/1[kV] EP 고무절연 클로로프렌시스 케이블
③ 0.6/1[kV] EP 고무절연 비닐시스 케이블
④ 0.6/1[kV] 비닐절연 비닐캡타이어 케이블

| 해설
① VV
② PN
③ PV
④ VCT

31. 450/750[V] 일반용 단심 비닐절연전선의 약호는?

① NRI 　　　② NF
③ NFI 　　　④ NR

| 해설
전선 약호(내선규정 부록 100－2)
① NRI : 300/500[V] 기기 배선용 단심 비닐절연전선
② NF : 450/750[V] 일반용 유연성 단심 비닐절연전선
③ NFI : 300/500[V] 기기 배선용 유연성 단심 비닐
　　절연전선
④ NR : 450/750[V] 일반용 단심 비닐절연전선

32. 절연전선의 피복에 "15[kV] NRV"라고 표시되어 있다. 여기서 NRV는 무엇을 나타내는 약호인가?

① 형광등 전선
② 고무절연 폴리에틸렌 시스 네온전선
③ 고무절연 비닐시스 네온전선
④ 폴리에틸렌 절연 비닐시스 네온전선

| 해설
① FL : 형광방전등용 비닐전선
② NRC : 고무절연 클로로프렌 시스 네온전선
③ NRV : 고무절연 비닐시스 네온전선
④ NEV : 폴리에틸렌 절연 비닐시스 네온전선

33. 절연물 중에서 가교폴리에틸렌(XLPE)과 에틸렌프로필렌고무혼합물(EPR)의 허용온도[℃]는?

① 70(전선) 　　② 90(전선)
③ 95(전선) 　　④ 105(전선)

| 해설
절연물의 최고허용온도
㉠ 염화비닐(PVC) : 70℃
㉡ 가교폴리에틸렌(XLPE) : 90℃
㉢ 에틸렌프로필렌고무혼합물(EPR) : 90℃

34. 구리 전선과 전기 기계기구 단자를 접속하는 경우에 진동 등으로 인하여 헐거워질 염려가 있는 곳에는 어떤 것을 사용하여 접속하여야 하는가?

① 정 슬리브를 끼운다.
② 평와셔 2개를 끼운다.
③ 코드 패스너를 끼운다.
④ 스프링 와셔를 끼운다.

| 해설
진동이 심해 접속단자가 풀릴 우려가 있는 경우에는 이중
너트 또는 스프링 와셔를 사용한다.

정답　29 ④　30 ①　31 ④　32 ③　33 ②　34 ④

35. 진동이 심한 전기 기계·기구의 단자에 전선을 접속할 때 사용되는 것은?

① 커플링   ② 압착단자

③ 링 슬리브   ④ 스프링 와셔

| 해설

진동이 심해 접속단자가 풀릴 우려가 있는 경우에는 이중 너트 또는 스프링 와셔를 사용한다.

36. 전선과 기구단자와의 접속에 관한 다음의 설명 중 틀린 것은?

① 전선을 나사로 고정할 경우에 진동 등으로 헐거워질 우려가 있는 장소는 2중 너트, 스프링 와셔 및 나사풀림 방지기구가 있는 것을 사용한다.

② 전선을 1본만 접속할 수 있는 구조의 단자는 보조기구를 써서라도 2본의 전선을 접속한다.

③ 기구단자가 누름나사형, 크램프형이거나 이외 유사한 구조가 아닌 경우에는 단면적 6[mm²]를 초과하는 연선에 터미널리그를 부착할 것

④ 접속점에 장력이 걸리지 않도록 시설할 것

| 해설

전기사용 기계기구와의 접속(KEC 234.4.3)
전선을 1본만 접속할 수 있는 구조의 단자는 2본 이상의 전선을 접속하지 말 것

37. 점착성은 없으나 절연성, 내온성 및 내유성이 있어 연피 케이블 접속에 사용되는 테이프는?

① 고무 테이프   ② 리노 테이프

③ 비닐 테이프   ④ 자기 융착 테이프

| 해설

리노 테이프
건조한 목면 위에 절연성 니스를 몇 차례 칠한 다음 건조시킨 것으로 점착성은 없으나, 내온성, 내유성 및 절연내력이 뛰어난 테이프로 연피케이블 접속 시에 사용한다.

38. 테이프를 감을 때 약 1.2배 정도 늘려 감을 필요가 있는 것은?

① 비닐 테이프   ② 면 테이프

③ 리노 테이프   ④ 자기 융착 테이프

| 해설

자기 융착 테이프
㉠ 클로로프렌 외장 케이블 접속 시 사용
㉡ 테이프를 감을 때 약 1.2배 정도 늘려서 감는다.

정답   35 ④   36 ②   37 ②   38 ④

01 개폐기(Switch)

1 나이프 스위치(Knife Switch)

(1) 나이프 스위치(KS)는 사용 시에 감전의 우려가 있어서 일반용으로 사용할 수 없고, 전기실과 같이 취급자만 출입하는 장소의 배전반이나 분전반 등에 설치하여 사용한다.

(2) 나이프 스위치 구분

명칭	약호	사진	심벌
단극 단투형	SPST	–	
단극 쌍투형	SPDT	–	
2극 단투형	DPST		
2극 쌍투형	DPDT		
3극 단투형	TPST		
3극 쌍투형	TPDT		

【표 1】 나이프 스위치의 구분

① 전선접속 단자의 위치에 따라 : 표면 접속형, 이면 접속형
② 전선접속선 수에 따라 : 2극(Double pole), 3극(Triple pole)
③ 나이프를 넣는 방향에 따라 : 단투(Single throw), 쌍투(Double throw)

② 커버 나이프 스위치(Enclosed Knife Switch)

(a) 커버 나이프 스위치   (b) 고리 퓨즈

【그림 1】 커버 나이프 스위치와 퓨즈

(1) 나이프 스위치 앞면에 감전을 방지할 목적으로 충전부를 덮은 스위치를 말한다.

(2) 커버 나이프 스위치는 커버를 열지 않고 수동으로 개폐하며 전등, 전열, 동력용의 인입 개폐기 또는 분기 개폐기로 사용된다.

③ 점멸 스위치와 타임 스위치 등의 시설

(1) 가정용 전등에는 등기구마다 점멸 스위치를 전압측 전선에 설치하여야 한다. 만약 중성선에 설치할 경우 스위치를 개방(open)시켜도 미세한 불빛이 남아 있는 잔광현상이 발생할 수 있다.

구분	스위치 개로	스위치 폐로
문자의 식별	개 또는 OFF	폐 또는 ON
색의 식별	녹색 또는 흑색	적색 또는 백색

【표 2】 점멸기 상태 표시

(2) 사무실, 공장, 상점, 병원, 기타 이와 유사한 장소에는 부분 조명이 가능하도록 여러 개의 전등 군으로 나누어 1개의 점멸기에 속하는 등기구 수는 6개 이내로 하여야 한다(KEC 규정에서는 삭제됨).

(3) 호텔 또는 여관 객실 입구에는 센서등(타임 스위치 포함)을 시설하여야 한다.

    ① 숙박업 객실의 입구등 : 1분 이내 소등

    ② 주택 및 아파트 현관등 : 3분 이내 소등

④ 점멸 스위치의 종류

(1) 텀블러 스위치(tumbler switch)

    ① 형식 : 노브(knob)를 위아래로 움직여 점멸하는 스위치

    ② 종류 : 벽이나 기둥 등에 시설한 박스 안에 설치하는 매입형과 벽이나 기둥 등의 바깥면에 직접 붙이는 노출형이 있다.

    ③ 타입 : 단로 스위치, 3로 스위치, 4로 스위치

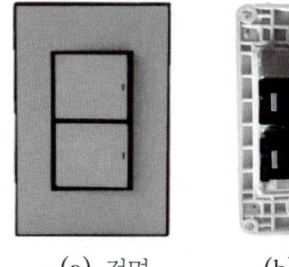  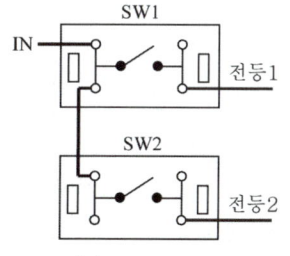

(a) 전면   (b) 후면   (c) 전등 배선

【그림 2】 매입형 텀블러 스위치

(2) 로터리 스위치(rotary switch)

    ① 형식 : 회전 스위치라고도 하며, 노브를 좌우로 돌려가며 개로나 폐로 또는 강약을 조절하여 점멸하는 스위치

    ② 특징 : 저항선이나 전구를 직·병렬로 접속 변경하여 발열량 또는 광도를 조절할 수 있는 형태의 스위치이다.

(3) 누름 단추 스위치(push button switch)

    ① 용도 : 매입형 스위치로 원격조정장치나 소세력 회로에 사용한다.

    ② 특징 : 2개의 단추가 있어서 단추 스위치라고도 하며 위의 것을 누르면 점등과 동시에 밑에 있는 빨간 단추가 튀어나오는 연동장치(inter locking device)로 되어 있다.

(4) 풀 스위치(pull switch)

    ① 형식 : 노출형 스위치로 손이 닿는 데까지 늘어져 있는 끈을 당기면 한번은 개로, 다음은 폐로가 되는 스위치를 말한다.

    ② 특징 : 주로 형광등에 부착하여 사용하며 재료가 절약되고 감전의 우려가 없다.

(5) 캐노피 스위치(canopy switch)

    ① 형식 : 풀 스위치의 한 종류로서, 조명기구의 캐노피(플랜지) 안에 스위치가 시설되어 있는 것

    ② 특징 : 당김줄은 황동제의 쇠사슬이나 베실 등을 사용하며 사용하기 편리하도록 적당한 손잡이를 달아놓는다.

(6) 코드 스위치(cord switch)

    ① 형식 : 전기기구의 코드 도중에 넣어 회로를 개폐하는 것으로, 중간스위치라고 한다.

    ② 용도 : 선풍기나 전기스탠드 등에 주로 사용한다.

(7) 팬던트 스위치(pendant switch)

    ① 용도 : 전등을 하나씩 따로 점멸하는 곳에 사용한다.

    ② 특징 : 코드의 끝에 붙여 버튼식으로 점멸시킨다.

(8) 도어 스위치(door switch)

    ① 형식 : 문에 달거나 문기둥에 매입하여 문을 열고 닫음에 따라 자동적으로 회로를 개폐하는 스위치

    ② 용도 : 도어 스위치를 창문, 출입문, 금고문 등에 달아 도난 경보기와 연계하여 사용한다.

(9) 토글(스냅) 스위치(toggle switch 또는 snap switch)

    ① 형식 : 노브를 상하로 움직여 점멸하는 스위치

    ② 특징 : 노출형

(10) 리미트 스위치(limit switch)

    ① 형식 : 접촉자(둥근 부분)에 물체가 닿으면 접점이 개폐되도록 되어 있어 기계적 동작의 한계점에 위치시켜 접점을 on, off 시켜주는 스위치

    ② 용도 : 컨베이어 벨트, 승강기, 수위조절 등에 사용한다.

(11) 히터 스위치(heater switch)

    ① 형식 : 로터리 스위치의 일종으로 2개의 연선을 직렬이나 병렬로 접속 변경하는 것으로 3단 스위치라고 한다.

    ② 접속 단자 : 단극식, 쌍극식

커버 나이프 스위치(KS)	텀블러 스위치(매입형)	단로와 3로 스위치	텀블러 스위치(노출형)	누름 단추 스위치	로터리 스위치
풀 스위치	코드 스위치	팬던트 스위치	도어 스위치	토글(스냅) 스위치	리미트 스위치

【그림 3】점멸 스위치의 종류

5 동극 점멸(전환) 방식

(1) 2개소 점멸

① 3로 스위치 2개를 이용하여 2개소에서 전등을 제어한다.

② 회로도

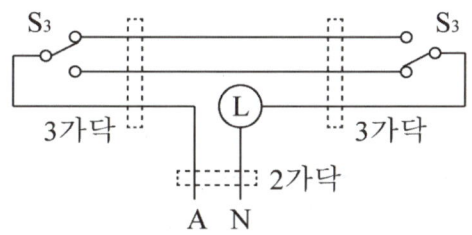

【그림 4】2개소 점멸

(2) 3개소 이상 점멸

① 전등을 3개소 이상에서 제어하기 위해서는 【그림 5】와 같이 2개의 3로 스위치 사이에 4로 스위치를 설치하여 제어할 수 있다. 즉, 전등을 5개소에서 제어하기 위해서는 3로 스위치 2개와 4로 스위치가 필요하다.

② 회로도

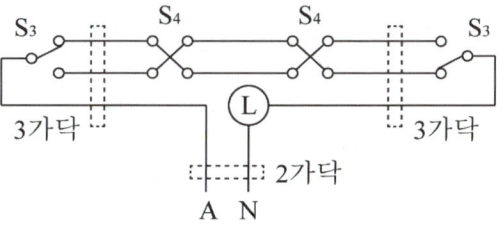

【그림 5】4개소 점멸

1 콘센트(Concentric Plug 또는 Outlet)

(1) 시설조건

전기배선과 코드의 접속에 쓰는 기구로, 벽이나 기둥의 표면에 부착하는 노출형 콘센트와 벽이나 기둥에 매입하여 시설하는 매입형 콘센트가 있으며 시설조건은 아래와 같다.

① 콘센트는 꽂음형 또는 걸림형의 것을 사용할 것

② 일반적인 옥내 장소에 시설 시 바닥면상 이격 거리는 30[cm] 정도 높이를 유지할 것

③ 옥측의 우선 외 또는 옥외에 시설하는 경우 지상 1.5[m] 이상의 높이에 시설하고 방수함 속에 넣거나 방수형 콘센트를 사용할 것

④ 욕실 내에 콘센트를 설치하는 경우 방수형의 것을 사용하면서 사람이 쉽게 접촉되지 아니하는 위치에 바닥면상 80[cm] 이상으로 할 것

⑤ 전기세탁기용과 전기조리대용의 콘센트는 접지극이 부착되어 있는 것을 사용하거나 콘센트 박스에 접지용 단자가 있는 것을 사용할 것

(2) 종류

① 방수용 콘센트 : 물이 들어가지 않도록 마개를 덮을 수 있는 구조

② 플로어 콘센트 : 플로어 덕트 공사 및 기타에 사용하는 방바닥용 콘센트로 물이 들어가지 않도록 마개가 붙어 있다.

③ 턴−로크(turn−lock) 콘센트 : 플러그가 빠지는 것을 방지하기 위하여 플러그를 끼우고 약 90°쯤 돌려두면 빠지지 않는다.

(3) 각종 콘센트 심벌

벽붙이용	천장 부착용	바닥 부착용	20A 이상
$\bigcirc$	$\odot$	$\bigcirc$	$\bigcirc_{20A}$
2구 콘센트	3구 콘센트	3극 콘센트	빠짐 방지형
$\bigcirc_2$	$\bigcirc_3$	$\bigcirc_{3P}$	$\bigcirc_{LK}$
걸림형	타이머 붙이	접지극 붙이	접지단자붙이
$\bigcirc_T$	$\bigcirc_{TM}$	$\bigcirc_E$	$\bigcirc_{ET}$
누전차단기붙이	방수형	방폭형	의료용
$\bigcirc_{EL}$	$\bigcirc_{WP}$	$\bigcirc_{EX}$	$\bigcirc_H$

【표 3】 콘센트 그림기호(심벌)

2 플러그(Plug)

(1) 코드 접속기(cord connection)

코드를 상호 접속할 때 사용하며, 플러그와 커넥터 바디로 구성되어 있다.

(2) 멀티탭(multi tap)

하나의 콘센트에 둘 이상의 기구를 연결할 때 사용한다.

(3) 테이블 탭(table tap)

코드의 길이가 짧을 때 연장하여 사용하는 것으로, 익스텐션 코드(extension cord)라고도 한다.

(4) 아이언 플러그(iron plug)

전기다리미나 온탕기 등에 사용하며, 코드의 한쪽은 꽂임 플러그로 되어 있어서 전원 콘센트에 연결하고, 다른 한쪽은 아이언 플러그가 달려서 전기기구에 끼운다.

(5) 작업등

자동차 수리공장 등에서 사용한다.

3 소켓과 리셉터클

(1) 키 소켓

① 용도 : 전구를 끼워 사용하는 것으로, 코드의 끝에 붙여 점멸장치인 키가 같이 달려있어 개폐기를 달지 않아도 되므로 재료가 절약된다.

② 종류 : 키리스 소켓, 누름 단추 소켓, 방수용 소켓, 풀 소켓, 분기켓 등이 있다.

(2) 키 리스 소켓

① 전구를 끼울 수 있는 소켓으로 코드 끝에 연결한다.

② 용도 : 먼지가 많은 장소에 사용된다.

(3) 리셉터클

① 코드 없이 천장이나 벽에 직접 붙이는 일종의 소켓으로, 주로 천장 조명이나 글로브 조명 시 안에 부착하여 사용한다.

② 특징 : 전선을 접속할 때 전원측 전선을 중심 접촉면에 접속해야 한다.

(4) 로우젯(rosette)

① 천장 속의 옥내배선과 전등기구의 코드를 접속하는 기구의 한 종류로, 주로 베니어판 천장에 절연전선 인출용 구멍에 부착하여, 절연전선과 등기구의 코드를 접속하는 보통 천장 형광등에 많이 사용한다.

② 특징 : 절연테이프를 감지 않고 등기구 교체할 수 있는 편리성은 있지만 1980년대 초반 이후로 사용하지 않는다.

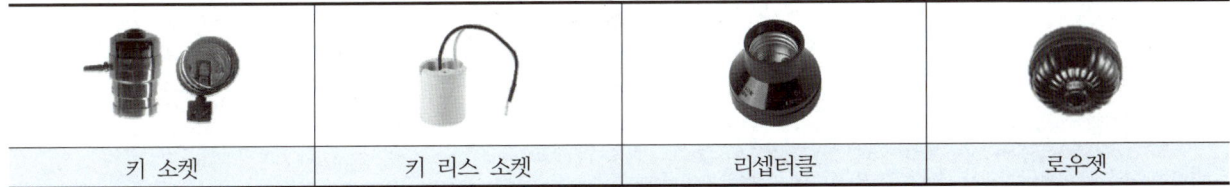

| 키 소켓 | 키 리스 소켓 | 리셉터클 | 로우젯 |

【그림 6】 소켓과 리셉터클

1 측정용 계기

(1) 와이어 게이지

전선의 굵기 및 원형 도체의 굵기를 측정하는 데 사용하는 계기로, 측정하고자 하는 전선을 홈에 끼워 굵기 등을 측정할 수 있다.

(2) 마이크로 미터

미소한 길이까지 측정할 수 있는 계기로 전선의 굵기, 철판 또는 구리판 등의 두께를 측정하는 것으로 원형 눈금을 합하여 읽는다.

(3) 버니어 캘리퍼스

어미자와 아들자의 눈금을 이용하여 전선의 굵기 및 원형 도체의 두께, 안지름, 바깥지름까지 측정할 수 있는 계기로 아날로그와 디지털 계기가 있다.

(4) 절연저항계(megger)

전선로 및 전기기기 등의 전기설비의 절연저항을 측정하여 설비의 누전상태를 점검할 수 있다.

(5) 접지저항계(earth tester)

접지저항을 측정하는 장비로 2전극법과 3전극법이 있다.

(6) 후크 온 미터(클램프 미터)

통전 중의 전선에 흐르는 전류를 측정할 수 있는 장비로 교류전류는 측정이 가능하나 직류전류는 측정할 수 없다.

(7) 회로 시험기(멀티 테스터)

전압, 전류, 저항, 도통시험 등을 측정할 수 있는 장비를 말한다.

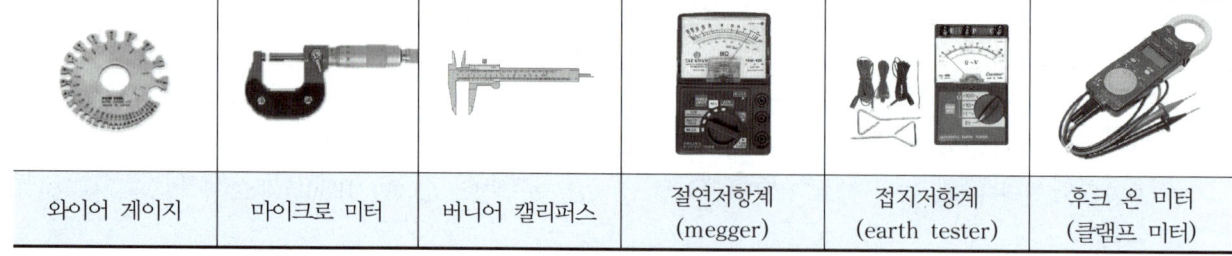

와이어 게이지	마이크로 미터	버니어 캘리퍼스	절연저항계 (megger)	접지저항계 (earth tester)	후크 온 미터 (클램프 미터)

【그림 7】측정용 계기

2 공사용 기구

(1) 펜치(cutting pliers)

① 철사나 전선을 끊거나 구부릴 때 사용하는 공구

② 크기 및 용도

　　㉠ 150[mm] : 소기구의 전선에 사용

　　㉡ 175[mm] : 일반 옥내 공사에 사용

　　㉢ 200[mm] : 일반 옥외 공사에 사용

(2) 와이어 스트리퍼(wire stripper)

① 절연전선의 피복절연물을 벗길 때 사용하는 공구

② 도체의 손상을 방지하기 위하여 정확한 크기의 구멍을 선택하여 피복 절연물을 벗겨야 한다.

(3) 전공 칼(jack knife)

① 전선의 피복 절연물을 벗길 때 사용하는 공구

② 피복을 벗길 때에는 20°의 각도로 연필을 깎듯이 피복 절연물을 벗긴다.

(4) 플라이어(plier)

① 금속관 공사 등에서 나사나 로크너트, 볼트·너트 등을 조여줄 때 사용하는 공구로, 슬리브 접속 등과 같은 전선 접속 시 펜치의 대용으로 사용할 수 있다.

② 펌프 플라이어(pump plier) : 파이프 렌치의 대용으로 사용된다.

③ 롱 노즈 플라이어(long nose plier) : 앞부분이 악어 입 모양으로 만들어져 있으며 소형기구에 사용하며, 악어펜치 또는 라디오 펜치라고도 한다.

(5) 스패너(spanner)

① 볼트·너트를 조이거나 풀 때 사용한다.

② 동일한 용도로 멍키 스패너와 라쳇렌치를 사용한다.

(6) 클리퍼(clipper 또는 cable cutter)

① 펜치로 절단하기 힘든 25[mm²] 이상의 케이블 등과 같은 굵은 전선이나 철선, 볼트 등을 절단하기 위한 공구이다.

② 굵은 전선은 펜치로 절단하기가 힘들어 클리퍼를 사용하거나 쇠톱으로 절단한다.

(7) 파이프 렌치(pipe wrench)

① 금속관을 커플링으로 접속할 때 금속관과 커플링을 물고 조일 때 사용하는 공구이다.

② 작업 시에는 2개의 파이프 렌치가 필요하다. 즉 하나의 파이프 렌치는 금속관을 잡아주고 다른 하나는 커플링을 잡고 조여준다.

(8) 쇠톱(hack saw)

① 전선관 및 굵은 전선을 끊을 때 사용하는 것으로 날과 틀로 구성되어 있다.

② 종류 : 20, 25, 30[cm]

(9) 프레셔 툴(pressure tool)

① 솔더리스(solderless) 커넥터 또는 솔더리스 터미널을 압착할 때 사용하며, 압착기라고도 한다.

② 종류 : 수동식(Y35), 유압기

(10) 히키 밴더(hickey bender)

① 지렛대 원리를 이용하여 금속관을 구부리는 공구이다.

② 구부리고자 하는 부분을 끼워서 조금씩 위치를 바꿔가며 구부린다.

(11) 파이프 바이스(pipe vise)

금속관을 절단하거나 금속관에 나사를 낼 때 관을 고정시키는 공구이다.

(12) 파이프 커터(pipe cutter)

① 금속관을 절단하는 공구이다.

② 파이프 커터로 금속관을 자르면 관 안쪽이 블록하게 되어 뒤처리가 어려워지므로 금속관은 쇠톱으로 자르는 것이 좋다. 만약, 금속관이 굵다면 파이프 커터로 80[%] 정도까지 자르고 나머지는 쇠톱으로 잘라 시간을 단축할 수 있다.

(13) 리머(reamer)

① 금속관을 쇠톱이나 커터로 끊은 다음, 관 안에 날카로운 것을 다듬는 공구이다.

② 돌보송곳에 끼워 사용하는 것을 리머 렌치라 한다.

(14) 오스터(oster)

① 금속관 끝에 나사를 내는 공구이며, 손잡이가 달린 래칫(ratchet)과 나사 날의 다이스(dise)로 구성되어 있다.

② 나사를 내는 부분에 기름을 한, 두 방울을 떨어뜨리면 마찰열로 인한 열화를 어느 정도 방지할 수 있다.

(15) 토치 램프(torch lamp)

전선을 납땜으로 접속하거나 합성수지관을 가공할 때 열을 가하는 장비로 사용한다.

(16) 도래 송곳(round gimlet)

벽, 목판, 전주, 완목 등에 구멍을 뚫을 때 사용하는 나사 송곳의 일종이다.

(17) 녹 아웃 펀치(knockout punch)

배전반이나 분전반 등의 금속제 캐비닛의 구멍을 확대하거나 철판의 구멍을 뚫을 때 사용하는 공구이다.

(18) 드라이브이트(drive-it)

내부에 화약을 충전하고 그 폭발력을 이용하여 경화 후의 콘크리트에 볼트나 특수못 등을 박아 넣는 공구이다. 대형의 권총형을 하고 있다.

(19) 피시 테이프

전선관에 전선을 넣기 위한 강철선을 말한다.

 펜치 (cutting pliers)	 와이어 스트리퍼 (wire stripper)	 전공 칼 (jack knife)	 플라이어 (plier)
 클리퍼 (절단기)	 프레셔 툴 (압착기, Y35)	 히키 밴더 (hickey bender)	 파이프 바이스 (pipe vise)
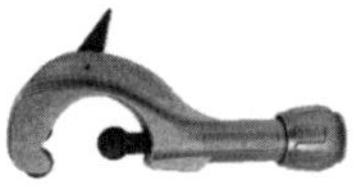 파이프 커터 (pipe cutter)	 리머 (reamer)	 오스터 (oster)	 토치 램프 (torch lamp)
 녹 아웃 펀치 (knockout punch)	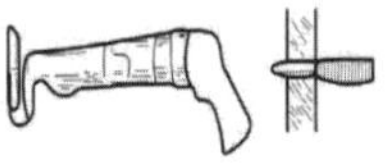 드라이브이트 툴 (drive-it tool)	 피시 테이프 (요비선)	 홀쏘 (hole saw)

【그림 8】 공사용 기구

3 저항 측정

(1) 저저항 측정(1[Ω] 이하)

① 전위강하법(전압·전류계법)

② 전위차계법

③ 켈빈더블 브리지법 : $10^{-5} \sim 1[\Omega]$ 정도의 저저항 정밀 측정, 굵은 나전선의 저항을 측정하는 방법이다.

(2) 중저항 측정(1[Ω]~10[kΩ] 정도)

① 머레이 루프법(휘트스톤 브리지법의 일종) : 수천 Ω의 가는 전선 저항을 측정하는 방법이다.

② 저항계(ohm meter)

③ 전위강하법(전압·전류계법)

㉠ 백열전구의 필라멘트 저항 측정(단, 백열상태에서는 광고온계를 이용한다.)

㉡ 발전기나 변압기 권선 저항 측정

(3) 특수 저항 측정

① 검류계의 내부 저항 측정 : 휘트스톤 브리지법

② 전지의 내부 저항 측정 : 전압계법, 전류계법, 콜라우시 브리지법

③ 전해액의 저항 측정 : 콜라우시 브리지법, 슈트라우스와 헨더슨법

④ 접지저항의 측정 : 접지저항계, 콜라우시 브리지법, 비헤르트법

※ 출제예상문제는 기출분석을 바탕으로 자주 출제되는 유형을 선별하였습니다.

01. 다음 중 3로 스위치를 나타내는 그림 기호는?

① ●EX ② ●3

③ ●2P ④ ●15A

| 해설
① 방폭형
③ 2극 스위치
④ 정격 15A 스위치

02. 가정용 전등에 사용되는 점멸기(스위치)를 설치하여야 할 위치에 대한 설명으로 가장 적당한 것은?

① 접지측 전선에 설치한다.
② 중성선에 설치한다.
③ 부하의 2차측에 설치한다.
④ 전압측 전선에 설치한다.

| 해설
점멸기(스위치)는 반드시 전압측에 설치하여야 한다. 만약 중성선(N) 또는 접지측 전선에 설치하면 잔광현상이 발생된다.

03. 조명용 백열전등을 호텔 또는 여관 객실의 입구에 설치할 때나 일반주택 및 아파트 각 호실의 현관에 설치할 때 반드시 설치해야 할 스위치는?

① 로터리 스위치 ② 텀블러 스위치
③ 타임 스위치 ④ 버튼 스위치

| 해설
센서등(타임 스위치 포함)의 시설 (KEC 234.6)
㉠ 숙박업 객실의 입구등 : 1분 이내 소등
㉡ 주택 및 아파트 현관등 : 3분 이내 소등

04. 일반주택 및 아파트 각 호실의 현관등과 같은 조명용 백열전등을 설치할 때에는 타임 스위치를 시설하여야 한다. 몇 분 이내에 소등되는 것이어야 하는가?

① 1 ② 3
③ 5 ④ 7

| 해설
점멸기의 시설 (KEC 234.6)
㉠ 「관광진흥법」과 「공중위생관리법」에 의한 관광숙박업 또는 숙박업(여인숙업을 제외한다)에 이용되는 객실의 입구등은 1분 이내에 소등되는 것
㉡ 일반주택 및 아파트 각 호실의 현관등은 3분 이내에 소등되는 것

05. 물탱크의 물의 양에 따라 동작하는 자동스위치는?

① 부동 스위치 ② 압력 스위치
③ 타임 스위치 ④ 3로 스위치

| 해설
물탱크의 수위를 조절하는 스위치
: 부동(float) 스위치, 플로트레스 스위치

06. 전등 1개를 2개소에서 점멸하고자 할 때 3로 스위치는 최소 몇 개 필요한가?

① 4개 ② 3개
③ 2개 ④ 1개

| 해설
동극 점멸 방식

구분	3로 스위치	4로 스위치
2개소 점멸	2	0
3개소 점멸	2	1
4개소 점멸	2	2

정답 01 ② 02 ④ 03 ③ 04 ② 05 ① 06 ③

07. 한 개의 전등을 두 곳에서 점멸하고자 할 때 사용하는 배선으로 옳은 것은?

①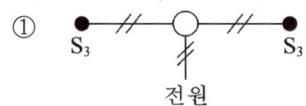
　　S_3　　　　　　　S_3
　　　　　전 원

② 　S_3　　　　　　　S_3
　　　　　전 원

③
　　S_3　　　　　　　S_3
　　　　　전 원

④ 　S_3　　　　　　　S_3
　　　　　전 원

| 해설
동극 점멸 방식

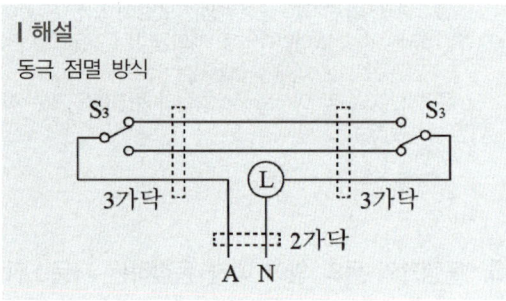

　　S_3　　　　　　　　　　S_3
　　　　　　　Ⓛ
　3가닥　　　　　　　　　3가닥
　　　　　2가닥
　　　　A　N

08. 다음 중 방수형 콘센트의 심벌은?

①  E　　　②  WP

③  EX　　④  H

| 해설
문제의 콘센트 심벌은 다음과 같다.
① 접지극 붙이 콘센트
② 방수형 콘센트
③ 방폭형 콘센트
④ 의료용 콘센트

09. 하나의 콘센트에서 동시에 수많은 전기기구를 사용할 수 있는 구조의 접속기는?

① 노출형 콘센트　　　② 멀티탭
③ 키리스 소켓　　　　④ 아이언 플러그

| 해설
㉠ 멀티탭 : 하나의 콘센트에 둘 이상의 기구를 연결할 때 사용한다.
㉡ 키리스 소켓 : 전구를 끼울 수 있는 소켓으로 먼지가 많은 장소에 사용한다.
㉢ 아이언 플러그 : 전기다리미나 온탕기 등에 사용한다.
㉣ 테이블 탭(익스텐션 코드) : 코드의 길이가 짧을 때 연장하여 사용

10. 220[V] 옥내 배선에서 백열전구를 노출로 설치할 때 사용하는 기구는?

① 리셉터클　　　　　② 테이블 탭
③ 콘센트　　　　　　④ 코드 커넥터

| 해설
리셉터클(receptacle)
코드 없이 천장이나 벽에 직접 붙이는 소켓

11. 다음 중 전선의 굵기를 측정할 때 사용되는 것은?

① 와이어 게이지　　　② 파이어 포트
③ 스패너　　　　　　④ 프레셔 툴

| 해설
① 와이어 게이지 : 전선의 굵기 및 원형 도체의 굵기를 측정할 때 사용하는 계기이다.
② 파이어 포트 : 운반이 가능한 가열기로, 가솔린을 연료로 사용하는 버너형식이 많고 납이나 땜납을 용해할 때 사용한다.
③ 스패너 : 볼트·너트를 조이거나 풀 때 사용한다.
④ 프레셔 툴 : 솔더리스(solderless) 커넥터 또는 솔더리스 터미널을 압착할 때 사용하며, 압착기라고도 한다.

12. 어미자와 아들자의 눈금을 이용하여 두께, 깊이, 안지름 및 바깥지름 측정용으로 사용하는 것은?

① 채널 지그　　② 버니어 캘리퍼스
③ 스태핑 머신　　④ 스트레인 게이지

│해설
버니어 캘리퍼스(어미자와 아들자로 구성)

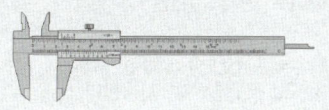

13. 다음 중 접지저항의 측정에 사용되는 측정기의 명칭은?

① 회로 시험기　　② 변류기
③ 검류기　　　　④ 어스테스터

│해설
① 회로 시험기 : 회로의 전압, 전류, 저항 등을 측정하는 기기
② 변류기 : 대전류를 소전류로 변성시키는 기기
③ 검류기 : 매우 약한 전류를 측정하는 기기
④ 어스테스터 : 접지저항측을 측정하는 기기

14. 다음 중 옥내에 시설하는 저압 전로와 대지 사이의 절연저항 측정에 사용되는 계기는?

① 멀티 테스터　　② 메거
③ 어스 테스터　　④ 훅 온 미터

│해설
㉠ 멀티 테스터 : 전압, 전류, 저항 등을 측정
㉡ 메거(절연저항계) : 절연저항을 측정
㉢ 어스 테스터 : 접지저항을 측정
㉣ 훅 온 미터 : 교류전류를 측정

15. 옥내배선 공사에서 절연전선의 피복을 벗길 때 사용하면 편리한 공구는?

① 드라이버　　　② 플라이어
③ 압착 펜치　　　④ 와이어 스트리퍼

│해설
① 드라이버 : 나사못을 돌려서 박거나 빼는 기구
② 플라이어 : 금속관 공사 등에서 나사나 로크너트, 볼트, 너트 등을 조여줄 때 사용하는 공구
③ 프레셔 툴(압착 펜치) : 전선에 압착 단자를 접속시키는 공구
④ 와이어 스트리퍼 : 전선의 피복을 벗길 때 사용하는 공구

16. 굵은 전선이나 케이블을 절단할 때 사용되는 공구는?

① 클리퍼　　　　② 펜치
③ 나이프　　　　④ 플라이어

│해설
굵은 전선이나 케이블을 절단할 때 사용되는 공구는 클리퍼이다.

17. 배전반 및 분전반과 연결된 배관을 변경하거나 이미 설치되어 있는 캐비닛에 구멍을 뚫을 때 필요한 공구는?

① 오스터　　　　② 녹 아웃 펀치
③ 토치 램프　　　④ 클리퍼

│해설
① 오스터 : 금속관 끝에 나사를 내는 공구
② 녹 아웃 펀치 : 유압에 의해 철판에 구멍을 뚫는 공구
③ 토치 램프 : 전선을 납땜으로 접속하거나 합성수지관을 가공할 때 열을 가하는 장비
④ 클리퍼 : 굵은 전선이나 케이블을 절단할 때 사용하는 공구(절단기)

정답　12 ②　13 ①　14 ②　15 ④　16 ①　17 ②

18. 녹 아웃 펀치(knockout punch)와 같은 용도의 것은?

① 리머(reamer)　　② 벤더(bender)
③ 클리퍼(cliper)　　④ 홀소우(hole saw)

| 해설
① 리머 : 금속관을 쇠톱이나 커터로 끊은 다음, 관 안에 날 카로운 것을 다듬는 공구
② 벤더 : 금속관을 구부리는 공구
③ 클리퍼 : 굵은 전선을 절단할 때 사용하는 가위(절단기)
④ 홀소우 : 구멍을 뚫을 때 사용하는 공구

19. 금속관을 절단할 때 사용되는 공구는?

① 오스터　　　　② 녹 아웃 펀치
③ 파이프 커터　　④ 파이프 렌치

| 해설
① 오스터 : 금속관 끝에 나사를 내는 공구
② 녹 아웃 펀치 : 유압에 의해 철판에 구멍을 뚫는 공구
③ 파이프 커터 : 금속관을 절단하는 공구
④ 파이프 렌치 : 관을 설치할 때 관의 나사를 돌리는 공구

20. 금속관 배관공사를 할 때 금속관을 구부리는 데 사용하는 공구는?

① 히키(hickey)
② 파이프 렌치(pipe wrench)
③ 오스터(oster)
④ 파이프 커터(pipe cutter)

| 해설
① 히키 : 금속관을 구부리는 공구
② 파이프 렌치 : 관을 설치할 때 관의 나사를 돌리는 공구
③ 오스터 : 금속관 끝에 나사를 내는 공구
④ 파이프 커터 : 금속관을 절단하는 공구

21. 금속관 절단면에 대한 다듬기에 쓰이는 공구는?

① 리머　　　　　② 파이프 렌치
③ 홀소우　　　　④ 프레셔 툴

| 해설
① 리머 : 금속관을 쇠톱이나 커터로 끊은 다음, 관 안 에 날카로운 것을 다듬는 공구
② 파이프 렌치 : 관을 설치할 때 관의 나사를 돌리는 공구
③ 홀소우 : 목재에 구멍을 뚫을 때 사용하는 공구로 전 동드릴에 결합하여 사용한다.
④ 프레셔 툴 : 솔더리스 커넥터 또는 솔더리스 터미널 을 압찰할 때 사용하며, 압착기라고도 한다.

22. 금속관 공사에 필요한 공구가 아닌 것은?

① 스트리퍼　　　② 파이프 바이스
③ 리머　　　　　④ 오스터

| 해설
① 와이어 스트리퍼 : 절연전선의 피복절연물을 벗길 때 사용하는 공구
② 파이프 바이스 : 금속관을 절단하거나 금속관에 나사 를 낼 때 관을 고정시키는 공구
③ 리머 : 금속관을 쇠톱이나 커터로 끊은 다음, 관 안에 날카로운 것을 다듬는 공구
④ 오스터 : 금속관 끝에 나사를 내는 공구

23. 전선에 압착 단자 접촉 시 사용되는 공구는?

① 프레셔 툴　　　② 와이어 스트리퍼
③ 클리퍼　　　　④ 니퍼

| 해설
① 프레셔 툴 : 솔더리스 커넥터 또는 솔더리스 터미널 을 압착할 때 사용하며, 압착기라고도 한다.
② 와이어 스트리퍼 : 절연전선의 피복절연물을 벗길 때 사용하는 공구
③ 클리퍼 : 펜치로 절단하기 힘든 25[mm²] 이상의 케 이블 등과 같은 굵은 전선이나 철선, 볼트 등을 절단 하기 위한 공구
④ 니퍼 : 가는 전선이나 철사 등 선재를 절단할 때 사 용하는 공구

정답　18 ④　19 ③　20 ①　21 ①　22 ①　23 ①

24. 금속 전선관 작업에서 나사를 낼 때 필요한 공구는 어느 것인가?

① 히키 벤더　　　② 볼트 클리퍼
③ 오스터　　　　④ 파이프 렌치

| 해설
① 히키 벤더 : 금속관을 구부리는 공구
② 볼트 클리퍼 : 굵은 전선을 절단할 때 사용하는 가위 (절단기)
③ 오스터 : 금속관 끝에 나사를 내는 공구
④ 파이프 렌치 : 관을 설치할 때 관의 나사를 돌리는 공구

25. 큰 건물의 공사에서 콘크리트에 구멍을 뚫어 드라이브 핀을 경제적으로 고정하는 공구는?

① 스패너　　　　② 드라이브이트 툴
③ 오스터　　　　④ 녹 아웃 펀치

| 해설
전기 공사용 공구
① 스패너 : 너트를 죄고 푸는 데 사용
② 드라이브이트 툴 : 화약의 폭발력을 이용하여 콘크리트에 구멍을 뚫는 공구
③ 오스터 : 금속관 끝에 나사를 내는 공구
④ 녹 아웃 펀치 : 전기 박스 또는 판넬에 구멍을 만드는 데 사용되는 공구

26. 콘크리트 조영재에 볼트를 시설할 때 필요한 공구는?

① 파이프 렌치　　② 볼트 클리퍼
③ 노크 아웃 펀치　④ 드라이브이트

| 해설
① 파이프 렌치 : 금속관을 커플링으로 접속할 때 커플링을 물고 죄는 공구
② 볼트 클리퍼 : 전선, 철선, 강철류를 절단하는 작업하는 공구(절단기)
③ 노크 아웃 펀치 : 유압에 의해 철판에 구멍을 뚫는 공구
④ 드라이브이트(drive-it) : 대형의 권총의 형태로 내부에 화약을 충전하여 그 폭발력을 이용하여 경화 후의 콘크리트에 볼트나 특수 못을 박을 때 사용하는 공구

27. 접지저항을 측정하는 방법은?

① 휘트스톤 브리지법　② 켈빈 더블 브리지법
③ 콜라우시 브리지법　④ 테스터법

| 해설
㉠ 검류계의 내부저항 측정 : 휘트스톤 브리지법
㉡ 전지의 내부 저항 측정 : 전압계법, 전류계법, 콜라우시 브리지법
㉢ 전해액의 저항 측정 : 콜라우시 브리지법, 슈트라우스와 헨더슨법
㉣ 접지저항의 측정 : 접지저항계, 콜라우시 브리지법

28. 접지저항 측정방법으로 가장 적당한 것은?

① 절연저항　　　　② 전력계
③ 교류의 전압, 전류계　④ 콜라우시 브리지

| 해설
접지저항의 측정
접지저항계, 콜라우시 브리지법

29. 접지 막대기 2개와 동판과 계기를 도선을 연결하여 절환스위치로 검류계의 지침이 "0"이 되게 하여 접지저항을 측정하는 기기는?

① 콜라우시 브리지　　② 켈빈더블 브리지
③ 휘트스톤 브리지　　④ 접지저항계

| 해설
접지저항의 측정
접지저항계, 콜라우시 브리지법

01   배선설비 공사방법의 종류

① 전선관 시스템(Conduit System)

(1) 합성수지관 공사

(2) 금속관 공사

(3) 가요전선관 공사

② 케이블 트렁킹 시스템(Cable Trunking System)

(1) 합성수지 몰드 공사

(2) 금속 몰드 공사

(3) 금속 트렁킹 공사

(4) 케이블 트렌치 공사

③ 케이블 덕팅 시스템(Cable Duction System)

(1) 금속 덕트 공사

(2) 플로어 덕트 공사

(3) 셀룰러 덕트 공사

④ 케이블 트레이 시스템(Cable Tray System)

⑤ 케이블공사

⑥ 애자공사

1 일반사항

(1) 절연전선 또는 케이블을 설치하기 전에 그 연결구간은 완전하게 시공하여 전선 및 케이블 입선 후 박스 전선관 연결 작업으로 발생할 수 있는 전선의 손상을 방지하여야 한다.

(2) 전선의 손상을 방지하기 위하여 전선관 내에 전선이나 케이블 포설 시 전선관 내의 물 등 이물질을 완전히 제거한 후 포설하도록 한다. 이는 물 등의 이물질로 인하여 향후 절연전선 또는 케이블의 피복이 약한 부분에서 절연파괴현상이 발생할 수 있기 때문이다.

(3) 전선관 내에 절연전선 또는 케이블을 설치하기 전에 절연체에 유해한 실리콘유를 함유한 윤활유 등은 사용해서는 안 된다. 절연체에 유해한 실리콘유가 함유된 윤활유 등을 사용하면, 절연체의 열화를 촉진하여 절연이 파괴될 수 있다.

(4) 수직으로 배관한 전선관 내부에 전선이나 케이블을 수직포설하면, 전선 및 케이블의 자체중량으로 인해 전선이나 케이블이 손상될 수 있으므로 일정 간격마다 중간 접속함 등에서 전선이나 케이블을 지지하여야 한다.

2 합성수지관공사

(1) 합성수지관의 종류

① 경질비닐전선관 : HI−VE, VE

② 파상형 폴리에틸렌 가요전선관 : FEP(지중매설용)

③ 합성수지제 가요전선관 : PE관, CD관, CD−P관, PF−P관

(2) 시설조건

① 전선은 절연전선(옥외용 비닐절연전선 제외) 또는 케이블을 사용하여야 한다.

② 전선은 단면적 $10[mm^2]$(알루미늄선은 단면적 $16[mm^2]$)를 초과하는 것은 연선이어야 한다.

③ 합성수지관 내에서는 전선 등의 접속점이 없도록 하여야 한다.

④ 합성수지관 배선은 중량물의 압력 또는 현저한 기계적 충격을 받을 우려가 없도록 시설하여야 한다. 다만, 적당한 방호장치를 하는 경우에는 가능하다(콘크리트 매입의 경우 중량물의 압력을 받는 곳으로 보지 않는다).

> **참고** **옥외용 비닐절연전선 제외**
>
> 옥외용 비닐절연전선은 절연체의 두께가 일반용 단심 비닐절연전선에 비하여 50~75% 정도이기 때문에 가공전선에 주로 사용된다.

(3) 합성수지관공사 가용 장소

옥내						옥측 / 옥외	
노출 장소		은폐 장소				우선 내	우선 외
		점검 가능		점검 불가능			
①	②	①	②	①	②		
○	○	○	○	○	○	○	○

여기서, ① 건조한 장소   ② 습기가 많은 장소 또는 물기가 있는 장소

【표 1】 합성수지관공사 가용 장소

(4) 연결 및 지지

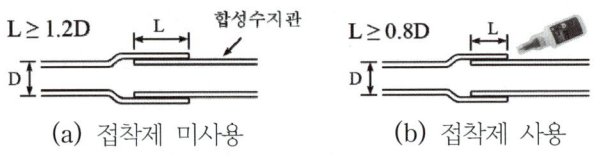

(a) 접착제 미사용   (b) 접착제 사용

【그림 1】

① 전선관 상호 간, 전선관과 박스와 접속 시 전선관을 삽입하는 깊이를 관의 바깥지름의 1.2배(접착제를 사용하는 경우에는 0.8배) 이상으로 한다. 또한 꽂음 접속에 의하여 견고하게 접속하여야 한다.

② 합성수지제 가요전선관 상호 간은 직접 접속하지 않도록 한다.

③ 관의 지지점 간의 거리는 1.5[m] 이하로 하고, 또한 그 지지점은 관의 끝단과 박스의 접속점 및 관 상호 접속점 등에 가까운 곳에 시설하도록 한다.

(5) 유의사항

① 구조체에 매입하여 설치하는 전선관은 방의 가장자리와 평행하도록 수평 또는 수직으로 포설하여야 한다. 다만, 천장 속이나 바닥 속의 배선설비는 실용적인 최단경로를 취할 수 있다.

② 콘크리트 내에 집중 배관하여 건물의 강도를 감소시키지 않도록 한다.

③ 습기가 많은 장소 또는 물기가 있는 장소에 시설하는 경우에는 방습장치를 하여야 한다.

④ 전선관의 길이가 25[m]를 초과하는 경우는 25[m] 이하마다 풀박스를 설치하여 시공하여야 하며, 굴곡부위가 있는 경우는 15[m]를 초과할 수 없다. 3개소를 초과하는 직각 또는 직각에 가까운 굴곡개소를 만들어서는 안 된다.

⑤ 합성수지관의 굵기는 전선 및 케이블의 피복절연물 등을 포함한 단면적의 총합계가 관의 내 단면적의 32[%] 이하가 되도록 한다.

⑥ 합성수지관을 금속제의 박스에 접속하여 사용하는 경우, 금속제 박스는 관련규정에 준하여 접지공사를 하도록 한다.

⑦ 구조체 등의 변위에 의한 위험이 존재하는 경우는 그 상호변위를 허용하는 케이블의 지지와 보호방식을 채택하여 전선과 케이블에 과도한 기계적 응력이 실리지 않도록 한다.

⑧ 지중에 전선관을 시설하는 경우 유의사항

㉠ 전선은 케이블을 사용하여야 한다.

㉡ 매설깊이를 1.0[m] 이상으로 하되, 매설깊이가 충분하지 못한 장소에는 견고하고 차량 기타 중량물의 압력에 견디는 것을 사용하도록 한다. 다만, 중량물의 압력을 받을 우려가 없는 곳은 0.6[m] 이상으로 한다.

HI(HI−VE)			CD/CD−P/PF/PF−P		
호칭	내경[mm]	32[%][mm²]	호칭	내경[mm]	32[%][mm²]
14	14	49	14	14	49
16	18	81	16	16	64
22	22	121	18	18	81
28	28	196	22	22	121
36	35	307	28	28	196
42	40	401	36	36	325
54	51	653	42	42	443
70	67	1,127			
82	77	1,489			
104	101	2,562			

【표 2】 합성수지관의 내 단면적 32[%]

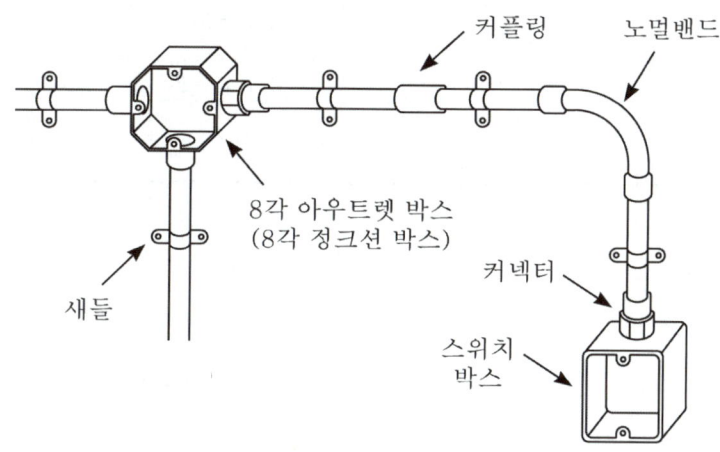

【그림 2】 합성수지관공사

 핵심요약

합성수지관 및 부속품의 시설

① 합성수지관(경질 비닐 전선관)의 호칭과 길이
- 굵기는 관 안지름의 크기에 가까운 짝수로 표시(근사내경, 짝수)
- 굵기[mm] : 14, 16, 22, 28, 36, 42, 54, 70, 82
- 합성수지관 1본의 표준 길이 : 4,000[mm]
- 금속관 1본의 길이 : 3,660[mm]

② 관 상호 간 접속 시에는 커플링을 사용하여 접속

③ 전선관 상호 간 접속
- 접착제를 사용하지 않는 경우 : 관 바깥지름의 1.2배 이상
- 접착제를 사용할 경우 : 관 바깥지름의 0.8배 이상

④ 새들의 지지점 거리 : 1.5[m] 이하(단, 합성수지제 가요전선관의 경우 : 1[m] 이하)

⑤ 관의 끝부분에서 새들의 지지점 거리 : 0.3[m] 이하

⑥ 직각 구부리기 : 곡률 반지름은 내경의 6배 이상

③ 금속관공사

(1) 금속관의 종류

 ① 후강전선관 : 관의 두께가 두꺼운 전선관을 말하는 것으로 후강전선관의 두께는 2.3[mm] 이상의 금속관을 말한다.

 ② 박강전선관 : 관의 두께가 얇은 전선관을 말하는 것으로 두께 1.6[mm] 이상의 금속관을 말한다.

(2) 시설조건

 ① 전선은 절연전선(옥외용 비닐 절연전선을 제외) 또는 케이블을 사용한다.

 ② 절연전선은 단면적 10[mm²](알루미늄 16[mm²])를 초과하는 것은 연선을 사용한다. 다만, 짧고 가는 금속관에 넣는 것은 제외한다.

 ③ 금속관 내에서는 전선 등의 접속점이 없도록 하여야 한다.

(3) 금속관공사 가용 장소

옥내						옥측 / 옥외	
노출 장소		은폐 장소					
		점검 가능		점검 불가능			
①	②	①	②	①	②	우선 내	우선 외
○	○	○	○	○	○	○	○

여기서, ① 건조한 장소 ② 습기가 많은 장소 또는 물기가 있는 장소

【표 3】 금속관공사 가용 장소

(4) 전선관 등 자재

 ① 금속관공사에 사용하는 전선관 및 기타 부속품은 한국산업표준에 적합한 철재, 황동 등으로 견고하게 제작한 것을 사용하여야 한다.

 ② 전선관의 끝부분 및 안쪽 면은 전선의 피복이 손상되지 않도록 매끈하여야 한다.

 ③ 금속관공사에 사용하는 금속관 및 그 부속품은 녹이나 부식이 발생할 우려가 있는 부분은 방청도료 등을 사용하여 보호하여야 한다.

(5) 유의사항

 ① 관의 끝부분에는 전선의 피복을 손상하지 아니하도록 적당한 구조의 부싱을 사용하여야 한다. 다만, 금속관공사로부터 애자공사로 변경되는 경우에는 관의 끝부분에는 절연부싱 또는 이와 유사한 것을 사용하여야 한다.

 ② 습기가 많은 장소 또는 물기가 많은 장소에 시설하는 경우에는 방습장치를 하도록 한다.

 ③ 금속관 등의 철재에는 관련규정에 준하여 접지공사를 하여야 한다.

 ④ 금속관을 구부릴 때 금속관의 단면적이 심하게 변형되지 않도록 구부려야 한다. 그 안측의 반지름은 관 안지름의 6배 이상이 되어야 한다. 다만, 전선관의 지름이 25[mm] 이하이고 건조물의 구조상 부득이한 경우는 관의 내 단면이 현저하게 변형되지 않고 관에 금이 생기지 않을 정도까지 구부릴 수 있다.

 ⑤ 전선관의 길이가 25[m]를 초과하는 경우는 25[m] 이하마다 풀박스를 설치하여 시공하여야 하며, 굴곡부위가 있는 경우는 15[m]를 초과할 수 없다. 3개소를 초과하는 직각 또는 직각에 가까운 굴곡개소를 만들어서는 안 된다.

⑥ 콘크리트 내에 집중 배관하여 건물의 강도를 감소시키지 않도록 한다.

⑦ 금속관의 굵기는 전선 및 케이블의 피복절연물 등을 포함한 단면적의 총합계가 관의 내 단면적의 32[%] 이하가 되도록 한다.

<table>
<tr><th colspan="3">후강전선관</th><th colspan="3">박강전선관</th></tr>
<tr><th>호칭</th><th>내경[mm]</th><th>32[%][mm²]</th><th>호칭</th><th>내경[mm]</th><th>32[%][mm²]</th></tr>
<tr><td>16</td><td>16.4</td><td>211</td><td>C19</td><td>15.9</td><td>198</td></tr>
<tr><td>22</td><td>21.9</td><td>376</td><td>C25</td><td>22.2</td><td>387</td></tr>
<tr><td>28</td><td>28.3</td><td>629</td><td>C31</td><td>28.6</td><td>642</td></tr>
<tr><td>36</td><td>36.9</td><td>1,069</td><td>C39</td><td>34.9</td><td>956</td></tr>
<tr><td>42</td><td>42.8</td><td>1,438</td><td>C51</td><td>47.6</td><td>1,779</td></tr>
<tr><td>54</td><td>54</td><td>2,289</td><td>C63</td><td>59.5</td><td>2,779</td></tr>
<tr><td>70</td><td>69.6</td><td>3,803</td><td>C75</td><td>72.2</td><td>4,092</td></tr>
<tr><td>82</td><td>82.3</td><td>5,317</td><td></td><td></td><td></td></tr>
<tr><td>92</td><td>93.7</td><td>6,892</td><td></td><td></td><td></td></tr>
<tr><td>104</td><td>106.4</td><td>8,887</td><td></td><td></td><td></td></tr>
</table>

【표 4】 금속관의 내 단면적 32[%]

<table>
<tr><th>구분</th><th>명칭 및 특징</th></tr>
<tr><td>엔트런스 캡과
터미널 캡의 구분</td><td>
엔트런스 캡   터미널 캡
전선관이 수직   전선관이 수평</td></tr>
<tr><td></td><td>엔트런스 캡(entrance cap, 입구마개)
인입구, 인출구의 관 단에 설치하여 금속관에 접속하여 옥외의 빗물을 막는 데 사용한다.</td></tr>
<tr><td></td><td>터미널 캡(terminal cap, 입구마개)
저압 가공 인입선에서 금속관 공사로 옮겨지는 곳 또는 금속관으로부터 전선을 뽑아 전동기 단자부분에 접속할 때 사용 A형, B형이 있다.</td></tr>
<tr><td></td><td>로트너트(lock nut)
박스에 금속관을 고정할 때 사용한다.</td></tr>
<tr><td></td><td>부싱(bushing)
전선의 절연피복을 보호하기 위해서 금속관의 끝에 취부한다.</td></tr>
<tr><td></td><td>노멀밴드(normal band)
전선관이 직각으로 구부리는 곳에 사용한다.</td></tr>
<tr><td></td><td>커플링(coupling)
전선관 상호를 접속할 때 사용한다.</td></tr>
</table>

	유니온 커플링(union coupling) 금속관 상호 접속용으로 관이 고정되어 있을 때, 또는 관의 양측을 돌려서 접속할 수 없는 경우에 사용한다.
	유니버셜 엘보(universal elbow) 노출 배선공사에서 관을 직각으로 굽히는 곳에 사용, 강제전선관 공사 중 노출배관 공사에서 관을 직각으로 굽히는 곳에 사용한다.
	아우트렛 박스(outlet box) 전선관 공사에 있어 전등 기구나 점멸기 또는 콘센트의 고정, 접속함으로 사용되며 4각 및 8각이 있다.

4 금속제 가요전선관공사

(1) 가요전선관의 종류

    ① 제1종 가요전선관

    ② 제1종 피복형 가요전선관(제1종 방수형 가요전선관)

    ③ 제2종 가요전선관

    ④ 제2종 피복형 가요전선관(제2종 방수형 가요전선관)

(2) 시설조건

    ① 전선은 절연전선(옥외용 비닐 절연전선을 제외) 또는 케이블을 사용한다.

    ② 절연전선은 단면적 $10[\text{mm}^2]$(알루미늄 $16[\text{mm}^2]$)를 초과하는 것은 연선을 사용한다.

    ③ 가요전선관 내에서는 전선 등의 접속점이 없도록 하여야 한다.

    ④ 가요전선관은 2종 가요전선관을 사용하도록 하여야 한다. 다만, 전개된 장소 또는 점검할 수 있는 은폐된 장소(옥내배선의 사용전압이 $400[\text{V}]$ 초과인 경우에는 전동기에 접속하는 부분으로서 가요성을 필요로 하는 부분에 사용하는 것에 한한다)에는 1종 가요전선관(습기가 많은 장소 또는 물기가 있는 장소에는 비닐 피복 1종 가요전선관에 한한다)을 사용할 수 있다.

    ⑤ 가요전선관 배선은 중량물의 압력 및 현저한 기계적 충격을 받을 우려가 없도록 시설하여야 한다.

(3) 금속제 가요전선관공사 가용 장소

금속제 가요 전선관 종류	옥내						옥측 / 옥외	
	노출 장소		은폐 장소					
			점검 가능		점검 불가능			
	①	②	①	②	①	②	우선 내	우선 외
㉠	○	×	○	×	×	×	×	×
㉡	○	○	○	○	×	×	×	×
㉢	○	×	○	×	○	×	○	×
㉣	○	○	○	○	○	○	○	○

여기서, ① 건조한 장소   ② 습기가 많은 장소 또는 물기가 있는 장소

    ㉠ 1종 가요전선관   ㉡ 1종 비닐피복 가요전선관

    ㉢ 2종 가요전선관   ㉣ 2종 비닐피복 가요전선관

【표 5】 금속제 가요전선관공사 가용 장소

(4) 유의사항

① 가요전선관 및 그 부속품의 끝 면은 매끈하게 하여 전선의 피복이 손상될 우려가 없도록 하여야 한다.

② 2종 금속제 가요전선관을 사용하는 경우 습기 많은 장소 또는 물기가 있는 장소에 시설하는 때에는 방습장치를 하여야 한다.

③ 가요전선관 및 부속품은 관련규정에 준하여 접지공사를 하여야 한다.

④ 1종 가요전선관을 구부릴 경우의 곡률 반지름은 관 안지름의 6배 이상으로 하여야 한다.

⑤ 2종 가요전선관을 구부리는 경우의 시설은 다음과 같다.

ㄱ 노출장소 또는 점검 가능한 은폐장소에서 관을 시설하고 제거하는 것이 자유로운 경우는 곡률 반지름을 2종 가요전선관 안지름의 3배 이상으로 하여야 한다.

ㄴ 노출장소 또는 점검 가능한 은폐장소에서 전선관을 시설하고, 이를 변경하는 것이 어렵거나, 점검이 불가능할 경우는 곡률 반지름을 2종 가요전선관 안지름의 6배 이상으로 하여야 한다.

⑥ 전선관의 길이가 25[m]를 초과하는 경우는 25[m] 이하마다 풀박스를 설치하여 시공하여야 하며, 굴곡부위가 있는 경우는 15[m]를 초과할 수 없다. 3개소를 초과하는 직각 또는 직각에 가까운 굴곡개소를 만들어서는 안 된다.

⑦ 난방용 배관 등 열을 발산하는 장치와는 이격하여 설치하여야 한다.

⑧ 금속관의 굵기는 전선 및 케이블의 피복절연물 등을 포함한 단면적의 총합계가 관의 내 단면적의 32[%] 이하가 되도록 하여야 한다.

참고

구분	명칭 및 특징
가요전선관	스플릿 커플링 가요전선관 상호 간 접속 시 사용
앵글 박스 커넥터 / 조임나사 / 박스 / 부싱 / 로크너트	앵글 박스 커넥터 직각 개소에서 가요전선관과 박스 접속 시 사용
스트레이트 박스 커넥터 / 박스 / 부싱 / 박스 커넥터 덮개 / 로크너트	스트레이트 박스 커넥터 가요전선관과 박스 접속 시 사용
금속관(경질비닐관)	콤비네이션 커플링 가요전선관과 금속관 접속 시 사용

1 몰드 공사

(1) 시설조건

① 전선은 절연전선(옥외용 비닐절연전선을 제외) 또는 케이블을 사용하여야 한다(단, 합성수지몰드 덮개를 제거할 수 있는 경우에만 절연전선의 사용이 가능하고 그 외에는 케이블을 사용하여야 한다).

② 전선의 단면적 10[mm²](알루미늄은 16[mm²])를 초과하는 경우에는 연선을 사용해야 한다.

③ 몰드 안에서는 전선의 접속점이 없도록 하여야 한다.

④ 몰드 공사는 옥내의 건조한 장소로 전개된 장소 또는 점검할 수 있는 은폐된 장소에 사용할 수 있다.

⑤ 몰드 공사를 적용하는 경우 사용전압은 400[V] 이하이어야 한다.

(2) 합성수지·금속 몰드공사 가용 장소

옥내						옥측 / 옥외	
노출 장소		은폐 장소					
		점검 가능		점검 불가능			
①	②	①	②	①	②	우선 내	우선 외
○	×	○	×	×	×	×	×

여기서, ① 건조한 장소 ② 습기가 많은 장소 또는 물기가 있는 장소

【표 6】 합성수지·금속 몰드공사 가용 장소

(3) 유의사항

① 몰드 베이스를 조영재에 부착한 경우는 40~50[cm] 간격마다 나사 등으로 견고하게 부착하여야 한다.

② 금속몰드 및 부속품은 견고하고 또한 전기적으로 완전하게 접속하고 적당한 방법으로 1.5[m] 이하 간격으로 조영재 등에 확실하게 지지하도록 시설하여야 한다.

③ 굴곡부분에서는 절연전선 및 케이블이 손상을 받지 않고 단말부가 응력을 받지 않는 곡률반경(지름의 6배)을 가져야 한다.

④ 전선의 피복절연물을 포함한 단면적의 총합은 몰드 유효단면적의 20[%] 이하가 되도록 한다.

2 금속 트렁킹 공사

(1) 시설조건

① 전선은 절연전선(옥외용 비닐절연전선을 제외) 또는 케이블을 사용하여야 한다.

② 금속 트렁킹 안에서는 접속점이 없도록 하여야 한다. 다만, 전선을 분기하는 경우에는 그 접속점을 쉽게 점검할 수 있는 때에는 그러하지 아니하다.

③ 금속트렁킹 안에는 전선의 피복을 손상할 우려가 있는 것을 넣지 아니하여야 한다.

(2) 금속 트렁킹 공사 가용 장소

	옥내					옥측 / 옥외	
노출 장소		은폐 장소					
		점검 가능		점검 불가능		우선 내	우선 외
①	②	①	②	①	②		
○	×	○	×	×	×	×	×

여기서, ① 건조한 장소   ② 습기가 많은 장소 또는 물기가 있는 장소

【표 7】금속 트렁킹 공사 가용 장소

(3) 연결 및 지지

① 금속 트렁킹 상호 간은 견고하고 또한 전기적으로 완전하게 접속하여야 한다.

② 금속 트렁킹을 조영재에 취부하는 경우에는 금속 트렁킹의 지지점 간의 거리를 3[m](취급자 이외의 자가 출입할 수 없도록 설비한 곳에서 수직으로 붙이는 경우에는 6[m]) 이하로 하고 또한 견고하게 취부하여야 한다.

③ 금속 트렁킹의 끝부분은 막아서 내부에 먼지가 침입하지 아니하도록 하여야 한다.

④ 금속 트렁킹 안에는 물이 고이는 낮은 부분을 만들지 않도록 시설하여야 한다.

⑤ 절연전선을 동일 금속 트렁킹 내에 넣을 경우 금속 트렁킹의 크기는 전선의 피복절연물을 포함한 단면적의 총합계가 금속 트렁킹 내 단면적 20[%](전광표시장치, 출퇴표시장치, 기타 이와 유사한 장치 또는 제어회로 등의 배선에 사용하는 전선만을 넣는 경우는 50[%]) 이하가 되도록 선정하여야 한다.

⑥ 금속 트렁킹은 관련규정에 준하여 접지공사를 하여야 한다.

⑦ 교류회로는 동일 회로의 전선 전부를 동일한 관내에 시설하여야 한다. 다만, 동극 왕복선을 동일한 관 내에 넣는 경우와 같이 전자적 평형상태로 시설하는 경우에는 예외로 할 수 있다.

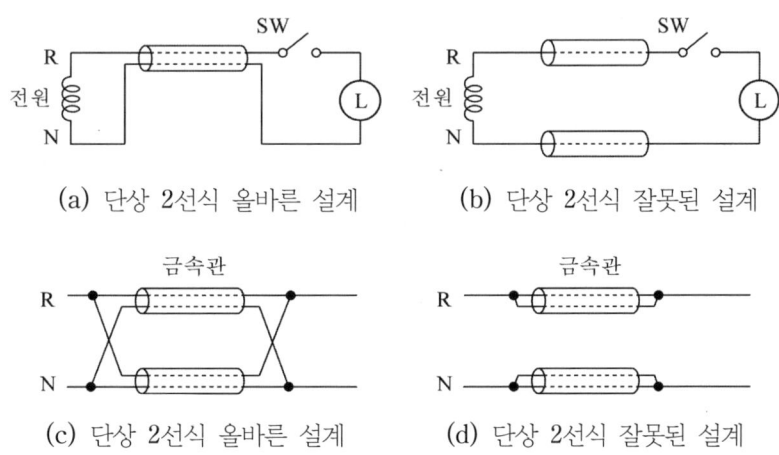

(a) 단상 2선식 올바른 설계   (b) 단상 2선식 잘못된 설계

(c) 단상 2선식 올바른 설계   (d) 단상 2선식 잘못된 설계

【그림 3】전자적 평형

㉠ 교류회로는 1회로의 전선 전부를 동일 관내에 넣는 것을 원칙으로 한다. 다만, 동극 왕복선을 동일 관내에 넣는 경우 같이 전자적 평형상태로 시설하는 것은 적용하지 않는다.

㉡ 1회로의 전선 전부란 단상 2선식 회로는 2선을, 단상 3선식 회로 및 3상 3선식 회로는 3선을, 3상 4선식 회로는 4선을 말한다.

㉢ 병렬로 사용하는 전선에는 각각에 퓨즈를 설치하지 말아야 한다.

⑧ 전력계통 회로의 전선과 약전류회로의 약전류전선을 동일 금속 트렁킹 내에 넣는 경우는 격벽을 시설하고 접지공사에 의해 접지하거나 또는 약전류전선에 금속제의 전기적 차폐층이 있는 통신케이블을 사용하고 그 차폐층을 접지공사에 의하여 접지하여야 한다.

⑨ 습기가 많은 장소 또는 물기가 많은 장소에 시설하는 경우에는 방습장치를 하도록 한다.

⑩ 절연전선 또는 케이블을 입선하기 전에 그 연결구간이 완벽하게 시공되어야 한다.

⑪ 절연전선 및 케이블의 배선을 용이하게 설치하기 위해 실리콘유를 함유한 윤활유를 사용해서는 안 된다.

3 케이블 트렌치 공사

(1) 일반사항

① 옥내배선공사를 위하여 건축물의 내부 바닥을 파서 만든 도랑 및 부속설비를 말하며, 수용가의 옥내 수전설비, 발전설비 등의 설치장소에만 적용한다.

② 케이블 트렌치 공사는 트렌치 위에 덮개를 설치하여야 하므로, 케이블 트렁킹 시스템의 공사방법에 해당되지만, 별도의 내부 베이스가 없어 건축물의 공간에 케이블을 포설하고 있으므로, 포설방법에 따르면 케이블 트레이 공사에 해당될 수 있다.

(2) 시설방법

① 케이블 트렌치에 케이블 트레이, 덕트, 전선관 등 다른 배선공사 방법으로 변경되는 곳에는 전선에 물리적 손상을 주지 않도록 시설할 것

② 케이블 트렌치의 부속설비에 사용되는 금속재는 관련규정에 의한 접지공사를 하여야 한다.

③ 케이블은 향후 유지관리 등을 위하여 배선회로별로 구분하도록 하고 바닥에 이물질 및 습기 등에 의하여 전선에 손상이 발생하는 것을 방지하기 위하여 2[m] 이내의 간격으로 받침대를 시설하여 바닥에 접촉하지 않도록 할 것

④ 케이블 트렌치가 건축물의 방화구획을 관통하는 경우 관통부는 불연성의 방화실링 등의 물질로 충전하여야 한다.

04 케이블 덕팅 시스템

1 금속 덕트 공사

(1) 시설조건

① 전선은 절연전선(옥외용 비닐절연전선을 제외) 또는 케이블을 사용하여야 한다.

② 금속덕트 안에서는 접속점이 없도록 하여야 한다. 다만, 전선을 분기하는 경우에는 그 접속점을 쉽게 점검할 수 있는 때에는 그러하지 아니하다.

③ 금속덕트 안에는 전선의 피복을 손상할 우려가 있는 것을 넣지 아니하여야 한다.

(2) 금속 덕트 공사 가용 장소

옥내						옥측 / 옥외	
노출 장소		은폐 장소				우선 내	우선 외
		점검 가능		점검 불가능			
①	②	①	②	①	②		
○	×	○	×	×	×	×	×

여기서, ① 건조한 장소   ② 습기가 많은 장소 또는 물기가 있는 장소

【표 8】 금속 덕트 공사 가용 장소

(3) 연결 및 지지

① 금속 덕트 상호 간은 견고하고 또한 전기적으로 완전하게 접속하여야 한다.

② 금속 덕트를 조영재에 취부하는 경우에는 금속 트렁킹의 지지점 간의 거리를 3[m](취급자 이외의 자가 출입할 수 없도록 설비한 곳에서 수직으로 붙이는 경우에는 6[m]) 이하로 하고 또한 견고하게 붙여 시설하여야 한다.

③ 금속 덕트의 끝부분은 막아서 내부에 먼지가 침입하지 아니하도록 하여야 한다.

④ 금속 덕트 안에는 물이 고이는 낮은 부분을 만들지 않도록 시설하여야 한다.

⑤ 금속 덕트는 KEC 211과 140에 준하여 접지공사를 하여야 한다.

⑥ 절연전선을 동일 금속 덕트 내에 넣을 경우 금속 덕트의 크기는 전선의 피복절연물을 포함한 단면적의 총합계가 금속 덕트 내 단면적 20[%](전광표시장치, 출퇴표시장치, 기타 이와 유사한 장치 또는 제어회로 등의 배선에 사용하는 전선만을 넣는 경우는 50[%] 이하)가 되도록 선정하여야 한다.

⑦ 금속 덕트 공사를 수직 또는 경사지게 시설하는 경우는 이동을 막기 위하여 전선을 적당하게 지지하여야 한다.

⑧ 금속 덕트 공사가 마루 또는 벽을 관통하는 경우는 금속 덕트를 관통부분에서 접속해서는 안 된다.

⑨ 굴곡부분에서는 절연전선 및 케이블이 손상을 받지 않으며 단말부가 응력을 받지 않는 곡률반경을 가져야 한다.

⑩ 교류회로는 동일 회로의 전선 전부를 동일한 관내에 시설하여야 한다. 다만, 동극 왕복선을 동일한 관 내에 넣는 경우와 같이 전자적 평형상태로 시설하는 경우에는 예외로 할 수 있다.

⑪ 전력회로의 전선과 약전류회로의 약전류전선을 동일 금속 덕트 내에 넣는 경우는 격벽을 시설하고 접지공사에 의해 접지하거나 또는 약전류전선에 금속제의 전기적 차폐층이 있는 통신용 케이블을 사용하고 그 차폐층을 접지공사에 의하여 접지하여야 한다.

⑫ 습기가 많은 장소 또는 물기가 많은 장소에 시설하는 경우에는 방습장치를 하도록 한다.

2 플로어 덕트 공사

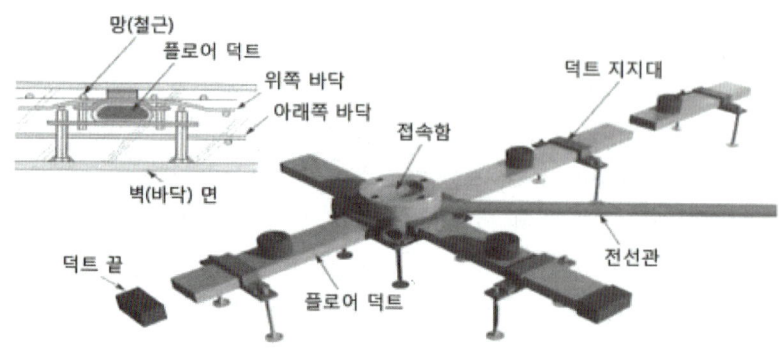

【그림 4】 플로어 덕트 공사 예

(1) 시설조건

    ① 전선은 절연전선(옥외용 비닐절연전선을 제외) 또는 케이블을 사용하여야 한다.

    ② 전선의 단면적 $10[mm^2]$(알루미늄은 $16[mm^2]$)를 초과하는 경우에는 연선을 사용해야 한다.

    ③ 플로어 덕트 안에는 전선에 접속점이 없도록 하여야 한다. 다만, 접속함, 인출함 또는 이 용도를 위해 공간을 제공한 곳 등의 적절한 외함 안에서 전선을 분기하는 경우에 접속점을 쉽게 점검할 수 있을 때에는 그러하지 아니하다.

    ④ 플로어 덕트 공사의 사용전압은 $400[V]$ 이하이어야 한다.

    ⑤ 플로어 덕트 공사는 옥내의 건조한 콘크리트 바닥 내에 매입할 경우에 한하여 적용할 수 있다.

(2) 연결 및 지지

    ① 플로어 덕트 상호 간 및 플로어 덕트와 박스 및 인출구와는 견고하고 또는 전기적으로 완전하게 접속하여야 한다.

    ② 플로어 덕트 및 박스 기타의 부속품은 물이 고이는 부분이 있도록 시설하여서는 안 된다.

    ③ 플로어 덕트의 끝부분은 막아야 한다.

    ④ 박스 및 인출구는 플로어면에서 돌출하지 않도록 시설하고 또한 물이 스며들지 않도록 하여야 한다.

    ⑤ 절연전선 및 케이블을 동일 플로어 덕트 내에 넣을 경우 전선의 피복절연물을 포함한 단면적의 총합계가 플로어 덕트 내 단면적 $32[\%]$ 이하가 되도록 하여야 한다.

    ⑥ 교류회로는 동일회로의 전선 전부를 동일 관내에 넣는 것을 원칙으로 한다. 다만, 동극 왕복선을 동일한 관 내에 넣는 경우와 같이 전자적 평형상태로 시설하는 것은 적용하지 않는다.

    ⑦ 플로어 덕트는 배관 후 전선을 인입할 때까지 관내에 습기 및 먼지 등이 침입하지 않도록 적당한 예방조치를 하고 전선 인입 직전에 적당한 방법으로 청소하여야 한다.

    ⑧ 절연전선 및 케이블을 설치하기 위해 실리콘유를 함유한 윤활유를 사용해서는 안 된다.

    ⑨ 절연전선 또는 케이블을 입선하기 전에 그 연결구간이 완전하게 시공되어야 한다.

3 셀룰러 덕트 공사

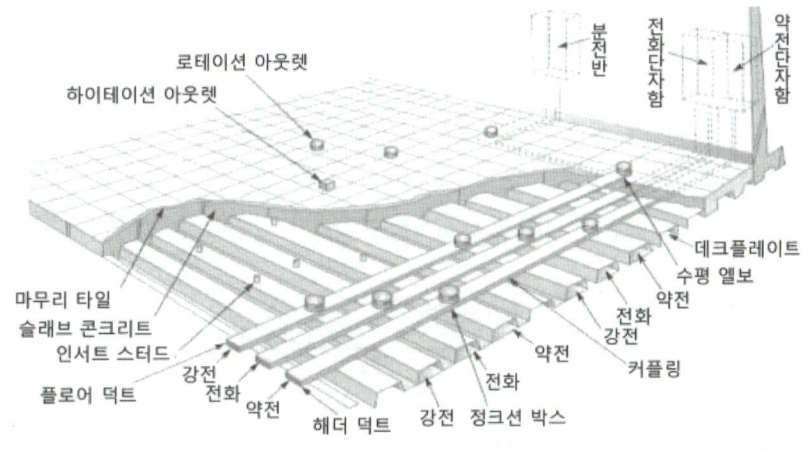

【그림 5】셀룰러 덕트 공사 예

(1) 시설조건

① 전선은 절연전선(옥외용 비닐절연전선을 제외) 또는 케이블을 사용하여야 한다.

② 전선의 단면적 $10[\text{mm}^2]$(알루미늄은 $16[\text{mm}^2]$)를 초과하는 경우에는 연선을 사용해야 한다.

③ 셀룰러 덕트 안에는 전선에 접속점이 없도록 하여야 한다. 다만, 접속함, 인출함 또는 이 용도를 위해 공간을 제공한 곳 등의 적절한 외함 안에서 전선을 분기하는 경우에 접속점을 쉽게 점검할 수 있을 때에는 그러하지 아니하다.

④ 셀룰러 덕트 공사의 사용전압은 $400[\text{V}]$ 이하이어야 한다.

⑤ 셀룰러 덕트 공사는 옥내의 건조한 장소로 다음 중 하나에 해당하는 장소에 한하여 적용할 수 있다.

　㉠ 점검할 수 있는 은폐장소

　㉡ 점검할 수 없는 은폐장소로 콘크리트 바닥 내에 매입하여야 하는 부분

(2) 셀룰러 덕트 공사 가용 장소

옥내						옥측 / 옥외	
노출 장소		은폐 장소					
		점검 가능		점검 불가능			
①	②	①	②	①	②	우선 내	우선 외
×	×	○	×	③	×	×	×

여기서, ① 건조한 장소　② 습기가 많은 장소 또는 물기가 있는 장소　③ 콘크리트 등 매입

【표 9】금속 덕트 공사 가용 장소

(3) 연결 및 지지

① 셀룰러 덕트 상호 간, 덕트와 조영물의 금속 구조체, 부속품 및 덕트에 접속하는 금속체와는 견고하고 또는 전기적으로 완전하게 접속하여야 한다.

② 셀룰러 덕트 및 부속품은 물이 고이는 부분이 없도록 시설하여야 한다.

③ 인출구는 바닥 위로 돌출하지 아니하도록 시설하고 또한 물이 스며들지 않도록 한다.

④ 셀룰러 덕트의 끝부분은 막아야 한다.

⑤ 셀룰러 덕트는 KEC 211과 140에 준하여 접지공사를 하여야 한다.

⑥ 절연전선 및 케이블을 동일 셀룰러 덕트 내에 넣을 경우 전선의 피복절연물을 포함한 단면적의 총합계가 플로어 덕트 내 단면적 20[%] 이하가 되도록 선정해야 한다.

⑦ 셀룰러 덕트 내의 전선을 외부로 인출하는 부분은 금속관 공사, 합성수지관 공사, 가요전선관 공사, 플로어 덕트 공사 또는 케이블 공사로 하고 다음에 의해야 한다.

    ㉠ 셀룰러 덕트의 관통부분에서 전선이 손상될 우려가 없도록 시설하여야 한다.

    ㉡ 셀룰러 덕트와 다른 배선방법을 접속하는 경우는 배선방법 상호의 접속부분을 쉽게 점검할 수 있도록 해야 한다.

⑧ 교류회로는 동일회로의 전선 전부를 동일 관내에 넣는 것을 원칙으로 한다. 다만, 동극 왕복선을 동일한 관내에 넣는 경우와 같이 전자적 평형상태로 시설하는 것은 적용하지 않는다.

⑨ 플로어 덕트는 배관 후 전선을 인입할 때까지 관내에 습기 및 먼지 등이 침입하지 않도록 적당한 예방조치를 하고 전선 인입 직전에 적당한 방법으로 청소하여야 한다.

⑩ 셀룰러 덕트는 배관 후 전선을 인입할 때까지 관내에 습기 및 먼지 등이 침입하지 않도록 적당한 예방조치를 하고 전선 인입 직전에 적당한 방법으로 청소해야 한다.

⑪ 전선 인입 시에 사용하는 윤활제는 전선의 피복절연물에 유해한 물질이어서는 안 된다.

⑫ 절연전선 또는 케이블을 입선하기 전에 그 연결구간이 완전하게 시공되어야 한다.

05 케이블 트레이 시스템

일반사항

(1) 개요

    ① 케이블 트레이 시스템은 케이블 트레이와 케이블 래더를 포함하며, 케이블 트레이 시스템에 의한 배선설비는 전선, 케이블 등의 도체를 외부로부터 완전하게 보호하지 못한다.

    ② 케이블 트레이 시스템은 시설공사 및 유지관리의 편의성과 효율성에 있다고 할 수 있다.

(2) 케이블 트레이의 종류

    ① 사다리형

    ② 바닥 밀폐형

    ③ 펀칭형

    ④ 메시형

일반사항

(1) 개요

   ① 케이블 공사는 시설방법에 따라 직접 고정하는 방법, 고정하지 않는 방법, 지지선을 이용하여 고정하는 방법 등으로 구분하고 있다.

   ② 도체에 케이블을 사용하는 경우와 캡타이어 케이블을 사용하는 경우가 있으며, 이들의 케이블에 대해서는 그 시설 장소에 따라 적합한 케이블을 사용하는 것이 중요하다.

(2) 구조체 매입

   ① 도체는 미네럴인슈레이션(MI) 케이블 또는 콘크리트 직매용 케이블 또는 관련기준에 적합한 구조의 개장을 한 케이블이어야 한다.

   ② 공사에 사용하는 박스는 한국산업표준의 적용을 받는 금속제이거나 합성수지제의 것 또는 황동이나 동으로 견고하게 제작한 것을 사용하여야 한다.

   ③ 전선을 박스 또는 풀박스 안에 인입하는 경우는 물이 박스 또는 풀박스 안으로 침입하지 아니하도록 적당한 구조의 부싱 또는 이와 유사한 것을 사용하여야 한다.

   ④ 콘크리트 안에서는 접속점을 만들지 않아야 한다.

   ⑤ 관 기타의 전선을 넣는 방호장치의 금속제 부분, 금속제의 전선 접속함 및 전선의 피복에 사용하는 금속체에는 KEC 211과 140에 적합한 접지공사를 하여야 한다.

   ⑥ 케이블이 많이 집합되는 곳에서는 콘크리트 타설을 용이하게 하기 위하여 케이블 간에 적당한 간격을 두어야 한다.

   ⑦ 케이블의 단말은 필요에 따라서 절연캡 등으로 방호하여야 한다.

   ⑧ 케이블을 벽 속에 직접 매설하여 시설하는 경우에는 수평 또는 수직으로 방의 가장자리와 평행하도록 포설하여야 한다.

   ⑨ 케이블을 구부릴 때는 피복이 손상되지 않도록 그 굴곡부 안쪽의 반경은 케이블 외경의 6배(단심의 것은 8배) 이상으로 하여야 한다. 다만, 부득이한 경우는 케이블의 피복에 균열이 생기지 않을 정도로 굴곡 시킬 수 있다.

   ⑩ 케이블을 접속하는 경우에는 도체 및 절연물이 손상되지 않도록 하여야 한다.

   ⑪ 케이블을 콘크리트에 직접 매입하는 경우에는 적당한 간격으로 지지하여야 한다.

(3) 그 외의 장소에 시설

   ① 전선은 케이블 및 캡타이어케이블을 사용하여야 한다.

   ② 중량물의 압력 또는 현저한 기계적 충격을 받을 우려가 있는 곳에 시설하는 케이블에는 적당한 방호장치를 할 것

   ③ 케이블을 조영재의 아랫면 또는 옆면에 따라 붙이는 경우에는 케이블과 지지점 간의 거리를 케이블은 2[m] (사람이 접촉할 우려가 없는 곳에서 수직으로 붙이는 경우에는 6[m]) 이하 캡타이어케이블은 1[m] 이하로 하고 또한 그 피복을 손상하지 아니하도록 붙일 것

   ④ 관 기타의 케이블을 넣는 방호장치의 금속제 부분·금속제의 도체 접속함 및 도체의 피복에 사용하는 금속체에는 KEC 211과 140에 준하여 접지공사를 하여야 한다.

   ⑤ 알루미늄 피복 또는 연피를 갖는 케이블 굴곡부의 내측 반경은 마무리 외경의 12배 이상, 연피를 갖지 않는 케이블의 경우는 5배 이상으로 하는 것이 바람직하다.

일반사항

(1) 개요

　① 건물의 천장이나 벽면 등에 노브애자 또는 핀애자 등을 사용하여 도체를 지지하는 공사를 말한다.

　② 전선이 조영재를 관통하는 부분이나 교차, 접근하는 부분에는 난연성 및 내수설의 절연관 등을 보조적으로 사용해야 한다.

　③ 감전 또는 손상방지를 위하여 사람이 쉽게 접촉할 우려가 없도록 시설하여야 한다.

(2) 시설장소

　① 전선은 절연전선(옥외용 비닐 절연전선 및 인입용 비닐 절연전선을 제외)을 사용해야 한다.

　② 나전선을 사용하는 경우

　　㉠ 전기로용 전선

　　㉡ 전선의 피복 절연물이 부식하는 장소에 시설하는 전선

　　㉢ 취급자 이외의 자가 출입할 수 없도록 설비한 장소에 시설하는 전선

(3) 애자공사 가용 장소

옥내						옥측 / 옥외	
노출 장소		은폐 장소				우선 내	우선 외
		점검 가능		점검 불가능			
①	②	①	②	①	②	우선 내	우선 외
○	○	○	○	×	×	[비고3]	[비고3]

여기서, ① 건조한 장소　　② 습기가 많은 장소 또는 물기가 있는 장소

[비고 1] 점검 가능 장소 예시 : 건물의 빈 공간, 구조체 매입 등

[비고 2] 점검 불가능 장소 예시 : 구조체 매입, 케이블 채널, 지중 매설, 창틀 및 처마도리 등

[비고 3] 노출장소 및 점검가능 은폐장소에 한하여 시설할 수 있다.

【표 10】 애자공사 가용 장소

(4) 시설방법

　① 전선 상호 간의 간격은 6[cm] 이상이어야 한다.

　② 전선과 조영재 사이의 이격거리는 사용전압이 400[V] 이하인 경우에는 2.5[cm] 이상, 400[V] 초과인 경우에는 4.5[cm](건조한 장소에 시설하는 경우에는 2.5[cm] 이상일 것

　③ 전선의 지지점 간의 거리는 전선을 조영재의 윗면 또는 옆면에 따라 붙일 경우에는 2[m] 이하이어야 한다.

　④ 사용전압이 400[V] 이상인 것은 ③의 경우 이외에는 전선의 지지점 간의 거리는 6[m] 이하일 것

　⑤ 저압 옥내에서는 사람이 접촉될 우려가 없도록 할 것. 다만, 사용전압이 400[V] 이하인 경우에는 사람이 쉽게 접촉할 우려가 없도록 시설하면 가능하다.

　⑥ 전선이 조영재를 관통하는 경우에는 그 관통하는 부분의 전선을 각각 별개의 난연성 및 내수성이 있는 절연관에 넣을 것

　⑦ 애자공사는 조영재의 아랫면이나 옆면에 적용하여야 한다. 다만 공사상 부득이한 경우는 조영재의 윗면에 시공할 수 있다.

※ 출제예상문제는 기출분석을 바탕으로 자주 출제되는 유형을 선별하였습니다.

01. 백열전등 또는 방전등에 전기를 공급하는 옥내전로의 대지전압은 몇 [V] 이하로 할 수 있는가? (단, 백열전등 또는 방전등 및 이에 부속하는 전선은 사람이 접촉할 우려가 없다고 한다.)

① 150
② 220
③ 300
④ 380

| 해설
옥내전로의 대지전압의 제한(KEC 231.6)
백열전등 또는 방전등에 전기를 공급하는 옥내의 전로의 대지전압은 300[V] 이하일 것

02. 저압 옥내배선에 사용되는 전선은 지름 몇 [mm²]의 연동선이거나 이와 동등 이상의 세기 및 굵기의 것을 사용하여야 하는가?

① 0.75
② 2
③ 2.5
④ 6

| 해설
저압 옥내배선의 사용전선(KEC 231.3.1)
저압 옥내배선의 전선은 단면적 2.5[mm²] 이상의 연동선 또는 이와 동등 이상의 강도 및 굵기의 것

03. 저압 옥내배선 공사할 때 연동선을 사용할 경우 전선의 최소 굵기[mm²]는?

① 1.5
② 2.5
③ 4
④ 6

| 해설
옥내배선 공사 시 연동선의 굵기
㉠ 최소 굵기 : 2.5[mm²]
㉡ 최대 굵기 : 10[mm²]

04. 옥내배선을 합성수지관 공사에 의하여 실시할 때 사용할 수 있는 연선(동선)의 최대 굵기[mm²]는?

① 4
② 6
③ 10
④ 16

| 해설
합성수지관 공사의 시설(KEC 232.11)
㉠ 전선은 절연전선일 것(단, OW 제외)
㉡ 전선은 연선일 것(동선 10mm², 알루미늄선 16mm² 이하)
㉢ 전선관 내에 접속점이 없도록 할 것
㉣ 중량물의 압력 및 기계적 충격을 받을 우려가 없을 것
㉤ 이중천장(반자 속 포함) 내에서 시설 금지

05. 합성수지관의 장점이 아닌 것은?

① 시공이 쉽다.
② 가격이 싸다.
③ 기계적 강도가 좋다.
④ 절연성이 좋다.

| 해설
합성수지 전선관의 특징
㉠ 합성수지관의 장점
 • 무게가 가볍고 시공이 쉽다.
 • 관 자체가 절연물이므로 누전의 우려가 없다.
 • 내식성이 크므로 약품 등에 의한 부식의 우려가 적다.
㉡ 합성수지관의 단점
 • 금속관에 비하여 기계적 강도가 약하므로 외상을 받을 우려가 크다.
 • 온도 변화에 따른 신축 작용이 커서 고온이나 저온 등에 파열될 우려가 크다.

정답 01 ③ 02 ③ 03 ② 04 ③ 05 ③

06. 합성수지전선관의 장점이 아닌 것은?

① 절연이 우수하다.
② 기계적 강도가 높다.
③ 내부식성이 우수하다.
④ 시공하기 쉽다.

│해설
합성수지관 및 부속품의 시설(KEC 232.5.3)
합성수지관은 금속관에 비하여 절연성이 우수하며, 부식하지 않고, 기계적 강도는 약하며, 내열성이 약하다.

07. 합성수지관 공사의 특징 중 옳은 것은?

① 내열성   ② 내한성
③ 내부식성   ④ 내충격성

│해설
합성수지관 및 부속품의 시설(KEC 232.5.3)
합성수지관은 금속관에 비하여 절연성이 우수하며, 부식하지 않고, 기계적 강도는 약하며, 내열성이 약하다.

08. 합성수지관이 금속관과 비교하여 장점으로 볼 수 없는 것은?

① 누전의 우려가 없다.
② 온도 변화에 따른 신축 작용이 크다.
③ 내식성이 있어 부식성 가스 등을 사용하는 사업장에 적당하다.
④ 관 자체를 접지할 필요가 없고, 무게가 가벼우며 시공하기 쉽다.

│해설
합성수지관 및 부속품의 시설(KEC 232.5.3)
합성수지관은 온도 변화에 따른 신축 작용이 작다.

09. 합성수지관 배선에서 경질비닐전선관의 굵기에 해당되지 않는 것은? (단, 관의 호칭을 말한다.)

① 14[mm]   ② 16[mm]
③ 18[mm]   ④ 22[mm]

│해설
합성수지관의 굵기[mm](근사내경, 짝수)
14, 16, 22, 28, 36, 42, 54, 70, 82

10. 경질 비닐 전선관의 호칭으로 맞는 것은?

① 굵기는 관 안지름의 크기에 가까운 짝수의 [mm]로 나타낸다.
② 굵기는 관 안지름의 크기에 가까운 홀수의 [mm]로 나타낸다.
③ 굵기는 관 바깥지름의 크기에 가까운 짝수의 [mm]로 나타낸다.
④ 굵기는 관 바깥지름의 크기에 가까운 홀수의 [mm]로 나타낸다.

│해설
합성수지관의 굵기[mm](근사내경, 짝수)
14, 16, 22, 28, 36, 42, 54, 70, 82

11. 합성수지관을 새들 등으로 지지하는 경우 지지점 간의 거리는 몇 [m] 이하인가?

① 1.5[m] 이하   ② 2.0[m] 이하
③ 2.5[m] 이하   ④ 3.0[m] 이하

│해설
합성수지관의 지지(내선규정 제2220－6절)
㉠ 새들의 지지점의 거리 : 1.5[m] 이하
㉡ 관의 끝부분 : 0.3[m] 정도
㉢ 합성수지제 가요전선관의 경우 지지점 간의 거리 :
   1[m] 이하

정답   06 ②   07 ③   08 ②   09 ③   10 ①   11 ①

12. 합성수지전선관을 직각으로 구부릴 때 굽힘 반지름은 얼마 이상인가? (단, 전선관 안지름은 $18[mm]$, 바깥지름은 $22[mm]$이다.)

① 119　　　　　② 108

③ 121　　　　　④ 115

> **┃ 해설**
> 곡률(굽힘) 반지름
> $$r = 6d + \frac{D}{2} = 6 \times 18 + \frac{22}{2} = 119[mm]$$
> 여기서, d : 안지름　　D : 바깥지름

13. 합성수지관 상호 및 관과 박스는 접속 시에 삽입하는 깊이를 관 바깥지름의 몇 배 이상으로 하여야 하는가? (단, 접착제를 사용하지 않은 경우이다.)

① 0.2배 이상　　　② 0.5배 이상

③ 1배 이상　　　　④ 1.2배 이상

> **┃ 해설**
> 합성수지관 및 부속품의 시설(KEC 232.11.3)
> ㉠ 관 상호 간 접속 시에는 커플링 등을 사용하여 접속
> ㉡ 커플링 삽입 깊이 : 관 바깥지름의 1.2배 이상(단, 접착제 사용 시 0.8배 이상)
> ㉢ 관의 지지점 간의 거리 : 1.5m 이하

14. 접착제를 사용하여 합성수지관을 삽입해서 접속할 경우 관의 삽입 깊이는 관의 외경에 최소 몇 배나 되는가?

① 0.8배 이상　　　② 1배 이상

③ 1.2배 이상　　　④ 1.5배 이상

> **┃ 해설**
> 합성수지관 및 부속품의 시설(KEC 232.11.3)
> ㉠ 관 상호 간 접속 시에는 커플링 등을 사용하여 접속
> ㉡ 커플링 삽입 깊이 : 관 바깥지름의 1.2배 이상(단, 접착제 사용 시 0.8배 이상)
> ㉢ 관의 지지점 간의 거리 : 1.5m 이하

15. 합성수지관 공사의 설명 중 틀린 것은?

① 관의 지지점 간의 거리는 1.5[m] 이하로 할 것

② 합성 수지관 안에는 전선에 접속점이 없도록 할 것

③ 전선은 절연 전선(옥외용 비닐 절연전선을 제외한다)일 것

④ 관 상호 간 및 박스와는 관을 삽입하는 깊이를 관의 바깥지름의 1.5배 이상으로 할 것

> **┃ 해설**
> 합성수지관 및 부속품의 시설(KEC 232.11.3)
> ㉠ 관 상호 간 접속 시에는 커플링 등을 사용하여 접속
> ㉡ 커플링 삽입 깊이 : 관 바깥지름의 1.2배 이상(단, 접착제 사용 시 0.8배 이상)
> ㉢ 관의 지지점 간의 거리 : 1.5m 이하

16. 저압 옥내 배선에서 합성수지관 공사에 대한 설명 중 틀린 것은?

① 합성수지관을 새들 등으로 지지하는 경우는 그 지지점 간의 거리를 3[m] 이상으로 한다.

② 관 상호의 접속은 박스 또는 커플링 등을 사용하고 직접 접속하지 않는다.

③ 합성수지관 안에는 전선에 접속점이 없도록 한다.

④ 합성수지관 상호 간 및 관과 박스는 접속 시에 삽입하는 길이를 관 바깥지름의 1.2배 이상으로 한다.

> **┃ 해설**
> 합성수지관 및 부속품의 시설(KEC 232.5.3)
> 관의 지지점 간의 거리 : 1.5[m] 이하

17. 경질비닐전선관 1본의 표준 길이[m]는?

① 3[m]　　　　　② 3.6[m]

③ 4[m]　　　　　④ 5.5[m]

> **┃ 해설**
> 전선관의 길이
> ㉠ 경질비닐전선관 : 4,000[mm]
> ㉡ 금속관 : 3,660[mm]

18. 후강전선관의 관 호칭은 (ㄱ) 크기로 정하여 (ㄴ)으로 표시하는데, (ㄱ)과 (ㄴ)에 들어갈 내용으로 옳은 것은?

① (ㄱ) 안지름   (ㄴ) 홀수
② (ㄱ) 안지름   (ㄴ) 짝수
③ (ㄱ) 바깥지름   (ㄴ) 홀수
④ (ㄱ) 바깥지름   (ㄴ) 짝수

> **┃ 해설**
> 금속관의 호칭 표시 방법
> ㉠ 후강전선관 : 근사 내경(짝수)
> ㉡ 박강전선관 : 근사 외경(홀수)

19. 금속전선관 공사에서 사용되는 후강전선관의 규격이 아닌 것은?

① 16   ② 28
③ 36   ④ 50

> **┃ 해설**
> 금속전선관의 종류(KS C 8401)
> ㉠ 후강전선관(근사내경, 짝수, 10종)
>   16, 22, 28, 36, 42, 54, 70, 82, 92, 104
> ㉡ 박강전선관(근사외경, 홀수, 7종)
>   19, 25, 31, 39, 51, 63, 75

20. 박강전선관에서 관의 호칭이 아닌 것은?

① 16   ② 19
③ 25   ④ 31

> **┃ 해설**
> 박강전선관(근사외경, 홀수, 7종)
> 19, 25, 31, 39, 51, 63, 75

21. 다음 그림과 같이 금속관을 구부릴 때 일반적으로 R과 D의 관계식은?

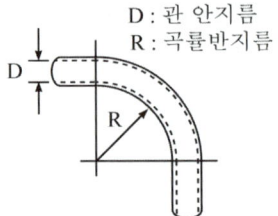

D : 관 안지름
R : 곡률반지름

① $R = 2D$ ② $R \geq 2D$
③ $R = 5D$ ④ $R \geq 6D$

> **┃ 해설**
> 금속관의 굴곡(내선규정 2225 − 8)
> 금속관을 구부릴 때 금속관의 단면이 심하게 변형되지 않도록 구부려야 하며, 그 안측의 반지름은 관 안지름의 6배 이상이 되어야 한다.

22. 금속 전선관을 직각 구부리기할 때 굽힘 반지름 r은? (단, d는 금속 전선관의 안지름, D는 금속 전선관의 바깥지름이다.)

① $r = 6d + \dfrac{D}{2}$ ② $r = 6d + \dfrac{D}{4}$

③ $r = 2d + \dfrac{D}{6}$ ④ $r = 4d + \dfrac{D}{6}$

> **┃ 해설**
> 금속관 직각 구부리기
> 곡률 반지름 : $r = 6d + \dfrac{D}{2}$
> 구부림 길이 : $L \geq 2\pi r \times \dfrac{1}{4}$

정답   18 ②   19 ④   20 ①   21 ④   22 ①

23. 금속관 구부리기에 있어서 관의 굴곡이 3개소가 넘거나 관의 길이가 30[m]를 초과하는 경우 적용하는 것은?

① 커플링 ② 풀박스
③ 로크너트 ④ 링 리듀서

│해설
풀박스(Full Box)
㉠ 굴곡 개소가 많은 경우 또는 관의 길이가 30[m]를 초과하는 장소에 사용
㉡ 케이블을 배관 속에 넣어 시공할 때 배관 중간에서 케이블을 당기기 위한 박스

24. 16[mm] 금속전선관의 나사 내기를 할 때 반직각 구부리기를 한 곳의 나사산은 몇 산 정도로 하는가?

① 3~4산 ② 5~6산
③ 8~10산 ④ 10~12산

│해설
16[mm] 금속전선관 반직각 구부리기 나사산은 3~4로 하며, 전선관과의 접속부분의 나사는 5턱 이상 완전히 나사결합이 될 수 있는 길이일 것

25. 금속전선관 공사에서 금속관에 나사를 내기 위해 사용하는 공구는?

① 리머 ② 오스터
③ 프레셔 툴 ④ 히키 벤더

│해설
① 리머 : 금속관을 쇠톱이나 커터로 끊은 다음, 관 안의 날카로운 것을 다듬는 공구
② 오스터 : 금속관 끝에 나사를 내는 공구
③ 프레셔 툴(압착기) : 솔더리스 커넥터 또는 솔더리스 터미널을 압착할 때 사용하는 공구
④ 히키 벤더 : 금속관을 구부리는 공구

26. 금속관 절단구에 대한 다듬기에 쓰이는 공구는?

① 리머 ② 홀소우
③ 프레셔 툴 ④ 파이프 렌치

│해설
① 리머 : 금속관을 쇠톱이나 커터로 끊은 다음, 관 안에 날카로운 것을 다듬는 공구
② 홀소우 : 녹아웃 펀치와 같이 캐비닛 또는 분전반에 구멍을 뚫는 공구
③ 프레셔 툴(압착기) : 솔더리스 커넥터 또는 솔더리스 터미널을 압착할 때 사용하는 공구
④ 파이프 렌치 : 금속관을 커플링으로 접속할 때 커플링을 물고 죄는 공구

27. 금속관 공사에서 관을 박스 내에 고정시킬 때 사용하는 것은?

① 부싱 ② 로크너트
③ 새들 ④ 커플링

│해설
① 부싱 : 전선의 절연 피복을 보호하기 위해서 금속관의 관 끝에 취부한다.
② 로크너트 : 박스에 금속관을 고정할 때 사용한다.
③ 새들 : 전선관을 조영재에 고정할 때 사용
④ 커플링 : 전선관 상호를 접속하는 것으로 내면에 나사가 있다.

28. 금속관 공사를 할 경우 케이블 손상방지용으로 사용하는 부품은?

① 부싱 ② 엘보
③ 커플링 ④ 로크너트

│해설
① 부싱 : 전선의 절연 피복을 보호하기 위해서 금속관의 관 끝에 취부한다.
② 엘보 : 관을 직각으로 굽히는 곳에 사용한다.
③ 커플링 : 전선관 상호를 접속하는 것으로 내면에 나사가 있다.
④ 로크너트 : 박스에 금속관을 고정할 때 사용한다.

정답 23 ② 24 ① 25 ② 26 ① 27 ② 28 ①

29. 금속관 공사에서 로크아웃의 지름이 금속관의 지름보다 큰 경우에 사용하는 재료는?

① 로크너트
② 부싱
③ 콘넥터
④ 링 리듀서

> **| 해설**
> ① 로크너트 : 박스에 금속관을 고정할 때 사용
> ② 부싱 : 전선의 절연피복을 보호하기 위해서 금속관의 관 끝에 취부
> ③ 콘넥터 : 금속관 상호 간 또는 금속관과 박스를 연결할 때 사용
> ④ 링 리듀서 : 금속관을 아웃트렛 박스의 로크아웃에 취부할 때 로크아웃 구멍이 관의 구멍보다 클 때 보조적으로 사용

30. 저압 가공 인입선의 인입구에 사용하는 부속품은?

① 플로어 박스
② 링 리듀서
③ 앤트런스 캡
④ 노멀 밴드

> **| 해설**
>
> 앤트런스 캡(entrance cap : 입구마개)
> 저압 금속관 공사 시 빗물 침입을 방지할 때 사용한다.

31. 금속전선관 공사에 필요한 공구가 아닌 것은?

① 스트리퍼
② 오스터
③ 리머
④ 파이프 바이스

> **| 해설**
> 스트리퍼는 절연전선의 피복을 벗길 때 사용하는 기기이다.

32. 서로 다른 굵기의 절연전선을 동일 관내에 넣는 경우 금속관의 굵기는 전선의 피복절연물을 포함한 단면적의 총합계가 관의 내 단면적의 몇 [%] 이하가 되도록 선정하여야 하는가?

① 32
② 38
③ 45
④ 48

> **| 해설**
> 관내 허용 가능한 전선 및 케이블의 면적
> ㉠ 전선관(합성수지관, 금속관, 가요전선관 등) : 내 단면적의 32% 이하
> ㉡ 금속트렁킹 및 금속몰드, 금속덕트 : 내 단면적의 20% 이하
> ㉢ 금속덕트 내에 제어회로 배선의 경우 : 내 단면적의 50% 이하

33. 피시 테이프(fish tape)의 용도는?

① 전선을 테이핑하기 위해서 사용
② 전선관의 끝마무리를 위해서 사용
③ 전선관에 전선을 넣을 때 사용
④ 합성수지관을 구부릴 때 사용

> **| 해설**
> ㉠ 전선 한 가닥을 넣을 때 : 피시 테이프
> ㉡ 전선 여러 가닥을 넣을 때 : 철망 그리프

34. 금속관에 여러 가닥의 전선을 넣을 때 매우 편리하게 넣을 때 사용하는 것은?

① 비닐 전선
② 철망 그리프
③ 전지선
④ 호밍사

> **| 해설**
> 금속관에 여러 가닥의 전선을 넣을 때 매우 편리하게 넣을 때 사용하는 것은 철망 그리프이다.

정답 29 ④ 30 ③ 31 ① 32 ① 33 ③ 34 ②

35. 교류 전등 공사에서 금속관에 전선을 넣어 연결한 방법 중 옳은 것은?

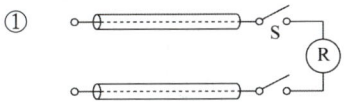
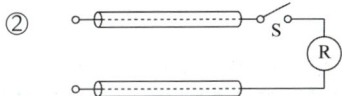
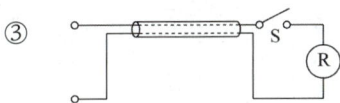
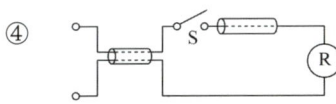

| 해설

전자적 평형(내선규정 2225－2)
㉠ 교류회로는 1회로의 전선 전부를 동일 관내에 넣는 것을 원칙으로 한다. 다만, 동극 왕복선을 동일 관내에 넣는 경우 같이 전자적 평형상태로 시설하는 것은 적용하지 않는다.
㉡ 1회로의 전선 전부란 단상 2선식 회로는 2선을, 단상 3선식 회로 및 3상 3선식 회로는 3선을, 3상 4선식 회로는 4선을 말한다.

36. 다음 중 금속관공사의 설명으로 잘못된 것은?

① 교류회로는 1회로의 전선 전부를 동일관내에 넣는 것을 원칙으로 한다.
② 교류회로에서 전선을 병렬로 사용하는 경우에는 관내에 전자적 불평형이 생기지 않도록 시설한다.
③ 금속관 내에서는 절대로 전선 접속점을 만들지 않아야 한다.
④ 관의 두께는 콘크리트에 매입하는 경우 1mm 이상이어야 한다.

| 해설

금속관의 두께
㉠ 콘크리트에 매입할 경우 : 1.2[mm] 이상
㉡ 기타의 경우 : 1.0[mm] 이상
㉢ 이음매가 없는 길이 4[m] 이하의 것을 건조한 노출장소에 시설할 경우 : 0.5[mm] 이상

37. 건물의 모서리(직각)에서 가요전선관을 박스에 연결할 때 필요한 접속기는?

① 스플릿 박스 커넥터
② 앵글 박스 커넥터
③ 플렉시블 커플링
④ 콤비네이션 커플링

| 해설

가요전선관 접속
㉠ 스플릿 커플링 : 가요전선관 상호 간 접속 시에 사용
㉡ 앵글 박스 커넥터 : 직각 개소에서 가요전선관과 박스 접속 시에 사용
㉢ 스트레이트 박스 커넥터 : 가요전선관과 박스 접속 시에 사용
㉣ 콤비네이션 커플링 : 가요전선관과 금속관 접속 시에 사용

38. 가요전선관과 금속관의 상호 접속에 쓰이는 재료는?

① 스플릿 커플링
② 콤비네이션 커플링
③ 스트레이트 박스 커넥터
④ 앵글 박스 커넥터

| 해설

㉠ 가요전선관 상호 접속 : 스플릿 커플링
㉡ 가요전선관과 금속관 접속 : 콤비네이션 커플링

39. 가요전선관에 사용되는 부속품이 아닌 것은?

① 스플릿 커플링
② 앵글 박스 커플링
③ 콤비네이션 커플링
④ 유니온 커플링

| 해설

유니온 커플링
전선관을 양쪽에서 돌려 끼울 수 없는 경우에 사용하는 금속관의 부품이다.

정답 35 ③ 36 ④ 37 ② 38 ② 39 ④

40. 제1종 가요전선관을 구부릴 경우의 곡률 반지름은 관 안지름의 몇 배 이상으로 하여야 하는가?

① 3배 ② 4배
③ 6배 ④ 8배

| 해설
1종 가요전선관을 구부릴 경우 곡률 반지름은 관 안지름의 6배 이상으로 하여야 한다.

41. 노출장소 또는 점검 가능한 은폐장소에서 제2종 가요전선관을 시설하고 제거하는 것이 부자유하거나 점검 불가능한 경우의 곡률 반지름은 안지름의 몇 배 이상으로 하여야 하는가?

① 2 ② 3
③ 5 ④ 6

| 해설
2종 가요전선관 구부리기
㉠ 관 제거가 쉬운 경우 : 관 안지름의 3배 이상
㉡ 관 제거가 어렵거나, 점검이 불가한 경우 : 관 안지름의 6배 이상
<참고>
1종 가요전선 : 관 안지름의 6배 이상

42. 관을 시설하고 제거하는 것이 자유롭고 점검 가능한 은폐장소에서 가요전선관을 구부리는 경우 곡률 반지름은 2종 가요전선관 안지름의 몇 배 이상으로 하여야 하는가?

① 10 ② 9
③ 6 ④ 3

| 해설
2종 가요전선관 구부리기
㉠ 관 제거가 쉬운 경우 : 관 안지름의 3배 이상
㉡ 관 제거가 어렵거나, 점검이 불가한 경우 : 관 안지름의 6배 이상
<참고>
1종 가요전선 : 관 안지름의 6배 이상

43. 전선의 도체 단면적이 $2.5[mm^2]$인 전선 3본을 동일 관내에 넣는 경우의 2종 가요전선관의 최소 굵기$[mm^2]$는?

① 10 ② 15
③ 17 ④ 24

| 해설
2종 가요전선관의 굵기(내선규정 제2235-4)

도체 단면적 [mm²]	전선 본 수							
	1	2	3	4	5	6	7	8
2.5	10	15	15	17	24	24	24	24
4	10	17	17	24	24	24	24	30

44. 전선관 지지점 간의 거리에 대한 설명으로 옳은 것은?

① 합성수지관을 새들 등으로 지지하는 경우 지지점 간의 거리는 2.0[m] 이하로 한다.
② 금속관을 조영재에 따라서 시설하는 경우 새들 등으로 견고하게 지지하고 그 간격을 2.5[m] 이하로 하는 것이 바람직하다.
③ 금속제 가요전선관을 새들 등으로 지지하는 경우 그 지지점 간의 거리는 2.5[m] 이하로 한다.
④ 사람이 접촉될 우려가 있을 때 가요전선관을 새들 등으로 지지하는 경우 그 지지점 간의 거리는 1[m] 이하로 한다.

| 해설
전선관 지지점 간의 거리
㉠ 합성수지관 : 1.5[m] 이하
㉡ 금속관 : 2.0[m] 이하
㉢ 가요전선관 : 1[m] 이하(사람이 접촉될 우려가 있는 것도 포함)
㉣ 케이블 : 2[m] 이하(수직 시 : 6[m] 이하)
㉤ 금속덕트 : 3[m] 이하(수직 시 : 6[m] 이하)
㉥ 라이팅덕트 : 2[m] 이하

정답   40 ③   41 ④   42 ④   43 ②   44 ④

45. 합성수지 몰드 공사에서 틀린 것은?

① 전선은 절연 전선일 것

② 합성수지 몰드 안에는 접속점이 없도록 할 것

③ 합성수지 몰드는 홈의 폭 및 깊이가 6.5[cm] 이하일 것

④ 합성수지 몰드와 박스 기타의 부속품과는 전선이 노출되지 않도록 할 것

| 해설

합성수지 몰드 공사(KEC 232.21.1)
㉠ 전선은 절연전선(옥외용 비닐절연전선은 제외)일 것
㉡ 몰드 안에는 전선의 접속점이 없을 것
㉢ 몰드는 홈의 폭 및 깊이가 35[mm] 이하, 두께는 2[mm] 이상일 것. 단, 사람이 쉽게 접속할 우려가 없도록 시설하는 경우에는 폭이 50[mm] 이하, 두께 1[mm] 이상일 것
㉣ 몰드 상호 간 및 몰드와 박스 기타의 부속품과는 전선이 노출되지 않도록 할 것

46. 다음 (   ) 안에 들어갈 내용으로 알맞은 것은?

> 사람의 접촉 우려가 있는 합성수지제 몰드는 홈의 폭 및 깊이가 (ⓐ)[cm] 이하로 두께는 (ⓑ)[mm] 이상의 것이어야 한다.

① ⓐ 3.5   ⓑ 1

② ⓐ 5   ⓑ 1

③ ⓐ 3.5   ⓑ 2

④ ⓐ 5   ⓑ 2

| 해설

합성수지 몰드 공사(KEC 232.21.1)
㉠ 홈의 폭 및 깊이 : 35[mm] 이하
㉡ 두께 : 2[mm] 이상
㉢ 사람이 쉽게 접속할 우려가 없도록 시설하는 경우 : 폭이 50[mm] 이하, 두께 1[mm] 이상일 것

47. 몰드 공사에서 주로 사용되는 합성수지 몰드의 베이스 홈의 폭의 두께로 옳은 것은?

① 폭 : 4.5cm 이하, 두께 3.0mm 이상

② 폭 : 4.0cm 이하, 두께 2.5mm 이상

③ 폭 : 3.5cm 이하, 두께 2.0mm 이상

④ 폭 : 3.0cm 이하, 두께 1.5mm 이상

| 해설

합성수지 몰드 공사(KEC 232.21.1)
㉠ 홈의 폭 및 깊이 : 35[mm] 이하
㉡ 두께 : 2[mm] 이상
㉢ 사람이 쉽게 접속할 우려가 없도록 시설하는 경우 : 폭이 50[mm] 이하, 두께 1[mm] 이상일 것

48. 금속몰드공사에 의한 저압 옥내배선으로 다음과 같이 시설하여야 한다. 옳지 않은 것은?

① 전선을 절연전선일 것

② 금속몰드 안에서는 전선에 접속점이 없도록 할 것

③ 몰드는 폭 30[mm] 이하로 할 것

④ 몰드 상호 및 몰드와 박스 기타의 부속품은 견고하게 접속할 것

| 해설

금속몰드공사(KEC 232.22)
㉠ 전선은 절연전선(옥외용 비닐 절연전선은 제외)일 것
㉡ 금속몰드 안에는 전선에 접속점이 없도록 할 것
㉢ 황동제 또는 동제의 몰드는 폭이 50[mm] 이하, 두께 0.5[mm] 이상인 것일 것
㉣ 몰드 상호 간 및 몰드 박스 기타의 부속품과는 견고하고 또한 전기적으로 완전하게 접속할 것

정답   45 ③   46 ③   47 ③   48 ③

49. 금속몰드 공사에서 같은 금속몰드 내에 넣는 최대 전선수는 몇 본인가?

① 10 　　　　　② 5

③ 3 　　　　　　④ 2

| 해설
금속몰드 내의 전선 수(KEC 이전, 내선규정 2230−4)
㉠ 1종 금속몰드 : 10본 이하
㉡ 2종 금속몰드 : 전선의 피복절연물을 포함한 단면적의 총합계가 해당 몰드 내 단면적의 20% 이하

50. 2종 금속몰드의 구성 부품으로 조인트 금속의 종류가 아닌 것은?

① L형 　　　　　② 플랫엘보

③ T형 　　　　　④ 크로스형

| 해설
2종 금속몰드의 조인트 금속의 종류에는 L형, T형, 크로스형 등이 있다.

51. 금속 덕트를 조영재에 붙이는 경우에는 지지점 간의 거리는 최대 몇 [m] 이하로 하여야 하는가?

① 1.5 　　　　　② 2.0

③ 3.0 　　　　　④ 3.5

| 해설
금속 덕트의 시설(KEC 232.31.3)
㉠ 지지점 간의 거리 : 3m 이하
㉡ 취급자 이외의 자가 출입할 수 없고 수직으로 붙이는 경우 : 6m 이하

52. 다음 중 금속 덕트 공사 방법과 거리가 가장 먼 것은?

① 덕트의 말단을 열어 놓을 것

② 금속 덕트는 3[m] 이하의 간격으로 견고하게 지지할 것

③ 금속 덕트의 뚜껑은 쉽게 열리지 않도록 시설할 것

④ 금속 덕트 상호는 견고하고 또한 전기적으로 완전하게 접속할 것

| 해설
금속 덕트의 시설(KEC 232.31.3)
㉠ 덕트 상호 간은 견고하고 또한 전기적으로 완전하게 접속할 것
㉡ 덕트를 조영재에 붙이는 경우에는 덕트의 지지점 간의 거리를 3[m](취급자 이외의 자가 출입할 수 없도록 설비한 곳에서 수직으로 붙이는 경우에는 6[m]) 이하로 하고 또한 견고하게 붙일 것
㉢ 덕트의 본체와 구분하여 뚜껑을 설치하는 경우에는 쉽게 열리지 아니하도록 시설할 것
㉣ 덕트의 끝부분은 막을 것

53. 금속 덕트 배선에 사용하는 금속 덕트의 철판 두께는 몇 [mm] 이상이어야 하는가?

① 0.8 　　　　　② 1.2

③ 1.5 　　　　　④ 1.8

| 해설
금속 덕트 시설조건
㉠ 폭이 5[cm]를 넘고 또한 두께가 1.2[mm] 이상인 철판 또는 동등 이상의 세기를 가지는 금속제의 것으로 제작한 것일 것
㉡ 내면은 전선의 피복을 손상시키는 돌기가 없는 것일 것
㉢ 내면 및 외면에는 산화 방지를 위하여 아연도금 또는 이와 동등 이상의 효과를 가지는 도장을 한 것일 것

정답 　49 ① 　50 ② 　51 ③ 　52 ① 　53 ②

54. 절연전선을 동일 금속 덕트 내에 넣을 경우 금속 덕트의 크기는 전선의 피복 절연물을 포함한 단면적의 총합계가 금속 덕트 내 단면적의 몇 [%] 이하가 되도록 선정하여야 하는가? (단, 제어회로 등의 배선에 사용하는 전선만의 넣는 경우이다.)

① 30[%]　　　② 40[%]
③ 50[%]　　　④ 60[%]

| 해설
금속 덕트 배선(KEC 232.9)
㉠ 일반회로 입선 : 20[%] 이하
㉡ 제어회로 입선 : 50[%] 이하

55. 라이팅 덕트 공사에 의한 저압 옥내배선의 시설 기준으로 틀린 것은?

① 덕트의 끝부분을 막을 것
② 덕트는 조영재에 견고하게 붙일 것
③ 덕트의 개구부는 위로 향하여 시설할 것
④ 덕트는 조영재를 관통하여 시설하지 아니할 것

| 해설
라이팅 덕트 공사(KEC 232.71.1)
㉠ 덕트 상호 간 및 전선 상호 간은 견고하게 또한 전기적으로 완전히 접속할 것
㉡ 덕트는 조영재에 견고하게 붙일 것
㉢ 덕트의 지지점 간의 거리 : 2m 이하
㉣ 덕트의 끝부분은 막을 것
㉤ 덕트의 개구부는 아래로 향하여 시설(단, 덕트 내부에 먼지가 들어가지 않을 경우에 한하여 옆으로 향하여 시설할 수 있다.)

56. 라이팅 덕트 공사에 의한 저압 옥내배선 시 덕트의 지지점 간의 거리는 몇 [m] 이하로 해야 하는가?

① 1.0　　　② 1.2
③ 2.0　　　④ 3.0

| 해설
라이팅 덕트 배선(KEC 232.11)
지지점 간의 거리 : 2[m]

57. 플로어 덕트 배선의 사용전압은 몇 [V] 이하로 제한되는가?

① 220　　　② 400
③ 600　　　④ 700

| 해설
플로어 덕트 배선(내선규정 제2255절)
플로어 덕트 배선의 사용전압은 400[V] 이하이어야 한다.

58. 플로어 덕트 공사에 의한 저압 옥내배선에서 절연전선으로 연선을 사용하지 않아도 되는 것은 굵기가 몇 [mm²] 이하의 경우인가?

① 10　　　② 16
③ 3.2　　　④ 4.0

| 해설
플로어 덕트 공사에 의한 저압 옥내배선에서 절연전선으로 연선을 사용하지 않아도 되는 것은 굵기 10mm² 이하의 경우이다.

59. 플로어 덕트 공사에서 금속제 박스는 강판의 몇 [mm] 이상 되는 것을 사용하여야 하는가?

① 2.0　　　② 1.5
③ 1.2　　　④ 1.0

| 해설
금속제의 플로어 덕트 및 박스 기타 부속품은 두께 2.0[mm] 이상의 강판으로 견고하게 제작하여야 한다.

60. 절연전선을 동일 플로어 덕트 내에 넣을 경우 플로어 덕트 크기는 전선의 피복 절연물을 포함한 단면적의 총합계가 플로어 덕트 단면적의 몇 [%] 이하가 되도록 선정하여야 하는가?

① 12　　　② 22
③ 32　　　④ 42

| 해설
플로어 덕트(내선규정 2255-4)
절연전선을 동일 플로어 덕트 내에 넣을 경우, 전선의 피복절연물을 포함한 단면적의 총합계가 플로어 덕트 내 단면적의 32[%] 이하가 되도록 선정하여야 한다.

정답　54 ③　55 ③　56 ③　57 ②　58 ①　59 ①　60 ③

61. 케이블 덕트 시스템에 시설하는 배선 방법이 아닌 것은?

① 플로어 덕트 배선　② 셀룰러 덕트 배선
③ 버스 덕트 배선　④ 금속 덕트 배선

62. 다음 중 버스 덕트가 아닌 것은?

① 플로어 버스 덕트　② 피더 버스 덕트
③ 트롤리 버스 덕트　④ 플러그인 버스 덕트

63. 건축물에 고정되는 본체부와 제거할 수 있거나 개폐할 수 있는 커버로 이루어지며 절연전선, 케이블 및 코드를 완전하게 수용할 수 있는 구조의 배선설비의 명칭은?

① 케이블 래더　② 케이블 트레이
③ 케이블 트렁킹　④ 케이블 브라킷

64. 금속제 케이블 트레이의 종류가 아닌 것은?

① 통풍채널형　② 사다리형
③ 바닥밀폐형　④ 크로스형

65. 케이블 공사에서 비닐 외장 케이블을 조영재의 옆면에 따라 붙이는 경우 전선의 지지점 간의 거리는?

① 1.0　② 1.5
③ 2.0　④ 2.5

66. 케이블 공사에 의한 저압 옥내 배선에서 캡타이어 케이블을 조영재의 아랫면 또는 옆면에 따라 붙이는 경우에는 전선의 지지점 간의 거리는 몇 [m] 이하이어야 하는가?

① 1.5　② 1
③ 2　④ 0.8

67. 케이블을 조영재에 지지하는 경우에 이용되는 것이 아닌 것은?

① 터미널 캡   ② 클리트(Cleat)
③ 스테이플   ④ 새들

┃해설

터미널 캡(서비스캡)
저압 가공인입선에서 금속관공사로 옮겨지는 곳 또는 금속관으로부터 전선을 뽑아 전동기 단자 부분에 접속할 때 사용하며, A형, B형이 있다.

68. 연피 없는 케이블을 배선할 때 직각 구부리기(L형)는 대략 굴곡 반지름을 케이블의 바깥지름의 몇 배 이상으로 하는가?

① 3   ② 4
③ 6   ④ 10

┃해설

케이블의 굴곡 반지름(곡률 반경)
㉠ 일반 케이블 : 외경의 6배 이상
㉡ 단심 케이블 : 외경의 8배 이상
㉢ 연피 케이블 : 외경의 12배 이상
㉣ CD 케이블 덕트의 바깥지름이 35mm 이상 : 외경의 10배 이상

69. 콘크리트 직매용 케이블 배선에서 일반적으로 케이블을 구부릴 때는 피복이 손상되지 않도록 그 굴곡부 안쪽의 반경은 케이블 외경의 몇 배 이상으로 하여야 하는가? (단, 단심이 아닌 경우이다.)

① 2배   ② 3배
③ 6배   ④ 12배

┃해설

연피가 없는 케이블을 구부리는 경우 피복의 손상이 되지 않도록 하여 그 굴곡 반지름이 케이블의 완성품 지름의 6배(단심의 경우 8배) 이상으로 구부려야 한다.

70. 옥내배선의 은폐, 또는 건조하고 전개된 곳의 노출 공사에 사용하는 애자는?

① 현수 애자   ② 놉(노브) 애자
③ 장간 애자   ④ 구형 애자

┃해설

㉠ 핀 애자 : 가공전선로 직부분에 사용
㉡ 가지 애자 : 가공전선로의 방향을 바꾸는 부분에 사용
㉢ 인류 애자 : 가공전선로의 시작과 끝부분과 같이 장력이 작용하는 곳에 사용
㉣ 구형(지선) 애자 : 가공전선로 지선의 중간 부분에 사용
㉤ 놉(노브) 애자 : 저압 옥내배선에서 사용되며, 건조하고 전개된 곳의 노출 공사에 사용

71. 애자 사용 배선공사 시 사용할 수 없는 전선은?

① 고무 절연전선
② 폴리에틸렌 절연전선
③ 플루오르 수지 절연전선
④ 인입용 비닐절연전선

┃해설

애자공사 시설조건(KEC 232.56.1)
전선은 절연전선일 것. 다만, 옥외용 비닐절연전선 및 인입용 비닐절연전선은 사용할 수 없다.

72. 애자 사용 공사에 사용하는 애자가 갖추어야 할 성질과 가장 거리가 먼 것은?

① 절연성   ② 난연성
③ 내수성   ④ 광택성

┃해설

애자 사용 공사에 사용하는 애자는 절연성, 난연성 및 내수성의 것이어야 한다.

정답   67 ①   68 ③   69 ③   70 ②   71 ④   72 ④

73. 애자 사용 공사에서 전선 상호 간의 간격은 몇 [cm] 이상이어야 하는가?

① 4   ② 5
③ 6   ④ 8

> **┃해설**
> 애자공사 시설조건(KEC 232.56.1)
> ㉠ 전선은 절연전선일 것
> ㉡ 전선 상호 간의 간격 : 6[cm] 이상
> ㉢ 전선의 지지점 간의 거리 : 2[m] 이하(단, 400[V] 초과인 경우 : 6[m] 이하)
> ㉣ 전선과 조영재 사이의 이격거리
> • 400[V] 이하 : 2.5[cm] 이상
> • 400[V] 초과 : 4.5[cm] 이상(단, 건조한 장소 : 2.5[cm] 이상)

74. 사용전압 480[V]인 저압 옥내배선으로 절연전선을 애자공사에 의해서 점검할 수 있는 은폐장소에 시설하는 경우, 전선 상호 간의 간격은 몇 [cm] 이상이어야 하는가?

① 0.6   ② 2
③ 4   ④ 6

> **┃해설**
> 애자공사 시설조건(KEC 232.56.1)
> ㉠ 전선은 절연전선일 것
> ㉡ 전선 상호 간의 간격: 6[cm] 이상

75. 한국전기설비규정(KEC)에 의하여 애자사용공사를 건조한 장소에 시설하고자 한다. 사용 전압이 400[V] 이하인 경우 전선과 조영재 사이의 이격거리는 최소 몇 [cm] 이상이어야 하는가?

① 2.5   ② 4.5
③ 6.0   ④ 12

> **┃해설**
> 전선과 조영재 사이의 이격거리
> ㉠ 400[V] 이하 : 2.5[cm] 이상
> ㉡ 400[V] 초과 : 4.5[cm] 이상(단, 건조한 장소 : 2.5[cm] 이상)

76. 애자공사에서 전선과 조영재 사이의 이격거리는 사용전압이 440[V]이고, 항상 건조하지 않은 장소일 경우 몇 [cm] 이상이어야 하는가?

① 3.0   ② 3.5
③ 4.0   ④ 4.5

> **┃해설**
> 애자공사 시 전선과 조영재 사이의 이격거리
> ㉠ 400[V] 이하 : 2.5[cm] 이상
> ㉡ 400[V] 초과 : 4.5[cm] 이상(단, 건조한 장소 : 2.5[cm] 이상)

77. 전개된 장소에 시설하는 애자공사에 있어서 사용전압 440[V]의 경우 전선과 조영재와의 이격거리는 몇 [cm] 이상이면 되는가? (단, 건조한 장소임)

① 2.5   ② 3.5
③ 4.5   ④ 5.5

> **┃해설**
> 애자공사 시 전선과 조영재 사이의 이격거리
> ㉠ 400[V] 이하 : 2.5[cm] 이상
> ㉡ 400[V] 초과 : 4.5[cm] 이상(단, 건조한 장소 : 2.5[cm] 이상)

78. 노브 애자를 사용한 옥내 배선에서 전선의 굵기가 원칙적으로 얼마 이상이면 십자 바인드법으로 묶는가?

① 2.5[mm^2]   ② 6[mm^2]
③ 10[mm^2]   ④ 16[mm^2]

> **┃해설**
> 노브 애자의 바인드법
> ㉠ 일자 바인드의 경우 : 10[mm^2] 이하
> ㉡ 십자 바인드의 경우 : 16[mm^2] 이상

정답   73 ③   74 ④   75 ①   76 ④   77 ①   78 ④

79. 저압 크레인 또는 호이스트 등의 트롤리선을 애자 사용 공사에 의하여 옥내의 노출장소에 시설하는 경우 트롤리선의 바닥에서의 최소 높이는 몇 [m] 이상으로 설치하는가?

① 2   ② 2.5
③ 3   ④ 3.5

| 해설
옥내 저압 접촉전선 배선(KEC 232.81)
이동기중기, 자동청소기 그 밖에 이동하며 사용하는 저압의 전기기계기구에 전기를 공급하기 위하여 사용하는 접촉전선을 옥내에 시설하는 경우에는 기계기구에 시설하는 경우 이외에는 전개된 장소 또는 점검할 수 있는 은폐된 장소에 애자공사 또는 버스덕트공사 또는 절연 트롤리공사에 의하여야 하며, 시설기준은 다음과 같다.
㉠ 전선의 바닥에서의 높이 : 3.5[m] 이상
㉡ 최대 사용전압 : 60[V] 이하

80. 사용전압이 몇 [V] 초과인 저압용의 전구선은 옥내에 시설할 수 없는가?

① 250   ② 300
③ 350   ④ 400

| 해설
코드 및 이동전선(KEC 234.3)
코드는 조명용 전원코드 및 이동전선으로만 사용할 수 있으며, 고정배선으로 사용하여서는 안 된다. 다만, 건조한 곳에 시설하고 또한 내부를 건조한 상태로 사용하는 진열장 등의 내부에 배선할 경우는 고정배선으로 사용할 수 있다. 코드는 사용전압 400[V] 이하의 전로에 사용한다.

81. 옥내에 시설하는 사용전압이 400[V] 이하인 전구선으로 캡타이어케이블을 사용할 경우, 단면적이 몇 [mm²] 이상인 것을 사용하여야 하는가?

① 0.75   ② 2
③ 3.5   ④ 5.5

| 해설
조명용 전원코드 또는 이동전선은 단면적 0.75[mm²] 이상의 코드 또는 캡타이어케이블을 용도에 적합하게 선정하여야 한다.

82. 쇼윈도 내의 배선에 사용전압 400[V] 이하의 캡타이어 케이블 전선의 최소 단면적은 얼마인가?

① 0.5[mm²]   ② 0.75[mm²]
③ 1.5[mm²]   ④ 1.25[mm²]

| 해설
조명용 전원코드 또는 이동전선은 단면적 0.75[mm²] 이상의 코드 또는 캡타이어케이블을 용도에 적합하게 선정하여야 한다.

83. 목욕탕에 시설하는 사용전압이 400[V] 이하인 이동전선으로 사용되는 것은?

① 면절연전선   ② 고무절연전선
③ 면코드   ④ 방습코드

| 해설
옥내에서 조명용 전원코드 또는 이동전선을 습기가 많은 장소 또는 수분이 있는 장소에 시설할 경우에는 고무코드(사용전압이 400V 이하인 경우에 한함) 또는 0.6/1kV EP 고무 절연 클로로프렌 캡타이어케이블로서 단면적이 0.75[mm²] 이상인 것이어야 한다.
→ 방습코드도 사용가능

84. 물기가 있는 곳의 마루 위에서 사람이 접촉할 우려가 있는 곳에 시설하는 사용전압이 400[V] 이하인 이동전선으로 사용할 수 있는 것은?

① 고무코드
② 면코드
③ 비닐 캡타이어 케이블
④ 비닐코드

| 해설
옥내에서 조명용 전원코드 또는 이동전선을 습기가 많은 장소 또는 수분이 있는 장소에 시설할 경우에는 고무코드(사용전압이 400V 이하인 경우에 한함) 또는 0.6/1kV EP 고무 절연 클로로프렌 캡타이어케이블로서 단면적이 0.75[mm²] 이상인 것이어야 한다.

정답   79 ④   80 ④   81 ①   82 ②   83 ④   84 ①

85. 옥내의 건조하고 전개된 장소에서 사용전압이 400[V] 이상인 경우에는 사용할 수 없는 배선 공사는?

① 애자사용공사　② 금속덕트공사

③ 버스덕트공사　④ 금속몰드공사

> **│ 해설**
> 사용전압 400V 이상, 건조한 장소로 점검할 수 있는 은폐된 곳에 저압 옥내배선공사는 애자사용공사, 금속덕트공사, 버스덕트공사 등이 있다.

86. 불연성 먼지가 많은 장소에서 시설할 수 없는 옥내 배선 공사 방법은?

① 금속관 공사

② 금속제 가요 전선관 공사

③ 두께가 1.2[mm]인 합성수지관 공사

④ 애자 사용 공사

> **│ 해설**
> 불연성 먼지가 많은 장소(내선규정 4235)
> 불연성 먼지가 많은 장소의 배선은 애자사용배선, 금속관 배선, 합성수지관 배선(두께가 2mm 미만의 합성수지제 전선관 및 난연성이 없는 CD관은 제외한다), 금속제 가요전선관 배선, 금속덕트배선, 버스덕트배선(환기형의 덕트를 사용하는 것은 제외), 케이블 배선 또는 캡타이어 케이블 배선 중 어느 것에 의하여 시설하여야 한다.

정답　85 ④　86 ③

01 전로의 절연(KEC 130)

1 전압전로의 절연성능(전기설비기술기준 제52조)

(1) 전기사용장소의 사용전압이 저압인 전로의 전선 상호 간 및 전로와 대지 사이의 절연저항은 개폐기 또는 과전류차단기로 구분할 수 있는 전로마다 [표 1]에서 정한 값 이상이어야 한다. 다만, 전선 상호 간의 절연저항은 기계기구를 쉽게 분리가 곤란한 분기회로의 경우 기기 접속 전에 측정할 수 있다.

(2) 또한, 측정 시 영향을 주거나 손상을 받을 수 있는 SPD 또는 기타 기기 등은 측정 전에 분리시켜야 하고, 부득이하게 분리가 어려운 경우에는 시험전압을 250[V] DC로 낮추어 측정할 수 있지만 절연저항값은 1[MΩ] 이상이어야 한다.

> **참고** **서지 보호 장치(SPD, Surge Protective Device)**
>
> 과도 전압을 제한하고 서지전류를 분류하기 위한 장치

2 허용 절연저항 값

전로의 사용전압[V]	DC 시험전압[V]	절연저항[kΩ]
SELV 및 PELV	250	0.5 이상
FELV, 500[V] 이하	500	1.0 이상
500[V] 초과	1,000	1.0 이상

【표 1】 허용 절연저항 값

(1) 특별저압(ELV, extra low voltage : 2차 전압이 AC 50[V] 이하, DC 120[V] 이하)으로 SELV(safety ELV, 비접지회로 구성) 및 PELV(protectiive ELV, 접지회로 구성)은 1차와 2차가 전기적으로 절연된 회로를 말한다.

(2) FELV(Functional ELV)는 1차와 2차가 전기적으로 절연되지 않은 회로를 말한다.

(3) 저압전로에서 정전이 어려운 경우 등 절연저항 측정이 곤란한 경우 저항성분의 누설전류가 1[mA] 이하이면 절연성능이 적합한 것으로 판단한다.

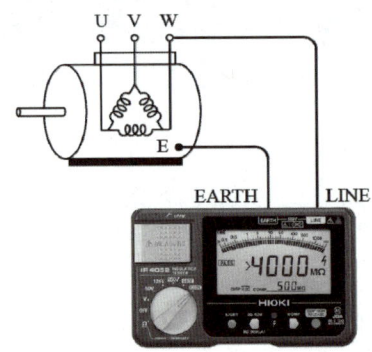

① 기기 및 선로의 전원단자와 접지단자에 DC 시험전압을 인가했을 때 흐르는 누설전류 크기에 따라 절연저항을 측정

② 절연저항 $R = \dfrac{\text{DC 시험전압}}{\text{누설전류}}$

3 전로의 절연원칙(KEC 131)

전로는 다음 이외에는 대지로부터 절연하여야 한다.

(1) 수용장소의 인입구의 접지, 고압 또는 특고압과 저압의 혼촉에 의한 위험방지시설, 피뢰기의 접지, 특고압 가공전선로의 지지물에 시설하는 저압 기계기구 등의 시설, 옥내에 시설하는 저압 접촉전선공사 또는 아크용접장치의 시설에 따라 저압전로에 접지공사를 하는 경우의 접지점

(2) 고압 또는 특고압과 저·고압의 혼촉에 의한 위험방지시설, 전로의 중성점의 접지 또는 옥내의 네온방전등공사에 따라 전로의 중성점에 접지공사를 하는 경우의 접지점

(3) 계기용 변성기의 2차측 전로에 접지공사를 하는 경우의 접지점

(4) 특고압 가공전선과 저고압 가공전선이 동일 지지물에 시설되는 부분에 접지공사를 하는 경우의 접지점

(5) 중성점이 접지된 특고압 가공선로의 중성선에 $25[\text{kV}]$ 이하인 특고압 가공전선로의 시설에 따라 다중접지를 하는 경우의 접지점

(6) 파이프라인 등의 전열장치의 시설에 따라 시설하는 소구경관(박스를 포함한다)에 접지공사를 하는 경우의 접지점

(7) 저압전로와 사용전압이 $300[\text{V}]$ 이하의 저압전로를 결합하는 변압기의 2차측 전로에 접지공사를 하는 경우의 접지점

(8) 절연할 수 없는 부분

① 시험용 변압기, 전력선 반송용 결합 리액터, 전기울타리용 전원장치, 엑스선발생장치, 전기 부식방지용 양극, 단선식 전기철도의 귀선 등 전로의 일부를 대지로부터 절연하지 아니하고 전기를 사용하는 것이 부득이한 것

② 전기욕기, 전기로, 전기보일러, 전해조 등 대지로부터 절연하는 것이 기술상 곤란한 것

(9) 저압 옥내직류 전기설비의 접지에 의하여 직류계통에 접지공사를 하는 경우의 접지점

4 전로의 절연저항 및 절연내력(KEC 132)

(1) 고압 및 특고압의 전로는 시험전압을 전로와 대지 사이(다심케이블은 심선 상호 간 및 심선과 대지 사이)에 연속하여 10분간 가하여 절연내력을 시험하였을 때 이에 견디어야 한다.

(2) 전선에 케이블을 사용하는 교류 전로로서 [표 2]에서 정한 시험전압의 2배의 직류전압을 전로와 대지 사이(다심 케이블은 심선 상호 간 및 심선과 대지 사이)에 연속하여 10분간 가하여 절연내력을 시험하였을 때 이에 견디는 것에 대하여는 그러하지 아니하다.

최대 사용 전압	전로의 접지 방식	절연내력 시험전압 (최저 시험전압)
7[kV] 이하	비접지	1.5배
7[kV] 초과 25[kV] 이하	중성점 다중 접지	0.92배
7[kV] 초과 60[kV] 이하	중성점 접지	1.25배 (최저 10.5[kV])
60[kV] 초과 170[kV] 이하	중성점 비접지식 전로	1.25배
	중성점 접지 (성형결선 또는 스콧 결선)로서 중성점 접지식 전로 (전위 변성기를 사용하여 접지)	1.1배 (최저 75[kV])
	중성점 직접 접지	0.72배
170[kV] 초과	중성점 직접 접지	0.64배
60[kV] 초과	정류기에 접속하는 권선, 교류 및 직류에 접속하는 기구	1.1배 (직류, 교류 동일)

【표 2】 전로의 절연저항 및 절연내력

 핵심요약

주요 절연내력 시험전압

① 전로와 대지 사이에 연속하여 10분간 가하여 절연내력을 시험하였을 때 이에 견디는 것
② 7[kV] 이하 : 1.5배
③ 60[kV] 초과 170[kV] 이하(중성점 직접 접지의 경우) : 0.72배

5 회전기 및 정류기의 절연내력(KEC 133)

기기	최대 사용 전압	절연내력 시험전압(최저 시험전압)
발전기, 전동기, 조상기, 기타 회전기	7[kV] 이하	1.5배(최저 500[V])
	7[kV] 초과	1.25배(최저 10.5[kV])
	※ 직류 시험 : 교류 시험전압의 1.6배	
정류기 (충전 부분과 외함 간)	60[kV] 이하	직류의 1배(최저 500[V])
	60[kV] 초과	1.1배
회전 변류기		1배(최저 500[V])

【표 3】 회전기 및 정류기의 절연내력

6 연료전지 및 태양전지 모듈의 절연내력

(1) 연료전지 및 태양전지 모듈은 최대사용전압의 1.5배의 직류전압 또는 1배의 교류전압을 충전부분과 대지 사이에 연속하여 10분간 가하여 절연내력을 시험하였을 때에 이에 견디는 것이어야 한다.

(2) 단, 시험전압 계산값이 500[V] 미만일 경우에는 500[V]로 시험을 한다.

7 변압기 전로의 절연내력(KEC 135)

최대 사용 전압	전로의 접지 방식	절연내력 시험전압(최저 시험전압)
7[kV] 이하	비접지	1.5배(최저 500[V])
7[kV] 초과 25[kV] 이하	중성점 다중 접지	0.92배
7[kV] 초과 60[kV] 이하	중성점 접지	1.25배(최저 10.5[kV])
60[kV] 초과 170[kV] 이하	중성점 비접지식 전로	1.25배
	중성점 접지 (성형결선 또는 스콧 결선)로서 중성점 접지식 전로 (전위 변성기를 사용하여 접지)	1.1배(최저 75[kV])
	중성점 직접 접지	0.72배
170[kV] 초과	중성점 직접 접지	0.64배 (중성점에 피뢰기 시설한 경우 0.3배)
60[kV] 초과	정류기에 접속하는 권선, 교류 및 직류에 접속하는 기구	1.1배(직류, 교류 동일)
기타 권선	−	1.1배(최저 75[kV])

【표 4】 변압기 전로의 절연내력

1 접지시스템의 구성

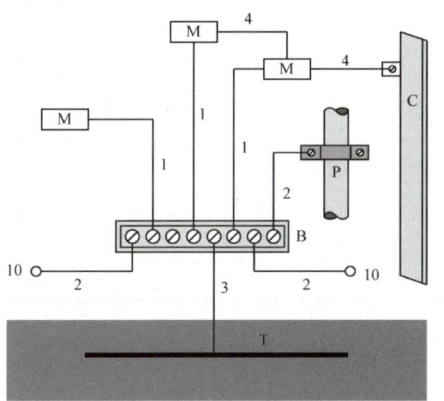

1 : 보호도체(PE)
2 : 보호등전위본딩용 도체
3 : 접지도체
4 : 보조 보호등전위본딩용 도체
10 : 기타기기(정보통신, 피뢰시스템)
B : 주 접지단자
M : 전기기기의 노출도전부
C : 철골, 금속덕트 등 계통외도전부
P : 수도관, 가스관 등 계통외도전부
T : 접지극

【그림 1】 접지시스템의 간이화 구성

(1) 접지시스템의 구성은 접지극, 접지도체, 보호도체 및 기타 설비로 구성된다.

(2) 보호 본딩도체, 접지도체(접지극), 보호도체 및 기능성 접지도체 등은 주접지단자를 설치하고 주접지단자에 직접 접속하여야 함을 규정하고 있다.

(3) 주접지단자란 접지설비의 일부로서 접지를 목적으로 여러 개의 도체가 전기적으로 결합할 수 있는 단자 또는 부스바를 말한다.

2 접지공사

(1) 접지의 목적

보안용 접지	기능용 접지
간접 접촉에 의한 감전 방지	보호계전기의 동작 확보용
변압기 혼촉에 의한 감전 방지	잡음, 유도장애 방지용
유도 감전 방지	전식 방지용
뇌에 의한 재해 방지	기준전위 확보용

【표 5】 접지의 목적

(2) 접지저항 저감법

물리적 방법	접지 저감재의 구비조건
접지극을 병렬 접속한다.	공해가 없고 안전할 것
접지공법(심타공법, 메시공법, 건축구조체 이용) 고려한다.	저감 효과가 크고, 전기적으로 양도체일 것
매설 깊이를 깊게 한다.	저감 효과에 연속성, 지속성이 있을 것
접지극의 길이를 길게 한다.	작업성이 좋을 것

【표 6】 접지저항 저감법

(3) 계통접지와 기기접지

구분	계통접지	기기접지
접지선 연결	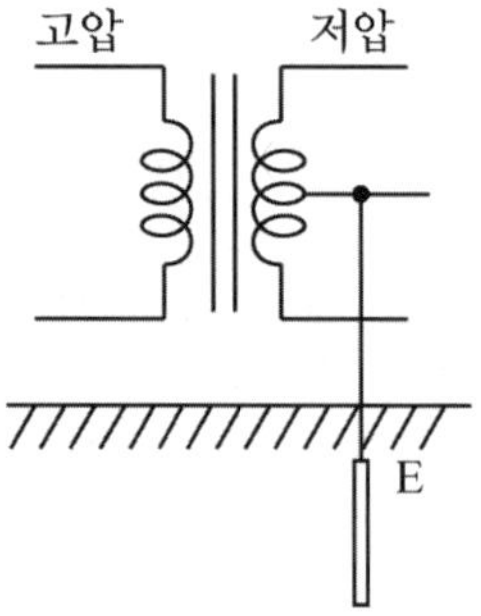 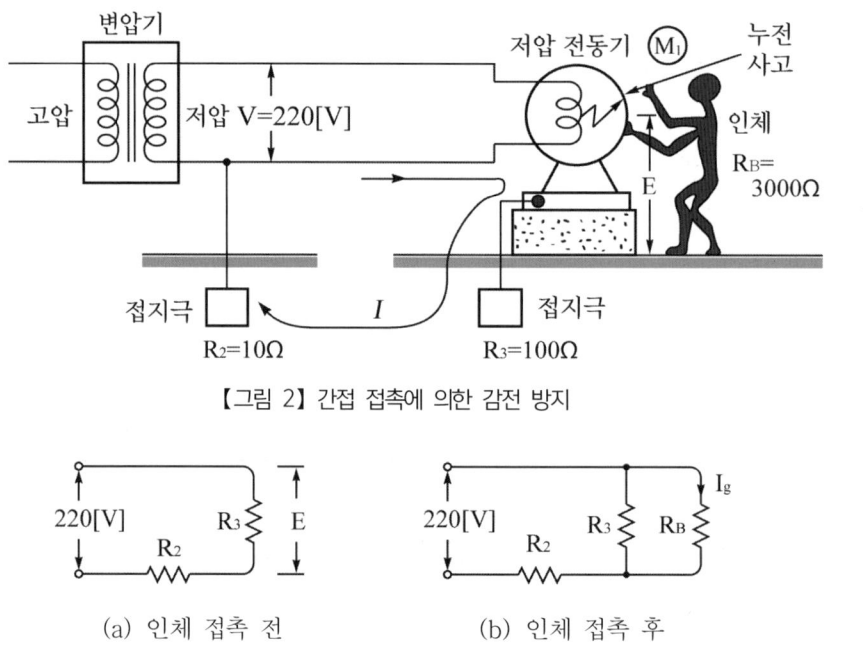	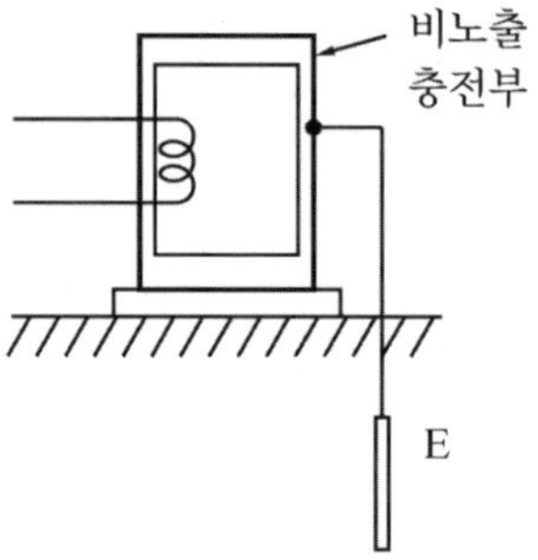
기능	고저압 혼촉 시 저압측 전위상승 억제	감전예방 및 화재예방

【표 7】 계통접지와 기기접지

(4) 간접 접촉에 의한 감전 방지

【그림 2】 간접 접촉에 의한 감전 방지

(a) 인체 접촉 전   (b) 인체 접촉 후

【그림 3】 등가변환

① 전기설비에 누전이 발생하면 인체를 통해 전류가 흐르기 때문에 기기접지(보안용 접지)를 실시해야 한다.

② 기기 외함의 대지전압(인체가 접촉하기 전)

$$E = \frac{R_3}{R_2 + R_3} \times V = \frac{100}{10 + 100} \times 220 = 200\,[\mathrm{V}]$$

③ 외함에 인체가 접촉하였을 경우, 인체를 통과하는 전류

$$I_g = \frac{V}{R_2 + \dfrac{R_3 \times R_B}{R_3 + R_B}} \times \frac{R_3}{R_3 + R_B} = \frac{220}{10 + \dfrac{100 \times 3000}{100 + 3000}} \times \frac{100}{100 + 3000} = 0.067[\text{A}] = 67[\text{mA}]$$

④ TT 계통(단독접지)은 기기 접지를 실시해도 $67[\text{mA}]$의 위험 전류가 흐를 수 있으므로 누전차단기를 추가로 설치하여 인체를 보호해야 한다.

(5) 접촉전압의 허용한계

① 인체를 통과하는 전류와 인체 저항의 곱이 인체에 가해지는 전압이며, 이것을 접촉전압이라고 한다.

② 감전의 위험성은 이 접촉전압의 크기와 감전 시간과의 곱에 비례한다.

③ 위험한 장소에서의 안전전압의 한계로 일본(저압전로 지락보호지침)의 경우에는 접촉상태에 따라 아래와 같이 구분하고 있다.

종별	통전경로	허용접촉전압
1종	인체의 대부분이 수중에 있는 상태	2.5[V] 이하
2종	인체가 현저하게 젖어 있는 상태	25[V] 이하
3종	건조한 통상의 인체 상태	50[V] 이하
4종	접촉전압이 가해질 우려가 없는 상태	제한 없음

【표 8】 접촉전압의 허용한계

3 접지시스템의 시설(KEC 142)

(1) 접지시스템의 구성요소 및 요구사항(KEC 142.1)

① 접지시스템 구성요소

㉠ 접지시스템 : 접지극, 접지도체, 보호도체 및 기타 설비로 구성한다.

㉡ 접지극 : 접지도체를 사용하여 주접지단자에 연결하여 시설한다.

② 접지시스템 요구사항

㉠ 지락전류와 보호도체 전류를 대지에 전달할 것. 다만, 열적, 열·기계적, 전기·기계적 응력 및 이러한 전류로 인한 감전 위험이 없어야 한다.

㉡ 접지저항값은 인체감전보호를 위한 값과 전기설비의 기계적 요구에 의한 값을 만족하여야 한다.

(2) 접지극의 시설 및 접지저항(KEC 142.2)

① 접지극은 다음의 방법 중 하나 또는 복합하여 시설하여야 한다.

㉠ 콘크리트에 매입된 기초 접지극

㉡ 토양에 매설된 기초 접지극

㉢ 토양에 수직 또는 수평으로 직접 매설된 금속전극(봉, 전선, 테이프, 배관, 판 등)

㉣ 케이블의 금속외장 및 그 밖에 금속피복

㉤ 지중 금속구조물(배관 등)

㉥ 대지에 매설된 철근콘크리트의 용접된 금속 보강재

② 접지극의 매설은 다음에 의한다.

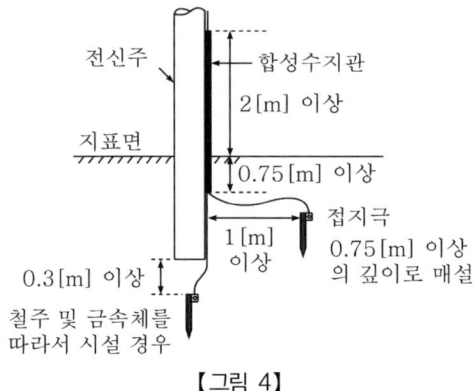

【그림 4】

ⓐ 접지극은 동결깊이를 감안하여 시설하되 고압 이상의 전기설비와 변압기 중성점 접지에 시설하는 접지극의 매설깊이는 지표면으로부터 지하 0.75[m] 이상으로 한다.

ⓑ 접지도체를 철주 기타의 금속체를 따라서 시설하는 경우에는 접지극을 철주의 밑면으로부터 0.3[m] 이상의 깊이에 매설하는 경우 이외에는 접지극을 지중에서 그 금속체로부터 1[m] 이상 떼어 매설하여야 한다.

ⓒ 접지극은 매설하는 토양을 오염시키지 않아야 하며, 가능한 한 다습한 부분에 설치한다.

③ 가연성 액체나 가스를 운반하는 금속제 배관은 접지설비의 접지극으로 사용할 수 없다. 다만, 보호등전위본딩은 예외로 한다.

④ 수도관 등을 접지극으로 사용하는 경우는 다음에 의한다.

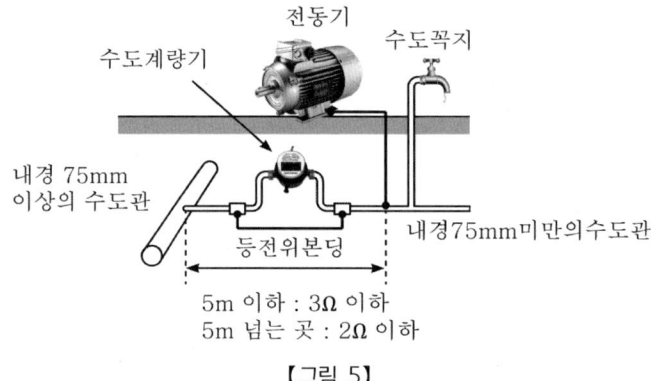

【그림 5】

ⓐ 지중에 매설되어 있고 대지와의 전기저항값이 3[Ω] 이하의 값을 유지하고 있는 금속제 수도관로가 다음에 따르는 경우 접지극으로 사용이 가능하다.

   ⓐ 접지도체와 금속제 수도관로의 접속은 안지름 75[mm] 이상인 부분 또는 여기에서 분기한 안지름 75[mm] 미만인 분기점으로부터 5[m] 이내의 부분에서 하여야 한다. 다만, 금속제 수도관로와 대지 사이의 전기저항값이 2[Ω] 이하인 경우에는 분기점으로부터의 거리는 5[m]를 넘을 수 있다.

   ⓑ 접지도체와 금속제 수도관로의 접속부를 수도계량기로부터 수도 수용가 측에 설치하는 경우에는 수도계량기를 사이에 두고 양측 수도관로를 등전위본딩 하여야 한다.

ⓑ 건축물·구조물의 철골, 기타의 금속제는 이를 비접지식 고압전로에 시설하는 기계기구의 철대 또는 금속제 외함의 접지공사 또는 비접지식 고압전로와 저압전로를 결합하는 변압기의 저압전로의 접지공사의 접지극으로 사용할 수 있다. 다만, 대지와의 사이에 전기저항값이 2[Ω] 이하인 값을 유지하는 경우에 한한다.

4 전기수용가 접지(KEC 142.4)

(1) 저압수용가 인입구 접지(KEC 142.4.1)

① 변압기 중성점 접지를 한 저압전선로의 중성선 또는 접지측 전선에 추가로 접지공사를 할 수 있는 경우 다음에 따라 시설하여야 한다.

㉠ 지중에 매설되어 있고 대지와의 전기저항값이 3[Ω] 이하의 값을 유지하고 있는 금속제 수도관로

㉡ 대지 사이의 전기저항값이 3[Ω] 이하인 값을 유지하는 건물의 철골

② 접지도체는 공칭단면적 6[mm²] 이상의 연동선 또는 쉽게 부식하지 않는 금속선으로서 고장 시 흐르는 전류를 안전하게 통할 수 있는 것이어야 한다.

(2) 주택 등 저압수용장소 접지(KEC 142.4.2)

① 저압수용장소에서 계통접지가 TN−C−S 방식인 경우에 보호도체는 다음에 따라 시설하여야 한다.

㉠ 보호도체의 최소단면적은 보호도체 계산한 값 이상으로 한다.

㉡ 중성선 겸용 보호도체(PEN)는 고정 전기설비에만 사용할 수 있고, 그 도체의 단면적이 구리는 10[mm²] 이상, 알루미늄은 16[mm²] 이상이어야 하며, 그 계통의 최고전압에 대하여 절연되어야 한다.

② 계통접지가 TN−C−S 방식은 감전보호용 등전위본딩을 하여야 한다.

5 변압기 중성점 접지(KEC 142.5)

(1) 변압기의 중성점 접지저항값

① 일반적으로 변압기의 고압・특고압측 전로 1선 지락전류로 150을 나눈 값과 같은 저항값 이하

② 변압기의 고압・특고압측 전로 또는 사용전압이 35[kV] 이하의 특고압전로가 저압측 전로와 혼촉하고 저압전로의 대지전압이 150[V]를 초과하는 경우 저항값은 다음에 의한다.

㉠ 1초 초과 2초 이내에 고압・특고압 전로를 자동으로 차단하는 장치를 설치할 때는 300을 나눈 값 이하

㉡ 1초 이내에 고압・특고압 전로를 자동으로 차단하는 장치를 설치할 때는 600을 나눈 값 이하

(2) 전로의 1선 지락전류는 실측값에 의한다.

6 공통접지 및 통합접지(KEC 142.6)

고압 및 특고압과 저압 전기설비의 접지극이 서로 근접하여 시설되어 있는 변전소 또는 이와 유사한 곳에서는 다음과 같이 공통접지시스템으로 할 수 있다.

(1) 저압 전기설비의 접지극이 고압 및 특고압 접지극의 접지저항 형성영역에 완전히 포함되어 있다면 위험전압이 발생하지 않도록 이들 접지극을 상호 접속하여야 한다.

(2) 접지시스템에서 고압 및 특고압 계통의 지락사고 시 저압계통에 가해지는 상용주파 과전압은 다음 표에서 정한 값을 초과해서는 안 된다.

고압계통에서 지락고장시간[초]	저압설비 허용 상용주파 과전압[V]
> 5	$U_0 + 250$
≤ 5	$U_0 + 1,200$

여기서, U_0 : 상전압(단, 중성선 도체가 없는 계통에서 선간전압을 의미)

【표 9】 저압설비 허용 상용주파 과전압

7 **기계기구의 철대 및 외함의 접지(KEC 142.7)**

(1) 전로에 시설하는 기계기구의 철대 및 금속제 외함(외함이 없는 변압기 또는 계기용 변성기는 철심)에는 접지공사를 하여야 한다.

(2) 다음의 어느 하나에 해당하는 경우에는 접지공사를 생략할 수 있다.

① 사용전압이 직류 300[V] 또는 교류 대지전압이 150[V] 이하인 기계기구를 건조한 곳에 시설하는 경우

② 저압용의 기계기구를 건조한 목재의 마루, 기타 이와 유사한 절연성 물건 위에서 취급하도록 시설하는 경우

③ 저압용이나 고압용의 기계기구, 특고압 전선로에 접속하는 배전용 변압기나 이에 접속하는 전선에 시설하는 기계기구 또는 특고압 가공전선로의 전로에 시설하는 기계기구를 사람이 쉽게 접촉할 우려가 없도록 목주, 기타 이와 유사한 것의 위에 시설하는 경우

④ 철대 또는 외함의 주위에 적당한 절연대를 설치하는 경우

⑤ 외함이 없는 계기용 변성기가 고무·합성수지, 기타의 절연물로 피복한 것일 경우

⑥ 「전기용품 및 생활용품 안전관리법」의 적용을 받는 이중절연구조로 되어 있는 기계기구를 시설하는 경우

⑦ 저압용 기계기구에 전기를 공급하는 전로의 전원측에 절연변압기(2차 전압이 300[V] 이하이며, 정격용량이 3[kVA] 이하인 것에 한한다)를 시설하고 또한 그 절연변압기의 부하측 전로를 접지하지 않은 경우

⑧ 물기 있는 장소 이외의 장소에 시설하는 저압용의 개별 기계기구에 전기를 공급하는 전로에 「전기용품 및 생활용품 안전관리법」의 적용을 받는 인체감전보호용 누전차단기(정격 감도전류가 30[mA] 이하, 동작시간이 0.03초 이하의 전류동작형에 한한다)를 시설하는 경우

⑨ 외함을 충전하여 사용하는 기계기구에 사람이 접촉할 우려가 없도록 시설하거나 절연대를 시설하는 경우

03 **접지도체 및 보호도체의 굵기 선정**

1 **접지도체(KEC 142.3.1)**

(1) 접지도체의 단면적 선정

① 접지도체의 단면적은 [표 10]에 의하며 큰 고장전류가 접지도체에 흐르지 않을 경우 접지도체의 최소 단면적은 다음과 같다.
  ㉠ 구리 : 6[mm²] 이상
  ㉡ 철제 : 50[mm²] 이상

② 접지도체에 피뢰시스템이 접속되는 경우에는 다음과 같다.
  ㉠ 구리 : 16[mm²] 이상
  ㉡ 철제 : 50[mm²] 이상

> **참고** **뇌격전류**
>
> 수십 kA의 전류가 흐를 수 있으나 지속시간이 상당히 짧으므로 접지도체의 최소 규격을 구리 16[mm²], 철 50[mm²]로 사용할 수 있다.

③ 고장 시 고장전류가 안전하게 통할 수 있는 경우

  ㉠ 특고압 · 고압 전기설비용 접지도체 : 6[mm²] 이상의 연동선

  ㉡ 중성점 접지용 접지도체 : 16[mm²] 이상의 연동선

  ㉢ 7[kV] 이하의 전로 또는 사용전압이 25[kV] 이하인 특고압 가공전선로(중성선 다중접지식으로 전로에 지락이 생겼을 때 2초 이내에 차단) : 6[mm²] 이상의 연동선

④ 이동하여 사용하는 전기기계기구의 금속제 외함 등의 접지시스템의 경우는 다음의 것을 사용하여야 한다.

시설장소	접지도체의 종류	단면적
특고압 · 고압 전기설비용 접지도체 및 중성점 접지용	· 클로로프렌캡타이어케이블(3종 및 4종) · 클로로설포네이트폴리에틸렌 캡타이어케이블(3종 및 4종)의 1개 도체 · 다심 캡타이어케이블의 차폐	10[mm²] 이상
저압 전기설비용	다심 코드 또는 다심 캡타이어케이블의 1개 도체	0.75[mm²] 이상
	유연성이 있는 연동연선은 1개 도체	1.5[mm²] 이상

【표 10】 계통접지에 사용되는 문자의 정의

2 보호도체(KEC 142.3.2)

(1) 보호도체의 최소단면적

① 보호도체의 최소단면적은 ②에 따라 계산하거나 [표 11]에 따라 선정할 수 있다.

선도체의 단면적(S[mm²], 구리)	보호도체의 최소 단면적[mm²]
$S \leq 16$	S
$16 < S \leq 35$	16
$S > 16$	$S/2$

【표 11】 보호도체의 최소 단면적 선정

② 차단시간이 5초 이하인 경우에만 다음 계산식을 적용한다(보호도체의 단면적은 다음의 계산값 이상이어야 한다).

$$보호도체 \ 단면적 : S = \frac{\sqrt{I^2 t}}{k} \ [\text{mm}^2]$$

여기서, I : 보호장치를 통해 흐를 수 있는 예상 고장전류 실횻값[A]

t : 자동차단을 위한 보호장치의 동작시간[s]

k : 보호도체, 절연, 기타 부위의 재질 및 초기온도와 최종 온도에 따라 정해지는 계수

  (특별한 조건이 없는 경우 $k=143$)

③ 보호도체가 케이블의 일부가 아니거나 선도체와 동일 외함에 설치되지 않으면 단면적은 [표 12]의 굵기 이상으로 하여야 한다.

구분		보호도체의 단면적
기계적 손상에 대해 보호가 되는 경우	구리	2.5[mm²] 이상
	알루미늄	16[mm²] 이상
기계적 손상에 대해 보호가 되지 않는 경우	구리	4[mm²] 이상
	알루미늄	16[mm²] 이상

【표 12】 보호도체의 단면적

(2) 보호도체의 종류

① 보호도체는 다음 중 하나 또는 복수로 구성하여야 한다.

㉠ 다심케이블의 도체

㉡ 충전도체와 같은 트렁킹에 수납된 절연도체 또는 나도체

㉢ 고정된 절연도체 또는 나도체

㉣ 금속케이블 외장, 케이블 차폐, 케이블 외장, 전선 묶음(편조전선), 동심도체, 금속관

② 다음과 같은 금속부분은 보호도체 또는 보호본딩도체로 사용해서는 안 된다.

㉠ 금속 수도관

㉡ 가스, 액체, 분말과 같은 잠재적인 인화성 물질을 포함하는 금속관

㉢ 상시 기계적 응력을 받는 지지 구조물 일부

㉣ 가요성 금속배관(예외 사항 : 보호도체의 목적으로 설계된 경우)

㉤ 가요성 금속전선관

㉥ 지지선, 케이블트레이 및 이와 비슷한 것

(3) 보호도체의 단면적 보강

① 보호도체는 정상 운전상태에서 전류의 전도성 경로(전기·자기 간섭 보호용 필터의 접속 등으로 인한)로 사용되지 않아야 한다.

② 전기설비의 정상 운전상태에서 보호도체에 10[mA]를 초과하는 전류가 흐르는 경우, 다음에 의해 보호도체를 증강하여 사용하여야 한다.

구분	보호도체의 단면적	
보호도체가 하나인 경우	구리	10[mm^2] 이상
	알루미늄	16[mm^2] 이상
추가로 보호도체를 위한 별도의 단자가 구비된 경우	구리	10[mm^2] 이상
	알루미늄	16[mm^2] 이상

【표 13】 보호도체의 단면적 보강

(4) 보호도체와 계통도체 겸용(KEC 142.3.4)

① 보호도체와 계통도체를 겸용하는 겸용도체(중성선과 겸용, 선도체와 겸용, 중간도체와 겸용 등)는 해당하는 계통의 기능에 대한 조건을 만족하여야 한다.

② 겸용도체는 고정된 전기설비에서만 사용할 수 있으며 다음에 의한다.

㉠ 단면적은 구리 10[mm²] 또는 알루미늄 16[mm²] 이상이어야 한다.

㉡ 중성선과 보호도체의 겸용도체는 전기설비의 부하측으로 시설하여서는 안 된다.

㉢ 폭발성 분위기 장소는 보호도체를 전용으로 하여야 한다.

③ 겸용도체의 성능은 다음에 의한다.

㉠ 공칭전압과 같거나 높은 절연성능을 가져야 한다.

㉡ 배선설비의 금속 외함은 겸용도체로 사용해서는 안 된다.

④ 겸용도체는 다음 사항을 준수하여야 한다.

    ㉠ 전기설비의 일부에서 중성선·중간도체·선도체 및 보호도체가 별도로 배선되는 경우, 중성선·중간도체·선도체를 전기설비의 다른 접지된 부분에 접속해서는 안 된다. 다만, 겸용도체에서 각각의 중성선·중간도체·선도체와 보호도체를 구성하는 것은 허용한다.

    ㉡ 겸용도체는 보호도체용 단자 또는 바에 접속되어야 한다.

    ㉢ 계통외도전부는 겸용도체로 사용해서는 안 된다.

04 감전보호용 등전위본딩(KEC 143)

1 등전위본딩의 적용(KEC 143.1)

(1) 등전위본딩이란 등전위를 형성하기 위해 도전부 상호 간을 전기적으로 연결하는 것을 말한다.

(2) 등전위본딩도체는 주접지단자에 연결하여야 한다.

(3) 건축물의 외부에서 인입하는 각종 금속제 인입설비의 배관은 최대 단면적을 갖는 배관 부분에서 서로 접속되어야 하며, 가능한 한 인입구 부근에서 접속한다.

(4) 건축물 안에서 수도관과 가스관의 배관은 건축물로 유입되는 방향의 최초 밸브 후단에서 등전위본딩을 하며, 금속제 배관의 일부로 중간에 포함되는 경우 배관 도중의 접속부에 삽입된 도전성을 차단할 수 있으므로 접속부를 추가로 등전위본딩하여야 한다.

(5) 주접지 단자에는 다음과 같은 도체를 접속한다.

    ① 보호등전위본딩 도체

    ② 접지도체

    ③ 보호도체

    ④ 기능성 접지도체

2 보호등전위본딩의 시설(KEC 143.2)

(1) 보호등전위본딩이란 감전에 대한 보호 등과 같은 안전을 목적으로 하는 등전위본딩을 말하며, 건축물 외부로부터 인입된 도전부는 건축물 안쪽의 가까운 지점에서 본딩하여야 한다.

(2) 감전보호용 등전위본딩의 목적은 위험전압의 저감 및 등전위화를 도모하여 인체의 안전을 확보하기 위함이며, 아래와 같이 구분된다.

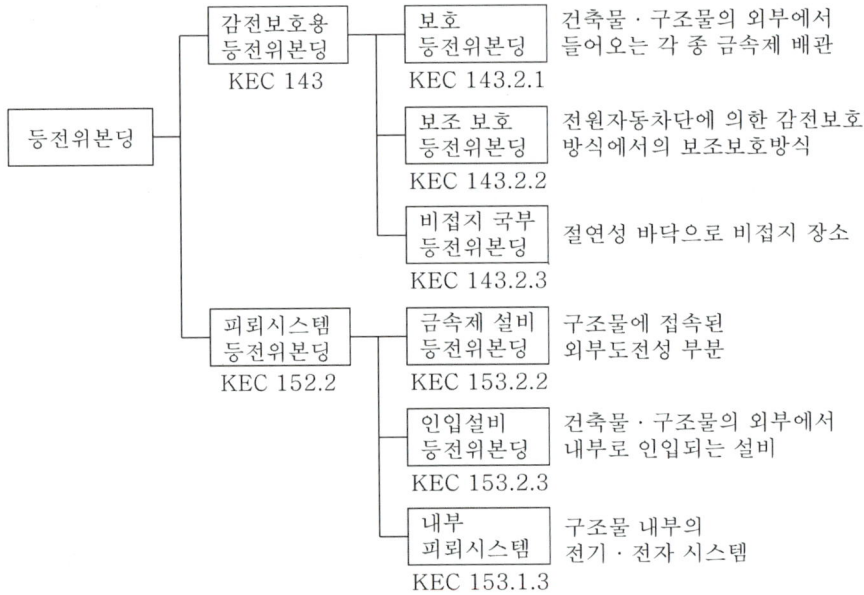

【그림 6】 등전위본딩 분류(예시)

(3) 건축물·구조물의 외부에서 내부로 들어오는 각종 금속제 배관은 다음과 같이 하여야 한다.

① 1개소에 집중하여 인입하고, 인입구 부근에서 서로 접속하여 등전위본딩 바에 접속하여야 한다.

② 대형건축물 등으로 1개소에 집중하여 인입하기 어려운 경우에는 본딩도체를 1개의 본딩 바에 연결한다.

(4) 수도관·가스관의 경우 내부로 인입된 최초의 밸브 후단에서 등전위본딩을 하여야 한다.

(5) 건축물·구조물의 철근, 철골 등 금속보강재는 등전위본딩을 하여야 한다.

3 보조 보호등전위본딩(KEC 143.2.2)

(1) 보조 보호등전위본딩은 485p '저압 전기설비 보호'의 [표 3] 계통접지별 최대 차단시간의 초과 시 고장에 대한 추가 보호대책으로서 화재, 기기의 응력에 대한 보호 등 다른 이유에 의한 전원의 차단이 필요한 경우도 포함 되며, 설비 전체 또는 일부분, 특정한 장소 및 기기에 적용할 수 있다.

(2) 전기설비에서 고장이 발생한 때 자동차단조건이 충족되지 않는 경우, 보조 보호등전위본딩을 하며, 보조 보호 등전위본딩을 실시한 경우라도 전원의 차단은 필요하다.

(3) 사람이 동시에 접촉할 수 있는 범위(2.5[m] 이하의 이격거리)에 있는 건축물에 설치되고 있는 고정기기의 노출도전부, 수도관, 가스관, 덕트, 철근콘크리트 바닥의 주요 금속보강재와 같은 계통외 도전부는 보조 보호등전위본딩을 하여야 한다.

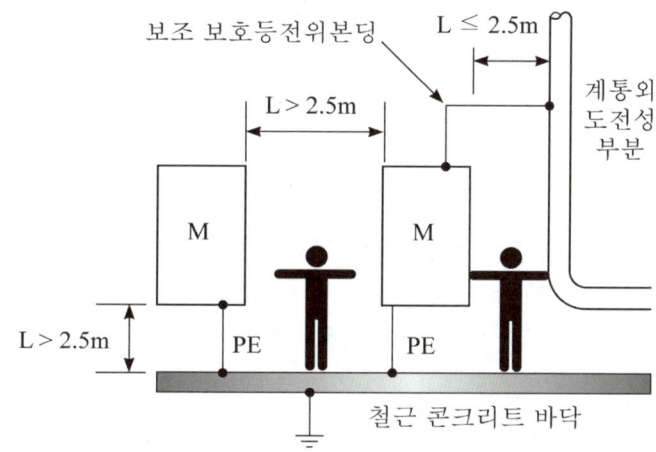

【그림 7】보조 보호등전위본딩

(4) 보조 보호등전위본딩(도체)의 실효성은 적절한 측정을 수행함으로써 검증되어야 하며, 다음 조건이 충족되어야 한다.

> ㉠ 교류계통 : $R \leq \dfrac{50\,[\mathrm{V}]}{I_a}\,[\Omega]$
>
> ㉡ 직류계통 : $R \leq \dfrac{120\,[\mathrm{V}]}{I_a}\,[\Omega]$

여기서, R : 2개의 노출된 도전성 부품들 사이 또는 도전성 부품과 외부 도체 부품 사이의 보조 보호등전위본딩 접속의 저항

I_a : 보호장치의 동작전류[A]

[누전차단기의 경우 $I_{\Delta n}$(정격감도전류), 과전류보호장치의 경우 5초 이내 동작전류]

50[V] : 교류 허용접촉전압 한계값

120[V] : 직류 허용접촉전압 한계값

4 보조 보호등전위본딩(KEC 143.2.2)

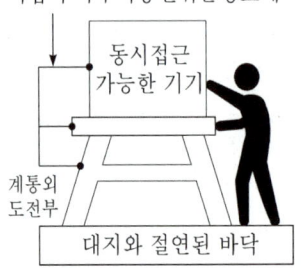

비접지 국부적등전위본딩도체

동시접근 가능한 기기

계통외 도전부

대지와 절연된 바닥

【그림 8】비접지 국부등전위본딩

(1) 비접지 국부등전위본딩은 절연고장에 대한 감전보호대책으로서 전원의 자동차단에 의한 보호가 적용될 수 없는 경우 즉, 접지를 하지 않은 경우의 보호대책으로 사용되어야 한다.

(2) 절연성 바닥으로 된 비접지 장소에서 다음의 경우 국부등전위본딩을 하여야 한다.

　① 전기설비 상호 간 2.5[m] 이내인 경우

　② 전기설비와 이를 지지하는 금속체 사이

(3) 대지로부터 절연된 도전성 바닥이 비접지 국부등전위본딩 계통에 접속되어 있는 경우 등전위 장소에 있는 사람이 위험한 전위차에 노출되지 않도록 한다.

(4) 욕조 또는 샤워욕조가 설치된 장소, 수영장의 전기설비는 비접지 국부등전위본딩을 해서는 안 된다.

5 등전위본딩 도체(KEC 143.3)

(1) 보호등전위본딩 도체

　① 주접지단자에 접속하기 위한 등전위본딩 도체는 설비 내에 있는 가장 큰 보호도체 단면적의 1/2 이상의 단면적을 가져야 하고 다음 단면적 이상이어야 한다.

　　㉠ 구리 도체 : 6[mm²] 이상

　　㉡ 알루미늄 도체 : 16[mm²] 이상

　　㉢ 강철 도체 : 50[mm²] 이상

　② 주접지단자에 접속하기 위한 보호본딩도체의 단면적은 구리도체 25[mm²] 또는 다른 재질의 동등한 단면적을 초과할 필요는 없다.

(2) 보조 보호등전위본딩 도체

　① 두 개의 노출도전부를 접속하는 경우 도전성은 노출도전부에 접속된 더 작은 보호도체의 도전성보다 커야 한다.

　② 노출도전부를 계통외도전부에 접속하는 경우 도전성은 같은 단면적을 갖는 보호도체의 1/2 이상이어야 한다.

　③ 케이블의 일부가 아닌 경우 또는 선로도체와 함께 수납되지 않은 본딩도체는 다음 값 이상이어야 한다.

구분	보호도체의 단면적	
기계적 보호가 된 것	구리	2.5[mm²] 이상
	알루미늄	16[mm²] 이상
기계적 보호가 없는 것	구리	4[mm²] 이상
	알루미늄	16[mm²] 이상

【표 14】보조 보호등전위본딩 도체의 단면적 선정

05 | 피뢰시스템(KEC 150)

1 피뢰시스템의 개요

(1) 피뢰기와 피뢰침의 차이

① 피뢰기(Lightning Arrester) : 이상전압(뇌 또는 개폐서지)으로부터 전력설비의 기기를 보호하기 위하여 설치하는 기기이다.

② 피뢰침(Lightning Rod) : 건축물과 건축물 내부의 사람이나 물체를 뇌해로부터 보호하기 위하여 설치하는 기기이다.

(2) 피뢰시스템의 분류

① 전기·전자설비가 설치된 건축물 및 구조물로서 낙뢰로부터 보호가 필요한 곳 또는 지상으로부터 높이가 20[m] 이상인 경우 피뢰시스템을 설치하여야 한다.

② 외부 피뢰시스템

㉠ 직격뢰로부터 대상물을 보호하기 위한 시스템

㉡ 보호대책 : 수뢰부 시스템, 인하도선 시스템, 접지 시스템

③ 내부 피뢰시스템

㉠ 간접뢰 및 유도뢰로부터 대상물을 보호하기 위한 시스템

㉡ 보호대책 : 등전위본딩(EB), 서지 보호 장치(SPD)

2 수뢰부시스템

(1) 수뢰부시스템의 선정 및 배치방법

① 수뢰부시스템의 선정 : 돌침, 수평도체, 그물망도체 요소 중에 한 가지 또는 이를 조합한 형식으로 시설하여야 한다.

② 수뢰부시스템의 배치 : 보호각법, 회전구체법, 그물망법 중 하나 또는 조합된 방법으로 배치하여야 한다.

(2) 보호각법

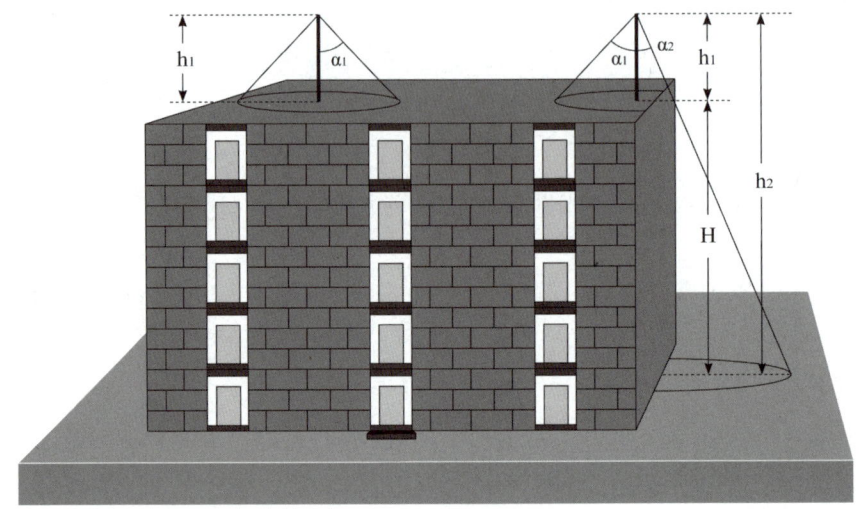

(a) 수뢰부 높이가 다른 보호각법을 적용한 수뢰부 설계

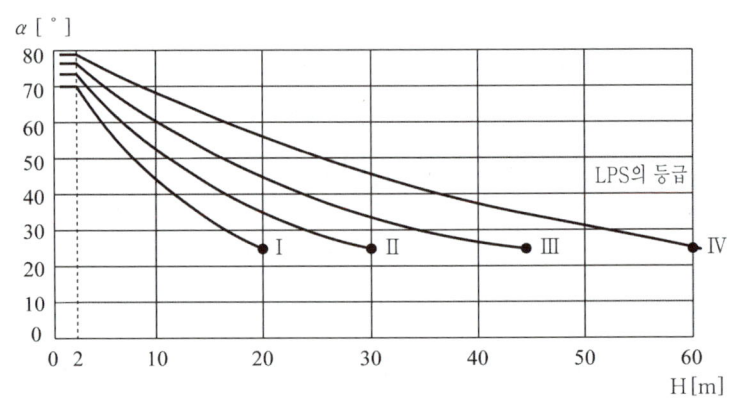

(b) 피뢰시스템의 등급별 보호각

【그림 9】보호각법

① 보호각법은 수뢰부의 최상부와 보호대상의 기준 평면 사이의 각도를 이용하여 보호범위를 정하는 방법으로 기준평면에서 수뢰부 높이에 따른 보호범위를 말한다.

② 보호각법은 간단한 형상의 건축물 등에 적용하며 수뢰부시스템의 보호 등급과, 기준평면에서 보호대상 구역의 높이에 따른 보호각을 【그림 9】(b)와 같이 나타낸다.

③ 보호각법은 기하학적인 한계가 있기 때문에 건축물 등의 지상고가 60[m] 이하일 때 적용할 수 있으며, 60[m]를 초과하면 회전구체법을 적용하여야 한다.

> **참고** **피뢰시스템의 보호 등급**
>
> ① Ⅰ등급 : 그 자체로 가장 큰 피해가 우려되는 건축물(원자력, 화학물 취급 공장 등)
> ② Ⅱ등급 : 건축물 주변에 피해(화재,폭발)를 줄 우려가 있는 건축물(정유공장, 주유소 등)
> ③ Ⅲ등급 : 공공 서비스 상실의 피해가 우려되는 건축물(통신사, 발전소 등)
> ④ Ⅳ등급 : 일반 건축물(주택, 농장 등)

(3) 회전구체법

① 회전구체법은 피뢰등급에 따라 정해지는 회전구체 반지름 R인 가상의 구체를 건축물의 상부, 둘레, 대지상에서 모든 방향으로 굴렸을 때, 보호대상 어느 곳에든 회전구체 표면이 닿는 곳에 수뢰부를 설치하여, 직격뢰로부터 보호해야 된다는 것이다.

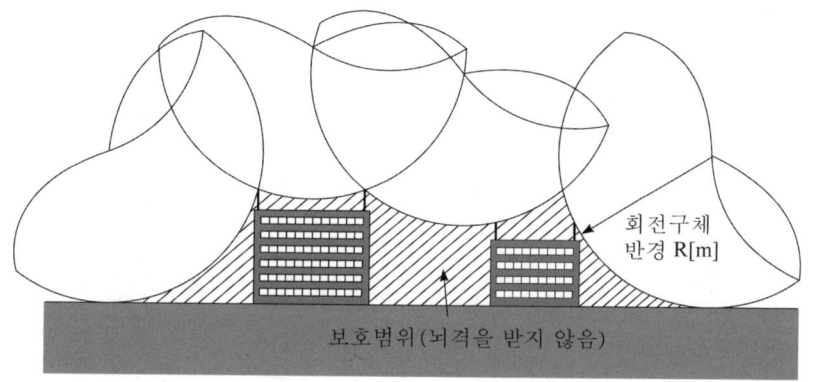

【그림 10】 회전구체법의 적용(예)

② 【그림 10】은 회전구체법을 적용한 예이며, 회전구체 표면에 닿는 4개소에 수뢰부를 설치하여 직격뢰로부터 건축물을 보호하고 있음을 나타내고 있다.

③ 회전구체 반지름은 보호등급에 따라 다르게 된다.

피뢰시스템 등급	회전구체 반경	메시치수
I	20[m]	5×5[m]
II	30[m]	10×10[m]
III	45[m]	15×15[m]
IV	60[m]	20×20[m]

【표 15】 등급별 회전구체 반지름 및 메시 치수

④ 보호각법의 보호범위는 직선으로 표현되며, 회전구체법은 포물선 형태의 곡선으로 표현된다. 뇌격의 특성을 볼 때, 회전구체법의 표현이 효율적이라 할 수 있다.

(4) 그물망법

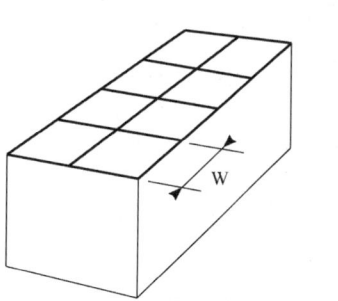 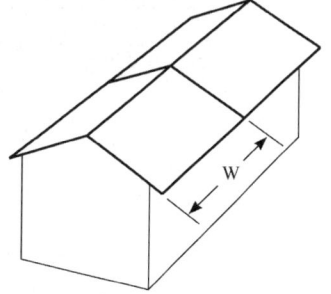

(a) 평평한 지붕에 설치   (b) 경사진 지붕에 설치

【그림 11】 회전구체법의 적용(예)

① 그물망법은 보호등급에 따른 메시 간격을 적용하여 수뢰부를 설치하는 것이다.

② 지붕의 경사가 1/10을 넘는 경우 지붕의 마루선에 설치된 수뢰가 건축물에 접촉되어도 옥상이 직격뢰로부터 보호된다고 할 수 있다.

③ 높이 60[m] 이상인 구조물의 경우, 구조물 높이의 80[%]를 넘는 부분의 측면에도 수뢰부를 설치하여야 한다.

④ 수뢰망의 뇌전류는 접지극에 이르는 도체가 2개 이상이 연결되어야 한다.

(5) 측뢰보호

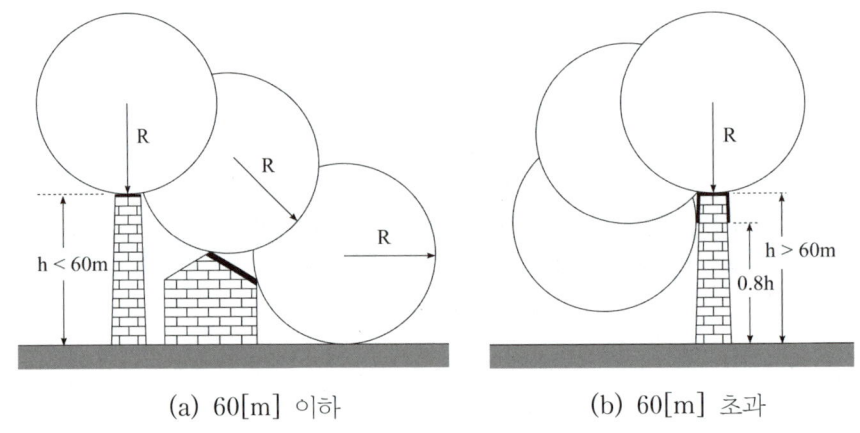

(a) 60[m] 이하   (b) 60[m] 초과

【그림 12】 측뢰 관련도

① 측뢰보호 대상은 지상으로부터 높이가 60[m]를 초과하는 건축물 등의 최상부로부터 20[%] 부분이다.

② 건축물 최대 높이가 80[m]인 경우, 최상부로부터 16[m] 부분에 수뢰부를 설치하면 된다.

③ 이 경우 회전구체법은 건축물 등의 상층부 배치에만 적용된다.

3 인하도선 시스템

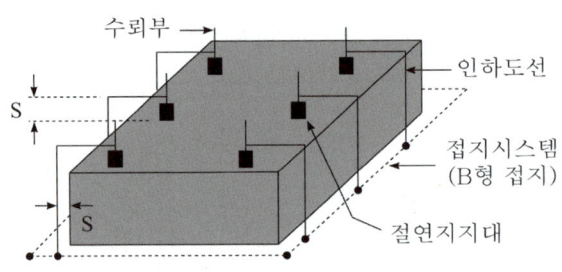

【그림 13】 인하도선 시스템

(1) 인하도선 시스템은 뇌전류를 수뢰부에서 접지시스템으로 흐르게 하기 위한 시스템을 말한다.

(2) 인하도선은 다수의 병렬 통로를 형성하여야 하며, 최단으로 대지에 도달할 수 있게 수직으로 설치하여야 한다.

보호등급	I	II	III	IV
평균간격[m]	10	10	15	20

【표 16】 등급별 인하도선 사이의 최적 간격

(3) 직접배선을 했을 경우 지표면에서 수직거리 20[m]마다 수평환도체로 상호 접속을 한다.

(4) 철근 구조물의 총저항이 0.2[Ω] 이하이면 인하도선으로 활용이 가능하며, 이 경우에는 수평 환상도체를 사용하지 않아도 된다.

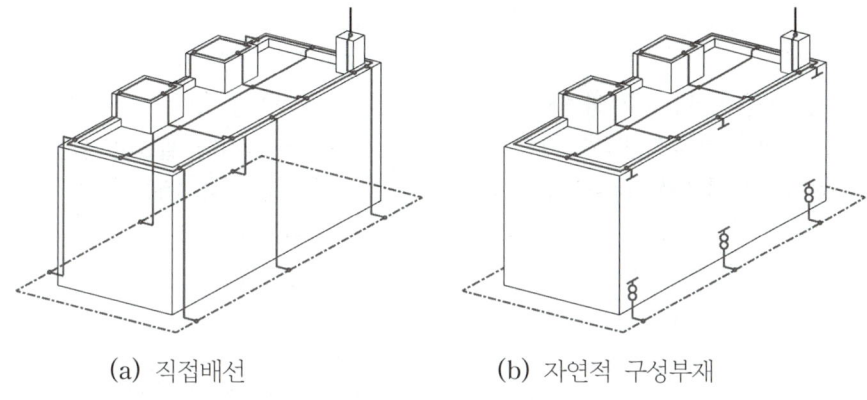

(a) 직접배선   (b) 자연적 구성부재

【그림 14】 인하도선의 활용

4 접지시스템

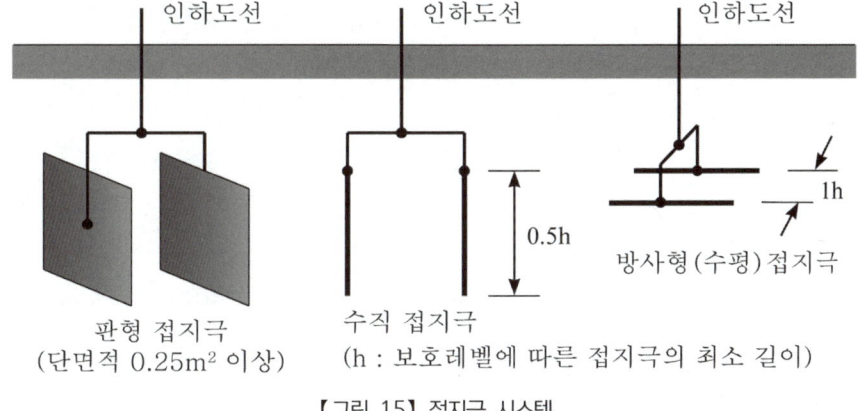

【그림 15】 접지극 시스템

(1) 개요

① 위험한 과전압을 뇌격 전류를 대지로 방류하는 데 있어 접지시스템의 형상과 크기는 중요한 요소이다.

② 일반적으로 낮은 접지저항(가능한한 저주파수에서 10[Ω] 이하의 접지저항)이 바람직하다.

③ 접지시스템은 등전위본딩을 실시해야 한다.

④ 접지극시스템에서 접지극은 기본적으로 A형 접지극과 B형 접지극의 두 종류가 사용된다.

⑤ 접지극은 지표면에서 0.75[m] 이상 깊이로 매설하여야 하며 필요시에는 해당 지역의 동결심도를 고려한 깊이로 할 수 있다.

(2) 접지극의 종류

① A형 접지극 : 봉상형(수평 또는 수직 접지극), 판형 등이며, 최소 2개 이상 균등한 간격으로 배치하여야 한다.

② B형 접지극 : 환상도체, 기초 접지극 등을 말한다.

※ 출제예상문제는 기출분석을 바탕으로 자주 출제되는 유형을 선별하였습니다.

01. 저압의 전선로 중 절연 부분의 전선과 대지 간의 절연저항은 사용전압에 대한 누설전류가 최대 공급전류의 얼마를 넘지 않도록 유지하여야 하는가?

① $\dfrac{1}{2,000}$　　② $\dfrac{1}{1,000}$

③ $\dfrac{1}{200}$　　④ $\dfrac{1}{100}$

| 해설
전기설비기술기준 제27조
저압전로 중 절연부분의 전선과 대지 사이 및 전선의 심선 상호 간의 절연저항은 사용전압에 대한 누설전류가 최대 공급전류의 1/2,000을 넘지 않도록 하여야 한다.

02. 단상 2선식인 저압 전선로 중 절연 부분의 전선과(2선 모두) 대지 간의 절연저항은 사용전압에 대한 누설전류가 최대공급 전류의 몇 배를 넘지 아니하도록 유지하여야 하는가?

① $\dfrac{1}{2,000}$　　② $\dfrac{1}{1,500}$

③ $\dfrac{1}{1,000}$　　④ $\dfrac{1}{500}$

| 해설
㉠ 저압전선로 중 절연 부분의 전선과 대지 사이 및 전선의 심선 상호 간의 절연저항은 사용전압에 대한 누설전류가 최대 공급전류의 1/2,000을 넘지 않도록 하여야 한다.
㉡ 단상 2선식에서 2선을 모두 고려하면 허용 누설전류는 $\dfrac{1}{2,000} + \dfrac{1}{2,000} = \dfrac{1}{1,000}$ 을 넘지 않도록 하여야 한다.

03. 사용전압이 220[V]인 3상 3선식 전선로의 1선과 대지 간에 필요한 절연 저항값의 최솟값은? (단, 최대공급전류는 500[A]이다.)

① 880[Ω]　　② 440[Ω]

③ 3,210[Ω]　　④ 1,660[Ω]

| 해설
전기설비기술기준 제27조
저압전로 중 절연부분의 전선과 대지 사이 및 전선의 심선 상호 간의 절연저항은 사용전압에 대한 누설전류가 최대 공급전류의 1/2,000을 넘지 않도록 하여야 한다.
㉠ 허용 누설전류 : $I_g = \dfrac{500}{2,000} = 0.25$[A]
㉡ 절연저항 값의 최솟값
$$R = \dfrac{V}{I_g} = \dfrac{220}{0.25} = 880\,[\Omega]$$

04. 저압전로의 절연성능에서 SELV, PELV 전로에서의 절연저항은 얼마 이상인가?

① 0.1MΩ　　② 0.3MΩ

③ 0.5MΩ　　④ 1.0MΩ

| 해설
전기설비기술기준 제52조

전로의 사용전압[V]	DC시험전압[V]	절연저항[MΩ]
SELV 및 PELV	250	0.5
FELV, 500V 이하	500	1.0
500V 초과	1,000	1.0

정답　01 ①　02 ③　03 ①　04 ③

05. 저압전로의 절연성능에서 전로의 사용전압이 500V 초과 시 절연저항은 몇 [MΩ] 이상인가?

① 0.1   ② 0.2

③ 0.5   ④ 1.0

| 해설

전기설비기술기준 제52조

전로의 사용전압[V]	DC시험전압[V]	절연저항[MΩ]
SELV 및 PELV	250	0.5
FELV, 500V 이하	500	1.0
500V 초과	1,000	1.0

06. 절연저항 측정 시 영향을 주거나 손상을 받을 수 있는 SPD 또는 기타 기기 등은 측정 전에 분리시켜야 하고, 부득이하게 분리가 어려운 경우에는 시험 전압을 몇 [V] 이하로 낮추어서 측정하여야 하는가?

① 100   ② 200

③ 250   ④ 300

| 해설

전기설비기술기준 제52조

측정 시 영향을 주거나 손상을 받을 수 있는 SPD 또는 기타 기기 등은 측정 전에 분리시켜야 하고, 부득이하게 분리가 어려운 경우에는 시험전압을 250V DC로 낮추어 측정할 수 있지만 절연저항 값은 1MΩ 이상이어야 한다.

07. 절연저항을 측정하는데 정전이 어려워 측정이 곤란한 경우에는 누설전류를 몇 [mA] 이하로 유지하여야 하는가?

① 1   ② 2

③ 5   ④ 10

| 해설

전로의 절연저항 및 절연내력(KEC 132)

저압 전로에서 정전이 어려운 경우 절연저항 측정이 곤란한 경우 저항성분의 누설전류 1mA 이하이면 그 전로의 절연성능은 적합한 것으로 본다.

08. 220[V] 저압 전동기의 절연내력 시험전압은 몇 [V]인가?

① 300   ② 400

③ 500   ④ 600

| 해설

최대사용전압이 7[kV] 이하의 회전기

㉠ 시험전압 : 최대사용전압의 1.5배

㉡ 단, 500V 미만의 경우 500V로 시험

∴ $220 \times 1.5 = 330$ [V] → 500 [V]로 시험

09. 최대 사용전압 440[V]인 전동기의 절연내력 시험전압은?

① 330[V]   ② 440[V]

③ 500[V]   ④ 660[V]

| 해설

최대사용전압이 7kV 이하의 회전기

㉠ 시험전압 : 최대사용전압의 1.5배

㉡ 단, 500V 미만의 경우 500V로 시험

∴ 시험전압 : $440 \times 1.5 = 660$ [V]

10. 최대 사용전압이 6,600[V]인 3상 유도전동기의 권선과 대지 사이의 절연내력 시험전압은?

① 7,260[V]   ② 7,921[V]

③ 8,250[V]   ④ 9,900[V]

| 해설

최대사용전압이 7kV 이하의 회전기

㉠ 시험전압 : 최대사용전압의 1.5배

㉡ 단, 500V 미만의 경우 500V로 시험

∴ 시험전압 : $6,600 \times 1.5 = 9,900$ [V]

11. 최대 사용전압이 70[kV]인 중성점 직접접지식 전로의 절연내력 시험전압은 몇 [V]인가?

① 35,000[V] ② 42,000[V]
③ 44,800[V] ④ 50,400[V]

> **| 해설**
> 전로의 절연저항 및 절연내력(KEC 132)
> 최대 사용전압이 60[kV] 초과 170[kV] 이하의 중성점 직접접지식 전로는 최대 사용전압의 0.72배의 전압을 인가하여 10분간 견뎌야 한다.
> ∴ 시험전압 : $70 \times 10^3 \times 0.72 = 50,400$[V]

12. 접지선의 절연전선 색상은 특별한 경우를 제외하고는 어느 색으로 표시를 하여야 하는가?

① 적색 ② 흑색
③ 녹색-노란색 ④ 회색

> **| 해설**
> 전선의 식별(KEC 121.2)
>
> | 상(문자) | 색상 |
> |---|---|
> | L1 | 갈색 |
> | L2 | 검은색 |
> | L3 | 회색 |
> | N | 파란색 |
> | PE(보호도체) | 녹색-노란색 |

13. 다음 중 접지의 목적으로 알맞지 않은 것은?

① 감전의 방지
② 보호계전기의 동작 확보
③ 이상전압의 억제
④ 전로의 대지전압 상승

> **| 해설**
> 접지의 목적
> ㉠ 보안용 접지
> • 간접 접촉에 의한 감전 재해 방지
> • 변압기 혼촉에 의한 감전 재해 방지
> • 유도 감전 재해 방지
> • 뇌에 의한 재해 방지
> ㉡ 기능용 접지
> • 보호계전기의 동작 확보용
> • 잡음, 유도장애 방지용
> • 전식 방지용
> • 기준전위 확보용

14. 접지 저항값에 가장 큰 영향을 주는 것은?

① 접지선 굵기 ② 접지전극 크기
③ 온도 ④ 대지저항

> **| 해설**
> 접지저항을 구성하는 요소
> ㉠ 접지선 및 접지전극 자체의 도체저항
> ㉡ 접지전극의 표면과 접하는 토양의 접촉저항
> ㉢ 접지전극 주위의 대지저항
> ∴ 접지 저항값에 가장 큰 영향을 주는 것은 접지전극 주위의 대지저항이다.

15. 접지 공사 시 접지저항을 감소시키는 저감 대책이 아닌 것은?

① 접지봉의 길이를 증가시킨다.
② 접지판의 면적을 감소시킨다.
③ 접지극의 매설 깊이를 깊게 매설한다.
④ 접지저항 저감제를 이용하여 토양의 고유 저항을 화학적으로 저감시킨다.

> **| 해설**
> 접지저항 저감 대책
> ㉠ 접지봉의 길이를 증가시킨다.
> ㉡ 접지판의 면적을 증가시킨다.
> ㉢ 접지극의 매설 깊이를 깊게 매설한다.
> ㉣ 접지저항 저감제(어스락 등)를 이용하여 토양의 고유 저항을 화학적으로 저감시킨다.

정답 11 ④ 12 ③ 13 ④ 14 ④ 15 ②

16. 접지전극의 매설 깊이는 몇 [m] 이상인가?

① 0.6   ② 0.65

③ 0.7   ④ 0.75

| 해설

접지극 시스템(KEC 152.3)
접지극 매설 깊이 : 0.75[m] 이상

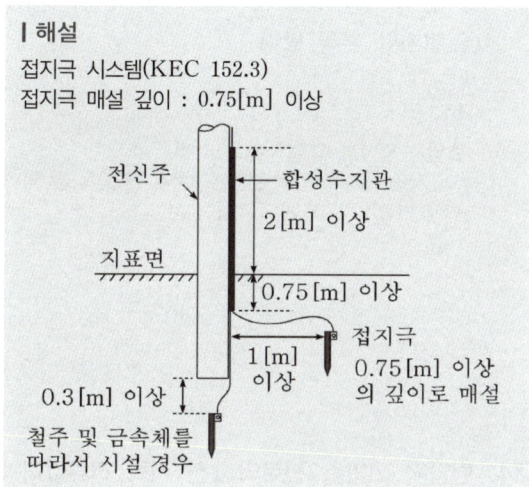

17. 지중에 매설되어 있고 대지와의 전기저항값이 $3[\Omega]$인 금속제 수도관로를 접지공사의 접지극으로 사용할 때 접지선과 수도관로의 접속은 안지름 75[mm] 이상인 수도관인 경우에 몇 [m] 이내의 부근에서 하여야 하는가?

① 3   ② 5

③ 8   ④ 10

| 해설

수도관 등을 접지극으로 사용(KEC 142.2)

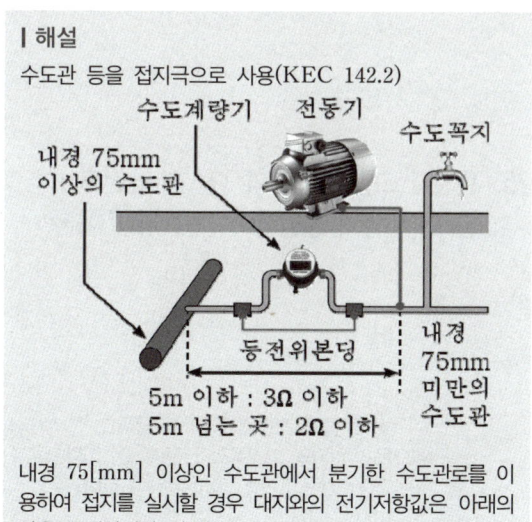

내경 75[mm] 이상인 수도관에서 분기한 수도관로를 이용하여 접지를 실시할 경우 대지와의 전기저항값은 아래의 값을 유지하여야 한다.

㉠ 분기점 5[m] 이하 : 3[Ω] 이하
㉡ 분기점 5[m] 넘는 곳 : 2[Ω] 이하

18. 접지공사에서 접지선을 철주, 기타 금속체를 따라 시설하는 경우 접지극은 지중에서 그 금속체로부터 몇 [cm] 이상 떼어 매설하나?

① 30   ② 60

③ 75   ④ 100

| 해설

접지극의 시설 및 접지저항(KEC 142.2)
㉠ 접지극은 매설하는 토양을 오염시키지 않아야 하며, 가능한 다습한 부분에 설치한다.
㉡ 접지극의 매설 깊이 : 지하 0.75[m] 이상
㉢ 금속체와 접지극의 이격거리
  • 철주 밑면으로 0.3[m] 이상의 깊이로 매설
  • 금속체로부터 1[m] 이상 이격하여 매설

19. 금속제 수도관로를 접지공사의 접지극으로 사용하는 경우에 대한 사항이다. (ⓐ), (ⓑ), (ⓒ)에 들어갈 수치로 알맞은 것은?

접지선과 금속제 수도관로의 접속은 안지름 (ⓐ)[mm] 이상인 금속제 수도관의 부분 또는 이로부터 분기한 안지름 (ⓑ)[mm] 미만인 금속제 수도관의 그 분기점으로부터 5[m] 이내의 부분에서 할 것. 다만, 금속제 수도관로와 대지 간의 전기저항치가 (ⓒ)[Ω] 이하인 경우에는 분기점으로부터의 거리는 5[m]를 넘을 수 있다.

① ⓐ 75   ⓑ 75   ⓒ 2

② ⓐ 75   ⓑ 50   ⓒ 2

③ ⓐ 50   ⓑ 75   ⓒ 4

④ ⓐ 50   ⓑ 50   ⓒ 4

| 해설

수도관 등을 접지극으로 사용(KEC 142.2)
㉠ 수도관로의 안지름 75[mm]이상, 분기한 안지름은 75[mm] 미만으로 시설한다.
㉡ 금속제 수도관과 대지 간의 전기저항치가 2[Ω] 이하인 경우에는 분기점으로부터의 거리는 5[m]를 넘을 수 있다.

정답   16 ④   17 ②   18 ④   19 ①

20. 다음 중 접지시스템의 시설 종류가 아닌 것은?

① 단독접지   ② 공통접지

③ 통합접지   ④ 피뢰시스템접지

| 해설
접지시스템의 구분 및 종류(KEC 140)
㉠ 접지시스템의 구분 : 계통접지, 보호접지, 피뢰시스템 접지
㉡ 접지시스템의 시설 종류 : 단독접지, 공통접지, 통합 접지

21. 접지도체의 단면적은 큰 고장전류가 접지도체를 통하여 흐르지 않을 경우 구리로 하였을 때 접지도체의 최소 단면적은 몇 [mm²]인가?

① 2.5   ② 6

③ 10   ④ 16

| 해설
접지도체의 단면적 선정(KEC 142.3)
㉠ 큰 고장전류가 접지도체에 흐르지 않는 경우
  • 구리 : 6[mm²] 이상
  • 철제 : 50[mm²] 이상
㉡ 접지도체에 피뢰시스템이 접속된 경우
  • 구리 : 16[mm²] 이상
  • 철제 : 50[mm²] 이상
㉢ 고장 시 고장전류가 안전하게 통전할 경우
  • 구리 : 6[mm²] 이상의 연동선
  • 철제 : 50[mm²] 이상의 연동선

22. 피뢰시스템에 접지도체가 접속된 경우 접지선의 굵기는 몇 [mm²] 이상이어야 하는가? (단, 접지도체는 구리도체이다.)

① 6   ② 10

③ 16   ④ 22

| 해설
접지도체의 굵기(피뢰시스템이 접속된 경우)
㉠ 구리 : 16[mm²] 이상
㉡ 철제 : 50[mm²] 이상

23. 변압기 중성점에 접지공사를 하는 이유는?

① 전류 변동의 방지

② 전압 변동의 방지

③ 전력 변동의 방지

④ 고저압 혼촉 방지

| 해설
변압기 중성점 접지(KEC 142.5)
고·저압 혼촉에 의해 변압기 2차측 전압상승을 억제하기 위해 변압기 2차측에 접지를 실시한다.

24. 변압기 고압측 전로의 1선 지락 전류값이 5[A]일 때 변압기 중성점의 접지 저항[Ω]의 최대는?

① 30   ② 40

③ 50   ④ 100

| 해설
변압기 중성점접지 저항값(KEC 142.5)
일반적으로 변압기의 고·특고압 전로 1선 지락전류로 150을 나눈 값과 같은 저항값 이하이어야 한다.
$$\therefore R = \frac{150}{I_g} = \frac{150}{5} = 30[\Omega]$$

25. 변압기 고압측 전로의 1선 지락 전류값이 30[A]일 때 변압기 중성점의 접지 저항[Ω]은?

① 5   ② 10

③ 40   ④ 100

| 해설
변압기 중성점접지 저항값(KEC 142.5)
일반적으로 변압기의 고·특고압 전로 1선 지락전류로 150을 나눈 값과 같은 저항값 이하이어야 한다.
$$\therefore R = \frac{150}{I_g} = \frac{150}{30} = 5[\Omega]$$

정답   20 ④ 21 ② 22 ③ 23 ④ 24 ① 25 ①

26. 220/380[V] 전로의 중성점을 접지할 때 연동선의 최소 지름은 얼마인가?

① 6[mm²]   ② 10[mm²]

③ 16[mm²]   ④ 20[mm²]

| 해설

전로의 중성점의 접지(KEC 322.5)
접지도체의 굵기는 저압전로의 중성점은 6[mm²] 이상, 기타의 경우에는 16[mm²] 이상의 연동선에 의할 것

27. 고압전로의 중성점을 접지할 때 접지도체로 연동선을 사용하는 경우의 지름은 최소 몇 [mm²]인가?

① 2.5   ② 6

③ 10   ④ 16

| 해설

전로의 중성점의 접지(KEC 322.5)
접지도체의 굵기는 저압전로의 중성점은 6[mm²] 이상, 기타의 경우에는 16[mm²] 이상의 연동선에 의할 것

28. 어느 주택의 인입구에 있어서 TN-C-S 방식인 경우 중성선 겸용 보호도체의 단면적은 구리를 사용했을 때 몇 [mm²]이어야 하는가?

① 2.5   ② 6

③ 10   ④ 16

| 해설

저압수용장소에서 계통접지가 TN-C-S 방식인 경우에 보호도체의 시설에서 중성선 겸용 보호도체(PEN)는 고정 전기설비에만 사용할 수 있고, 그 도체의 단면적이 구리는 10[mm²] 이상, 알루미늄은 16[mm²] 이상이어야 하며, 그 계통의 최고전압에 대하여 절연되어야 한다.

29. 보호도체(PE)를 시설하는 주된 목적은?

① 기기의 효율을 좋게 한다.

② 기기의 절연을 좋게 한다.

③ 기기의 누전에 의한 감전을 방지한다.

④ 기기의 누전에 의한 역률을 좋게 한다.

| 해설

용어 정의(KEC 112)
㉠ 접지도체(E, Earthing Conductor)
   계통·설비 또는 기기의 한 점과 접지극 사이의 도전성 결로 또는 그 경로의 일부가 되는 도체를 말한다.
㉡ 보호도체(PE, Protective Conductor)
   감전에 대한 보호 등 안전을 위해 제공되는 도체를 말한다.

30. 선도체의 단면적이 25[mm²]의 경우 보호도체의 최소 단면적은 몇 [mm²]인가? (단, 보호도체의 재질은 상도체와 같은 경우)

① 10[mm²] 이상   ② 16[mm²] 이상

③ 25[mm²] 이상   ④ 35[mm²] 이상

| 해설

보호도체(PE)의 최소 단면적

선도체의 단면적 (S[mm²], 구리)	보호도체의 최소 단면적 ([mm²], 구리)
$S \leq 16$	S
$16 < S \leq 35$	16
$S > 35$	$S/2$

단, 보호도체의 단면적은 $S = \dfrac{\sqrt{I^2 t}}{k}$ [mm²]의 계산값 이상으로 선정하여야 한다.

정답   26 ①   27 ④   28 ③   29 ③   30 ②

31. 건축물 및 구조물을 낙뢰로부터 보호하기 위해 피뢰시스템을 지상으로부터 몇 [m] 이상인 곳에 적용해야 하는가?

① 10[m] 이상　② 20[m] 이상
③ 30[m] 이상　④ 40[m] 이상

| 해설
피뢰시스템이 적용되는 시설
㉠ 전기전자설비가 설치된 건축물·구조물로서 낙뢰로부터 보호가 필요한 것 또는 지상으로부터 높이가 20[m] 이상인 것
㉡ 전기설비 및 전자설비 중 낙뢰로부터 보호가 필요한 설비

32. 다음 중 외부 피뢰시스템의 종류가 아닌 것은?

① 수뢰부 시스템　② 인하도선 시스템
③ 접지극 시스템　④ 보호 시스템

| 해설
외부 피뢰시스템의 구성 (KEC 152)
㉠ 수뢰부 시스템
㉡ 인하도선 시스템
㉢ 접지극 시스템

33. 돌침, 수평도체, 그물망도체의 요소 중에 한 가지 또는 이를 조합한 형식으로 시설하는 것은?

① 접지극 시스템　② 수뢰부 시스템
③ 내부 피뢰시스템　④ 인하도선 시스템

| 해설
수뢰부 시스템은 돌침, 수평도체, 그물망도체의 요소 중에 한 가지 또는 이를 조합 형식으로 시설하여야 한다.

34. 수뢰부 시스템을 배치하는 과정에서 사용되지 않는 방법은?

① 수평도체법　② 보호각법
③ 그물망법　④ 회전구체법

| 해설
수뢰부 시스템
㉠ 구성 요소 : 돌침, 수평도체, 그물망도체
㉡ 배치 방법 : 보호각법, 회전구체법, 그물망법

01 통칙(KEC 200)

1 배전방식(KEC 202)

(1) 교류회로(KEC 202.1)

① 3상 4선식의 중성선 또는 PEN 도체는 충전도체는 아니지만, 운전전류를 흘리는 도체이다.

② 3상 4선식에서 파생되는 단상 2선식 배전방식의 경우 두 도체 모두가 선도체이거나 하나의 선도체와 중성선 또는 하나의 선도체와 PEN 도체이다.

③ 모든 부하가 선간에 접속된 전기설비에서는 중성선의 설치가 필요하지 않을 수 있다.

(2) 직류회로(KEC 202.2)

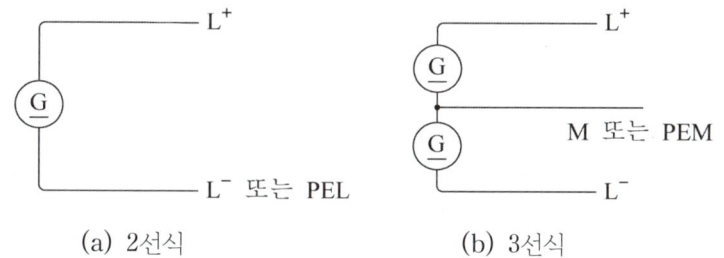

(a) 2선식   (b) 3선식

【그림 1】 직류회로 배전방식

① PEL과 PEM 도체는 충전도체는 아니지만 운전전류를 흘리는 도체이다.

② 2선식 배전방식이나 3선식 배전방식을 적용한다.

2 계통접지의 방식(KEC 203) - 계통접지의 구성(KEC 203.1)

(1) 저압전로의 보호도체 및 중성선의 접속방식에 따라 접지계통은 다음과 같이 분류한다.

　　① TN 계통

　　② TT 계통

　　③ IT 계통

(2) 계통접지에서 사용되는 문자의 정의는 다음과 같다.

구분	의미	종류
제1문자	전원계통과 대지의 관계	① T : 한 점을 대지에 직접 접속 ② I : 모든 충전부를 대지와 절연시키거나 높은 임피던스를 통하여 한 점을 대지에 직접 접속
제2문자	전기설비의 노출도 전부와 대지의 관계	① T : 노출도전부를 대지로 직접 접속, 전원계통의 접지와는 무관 ② N : 노출도전부를 전원계통의 접지점에 직접 접속(교류계통에서는 통상적으로 중성점. 중성점이 없는 경우는 선도체에 접속)
제3문자	중성선과 보호도체의 배치 (문자가 있는 경우 적용)	① S : 중성선 또는 접지된 선도체 외에 별도의 도체에 의해 제공되는 보호기능 ② C : 중성선과 보호기능을 한 개의 도체로 겸용(PEN 도체)

여기서, T : Terra　　　I : Insulation　　　N : Neutral

　　　　 S : Separate　　 C : Combined

【표 1】 계통접지에 사용되는 문자의 정의

(3) 각 계통에서 나타내는 그림의 기호는 다음과 같다.

구분	기호 설명
	중성선(N), 중간도체(M)
	보호도체(PE)
	중성선과 보호도체 겸용(PEN)

【표 2】 계통접지에 사용되는 문자의 정의

③ TN 계통(KEC 203.2)

전원측의 한 점을 직접 접지하고 설비의 노출도전부를 보호도체로 접속시키는 방식으로 중성선 및 보호도체(PE 도체)의 배치 및 접속방식에 따라 다음과 같이 분류한다.

(1) TN- S 계통

계통 전체에 대해 별도의 중성선 또는 PE 도체를 사용한다. 배전계통에서 PE 도체를 추가로 접지할 수 있다.

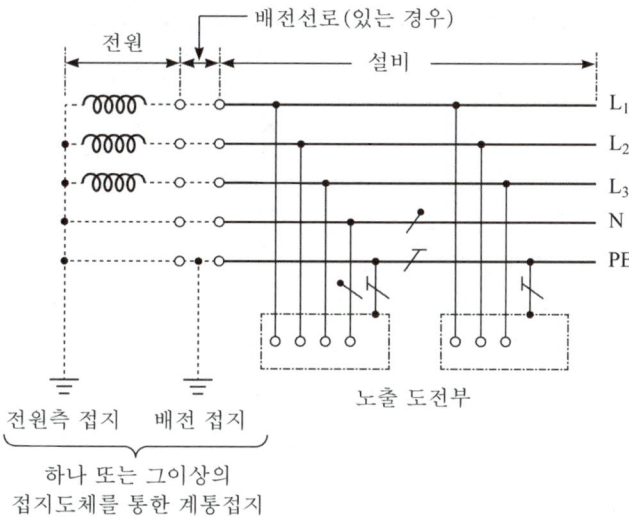

계통 내에서 별도의 중성선과 보호도체가 있는 TN-S 계통

【그림 2】 TN-S 계통

(2) TN-C 계통

그 계통 전체에 대해 중성선과 보호도체의 기능을 동일 도체로 겸용한 PEN 도체를 사용한다. 배전계통에서 PEN 도체를 추가로 접지할 수 있다.

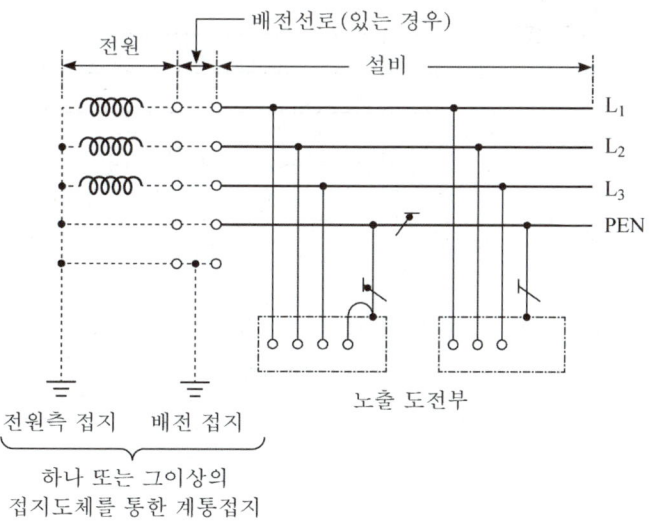

【그림 3】 TN-C 계통

(3) TN-C-S 계통

계통의 일부분에서 PEN 도체를 사용하거나, 중성선과 별도의 PE 도체를 사용하는 방식이 있다. 배전계통에서 PEN 도체와 PE 도체를 추가로 접지할 수 있다.

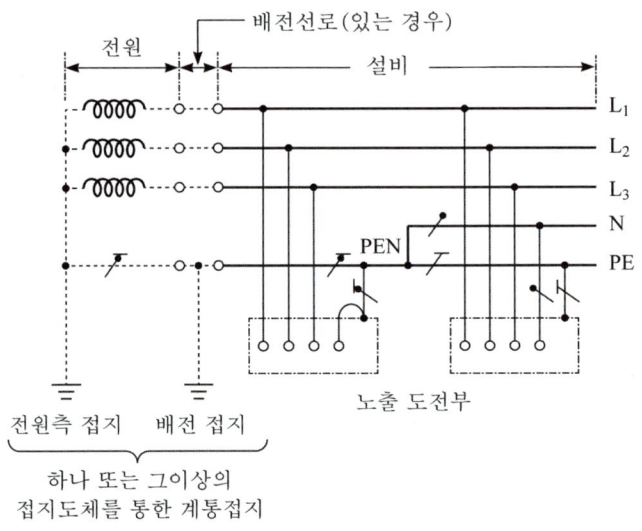

【그림 4】 TN-C-S 계통

4 TT 계통(KEC 203.3)

전원의 한 점을 직접 접지하고 설비의 노출도전부는 전원의 접지전극과 전기적으로 독립적인 접지극에 접속시킨다. 배전계통에서 PE 도체를 추가로 접지할 수 있다.

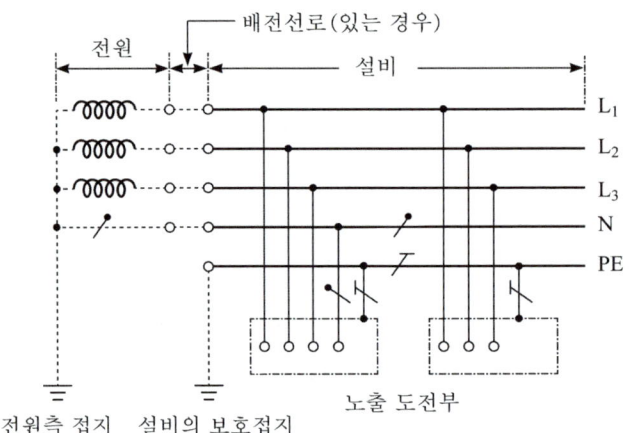

설비 전체에서 별도의 중성선과 보호도체가 있는 TT 계통

【그림 5】 TT 계통

5 IT 계통(KEC 203.4)

(1) 충전부 전체를 대지로부터 절연시키거나, 한 점을 임피던스를 통해 대지에 접속시킨다. 전기설비의 노출도전부를 단독 또는 일괄적으로 계통의 PE 도체에 접속시킨다. 배전계통에서 추가접지가 가능하다.

(2) 계통은 충분히 높은 임피던스를 통하여 접지할 수 있다. 이 접속은 중성점, 인위적 중성점, 선도체 등에서 할 수 있다. 중성선은 배선할 수도 있고, 배선하지 않을 수도 있다.

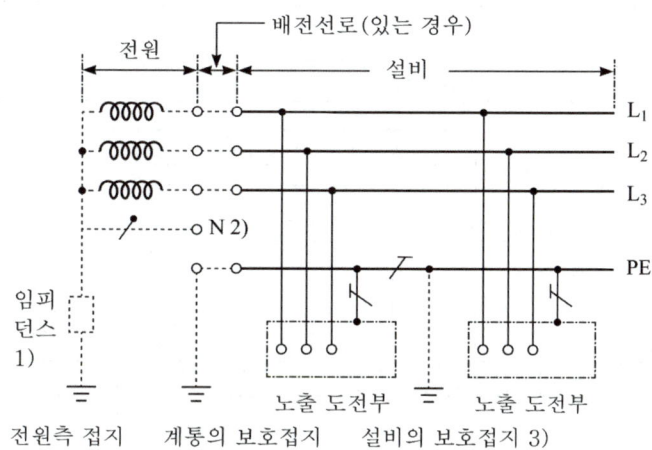

계통 내의 모든 노출도전부가 보호도체에 의해 접속되어 일괄 접지된 IT 계통

【그림 6】 IT 계통

---

02 감전에 대한 보호(KEC 211)

1 보호대책 일반 요구사항

(1) 적용 범위(KEC 211.1.1)

  ① 인축에 대한 기본보호와 고장보호를 위한 필수조건을 규정하고 있다.

  ② 외부 영향과 관련된 조건의 적용과 특수설비 및 특수장소의 시설에 있어서의 추가적인 보호의 적용을 위한 조건도 규정한다.

(2) 일반 요구사항

  ① 안전을 위한 보호에서는 다음의 전압 규정에 따른다.

    ㉠ 교류전압은 실횻값으로 한다.

    ㉡ 직류전압은 리플프리로 한다.

  ② 설비의 각 부분에서 하나 이상의 보호대책은 다음을 적용하여야 한다.

    ㉠ 전원의 자동차단

    ㉡ 이중절연 또는 강화절연

    ㉢ 한 개의 전기사용기기에 전기를 공급하기 위한 전기적 분리

    ㉣ SELV와 PELV에 의한 특별저압

③ 숙련자와 기능자의 통제 또는 감독이 있는 설비에 적용 가능한 보호대책은 다음과 같다.

    ㉠ 비도전성 장소

    ㉡ 비접지 국부등전위본딩

    ㉢ 두 개 이상의 전기사용기기에 공급하기 위한 전기적 분리

(3) 감전에 대한 보호

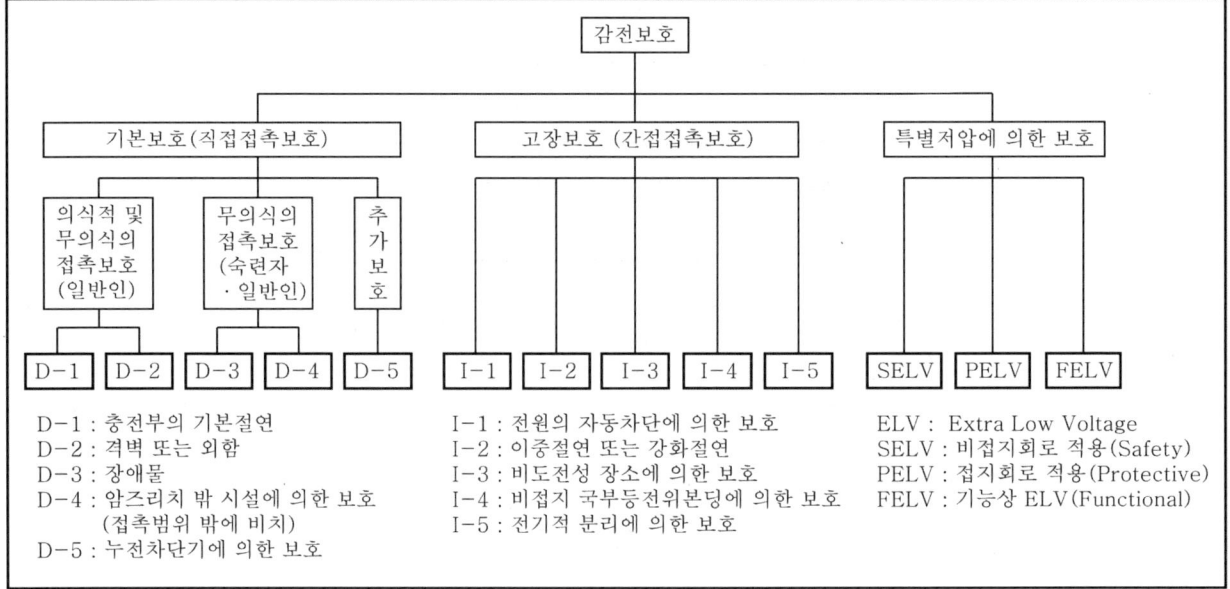

① 기본보호 : 직접접촉에 대한 보호(Protection Against Direct Contact)로 정상운전 시 기기의 충전부에 직접 접촉함으로써 발생할 수 있는 위험으로부터 인축의 보호를 말한다.

    ㉠ 인축의 몸을 통해 전류가 흐르는 것을 방지한다.

    ㉡ 인축의 몸에 흐르는 전류를 위험하지 않은 값 이하로 제한한다.

② 고장보호 : 간접접촉에 대한 보호(Protection Against Indirect Contact)로 고장 시 기기의 노출도전부에 간접 접촉함으로써 발생할 수 있는 위험으로부터 인축을 보호하는 것을 말한다.

    ㉠ 인축의 몸에 고장전류가 흐르는 것을 방지한다.

    ㉡ 인축의 몸에 흐르는 고장전류의 크기와 시간을 인축이 안전한 범위 이하로 제한한다.

③ 특별저압에 의한 보호 : 특별저압(ELV, Extra Low Voltage)이란, 인체에 위험을 초래하지 않을 정도의 저압을 말한다.

    ㉠ 특별저압 계통의 전압한계는 교류 50[V] 이하, 직류 120[V] 이하이어야 한다.

    ㉡ 특별저압 회로를 제외한 모든 회로로부터 특별저저압 계통을 보호하고, 특별 저압계통과 다른 특별저압 계통 간에는 기본절연을 하여야 한다.

2 전원의 자동차단에 의한 보호대책

(1) 보호대책 일반 요구사항(KEC 211.2.1)

① 전원의 자동차단에 의한 보호대책

ⓐ 기본보호는 충전부의 기본절연 또는 격벽이나 외함에 의한다.

ⓑ 고장보호는 보호등전위본딩 및 자동차단에 의한다.

ⓒ 추가적인 보호로 누전차단기를 시설할 수 있다.

② 누설전류감시장치는 보호장치가 아니지만 전기설비의 누설전류를 감시하는 데 사용된다. 다만, 누설전류감시장치는 누설전류의 설정값을 초과하는 경우 음향 또는 음향과 시각적인 신호를 발생시켜야 한다.

(2) 고장보호의 요구사항(KEC 211.2.3)

① 보호접지

ⓐ 노출도전부는 계통접지별로 규정된 특정조건에서 보호도체에 접속하여야 한다.

ⓑ 동시에 접근 가능한 노출도전부는 개별적 또는 집합적으로 같은 접지계통에 접속하여야 한다. 각 회로는 해당 접지단자에 접속된 보호도체를 이용하여야 한다.

② 보호등전위본딩

ⓐ 도전성 부분은 보호등전위본딩으로 접속하여야 한다.

ⓑ 건축물 외부로부터 인입된 도전부는 건축물 안쪽의 가까운 지점에서 본딩하여야 한다.

③ 고장 시의 자동차단

ⓐ 보호장치는 회로의 선도체와 노출도전부 또는 선도체와 기기의 보호도체 사이의 임피던스가 무시할 정도로 되는 고장의 경우 규정된 차단시간 내에서 회로의 선도체 또는 설비의 전원을 자동으로 차단하여야 한다.

ⓑ 다음 표에 최대차단시간은 32[A] 이하 분기회로에 적용한다.

[주1] TT 계통에서 차단은 과전류보호장치에 의해 이루어지고 보호등전위본딩은 설비 안의 모든 계통외 도전부와 접속되는 경우 TN 계통에 적용 가능한 최대차단시간이 사용될 수 있다.

[주2] U_0는 대지에서 공칭교류전압 또는 직류 선간전압이다.

[비고] 차단은 감전보호 외에 다른 원인에 의해 요구될 수 있다.

공칭 대지전압의 범위	32A 이하의 분기회로				32A 초과 분기회로 배전회로	
	교류		직류		TN	TT
	TN	TT	TN	TT		
$50 < U_0 \leq 120$	0.8	0.3	비고	비고	5	1
$120 < U_0 \leq 230$	0.4	0.2	5	0.4		
$230 < U_0 \leq 400$	0.2	0.07	0.4	0.2		
$U_0 > 400$	0.1	0.04	0.1	0.1		

【표 3】 자동차단장치의 최대차단시간

④ 추가적인 보호(누전차단기 이용)

ⓐ 일반인이 사용하는 정격전류 20[A] 이하 콘센트

ⓑ 옥외에서 사용되는 정격전류 32[A] 이하 이동용 전기기기

3 누전차단기의 시설(KEC 211.2.4)

(1) 누전차단기 동작 원리

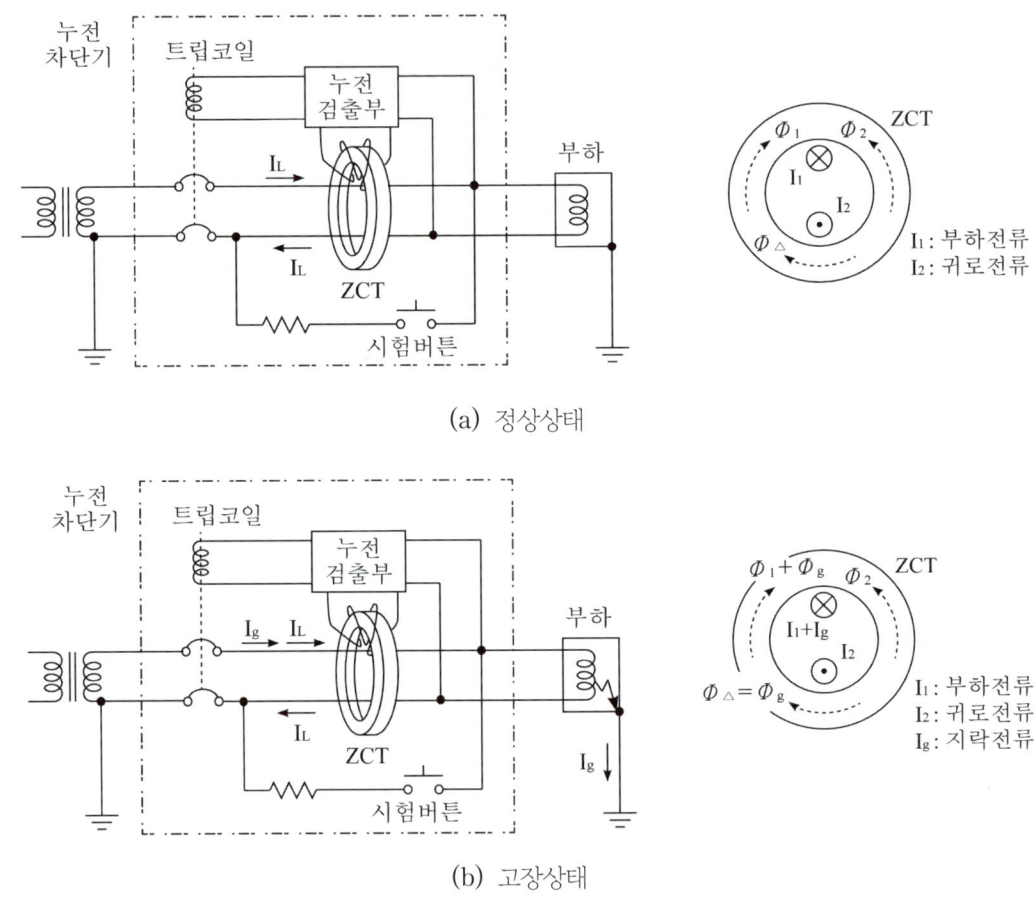

(a) 정상상태

(b) 고장상태

【그림 7】 누전차단기 동작 원리

① 정상상태에서는 ZCT에 차전류가 검출되지 않으므로 누전차단기(ELB 또는 RCD)는 동작하지 않는다.

② 배전선 및 전기설비의 절연이 나빠 누설전류 I_g가 발생되면 영상변류기 ZCT에서 이를 검출하면 트립코일에 의해 누전차단기를 트립(Trip)시킨다.

(2) 누전차단기 시설 대상

① 금속제 외함을 가지는 사용전압이 50[V]를 초과하는 저압의 기계기구로서 사람이 쉽게 접촉할 우려가 있는 곳에 전기를 공급하는 전로. 다만, 다음의 어느 하나에 해당하는 경우에는 적용하지 않는다.

 ㉠ 기계기구를 발전소, 변전소, 개폐소 또는 이에 준하는 곳에 시설하는 경우

 ㉡ 기계기구를 건조한 곳에 시설하는 경우

 ㉢ 대지전압이 150[V] 이하인 기계기구를 물기가 있는 곳 이외의 곳에 시설하는 경우

 ㉣ 이중절연구조의 기계기구를 시설하는 경우

 ㉤ 그 전로의 전원측에 절연변압기(2차 전압이 300[V] 이하인 경우)를 시설하고 또한 그 절연변압기의 부하측의 전로에 접지하지 아니하는 경우

ⓑ 기계기구가 고무·합성수지 기타 절연물로 피복된 경우

ⓢ 기계기구가 유도전동기의 2차측 전로에 접속되는 것일 경우

② 주택의 인입구 등 누전차단기 설치를 요구하는 전로

③ 특고압전로, 고압전로 또는 저압전로와 변압기에 의하여 결합되는 사용전압 400[V] 초과의 저압전로 또는 발전기에서 공급하는 사용전압 400[V] 초과의 저압전로(발전소 및 변전소와 이에 준하는 곳에 있는 부분의 전로를 제외)

④ 다음의 전로에는 자동복구기능을 갖는 누전차단기를 시설할 수 있다.

ⓒ 독립된 무인 통신중계소·기지국

ⓛ 관련 법령에 의해 일반인의 출입을 금지 또는 제한하는 곳

ⓒ 옥외의 장소에 무인으로 운전하는 통신중계기 또는 단위기기 전용회로. 단, 일반인이 특정한 목적을 위해 지체하는(머물러 있는) 장소로서 버스정류장, 횡단보도 등에는 시설할 수 없다.

⑤ 저압용 비상용 조명장치, 비상용 승강기, 유도등, 철도용 신호장치, 비접지 저압전로, 기타 그 정지가 공공의 안전 확보에 지장을 줄 우려가 있는 기계기구에 전기를 공급하는 전로의 경우, 그 전로에서 지락이 생겼을 때에 이를 기술원 감시소에 경보하는 장치를 설치한 때에는 장치를 시설하지 않을 수 있다.

⑥ 일반인이 접촉할 우려가 있는 장소(세대 내 분전반 및 이와 유사한 장소)에는 주택용 누전차단기를 시설하여야 한다.

03 과전류에 대한 보호(KEC 212)

1 보호장치의 종류(KEC 212.3)

(1) 과부하전류 및 단락전류 겸용 보호장치

과부하전류 및 단락전류 모두를 보호하는 장치는 그 보호장치 설치점에서 예상되는 단락전류를 포함한 모든 과전류를 차단 및 투입할 수 있는 능력이 있어야 한다.

(2) 과부하전류 전용 보호장치

① 과부하전류 전용 보호장치는 과부하전류에 대한 보호능력이 있어야 한다.

② 차단용량은 그 설치점에서의 예상 단락전류값 미만으로 할 수 있다.

(3) 단락전류 전용 보호장치

① 과부하 보호를 별도의 보호장치에 의할 때 설치할 수 있다.

② 과부하 보호장치의 생략이 허용되는 경우에 설치할 수 있다.

③ 예상 단락전류를 차단할 수 있어야 한다.

④ 차단기인 경우에는 이 단락전류를 투입할 수 있어야 한다.

2 보호장치의 특성(KEC 212.3.4)

(1) 퓨즈의 동작 특성

과전류차단기로 저압전로에 사용하는 범용의 퓨즈는 다음 표에 적합한 것이어야 한다.

정격전류의 구분	시간	정격전류의 배수	
		불용단전류	용단전류
4[A] 이하	60분	1.5배	2.1배
4[A] 초과 16[A] 미만	60분	1.5배	1.9배
16[A] 초과 63[A] 미만	60분	1.25배	1.6배
63[A] 초과 160[A] 미만	120분	1.25배	1.6배
160[A] 초과 400[A] 미만	180분	1.25배	1.6배
400[A] 초과	240분	1.25배	1.6배

【표 4】 퓨즈(gG)의 용단 특성

> **참고** **퓨즈의 종류**
>
> 첫 번째 문자는 차단영역을 나타내고, 두 번째 문자는 사용 범주를 나타낸다.
> ① gG : 일반적으로 사용하는 차단용량이 전 범위인 퓨즈
> ② gM : 전동기회로를 보호하기 위해 사용되는 차단용량이 전 범위인 퓨즈
> ③ aM : 전동기회로의 전 범위인 한시형 퓨즈
> ④ gD : 차단용량이 전 범위인 한시형 퓨즈
> ⑤ gN : 차단용량이 전 범위인 순시형 퓨즈

(2) 산업용 배선차단기 동작 특성

과전류차단기로 저압전로에 사용하는 산업용 배선차단기는 다음의 표에 적합해야 한다.

정격전류의 구분	시간	정격전류의 배수	
		불용단전류	용단전류
63[A] 이하	60분	1.05배	1.3배
63[A] 초과	120분	1.05배	1.3배

【표 5】 과전류트립 동작 시간 및 특성(산업용 배선차단기)

(3) 주택용 배선차단기 동작 특성

① 과전류차단기로 저압전로에 사용하는 주택용 배선차단기는 다음 표에 적합한 것이어야 한다. 다만, 일반인이 접촉할 우려가 있는 장소(세대 내 분전반 및 이와 유사한 장소)에는 주택용 배선차단기를 시설하여야 한다.

② 과전류트립 동작 시간 및 특성

정격전류의 구분	시간	정격전류의 배수	
		불용단전류	용단전류
63[A] 이하	60분	1.13배	1.45배
63[A] 초과	120분	1.13배	1.45배

【표 6】 과전류트립 동작 시간 및 특성(주택용 배선차단기)

③ 순시트립에 따른 구분

형	구분	순시트립 범위
B	일반 가정 및 저항성 부하	$3I_n$ 초과 ~ $5I_n$ 이하
C	소형 전동기, 소형 변압기 등 소형 유도성 부하	$5I_n$ 초과 ~ $10I_n$ 이하
D	대형 전동기, 대형 변압기 등 대형 유도성 부하	$10I_n$ 초과 ~ $20I_n$ 이하

【표 7】순시트립에 따른 구분(주택용 배선차단기)

> **참고**
>
> ① 산업용 배선차단기
>   ㉠ 숙련자나 기능자가 조작하는 것을 전제한 차단기
>   ㉡ 공장, 변전실, 정류기, 공작기계 등에 사용
> ② 주택용 배선차단기
>   ㉠ 일반인도 조작이 가능한 차단기
>   ㉡ 주택, 아파트 오피스텔, 사무실 등에 사용

3 과부하전류에 대한 보호(KEC 212.4)

과부하에 대해 케이블(전선)을 보호하는 장치의 동작 특성은 다음의 조건을 충족해야 한다.

> ① $I_B \leq I_n \leq I_Z$
> ② $I_2 \leq 1.45 \times I_Z$

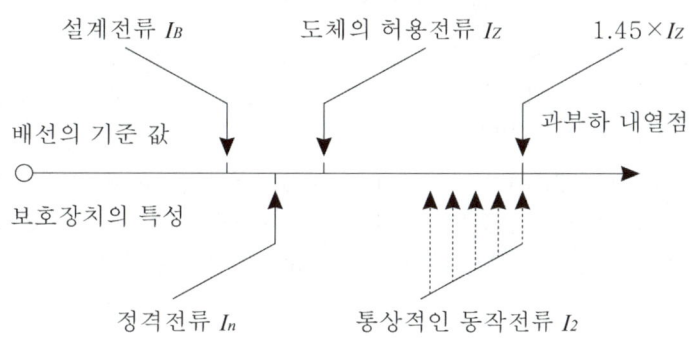

【그림 8】보호장치의 정격전류

(1) 위의 식 $I_2 \leq 1.45 \times I_Z$에 따른 보호는 조건에 따라서는 보호가 불확실한 경우가 발생할 수 있다. 이러한 경우에는 식 $I_2 \leq 1.45 \times I_Z$에 따라 선정된 케이블보다 단면적이 큰 케이블을 선정하여야 한다.

(2) I_B는 선도체를 흐르는 설계전류이거나, 함유율이 높은 영상분 고조파(특히 제3고조파)가 지속적으로 흐르는 경우 중성선에 흐르는 전류이다.

① 과부하 내열점 : $1.45\,I_Z$

② 60분 또는 120분간 연속적인 전류가 흘렀을 때 선도체가 열적 손상을 받게 되는 전류로 선도체 허용전류의 1.45배가 된다.

4 과부하보호장치의 설치위치(KEC 212.4.2)

(1) 설치위치

과부하보호장치는 전로 중 도체의 단면적, 특성, 설치방법, 구성의 변경으로 도체의 허용전류 값이 줄어드는 곳(이하 분기점이라 함)에 설치해야 한다.

(2) 설치위치의 예외

과부하보호장치는 분기점(O)에 설치해야 하나, 분기점(O)과 분기회로의 과부하보호장치의 설치점 사이의 배선 부분에 다른 분기회로나 콘센트 회로가 접속되어 있지 않고, 다음 중 하나를 충족하는 경우에는 변경이 있는 배선에 설치할 수 있다.

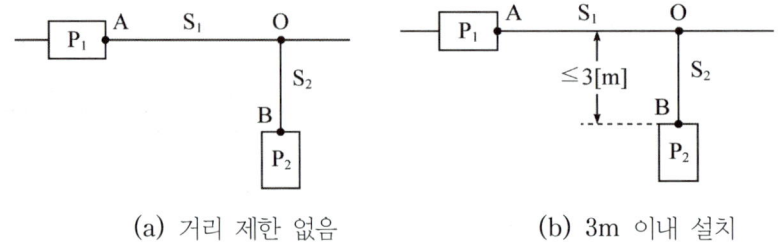

(a) 거리 제한 없음   (b) 3m 이내 설치

【그림 9】 과부하보호장치의 설치위치

① 【그림 9】 (a)와 같이 분기회로(S_2)의 과부하보호장치(P_2)의 전원측에 다른 분기회로 또는 콘센트의 접속이 없고 분기회로에 대한 단락보호가 이루어지고 있는 경우, P_2는 분기회로의 분기점(O)으로부터 부하측으로 거리에 구애받지 않고 이동하여 설치할 수 있다.

② 【그림 9】 (b)와 같이 분기회로(S_2)의 보호장치(P_2)는 (P_2)의 전원측에서 분기점(O) 사이에 다른 분기회로 또는 콘센트의 접속이 없고, 단락의 위험과 화재 및 인체에 대한 위험성이 최소화되도록 시설된 경우, 분기회로의 보호장치(P_2)는 분기회로의 분기점(O)으로부터 3[m]까지 이동하여 설치할 수 있다.

5 단락전류에 대한 보호(KEC 212.5)

(1) 예상 단락전류의 결정(KEC 212.5.1)

설비의 모든 관련 지점에서의 예상 단락전류를 결정해야 한다. 이는 계산 또는 측정에 의하여 수행할 수 있다.

(2) 단락보호장치의 설치위치(KEC 212.5.2)

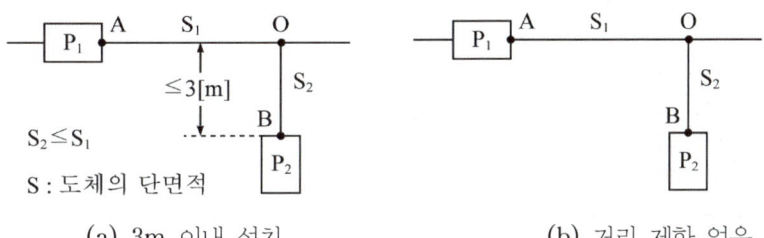

(a) 3m 이내 설치   (b) 거리 제한 없음

【그림 10】 단락보호장치의 설치위치

① 단락전류보호장치는 분기점(O)에 설치해야 한다. 다만, 다음 【그림 10】 (a)와 같이 분기회로의 단락 보호장치 설치점(B)과 분기점(O) 사이에 다른 분기회로 또는 콘센트의 접속이 없고 단락, 화재 및 인체에 대한 위험이 최소화될 경우, 분기회로의 단락보호장치 P_2는 분기점(O)으로부터 3[m]까지 이동하여 설치할 수 있다.

② 도체의 단면적이 줄어들거나 다른 변경이 이루어진 분기회로의 시작점(O)과 이 분기회로의 단락보호장치(P_2) 사이에 있는 도체가 전원측에 설치되는 보호장치(P_1)에 의해 단락보호가 되는 경우에 P_2의 설치위치는 분기점(O)으로부터 거리제한 없이 설치할 수 있다.

6 단락보호장치의 특성(KEC 212.5.5)

(1) 차단용량

정격차단용량은 단락전류보호장치 설치점에서 예상되는 최대크기의 단락전류보다 커야 한다.

(2) 케이블 등의 단락전류

회로의 임의의 지점에서 발생한 모든 단락전류는 케이블 및 절연도체의 허용온도를 초과하지 않는 시간 내에 차단되도록 해야 한다. 단락지속시간이 5초 이하인 경우, 통상 사용조건에서의 단락전류에 의해 절연체의 허용온도에 도달하기까지의 시간 t는 다음 식과 같이 계산할 수 있다.

$$\text{단락전류 지속시간} : t = \left(\frac{kS}{I}\right)^2 [\text{sec}]$$

여기서, A : 도체의 단면적 [mm²] I : 유효 단락전류[A, rms]
　　　　k : 도체 재료의 저항률, 온도계수, 열용량, 해당 초기온도와 최종온도를 고려한 계수

04 부하의 상정과 분기 회로수 결정

1 부하의 상정

설비 부하 용량 $= PA + QB + C\,[\mathrm{VA}]$

여기서, P : [표 8]의 건축물 바닥 면적[m²] Q : [표 9]의 건축물 부분의 바닥 면적[m²]
      A, B : 표준 부하[VA/m²] C : 가산하여야 할 부하[VA]

(1) 건물의 종류에 대한 표준 부하[VA/m²] A

건물의 종류	표준부하
공장, 공회당, 사원, 교회, 연회장 등	10
기숙사, 여관, 호텔, 학교, 음식점, 다방, 대중목욕탕 등	20
사무실, 은행, 상점, 이용소, 미장원 등	30
주택, 아파트	40

【표 8】 P 부분의 표준부하

(2) 별도 계산할 부분의 표준부하[VA/m²] B

건물의 종류	표준부하
복도, 계단, 세면장, 창고, 다락 등	5
강당, 관람석 등	10

【표 9】 Q 부분의 표준부하

2 분기 회로 수의 결정

(1) 사용전압 220[V]의 15[A], 20[A](배선차단기에 한함) 분기 회로 수는 부하의 상정에 따라 설비 부하용량 (전등 및 소형 전기기계기구에 한함)을 차단기 용량(220[V]×15[A])으로 나눈 값을 원칙으로 한다.

(2) 설비 부하용량을 기준 용량으로 나눈 계산 결과에 단수가 발생하면 반드시 절상하여야 한다.

(3) 3[kW] 이상의 대형 전기기계기구에 대해서는 별도의 전용 분기회로를 만들어야 한다.

※ 출제예상문제는 기출분석을 바탕으로 자주 출제되는 유형을 선별하였습니다.

01. 저압전로의 보호도체 및 중성선의 접속방식에 따른 접지계통의 분류가 아닌 것은?

① IT 계통   ② TN 계통
③ TT 계통   ④ TC 계통

| 해설
계통접지의 분류(KEC 203.1)
저압전로의 보호도체 및 중성선의 접속 방식에 따라 TN, TT, IT 계통으로 구분된다.

02. 계통 전체에 대해 별도의 중성선 또는 PE 도체를 사용하며, 배전계통에서 PE 도체를 추가로 접지할 수 있는 방식은?

① IT   ② TT
③ TN−S   ④ TN−C

| 해설
TN 계통의 분류

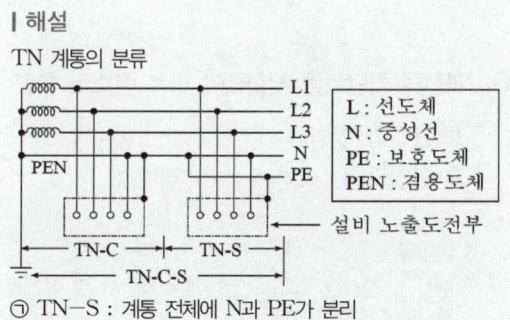

L : 선도체
N : 중성선
PE : 보호도체
PEN : 겸용도체

⊙ TN−S : 계통 전체에 N과 PE가 분리
ⓒ TN−C : 계통 전체에 PE와 N이 PEN으로 결합
ⓒ TN−C−S : TN−C와 TN−S를 조합한 계통

03. 전원의 한 점을 직접 접지하고 설비의 노출도전부는 전원의 접지전극과 전기적으로 독립적인 접지극에 접속시키는 방식은?

① IT   ② TT
③ TN−S   ④ TN−C

| 해설
TT 계통의 분류

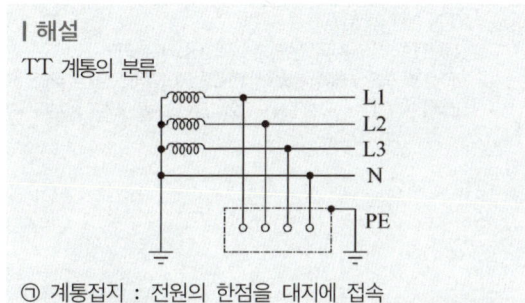

⊙ 계통접지 : 전원의 한점을 대지에 접속
ⓒ 기기접지 : 계통접지와 전기적으로 독립된 접지전극에 접지

04. 충전부 전체를 대지로부터 절연시키거나, 한 점을 임피던스를 통해 대지에 접속시키는 방식은?

① IT   ② TT
③ TN−S   ④ TN−C

| 해설
IT 계통의 분류

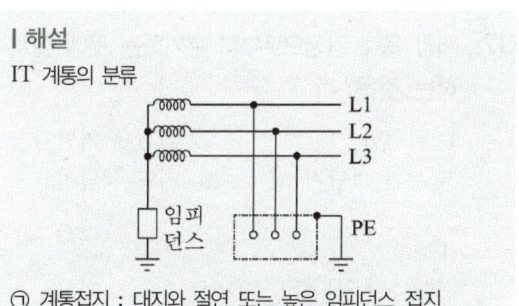

⊙ 계통접지 : 대지와 절연 또는 높은 임피던스 접지
ⓒ 기기접지 : 전기적으로 독립적인 접지전극에 기기접지

정답   01 ④   02 ③   03 ②   04 ①

05. 다음 그림의 접지 계통 방식은?

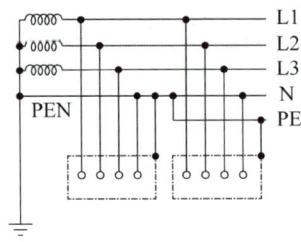

① TT   ② IT
③ TN-C   ④ TN-C-S

┃해설
TN 계통의 분류
㉠ TN-S : 계통 전체에 N과 PE가 분리
㉡ TN-C : 계통 전체에 PE와 N이 PEN으로 결합
㉢ TN-C-S : TN-C와 TN-S를 조합한 계통

06. 차단기에서 ELB의 용어는?

① 유입 차단기   ② 진공 차단기
③ 배선용 차단기   ④ 누전 차단기

┃해설
① 유입 차단기 : OCB, Oil Circuit Breaker
② 진공 차단기 : VCB, Vacuum Circuit Breaker
③ 배선용 차단기 : MCCB, Molded Case Circuit Breaker 또는 No Fuse Breaker
④ 누전 차단기 : ELB, Earth Leakage Breaker

07. 저압 옥내 간선으로부터 분기하는 곳에 설치하여야 하는 것은?

① 과전압 차단기   ② 과전류 차단기
③ 누전 차단기   ④ 지락 차단기

┃해설
저압 옥내배선(KEC 232.81)
옥내에 시설하는 저압 접촉전선에 전기를 공급하기 위한 전로에는 접촉전선 전용의 개폐기 및 과전류 차단기를 시설하여야 한다.

08. 분기회로에 사용하는 것으로 개폐기 및 자동차단기의 두 가지 역할을 하는 것은?

① 동형 퓨즈   ② 유입차단기
③ 배선용 차단기   ④ 컷아웃 스위치

┃해설
배선용 차단기(MCCB)는 부하전류를 개폐하고, 과부하 및 과전류를 차단시킬 수 있다.

09. 다음 중 과전류 차단기를 설치하는 곳은?

① 간선의 전원측 전선
② 접지공사의 접지선
③ 다선식 전로의 중성선
④ 접지공사를 한 저압 가공 전선로의 접지측 전선

┃해설
분기회로의 시설(KEC 212.6.5)
㉠ 분기회로의 과전류 차단기는 각 극에 시설할 것
㉡ 단, 다선식 전로의 중성극 및 접지측 도체의 극을 제외한다.
∴ 중성선, 접지선, 접지측 전선에는 차단기 및 퓨즈를 설치해서는 안 된다.

10. 과전류 차단기를 시설해야 하는 장소로 틀린 것은?

① 간선의 전원측   ② 분기회로측
③ 인입구측   ④ 접지측

┃해설
중성선, 접지선, 접지측 전선에는 차단기 및 퓨즈를 설치해서는 안 된다.

정답   05 ④   06 ④   07 ②   08 ③   09 ①   10 ④

11. 저압 개폐기를 생략하여도 무방한 개소는?

① 부하전류를 끊거나 흐르게 할 필요가 있는 장소
② 인입구, 기타 고장, 점검, 측정, 수리 등에서 개로할 필요가 있는 개소
③ 퓨즈의 전원측으로 분기 회로용 과전류 차단기 이후의 퓨즈가 플러그 퓨즈와 같이 퓨즈 교환 시에 충전부에 접촉될 우려가 없을 경우
④ 퓨즈에 근접하여 설치한 개폐기인 경우의 퓨즈 전원측

| 해설
과전류 차단기 이후 설비 유지보수 시 충전부에 접촉(감전)될 우려가 없는 경우에는 저압 개폐기를 생략하여도 된다.

12. 한 분전반에 사용 전압이 각각 다른 분기 회로가 있을 때 분기 회로를 쉽게 식별하기 위한 방법으로 가장 적합한 것은?

① 차단기별로 분리해 놓는다.
② 과전류 차단기 가까운 곳에 각각 전압을 표시하는 명판을 붙여 놓는다.
③ 왼쪽은 고압 측 오른쪽은 저압 측으로 분류해 놓고 전압 표시는 하지 않는다.
④ 분전반을 철거하고 다른 분전반을 새로 설치한다.

| 해설
옥내에 시설하는 저압용 배·분전반 등의 시설(KEC 232.84)
㉠ 한 개의 분전반에는 한 가지 전원(1회선의 가선)만 공급하여야 한다.
㉡ 다만, 안전확보가 충분하도록 격벽을 설치하고 사용 전압을 쉽게 식별할 수 있도록 그 회로의 과전류차단기 가까운 곳에 그 사용전압을 표시하는 경우에는 그러하지 아니하다.

13. 다음 중 배선기구가 아닌 것은?

① 배전반 ② 개폐기
③ 접속기 ④ 배선용 차단기

| 해설
배선기구는 개폐기, 배선차단기, 누전차단기, 접속기, 기타 이와 유사한 기구를 말한다.

14. 배전반 및 분전반의 설치 장소로 적합하지 못한 것은?

① 전기회로를 쉽게 조작할 수 있는 장소
② 개폐기를 쉽게 조작할 수 있는 장소
③ 안정된 장소
④ 은폐된 장소

| 해설
옥내에 시설하는 저압용 배·분전반 등의 시설(KEC 232.84)
㉠ 노출된 충전부가 있는 배·분전반은 취급자 이외의 사람이 쉽게 출입할 수 없도록 설치하여야 한다.
㉡ 한 개의 분전반에는 한 가지 전원(1회선의 가선)만 공급하여야 한다.
㉢ 주택용 분전반은 노출된 장소에 시설한다.
㉣ 옥내에 설치하는 배·분전반은 불연성 또는 난연성이 있도록 시설한다.

15. 과전류 차단기로 고압전로에 사용하는 비포장 퓨즈는 정격전류 몇 배의 전류에 견디어야 하는가?

① 2.0 ② 1.6
③ 1.25 ④ 1.1

| 해설
고압 및 특고압 전로 중의 과전류 차단기의 시설(KEC 341.10)
㉠ 포장퓨즈 : 정격전류의 1.3배의 전류에 견디고 또한 2배의 전류로 120분 안에 용단
㉡ 비포장퓨즈 : 정격전류의 1.25배의 전류에 견디고 또한 2배의 전류로 2분 안에 용단

16. 과전류차단기로 시설하는 퓨즈 중 고압전로에 사용하는 포장퓨즈는 정격전류의 2배의 전류를 계속 흘렸을 때에 몇 분 안에 용단되어야 하는가?

① 2 　　　　　　　② 20
③ 60 　　　　　　　④ 120

┃ 해설
포장퓨즈
정격전류의 1.3배의 전류에 견디고 또한 2배의 전류로 120분 안에 용단

17. 정격전류가 20[A]인 주택용 배선차단기는 정격전류 1.45배의 동작전류에 대해서 몇 분 이내에 자동적으로 동작하여야 하는가?

① 1분 　　　　　　② 60분
③ 120분 　　　　　④ 240분

┃ 해설
주택용 배선차단기 동작 특성(KEC 212.3.4)

정격전류의 구분	시간	정격전류의 배수	
		부동작 전류	동작 전류
63A 이하	60분	1.13배	1.45배
63A 초과	120분	1.13배	1.45배

18. 정격전류가 100[A]인 주택용 배선차단기는 정격전류 1.45배의 동작전류에 대해서 몇 분 이내에 자동적으로 동작하여야 하는가?

① 1분 　　　　　　② 60분
③ 120분 　　　　　④ 240분

┃ 해설
주택용 배선차단기 동작 특성(KEC 212.3.4)
63A를 초과하는 주택용 배선차단기의 경우 차단기 정격전류 1.45배에서 120분 이내에 자동적으로 동작하여야 한다.

19. 저압전로에 사용하는 산업용 배선용차단기의 정격전류가 63[A] 이하인 경우 동작되어야 할 시간은?

① 1분 　　　　　　② 10분
③ 60분 　　　　　④ 120분

┃ 해설
산업용 배선차단기 동작 특성(KEC 212.3.4)

정격전류의 구분	시간	정격전류의 배수	
		부동작 전류	동작 전류
63A 이하	60분	1.05배	1.3배
63A 초과	120분	1.05배	1.3배

20. 저압 옥내 간선에서 분기하여 전기사용 기계기구에 이르는 저압 옥내 전로에서 저압 옥내 간선과의 분기점에서 전선의 길이가 몇 [m] 이하인 곳에 개폐기 및 과전류차단기를 설치하여야 하는가?

① 2 　　　　　　　② 3
③ 5 　　　　　　　④ 6

┃ 해설
단락보호장치의 설치위치(KEC 212.5.2)
분기회로의 과부하 보호장치의 전원 측에 다른 분기회로 또는 콘센트의 접속이 없으며 아래의 조건에서는 설치위치를 조정할 수 있다.

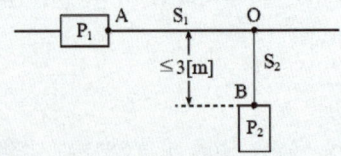

㉠ 단락의 위험과 화재 및 인체에 대한 위험성이 최소화되도록 시설한 경우 : 3[m] 이내
㉡ 단락보호가 이루어지고 있는 경우 : 거리 제한 없음 (임의의 장소에 설치 가능)

21. 전기 난방 기구인 전기담요나 전기장판의 보호용으로 사용되는 퓨즈는?

① 플러그 퓨즈
② 온도 퓨즈
③ 절연 퓨즈
④ 유리관 퓨즈

| 해설
전기 난방 기구인 전기담요나 전기장판의 보호용으로 사용되는 퓨즈는 온도 퓨즈이다.

22. 전압계, 전류계 등의 소손 방지용으로 계기 내에서 장치하고 봉입하는 퓨즈는 어느 것인가?

① 통형퓨즈
② 판형퓨즈
③ 온도퓨즈
④ 텅스텐퓨즈

| 해설
전압계, 전류계 등의 소손 방지용으로 계기 내에서 장치하고 봉입하는 퓨즈는 텅스텐퓨즈이다.

23. 전동기 과부하 보호장치에 해당되지 않는 것은?

① 전동기용 퓨즈
② 열동계전기
③ 전동기 보호용 배선용차단기
④ 전동기 기동장치

| 해설
전동기 기동장치는 전동기 기동전류를 억제하기 위하여 사용된다.

24. 전자 개폐기에 부착하여 전동기의 소손 방지를 위하여 사용되는 것은?

① 퓨즈
② 열동 계전기
③ 배선용 차단기
④ 수은 계전기

| 해설
열동 계전기(THR, thermal relay)
바이메탈을 사용하여 전동기의 과부하로부터 보호해주는 계전기로 전자접촉기(MC)와 결합하여 사용한다.

25. 옥내에 시설하는 전동기가 소손되는 것을 방지하기 위한 과부하 보호장치를 하지 않아도 되는 것은?

① 전동기 출력이 4[kW]이며, 취급자가 감시할 수 없는 경우
② 정격출력이 0.2[kW] 이하의 경우
③ 과전류차단기가 없는 경우
④ 정격출력이 10[kW] 이상인 경우

| 해설
저압 전동기 과부하 보호장치를 시설하지 않아도 되는 경우(KEC 212.6.3)
㉠ 정격출력이 0.2[kW] 이하인 경우
㉡ 전동기를 운전 중 상시 취급자가 감시할 수 있는 위치에 시설하는 경우
㉢ 구조상 과전류가 생길 우려가 없는 경우
㉣ 전동기가 단상의 것으로 그 전원측 전로에 시설하는 과전류차단기의 정격전류가 16A(배선용차단기는 20A) 이하인 경우

26. 옥내에 시설하는 전동기에는 과부하 보호장치를 시설하여야 하는데 단상 전동기인 경우에 전원측 전로에 시설하는 과전류차단기의 정격전류가 몇 [A] 이하이면 과부하 보호장치를 시설하지 않아도 되는가?

① 10
② 16
③ 30
④ 50

| 해설
저압 전동기 과부하 보호장치를 시설하지 않아도 되는 경우(KEC 212.6.3)
㉠ 정격출력이 0.2[kW] 이하인 경우
㉡ 전동기를 운전 중 상시 취급자가 감시할 수 있는 위치에 시설하는 경우
㉢ 구조상 과전류가 생길 우려가 없는 경우
㉣ 전동기가 단상의 것으로 그 전원측 전로에 시설하는 과전류차단기의 정격전류가 16A(배선용차단기는 20A) 이하인 경우

정답 21 ② 22 ④ 23 ④ 24 ② 25 ② 26 ②

27. 누전차단기의 설치목적은 무엇인가?

① 단락   ② 단선
③ 지락   ④ 과부하

| 해설
누전차단기의 설치목적은 지락이다.

28. 전로에 지락이 생겼을 경우에 부하 기기, 금속제 외함 등에 발생하는 고장전압 또는 지락전류를 검출하는 부분과 차단기 부분을 조합하여 자동적으로 전로를 차단하는 장치는?

① 누전 차단 장치 ② 과전류 차단기
③ 누전 경보 장치 ④ 배선용 차단기

| 해설
누전차단기의 시설(KEC 211.2.4)
금속제 외함을 가지는 사용전압이 50V를 초과하는 저압의 기계기구로서 사람이 쉽게 접촉할 우려가 있는 곳에 전기를 공급하는 전로에는 지락 및 누전에 의한 감전보호 대책으로 누전차단기를 설치하여야 한다.

29. 사람이 쉽게 접촉하는 장소에 설치하는 누전차단기의 사용전압 기준은 몇 [V] 초과인가?

① 50   ② 110
③ 150   ④ 220

| 해설
누전차단기의 시설(KEC 211.2.4)
금속제 외함을 가지는 사용전압이 50[V]를 초과하는 저압의 기계기구로서 사람이 쉽게 접촉할 우려가 있는 곳에 시설하여야 한다.

30. 한국전기설비규정(KEC)에서 교통신호등 회로의 사용전압이 몇 [V]를 초과하는 경우에는 지락 발생 시 자동적으로 전로를 차단하는 장치를 시설하여야 하는가?

① 50   ② 100
③ 150   ④ 200

| 해설
교통신호등의 누전차단기 시설(KEC 234.15.6)
사용전압이 150V를 넘는 경우는 전로에 지락이 생겼을 경우 자동적으로 전로를 차단하는 누전차단기를 시설할 것

31. 물기가 없는 장소에 시설하는 저압용 전로에 인체 감전 보호용 누전차단기 설치는?

① 정격 감전 전류 30[mA]
  - 동작시간 0.03초 이내의 전류 동작형
② 정격 감전 전류 40[mA]
  - 동작시간 0.05초 이내의 전류 동작형
③ 정격 감전 전류 50[mA]
  - 동작시간 0.03초 이내의 전류 동작형
④ 정격 감전 전류 60[mA]
  - 동작시간 0.05초 이내의 전류 동작형

| 해설
기계기구의 철대 및 외함의 접지(KEC 142.7)
물기가 있는 장소 이외의 장소에 시설하는 저압용의 개별 기계기구에 전기를 공급하는 전로에 「전기용품 및 생활용품 안전관리법」의 적용을 받는 인체감전보호용 누전차단기(정격감도전류가 30mA 이하, 동작시간이 0.03초 이하의 전류동작형에 한한다)를 시설하여야 한다.

정답 27 ③ 28 ① 29 ① 30 ③ 31 ①

32. 사무실, 은행, 상점, 이발소, 미장원에서 사용하는 표준부하[VA/m²]는?

① 5
② 10
③ 20
④ 30

| 해설

표준 부하[VA/m²] (내선규정 제3315절)

종류	표준부하
공장, 공회당, 사원, 교회, 영화관, 연화장 등	10
기숙사, 여관, 호텔, 병원, 학교, 음식점, 다방, 대중목욕탕 등	20
사무실, 은행, 상점, 이발소, 미장원 등	30
주택, 아파트	40

33. 배선설계를 위한 전등 및 소형 전기기계기구의 부하용량 산정 시 건축물의 종류에 대응한 표준부하에서 원칙적으로 표준부하를 20[VA/m²]으로 적용하여야 하는 건축물은?

① 교회, 극장
② 호텔, 병원
③ 은행, 상점
④ 아파트, 미장원

| 해설

기숙사, 여관, 호텔, 병원, 학교, 음식점, 다방, 대중목욕탕 등의 표준부하는 20[VA/m²]이다.

34. 일반적으로 학교 건물이나 은행 건물 등의 간선의 수용률은 얼마인가?

① 50[%]
② 60[%]
③ 70[%]
④ 80[%]

| 해설

간선의 전선 굵기 (내선규정 3315-8)

종류	수용률
주택, 기숙사, 여관, 호텔, 병원, 창고	50[%]
학교, 사무실, 은행	70[%]

35. 설비용량이 3[kW]인 주택에서 최대사용전력이 1.8[kW]일 때의 수용률은 몇 [%]인가?

① 40
② 50
③ 60
④ 70

| 해설

수용률 : $F_{de} = \dfrac{\text{최대수용전력}}{\text{설비용량}(P_s)} \times 100$

$= \dfrac{1.8}{3} \times 100 = 60\,[\%]$

36. 각 수용가의 최대 수용전력이 각각 5[kW], 10[kW], 15[kW], 22[kW]이고, 합성 최대 수용전력이 50[kW]이다. 수용가 상호간의 부등률은 얼마인가?

① 1.04
② 2.34
③ 4.25
④ 6.94

| 해설

부등률 $= \dfrac{\text{각개 최대 전력의 합}}{\text{합성 최대 전력}}$

$= \dfrac{5+10+15+22}{50} = 1.04$

37. 설비용량 600[kW], 부등률 1.2, 수용률 0.6일 때 합성 최대 전력[kW]은?

① 240
② 300
③ 432
④ 833

| 해설

합성 최대 전력

$P = \dfrac{\sum(\text{설비용량} \times \text{수용률})}{\text{부등률}} = \dfrac{600 \times 0.6}{1.2} = 300\,[\text{kW}]$

정답   32 ④   33 ②   34 ③   35 ③   36 ①   37 ②

38. 어느 가정집이 40[W] LED등 10개, 1[kW] 전자레인지 1개, 100[W] 컴퓨터 세트 2대, 1[kW] 세탁기 1대를 사용하고, 하루 평균 사용 시간이 LED등은 5시간, 전자레인지 30분, 컴퓨터 5시간, 세탁기 1시간이라면 1개월(30일)간의 사용전력량[kW]은?

① 115　　　　　② 135

③ 155　　　　　④ 175

> **| 해설**
> ㉠ 40[W] LED등 10개의 하루 평균 전력
> $40[W] \times 10 \times 5[h] = 2000[Wh] = 2[kWh]$
> ㉡ 1[kW] 전자레인지 1개의 하루 평균 전력
> $1[kW] \times 1 \times 0.5[h] = 0.5[kWh]$
> ㉢ 100[W] 컴퓨터 세트 2대의 하루 평균 전력
> $100[W] \times 2 \times 5[h] = 1000[Wh] = 1[kWh]$
> ㉣ 1[kW] 세탁기 1대 하루 평균 전력
> $1[kW] \times 1 \times 1[h] = 1[kWh]$
> ∴ 1개월(30일)간의 사용전력량
> $W = (2+0.5+1+1) \times 30$일
> $= 135[kWh]$

39. 저압 수전 방식 중 단상 3선식은 평형이 되는 게 원칙이지만 부득이한 경우 설비불평형률은 몇 [%] 이내로 유지해야 하는가?

① 10　　　　　② 20

③ 30　　　　　④ 40

> **| 해설**
> 허용 불평형률
> ㉠ 단상 : 40[%] 이하
> ㉡ 3상 : 30[%] 이하

전선로 및 배전공사

01 가공 전선로

1 전선로 일반

(1) 전선로의 종류

① 가공 전선로 ② 옥측 전선로 ③ 옥상 전선로 ④ 지중 전선로

⑤ 터널 내 전선로 ⑥ 수상 전선로 ⑦ 수저 전선로(= 물밑 전선로)

(2) 지지물의 종류

목주·철주·철근콘크리트 주 또는 철탑 등을 사용한다.

(3) 지지물의 승탑 및 승주 방지

가공 전선로의 지지물에 취급자가 오르고 내리는데 사용하는 발판 볼트 등을 지표상 1.8[m] 미만에 시설하여 서는 안 된다.

2 가공 전선로의 시설과 표준 지지물 간 거리

(1) 가공전선의 종류 및 굵기(KEC 222.5)

① 가공전선에 사용되는 전선

저압 가공전선	고압 가공전선
㉠ 나전선 ㉡ 절연전선 ㉢ 다심형 전선 ㉣ 케이블	㉠ 고압 절연전선 ㉡ 특고압 절연전선 ㉢ 케이블
※ 나전선의 경우 중성선 또는 다중 접지된 접지측 전선으로 사용하는 전선에 한한다.	

【표 1】 가공전선에 사용되는 전선

② 저압 가공전선의 굵기

  ㉠ 사용전압이 400[V] 이하인 저압 가공전선

    ⓐ 인장강도 3.43[kN] 이상 또는 지름 3.2[mm] 이상의 경동선

    ⓑ 절연전선인 경우 인장강도 2.3[kN] 이상 또는 지름 2.6[mm] 이상의 경동선

  ㉡ 사용전압이 400[V] 초과인 저압 가공전선

    ⓐ 시가지 : 인장강도 8.01[kN] 이상 또는 지름 5[mm] 이상의 경동선

    ⓑ 시가지 외 : 인장강도 5.26[kN] 이상 또는 지름 4[mm] 이상의 경동선

  ㉢ 사용전압이 400[V] 초과인 저압 가공전선에는 인입용 비닐절연전선과 다심형 전선을 사용하여서는 안 된다.

③ 고압 가공전선의 굵기

　㉠ 인장강도 8.01[kN] 이상의 고압 절연전선, 특고압 절연전선

　㉡ 지름 5[mm] 이상의 경동선의 고압 절연전선, 특고압 절연전선

(2) 가공전선의 높이

구분	저압	고압	특고압 [3] (35kV 이하)
도로 횡단	6[m] 이상	6[m] 이상	6[m] 이상
철도 횡단	6.5[m] 이상	6.5[m] 이상	6.5[m] 이상
횡단보도교	3.5[m] 이상 [1]	3.5[m] 이상	4[m] 이상
기타	5[m] 이상 [2]	5[m] 이상	5[m] 이상

[1] 절연전선 및 케이블인 경우 : 3m 이상

[2] 도로 이외의 곳에 시설하는 경우 또는 절연전선이나 케이블을 사용한 저압가공전선으로서 옥외 조명용에 공급하는 것으로 교통에 지장이 없도록 시설하는 경우 : 4[m] 이상

[3] 전압의 범위에 따라 가공전선 높이가 다름(KEC 333.7)

【표 2】 가공전선의 높이

(3) 가공전선의 지지물 간 거리의 제한

① 표준 지지물 간 거리(저압, 고압, 특고압)

지지물의 종류	지지물 간 거리
목주, A종 철주 또는 A종 철근 콘트크트주	150[m]
B종 철주 또는 B종 철근 콘트크트주	250[m]
철탑	600[m]

【표 3】 가공전선로 지지물 간 거리의 제한

② 고압 가공전선의 인장강도 8.71[kN] 이상 또는 단면적 22[mm²] 이상의 경동연선의 경우 전선로의 지지물 간 거리는 다음과 같다.

　㉠ 목주, A종 철주 또는 A종 철근 콘크리트 : 300[m] 이하

　㉡ B종 철주 또는 B종 철근 콘크리트 : 500[m] 이하

③ 고압 보안공사 : 전선은 케이블인 경우 이외에는 인장강도 8.01[kN] 이상 또는 지름 5[mm] 이상의 경동선이어야 한다.

지지물의 종류	지지물 간 거리
목주, A종 철주 또는 A종 철근 콘크리트	100[m]
B종 철주 또는 B종 철근 콘크리트	150[m]
철탑	400[m]

【표 4】 고압 보안공사 지지물 간 거리의 제한

④ 특고압 가공전선의 인장강도 21.67[kN] 이상 또는 단면적 50[mm²] 이상의 경동연선의 경우 전선로의 지지물 간 거리는 다음과 같다.

　㉠ 목주, A종 철주 또는 A종 철근 콘트크트주 : 300[m] 이하

　㉡ B종 철주 또는 B종 철근 콘트크트주 : 500[m] 이하

⑤ 특고압 보안공사

지지물의 종류	제1종	제2종	제3종
목주, A종	–	100[m]	100[m]
B종	150[m]	200[m]	200[m]
철탑	400[m]	400[m]	400[m]

【표 5】특고압 보안공사 지지물 간 거리의 제한

> **참고** **보안공사**
>
> 전선로 공사 시 전선 및 지지물을 더 튼튼한 것으로 하고, 지지물 간 거리는 더 작게 하는 등 전선로 가선공사 시 모든 시설기준을 좀 더 강화시키는 것을 말한다.

(4) 가공케이블의 시설

① 케이블은 조가용선에 행거로 시설하여야 한다.

② 사용전압이 고압인 경우 행거의 간격은 0.5[m] 이하로 하는 것이 좋다. (단, 금속제 테이프 이용 시 20[cm] 이하)

③ 조가선은 인장강도 5.93[kN] 이상의 것 또는 단면적 22[mm²] 이상인 아연도강선이어야 한다.

④ 조고선 및 케이블 피복에는 접지공사를 한다.

(5) 고압 가공전선로의 지지물의 강도

① 지지물로서 사용하는 목주의 시설방법

㉠ 풍압하중에 대한 안전율은 1.3 이상이어야 한다.

㉡ 굵기는 위쪽 끝 지름 0.12[m] 이상이어야 한다.

② A종 철주, A종 철근 콘크리트 주, B종 철주, B종 철근 콘크리트 주, 철탑은 상시 상정하중에 견디는 강도를 가져야 한다.

(6) 고압 가공전선 등의 병행 설치(KEC 332.8)

① 저압 가공전선과 고압 가공전선을 동일 지지물에 시설하는 경우의 시설방법

㉠ 저압 가공전선을 고압 가공전선의 아래로 하고 별개의 완금류에 시설하여야 한다.

㉡ 저압 가공전선과 고압 가공전선 사이의 간격은 0.5[m] 이상이어야 한다.

㉢ 고압 가공전선이 케이블일 경우 저압 가공전선 사이의 간격은 0.3[m] 이상이어야 한다.

② 저압 또는 고압의 가공전선과 교류전차선과 동일 지지물에 시설하는 경우 고려사항

㉠ 교류전차선 등을 지지하는 쪽의 반대쪽에서 수평거리를 1[m] 이상으로 하여 시설하여야 한다.

㉡ 저압 또는 고압의 가공전선을 교류전차선 등의 위로 할 때에는 수직거리를 수평거리의 1.5배 이하로 하여 시설하여야 한다.

3 25[kV] 이하인 특고압 가공전선로의 시설

(1) 15[kV] 이하인 특고압 가공전선로

중성선 다중 접지식의 것으로서 전로에 지락이 생겼을 때 2초 이내에 자동적으로 이를 전로로부터 차단하는 장치가 되어 있는 전선로

① 사용전선은 고압 절연전선, 특고압 절연전선 또는 케이블을 사용한다.

② 접지도체는 공칭단면적 6[mm²] 이상의 연동선을 사용한다.

③ 접지한 곳 상호 간의 거리는 전선로에 따라 300[m] 이하여야 한다.

④ 각 접지도체를 중성선으로부터 분리하였을 경우의 각 접지점의 대지 전기저항값과 1[km]마다의 중성선과 대지 사이의 합성 전기저항값은 다음과 같다.

  ㉠ 각 접지점의 대지 전기저항값 : 300[Ω] 이하

  ㉡ 1[km]마다의 합성 전기저항값 : 30[Ω] 이하

⑤ 다중접지한 중성선은 저압전로의 접지측 전선이나 중성선과 공용으로 할 수 있다.

⑥ 특고압 가공전선과 저압 또는 고압의 가공전선 사이의 간격은 0.75[m] 이상이어야 한다.

⑦ 특고압 가공전선은 저압 또는 고압의 가공전선의 위로 하고 별개의 완금류에 시설하여야 한다.

(2) 15[kV] 초과 25[kV] 이하인 특고압 가공전선

중성선 다중접지식의 것으로 전로에 지락이 생겼을 때 2초 이내에 자동으로 이를 전로로부터 차단하는 장치가 되어 있는 전선로

① 접지도체는 공칭단면적 6[mm²] 이상의 연동선을 사용하여야 한다.

② 접지한 곳 상호 간의 거리는 전선로에 따라 150[m] 이하여야 한다.

③ 각 접지도체를 중성선으로부터 분리하였을 경우의 각 접지점의 대지 전기저항값과 1[km]마다의 중성선과 대지 사이의 합성 전기저항값은 다음과 같다.

  ㉠ 각 접지점의 대지 전기저항값 : 300[Ω] 이하

  ㉡ 1[km]마다의 합성 전기저항값 : 15[Ω] 이하

4 가공인입선(KEC 221.1)

(1) 저압 가공인입선의 시설(KEC 221.1.1)

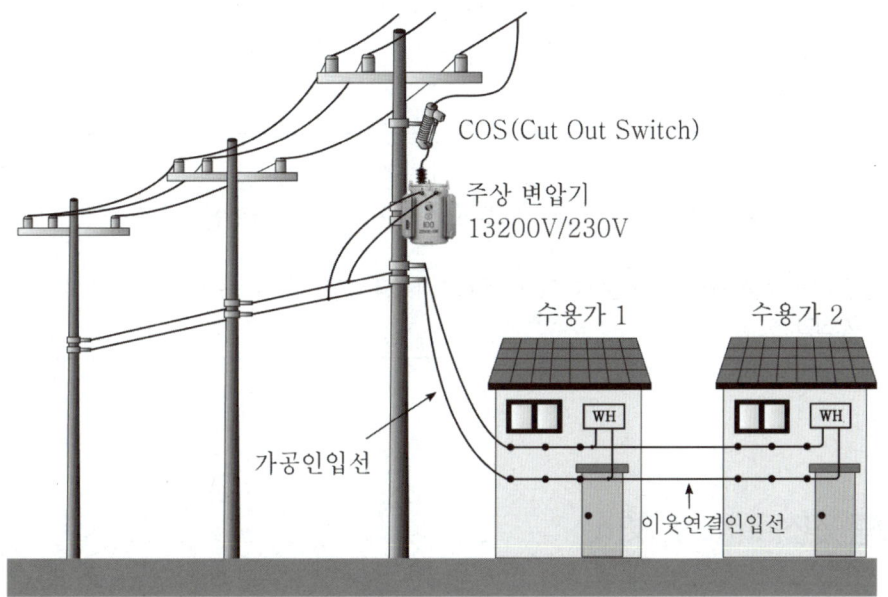

COS(Cut Out Switch)

주상 변압기
13200V/230V

수용가 1　　　수용가 2

가공인입선

이웃연결인입선

【그림 1】 가공인입선과 연접인입선

① 전선은 절연전선 또는 케이블을 사용하여야 한다.
② 전선이 케이블인 경우 이외에는 인장강도 2.30[kN] 이상의 것 또는 지름 2.6[mm] 이상의 인입용 비닐절연전선을 사용하여야 한다.
③ 지지물 간 거리가 15[m] 이하인 경우는 인장강도 1.25[kN] 이상의 것 또는 지름 2[mm] 이상의 인입용 비닐절연전선을 사용할 수 있다.

(2) 고압 가공인입선의 시설(KEC 331.12.1)

① 전선은 고압 · 특고압 절연전선 또는 케이블을 사용하여야 한다.
② 인장강도 8.01[kN] 이상의 고압 및 특고압 절연전선 또는 지름 5[mm] 이상의 경동선의 고압 및 특고압 절연전선을 사용하여야 한다.
③ 고압 연접인입선을 시설할 수 없다.

(3) 가공인입선의 높이

구분	저압	고압
도로 횡단	5[m] 이상	6[m] 이상
철도 횡단	6.5[m] 이상	6.5[m] 이상
횡단 보도교	3[m] 이상	3.5[m] 이상
기타 장소	4[m] 이상	5[m] 이상
고압 기타 장소에서 위험 표시를 할 경우 : 3.5[m] 이상		

【표 6】 가공인입선의 높이

(4) 저압 이웃 연결인입선의 시설(KEC 221.1.2)

저압 이웃 연결인입선은 다음에 따라 시설하여야 한다.

① 인입선에서 분기하는 점으로부터 100[m]를 초과하지 말아야 한다.

② 폭 5[m]를 초과하는 도로를 횡단하지 말아야 한다.

③ 옥내를 관통하지 말아야 한다.

> **참고**
>
> ① 가공인입선 : 가공 전선로의 지지물로부터 다른 지지물을 거치지 않고 직접 수용장소의 인입구에 이르는 부분의 가공전선을 말한다.
> ② 이웃 연결인입선 : 한 수용 인입구에서 분기하여 지지물을 거치지 않고 다른 수용가의 인입구에 이르는 전선으로 반드시 저압에 한하여 시설할 수 있다.

02 지중 전선로(KEC 334)

1 지중 전선로의 시설(KEC 334.1)

(1) 전선은 케이블을 사용하여 시설하여야 한다.

(2) 시설방법은 관로식, 암거식, 직접 매설식에 의하여 시설하여야 한다.

(3) 관로식에 의하여 시설하는 경우에는 다음에 따라야 한다.

① 매설깊이를 1.0[m] 이상으로 하여야 한다.

② 중량물의 압력을 받을 우려가 없는 곳은 0.6[m] 이상으로 하여야 한다.

(4) 직접 매설식에 의하여 시설하는 경우에는 다음에 따라야 한다.

① 지중전선의 매설깊이

ⓐ 차량 기타 중량물의 압력을 받을 우려가 있는 장소에는 1.0 [m] 이상으로 하여야 한다.

ⓑ 기타 장소에는 0.6[m] 이상으로 하고 또한 지중전선을 견고한 트라프 기타 방호물에 넣어 시설하여야 한다.

② 지중전선을 트라프 기타 방호물에 넣지 않아도 되는 경우

ⓐ 저·고압의 지중전선을 차량 기타 중량물의 압력을 받을 우려가 없는 경우에 그 위를 견고한 판 또는 몰드로 덮어 시설하는 경우

ⓑ 저압 또는 고압의 지중전선에 콤바인덕트케이블 또는 개장한 케이블을 사용하여 시설하는 경우

ⓒ 특고압 지중전선은 개장한 케이블을 사용하고 또한 견고한 판 또는 몰드로 지중전선의 위와 옆을 덮어 시설하는 경우

ⓓ 지중전선에 파이프형 압력케이블을 사용하거나 최대사용전압이 60[kV]를 초과하는 연피케이블, 알루미늄피케이블, 금속피복을 한 특고압 케이블을 사용하고 또한 지중 전선의 위를 견고한 판 또는 몰드 등으로 덮어 시설하는 경우

(5) 암거식에 의하여 시설하는 경우에는 다음에 따라야 한다.

    ① 불연성 또는 자소성이 있는 난연성 피복이 된 지중전선을 사용할 것

    ② 불연성 또는 자소성이 있는 난연성의 연소방지 테이프, 연소방지 시트, 연소방지 도료 등으로 지중전선을 피복할 것

    ③ 불연성 또는 자소성이 있는 난연성의 관 또는 트라프에 넣어 지중전선을 시설할 것

    ④ 암거식 시설 내에 자동소화설비를 시설할 것

2 지중함의 시설(KEC 334.2)

지중전선로에 사용하는 지중함은 다음에 따라 시설하여야 한다.

(1) 지중함은 차량 기타 중량물의 압력에 견디고 고인물을 제거할 수 있는 구조여야 한다.

(2) 폭발성 또는 연소성의 가스가 침입할 우려가 있는 것에 시설하는 지중함으로서 그 크기가 $1[m^3]$ 이상인 것에는 통풍장치 기타 가스를 방산시키기 위한 적당한 장치를 시설하여야 한다.

(3) 지중함의 뚜껑은 시설자 이외의 자가 쉽게 열 수 없도록 시설하여야 한다.

3 지중전선의 피복금속체의 접지(KEC 334.4)

(1) 관, 암거 기타 지중전선을 넣은 방호장치의 금속제 부분, 금속제의 전선 접속함 및 지중전선의 피복으로 사용하는 금속체에는 접지공사를 하여야 한다.

(2) 예외 사항 : 방식조치를 한 부분

4 지중약전류전선의 유도장해방지(KEC 334.5)

지중전선로는 기설 지중약전류전선로에 대하여 누설전류 또는 유도작용에 의하여 통신상의 장해를 주지 않도록 기설 약전류전선로로부터 충분히 이격시키거나 기타 적당한 방법으로 시설하여야 한다.

5 지중전선과 지중약전류전선 등 또는 관과의 접근 또는 교차(KEC 334.6)

(1) 지중전선과 지중약전류전선 등의 사이에 내화성 격벽을 시설하였을 경우의 간격

    ① 저 · 고압의 지중전선 : 0.3[m] 이하

    ② 특고압 지중전선 : 0.6[m] 이하

(2) 특고압 지중전선과 가연성이나 유독성의 유체를 내포하는 관과 접근 및 교차 시 내화성 격벽을 시설할 경우의 간격

    ① 특고압 지중전선 : 1[m] 이하

    ② 25[kV] 이하 다중접지방식 지중전선로 : 0.5[m] 이하

6 지중전선 상호 간의 접근 또는 교차(KEC 334.7)

(1) 지중전선이 다른 지중전선과 접근 및 교차 시 상호 간의 간격은 다음과 같이 시설한다.

    ① 저압 지중전선과 고압 지중전선 : 0.15[m] 이하

    ② 저 · 고압의 지중전선과 특고압 지중전선 : 0.3[m] 이하

(2) 사용전압이 25[kV] 이하인 다중접지방식 지중전선로를 관로식 또는 직접 매설식으로 시설하는 경우, 그 간격은 0.1[m] 이상이 되도록 시설하여야 한다.

1 지지물의 종류

지지물에는 목주, 철근 콘크리트주, 철주, 철탑 등이 있으나 주로 송전선로에는 철탑을 사용하고 배전선로에는 철근콘크리트주를 사용한다.

(1) 목주

① 목주는 나무로 된 지지물로써 현재는 거의 사용되지 않는다.

② 풍압하중에 대한 안전율

저압	고압	특고압
1.2 이상	1.3 이상	1.5 이상

【표 7】 목주의 안전율

> **참고** **안전율**
>
> 기계나 기구를 설치할 때, 그 각 부분에 가해지는 힘에 견딜 수 있도록 설계하여야 한다. 그러나 지나치게 튼튼하게 만들어 공연히 부재(部材)만 커지고 중량이 늘어 가격이 비싸지면 비경제적이다. 그래서 설계를 담당할 기술자는 부재에 가해지는 힘에 대하여 몇 배의 하중에 견딜 수 있으면 되는가를 결정하고 계산하게 되는데, 이 배율을 안전율이라 한다.

③ 위쪽 끝의 지름 및 지름 증가율

ㄱ 저압 : 제한 없음

ㄴ 고압 및 특고압 : 12[cm] 이상

ㄷ 목주의 지름 증가율 : $\dfrac{9}{1000}$ [mm] 이상

(2) 철근 콘크리트주

① A종 : 전체 길이가 16[m] 이하이면서 설계하중 6.8[kN] 이하

② B종 : A종 이외의 것

③ 철근 콘크리트주의 지름 증가율 : $\dfrac{1}{75}$ [cm] 이상

(3) B종 철주, B종 철근 콘크리트주 또는 철탑의 종류 및 용도

① 지지물의 종류

구분	용도
직선형	직선 부분이(수평 각도) 3° 이하
각도형	직선 부분이 3°를 넘는 부분
잡아 당김형	전선로의 시점과 종점
내장형	양측 경간 차가 큰 곳
보강형	전선로 보강을 위한 곳

【표 8】 지지물의 종류

② 특고압 가공전선로 중 지지물로서 직선형 철탑을 연속하여 10기 이상 사용하는 부분에는 10기 이하마다 장력에 견디는 애자장치가 되어 있는 철탑(내장형) 또는 이와 동등 이상의 강도를 가지는 철탑 1기를 시설하여야 한다.

② 건주에 묻히는 깊이(근입 깊이, 매설 깊이)

(1) 철주 또는 철근콘크리트주로서 길이가 16[m] 이하, 설계하중이 6.8[kN] 이하 또는 목주를 시설하는 경우

① 전체 길이 15[m] 이하 : 근입 깊이를 전체 길이의 $\frac{1}{6}$ 이상

② 전체 길이 15[m] 초과 : 근입 깊이를 2.5[m] 이상

③ 논 또는 기타 지반이 연약한 곳 : 견고한 전주 버팀대를 시설할 것

(2) 전장 16[m] 초과 20[m] 이하, 설계하중이 6.8[kN] 이하의 경우 : 근입 깊이 2.8[m] 이상

(3) 전장 14[m] 이상 20[m] 이하, 설계하중이 6.8[kN] 초과 9.8[kN] 이하 : (1) 기준보다 30[cm] 가산

(4) 전장 14[m] 이상 20[m] 이하, 설계하중이 9.81[kN] 초과 14.72[kN] 이하인 경우

① 전장 15[m] 이하인 경우 : (1) 기준보다 0.5[m] 가산

② 전장 15[m] 초과 18[m] 이하인 경우 : 3[m] 이상

③ 전장 18[m]를 초과하는 경우 : 3.2[m] 이상

> **참고**
>
> ① 장주 : 지지물에 전선과 기구 등을 고정시키기 위하여 완목, 완금, 애자 등을 설치하는 것을 말한다.
> ② 건주 : 지지물을 땅에 세워 근가, 지선 등을 설치하는 것을 말한다.

③ 장주도

(1) 경완금
전선을 지지하기 위하여 사용되는 자재로 애자를 사용하는 □형으로 생긴 형강으로 완금의 길이는 다음과 같다.

전선의 조수	저압	고압	특고압
2조	900	1,400	1,800
3조	1,400	1,800	2,400

【표 9】 완금의 길이(단위 : [mm])

(2) 분기 슬리브 커버
분기 슬리브 접속개소의 충전부 절연 및 이물질에 의한 오손방지, 조류혼촉사고 방지를 목적으로 설치하는 커버를 말한다.

(3) 분기고리
AL가공 배전선으로부터 변압기 1차선을 분기 접속하고자 할 때 사용되는 압축접속 금구로서 변압기 1차 인입선은 활선클램프로 통하여 연결한다.

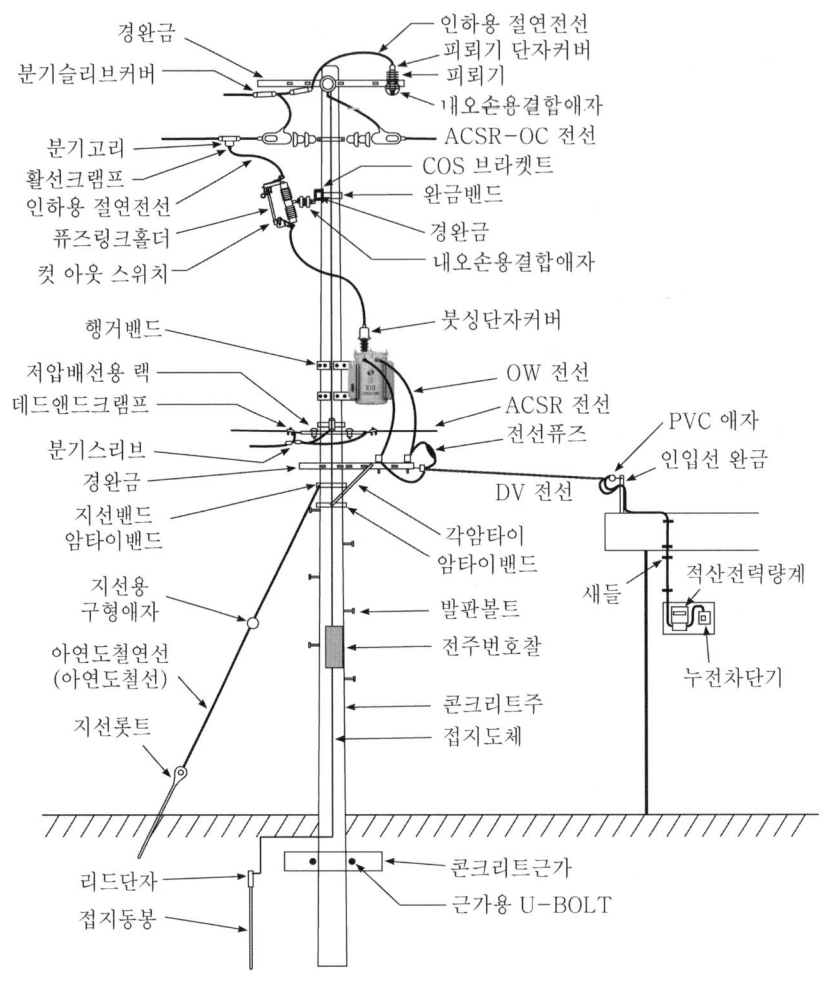

경완금
분기슬리브커버
분기고리
활선크램프
인하용 절연전선
퓨즈링크홀더
컷 아웃 스위치
행거밴드
저압배선용 랙
데드앤드크램프
분기스리브
경완금
지선밴드
암타이밴드
지선용 구형애자
아연도철연선 (아연도철선)
지선롯트
리드단자
접지동봉

인하용 절연전선
피뢰기 단자커버
피뢰기
내오손용결합애자
ACSR-OC 전선
COS 브라켓
완금밴드
경완금
내오손용결합애자
붓싱단자커버
OW 전선
ACSR 전선
전선퓨즈
DV 전선
각암타이
암타이밴드
발판볼트
전주번호찰
콘크리트주
접지도체
콘크리트근가
근가용 U-BOLT

PVC 애자
인입선 완금
적산전력량계
새들
누전차단기

【그림 2】 22.9kV 선로에서의 저압 인입장주도

(4) 활선클램프

가공배선 선로의 장력이 걸리지 않는 장소에서 분기고리와 기기 리이드선을 연결하는 데 사용하는 금구류를 말한다.

(5) 인하용 절연전선

고압 또는 특고압 가공전선으로부터 주상변압기 1차측까지 연결하는 전선을 말한다.

(6) COS 상부 덮개

COS 상부 충전부의 절연 및 이물질에 의한 오손방지, 조류혼촉사고 방지를 목적으로 설치하는 커버를 말한다.

(7) 퓨즈링크 홀더

COS 개폐를 목적으로 설치되어 있으며 조작봉의 고리가 걸릴 수 있도록 되어있는 원형의 금구를 말한다.

(8) 퓨즈링크

변압기 보호를 위해 변압기 1차측에 설치하여 COS에 삽입하여 사용하는 퓨즈의 일종을 말한다.

(9) COS

주상변압기 1차측에 설치하여 변압기의 보호와 개폐에 사용하는 스위치를 말하며 변압기 설치 시 필수적으로 설치해야 한다.

(10) 행거밴드

주상변압기를 전주에 설치하기 위하여 사용하는 금구류를 말한다.

(11) 암타이밴드

전주에 암타이 및 랙을 설치하기 위해 사용하는 금구류를 말한다.

(12) 저압배선용 랙

저압가공선을 전주에 수직 배선하고자 할 때 사용하며 암타이밴드에 연결 사용하는 금구류를 말한다.

(13) 저압인류애자

인입선의 굵기가 $22[\text{mm}^2]$ 이상인 인입선 인류개소에 사용하는 애자로서 주로 앵글베이스 스트랍과 스트랍볼트 인류바인드선(비닐절연바인드선)과 함께 사용한다.

(14) 인류스트랍

가공 배전선로 및 인입선에서 인류애자를 설치하기 위해 사용하는 금구를 말한다.

(15) 데드엔드크램프

현수애자를 설치한 가공 AL 배전선의 인류 및 내장개소에 AL전선을 현수애자에 설치하기 위해 사용하는 금구류를 말한다.

(16) 분기슬리브

가공 송배전선로의 직전접속 개소에서 전선상호 간의 압축접속에 사용되는 금구를 말한다.

(17) 지선밴드

지선을 전주에 설치 고정시키기 위한 금구류를 말한다.

(18) 지지선

지지물(전주등)의 강도 보강 및 불평형 하중에 대한 평형유지를 목적으로 설치하는 아연도금 철연선을 말한다.

(19) 지지선 구형애자

지지물(전주등)측에 설치된 지선의 일단을 대지측과 절연시키기 위하여 지선의 중간 부분에 설치하는 지선 절연용 애자를 말한다.

(20) 아연도금 철선

지지물(전주등)의 강도보강 및 불평형, 하중에 대한 평형유지를 목적으로 지선에 사용되는 선을 말한다.

(21) 지지선롯트

지지물(전주등)의 평형유지를 목적으로 설치하는 지선에 사용되는 자재로 아연도금 철연선(지선)과 지선용 근가를 연결하는 금구류를 말한다.

(22) 리이드단자

접지동봉과 접지선을 연결하는 단자를 말한다.

(23) 접지동봉

각종 기기 보호를 목적으로 이상전류 발생 시 즉시 대지로 흘려보내기 위한 접지용 자재로, 동으로 도금되어 있다.

(24) 인하용 절연전선

고압 또는 특고압가공 전선으로부터 주상변압기 1차측까지 연결하는 전선을 말한다.

(25) 피뢰기 단자커버

피뢰기 충전부의 절연 및 이물질에 의한 오손방지, 조류혼촉사고 방지를 목적으로 설치하는 커버를 말한다.

(26) 피뢰기

번개로 인한 외부이상 전압이나 개폐서지로 인한 내부이상 전압으로부터 전기시설을 보호하는 장치를 말한다.

(27) 내오손 결합애자

기기(COS, 피뢰기등)와 완금과의 절연강화를 목적으로 설치되는 내오손용 애자를 말한다.

(28) ACSR-OC전선

가공 배전선로에 사용하는 절연전선으로 ACSR을 도체로 하고 가교폴리에틸렌을 절연체로 하는 전선으로 가로수 접촉우려가 있는 개소나 고층빌딩 번화가에서 이물낙하 및 안전사고 방지대책이 필요한 장소에 사용한다.

(29) COS 브라켓트

완금에 COS를 지지하기 위한 COS 지지금구를 말한다.

(30) 완금밴드

배전선로용 콘크리트 전주의 크로스암(ㄱ형 완금 및 경완금)을 설치하기 위하여 사용하는 금구류를 말한다.

(31) 내오손결합애자

기기(COS, 피뢰기등)와 완금과의 절연강화를 목적으로 설치되는 내오손용 애자를 말한다.

(32) 붓싱 단자커버

변압기등 부싱 충전부의 절연 및 이물질에 의한 오손방지, 조류혼촉사고 방지를 목적으로 설치하는 커버를 말한다.

(33) 일단접지 주상변압기

고압 또는 특고압을 저압으로 변성하는 데 사용되는 기기로 주상에 설치되며 부싱이 1개로 되어 있다.

(34) OW전선

저압 가공배전 간선 및 분기선, 저압기공인입선용으로 사용되며 나경동선에 절연체를 입힌 전선으로 단선은 주로 저압가공 인입선용, 연선은 주로 저압 배전간선 및 분기선용을 말한다.

(35) ACSR전선

가공배전선에 사용되는 AL전선으로 경알루미늄 연선에 인장강도를 보완하기 위하여 강심을 넣은 것으로 주요선로 간선에 사용하나 요즈음은 한전의 절연화 사업으로 ACSR-OC 전선이나 AWSR전선이 사용되고 있다.

(36) 전선퓨즈

인입용 DV 전선이나 OW 전선 중간에 설치하며 수용가측 사고 등으로 인한 이상 전류로부터 변압기를 보호하는 장치이다.

(37) DV전선

저압가공인입용으로 주로 전등 수용가(주택)의 인입선으로 사용되며 접지측은 녹색, 전원을 흑색으로 사용하였으나 현재는 OW를 주로 사용한다.

(38) 저압핀애자

저압 배전선로가 수평일 경우에 사용하는 애자로 애자핀을 한 몸체에 제작된 애자이다.

(39) 각 암타이

가공 송배전 선로, 전주의 완금지지에 사용하는 금구류를 말한다.

(40) 암타이 밴드

전주에 암타이 및 랙을 설치하기 위해 사용하는 금구류를 말한다.

(41) 발판볼트

전주에 승주하기 위한 보조기구로 전주에 설치된 볼트를 말하며 너트와 워셔로 되어 있으며 보통 지상 1.8[m]에서 전주상단 0.9[m] 사이에 설치한다.

(42) 전주번호찰

전주의 설치위치를 나타내는 정보

(43) 콘크리트전주

전선, 변압기, 애자, 완금 등의 지지물로 쓰임

(44) 콘크리트근가

전주가 외부장력에 견디지 못하고 힘이 가해지는 방향으로 기우는 것을 막기 위하여 전주 밑부분에 설치하는 철근콘크리트 자재를 말한다.

(45) 근가용 U볼트

완금을 전주에 설치하기 위한 자재를 말한다.

(46) 볼쇄클

가공배전선로 경완금에 현수애자를 장치할 때 사용하는 것으로 이 자재를 사용하면 앵커쇄클과 볼크레비스를 사용하지 않아도 된다.

(47) 소켓아이

가공송배전선로 및 변전소의 현수애자 취부개소에 사용되는 것으로 현수애자와 클램프(내장, 서스펜션, 압축용인류플램프) 사이를 연결하는 금구류를 말한다.

(48) 인류플램프커버

인류플램프(데드앤드클램프) 충전부의 절연 및 이물질에 의한 오손방지, 조류혼촉사고 방지를 목적으로 설치하는 커버를 말한다.

(49) 현수애자

특고배전선로의 인류주 및 내장주와 같은 수평, 중각도주의 완금에 설치한다(22.9[kV]의 일반개소는 2개, 염해가 심한 지역 3개).

(50) PVC애자

저압 가공 인입선의 수용가측 완금에 설치되는 T자형 애자를 말한다.

(51) 인입용 완금

전선을 지지하기 위하여 수용가측 설비에 부착하여 사용하는 ㄱ형으로 생긴 형강을 말한다.

(52) 새들

배관자재 및 케이블 등을 조영재에 고정 지지하는 금구류를 말한다.

(53) 전력량계

수용가의 전기사용량을 나타내는 계기로서 전기요금 결정 기준이 되며 모든 수용가는 전기를 사용할 때 반드시 전력량계를 통해 공급받아야 한다.

(54) 누전차단기

저압전로의 누설전류에 대한 보호를 목적으로 설치하는 차단장치를 말한다.

4 지지선의 시설(KEC 331.11)

지지선의 구비조건은 다음과 같다.

(1) 지지선의 안전율은 2.5 이상일 것

(2) 지지선의 구성은 2.6[mm] 이상 금속선을 3조 이상 꼬아서 시설할 것(단, 인장강도 0.68[kN] 이상인 아연도 금강선은 2.0[mm] 이상도 가능)

(3) 지지선의 최저 인장하중은 4.31[kN] 이상일 것

(4) 지중 및 지표상 30[cm]까지의 부분에는 아연 도금한 철봉을 사용할 것

(5) 지지선의 높이는 도로 횡단의 경우 5[m] 이상을 유지할 것

다만, 기술상 부득이한 경우로서 교통에 지장을 초래할 우려가 없는 경우에는 지표상 4.5[m] 이상, 보도의 경우에는 2.5[m] 이상으로 할 수 있다.

※ 출제예상문제는 기출분석을 바탕으로 자주 출제되는 유형을 선별하였습니다.

01. 가공전선로의 지지물에서 다른 지지물을 거치지 아니하고 수용장소의 인입선 접속점에 이르는 가공전선을 무엇이라 하는가?

① 이웃 연결인입선 ② 가공인입선
③ 구내전선로 ④ 구내인입선

| 해설
전기설비기술기준 제3조
㉠ 이웃 연결인입선 : 한 수용장소의 인입선에서 분기하여 지지물을 거치지 아니하고 다른 수용장소의 인입구에 이르는 전선
㉡ 가공인입선 : 가공전선로의 지지물로부터 다른 지지물을 거치지 아니하고 수용장소의 붙임점에 이르는 가공전선

02. 저압 이웃 연결인입선의 시설규정으로 적합한 것은?

① 분기점으로부터 90[m] 지점에 시설
② 6[m] 도로를 횡단하여 시설
③ 수용가 옥내를 관통하여 시설
④ 지름 1.5[mm] 인입용 비닐절연전선을 사용

| 해설
이웃 연결인입선의 시설(KEC 221.1.2)
㉠ 인입선에서 분기하는 점으로부터 100m를 초과하지 말 것
㉡ 폭 5m를 초과하는 도로를 횡단하지 말 것
㉢ 옥내를 통과하지 말 것

03. 저압 구내 가공인입선으로 DV전선 사용 시 전선의 길이가 15[m] 이하인 경우 사용할 수 있는 최소 굵기는 몇 [mm] 이상인가?

① 1.5 ② 2.0
③ 2.6 ④ 4.0

| 해설
㉠ 15[m] 이하 : 2.0[mm]
㉡ 15[m] 초과 : 2.6[mm]

04. 가공배전선로 시설에는 전선을 지지하고 각종 기기를 설치하기 위한 지지물이 필요하다. 이 지지물 중 가장 많이 사용되는 것은?

① 철주 ② 철탑
③ 강관 전주 ④ 철근콘크리트주

| 해설
송배전선로에 자주 사용되는 지지물
㉠ 송전선로 : 철탑
㉡ 가공 배전선로 : 철근콘크리트주

05. 지지물에 전선 그 밖의 기구를 고정시키기 위해 완목, 완금, 애자 등을 장치하는 것을 무엇이라 하는가?

① 장주 ② 건주
③ 터파기 ④ 가선 공사

| 해설
① 장주 : 완목, 완금, 애자 등을 설치
② 건주 : 전주버팀대, 지지선 등을 설치
③ 터파기 : 흙을 파내는 것
④ 전선 설치 공사 : 송전선이나 전화선 등을 공중(가공)에 가설하는 공사

06. 가공전선의 지지물에 승탑 또는 승강용으로 사용하는 발판 볼트 등은 지표상 몇 [m] 미만에 시설하여서는 안 되는가?

① 1.2 ② 1.5
③ 1.6 ④ 1.8

| 해설
전주 오름 방지(KEC 331.4)
가공전선로의 지지물에 취급자가 오르고 내리는 데 사용하는 발판 볼트 등을 지표상 1.8m 미만에 시설하여서는 아니 된다.

정답 01 ② 02 ① 03 ② 04 ④ 05 ① 06 ④

07. 전주가 땅에 묻히는 깊이는 전주의 길이 15[m] 이하에서는 얼마를 묻어야 하는가?

① 1/6 이상   ② 1/5 이상
③ 1/4 이상   ④ 1/3 이상

> **| 해설**
> 지지물의 매설 깊이(KEC 331.7)
> 전체 길이가 16[m] 이하, 설계하중이 6.8[kN] 이하(A종)의 경우 매설 깊이는 다음과 같다.
> ㉠ 15[m] 이하 : 전장의 $\frac{1}{6}$ 이상
> ㉡ 15[m] 초과 : 2.5[m] 이상

08. 전주를 건주할 경우에 A종 철근콘크리트주의 길이가 10[m]이면 땅에 묻는 표준 깊이는 최저 약 몇 [m]인가? (단, 설계하중이 6.8[kN] 이하이다.)

① 2.5   ② 3.0
③ 1.7   ④ 2.4

> **| 해설**
> 전체 길이가 16[m] 이하, 설계하중이 6.8[kN] 이하(A종)의 경우 매설 깊이는 다음과 같다.
> ㉠ 15[m] 이하 : 전장의 $\frac{1}{6}$ 이상
> ㉡ 15[m] 초과 : 2.5[m] 이상
> ∴ 매설 깊이 : $10 \times \frac{1}{6} ≒ 1.7\,[m]$

09. 철근 콘크리트주의 길이가 16[m]이고, 설계하중이 7.8[kN]인 것을 지반이 약한 곳에 시설하는 경우, 그 묻히는 깊이를 다음의 보기 항과 같이 하였다. 옳게 시공된 것은?

① 1[m]   ② 1.8[m]
③ 2[m]   ④ 2.8[m]

> **| 해설**
> 설계하중이 6.8[kN] 초과 9.8[kN] 이하의 경우
> ㉠ 15[m] 이하 : 전장의 $\frac{1}{6} + 0.3\,[m]$ 이상
> ㉡ 15[m] 초과 : 2.8[m] 이상

10. 일반적으로 저압 가공인입선이 도로를 횡단하는 경우 노면상 높이는?

① 4[m] 이상   ② 5[m] 이상
③ 6[m] 이상   ④ 6.5[m] 이상

> **| 해설**
> 가공인입선의 높이(KEC 221.1.1, 331.12)
>
> | 구분 | 저압 | 고압 |
> |---|---|---|
> | 도로 횡단 | 5m 이상 | 6m 이상 |
> | 철도 또는 궤도 횡단 | 6.5m 이상 | 6.5m 이상 |
> | 횡단보도교 | 3m 이상 | 3.5m 이상 |
> | 기타 | 4m 이상 | 5m 이상 |
>
> * 고압 기타 장소에서 위험 표시를 할 경우 : 3.5m 이상

11. 한국전기설비규정에서 고압 가공인입선이 도로를 횡단하는 경우에 지표상의 높이는 몇 [m] 이상인가?

① 5   ② 6.5
③ 6   ④ 4

> **| 해설**
> 저·고압 가공전선의 높이(KEC 222.7, 333.7)
> 고압 가공인입선 도로 횡단 시 : 6[m] 이상

12. 저압 가공전선이 철도 또는 궤도를 횡단하는 경우에는 레일면상 몇 [m] 이상이어야 하는가?

① 3.5   ② 4.5
③ 5.5   ④ 6.5

> **| 해설**
> 저압 가공전선의 높이(KEC 222.7)
> ㉠ 도로 횡단 : 지표상 6[m] 이상
> ㉡ 철도 및 궤도 횡단 : 레일면상 6.5[m]
> ㉢ 횡단보도교 : 노면상 3.5[m](단, 다심형 전선 또는 케이블의 경우에는 3[m] 이상)
> ㉣ 기타 장소 : 5[m]

13. 저·고압 가공전선이 철도 또는 궤도를 횡단하는 경우 높이는 궤도면상 몇 [m] 이상이어야 하는가?

① 10　　　　　　② 8.5
③ 7.5　　　　　　④ 6.5

| 해설
저·고압 가공전선의 높이(KEC 222.7, 333.7)

구분	저압	고압
도로 횡단	6m 이상	6m 이상
철도 또는 궤도 횡단	6.5m 이상	6.5m 이상
횡단보도교	3.5m 이상 *	3.5m 이상
기타	5m 이상	5m 이상

* 절연전선 및 케이블인 경우 3m 이상

14. 한국전기설비규정(KEC)에 의하여 가공전선에 케이블을 사용하는 경우 케이블을 조가선에 행거로 시설하여야 한다. 이 경우 사용전압이 고압인 때에는 그 행거의 간격은 몇 [cm] 이하로 시설하여야 하는가?

① 50　　　　　　② 60
③ 70　　　　　　④ 80

| 해설
가공케이블의 시설(KEC 332.2)
㉠ 케이블은 조가선에 행거로 시설할 것
㉡ 고압전선 행거의 간격 : 0.5m 이하
㉢ 테이프 사용 시 0.2m 이하로 감는다.

15. 저압 가공 전선로의 지지물이 목주인 경우 풍압하중의 몇 배에 견디는 강도를 가져야 하는가?

① 2.5　　　　　　② 2.0
③ 1.5　　　　　　④ 1.2

| 해설
저압 가공전선로의 지지물의 강도(KEC 222.8)
㉠ 풍압하중 : 1.2 이상
㉡ 저압 보안공사의 경우 : 1.5 이상

16. 같은 지지물에 35[kV] 이하의 특고압 가공전선과 저압 가공전선을 병행설치 시 간격은 몇 [cm]인가? (단, 특고압 가공전선이 케이블인 경우이다.)

① 30 이상　　　　② 40 이상
③ 50 이상　　　　④ 60 이상

| 해설
특고압과 저고압 가공전선의 병행설치(KEC 333.17)

구분	간격
35[kV] 이하	1.2[m] 이상 (특고압 가공전선이 케이블인 경우 : 0.5[m] 이상)
35[kV] 초과 60[kV] 이하	2[m] 이상 (특고압 가공전선이 케이블인 경우 : 1[m 이상])
60[kV] 초과	35[kV] 초과 60[kV] 이하의 이격거리에서 60[kV]을 초과하는 10[kV] 또는 그 단수마다 0.12[m]를 더한 값

17. 고압 가공전선로의 지지물로 철탑을 사용하는 경우 지지물 간 거리는 몇 [m] 이하로 제한하는가?

① 150　　　　　　② 300
③ 500　　　　　　④ 600

| 해설
고압 가공전선로 지지물 간 거리의 제한(KEC 332.9)

지지물의 종류	지지물 간 거리
목주, A종 철주 또는 A종 철근 콘크리트주	150[m]
B종 철주 또는 B종 철근 콘크리트주	250[m]
철탑	600[m]

18. 고압 보안 공사 시 고압 가공 전선로의 지지물 간 거리는 철탑의 경우 얼마 이하이어야 하는가?

① 100[m] ② 150[m]
③ 400[m] ④ 600[m]

| 해설
고압 보안공사 지지물 간 거리의 제한(KEC 332.10)

지지물의 종류	지지물 간 거리
목주, A종 철주 또는 A종 철근 콘크리트주	100[m]
B종 철주 또는 B종 철근 콘크리트주	150[m]
철탑	400[m]

19. 22.9[kV−Y]가공전선의 굵기는 단면적이 몇 [mm²] 이상이어야 하는가? (단, 동선의 경우이다.)

① 22 ② 32
③ 40 ④ 50

| 해설
특고압 가공전선의 굵기 및 종류(KEC 333.4)
인장강도 8.71[[kN] 이상의 연선 또는 단면적 22[mm²] 이상의 경동연선 또는 동등 이상의 인장강도를 갖는 알루미늄 전선이나 절연전선이어야 한다.

20. 저압 2조의 전선을 설치 시, 크로스 완금의 표준 길이[mm]는?

① 900 ② 1,400
③ 1,800 ④ 2,400

| 해설
완금의 표준 길이[mm]

전선의 조 수	특고압	고압	저압
2조	1,800	1,400	900
3조	2,400	1,800	1,400

21. 시가지 외 고압 주상 변압기 설치 높이는?

① 4[m] 이상 ② 4.5[m] 이상
③ 5[m] 이상 ④ 6[m] 이상

| 해설
고압용 기계기구의 시설(KEC 341.8)
㉠ 시가지 : 4.5[m] 이상
㉡ 시가지 외 : 4[m] 이상

22. 다음 중 저압배전선로를 전주에 수직배열하기 위해 사용하는 것은?

① 지주 ② 지선
③ 래크 ④ 완철

| 해설
래크
저압용 애자를 사용하여 저압선 또는 특고압의 중성선을 수직으로 가선하기 위해 사용하는 전주용 부속품

23. 가공 전선 지지물의 기초 강도는 주체(主體)에 가하여지는 곡하중(曲荷重)에 대하여 안전율은 얼마 이상으로 하여야 하는가?

① 1.0 ② 1.5
③ 1.8 ④ 2.0

| 해설
가공전선로 지지물 기초 안전율(KEC 331.7)
가공전선로의 지지물에 하중이 가하여지는 경우에는 그 하중을 받는 지지물의 기초의 안전율은 2 이상이어야 한다.

정답 18 ③ 19 ① 20 ① 21 ① 22 ③ 23 ④

24. 한국전기설비규정(KEC)에서 가공전선로의 지지물에 하중이 가하여지는 경우에 그 하중을 받는 지지물의 기초의 안전율은 얼마 이상인가?

① 0.5 　　　　　② 1
③ 1.5 　　　　　④ 2

| 해설
가공전선로 지지물의 기초 안전율(KEC 331.7)
㉠ 하중이 가해지는 경우 : 2 이상
㉡ 철탑의 경우 : 1.33 이상

25. 주상 변압기의 1차측 보호 장치로 사용하는 것은?

① 컷 아웃 스위치 　　② 자동구분개폐기
③ 캐치 홀더 　　　　④ 리클로저

| 해설
주상 변압기 1·2차측 보호장치
㉠ 1차측 : COS(Cut Out Switch)
㉡ 2차측 : 캐치 홀더(전선용 퓨즈)

26. COS를 설치하는 경우 완금의 설치 위치는 전력 선용 완금으로부터 몇 [m] 위치에 설치해야 하는가?

① 0.75 　　　　　② 0.45
③ 0.9 　　　　　④ 1.0

| 해설

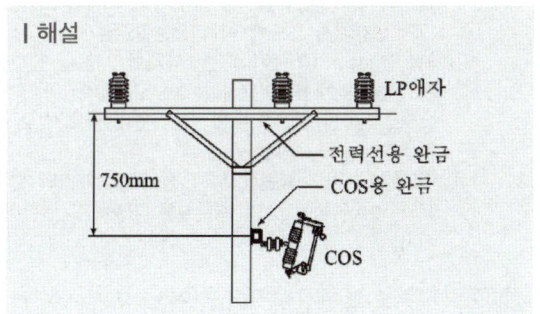

27. 인류(끝나는 부분)하는 곳이나 분기하는 곳에 사용하는 애자는?

① 구형 애자 　　　② 가지 애자
③ 새클 애자 　　　④ 현수 애자

| 해설
㉠ 구형 애자 : 지선 중간에 설치하는 애자
㉡ 가지 애자 : 전선의 방향을 돌릴 때 사용하는 애자
㉢ 현수 애자 : 인류점(끝나는 부분) 및 분기점 등에 설치하는 애자

28. 지지선의 중간에 넣는 애자는?

① 저압 핀 애자 　　② 구형 애자
③ 인류 애자 　　　④ 내장 애자

| 해설
㉠ 핀 애자 : 직선 가공전선로에 사용
㉡ 구형 애자 : 지선 중간에 설치하는 애자
㉢ 인류 애자 : 전선로의 인류 개소(끝부분)
㉣ 내장 애자 : 가공전선로 지지물의 경간차가 큰 부분에 사용

29. 지지물의 지지선에 연선을 사용하는 경우 소선 몇 가닥 이상의 연선을 사용하는가?

① 1 　　　　　② 2
③ 3 　　　　　④ 4

| 해설
지지선의 시설(KEC 331.11)
㉠ 소선의 지름 : 2.6mm 이상
㉡ 허용 인장하중 : 4.31[kN] 이상
㉢ 연선의 소선 수 : 3가닥 이상
㉣ 지지선의 안전율 : 2.5

정답　24 ④　25 ①　26 ①　27 ④　28 ②　29 ③

30. 가공 전선로의 지지물에 지지선을 사용해서는 안 되는 곳은?

① A종 철근 콘크리트 주
② 목주
③ A종 철주
④ 철탑

| 해설
전선의 시설(KEC 331.11)
가공전선로의 지지물로 사용하는 철탑은 지지선을 사용하여 그 강도를 분담시켜서는 안 된다.

31. 토지의 상황이나 기타 사유로 인하여 보통지지선을 시설할 수 없을 때 전주와 전주 간 또는 전주와 지주 간에 시설할 수 있는 지지선은?

① 보통지지선
② 수평지지선
③ Y지지선
④ 궁지지선

| 해설
① 보통지지선 : 전선로가 끝나는 부분에 설치하는 지지선
② 수평지지선 : 도로나 하천 등을 횡단하는 부분에 지지선주를 사용하여 설치하는 지지선
③ Y지지선 : 여러 개의 완금을 시설하거나 수평 장력이 크게 작용하는 부분 또는 H주 등에 설치하는 지지선
④ 궁지지선 : 비교적 장력이 작으면서 건물 등이 인접하여 타 종류의 지지선 설치가 곤란한 장소 등에 설치하는 지지선

32. 가공 전선로의 지지물에 시설하는 지지선의 안전율은 얼마 이상이어야 하는가?

① 3.5
② 3.0
③ 2.5
④ 1.0

| 해설
지지선의 시설(KEC 331.11)
㉠ 지지선의 안전율은 2.5 이상일 것
㉡ 지지선의 구성은 2.6[mm] 이상 금속선을 3조 이상 꼬아서 시설할 것(단, 인장강도 0.68[kN] 이상인 아연도금강선은 2.0[mm] 이상도 가능)
㉢ 지지선의 최저 인장하중은 4.31[kN] 이상일 것
㉣ 지중 및 지표상 30[cm]까지의 부분에는 아연 도금한 철봉을 사용할 것
㉤ 지지선의 높이는 도로 횡단의 경우 5[m] 이상을 유지할 것. 다만, 기술상 부득이한 경우로서 교통에 지장을 초래할 우려가 없는 경우에는 지표상 4.5[m] 이상, 보도의 경우에는 2.5[m] 이상으로 할 수 있다.

33. 가공 전선로의 지지물에 시설하는 지지선의 안전율은 2.5 이상이어야 한다. 이 경우 허용 최저 인장하중은 몇 [kN] 이상으로 하여야 하는가?

① 4.31
② 6.8
③ 9.8
④ 0.68

| 해설
지지선의 시설(KEC 331.11)
㉠ 지지선의 안전율 : 2.5 이상
㉡ 지지선의 최저 인장하중 : 4.31[kN] 이상

34. 가공전선로의 지지물에 시설하는 지지선은 지표상 몇 [cm]까지의 부분에 내식성이 있는 것 또는 아연도금을 한 철봉을 사용하여야 하는가?

① 15
② 20
③ 30
④ 50

| 해설
지지선의 시설(KEC 331.11)
지중 및 지표상 30[cm]까지의 부분에는 아연 도금한 철봉을 사용할 것

35. 절연전선으로 가선된 배전선로에서 활선 상태인 경우 전선의 피복을 벗기는 것은 매우 곤란한 작업이다. 이런 경우 활선 상태에서 전선의 피복을 벗기는 공구는?

① 전선 피박이
② 애자커버
③ 와이어 통
④ 데드엔드 커버

| 해설
② 애자커버 : 활선작업 시 특고핀 및 라인포스트 애자를 절연하여 작업자의 부주의로 접촉되더라도 안전사고가 발생하지 않도록 사용되는 절연덮개
③ 와이어 통 : LP애자나 현수애자를 사용한 전기설비에서 활선장주를 이동하여 상부로 올리거나 작업권 밖으로 밀어낼 때 혹은 활선장주를 다른 장소로 이동할 때 사용하는 활선 공구
④ 데드엔드커버 : 활선작업 시 전선 접속개소의 현수애자와 인류클램프 등의 충전부를 방호하기 위한 절연커버

정답   30 ④   31 ②   32 ③   33 ①   34 ③   35 ①

36. 활선 작업 시 작업자가 현수애자 및 데드엔드 클램프에 접촉되는 것을 방지하기 위한 공사 재료는?

① 전선 피박이
② 애자 커버
③ 와이어 통
④ 데드 엔드 커버

> **| 해설**
> ① 전선 피박이 : 가공 배전선로에서 활선 상태인 경우 전선의 피복을 벗기는 공구
> ② 애자 커버 : 활선작업 시 특고핀 및 라인포스트 애자를 절연하여 작업자의 부주의로 접촉되더라도 안전사고가 발생하지 않도록 사용되는 절연덮개
> ③ 와이어 통 : LP애자나 현수애자를 사용한 전기설비에서 활선장주를 이동하여 상부로 올리거나 작업권 밖으로 밀어낼 때 혹은 활선장주를 다른 장소로 이동할 때 사용하는 활선 공구

37. 철근 콘크리트 주에 완금을 고정시키려면 어떤 밴드를 사용하는가?

① 암 밴드
② 지선 밴드
③ 래크 밴드
④ 행거 밴드

> **| 해설**
> ① 암 밴드 : 완금을 고정시킬 때 사용
> ② 지선 밴드 : 지선을 고정시킬 때 사용
> ③ 래크 밴드 : 저압 래크를 고정시킬 때 사용
> ④ 행거 밴드 : 변압기를 고정시킬 때 사용

38. 다음 (   ) 안에 알맞은 내용은?

> 고압 및 특고압용 기계기구의 시설에 있어 고압은 지표상 (㉠) 이상(시가지에 시설하는 경우), 특고압은 지표상 (㉡) 이상의 높이에 설치하고 사람이 접촉될 우려가 없도록 시설하여야 한다.

① ㉠ 3.5[m]　　㉡ 4[m]
② ㉠ 4.5[m]　　㉡ 5[m]
③ ㉠ 5.5[m]　　㉡ 6[m]
④ ㉠ 5.5[m]　　㉡ 7[m]

> **| 해설**
> 기계기구의 지표상 높이(KEC 341.8)
> ㉠ 고압 기기 : 4.5[m] 이상(단, 시가지 외 : 4.0[m] 이상)
> ㉡ 특고압 기기 : 5[m] 이상

39. 지중전선로 시설 방식이 아닌 것은?

① 직접 매설식
② 관로식
③ 트라이식
④ 암거식

> **| 해설**
> 지중전선로의 시설(KEC 334.1)
> 지중전선로는 전선에 케이블을 사용하고 또한 관로식, 암거식 또는 직접매설식에 의하여 시설하여야 한다.

40. 지중전선로를 직접매설식에 의하여 시설하는 경우 차량, 기타 중량물의 압력을 받을 우려가 있는 장소의 매설 깊이[m]는?

① 0.6[m] 이상
② 1.0[m] 이상
③ 1.5[m] 이상
④ 2.0[m] 이상

> **| 해설**
> 직접 매설식의 매설 깊이(KEC 334.1)
> ㉠ 차량 기타 중량물의 압력을 받을 우려가 있는 장소 : 1.0m 이상
> ㉡ 기타 장소 : 0.6m 이상

41. 배전선로 보호를 위하여 설치하는 보호장치는?

① 기중 차단기
② 진공 차단기
③ 자동 재폐로 차단기
④ 누전 차단기

> **| 해설**
> 자동 재폐로 차단기(Recloser, 리클로저)
> 배전선로에 설치하여 리클로저의 부하측에서 지락 및 단락 등의 고장이 발생하면 고장전류를 감지하여 정정치만큼 자동으로 재폐로하는 장치로 선로의 영구사고를 줄이고 고장범위를 최소화하는 장치이다.

정답　36 ④　37 ①　38 ②　39 ③　40 ②　41 ③

42. 변전소의 역할에 대한 내용이 아닌 것은?

① 전압의 변성

② 전력생산

③ 전력의 집중과 배분

④ 역률 개선

| 해설
변전소의 역할
㉠ 전압의 변성 및 조정
㉡ 전압의 집중과 배분
㉢ 유효전력 및 무효전력 제어(역률 개선)
㉣ 전선로와 기기 보호

43. 지중배전선로에서 케이블을 개폐기와 연결하는 몸체는?

① 스틱형 접속단자

② 엘보 커넥터

③ 절연 캡

④ 접속플러그

| 해설
엘보 커넥터
L형 커넥터로 지중배전선로에서 케이블을 개폐기와 연결할 때 사용

정답 42 ② 43 ②

Chapter 07 특수설비

01 특수시설(KEC 241)

1 전기울타리(KEC 241.1)

(1) 사람이 쉽게 출입하지 아니하는 곳에 시설할 것

(2) 시설한 곳에는 사람이 보기 쉽도록 적당한 간격으로 위험표시를 할 것

(3) 전선은 인장강도 1.38[kN] 이상의 것 또는 지름 2[mm] 이상의 경동선일 것

(4) 전선과 기둥 사이의 간격은 25[mm] 이상일 것

(5) 전선과 다른 시설물 또는 수목 사이의 간격은 0.3[m] 이상일 것

(6) 전기울타리에 전기를 공급하는 전로에는 쉽게 개폐할 수 있는 곳에 전용 개폐기를 시설하여야 한다.

(7) 전기울타리용 전로의 사용전압은 250[V] 이하이어야 한다.

(8) 전기울타리의 접지전극과 다른 접지계통의 접지전극의 거리는 2[m] 이상이어야 한다.

(9) 가공전선로의 아래를 통과하는 전기울타리의 금속부분은 교차지점의 양쪽으로부터 5[m] 이상의 간격을 두고 접지를 할 것

2 전기욕기(KEC 241.2)

전기욕기에 전기를 공급하기 위한 전기욕기용 전원장치(내장되어 있는 전원변압기의 2차측 전로의 사용전압이 10[V] 이하인 것에 한한다)는 안전기준에 적합하여야 할 것

(1) 전원장치의 금속제 외함 및 전선을 넣는 금속관에는 접지공사를 할 것

(2) 욕기 내의 전극 간의 거리는 1[m] 이상일 것

(3) 전기욕기용 전원장치로부터 욕기 안의 전극까지의 배선은 공칭단면적 2.5[mm²] 이상의 연동선과 동등 이상의 세기 및 굵기의 절연전선(옥외용 비닐절연전선을 제외) 또는 케이블 또는 공칭단면적이 1.5[mm²] 이상의 캡타이어케이블을 사용하고 합성수지관 공사, 금속관 공사 또는 케이블 공사에 의하여 시설하거나 또는 공칭단면적이 1.5[mm²] 이상의 캡타이어 코드를 합성수지관(두께 2[mm] 미만의 합성수지제 전선관 및 난연성이 없는 콤바인덕트관을 제외) 또는 금속관에 넣고 관을 조영재에 견고하게 붙일 것. 다만, 전기욕기용 전원장치로부터 욕탕에 이르는 배선을 건조하고 전개된 장소에 시설하는 경우에는 그러하지 아니하다.

3 전극식 온천온수기(溫泉昇溫器)(KEC 241.4)

(1) 사용전압은 400[V] 미만일 것

(2) 급수 펌프에 직결되는 전동기에 전기를 공급하기 위해서는 사용전압이 400[V] 이하인 절연변압기를 시설할 것

(3) 절연변압기는 교류 2[kV]의 시험전압을 하나의 권선과 다른 권선, 철심 및 외함 사이에 연속하여 1분간 가하여 절연내력을 시험하였을 때 이에 견디는 것일 것

(4) 절연변압기의 1차측 전로에는 개폐기 및 과전류차단기를 각 극에 시설할 것

(5) 절연변압기의 철심 및 금속제 외함에는 접지공사를 할 것

(6) 전극식 온천온수기의 온천수 유입구 및 유출구에는 차폐장치를 설치할 것. 이 경우 차폐 장치와 전극식 온천온수기 및 차폐장치와 욕탕 사이의 거리는 각각 수관에 따라 0.5[m] 이상 및 1.5[m] 이상일 것

4 전기온상 등(KEC 241.5)

(1) 전기온상에 전기를 공급하는 전로의 대지전압은 300[V] 이하일 것

(2) 발열선 및 발열선에 직접 접속하는 전선은 전기온상선일 것

(3) 발열선은 그 온도가 80[℃]를 넘지 아니하도록 시설할 것

(4) 발열선이나 발열선에 직접 접속하는 전선의 피복에 사용하는 금속체 또는 방호장치의 금속제 부분에는 접지공사를 할 것

(5) 발열선 상호 간의 간격은 0.03[m](함 내에 시설하는 경우는 0.02[m]) 이상일 것

(6) 발열선과 조영재 사이의 간격은 0.025[m] 이상으로 할 것

(7) 발열선의 지지점 간의 거리는 1[m] 이하일 것(발열선 상호 간의 간격이 0.06[m] 이상인 경우에는 2[m] 이하)

5 전격살충기(KEC 241.7)

(1) 전용 개폐기를 전격살충기에서 가까운 곳에 쉽게 개폐할 수 있도록 시설할 것

(2) 전격살충기는 전격격자가 지표상 또는 마루 위 3.5[m] 이상의 높이가 되도록 시설할 것(자동차단장치 설치 시 지표 또는 바닥에서 1.8[m] 이상)

(3) 전격살충기의 전격격자와 다른 시설물 또는 식물 사이의 간격은 0.3[m] 이상일 것

(4) 전격살충기를 시설한 곳에는 위험표시를 할 것

6 놀이용 전차(KEC 241.8)

(1) 전원장치의 2차측 단자의 최대사용전압은 직류의 경우 60[V] 이하, 교류의 경우 40[V] 이하일 것

(2) 놀이용 전차에 전기를 공급하기 위하여 사용하는 접촉전선은 제3레일 방식에 의하여 시설할 것

(3) 놀이용 전차에 전기를 공급하는 변압기의 1차 전압은 400[V] 이하(승압용인 경우 2차 전압 150[V] 이하)인 절연변압기일 것

(4) 놀이용 전차 안의 전로는 취급자 이외의 자가 쉽게 접촉할 우려가 없도록 시설할 것

(5) 놀이용 전차에 전기를 공급하는 접촉전선과 대지 사이의 절연저항은 사용전압에 대한 누설전류가 레일의 연장 1[km]마다 100[mA]를 넘지 않도록 유지할 것

(6) 놀이용 전차 안의 전로와 대지 사이의 절연저항은 사용전압에 대한 누설전류가 규정 전류의 $\dfrac{1}{5,000}$ 을 넘지 않을 것

7 아크 용접기(KEC 241.10)

(1) 용접변압기는 절연변압기일 것

(2) 용접변압기의 1차측 전로의 대지전압은 300[V] 이하일 것

(3) 용접변압기의 1차측 전로에는 용접변압기에 가까운 곳에 쉽게 개폐할 수 있는 개폐기를 시설할 것

(4) 피용접재 또는 이와 전기적으로 접속되는 받침대·정반 등의 금속체에는 접지공사를 할 것

8 도로 등의 전열장치(KEC 241.12)

발열선을 도로, 주차장 또는 조영물의 조영재에 고정시켜 시설하는 경우에는 다음에 따라 시설할 것

(1) 발열선에 전기를 공급하는 전로의 대지전압은 300[V] 이하일 것

(2) 발열선은 온도가 80[℃]를 넘지 않을 것(도로 또는 옥외주차장에 금속피복을 한 발열선을 시설할 경우에는 발열선의 온도는 120[℃] 이하)

(3) 발열선 또는 발열선에 직접 접속하는 전선의 피복에 사용하는 금속체에는 접지공사를 할 것

(4) 발열선을 콘크리트 속에 매입하여 시설하는 경우 이외에는 발열선 상호 간의 간격을 0.05[m] 이상으로 하고 또한 발열선이 손상을 받을 우려가 없도록 시설할 것

9 소세력 회로(小勢力回路)(KEC 241.14)

전자개폐기의 조작회로 또는 초인벨·경보벨 등에 접속하는 전로로서 최대사용전압이 60[V] 이하인 것은 다음에 따라 시설할 것

(1) 소세력 회로에 전기를 공급하기 위한 변압기는 절연변압기일 것

(2) 절연변압기의 사용전압은 대지전압 300[V] 이하로 할 것

(3) 소세력 회로의 전선은 1[mm²] 이상의 연동선일 것

10 전기부식방지시설(KEC 241.16)

전기부식방지시설은 지중 또는 수중에 시설하는 금속체의 부식을 방지하기 위해 지중 또는 수중에 시설하는 양극과 피방식체 간에 방식 전류를 통하는 시설을 말하며, 다음에 따라 시설하여야 한다.

(1) 사용전압 및 전원장치

① 전기부식방지용 전원장치에 전기를 공급하는 전로의 사용전압은 저압이어야 한다.

② 변압기는 절연변압기이고, 또한 교류 1[kV]의 시험전압을 하나의 권선과 다른 권선·철심 및 외함과의 사이에 연속적으로 1분간 가하여 절연내력을 시험하였을 때 이에 견디는 것일 것

(2) 전기부식방지 회로의 전압 및 회로

① 전기부식방지 회로(전기부식방지용 전원장치로부터 양극 및 피방식체까지의 전로)의 사용전압은 직류 60[V] 이하일 것

② 양극은 지중에 매설하거나 수중에서 쉽게 접촉할 우려가 없는 곳에 시설할 것

③ 지중에 매설하는 양극의 매설깊이는 0.75[m] 이상일 것

④ 수중에 시설하는 양극과 그 주위 1[m] 이내의 거리에 있는 임의점 사이의 전위차는 10[V]를 넘지 아니할 것

⑤ 지표 또는 수중에서 1[m] 간격의 임의의 2점 간의 전위차가 5[V]를 넘지 아니할 것

⑥ 2차측 배선의 전선은 케이블인 경우 이외에는 지름 2[mm]의 경동선 또는 옥외용 비닐절연전선 이상의 절연효력이 있는 것일 것

⑦ 전기부식방지 회로의 전선과 저압 가공전선 사이의 간격은 0.3[m] 이상일 것

⑧ 전기부식방지 회로의 전선은 공칭단면적 4.0[mm²]의 연동선일 것(양극에 부속하는 전선은 2.5[mm²] 이상의 연동선)

11 전기자동차 전원설비(KEC 241.17)

전기자동차의 전원공급설비에 사용하는 전로의 전압은 저압으로 할 것

(1) 전력계통으로부터 교류의 전원을 입력받아 전기자동차에 전원을 공급하기 위한 분전반, 배선(전로), 충전장치 및 충전케이블 등의 전기자동차 충전설비에 적용할 것

(2) 전기자동차 전원공급설비의 저압전로 시설

① 전용의 개폐기 및 과전류차단기를 각 극(과전류차단기는 다선식 전로의 중성극을 제외한다)에 시설하고 또한 전로에 지락이 생겼을 때 자동적으로 그 전로를 차단하는 장치를 시설할 것

② 옥내에 시설하는 저압용 배선기구의 시설은 다음에 따라 시설할 것

  ㉠ 옥내에 시설하는 저압용의 배선기구는 그 충전부분이 노출되지 아니하도록 시설

  ㉡ 옥내에 시설하는 저압용의 비포장 퓨즈는 불연성의 것일 것

  ㉢ 전기자동차의 충전장치는 쉽게 열 수 없는 구조이고 위험표시를 할 것

  ㉣ 충전장치의 충전 케이블 인출부는 옥내용의 경우 지면으로부터 0.45[m] 이상 1.2[m] 이내에, 옥외용의 경우 지면으로부터 0.6[m] 이상에 위치할 것

  ㉤ 전기자동차의 충전장치는 부착된 충전 케이블을 거치할 수 있는 거치대 또는 충분한 수납공간(옥내 0.45[m] 이상, 옥외 0.6[m] 이상)을 갖는 구조이며, 충전 케이블은 반드시 거치할 것

1 먼지 위험장소(KEC 242.2)

(1) 폭연성 먼지 또는 화약류의 분말이 있는 장소

　　① 금속관공사, 케이블공사

　　② 0.6/1[kV] EP 고무절연 클로로프렌 캡타이어케이블

　　③ 전기기계기구는 먼지방폭 특수방진구조로 되어 있을 것

(2) 가연성 먼지가 있는 장소

　　① 합성수지관공사, 금속관공사, 케이블공사

　　② 0.6/1[kV] EP 고무절연 클로로프렌 캡타이어케이블, 0.6/1[kV] 비닐절연 비닐캡타이어케이블

　　③ 전기기계기구는 먼지방폭형 보통방진구조로 되어 있을 것

2 전시회, 쇼 및 공연장의 전기설비(KEC 242.6)

전시회, 쇼 및 공연장 기타 이들과 유사한 장소에 시설하는 저압 전기설비에 적용할 것

(1) 이동전선

　　① 이동전선은 0.6/1[kV] EP 고무절연 클로로프렌 캡타이어케이블 또는 0.6/1[kV] 비닐절연 비닐캡타이어케이블일 것

　　② 보더라이트에 부속된 이동전선은 0.6/1[kV] EP 고무절연 클로로프렌 캡타이어케이블

(2) 무대, 무대마루 밑, 오케스트라 박스 및 영사실의 전로에는 전용 개폐기 및 과전류차단기를 시설할 것

(3) 비상조명을 제외한 조명용 분기회로 및 정격 32[A] 이하의 콘센트용 분기회로는 정격감도 전류 30[mA] 이하의 누전차단기로 보호할 것

3 터널, 갱도 기타 이와 유사한 장소(KEC 242.7)

사람이 상시 통행하는 터널 안의 배선의 시설은 다음과 같이 시설한다.

(1) 사용전압은 저압일 것

(2) 2.5[mm²]의 연동선 및 절연전선을 사용(옥외용 비닐절연전선 및 인입용 비닐절연전선을 제외)

(3) 합성수지관공사, 금속관공사, 금속제 가요전선관공사, 케이블공사, 애자사용공사

(4) 노면상 2.5[m] 이상의 높이로 할 것

(5) 전로에는 터널의 입구에 가까운 곳에 전용 개폐기를 시설할 것

4 이동식 숙박차량 정박지, 야영지 및 이와 유사한 장소(KEC 242.8)

(1) 개요

레저용 숙박차량, 텐트 또는 이동식 숙박차량 정박지의 이동식 주택, 야영장 및 이와 유사한 장소에 전원을 공급하기 위한 회로에만 적용한다.

(2) 일반특성의 평가

① TN 계통에서는 레저용 숙박차량·텐트 또는 이동식 주택에 전원을 공급하는 최종분기 회로에는 PEN 도체가 포함되어서는 아니 된다.

② 표준전압은 220/380[V]를 초과해서는 아니 된다.

(3) 배선방식

① 이동식 숙박차량 정박지에 전원을 공급하기 위하여 시설하는 배선은 지중케이블 및 가공케이블 또는 가공절연전선을 사용하여야 한다.

② 지중케이블은 추가적인 기계적 보호가 제공되지 않는 한 손상을 방지하기 위하여 매설깊이를 차량 기타 중량물의 압력을 받을 우려가 있는 장소에는 1.0[m] 이상, 기타 장소에는 0.6[m] 이상으로 하여야 한다.

③ 가공케이블 또는 가공절연전선은 다음에 적합하여야 한다.

㉠ 모든 가공전선은 절연되어야 한다.

㉡ 가공배선을 위한 전주 또는 다른 지지물은 차량의 이동에 의하여 손상을 받지 않는 장소에 설치하거나 손상을 받지 아니하도록 보호되어야 한다.

㉢ 가공전선은 차량이 이동하는 모든 지역에서 지표상 6[m], 다른 모든 지역에서는 4[m] 이상의 높이로 시설하여야 한다.

(4) 전원자동차단에 의한 고장보호장치

① 누전차단기

㉠ 모든 콘센트는 정격감도전류가 30[mA] 이하인 누전차단기(중성선을 포함한 모든 극이 차단되는 것)에 의하여 개별적으로 보호되어야 한다.

㉡ 이동식 주택 또는 이동식 조립주택에 공급하기 위해 고정 접속되는 최종분기회로는 정격감도전류가 30[mA] 이하인 누전차단기(중성선을 포함한 모든 극이 차단되는 것)에 의하여 개별적으로 보호되어야 한다.

② 과전류에 대한 보호장치

㉠ 모든 콘센트는 과전류보호장치로 개별적으로 보호하여야 한다.

㉡ 이동식 주택 또는 이동식 조립주택에 전원 공급을 위한 고정 접속용의 최종분기회로는 과전류보호장치로 개별적으로 보호하여야 한다.

(5) 단로장치

각 배전반에는 적어도 하나의 단로장치를 설치하여야 한다. 이 장치는 중성선을 포함하여 모든 충전도체를 분리하여야 한다.

(6) 콘센트시설

① 모든 콘센트는 IP44의 보호등급을 충족하거나 외함에 의해 그와 동등한 보호등급 이상이 되도록 시설하여야 한다.

② 모든 콘센트는 이동식 숙박차량의 정박구획 또는 텐트구획에 가깝게 시설되어야 하며, 배전반 또는 별도의 외함 내에 설치되어야 한다.

③ 긴 연결코드로 인한 위험을 방지하기 위하여 하나의 외함 내에는 4개 이하의 콘센트를 조합 배치하여야 한다.

④ 모든 이동식 숙박차량의 정박구획 또는 텐트구획은 적어도 하나의 콘센트가 공급되어야 한다.

⑤ 정격전압 200~250[V], 정격전류 16[A] 단상 콘센트가 제공되어야 한다.

⑥ 콘센트는 지면으로부터 0.5~1.5[m] 높이에 설치하여야 한다. 가혹한 환경조건의 특수한 경우에는 정해진 최대높이 1.5[m]를 초과하는 것이 허용된다. 이러한 경우 플러그의 안전한 삽입 및 분리가 보장되어야 한다.

5 마리나 및 이와 유사한 장소(KEC 242.9)

(1) 적용범위

마리나 및 이와 유사한 장소의 놀이용 수상 기계기구 또는 선상가옥에 전원을 공급하는 회로에만 적용한다. 다만, 다음의 경우에는 적용하지 아니한다.

① 공공 전력망에서 직접 전력을 공급받는 선상가옥

② 놀이용 수상 기계기구나 선상가옥의 내부 전기설비

(2) 계통접지 및 전원공급

① 마리나에서 TN 계통의 사용 시 TN-S 계통만을 사용하여야 한다. 육상의 절연변압기를 통하여 보호하는 경우를 제외하고 누전차단기를 사용하여야 한다. 또한, 놀이용 수상기계기구 또는 선상가옥에 전원을 공급하는 최종회로는 PEN 도체를 포함해서는 아니 된다.

② 표준전압은 220/380[V]를 초과해서는 아니 된다.

(3) 배선방식

① 마리나 내의 배선은 다음에 따라 시설하여야 한다.

㉠ 지중케이블

㉡ 가공케이블 또는 가공절연전선

㉢ PVC 보호피복의 무기질 절연케이블

㉣ 열가소성 또는 탄성재료 피복의 외장케이블

② 지중케이블은 추가적인 기계적 보호가 제공되지 않는 한 수송매체 등의 이동에 따른 손상을 피할 수 있도록 매설깊이를 차량 기타 중량물의 압력을 받을 우려가 있는 장소에는 1.0[m] 이상, 기타 장소에는 0.6[m] 이상으로 하여야 한다.

③ 가공케이블 또는 가공절연전선은 다음에 따라 시설하여야 한다.

㉠ 모든 가공전선은 절연되어야 한다.

㉡ 가공전선은 수송매체가 이동하는 모든 지역에서 지표상 6[m], 다른 모든 지역에서는 4[m] 이상의 높이로 시설하여야 한다.

(4) 전원의 자동차단에 의한 고장보호

① 누전차단기는 다음에 따라 시설하여야 한다.

㉠ 정격전류가 63[A] 이하인 모든 콘센트는 정격감도전류가 30[mA] 이하인 누전차단기에 의해 개별적으로 보호되어야 한다.

㉡ 정격전류가 63[A]를 초과하는 콘센트는 정격감도전류 300[mA] 이하이고, 중성극을 포함한 모든 극을 차단하는 누전차단기에 의해 개별적으로 보호되어야 한다.

㉢ 주거용 선박에 전원을 공급하는 접속장치는 30[mA]를 초과하지 않는 개별 누전차단기로 보호되어야 하며, 선택된 누전차단기는 중성극을 포함한 모든 극을 차단하여야 한다.

② 과전류에 대한 보호장치

㉠ 각 콘센트는 과전류보호장치에 의해 개별적으로 보호되어야 한다.

㉡ 선상가옥에 전원 공급을 위한 고정 접속용의 최종분기회로는 과전류보호장치에 의해 개별적으로 보호되어야 한다.

(5) 단로장치

각 배전반에는 적어도 하나의 단로장치를 설치하여야 한다. 이 장치는 중성선을 포함하여 모든 충전도체를 분리하여야 한다.

(6) 콘센트시설

콘센트는 다음에 따라 시설하여야 한다.

① 긴 연결코드로 인한 위험을 방지하기 위하여 하나의 외함 안에는 4개 이하의 콘센트가 조합 배치되어야 한다.

② 하나의 콘센트는 오직 하나의 놀이용 수상 기계기구 또는 하나의 선상가옥에만 전원을 공급하여야 한다.

③ 정격전압 200~250[V], 정격전류 16[A] 단상 콘센트가 제공되어야 한다. 다만, 보다 큰 수요가 예상되는 경우에는 더 높은 정격의 콘센트를 제공하여야 한다.

④ 모든 콘센트는 적절한 조치가 취해지지 않는 한 비말이나 침수의 영향을 피할 수 있는 곳에 설치하여야 한다.

6 의료장소(KEC 242.10)

(1) 적용범위

의료장소는 의료용 전기기기의 장착부(의료용 전기기기의 일부로서 환자의 신체와 필연적으로 접촉되는 부분)의 사용방법에 따라 다음과 같이 구분한다.

① 그룹 0 : 일반병실, 진찰실, 검사실, 처치실, 재활치료실 등 장착부를 사용하지 않는 의료장소

② 그룹 1 : 분만실, MRI실, X선 검사실, 회복실, 구급처치실, 인공투석실, 내시경실 등 장착부를 환자의 신체 외부 또는 심장 부위를 제외한 환자의 신체 내부에 삽입시켜 사용하는 의료장소

③ 그룹 2 : 관상동맥질환 처치실(심장카테터실), 심혈관조영실, 중환자실(집중치료실), 마취실, 수술실, 회복실 등 장착부를 환자의 심장 부위에 삽입 또는 접촉시켜 사용하는 의료장소

(2) 의료장소별 계통접지

의료장소별로 다음과 같이 계통접지를 적용한다.

① 그룹 0 : TT 계통 또는 TN 계통

② 그룹 1 : TT 계통 또는 TN 계통. 다만, 전원자동차단에 의한 보호가 의료행위에 중대한 지장을 초래할 우려가 있는 의료용 전기기기를 사용하는 회로에는 의료 IT 계통을 적용할 수 있다.

③ 그룹 2 : 의료 IT 계통. 다만, 이동식 X-레이 장치, 정격출력이 5[kVA] 이상인 대형기기용 회로, 생명유지장치가 아닌 일반 의료용 전기기기에 전력을 공급하는 회로 등에는 TT 계통 또는 TN 계통을 적용할 수 있다.

④ 의료장소에 TN 계통을 적용할 때에는 주배전반 이후의 부하계통에서는 TN-C 계통으로 시설하지 말 것

(3) 의료장소의 안전을 위한 보호설비

의료장소의 안전을 위한 보호설비는 다음과 같이 시설한다.

① 그룹 1 및 그룹 2의 의료 IT 계통은 다음과 같이 시설할 것

　㉠ 전원측에 이중 또는 강화절연을 한 비단락보증 절연변압기를 설치하고 그 2차측 전로는 접지하지 말 것

　㉡ 비단락보증 절연변압기의 2차측 정격전압은 교류 250[V] 이하로 하며, 공급방식은 단상 2선식, 정격출력은 10[kVA] 이하로 할 것

　㉢ 3상 부하에 대한 전력공급이 요구되는 경우 비단락보증 3상 절연변압기를 사용할 것

　㉣ 비단락보증 절연변압기의 과부하전류 및 초과온도를 지속적으로 감시하는 장치를 적절한 장소에 설치할 것

　㉤ 의료 IT 계통의 절연상태를 지속적으로 계측, 감시하는 장치를 설치할 것

　㉥ 의료 IT 계통의 분전반은 의료장소의 내부 혹은 가까운 외부에 설치할 것

　㉦ 의료 IT 계통에 접속되는 콘센트는 TT 계통 또는 TN 계통에 접속되는 콘센트와 혼용됨을 방지하기 위하여 적절하게 구분 표시할 것

② 그룹 1과 그룹 2의 의료장소에서 사용하는 교류 콘센트는 배선용 콘센트를 사용할 것. 다만, 플러그가 빠지지 않는 구조의 콘센트가 필요한 경우에는 걸림형을 사용할 것

③ 그룹 1과 그룹 2의 의료장소에 무영등 등을 위한 특별저압
(SELV 또는 PELV) 회로를 시설하는 경우에는 사용전압은 교류 실횻값 25[V] 또는 리플프리(ripple-free)직류 60[V] 이하로 할 것

④ 의료장소의 전로에는 정격감도전류 30[mA] 이하, 동작시간 0.03초 이내의 누전차단기를 설치할 것. 다만, 다음의 경우는 그러하지 아니하다.

　㉠ 의료 IT 계통의 전로

　㉡ TT 계통 또는 TN 계통에서 전원자동차단에 의한 보호가 의료행위에 중대한 지장을 초래할 우려가 있는 회로에 누전경보기를 시설하는 경우

　㉢ 의료장소의 바닥으로부터 2.5[m]를 초과하는 높이에 설치된 조명기구의 전원회로

　㉣ 건조한 장소에 설치하는 의료용 전기기기의 전원회로

(4) 의료장소 내의 접지설비

의료장소와 의료장소 내의 전기설비 및 의료용 전기기기의 노출도전부, 그리고 계통외도전부에 대하여 다음과 같이 접지설비를 시설하여야 한다.

① 의료장소마다 그 내부 또는 근처에 등전위본딩 바를 설치할 것. 다만, 인접하는 의료장소와의 바닥면적 합계가 50[m²] 이하인 경우에는 등전위본딩 바를 공용할 수 있다.

② 의료장소 내에서 사용하는 모든 전기설비 및 의료용 전기기기의 노출도전부는 보호도체에 의하여 등전위본딩 바에 각각 접속되도록 할 것

③ 그룹 2의 의료장소에서 환자 환경(환자가 점유하는 장소로부터 수평방향 1.5[m], 의료장소의 바닥으로부터 2.5[m] 높이 이내의 범위) 내에 있는 계통외도전부와 전기설비 및 의료용 전기기기의 노출도전부, 전자기장해(EMI) 차폐선, 도전성 바닥 등은 등전위본딩을 시행할 것

④ 접지도체는 다음과 같이 시설할 것

  ㉠ 접지도체의 공칭단면적은 등전위본딩 바에 접속된 보호도체 중 가장 큰 것 이상으로 할 것

  ㉡ 철골, 철근콘크리트 건물에서는 철골 또는 2조 이상의 주철근을 접지도체의 일부분으로 활용할 수 있다.

  ㉢ 보호도체, 등전위본딩 도체 및 접지도체의 종류는 450/750[V] 일반용 단심 비닐절연전선으로서 절연체의 색이 녹/황의 줄무늬이거나 녹색인 것을 사용할 것

(5) 의료장소 내의 비상전원

상용전원 공급이 중단될 경우 의료행위에 중대한 지장을 초래할 우려가 있는 전기설비 및 의료용 전기기기에는 비상전원을 공급하여야 한다.

① 절환시간 0.5초 이내에 비상전원을 공급하는 장치 또는 기기

  ㉠ 0.5초 이내에 전력공급이 필요한 생명유지장치

  ㉡ 그룹 1 또는 그룹 2의 의료장소의 수술 등, 내시경, 수술실 테이블, 기타 필수 조명

② 절환시간 15초 이내에 비상전원을 공급하는 장치 또는 기기

  ㉠ 15초 이내에 전력공급이 필요한 생명유지장치

  ㉡ 그룹 2의 의료장소에 최소 50[%]의 조명, 그룹 1의 의료장소에 최소 1개의 조명

③ 절환시간 15초를 초과하여 비상전원을 공급하는 장치 또는 기기

  ㉠ 병원기능을 유지하기 위한 기본 작업에 필요한 조명

  ㉡ 그 밖의 병원 기능을 유지하기 위하여 중요한 기기 또는 설비

1 저압 직류과전류차단장치

(1) 저압 직류전로에 과전류차단장치를 시설하는 경우 직류단락전류를 차단하는 능력을 가지는 것이어야 하고 "직류용" 표시를 하여야 한다.

(2) 다중전원전로의 과전류차단기는 모든 전원을 차단할 수 있도록 시설하여야 한다.

2 저압 직류지락차단장치

저압 직류전로에 지락이 생겼을 때 자동으로 전로를 차단하는 장치를 시설하여야 하며 "직류용" 표시를 하여야 한다.

3 저압 직류개폐장치

(1) 직류전로에 사용하는 개폐기는 직류전로 개폐 시 발생하는 아크에 견디는 구조이어야 한다.

(2) 다중전원전로의 개폐기는 개폐할 때 모든 전원이 개폐될 수 있도록 시설하여야 한다.

4 축전지실 등의 시설

(1) 30[V]를 초과하는 축전지는 비접지측 도체에 쉽게 차단할 수 있는 곳에 개폐기를 시설하여야 한다.

(2) 옥내전로에 연계되는 축전지는 비접지측 도체에 과전류보호장치를 시설하여야 한다.

(3) 축전지실 등은 폭발성의 가스가 축적되지 않도록 환기장치 등을 시설하여야 한다.

5 저압 옥내 직류전기설비의 접지

(1) 저압 옥내 직류전기설비는 전로보호장치의 확실한 동작의 확보, 이상전압 및 대지전압의 억제를 위하여 직류 2선식의 임의의 한 점 또는 변환장치의 직류측 중간점, 태양전지의 중간점 등을 접지하여야 등을 접지하여야 한다. 다만, 직류 2선식을 다음에 따라 시설하는 경우는 그러하지 아니하다.

① 사용전압이 60[V] 이하인 경우

② 접지검출기를 설치하고 특정구역 내의 산업용 기계기구에만 공급하는 경우

③ 교류전로로부터 공급을 받는 정류기에서 인출되는 직류계통

④ 최대전류 30[mA] 이하의 직류화재경보회로

⑤ 절연감시장치 또는 절연고장점검출장치를 설치하여 관리자가 확인할 수 있도록 경보장치를 시설하는 경우

(2) 직류전기설비를 시설하는 경우는 감전에 대한 보호를 하여야 한다.

(3) 직류전기설비의 접지시설은 전기부식방지를 하여야 한다.

(4) 직류접지계통은 교류접지계통과 같은 방법으로 금속제 외함, 교류접지도체 등과 본딩하여야 하며, 교류접지가 피뢰설비·통신접지 등과 통합접지되어 있는 경우는 함께 통합접지공사를 할 수 있다. 이 경우 낙뢰 등에 의한 과전압으로부터 전기설비 등을 보호하기 위해 서지보호장치(SPD)를 설치하여야 한다.

※ 출제예상문제는 기출분석을 바탕으로 자주 출제되는 유형을 선별하였습니다.

01. 화약류의 분말이 전기설비가 발화원이 되어 폭발할 우려가 있는 곳에 시설하는 저압 옥내배선의 공사 방법으로 가장 알맞은 것은?

① 금속관 공사
② 애자 사용 공사
③ 버스덕트 공사
④ 합성수지몰드 공사

| 해설

폭연성 먼지 위험장소(KEC 242.2.1)
폭발할 우려가 있는 곳에 시설하는 저압 옥내배선, 저압 관등회로 배선 및 소세력 회로의 전선은 금속관공사 또는 케이블공사(캡타이어케이블 제외)에 의하여 시설하여야 한다.

02. 화약류 저장장소의 배선공사에서 전용 개폐기에서 화약류 저장소의 인입구까지는 어떤 공사를 하여야 하는가?

① 케이블을 사용한 옥측 전선로
② 금속관을 사용한 지중 전선로
③ 케이블을 사용한 지중 전선로
④ 금속관을 사용한 옥측 전선로

| 해설

화약류 저장소 등의 위험장소(KEC 242.5)
화약류 저장소 안에는 전기설비를 시설해서는 안 된다. 다만, 조명기구에 전기를 공급하기 위한 전기설비는 다음에 따라 시설할 것
㉠ 전로에 대지전압은 300V 이하일 것
㉡ 전기기계기구는 전폐형일 것
㉢ 케이블을 전기기계기구에 인입할 때에는 인입구에서 케이블이 손상될 우려가 없도록 시설할 것
<참고>
케이블을 이용하여 옥측전선로는 시설하지 않음

03. 폭발성 먼지가 존재하는 곳의 금속관 공사에 있어서 관 상호 및 관과 박스 기타의 부속품이나 풀박스 또는 전기 기계 기구와의 접속을 몇 턱 이상의 나사 조임으로 접속하여야 하는가?

① 2턱
② 3턱
③ 4턱
④ 5턱

| 해설

먼지 위험장소(KEC 242.2.1)
관 상호 간 및 관과 박스 기타의 부속품·풀박스 또는 전기기계기구와는 5턱 이상의 나사조임으로 접속하는 방법 기타 이와 동등 이상의 효력이 있는 방법에 의하여 견고하게 접속하고 또는 내부에 먼지가 침입하지 아니하도록 접속하여야 한다.

04. 폭연성 먼지가 존재하는 곳의 저압 옥내배선 공사 시 공사 방법으로 짝지어진 것은?

① 금속관 공사, MI 케이블 공사, 개장된 케이블 공사
② CD 케이블 공사, MI 케이블 공사, 금속관 공사
③ CD 케이블 공사, MI 케이블 공사, 제1종 캡타이어 케이블 공사
④ 개장된 케이블 공사, CD 케이블 공사, 제1종 캡타이어 케이블 공사

| 해설

폭연성 먼지 위험장소(KEC 242.2.1)
저압 옥내배선, 저압 관등회로 배선 및 소세력 회로의 전선은 금속관 공사 또는 케이블 공사(캡타이어 케이블을 사용하는 것을 제외한다)에 의하여 한다.

정답 01 ① 02 ③ 03 ④ 04 ①

05. 위험물 등이 있는 곳에서의 저압 옥내배선 공사 방법이 아닌 것은?

① 케이블 공사
② 합성수지관 공사
③ 금속관 공사
④ 애자사용 공사

| 해설
가연성 먼지 위험장소(KEC 242.2.2)
가연성 먼지에 전기설비가 발화원이 되어 폭발할 우려가 있는 곳에 시설하는 저압 옥내 전기설비는 합성수지관공사, 금속관공사 또는 케이블공사를 하여야 한다.

06. 소맥분, 전분 기타 가연성의 먼지가 존재하는 곳의 저압 옥내 배선 공사 방법에 해당되는 것으로 짝지어진 것은?

① 케이블 공사, 애자 사용 공사
② 금속관 공사, 콤바인 덕트관, 애자 사용 공사
③ 케이블 공사, 금속관 공사, 애자 사용 공사
④ 케이블 공사, 금속관 공사, 합성수지관 공사

| 해설
가연성 먼지 위험장소(KEC 242.2.2)
저압 옥내배선 등은 합성수지관공사, 금속관 공사 또는 케이블 공사에 의할 것

07. 셀룰로이드, 성냥, 석유류 등 가연성 위험 물질을 제조 또는 저장하는 장소의 저압 옥내 배선 공사 방법이 틀린 것은?

① 금속관은 박강 전선관 또는 이와 동등 이상의 전선관을 사용한다.
② 두께 2.0[mm] 미만의 합성수지제 전선관을 사용한다.
③ 공사는 금속관 공사, 합성수지관 공사(두께 2.0[mm] 이상) 또는 케이블 공사를 한다.
④ 합성수지관 공사에 사용하는 합성수지관 및 박스, 기타 부속품은 손상될 우려가 없도록 시설해야 한다.

| 해설
가연성 먼지 위험장소(KEC 242.2.2)
㉠ 저압 옥내배선 등은 합성수지관공사, 금속관 공사 또는 케이블 공사에 의할 것
㉡ 단, 두께 2[mm] 미만의 합성수지 전선관 및 난연성이 없는 콤바인 덕트관을 사용하는 것을 제외한다.

08. 셀룰로이드, 성냥, 석유류 등 기타 가연성 위험 물질을 제조 또는 저장하는 장소의 배선으로 틀린 것은?

① 금속관 공사
② 케이블 공사
③ 플로어덕트 공사
④ 합성수지관(CD관 제외) 공사

| 해설
가연성 먼지 위험장소(KEC 242.2.2)
저압 옥내배선 등은 합성수지관공사, 금속관 공사 또는 케이블 공사에 의할 것

09. 성냥을 제조하는 공장의 공사 방법으로 틀린 것은?

① 금속관 공사
② 케이블 공사
③ 금속 몰드 공사
④ 합성수지관 공사(두께 2[mm] 미만 및 난연성이 없는 것은 제외)

| 해설
가연성 먼지 위험장소(KEC 242.2.2)
저압 옥내배선 등은 합성수지관공사, 금속관 공사 또는 케이블 공사에 의할 것

10. 가연성 먼지에 전기설비가 발화원이 되어 폭발의 우려가 있는 곳에 시설하는 저압 옥내배선 공사방법이 아닌 것은?

① 금속관 공사
② 케이블 공사
③ 애자사용 공사
④ 합성수지관 공사

| 해설
가연성 먼지 위험장소(KEC 242.2.2)
저압 옥내배선 등은 합성수지관공사, 금속관 공사 또는 케이블 공사에 의할 것

정답 05 ④　06 ④　07 ②　08 ③　09 ③　10 ③

11. 먼지가 많은 곳에 시설하는 저압 옥내전기설비의 공사 방법이 아닌 것은?

① 플로어덕트 공사   ② 금속덕트 공사

③ 금속관 공사   ④ 애자사용 공사

> **│해설**
> 먼지가 많은 그 밖의 위험장소(KEC 242.2.3)
> 저압 옥내배선 등은 애자공사, 합성수지관공사, 금속관공사, 유연성 전선관공사, 금속덕트공사, 버스덕트공사 또는 케이블공사에 의하여 시설하여야 한다.

12. 불연성 먼지가 많은 장소에서 시설할 수 없는 옥내 배선 공사 방법은?

① 금속관 공사   ② 금속덕트공사

③ 합성수지몰드공사   ④ 애자공사

> **│해설**
> 먼지가 많은 그 밖의 위험장소(KEC 242.2.3)
> 저압 옥내배선 등은 애자공사, 합성수지관공사, 금속관공사, 유연성 전선관공사, 금속덕트공사, 버스덕트공사 또는 케이블공사에 의하여 시설하여야 한다.

13. 석유류를 저장하는 장소의 저압 전등배선에서 사용할 수 없는 공사방법은?

① 합성수지관공사   ② 케이블공사

③ 금속관공사   ④ 애자사용공사

> **│해설**
> 위험물 등이 존재하는 장소(KEC 242.4)
> 석유류 저장장소의 저압배선공사는 금속관 공사 및 합성수지관 공사 또는 케이블 공사(캡타이어 케이블을 사용하는 것을 제외한다)에 의할 것

14. 화약고 등의 위험 장소에서 전기 설비 시설에 관한 내용으로 옳은 것은?

① 전로의 대지전압은 400[V] 이하일 것

② 전기 기계 기구는 전폐형을 사용할 것

③ 화약고 내의 전기 설비는 화약고 장소에 전용 개폐기 및 과전류 차단기를 시설할 것

④ 개폐기 및 과전류 차단기에서 화약고 인입구까지의 배선을 케이블 배선으로 노출로 시설할 것

> **│해설**
> 화약류 저장소에서 전기설비(KEC 242.5)
> ㉠ 전로의 대지전압은 300[V] 이하일 것
> ㉡ 전기기계기구는 전폐형의 것일 것
> ㉢ 화약고 내에 시설할 수 있는 전기사용기계 기구는 대지전압이 300[V] 이하인 형광등이며, 배선기구 중 개폐기 및 과전류차단기는 화약고 외에 시설하여야 한다.
> ㉣ 이동전선은 접속점이 없는 PN 또는 VCT를 사용하고 또한 손상을 받을 우려가 없도록 시설 또는 인입구에서 손상받을 우려가 없도록 시설할 것

15. 화약류 저장소에서 백열전등이나 형광등 또는 이들에 전기를 공급하기 위한 전기설비를 시설하는 경우 전로의 대지전압[V]은?

① 100[V] 이하   ② 150[V] 이하

③ 220[V] 이하   ④ 300[V] 이하

> **│해설**
> 화약류 저장소 등의 위험장소(KEC 242.5)
> ㉠ 전로의 대지전압은 300[V] 이하일 것
> ㉡ 전기기계기구는 전폐형일 것
> ㉢ 배선 방법 : 금속관 공사, 케이블 공사

정답   11 ①   12 ③   13 ④   14 ②   15 ④

16. 화약고의 배선공사 시 개폐기 및 과전류차단기에서 화약고 인입구까지는 어떤 배선공사에 의하여 시설하여야 하는가?

① 합성수지관 공사로 지중선로
② 금속관 공사로 지중선로
③ 합성수지몰드 지중선로
④ 케이블 사용 지중선로

> **│ 해설**
> 화약고에 시설하는 전기설비(내선규정 4220-1)
> 개폐기 및 과전류 차단기에서 화약고의 인입구까지의 배선은 케이블을 사용하고 또한 이것을 지중에 시설하여야 한다.

17. 부식성 가스 등이 있는 장소에서 시설이 허용되는 것은?

① 개폐기　　　　② 콘센트
③ 과전류 차단기　④ 전등

> **│ 해설**
> 부식성가스 등이 있는 장소(내선규정 4225)
> ㉠ 부식성 가스 등이 있는 장소는 개폐기, 콘센트 및 과전류차단기를 시설하여서는 안 된다.
> ㉡ 전등은 틀어 끼우는 글로브 등이 구비되어 내부에 부식성 가스 또는 용액의 침입을 방지할 수 있는 기구를 사용하여야 한다.

18. 사람이 상시 통행하는 터널 내 공사의 사용전압이 저압일 때 배선 방법으로 틀린 것은?

① 금속관 공사
② 금속덕트 공사
③ 합성수지관 공사
④ 금속제 가요전선관 공사

> **│ 해설**
> 터널 내의 저압 배선(내선규정 4255-1절)
> ㉠ 애자 사용 공사
> ㉡ 금속관 공사
> ㉢ 합성수지관 공사
> ㉣ 금속제 가요전선관 공사
> ㉤ 케이블 공사

19. 공연장의 저압 옥내배선, 전구선 또는 이동전선의 사용전압은 최대 몇 [V] 이하인가?

① 400　　　　② 440
③ 450　　　　④ 750

> **│ 해설**
> 공연장의 전기설비(KEC 242.6)
> ㉠ 이동전선의 사용전압 : 400V 이하
> ㉡ 이동전선 : 0.6/1kV EP 고무 절연 클로로프렌 캡타이어케이블 또는 0.6/1kV 비닐절연 비닐캡타이어케이블 사용

정답　　16 ④　17 ④　18 ②　19 ①

01 보호계전설비

1 보호계전시스템

(1) 아날로그 보호계전기의 구성

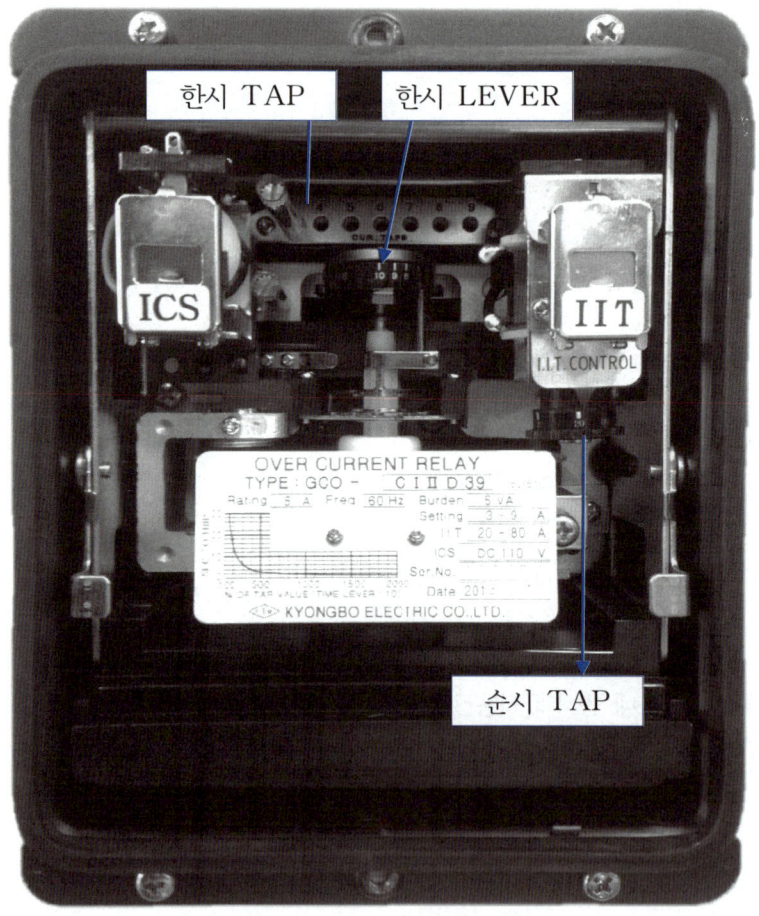

【그림 1】 아날로그 보호계전기(OCR)

① ICS(Indicating Contact Switch Unit)

   ㉠ 반한시형 보호계전기 : 과부하 보호용

   ㉡ 한시 TAP 이상의 전류에 동작하는 보호계전기로 동작시간은 한시 LEVER에 의해서 결정된다.

② IIT(Indicating Instantaneous Trip Unit)

　　㉠ 순시형 보호계전기 : 과전류(단락) 보호용

　　㉡ 순시 Tap 이상의 전류에 동작하는 보호계전기로, 동작시간은 200ms이고, 고속도형에서는 40ms의 동작시간을 갖는다.

③ 보호계전기 전류－시간 동작 특성 곡선

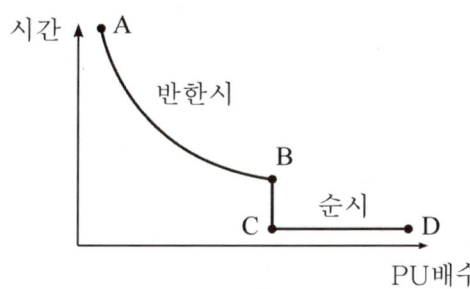

【그림 2】 전류-시간 동작 특성 곡선

　　㉠ AB 부분 : 한시 특성곡선으로 과부하에 대한 보호영역이다.

　　㉡ CD 부분 : 정한시 특성으로 순시요소의 동작영역에 속하며 단락사고의 신속한 보호에 사용된다.

참고 | **PICK UP CURRENT**

① PICK UP : 통신용어로서 신호를 포착한다는 의미를 갖는다.

② PICK UP CURRENT : 보호계전기가 고장전류를 검출하는 전류 값으로, 최소동작전류라고도 한다.

③ PU배수 : 보호계전기에 설정된 전류값(TAP 전류)과 고장전류의 비율을 말한다.

　즉, $PU배수 = \dfrac{고장\ 전류}{TAP\ 전류}$

---

(2) 보호계전시스템

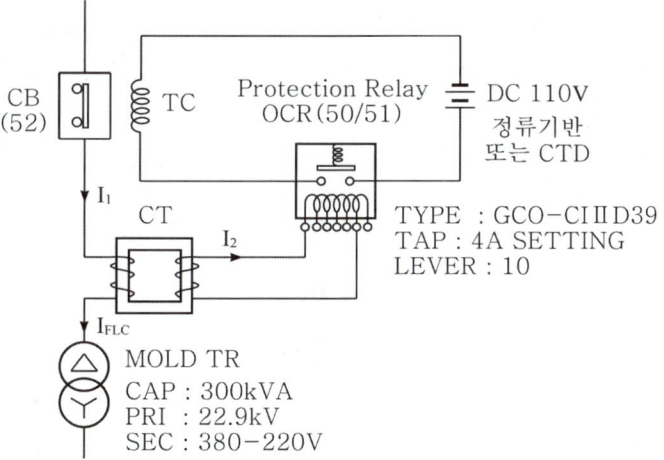

【그림 3】 보호계전시스템 구성도

① 검출부

    ⊙ 계통의 고장을 검출해 주는 부분으로 전류 검출요소에는 변류기(CT), 전압 검출요소에는 계기용 변압기 (PT)를 사용한다.

    ⓛ 변류기(CT, Current Transformer) : 계통에 흐르는 대전류를 5[A]로 변류시켜 보호계전기(Protection Relay)로 공급해 주는 기기

    ⓒ 계기용 변압기(PT, Potential Transformer) : 계통의 전압을 110[V]로 변압시켜 보호계전기로 공급 해 주는 기기

② 판정부

    ⊙ 변류기 또는 계기용 변압기로부터 공급받는 전압, 전류값이 보호계전기 설정값(TAP) 이상이 되면 보호 계전기가 동작하여 차단기측으로 트립(Trip) 신호를 전달한다.

    ⓛ 전류형 보호계전기의 종류 : OCR, OCGR 등

    ⓒ 전압형 보호계전기의 종류 : UVR, OVR, OVGR 등

    ⓔ 전력형 보호계전기의 종류 : POR, SGR, DGR 등

③ 동작부

    ⊙ 보호계전기로부터 트립 신호가 들어오면 차단기(CB)를 트립시켜 고장점을 신속히 제거하는 역할을 한다.

    ⓛ 차단기는 스위치가 개방 시 발생되는 아크를 소호시킬 수 있는 기기를 말한다.

    ⓒ 고압 이상의 차단기 : GCB, VCB, ABB, OCB, MBB 등

    ⓔ 저압 차단기 : ACB, MCCB 등

② 보호계전기 동작 특성

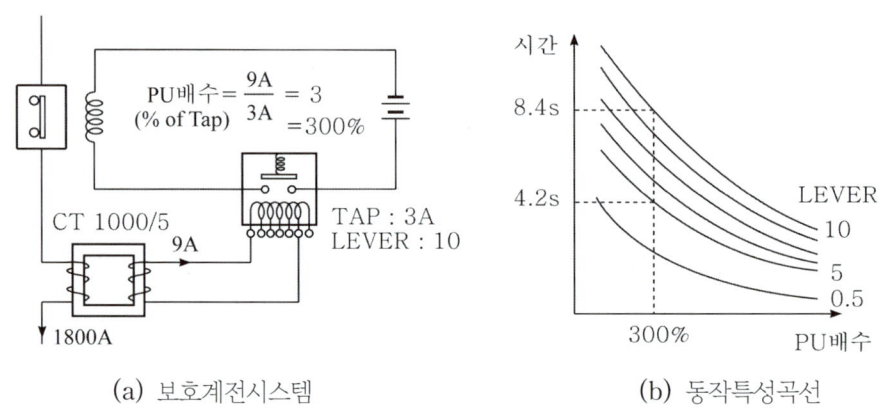

(a) 보호계전시스템   (b) 동작특성곡선

【그림 4】 차단기 동작 시간

(1) 【그림 4】 (a)와 같이 계통에 1,800[A]의 고장전류가 흐르면 변류기 CT에 의해 변류비(1,000/5)만큼 작아진 9[A]가 보호계전기에 들어간다.

(2) 보호계전기 설정값(TAP)이 3[A], 레버(LEVER)가 10이었다면 PU배수는 300[%]가 된다.

(3) 【그림 4】 (b)의 동작특성곡선을 보면 PU배수 300[%]와 10레버(LEVER) 곡선과 교차하는 시간이 OCR 동 작시간이 된다(OCR이 동작하면 차단기는 Trip 된다).

(4) 만약 레버를 10에서 5로 변경하면 동작시간은 레버에 비례하여 OCR 동작시간이 반으로 줄어들게 된다.

③ 용도에 따른 보호계전기의 종류

(1) 과전류계전기(OCR, Over Current Relay)

　① 정정치 이상의 전류가 유입되면 동작하는 계전기

　② 제어번호 : 51(한시형), 50(순시형)

(2) 지락 과전류계전기(OCGR, Over Current Ground Relay)

　① 과전류 계전기의 동작 전류를 작게 한 것으로 지락보호용으로 사용

　② 제어번호 : 51G 또는 51N(한시형), 50G 또는 50N(순시형)

(3) 과전압계전기(OVR, Over Voltage Relay)

　① 정정치 이상의 전압이 유입되면 동작하는 계전기

　② 제어번호 : 59

(4) 부족전압계전기(UVR, Under Voltage Relay)

　① 정정치 이하의 전압이 유입되면 동작하는 계전기

　② 제어번호 : 27

(5) 지락 과전압계전기(OVGR, Over Voltage Ground Relay)

　① 비접지계통의 GPT 3차측에 설치하여 지락사고 시 발생되는 영상전압이 정정치 이상일 때 동작하는 계전기

　② 제어번호 : 64

(6) 선택 지락계전기(SGR, Selective Ground Relay)

　① 비접지계통의 GPT 3차측에 설치하여 다회선 배전선로에서 지락사고 시 지락 회선을 선택 차단하는 계전기

　② 제어번호 : 67

(7) 방향성 지락계전기(DGR, Directional Ground Relay)

　① 지락 과전류계전기에 방향성을 준 계전기

　② 제어번호 : 67N 또는 67G

(8) 방향성 과전류계전기(DOCR, Directional Over Current Relay)

　① 어느 일정한 방향으로 정정치 이상의 단락전류가 흘렀을 때 동작하는 계전기

　② 제어번호 : 67S

(9) 거리계전기(DR, Distance Relay)

　① 계전기가 설치점에서 고장점의 임피던스(전압과 전류의 비)가 일정 값 이하일 때 동작하는 계전기

　② 임피던스는 사고 점까지의 거리에 비례하므로 거리계전기라 한다.

　③ 제어번호 : 21

(10) 비율차동계전기(RDR, Ratio Differential Relay)

　① 발전기나 변압기 내부 고장에 대한 보호용으로 사용되는 계전기

　② 제어번호 : 87

4 보호계전방식(Y잔류회로 방식)

(1) Y잔류회로 방식

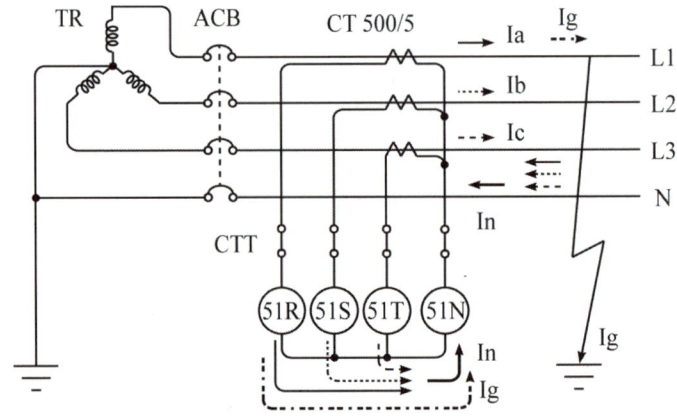

【그림 5】 Y잔류회로 방식

① 변류기 CT 3대를 Y결선하여 CT 2차측 상전선에는 OCR(과전류계전기)을, CT 2차측 중성선에는 OCGR(지락 과전류계전기)을 설치한다.

② 보호계전기

ⓐ OCR : 과부하 및 과전류 보호장치

ⓑ OCGR : 지락 보호 장치

(2) Y잔류회로의 이해

① 【그림 5】와 같이 L1상에 지락이 발생되면 L1상에는 부하전류 I_a와 지락전류 I_g가 같이 흐른다.

② 중성선 N에 흐르는 전류는 각 상의 부하전류의 합이 흐르며, 이를 불평형 전류 $I_n = I_a + I_b + I_c$라 한다. 만약, 부하가 평형상태였다면 불평형 전류는 흐르지 않는다. 즉, $I_n = 0$이 된다.

③ OCGR에는 불평형전류와 지락전류가 함께 흐르기 때문에 불평형 전류에 동작하지 않도록 OCGR을 설정하여야 한다.

④ CT 2차측 각 상에 흐르는 전류

ⓐ L1 상 : $(I_a + I_g) \times \dfrac{5}{500}$ (여기서, CT비 $= \dfrac{5}{500}$)

ⓑ L2 상 : $I_b \times \dfrac{5}{500}$

ⓒ L3 상 : $I_c \times \dfrac{5}{500}$

ⓓ 중성선 : $[(I_a + I_b + I_c) + I_g] \times \dfrac{5}{500} = (I_n + I_g) \times \dfrac{5}{500}$

① 대칭(= 평형) 전류
　㉠ 각 상에 흐르는 부하전류의 크기는 같고 120°의 위상차를 갖는 전류를 말한다.
　㉡ 평형 전류 조건 : $I_a + I_b + I_c = 0$
② 불평형 전류
　㉠ 각 상에 흐르는 부하전류의 크기와 위상차가 다른 전류를 말한다.
　㉡ 불평형 전류 조건 : $I_a + I_b + I_c \neq 0$

02 수전설비 표준결선도

1 CB 1차측에 CT, 2차측에 PT를 시설한 경우

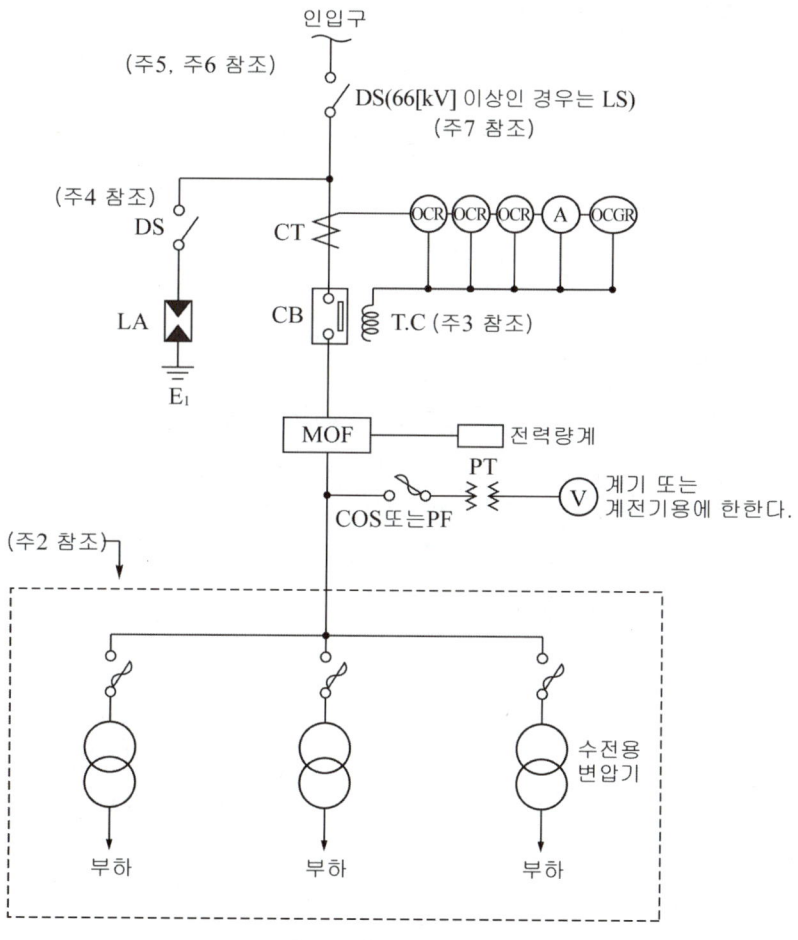

【그림 6】 표준결선도 1

(주 1) 22.9kV−y 1,000[kVA] 이하인 경우는 특별고압 간이수전설비에 의할 수 있다.

(주 2) 결선도중 점선 내의 부분은 참고용 예시이다.

(주 3) 차단기의 트립전원은 직류(DC) 또는 콘덴서방식(CTD)이 바람직하며, 66kV 이상의 수전설비는 직류(DC)이어야 한다.

(주 4) LA용 DS는 생략할 수 있으며, 22.9 kV−y용의 LA는 Disconnector(또는 Isolator) 붙임 형을 사용하여야 한다.

(주 5) 인입선을 지중선으로 시설하는 경우에 공동주택 등 고장 시 정전피해가 큰 경우는 예비 지중선을 포함하여 2회선으로 시설하는 것이 바람직하다.

(주 6) 지중인입선의 경우에 22.9 kV−y 계통은 CNCV−W케이블(수밀형) 또는 TR CNCV−W(트리억제형)를 사용하여야 한다. 다만, 전력구·공동구·덕트·건물구내 등 화재의 우려가 있는 장소에서는 FR CNCO−W(난연)케이블을 사용하는 것이 바람직한다.

(주 7) DS대신 자동고장구분개폐기(7,000 kVA 초과 시는 Sectionalizer)를 사용할 수 있으며, 66kV 이상의 경우는 LS를 사용하여야 한다.

② CB 1차측에 CT와 PT를 시설한 경우

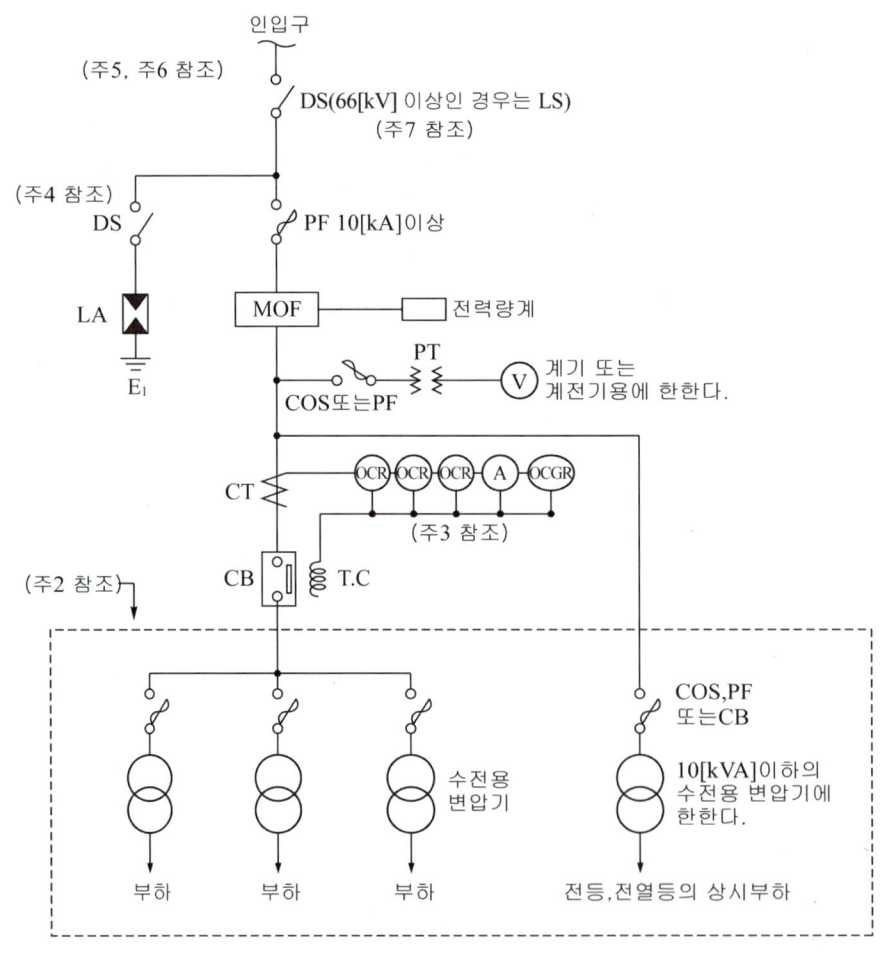

【그림 7】 표준결선도 2

(1) 수용가 내부 사고 등에 의해 변압기 1차측 메인 차단기(CB)가 트립되어도 중요선로나 전등, 전열 등의 상시 부하측에 전원을 공급하기 위하여 10[kVA] 이하의 수전용 변압기(소내용 변압기)를 사용한다.

(2) 소내용 변압기 상부에 MOF를 설치한 결선도이다.

③ CB 1차측에 PT, 2차측에 CT를 시설한 경우

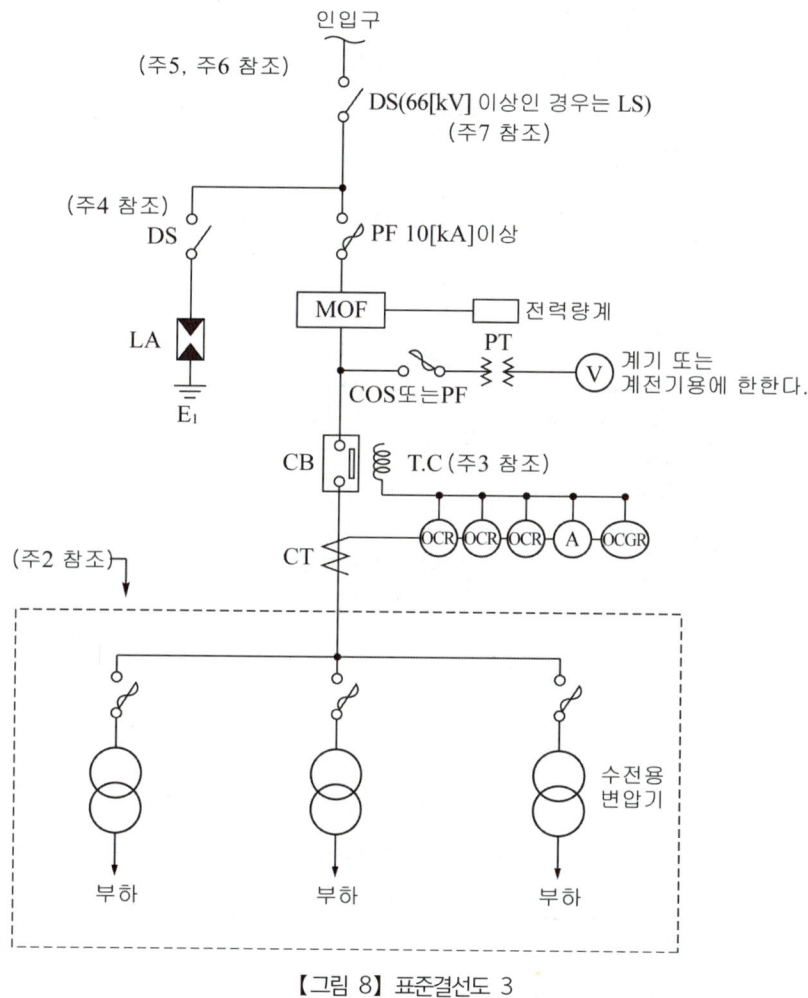

【그림 8】 표준결선도 3

(1) 현장에서 가장 많이 사용하는 결선도이다.

(2) 차단기(CB)와 CT 사이에 사고가 발생하면 사고를 점검할 수 없다는 단점을 가지고 있다. 따라서 【그림 8】과 같이 차단기 1차측에 CT를 설치하면 차단기 보호범위가 넓어지는 장점을 가지고 있다.

4 22.9kV-y 1,000kVA 이하를 시설하는 경우

(1) 수전용량 1,000kVA 이하의 설비를 간이 수전설비라 한다.

(2) 간이 수전과 정식 수전의 차이는 변압기 1차측의 메인 차단기 설치 여부이다. 즉, 메인 차단기가 설치되어 있으면 정식 수전설비, 설치가 안 되어 있으면 간이 수전설비가 된다.

(3) 간이 수전설비에서는 인입개폐기 ASS(자동고장 구분개폐기)가 차단기의 역할을 수행하고 있다.

   ① 800[A] 미만의 고장전류는 ASS가 차단한다.

   ② 800[A] 이상의 고장전류는 배전계통에 있는 리클로저 또는 변전소 내의 차단기와 협조하여 차단시킨다.

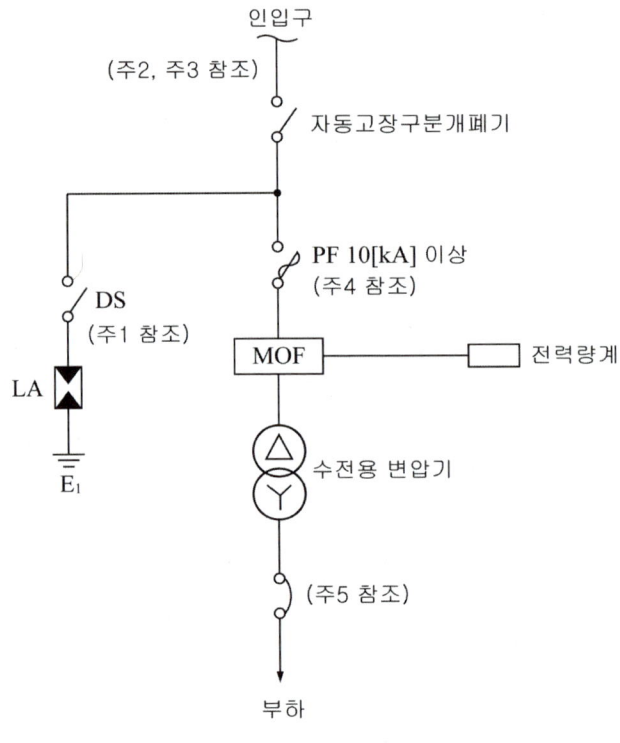

【그림 9】 표준결선도 4

(주 1) LA용 DS는 생략할 수 있으며, 22.9 kV−y용의 LA는 Disconnector(또는 Isolator) 붙임형을 사용하여야 한다.

(주 2) 인입선을 지중선으로 시설하는 경우에 공동주택 등 고장 시 정전피해가 큰 경우는 예비 지중선을 포함하여 2회선으로 시설하는 것이 바람직하다.

(주 3) 지중인입선의 경우에 22.9 kV−y 계통은 CNCV−W케이블(수밀형) 또는 TR CNCV−W(트리억제형)를 사용하여야 한다. 다만, 전력구·공동구·덕트·건물구내 등 화재의 우려가 있는 장소에서는 FR CNCO−W(난연)케이블을 사용하는 것이 바람직하다.

(주 4) 300kVA 이하의 경우 PF 대신 COS(비대칭 차단전류 10kA 이상의 것)를 사용할 수 있다.

(주 5) 특고압 간이 수전설비는 PF의 용단 등의 결상사고에 대한 대책이 없으므로 변압기 2차 측에 설치되는 주차단기에는 결상계전기 등을 설치하여 결상사고에 대한 보호능력이 있도록 함이 바람직하다.

5 수변전 설비의 구성 기기

명칭	약호	용도
케이블 헤드	CH	선로의 말단 부분에 케이블 단말 처리를 위하여 설치
단로기	DS	기기의 점검 및 수리의 경우 그 부분을 전원으로부터 개방하거나 회로의 접속점을 변경할 경우에 사용
피뢰기	LA	이상전압 내습 시 대지로 방전하고 속류를 차단
전력수급용 계기용변성기	MOF	하나의 함내에 PT와 CT를 조합하여 고압을 100V의 저압으로 대전류를 5A의 저전류로 변압·변류하여 전력량계에 공급하는 기기
계기용 변압기	PT	고압을 110V의 저압으로 변성하는 기기
변류기	CT	대전류를 5A 이하의 소전류로 변성하는 기기
과전류 계전기	OCR	과전류를 검출하여 차단기에 트립신호를 전달하는 보호계전기
트립 코일	TC	보호계전기로부터 신호를 받으면 차단기를 트립시키는 장치
영상 변류기	ZCT	지락사고 시 영상전류를 검출하여 지락계전기에 전달해 주는 기기
지락계전기	GR	지락전류를 검출하여 차단기에 트립신호를 전달하는 보호계전기
전압계용 환개폐기	VS	전압계 1대로 3상 전원을 측정하기 위한 전환 개폐기
전류계용 전환개폐기	AS	전류계 1개로 3상 전류를 측정하기 위한 전환 개폐기
전력퓨즈	PF	부하전류는 통전하고, 단락전류는 차단시키는 기기
컷 아웃 스위치	COS	전기기기(변압기 등)를 과부하 전류로부터 보호하는 기기로 퓨즈 용단 시 개폐기가 개방
전력용 콘덴서	SC	부하의 역률을 개선시켜 주는 기기
방전코일	DC	잔류전하를 방전시켜 인체가 감전으로부터 보호해주는 기기
직렬 리액터	SR	제5고조파 전류를 제거하여 계통에 흐르는 전류파형을 개선시킨다.

【표 1】 수변전 설비 기기 약호 및 용도

03 수변전설비

1 변전실(전기실) 설계

(1) 수변전 설계 시(기획 시) 고려사항

① 개요

㉠ 수전점에서 변압기 1차측까지의 기기구성을 수전설비라 하고 변압기에서 전력부하설비의 배전반까지를 배전설비라 한다.

㉡ 수전설비는 부하의 최대전력을 예측하여 수배전 기기의 용량이나 배선의 용량을 결정하여야 하며 또한 신뢰성과 경제성, 부하의 증설에 대비하여 설계를 하여야 한다.

② 기본 고려사항

    ㉠ 안전성(인체의 안전, 재산상 안전) : 무보수화, 큐비클화, 점검의 자동화

    ㉡ 공급의 신뢰성(최저한의 필요한 선기품질만족) : 품질의 안징, 최직의 계통구성, 사고범위재힌, 기기의 정지화

    ㉢ 경제성검토(성력화, 합리화) : 무보수화, 집중감시제어, 기록의 자동화, 운전제어의 자동화, 감시의 자동화 및 사고대책 자동화

③ 일반적 고려사항

    ㉠ 조작 및 취급이 간편할 것

    ㉡ 유지 관리가 편리할 것

    ㉢ 전압 변동이 적을 것

    ㉣ 장래증설에 대비할 것

    ㉤ 환경대책을 고려할 것(소음, 진동, 대기, 수질, 색채와의 조화)

④ 부하의 종류

    ㉠ 조명설비 : 각종 인공광원(형광등, 수은램프, LED 램프 등)

    ㉡ 동력설비 : 반송설비, 급·배수설비, 냉·난방설비 등

    ㉢ 전력설비 : UPS, CVCF, 대용량의 전기용접기, 전기로 등

    ㉣ 전열설비 : 난방용 히터, 기타 건조용 전열장치 등

    ㉤ 기타 설비 : 약전설비(전화, 방송, TV, 시계, 소용량의 콘센트 등) 등

(2) 변전실 높이와 면적

① 폐쇄형 큐비클식 수변전설비가 설치된 변전실의 높이

    ㉠ 특고압 수전 또는 변전 기기가 설치되는 경우 : 4.5m 이상

    ㉡ 고압 수전

② 변전실 추정면적

$$A = k \cdot (변압기\ 용량\,[kVA])^{0.7}\,[m^2]$$

여기서, k : 추정계수는 일반적으로 아래와 같은 상수를 적용한다.

    ㉠ 특고압에서 고압으로 변전하는 경우 : 1.7

    ㉡ 특고압에서 저압으로 변전하는 경우 : 1.4

    ㉢ 고압에서 저압으로 변전하는 경우 : 0.98

(3) 수전실 등의 시설(단위 : m)

구분	앞면 조작·계측면	뒷면 또는 점검면	열상호 간 (점검하는 면)	기타의 면
특고압 배전반	1.7	0.8	1.4	−
고압 배전반	1.5	0.6	1.2	−
저압 배전반	1.5	0.6	1.2	−
변압기 등	0.6	0.6	1.2	0.3

【표 2】 수전실 등의 시설

① 앞면 또는 조작계측 면은 배전반 앞에서 계측기를 판독할 수 있거나 필요조작을 할 수 있는 최소거리이다.

② 뒷면 또는 점검면은 사람이 통행할 수 있는 최소거리이며, 무리 없이 편안히 통행하기 위하여 0.9m 이상으로 함이 좋다.

③ 열상호 간(점검하는 면)은 기기류를 2열 이상 설치하는 경우를 말하며 배전반류의 내부에 기기가 설치되는 경우는 이의 인출을 대비하여 내장기기의 최대 폭에 적절한 안전거리(통상 0.3m 이상)를 가산한 거리를 확보하는 것이 좋다.

④ 기타 면은 변압기 등을 벽 등에 연하여 설치하는 경우 최소 확보거리이다. 이 경우도 사람의 통행이 필요할 경우는 0.6m 이상으로 함이 바람직하다.

(4) 폐쇄형 수배전반(Metal Clad Switchgear)의 특징

① 특징

㉠ 폐쇄 수배전반은 큐비클 및 메탈 클래드(Metal Clad)라 하며 차단기, 단로기 등의 전력용 개폐기, 계기용 변성기, 모선, 접속도체 및 감시제어에 필요한 기구로 구성된 집합장치이다.

㉡ 접지된 금속 케이스 내에 수납되어 있고, 또한 단위회로 구분마다 접지된 금속격벽 또는 절연격벽에 의하여 격리되어 있는 것을 말한다.

② 장점(개방형 수배전반 비교)

㉠ 인축에 대한 안전성이 높다(보호커버, 인터로크, 접지 등).

㉡ 증설 및 유지보수가 용이하다.

㉢ 설치면적의 축소로 공간 활용이 용이하다.

㉣ 절연격벽 및 절연피복으로 인하여 사고의 확대가 방지된다.

㉤ 제조사에서 조립 및 시험을 거친 후 설치하기 때문에 안정성과 신뢰성이 높으며 공사기간을 단축할 수 있어 경제적이다.

2 수전방식에 따른 특징

(1) 1회선 분기 수전방식

① 간단하며 경제적이다.

② 소규모 용량에 많이 사용된다.

③ 고장 발생 시 전력공급이 불가능하다(신뢰도가 낮다).

(2) 2회선 수전방식(다른 계통 상용·예비선 수전)

배전선 또는 공급변전소 사고 시에 예비변전소로 절환함으로써 정전시간을 단축가능

(3) 2회선 수전방식(동일 계통 상용·예비선 수전)

한쪽의 배전선 사고 시에도 예비선으로 전기 공급 가능

(4) 루프 방식

① 임의의 구간 사고 시 루프가 끊어지지만 정전이 되지는 않음

② 전압 변동률이 양호하며 배전 손실이 감소

③ 루프 회로에 삽입되는 기기는 루프 내의 전 계통용량이 필요

(5) 스폿 네트워크(SNW, Spot Network) 수전방식

전력회사의 변전소로부터 2회선 이상(보통 3~4회선) 수전하여 각 수용가를 단일 Network 모선에 병렬 접속한 시스템으로 Network Protector의 지령에 의해 사동 트립(Trip) 및 재투입이 행해지는 무정전 수전방식

① 무정전 공급이 가능
② 기기의 이용률이 향상
③ 전압 변동률이 감소
④ 부하 증가에 대한 적응성 향상
⑤ 2차 변전소 수량이 감소
⑥ 고가의 시설

3 변압기 모선방식의 특징

(1) 단일 모선

① 가장 간단하며 경제적
② 모선 사고 시는 모두 정전되고, 모선 점검 시에도 정전이 필요

(2) 전환가능 단일모선

① 간단해서 경제적으로도 무리가 없으며 가장 많이 사용
② 한쪽 뱅크의 모선 사고 시에도 모선 연락 차단기를 개방하고 건전한 뱅크 측에서 부하 공급이 가능(사고 뱅크 측의 부하는 정전)

(3) 예비 모선

① 일반적으로는 비상전원 계통으로 하는 경우가 많고 특수 용도에 사용
② 스위치 기어에 수납하는 경우에는 특수 설계 처리

(4) 이중 모선

① 운용에 예비성이 있으며 공급 신뢰도가 높다.
② 주 변압기 2차, 모선 연락, 공급전선 등의 차단기가 많아지므로 운용이나 보호 협조 등이 복잡
③ 스위치 기어에 수납하는 경우에는 모선의 위치와 분리에 주의할 필요가 있으며 또한 특수설계가 되어 비경제적이므로 대규모 설비에서 사용되는 경우가 많음

(5) 루프 모선

① 간단해서 경제적으로도 무리가 없으며 높은 공급 신뢰도
② 변압기의 사고 또는 모선 사고의 경우, 보수 점검의 경우에도 운용에 예비성이 있으며 신속히 대응이 가능
③ 루프 모선에 케이블을 사용하면 표준적인 스위치기어 적용 가능
④ 중요한 설비계통에서 많이 사용

출제예상문제 Chapter 08 전원설비 및 기타설비

※ 출제예상문제는 기출분석을 바탕으로 자주 출제되는 유형을 선별하였습니다.

01. 배전반 및 분전반을 넣은 강판제로 만든 함의 두께는 몇 [mm] 이상인가?

① 0.8 ② 1.2
③ 1.5 ④ 2.0

| 해설
배 · 분전반 함의 두께 (내선규정 1455-6)
㉠ 난연성 합성수지 : 1.5[mm] 이상
㉡ 강판제 : 1.2[mm] 이상. 단, 가로 또는 세로의 길이가 30[cm] 이하인 경우 두께 1.0[mm] 이상으로 할 수 있다.

02. 배전반 및 분전반의 설치장소로 적합하지 않은 곳은?

① 안정된 장소
② 밀폐된 장소
③ 개폐기를 쉽게 개폐할 수 있는 장소
④ 전기회로를 쉽게 조작할 수 있는 장소

| 해설
저압용 배 · 분전반 등의 시설 (KEC 232.84)
저압용 배 · 분전반은 쉽게 점검 및 보수할 수 있는 위치에 시설하여야 하므로 은폐 또는 밀폐된 장소에 설치해서는 안 된다.

03. 배전반을 나타내는 그림 기호는?

①   ②
③   ④ [S]

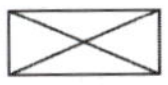

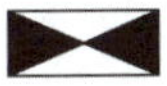

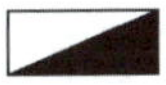

| 해설
① 분전반
② 배전반
③ 제어반
④ 개폐기

04. 배선용 차단기의 심벌은?

① [B] ② [E]
③ [BE] ④ [S]

| 해설
① 배선용 차단기
② 누전 차단기
③ 누전 차단기(과전류 겸용)
④ 개폐기

05. 다음 그림기호의 배선 명칭은?

————————

① 천장 은폐 배선 ② 바닥 은폐 배선
③ 노출 배선 ④ 바닥면 노출 배선

| 해설
일반 배선(배관, 덕트, 금속선, 홈통 등) 심벌
㉠ ———————— : 천장 은폐 배선
㉡ — — — : 바닥 은폐 배선
㉢ - - - - - - - : 노출 배선

06. 점유 면적이 좁고 운전, 보수에 안전하므로 공장, 빌딩 등의 전기실에 많이 사용되며, 큐비클(cubicle)형 이라고 불리는 배전반은?

① 라이브 프런트식 배전반
② 데드 프런트식 배전반
③ 포우스트형 배전반
④ 폐쇄식 배전반

| 해설
폐쇄식 수배전반(Metal Clad Switchgear)
폐쇄 배전반은 큐비클 및 메탈 클래드라 하며 차단기, 단로기 등의 전력용 개폐기, 계기용 변성기, 모선, 접속도체 및 감시제어에 필요한 기구로 구성된 집합장치를 말한다.

정답 01 ② 02 ② 03 ② 04 ① 05 ① 06 ④

07. 고압 배전반에는 부하의 합계 용량이 몇 [kVA] 를 넘는 경우 배전반에는 전류계, 전압계를 부착 하는가?

① 100 　　　　② 150
③ 200 　　　　④ 300

| 해설
고압 및 특고압 배전반에는 부하의 합계 용량이 300[kVA] 를 넘는 경우 전류계와 전압계를 부착하여야 한다.

08. 수전설비의 저압 배전반 앞에서 계측기를 판독하 기 위하여 앞면과 최소 몇 [m] 이상 유지하는 것을 원칙으로 하고 있는가?

① 0.6[m] 　　　　② 1.2[m]
③ 1.5[m] 　　　　④ 1.7[m]

| 해설
수전설비의 배전반 등의 최소유지거리

종류	앞면	뒷면	열상 호간	기타 면
특고압 배전반	1.7	0.8	1.4	—
고압 배전반	1.5	0.6	1.2	—
저압 배전반	1.5	0.6	1.2	—
변압기	0.6	0.6	1.2	0.3

09. 고압 이상에서 기기의 점검, 수리 시 무전압, 무 전류 상태로 전로에서 단독으로 전로의 접속 또 는 분리하는 것을 주목적으로 사용되는 수·변전 기기는?

① 기중부하 개폐기 　② 단로기
③ 전력퓨즈 　　　　④ 컷아웃 스위치

| 해설
단로기(DS, Disconnecting Switch)
전기기기의 점검, 수리의 경우 그 부분을 전원으로부터 개방하거나 또는 회로의 접속을 변경할 경우에 사용

10. 인입 개폐기가 아닌 것은?

① ASS 　　　　② LBS
③ LS 　　　　　④ UPS

| 해설
인입개폐기의 종류
㉠ ASS(고장구간 자동개폐기)
　간이 수전설비 인입개폐기로 사용
㉡ LBS(부하개폐기)
　정식 수전설비 인입개폐기로 사용
㉢ LS(선로개폐기)
　수전전압 66[kV] 이상의 경우 사용
<참고> UPS(무정전 전원 장치)
수변전설비 비상전원으로 사용

11. 수·변전 설비의 인입구 개폐기로 많이 사용되고 있으며 전력퓨즈의 용단 시 결상을 방지하는 목적 으로 사용되는 개폐기는?

① 부하 개폐기
② 선로 개폐기
③ 자동고장 구분개폐기
④ 기중 부하 개폐기

| 해설
부하 개폐기(LBS, Load Breaker Switch) 특징
㉠ 정식 수전설비 인입개폐기로 사용한다.
㉡ 3상 연동 개폐스위치로 630[A]의 정격전류를 갖는다.
㉢ 개폐기 2차측에 한류형 전력퓨즈(PF)를 직렬로 접속하여 사용한다(PF가 없는 타입도 있음).
㉣ 전력퓨즈(PF)의 결상보호 대책이 있다.

12. 피뢰기의 약호는?

① LA 　　　　② PF
③ SA 　　　　④ COS

| 해설
수변전설비 기기의 약호
① LA(Lightning Arrester) : 피뢰기
② PF(Power Fuse) : 파워퓨즈
③ SA(Surge Arrester) : 서지흡수기
④ COS(Cut Out Switch) : 컷 아웃 스위치

13. 다음의 심벌 명칭은 무엇인가?

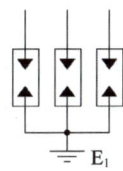

① 단로기   ② 파워퓨즈
③ 피뢰기   ④ 고압 컷아웃 스위치

| 해설

피뢰기(LA, Lightning Arrester)
뇌 또는 개폐서지 등의 이상전압(Surge Voltage)을 신속하게 방전하여 제한전압 이하로 억제하여 기기 및 선로를 보호하는 장치

14. 피뢰기가 구비해야 할 조건 중 잘못 설명된 것은?

① 충격 방전개시전압이 낮을 것
② 방전내량이 작으면서 제한전압이 높을 것
③ 상용주파 방전개시전압이 높을 것
④ 속류의 차단능력이 충분할 것

| 해설

피뢰기 구비조건
㉠ 제한전압 또는 충격방전 개시전압이 기기의 충격 절연레벨보다 충분히 낮을 것
㉡ 속류차단이 행해져 동작책무 특성이 양호할 것
㉢ 대전류의 방전, 속류차단의 반복동작에 대하여 장기간 사용에 견딜 수 있을 것
㉣ 상용주파 방전개시전압은 계통의 지속성 이상전압보다 훨씬 높을 것

15. 고압 또는 특고압 가공전선로에서 공급을 받는 수용장소의 인입구 또는 이와 근접한 곳에 시설해야 하는 것은?

① 계기용 변성기   ② 과전류 계전기
③ 접지 계전기   ④ 피뢰기

| 해설

피뢰기 설치 장소
㉠ 발전소, 변전소 또는 이에 준하는 장소의 가공전선 인입구 및 인출구
㉡ 가공전선로에 접속되는 배전용 변압기의 고압 및 특고압측
㉢ 고압 및 특고압 가공전선로로부터 공급받는 수용장소의 인입구
㉣ 가공전선로와 지중전선로가 접속되는 곳

16. 전압 $22.9\mathrm{kV}-\mathrm{y}$ 이하의 배전선로에서 수전하는 설비의 피뢰기 정격전압은 몇 [kV]로 적용하는가?

① 18[kV]   ② 24[kV]
③ 144[kV]   ④ 288[kV]

| 해설

피뢰기 정격전압

전력계통	피뢰기 정격전압[kV]	
전압[kV]	변전소	배전선로
345	288	—
154	144	—
66	72	—
22	24	—
22.9	21	18
6.6	7.5	7.5
3.3	7.2	7.5

정답   13 ③   14 ②   15 ④   16 ①

17. 차단기의 문자 기호 중 "OCB"는?

① 진공 차단기 ② 기중 차단기

③ 자기 차단기 ④ 유입 차단기

> | 해설
> 차단기 문자 기호(CB, Circuit Breaker)
> ㉠ VCB(Vacuum CB) : 진공 차단기
> ㉡ ACB(Air CB) : 기중 차단기
> ㉢ MBB(Magnetic Blow-out CB) : 자기 차단기
> ㉣ OCB(Oil CB) : 유입 차단기
> ㉤ GCB(Gas CB) : 가스 차단기

18. ACB의 약호는?

① 기중 차단기 ② 유입 차단기

③ 공기 차단기 ④ 단로기

> | 해설
> 차단기 문자 기호(CB, Circuit Breaker)
> ㉠ ACB(Air CB) : 기중 차단기
> ㉡ OCB(Oil CB) : 유입 차단기
> ㉢ ABB(Air Blast CB) : 공기 차단기
> ㉣ VCB(Vacuum CB) : 진공 차단기
> ㉤ GCB(Gas CB) : 가스 차단기

19. 교류 차단기에 포함되지 않는 것은?

① GCB ② DS

③ VCB ④ ABB

> | 해설
> 단로기(DS, Disconnecting Switch)
> 전기기기의 점검, 수리의 경우 그 부분을 전원으로부터
> 개방하거나 또는 회로의 접속을 변경할 경우에 사용

20. 특고압 수전설비의 결선기호와 명칭으로 잘못된 것은?

① CB-차단기 ② DS-단로기

③ LA-피뢰기 ④ LF-전력퓨즈

> | 해설
> LF(Line Fuse) : 라인퓨즈

21. 가스 절연 개폐기나 가스 차단기에 사용되는 가스인 SF_6의 성질이 아닌 것은?

① 같은 압력에서 공기의 2.5~3.5배의 절연 내력이 있다.

② 무색, 무취, 무해, 가스이다.

③ 가스 압력 3~4[kgf/cm]에서의 절연내력은 절연유 이상이다.

④ 소호능력은 공기보다 2.5배 정도 낮다.

> | 해설
> 소호능력 우수 : 공기의 100배 정도 높다.

22. 수·변전 설비의 고압회로에 걸리는 전압을 표시하기 위해 전압계를 시설할 때 고압회로와 전압계 사이에 시설하는 것은?

① 수전용 변압기 ② 계기용 변류기

③ 계기용 변압기 ④ 권선형 변류기

> | 해설
> ㉠ 계기용 변압기(PT 또는 VT) 2차 접속 기기
>   전압계, UVR, OVR 등
> ㉡ 변류기(CT) 2차 접속 기기
>   전류계, OCR, OCGR 등

정답 17 ④ 18 ① 19 ② 20 ④ 21 ④ 22 ③

23. 수변전설비 구성기기의 계기용 변압기(PT) 설명으로 맞는 것은?

① 높은 전압을 낮은 전압으로 변성하는 기기이다.
② 높은 전류를 낮은 전류로 변성하는 기기이다.
③ 회로에 병렬로 접속하여 사용하는 기기이다.
④ 부족전압 트립코일의 전원으로 사용된다.

> **│해설**
> ⊙ 계기용 변압기(PT, Potential Transfomer)
>   고전압을 110V의 저압으로 변압하여 계기나 계전기에 공급하는 기기
> ⓛ 변류기(CT, Current Transformer)
>   대전류를 5A의 소전류로 변류하여 계기나 계전기에 공급하는 기기

24. 계기용 변압기의 2차측 단자에 접속하는 기기는?

① 과전류 계전기   ② 전압계
③ 전류계   ④ 지락 계전기

> **│해설**
> ⊙ 계기용 변압기(PT) 2차측 접속 기기
>   전압계, 부족전압 계전기, 과전압 계전기
> ⓛ 변류기(CT) 2차측 접속 기기
>   전류계, 과전류 계전기, 지락 과전류 계전기

25. 교류 배전반에서 전류가 많이 흘러 전류계를 직접 주회로에 연결할 수 없을 때 사용하는 기기는?

① 전류 제한기
② 계기용 변압기
③ 계기용 변류기
④ 전류계용 절환 개폐기

> **│해설**
> ⊙ 계기용 변압기(PT 또는 VT)
>   고전압을 저전압으로 변성시켜 계기를 접속시키는 기기
> ⓛ 변류기(CT)
>   대전류를 소전류로 변성시켜 계기를 접속시키는 기기(여기서, 계기는 전압계, 전류계, 전력계, 역률계, 보호계전기 등을 말한다.)

26. 변류기 개방 시 2차측을 단락하는 이유는?

① 2차측 절연보호   ② 2차측 과전류보호
③ 측정오차 감소   ④ 변류비 유지

> **│해설**
> CT의 사용 중 2차측 개방하면 1차측 부하전류가 모두 여자전류가 되어 2차측에 고전압이 유기되어 절연파괴의 우려가 있다.

27. 정격전압 3상 24[kV], 정격차단전류 300[A]인 수전설비의 차단용량은 몇 [MVA]인가?

① 17.26   ② 28.34
③ 12.47   ④ 24.94

> **│해설**
> 차단기 차단용량
> $$P_s = \sqrt{3}\,V_n I_s = \sqrt{3} \times 24 \times 10^3 \times 0.3 \times 10^3$$
> $$= 12.47 \times 10^6\,[\text{VA}] = 12.47\,[\text{MVA}]$$

28. 코일 주위에 전기적 특성이 큰 에폭시 수지를 고진공으로 침투시키고, 다시 그 주위를 기계적 강도가 큰 에폭시 수지로 몰딩한 변압기는?

① 건식 변압기   ② 유입 변압기
③ 몰드 변압기   ④ 타이 변압기

> **│해설**
> 몰드 변압기
> 권선은 난연성의 Epoxy 수지에 실리카 등의 무기질 충전재를 배합 또는 유리섬유의 기본재를 함침한 것으로 환경오염방지 및 난연성, 자기소화성을 가지고 있어 화재발생 가능성을 최소화한 변압기

정답   23 ①   24 ②   25 ③   26 ①   27 ③   28 ③

29. 수변전 설비 중에서 동력설비 회로의 역률을 개선할 목적으로 사용되는 것은?

① 전력 퓨즈
② MOF
③ 지락 계전기
④ 진상용 콘덴서

| 해설
진상용 콘덴서(SC, Static Capacitor)
유도성 부하(전동기 등)와 병렬로 접속하여 무효전력을 상쇄시켜 역률을 개선시킨다.

30. 부하의 역률이 규정 값 이하인 경우 역률 개선을 위하여 설치하는 것은?

① 저항
② 리액터
③ 컨덕턴스
④ 진상용 콘덴서

| 해설
진상용 콘덴서(SC, Static Capacitor)
유도성 부하(전동기 등)와 병렬로 접속하여 무효전력을 상쇄시켜 역률을 개선시킨다.

31. 역률개선의 효과로 볼 수 없는 것은?

① 전력손실 감소
② 전압강하 감소
③ 감전사고 감소
④ 설비 용량의 이용률 증가

| 해설
역률 개선 효과
㉠ 변압기와 배전선의 전력손실 경감
㉡ 전압강하 감소
㉢ 설비 용량의 여유도(이용률) 증가
㉣ 전기 요금의 감소

32. 전력용 콘덴서에 의하여 얻을 수 있는 전류는?

① 지상전류
② 진상전류
③ 동상전류
④ 영상전류

| 해설
전기 소자에 의한 전류 위상 비교
㉠ 저항 : 전압과 동상전류
㉡ 코일 : 전압보다 90° 늦은 지상전류
㉢ 콘덴서 : 전압보다 90° 빠른 진상전류

33. 고압 전로에 접속된 콘덴서를 개방한 후 잔류되어 있는 충전 전하에 의한 감전사고를 방지하기 위하여 설치하는 것은?

① 방전 코일
② 직렬 리액터
③ 차단기
④ 단로기

| 해설
방전 코일 설치 목적
㉠ 잔류전하를 방전시켜 인체 감전 방지
㉡ 콘덴서 투입 시 과전압 방지

34. 전력용 콘덴서를 회로로부터 개방하였을 때 전하가 잔류함으로써 일어나는 위험의 방지와 재투입할 때 콘덴서에 걸리는 과전압의 방지를 위하여 무엇을 설치하는가?

① 직렬 리액터
② 전력용 콘덴서
③ 방전 코일
④ 피뢰기

| 해설
방전 코일 설치 목적
㉠ 잔류전하를 방전시켜 인체 감전 방지
㉡ 콘덴서 투입 시 과전압 방지

정답 29 ④ 30 ④ 31 ③ 32 ② 33 ① 34 ③

35. 설치 면적과 설치 비용이 많이 들지만 가장 이상적이고 효과적인 진상용 콘덴서 설치 방법은?

① 수전단 모선에 설치한다.
② 수전단 모선에 분산하여 설치한다.
③ 가장 큰 부하 측에만 설치한다.
④ 부하측에 분산하여 설치한다.

┃해설

진상용 콘덴서 설치 방법
(1) 수전단 모선에 집중하여 설치
　　㉠ 장점 : 관리가 용이하고 경제적이다.
　　㉡ 단점 : 역률개선 효과가 가장 작다.
(2) 부하측에 분산하여 설치
　　㉠ 장점 : 역률개선 효과가 크다.
　　㉡ 단점 : 관리가 힘들고 비경제적이다.

36. 무효전력을 조정하는 전기기계기구는?

① 조상설비　　　　② 개폐설비
③ 차단설비　　　　④ 보상설비

┃해설

조상설비
무효전력의 조정을 통하여 전압조정이나 역률 등을 개선하여 전력손실을 경감시키기 위한 설비를 말한다.

37. 보호 계전기를 동작 원리에 따라 구분할 때 해당되지 않는 것은?

① 유도형　　　　② 정지형
③ 디지털형　　　④ 저항형

┃해설

보호계전기의 동작 원리에 따른 분류
㉠ 전자기계형 : 유도형, 가동코일형, 가동철심형
㉡ 정지형 : 트랜지스터형, 전자관형, 자기증폭기형, 홀 효과형
㉢ 디지털형 : 연산형, 계수형, 스캐너형

38. 자가용 전기설비의 보호 계전기의 종류가 아닌 것은?

① 과전류계전기　　　② 과전압계전기
③ 부족전압계전기　　④ 부족전류계전기

┃해설

자가용 전기설비의 보호계전기의 종류
㉠ 과전류계전기(OCR)
㉡ 지락 과전류계전기(OCGR)
㉢ 과전압계전기(OVR)
㉣ 부족전압계전기 또는 저전압계전기(UVR)
㉤ 결상계전기(POR)
㉥ 지락 과전압계전기(OVGR)
㉦ 선택 지락계전기(SGR 또는 DGR)

39. 보호를 요하는 회로의 전류가 어떤 일정한 값(정정값) 이상으로 흘렀을 때 동작하는 계전기는?

① 과전류 계전기　　② 과전압 계전기
③ 차동 계전기　　　④ 비율 차동 계전기

┃해설

㉠ 과전류 계전기(OCR, Over Current Relay)
　　보호계전기 설정값 이상의 전류가 흘렀을 때 동작하여 차단기를 트립시킨다.
㉡ 과전압 계전기(OVR Over Voltage Relay)
　　보호계전기 설정값 이상의 전압이 인가되었을 때 동작하여 차단기를 트립시킨다.

40. 지락전류를 검출할 때 사용하는 계기는?

① ZCT　　　　② PT
③ CT　　　　④ OCR

┃해설

㉠ 영상변류기(ZCT)
　　지락사고 시 지락전류(＝영상전류)를 검출할 때 사용
㉡ 계기용 변압기 (PT, VT)
　　고전압을 저전압(110V)으로 변압할 때 사용
㉢ 변류기(CT)
　　대전류를 소전류(5A)로 변류할 때 사용
㉣ 과전류계전기(OCR)
　　과전류 검출 시 차단기를 트립(Trip)할 때 사용

정답　35 ④　36 ①　37 ④　38 ④　39 ①　40 ①

41. 선택 지락 계전기(selective ground relay)의 용도는?

① 다회선에서 지락고장 회선의 선택
② 단일 회선에서 지락전류의 방향의 선택
③ 단일 회선에서 지락사고 지속시간의 선택
④ 단일 회선에서 지락전류의 대소의 선택

| 해설

선택 지락 계전기(SGR)
㉠ 다회선에서 지락이 발생한 선로만 선택차단할 수 있도록 고장이 발생한 회선을 검출할 수 있는 보호계전기를 말한다.
㉡ 일반적으로 비접지 계통에서 지락사고 검출용으로 사용된다.

42. 발전기나 변압기 내부 고장 보호에 쓰이는 계전기로서 가장 알맞은 것은?

① 비율차동계전기　　② 접지계전기
③ 과전류계전기　　　④ 역상계전기

| 해설

비율차동계전기(RDR, Ratio Differential Relay)

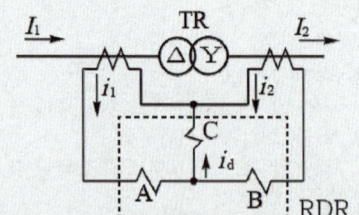

비율차동계전기는 보호구간에 유입하는 전류와 유출되는 전류의 벡터차와 출입하는 전류의 관계비로 동작하는 것으로 발전기, 변압기 내부고장 보호에 사용된다. 여기서, A, B는 억제코일, C는 동작코일이 된다.

43. 낙뢰, 수목 접촉, 일시적인 섬락 등 순간적인 사고로 계통에서 분리된 구간을 신속히 계통에 투입시킴으로써 계통의 안정도를 향상시키고 정전 시간을 단축시키기 위해 사용되는 계전기는?

① 차동 계전기　　　② 과전류 계전기
③ 거리 계전기　　　④ 재폐로 계전기

| 해설

재폐로 계전기(Reclosing Relay)
송전선 고장은 대부분 뇌 등에 의한 아크 지락사고이다. 따라서 고장전류를 차단하여 아크가 소멸된 후 차단기 재투입을 인위적으로 하는 경우에는 많은 시간이 소요되므로 자동적으로 차단기를 투입할 것이 요구된다. 따라서 차단기가 차단되고 고장지점의 절연이 회복된 후 재폐로 조건(동기조건)이 이루어지면 자동적으로 차단기를 투입하는 계전기를 말한다.

44. 디지털 계전기의 장점이 아닌 것은?

① 점검 중에도 작동을 한다.
② 오동작이 작다.
③ 오차가 작다.
④ 진동에 영향을 받지 않는다.

| 해설

디지털 계전기의 장점(아날로그와 비교)
㉠ 고성능, 다기능화
㉡ 수변전반의 소형화
㉢ 무접점 타입으로 접점의 신뢰성이 높음
㉣ 소비전력이 작아 변성기의 부담이 적음
㉤ 고장 내역이 저장되기 때문에 운영의 신뢰도가 높다.
∴ 보호계전기를 점검할 때에는 정전작업을 원칙으로 하므로 점검 중에 작동할 수 없다.

45. 다음 심벌의 명칭은?

① 과전압 계전기 ② 환풍기
③ 콘센트 ④ 룸 에어콘

| 해설 |

①	②	③	④
OVR	∞	◑	RC

46. 실링 · 직접부 착등을 시설하고자 한다. 배선도에 표기할 그림기호로 옳은 것은?

① ⊢Ⓝ ② ◯
③ Ⓒ Ⓛ ④ Ⓡ

| 해설 |
실링(ceiling)
전등을 달기 위하여 천장으로부터 전선을 끌어내어 반자에 다는 하얀 사기 따위로 만든 반구형의 기구

47. 심벌 Ⓔ Ⓠ 는 무엇을 의미하는가?

① 지진감지기 ② 전하량기
③ 변압기 ④ 누전경보기

| 해설 |
옥내배선의 그림 기호 (내선규정 부록 100−5)
EQ : 지진감지기(EarthQuake Detector)

48. F40[W]의 의미는?

① 수은등 40[W]
② 나트륨등 40[W]
③ 메탈 할라이드등 40[W]
④ 형광등 40[W]

| 해설 |
F40[W]는 형광등 40[W]를 의미한다.

49. 조명공학에서 사용되는 칸델라(cd)는 무엇의 단위인가?

① 광도 ② 조도
③ 광속 ④ 휘도

| 해설 |
광도(luminous intensity) I[cd]
어떤 방향에 발산 광속의 입체각 밀도를 그 방향의 광도라 한다(빛의 진행방향에 수직한 면을 통과하는 빛의 양).

50. 평균 구면 광도 I[cd]의 전등에서 발산되는 전광속 수[lm]는?

① $4\pi I$ ② $2\pi I$
③ πI ④ $4\pi I^2$

| 해설 |
광속 $F = \omega I = 4\pi I$ [lm]
여기서, 구면의 입체각 $\omega = 4\pi$

51. 완전 확산면은 어느 방향에서 보아도 무엇이 동일한가?

① 광속 ② 휘도
③ 조도 ④ 광도

| 해설 |
어느 방향에서 보더라도 동일한 휘도를 가진 반사면 또는 투과면을 완전 확산면이라 한다. 여기서, 휘도는 광원의 단위 면적당 빛의 밝기로 눈부신 정도를 나타낸다.

정답 45 ③ 46 ③ 47 ① 48 ④ 49 ① 50 ① 51 ②

52. 작업면에서 천장까지의 높이가 3[m]일 때 직접 조명인 경우의 광원의 높이[m]는?

① 1   ② 2

③ 3   ④ 4

| 해설

조명기구 간격 및 배치(직접조명의 경우)

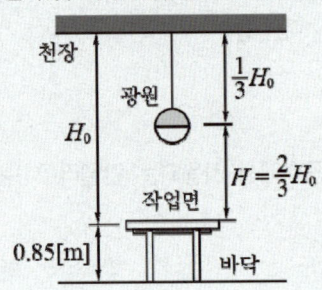

㉠ 작업면에서 천장까지 높이 : H_0

㉡ 등기구와 작업면 사이 간격 : $H = \dfrac{2}{3}H_0$

㉢ 등기구 사이의 간격 : $S \leq 1.5H$

∴ $H = \dfrac{2}{3}H_0 = \dfrac{2}{3} \times 3 = 2 \, [\mathrm{m}]$

53. 가로 20[m], 세로 18[m], 천정의 높이 3.85[m], 작업면의 높이 0.85[m], 간접조명 방식인 호텔 연회장의 실지수는 약 얼마인가?

① 1.16   ② 2.16

③ 3.16   ④ 4.16

| 해설

실지수(Room Index)

$RI = \dfrac{XY}{H(X+Y)} = \dfrac{20 \times 18}{3(20+18)} = 3.16$

여기서, H : 작업면으로부터 광원의 높이

$\qquad (H = 3.85 - 0.85 = 3 \, [\mathrm{m}])$

$\qquad X$: 방의 가로 길이

$\qquad Y$: 방의 세로 길이

54. 실내 면적 100[m²]인 교실에 전광속이 2500[lm]이니 40[W] 형광등을 설치하여 평균조도를 150[lx]로 하려면 몇 개의 등을 설치하면 되겠는가? (단, 조명률은 50[%], 감광 보상률은 1.25로 한다.)

① 15개   ② 20개

③ 25개   ④ 30개

| 해설

등수 $N = \dfrac{EAD}{FU} = \dfrac{150 \times 100 \times 1.25}{2500 \times 0.5} = 15$개

여기서, E : 조도 [lx] A : 면적 [m²]

$\qquad\quad D$: 감광보상 F : 광속 [lm] U : 조명률

55. 조명기구를 배광에 따라 분류하는 경우 특정한 장소만을 고 조도로 하기 위한 조명기구는?

① 직접 조명기구   ② 전반확산 조명기구

③ 광천장 조명기구   ④ 반직접 조명기구

| 해설

직접 조명(Direct Lighting)

광원으로부터 빛이 대부분 작업면에 직접 조사되는 조명방식을 말한다.

<참고> 배광에 의한 분류

조명	직접	반직접	전반확산
상향 광속	0~10%	10~40%	40~60%
등기구			
하향 광속	100~90%	90~60%	60~40%
적용 장소	공장 다운라이트 천장매입	사무실 학교 상점	사무실 학교 상점

조명	반간접	간접
상향 광속	60~90%	90~100%
등기구		
하향 광속	40~10%	10~0%
적용 장소	병원 침실 다방·바	병원 침실 다방·바

56. 전주 외등 설치 시 백열전등 및 형광등의 조명기구를 전주에 부착하는 경우 부착한 점으로부터 돌출되는 수평거리는 몇 [m] 이내로 하여야 하는가?

① 0.5   ② 0.8
③ 1.0   ④ 1.2

| 해설
전주 외등(내선규정 제3330절)
대지전압 300[V] 이하의 형광등, 고압방전등, LED등 등을 배전선로의 지지물등에 시설하는 경우에 적용한다.
㉠ 기구 인출선 도체 단면적 : 0.75[mm²] 이상
㉡ 중량 : 부속 금구류를 포함하여 100[kg] 이하
㉢ 기구 부착 높이 : 하단에서 지표상 4.5[m] 이상(단, 교통에 지장이 없을 경우 : 3[m] 이상)
㉣ 돌출 수평 거리 : 1.0[m] 이상

57. 전주 외등 설치 시 조명기구를 부착하는 경우 조명기구의 부착 높이는 지표면으로부터 최소 몇 [m] 이상이어야 하는가?

① 3[m]   ② 3.5[m]
③ 4[m]   ④ 4.5[m]

| 해설
기구 부착 높이
하단에서 지표상 4.5[m] 이상(단, 교통에 지장이 없을 경우 : 3[m] 이상)

58. 전주 외등 설치 시 조명기구를 부착하는 경우 조명기구의 부착 높이는 지표면으로부터 최소 몇 [m] 이상이어야 하는가? (단, 교통에 지장이 없는 경우이다.)

① 3[m]   ② 3.5[m]
③ 4[m]   ④ 4.5[m]

| 해설
전주 외등(내선규정 제3330절)
기구 부착 높이 : 하단에서 지표상 4.5[m] 이상(단, 교통에 지장이 없을 경우 : 3[m] 이상)

59. 전자접촉기 2개를 이용하여 유도전동기 1대를 정·역운전하고 있는 시설에서 전자접촉기 2개가 동시에 여자 되어 상간 단락되는 것을 방지하기 위하여 구성하는 회로는?

① 자기 유지 회로   ② 순차 제어 회로
③ Y－△ 기동 회로   ④ 인터록 회로

| 해설
인터록 회로(interlock circuit)
인터록은 서로 맞물리다라는 의미로 병렬회로가 동시에 동작하는 것을 방지하기 위한 회로를 말한다. 즉, 먼저 동작(선행동작)한 회로만 동작하는 형태로 전동기 정역 회로, Y－△ 기동 등에 사용된다.

60. 화재 시 소방대가 조명 기구나 파괴용 기구, 배연기 등 소화 활동 및 인명 구조 활동에 필요한 전원으로 사용하기 위해 설치하는 것은?

① 상용전원장치   ② 유도등
③ 비상용 콘센트   ④ 비상등

| 해설
화재가 발생하면 건물 내의 전원이 차단되므로 출동한 소방대의 소화활동장비에 전원을 공급하기 위해서 예비 전원설비(비상발전기, UPS 등)를 통해 전원을 공급받을 수 있는 설비를 비상용 콘센트라 한다.

61. 자동화재탐지설비의 구성 요소가 아닌 것은?

① 비상 콘센트   ② 발신기
③ 수신기   ④ 감지기

| 해설
자동화재탐지설비는 감지기, 발신기, 중계기, 수신기로 구성되어 있다.

정답   56 ③   57 ④   58 ①   59 ④   60 ③   61 ①

62. 자동화재탐지설비는 화재의 발생을 초기에 자동적으로 탐지하여 소방대상물의 관계자에게 화재의 발생을 통보해 주는 설비이다. 이러한 자동화재탐지설비의 구성 요소가 아닌 것은?

① 수신기
② 비상경보기
③ 발신기
④ 중계기

> **| 해설**
> 자동화재탐지설비는 감지기, 발신기, 중계기, 수신기로 구성되어 있다.

63. 주위 온도가 일정 상승률 이상이 되는 경우에 작동하는 것으로서 일정한 장소의 열에 의하여 작동하는 화재 감지기는?

① 차동식 스포트형 감지기
② 차동식 분포형 감지기
③ 광전식 연기 감지기
④ 이온화식 연기 감지기

> **| 해설**
> ㉠ 차동식 감지기 : 주위 온도가 일정 상승률 이상이 되는 경우에 작동
> ㉡ 차동식 스포트형 감지기 : 일정한 장소에 사용
> ㉢ 차동식 분포형 감지기 : 넓은 범위에 사용

pass.Hackers.com

✔ 학습전략

학습 전략 1	7개년 기출문제를 풀어보며 실전감각을 익힙니다.
학습 전략 2	3회독 시스템을 통해 출제 유형을 점검하고, 자주 틀리는 문제 유형을 파악합니다.
학습 전략 3	헷갈리는 유형을 중점적으로 학습하여 완벽하게 시험에 대비할 수 있습니다.

최신기출(CBT)

※ 본 교재에 수록된 모든 문제는 CBT 기출복원문제로서, 수험생의 기억에 따라 복원된 것이며, 실제 기출문제와 동일하지 않을 수 있습니다.

01. $e = 141.4\sin(100\pi t)[\mathrm{V}]$의 교류전압이다. 이 교류의 실효값은 몇 $[\mathrm{V}]$인가?

① 100
② 110
③ 141
④ 282

> 전기이론 **Chapter 05** 단상 교류회로
>
> 정현파의 실효값
> $$V = \frac{V_m}{\sqrt{2}} = \frac{141.4}{\sqrt{2}} = 100[\mathrm{V}]$$
> (여기서, V_m : 전압의 최댓값)

02. 다음 중 삼각파의 파형률은 약 얼마인가?

① 1.000
② 1.155
③ 1.414
④ 1.732

> 전기이론 **Chapter 05** 단상 교류회로
>
> ㉠ 삼각파의 실효값: $V = \dfrac{V_m}{\sqrt{3}}$
>
> ㉡ 삼각파의 평균값: $V_a = \dfrac{V_m}{2}$
>
> ∴ 파형률: $\dfrac{V}{V_a} = \dfrac{\frac{V_m}{\sqrt{3}}}{\frac{V_m}{2}} = \dfrac{2}{\sqrt{3}} = 1.155$

03. 유저항 ρ의 단위로 옳은 것은?

① Ω
② $\Omega \cdot \mathrm{m}$
③ $\mathrm{AT/Wb}$
④ Ω^{-1}

> 전기이론 **Chapter 01** 직류회로
>
> 고유저항 $\rho = \dfrac{R \cdot S}{\ell}$로 정의하므로
>
> $\rho = \dfrac{[\Omega \cdot \mathrm{m}^2]}{[\mathrm{m}]} = [\Omega \cdot \mathrm{m}]$이다.

04. $\mathrm{R-L}$ 직렬회로의 시정수 $\tau\,[\mathrm{s}]$는?

① R/L
② L/R
③ RL
④ 1/(RL)

> 전기이론 **Chapter 05** 단상 교류회로
>
> ㉠ RL 직렬회로의 시정수 : $\tau = \dfrac{L}{R}[\sec]$
>
> ㉡ RC 직렬회로의 시정수 : $\tau = RC[\sec]$

05. 다음 중 $1[\mathrm{V}]$와 같은 값을 갖는 것은?

① $1\ [\mathrm{J/C}]$
② $1\ [\mathrm{Wb/m}]$
③ $1\ [\Omega/\mathrm{m}]$
④ $1\ [\mathrm{A \cdot s}]$

> 전기이론 **Chapter 02** 정전계와 정자계
>
> 전위차 $V = \dfrac{W}{Q}$이므로, $1[V] = \dfrac{J}{C}$이다.

06. 플레밍의 왼손법칙에서 전류 방향을 나타내는 손가락은?

① 약지

② 중지

③ 검지

④ 엄지

전기이론 Chapter 03 전류의 자기현상

플레밍의 왼손 법칙 (전동기의 원리)
㉠ 엄지 손가락 : 전자력의 방향 (F)
㉡ 검지 손가락 : 자장의 방향 (B)
㉢ 중지 손가락 : 전류의 방향 (I)

07. 전기력선의 성질 중 옳지 않은 것은?

① 음전하에서 양전하로 끝난다.

② 접선 방향은 전기장의 방향이다.

③ 밀도는 전기장의 세기에 비례한다.

④ 전기력선은 서로 교차하지 않는다.

전기이론 Chapter 02 정전계와 정자계

전기력선은 양(+)에서 나와 음(−)에 들어간다.

08. 교류 회로에서 전압·전류 위상차 θ일 때 $\cos\theta$는 무엇인가?

① 전압 변동률

② 파형률

③ 효율

④ 역률

전기이론 Chapter 05 단상 교류회로

09. $X_C = 8[\Omega]$ 콘덴서에 전류 10[A]가 흐르고 있다. 이때 직렬 저항을 삽입 후 8[A]로 감소하였다면, $R[\Omega]$ 값은?

① 6

② 8

③ 10

④ 12

전기이론 Chapter 05 단상 교류회로

㉠ 콘덴서만의 회로에서 단자전압
: $V = IX_C = 10 \times 8 = 80[V]$
㉡ 직렬로 저항을 접속했을 때 회로 임피던스
: $Z = \dfrac{V}{I} = \dfrac{80}{8} = 10[\Omega]$
㉢ $R-C$ 직렬회로에서 임피던스는
$Z = \sqrt{R^2 + X_C^2}$ 에서
$Z^2 = R^2 + X_C^2$ 이므로 저항의 크기는
∴ $R = \sqrt{Z^2 - X_C^2} = \sqrt{10^2 - 8^2} = 6[\Omega]$

10. $R = 12[\Omega]$, $X_L = 16[\Omega]$ 직렬회로에 선간전압 200[V] 3상 교류를 가하면 역률은?

① 60[%]

② 70[%]

③ 80[%]

④ 90[%]

전기이론 Chapter 06 3상 교류회로

㉠ 임피던스
: $Z = \sqrt{R^2 + X_L^2} = \sqrt{12^2 + 16^2} = 20[\Omega]$
㉡ $R-L$ 직렬회로의 역률
: $\cos\theta = \dfrac{R}{Z} = \dfrac{12}{20} = 0.6 = 60[\%]$

11. 평균값 220[V]인 정현파 교류전압의 최댓값은?

① 110

② 345

③ 381

④ 691

전기이론 **Chapter 02 단상 교류회로**

㉠ 평균값 : $V_a = \dfrac{2V_m}{\pi} = 0.637\,V_m$

㉡ 최댓값 : $V_m = \dfrac{V_a}{0.637} = \dfrac{220}{0.637} = 345\,[\text{V}]$

12. 교류에서 파형률은?

① 최댓값/실횻값

② 실횻값/평균값

③ 평균값/실횻값

④ 최댓값/평균값

전기이론 **Chapter 05 단상 교류회로**

㉠ 파고율 $= \dfrac{\text{최댓값}}{\text{실횻값}}$

㉡ 파형률 $= \dfrac{\text{실횻값}}{\text{평균값}}$

13. $R = 4[\Omega]$, $X_L = 8[\Omega]$, $X_C = 5[\Omega]$ 직렬회로에 100[V]교류가 흐른다면, 전류 $I[\text{A}]$의 값과, 임피던스 성질은?

① 5.9[A] / 용량성

② 5.9[A] / 유도성

③ 20[A] / 용량성

④ 20[A] / 유도성

전기이론 **Chapter 05 단상 교류회로**

㉠ 임피던스
 : $Z = R + j(X_L - X_C)$
  $= 4 + j(8-5) = 4 + j3\,[\Omega]$

㉡ $X_L > X_C$의 경우 유도성 부하
 (참고: $X_L < X_C$의 경우 용량성 부하)

㉢ 임피던스 크기
 : $Z = \sqrt{4^2 + 3^2} = 5\,[\Omega]$

∴ 전류 : $I = \dfrac{V}{Z} = \dfrac{100}{5} = 20\,[\text{A}]$

14. $R = 20[\Omega]$, $L = 10[\text{H}]$인 $R-L$ 직렬회로의 시정수 τ는?

① 0.005[sec]

② 0.5[sec]

③ 2[sec]

④ 200[sec]

전기이론 **Chapter 05 단상 교류회로**

㉠ RL 직렬회로의 시정수 : $\tau = \dfrac{L}{R}\,[\text{sec}]$

㉡ RC 직렬회로의 시정수 : $\tau = RC\,[\text{sec}]$

∴ $\tau = \dfrac{L}{R} = \dfrac{10}{20} = 0.5\,[\text{sec}]$

15. 무한히 긴 평행 2직선에 같은 방향 전류를 흘릴 때 힘과 거리 관계는?

① 흡인력, $d\uparrow$, 힘 $\downarrow$

② 반발력, $d\uparrow$, 힘 $\downarrow$

③ 흡인력, $d\uparrow$, 힘 $\uparrow$

④ 반발력, $d\uparrow$, 힘 $\uparrow$

전기이론 **Chapter 03 전류의 자기현상**

평행도선 사이에 작용하는 힘 (전자력)

㉠ 전류가 동일 방향으로 흐를 경우 : 흡인력

㉡ 전류가 반대 방향으로 흐를 경우 : 반발력

㉢ 전자력 : $f = \dfrac{2I_1 I_2}{d} \times 10^{-7}\,[\text{N/m}]$

16. 환상 솔레노이드 내부 자기장의 세기에 관한 옳은 설명은?

① 권수에 반비례한다.

② 철심 단면적이 클수록 작다.

③ 솔레노이드 길이가 길수록 작다.

④ 자장의 세기는 전류에 비례한다.

전기이론 **Chapter 03 전류의 자기현상**

환상 솔레노이드 내부 자기장의 세기

$H = \dfrac{NI}{\ell}\,[\text{AT/m}]$ 이므로 전류에 비례한다.

17. 권선을 150번 감은 코일에 2초 동안 자속 1[Wb] 변화를 주었다면, 유도기전력 E[V]은?

① 50[V]

② 75[V]

③ 100[V]

④ 150[V]

> **전기이론** Chapter 04 전자유도법칙
>
> $e = -N\dfrac{d\varnothing}{dt} = -150 \times \dfrac{1}{2} = -75\,[V]$
>
> 여기서, $-$ 부호는 자속 변화의 반대방향을 의미한다.

18. L, C 병렬회로에서 전류가 0 되는 공진주파수 f는?

① $f = \dfrac{1}{\pi\sqrt{LC}}$

② $f = \dfrac{1}{\pi LC}$

③ $f = \dfrac{1}{2\pi LC}$

④ $f = \dfrac{1}{2\pi\sqrt{LC}}$

> **전기이론** Chapter 05 단상 교류회로
>
> 공진주파수 (직렬회로와 병렬회로 모두 동일)
>
> $\therefore f_r = \dfrac{1}{2\pi\sqrt{LC}}$ [Hz]

19. 자체 인덕턴스 20[mH] 코일에 30[A] 전류를 흘릴 때 축적 에너지[J]는?

① 15[J]

② 3[J]

③ 9[J]

④ 18[J]

> **전기이론** Chapter 04 전자유도법칙
>
> 코일의 저장되는 자기에너지
>
> $W = \dfrac{1}{2}LI^2 = \dfrac{1}{2} \times 20 \times 10^{-3} \times 30^2 = 9\,[J]$

20. 진공 중에서 같은 크기의 두 자극을 1[m] 거리에 놓았을 때, 그 작용하는 힘[N]은? (단, 자극의 세기는 1[Wb]이다.)

① 6.33×10^4

② 8.33×10^4

③ 9.33×10^5

④ 9.09×10^9

> **전기이론** Chapter 02 정전계와 정자계
>
> 두 자극 사이에 작용하는 힘(쿨롱의 법칙)
>
> $F = \dfrac{m_1 m_2}{4\pi\mu r^2} = \dfrac{m_1 m_2}{4\pi\mu_0\mu_s\,r^2}$
>
> $= 6.33 \times 10^4 \times \dfrac{m_1 m_2}{\mu_s\,r^2}$
>
> $= 6.33 \times 10^4 \times \dfrac{1 \times 1}{1 \times 1} = 6.33 \times 10^4\,[N]$
>
> 여기서, 쿨롱 상수 $\dfrac{1}{4\pi\mu_0} = 6.33 \times 10^4$

21. 무부하 전압과 전부하 전압이 같은 값을 가지는 특성의 발전기는?

① 직권 발전기

② 차동 복권 발전기

③ 평복권 발전기

④ 과복권 발전기

> **전기기기** Chapter 01 직류기
>
> 부하 전류에 관계없이 단자전압이 일정한 것은 평복권 발전기이다.

22. 슬립이 일정한 경우 유도전동기의 공급 전압이 $\dfrac{1}{2}$로 감소되면 토크는 처음에 비해 어떻게 되는가?

① 2배가 된다.

② 1배가 된다.

③ $\dfrac{1}{2}$로 줄어든다.

④ $\dfrac{1}{4}$로 줄어든다.

> **전기기기** Chapter 01 직류기
>
> 유도전동기의 토크와 전압관계 $T \propto V_1^2$
>
> 유도전동기에 공급전압이 $\dfrac{1}{2}$로 감소시 토크는
>
> $T : xT = V_1^2 : \left(\dfrac{1}{2}V_1\right)^2$
>
> $x = \left(\dfrac{1}{2}V_1\right)^2 \times T \times \dfrac{1}{V_1^2} \times \dfrac{1}{T} = \dfrac{1}{4}$

23. 동기 전동기에서 난조를 방지하기 위하여 자극면에 설치하는 권선은?

① 제농 권선
② 계자 권선
③ 전기자 권선
④ 보상 권선

전기기기 **Chapter 02 동기기**
제동권선이 기동과 난조 억제 역할을 한다.

24. 변압기유(절연유)에 요구되는 성질이 아닌 것은?

① 점도가 클 것
② 비열이 커 냉각 효과가 클 것
③ 절연재·금속과 화학작용 없을 것
④ 인화점 높고 응고점 낮을 것

전기기기 **Chapter 03 변압기**
변압기의 사용 목적 및 조건
㉠ 사용 목적 : 절연 및 냉각
㉡ 조건
 • 절연내력이 높을 것
 • 점도가 낮을 것
 • 인화점이 높고 응고점이 낮을 것
 • 산화 및 열화현상이 없을 것
 • 비열이 커서 냉각효과 클 것

25. 회전자 입력 $10[kW]$, 슬립 $3[\%]$인 3상 유도전동기의 2차 동손은 몇 $[W]$인가?

① 700 ② 300
③ 400 ④ 500

전기기기 **Chapter 03 변압기**
2차 입력, 2차 동손, 출력과 슬립의 관계
$P_2 : P_c : P_o = 1 : s : 1-s$
$P_2 : P_c = 1 : s$에서
∴ 2차 동손 : $P_c = sP_2$
$\qquad = 0.03 \times 10 \times 10^3 = 300[W]$

26. 변압기의 효율이 가장 좋은 조건은?

① 철손 = 동손
② 철손 = 1/2 동손
③ 동손 = 1/2 철손
④ 동손 = 2 철손

전기기기 **Chapter 03 변압기**
철손과 동손이 같은 때 변압기 효율이 가장 좋다.

27. 슬립이 0.05이고 전원 주파수가 $60[Hz]$인 유도 전동기의 회전자 회로의 주파수$[Hz]$는?

① 1 ② 2
③ 3 ④ 4

전기기기 **Chapter 04 유도기**
회전자 회로의 주파수 $f_2 = s f_1 [Hz]$
(여기서, f_1 : 전원주파수, f_2 : 회전시 주파수
∴ $f_2 = s f_1 = 0.05 \times 60 = 3[Hz]$

28. 동기속도 $30[rps]$ 발전기에서 기전력 주파수를 $60[Hz]$로 하려면 극수는?

① 2
② 4
③ 6
④ 8

전기기기 **Chapter 02 동기기**
㉠ 동기속도 $N_s = \dfrac{120f}{P} [rpm]$에서
㉡ 극수 $P = \dfrac{120f}{N_s} = \dfrac{120 \times 60}{30 \times 60} = 4$극
 (여기서, f : 주파수, P : 극수)

29. 3[kW], 1500[rpm] 유도 전동기의 토크[N·m]는 약 얼마인가?

① 1.91[N·m]　　② 19.1[N·m]
③ 29.1[N·m]　　④ 114.6[N·m]

> **전기기기** Chapter 04 유도기
>
> ㉠ 1[kg·m]=9.8[N·m]
>
> ㉡ 토크 $T = 0.975 \dfrac{P_o}{N}$
>
> $\qquad = 0.975 \times \dfrac{3 \times 10^3}{1500} = 1.95[\text{kg·m}]$
>
> ∴ [kg·m]을 [N·m]로 단위 변환시 9.8을 곱해야 하므로
> 1.95 × 9.8 = 19.1[N·m]

30. 유입 변압기에 기름을 사용하는 목적이 아닌 것은?

① 열 방산　　② 냉각
③ 절연　　④ 수소발생 감소

> **전기기기** Chapter 01 직류기
>
> 절연유는 주로 냉각·절연용이며 산소와 절연유가 전기적인 반응으로 인해 수소가 생성된다.

31. 동기전동기의 여자전류를 변화시켜도 변하지 않는 것은? (단, 공급전압과 부하는 일정하다.)

① 동기속도　　② 역기전력
③ 역률　　④ 전기자 전류

> **전기기기** Chapter 02 동기기
>
> ㉠ 동기속도 $N_s = \dfrac{120f}{P}[\text{rpm}]$
>
> 　(여기서, f : 주파수, P : 극수)
>
> ㉡ 극수 및 주파수가 일정할 경우 동기속도는 변하지 않는다.

32. 다음 그림은 단상 변압기 결선도이다. 1, 2차는 각각 어떤 결선인가?

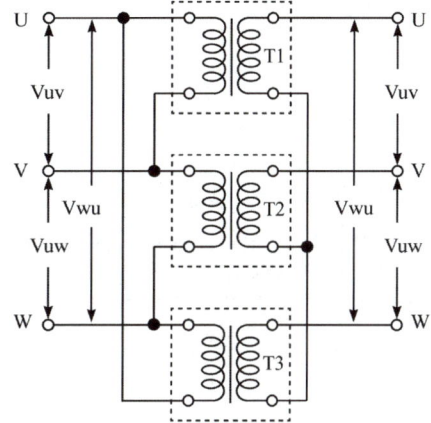

① Y−Y 결선　　② △−Y 결선
③ △−△결선　　④ Y−△ 결선

> **전기기기** Chapter 03 변압기
>
> ㉠ △결선 : 변압기 1차측과 같이 각 변압기를 직렬로 접속한 것처럼 고리를 형태로 접속
> ㉡ Y결선 : 변압기 2차측과 같이 각 변압기의 '−'단자를 한 점으로 접속
> 　(변압기 윗 단자를 '+', 아래 단자를 '−'로 표시)

33. 변압기·동기기 등의 층간단락 내부고장 보호에 쓰이는 계전기는?

① 차동 계전기
② 접지 계전기
③ 과전압 계전기
④ 역상 계전기

> **전기기기** Chapter 03 변압기
>
> 내부 고장은 차동계전기로 검출한다.

34. 변압기의 여자전류의 파형이 일그러지는 이유는?

① 와류전류
② 자기포화·히스테리시스
③ 누설리액턴스
④ 선간정전용량

> **전기기기** Chapter 03 변압기
>
> 철심의 포화와 히스테리시스 때문에 파형이 일그러진다.

35. 3상 동기전동기의 최고 속도는 우리나라에서 몇 [rpm]인가?

① 3600
② 3000
③ 1800
④ 1500

전기기기 **Chapter 02 동기기**

㉠ 터빈 발전기의 경우 고속도로 회전하는 설비로서 극수는 2극 또는 4극을 사용한다.
㉡ 발전기의 회전속도는 동기속도로 표현되며 다음과 같다.

동기속도 $N_s = \dfrac{120f}{P}$[rpm]

(여기서, f : 주파수, P : 극수)

$\therefore N_s = \dfrac{120 \times 60}{2} = 3600$[rpm]

<참고>
4극 발전기의 경우 60[Hz]에서는 1800[rpm]으로 회전한다.

36. 동기 발전기의 병렬운전조건이 아닌 것은?

① 전압의 크기가 같을 것
② 주파수가 같을 것
③ 회전수가 같을 것
④ 위상이 같을 것

전기기기 **Chapter 02 동기기**

동기발전기를 병렬운전 조건
㉠ 기전력의 크기가 같을 것
㉡ 기전력의 위상이 같을 것
㉢ 기전력의 주파수가 같을 것
㉣ 기전력의 파형 및 상회전 방향이 같을 것

동기발전기의 병렬운전 시 정격주파수가 같을 때 극수가 다를 경우 회전수는 달라진다.
(예: 6극, 8극 병렬운전시 6극 발전기는 1200[rpm], 8극 발전기는 900[rpm])

37. 동기 발전기의 돌발 단락전류를 주로 제한하는 것은?

① 누실 리액턴스
② 역싱 리액던스
③ 동기 리액턴스
④ 권선저항

전기기기 **Chapter 02 동기기**

동기발전기의 단자가 단락되면 정격전류의 수배에 해당하는 돌발단락전류가 흐르는데 수사이클 후 전기자반작용이 발생하여 감자작용(누설리액턴스)을 하므로 전류가 감소하여 지속 단락전류가 된다.

38. 용량이 작은 유도 전동기의 경우 전부하에서의 슬립[%]은?

① 1 ~ 2.5
② 2.5 ~ 4
③ 5 ~ 10
④ 10 ~ 20

전기기기 **Chapter 04 유도기**

유도전동기의 전부하에서의 슬립
㉠ 용량이 작은 전동기(소형) : 5~10%
㉡ 용량이 큰 전동기(중형 및 대형) : 2.5~5%

39. 변압기의 1차 권회수 80회, 2차 권회수 320회 일 때 2차측의 전압이 100[V]이면 1차 전압[V]은?

① 15
② 25
③ 50
④ 100

전기기기 **Chapter 03 변압기**

㉠ 권수비 : $a = \dfrac{E_1}{E_2} = \dfrac{N_1}{N_2} = \dfrac{80}{320} = 0.25$
㉡ 1차 전압 : $E_1 = aE_2 = 0.25 \times 100 = 25$[V]

40. 농형 유도전동기의 기동법이 아닌 것은?

① 2차 저항기법
② Y−△ 기동법
③ 전전압 기동법
④ 기동보상기에 의한 기동법

41. 다음 그림과 같이 금속관을 구부릴 때 일반적으로 R와 D의 관계식은?

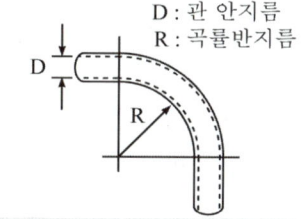

D : 관 안지름
R : 곡률반지름

① R＝2D
② R≥2D
③ R＝5D
④ R≥6D

42. 저압전로의 절연성능에서 SELV, PELV에 전로에서 절연저항은 얼마 이상인가?

① 0.1 MΩ　　② 0.3 MΩ
③ 0.5 MΩ　　④ 1.0 MΩ

43. 옥내에서 전선을 병렬 사용할 때 동선 굵기는 최소 얼마인가?

① $50[\text{mm}^2]$
② $70[\text{mm}^2]$
③ $95[\text{mm}^2]$
④ $150[\text{mm}^2]$

44. 접지공사에서 접지선을 철주, 기타 금속체를 따라 시설하는 경우 접지극은 지중에서 그 금속체로부터 몇 [cm] 이상 떼어 매설하나?

① 30　　　　② 60
③ 75　　　　④ 100

45. 가공선로 지지물 기초 안전율 최소값은?

① 1.5
② 2.0
③ 2.5
④ 4.0

46. 금속관 공사에서 노크아웃의 지름이 금속관의 지름보다 큰 경우에 사용하는 재료는?

① 로크너트
② 부싱
③ 콘넥터
④ 링 리듀서

전기설비 **Chapter 06 전선로 및 배전공사**

㉠ 로크너트 : 박스에 금속관을 고정할 때 사용
㉡ 부싱 : 전선의 절연피복을 보호하기 위해서 금속관의 관 끝에 취부
㉢ 콘넥터 : 금속관 상호간 또는 금속관과 박스를 연결할 때 사용
㉣ 링 리듀서 : 금속관을 아웃트렛 박스의 로크아웃에 취부할 때 로크아웃 구멍이 관의 구멍보다 클 때 보조적으로 사용

47. 일반주택 및 아파트 각 호실의 현관등과 같은 조명용 백열전등을 설치할 때에는 타임스위치를 시설하여야 한다. 몇 분 이내에 소등되는 것이어야 하는가?

① 1
② 3
③ 5
④ 7

전기설비 **Chapter 02 배선재료와 공구**

점멸기의 시설(KEC 234.6)
㉠ 「관광진흥법」과 「공중위생관리법」에 의한 관광숙박업 또는 숙박업(여인숙업을 제외한다)에 이용되는 객실의 입구등은 1분 이내에 소등되는 것
㉡ 일반주택 및 아파트 각 호실의 현관등은 3분 이내에 소등되는 것

48. 다음 중 배전용 전기 기계 기구인 COS (컷 아웃 스위치)의 용도로 알맞은 것은?

① 배전용 변압기의 1차 측에 시설하여 변압기의 단락 보호용으로 쓰인다.
② 배전용 변압기의 2차 측에 시설하여 변압기의 단락 보호용으로 쓰인다.
③ 배전용 변압기의 1차 측에 시설하여 배전구역 전환용으로 쓰인다.
④ 배전용 변압기의 2차 측에 시설하여 배전 구역 전환용으로 쓰인다.

전기설비 **Chapter 06 전선로 및 배전공사**

컷 아웃 스위치 (COS : cut out switch)
주로 배전용 변압기 1차 측에 설치하여 변압기의 단락보호와 개폐를 위하여 단극으로 제작되며 내부에 퓨즈를 내장하고 있다.

49. 전주 외등 설치 시 기구 돌출 수평거리 최대 몇 [m]인가?

① 0.5[m]
② 0.8[m]
③ 1.0[m]
④ 1.2[m]

전기설비 **Chapter 07 특수설비**

전주(전봇대)에 외등(백열전등 또는 형광등) 기구를 설치할 때, 기구의 돌출되는 수평거리는 최대 1.0 [m] 이내

50. 점착성은 없으나 절연성, 내온성 및 내유성이 있어 연피 케이블 접속에 사용되는 테이프는?

① 고무 테이프
② 리노 테이프
③ 비닐 테이프
④ 자기 융착 테이프

전기설비 **Chapter 01 전선 및 전선의 접속**

리노 테이프
건조한 목면 위에 절연성 니스를 몇 차례 칠한 다음 건조시킨 것으로 점착성은 없으나, 내온성, 내유성 및 절연내력이 뛰어난 테이프로 연피케이블 접속 시에 사용한다.

51. 특고압과 저압을 결합하는 변압기에서 계산된 1선 지락전류가 15[A]일 때 변압기 중성점접지 저항의 최댓값은 몇 [Ω]인가?

① 5 　　　　　　② 10
③ 50 　　　　　　④ 100

> **전기설비** Chapter 06 전선로 및 배전공사
>
> 변압기의 고압·특고압측 전로 1선 지락전류로 150을 나눈 값과 같은 저항 값 이하로 선정한다.
>
> $$\therefore R = \frac{150}{15} = 10\,[\Omega]$$

52. 접지선의 절연전선의 색상은 특별한 경우를 제외하고는 어느 색으로 표시를 하여야 하는가?

① 적색 　　　　　② 흑색
③ 녹색−노란색 　④ 회색

> **전기설비** Chapter 04 전로의 절연 및 접지공사
>
> 전석의 식별(KEC 121.2)
>
> | 상(문자) | 색상 |
> |---|---|
> | L1 | 갈색 |
> | L2 | 검은색 |
> | L3 | 회색 |
> | N | 파란색 |
> | PE(보호도체) | 녹색−노란색 |

53. 셀룰로이드, 성냥, 석유류 등 기타 가연성 위험물질을 제조 또는 저장하는 장소의 배선으로 틀린 것은?

① 금속관 배선
② 케이블 배선
③ 플로어덕트 배선
④ 합성수지관(CD관 제외) 배선

> **전기설비** Chapter 07 특수설비
>
> 가연성 분진 위험장소 (KEC 242.2.2)
> 저압 옥내배선 등은 합성수지관공사, 금속관 공사 또는 케이블 공사에 의할 것

54. PT 설명 중 틀린 것은?

① 고전압 → 저전압 변성
② 대전류 → 소전류 변성
③ 회로 병렬 접속
④ 부족전압 트립용

> **전기설비** Chapter 08 전원설비 및 기타 설비
>
> 대전류를 소전류로 변성시키는 것은 변류기(CT Current Transformer)이다.

55. 배전반을 나타내는 그림 기호는?

① 　　②
③ 　　④ | S |

> **전기설비** Chapter 08 전원설비 및 기타 설비
>
> ① 분전반　② 배전반
> ③ 제어반　④ 개폐기

56. 전압 $22.9\text{kV}-\text{y}$ 이하의 배전선로에서 수전하는 설비의 피뢰기 정격전압은 몇 [kV]로 적용하는가?

① $18[\text{kV}]$
② $24[\text{kV}]$
③ $144[\text{kV}]$
④ $288[\text{kV}]$

> **전기설비** Chapter 08 전원설비 및 기타 설비
>
> 피뢰기 정격전압
>
> | 전력계통 | 피뢰기 정격전압[kV] | |
> |---|---|---|
> | 전압[kV] | 변전소 | 배전선로 |
> | 345 | 288 | − |
> | 154 | 144 | − |
> | 66 | 72 | − |
> | 22 | 24 | − |
> | 22.9 | 21 | 18 |
> | 6.6 | 7.5 | 7.5 |
> | 3.3 | 7.2 | 7.5 |

57. 화약고 인입구 배선공사는 어떤 공사방법을 사용해야 하는가?

① 합성수지관 지중
② 금속관 지중
③ 몰드 지중
④ 케이블 지중

전기설비 **Chapter 07 특수설비**

폭발성 위험장소에서는 인입구 까지 케이블을 사용한 지중 공사 방법을 사용해야 한다.

58. 접지 저항값에 가장 큰 영향을 주는 것은?

① 접지선 굵기
② 접지전극 크기
③ 온도
④ 대지저항

전기설비 **Chapter 04 전로의 절연 및 접지공사**

접지저항을 구성하는 요소
㉠ 접지선 및 접지전극 자체의 도체저항
㉡ 접지전극의 표면과 접하는 토양의 접촉저항
㉢ 접지전극 주위의 대지저항
∴ 접지 저항값에 가장 큰 영향을 주는 것은 접지전극 주위의 대지저항이다.

59. 애자사용 공사에서 전선 상호 간의 간격은 몇 [cm] 이상이어야 하는가?

① 4
② 5
③ 6
④ 8

전기설비 **Chapter 07 특수설비**

KEC 232.56.1 애자공사 시설조건
㉠ 전선은 절연전선일 것
㉡ 전선 상호 간의 간격 : 6[cm] 이상일
㉢ 전선의 지지점 간의 거리 : 2[m] 이하
　(단, 400[V] 초과인 경우 : 6[m] 이하)
㉣ 전선과 조영재 사이의 이격거리
　－400[V] 이하 : 2.5[cm] 이상
　－400[V] 초과 : 4.5[cm] 이상
　　(단, 건조한 장소 : 2.5[cm] 이상)

60. 지중전선로 시설 방식이 아닌 것은?

① 직접 매설식
② 관로식
③ 트라이식
④ 암거식

전기설비 **Chapter 06 전선로 및 배전공사**

지중전선로의 시설(KEC 334.1)
지중전선로는 전선에 케이블을 사용하고 또한 관로식, 암거식 또는 직접매설식에 의하여 시설하여야 한다.

정답

01	①	02	②	03	②	04	②	05	①
06	②	07	①	08	④	09	①	10	①
11	②	12	②	13	②	14	②	15	②
16	④	17	②	18	④	19	③	20	①
21	③	22	④	23	①	24	①	25	②
26	①	27	③	28	②	29	③	30	④
31	①	32	②	33	①	34	①	35	①
36	③	37	①	38	③	39	②	40	①
41	④	42	②	43	①	44	①	45	②
46	④	47	②	48	①	49	③	50	②
51	①	52	②	53	③	54	②	55	②
56	①	57	④	58	④	59	③	60	③

※ 본 교재에 수록된 모든 문제는 CBT 기출복원문제로서, 수험생의 기억에 따라 복원된 것이며, 실제 기출문제와 동일하지 않을 수 있습니다.

01. 옴의 법칙에 대한 설명으로 옳은 것은?

① 전압은 전류에 비례하고 저항에 반비례한다.
② 전류는 전압에 반비례하고 저항에 비례한다.
③ 전압은 저항에 비례하고 전류와는 관계없다.
④ 전류는 전압에 비례하고 저항에 반비례한다.

> **전기이론** Chapter 01 직류회로
>
> 옴의 법칙 $I = \dfrac{V}{R}$ [A]
> 여기서, V : 기전력(전압)[V], R : 저항[Ω]

02. 임피던스 $Z = 8 + j6$[Ω]인 회로에 120[V]를 인가할 때 전류 크기는?

① 10[A]
② 12[A]
③ 15[A]
④ 20[A]

> **전기이론** Chapter 05 단상 교류회로
>
> ㉠ 임피던스 : $Z = \sqrt{8^2 + 6^2} = 10$[Ω]
> ㉡ 전류 : $I = \dfrac{V}{Z} = \dfrac{120}{10} = 12$[A]

03. 50회 감은 코일과 쇄교하는 자속이 0.5 [sec] 동안 0.1[Wb]에서 0.2[Wb]로 변화하였다면 기전력의 크기는?

① 5[V]   ② 10[V]
③ 12[V]   ④ 15[V]

> **전기이론** Chapter 04 전자유도법칙
>
> 패러데이 전자유도법칙 (유도기전력)
> $e = -N\dfrac{d\phi}{dt} = -50 \times \dfrac{0.1 - 0.2}{0.5} = 10$[V]

04. 파고율 값이 1.414인 것은 어떤 파인가?

① 반파 정류파   ② 직사각형파
③ 정현파   ④ 톱니파

> **전기이론** Chapter 05 단상 교류회로
>
> 각 종 파형(전파)의 특성
>
> | 구분 | 실횻값 | 평균값 | 파형율 | 파고율 |
> |------|--------|--------|--------|--------|
> | 구형파 | 최대값 | 최대값 | 1 | 1 |
> | 정현파 | $\dfrac{최댓값}{\sqrt{2}}$ | $\dfrac{최댓값}{\sqrt{2}}$ | 1.11 | $\sqrt{2}$ |
> | 삼각파 | $\dfrac{최댓값}{\sqrt{3}}$ | $\dfrac{최댓값}{\sqrt{6}}$ | 1.155 | $\sqrt{3}$ |
>
> 여기서, $\sqrt{2} = 1.414$

05. 그림과 같은 평형 3상 △회로를 등가 Y결선으로 환산하면 각 상의 임피던스는 몇 [Ω]이 되는가? (단, $Z = 12$[Ω]이다.)

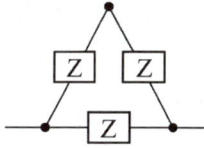

① 48[Ω]
② 36[Ω]
③ 4[Ω]
④ 3[Ω]

> **전기이론** Chapter 06 3상 교류회로
>
> △결선 부하를 Y결선 부하로 등가변환하면
> ∴ $Z_Y = \dfrac{1}{3} Z_\triangle = \dfrac{12}{3} = 4$[Ω]

06. 쿨롱의 법칙에서 전기력은 거리 r에 대해 어떻게 변하는가?

① r에 비례
② r^2에 비례
③ $\dfrac{1}{r}$에 비례
④ $\dfrac{1}{r^2}$에 비례

> **전기이론** Chapter 02 정전계와 정자계
>
> 두 전하 사이의 작용하는 힘 (쿨롱의 법칙)
>
> $$F = \frac{Q_1 Q_2}{4\pi\varepsilon_0 r^2} = 9\times10^9 \times \frac{Q_1 Q_2}{r^2}$$
>
> 여기서, 쿨롱 상수 $\dfrac{1}{4\pi\epsilon_0} = 9\times10^9$

07. 3상 $220[\mathrm{V}]$, △결선에서 1상에서 부하가 $Z=8+j6$ $[\Omega]$이면 선전류는?

① 11
② $22\sqrt{3}$
③ 22
④ $\dfrac{22}{\sqrt{3}}$

> **전기이론** Chapter 06 3상 교류회로
>
> ㉠ 한 상의 임피던스의 크기
>
> $$|Z| = \sqrt{R^2 + X^2} = \sqrt{8^2 + 6^2} = 10[\Omega]$$
>
> ㉡ 상전류 $I_p = \dfrac{V}{Z} = \dfrac{220}{10} = 22[\mathrm{A}]$
>
> ㉢ △결선에서 선전류는 상전류의 $\sqrt{3}$배이므로
>
> ∴ 선전류 $I_\ell = \sqrt{3}\,I_p = 22\sqrt{3}[\mathrm{A}]$

08. 두 코일의 상호 인덕턴스가 $0.25[\mathrm{H}]$, 결합계수 $k=0.5$일 때 각 코일 인덕턴스 $L_1=0.5[\mathrm{H}]$이면 L_2는?

① $0.125[\mathrm{H}]$
② $0.25[\mathrm{H}]$
③ $0.5[\mathrm{H}]$
④ $1[\mathrm{H}]$

> **전기이론** Chapter 04 전자유도법칙
>
> ㉠ 결합계수 : $k = \dfrac{M}{\sqrt{L_1 L_2}}$
>
> ㉡ 상호인덕턴스 : $M = k\sqrt{L_1 L_2}$
>
> $\rightarrow \left(\dfrac{M}{k}\right)^2 = L_1 L_2$
>
> ∴ $L_2 = \dfrac{1}{L_1}\left(\dfrac{M}{k}\right)^2 = \dfrac{1}{0.5}\times\left(\dfrac{0.25}{0.5}\right)^2 = 0.5[\mathrm{H}]$

09. 자속을 발생시키는 원천을 무엇이라 하는가?

① 기전력
② 전자력
③ 기자력
④ 정전력

> **전기이론** Chapter 03 전류의 자기현상
>
> ㉠ 기전력 : 전류를 발생시키는 원천
> ㉡ 전자력 : 자계 내에 있는 도체에 전류가 흘렀을 때 도체에서 받아지는 힘
> ㉢ 기자력 : 자속을 발생시키는 원천
> ㉣ 정전력 : 정지한 상태에 있는 전하 사이에 작용하는 힘 (쿨롱의 법칙)

10. 교류 전력에서 일반적으로 전기기기의 용량을 표시하는데 쓰이는 전력은?

① 피상전력
② 유효전력
③ 무효전력
④ 기전력

> **전기이론** Chapter 05 단상 교류회로
>
> 일반적으로 기기의 용량은 피상전력으로 나타낸다.

11. 평행한 두 도선 사이 거리를 절반으로 줄이면 작용하는 자기력은?

① 0.5배
② 1배
③ 2배
④ 4배

> **전기이론** Chapter 03 전류의 자기현상
>
> 평행산 두 도선 사이에 단위길이 당 작용하는 힘
>
> $$f = \frac{2I_1 I_2}{d} \times 10^{-7}[\mathrm{N/m}]$$
>
> ∴ 거리 d를 반으로 줄이면 지기력 f는 2배로 증가한다.

12. 전기량 $10[\mu C]$이 $1,000[V]$로 콘덴서에 충전되어있다면 축적되는 에너지는 몇 $[J]$인가?

① 2.5×10^{-3} ② 5×10^{-2}
③ 5×10^{-3} ④ 5

전기이론 **Chapter 02 정전계와 정자계**

콘덴서에 축적되는 전기적 에너지
$$W_C = \frac{1}{2}CV^2 = \frac{1}{2}QV = \frac{Q^2}{2C}[J]$$
여기서, 전하량 $Q = CV[C]$
$$\therefore W_C = \frac{1}{2}QV = \frac{1}{2} \times 10 \times 10^{-6} \times 1000$$
$$= 5 \times 10^{-3}[J]$$

13. 교류회로에서 코일과 콘덴서를 병렬로 연결한 상태에서 주파수가 증가하면 어느 쪽이 전류가 잘 흐르는가?

① 코일
② 콘덴서
③ 코일과 콘덴서에 같이 흐른다.
④ 모두 흐르지 않는다.

전기이론 **Chapter 05 단상 교류회로**

㉠ 유도 리액턴스 $X_L = 2\pi fL \propto f$
㉡ 용량 리액턴스 $X_C = \dfrac{1}{2\pi fC} \propto \dfrac{1}{f}$
㉢ 코일과 콘덴서를 병렬로 접속하고 주파수를 증가하면 코일의 유도 리액턴스는 증가하고, 콘덴서의 용량 리액턴스는 감소한다.
∴ 전류는 리액턴스가 작은 콘덴서 측으로 많이 흐르게 된다.

14. $5[HP]$을 와트 $[W]$ 단위로 환산하면?

① $4,300[W]$ ② $3,730[W]$
③ $1,317[W]$ ④ $5,000[W]$

전기이론 **Chapter 01 직류회로**

$1[HP] = 746[W]$ 이므로 ($[HP]$: 마력)
$$\therefore 5[HP] = 5 \times 746[W] = 3,730[W]$$

15. 다음 중 아래의 법칙은 무엇인가?

전기량이 일정할 때 여러 가지 화합물이 전해되어 석출되는 물질의 양은 그 물질의 화학당량에 비례한다.

① 렌츠의 법칙 ② 패러데이의 법칙
③ 앙페르의 법칙 ④ 줄의 법칙

전기이론 **Chapter 01 직렬회로**

페러데이 법칙 $W = KQ = KIt[g]$
여기서, W : 석출된 물질의 양, Q : 전기량$[C]$
　　　　I : 전류$[A]$, t : 통전 시간$[s]$

16. $4[F]$와 $6[F]$의 콘덴서를 병렬 접속하고 $10[V]$의 전압을 가했을 때 축적되는 전하량 $Q[C]$는?

① 19 ② 50
③ 80 ④ 100

전기이론 **Chapter 02 정전계와 정자계**

㉠ 병렬접속시 합성 정전용량
　: $C = C_1 + C_2 = 4 + 6 = 10[F]$
㉡ 콘덴서에 축적되는 전하량(전기량)
　: $Q = CV = 10 \times 10 = 100[C]$

17. 정전용량 $C = 2[\mu F]$ 콘덴서를 직렬 4개를 병렬 2열로 연결한 전체 용량은?

① $0.25[\mu F]$
② $0.50[\mu F]$
③ $1.00[\mu F]$
④ $2.00[\mu F]$

전기이론 **Chapter 02 정전계와 정자계**

㉠ 콘덴서 4개를 직렬 접속시 합성 정전용량:
$$C_S = \frac{C}{n} = \frac{2}{4} = 0.5[mF]$$
㉡ 직렬 4개를 병렬 2열시 합성 정전용량:
$$C_P = 2C_S = 2 \times 0.5 = 1[mF]$$

18. 두 자극 사이에 작용하는 힘의 크기를 나타내는 법칙은?

① 쿨롱의 법칙
② 렌츠의 법칙
③ 패러데이 법칙
④ 앙페르 오른나사 법칙

전기이론 **Chapter 02 정전계와 정자계**

② 렌츠의 법칙
  유도기전력의 방향을 결정
③ 패러데이 법칙
  시간적 변화에 따라 자속의 크기가 변화하면 기전력이 유도된다.
④ 앙페르 오른나사 법칙
  전류에 따른 자기장의 방향을 결정

19. 유효전력 2[kW], 역률 0.8의 부하 전류가 10[A]일 때 단자전압은?

① 200[V]　　② 220[V]
③ 250[V]　　④ 260[V]

전기이론 **Chapter 05 단상 교류회로**

단상 유효전력 $P = VI\cos\theta$ [W]에서
$$\therefore V = \frac{P}{I\cos\theta} = \frac{2000}{10 \times 0.8} = 250\,[\text{V}]$$

20. 어드미턴스의 실수부는 무엇인가?

① 임피던스　　② 리액턴스
③ 서셉턴스　　④ 컨덕턴스

전기이론 **Chapter 05 단상 교류회로**

㉠ 병렬회로의 임피던스
$$Z = \frac{1}{\frac{1}{R} \pm j\frac{1}{X}} = \frac{1}{G \pm jB}[\Omega]$$
  여기서, R : 저항, X : 리액턴스
　　　　G : 컨덕턴스, B : 서셉턴스
㉡ 병렬회로의 어드미턴스
$$Y = \frac{1}{Z} = G \pm jB\,[\text{℧}]$$
∴ 어드미턴스의 실수부는 컨덕턴스(G)이고 허수부는 서셉턴스(B)가 된다.

21. 3상 유도전동기의 회전자 회로 주파수는 슬립 s, 전원주파수 f와 무슨 관계인가?

① $f_r = \dfrac{f}{s}$

② $f_r = s \cdot f$

③ $f_r = \dfrac{f^2}{s}$

④ $f_r = sf^2$

전기기기 **Chapter 04 유도기**

회전자 회로의 주파수 $f_2 = s f_1\,[\text{Hz}]$

22. 변압기 규약 효율은?

① $\eta = \dfrac{출력}{입력} \times 100\%$

② $\eta = \dfrac{출력}{출력 + 손실} \times 100\%$

③ $\eta = \dfrac{출력}{입력 - 손실} \times 100\%$

④ $\eta = \dfrac{입력 + 손실}{입력} \times 100\%$

전기기기 **Chapter 03 변압기**

규약 효율

㉠ 발전기 및 변압기 $\eta = \dfrac{출력}{출력 + 손실} \times 100\,[\%]$

㉡ 전동기 $\eta = \dfrac{입력 - 손실}{입력} \times 100\,[\%]$

23. 난조 방지를 위해 동기전동기 극면에 설치하는 권선은?

① 보상권선
② 제동권선
③ 계자권선
④ 보조권선

전기기기 **Chapter 02 동기기**

난조 방지를 위해 제동(댐퍼)권선을 설치한다.

24. 변압기의 원리에 해당되는 것은?

① 정전유도 작용　　② 전기화학 작용
③ 전자유도 작용　　④ 발열작용

변압기는 전자유도작용을 이용하여 1차권선에 전류가 흘러 발생한 자속이 2차권선과 쇄교하여 유도기전력이 발생한다.

25. 3대의 단상 변압기를 △−△ 기동으로 동작할 때 장점이 아닌 것은?

① 3고조파가 기기에 흐르지 않는다.
② 변압기 한 대가 고장나도 3상으로 운전 가능하다.
③ 부하가 많은 곳에서 사용하기 좋다.
④ 중성점접지를 통한 안정성이 증대된다.

중성점은 Y결선에 있고, △결선에는 없다.

26. 단상 변압기의 효율이 최대가 되기 위한 조건으로 옳은 것은?

① 철손 = 동손
② 철손 = 2 × 동손
③ 동손 = 2 × 철손
④ 철손 = 0.5 × 동손

변압기의 최대 효율 조건
㉠ 전부하인 경우 : 철손(P_i)=동손(P_c)
㉡ 부하율이 $\dfrac{1}{m}$ 인 경우 : $P_i = \left(\dfrac{1}{m}\right)^2 P_c$

27. 농형 유도전동기의 기동법이 아닌 것은?

① 2차 저항기법
② Y−△ 기동법
③ 전전압 기동법
④ 기동보상기에 의한 기동법

3상 유도전동기의 기동법
(1) 농형 유도전동기 기동법
　㉠ 전전압 기동
　㉡ Y−△ 기동
　㉢ 기동보상기법(= 단권변압기 기동)
　㉣ 리액터 기동
　㉤ 콘드로퍼 기동
(2) 권선형 유도전동기 기동법
　㉠ 2차 저항 기동(= 기동 저항기법)
　㉡ 게르게스 기동

28. 직류기에서 전기자 반작용을 방지하기 위한 보상권선의 전류 방향은 어떻게 되는가?

① 전기자 권선의 전류방향과 같다.
② 전기자 권선의 전류방향과 반대이다.
③ 계자권선의 전류 방향과 같다.
④ 계자권선의 전류 방향과 반대이다.

전기자 권선에 흐르는 전기자 전류에 의해 발생된 누설자속을 전기자 전류와 반대 방향으로 보상권선에 흐르는 전류에 의한 자속으로 상쇄시켜 공극의 자속분포를 수정할 수 있다.

29. 다음 중 단락비가 큰 동기 발전기를 설명하는 것으로 옳은 것은?

① 동기 임피던스가 작다.
② 단락 전류가 작다.
③ 전기자 반작용이 크다.
④ 전압변동률이 크다.

30. 단상 전파 정류회로에서 전원이 $220[\text{V}]$ 이면 부하에 나타나는 전압의 평균값은 약 몇 $[\text{V}]$ 인가?

① 99
② 198
③ 257.4
④ 297

31. 3상 전파 정류 방식의 특징으로 옳은 것은?

① 맥동률이 크고 평균 전압이 낮다.
② 맥동률이 작고 맥동 주파수가 높다.
③ 맥동률이 크고 효율이 낮다.
④ 평균 전압이 낮고 리플이 많다.

32. 다음 중 유도 전동기에서 비례 추이를 할 수 있는 것은?

① 출력
② 2차 동손
③ 효율
④ 역률

33. 직류기의 정류작용이 불완전할 때 생기는 현상은?

① 브러시 점화
② 정류전압 증가
③ 전기자 리액턴스 감소
④ 정현파 발생

34. 동기 발전기의 병렬운전에 필요한 조건이 아닌 것은?

① 주파수가 같을 것
② 크기가 같을 것
③ 위상이 같을 것
④ 용량이 같을 것

35. 계자와 전기자 사이의 자속이 변화하면서 생기는 기전력의 명칭은?

① 정기전력
② 유기기전력
③ 역기전력
④ 반작용기전력

> **전기기기** Chapter 01 직류기
>
> 유기기전력은 자속의 변화에 의해 도체에 유기되는 기전력이다.

36. 다음 중 브러시 위치가 중성점에서 벗어나게 될 경우 발생할 수 있는 현상은?

① 역기전력 소실
② 브러시 과열
③ 정류 개선
④ 자속 증폭

> **전기기기** Chapter 01 직류기
>
> 브러시가 중성점에서 벗어나면 아크와 열이 발생해 과열된다.

37. 변압기 권선의 탭을 조정하는 이유는 무엇인가?

① 권선 저항 조절
② 철손 보정
③ 전압 조정
④ 코어 손실 보정

> **전기기기** Chapter 03 변압기
>
> 부하 전압 조정을 위해 탭을 통해 권수비를 조정

38. 동기 전동기를 송전선의 전압 조정 및 역률 개선에 사용한 것은?

① 동기이탈
② 동기조상기
③ 댐퍼
④ 제동권선

> **전기기기** Chapter 02 동기기
>
> 동기조상기는 무효전력을 조절하는 역할을 한다.

39. 8극 파권 직류발전기의 전기자 권선의 병렬 회로 수 a는 얼마로 하고 있는가?

① 1 　　　　　② 2
③ 6 　　　　　④ 8

> **전기기기** Chapter 01 직류기
>
> 전기자 권선법의 중권과 파권 비교
>
> | 구분 | 중권 | 파권 |
> |------|------|------|
> | a | $P_{극수}$ | 2 |
> | b | $P_{극수}$ | 2 |
> | 용도 | 저전압, 대전류 | 고전압, 소전류 |
> | 균압환 | 사용함 | 사용 안함 |
>
> * a: 병렬회로 수, b: 브러시 수

40. 권수비 30의 변압기의 1차에 6600[V]를 가할 때 2차 전압은 몇 [V]인가?

① 220
② 380
③ 420
④ 660

> **전기기기** Chapter 03 변압기
>
> ㉠ 권수비 공식 : $a = \dfrac{N_1}{N_2} = \dfrac{E_1}{E_2} = \dfrac{I_2}{I_1}$
>
> ㉡ 본 문제의 권수비 : $a = \dfrac{E_1}{E_2} = 30$
>
> ∴ 2차 전압 : $E_2 = \dfrac{E_1}{a} = \dfrac{6600}{30} = 220\,[V]$

41. 전선 접속 방식 중, 두 전선의 끝을 서로 맞대고 꼬아 접속한 뒤 와이어커넥터로 마감하는 방식으로, 주로 단선과 단선을 연결할 때 사용되는 접속 방법은?

① 브랜치 접속
② 쥐꼬리 접속
③ T접속
④ 가압 접속

전기설비 **Chapter 01 전선 및 전선의 접속**

쥐꼬리 접속은 단선과 단선 또는 연선 간에 전선 끝을 서로 꼬아 접속하는 방식으로, 비교적 간단하고 작업이 쉬운 접속법이다.

42. 다중접지 계통에 사용되는 재폐로 기능을 갖는 일종의 차단기로서 과부하 또는 고장전류가 흐르면 순시동작하고, 일정시간 후에는 자동적으로 재폐로 하는 보호기기는?

① 라인퓨즈
② 리클로저
③ 섹셔널라이저
④ 고장구간 자동개폐기

전기설비 **Chapter 06 전선로 및 배전공사**

자동 재폐로 차단기(Recloser, 리클로저)
배전선로에 설치하여 리클로저의 부하측에서 지락 및 단락 등의 고장이 발생하면 고장전류를 감지하여 정정치 만큼 자동으로 재폐로하는 장치로 선로의 영구사고를 줄이고 고장 범위를 최소화하는 장치이다.

43. 옥내배선에서 연동선 사용이 금지되는 장소는?

① 건조한 장소
② 가연성 먼지가 많은 장소
③ 전열기 주변
④ 벽 속

전기설비 **Chapter 03 옥내배선공사**

연동선은 기계적 강도가 낮아 가연성 먼지 등 화재 위험이 있는 장소에는 사용할 수 없다.

44. 하나의 콘센트에서 동시에 수많은 전기기구를 사용할 수 있는 구조의 접속기는?

① 노출형 콘센트
② 멀티탭
③ 키이리스 소켓
④ 아이언 플러그

전기설비 **Chapter 02 배선재료와 공구**

㉠ 멀티탭 : 하나의 콘센트에 둘 이상의 기구를 연결할 때 사용한다.
㉡ 키리스 소켓 : 전구를 끼울 수 있는 소켓으로 먼지가 많은 장소에 사용한다.
㉢ 아이언 플러그 : 전기다리미나 온탕기 등에 사용한다.
㉣ 테이블 탭(익스텐션 코드) : 코드의 길이가 짧을 때 연장하여 사용

45. 자연 공기 중에서 접촉자가 떨어질 때 발생하는 호를 공기 자체로 소호하여 저압 교류·직류 회로에 널리 쓰이는 차단기는?

① 기중차단기(ACB)
② 유입차단기(OCB)
③ 가스차단기(GCB)
④ 배선용 차단기(MCCB)

전기설비 **Chapter 01 전선 및 전선의 접속**

① 기중차단기(ACB)
   대기 중에서 아크를 길게하여 소호실에서 냉각차단
② 유입차단기(OCB)
   아크에 의한 절연유 분해가스의 흡부력(吸附力)을 이용하여 차단
③ 가스차단기(GCB)
   SF6(육불화황) 가스를 흡수해 차단

46. 연선 동선을 납땜용 소켓으로 압착 접속할 때 가장 적합한 공구는?

① 리머
② 다이스톡
③ 프레스기
④ 스트리퍼

전기설비 **Chapter 02 배선재료와 공구**

연선 동선을 소켓 단자에 압착할 때는 유압 또는 수동 프레스기를 사용하여 전기·기계적 강도를 확보한다.

47. 전기설비기술기준의 판단기준에 의한 고압 가공전선로 철탑의 경간은 몇 m 이하로 제한하고 있는가?

① 150   ② 250

③ 500   ④ 600

> **전기설비** **Chapter 07 특수설비**
>
> KEC 242.5 화약류 저장소 등의 위험장소
> ㉠ 전로의 대지전압은 300V 이하일 것
> ㉡ 전기기계기구는 전폐형일 것
> ㉢ 배선 방법 : 금속관 공사, 케이블 공사

48. 전주를 건주할 경우에 A종 철근콘크리트주의 길이가 10[m]이면 땅에 묻는 표준 깊이는 최저 약 몇 [m]인가? (단, 설계하중이 6.8[kN] 이하이다.)

① 2.5   ② 3.0

③ 1.7   ④ 2.4

> **전기설비** **Chapter 06 전선로 및 배전공사**
>
> 지지물의 매설 깊이 (KEC 331.7)
> 전체 길이가 16[m] 이하, 설계하중이 6.8[kN] 이하(A종)의 경우 매설 깊이는 다음과 같다.
>
> ㉠ 15[m] 이하 : 전장의 $\frac{1}{6}$ 이상
> ㉡ 15[m] 초과 : 2.5[m] 이상
>
> ∴ 매설 깊이 : $10 \times \frac{1}{6} ≒ 1.7[m]$

49. 두 개 이상의 전선을 병렬로 사용하는 경우의 시설 기준 가운데 틀린 것은?

① 구리 50 [mm²]이상
② 알루미늄 70 [mm²]이상
③ 병렬 전선마다 퓨즈 설치
④ 동극 전선을 동일 터미널러그에 접속

> **전기설비** **Chapter 01 전선 및 전선의 접속**
>
> 병렬접속 (KEC 232.3.2)
> 병렬도체 사이에는 부하전류가 균일하게 배분될 수 있도록 조치를 취한다. → 병렬도체를 사용 중 한쪽 도체의 퓨즈가 용단되면 다른 한쪽의 도체에 과부하 전류가 흘러 소손이 발생할 우려가 있다. 따라서 병렬도체에는 차단기 및 퓨즈는 설치해서는 안된다.

50. 가공 전선로 직선부를 지지하는 애자의 명칭은?

① 핀애자
② 지지애자
③ 가지애자
④ 구형애자

> **전기설비** **Chapter 06 전선로 및 배전공사**
>
> 직선 경간을 지지하는 도체용 애자는 핀애자로 분류되며, 가지애자는 분기점·앵커애자는 인류점에 사용한다

51. 합성수지관 공사의 설명 중 틀린 것은?

① 관의 지지점 간의 거리는 1.5[m]이하로 할 것
② 합성 수지관 안에는 전선에 접속점이 없도록 할 것
③ 전선은 절연 전선(옥외용 비닐 절연전선을 제외한다.)일 것
④ 관 상호간 및 박스와는 관을 삽입하는 깊이를 관의 바깥 지름의 1.5배 이상으로 할 것

> **전기설비** **Chapter 03 옥내배선공사**
>
> 합성수지관 및 부속품의 시설 (KEC 232.11.3)
> ㉠ 관 상호 간 접속 시에는 커플링 등을 사용하여 접속
> ㉡ 커플링 삽입 깊이 : 관 바깥지름의 1.2배 이상
>   (단, 접착제 사용 시 0.8배 이상)
> ㉢ 관의 지지점 간의 거리 : 1.5m 이하

52. 가연성 가스가 존재하는 저압 옥내설비의 배선 공법으로 적합한 것은?

① 가요전선관 공사
② 애자사용 공사
③ 금속관 공사
④ 금속 몰드 공사

> **전기설비** **Chapter 07 특수설비**
>
> 가연성 가스 장소에서는 차폐성이 우수한 금속관·케이블트레이 공사를 적용하며, 빈틈이 많은 몰드·애자 공사는 허용되지 않는다.

PART 01   PART 02   PART 03   최신기출   부록

해커스 전기기능사 필기 한권합격 이론 + 최신기출 + 핵심노트

53. 한 개의 전등을 두 곳에서 점멸하고자 할 때 사용하는 배선으로 옳은 것은?

① ![S₃ 전원 다이어그램]
S₃   S₃
전원

② ![S₃ 전원 다이어그램]
S₃   S₃
전원

③ ![S₃ 전원 다이어그램]
S₃   S₃
전원

④ ![S₃ 전원 다이어그램]
S₃   S₃
전원

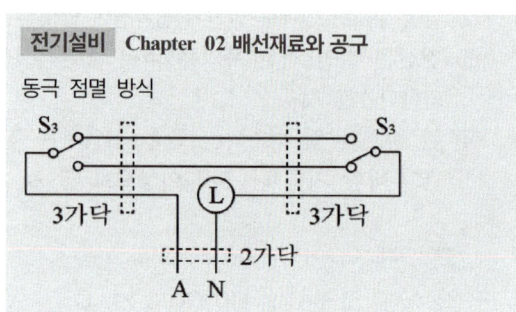

전기설비 **Chapter 02 배선재료와 공구**

동극 점멸 방식

3가닥   3가닥
2가닥
A N

54. 보호도체(PE)를 시설하는 주된 목적은?

① 기기의 효율을 좋게 한다.
② 기기의 절연을 좋게 한다.
③ 기기의 누전에 의한 감전을 방지한다.
④ 기기의 누전에 의한 역률을 좋게 한다.

전기설비 **Chapter 04 전로의 절연 및 접지공사**

55. 폭발성 분진이 존재하는 곳의 금속관 공사에 있어서 관 상호 및 관과 박스 기타의 부속품이나 풀박스 또는 전기 기계 기구와의 접속을 몇 턱 이상의 나사조임으로 접속하여야 하는가?

① 2턱   ② 3턱
③ 4턱   ④ 5턱

전기설비 **Chapter 07 특수설비**

분진 위험장소 (KEC 242.2.1)
관 상호 간 및 관과 박스 기타의 부속품 · 풀박스 또는 전기 기계기구와는 5턱 이상의 나사조임으로 접속하는 방법 기타 이와 동등 이상의 효력이 있는 방법에 의하여 견고하게 접속하고 또는 내부에 먼지가 침입하지 아니하도록 접속하여야 한다.

56. 한국전기설비규정(KEC)에 의하여 애자사용공사를 건조한 장소에 시설하고자 한다. 사용 전압이 400[V] 미만인 경우 전선과 조영재 사이의 이격거리는 최소 몇 [cm] 이상이어야 하는가?

① 2.5   ② 4.5
③ 6.0   ④ 12

전기설비 **Chapter 03 옥내배선공사**

애자공사 시설조건 (KEC 232.56.1)
㉠ 전선은 절연전선일 것
㉡ 전선 상호 간의 간격 : 60[cm] 이상일
㉢ 전선의 지지점 간의 거리 : 2[m] 이하
    (단, 400[V] 초과인 경우 : 6[m] 이하)
㉣ 전선과 조여재 사이의 이격거리
    – 400[V] 이하 : 2.5[cm] 이상
    – 400[V] 초과 : 4.5[cm] 이상
      (단, 건조한 장소 : 2.5[cm] 이상)

57. 일정 값 이상의 전류가 흐르면 동작하는 계전기는?

① OCR   ② OVR
③ UVR   ④ GR

전기설비 **Chapter 08 전원설비 및 기타 설비**

㉠ 과전류 계전기(OCR, Over Current Relay)
    보호계전기 설정값 이상의 전류가 흘렀을 때 동작하여 차단기를 트립시킨다.
㉡ 과전압 계전기(OVR Over Voltage Relay)
    보호계전기 설정값 이상의 전압이 인가되었을 때 동작하여 차단기를 트립시킨다.

58. 보호도체(PE)의 절연 외장 색상으로 올바른 것을 고르시오.

① 녹색 전색
② 녹색과 황색의 교호 조합
③ 청색 전색
④ 회색 전색

전기설비 **Chapter 04 전로의 절연 및 접지공사**

전선의 식별(KEC 121.2)

상(문자)	색상
L1	갈색
L2	흑색
L3	회색
N	청색
PE(보호도체)	녹색－노란색

60. 사람이 상시 통행하는 터널 내 배선방식이 아닌 것은? (단, 사용전압이 저압에 한한다.)

① 금속관 배선
② 금속덕트 배선
③ 합성수지관 배선
④ 금속제 가요전선관 배선

전기설비 **Chapter 05 저압 전기설비 보호**

합성수지관, 금속관, 금속제 가요전선관, 케이블의 규정에 준하는 케이블배선을 사용해야 한다.

59. 한국전기설비규정에서 고압 가공 인입선이 도로를 횡단하는 경우에 지표상의 높이는 몇 [m] 이상 인가?

① 5
② 6.5
③ 6
④ 4

전기설비 **Chapter 06 전선로 및 배전공사**

저·고압 가공전선의 높이(KEC 222.7, 333.7)

구분	저압	고압
도로 횡단	5m 이상	6m 이상
철도 횡단	6.5m 이상	6.5m 이상
횡단보도교	3m 이상*	3.5m 이상
기타	4m 이상	5m 이상

* 절연전선 및 케이블인 경우 3m 이상

정답

01	④	02	②	03	②	04	③	05	③
06	④	07	②	08	③	09	③	10	①
11	③	12	③	13	②	14	②	15	②
16	④	17	①	18	①	19	③	20	④
21	②	22	②	23	②	24	②	25	④
26	①	27	①	28	②	29	①	30	②
31	②	32	④	33	①	34	④	35	②
36	②	37	③	38	②	39	②	40	①
41	②	42	②	43	②	44	②	45	④
46	③	47	④	48	③	49	③	50	①
51	④	52	③	53	②	54	④	55	④
56	①	57	①	58	②	59	③	60	②

※ 본 교재에 수록된 모든 문제는 CBT 기출복원문제로서, 수험생의 기억에 따라 복원된 것이며, 실제 기출문제와 동일하지 않을 수 있습니다.

01. 12[V] 전원을 6[Ω] 저항에 연결했을 때 흐르는 전류[A]는?

① 1
② 1.5
③ 2
④ 3

> **전기이론** **Chapter 01 직류회로**
>
> 옴의 법칙 : $I = \dfrac{V}{R} = \dfrac{12}{6} = 2\,[\mathrm{A}]$

02. 정전용량 C_1, C_2를 병렬로 접속하였을 때의 합성정전 용량은?

① $C_1 + C_2$
② $\dfrac{1}{C_1 + C_2}$
③ $\dfrac{1}{C_1} + \dfrac{1}{C_2}$
④ $\dfrac{C_1 C_2}{C_1 + C_2}$

> **전기이론** **Chapter 02 정전계와 정자계**
>
> 합성 정전용량
> ㉠ 직렬접속 $C_S = \dfrac{1}{\dfrac{1}{C_1} + \dfrac{1}{C_2}} = \dfrac{C_1 \times C_2}{C_1 + C_2}$ [F]
> ㉡ 병렬접속 $C_P = C_1 + C_2$ [F]

03. 키르히호프 전압법칙의 올바른 설명은?

① 망로 전류의 합은 0이다.
② 폐경로 전압강하의 대수합은 0이다.
③ 모든 노드 전압은 같다.
④ 전력의 합은 0이다.

> **전기이론** **Chapter 01 직류회로**
>
> 키르히호프의 법칙
> ㉠ 제1법칙 : 전류 법칙
> 임의의 마디에 유입되는 전류와 유출되는 전류는 같다.
> ㉡ 제2법칙 : 전압 법칙
> 임의의 폐회로 내의 기전력의 총합과 전기소자의 단자 전압의 총합은 같다.

04. 가정용 전등 전압이 200[V]이다. 이 교류의 최댓값은 몇 [V]인가?

① 70.7
② 86.7
③ 141.4
④ 282.8

> **전기이론** **Chapter 05 단상 교류회로**
>
> 최댓값 : $V_m = V\sqrt{2} = 200\sqrt{2}$ [V]
> 여기서, V : 전압의 실횻값

05. 자체 인덕턴스 40[mH]의 코일에 10[A]의 전류가 흐를 때 저장되는 에너지는 몇 [J]인가?

① 2
② 3
③ 4
④ 8

> **전기이론** **Chapter 04 전자유도법칙**
>
> 코일의 저장되는 자기에너지
> $W = \dfrac{1}{2}LI^2 = \dfrac{1}{2} \times 40 \times 10^{-3} \times 10^2 = 2$ [J]

06. 유효전력의 식으로 옳은 것은? (단, V는 전압, I는 전류, θ는 위상각이다.)

① $VI\cos\theta$ ② $VI\sin\theta$

③ $VI\tan\theta$ ④ VI

전기이론 Chapter 05 단상 교류회로

㉠ 피상전력

: $P_a = S = VI = I^2 Z = \dfrac{V}{Z^2}$ [VA]

㉡ 유효전력

: $P = VI\cos\theta = I^2 R = \dfrac{V^2}{R}$ [W]

㉢ 무효전력

: $P_r = Q = VI\sin\theta = I^2 X = \dfrac{V^2}{X}$ [Var]

여기서, $\cos\theta$: 역률 또는 유효율

$\sin\theta$: 무효율

07. △결선 V_ℓ(선간전압), V_p(상전압), I_ℓ(선전류), I_p(상전류)의 관계식으로 옳은 것은?

① $V_\ell = \sqrt{3}\,V_p$, $I_\ell = I_p$

② $V_\ell = V_p$, $I_\ell = \sqrt{3}\,I_p$

③ $V_\ell = \dfrac{1}{\sqrt{3}}\,V_p$, $I_\ell = I_p$

④ $V_\ell = V_p$, $I_\ell = \dfrac{1}{\sqrt{3}}\,I_p$

전기이론 Chapter 06 3상 교류회로

3상 교류 결선법의 특징

구분	선간전압	선전류
Y결선	$V_\ell = \sqrt{3}\,V_p$	$I_\ell = I_p$
△결선	$V_\ell = V_p$	$I_\ell = \sqrt{3}\,I_p$

08. 단상전력계 2대를 사용하여 2전력계법으로 3상 전력을 측정하고자 한다. 두 전력계의 지시값이 각각 P_1, P_2 [W] 이었다. 3상 전력 P [W]를 구하는 식으로 옳은 것은?

① $P = \sqrt{3}\,(P_1 \times P_2)$

② $P = P_1 - P_2$

③ $P = P_1 \times P_2$

④ $P = P_1 + P_2$

전기이론 Chapter 06 3상 교류회로

2전력계법의 3상 전력 측정

㉠ 유효전력 : $P = P_1 + P_2$ [W]

㉡ 무효전력 : $P_r = \sqrt{3}\,(P_2 - P_1)$ [Var]

㉢ 피상전력 : $P_a = \sqrt{P^2 + P_r^2}$ [VA]

여기서, P_1, P_2 : 단상전력계 측정값

09. $R=10[k\Omega]$, $C=5[\mu F]$의 직렬회로에 $100[V]$의 직류전압을 인가했을 때 시정수 τ는?

① $5[ms]$ ② $50[ms]$

③ $1[s]$ ④ $2[s]$

전기이론 Chapter 05 단상 교류회로

RC회로의 시정수(시상수)

: $\tau = RC = 10 \times 10^3 \times 5 \times 10^{-6}$

$= 5 \times 10^{-2}$ [s] $= 50$ [ms]

10. $100[\Omega]$ 저항 3개를 병렬 접속했을 때 합성저항 $[\Omega]$은?

① 25.0   ② 33.3

③ 50.0   ④ 100

전기이론 Chapter 02 정전계와 정자계

같은 저항 n개가 병렬로 연결되었을 때 합성 저항

$R_P = \dfrac{R}{n} = \dfrac{100}{3} = 33.3[\Omega]$

11. 비사인파의 일반적인 구성이 아닌 것은?

① 순시파　　　② 고조파
③ 기본파　　　④ 식류파

> **전기이론** **Chapter 07 비정현파 교류회로**
>
> 비사인파 = 직류파 + 기본파 + 고조파

12. $220[V]$, $60[W]$ 백열등의 전류$[A]$는?

① 0.14
② 0.27
③ 0.36
④ 0.50

> **전기이론** **Chapter 01 직류회로**
>
> 백열등의 소비전력 $P = VI[W]$에서
>
> ∴ 전류 : $I = \dfrac{P}{V} = \dfrac{60}{220} = 0.272[A]$

13. $4[\mu F]$, $10[\mu F]$, $20[\mu F]$ 콘덴서를 병렬 접속한 등가 정전용량$[\mu F]$은?

① 14　　　② 28
③ 30　　　④ 34

> **전기이론** **Chapter 02 정전계와 정자계**
>
> 콘덴서의 병렬 접속 시 합성 정전용량
> $$C = C_1 + C_2 + C_3$$
> $$= 4 + 10 + 20 = 34[\mu F]$$

14. 대전된 물질이 갖는 전기의 크기를 무엇이라 하는가?

① 자속　　　② 전계의 세기
③ 정전용량　④ 전하

> **전기이론** **Chapter 01 직류회로**
>
> 대전에 의해서 물체가 띠고 있는 전기를 전하(electric charge)라 한다.

15. 다음 그림에서 $a - b$ 사이의 합성저항은 얼마인가?

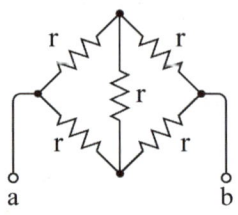

① 0.5r　　　② r
③ 2r　　　　④ 3r

> **전기이론** **Chapter 01 직류회로**
>
> 휘트스톤 브리지 평형회로이므로 아래와 같이 등가 변환할 수 있다.
>
>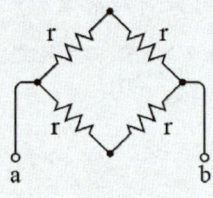
>
> ∴ $R_{ab} = \dfrac{2r}{2} = r[\Omega]$

16. 전압·전류 위상차 $60°$(지상)일 때 역률은?

① 0.50　　　② 0.707
③ 0.866　　　④ 1.00

> **전기이론** **Chapter 05 단상 교류회로**
>
> 전압과 전류의 위상차 $\theta = 60°$에서
>
> ∴ 역률 : $\cos\theta = \cos 60° = \dfrac{1}{2} = 0.5$

17. 진공 중에서 $10^{-4}[C]$과 $10^{-8}[C]$의 두 전하가 $10[m]$의 거리에 놓여 있을 때, 두 전하 사이에 작용하는 힘$[N]$은?

① 9×10^2　　　② 1×10^4
③ 9×10^{-5}　　　④ 1×10^{-8}

> **전기이론** **Chapter 02 정전계와 정자계**
>
> 두 전하 사이의 작용하는 힘 (쿨롱의 법칙)
> $$F = \dfrac{Q_1 Q_2}{4\pi\varepsilon r^2} = \dfrac{Q_1 Q_2}{4\pi\varepsilon_0 \varepsilon_r r^2} = 9 \times 10^9 \times \dfrac{Q_1 Q_2}{\varepsilon_r r^2}$$
> $$= 9 \times 10^9 \times \dfrac{10^{-4} \times 10^{-8}}{1 \times 10^2} = 9 \times 10^{-5}[N]$$

18. 스킨 효과(skin effect)에 관한 설명으로 올바른 것은?

① 직류 전류에서도 도체 표면으로 전류가 집중되는 현상이다.
② 주파수가 높아질수록 도체의 등가 저항이 증가한다.
③ 도체 반지름이 작을수록 스킨 깊이가 더 얕아진다.
④ 스킨 뎁스(skin depth)는 도체 비투과도(μ_r)에 반비례한다.

전기이론 **Chapter 04 전자유도법칙**
스킨 효과는 고주파 교류에서만 나타나며, 전류가 표면 쪽으로 집중되어 유효 단면적이 감소하므로 도체 등가 저항이 증가한다.

19. 코일의 성질에 대한 설명으로 틀린 것은?

① 공진하는 성질이 있다.
② 상호 유도작용이 있다.
③ 전원 노이즈 차단기능이 있다.
④ 전류의 변화를 확대시키려는 성질이 있다.

전기이론 **Chapter 05 단상 교류회로**
코일은 전류의 변화를 억제하는 성질이 있다.

20. 진공의 투자율 μ_0[H/m]은?

① 6.33×10^4
② 8.55×10^{-12}
③ $4\pi \times 10^{-7}$
④ 9×10^9

전기기기 **Chapter 02 정전계와 정자계**
㉠ 진공 중 유전율
  $\epsilon_0 = 8.855 \times 10^{-12}$ [F/m]
㉡ 진공 중 투자율
  $\mu_0 = 4\pi \times 10^{-7}$ [H/m]

21. 자속밀도 0.8[Wb/m²]인 자계에서 길이 50[cm]인 도체가 30[m/sec]로 회전할 때 유기되는 기전력[V]은?

① 8
② 12
③ 15
④ 24

전기기기 **Chapter 02 동기기**
플레밍의 오른손 법칙 (유도기전력)
$e = B\ell v = 0.8 \times 0.5 \times 30 = 12$ [V]
여기서, B : 자속밀도 [Wb/m²]
  ℓ : 도체의 길이 [m]
  v : 도체의 운동 속도 [m/s]

22. 동기기의 권선을 분포권으로 하는 주목적은?

① 전기자 리액턴스 감쇄
② 무효전력 제어
③ 기전력 고조파 억제
④ 철손 감소

전기기기 **Chapter 02 동기기**
분포권은 기전력 파형의 고조파를 완화하고 기전력 실횻값을 향상시킨다.

23. 직류분권발전기의 전기자 전류 50[A], 전기자 저항 0.1[Ω]일 때 전기자에 발생하는 동손은?

① 50[W]
② 200[W]
③ 250[W]
④ 500[W]

전기기기 **Chapter 02 직류기**
동손 : $P_c = I^2 r_a = 50^2 \times 0.1 = 250$ [W]

24. 난조(hunting) 발생 원인으로 틀린 것은?

① 부하 급변
② 주파수 변동
③ 전압 불평형
④ 제동권선의 설치

전기기기 **Chapter 02 동기기**

제동권선의 사용목적
㉠ 난조방지
㉡ 기동토크 발생

25. 정격 속도에 비하여 기동 회전력이 가장 큰 전동기는?

① 타여자기
② 직권기
③ 분권기
④ 복권기

전기기기 **Chapter 01 직류기**

직권전동기 $T \propto I_a^2 \propto \dfrac{1}{N^2}$

직권전동기의 경우 토크가 전류의 제곱에 비례하므로 기동 회전력이 크다.

26. 직류발전기에서 전기자 반작용이 크면 발생 기전력 E[V]는?

① 상승
② 저하
③ 불변
④ 주파수 변동

전기기기 **Chapter 01 직류기**

전기자 반작용으로 인한 문제점
㉠ 주자속 감소(감자작용)로 인한 기전력 감소
㉡ 편자 작용에 의한 중성축 이동
㉢ 정류자와 브러시 부근에서 불꽃 발생
   (정류 불량의 원인)

27. 단락비가 1.2인 동기발전기의 % 동기 임피던스는 약 몇 [%]인가?

① 68   ② 83
③ 100   ④ 120

전기기기 **Chapter 02 동기기**

단락비 $K_S = \dfrac{I_s}{I_n} = \dfrac{100}{\%Z}$

(여기서, I_s : 단락전류, I_n : 정격전류, $\%Z$: % 동기임피던스)

$\therefore \%Z = \dfrac{100}{1.2} = 83.3 \fallingdotseq 83[\%]$

28. 3상 동기전동기의 토크에 대한 설명으로 옳은 것은?

① 공급전압 크기에 비례한다.
② 공급전압 크기의 제곱에 비례한다.
③ 부하각 크기에 반비례한다.
④ 부하각 크기의 제곱에 비례한다.

전기기기 **Chapter 02 동기기**

동기전동기의 토크(T)는 공급전압(V_n) 및 역기전력(E_1)에 비례하고 동리 리액턴스에 반비례하며 $\sin\delta$에 비례한다.

29. 일정 전압 및 일정 파형에서 주파수가 상승하면 변압기 철손은 어떻게 변하는가?

① 증가한다.
② 감소한다.
③ 불변이다.
④ 어떤 기간 동안 증가한다.

전기기기 **Chapter 03 변압기**

변압기의 철손은 $P_i \propto \dfrac{V_1^2}{f}$ 이므로 일정전압에서 주파수가 상승하면 철손은 감소한다.

30. 변압기에서 철심을 규소강판으로 만드는 주된 목적은?

① 손실 감소
② 누설리액턴스 증가
③ 절연강도 증가
④ 슬립 감소

전기기기 Chapter 03 변압기

철손 = 히스테리시스손 + 와류손
㉠ 히스테리시스손 경감
  → 규소를 함유한 규소강판 사용
㉡ 와류손 경감
  → 얇은 두께의 철심을 성층하여 사용

31. $200[V]$, $50[Hz]$, 8극, $15[kW]$의 3상 유도전동기에서 전부하 회전수가 $720[rpm]$ 이면 이 전동기의 2차 효율은 몇 $[\%]$인가?

① 86
② 96
③ 98
④ 100

전기기기 Chapter 04 유도기

동기속도 $N_s = \dfrac{120f}{P_{극수}} = \dfrac{120 \times 50}{8} = 750[rpm]$

$P_2 : P_{2c} : P_o = 1 : s : 1-s$

2차효율 $\eta_2 = \dfrac{출력}{2차입력} \times 100 = \dfrac{P_o}{P_2} \times 100$

$= (1-s) \times 100 = \dfrac{N}{N_s} \times 100$

$\eta_2 = \dfrac{N}{N_s} \times 100 = \dfrac{720}{750} \times 100 = 96[\%]$

32. 부흐홀츠 계전기로 보호되는 기기는?

① 발전기
② 변압기
③ 전동기
④ 회전 변류기

전기기기 Chapter 03 변압기

부흐홀츠 계전기는 변압기와 콘서베이터 사이에 존재하는 계전기로 내부 고장 보호 계전기이다.

33. 단상 유도전동기 기동장치에 의한 분류가 아닌 것은?

① 분상 기동형
② 콘덴서 기동형
③ 세이딩 기동형
④ 회전 계자형

전기기기 Chapter 04 유도기

단상에서는 회전계자가 만들어지지 않는다.

34. 주파수 $60[Hz]$의 전원에 2극의 동기 전동기를 연결하면 회전수는 몇 $[rpm]$ 인가?

① 3600
② 1800
③ 60
④ 12

전기기기 Chapter 02 동기기

동기기의 회전수

$N_s = \dfrac{120 \times 60}{2} = 3600[rpm]$

35. 다음 변압기의 냉각 방식 종류가 아닌 것은?

① 건식 자냉식
② 유입 자냉식
③ 유입 예열식
④ 유입 송유식

전기기기 Chapter 03 변압기

변압기의 냉각방식에는 건식 자냉식, 건식 풍냉식, 유입 자냉식, 유입 풍냉식, 유입 수냉식, 송유 풍냉식, 송유 수냉식 등이 있다.

36. 동기기 손실 중 무부하손(no load loss)이 아닌 것은?

① 풍손
② 와류손
③ 전기자 동손
④ 베어링 마찰손

전기기기 Chapter 02 동기기

무부하손	철손 (=히스테리시스손+와류손)
	풍손
	베어링 마찰손
	브러시 마찰손
부하손	전기자 동손

∴ 전기자 동손은 부하손에 해당된다.

37. 그림에서와 같이 ㉠, ㉡의 약 자극 사이에 정류자를 가진 코일을 두고 ㉢㉣에 직류를 공급하여 X, X'를 축으로 하여 고일을 시계 방향으로 회전시키고자 한다. ㉠㉡의 자극성과 ㉢㉣의 전원극성을 어떻게 해야 되는가?

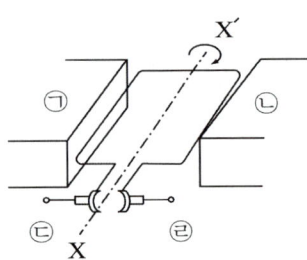

① ㉠ N ㉡ S ㉢ + ㉣ −
② ㉠ N ㉡ S ㉢ − ㉣ +
③ ㉠ S ㉡ N ㉢ + ㉣ +
④ ㉠ S ㉡ N ㉢   ㉣ 극성에 무관

전기기기 Chapter 01 직류기

플레밍 왼손 법칙에 의해 아래와 같이 전자력이 발생되어 전동기는 회전하게 된다.

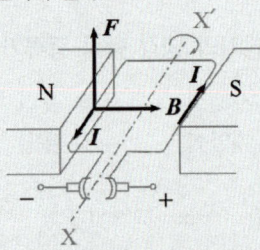

㉠ 엄지(v) : 전자력 (도체의 운동방향)
㉡ 검지(B) : 자속밀도
㉢ 중지(I) : 전류
∴ 전류가 나가는 단자가 (+)가 된다.

---

38. 단중 중권의 극수가 P인 직류기에서 전기자 병렬 회로수 a는 어떻게 되는가?

① 극수 P와 무관하게 항상 2가 된다.
② 극수 P와 같게 된다.
③ 극수 P의 2배가 된다.
④ 극수 P의 3배가 된다.

전기기기 Chapter 01 직류기

전기자 권선법의 중권과 파권 비교

구분	중권	파권
a	P극수	2
b	P극수	2
용도	저전압, 대전류	고전압, 소전류
균압환	사용함	사용 안함

* a: 병렬회로 수, b: 브러시 수

---

39. 1차권수 6000, 2차권수 200인 변압기의 전압비는?

① 30   ② 60
③ 90   ④ 120

전기기기 Chapter 03 변압기

권수비 : $a = \dfrac{N_1}{N_2} = \dfrac{V_1}{V_2} = \dfrac{6000}{200} = 30$

---

40. 변압기유의 구비 조건으로 옳은 것은?

① 점도가 낮을 것
② 인화점이 낮을 것
③ 응고점이 높을 것
④ 비열이 작을 것

전기설비 Chapter 03 변압기

변압기의 사용 목적 및 조건
㉠ 사용 목적 : 절연 및 냉각
㉡ 조건
　· 절연내력이 높을 것
　· 점도가 낮을 것
　· 인화점이 높고 응고점이 낮을 것
　· 산화 및 열화현상이 없을 것
　· 비열이 커서 냉각효과 클 것

41. 전선의 굵기를 측정할 때 사용되는 것은?

① 와이어 게이지
② 파이어 포트
③ 스패너
④ 프레셔 툴

전기설비 **Chapter 06 전선로 및 배전공사**

전선의 굵기를 측정하는 공구는 와이어 게이지이다.

42. 철판에 구멍을 뚫는 공구는?

① 노크아웃 펀치
② 다이스톡
③ 압착펜치
④ 리머

전기설비 **Chapter 02 배선재료와 공구**

철판에 구멍을 뚫는 공구는 노크아웃 펀치와 홀쏘가 있다.

43. 지락전류를 검출할 때 사용하는 계기는?

① ZCT ② PT
③ CT ④ OCR

전기설비 **Chapter 08 전원설비 및 기타 설비**

㉠ 영상변류기(ZCT)
지락사고 시 영상전류를 검출할 때 사용
㉡ 계기용 변압기 (PT, VT)
고전압을 저전압(110V)으로 변압할 때 사용
㉢ 변류기(CT)
대전류를소전류(5A)로 변류할때 사용
㉣ 과전류계전기(OCR)
과전류 검출 시 차단기를 트립(Trip)할 때 사용

44. 폭연성 분진존 배선으로 적합한 공사 방법은?

① 금속관 공사
② 합성수지관 공사
③ 가요전선관 공사
④ 애자사용 공사

전기설비 **Chapter 07 특수설비**

폭연성 분진 위험장소 (KEC 242.2.1)
폭발할 우려가 있는 곳에 시설하는 저압 옥내배선, 저압 관등회로 배선 및 소세력 회로의 전선은 금속관공사 또는 케이블공사(캡타이어케이블 제외)에 의하여 시설하여야 한다.

45. 역률개선의 효과로 볼 수 없는 것은?

① 감전사고 감소
② 전력손실 감소
③ 전압강하 감소
④ 설비 용량의 이용률 증가과 나란하게 하고 별개의 완금류에 시설

전기설비 **Chapter 05 저압 전기설비 보호**

역률과 감전사고는 연관이 없다.

46. 합성수지관을 새들 등으로 지지하는 경우 그 지점 간의 거리는 몇 [m]이하로 하여야 하는가?

① 0.8[m]
② 1.0[m]
③ 1.2[m]
④ 1.5[m]

전기설비 **Chapter 06 전선로 및 배전공사**

합성수지관을 새들 등으로 지지하는 경우 간격은 1.5[m] 이내로 해야 한다.

47. 직류를 교류로 변화시키는 장치는?

① 인버터　　　　② 컨버터
③ UPS　　　　　④ 분로 리액터

> **전기설비** **Chapter 08 전원설비 및 기타 설비**
>
> ㉠ DC → AC 변환 : 인버터
> ㉡ AC → DC 변환 : 컨버터

48. 철근 콘크리트주의 길이가 12[m]이고, 설계하중이 6.8[kN] 이하일 때, 땅에 묻히는 표준 깊이는 몇 [m] 이상이어야 하는가?

① 2　　　　　　② 1.8
③ 1.5　　　　　④ 1.2

> **전기설비** **Chapter 06 전선로 및 배전공사**
>
> 지지물의 매설 깊이 (KEC 331.7)
> 전체 길이가 16[m] 이하, 설계하중이 6.8[kN] 이하(A종)의 경우 매설 깊이는 다음과 같다.
>
> ㉠ 15[m] 이하 : 전장의 $\frac{1}{6}$ 이상
> ㉡ 15[m] 초과 : 2.5[m] 이상
>
> ∴ 매설 깊이 : $12 \times \frac{1}{6} = 2\,[m]$

49. 특고압 가공 전선로의 전선의 조수가 3조일 때 완금의 길이는?

① 1500[mm]
② 2000[mm]
③ 2400[mm]
④ 3000[mm]

> **전기설비** **Chapter 06 전선로 및 배전공사**
>
> 완금의 표준 길이[mm]
>
> | 전선의 조 수 | 특고압 | 고압 | 저압 |
> |---|---|---|---|
> | 2조 | 1,800 | 1,400 | 900 |
> | 3조 | 2,400 | 1,800 | 1,400 |

50. 낙뢰, 수목 접촉, 일시적인 섬락 등 순간적인 사고로 계통에서 분리된 구간을 신속히 계통에 투입시킴으로써 계통의 안정도를 향상시키고 정전 시간을 단축시키기 위해 사용되는 계전기는?

① 차동 계전기　　　② 과전류 계전기
③ 거리 계전기　　　④ 재폐로 계전기

> **전기설비** **Chapter 08 전원설비 및 기타 설비**
>
> 재폐로 계전기(Reclosing Relay)
> 송전선 고장은 대부분 뇌 등에 의한 아크 지락사고이다. 따라서 고장전류를 차단하여 아크가 소멸된 후 차단기 재투입을 인위적으로 하는 경우에는 많은 시간이 소요되므로 자동적으로 차단기를 투입할 것이 요구된다. 따라서 차단기가 차단되고 고장지점의 절연이 회복된 후 재폐로 조건(동기 조건)이 이루어지면 자동적으로 차단기를 투입하는 계전기를 말한다.

51. 저압 옥내 분기회로에 개폐기 및 과전류 차단기를 시설하는 경우, 원칙적으로 분기점에서 몇 [m] 이하에 시설하여야 하는가?

① 3
② 5
③ 8
④ 12

> **전기설비** **Chapter 05 저압 전기설비 보호**
>
> 단락보호장치의 설치위치 (KEC 212.5.2)
> 분기회로의 과부하 보호장치의 전원 측에 다른 분기회로 또는 콘센트의 접속이 없으며 아래의 조건에서는 설치위치를 조정할 수 있다.
>
>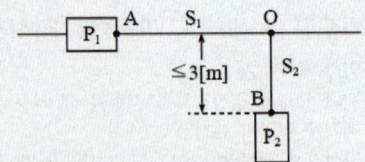
>
> ㉠ 단락의 위험과 화재 및 인체에 대한 위험성이 최소화 되도록 시설한 경우 : 3[m] 이내
> ㉡ 단락보호가 이루어 지고 있는 경우
> : 거리 제한 없음(임의의 장소에 설치 가능)

52. 합성수지관 공사의 설명 중 틀린 것은?

① 관의 지지점 간의 거리는 1.5[m]이하로 할 것
② 합성 수지관 안에는 전선에 접속점이 없도록 할 것
③ 전선은 절연 전선(옥외용 비닐 절연전선을 제외한다.)일 것
④ 관 상호간 및 박스와는 관을 삽입하는 깊이를 관의 바깥 지름의 1.5배 이상으로 할 것

> **전기설비** Chapter 03 옥내배선공사
>
> 합성수지관 및 부속품의 시설 (KEC 232.11.3)
> ㉠ 관 상호 간 접속 시에는 커플링 등을 사용하여 접속
> ㉡ 커플링 삽입 깊이 : 관 바깥지름의 1.2배 이상
>   (단, 접착제 사용 시 0.8배 이상)
> ㉢ 관의 지지점 간의 거리 : 1.5m 이하

53. 한국전기설비규정에 의하면 정격 전류가 30[A]인 저압 전로의 과전류 차단기를 산업용 배선용 차단기로 사용하는 경우 39[A]의 전류가 통과하였을 때 몇 분 이내에 자동적으로 동작하여야 하는가?

① 60   ② 120
③ 2   ④ 4

> **전기설비** Chapter 05 저압 전기설비 보호
>
> 보호장치의 특성(KEC 212.3.4)
> 주택용 배선차단기 동작 특성
>
> | 정격전류의 구분 | 시간 | 부동작전류 | 동작전류 |
> |---|---|---|---|
> | 63A 이하 | 60분 | 1.13배 | 1.45배 |
> | 63A 초과 | 120분 | 1.13배 | 1.45배 |

54. 금속관 공사에서 노크아웃 구멍 지름이 금속관 지름보다 클 때 사용하는 재료는?

① 로크너트
② 부싱
③ 콘넥터
④ 링 리듀서

> **전기설비** Chapter 03 옥내배선공사
>
> 금속관 공사 시, 박스 등의 노크아웃 구멍 지름이 금속관보다 클 경우, 링 리듀서(Ring Reducer)를 사용하여 관과 박스를 안정적으로 접속시킵니다.

55. 일반적으로 저압가공 인입선이 도로를 횡단하는 경우 노면상 높이는?

① 4[m] 이상   ② 5[m] 이상
③ 6[m] 이상   ④ 6.5[m] 이상

> **전기설비** Chapter 06 전선로 및 배전공사
>
> 가공인입선의 높이(KEC 221.1.1, 331.12)
>
> | 구분 | 저압 | 고압 |
> |---|---|---|
> | 도로 횡단 | 5m 이상 | 6m 이상 |
> | 철도 횡단 | 6.5m 이상 | 6.5m 이상 |
> | 횡단보도교 | 3m 이상 | 3.5m 이상 |
> | 기타 | 4m 이상 | 5m 이상 |
> | 고압 기타 장소에서 위험 표시를 할 경우 : 3.5m 이상 | | |

56. 위험물 등이 있는 곳에서의 저압 옥내배선 공사 방법이 아닌 것은?

① 케이블 공사
② 합성수지관 공사
③ 금속관 공사
④ 애자사용 공사

> **전기설비** Chapter 07 특수설비
>
> KEC 242.2.2 가연성 분진 위험장소
> 가연성 분진에 전기설비가 발화원이 되어 폭발할 우려가 있는 곳에 시설하는 저압 옥내 전기설비는 합성수지관공사, 금속관공사 또는 케이블공사를 하여야 한다.

57. 금속관을 구부릴 때 굴곡의 안측 반지름은 전선관 안지름의 몇 배 이상으로 해야 하는가?

① 3배 이상   ② 6배 이상
③ 8배 이상   ④ 12배 이상

> **전기설비** Chapter 03 옥내배선공사
>
> 내선규정 2225-8 금속관의 굴곡
> 금속관을 구부릴 때 금속관의 단면이 심하게 변형되지 않도록 구부려야 하며, 그 안측의 반지름은 관 안지름의 6배 이상이 되어야 한다.

58. 계통 전체에 대해 별도의 중성선 또는 PE 도체를 사용하며, 배전계통에서 PE 도체를 추가로 접지 할 수 있는 방식은?

① IT   ② TT
③ TN−S   ④ TN−C

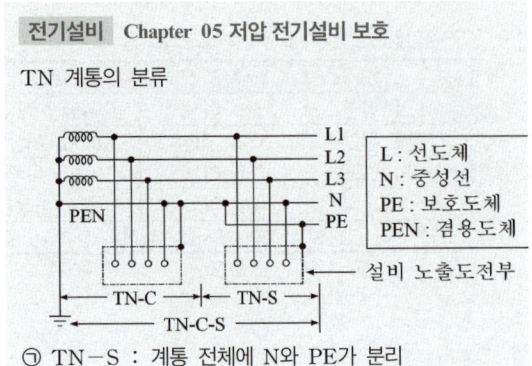

전기설비 Chapter 05 저압 전기설비 보호

TN 계통의 분류

⊙ TN−S : 계통 전체에 N와 PE가 분리
ⓒ TN−C : 계통 전체에 PE와 N이 PEN로 결합
ⓒ TN−C−S : TN−C와 TN−S를 조합한 계통

59. 전선의 식별에서 상(문자)과 전선의 색상이 맞는 것은?

① L1 - 흑색   ② L2 - 갈색
③ L3 - 회색   ④ N - 백색

전기설비 Chapter 01 전선 및 전선의 접속

전선의 식별(KEC 121.2)

상(문자)	색상
L1	갈색
L2	흑색
L3	회색
N	청색
PE(보호도체)	녹색−노란색

60. 금속제 케이블 트레이의 종류가 아닌 것은?

① 통풍채널형
② 사다리형
③ 바닥밀폐형
④ 크로스형

전기이론 Chapter 03 옥내배선공사

금속제 케이블트레이는 케이블의 지지 및 정리를 위해 사용하는 설비로, 주로 다음과 같은 형태로 분류된다.
⊙ 사다리형 : 양측 레일과 중간 가로재로 구성, 통풍이 잘됨
ⓒ 통풍채널형 : 측면은 막혀 있고, 바닥에 통풍 구멍이 있음
ⓒ 바닥밀폐형(또는 박스형) : 외부로부터 보호가 필요한 경우 사용, 덮개가 있음

정답

01	③	02	①	03	②	04	④	05	①
06	①	07	②	08	④	09	②	10	②
11	①	12	②	13	④	14	④	15	②
16	①	17	③	18	②	19	④	20	③
21	②	22	③	23	②	24	④	25	②
26	②	27	②	28	①	29	②	30	①
31	②	32	②	33	②	34	①	35	③
36	③	37	②	38	②	39	①	40	②
41	①	42	①	43	①	44	①	45	③
46	④	47	①	48	①	49	③	50	④
51	①	52	④	53	①	54	④	55	③
56	④	57	②	58	③	59	③	60	④

2025년 제1회

※ 본 교재에 수록된 모든 문제는 CBT 기출복원문제로서, 수험생의 기억에 따라 복원된 것이며, 실제 기출문제와 동일하지 않을 수 있습니다.

01. 200[V], 10[kW], 3상 유도전동기의 전부하 전류는 약 몇 [A]인가? (단, 효율과 역률은 각각 85%이다.)

① 40　　　　　　② 30
③ 60　　　　　　④ 50

> **전기이론** Chapter 06 3상 교류회로
>
> 3상 부하 전류
> $$I = \frac{P}{\sqrt{3}\,V\cos\theta\,\eta}$$
> $$= \frac{10 \times 10^3}{\sqrt{3} \times 200 \times 0.85 \times 0.85} \fallingdotseq 40\,[\text{A}]$$
> 여기서, V : 선간전압[V]
> $\quad\quad\quad I$: 선전류(부하전류)[A]

02. 어떤 도체에 5초간 4[C]의 전하가 이동했다면 이 도체에 흐르는 전류는?

① 0.12[A]　　　　② 0.8[A]
③ 1.25[A]　　　　④ 8[A]

> **전기이론** Chapter 01 직류회로
>
> 전류의 정의 : $I = \dfrac{Q}{t} = \dfrac{4}{5} = 0.8\,[\text{A}]$

03. 다음 전압 파형의 주파수는 약 몇 [Hz]인가?

$$e = 100\sin\left(377t - \frac{\pi}{5}\right)[\text{V}]$$

① 50　　　　　　② 60
③ 80　　　　　　④ 100

> **전기이론** Chapter 05 단상 교류회로
>
> 교류의 순시값 $e = E_m\sin(\omega t \pm \theta)$ 에서
> 각주파수 $\omega = 2\pi f$ 이므로 주파수 f 는
> $\therefore f = \dfrac{\omega}{2\pi} = \dfrac{377}{2\pi} = 60\,[\text{Hz}]$

04. 기전력이 1.5[V]인 전지 5개를 직렬연결하고 여기에 부하 저항 2.5[Ω]인 전구에 접속하였을 때 전구에 흐르는 전류는 몇 [A]인가? (단, 전지의 내부저항은 0.5[Ω]이다.)

① 1.5　　　　　　② 2
③ 3　　　　　　　④ 2.5

> **전기이론** Chapter 01 직류회로
>
> 전지 회로는 아래와 같다.
>
>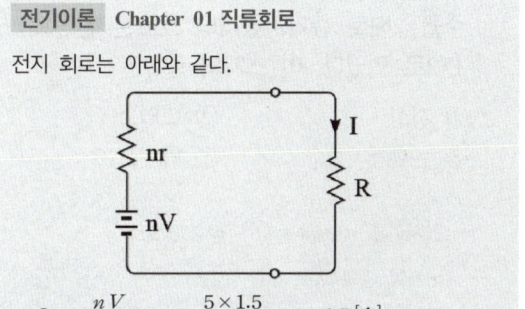
>
> $\therefore I = \dfrac{nV}{nr+R} = \dfrac{5 \times 1.5}{5 \times 0.5 + 2.5} = 1.5\,[\text{A}]$
> 여기서, nV : 전지의 합성 기전력
> $\quad\quad\quad nr$: 전지의 합성 내부 저항

05. 코일의 자체 인덕턴스(L)와 권수(N)의 관계로 옳은 것은?

① $L \propto N$　　　　② $L \propto N^2$
③ $L \propto N^3$　　　　④ $L \propto \dfrac{1}{N}$

> **전기이론** Chapter 04 전자유도법칙
>
> ㉠ 쇄교자속 : $\Phi = N\phi = LI\,[\text{Wb}]$
> ㉡ 자기 인덕턴스 : $L = \dfrac{\Phi}{I} = \dfrac{N}{I}\phi\,[\text{H}]$
> ㉢ 자속 : $\phi = \dfrac{F}{R_m} = \dfrac{IN}{\dfrac{\ell}{\mu S}} = \dfrac{\mu SNI}{\ell}\,[\text{Wb}]$
> $\therefore L = \dfrac{N}{I}\phi = \dfrac{\mu SN^2}{\ell}\,[\text{H}] \rightarrow L \propto N^2$

06. 자체 인덕턴스 $40[\text{mH}]$의 코일에 $10[\text{A}]$의 전류가 흐를 때 저장되는 에너지는 몇 $[\text{J}]$ 인가?

① 2　　　　　　　　② 3
③ 4　　　　　　　　④ 8

> **전기이론** Chapter 04 전자유도법칙
>
> 코일의 저장되는 자기에너지
>
> $$W = \frac{1}{2}LI^2 = \frac{1}{2} \times 40 \times 10^{-3} \times 10^2 = 2\,[\text{J}]$$

07. 어떤 회로의 소자에 일정한 크기의 전압으로 주파수를 2배로 증가시켰더니 흐르는 전류의 크기가 $1/2$로 되었다. 이 소자의 종류는?

① 저항　　　　　　② 코일
③ 콘덴서　　　　　④ 다이오드

> **전기이론** Chapter 05 단상 교류회로
>
> ㉠ 저항 만의 회로 전류
>
> $$I_R = \frac{V}{R} \rightarrow \text{주파수에 관계없음}$$
>
> ㉡ 코일(인덕턴스) 만의 회로 전류
>
> $$I_L = \frac{V}{X_L} = \frac{V}{2\pi fL} \rightarrow \text{주파수에 반비례}$$
>
> ㉢ 콘덴서(정전용량) 만의 회로 전류
>
> $$I_C = \frac{V}{X_C} = 2\pi fCV \rightarrow \text{주파수에 비례}$$
>
> ∴ 코일 만의 회로에서 주파수를 2배 증가시키면 전류는 $1/2$배가 된다.

08. 어떤 3상 회로에서 선간전압이 $200[\text{V}]$, 선전류 $25[\text{A}]$, 3상 전력이 $7[\text{kW}]$였다. 이때 역률은?

① 약 $60[\%]$　　　② 약 $70[\%]$
③ 약 $80[\%]$　　　④ 약 $90[\%]$

> **전기이론** Chapter 06 3상 교류회로
>
> ㉠ 피상전력
>
> $$P_a = \sqrt{3}\,VI = \sqrt{3} \times 200 \times 25 = 8660\,[\text{VA}]$$
>
> ㉡ 유효전력 : $P = 7\,[\text{kW}] = 7000\,[\text{W}]$
>
> ∴ 역률 : $\cos\theta = \dfrac{P}{P_a} = \dfrac{7000}{8660} = 0.8 = 80[\%]$

09. 패러데이의 전자유도법칙에서 유도기전력의 크기는 코일을 지나는 (㉠)의 매초 변화량과 코일의 (㉡)에 비례한다. ㉠과 ㉡에 알맞은 내용은?

① ㉠ 자속　　　㉡ 굵기
② ㉠ 자속　　　㉡ 권수
③ ㉠ 전류　　　㉡ 권수
④ ㉠ 전류　　　㉡ 굵기

> **전기이론** Chapter 04 전자유도법칙
>
> 패러데이 전자유도법칙
>
> ㉠ 유도기전력 : $e = -N\dfrac{d\phi}{dt} = -L\dfrac{di}{dt}\,[\text{V}]$
>
> 여기서, N : 권선 수, L : 인덕턴스
>
> ㉡ $\dfrac{d\phi}{dt}$: 시간적 변화에 따른 자속의 변화량
>
> ㉢ $\dfrac{di}{dt}$: 시간적 변화에 따른 전류의 변화량

10. 전류가 흐르면 자속이 생성되는데, 이때 전류의 방향에 따라 자속의 방향이 달라진다. 이 현상과 관련이 있는 법칙은?

① 페러데이의 법칙
② 키르히호프의 법칙
③ 옴의 법칙
④ 앙페르의 오른나사의 법칙

> **전기이론** Chapter 03 전류의 자기현상
>
> 앙페르의 오른나사 법칙
>
>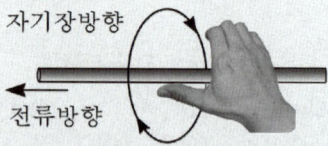
>
> 오른손 엄지를 전류의 방향으로 둘 때 자기장은 나머지 손가락이 말리는 방향과 같다.

11. $R_1[\Omega]$, $R_2[\Omega]$, $R_3[\Omega]$의 저항 3개를 직렬 접속했을 때의 합성저항$[\Omega]$은?

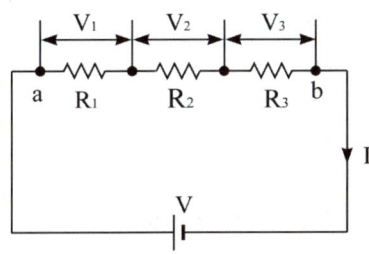

① $R = \dfrac{R_1 \cdot R_2 \cdot R_3}{R_1 + R_2 + R_3}$

② $R = \dfrac{R_1 + R_2 + R_3}{R_1 \cdot R_2 \cdot R_3}$

③ $R = R_1 \cdot R_2 \cdot R_3$

④ $R = R_1 + R_2 + R_3$

전기이론 **Chapter 01 직류회로**

직렬 합성저항 $R_s = R_1 + R_2 + R_3$

12. 전기력선은 어떤 방향으로 작용하는가?

① (＋)에서 (－)으로
② (－)에서 (＋)으로
③ 전류 방향과 무관하게
④ 중성점에서 방사형으로

전기이론 **Chapter 02 정전계와 정자계**

전기력선은 양전하에서 음전하 방향으로 작용한다.

13. RL직렬회로에서 임피던스(Z)의 크기를 나타내는 식은?

① $Z = R^2 + X_L^2$

② $Z = R^2 - X_L^2$

③ $Z = \sqrt{R^2 + X_L^2}$

④ $Z = \sqrt{R^2 - X_L^2}$

전기이론 **Chapter 05 단상 교류회로**

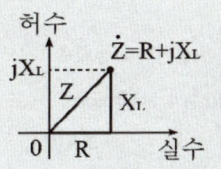

임피던스 삼각형
R : 저항
X_L : 유도 리액턴스
Z : 임피던스

임피던스 삼각형에서 임피던스 크기는

$$\therefore \ Z = R + jX_L = \sqrt{R^2 + X_L^2} \ [\Omega]$$

14. 선간전압 210$[V]$, 선전류 10$[A]$의 Y결선 회로가 있다. 상전압과 상전류는 각각 얼마인가?

① 121$[V]$　　　　5.77$[A]$
② 121$[V]$　　　　10$[A]$
③ 210$[V]$　　　　5.77$[A]$
④ 210$[V]$　　　　10$[A]$

전기이론 **Chapter 06 3상 교류회로**

3상 Y결선의 특징
㉠ 선간전압 $V_l = \sqrt{3}\,V_p$에서 상전압은

$$V_p = \frac{V_l}{\sqrt{3}} = \frac{210}{\sqrt{3}} = 121\,[V]$$

㉡ 선전류 $I_\ell = I_p$에서 상전류는
$I_p = I_\ell = 10\,[A]$

15. 그림과 같은 비사인파의 제3고조파 주파수는?
(단, $V=20[V]$, $T=10[ms]$이다.)

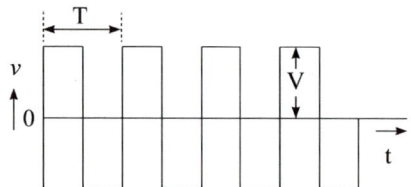

① 100[Hz]　　② 200[Hz]
③ 300[Hz]　　④ 400[Hz]

> **전기이론** **Chapter 07 비정현파 교류회로**
> 제3고조파는 기본파 주파수의 3배이므로
> $$\therefore f_3 = 3f_1 = \frac{3}{T_1} = \frac{3}{10 \times 10^{-3}} = 300[Hz]$$

16. 키르히호프의 전류 법칙(KCL)은 회로의 어떤 성질을 반영하는가?

① 전하 보존
② 에너지 보존
③ 전류 합의 일치
④ 전압의 극성

> **전기이론** **Chapter 01 직류회로**
> 키르히호프의 전류 법칙은 전하 보존 법칙에 기초한다.

17. 정전용량이 크면 어떤 성질이 증가하는가?

① 저항
② 전류
③ 전하 저장능력
④ 전력 손실

> **전기이론** **Chapter 02 정전계와 정자계**
> 정전용량이 크다는 것은 전하를 더 많이 저장할 수 있음을 의미한다.

18. 단순한 직렬회로에서 각 소자에 흐르는 전류는 어떤가?

① 모두 다르다
② 전압과 같다
③ 전류가 같다
④ 저항에 반비례

> **전기이론** **Chapter 01 직류회로**
> ㉠ 직렬회로는 전압이 분배, 전류가 일정
> ㉡ 병렬회로는 전류가 분배, 전압이 일정

19. 5[mH]의 코일에 주파수 50[Hz]인 교류를 인가했을 때 리액턴스 [Ω]는?

① 1.25
② 1.57
③ 2.50
④ 3.14

> **전기이론** **Chapter 05 단상 교류회로**
> 유도성 리액턴스
> $$X_L = \omega L = 2\pi f L$$
> $$= 2\pi \times 50 \times 5 \times 10^{-3} = 1.57[\Omega]$$

20. 직렬 RL 회로에 교류 전압을 인가했을 때의 위상 관계는?

① 전류가 전압보다 앞선다.
② 전류가 전압보다 늦다.
③ 전압과 전류가 동일
④ 서로 수직

> **전기기기** **Chapter 05 단상 교류회로**
> 유도성 회로의 위상은 전류가 전압보다 늦다.

21. 직류분권발전기에서 무부하 시 출력전압이 낮은 가장 큰 원인은?

① 계자저항이 너무 크기 때문이다.
② 계자작용 때문이다.
③ 잔류자기 때문이다.
④ 전기자 반작용 때문이다.

> **전기기기** Chapter 01 직류기
>
> 무부하 상태에서 발전기는 잔류자기에 의해 기전력을 발생시키며, 이 전압은 매우 낮은 값이다.

22. 용량 $100[\text{kVA}]$인 동일 정격의 단상변압기 2대로 낼 수 있는 3상 최대 출력용량$[\text{kVA}]$은?

① 200
② $200\sqrt{3}$
③ $100\sqrt{3}$
④ 100

> **전기기기** Chapter 03 변압기
>
> V결선시 변압기 용량 $P_V = \sqrt{3}\,P_1[\text{kVA}]$
> $P = \sqrt{3} \times 100 = 100\sqrt{3}\,[\text{kVA}]$

23. 동기기의 여자전류가 일정할 때, 부하의 역률이 변화하면 단자전압의 크기는 어떻게 되는가?

① 역률이 작아지면 전압이 높아진다
② 역률이 1일 때 항상 최소가 된다
③ 역률에 따라 전압이 일정하다
④ 역률에 따라 전압이 달라진다

> **전기기기** Chapter 02 동기기
>
> 동기기 단자 전압은 전기자 반작용 및 리액턴스 전압 강하에 의해 역률의 변화에 따라 달라진다.

24. 그림과 같은 분상 기동형 단상 유도 전동기를 역회전시키기 위한 방법이 아닌 것은?

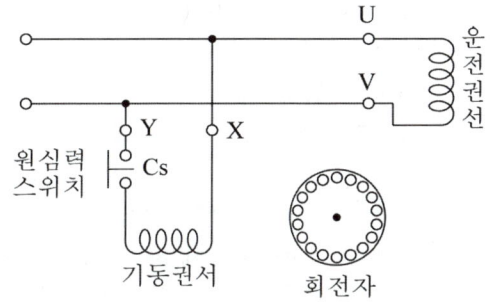

① 원심력스위치를 개로 또는 폐로 한다.
② 기동권선이나 운전권선의 어느 한 권선의 단자접속을 반대로 한다.
③ 기동권선의 단자접속을 반대로 한다.
④ 운전권선의 단자접속을 반대로 한다.

> **전기기기** Chapter 04 유도기
>
> 분상 기동형의 단상유도 전동기를 역회전 시키기 위해서는 기동권선 또는 운전권선 중 하나의 단자접속을 반대로 하여 접속한다.

25. 무부하일 때 $108[\text{V}]$인 분권발전기가 $8[\%]$의 전압 변동률을 가지고 있다. 전부하 단자전압$[\text{V}]$은?

① 94
② 98
③ 100
④ 105

> **전기기기** Chapter 01 직류기
>
> 전압변동률 $\varepsilon = \dfrac{V_o - V_n}{V_n} \times 100\,[\%]$
>
> (여기서, V_o : 무부하 전압 , V_n : 정격전압)
>
> 정격전압 $V_n = \dfrac{V_o}{1 + \dfrac{\epsilon}{100}} = \dfrac{108}{1 + \dfrac{8}{100}} = 100\,[\text{V}]$

26. 전동기의 토크가 일정할 때, 회전수와 출력과의 관계로 옳은 것은?

① 회전수와 출력은 반비례
② 회전수와 출력은 비례
③ 회전수 변화와 출력은 무관
④ 출력은 회전수의 제곱에 비례

전기기기 Chapter 01 직류기

$P = T \times \omega$ → 토크 일정 시, 출력은 속도에 비례함.

27. 단상 변압기에서 철손은 어떤 전압에 의해 발생하는가?

① 1차 전압
② 2차 전압
③ 누설전압
④ 여자전류

전기기기 Chapter 03 변압기

철손은 유기기전력에 의해 발생하므로 1차 전압과 비례 관계이다.

28. 직류발전기에서 유기기전력은 무엇에 비례하는가?

① 계자전류
② 전기자전류
③ 자속 및 회전속도
④ 부하전류

전기기기 Chapter 01 직류기

유기기전력 $E = \dfrac{PZ\phi}{a} \dfrac{N}{60}$ [V]이므로
∴ 자속과 회전속도에 비례한다.

29. 2극, 60 Hz 유도전동기의 동기속도는 몇 [rpm]인가?

① 3000
② 3600
③ 1800
④ 1200

전기기기 Chapter 04 유도기

$N_s = \dfrac{120f}{P} = \dfrac{120 \times 60}{2} = 3600 [\text{rpm}]$

30. 단상 변압기의 부하가 2차측에서 단락되었을 때의 전류는? (단, 정격전류 10 [A], 단락비 10%)

① 10
② 20
③ 50
④ 100

전기기기 Chapter 03 변압기

단락전류 $= \dfrac{\text{정격전류}}{\text{단락비}} = \dfrac{10}{0.1} = 100 [\text{A}]$

31. 3상 유도전동기의 슬립이 0이면 전동기는 어떤 상태인가?

① 정지
② 기동
③ 정격속도 이상
④ 동기속도로 회전

전기기기 Chapter 04 유도기

슬립이 0이면 회전자와 회전자계 속도가 같아져 동기속도와 일치한다.

32. 정류자의 수명이 짧아지는 주요 원인은?

① 온도 상승
② 정격 전압 초과
③ 브러시 압력 과소
④ 진동

> 전기기기 Chapter 01 직류기
> 진동이 있으면 브러시와 정류자 사이 접촉이 불량해져 마모가 심해진다.

33. 변압기 병렬운전 조건 중 반드시 일치해야 하는 것은?

① 역률
② 용량
③ 극성
④ 철손

> 전기기기 Chapter 03 변압기
> 극성이 다르면 병렬 시 순환전류가 발생하여 과열 등의 문제가 생긴다.

34. 동기발전기의 전압을 조정할 수 있는 방법은?

① 회전속도 조절
② 여자전류 조절
③ 주파수 변화
④ 부하전류 변화

> 전기기기 Chapter 02 동기기
> 동기발전기는 여자전류 조절로 유기전압을 조정할 수 있다.

35. 직류전동기의 기동 토크가 가장 큰 형식은?

① 분권형
② 직권형
③ 복권형
④ 자여자형

> 전기기기 Chapter 01 직류기
> 직권형은 무부하 시 전류가 크고 자속도 크기 때문에 기동 토크가 가장 크다.

36. 변압기를 △-Y로 연결할 때 1, 2차간의 위상차는?

① 30° ② 45°
③ 60° ④ 90°

> 전기기기 Chapter 03 변압기
> Y-△결선은 1차, 2차 결선상의 차로 인해 30°의 위상차가 발생한다.

37. 다이오드를 사용한 정류회로에서 다이오드를 여러 개 직렬로 연결하여 사용하는 경우의 설명으로 옳은 것은?

① 다이오드를 과전압으로부터 보호할 수 있다.
② 부하출력의 맥동률을 감소시킬 수 있다.
③ 다이오드를 과전류로부터 보호할 수 있다.
④ 낮은 전압 전류에 적합하다.

> 전기기기 Chapter 05 정류기
> 다이오드 보호방식
> ㉠ 과전류로부터 보호
>   : 다이오드를 병렬로 추가접속
> ㉡ 과전압으로부터 보호
>   : 다이오드를 직렬로 추가접속

38. 동기발전기의 무부하 특성곡선은 어떤 시험으로 얻을 수 있는가?

① 단락 시험
② 무부하 시험
③ 여자 시험
④ 충전 시험

39. 3[kW], 1500[rpm] 유도 전동기의 토크[N·m]는 약 얼마인가?

① 1.91[N·m]
② 19.1[N·m]
③ 29.1[N·m]
④ 114.6[N·m]

40. 회전수 1,728[rpm]인 유도전동기의 슬립[%]은? (단, 동기속도는 1,800[rpm]이다.)

① 2
② 3
③ 4
④ 5

41. 한국전기설비규정(KEC)에 의하여 가공전선에 케이블을 사용하는 경우 케이블을 조가용선에 행거로 시설하여야 한다. 이 경우 사용전압이 고압인 때에는 그 행거의 간격은 몇 [cm] 이하로 시설하여야 하는가?

① 50
② 60
③ 70
④ 80

42. 접지극과 금속관 사이에 삽입하여 전기적으로 접속하는 부속품은?

① 부싱
② 커플링
③ 유니언
④ 본딩 클램프

43. 배관공사에서 금속관 상호 간의 접속에 사용하는 재료는?

① 로크너트
② 커플링
③ 부싱
④ 링리듀서

44. 전기설비에서 누전차단기를 설치하지 않아도 되는 장소는?

① 주방
② 목욕실
③ 건조한 창고
④ 세탁실

전기설비 Chapter 05 저압 전기설비 보호

누전차단기 설치는 물기나 습도가 있는 장소에 의무적이며, 건조한 창고 등은 예외할 수 있다.

45. 합성수지관 상호 및 관과 박스는 접속 시에 삽입하는 깊이를 관 바깥지름의 몇 배 이상으로 하여야 하는가? (단, 접착제를 사용하지 않은 경우이다.)

① 0.2   ② 0.5
③ 1   ④ 1.2

전기설비 Chapter 03 옥내배선공사

KEC 232.11.3 합성수지관 및 부속품의 시설
㉠ 관 상호 간 및 박스와 관의 삽입하는 깊이
: 관의 바깥지름의 1.2배 이상
(단, 접착제 사용시 : 0.8배 이상)
㉡ 관의 지지점 간의 거리 : 1.5[m] 이하

46. 점멸기 부착 위치에 대한 설명으로 적절하지 않은 것은?

① 천장 등에 부착하여 쉽게 조작할 수 있게 한다.
② 현관에는 실내에서 조작할 수 있도록 설치한다.
③ 계단등은 각 층에서 점멸이 가능하도록 한다.
④ 침실은 출입문 가까이에 설치한다.

전기설비 Chapter 01 전선 및 전선의 접속

점멸기는 사람이 쉽게 조작할 수 있도록 벽면의 손이 닿는 높이에 설치하는 것이 일반적이다. 천장에 설치하는 것은 부적절하다.

47. 접지저항을 측정할 때 사용하는 방법이 아닌 것은?

① 콜라우시 브리지법
② 3전극 접지저항 측정법
③ 휘도계법
④ 2전극 접지저항 측정법

전기설비 Chapter 04 전로의 절연 및 접지공사

휘도계는 광량을 측정하는 기기이며 접지저항 측정과는 관계가 없다. 나머지는 모두 접지저항 측정에 사용되는 방법이다

48. 전선 접속에 관한 설명 중 틀린 것은?

① 동일한 전선 종류 간의 접속을 원칙으로 한다.
② 전선 접속부는 기계적으로 견고하고 전기적으로도 완전해야 한다.
③ 접속 부위는 절연테이프로만 감싸면 된다.
④ 접속은 수분이 침투하지 않도록 마감한다.

전기설비 Chapter 01 전선 및 전선의 접속

절연테이프만으로는 충분한 절연 성능을 확보하기 어려우므로 박스나 몰드 내에 수분 유입 방지 처리를 함께 해야 한다.

49. 전기기계기구류에 대한 접지공사 방법으로 틀린 것은?

① 철제 외함을 가진 기계기구는 접지를 실시한다.
② 고무 외장의 이중 절연기기는 접지가 면제된다.
③ 금속제 덮개를 가진 배전반은 접지를 생략할 수 있다.
④ 배관용 금속관과 연결된 기기는 접지를 한다.

전기설비 Chapter 04 전로의 절연 및 접지공사

금속제 외함이나 덮개가 있는 경우 감전 위험을 줄이기 위해 반드시 접지를 해야 하며, 생략할 수 없다.

50. 공장 내 배선 시 전선의 굵기를 결정할 때 가장 우선적으로 고려해야 할 사항은?

① 전선의 절연내력
② 전선의 길이
③ 전류의 크기
④ 전선의 가격

전기설비 **Chapter 01 전선 및 전선의 접속**

전선의 굵기는 허용전류를 기준으로 선정해야 하며, 과전류로 인한 과열 및 화재를 방지하기 위함이다.

51. 케이블 공사에서 방수 성능을 확보하기 위한 조치로 옳지 않은 것은?

① 이음부에 실리콘을 도포한다.
② 관의 끝단을 위로 향하게 설치한다.
③ 접속부는 방수 박스를 사용한다.
④ 침수 우려가 있는 구간은 이중 피복 케이블을 사용한다.

전기설비 **Chapter 06 전선로 및 배전공사**

관의 끝단이 위를 향하면 빗물이나 습기가 유입될 수 있으므로 아래를 향하게 설치하는 것이 원칙이다.

52. 배전반 내부에 설치되는 계기용 변류기의 2차측을 절대 개방해서는 안 되는 이유는?

① 전압 강하 발생
② 전력 낭비
③ 고장 전류 유입
④ 고전압 유기

전기설비 **Chapter 08 전원설비 및 기타 설비**

CT의 사용 중 2차측 개방하면 1차측 부하전류가 모두 여자전류가 되어 2차측에 고전압이 유기되어 절연파괴의 우려가 있다.

53. 옥내 배선의 전선 접속 시 절연 테이프 마감이 불충분할 경우 우려되는 문제는?

① 배선 길이 증가
② 열전달 감소
③ 전선 굵기 변화
④ 누전 및 감전 위험

전기설비 **Chapter 03 옥내배선공사**

절연이 제대로 이루어지지 않으면 전류가 외부로 흐를 수 있어 누전 및 감전 위험이 높아진다.

54. 합성수지관 공사에서 전선 접속점은 어디에 설치하여야 하는가?

① 관 내부
② 박스 내부
③ 노출 배관 위
④ 관의 이음 부위

전기설비 **Chapter 03 옥내배선공사**

합성수지관 내부에는 전선 접속점이 있어서는 안 되며, 반드시 접속은 박스 내부에서 하도록 규정되어 있다.

55. 다음 중 저압배전선로를 전주에 수직배열하기 위해 사용하는 것은?

① 지주   ② 지선
③ 래크   ④ 완철

전기설비 **Chapter 06 전선로 및 배전공사**

래크
저압용 애자를 사용하여 저압선 또는 특고압의 중성선을 수직으로 가선하기 위해 사용하는 전주용 부속품

56. 옥내배선 공사에서 사용되는 박스 중 분기점이 되는 곳에 설치하는 것은?

① 기구박스
② 플로어박스
③ 노크박스
④ 정션박스

전기설비 Chapter 03 옥내배선공사

정션박스(Junction Box)는 전선의 분기점에서 접속을 위한 박스로 사용된다.

57. 22.9[kV-Y]가공전선의 굵기는 단면적이 몇 [mm²] 이상 이어야 하는가? (단, 동선의 경우이다.)

① 22
② 32
③ 40
④ 50

전기설비 Chapter 06 전선로 및 배전공사

KEC 333.4 특고압 가공전선의 굵기 및 종류
인장강도 8.71[[kN] 이상의 연선 또는 단면적 22[mm²] 이상의 경동연선 또는 동등 이상의 인장강도를 갖는 알루미늄 전선이나 절연전선이어야 한다.

58. 인입용 비닐절연전선을 나타내는 약호는?

① OW
② EV
③ DV
④ NV

전기설비 Chapter 01 전선 및 전선의 접속

㉠ OW : 옥외용 비닐절연전선
㉡ EV : 폴리에틸렌 절연 비닐 시스케이블
㉢ DV : 인입용 비닐절연전선
㉣ NV : 비닐절연 네온전선

59. 합성수지관 공사에서 사용하는 PVC관의 특징으로 틀린 것은?

① 가볍고 절연성이 양호하다
② 내부식성이 강하다
③ 굴곡 작업이 어렵다
④ 열에 강하여 고온 장소에 적합하다

전기설비 Chapter 03 옥내배선공사

PVC관은 열에 약하여 고온 장소에 적합하지 않다.

60. 저압 크레인 또는 호이스트 등의 트롤리선을 애자 사용 공사에 의하여 옥내의 노출장소에 시설하는 경우 트롤리선의 바닥에서의 최소 높이는 몇 [m] 이상으로 설치하는가?

① 2
② 2.5
③ 3
④ 3.5

전기설비 Chapter 03 옥내배선공사

옥내 저압 접촉전선 배선(KEC 232.81)
이동기중기, 자동청소기 그 밖에 이동하며 사용하는 저압의 전기기계기구에 전기를 공급하기 위하여 사용하는 접촉전선을 옥내에 시설하는 경우에는 기계기구에 시설하는 경우 이외에는 전개된 장소 또는 점검할 수 있는 은폐된 장소에 애자공사 또는 버스덕트공사 또는 절연 트롤리공사에 의하여야 하며, 시설기준은 다음과 같다.
㉠ 전선의 바닥에서의 높이 : 3.5[m] 이상
㉡ 최대 사용전압 : 60[V] 이하

정답

01	①	02	②	03	②	04	①	05	②
06	①	07	②	08	③	09	②	10	④
11	④	12	①	13	③	14	②	15	③
16	①	17	③	18	③	19	②	20	②
21	③	22	③	23	④	24	①	25	②
26	②	27	①	28	③	29	③	30	④
31	④	32	③	33	③	34	③	35	②
36	①	37	①	38	②	39	②	40	③
41	①	42	④	43	②	44	③	45	④
46	①	47	③	48	③	49	③	50	④
51	②	52	④	53	④	54	②	55	③
56	④	57	①	58	③	59	④	60	④

※ 본 교재에 수록된 모든 문제는 CBT 기출복원문제로서, 수험생의 기억에 따라 복원된 것이며, 실제 기출문제와 동일하지 않을 수 있습니다.

01. 평형 3상 교류회로에서 Y결선할 때 선간전압 V_l 과 상전압 V_p의 관계는?

① $V_l = V_p$　　　② $V_l = \sqrt{2}\, V_p$

③ $V_l = \sqrt{3}\, V_p$　　④ $V_l = \dfrac{1}{\sqrt{3}} V_p$

> **전기이론**　Chapter 05 단상 교류회로
>
> Y결선 특징
> ㉠ 선간전압 $V_l = \sqrt{3}\, V_p$ (V_p : 상전압)
> ㉡ 선전류 $I_l = I_p$ (I_p : 상전류)

02. 변압기의 철심을 성층하는 이유는?

① 동손을 줄이기 위해
② 유전체손을 줄이기 위해
③ 맴돌이 전류손을 줄이기 위해
④ 히스테리시스손을 줄이기 위해

> **전기기기**　Chapter 03 변압기
>
> 철손 = 히스테리시스손 + 와류손
> ㉠ 히스테리시스손 경감
> 　→ 규소를 함유한 규소강판 사용
> ㉡ 와류손(맴돌이 전류손) 경감
> 　→ 얇은 두께의 철심을 성층하여 사용

03. 전로에 지락이 생겼을 경우에 부하 기기, 금속제 외함 등에 발생하는 고장전압 또는 지락전류를 검출하는 부분과 차단기 부분을 조합하여 자동적으로 전로를 차단하는 장치는?

① 누전 차단 장치　② 과전류 차단기
③ 누전 경보 장치　④ 배선용 차단기

> **전기설비**　Chapter 05 저압 전기설비 보호

04. $40[\mu F]$과 $60[\mu F]$의 콘덴서를 직렬로 접속한 후 $100[V]$의 전압을 가했을 때 $40[\mu F]$에 걸리는 전압의 크기는 몇 $[V]$인가?

① 20　　　　② 40
③ 60　　　　④ 100

> **전기이론**　Chapter 02 정전계와 정자계
>
> 콘덴서의 전압 분배 법칙을 적용한다.
>
>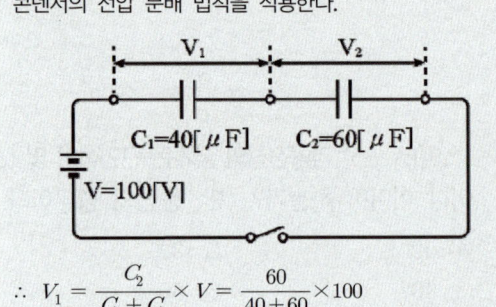
>
> $$\therefore\ V_1 = \frac{C_2}{C_1 + C_2} \times V = \frac{60}{40+60} \times 100$$
> $$= 60[V]$$

05. 3상 동기기에 제동권선을 설치하는 주된 목적은?

① 출력 증가　　② 효율 증가
③ 역률 개선　　④ 난조 방지

> **전기기기**　Chapter 02 동기기
>
> 제동권선의 사용목적
> ㉠ 난조 방지
> ㉡ 기동토크 발생

06. 콘크리트 조영재에 볼트를 시설할 때 필요한 공구는?

① 파이프 렌치 　　② 볼트 클리퍼
③ 노크 아웃 펀치 　④ 드라이브이트

> 전기설비 **Chapter 02 배선재료와 공구**
>
> ① 파이프 렌치 : 금속관을 커플링으로 접속할 때 커플링을 물고 죄는 공구
> ② 볼트 클리퍼 : 전선, 철선, 강철류를 절단 작업하는 공구 (절단기)
> ③ 노크 아웃 펀치 : 유압에 의해 철판에 구멍을 뚫는 공구
> ④ 드라이브이트(drive−it) : 대형의 권총의 형태로 내부에 화약을 충전하여 그 폭발력을 이용하여 경화 후의 콘크리트에 볼트나 특수 못을 박을 때 사용하는 공구

08. 그림의 기호는?

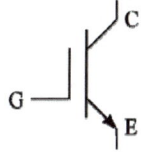

① SCR
② TRIAC
③ IGBT
④ GTO

> 전기기기 **Chapter 05 정류기**
>
> IGBT(Insulated Gate Bipolar Transistor : 절연 게이트 바이폴라 트랜지스터)
> 입력 신호에 의해서 온·오프가 생기는 자기소호형이므로, 대전력의 고속 스위칭이 가능한 반도체 소자이다.

09. ACSR 약호의 품명은?

① 경동연선 　　② 중공연선
③ 알루미늄선 　④ 강심알루미늄연선

> 전기설비 **Chapter 01 전선 및 전선의 접속**
>
> Aluminum Conductor Steel Reinforced : 강심알루미늄연선

07. 그림과 같은 회로의 저항값이 $R_1 > R_2 > R_3 > R_4$일 때 전류가 최소로 흐르는 저항은?

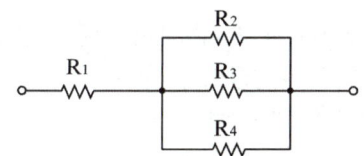

① R_1 　　② R_2
③ R_3 　　④ R_4

> 전기이론 **Chapter 01 직류회로**
>
> R_1에는 회로 전체 전류가 흐르기 때문에 가장 크고, 이 전류가 R_2, R_3, R_4에 나누어 흐르게 된다. 이때 전류는 저항 크기에 의해 분배되기 때문에 저항이 가장 큰 R_2 측으로 가장 전류가 최소로 흐르게 된다.

10. △−Y 결선(delta−star connection)한 경우에 대한 설명으로 옳지 않은 것은?

① Y결선의 중성점을 접지할 수 있다.
② 제3고조파에 의한 장해가 작다.
③ 1차 선간전압 및 2차 선간전압의 위상차는 60°이다.
④ 1차 변전소의 승압용으로 사용된다.

> 전기이론 **Chapter 06 3상 교류회로**
>
> ㉠ △결선시 선간전압과 상전압의 관계
> 　: $V_l = \sqrt{3}\, V_p \angle 0°$
> ㉡ Y결선시 선간전압과 상전압의 관계
> 　: $V_l = \sqrt{3}\, V_p \angle 30°$
> ∴ 변압기 1, 2차 상전압은 위상차가 없으므로 1차 선간전압과 2차 선간전압의 위상차는 30°가 된다.

11. 220[V], 60[Hz], 4극의 3상 유도전동기가 있다. 슬립 5[%]로 회전할 때 출력 17[kW]을 낸다면, 이 때의 토크는 약 몇[N·m]인가?

① 56.2[N·m]　　② 95[N·m]
③ 191[N·m]　　④ 935.8[N·m]

전기기기 **Chapter 04 유도기**

㉠ 동기속도 : $N_s = \dfrac{120f}{P} = \dfrac{120 \times 60}{4} = 1800$

　여기서, f : 주파수, P : 극수

㉡ 회전자 속도
　$N = (1-s)N_s$
　$\;\;\; = (1-0.05) \times 1800 = 1710 \,[\text{rpm}]$

㉢ 토크 : $T = 0.975 \dfrac{P_o}{N} \,[\text{kg} \cdot \text{m}]$

　여기서, P_o : 출력, N : 회전자속도

∴ $T = 0.975 \times \dfrac{17 \times 10^3}{1710} = 9.69 \,[\text{kg} \cdot \text{m}]$

　$\;\; = 9.69 \times 9.8 = 94.96 ≒ 95 \,[\text{N} \cdot \text{m}]$
　여기서, $1[\text{kg} \cdot \text{m}] = 9.8[\text{N} \cdot \text{m}]$

12. 절연저항 측정 시 영향을 주거나 손상을 받을 수 있는 SPD 또는 기타 기기 등은 측정 전에 분리시켜야 하고, 부득이하게 분리가 어려운 경우에는 시험전압을 몇 [V] 이하로 낮추어서 측정하여야 하는가?

① 100　　② 200
③ 250　　④ 300

전기설비 **Chapter 04 전로의 절연 및 접지공사**

전기설비기술기준 제52조
측정 시 영향을 주거나 손상을 받을 수 있는 SPD 또는 기타 기기 등은 측정 전에 분리시켜야 하고, 부득이하게 분리가 어려운 경우에는 시험전압을 250[V] DC로 낮추어 측정할 수 있지만 절연저항 값은 1[MΩ] 이상이어야 한다.

13. 권수가 150인 코일에서 2초간에 1[Wb]의 자속이 변화한다면, 코일에 발생되는 유도기전력의 크기는 몇 [V]인가?

① 50　　② 75
③ 100　　④ 150

전기이론 **Chapter 04 전자유도법칙**

유도기전력
$e = -N\dfrac{d\phi}{dt} = -150 \times \dfrac{1}{2} = -75 \,[\text{V}]$
여기서, $-$ 는 자속변화를 방해하는 방향을 의미한다.

14. 3상 동기 발전기에 무부하 전압보다 90도 뒤진 전기자 전류가 흐를 때 전기자 반작용은?

① 감자작용을 한다.
② 증자작용을 한다.
③ 교차 자화 작용을 한다.
④ 자기 여자 작용을 한다.

전기기기 **Chapter 02 동기기**

동기 발전기의 전기자 반작용
㉠ 교차 자화작용 : 유기 기전력 E와 전기자 전류 I_a가 동상일 때
㉡ 감자작용 : 유기 기전력 E에 비해 전기자 전류 I_a의 위상이 90° 지상일 때
㉢ 증자작용 : 유기 기전력 E에 비해 전기자 전류 I_a의 위상이 90° 앞선 때

15. 가공전선로의 지지물에서 다른 지지물을 거치지 아니하고 수용장소의 인입선 접속점에 이르는 가공전선을 무엇이라 하는가?

① 이웃 연결 인입선　　② 가공인입선
③ 구내전선로　　④ 구내인입선

전기설비 **Chapter 06 전선로 및 배전공사**

전기설비기술기준 제3조(정의)
㉠ 이웃 연결 인입선 : 한 수용장소의 인입선에서 분기하여 지지물을 거치지 아니하고 다른 수용장소의 인입구에 이르는 전선
㉡ 가공인입선 : 가공전선로의 지지물로부터 다른 지지물을 거치지 아니하고 수용장소의 붙임점에 이르는 가공전선

16. 공기 중에서 m [Wb]의 자극으로부터 나오는 자속 수는?

① m　　　　　　② $\mu_0 m$

③ $\dfrac{1}{m}$　　　　　④ $\dfrac{m}{\mu_0}$

> **전기이론** Chapter 02 정전계와 정자계
>
> 가우스의 정리
> 진공(또는 공기)에 m[Wb]의 자극이 있을 때,
> ㉠ 자기력선 수 : $\dfrac{m}{\mu_0}$개
> ㉡ 자속선 수 : m개

17. 순변환장치의 용도는?

① 교류 － 교류변환
② 직류 － 교류변환
③ 교류 － 직류변환
④ 직류 － 직류변환

> **전기기기** Chapter 05 정류기
>
> 정류기에 따른 전력변환
> ㉠ 인버터 : 직류 → 교류로 변환
> ㉡ 컨버터(순변환장치) : 교류 → 직류로 변환
> ㉢ 쵸퍼 : 직류 → 직류로 변환
> ㉣ 사이클로 컨버터 : 교류 → 교류로 변환

18. 저압 옥내배선 공사 시 전선의 굵기를 결정하는 요소가 아닌 것은?

① 허용전류　　　② 기계적 강도
③ 전선색깔　　　④ 전압강하

> **전기설비** Chapter 01 전선 및 전선의 접속
>
> 전선의 굵기를 결정하는 요소
> ㉠ 전선의 허용전류
> ㉡ 기계적 강도
> ㉢ 전압강하

19. 200[V], 10[kW], 3상 유도전동기의 전부하 전류는 약 몇 [A]인가? (단, 효율과 역률은 각각 85[%]이다.)

① 40　　　　　② 30
③ 60　　　　　④ 50

> **전기이론** Chapter 06 3상 교류회로
>
> 3상 부하 전류
> $$I = \frac{P}{\sqrt{3}\,V\cos\theta\,\eta} = \frac{10\times10^3}{\sqrt{3}\times200\times0.85\times0.85}$$
> $$= 39.9 \fallingdotseq 40[\text{A}]$$
> 여기서, V : 선간전압[V], I : 선전류(부하전류)[A]

20. 직류 분권발전기가 있다. 전기자 총도체수 220, 매극의 자속수 0.01[Wb], 극수 6, 회전수 1500[rpm]일 때 유기기전력은 몇 [V]인가? (단, 전기자 권선은 파권이다.)

① 60　　　　　② 120
③ 165　　　　④ 240

> **전기기기** Chapter 01 직류기
>
> 유기기전력 : $E = \dfrac{PZ\phi}{a}\dfrac{N}{60}$[V]
>
> 여기서, P : 자극수, Z : 총도체수, ϕ : 자속수[Wb],
> 　　　　a : 병렬회로수, N : 매분회전수[rpm]
> $$\therefore E = \frac{6\times220\times0.01}{2}\times\frac{1500}{60} = 165[\text{V}]$$

21. 옥내배선의 은폐, 또는 건조하고 전개된 곳의 노출 공사에 사용하는 애자는?

① 현수 애자　　　② 놉(노브) 애자
③ 장간 애자　　　④ 구형 애자

> **전기설비** Chapter 03 옥내배선공사
>
> ㉠ 핀 애자 : 가공전선로 직부분에 사용
> ㉡ 가지 애자 : 가공전선로의 방향을 바꾸는 부분에 사용
> ㉢ 인류 애자 : 가공전선로의 시작과 끝부분과 같이 장력이 작용하는 곳에 사용
> ㉣ 구형(지선) 애자 : 가공전선로 지선의 중간 부분에 사용
> ㉤ 놉(노브) 애자 : 저압 옥내배선에서 사용되며, 건조하고 전개된 곳의 노출 공사에 사용

22. 다음 연축전지에 대한 설명이다. 옳지 않은 것은?

① 전해액은 황산을 물에 섞어서 비중을 $1.2 \sim 1.3$ 정도로 사용한다.

② 충전 시 양극은 PbO로 되고 음극은 $PbSO_4$로 된다.

③ 방전 전압의 한계는 $1.8[V]$로 하고 있다.

④ 용량은 방전 전류 × 방전시간으로 표시하고 있다.

> **전기이론** **Chapter 01 직류회로**
>
> 방전이 끝났을 때 전극은 황산납($PbSO_4$)이 된다.

23. 농형 유도전동기의 기동법이 아닌 것은?

① 2차 저항기법

② $Y-\triangle$ 기동법

③ 전전압 기동법

④ 기동보상기에 의한 기동법

> **전기기기** **Chapter 04 유도기**
>
> 유도전동기의 기동법
> ⊙ 농형 유도전동기 기동법
> • 전전압 기동
> • $Y-\triangle$ 기동
> • 기동보상기법(=단권변압기 기동)
> • 리액터 기동
> • 콘드로퍼 기동
> ⓒ 권선형 유도전동기 기동법
> • 2차 저항기동(=기동 저항기법)
> • 게르게스 기동

24. 전주가 땅에 묻히는 깊이는 전주의 길이 $15[m]$ 이하에서는 얼마를 묻어야 하는가?

① $\dfrac{1}{6}$ 이상   ② $\dfrac{1}{5}$ 이상

③ $\dfrac{1}{4}$ 이상   ④ $\dfrac{1}{3}$ 이상

> **전기설비** **Chapter 06 전선로 및 배전공사**
>
> 지지물의 매설 깊이(KEC 331.7)
> 전체 길이가 $16[m]$ 이하, 설계하중이 $6.8[kN]$ 이하(A종) 의 경우 매설 깊이는 다음과 같다.
> ⊙ $15[m]$ 이하 : 전장의 $\dfrac{1}{6}$ 이상
> ⓒ $15[m]$ 초과 : $2.5[m]$ 이상

25. RL 직렬회로에 교류전압 $v = V_m \sin\theta[V]$를 가했을 때 회로의 위상각 θ를 나타낸 것은?

① $\theta = \tan^{-1} \dfrac{R}{\omega L}$

② $\theta = \tan^{-1} \dfrac{\omega L}{R}$

③ $\theta = \tan^{-1} \dfrac{1}{R\omega L}$

④ $\theta = \tan^{-1} \dfrac{R}{\sqrt{R^2 + (\omega L)^2}}$

> **전기이론** **Chapter 05 단상 교류회로**
>
> ⊙ 임피던스 삼각형
>
>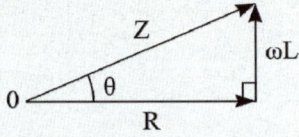
>
> ⓒ RL 직렬회로의 임피던스의 크기
> $Z = \sqrt{R^2 + (\omega L)^2}\ [\Omega]$
> ⓒ RL 직렬회로의 위상
> $\tan\theta = \dfrac{\omega L}{R}$ 에서 $\theta = \tan^{-1}\dfrac{\omega L}{R}$

26. 고정자의 두 극에 홈을 파고 저항이 큰 나동선의 단락된 링 코일을 설치하여 회전자계를 만들고, 토크를 발생시켜 기동하는 것은?

① 분상 기동형   ② 콘덴서 기동형

③ 셰이딩 기동형   ④ 반발 기동형

> **전기기기** **Chapter 04 유도기**
>
> 셰이딩 기동형
> ⊙ 한쪽 방향으로만 회전 가능(역회전 불가능)
> ⓒ 돌출된 극(돌극형)의 고정자와 회전자로 구성된 단상 유도전동기
> ⓒ 단락된 구리 코일을 설치

27. 저압 가공 전선로의 지지물이 목주인 경우 풍압 하중의 몇 배에 견디는 강도를 가져야 하는가?

① 2.5   ② 2.0
③ 1.5   ④ 1.2

> **전기설비** Chapter 06 전선로 및 배전공사
>
> 저압 가공전선로의 지지물의 강도(KEC 222.8)
> ㉠ 풍압하중 : 1.2 이상
> ㉡ 저압 보안공사의 경우 : 1.5 이상

28. 진공의 투자율 μ_0[H/m]은?

① 6.33×10^4 ② 8.55×10^{-12}
③ $4\pi \times 10^{-7}$ ④ 9×10^9

> **전기이론** Chapter 02 정전계와 정자계
>
> ㉠ 진공의 유전율
> $\epsilon_0 = 8.855 \times 10^{-12}$ [F/m]
> ㉡ 진공의 투자율
> $\mu_0 = 4\pi \times 10^{-7}$ [H/m]

29. 정격 전압 100[V], 정격 전류 50[A], 전기자 저항 0.2[Ω]인 분권 발전기의 유기기전력[V]은?

① 125   ② 127.5
③ 110   ④ 120

> **전기기기** Chapter 01 직류기
>
> ㉠ 타여자 발전기는 $I_a = I_n$ 이므로 $I_a = 50$[A]
> ㉡ 타여자 발전기 유기기전력
> $E_a = V_n + I_a \cdot r_a = 100 + 50 \cdot 0.2 = 110$[V]
> 여기서, V_n : 정격전압, I_a : 전기자전류, r_a : 전기자저항

30. 화약류의 분말이 전기설비가 발화원이 되어 폭발 할 우려가 있는 곳에 시설하는 저압 옥내배선의 공사 방법으로 가장 알맞은 것은?

① 금속관 공사   ② 애자 사용 공사
③ 버스덕트 공사   ④ 합성수지몰드 공사

> **전기설비** Chapter 07 특수설비
>
> 폭연성 먼지 위험장소(KEC 242.2.1)
> 폭발할 우려가 있는 곳에 시설하는 저압 옥내배선, 저압 관등회로 배선 및 소세력 회로의 전선은 금속관 공사 또는 케이블 공사(캡타이어케이블 제외)에 의하여 시설하여야 한다.

31. 전기력선의 성질 중 맞지 않는 것은?

① 전기력선은 양(＋)전하에서 나와 음(－)전하에서 끝난다.
② 전기력선의 접선방향이 전장의 방향이다.
③ 전기력선은 도중에 만나거나 끊어지지 않는다.
④ 전기력선은 등전위면과 교차하지 않는다.

> **전기이론** Chapter 02 정전계와 정자계
>
> 전기력선은 등전위면과 수직으로 만난다.

32. 3권선 변압기에 대한 설명으로 옳은 것은?

① 한 개의 전기회로에 3개의 자기회로로 구성되어 있다.
② 3차권선에 조상기를 접속하여 송전선의 전압조정과 역률개선에 사용된다.
③ 3차권선에 단권변압기를 접속하여 송전선의 전압조정에 사용된다.
④ 고압배전선의 전압을 10[％] 정도 올리는 승압용이다.

> **전기기기** Chapter 03 변압기
>
> 3권선 변압기의 특성
> ㉠ 1차 변전소에 설치된 변압기로 초고압의 변성에 사용한다.
> ㉡ 1개의 자기회로와 3개의 전기회로로 구성된다.
> ㉢ 3차 권선을 조상설비접속(전압조정 및 역률개선), △결선(3고조파 제거), 소내 전원공급용으로 사용한다.

33. 지지물의 지지선에 연선을 사용하는 경우 소선 몇 가닥 이상의 연선을 사용하는가?

① 1 　　　　　　② 2

③ 3 　　　　　　④ 4

전기설비 **Chapter 06 전선로 및 배전공사**

지지선의 시설(KEC 331.11)
㉠ 소선의 지름 : 2.6[mm] 이상
㉡ 허용 인장하중 : 4.31[kN] 이상
㉢ 연선의 소선 수 : 3가닥 이상
㉣ 지지선의 안전율 : 2.5

34. 1상의 $R = 12\,[\Omega]$, $X_L = 16\,[\Omega]$을 직렬로 접속하여 선간전압 200[V]의 대칭 3상 교류 전압을 가할 때의 역률은?

① 60[%] 　　　　② 70[%]

③ 80[%] 　　　　④ 90[%]

전기이론 **Chapter 05 단상 교류회로**

직렬 접속 시 역률은 다음과 같다.

$$\therefore \cos\theta = \frac{R}{\sqrt{R^2 + X_L^2}} = \frac{12}{\sqrt{12^2 + 16^2}}$$
$$= \frac{12}{20} = 0.6 = 60\,[\%]$$

35. 다음 중 (　　) 속에 들어갈 내용은?

유입변압기에 많이 사용되는 목면, 명주, 종이 등의 절연재료는 내열등급(　　)으로 분류되고, 장시간 지속하여 최고 허용온도 (　　)[℃]를 넘어서는 안 된다.

① Y종 - 90 　　　② A종 - 105

③ E종 - 120 　　　④ B종 - 130

전기기기 **Chapter 03 변압기**

절연물의 종류	최고 허용온도
Y	90[℃]
A	105[℃]
E	120[℃]
B	130[℃]

36. 최대 사용전압이 70[kV]인 중성점 직접접지식 전로의 절연내력 시험전압은 몇 [V]인가?

① 35,000[V] 　　　② 42,000[V]

③ 44,800[V] 　　　④ 50,400[V]

전기설비 **Chapter 04 전로의 절연 및 접지공사**

전로의 절연저항 및 절연내력(KEC 132)
최대 사용전압이 60[kV] 초과 170[kV] 이하의 중성점 직접접지식 전로는 최대 사용전압의 0.72배의 전압을 인가하여 10분간 견뎌야 한다.

$$\therefore 70 \times 10^3 \times 0.72 = 50,400\,[V]$$

37. $Z_1 = 12 + j\,16\,[\Omega]$, $Z_2 = 8 + j\,24\,[\Omega]$의 임피던스를 직렬로 접속하여 교류 200[V]를 가할 때 이 회로에 흐르는 전류[A]는?

① 2.35[A] 　　　② 4.47[A]

③ 6.02[A] 　　　④ 10.25[A]

전기이론 **Chapter 05 단상 교류회로**

㉠ 합성 임피던스
$$Z = Z_1 + Z_2 = (12 + j16) + (8 + j24)$$
$$= 20 + j40\,[\Omega]$$
㉡ 합성 임피던스의 크기
$$|Z| = \sqrt{20^2 + 40^2} = 44.72\,[\Omega]$$
$$\therefore \text{전류} : I = \frac{V}{Z} = \frac{200}{44.72} = 4.47\,[A]$$

38. 전기기계 효율 중 발전기의 규약효율 η_G는? (단, 입력 P, 출력 Q, 손실 L로 표현한다.)

① $\eta_G = \dfrac{P-L}{P} \times 100$

② $\eta_G = \dfrac{P-L}{P+L} \times 100$

③ $\eta_G = \dfrac{Q}{P} \times 100$

④ $\eta_G = \dfrac{Q}{Q+L} \times 100$

> **전기기기** Chapter 01 직류기
>
> 규약 효율(η_G)
> ㉠ 발전기
> $$\eta_G = \frac{출력}{출력+손실} \times 100 = \frac{Q}{Q+L} \times 100\,[\%]$$
> ㉡ 전동기
> $$\eta_M = \frac{입력-손실}{입력} \times 100 = \frac{P-L}{P} \times 100\,[\%]$$

39. 다음 중 전선의 굵기를 측정할 때 사용되는 것은?

① 와이어 게이지　　② 파이어 포트
③ 스패너　　　　　　④ 프레셔 툴

> **전기설비** Chapter 02 배선재료와 공구
>
> ① 와이어 게이지 : 전선의 굵기 및 원형 도체의 굵기를 측정하는 데 사용하는 계기이다.
> ② 파이어 포트 : 운반이 가능한 가열기로, 가솔린을 연료로 사용하는 버너형식이 많고 납이나 땜납을 용해할 때 사용한다.
> ③ 스패너 : 볼트·너트를 조이거나 풀 때 사용한다.
> ④ 프레셔 툴 : 솔더리스(solderless) 커넥터 또는 솔더리스 터미널을 압축할 때 사용하며, 압착기라고도 한다.

40. RL 직렬회로의 시정수 $\tau\,[\mathrm{sec}]$는 어떻게 되는가?

① $\dfrac{R}{L}$　　　　② $\dfrac{L}{R}$

③ RL　　　　　④ $\dfrac{1}{RL}$

> **전기이론** Chapter 05 단상 교류회로
>
> ㉠ RL 회로의 시정수 : $\tau = \dfrac{L}{R}\,[\mathrm{sec}]$
> ㉡ RC 회로의 시정수 : $\tau = RC\,[\mathrm{sec}]$

41. 반파 정류회로에서 변압기 2차 전압의 실효치를 $E\,[\mathrm{V}]$라 하면 직류전류 평균치는? (단, 정류기의 전압강하는 무시한다.)

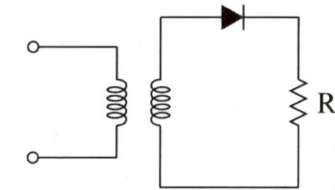

① $\dfrac{E}{R}$　　　　　② $\dfrac{1}{2} \cdot \dfrac{E}{R}$

③ $\dfrac{2\sqrt{2}}{\pi} \cdot \dfrac{E}{R}$　　　④ $\dfrac{\sqrt{2}}{\pi} \cdot \dfrac{E}{R}$

> **전기기기** Chapter 05 정류기
>
> ㉠ 반파 출력 전압 평균값 : $E_d = \dfrac{\sqrt{2}}{\pi} E\,[\mathrm{V}]$
> ㉡ 직류 전류 평균값 : $I_d = \dfrac{E_d}{R} = \dfrac{\sqrt{2}}{\pi} \cdot \dfrac{E}{R}\,[\mathrm{A}]$

42. 자동화재 탐지설비의 구성 요소가 아닌 것은?

① 비상 콘센트　　② 발신기
③ 수신기　　　　　④ 감지기

> **전기설비** Chapter 08 전원설비 및 기타 설비
>
> 자동화재 탐지설비는 감지기, 발신기, 중계기, 수신기로 구성되어 있다.

43. 공기 중 자장의 세기가 $20[\text{AT/m}]$인 곳에 8×10^{-3} $[\text{Wb}]$의 자극을 놓으면 작용하는 힘$[\text{N}]$은?

① 0.16　　　　② 0.32

③ 0.43　　　　④ 0.56

> **전기이론** Chapter 02 정전계와 정자계
>
> 자기력 $F = mH = 8 \times 10^{-3} \times 20 = 0.16[\text{N}]$

44. 그림은 4극 직류 발전기의 자기 회로를 보인 것이다. 자기 저항이 가장 큰 부분은?

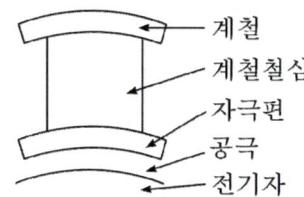

- 계철
- 계철철심
- 자극편
- 공극
- 전기자

① 계철　　　　② 자극편

③ 계자 철심　　④ 공극

> **전기기기** Chapter 01 직류기
>
> 공극은 고정자와 회전자 사이의 공간으로 자속의 흐름을 방해하는 정도인 자기 저항이 크게 나타난다.

45. 지지물에 전선 그 밖의 기구를 고정시키기 위해 완목, 완금, 애자 등을 장치하는 것을 무엇이라 하는가?

① 장주　　　　② 건주

③ 터파기　　　④ 가선 공사

> **전기설비** Chapter 06 전선로 및 배전공사
>
> ① 장주 : 완목, 완금, 애자 등을 설치
> ② 건주 : 근가, 지선 등을 설치
> ③ 터파기 : 흙을 파내는 것
> ④ 전선설치 공사 : 송전선이나 전화선 등을 공중(가공)에 가설하는 공사

46. 다음은 전기력선의 성질이다. 틀린 것은?

① 전기력선은 서로 교차하지 않는다.

② 전기력선은 도체의 표면에 수직이다.

③ 전기력선의 밀도는 전기자의 크기를 나타낸다.

④ 같은 전기력선은 서로 끌어당긴다.

> **전기이론** Chapter 02 정전계와 정자계
>
> 전기력선의 성질
> ㉠ 양전하 표면에서 나와 음전하 표면에서 끝난다.
> ㉡ 접선방향은 그 지점에 작용하는 전계의 방향이다.
> ㉢ 수축하려는 성질이 있으며 같은 전기력선끼리는 반발한다.
> ㉣ 등전위면과 직교한다.
> ㉤ 단면적의 전기력선 밀도는 그 곳의 전계의 세기와 같다.
> ㉥ 도체 표면에 수직으로 출입하며 도체 내부에는 전기력선이 없다.
> ㉦ 서로 교차하지 않는다.

47. 변압기의 결선에서 제3고조파를 발생시켜 통신선에 유도장애를 일으키는 3상 결선은?

① $Y-Y$　　　　② $\triangle-\triangle$

③ $Y-\triangle$　　　　④ $\triangle-Y$

> **전기기기** Chapter 03 변압기
>
> $Y-Y$결선에서 중성점을 접지할 경우 제3고조파가 중성점 접지를 통해 대지에 흘러 주변 통신선에 유도장애를 일으킨다.

48. 다음의 심벌 명칭은 무엇인가?

① 단로기

② 파워퓨즈

③ 피뢰기

④ 고압 컷아웃 스위치

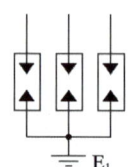

> **전기설비** Chapter 08 전원설비 및 기타 설비
>
> 피뢰기(LA, Lightning Arrester)
> 뇌 또는 개폐서지 등의 이상전압(Surge Voltage)을 신속하게 방전하여 제한전압 이하로 억제하여 기기 및 선로를 보호하는 장치를 말한다.

49. 자기 인덕턴스가 각각 L_1과 L_2인 2개의 코일이 직렬로 가동접속되었을 때, 합성 인덕턴스는? (단, 자기력선에 의한 영향을 서로 받는 경우이다.)

① $L = L_1 + L_2 - M$

② $L = L_1 + L_2 - 2M$

③ $L = L_1 + L_2 + M$

④ $L = L_1 + L_2 + 2M$

> **전기이론** Chapter 04 전자유도법칙
>
> 두 코일의 직렬 접속 시 합성 인덕턴스
> ㉠ 가동결합 : $L = L_1 + L_2 + 2M$
> ㉡ 차동결합 : $L = L_1 + L_2 - 2M$
> 여기서, M : 상호 인덕턴스

50. 동기 발전기의 병렬운전 조건이 아닌 것은?

① 유도기전력의 크기가 같을 것

② 동기발전기의 용량이 같을 것

③ 유도기전력의 위상이 같을 것

④ 유도기전력의 주파수가 같을 것

> **전기기기** Chapter 02 동기기
>
> 3상 동기발전기를 병렬운전하고자 하는 경우에는 다음 조건을 만족해야 한다.
> ㉠ 기전력의 크기가 같을 것
> ㉡ 기전력의 위상이 같을 것
> ㉢ 기전력의 주파수가 같을 것
> ㉣ 기전력의 파형 및 상회전 방향이 같을 것

51. 가스 절연 개폐기나 가스 차단기에 사용되는 가스인 SF_6의 성질이 아닌 것은?

① 같은 압력에서 공기의 2.5~3.5배의 절연 내력이 있다.

② 무색, 무취, 무해한 가스이다.

③ 가스 압력 3~4[kgf/cm]에서의 절연내력은 절연유 이상이다.

④ 소호능력은 공기보다 2.5배 정도 낮다.

> **전기설비** Chapter 08 전원설비 및 기타 설비
>
> 소호능력 우수 : 공기의 100배 정도 높다.

52. 정전용량이 같은 콘덴서 2개를 병렬로 연결하였을 때의 합성 정전용량은 직렬로 접속하였을 때의 몇 배인가?

① 1/4

② 1/2

③ 2

④ 4

> **전기이론** Chapter 02 정전계와 정자계
>
> ㉠ 직렬 합성 정전용량 : $C_S = \dfrac{C}{n}$
> ㉡ 병렬 합성 정전용량 : $C_P = nC$
> $\therefore \dfrac{C_P}{C_S} = \dfrac{nC}{\dfrac{C}{n}} = n^2 = 2^2 = 4$배

53. 직류 전동기의 최저 절연저항값[MΩ]은?

① $\dfrac{\text{정격전압}[V]}{1{,}000+\text{정격출력}[kW]}$

② $\dfrac{\text{정격출력}[V]}{1{,}000+\text{정격입력}[kW]}$

③ $\dfrac{\text{정격입력}[V]}{1{,}000+\text{정격출력}[kW]}$

④ $\dfrac{\text{정격전압}[V]}{1{,}000+\text{정격입력}[kW]}$

> **전기기기** Chapter 01 직류기
>
> 최저 절연저항값 $R=\dfrac{V}{P+1000}[MΩ]$
>
> 여기서, V : 정격전압[V], P : 정격출력[kW]

54. 배선용 차단기의 심벌은?

① B   ② E

③ BE   ④ S

> **전기설비** Chapter 08 전원설비 및 기타 설비
>
> ① 배선용 차단기
> ② 누전 차단기
> ③ 누전 차단기(과전류 겸용)
> ④ 개폐기

55. 다음 중 자기작용에 관한 설명으로 틀린 것은?

① 기자력의 단위는 [AT]를 사용한다.
② 자기회로의 자기저항이 작은 경우는 누설 자속이 거의 발생되지 않는다.
③ 자기장 내에 있는 도체에 전류를 흘리면 힘이 작용하는데, 이 힘을 기전력이라 한다.
④ 평행한 두 도체 사이에 전류가 동일한 방향으로 흐르면 흡인력이 작용한다.

> **전기이론** Chapter 03 전류의 자기현상
>
> 자기장 내에 있는 도체에 전류를 흘렸을 때 작용하는 힘을 전자력이라고 한다.

56. 계자 권선이 전기자와 접속되어 있지 않은 직류기는?

① 직권기   ② 분권기
③ 복권기   ④ 타여자기

> **전기기기** Chapter 01 직류기
>
> 직류발전기의 종류
> ① 직권기 : 계자권선과 전기자가 직렬로 접속된
> ② 분권기 : 계자권선과 전기자가 병렬로 접속됨
> ③ 복권기 : 직권 계자권선과 분권 계자권선이 전기자와 직병렬로 접속됨
> ④ 타여자기 : 계자권선과 전기자가 별개로 결선됨

57. 변압기 중성점에 접지공사를 하는 이유는?

① 전류 변동의 방지
② 전압 변동의 방지
③ 전력 변동의 방지
④ 고저압 혼촉 방지

> **전기설비** Chapter 04 전로의 절연 및 접지공사
>
> 변압기 중성점 접지(KEC 142.5)
> 고·저압 혼촉에 의해 변압기 2차측 전압상승을 억제하기 위해 변압기 2차측에 접지를 실시한다.

58. 자기저항의 단위는?

① [H/m]   ② [AT/Wb]
③ [AT/m]   ④ $[Wb/m^2]$

> **전기이론** Chapter 03 전류의 자기현상
>
> ㉠ 기자력 : $F=IN[AT]$
>
> ㉡ 자기회로의 옴의 법칙 : $\phi=\dfrac{F}{R_m}[Wb]$
>
> ㉢ 자기저항 : $R_m=\dfrac{l}{\mu S}=\dfrac{F}{\phi}[AT/Wb]$

59. 동기 전동기를 송전선의 전압 조정 및 역률 개선에 사용한 것을 무엇이라 하는가?

① 동기 이탈
② 동기 조상기
③ 댐퍼
④ 제동권선

전기기기 **Chapter 02 동기기**

② 동기조상기 : 무부하 상태에서 회전하는 동기전동기로 무효전력을 조정하여 전압 조정 및 역률개선에 사용
③ 댐퍼 : 송전선로에서 전선로의 진동방지
④ 제동권선 : 난조 방지 및 동기전동기의 기동토크 발생

60. 한국전기설비규정(KEC)에 의하여 가공전선에 케이블을 사용하는 경우 케이블을 조가선에 행거로 시설하여야 한다. 이 경우 사용전압이 고압인 때에는 그 행거의 간격은 몇 [cm] 이하로 시설하여야 하는가?

① 50
② 60
③ 70
④ 80

전기설비 **Chapter 06 전선로 및 배전공사**

가공케이블의 시설(KEC 332.2)
㉠ 케이블은 조가선에 행거로 시설할 것
㉡ 고압전선 행거 간격 : 0.5m(50cm) 이하

정답

01	③	02	③	03	①	04	③	05	④
06	④	07	②	08	③	09	④	10	③
11	②	12	③	13	②	14	①	15	②
16	①	17	③	18	③	19	①	20	③
21	②	22	②	23	①	24	①	25	②
26	③	27	④	28	③	29	③	30	①
31	④	32	②	33	③	34	①	35	②
36	④	37	②	38	④	39	④	40	②
41	④	42	①	43	①	44	④	45	①
46	④	47	①	48	③	49	④	50	②
51	④	52	④	53	①	54	④	55	③
56	④	57	④	58	②	59	②	60	①

2024년 제3회

☐ 1 회독 ☐ 2 회독 ☐ 3 회독

※ 본 교재에 수록된 모든 문제는 CBT 기출복원문제로서, 수험생의 기억에 따라 복원된 것이며, 실제 기출문제와 동일하지 않을 수 있습니다.

01. 실횻값 $5\,[\mathrm{A}]$, 주파수 $f\,[\mathrm{Hz}]$, 위상 $60°$인 전류의 순시값 $i\,[\mathrm{A}]$를 수식으로 옳게 표현한 것은?

① $i = 5\sqrt{2}\sin\left(2\pi ft + \dfrac{\pi}{2}\right)$

② $i = 5\sqrt{2}\sin\left(2\pi ft + \dfrac{\pi}{3}\right)$

③ $i = 5\sin\left(2\pi ft + \dfrac{\pi}{2}\right)$

④ $i = 5\sin\left(2\pi ft + \dfrac{\pi}{3}\right)$

> **전기이론** Chapter 05 단상 교류회로
>
> ㉠ 순시값 : $i(t) = I_m \sin(\omega t \pm \theta)$
> 여기서, I_m : 최댓값($I_m = \sqrt{2} \times$ 실횻값)
> θ : 위상차
> ㉡ 전류의 최댓값 : $I_m = I\sqrt{2} = 5\sqrt{2}$
> ㉢ 위상차 : $\theta = 60° = \dfrac{\pi}{3}\,[\mathrm{rad}]$
> ∴ 순시값 : $i(t) = 5\sqrt{2}\sin\left(2\pi ft + \dfrac{\pi}{3}\right)[\mathrm{A}]$
> 여기서, 각속도 $\omega = 2\pi f$, $\pi[rad] = 180°$

02. 직류 분권전동기의 계자 저항을 운전 중에 증가시키는 경우 일어나는 현상으로 옳은 것은?

① 자속 증가   ② 속도 감소

③ 부하 증가   ④ 속도 증가

> **전기기기** Chapter 01 직류기
>
> 계자저항이 증가할 경우 계자전류가 감소되므로 자속이 감소하여 속도는 증가한다.

03. 소맥분, 전분 기타 가연성의 먼지가 존재하는 곳의 저압 옥내 배선 공사 방법에 해당되는 것으로 짝지어진 것은?

① 케이블 공사, 애자 사용 공사

② 금속관 공사, 콤바인 덕트관, 애자 사용 공사

③ 케이블 공사, 금속관 공사, 애자 사용 공사

④ 케이블 공사, 금속관 공사, 합성수지관 공사

> **전기설비** Chapter 07 특수설비
>
> 가연성 먼지 위험장소(KEC 242.2.2)
> 저압 옥내배선 등은 합성수지관 공사, 금속관 공사 또는 케이블 공사에 의할 것

04. 황산구리 용액에 $10\,[\mathrm{A}]$의 전류를 60분간 흘린 경우 이때 석출되는 구리의 양은? (단, 구리의 전기화학당량은 $0.3293 \times 10^{-3}\,[\mathrm{g/C}]$이다.)

① 약 $1.97\,[\mathrm{g}]$ ② 약 $5.93\,[\mathrm{g}]$

③ 약 $7.82\,[\mathrm{g}]$ ④ 약 $11.86\,[\mathrm{g}]$

> **전기이론** Chapter 01 직류회로
>
> 페러데이 법칙
> $W = KQ = KIt$
> $= 0.3293 \times 10^{-3} \times 10 \times 60 \times 60$
> $= 11.86\,[\mathrm{g}]$

05. 다음 중 유도 전동기에서 비례추이를 할 수 있는 것은?

① 출력   ② 2차 동손

③ 효율   ④ 역률

> **전기기기** Chapter 04 유도기
>
> ㉠ 비례추이 가능 : 토크, 1차전류, 2차전류, 역률, 동기와트
> ㉡ 비례추이 불가능: 출력, 2차 동손, 효율

06. 가로 $20[\mathrm{m}]$, 세로 $18[\mathrm{m}]$, 천장의 높이 3.85 $[\mathrm{m}]$, 작업면의 높이 $0.85[\mathrm{m}]$, 간접조명 방식인 호텔 연회장의 실지수는 약 얼마인가?

① 1.16
② 2.16
③ 3.16
④ 4.16

> **전기설비** Chapter 08 전원설비 및 기타 설비
>
> 실지수(Room Index)
> $$RI = \frac{XY}{H(X+Y)} = \frac{20 \times 18}{3(20+18)} = 3.16$$
> 여기서, H : 작업면으로부터 광원의 높이
> $\qquad (H = 3.85 - 0.85 = 3 \,[\mathrm{m}])$,
> $\qquad X$: 방의 가로 길이, Y : 방의 세로 길이

07. $R = 5[\Omega]$, $L = 30[\mathrm{mH}]$의 RL 직렬회로에 $V = 200[\mathrm{V}]$, $f = 60[\mathrm{Hz}]$의 교류전압을 가할 때 전류의 크기는 약 몇 $[\mathrm{A}]$인가?

① 8.67
② 11.42
③ 16.18
④ 21.25

> **전기이론** Chapter 05 단상 교류회로
>
> ㉠ 유도 리액턴스
> $\quad X_L = \omega L = 2\pi f L = 2\pi \times 60 \times 30 \times 10^{-3}$
> $\qquad = 11.3\,[\Omega]$
> ㉡ 합성 임피던스
> $\quad Z = \sqrt{R^2 + X_L^2} = \sqrt{5^2 + 11.3^2} = 12.36\,[\Omega]$
> ∴ 전류 $I = \dfrac{V}{Z} = \dfrac{200}{12.36} = 16.18\,[\mathrm{A}]$

08. 발전기를 정격전압 $220[\mathrm{V}]$로 운전하다가 무부하 로 운전하였더니, 단자전압이 $253[\mathrm{V}]$가 되었다. 이 발전기의 전압변동률은 몇 $[\%]$인가?

① $15[\%]$
② $25[\%]$
③ $35[\%]$
④ $45[\%]$

> **전기기기** Chapter 01 직류기
>
> 전압변동률 : $\varepsilon = \dfrac{V_o - V_n}{V_n} \times 100\,[\%]$
> 여기서, V_o : 무부하 전압 , V_n : 정격전압
> ∴ $\varepsilon = \dfrac{253 - 220}{220} \times 100 = 15\,[\%]$

09. 정격전압 3상 $24[\mathrm{kV}]$, 정격차단전류 $300[\mathrm{A}]$인 수전설비의 차단용량은 몇 $[\mathrm{MVA}]$인가?

① 17.26
② 28.34
③ 12.47
④ 24.94

> **전기설비** Chapter 08 전원설비 및 기타 설비
>
> 차단기 차단용량
> $P_s = \sqrt{3}\,V_n I_s = \sqrt{3} \times 24 \times 10^3 \times 0.3 \times 10^3$
> $\quad = 12.47 \times 10^6\,[\mathrm{VA}] = 12.47\,[\mathrm{MVA}]$

10. 그림과 같은 RC 병렬회로의 위상각 θ는?

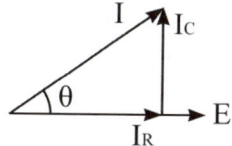

① $\tan^{-1} \dfrac{\omega C}{R}$
② $\tan^{-1} \omega CR$
③ $\tan^{-1} \dfrac{R}{\omega C}$
④ $\tan^{-1} \dfrac{1}{\omega CR}$

> **전기이론** Chapter 05 단상 교류회로
>
> ㉠ R 전류 : $I_R = \dfrac{E}{R}\,[\mathrm{A}]$
> ㉡ C 전류 : $I_C = \dfrac{E}{X_C} = \omega CE\,[\mathrm{A}]$
> ㉢ $\tan\theta = \dfrac{I_C}{I_R} = \dfrac{\omega CE}{\dfrac{E}{R}} = \omega CR$
> ∴ 위상차 : $\theta = \tan^{-1} \omega CR$

11. 그림과 같은 분산 기동형 단상 유도전동기를 역회전시키기 위한 방법이 아닌 것은?

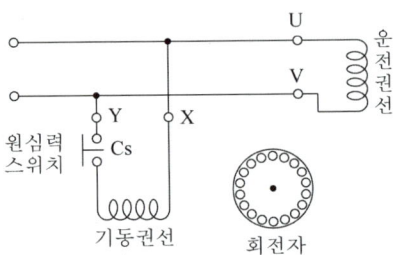

① 원심력스위치를 개로 또는 폐로한다.
② 기동권선이나 운전권선의 어느 한 권선의 단자접속을 반대로 한다.
③ 기동권선의 단자접속을 반대로 한다.
④ 원전권선의 단자접속을 반대로 한다.

> **전기기기** Chapter 04 유도기
>
> 분상 기동형의 단상유도 전동기를 역회전시키기 위해서는 기동권선 또는 운전권선 중 하나의 단자접속을 반대로 하여 접속한다.

12. 지락전류를 검출할 때 사용하는 계기는?

① ZCT   ② PT
③ CT   ④ OCR

> **전기설비** Chapter 08 전원설비 및 기타 설비
>
> ① 영상변류기(ZCT) : 지락사고 시 영상전류를 검출할 때 사용
> ② 계기용 변압기(PT, VT) : 고전압을 저전압(110V)으로 변압할 때 사용
> ③ 변류기(CT) : 대전류를 소전류(5A)로 변류할때 사용
> ④ 과전류계전기(OCR) : 과전류 검출 시 차단기를 트립(Trip)할 때 사용

13. 2전력계법으로 3상 전력을 측정할 때 지시값이 $P_1 = 200[\text{W}]$, $P_2 = 200[\text{W}]$이었다. 부하전력 [W]은?

① 600   ② 500
③ 400   ④ 300

> **전기이론** Chapter 06 3상 교류회로
>
> 2전력계법에 의한 유효전력(소비전력)
> $P = P_1 + P_2 = 200 + 200 = 400[\text{W}]$

14. 정격 전압 250[V], 정격 출력 50[kW]의 외분권 복권 발전기가 있다. 외분권 계자 저항이 25[Ω]일 때 전기자 전류는?

① 100[A]   ② 210[A]
③ 320[A]   ④ 440[A]

> **전기기기** Chapter 01 직류기
>
> ㉠ 정격전류 : $I_n = \dfrac{P}{V_n} = \dfrac{50 \times 10^3}{250} = 200[\text{A}]$
>
> ㉡ 정격전압 = 계자권선 전압이므로 $V_n = I_f \cdot r_f$에서
>
>   계자전류 : $I_f = \dfrac{V_n}{r_f} = \dfrac{250}{25} = 10[\text{A}]$
>
> ∴ 전기자전류 : $I_a = I_f + I_n = 10 + 200 = 210[\text{A}]$

15. 금속관에 여러 가닥의 전선을 넣을 때 매우 편리하게 넣을 수 있는 방법으로 쓰이는 것은?

① 비닐전선   ② 철망그리프
③ 전지선   ④ 호밍사

> **전기설비** Chapter 03 옥내배선공사
>
> ㉠ 전선 한 가닥을 넣을 때 : 피시테이프
> ㉡ 전선 여러 가닥을 넣을 때 : 철망그리프

16. 20[kVA]의 단상변압기 2대를 이용하여 V−V 결선으로 3상 전압을 얻으려고 한다. 이 때 여기에 접속할 수 있는 3상 부하는 몇 [kVA]인가?

① 14.4　　　　② 40.0
③ 34.6　　　　④ 17.3

> **전기이론** Chapter 06 3상 교류회로
>
> V결선 출력은 단상변압기 1대 용량 $P[kVA]$의 $\sqrt{3}$ 배이므로
> $$\therefore P_V = \sqrt{3}P = \sqrt{3} \times 20 = 34.6\,[kVA]$$

17. 변압기 유가 구비해야 할 조건은?

① 절연 내력이 클 것
② 인화점이 낮을 것
③ 응고점이 높을 것
④ 비열이 작을 것

> **전기기기** Chapter 03 변압기
>
> 변압기 유의 구비 조건
> ㉠ 절연내력이 높을 것
> ㉡ 점도가 낮을 것
> ㉢ 인화점이 높고 응고점이 낮을 것
> ㉣ 산화 및 열화현상이 없을 것
> ㉤ 비열이 커서 냉각효과가 클 것

18. 접지 공사 시 접지저항을 감소시키는 저감 대책이 아닌 것은?

① 접지봉의 길이를 증가시킨다.
② 접지판의 면적을 감소시킨다.
③ 접지극의 매설 깊이를 깊게 매설한다.
④ 접지 저항 저감제를 이용하여 토양의 고유 저항을 화학적으로 저감시킨다.

> **전기설비** Chapter 04 전로의 절연 및 접지공사
>
> 접지저항 저감 대책
> ㉠ 접지봉의 길이를 증가시킨다.
> ㉡ 접지판의 면적을 증가시킨다.
> ㉢ 접지극의 매설 깊이를 깊게 매설한다.
> ㉣ 접지저항 저감제(어스락 등)를 이용하여 토양의 고유저항을 화학적으로 저감시킨다.

19. 그림과 같은 자극 사이에 있는 도체에 전류 I가 흐를 때 힘은 어느 방향으로 작용하는가?

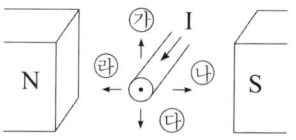

① 가　　　　② 나
③ 다　　　　④ 라

> **전기이론** Chapter 03 전류의 자기현상
>
> 플레밍의 왼손 법칙(전동기의 원리)
> ㉠ 엄지 손가락 : 전자력의 방향(F)
> ㉡ 검지 손가락 : 자장의 방향(B)
> ㉢ 중지 손가락 : 전류의 방향(I)

20. 다음 중 변압기의 원리와 가장 관계가 있는 것은?

① 전자유도 작용　　② 표피 작용
③ 전기자 반작용　　④ 편자 작용

> **전기기기** Chapter 03 변압기
>
> 변압기는 전자유도작용을 이용하여 1차권선에 전류가 흘러 발생한 자속이 2차권선과 쇄교하여 유도기전력이 발생한다.

21. 금속전선관 공사에서 사용되는 박강전선관의 규격 [mm]이 아닌 것은?

① 16　　　　② 19
③ 25　　　　④ 31

> **전기설비** Chapter 03 옥내배선공사
>
> 금속전선관의 종류(KS C 8401)
> ㉠ 후강전선관(근사내경, 짝수, 10종)
>   16, 22, 28, 36, 42, 54, 70, 82, 92, 104
> ㉡ 박강전선관(근사외경, 홀수, 7종)
>   19, 25, 31, 39, 51, 63, 75

22. 콘덴서의 정전용량에 대한 설명으로 틀린 것은?

① 전압에 반비례한다.
② 이동 전하량에 비례한다.
③ 극판의 넓이에 비례한다.
④ 극판의 간격에 비례한다.

> **전기이론** Chapter 02 정전계와 정자계
>
> 평행판 콘덴서의 용량은 $C = \dfrac{\epsilon S}{d}$ 이므로 넓이 S에 비례하고 간격 d에 반비례한다.

23. 다음 중 2대의 동기발전기가 병렬운전하고 있을 때 무효횡류(무효순환전류)가 흐르는 경우는?

① 부하 분담에 차가 있을 때
② 기전력의 주파수에 차가 있을 때
③ 기전력의 위상에 차가 있을 때
④ 기전력의 크기에 차가 있을 때

> **전기기기** Chapter 02 동기기
>
> 무효순환전류는 동기발전기를 2대 이상 병렬운전 시 발전기의 기전력(전압)의 크기가 다를 경우 동기발전기의 사이를 순환하는 전류이다.

24. 사무실, 은행, 상점, 이발소, 미장원에서 사용하는 표준부하 $[\mathrm{VA/m^2}]$는?

① 5   ② 10
③ 20   ④ 30

> **전기설비** Chapter 05 저압 전기설비 보호
>
> 내선규정 3315 표준 부하 $[\mathrm{VA/m^2}]$
>
> | 종류 | 표준부하 |
> |---|---|
> | 공장, 공회당, 사원, 교회, 극장 영화관, 연회장 등 | 10 |
> | 기숙사, 여관, 호텔, 병원, 학교, 음식점, 다방, 대중목욕탕 | 20 |
> | 사무실, 은행, 상점, 이발소, 미용원 등 | 30 |
> | 주택, 아파트 | 40 |

25. 대칭 3상 전압에 △결선으로 부하가 구성되어 있다. 3상 중 한 선이 단선되는 경우, 소비되는 전력은 끊어지기 전과 비교하여 어떻게 되는가?

① 3/2으로 증가한다.
② 2/3로 줄어든다.
③ 1/3로 줄어든다.
④ 1/2로 줄어든다.

> **전기이론** Chapter 06 3상 교류회로
>
>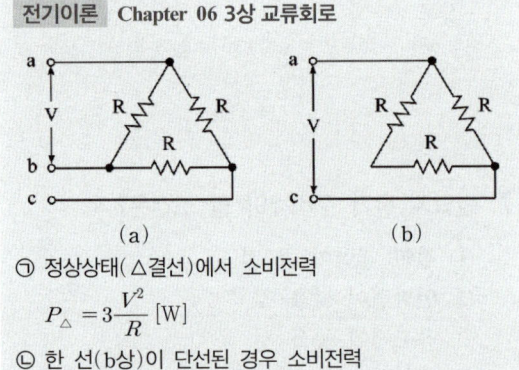
>
> (a)   (b)
>
> ㉠ 정상상태(△결선)에서 소비전력
>
> $$P_\triangle = 3\frac{V^2}{R}\,[\mathrm{W}]$$
>
> ㉡ 한 선(b상)이 단선된 경우 소비전력
> (한 선이 끊어지면 단상 회로가 된다.)
>
> $$P_o = \frac{V^2}{\dfrac{2R \times R}{2R + R}} = \frac{3V^2}{2R}\,[\mathrm{W}]$$
>
> $$\therefore \frac{P_o}{P_\triangle} = \frac{\dfrac{3V^2}{R}}{\dfrac{3V^2}{2R}} = \frac{1}{2}$$

26. 퍼센트 저항강하 3[%], 리액턴스 강하 4[%]인 변압기의 최대 전압 변동률은?

① 1[%]   ② 5[%]
③ 7[%]   ④ 12[%]

> **전기기기** Chapter 03 변압기
>
> ㉠ 퍼센트 저항강하 : $p = 3[\%]$
> ㉡ 퍼센트 리액턴스 강하 : $q = 4[\%]$
> ㉢ 최대 전압변동률 $\dfrac{d\epsilon}{d\theta} = 0$일 경우로
> $\epsilon_m = \sqrt{p^2 + q^2}$ 로 나타낼 수 있다.
> $\therefore$ 최대 전압변동률 : $\epsilon_m = \sqrt{3^2 + 4^2} = 5[\%]$

27. 가공 전선로의 지지물에 시설하는 지지선의 안전율은 2.5 이상이어야 한다. 이 경우 허용 최저 인장하중은 몇 [kN] 이상으로 하여야 하는가?

① 4.31　　　　　　② 6.8

③ 9.8　　　　　　 ④ 0.68

> **전기설비** Chapter 06 전선로 및 배전공사
>
> 지지선의 시설(KEC 331.11)
> ㉠ 지지선의 안전율은 2.5 이상일 것
> ㉡ 지지선의 구성은 2.6[mm] 이상 금속선을 3조 이상 꼬아서 시설할 것(단, 인장강도 0.68[kN] 이상인 아연도 금강선은 2.0[mm] 이상도 가능)
> ㉢ 지지선의 최저 인장하중은 4.31[kN] 이상일 것
> ㉣ 지중 및 지표상 30[cm]까지의 부분에는 아연 도금한 철봉을 사용할 것
> ㉤ 지지선의 높이는 도로 횡단의 경우 5[m] 이상을 유지할 것. 다만, 기술상 부득이한 경우로서 교통에 지장을 초래할 우려가 없는 경우에는 지표상 4.5[m] 이상, 보도의 경우에는 2.5[m] 이상으로 할 수 있다.

28. 교류회로에서 코일과 콘덴서를 병렬로 연결한 상태에서 주파수가 증가하면 어느 쪽이 전류가 잘 흐르는가?

① 코일

② 콘덴서

③ 코일과 콘덴서에 같이 흐른다.

④ 모두 흐르지 않는다.

> **전기이론** Chapter 05 단상 교류회로
>
> ㉠ 유도 리액턴스 $X_L = 2\pi fL \propto f$
> ㉡ 용량 리액턴스 $X_C = \dfrac{1}{2\pi fC} \propto \dfrac{1}{f}$
> ㉢ 코일과 콘덴서를 병렬로 접속하고 주파수를 증가하면 코일의 유도 리액턴스는 증가하고, 콘덴서의 용량 리액턴스는 감소한다.
> ∴ 전류는 리액턴스가 작은 콘덴서 측으로 많이 흐르게 된다.

29. 3상 유도전동기의 속도제어 방법 중 인버터(inverter)를 이용한 속도 제어법은?

① 극수 변환법　　　② 전압 제어법

③ 초퍼 제어법　　　④ 주파수 제어법

> **전기기기** Chapter 04 유도기
>
> 주파수 제어법
> 인버터를 이용하여 주파수를 변화시켜 속도를 제어하는 방법으로 선박의 전기추진용 모터 및 포트모터에 사용된다.

30. 두 개 이상의 회로에서 선행동작 우선회로 또는 상대동작 금지회로인 동력배선의 제어회로는?

① 자기유지회로　　　② 인터록회로

③ 동작지연회로　　　④ 타이머회로

> **전기설비** Chapter 08 전원설비 및 기타 설비
>
> 인터록회로(interlock circuit)
> 인터록은 서로 맞물리다라는 의미로 병렬회로가 동시에 동작하는 것을 방지하기 위한 회로를 말한다. 즉, 먼저 동작(선행동작)한 회로만 동작하는 형태로 전동기 정역회로, Y−△ 기동 등에 사용된다.

31. 2[Ω]의 저항과 3[Ω]의 저항을 직렬로 접속할 때 합성 컨덕턴스는 몇 [℧]인가?

① 5　　　　　　　② 2.5

③ 1.5　　　　　　④ 0.2

> **전기이론** Chapter 01 직류회로
>
> 합성저항 $R = 2 + 3 = 5[\Omega]$이므로
> ∴ 합성 컨덕턴스 $G = \dfrac{1}{R} = \dfrac{1}{5} = 0.2[\text{℧}]$

32. 1차 권수 6000, 2차 권수 200인 변압기의 전압비는?

① 10 　　　　　② 30
③ 60 　　　　　④ 90

> **전기기기** Chapter 03 변압기
>
> 전압비(=권수비) $\quad a = \dfrac{N_1}{N_2} = \dfrac{E_1}{E_2} = \dfrac{I_2}{I_1}$
>
> $\therefore \; a = \dfrac{N_1}{N_2} = \dfrac{6000}{200} = 30$
>
> 여기서, N_1 : 1차 권수, N_2 : 2차 권수

33. 한국전기설비규정(KEC)에 의하여 애자사용공사를 건조한 장소에 시설하고자 한다. 사용 전압이 400[V] 이하인 경우 전선과 조영재 사이의 간격은 최소 몇 [cm] 이상이어야 하는가?

① 2.5 　　　　　② 4.5
③ 6.0 　　　　　④ 12

> **전기설비** Chapter 03 옥내배선공사
>
> 애자공사 시설조건(KEC 232.56.1)
> ㉠ 전선은 절연전선일 것
> ㉡ 전선 상호 간의 간격 : 60[cm] 이상일 것
> ㉢ 전선의 지지점 간의 거리 : 2[m] 이하
> 　 (단, 400[V] 초과인 경우 : 6[m] 이하)
> ㉣ 전선과 조영재 사이의 간격
> 　 • 400[V] 이하 : 2.5[cm] 이상
> 　 • 400[V] 초과 : 4.5[cm] 이상
> 　 　(단, 건조한 장소 : 2.5[cm] 이상)

34. 자기 인덕턴스 200[mH], 450[mH]인 두 코일의 상호 인덕턴스는 60[mH]이다. 두 코일의 결합계수는?

① 0.1 　　　　　② 0.2
③ 0.3 　　　　　④ 0.4

> **전기이론** Chapter 04 전자유도법칙
>
> 결합계수
>
> $k = \dfrac{M}{\sqrt{L_1 L_2}} = \dfrac{60}{\sqrt{200 \times 450}} = 0.2\,[\text{mH}]$

35. 단상 반파의 정류 효율은 몇 [%]인가?

① $\dfrac{4}{\pi^2} \times 100$ 　　　　　② $\dfrac{\pi^2}{4} \times 100$

③ $\dfrac{8}{\pi^2} \times 100$ 　　　　　④ $\dfrac{\pi^2}{8} \times 100$

> **전기기기** Chapter 05 정류기
>
> 정류 효율
> ㉠ 단상 반파정류 : $\eta = \dfrac{4}{\pi^2} \times 100 = 40.6\,[\%]$
> ㉡ 단상 전파정류 : $\eta = \dfrac{8}{\pi^2} \times 100 = 81.2\,[\%]$

36. 저압개폐기를 생략하여도 무방한 개소는?

① 부하 전류를 끌어가 흐르게 할 필요가 있는 개소
② 인입구 기타 고장, 점검, 측정, 수리 등에서 개로할 필요가 있는 개소
③ 퓨즈의 전원측으로 분기회로용 과전류차단기 이후의 퓨즈가 플러그 퓨즈와 같이 퓨즈교환 시에 충전부에 접촉될 우려가 없을 경우
④ 퓨즈에 근접하여 설치한 개폐기인 경우의 퓨즈 전원측

> **전기설비** Chapter 05 저압 전기설비 보호

37. 220[V]용 100[W] 전구와 200[W] 전구를 직렬로 연결하여 220[V]의 전원에 연결하면?

① 두 전구의 밝기가 같다.
② 100[W]의 전구가 더 밝다.
③ 200[W]의 전구가 더 밝다.
④ 두 전구 모두 안 켜진다.

> **전기이론** Chapter 01 직류회로
>
> 전구를 직렬로 접속하면 용량이 적은 전구가 더 밝고, 병렬로 접속하면 용량이 큰 전구가 더 밝다.

38. 직류발전기의 무부하 특성곡선은?

① 부하전류와 무부하 단자전압과의 관계이다.
② 계자전류와 부하전류와의 관계이다.
③ 계자전류와 무부하 단자전압과의 관계이다.
④ 계자전류와 회전력과의 관계이다.

전기기기 **Chapter 01 직류기**

직류발전기의 특성곡선
㉠ 무부하 포화곡선 : 계자전류와 유기기전력과의 관계곡선
㉡ 부하 포화곡선 : 계자전류와 부하전압과의 관계곡선
㉢ 외부 특성곡선 : 부하전류와 단자전압과의 관계곡선
㉣ 위상 특성곡선(= V곡선) : 계자전류와 부하전류와의 관계 곡선

39. 경질 비닐 전선관의 호칭으로 맞는 것은?

① 굵기는 관 안지름의 크기에 가까운 짝수의 [mm] 로 나타낸다.
② 굵기는 관 안지름의 크기에 가까운 홀수의 [mm] 로 나타낸다.
③ 굵기는 관 바깥지름의 크기에 가까운 짝수의 [mm] 로 나타낸다.
④ 굵기는 관 바깥지름의 크기에 가까운 홀수의 [mm] 로 나타낸다.

전기설비 **Chapter 03 옥내배선공사**

합성수지관의 굵기[mm](근사내경, 짝수)
14, 16, 22, 28, 36, 42, 54, 70, 82

40. 100[V]의 전압계가 있다. 이 전압계를 써서 200[V]의 전압을 측정하려면 최소 몇 [Ω]의 저항을 외부에 접속해야 하는가? (단, 전압계의 내부저항은 5,000[Ω]이다.)

① 10,000   ② 5,000
③ 2,500   ④ 1,000

전기이론 **Chapter 01 직류회로**

배율저항 $R_m = R_v(m-1)$

$$= 5000 \times \left(\frac{200}{100} - 1\right) = 5000[\Omega]$$

여기서, m : 배율, R_v : 전압계 내부 저항[Ω]

41. 단상 반파정류회로에서 직류전압과 교류전압의 관계로 옳은 것은? (단, 직류전압은 E_d, 교류전압은 E라 한다.)

① $E_d = 0.45E$ ② $E_d = 0.9E$
③ $E_d = 1.17E$ ④ $E_d = 1.35E$

전기기기 **Chapter 05 정류기**

정류시 전압 관계
㉠ 단상 반파 : $E_d = 0.45E$
㉡ 단상 전파 : $E_d = 0.9E$
㉢ 3상 반파 : $E_d = 1.17E$
㉣ 3상 전파 : $E_d = 1.35E$

42. 라이팅 덕트 공사에 의한 저압 옥내배선 시 덕트의 지지점간의 거리는 몇 [m] 이하로 해야 하는가?

① 1.0   ② 1.2
③ 2.0   ④ 3.0

전기설비 **Chapter 03 옥내배선공사**

라이팅 덕트 배선(KEC 232.11)
지지점 간의 거리 : 2[m]

43. 환상 솔레노이드에 감겨진 코일의 권회수를 3배로 늘리면 자체 인덕턴스는 몇 배로 되는가?

① 1
② 3
③ 6
④ 9

전기이론 **Chapter 04 전자유도법칙**

자기 인덕턴스 $L = \dfrac{\mu S N^2}{l}$ [H] 에서 권선수가 3배가 되면 인덕턴스는 권선수 제곱만큼 커지므로 9배가 된다.

44. 슬립 $4[\%]$인 유도 전동기의 등가 부하 저항은 2차 저항의 몇 배인가?

① 5
② 19
③ 20
④ 24

전기기기 **Chapter 04 유도기**

등가 부하저항 $R = \left(\dfrac{1}{s} - 1\right) r_2 [\Omega]$

여기서, s : 슬립, r_2 : 2차저항

$\therefore R = \left(\dfrac{1}{0.04} - 1\right) r_2 = 24 r_2$

45. 다음 중 방수형 콘센트의 심벌은?

① E
② WP
③ EX
④ H

전기설비 **Chapter 02 배선재료와 공구**

① 접지극붙이 콘센트
② 방수형 콘센트
③ 방폭형 콘센트
④ 의료용 콘센트

46. 어드미턴스의 실수부는 무엇인가?

① 임피던스
② 리액턴스
③ 서셉턴스
④ 컨덕턴스

전기이론 **Chapter 05 단상 교류회로**

㉠ 병렬회로의 임피던스

$$Z = \dfrac{1}{\dfrac{1}{R} \pm j\dfrac{1}{X}} = \dfrac{1}{G \pm jB}\,[\Omega]$$

여기서, R : 저항, X : 리액턴스,
G : 컨덕턴스, B : 서셉턴스

㉡ 병렬회로의 어드미턴스

$$Y = \dfrac{1}{Z} = G \pm jB\,[\mho]$$

∴ 어드미턴스의 실수부는 컨덕턴스(G)이고 허수부는 서셉턴스(B)가 된다.

47. 변압기의 권수비에 관한 식으로 맞는 것은? (단, a는 권수비이다.)

① $a = \dfrac{V_1}{V_2} = \dfrac{N_1}{N_2} = \dfrac{I_2}{I_1}$

② $a = \dfrac{V_2}{V_1} = \dfrac{N_1}{N_2} = \dfrac{I_2}{I_1}$

③ $a = \dfrac{V_1}{V_2} = \dfrac{N_2}{N_1} = \dfrac{I_2}{I_1}$

④ $a = \dfrac{V_1}{V_2} = \dfrac{N_1}{N_2} = \dfrac{I_1}{I_2}$

전기기기 **Chapter 03 변압기**

1차권선의 권수를 N_1, 2차권선의 권수를 N_2라 할 경우

권수비 $a = \dfrac{V_1}{V_2} = \dfrac{N_1}{N_2} = \dfrac{I_2}{I_1}$

48. 전선 약호가 VV인 케이블의 종류로 옳은 것은?

① 0.6/1kV 비닐절연 비닐시스 케이블
② 0.6/1kV EP 고무절연 클로로프렌시스 케이블
③ 0.6/1kV EP 고무절연 비닐시스 케이블
④ 0.6/1kV 비닐절연 비닐캡타이어 케이블

> **전기설비** Chapter 01 전선 및 전선의 접속
>
> ① VV
> ② PN
> ③ PV
> ④ VCT

49. 정현파 교류의 왜형율(Distortion)은?

① 0
② 0.1212
③ 0.2273
④ 0.4834

> **전기이론** Chapter 07 비정현파 교류회로
>
> 왜형률 = $\dfrac{\text{고조파 만의 실횻값}}{\text{기본파의 실횻값}}$ 에서 정현파의 경우 고조
> 파의 실횻값이 0이므로 왜형률은 0이 된다.

50. 20[kVA]의 단상 변압기 2대를 사용하여 V−V 결선으로 하고 3상 전원을 얻고자 한다. 이 때 여기에 접속시킬 수 있는 3상 부하의 용량은 약 몇 [kVA]인가?

① 34.6
② 44.6
③ 54.6
④ 66.6

> **전기기기** Chapter 03 변압기
>
> 변압기 V결선시 용량 $P_V = \sqrt{3}\,P_1$[kVA]
> $P_V = \sqrt{3} \times 20 = 34.64 \fallingdotseq 34.6$[kVA]

51. 접지 막대기 2개와 동판과 계기를 도선을 연결하여 절환스위치로 검류계의 지침이 "0"이 되게 하여 접지저항을 측정하는 기기는?

① 콜라우시 브리지
② 켈빈더블 브리지
③ 휘스톤 브리지
④ 접지저항계

> **전기설비** Chapter 04 전로의 절연 및 접지공사
>
> 콜라우시 브리지(코올라시 브리지)
> 저저항 측정용 계기로 전해액의 저항과 접지저항 측정에 사용된다.

52. 대칭 3상 교류회로에서 각 상 간의 위상차[rad]는 얼마인가?

① $\dfrac{\pi}{3}$
② $\dfrac{2\pi}{3}$
③ $\dfrac{\sqrt{3}}{2}\pi$
④ $\dfrac{2}{\sqrt{3}}\pi$

> **전기이론** Chapter 06 3상 교류회로
>
> ㉠ π[rad] = 180°
> ㉡ 대칭 3상 교류의 의미 : 각 상(L1, L2, L3)의 크기는 같고 위상차는 120°인 3상 교류
> ∴ 120° = $\dfrac{360°}{3} = \dfrac{2\pi}{3}$[rad]

53. 자속밀도 0.8[Wb/m²]인 자계에서 길이 50 [cm]인 도체가 30[m/s]로 회전할 때 유기되는 기전력[V]은?

① 8
② 12
③ 15
④ 24

> **전기기기** Chapter 01 직류기
>
> 플레밍의 발전기 법칙에 의한 유도기전력
> ∴ $E = Blv = 0.8 \times 0.5 \times 30 = 12$[V]

54. 같은 지지물에 $35[kV]$ 이하의 특고압 가공전선과 저압 가공전선을 병행설치 시 간격은 몇 $[cm]$ 인기? (단, 특고압 가공전선이 케이블인 경우이다.)

① 30 이상　　② 40 이상
③ 50 이상　　④ 60 이상

55. 자기회로의 길이 $l[m]$, 단면적 $A[m^2]$, 투자율 $\mu[H/m]$일 때 자기저항 $R[AT/Wb]$을 나타낸 것은?

① $R = \dfrac{\mu l}{A}$　　② $R = \dfrac{A}{\mu l}$

③ $R = \dfrac{\mu A}{l}$　　④ $R = \dfrac{l}{\mu A}$

56. 주파수 $60[Hz]$의 회로에 접속되어 슬립 $3[\%]$, 회전수 $1,164[rpm]$으로 회전하고 있는 유도 전동기의 극수는?

① 4　　② 6
③ 8　　④ 10

57. 라이팅 덕트 공사에 의한 저압 옥내배선의 시설 기준으로 틀린 것은?

① 덕트의 끝부분을 막을 것
② 덕트는 조영재에 견고하게 붙일 것
③ 덕트의 개구부는 위로 향하여 시설할 것
④ 덕트는 조영재를 관통하여 시설하지 아니할 것

58. 자기저항 2000[AT/Wb], 기자력 5000[AT]인 자기회로의 자속[Wb]은?

① 2.5　　　　　　② 25

③ 4　　　　　　　④ 0.4

전기이론　Chapter 03 전류의 자기현상

자기회로의 옴의 법칙

$$\phi = \frac{F}{R_m} = \frac{5000}{2000} = 2.5\,[\text{Wb}]$$

여기서, F : 기자력[AT], R_m : 자기저항[AT/Wb]

59. 직류기의 파권에서 극수에 관계없이 병렬 회로수 a는 얼마인가?

① 1　　　　　　　② 2

③ 4　　　　　　　④ 6

전기기기　Chapter 01 직류기

전기자 권선법의 중권과 파권 비교

구분	중권	파권
a	P극수	2
b	P극수	2
용도	저전압, 대전류	고전압, 소전류
균압환	사용함	사용 안 함

* a : 병렬회로수, b : 브러시 수

60. 저압 옥내 간선에서 분기하여 전기사용 기계기구에 이르는 저압 옥내 전로에서 저압 옥내 간선과의 분기점에서 전선의 길이가 몇 [m] 이하인 곳에 개폐기 및 과전류차단기를 설치하여야 하는가?

① 2　　　　　　　② 3

③ 5　　　　　　　④ 6

전기설비　Chapter 05 저압 전기설비 보호

단락보호장치의 설치위치(KEC 212.5.2)
분기회로의 과부하 보호장치의 전원 측에 다른 분기회로 또는 콘센트의 접속이 없으며 아래의 조건에서는 설치위치를 조정할 수 있다.

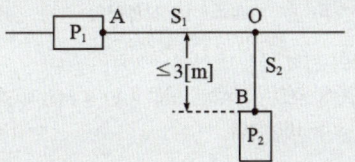

㉠ 단락의 위험과 화재 및 인체에 대한 위험성이 최소화되도록 시설한 경우 : 3[m] 이내

㉡ 단락보호가 이루어지고 있는 경우 : 거리 제한 없음(임의의 장소에 설치 가능)

정답

01	②	02	④	03	④	04	④	05	④
06	③	07	③	08	①	09	③	10	②
11	①	12	①	13	③	14	②	15	②
16	③	17	①	18	②	19	①	20	①
21	①	22	④	23	④	24	④	25	④
26	②	27	②	28	②	29	③	30	②
31	④	32	②	33	①	34	②	35	①
36	③	37	②	38	②	39	①	40	②
41	①	42	③	43	④	44	④	45	②
46	④	47	①	48	①	49	①	50	①
51	①	52	②	53	②	54	③	55	②
56	②	57	③	58	①	59	②	60	②

☐ 1 회독   ☐ 2 회독   ☐ 3 회독

※ 본 교재에 수록된 모든 문제는 CBT 기출복원문제로서, 수험생의 기억에 따라 복원된 것이며, 실제 기출문제와 동일하지 않을 수 있습니다.

01. 저항이 있는 도선에 전류가 흐르면 열이 발생한다. 이와 같이 전류의 열작용과 가장 관계가 깊은 법칙은?

① 패러데이의 법칙   ② 키르히호프의 법칙
③ 줄의 법칙   ④ 옴의 법칙

> **전기이론** Chapter 01 직류회로
>
> 줄의 법칙
> 도체에 흐르는 전류에 의하여 단위 시간에 발생하는 열량은 I^2R에 비례한다.

02. 변압기 규약 효율은?

① $\eta = \dfrac{출력}{입력} \times 100\%$

② $\eta = \dfrac{출력}{출력 + 손실} \times 100\%$

③ $\eta = \dfrac{출력}{입력 - 손실} \times 100\%$

④ $\eta = \dfrac{입력 + 손실}{입력} \times 100\%$

> **전기기기** Chapter 03 변압기
>
> 규약 효율
> ㉠ 발전기 및 변압기 $\eta = \dfrac{출력}{출력 + 손실} \times 100[\%]$
> ㉡ 전동기 $\eta = \dfrac{입력 - 손실}{입력} \times 100[\%]$

03. 물탱크의 물의 양에 따라 동작하는 자동스위치는?

① 부동 스위치   ② 압력 스위치
③ 타임 스위치   ④ 3로 스위치

> **전기설비** Chapter 02 배선재료와 공구
>
> 물탱크의 수위를 조절하는 스위치
> 부동(float) 스위치, 플로트레스 스위치

04. △결선에서 선전류가 $10\sqrt{3}$ 이면 상전류는?

① 5 [A]   ② 10 [A]
③ $10\sqrt{3}$ [A]   ④ 30 [A]

> **전기이론** Chapter 06 3상 교류회로
>
> △결선 시 선전류 $I_l = \sqrt{3}\,I_p$ 이므로
> ∴ 상전류: $I_p = \dfrac{I_l}{\sqrt{3}} = \dfrac{10\sqrt{3}}{\sqrt{3}} = 10\,[A]$

05. 유도전동기의 슬립을 측정하는 방법으로 옳은 것은?

① 전압계법   ② 전류계법
③ 평형 브리지법   ④ 스트로보스코프법

> **전기기기** Chapter 04 유도기
>
> 슬립 측정방법
> ㉠ 직류밀리볼트계법
> ㉡ 수화기법
> ㉢ 스트로보스코프법

06. 하나의 콘센트에 둘 또는 세 가지의 기계기구를 끼워서 사용할 때 사용되는 것은?

① 노출형 콘센트   ② 카이리스 소켓
③ 멀티 탭   ④ 아이언 플러그

> **전기설비** Chapter 02 배선재료와 공구
>
> 플러그 및 접속기
> ㉠ 멀티 탭: 하나의 콘센트에 둘 이상의 기구를 연결하여 사용
> ㉡ 테이블 탭(익스텐션 코드): 코드의 길이가 짧을 때 연장하여 사용

07. 어떤 도체에 $10[\mathrm{V}]$의 전위를 주었을 때 $1[\mathrm{C}]$의 전하가 축적되었다면 이 도체의 정전용량은 몇 $[\mathrm{F}]$인가?

① 0.1   ② 0.01
③ 1.0   ④ 10

> **전기이론**   Chapter 02 정전계와 정자계
>
> 정전용량의 정의 식
> $$C = \frac{Q}{V} = \frac{1}{10} = 0.1\,[\mathrm{F}]$$

08. 1차 권수 3,000, 2차 권수 100인 변압기에서 이 변압기의 전압비는 얼마인가?

① 20   ② 30
③ 40   ④ 50

> **전기기기**   Chapter 03 변압기
>
> 권수비 $a = \dfrac{N_1}{N_2} = \dfrac{3000}{100} = 30$

09. 금속 전선관 공사에 필요한 공구가 아닌 것은?

① 스트리퍼   ② 오스터
③ 리머   ④ 파이프 바이스

> **전기설비**   Chapter 03 옥내배선공사
>
> 스트리퍼는 절연전선의 피복을 벗길 때 사용하는 기기이다.

10. 5마력을 와트$[\mathrm{W}]$ 단위로 환산하면?

① $4,300[\mathrm{W}]$ ② $3,730[\mathrm{W}]$
③ $1,317[\mathrm{W}]$ ④ $17[\mathrm{W}]$

> **전기이론**   Chapter 01 직류회로
>
> $1[\mathrm{HP}] = 746[\mathrm{W}]$이므로($[\mathrm{HP}]$: 마력)
> $\therefore 5[\mathrm{HP}] = 5 \times 746[\mathrm{W}] = 3,730[\mathrm{W}]$

11. 다이오드를 사용한 정류회로에서 다이오드를 여러 개 직렬로 연결하여 사용하는 경우의 설명으로 옳은 것은?

① 다이오드를 과전압으로부터 보호할 수 있다.
② 부하출력의 맥동률을 감소시킬 수 있다.
③ 다이오드를 과전류로부터 보호할 수 있다.
④ 낮은 전압 전류에 적합하다.

> **전기기기**   Chapter 05 정류기
>
> 다이오드 보호방식
> ㉠ 과전류로부터 보호 : 다이오드를 병렬로 추가접속
> ㉡ 과전압으로부터 보호 : 다이오드를 직렬로 추가접속

12. 절연저항을 측정하는데 정전이 어려워 측정이 곤란한 경우에는 누설전류를 몇 $[\mathrm{mA}]$ 이하로 유지하여야 하는가?

① 1   ② 2
③ 5   ④ 10

> **전기설비**   Chapter 04 전로의 절연 및 접지공사
>
> KEC 132 전로의 절연저항 및 절연내력
> 저압 전로에서 정전이 어려운 경우 절연저항 측정이 곤란한 경우 저항성분의 누설전류 $1[\mathrm{mA}]$ 이하이면 그 전로의 절연성능은 적합한 것으로 본다.

13. 어떤 3상 회로에서 선간전압이 $200[\mathrm{V}]$, 선전류 $25[\mathrm{A}]$, 3상 전력이 $7[\mathrm{kW}]$이었다. 이때의 역률은 약 얼마인가?

① 0.65   ② 0.73
③ 0.81   ④ 0.97

> **전기이론**   Chapter 06 3상 교류회로
>
> ㉠ 피상전력
> $$P_a = \sqrt{3}\,VI = \sqrt{3} \times 200 \times 25 = 8660\,[\mathrm{VA}]$$
> ㉡ 유효전력 : $P = 7[\mathrm{kW}] = 7000[\mathrm{W}]$
> $\therefore$ 역률 : $\cos\theta = \dfrac{P}{P_a} = \dfrac{7000}{8660} = 0.81 = 81[\%]$

14. 2극 3,600[rpm]인 동기발전기와 병렬 운전하려는 12극 발전기의 회전수는?

① 600[rpm] ② 3,600[rpm]
③ 7,200[rpm] ④ 21,600[rpm]

전기기기 **Chapter 02 동기기**

동기발전기 병렬운전시 주파수가 같아야 한다.

㉠ 2극 발전기 $3600 = \frac{120f}{2}$ 이므로 주파수 $f = 60$[Hz]

㉡ 12극 발전기도 $f = 60$[Hz]를 발생시켜야 하므로

∴ $N_s = \frac{120f}{P} = \frac{120 \times 60}{12} = 600$[rpm]

15. 정격전류가 20[A]인 주택용 배선차단기는 정격전류 1.45배의 동작전류에 대해서 몇 분 이내에 자동적으로 동작하여야 하는가?

① 1분 ② 60분
③ 120분 ④ 240분

전기설비 **Chapter 05 저압 전기설비 보호**

보호장치의 특성(KEC 212.3.4)
주택용 배선차단기 동작 특성

정격전류의 구분	시간	부동작전류	동작전류
63A 이하	60분	1.13배	1.45배
63A 초과	120분	1.13배	1.45배

16. 영구자석의 재료로서 적당한 것은?

① 잔류자기가 적고 보자력이 큰 것
② 잔류자기와 보자력이 모두 큰 것
③ 잔류자기와 보자력이 모두 작은 것
④ 잔류자기가 크고 보자력이 작은 것

전기이론 **Chapter 03 전류의 자기현상**

히스테리시스 현상
영구자석은 자석의 방향이 쉽게 바뀌지 않는 물질이어야 한다. 따라서 히스테리시스 그래프의 면적이 커야 하며 잔류자기와 보자력이 모두 큰 물질이 유리하다.

17. 8극 파권인 직류발전기의 전기자 권선의 병렬 회로수 a는 얼마로 하고 있는가?

① 1 ② 2
③ 6 ④ 8

전기기기 **Chapter 01 직류기**

직류발전기의 병렬회로수(a)
㉠ 파권 : a = 2
㉡ 중권 : a = $P_{극수}$

18. 인류(끝나는 곳)하는 곳이나 분기하는 곳에 사용하는 애자는?

① 구형 애자 ② 가지 애자
③ 새클 애자 ④ 현수 애자

전기이론 **Chapter 01 직류회로**

① 구형 애자 : 지선 중간에 설치하는 애자
② 가지 애자 : 전선의 방향을 돌릴 때 사용하는 애자
④ 현수 애자 : 인류점(끝나는 부분) 및 분기점 등에 설치하는 애자

19. Y−Y결선 회로에서 선간전압이 380[V]일 때 상전압은 약 몇 [V]인가?

① 100[V] ② 200[V]
③ 220[V] ④ 380[V]

전기이론 **Chapter 06 3상 교류회로**

3상 Y결선의 특징
㉠ 선간전압 : $V_l = \sqrt{3} V_p$
㉡ 선전류 : $I_l = I_p$

∴ 상전압 : $V_p = \frac{V_l}{\sqrt{3}} = \frac{380}{\sqrt{3}} = 220$[V]

20. 직류전동기의 속도제어법이 아닌 것은?

① 2차여자법　　② 전압제어법
③ 계자제어법　　④ 저항제어법

전기기기　Chapter 01 직류기

직류전동기 속도 제어방법
㉠ 전압제어법
㉡ 계자제어법
㉢ 저항제어법
∴ 2차여자법은 권선형 유도전동기에 사용하는 속도제어방법이다.

---

21. 최대 사용전압이 70[kV]인 중성점 직접접지식 전로의 절연내력 시험전압은 몇 [V]인가?

① 35,000[V]　　② 42,000[V]
③ 44,800[V]　　④ 50,400[V]

전기설비　Chapter 04 전로의 절연 및 접지공사

전로의 절연저항 및 절연내력(KEC 132)
최대 사용전압이 60[kV] 초과 170[kV] 이하의 중성점 직접접지식 전로는 최대 사용전압의 0.72배의 전압을 인가하여 10분간 견뎌야 한다.
∴ $70 \times 10^3 \times 0.72 = 50,400$ [V]

---

22. 정전용량 C[nF]의 콘덴서에 충전된 전하가 $q = \sqrt{2} Q \sin \omega t$ [C]와 같이 변화하도록 하였다면 이때 콘덴서에 흘러 들어가는 전류의 값은?

① $i = \sqrt{2} \omega Q \sin \omega t$
② $i = \sqrt{2} \omega Q \cos \omega t$
③ $i = \sqrt{2} \omega Q \sin (\omega t - 60°)$
④ $i = \sqrt{2} \omega Q \cos (\omega t - 60°)$

전기이론　Chapter 05 단상 교류회로

전류의 정의 식
$$i(t) = \frac{dq(t)}{dt} = \frac{d}{dt} \sqrt{2} Q \sin \omega t$$
$$= \sqrt{2} Q \frac{d}{dt} \sin \omega t = \sqrt{2} \omega Q \cos \omega t \text{ [A]}$$

---

23. 4극인 동기전동기가 1800[rpm]으로 회전할 때 전원 주파수는 몇 [Hz]인가?

① 50[Hz]　　② 60[Hz]
③ 70[Hz]　　④ 80[Hz]

전기기기　Chapter 02 동기기

㉠ 동기속도 : $N_s = \dfrac{120f}{P}$ [rpm]

　여기서, f : 주파수, P : 극수
㉡ 주파수 : $f = \dfrac{N_s P}{120} = \dfrac{1800 \times 4}{120} = 60$[Hz]

---

24. 합성수지관 상호 및 관과 박스는 접속 시에 삽입하는 깊이를 관 바깥지름의 몇 배 이상으로 하여야 하는가? (단, 접착제를 사용하지 않은 경우이다.)

① 0.2　　② 0.5
③ 1　　④ 1.2

전기설비　Chapter 03 옥내배선공사

KEC 232.11.3 합성수지관 및 부속품의 시설
㉠ 관 상호 간 및 박스와 관을 삽입하는 깊이 : 관의 바깥지름의 1.2배 이상(단, 접착제 사용시 : 0.8배 이상)
㉡ 관의 지지점 간의 거리 : 1.5[m] 이하

---

25. 자속을 만드는 원동력이 되는 것은?

① 기자력　　② 전자력
③ 회전력　　④ 전기력

전기이론　Chapter 02 정전계와 정자계

① 기자력 : 자속을 만드는 원동력
② 전자력 : 자계와 전류의 작용력
③ 회전력 : 물체를 회전시키는 힘
④ 전기력 : 두 전하 사이에 작용하는 힘

26. 3상 유도전동기의 회전 방향을 바꾸려면?

① 전원의 극수를 바꾼다.
② 전원의 주파수를 바꾼다.
③ 3상 전원 3선 중 두선의 접속을 바꾼다.
④ 기동 보상기를 이용한다.

> **전기기기** **Chapter 04 유도기**
>
> 3상 유도전동기의 회전을 역회전시키기 위해서는 전원의 3선 중 2선의 접속을 바꾸어 접속한다.

27. 설비용량 600[kW], 부등률 1.2, 수용률 0.6일 때 합성 최대 전력[kW]은?

① 240   ② 300
③ 432   ④ 833

> **전기설비** **Chapter 05 저압 전기설비 보호**
>
> $$P = \frac{\sum (\text{설비용량} \times \text{수용률})}{\text{부등률}} = \frac{600 \times 0.6}{1.2} = 300 \,[\text{kW}]$$

28. 긴 직선 도선에 $I[\text{A}]$의 전류가 흐를 때 이 도선으로부터 $r[\text{m}]$만큼 떨어진 곳에 자장의 세기는?

① 전류 I에 반비례하고 r에 비례한다.
② 전류 I에 비례하고 r에 반비례한다.
③ 전류 I의 제곱에 반비례하고 r에 반비례한다.
④ 전류 I에 반비례하고 r의 제곱에 반비례한다.

> **전기이론** **Chapter 03 전류의 자기현상**
>
> 앙페르의 주회적분 법칙
> ㉠ 한 폐곡선에 대한 자계의 세기의 선적분이 이 폐곡선에 둘러싸이는 전류와 같다.
>
>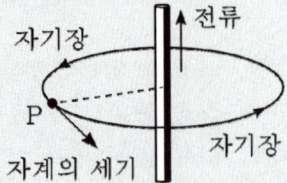
>
> ㉡ 자계의 세기 : $H = \dfrac{I}{2\pi r}[\text{AT/m}]$

29. 변압기의 효율이 가장 좋을 때의 조건은?

① 철손 = 동손   ② 철손 = 1/2동손
③ 동손 = 1/2철손   ④ 동손 = 2철손

> **전기기기** **Chapter 03 변압기**
>
> 변압기의 최대 효율 조건
> 철손(P_i) = 동손(P_c)

30. 접지설비에 사용하는 접지선을 사람이 접촉할 우려가 있는 곳에 시설하는 경우에는 동결깊이를 감안하여 지하 몇 [cm] 이상까지 매설하여야 하는가?

① 50   ② 100
③ 75   ④ 150

> **전기설비** **Chapter 04 전로의 절연 및 접지공사**
>
> 접지극의 시설 및 접지저항(KEC 142.2)
> ㉠ 접지극은 매설하는 토양을 오염시키지 않아야 하며, 가능한 다습한 부분에 설치한다.
> ㉡ 접지극의 매설 깊이 : 지하 0.75[m] 이상
> ㉢ 금속체와 접지극의 간격
> • 철주 밑면으로 0.3[m] 이상의 깊이로 매설
> • 금속체로부터 1[m] 이상 이격하여 매설

31. $m_1 = 4 \times 10^{-5}[\text{Wb}]$, $m_2 = 6 \times 10^{-3}[\text{Wb}]$, $r = 10[\text{cm}]$이면, 두 자극 m_1, m_2 사이에 작용하는 힘은 약 몇 [N]인가?

① 1.53   ② 2.4
③ 24   ④ 152

> **전기이론** **Chapter 02 정전계와 정자계**
>
> 두 자극 사이의 작용하는 힘(쿨롱의 법칙)
> $$F = \frac{m_1 m_2}{4\pi\mu_0 r^2} = 6.33 \times 10^4 \times \frac{m_1 m_2}{r^2}$$
> $$= 6.33 \times 10^4 \times \frac{4 \times 10^{-5} \times 6 \times 10^{-3}}{0.1^2} = 1.53$$
> 여기서, 쿨롱 상수 $\dfrac{1}{4\pi\mu_0} = 9 \times 10^9$

32. 단락비가 큰 동기 발전기에 대한 설명으로 틀린 것은?

① 단락전류가 크다.
② 동기 임피던스가 작다.
③ 전기자 반작용이 크다.
④ 공극이 크고 전압 변동률이 작다.

전기기기 **Chapter 02 동기기**

단락비가 큰 기기의 특징
㉠ 동기 임피던스가 작다(단락전류가 크다).
㉡ 전기자 반작용이 작다.
㉢ 전압 변동률이 작다.
㉣ 공극이 크다.
㉤ 안정도가 높다.
㉥ 철손이 크다.
㉦ 효율이 낮다.
㉧ 가격이 높다.
㉨ 송전선의 충전용량이 크다.

---

33. 전주 외등 설치 시 조명기구를 부착하는 경우 조명기구의 부착 높이는 지표면으로부터 최소 몇 [m] 이상이어야 하는가? (단, 교통에 지장이 없는 경우이다.)

① 3[m]   ② 3.5[m]
③ 4[m]   ④ 4.5[m]

전기설비 **Chapter 08 전원설비 및 기타 설비**

전주 외등(내선규정 제3330절)
대지전압 300[V] 이하의 형광등, 고압방전등, LED등 등을 배전선로의 지지물등에 시설하는 경우에 적용한다.
㉠ 기구 인출선 도체 단면적 : 0.75[mm²] 이상
㉡ 중량 : 부속 금구류를 포함하여 100[kg] 이하
㉢ 기구 부착 높이 : 하단에서 지표상 4.5[m] 이상
   (단, 교통에 지장이 없을 경우 : 3[m] 이상)
㉣ 돌출 수평 거리 : 1.0[m] 이상

---

34. 정격 200[V], 1,000[W]인 부하에 전압을 100 [V]로 인가하면 소비 전력은 몇 [W]가 되겠는가?

① 800   ② 600
③ 500   ④ 250

전기이론 **Chapter 01 직류회로**

㉠ 전열기의 내부저항

$$R = \frac{V^2}{P} = \frac{200^2}{1000} = 40\,[\Omega]$$

㉡ 100[V] 인가 시 소비전력

$$P = \frac{V^2}{R} = \frac{100^2}{40} = 250\,[\text{W}]$$

---

35. 평행 2회선의 선로에서 단락 고장회선을 선택하는 데 사용하는 계전기는?

① 선택단락계전기   ② 방향단락계전기
③ 차동단락계전기   ④ 거리단락계전기

전기기기 **Chapter 03 변압기**

선택단락계전기는 평행 2회선의 선로에서 단락 고장 시 고장 여부를 판단하는 계전기이다.

---

36. 한국전기설비규정(KEC)에 의한 고압가공 전선로 철탑의 지지물 간 거리는 몇 [m] 이하로 제한하고 있는가?

① 150   ② 250
③ 500   ④ 600

전기설비 **Chapter 06 전선로 및 배전공사**

고압 가공전선로 지지물 간 거리 제한(KEC 332.9)

지지물의 종류	지지물 간 거리
목주, A종 철주 또는 A종 철근 콘크리트주	150[m]
B종 철주 또는 B종 철근 콘크리트주	250[m]
철탑	600[m]

37. $V = 200\,[V]$, $C_1 = 10\,[\mu F]$, $C_2 = 5\,[\mu F]$인 2개의 콘덴서가 병렬로 접속되어 있다. 콘덴서 C_1에 축적되는 전하$[\mu C]$는?

① $100\,[\mu C]$　　② $200\,[\mu C]$
③ $1,000\,[\mu C]$　　④ $2,000\,[\mu C]$

전기이론　Chapter 02 정전계와 정자계
㉠ 병렬접속이므로 C_1 양단에는 전체 전압 200[V]가 걸리게 된다.
㉡ 콘덴서 C_1에 축적되는 전하량(전기량)
　　$Q_1 = C_1 V = 10 \times 200 = 2,000\,[\mu C]$

40. 평균 길이 40[cm], 권수 10회인 환상 솔레노이드에 4[A]의 전류가 흐르면 그 내부의 자장의 세기$[AT/m]$는?

① 10　　② 100
③ 200　　④ 300

전기이론　Chapter 03 전류의 자기현상
환상 솔레노이드 내의 자기장(자계)의 세기
$$H = \frac{\ni}{l} = \frac{10 \times 4}{0.4} = 100\,[AT/m]$$

38. 주파수 60[Hz]의 회로에 접속되어 슬립 4[%], 회전수 1728[rpm]으로 회전하고 있는 유도 전동기의 극수는?

① 4극　　② 6극
③ 8극　　④ 10극

전기기기　Chapter 04 유도기
회전자 속도 $N = (1-s)N_s = (1-s)\dfrac{120f}{P}\,[\mathrm{rpm}]$

∴ 유도전동기 극수 $P = (1-0.04) \times \dfrac{120 \times 60}{1728} = 4$극

41. 전기 용접기용 발전기로 가장 적합한 것은?

① 직류 분권형 발전기
② 차동 복권형 발전기
③ 가동 복권형 발전기
④ 직류 타여자식 발전기

전기기기　Chapter 01 직류기
차동 복권형 발전기
부하의 크기에 관계없이 전류가 일정하게 되는 수하특성을 갖는 발전기로서 용접기의 전원으로 사용된다.

39. 코드 상호, 캡타이어케이블 상호 접속 시 사용해야 하는 것은?

① 와이어 커넥터　　② 케이블 타이
③ 코드 접속기　　④ 테이블 탭

전기설비　Chapter 01 전선 및 전선의 접속
전선의 접속(KEC 123)
코드 상호, 캡타이어케이블 상호 또는 이들 상호를 접속하는 경우에는 코드 접속기, 접속함 기타의 기구를 사용할 것

42. F40[W]의 의미는?

① 수은등 40[W]
② 나트륨등 40[W]
③ 메탈 할라이드등 40[W]
④ 형광등 40[W]

전기설비　Chapter 08 전원설비 및 기타 설비
F40[W]는 형광등 40[W]를 의미한다.

43. 자체 인덕턴스 2[H]의 코일에 25[J]의 에너지가 저장되어 있다면 코일에 흐르는 전류는?

① 2[A] ② 3[A]
③ 4[A] ④ 5[A]

44. P형 반도체의 전기 전도의 주된 역할을 하는 반송자는?

① 전자 ② 정공
③ 가전자 ④ 5가 불순물

45. 전선의 접속에 대한 설명으로 틀린 것은?

① 접속 부분의 전기저항을 20[%] 이상 증가
② 접속 부분의 인장강도를 80[%] 이상 유지
③ 접속 부분에 전선 접속 기구를 사용함
④ 알루미늄전선과 구리선의 접속시 전기적인 부식이 생기지 않도록 함

46. 물질에 따라 자석에 반발하는 물체를 무엇이라 하는가?

① 비자성체 ② 상자성체
③ 반자성체 ④ 가역성체

47. 직류전동기에 있어 무부하일 때의 회전수 N_0는 1,200[rpm], 정격부하일 때의 회전수 N_1은 1,150[rpm]이라 한다. 속도변동률은 약 몇 [%]인가?

① 4.55 ② 4.10
③ 4.35 ④ 4.15

48. 절연전선을 동일 플로어 덕트 내에 넣을 경우 플로어 덕트 크기는 전선의 피복 절연물을 포함한 단면적의 총 합계가 플로어 덕트 단면적의 몇 [%] 이하가 되도록 선정하여야 하는가?

① 12 ② 22
③ 32 ④ 42

49. 평형 3상 회로에서 1상의 소비전력이 $P[\mathrm{W}]$라면, 3상 회로 전체 소비전력$[\mathrm{W}]$은?

① P　　　　　　② $\sqrt{2}\,P$

③ $3P$　　　　　④ $\sqrt{3}\,P$

> **전기이론** Chapter 06 3상 교류회로
> 3상 전력 : $P_3 = 3P_1 = 3V_p I_p = \sqrt{3}\,V_l I_l$
> (예 Y결선 시 $I_l = I_p$, $V_l = \sqrt{3}\,V_p$)
> ∴ 3상 전력은 단상 전력의 3배이다.

50. 3상 동기 발전기의 상간 접속을 Y결선으로 하는 이유 중 틀린 것은?

① 중성점을 이용할 수 있다.
② 선간전압이 상전압의 $\sqrt{3}$ 배가 된다.
③ 선간전압에 제3고조파가 나타나지 않는다.
④ 같은 선간전압의 결선에 비하여 절연이 어렵다.

> **전기기기** Chapter 02 동기기
> 전기자권선을 Y결선 하는 이유
> ㉠ 중성점을 접지할 수 있다.
> ㉡ 고조파가 중성점으로 흘러 선로에 제3고조파가 나타나지 않는다.
> ㉢ 선간전압이 상전압에 $\sqrt{3}$ 배가 되어 권선의 절연이 용이하다.

51. 동전선의 종단접속 방법이 아닌 것은?

① 동선압착단자에 의한 접속
② 종단 겹침용 슬리브에 의한 접속
③ C형 전선접속기 등에 의한 접속
④ 비틀어 꽂는 형의 전선접속기에 의한 접속

> **전기설비** Chapter 01 전선 및 전선의 접속
> 전선접속의 구체적 방법(내선규정 1430−8)
> ㉠ 동전선의 종단접속의 방법
> • 가는 단선의 종단접속
> • 동선압착단자에 의한 접속
> • 비틀어 꽂는 형의 전선접속기에 의한 접속
> • 종단 겹침용 슬리브에 의한 접속
> • 직선 겹침용 슬리브에 의한 접속
> • 꽂음형 커넥터에 의한 접속
> ㉡ C형 전선접속기 등에 의한 접속은 알루미늄의 종단접속 방법이다.

52. 3$[\mathrm{kW}]$의 전열기를 정격 상태에서 20분간 사용하였을 때의 열량은 몇 $[\mathrm{kcal}]$인가?

① 430　　　　　② 4,200
③ 2,400　　　　④ 860

> **전기이론** Chapter 01 직류회로
> ㉠ $W = Pt = 3[\mathrm{kW}] \times \dfrac{20}{60}\,[\mathrm{h}] = 1[\mathrm{kWh}]$
> ㉡ $1[\mathrm{kWh}] = 860\,[\mathrm{kcal}]$

53. 변압기의 무부하 시험, 단락 시험에서 구할 수 없는 것은?

① 동손　　　　　② 철손
③ 절연 내력　　　④ 전압 변동률

> **전기기기** Chapter 03 변압기
> 변압기의 특성 시험
> ㉠ 무부하 시험 : 무부하전류(여자전류), 철손, 여자어드민턴스
> ㉡ 단락 시험 : 임피던스 전압, 임피던스 와트, 동손, 전압 변동률

54. 합성수지관의 장점이 아닌 것은?

① 시공이 쉽다.
② 가격이 싸다.
③ 기계적 강도가 좋다.
④ 절연성이 좋다.

55. 전압 1.5[V], 내부저항 0.2[Ω]의 전지 5개를 직렬로 접속하면 전 전압은 몇 [V]인가?

① 0.2[V]
② 1.0[V]
③ 5.7[V]
④ 7.5[V]

56. 전기기기의 철심 재료로 규소강판을 많이 사용하는 이유로 가장 적당한 것은?

① 와류손을 줄이기 위해
② 구리손을 줄이기 위해
③ 맴돌이 전류를 없애기 위해
④ 히스테리시스손을 줄이기 위해

57. 한국전기설비규정(KEC)에서 가공전선로의 지지물에 하중이 가하여지는 경우에 그 하중을 받는 지지물의 기초의 안전율은 얼마 이상인가?

① 0.5
② 1
③ 1.5
④ 2

58. 자기회로에 강자성체를 사용하는 이유는?

① 자기저항을 감소시키기 위하여
② 자기저항을 증가시키기 위하여
③ 공극을 크게하기 위하여
④ 주자속을 감소시키기 위하여

59. 직류 발전기의 병렬 운전 중 한쪽 발전기의 여자를 늘리면 그 발전기는?

① 부하전류는 불변, 전압은 증가
② 부하전류는 줄고, 전압은 증가
③ 부하전류는 늘고, 전압은 증가
④ 부하전류는 늘고, 전압은 불변

> **전기기기** Chapter 01 직류기
>
> 직류발전기의 병렬운전중에 계자전류 변화시
> ㉠ 계자전류 증가하면 전압이 증가 : 부하전류 증가하여 부하분담 증가
> ㉡ 계자전류 감소하면 전압이 감소 : 부하전류 감소하여 부하분담 감소

60. 설계하중에 따른 전주의 길이가 7[m]인 철근 콘크리트주를 건주하는 경우 땅에 묻히는 깊이는 약 몇 [m]인가? (단, 설계하중은 6.8[kN] 이하이다.)

① 0.8   ② 0.6
③ 1.2   ④ 2

> **전기설비** Chapter 06 전선로 및 배전공사
>
> 지지물의 매설 깊이(KEC 331.7)
> 전체 길이가 16[m] 이하, 설계하중이 6.8[kN] 이하(A종)의 경우 매설 깊이는 다음과 같다.
> ㉠ 15[m] 이하 : 전장의 $\frac{1}{6}$ 이상
> ㉡ 15[m] 초과 : 2.5[m] 이상
> ∴ 매설 깊이 : $7 \times \frac{1}{6} ≒ 1.2$[m]

정답

01	③	02	②	03	①	04	②	05	④
06	③	07	①	08	②	09	①	10	②
11	①	12	①	13	③	14	①	15	②
16	②	17	②	18	④	19	③	20	①
21	④	22	②	23	②	24	④	25	①
26	③	27	②	28	②	29	①	30	③
31	①	32	③	33	①	34	④	35	①
36	④	37	④	38	①	39	③	40	②
41	②	42	④	43	④	44	②	45	①
46	③	47	③	48	③	49	③	50	④
51	③	52	④	53	③	54	③	55	④
56	④	57	④	58	①	59	③	60	③

2024년 제1회

□ 1 회독 □ 2 회독 □ 3 회독

※ 본 교재에 수록된 모든 문제는 CBT 기출복원문제로서, 수험생의 기억에 따라 복원된 것이며, 실제 기출문제와 동일하지 않을 수 있습니다.

01. $I = 8 + j6\,[\text{A}]$로 표시되는 전류의 크기 I 는 몇 $[\text{A}]$인가?

① 6
② 8
③ 10
④ 12

> **전기이론** Chapter 05 단상 교류회로
>
> 복소수의 계산
> $a \pm jb$로 나타내는 복소수의 크기는 피타고라스의 정리에 의해 $\sqrt{a^2 + b^2}$ 으로 구한다.
> $\therefore I = \sqrt{8^2 + 6^2} = 10\,[\text{A}]$

02. 직류 분권발전기를 동일 극성의 전압을 단자에 인가하여 전동기로 사용하면?

① 동일 방향으로 회전한다.
② 반대 방향으로 회전한다.
③ 회전하지 않는다.
④ 소손된다.

> **전기기기** Chapter 01 직류기
>
> 직류 분권발전기에 동일 극성의 전압을 단자에 인가할 경우 계자전류의 방향은 변하지 않아서 계자에서 발생하는 자속의 방향이 변하지 않고 전기자전류의 방향이 반대로 나타나게 된다. 이때 플레밍의 전동기법칙에 의해 분권전동기로 동작하는데 회전방향은 발전기로 운전할 때와 동일 방향이 된다.

03. 저고압 가공전선이 철도 또는 궤도를 횡단하는 경우 높이는 궤도면상 몇 $[\text{m}]$ 이상이어야 하는가?

① 10
② 8.5
③ 7.5
④ 6.5

> **전기설비** Chapter 06 전선로 및 배선공사
>
> 저압 가공전선의 높이(KEC 222.7)
>
> | 구분 | 저압 | 고압 |
> |---|---|---|
> | 도로 횡단 | 6m 이상 | 6m 이상 |
> | 철도 또는 궤도 횡단 | 6.5m 이상 | 6.5m 이상 |
> | 횡단보도교 | 3.5m 이상 * | 3.5m 이상 |
> | 기타 | 5m 이상 | 5m 이상 |
>
> * : 절연전선 및 케이블인 경우 3m 이상

04. 대전에 의하여 물체가 띠고 있는 전기를 무엇이라 하는가?

① 기전력
② 전하
③ 전력
④ 자화

> **전기이론** Chapter 01 직류회로
>
> ① 기전력 : 물체에 전기를 일으키는 능력
> ③ 전력 : 전기가 행할 수 있는 일의 크기
> ④ 자화 : 물체에 자성이 나타나는 현상

05. 4극 24홈 표준 농형 3상 유도 전동기의 매극 매 상당의 홈 수는?

① 6
② 3
③ 2
④ 1

> **전기기기** Chapter 04 유도기
>
> 매극 매상당 슬롯수($=$홈수)
> $q = \dfrac{\text{총 슬롯수}}{\text{극수} \times \text{상수}} = \dfrac{24}{4 \times 3} = 2$

06. 물기가 없는 장소에 시설하는 저압용 전로에 인체 감전 보호용 누전 차단기 설치는?

① 정격 감전 전류 30[mA]
　　- 동작시간 0.03초 이내의 전류 동작형
② 정격 감전 전류 40[mA]
　　- 동작시간 0.05초 이내의 전류 동작형
③ 정격 감전 전류 50[mA]
　　- 동작시간 0.03초 이내의 전류 동작형
④ 정격 감전 전류 60[mA]
　　- 동작시간 0.05초 이내의 전류 동작형

07. 복소수에 대한 설명으로 틀린 것은?

① 실수부와 허수부로 구성된다.
② 허수를 제곱하면 음수가 된다.
③ 복소수는 $A = a + jb$의 형태로 표시한다.
④ 거리와 방향을 나타내는 스칼라 양으로 표시한다.

08. 변압기 2차 회로의 과부하를 보호하기 위해 과전류를 차단하는 기능을 갖는 배선용 차단기의 약호는?

① EOCR　　　② DS
③ ELB　　　　④ MCCB

09. 지중배전선로에서 케이블을 개폐기와 연결하는 몸체는?

① 스틱형 접속단자　　② 엘보 커넥터
③ 절연 캡　　　　　　④ 접속플러그

10. 유전율 ϵ의 유전체 내에 있는 전하 $Q[C]$에서 나오는 전력선 수는?

① Q　　　　　　　② $\dfrac{Q}{\epsilon}$

③ $\dfrac{Q}{\epsilon_s}$　　　　　　④ $\dfrac{Q}{\epsilon_0}$

11. 어떤 변압기의 백분율 저항강하가 2[%] 백분율 리액턴스 강하가 3[%]이라 한다. 이 변압기로 역률이 80[%]인 부하에 전력을 공급하고 있다. 이 변압기의 전압변동률[%]은?

① 2.8　　　　　　② 3.0
③ 3.2　　　　　　④ 3.4

12. 배전반 및 분전반의 설치장소로 적합하지 않은 곳은?

① 안정된 장소
② 밀폐된 장소
③ 개폐기를 쉽게 개폐할 수 있는 장소
④ 전기회로를 쉽게 조작할 수 있는 장소

> **전기설비** Chapter 08 전원설비 및 기타 설비
>
> 저압용 배·분전반 등의 시설(KEC 232.84)
> 저압용 배·분전반은 쉽게 점검 및 보수할 수 있는 위치에 시설하여야 하므로 은폐 또는 밀폐된 장소에 설치해서는 안 된다.

13. 저항 8[Ω]과 코일이 직렬로 접속된 회로에 200[V]의 교류 전압을 가하면 20[A]의 전류가 흐른다. 코일의 리액턴스는 몇 [Ω]인가?

① 2
② 4
③ 6
④ 8

> **전기이론** Chapter 05 단상 교류회로
>
> ㉠ 임피던스 $Z = \dfrac{V}{I} = \dfrac{200}{20} = 10\,[\Omega]$
> ㉡ $Z = \sqrt{R^2 + X_L^2}$ 에서 X_L을 구하면
> $\therefore X_L = \sqrt{Z^2 - R^2} = \sqrt{10^2 - 8^2} = 6\,[\Omega]$

14. 교류회로에서 양방향 점호(ON)를 이용하며, 위상 제어를 할 수 있는 소자는?

① GTO
② TRIAC
③ SCR
④ IGBT

> **전기기기** Chapter 05 정류기
>
> 트라이액(TRIAC)
> 교류 회로의 위상제어에 사용할 수 있는 2방향성 3단자 사이리스터

15. 폭발성 먼지가 존재하는 곳의 금속관 공사에 있어서 관 상호 및 관과 박스 기타의 부속품이나 풀박스 또는 전기 기계 기구와의 접속을 몇 턱 이상의 나사 조임으로 접속하여야 하는가?

① 2턱
② 3턱
③ 4턱
④ 5턱

> **전기설비** Chapter 07 특수설비
>
> 먼지 위험장소(KEC 242.2.1)
> 관 상호 간 및 관과 박스 기타의 부속품·풀박스 또는 전기 기계기구와는 5턱 이상의 나사조임으로 접속하는 방법 기타 이와 동등 이상의 효력이 있는 방법에 의하여 견고하게 접속하고 또는 내부에 먼지가 침입하지 아니하도록 접속하여야 한다.

16. 다음 파형 중 비정현파가 아닌 것은?

① 펄스파
② 사각파
③ 삼각파
④ 주기 사인파

> **전기이론** Chapter 07 비정현파 교류회로
>
> 주기 사인(sin)파는 정현파를 의미한다.

17. 직류기에서 보극을 두는 가장 주된 목적은?

① 기동 특성을 좋게 한다.
② 전기자 반작용을 크게 한다.
③ 정류 작용을 돕고 전기자 반작용을 약화시킨다.
④ 전기자 자속을 증가시킨다.

> **전기기기** Chapter 01 직류기
>
> 보극의 설치목적
> ㉠ 전기자 반작용 발생 시 감자작용 완화
> ㉡ 정류 시 발생하는 전압강하 경감

18. 한국전기설비규정(KEC)에 의하여 애자사용공사를 건조한 장소에 시설하고자 한다. 사용 전압이 400[V] 이하인 경우 전선과 조영재 사이의 간격은 최소 몇 [cm] 이상이어야 하는가?

① 2.5 ② 4.5
③ 6.0 ④ 12

전기설비 **Chapter 03 옥내배선공사**

애자공사 시설조건(KEC 232.56.1)
㉠ 전선은 절연전선일 것
㉡ 전선 상호 간의 간격 : 6[cm] 이상
㉢ 전선의 지지점 간의 거리 : 2[m] 이하
　(단, 400[V] 초과인 경우 : 6[m] 이하)
㉣ 전선과 조영재 사이의 간격
　• 400[V] 이하 : 2.5[cm] 이상
　• 400[V] 초과 : 4.5[cm] 이상
　　(단, 건조한 장소 : 2.5[cm] 이상)

19. 권수가 150인 코일에서 2초간 1[Wb]의 자속이 변화한다면, 코일에 발생되는 유도 기전력의 크기는 몇 [V]인가?

① 50 ② 75
③ 100 ④ 150

전기이론 **Chapter 04 전자유도법칙**

유도기전력
$$e = -N\frac{d\phi}{dt} = -150 \times \frac{1}{2} = -75[V]$$
여기서 −는 자속의 반대방향을 의미한다.

20. 고장에 의하여 생긴 불평형의 전류차가 평형 전류의 어떤 비율 이상으로 되었을 때 동작하는 것으로, 변압기 내부 고장의 보호용으로 사용되는 계전기는?

① 과전류계전기 ② 방향계전기
③ 비율차동계전기 ④ 역상계전기

전기기기 **Chapter 03 변압기**

비율차동계전기(RDR)는 총 입력전류와 총 출력전류 간의 차이가 총 입력전류에 대하여 일정 비율 이상으로 되었을 때 동작하는 변압기 등의 내부고장 보호용 설비이다.

21. 가공 전선로의 지지물에 지지선을 사용해서는 안되는 곳은?

① A종 철근 콘크리트 주
② 목주
③ A종 철주
④ 철탑

전기설비 **Chapter 06 전선로 및 배전공사**

지지선의 시설(KEC 331.11)
가공전선로의 지지물로 사용하는 철탑은 지지선을 사용하여 그 강도를 분담시켜서는 안 된다.

22. 평등자장 내에 있는 도선에 전류가 흐를 때 자장의 방향과 어떤 각도로 되어 있으면 작용하는 힘이 최대가 되는가?

① 30° ② 45°
③ 60° ④ 90°

전기이론 **Chapter 03 전류의 자기현상**

㉠ 플레밍의 왼손 법칙에 의한 전기력
$$F = IBl\sin\theta[N] \propto \sin\theta \text{ (비례관계)}$$
㉡ 전기력은 $\theta = 0°$ 일 때 최소, $\theta = 90°$ 일 때 최대가 된다. 여기서, 전기력 F 란, 자계 내에 흐르는 전류에 의해 작용하는 힘을 말한다.

23. 4극 60[Hz], 슬립 5[%]인 유도 전동기의 회전수는 몇 [rpm]인가?

① 1836   ② 1710
③ 1540   ④ 1200

> **전기기기**   **Chapter 04 유도기**
>
> 동기속도 $N_s = \dfrac{120f}{P} = \dfrac{120 \times 60}{4} = 1800[rpm]$
>
> $\therefore$ 회전수 $N = (1-s)N_s$
> $\qquad\qquad = (1-0.05) \times 1800 = 1710[rpm]$

24. 수전설비의 저압 배전반 앞에서 계측기를 판독하기 위하여 앞면과 최소 몇 [m] 이상 유지하는 것을 원칙으로 하고 있는가?

① 0.6[m]   ② 1.2[m]
③ 1.5[m]   ④ 1.7[m]

> **전기설비**   **Chapter 08 전원설비 및 기타 설비**
>
> 수전설비의 배전반 등의 최소유지거리
>
> | 종류 | 앞면 | 뒷면 | 열상호간 | 기타면 |
> |---|---|---|---|---|
> | 특고압 배전반 | 1.7 | 0.8 | 1.4 | — |
> | 고압 배전반 | 1.5 | 0.6 | 1.2 | — |
> | 저압 배전반 | 1.5 | 0.6 | 1.2 | — |
> | 변압기 | 0.6 | 0.6 | 1.2 | 0.3 |

25. 정전용량이 같은 콘덴서 10개가 있다. 이것을 병렬 접속할 때의 값은 직렬 접속할 때의 값보다 어떻게 되는가?

① $\dfrac{1}{10}$ 로 감소한다.

② $\dfrac{1}{100}$ 로 감소한다.

③ 10 배로 증가한다.

④ 100 배로 증가한다.

> **전기이론**   **Chapter 02 정전계와 정자계**
>
> ㉠ 직렬 접속 시 합성 정전용량 : $C_S = \dfrac{C}{n}$
>
> ㉡ 병렬 접속 시 합성 정전용량 : $C_P = nC$
>
> $\therefore \dfrac{C_P}{C_S} = \dfrac{nC}{\dfrac{C}{n}} = n^2 = 10^2 = 100배$
>
> 여기서, C : 동일 콘덴서의 정전용량, n : 콘덴서 개수

26. 분권 발전기의 회전 방향을 반대로 하면?

① 전압이 유기된다.
② 발전기가 소손된다.
③ 고전압이 발생한다.
④ 잔류 자기가 소멸된다.

> **전기기기**   **Chapter 01 직류기**
>
> 자여자 발전기(직권 및 분권발전기)의 경우 역회전 시 잔류자기가 소멸되어 발전이 되지 않는다.

27. 일반적으로 가공 전선로의 지지물에 취급자가 오르고 내리는 데 사용하는 발판 볼트 등은 지표상 몇 [m] 미만에 시설하여서는 안 되는가?

① 0.75   ② 1.2
③ 1.8   ④ 2.0

> **전기설비**   **Chapter 06 전선로 및 배전공사**
>
> 전주 오름 방지(KEC 331.4)
> 가공전선로의 지지물에 취급자가 오르고 내리는 데 사용하는 발판 볼트 등을 지표상 1.8[m] 미만에 시설하여서는 아니 된다.

28. 용량을 변화시킬 수 있는 콘덴서는?

① 바리콘　　　　② 전해 콘덴서
③ 마일러 콘덴서　　④ 세라믹 콘덴서

> **전기이론**　Chapter 02 정전계와 정자계
>
> ① 바리콘(가변콘덴서) : 정전용량의 값을 바꿀 수 있는 콘덴서이며, 텔레비전이나 라디오의 송수신기의 축전기로 사용된다.
> ② 전해 콘덴서 : 전자회로용 전원의 평활회로나 바이어스를 가할 때에 직류전원에 남아 있는 맥류를 제거하기 위해 사용된다.
> ③ 마일러 콘덴서 : 가격이 저렴하여 많이 사용되며, 고주파를 잘 흐르게 하므로 고주파 필터에 사용된다.
> ④ 세라믹 콘덴서 : 전극에 티탄산바륨과 같은 유전율이 높은 세라믹 재료로 만들었으며, 전극의 극성이 없는 것이 특징이다.

29. 그림은 동기기의 위상 특성 곡선을 나타낸 것이다. 전기자전류가 가장 작게 흐를 때의 역률은?

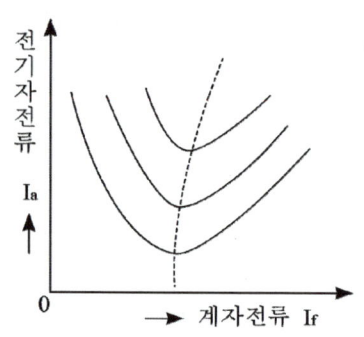

① 1　　　　　　② 0.9 [진상]
③ 0.9 [지상]　　④ 0

> **전기기기**　Chapter 02 동기기
>
>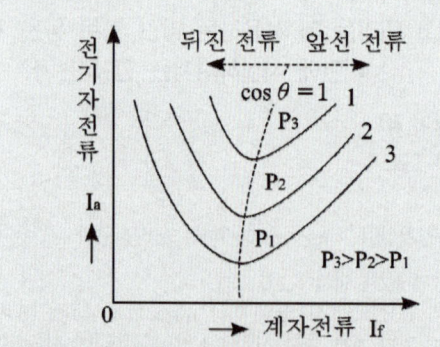
>
> V곡선에서 역률이 1일 때 전기자전류 I_a 가 최소가 된다.

30. COS를 설치하는 경우 완금의 설치 위치는 전력선용 완금으로부터 몇 [m] 위치에 설치해야 하는가?

① 0.75　　　　② 0.45
③ 0.9　　　　　④ 1.0

> **전기설비**　Chapter 06 전선로 및 배전공사
>
>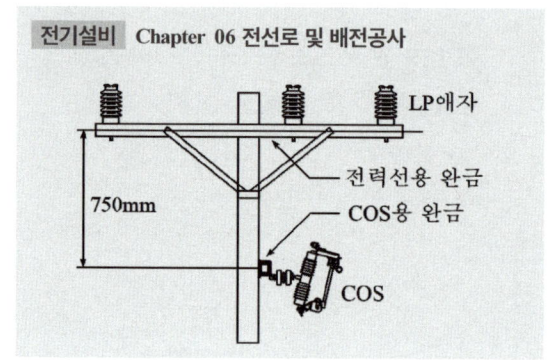

31. 1[eV]는 몇 [J]인가?

① 1　　　　　　② 1×10^{-10}
③ 1.16×104　　④ 1.602×10^{-19}

> **전기이론**　Chapter 01 직류회로
>
> ㉠ [eV]는 전자볼트의 단위로 1개의 전자가 갖는 에너지를 의미한다.
> ㉡ 전자 1개가 가지는 전하량 $e = -1.602 \times 10^{-19}$ [C]
> ㉢ 전하를 운반시 필요한 에너지 $W = QV$[J]
> ∴ 1 [eV] $= 1.602 \times 10^{-19}$ [J]

32. 역률 및 효율이 높아서 가정용 선풍기, 세탁기, 냉장고 등에 주로 사용되는 것은?

① 분상 기동형　　② 콘덴서 기동형
③ 반발 기동형　　④ 셰이딩 코일형

> **전기기기**　Chapter 04 유도기
>
> 콘덴서 기동형 전동기는 다른 기동방법을 사용하는 전동기에 비해 효율 및 역률이 좋고 진동과 소음이 적어 선풍기, 세탁기, 냉장고 등에 많이 사용하고 있다.

33. 전등 1개를 2개소에서 점멸하고자 할 때 올바른 배선은?

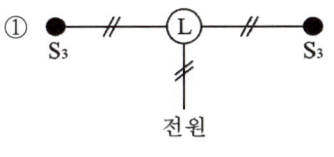

① S₃ —Ⓛ— S₃ / 전원

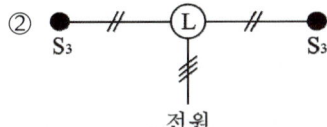

② S₃ —Ⓛ— S₃ / 전원

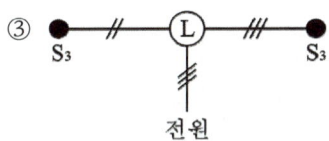

③ S₃ —Ⓛ— S₃ / 전원

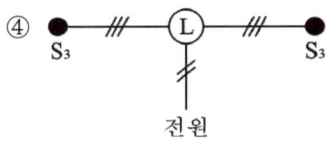

④ S₃ —Ⓛ— S₃ / 전원

전기설비 Chapter 02 배선재료와 공구

동극 점멸 방식

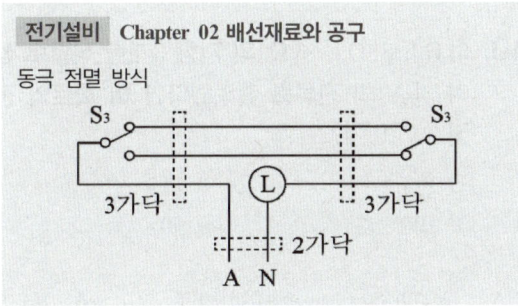

34. 전하의 성질에 대한 설명 중 옳지 않은 것은?

① 같은 종류의 전하는 흡인하고 다른 종류의 전하 끼리는 반발한다.
② 대전체에 들어 있는 전하를 없애려면 접지시킨다.
③ 대전체의 영향으로 비대전체에 전기가 유도된다.
④ 전하의 가장 안정한 상태를 유지하려는 성질이 있다.

전기이론 Chapter 02 정전계와 정자계

같은 종류의 전하는 반발하고, 다른 종류의 전하는 흡인 한다.

35. 교류 전동기를 기동할 때 그림과 같은 기동특성을 가지는 전동기는? [단, 곡선 (1)~(5)는 기동 단계에 대한 토크특성 곡선이다.]

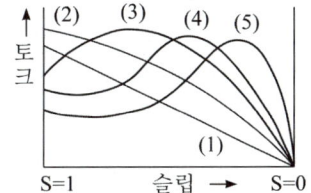

① 반발 유도 전동기
② 2주 농형 유도 전동기
③ 3상 분권 정류 전동기
④ 3상 권선형 유도 전동기

전기기기 Chapter 04 유도기

3상 권선형 유도전동기의 비례추이를 나타내는 곡선이다. 2차저항[=회전자 저항(r_2)]을 증가시키면 최대토크 발생 슬립이 $s=1$쪽으로 변화되는 특성을 나타낸다.

36. 금속관 공사에서 노크아웃의 지름이 금속관의 지름 보다 큰 경우에 사용하는 재료는?

① 로크너트   ② 부싱
③ 콘넥터   ④ 링 리듀서

전기설비 Chapter 03 옥내배선공사

① 로크너트 : 박스에 금속관을 고정할 때 사용
② 부싱 : 전선의 절연피복을 보호하기 위해서 금속관의 관 끝에 취부
③ 콘넥터 : 금속관 상호간 또는 금속관과 박스를 연결할 때 사용
④ 링 리듀서 : 금속관을 아웃트렛 박스의 로크아웃에 취부 할 때 로크아웃 구멍이 관의 구멍보다 클 때 보조적으로 사용

37. 다음 그림에서 a−b 사이의 합성저항은 얼마인가?

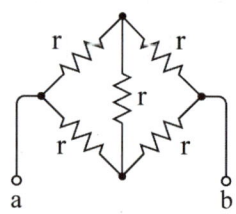

① 0.5r   ② r
③ 2r   ④ 3r

> **전기이론** Chapter 01 직류회로
>
> 휘트스톤 브리지 평형회로이므로 아래와 같이 등가 변환할 수 있다.
>
>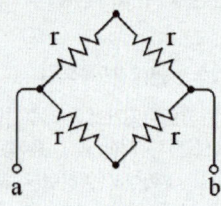
>
> $\therefore R_{ab} = \dfrac{2r}{2} = r \,[\Omega]$

38. 12극과 8극인 2개의 유도전동기를 종속법에 의한 직렬 종속법으로 속도 제어할 때 전원 주파수가 50[Hz]인 경우 무부하 속도 N 은 몇 [rps]인가?

① 5   ② 50
③ 300   ④ 3000

> **전기기기** Chapter 04 유도기
>
> ㉠ 직렬 종속법 $N = \dfrac{120f}{P_1 + P_2}$
>
> $= \dfrac{120 \times 50}{12 + 8} = 300 \,[\text{rpm}]$
>
> ㉡ [rpm]을 [rps]로 변환하기 위해서는 1분을 1초로 환산하여야 하므로
>
> $\therefore N = 300 \times \dfrac{1}{60} = 5 \,[\text{rps}]$

39. 다음 중 접지의 목적으로 알맞지 않은 것은?

① 감전의 방지
② 보호계전기의 동직 획보
③ 이상전압의 억제
④ 전로의 대지전압 상승

> **전기설비** Chapter 04 전로의 절연 및 접지공사
>
> 접지의 목적
> ㉠ 보안용 접지
> • 간접 접촉에 의한 감전 재해 방지
> • 변압기 혼촉에 의한 감전 재해 방지
> • 유도 감전 재해 방지
> • 뇌에 의한 재해 방지
> ㉡ 기능용 접지
> • 보호계전기의 동작 확보용
> • 잡음, 유도장애 방지용
> • 전식 방지용
> • 기준전위 확보용

40. 6[Ω], 8[Ω], 9[Ω]의 저항 3개를 직렬로 접속하여 5[A]의 전류를 흘려줬다면 이 회로의 전압은 몇 [V]인가?

① 117   ② 115
③ 100   ④ 90

> **전기이론** Chapter 01 직류회로
>
> ㉠ 직렬회로 시 합성저항 $R = 6 + 8 + 9 = 23 \,[\Omega]$
> ㉡ 회로 전압 $V = IR = 5 \times 23 = 115 \,[\text{V}]$

41. 변압기의 부하전류 및 전압이 일정하고 주파수만 낮아지면?

① 철손이 증가   ② 철손이 감소
③ 동손이 증가   ④ 동손이 감소

> **전기기기** Chapter 03 변압기
>
> ㉠ 철손 $P_i \propto \dfrac{1}{f}$ 이므로 전압이 일정하고 주파수가 감소하면 철손은 증가
> ㉡ 동손 $P_c = I_n^2 \cdot r$ 이므로 전압과 부하전류가 일정하면 동손은 일정

42. 발전기나 변압기 내부 고장 보호에 쓰이는 계전기로서 가장 알맞은 것은?

① 차동계전기   ② 접지계전기
③ 과전류계전기   ④ 역상계전기

전기설비   **Chapter 08 전원설비 및 기타 설비**

비율차동계전기(RDR, Ratio Differential Relay)

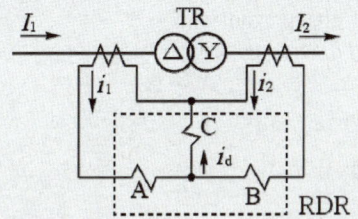

비율차동계전기는 보호구간에 유입하는 전류와 유출되는 전류의 벡터차와 출입하는 전류의 관계비로 동작하는 것으로 발전기, 변압기 내부고장 보호에 사용된다. 여기서, A, B는 억제코일, C는 동작코일이 된다.

---

43. 도체계에서 임의의 도체를 일정 전위의 도체로 완전 포위하면 내외 공간의 전계를 완전히 차단할 수 있다. 이것을 무엇이라 하는가?

① 자기차폐   ② 정전차폐
③ 홀(Hall) 효과   ④ 핀치(Pinch) 효과

전기이론   **Chapter 04 전자유도법칙**

① 자기차폐 : 내부장치 또는 공간을 물질(강자성체)로 포위시켜 외부자계의 영향을 차폐시키는 방식을 자기차폐라 한다.
③ 홀 효과 : 도체나 반도체에 전류를 흘려 이것과 직각으로 자계를 가하면 이 두방향과 직각방향으로 전압(홀전압)이 생기는 현상이다.
④ 핀치 효과 : 액체상태의 원통상 도선에 직류전압을 인가하면 전류가 원통 중심 방향으로 수축하는 현상이다.

---

44. 직류전동기의 전기자에 가해지는 단자전압을 변화하여 속도를 조정하는 제어법이 아닌 것은?

① 워드 레오나드 방식   ② 일그너 방식
③ 직·병렬 제어   ④ 계자 제어

전기기기   **Chapter 01 직류기**

㉠ 직류전동기의 회전속도 : $n = k\dfrac{V_n - I_a \cdot r_a}{\phi}$ [rps]
㉡ 직류전동기의 속도제어법에는 전압제어법(V_n), 계자제어법(ϕ), 저항제어법(r_a)이 있다.
㉢ 계자제어법 : 단자전압과 전기자저항을 일정하게 하고 계자전류를 조정하여 자속을 변화시켜 속도를 제어하는 방법이다.

---

45. 옥내배선의 접속함이나 박스 내에서 접속할 때 주로 사용하는 접속법은?

① 슬리브 접속   ② 쥐꼬리 접속
③ 트위스트 접속   ④ 브리타니아 접속

전기설비   **Chapter 01 전선 및 전선의 접속**

㉠ 쥐꼬리 접속 : 박스 내 접속법

2~3회

㉡ 와이어 커넥터 : 누전방지를 위해 절연

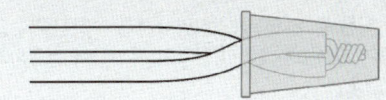

46. 다음 전압 파형의 주파수는 약 몇 [Hz]인가?

$$e = 100\sin\left(377t - \frac{\pi}{5}\right)[\text{V}]$$

① 50   ② 60
③ 80   ④ 100

전기이론 **Chapter 05 단상 교류회로**

교류의 순시값 $e = E_m \sin(\omega t \pm \theta)$에서 각주파수
$\omega = 2\pi f$이므로 주파수 f는

$\therefore f = \dfrac{\omega}{2\pi} = \dfrac{377}{2\pi} = 60[\text{Hz}]$

47. 스위칭 주기 10[μs], 온(ON)시간 5[μs]일 때 강압형 초퍼의 출력 전압 E_2와 입력 전압 E_1의 관계는?

① $E_2 = 3E_1$ ② $E_2 = 2E_1$
③ $E_2 = E_1$ ④ $E_2 = 0.5E_1$

전기기기 **Chapter 05 정류기**

$E_2 = \dfrac{t_{on}}{T} \times E_1[\text{V}]$

여기서, E_1 : 입력전압, E_2 : 출력전압,
$\quad\quad t_{on}$: 온시간, T : 스위칭 주기

$\therefore E_2 = \dfrac{5}{10} \times E_1 = 0.5E_1[\text{V}]$

48. 변류기 개방시 2차측을 단락하는 이유는?

① 변류비 유지
② 2차측 절연보호
③ 측정오차 감소
④ 2차측 과전류보호

전기설비 **Chapter 08 전원설비 및 기타 설비**

CT의 사용 중 2차측 개방하면 1차측 부하전류가 모두 여자전류가 되어 2차측에 고전압이 유기되어 절연파괴의 우려가 있다.

49. RLC직렬회로에서 전압과 전류가 동상이 되기 위한 조건은?

① $L = C$ ② $\omega LC = 1$
③ $\omega^2 LC = 1$ ④ $(\omega LC)^2 = 1$

전기이론 **Chapter 05 단상 교류회로**

㉠ 전압과 전류가 동위상이 되기 위해서는 순저항(R)만의 회로가 되어야 한다.
㉡ RLC 직렬회로에서 합성 임피던스
  : $Z = R + j(X_L - X_C)$
㉢ $X_L = X_C$의 조건. 즉 직렬공진 시 R만의 회로가 된다.
㉣ $X_L = X_C \rightarrow \omega L = \dfrac{1}{\omega C}$에서
$\therefore \omega^2 LC = 1$

50. 출력 3[kW], 1,500[rpm]으로 회전하는 전동기의 토크[kg·m]는?

① 30.4   ② 12.5
③ 8.55   ④ 1.95

전기기기 **Chapter 04 유도기**

전동기 토크 $T = 0.975\dfrac{P_o}{N}[\text{kg·m}]$

여기서, P_o : 출력, N : 회전수
$\therefore T = 0.975 \times \dfrac{3000}{1500} = 1.95[\text{kg·m}]$

51. 구리 전선과 전기 기계기구 단자를 접속하는 경우에 진동 등으로 인하여 헐거워질 염려가 있는 곳에는 어떤 것을 사용하여 접속하여야 하는가?

① 스프링 와셔를 끼운다.
② 코드 패스너를 끼운다.
③ 평와셔 2개를 끼운다.
④ 정 슬리브를 끼운다.

전기설비 **Chapter 01 전선 및 전선의 접속**

진동이 심해 접속단자가 풀릴 우려가 있는 경우에는 이중너트 또는 스프링 와셔를 사용한다.

52. 어떤 3상 회로에서 선간전압이 $200[\text{V}]$, 선전류 $25[\text{A}]$, 3상 전력이 $7[\text{kW}]$이었다. 이때 역률은?

① 약 $60[\%]$ ② 약 $70[\%]$
③ 약 $80[\%]$ ④ 약 $90[\%]$

> **전기이론** Chapter 06 3상 교류회로
>
> ㉠ 피상전력
> $P_a = \sqrt{3}\,VI = \sqrt{3} \times 200 \times 25 = 8660\,[\text{VA}]$
> ㉡ 유효전력 : $P = 7\,[\text{kW}] = 7000\,[\text{W}]$
> ∴ 역률 : $\cos\theta = \dfrac{P}{P_a} = \dfrac{7000}{8660} = 0.8 = 80[\%]$

53. 다음 중 권선저항 측정 방법은?

① 메거
② 전압 전류계법
③ 켈빈더블 브리지법
④ 휘이스톤 브리지법

> **전기이론** Chapter 01 직류회로
>
> ① 메거 : 옥내 전등선의 절연저항 측정
> ② 전압 전류계법 : 백열전구의 필라멘트 저항 측정
> ③ 켈빈더블 브리지법 : 굵은 나전선의 저항 측정
> ④ 휘이스톤 브리지법 : 수천옴의 가는 전선의 저항 측정

54. 저압 개폐기를 생략하여도 무방한 개소는?

① 부하 전류를 끊거나 흐르게 할 필요가 있는 장소
② 인입구, 기타 고장, 점검, 측정, 수리 등에서 개로할 필요가 있는 개소
③ 퓨즈의 전원측으로 분기 회로용 과전류 차단기 이후의 퓨즈가 플러그 퓨즈와 같이 퓨즈 교환 시에 충전부에 접촉될 우려가 없을 경우
④ 퓨즈에 근접하여 설치한 개폐기인 경우의 퓨즈 전원측

> **전기설비** Chapter 05 저압 전기설비 보호
>
> 과전류 차단기 이후 설비 유지보수 시 충전부에 접촉(감전)될 우려가 없는 경우에는 저압 개폐기를 생략하여도 된다.

55. 자기저항 $2000[\text{AT/Wb}]$, 기자력 $5000[\text{AT}]$인 자기회로에 자속 $[\text{Wb}]$은?

① 2.5 ② 25
③ 4   ④ 0.4

> **전기이론** Chapter 03 전류의 자기현상
>
> 자기회로의 옴의 법칙
> 자속 $\phi = \dfrac{F}{R_m} = \dfrac{5000}{2000} = 2.5\,[\text{Wb}]$
> 여기서, F : 기자력 $[\text{AT}]$, R_m : 자기저항 $[\text{AT/Wb}]$

56. 동기 와트 P_2, 출력 P_0, 슬립 s, 동기속도 N_s, 회전속도 N, 2차 동손 P_{2c}일 때 2차효율 표기로 틀린 것은?

① $1 - s$ ② $\dfrac{P_{2c}}{P_2}$
③ $\dfrac{P_0}{P_2}$ ④ $\dfrac{N}{N_s}$

> **전기기기** Chapter 04 유도기
>
> 2차입력, 동손, 출력과 슬립의 관계
> $P_2 : P_{2c} : P_o = 1 : s : 1-s$
> ㉠ 2차효율 $\eta_2 = \dfrac{\text{출력}}{\text{2차 입력}} \times 100$
> $\qquad\qquad = \dfrac{P_o}{P_2} \times 100$
> $\qquad\qquad = (1-s) \times 100$
> ㉡ 회전속도 $N = (1-s)N_s \rightarrow 1-s = \dfrac{N}{N_s}$

57. 케이블 공사에 의한 저압 옥내 배선에서 캡타이어 케이블을 조영재의 아랫면 또는 옆면에 따라 붙이는 경우에는 전선의 지지점 간의 거리는 몇 [m] 이하이어야 하는가?

① 1.5　　　　　　② 1
③ 2　　　　　　　④ 0.8

58. 내부저항이 $0.1[\Omega]$인 전지 10개를 병렬로 접속시키면, 전체 내부저항은?

① $0.01[\Omega]$　　　② $0.05[\Omega]$
③ $0.1[\Omega]$　　　　④ $1[\Omega]$

59. 고장 시의 불평형 차전류가 평형 전류의 어떤 비율 이상으로 되었을 때 동작하는 계전기는?

① 과전압 계전기　　② 과전류 계전기
③ 전압 차동 계전기　④ 비율 차동 계전기

60. 고압 배전반에 전압을 측정할 목적으로 설치하는 기기는?

① PT　　　　　　② MOF
③ PCT　　　　　④ CT

정답

01	③	02	①	03	④	04	②	05	③
06	①	07	④	08	④	09	②	10	②
11	④	12	②	13	③	14	②	15	④
16	④	17	③	18	①	19	②	20	③
21	④	22	④	23	②	24	③	25	②
26	④	27	③	28	①	29	①	30	①
31	④	32	②	33	④	34	①	35	④
36	④	37	②	38	①	39	④	40	④
41	①	42	①	43	②	44	④	45	②
46	②	47	④	48	②	49	③	50	④
51	①	52	②	53	②	54	①	55	①
56	②	57	②	58	①	59	④	60	①

2023년 제4회

☐ 1회독 ☐ 2회독 ☐ 3회독

※ 본 교재에 수록된 모든 문제는 CBT 기출복원문제로서, 수험생의 기억에 따라 복원된 것이며, 실제 기출문제와 동일하지 않을 수 있습니다.

01. 전구를 점등하기 전의 저항과 점등한 후의 저항을 비교하면 어떻게 되는가?

① 점등 후의 저항이 크다.
② 점등 전의 저항이 크다.
③ 변동 없다.
④ 경우에 따라 다르다.

> **전기이론** Chapter 01 직류회로
>
> 전구를 작동시키고 있으면 전구 내부온도가 올라간다. 일반적인 조명부하(저항체)는 온도가 올라갈수록 저항값이 커진다.

03. 접지전극의 매설 깊이는 몇 [m] 이상인가?

① 0.6
② 0.65
③ 0.7
④ 0.75

> **전기설비** Chapter 04 전로의 절연 및 접지공사
>
> 접지극 시스템(KEC 152.3)
> 접지극 매설 깊이 : 0.75[m] 이상
>
>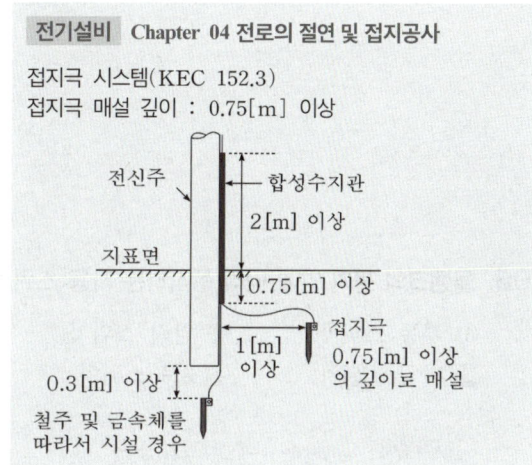

02. 동기 발전기의 권선을 분포권으로 하면 어떻게 되는가?

① 권선의 리액턴스가 커진다.
② 파형이 좋아진다.
③ 난조를 방지한다.
④ 집중권에 비하여 합성 유도 기전력이 높아진다.

> **전기기기** Chapter 02 동기기
>
> 분포권, 단절권을 사용하는 이유는 고조파를 제거하여 기전력의 파형을 개선하기 위함이다.

04. 다음 중 자기차폐와 가장 관계가 깊은 것은?

① 상자성체
② 강자성체
③ 반자성체
④ 비투자율이 1인 자성체

> **전기이론** Chapter 04 전자유도법칙
>
> 자기차폐는 자속의 침투를 방지하기 위해 비투자율이 큰 강자성체를 이용하여 자속을 차단시키는 것을 말한다.

05. 정속도로 운전할 수 있는 직류 전동기는?

① 직권 전동기　　② 가동 복권 전동기
③ 분권 전동기　　④ 차동 복권 전동기

> **전기기기** **Chapter 01 직류기**
>
> 타여자 전동기와 분권 전동기는 토크와 회전속도의 관계가 다음과 같이 나타나는 정속도 전동기이다.
>
> $$T \propto I_a \propto \frac{1}{N}$$

06. 물탱크의 물의 양에 따라 동작하는 자동 스위치는?

① 부동 스위치　　② 압력 스위치
③ 타임 스위치　　④ 3로 스위치

> **전기설비** **Chapter 02 배선재료와 공구**
>
> 물탱크의 수위를 조절하는 스위치
> : 부동(float) 스위치, 플로트레스 스위치

07. 4[Ω], 6[Ω], 8[Ω]의 3개 저항을 병렬 접속할 때 합성저항은 약 몇 [Ω]인가?

① 1.8　　② 2.5
③ 3.6　　④ 4.5

> **전기이론** **Chapter 01 직류회로**
>
> 병렬 합성저항
>
> $$R = \frac{1}{\frac{1}{4} + \frac{1}{6} + \frac{1}{8}} = \frac{1}{\frac{12 + 8 + 6}{48}}$$
>
> $$= \frac{48}{26} = 1.84[\Omega] \fallingdotseq 1.8[\Omega]$$

08. 변압기의 권수비가 60일 때 2차측 저항이 0.1[Ω]이다. 이것을 1차로 환산하면 몇 [Ω]인가?

① 310　　② 360
③ 390　　④ 410

> **전기기기** **Chapter 03 변압기**
>
> 변압기의 권수비 및 저항비
>
> $$a = \frac{N_1}{N_2} = \frac{E_1}{E_2} = \frac{I_2}{I_1}, r_1 = a^2 r_2$$
>
> 1차로 환산한 저항 $r_1 = 60^2 \times 0.1 = 360[\Omega]$

09. 코드나 케이블 등을 기계 기구의 단자 등에 접속할 때 몇 [mm²]을 넘으면 그림과 같은 터미널 러그(압착 단자)를 사용해야 하는가?

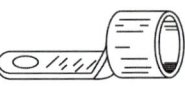

① 6　　② 4
③ 8　　④ 10

> **전기설비** **Chapter 05 저압 전기설비 보호**
>
> 코드 또는 캡타이어 케이블을 전기 사용 기계 기구에 접속하는 압착 단자로 단면적 6[mm²]를 초과하는 연선에는 반드시 터미널 러그를 사용하여 접속하여야 한다.

10. 전류에 의해 발생되는 자기장에서 자력선의 방향을 간단하게 알아내는 법칙은?

① 오른나사의 법칙　　② 플레밍의 왼손 법칙
③ 주회적분의 법칙　　④ 줄의 법칙

> **전기이론** **Chapter 03 전류의 자기현상**
>
> 앙페르의 오른나사 법칙
>
>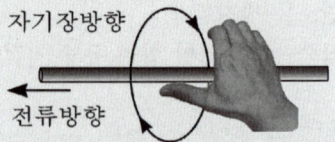
>
> 오른손 엄지를 전류의 방향으로 둘 때 자기장은 나머지 손가락이 말리는 방향과 같다.

11. 단상 브리지 전파정류회로의 저항부하의 전압이 100[V]이면 전원전압[V]은?

① 111[V] ② 141[V]
③ 100[V] ④ 90[V]

전기기기 **Chapter 05 정류기**

단상전파 직류전압 $E_d = 0.9E$[V]

전원전압 $E = \dfrac{1}{0.9}E_d = \dfrac{1}{0.9} \times 100 = 111$[V]

12. 진동이 심한 전기 기계·기구의 단자에 전선을 접속할 때 사용되는 것은?

① 커플링 ② 압착단자
③ 링 슬리브 ④ 스프링 와셔

전기설비 **Chapter 01 전선 및 전선의 접속**

진동이 심해 접속단자가 풀릴 우려가 있는 경우에는 이중너트 또는 스프링 와셔를 사용한다.

13. 구리선의 길이를 2배, 반지름을 1/2로 할 때 저항은 몇 배가 되는가?

① 2 ② 4
③ 6 ④ 8

전기이론 **Chapter 05 단상 교류회로**

㉠ 단면적 $S = \pi r^2$에서 반지름을 $\dfrac{1}{2}$배 하면

$S' = \pi(\dfrac{r}{2})^2 = \dfrac{\pi r^2}{4} = \dfrac{S}{4}$가 된다.

즉, 면적이 $\dfrac{1}{4}$배가 된다.

㉡ 초기저항 $R = \rho \cdot \dfrac{l}{s}$에서 길이를 2배, 면적을 $\dfrac{1}{4}$배 하면

$\therefore R' = \rho \cdot \dfrac{2l}{\dfrac{S}{4}} = 8 \cdot \rho\dfrac{l}{S} = 8R$

14. 60[Hz], 2000[kVA]의 발전기의 회전수가 1,200[rpm]이라면 이 발전기의 극수는 얼마인가?

① 2극 ② 4극
③ 6극 ④ 8극

전기기기 **Chapter 02 동기기**

㉠ 동기속도 $N_s = \dfrac{120f}{P}$[rpm]

여기서, f : 주파수, P : 극수

㉡ 극수 $P = \dfrac{120f}{N_s} = \dfrac{120 \times 60}{1,200} = 6$극

15. 합성수지관 상호 및 관과 박스는 접속 시에 삽입하는 깊이를 관 바깥지름의 몇 배 이상으로 하여야 하는가? (단, 접착제를 사용하지 않은 경우이다.)

① 0.2 ② 0.5
③ 1 ④ 1.2

전기설비 **Chapter 03 옥내배선공사**

합성수지관 및 부속품의 시설(KEC 232.11.3)
㉠ 관 상호간 및 박스와 관의 삽입하는 깊이 : 관의 바깥지름의 1.2배 이상(단, 접착제 사용시 : 0.8배 이상)
㉡ 관의 지지점 간의 거리 : 1.5[m] 이하

16. $L\,[\mathrm{H}]$, $C\,[\mathrm{F}]$를 병렬로 결선하고 전압$[\mathrm{V}]$을 가할 때 전류가 0이 되려면 주파수 f는 몇 $[\mathrm{Hz}]$이어야 하는가?

① $f = 2\pi\sqrt{LC}$　　② $f = \dfrac{2\pi}{\sqrt{LC}}$

③ $f = \dfrac{\sqrt{LC}}{2\pi}$　　④ $f = \dfrac{1}{2\pi\sqrt{LC}}$

전기이론　Chapter 05 단상 교류회로

㉠ LC 병렬회로의 임피던스

: $Z = \dfrac{1}{\dfrac{1}{jX_L} + \dfrac{1}{-jX_C}} = \dfrac{1}{-jB_L + jB_C}$

㉡ LC 병렬회로의 어드미턴스

: $Y = \dfrac{1}{Z} = -jB_L + jB_C = j(B_C - B_L)$

㉢ 전류 $I = \dfrac{V}{Z} = YV$ 에서 전류가 0이 되려면 $Y = 0$

또는 $Z = \infty$ 가 되어야 한다.

㉣ $Y = 0$ 이 되기 위한 조건은 $B_C = B_L$ 이므로

$\omega C = \dfrac{1}{\omega L}$ 이 된다.

㉤ $\omega C = \dfrac{1}{\omega L}$ 을 정리하면 $\omega^2 = \dfrac{1}{LC}$ 에서

$\omega = \dfrac{1}{\sqrt{LC}}$ 가 되고, $\omega = 2\pi f$ 를 대입하면

$\therefore f = \dfrac{1}{2\pi\sqrt{LC}}\,[\mathrm{Hz}]$

---

17. 다음 중 유도 전동기에서 비례추이를 할 수 있는 것은?

① 출력　　② 2차 동손
③ 효율　　④ 역률

전기기기　Chapter 04 유도기

㉠ 비례추이 가능 : 토크, 1차 전류, 2차 전류, 역률, 동기 와트
㉡ 비례추이 불가능 : 출력, 2차 동손, 효율

---

18. 접지선의 절연전선 색상은 특별한 경우를 제외하고는 어느 색으로 표시를 하여야 하는가?

① 적색　　② 황색
③ 녹색 – 황색　　④ 검은색

전기설비　Chapter 01 전선 및 전선의 접속

전선의 식별(KEC 121.2)

상(문자)	색상
L1	갈색
L2	검은색
L3	회색
N	파란색
PE(보호도체)	녹색－노란색

---

19. 2$[\mathrm{C}]$의 전기량이 두 점 사이를 이동하여 48$[\mathrm{J}]$의 일을 하였다면 이 두 점 사이의 전위차는 몇 $[\mathrm{V}]$인가?

① 12$[\mathrm{V}]$　　② 24$[\mathrm{V}]$
③ 48$[\mathrm{V}]$　　④ 64$[\mathrm{V}]$

전기이론　Chapter 01 직류회로

기전력의 정의 식 : $V = \dfrac{W}{Q} = \dfrac{48}{2} = 24\,[\mathrm{V}]$

여기서, W : 전하를 운반할 때 필요한 일$[\mathrm{J}]$
　　　　Q : 전하 또는 전기량$[\mathrm{C}]$

---

20. 전동기의 제동에서 전동기가 가지는 운동에너지를 전기에너지로 변화시키고 이것을 전원에 환원시켜 전력을 회생시킴과 동시에 제동하는 방법은?

① 발전 제동(dynamic braking)
② 역전 제동(plugging braking)
③ 맴돌이전류 제동(eddy current braking)
④ 회생 제동(regenerative braking)

전기기기　Chapter 01 직류기

회생 제동
전동기가 갖는 운동에너지를 전기에너지로 변화하고, 이것을 전원으로 반환하여 제동하는 방법이다.

21. 폭발성 먼지가 존재하는 곳의 금속관 공사에 있어서 관 상호 및 관과 박스 기타의 부속품이나 풀박스 또는 전기 기계 기구와의 접속을 몇 턱 이상의 나사 조임으로 접속하여야 하는가?

① 2턱   ② 3턱
③ 4턱   ④ 5턱

> **전기설비**   Chapter 07 특수설비
>
> 먼지 위험장소(KEC 242.2.1)
> 관 상호 간 및 관과 박스 기타의 부속품·풀박스 또는 전기 기계 기구와는 5턱 이상의 나사조임으로 접속하는 방법, 기타 이와 동등 이상의 효력이 있는 방법에 의하여 견고하게 접속하고 또는 내부에 먼지가 침입하지 아니하도록 접속하여야 한다.

22. 강자성체의 투자율에 대한 설명이다. 옳은 것은?

① 투자율은 매질의 두께에 비례한다.
② 투자율은 자화력에 따라서 크기가 달라진다.
③ 투자율이 큰 것은 자속이 통과하기 어렵다.
④ 투자율은 자속밀도에 반비례한다.

> **전기이론**   Chapter 02 정전계와 정자계
>
> ① 투자율은 매질의 두께에 반비례한다.
> ③ 투자율이 클수록 자속이 잘 통과한다.
> ④ 투자율은 자속밀도에 비례한다.

23. 단상 유도전동기의 기동방법 중 기동토크가 가장 큰 것은?

① 반발 기동형   ② 분상 기동형
③ 반발 유도형   ④ 콘덴서 기동형

> **전기기기**   Chapter 04 유도기
>
> 단상 유도전동기의 기동방법 및 기동토크 크기에 따른 비교 순서
> 반발 기동형 > 반발 유도형 > 콘덴서 기동형 > 분상 기동형 > 세이딩 코일형

24. 조명용 백열전등을 호텔 또는 여관 객실의 입구에 설치할 때나 일반주택 및 아파트 각 호실의 현관에 설치할 때 반드시 설치해야 할 스위치는?

① 로터리스위치   ② 텀블러스위치
③ 타임스위치   ④ 버튼스위치

> **전기설비**   Chapter 08 전원설비 및 기타설비
>
> 센서등(타임스위치 포함)의 시설(KEC 234.6)
> ㉠ 숙박업 객실의 입구등 : 1분 이내 소등
> ㉡ 주택 및 아파트 현관등 : 3분 이내 소등

25. 그림과 같은 회로에서 $R-C$ 임피던스는?

① $\dfrac{1}{\sqrt{\dfrac{1}{R^2} + \left(\dfrac{1}{\omega C}\right)^2}}$

② $\dfrac{1}{\sqrt{\dfrac{1}{R^2} + (\omega C)^2}}$

③ $\sqrt{\dfrac{1}{R^2} + (\omega C)^2}$

④ $\sqrt{R^2 + \left(\dfrac{1}{\omega C}\right)^2}$

> **전기이론**   Chapter 05 단상 교류회로
>
> RC 병렬회로의 임피던스
>
> $$Z = \frac{1}{\frac{1}{R} + \frac{1}{-jX_C}} = \frac{1}{\frac{1}{R} + j\frac{1}{X_C}}$$
>
> $$= \frac{1}{\sqrt{\left(\frac{1}{R}\right)^2 + \left(\frac{1}{X_C}\right)^2}} = \frac{1}{\sqrt{\frac{1}{R^2} + (\omega C)^2}}$$
>
> 여기서, $X_C = \dfrac{1}{\omega C} = \dfrac{1}{2\pi f C}\,[\Omega]$

26. 2대의 변압기를 V결선하여 3상 변압하는 경우 변압기 이용률[%]은?

① 57.8　　　② 86.6

③ 66.6　　　④ 100

전기기기　**Chapter 03 변압기**

㉠ 이용률 : $\dfrac{V결선\ 출력}{변압기\ 2대\ 용량} = \dfrac{\sqrt{3}\,VI}{2\,VI} = 0.866$

㉡ 출력비 : $\dfrac{V결선출력}{\triangle결선출력} = \dfrac{\sqrt{3}\,P_1}{3P_1} = 0.577$

27. 누전차단기의 설치목적은 무엇인가?

① 단락　　　② 단선

③ 지락　　　④ 과부하

전기설비　**Chapter 05 저압 전기설비 보호**

누전차단기의 시설(KEC 211.2.4)
금속제 외함을 가지는 사용전압이 50V를 초과하는 저압의 기계기구로서 사람이 쉽게 접촉할 우려가 있는 곳에 전기를 공급하는 전로에는 지락 및 누전에 의한 감전보호 대책으로 누전차단기를 설치하여야 한다.

28. 4[Wh]는 몇 [J]인가?

① 3,600　　　② 4,200

③ 7,200　　　④ 14,400

전기이론　**Chapter 01 직류회로**

㉠ 전력 : $P = \dfrac{W}{t}\,[\text{J/s} = \text{W}]$

㉡ 전력량 : $W = Pt\,[\text{W}\cdot\text{s} = \text{J}]$

∴ $4\,[\text{Wh}] = 4 \times 3,600\,[\text{W}\cdot\text{s}] = 14,400\,[\text{J}]$

29. 동기기에서 사용되는 절연재료로 B종 절연물의 온도 상승한도는 약 몇 [℃]인가? (단, 기준온도는 공기 중에서 40[℃]이다.)

① 65　　　② 75

③ 90　　　④ 120

전기기기　**Chapter 02 동기기**

㉠ B종 절연물의 허용온도 : 130[℃]
㉡ 기준온도 : 40[℃]
㉢ 온도 상승한도 = 절연물의 허용온도 − 기준온도
　　　　　　　　 = 130 − 40 = 90[℃]

30. 최대 사용전압이 70[kV]인 중성점 직접접지식 전로의 절연내력 시험전압은 몇 [V]인가?

① 35,000[V]　　　② 42,000[V]

③ 44,800[V]　　　④ 50,400[V]

전기설비　**Chapter 04 전로의 절연 및 접지공사**

전로의 절연저항 및 절연내력(KEC 132)
최대 사용전압이 60[kV] 초과 170[kV] 이하의 중성점 직접접지식 전로는 최대 사용전압의 0.72배의 전압을 인가하여 10분간 견뎌야 한다.

∴ $70 \times 10^3 \times 0.72 = 50,400\,[\text{V}]$

31. R=5[Ω], L=2[H]인 직렬회로의 시상수는 몇 [sec]인가?

① 0.1　　　② 0.2

③ 0.3　　　④ 0.4

전기이론　**Chapter 05 단상 교류회로**

RL 회로의 시정수(시상수)

$\tau = \dfrac{L}{R} = \dfrac{2}{5} = 0.4\,[\text{sec}]$

32. 변압기의 무부하시험, 단락시험에서 구할 수 없는 것은?

① 동손　　　　　② 철손
③ 전압변동률　　④ 절연내력

전기기기　**Chapter 03 변압기**

변압기의 특성 시험
㉠ 무부하 시험 : 무부하전류(여자전류), 철손, 여자어드민턴스
㉡ 단락 시험 : 임피던스 전압, 임피던스 와트, 동손, 전압변동률

33. 합성수지관을 새들 등으로 지지하는 경우 지지점 간의 거리는 몇 [m] 이하인가?

① 1.5　　　　　② 2.0
③ 2.5　　　　　④ 3.0

전기설비　**Chapter 03 옥내배선공사**

합성수지관의 지지(내선규정 제2220-6절)
㉠ 새들의 지지점의 거리 : 1.5[m] 이하
㉡ 관의 끝부분 : 0.3[m] 정도
㉢ 합성수지제 가요전선관의 경우 지지점간의 거리 : 1[m] 이하

34. 다음 중 전자력 작용을 응용한 대표적인 것은?

① 전동기　　　　② 전열기
③ 축전기　　　　④ 전등

전기이론　**Chapter 03 전류의 자기현상**

㉠ 플레밍의 왼손 법칙 : 자계 내의 도체에 전류가 흐르면 도체에는 전자력이 발생된다.
㉡ 플레밍의 왼손 법칙은 전동기의 회전 원리가 된다.

35. 동기기의 손실에서 고정손에 해당되는 것은?

① 계자철심의 철손
② 브러시의 전기손
③ 계자권선의 저항손
④ 전기자권선의 저항손

전기기기　**Chapter 02 동기기**

㉠ 고정손(＝ 무부하손) : 철손
㉡ 가변손(＝ 부하손) : 동손

36. 후강전선관의 관 호칭은 (ㄱ) 크기로 정하여 (ㄴ)으로 표시하는데, (ㄱ)과 (ㄴ)에 들어갈 내용으로 옳은 것은?

① (ㄱ) 안지름　　　(ㄴ) 홀수
② (ㄱ) 안지름　　　(ㄴ) 짝수
③ (ㄱ) 바깥지름　　(ㄴ) 홀수
④ (ㄱ) 바깥지름　　(ㄴ) 짝수

전기설비　**Chapter 03 옥내배선공사**

금속관의 호칭 표시 방법
㉠ 후강전선관 : 근사 내경(짝수)
㉡ 박강전선관 : 근사 외경(홀수)

37. $R=10[k\Omega]$, $C=5[\mu F]$의 직렬회로에 $100[V]$의 직류전압을 인가했을 때 시정수 τ는?

① 5[ms]　　　　　② 50[ms]
③ 1[s]　　　　　　④ 2[s]

전기이론　**Chapter 03 전류의 자기현상**

RC회로의 시정수(시상수)
$\tau = RC = 10 \times 10^3 \times 5 \times 10^{-6}$
$\quad = 5 \times 10^{-2}[s] = 50[ms]$

38. 부흐홀쯔 계전기의 설치 위치로 가장 적당한 것은?

① 변압기 주탱크 내부
② 콘서베이터 내부
③ 변압기의 고압측 부싱
④ 변압기 주탱크와 콘서베이터 사이

> **전기기기** Chapter 03 변압기
>
> 변압기 내부 고장보호에 사용되는 기계적 보호장치인 부흐홀쯔 계전기는 변압기의 주탱크와 콘서베이터 사이의 관에 설치한다.

41. 직류 직권전동기의 특징에 대한 설명으로 틀린 것은?

① 기동토크가 작다.
② 계자권선과 전기자권선이 직렬로 접속되어 있다.
③ 부하전류가 증가하면 속도가 크게 감소된다.
④ 무부하 운전이나 벨트를 연결한 운전은 위험하다.

> **전기기기** Chapter 01 직류기
>
> 직권 전동기의 특성이 $T \propto I_a{}^2 \propto \dfrac{1}{N^2}$으로 전류에 대해 토크 또는 기동토크가 크게 나타난다.

39. 전주가 땅에 묻히는 깊이는 전주의 길이 15[m] 이하에서는 얼마를 묻어야 하는가?

① 1/6 이상 ② 1/5 이상
③ 1/4 이상 ④ 1/3 이상

> **전기설비** Chapter 06 전선로 및 배전공사
>
> 지지물의 매설 깊이 (KEC 331.7)
> 전체 길이가 16[m] 이하, 설계하중이 6.8[kN] 이하(A종)의 경우 매설 깊이는 다음과 같다.
>
> ㉠ 15[m] 이하 : 전장의 $\dfrac{1}{6}$ 이상
>
> ㉡ 15[m] 초과 : 2.5[m] 이상

42. 다음의 심벌 명칭은 무엇인가?

① 단로기
② 파워퓨즈
③ 피뢰기
④ 고압 컷아웃 스위치

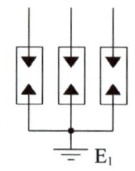

> **전기설비** Chapter 08 전원설비 및 기타설비
>
> 피뢰기(LA, Lightning Arrester)
> 뇌 또는 개폐서지 등의 이상전압(Surge Voltage)을 신속하게 방전하여 제한전압 이하로 억제하여 기기 및 선로를 보호하는 장치를 말한다.

40. 최댓값 10[A]인 교류 전류의 평균값은 약 몇 [A]인가?

① 0.2 ② 0.5
③ 3.14 ④ 6.37

> **전기이론** Chapter 05 단상 교류회로
>
> 교류의 평균값 $I_a = \dfrac{2}{\pi} I_m = 0.637 I_m$ 에서
>
> $\therefore I_a = 0.637 \times 10 = 6.37 [\text{V}]$

43. 두 콘덴서 C_1, C_2를 직렬 접속하고 양단에 V[V]의 전압을 가할 때 C_1에 걸리는 전압은?

① $\dfrac{C_1}{C_1 + C_2} \times V$ ② $\dfrac{C_2}{C_1 + C_2} \times V$

③ $\dfrac{C_1 + C_2}{C_1} \times V$ ④ $\dfrac{C_1 + C_2}{C_2} \times V$

> **전기이론** Chapter 02 정전계와 정자계
>
> 전압 분배 법칙
>
> ㉠ C_1의 단자전압 : $V_1 = \dfrac{C_2}{C_1 + C_2} \times V$
>
> ㉡ C_2의 단자전압 : $V_2 = \dfrac{C_1}{C_1 + C_2} \times V$

44. 동기 발전기에서 역률각이 90도 늦을 때의 전기자 반작용은?

① 증자작용   ② 편자작용
③ 교차작용   ④ 감자작용

45. 한국전기설비규정에 의한 고압 가공전선로 철탑의 지지물 간 거리는 몇 [m] 이하로 제한하고 있는가?

① 150   ② 250
③ 500   ④ 600

46. 전압 1.5[V], 내부저항 0.2[Ω]의 전지 5개를 직렬로 접속하면 전전압은 몇 [V]인가?

① 0.2[V]   ② 1.0[V]
③ 5.7[V]   ④ 7.5[V]

47. 농형 유도전동기의 기동법이 아닌 것은?

① 전전압 기동
② △−△ 기동
③ 기동보상기에 의한 기동
④ 리액터 기동

48. 접착제를 사용하여 합성 수지관을 삽입해서 접속할 경우 관의 삽입 깊이는 관의 외경에 최소 몇 배나 되는가?

① 0.8배   ② 1배
③ 1.2배   ④ 1.5배

49. 100[μF]의 콘덴서에 1000[V]의 전압을 가하여 충전한 뒤 저항을 통하여 방전시키면 저항에 발생하는 열량은 몇 [cal]인가?

① 3[cal]   ② 5[cal]
③ 12[cal]   ④ 43[cal]

50. 유도전동기의 공급전압이 $\frac{1}{2}$로 감소되면 토크는 처음에 비해 어떻게 되는가? (단, 슬립은 일정하다.)

① 2배   ② 1배

③ $\frac{1}{2}$배   ④ $\frac{1}{4}$배

> **전기기기** **Chapter 04 유도기**
>
> 유도전동기의 토크 $T \propto V_1^2$
>
> 공급전압(V_1)이 $\frac{1}{2}$로 감소하면 토크(T)는 $\frac{1}{4}$배로 된다.

51. 저압 크레인 또는 호이스트 등의 트롤리선을 애자사용 공사에 의하여 옥내의 노출장소에 시설하는 경우 트롤리선의 바닥에서의 최소 높이는 몇 [m] 이상으로 설치하는가?

① 2   ② 2.5

③ 3   ④ 3.5

> **전기설비** **Chapter 03 옥내배선공사**
>
> 옥내 저압 접촉전선 배선(KEC 232.81)
> 이동기중기, 자동청소기 그 밖에 이동하며 사용하는 저압의 전기기계기구에 전기를 공급하기 위하여 사용하는 접촉전선을 옥내에 시설하는 경우에는 기계기구에 시설하는 경우 이외에는 전개된 장소 또는 점검할 수 있는 은폐된 장소에 애자공사 또는 버스덕트공사 또는 절연 트롤리공사에 의하여야 하며, 시설기준은 다음과 같다.
> ㉠ 전선의 바닥에서의 높이 : 3.5[m] 이상
> ㉡ 최대 사용전압 : 60[V] 이하

52. 히스테리시스손은 최대 자속밀도의 몇 승에 비례하는가?

① 1.1   ② 1.6

③ 2.6   ④ 3.2

> **전기이론** **Chapter 03 전류의 자기현상**
>
> 히스테리시스 손실
> $P_h = f W_h = \sigma_h f B_m^{1.6}$ [W/m³]
> 여기서, σ_h : 히스테리시스 상수, f : 주파수,
> B_m : 최대 자속밀도

53. 다음 중 자기소호 기능이 가장 좋은 소자는?

① SCR   ② GTO

③ TRIAC   ④ LASCR

> **전기기기** **Chapter 05 정류기**
>
> GTO(Gate Turn−Off thyristor)
> ㉠ SCR의 일종으로서, 게이트에 역방향의 전류를 흐르게 하는 것으로 턴−오프할 수 있다.
> ㉡ 자기소호 능력을 갖는 고내압용 소자로서 초기에 2.5[kV], 최근 6[kV] 등 고전압에 사용되고 있다.

54. 어미자와 아들자의 눈금을 이용하여 두께, 깊이, 안지름 및 바깥지름 측정용으로 사용하는 것은?

① 채널 지그   ② 버니어 캘리퍼스

③ 스태핑 머신   ④ 스트레인 게이지

> **전기설비** **Chapter 02 배선재료와 공구**
>
> 버니아 캘리퍼스(어미자와 아들자로 구성)
>
>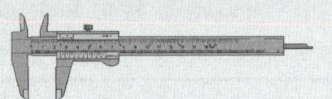

55. 감은 횟수 200회의 코일 P와 300회 코일 S를 가까이 놓고 P에 1[A]의 전류를 흘릴 때 S와 쇄교하는 자속이 4×10^{-4}[Wb]이었다면 이들 코일 사이의 상호 인덕턴스?

① 0.12[H]   ② 0.12[mH]

③ 1.2×10^{-4}[H]   ④ 1.2×10^{-4}[mH]

> **전기이론** **Chapter 04 전자유도법칙**
>
> 상호 인덕턴스(상호 유도계수)
> $M = \dfrac{N_2}{I_1} \phi_{21} = \dfrac{300}{1} \times 4 \times 10^{-4} = 0.12$ [H]
> 여기서, ϕ_{21} : 1차 전류에 의해 발생된 자속이
>   2차 권선을 쇄교하는 자속

56. 무부하일 때 $108[V]$인 분권발전기가 $8[\%]$의 전압 변동률을 가지고 있다. 전부하 단자전압$[V]$은?

① 94 ② 98
③ 100 ④ 105

> **전기기기** Chapter 01 직류기
>
> ㉠ 전압변동률 $\varepsilon = \dfrac{V_o - V_n}{V_n} \times 100\,[\%]$
>
> 여기서, V_o : 무부하전압, V_n : 정격전압
>
> ㉡ 정격전압 $V_n = \dfrac{V_o}{1 + \dfrac{\epsilon}{100}} = \dfrac{108}{1 + \dfrac{8}{100}} = 100\,[V]$

57. 화재 시 소방대가 조명 기구나 파괴용 기구, 배연기 등 소화 활동 및 인명 구조 활동에 필요한 전원으로 사용하기 위해 설치하는 것은?

① 상용전원장치 ② 유도등
③ 비상용 콘센트 ④ 비상등

> **전기설비** Chapter 08 전원설비 및 기타설비
>
> 화재가 발생하면 건물 내의 전원이 차단되므로 출동한 소방대의 소화 활동장비에 전원을 공급하기 위해서 예비전원설비(비상발전기, UPS 등)를 통해 전원을 공급받을 수 있는 설비를 비상용 콘센트라 한다.

58. 비사인파의 일반적인 구성이 아닌 것은?

① 삼각파 ② 고조파
③ 기본파 ④ 직류파

> **전기이론** Chapter 07 비정현파 교류회로
>
> 비사인파 = 직류파 + 기본파 + 고조파

59. 다음은 3상 유도전동기 고정자 권선의 결선도를 나타낸 것이다. 맞는 사항을 고르시오.

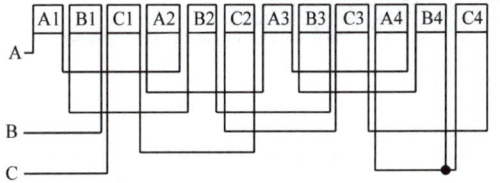

① 3상 2극, Y결선 ② 3상 4극, Y결선
③ 3상 2극, △결선 ④ 3상 4극, △결선

> **전기기기** Chapter 04 유도기
>
> ㉠ 3상 : 전원이 A, B, C로 구성
> ㉡ Y결선 : A_4, B_4, C_4가 한점에 접속
> ㉢ 4극 : 각 상이 1, 2, 3, 4로 구성

60. 저압 옥내배선 공사 시 전선의 굵기를 결정하는 요소가 아닌 것은?

① 허용전류 ② 기계적 강도
③ 전선 색깔 ④ 전압강하

> **전기설비** Chapter 01 전선 및 전선의 접속
>
> 전선의 굵기를 결정하는 요소
> ㉠ 전선의 허용전류
> ㉡ 기계적 강도
> ㉢ 전압강하

정답

01	①	02	②	03	④	04	②	05	③
06	①	07	①	08	②	09	①	10	①
11	①	12	④	13	④	14	③	15	④
16	④	17	④	18	③	19	②	20	④
21	④	22	②	23	①	24	③	25	②
26	②	27	③	28	④	29	③	30	④
31	④	32	④	33	①	34	①	35	①
36	②	37	②	38	④	39	①	40	④
41	①	42	③	43	②	44	④	45	④
46	④	47	②	48	①	49	③	50	④
51	④	52	②	53	②	54	②	55	①
56	③	57	③	58	①	59	②	60	③

※ 본 교재에 수록된 모든 문제는 CBT 기출복원문제로서, 수험생의 기억에 따라 복원된 것이며, 실제 기출문제와 동일하지 않을 수 있습니다.

01. 평형 3상 교류회로의 Y회로로부터 △회로로 등가 변환하기 위해서는 어떻게 하여야 하는가?

① 각 상의 임피던스를 3배로 한다.

② 각 상의 임피던스를 $\sqrt{3}$ 배 한다.

③ 각 상의 임피던스를 $\dfrac{1}{\sqrt{3}}$ 배 한다.

④ 각 상의 임피던스를 $\dfrac{1}{3}$ 배 한다.

> **전기이론** **Chapter 06 3상 교류회로**
>
> 각 상의 임피던스의 크기가 동일한 경우
> ㉠ Y회로 → △회로 : 각 상의 임피던스를 3배로 한다.
> ㉡ △회로 → Y회로 : 각 상의 임피던스를 1/3배로 한다.

02. 단상 유도전동기 기동장치에 의한 분류가 아닌 것은?

① 분상 기동형   ② 콘덴서 기동형

③ 세이딩 코일형   ④ 회전 계자형

> **전기기기** **Chapter 04 유도기**
>
> 단상 유도전동기의 기동방법 및 기동토크 크기에 따른 비교 순서
> 반발기동형 > 반발 유도형 > 콘덴서 기동형 > 분상 기동형 > 세이딩 코일형

03. 2차 접근상태라는 것은 가공전선이 다른 시설물로부터 수평거리 몇 [m] 미만인 곳에 시설되는 것을 말하는가?

① 1.5   ② 3

③ 3.5   ④ 5

> **전기설비** **Chapter 06 전선로 및 배전공사**
>
> 정의
> 제2차 접근상태(KEC 112 용어)
> 가공전선이 다른 시설물과 접근하는 경우 그 가공전선이 다른 시설물의 위쪽 또는 옆쪽에서 수평거리로 3[m] 미만인 곳에 시설되는 상태를 말한다.

04. 길이 10[cm]의 도선이 자속밀도 1[Wb/m²]의 평등 자장 안에서 자속과 수직방향으로 3[sec] 동안에 12[m] 이동하였다. 이때 유도되는 기전력은 몇 [V]인가?

① 0.1[V]   ② 0.2[V]

③ 0.3[V]   ④ 0.4[V]

> **전기이론** **Chapter 04 전자유도법칙**
>
> 플레밍의 오른손 법칙(발전기 법칙)
> ㉠ 자계 내의 도체가 운동하면 도체에는 기전력이 유도된다.
> ㉡ 유도기전력
> $$e = vBl\sin\theta = \frac{12}{3} \times 1 \times 0.1 \times \sin 90°$$
> $$= 4 \times 1 \times 0.1 \times 1 = 0.4\,[\text{V}]$$

05. 8극 파권 직류 발전기의 전기자 권선의 병렬 회로 수 a는 얼마로 하고 있는가?

① 1   ② 2

③ 6   ④ 8

> **전기기기** **Chapter 01 직류기**
>
> 파권은 병렬회로수가 항상 2이고 코일이 직렬로 접속되므로 고전압 저전류 기기에 적합하다.

06. 소맥분, 전분 기타 가연성의 먼지가 존재하는 곳의 저압 옥내배선 공사방법 중 적당하지 않은 것은?

① 애자 사용 공사   ② 합성수지관 공사

③ 케이블 공사   ④ 금속관 공사

> **전기설비** **Chapter 07 특수설비**
>
> 가연성 먼지 위험장소(KEC 242.2.2)
> 저압 옥내배선 등은 합성수지관 공사, 금속관 공사 또는 케이블 공사에 의할 것

07. $R_1 = 3[\Omega]$, $R_2 = 5[\Omega]$, $R_3 = 6[\Omega]$의 저항 3개를 그림과 같이 병렬로 접속한 회로에 30[V]의 전압을 가하였다면 이때 R_2 저항에 흐르는 전류 [A]는 얼마인가?

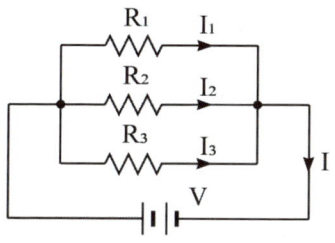

① 6[A]　　　　② 10[A]
③ 15[A]　　　　④ 20[A]

전기이론 Chapter 01 직류회로

병렬 접속 시 전압의 크기가 일정하므로
R_1, R_2, R_3에 모두 30[V]의 전압이 인가된다.
$$\therefore I_2 = \frac{V}{R_2} = \frac{30}{5} = 6[A]$$

---

08. 6극 36슬롯 3상 동기 발전기의 매극, 매상당, 슬롯수는?

① 2　　　　② 3
③ 4　　　　④ 5

전기기기 Chapter 02 동기기

매극 매상당 슬롯수 $q = \dfrac{\text{총 슬롯수}}{\text{극수} \times \text{상수}} = \dfrac{36}{6 \times 3} = 2$

---

09. 지락전류를 검출할 때 사용하는 계기는?

① ZCT　　　　② PT
③ CT　　　　④ OCR

전기설비 Chapter 08 전원설비 및 기타설비

① 영상변류기(ZCT) : 지락사고 시 지락전류(＝영상전류)를 검출할 때 사용
② 계기용 변압기(PT, VT) : 고전압을 저전압(110V)으로 변압할 때 사용
③ 변류기(CT) : 대전류를 소전류(5A)로 변류할 때 사용
④ 과전류계전기(OCR) : 과전류 검출 시 차단기를 트립(Trip)할 때 사용

---

10. 10[Ω]의 저항에 2[A]의 전류가 흐를 때 저항의 단자전압은 얼마인가?

① 5[V]　　　　② 10[V]
③ 15[V]　　　　④ 20[V]

전기이론 Chapter 01 직류회로

단자전압
$V = IR = 2 \times 10 = 20[V]$

---

11. 변압기의 콘서베이터의 사용 목적은?

① 일정한 유압의 유지
② 과부하로부터 변압기 보호
③ 냉각 장치의 효과를 높임
④ 변압기유의 열화 방지

전기기기 Chapter 03 변압기

콘서베이터는 절연 및 냉각을 위해 사용되는 변압기유의 열화 및 산화를 방지하기 위한 설비이다.

---

12. 전압의 구분에서 고압에 대한 설명으로 가장 옳은 것은?

① 직류는 1,500[V]를, 교류는 1,000[V] 이하인 것
② 직류는 1,000[V]를, 교류는 1,500[V] 이상인 것
③ 직류는 1,500[V]를, 교류는 1,000[V]를 초과하고 7[kV] 이하인 것
④ 7[kV]를 초과하는 것

전기설비 Chapter 01 전선 및 전선의 접속

전압의 구분(KEC 111.1)

구분	교류(AC)	직류(DC)
저압	1kV 이하	1.5kV 이하
고압	저압 초과 7kV 이하	
특고압	7kV 초과	

13. 100[V], 5[A]의 전열기를 사용하여 2[ℓ]의 물을 20[℃]에서 100[℃]로 올리는 데 필요한 시간 [sec]은 약 얼마인가? (단, 열량은 전부 유효하게 사용됨)

① 1.37×10^3　　② 1.37×10^4

③ 1.37×10^5　　④ 1.37×10^6

전기이론 **Chapter 01 직류회로**

㉠ 2[kg]의 물을 20[℃]에서 100[℃]로 올리는 데 필요한 열량 : $H = mc\theta = 2 \times 1 \times (100 - 20) = 160[\text{kcal}]$
　여기서, m : 질량[kg], θ : 온도차[℃]
　　　　　c : 비열[kcal/kg·℃] (물의 비열은 1)
　　　　　물 1[ℓ]의 질량은 1[kg]이다.

㉡ 전열기 공식 $860Pt\eta = mc\theta$ 에서 시간은 다음과 같다.

$\therefore t = \dfrac{mc\theta}{860P\eta} = \dfrac{mc\theta}{860\,VI\eta}$

　　$= \dfrac{160}{860 \times 100 \times 5 \times 10^{-3} \times 1} = 0.382[\text{h}]$

　　$= 0.382 \times 3,600 \fallingdotseq 1.37 \times 10^3 [\text{sec}]$

　여기서, P : 전열기의 정격용량[kW]
　　　　　t : 전열기 사용 시간[h], η : 전열기 효율

---

14. 직류 전동기의 규약효율을 표시하는 식은?

① $\dfrac{출력}{출력 + 손실} \times 100\%$

② $\dfrac{출력}{입력} \times 100\%$

③ $\dfrac{입력 - 손실}{입력} \times 100\%$

④ $\dfrac{입력}{출력 + 손실} \times 100\%$

전기기기 **Chapter 01 직류기**

규약효율

㉠ 전동기 $\eta_M = \dfrac{입력 - 손실}{입력} \times 100[\%]$

㉡ 발전기 $\eta_G = \dfrac{출력}{출력 + 손실} \times 100[\%]$

---

15. 동일 지지물에 저압 가공전선(다중 접지된 중성선은 제외)과 고압 가공전선을 시설하는 경우 저압 가공전선은?

① 고압 가공전선의 위로 하고 동일 완금류에 시설

② 고압 가공전선과 나란하게 하고 동일 완금류에 시설

③ 고압 가공전선의 아래로 하고 별개의 완금류에 시설

④ 고압 가공전선과 나란하게 하고 별개의 완금류에 시설

전기설비 **Chapter 06 전선로 및 배전공사**

저압 가공전선(다중 접지된 중성선은 제외)과 고압 가공전선을 동일 지지물에 시설하는 경우의 시설조건(KEC 332.8)
㉠ 저압 가공전선을 고압 가공전선의 아래로 하고 별개의 완금류에 시설할 것
㉡ 저압 가공전선과 고압 가공전선 사이의 이격거리는 0.5[m] 이상일 것(단, 고압측이 케이블일 경우 0.3[m] 이상)

---

16. 자기저항의 단위는?

① AT/m　　② Wb/AT

③ AT/Wb　　④ Ω/AT

전기이론 **Chapter 03 전류의 자기현상**

자기회로 공식
㉠ 기자력 $F = IN[\text{AT}]$

㉡ 자기저항 $R_m = \dfrac{\ell}{\mu S} = \dfrac{F}{\phi} [\text{AT/Wb}]$

㉢ 옴의 법칙 $\phi = \dfrac{F}{R_m} = \dfrac{IN}{\dfrac{\ell}{\mu S}} = \dfrac{\mu S N I}{\ell} [\text{Wb}]$

---

17. 단락시험과 관계없는 것은?

① 여자어드미턴스　　② 임피던스 와트

③ 전압변동률　　④ 임피던스

전기기기 **Chapter 03 변압기**

단락시험으로 임피던스 전압, 임피던스 와트, 동손, 전압변동률을 구할 수 있고 여자어드미턴스는 무부하시험으로 구할 수 있다.

18. 한국전기설비규정에 의하면 정격전류가 30[A]인 저압 전로의 과전류 차단기를 산업용 배선용 차단기로 사용하는 경우 39[A]의 전류가 통과하였을 때 몇 분 이내에 자동적으로 동작하여야 하는가?

① 60

② 120

③ 2

④ 4

전기설비 Chapter 05 저압 전기설비 보호

보호장치의 특성(KEC 212.3.4)
주택용 배선차단기 동작 특성

정격전류의 구분	시간	부동작전류	동작전류
63A 이하	60분	1.13배	1.45배
63A 초과	120분	1.13배	1.45배

19. 그림과 같은 4개의 콘덴서를 직·병렬로 접속한 회로가 있다. 이 회로의 합성 정전용량은? (단, $C_1 = 2[\mu F]$, $C_2 = 4[\mu F]$, $C_3 = 3[\mu F]$, $C_4 = 1[\mu F]$)

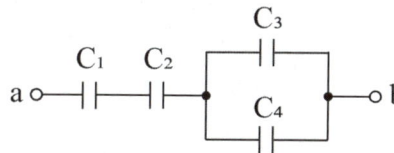

① 1[μF]

② 2[μF]

③ 3[μF]

④ 4[μF]

전기이론 Chapter 02 정전계와 정자계

합성 정전용량
㉠ C_3과 C_4의 합성 정전용량
$C_0 = C_3 + C_4 = 3 + 1 = 4[\mu F]$
㉡ 회로의 합성 정전용량

$$C_{ab} = \cfrac{1}{\cfrac{1}{C_1} + \cfrac{1}{C_2} + \cfrac{1}{C_0}}$$

$$= \cfrac{1}{\cfrac{1}{2} + \cfrac{1}{4} + \cfrac{1}{4}} = \cfrac{1}{\cfrac{2+1+1}{4}}$$

$$= 1[\mu F]$$

20. 직류 전압을 직접 제어하는 것은?

① 브리지형 인버터

② 단상 인버터

③ 3상 인버터

④ 초퍼형 인버터

전기기기 Chapter 05 정류기

정류기에 따른 전력 변환
㉠ 인버터 : 직류를 교류로 변환(역변환장치)
㉡ 컨버터 : 교류를 직류로 변환(순변환장치)
㉢ 초퍼 : 직류를 직류로 변환
㉣ 싸이클로 컨버터 : 교류를 교류로 변환

21. 금속관 공사에서 관을 박스 내에 고정시킬 때 사용하는 것은?

① 부싱

② 로크너트

③ 새들

④ 커플링

전기설비 Chapter 03 옥내배선공사

① 부싱 : 전선의 절연 피복을 보호하기 위해서 금속관의 관 끝에 취부한다.
② 로크너트 : 박스에 금속관을 고정할 때 사용한다.
③ 새들 : 전선관을 조영재에 고정할 때 사용한다.
④ 커플링 : 전선관 상호를 접속하는 것으로 내면에 나사가 있다.

22. 200[μF]의 콘덴서를 충전하는데 9[J]의 일이 필요하였다. 충전전압은 몇 [V]인가?

① 200

② 300

③ 450

④ 900

전기이론 Chapter 02 정전계와 정자계

콘덴서에 저장되는 에너지

$$W = \frac{1}{2}CV^2 = \frac{1}{2}QV = \frac{Q^2}{2C}\,[J]$$에서

$$\therefore\ V = \sqrt{\frac{2W}{C}} = \sqrt{\frac{2 \times 9}{200 \times 10^{-6}}} = 300\,[V]$$

23. 직류기에서 브러시의 역할은?

① 기전력 유도
② 자속 생성
③ 정류 작용
④ 전기자 권선과 외부회로 접속

전기기기 **Chapter 01 직류기**

브러시는 회전하는 정류자 및 전기자와 외부의 전선을 전기적으로 접속시키는 단자이다.

24. 가공전선의 지지물에 승탑 또는 승강용으로 사용하는 발판 볼트 등은 지표상 몇 [m] 미만에 시설하여서는 안 되는가?

① 1.2   ② 1.5
③ 1.6   ④ 1.8

전기설비 **Chapter 06 전선로 및 배전공사**

전주 오름 방지(KEC 331.4)
가공전선로의 지지물에 취급자가 오르고 내리는데 사용하는 발판 볼트 등을 지표상 1.8m 미만에 시설하여서는 아니 된다.

25. 무한히 긴 평형 두 직선이 있다. 이들 도선에 같은 방향으로 일정한 전류가 흐를 때 상호간에 작용하는 힘은? (단, r은 두 도선 간의 거리[m]이다.)

① 흡인력이며 r이 클수록 작아진다.
② 반발력이며 r이 클수록 작아진다.
③ 흡인력이며 r이 클수록 커진다.
④ 반발력이며 r이 클수록 커진다.

전기이론 **Chapter 03 전류의 자기현상**

평형전류에 작용하는 힘
㉠ 전자력 : $f = \dfrac{2I_1 I_2}{r} \times 10^{-7}$ [N/m] $\propto \dfrac{1}{r}$
㉡ 두 도선에 흐르는 전류가 같은 방향으로 흐르면 흡인력, 반대로 흐르면 반발력이 작용한다.

26. 일정 전압 및 일정 파형에서 주파수가 상승하면 변압기 철손은 어떻게 변하는가?

① 증가한다.
② 감소한다.
③ 불변이다.
④ 어떤 기간 동안 증가한다.

전기기기 **Chapter 03 변압기**

변압기의 철손은 $P_i \propto \dfrac{V_1^{\,2}}{f}$ 이므로 일정 전압에서 주파수가 상승하면 철손은 감소한다.

27. 부식성 가스 등이 있는 장소에서 시설이 허용되는 것은?

① 개폐기   ② 콘센트
③ 과전류 차단기   ④ 전등

전기설비 **Chapter 07 특수설비**

부식성 가스 등이 있는 장소(내선규정 4225)
㉠ 부식성 가스 등이 있는 장소는 개폐기, 콘센트 및 과전류차단기를 시설하여서는 안 된다.
㉡ 전등은 틀어 끼우는 글로브 등이 구비되어 내부에 부식성 가스 또는 용액의 침입을 방지할 수 있는 기구를 사용하여야 한다.

28. 전기장(電氣場)에 대한 설명으로 옳지 않은 것은?

① 대전(帶電)된 무한장 원통의 내부 저항은 0이다.
② 대전된 구(球)의 내부 전기장은 0이다.
③ 대전된 도체 내부의 전하(電荷) 및 전기장은 모두 0이다.
④ 도체표면의 전기장은 그 표면에 평행이다.

전기이론 **Chapter 02 정전계와 정자계**

도체표면의 전기장은 그 표면에 수직방향이다.

29. 변압기의 철심을 성층하는 이유는?

① 동손을 줄이기 위해

② 유전체손을 줄이기 위해

③ 맴돌이 전류손을 줄이기 위해

④ 히스테리시스손을 줄이기 위해

전기기기 Chapter 03 변압기

철손 = 히스테리시스손 + 와류손

㉠ 히스테리시스손 경감 : 규소를 함유한 규소강판을 사용한다.

㉡ 와류손(맴돌이 전류손) 경감 : 얇은 두께의 철심을 성층하여 사용한다.

---

30. 다음 중 전선의 굵기를 측정할 때 사용되는 것은?

① 와이어 게이지   ② 파이어 포트

③ 스패너   ④ 프레셔 툴

전기설비 Chapter 02 배선재료와 공구

① 와이어 게이지 : 전선의 굵기 및 원형 도체의 굵기를 측정할 때 사용하는 계기이다.

② 파이어 포트 : 운반이 가능한 가열로, 가솔린을 연료로 사용하는 버너형식이 많고 납이나 땜납을 용해할 때 사용한다.

③ 스패너 : 볼트·너트를 조이거나 풀 때 사용한다.

④ 프레셔 툴 : 솔더리스(solderless) 커넥터 또는 솔더리스 터미널을 압축할 때 사용하며, 압착기라고도 한다.

---

31. 교류 회로에서 전압과 전류의 위상차를 $\theta[\mathrm{rad}]$이라 할 때 $\cos\theta$는 회로의 무엇인가?

① 전압 변동률   ② 파형률

③ 효율   ④ 역률

전기이론 Chapter 05 단상 교류회로

㉠ 교류회로에서 $\cos\theta$: 유효율 또는 역률

㉡ 교류회로에서 $\sin\theta$: 무효율

---

32. 2극 3,600[rpm]인 동기발전기와 병렬 운전하려는 12극 발전기의 회전수는?

① 600[rpm]   ② 3,600[rpm]

③ 7,200[rpm]   ④ 21,600[rpm]

전기기기 Chapter 02 동기기

동기발전기 병렬운전시 주파수가 같아야 한다.

㉠ 2극 발전기 $3{,}600 = \dfrac{120f}{2}$ 이므로 주파수 $f = 60[\mathrm{Hz}]$

㉡ 12극 발전기도 $f = 60[\mathrm{Hz}]$를 발생시켜야 하므로

$$N_s = \frac{120f}{P} = \frac{120 \times 60}{12} = 600[\mathrm{rpm}]$$

---

33. 다음과 같은 전선의 접속방법으로 옳게 나열된 것은?

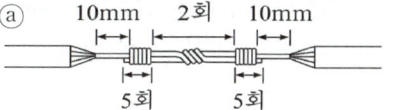

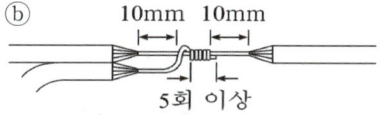

① ⓐ 종단접속, ⓑ 분기접속

② ⓐ 직선접속, ⓑ 분기접속

③ ⓐ 분기접속, ⓑ 종단접속

④ ⓐ 분기접속, ⓑ 직선접속

전기설비 Chapter 06 전선로 및 배전공사

ⓐ 트위스트 직선접속

ⓑ 트위스트 분기접속

---

34. 전선에서 길이 1[m], 단면적 1[mm²]를 기준으로 고유저항은 어떻게 나타내는가?

① [Ω]   ② [Ω·m²]

③ [Ω/m]   ④ [Ω·mm²/m]

전기이론 Chapter 01 직류회로

㉠ 전기저항 : $R = \dfrac{l}{kS} = \rho\dfrac{l}{S}[\Omega]$

㉡ 고유저항 : $\rho = \dfrac{RS}{l}[\Omega \cdot \mathrm{m^2/m}]$

∴ 전선의 길이를 $l[\mathrm{m}]$, 단면적을 $S[\mathrm{mm^2}]$로 하면 고유저항의 단위는 $\rho[\Omega \cdot \mathrm{mm^2/m}]$이다.

35. 유도전동기의 슬립을 측정하는 방법으로 옳은 것은?

① 전압계법   ② 전류계법
③ 평형 브리지법   ④ 스트로보스코프법

> **전기기기** Chapter 04 유도기
>
> 슬립 측정방법
> ㉠ 직류밀리볼트계법
> ㉡ 수화기법
> ㉢ 스트로보스코프법

36. 절연저항을 측정하는데 정전이 어려워 측정이 곤란한 경우에는 누설전류를 몇 [mA] 이하로 유지하여야 하는가?

① 1   ② 2
③ 5   ④ 10

> **전기설비** Chapter 04 전로의 절연 및 접지공사
>
> 전로의 절연저항 및 절연내력(KEC 132)
> 저압 전로에서 정전이 어려운 경우 절연저항 측정이 곤란한 경우 저항성분의 누설전류 1mA 이하이면 그 전로의 절연 성능은 적합한 것으로 본다.

37. 유도기전력은 자신의 발생 원인이 되는 자속의 변화를 방해하려는 방향으로 발생한다. 이것을 유도기전력에 관한 무슨 법칙이라 하는가?

① 옴(Ohm)의 법칙
② 렌츠(Lenz)의 법칙
③ 쿨롱(Coulomb)의 법칙
④ 앙페르(Ampere)의 법칙

> **전기이론** Chapter 04 전자유도법칙
>
> 렌츠는 코일에 흐르는 전류의 크기가 변화하면 코일은 초기 상태를 유지하기 위한 관성력(유도기전력)을 발생시킨다고 했다.

38. 20kVA의 단상 변압기 2대를 사용하여 V−V 결선으로 하고 3상 전원을 얻고자 한다. 이때 여기에 접속시킬 수 있는 3상 부하의 용량은 약 몇 [kVA]인가?

① 34.6   ② 44.6
③ 54.6   ④ 66.6

> **전기기기** Chapter 03 변압기
>
> 변압기 V 결선시 용량 $P_V = \sqrt{3}\,P_1 [kVA]$
> $P_V = \sqrt{3} \times 20 = 34.64 \fallingdotseq 34.6 [kVA]$

39. 사람이 쉽게 접촉하는 장소에 설치하는 누전차단기의 사용전압 기준은 몇 [V] 초과인가?

① 50   ② 110
③ 150   ④ 220

> **전기설비** Chapter 05 저압 전기설비 보호
>
> 누전차단기의 시설(KEC 211.2.4)
> 금속제 외함을 가지는 사용전압이 50[V]를 초과하는 저압의 기계기구로서 사람이 쉽게 접촉할 우려가 있는 곳에 시설하여야 한다.

40. 반도체로 만든 PN접합은 무슨 작용을 하는가?

① 증폭작용   ② 발진작용
③ 정류작용   ④ 변조작용

> **전기이론** Chapter 05 단상 교류회로
>
> P형 반도체와 N형 반도를 접합하여 만든 소자를 다이오드(Diode)라 하며, 다이오드를 통해 양방향으로 흐르는 교류전류를 단방향으로만 흐르게 하는 정류작용을 한다.

41. 동기임피던스 $5[\Omega]$인 2대의 3상 동기발전기의 유도 기전력에 $100[V]$의 전압 차이가 있다면 무효 순환전류$[A]$는?

① 10   ② 15
③ 20   ④ 25

42. $F40[W]$의 의미는?

① 수은등 $40[W]$
② 나트륨등 $40[W]$
③ 메탈 할라이드등 $40[W]$
④ 형광등 $40[W]$

43. $8[\Omega]$의 용량 리액턴스에 어떤 교류전압을 가하면 $10[A]$의 전류가 흐른다. 여기에 어떤 저항을 직렬로 접속하여, 같은 전압을 가하면 $8[A]$로 감소되었다. 저항은 몇 $[\Omega]$인가?

① 6   ② 8
③ 10   ④ 12

44. 출력 $10[kW]$, 슬립 $4[\%]$로 운전되고 있는 3상 유도전동기의 2차 동손은 약 몇 $[W]$인가?

① 250   ② 315
③ 417   ④ 620

45. 한 개의 전등을 두 곳에서 점멸하고자 할 때 사용하는 배선으로 옳은 것은?

46. 유전율 ε의 유전체 내에 있는 전하 $Q[\mathrm{C}]$에서 나오는 전력선 수는?

① Q

② $\dfrac{Q}{\varepsilon}$

③ $\dfrac{Q}{\varepsilon_s}$

④ $\dfrac{Q}{\varepsilon_0}$

전기이론 **Chapter 02 정전계와 정자계**

가우스의 법칙

㉠ 전기력선의 총 수 : $N = \dfrac{Q}{\varepsilon} = \dfrac{Q}{\varepsilon_0 \varepsilon_r}$

㉡ 자기력선의 총 수 : $N = \dfrac{m}{\mu} = \dfrac{m}{\mu_0 \mu_s}$

여기서, m : 자하[Wb], μ : 투자율

47. 병렬 운전 중인 동기 발전기의 난조를 방지하기 위하여 자극 면에 유도 전동기의 농형권선과 같은 권선을 설치하는데 이 권선의 명칭은?

① 계자권선

② 제동권선

③ 전기자권선

④ 보상권선

전기기기 **Chapter 02 동기기**

제동권선은 기동토크를 발생시킬 수 있고 난조를 방지하여 안정도를 높일 수 있다.

48. 전자 개폐기에 부착하여 전동기의 소손 방지를 위하여 사용되는 것은?

① 퓨즈

② 열동 계전기

③ 배선용 차단기

④ 수은 계전기

전기설비 **Chapter 05 저압 전기설비 보호**

열동 계전기(THR, thermal relay)
바이메탈을 사용하여 전동기의 과부하로부터 보호해주는 계전기로 전자접촉기(MC)와 결합하여 사용한다.

49. 황산구리 용액의 10[A]의 전류를 60분간 흘린 경우 이때 석출되는 구리의 양은? (단, 구리의 전기화학당량은 $0.3293 \times 10^{-3}[\mathrm{g/C}]$이다.)

① 약 1.97[g]

② 약 5.93[g]

③ 약 7.82[g]

④ 약 11.86[g]

전기이론 **Chapter 01 직류회로**

패러데이 법칙
$$W = KQ = KIt$$
$$= 0.3293 \times 10^{-3} \times 10 \times 60 \times 60$$
$$= 11.86[\mathrm{g}]$$

50. 50Hz, 6극인 3상 유도전동기의 전부하에서 회전 수가 955rpm일 때 슬립[%]은?

① 4

② 4.5

③ 5

④ 5.5

전기기기 **Chapter 04 유도기**

㉠ 동기속도 $N_s = \dfrac{120f}{P} = \dfrac{120 \times 50}{6} = 1,000[\mathrm{rpm}]$

㉡ 슬립 $s = \dfrac{N_s - N}{N_s} = \dfrac{1,000 - 955}{1,000} = 0.045$

슬립을 [%]로 나타내면 $0.045 \times 100 = 4.5[\%]$

51. 지중전선로를 직접매설식에 의하여 시설하는 경우 차량, 기타 중량물의 압력을 받을 우려가 있는 장소의 매설 깊이[m]는?

① 0.6[m] 이상

② 1.0[m] 이상

③ 1.5[m] 이상

④ 2.0[m] 이상

전기설비 **Chapter 06 전선로 및 배전공사**

직접매설식의 매설 깊이(KEC 334.1)
㉠ 차량 기타 중량물의 압력을 받을 우려가 있는 장소
  : 1.0m 이상
㉡ 기타 장소 : 0.6m 이상

52. 어드미턴스의 실수부가 나타내는 것은?

① 컨덕턴스　　　② 임피던스

③ 리액턴스　　　④ 서셉턴스

53. 정격 전압 $100[\mathrm{V}]$, 정격 전류 $50[\mathrm{A}]$, 전기자 저항 $0.2[\Omega]$인 타여자발전기의 유기기전력$[\mathrm{V}]$은?

① 125　　　　　② 127.5

③ 110　　　　　④ 120

54. 옥내배선의 접속함이나 박스 내에서 접속할 때 주로 사용하는 접속법은?

① 슬리브 접속　　　② 쥐꼬리 접속

③ 트위스트 접속　　④ 브리타니아 접속

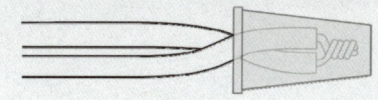
55. 코일의 성질에 대한 설명으로 틀린 것은?

① 공진하는 성질이 있다.

② 상호 유도작용이 있다.

③ 전원 노이즈 차단기능이 있다.

④ 전류의 변화를 확대시키려는 성질이 있다.

56. 2대의 동기발전기 A, B가 병렬 운전하고 있을 때 A기의 여자전류를 증가시키면 어떻게 되는가?

① A기의 역률은 낮아지고 B기의 역률은 높아진다.

② A기의 역률은 높아지고 B기의 역률은 낮아진다.

③ A, B 양 발전기의 역률이 높아진다.

④ A, B 양 발전기의 역률이 낮아진다.

57. 접지 저항값에 가장 큰 영향을 주는 것은?

① 접지선 굵기　　② 접지전극 크기
③ 온도　　　　　④ 대지저항

> **전기설비** **Chapter 04 전로의 절연 및 접지공사**
>
> 접지저항을 구성하는 요소
> ㉠ 접지선 및 접지전극 자체의 도체저항
> ㉡ 접지전극의 표면과 접하는 토양의 접촉저항
> ㉢ 접지전극 주위의 대지저항
> ∴ 접지 저항값에 가장 큰 영향을 주는 것은 접지전극 주위의 대지저항이다.

58. 진공 중에서 같은 크기의 두 자극을 $1[m]$ 거리에 놓았을 때 작용하는 힘이 $6.33 \times 10^4 [N]$이 되는 자극의 단위는?

① $1[N]$　　② $1[J]$
③ $1[Wb]$　　④ $1[C]$

> **전기이론** **Chapter 02 정전계와 정자계**
>
> 두 자극 사이의 작용하는 힘(쿨롱의 법칙)
> $F = \dfrac{m_1 m_2}{4\pi\mu_0 r^2} = 6.33 \times 10^4 \times \dfrac{m^2}{r^2} [N]$에서
> ∴ $r = 1[m]$이므로 $m = 1[Wb]$ 가 된다.

59. 변압기유의 구비 조건으로 옳은 것은?

① 점도가 낮을 것　　② 인화점이 낮을 것
③ 응고점이 높을 것　　④ 비열이 작을 것

> **전기기기** **Chapter 03 변압기**
>
> 변압기유가 갖추어야 할 조건
> ㉠ 절연내력이 높을 것
> ㉡ 점도가 낮을 것
> ㉢ 인화점이 높고 응고점이 낮을 것
> ㉣ 산화 및 열화현상이 없을 것
> ㉤ 비열이 커서 냉각효과 클 것

60. 전선의 식별에서 상(문자)과 전선의 색상이 맞는 것은?

① L1 - 검은색　　② L2 - 갈색
③ L3 - 회색　　　④ N － 백색

> **전기설비** **Chapter 01 전선 및 전선의 접속**
>
> 전선의 식별(KEC 121.2)
>
> | 상(문자) | 색상 |
> | --- | --- |
> | L1 | 갈색 |
> | L2 | 검은색 |
> | L3 | 회색 |
> | N | 파란색 |
> | PE(보호도체) | 녹색－노란색 |

정답

01	①	02	④	03	②	04	④	05	②
06	①	07	①	08	①	09	①	10	④
11	④	12	③	13	①	14	③	15	③
16	③	17	①	18	①	19	①	20	④
21	②	22	②	23	②	24	④	25	②
26	②	27	④	28	④	29	③	30	①
31	④	32	①	33	②	34	②	35	④
36	①	37	②	38	①	39	①	40	③
41	①	42	④	43	①	44	①	45	②
46	②	47	②	48	④	49	④	50	②
51	②	52	①	53	③	54	②	55	④
56	①	57	④	58	③	59	①	60	③

2023년 제2회

☐ 1 회독 ☐ 2 회독 ☐ 3 회독

※ 본 교재에 수록된 모든 문제는 CBT 기출복원문제로서, 수험생의 기억에 따라 복원된 것이며, 실제 기출문제와 동일하지 않을 수 있습니다.

01. RL 직렬회로에서 임피던스(Z)의 크기를 나타내는 식은?

① $Z = R^2 + X_L^2$

② $Z = R^2 - X_L^2$

③ $Z = \sqrt{R^2 + X_L^2}$

④ $Z = \sqrt{R^2 - X_L^2}$

전기이론 **Chapter 05 단상 교류회로**

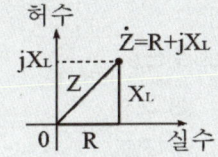

임피던스 삼각형
R : 저항
X_L : 유도 리액턴스
Z : 임피던스

임피던스 삼각형에서 임피던스 크기는
∴ $Z = R + jX_L = \sqrt{R^2 + X_L^2}$ [Ω]

02. 회전자 속도 N[rpm], 동기속도 N_s[rpm], 슬립 s[%]인 유도전동기의 2차효율[%]은?

① $\frac{1}{2}(N_s - N) \times 100$

② $s^2 \times 100$

③ $\frac{N}{N_s} \times 100$

④ $(s-1) \times 100$

전기기기 **Chapter 04 유도기**

$P_2 : P_c : P_o = 1 : s : 1-s$

2차효율 $\eta_2 = \dfrac{출력}{2차\ 입력} \times 100 = \dfrac{P_o}{P_2} \times 100$

$= (1-s) \times 100 = \dfrac{N}{N_s} \times 100$

03. 교통신호등의 제어장치로부터 신호등의 전구까지의 전로에 사용하는 전압은 몇 [V] 이하인가?

① 60

② 100

③ 300

④ 440

전기설비 **Chapter 08 전원설비 및 기타설비**

KEC 234.15 교통신호등
교통신호등 제어장치의 2차측 배선의 최대사용전압은 300[V] 이하이어야 한다.

04. 전압 220[V], 전류 10[A], 역률 0.8인 3상 전동기 사용 시 소비전력은?

① 약 1.5[kW]

② 약 3.0[kW]

③ 약 5.2[kW]

④ 약 7.1[kW]

전기이론 **Chapter 06 3상 교류회로**

3상 소비전력(유효전력)
$P = \sqrt{3}\ VI\cos\theta = \sqrt{3} \times 220 \times 10 \times 0.8$
$= 3,048[W] = 3[kW]$
여기서, V : 선간전압, I : 선전류(부하전류)

05. P형 반도체의 전기 전도의 주된 역할을 하는 반송자는?

① 전자

② 정공

③ 가전자

④ 5가 불순물

전기기기 **Chapter 05 정류기**

㉠ P형 반도체의 전기 전도에 정공이 사용
㉡ N형 반도체의 전기 전도에 자유전자가 사용

06. 다중접지 계통에 사용되는 재폐로 기능을 갖는 일종의 차단기로서 과부하 또는 고장전류가 흐르면 순시동작하고, 일정시간 후에는 자동적으로 재폐로 하는 보호기기는?

① 라인퓨즈
② 리클로저
③ 섹셔널라이저
④ 고장구간 자동개폐기

전기설비 Chapter 06 전선로 및 배전공사

자동 재폐로 차단기(Recloser, 리클로저)
배전선로에 설치하여 리클로저의 부하측에서 지락 및 단락 등의 고장이 발생하면 고장전류를 감지하여 정정치만큼 자동으로 재폐로하는 장치로 선로의 영구사고를 줄이고 고장 범위를 최소화하는 장치이다.

07. 자체 인덕턴스가 각각 L_1, L_2 [H]인 두 원통 코일이 서로 직교하고 있다. 두 코일 사이의 상호 인덕턴스[H]는?

① $L_1 + L_2$
② $L_1 \cdot L_2$
③ 0
④ $\sqrt{L_1 \cdot L_2}$

전기이론 Chapter 05 단상 교류회로

두 코일이 직교하면 쇄교되는 자속이 없게 되므로 상호 인덕턴스는 0이 된다.

08. 직류전동기의 전기자에 가해지는 단자전압을 변화하여 속도를 조정하는 제어법이 아닌 것은?

① 워드 레오나드 방식
② 일그너 방식
③ 직 · 병렬제어
④ 계자제어

전기기기 Chapter 01 직류기

㉠ 직류전동기의 회전속도 $n = k\dfrac{V_n - I_a \cdot r_a}{\phi}$ [rps]
㉡ 직류전동기의 속도제어법에는 전압제어법(V_n), 계자제어법(ϕ), 저항제어법(r_a)이 있다.
㉢ 계자제어법 : 단자전압과 전기자저항을 일정하게 하고 계자전류를 조정하여 자속을 변화시켜 속도를 제어하는 방법이다.

09. 합성수지관 공사에서 옥외 등 온도차가 큰 장소에 노출 배관을 할 때 사용하는 커플링은?

① 신축커플링(0C)
② 신축커플링(1C)
③ 신축커플링(2C)
④ 신축커플링(3C)

전기설비 Chapter 03 옥내배선공사

㉠ 커플링 : 전선관 접속시 사용
㉡ 온도차가 클 경우 : 신축커플링(3C) 사용
㉢ 접착제 사용 시 : 신축커플링(4C) 사용

10. 열의 전달 방법이 아닌 것은?

① 복사
② 대류
③ 확산
④ 전도

전기이론 Chapter 01 직류회로

열의 전달 방법
㉠ 전도 : 두 물체가 접촉해서 분자의 운동이 전달되어 열이 이동하는 현상이다.
㉡ 대류 : 액체나 기체 상태의 분자가 직접 이동하면서 열이 이동하는 방법이다.
㉢ 복사 : 물질 도움없이 열이 직접 이동하는 현상이다.

11. 변압기의 원리에 해당되는 것은?

① 정전유도 작용
② 전기화학 작용
③ 전자유도 작용
④ 발열 작용

전기기가 Chapter 03 변압기

변압기는 전자유도 작용을 이용하여 1차권선에 전류가 흘러 발생한 자속이 2차권선과 쇄교하여 유도기전력이 발생한다.

12. 하나의 콘센트에서 동시에 수많은 전기기구를 사용할 수 있는 구조의 접속기는?

① 노출형 콘센트   ② 멀티탭
③ 키이리스 소켓   ④ 아이언 플러그

13. $R = 6\,[\Omega]$, $X_C = 8\,[\Omega]$이 직렬로 접속된 회로에 $I = 10\,[\mathrm{A}]$ 전류가 흐른다면 전압은?

① $60 + j80$ ② $60 - j80$
③ $100 + j150$ ④ $100 - j150$

14. 정류방식 중에서 맥동율이 가장 작은 회로는?

① 단상 반파정류회로   ② 단상 전파정류회로
③ 삼상 반파정류회로   ④ 삼상 전파정류회로

15. 자연 공기 내에서 개방할 때 접촉자가 떨어지면서 자연 소호되는 방식을 가진 차단기로 저압의 교류 또는 직류차단기로 많이 사용되는 것은?

① 유입차단기   ② 자기차단기
③ 가스차단기   ④ 기중차단기

16. 단상전력계 2대를 사용하여 2전력계법으로 3상 전력을 측정하고자 한다. 두 전력계의 지시값이 각각 P_1, $P_2\,[\mathrm{W}]$이었다. 3상 전력 $P\,[\mathrm{W}]$를 구하는 식으로 옳은 것은?

① $P = \sqrt{3}\,(P_1 \times P_2)$

② $P = P_1 - P_2$

③ $P = P_1 \times P_2$

④ $P = P_1 + P_2$

17. 발전기를 정격전압 220[V]로 전부하 운전하다가 무부하로 운전하였더니 단자전압이 242[V]가 되었다. 이 발전기의 전압변동률[%]은?

① 10   ② 14
③ 20   ④ 25

> **전기기기**   **Chapter 01 직류기**
>
> 전압변동률 $\varepsilon = \dfrac{V_o - V_n}{V_n} \times 100\,[\%]$
>
> 여기서, V_o : 무부하전압, V_n : 정격전압
>
> $\varepsilon = \dfrac{242 - 220}{220} \times 100 = 10\,[\%]$

18. 사람이 상시통행하는 터널 안의 배선을 애자사용공사에 의하여 시설하는 경우 설치높이는 노면상 몇 [m] 이상인가?

① 1.5   ② 2
③ 2.5   ④ 3

> **전기설비**   **Chapter 05 저압 전기설비 보호**
>
> 터널 안 전선로의 시설조건(KEC 335.1)
> ㉠ 사람이 상시 통행하는 터널 안의 전선로 사용전압은 저압 또는 고압으로 시설
> ㉡ 저압전선
> • 인장강도 2.30[kN] 이상의 절연전선 또는 지름 2.6[mm] 이상의 경동선의 절연전선을 사용하여 애자사용배선에 의해 시설하고 노면상 2.5[m] 이상의 높이를 유지할 것
> • 합성수지관, 금속관, 금속제 가요전선관, 케이블 의 규정에 준하는 케이블배선에 의해 시설할 것
> ㉢ 고압전선
> • 전선은 케이블일 것
> • 케이블은 견고한 관 또는 트라프에 넣거나 사람이 접촉할 우려가 없도록 시설할 것

19. 정전용량 C_1, C_2를 병렬로 접속하였을 때의 합성 정전용량은?

① $C_1 + C_2$ ② $\dfrac{1}{C_1 + C_2}$
③ $\dfrac{1}{C_1} + \dfrac{1}{C_2}$ ④ $\dfrac{C_1 C_2}{C_1 + C_2}$

> **전기이론**   **Chapter 02 정전계와 정자계**
>
> 합성 정전용량
>
> ㉠ 직렬접속 $C_S = \dfrac{1}{\dfrac{1}{C_1} + \dfrac{1}{C_2}} = \dfrac{C_1 \times C_2}{C_1 + C_2}\,[\text{F}]$
>
> ㉡ 병렬접속 $C_P = C_1 + C_2\,[\text{F}]$

20. 전기자 저항이 0.2[Ω], 전류 100[A], 전압 120[V]일 때 분권전동기의 발생 동력[kW]은?

① 5   ② 10
③ 14   ④ 20

> **전기기기**   **Chapter 01 직류기**
>
> ㉠ 역기전력
> $E_c = V_n - I_a \cdot r_a = 120 - 100 \times 0.2 = 100\,[\text{V}]$
> 여기서, V_n : 정격전압 I_a : 전기자 전류,
> r_a : 전기자 저항
> ㉡ 발생동력
> $P_o = E_c \cdot I_a = 100 \times 100 = 10,000\,[\text{W}] = 10\,[\text{kW}]$

21. 화약고에 시설하는 전기설비에서 전로의 대지전압은 몇 [V] 이하로 하여야 하는가?

① 100[V]   ② 150[V]
③ 300[V]   ④ 400[V]

> **전기설비**   **Chapter 07 특수설비**
>
> 화약류 저장소 등의 위험장소(KEC 242.5)
> ㉠ 전로의 대지전압은 300[V] 이하일 것
> ㉡ 전기기계기구는 전폐형일 것
> ㉢ 배선 방법 : 금속관 공사, 케이블 공사

22. RLC 직렬회로의 공진 시 최대가 되는 것은?

① 저항   ② 전류

③ 리액턴스   ④ 임피던스

> **전기이론** Chapter 05 단상 교류회로
>
> ㉠ 직렬 공진 시 임피던스가 최소가 되어 전류는 최대가 된다.
> ㉡ 병렬 공진 시 임피던스가 최대가 되어 전류는 최소가 된다.

23. 동기전동기를 송전선의 전압 조정 및 역률 개선에 사용한 것을 무엇이라 하는가?

① 동기 이탈   ② 동기조상기

③ 댐퍼   ④ 제동권선

> **전기기기** Chapter 02 동기기
>
> ② 동기조상기 : 무부하 상태에서 회전하는 동기전동기로 무효전력을 조정하여 전압 조정 및 역률 개선에 사용
> ③ 댐퍼 : 송전선로에서 전선로의 진동방지
> ④ 제동권선 : 난조 방지 및 동기전동기의 기동토크 발생

24. 다음 중 전선의 슬리브 접속에 있어서 펜치와 같이 사용되고 금속관 공사에서 로크너트를 조일 때 사용하는 공구는 어느 것인가?

① 펌프 플라이어(pump plier)

② 히키(hickey)

③ 비트 익스텐션(bit extension)

④ 클리퍼(clipper)

> **전기설비** Chapter 02 배선재료와 공구
>
> ① 플라이어 : 로크너트를 조이거나 슬리브를 접속할 때 펜치와 같이 사용하는 공구
> ② 히키 : 금속관을 구부리는 공구
> ③ 비트 익스텐션 : 전동 드라이버 비트 연장
> ④ 클리퍼 : 굵은 전선이나 케이블을 절단할 때 사용하는 공구(절단기)

25. 어떤 회로에 흐르는 전류가 아래와 같은 경우 실횻값[A]은?

$$i(t) = 5 + 10\sqrt{2}\sin\omega t + 5\sqrt{2}\sin\left(3\omega t + \frac{\pi}{3}\right)[A]$$

① 12.2[A]   ② 13.6[A]

③ 14.6[A]   ④ 16.6[A]

> **전기이론** Chapter 07 비정현파 교류회로
>
> 전류의 실횻값
> $$|I| = \sqrt{I_0^2 + |I_1|^2 + |I_3|^3}$$
> $$= \sqrt{5^2 + 10^2 + 5^2} = 12.24 \fallingdotseq 12.2[A]$$

26. 8극 파권 직류발전기의 전기자 권선의 병렬 회로수 a는 얼마로 하고 있는가?

① 1   ② 2

③ 6   ④ 8

> **전기기기** Chapter 01 직류기
>
> 전기자 권선법의 중권과 파권 비교
>
> | 구분 | 중권 | 파권 |
> |------|------|------|
> | a | $P_{극수}$ | 2 |
> | b | $P_{극수}$ | 2 |
> | 용도 | 저전압, 대전류 | 고전압, 소전류 |
> | 균압환 | 사용함 | 사용안함 |
>
> * a : 병렬회로수, b : 브러시 수

27. 저압 가공전선이 철도 또는 궤도를 횡단하는 경우에는 레일면상 몇 [m] 이상이어야 하는가?

① 3.5   ② 4.5

③ 5.5   ④ 6.5

> **전기설비** Chapter 06 전선로 및 배전공사
>
> 저압 가공전선의 높이(KEC 222.7)
> ㉠ 도로 횡단 : 지표상 6[m] 이상
> ㉡ 철도 및 궤도 횡단 : 레일면상 6.5[m]
> ㉢ 횡단보도교 : 노면상 3.5[m]
>   (단, 다심형 전선 또는 케이블의 경우에는 3[m] 이상)
> ㉣ 기타 장소 : 5[m]

28. $m_1 = 4 \times 10^{-5}[\text{Wb}]$,　　$m_2 = 6 \times 10^{-3}[\text{Wb}]$, $r = 10[\text{cm}]$이면, 두 자극 m_1, m_2 사이에 작용하는 힘은 약 몇 $[\text{N}]$인가?

① 1.52
② 2.4
③ 24
④ 152

30. 전기울타리의 시설에서 전기울타리용 전원장치에 전기를 공급하는 전로의 사용전압은 몇 $[\text{V}]$ 이하인가?

① 250
② 300
③ 440
④ 600

29. 자속밀도 $0.8[\text{Wb/m}^2]$인 자계에서 길이 50 $[\text{cm}]$인 도체가 30$[\text{m/s}]$로 회전할 때 유기되는 기전력$[\text{V}]$은?

① 8
② 12
③ 15
④ 24

31. 길이 2$[\text{m}]$의 균일한 자로에 8,000회의 도선을 감고 10$[\text{mA}]$의 전류를 흘릴 때 자로의 자장의 세기는?

① 4$[\text{AT/m}]$
② 16$[\text{AT/m}]$
③ 40$[\text{AT/m}]$
④ 160$[\text{AT/m}]$

32. 권선형에서 비례추이를 이용한 기동법은?

① 리액터 기동법 　　② 기동 보상기법
③ 2차 저항기동법 　　④ Y−△ 기동법

권선형 유도전동기의 2차 저항기동은 비례추이를 이용한 기동법으로 회전자의 외부에 저항을 접속하여 기동전류 감소 및 기동토크를 증가시킬 수 있다.

33. 차단기의 문자 기호 중 "OCB"는?

① 진공 차단기 　　② 기중 차단기
③ 자기 차단기 　　④ 유입 차단기

차단기 문자 기호(CB, Circuit Breaker)
㉠ VCB(Vacuum CB) : 진공 차단기
㉡ ACB(Air CB) : 기중 차단기
㉢ MBB(Magnetic Blow−out CB) : 자기 차단기
㉣ OCB(Oil CB) : 유입 차단기
㉤ GCB(Gas CB) : 가스 차단기

34. 교류회로에서 무효전력의 단위는?

① [W] 　　② [VA]
③ [Var] 　　④ [V/m]

무효전력의 단위 [Var]는 Volt−Ampere Reactive의 약자이다.

35. 변압기의 규약 효율은?

① $\dfrac{출력}{입력} \times 100 [\%]$

② $\dfrac{출력}{출력+손실} \times 100 [\%]$

③ $\dfrac{출력}{입력+손실} \times 100 [\%]$

④ $\dfrac{입력-손실}{입력} \times 100 [\%]$

규약 효율
㉠ 발전기 및 변압기 $\eta = \dfrac{출력}{출력+손실} \times 100 [\%]$

㉡ 전동기 $\eta = \dfrac{입력-손실}{입력} \times 100 [\%]$

36. 박강전선관에서 관의 호칭이 아닌 것은?

① 16 　　② 19
③ 25 　　④ 31

금속전선관의 종류(KS C 8401)
㉠ 후강전선관(근사내경, 짝수, 10종)
　16, 22, 28, 36, 42, 54, 70, 82, 92, 104
㉡ 박강전선관(근사외경, 홀수, 7종)
　19, 25, 31, 39, 51, 63, 75

37. 공기 중에서 자속밀도 $0.3[\text{Wb/m}^2]$의 평등 자기장 속에 길이 $50[\text{cm}]$의 직선 도선을 자기장의 방향과 $30°$의 각도로 놓고 여기에 $10[\text{A}]$의 전류를 흐르게 했을 때 도선이 받는 힘[N]은?

① 0.55 　　② 0.75
③ 0.95 　　④ 1.05

플레밍의 왼손 법칙
자계 내의 도체에 전류를 흘리면 도체에는 전자력 F가 발생한다.
$\therefore F = IBl\sin\theta = 10 \times 0.3 \times 0.5 \times \sin 30° = 0.75[\text{N}]$

38. 3상 유도전동기의 회전원리를 설명한 것 중 틀린 것은?

① 회전자의 회전속도가 증가하면 도체를 관통하는 자속수는 감소한다.

② 회전자의 회전속도가 증가하면 슬립도 증가한다.

③ 부하를 회전시키기 위해서는 회전자의 속도는 동기속도 이하로 운전되어야 한다.

④ 3상 교류전압을 고정자에 공급하면 고정자 내부에서 회전 자기장이 발생된다.

> **전기기기** Chapter 04 유도기
>
> 3상 유도전동기의 회전
> ㉠ 3상 교류전원을 이용하여 고정자에서 회전자계(= 회전자기장)를 발생시켜 회전자에 가해서 운전을 한다.
> ㉡ 3상 유도전동기의 회전속도는
> $N = (1-s)N_s = N_s - sN_s\,[\text{rpm}]$ 이므로 동기속도(N_s) 이하로 운전된다.
> ㉢ 회전속도와 자속은 반비례이므로 회전속도가 증가하면 자속은 감소한다.
> ㉣ 슬립은 $s = \dfrac{N_s - N}{N_s} \times 100\,[\%]$ 으로 회전속도(N)가 증가하면 슬립(s)은 감소한다.

39. 저압의 전선로 중 절연 부분의 전선과 대지간의 절연저항은 사용전압에 대한 누설전류가 최대 공급전류의 얼마를 넘지 않도록 유지하여야 하는가?

① $\dfrac{1}{2,000}$ ② $\dfrac{1}{1,000}$

③ $\dfrac{1}{200}$ ④ $\dfrac{1}{100}$

> **전기설비** Chapter 04 전로의 절연 및 접지공사
>
> 전기설비기술기준 제27조
> 저압전로 중 절연 부분의 전선과 대지 사이 및 전선의 심선 상호 간의 절연저항은 사용전압에 대한 누설전류가 최대 공급 전류의 1/2,000을 넘지 않도록 하여야 한다.

40. 전자석의 특징으로 옳지 않은 것은?

① 전류의 방향이 바뀌면 전자석의 극도 바뀐다.

② 코일을 감은 횟수가 많을수록 강한 전자석이 된다.

③ 전류를 많이 공급하면 무한정 자력이 강해진다.

④ 같은 전류라도 코일 속에 철심을 넣으면 더 강한 전자석이 된다.

> **전기이론** Chapter 03 전류의 자기현상
>
> 전류가 증가하면 자력이 강해지다가 더 이상 자력이 증가하지 않는 점에 도달하는데 이를 자기 포화(saturation)라 한다.

41. 동기발전기에서 비돌극기의 출력이 최대가 되는 부하각(power angle)은?

① 0°   ② 45°

③ 90°   ④ 180°

> **전기기기** Chapter 02 동기기
>
> 동기발전기의 출력
> ㉠ 비돌극기의 출력 $P = \dfrac{E_a V_n}{x_s} \sin\delta\,[\text{W}]$
>   (최대출력이 부하각 $\delta = 90°$ 에서 발생)
> ㉡ 돌극기의 경우 최대출력이 부하각 $\delta = 60°$ 에서 발생

42. 셀룰로이드, 성냥, 석유류 등 가연성 위험 물질을 제조 또는 저장하는 장소의 저압 옥내 배선 공사 방법이 틀린 것은?

① 금속관은 박강 전선관 또는 이와 동등 이상의 전선관을 사용한다.

② 두께 2.0[mm] 미만의 합성수지제 전선관을 사용한다.

③ 배선은 금속관 배선, 합성수지관 공사(두께 2.0 [mm] 이상) 또는 케이블 공사를 한다.

④ 합성수지관 공사에 사용하는 합성수지관 및 박스, 기타 부속품은 손상될 우려가 없도록 시설해야 한다.

> **전기설비** Chapter 07 특수설비
>
> 가연성 먼지 위험장소(KEC 242.2.2)
> ㉠ 저압 옥내배선 등은 합성수지관 공사, 금속관 공사 또는 케이블 공사에 의할 것
> ㉡ 단, 두께 2[mm] 미만의 합성수지 전선관 및 난연성이 없는 콤바인 덕트관을 사용하는 것 제외

43. 1[cm]당 권선 수가 10인 무한 길이 솔레노이드에 1[A]의 전류가 흐르고 있을 때 솔레노이드 외부 자계의 세기는?

① 0[AT/m]　　　　② 5[AT/m]

③ 10[AT/m]　　　　④ 20[AT/m]

> **전기이론** Chapter 03 전류의 자기현상
>
> 솔레노이드에 의한 자계의 세기
> ㉠ 솔레노이드 외부 자계 : $H = 0$
> ㉡ 솔레노이드 내부 자계 : $H = \dfrac{NI}{\ell} = n_0 I$
> 여기서, n_0 : 단위 길이당 권선 수

44. 3상 동기 발전기의 상간 접속을 Y결선으로 하는 이유 중 틀린 것은?

① 중성점을 이용할 수 있다.

② 선간전압이 상전압의 $\sqrt{3}$ 배가 된다.

③ 선간전압에 제3고조파가 나타나지 않는다.

④ 같은 선간전압의 결선에 비하여 절연이 어렵다.

> **전기기기** Chapter 02 동기기
>
> 전기자권선을 Y결선하는 이유
> ㉠ 중성점을 접지할 수 있다.
> ㉡ 고조파가 중성점으로 흘러 선로에 제3고조파가 나타나지 않는다.
> ㉢ 선간전압이 상전압의 $\sqrt{3}$ 배가 되어 권선의 절연이 용이하다.

45. 한국전기설비규정(KEC)에서 교통신호등 회로의 사용전압이 몇 [V]를 초과하는 경우에는 지락 발생 시 자동적으로 전로를 차단하는 장치를 시설하여야 하는가?

① 50　　　　　② 100

③ 150　　　　　④ 200

> **전기설비** Chapter 07 특수설비
>
> 한국전기설비규정(KEC)에서 교통신호등 회로의 사용전압이 150[V]를 초과하는 경우에는 지락 발생 시 자동적으로 전로를 차단하는 장치를 시설하여야 한다.

46. △결선에서 선전류가 $10\sqrt{3}$ 이면 상전류는?

① 5 [A]　　　　　② 10 [A]

③ $10\sqrt{3}$ [A]　　　④ 30 [A]

> **전기이론** Chapter 06 3상 교류회로
>
> △결선 시 선전류 $I_\ell = \sqrt{3}\,I_p$ 이므로
> ∴ 상전류 : $I_p = \dfrac{I_\ell}{\sqrt{3}} = \dfrac{10\sqrt{3}}{\sqrt{3}} = 10[\text{A}]$

47. 20[kVA]의 단상 변압기 2대를 사용하여 V−V 결선으로 하고 3상 전원을 얻고자 한다. 이때 여기에 접속시킬 수 있는 3상 부하의 용량은 약 몇 [kVA]인가?

① 34.6
② 44.6
③ 54.6
④ 66.6

48. 다음 중 옥내에 시설하는 저압 전로와 대지 사이의 절연저항 측정에 사용되는 계기는?

① 멀티 테스터
② 메거
③ 어스 테스터
④ 훅 온 미터

49. 비투자율이 1인 환상 철심 중에 자장의 세기가 H[AT/m]이었다. 이때 비투자율이 10인 물질로 바꾸면 철심의 자속밀도[Wb/m²]는?

① 1/10로 줄어든다.
② 10배 커진다.
③ 50배 커진다.
④ 100배 커진다.

50. 변압기유의 구비 조건으로 옳은 것은?

① 절연내력이 클 것
② 인화점이 낮을 것
③ 응고점이 높을 것
④ 비열이 작을 것

51. 부하의 역률이 규정 값 이하인 경우 역률 개선을 위하여 설치하는 것은?

① 저항
② 리액터
③ 컨덕턴스
④ 진상용 콘덴서

52. 100[V]의 교류 전원에 선풍기를 접속하고 입력과 전류를 측정하였더니 500[W], 7[A]였다. 이 선풍기의 역률은?

① 0.61
② 0.71
③ 0.81
④ 0.91

53. 정격이 10,000[V], 500[A], 역률 90[%]의 3상 동기발전기의 단락전류 I_s[A]는? (단, 단락비는 1.3으로 하고, 전기자저항은 무시한다.)

① 450
② 550
③ 650
④ 750

전기기기 **Chapter 02 동기기**

㉠ 단락비 $K_s = \dfrac{I_s}{I_n}$

　여기서, I_s : 단락전류, I_n : 정격전류
㉡ 단락전류 $I_s = K \times I_n = 1.3 \times 500 = 650$[A]

54. 절연저항 측정 시 영향을 주거나 손상을 받을 수 있는 SPD 또는 기타 기기 등은 측정 전에 분리시켜야 하고, 부득이하게 분리가 어려운 경우에는 시험 전압을 몇 [V] 이하로 낮추어서 측정하여야 하는가?

① 100
② 200
③ 250
④ 300

전기설비 **Chapter 04 전로의 절연 및 접지공사**

전기설비기술기준 제52조
측정 시 영향을 주거나 손상을 받을 수 있는 SPD 또는 기타 기기 등은 측정 전에 분리시켜야 하고, 부득이하게 분리가 어려운 경우에는 시험전압을 250V DC로 낮추어 측정할 수 있지만 절연저항 값은 1MΩ 이상이어야 한다.

55. 자체 인덕턴스가 각각 160[mH], 250[mH]의 두 코일이 있다. 두 코일 사이의 상호 인덕턴스가 150[mH]이면 결합계수는?

① 0.5
② 0.62
③ 0.75
④ 0.86

전기이론 **Chapter 06 3상 교류회로**

결합계수

$k = \dfrac{M}{\sqrt{L_1 L_2}} = \dfrac{150}{\sqrt{160 \times 250}} = 0.75$

56. 유도전동기에서 슬립이 가장 큰 경우는?

① 무부하 운전시
② 경부하 운전시
③ 정격부하 운전시
④ 기동시

전기기기 **Chapter 04 유도기**

회전자 속도 $N = (1-s)N_s$[rpm]
㉠ 회전자가 정지 또는 기동시 $N=0$이므로 $s=1$
㉡ 동기속도 또는 무부하로 회전시 $N=N_s$이므로 $s=0$

57. 다음 중 방수형 콘센트의 심벌은?

①  E
②  WP
③  EX
④  H

전기설비 **Chapter 02 배선재료와 공구**

문제의 콘센트 심벌은 다음과 같다.
① 접지극 붙이 콘센트
② 방수형 콘센트
③ 방폭형 콘센트
④ 의료용 콘센트

58. 자체 인덕턴스가 100[H]가 되는 코일에 전류를 1초 동안 0.1[A]만큼 변화시켰다면 유도기전력 [V]은?

① 1[V]
② 10[V]
③ 100[V]
④ 1,000[V]

전기이론 **Chapter 04 전자유도법칙**

유도기전력 $e = -L\dfrac{di}{dt} = -100 \times \dfrac{0.1}{1}$
$\qquad\qquad = -10$[V]
여기서, $-$ 는 유도기전력의 방향을 의미한다.

59. 병렬운전 중인 동기 임피던스 5[Ω]인 2대의 3상 동기발전기의 유도기전력에 200[V]의 전압차이가 있다면 무효순환전류[A]는?

① 5   ② 10

③ 20   ④ 40

> **전기기기** Chapter 02 동기기
>
> 무효순환전류는 병렬운전시 두 발전기의 기전력의 크기가 다를 경우 발전기 사이를 순환하는 전류이다.
>
> 무효순환전류 $I_o = \dfrac{E_A - E_B}{2Z_s} = \dfrac{200}{2 \times 5} = 20[\text{A}]$

60. 사람이 상시 통행하는 터널 내 배선방식이 아닌 것은? (단, 사용전압이 저압에 한한다.)

① 금속관 공사

② 금속덕트 공사

③ 합성수지관 공사

④ 금속제 가요전선관 공사

> **전기설비** Chapter 05 저압 전기설비 보호
>
> 터널 안 전선로의 시설조건(KEC 335.1)
> ㉠ 사람이 상시 통행하는 터널 안의 전선로 사용전압은 저압 또는 고압으로 시설할 것
> ㉡ 합성수지관, 금속관, 금속제 가요전선관, 케이블의 규정에 준하는 케이블 공사에 의해 시설할 것

정답

01	③	02	③	03	③	04	②	05	②
06	②	07	③	08	④	09	④	10	③
11	③	12	②	13	②	14	④	15	④
16	④	17	①	18	③	19	①	20	②
21	③	22	②	23	②	24	①	25	②
26	②	27	④	28	①	29	②	30	①
31	③	32	③	33	④	34	③	35	②
36	①	37	②	38	②	39	①	40	②
41	③	42	②	43	①	44	④	45	③
46	②	47	①	48	②	49	②	50	①
51	④	52	②	53	③	54	③	55	③
56	④	57	②	58	②	59	③	60	②

2023년 제1회

※ 본 교재에 수록된 모든 문제는 CBT 기출복원문제로서, 수험생의 기억에 따라 복원된 것이며, 실제 기출문제와 동일하지 않을 수 있습니다.

01. △결선에서 V_ℓ(선간전압), V_p(상전압), I_ℓ(선전류), I_p(상전류)의 관계식으로 옳은 것은?

① $V_\ell = \sqrt{3}\,V_p,\ I_\ell = I_p$

② $V_\ell = V_p,\ I_\ell = \sqrt{3}\,I_p$

③ $V_\ell = \dfrac{1}{\sqrt{3}}\,V_p,\ I_\ell = I_p$

④ $V_\ell = V_p,\ I_\ell = \dfrac{1}{\sqrt{3}}\,I_p$

> **전기이론** Chapter 06 3상 교류회로
>
> 3상 교류 결선법의 특징
>
> | 구분 | 선간전압 | 선전류 |
> |---|---|---|
> | Y결선 | $V_\ell = \sqrt{3}\,V_p$ | $I_\ell = I_p$ |
> | △결선 | $V_\ell = V_p$ | $I_\ell = \sqrt{3}\,I_p$ |

02. 아크 용접용 변압기가 일반 전력용 변압기와 다른 점은?

① 권선의 저항이 크다.

② 누설 리액턴스가 크다.

③ 효율이 높다.

④ 역률이 좋다.

> **전기기기** Chapter 03 변압기
>
> 아크 용접용 변압기는 누설 변압기의 원리를 응용한 기기로서 누설 자속의 크기를 조정하여 2차전압의 크기를 조정하여 출력을 제어하므로 누설 리액턴스가 크고, 역률이 낮고, 효율이 낮다.

03. 고압 및 특고압 전로의 절연내력시험을 하는 경우 시험전압에 몇 분간 견디어야 하는가?

① 1분   ② 3분

③ 5분   ④ 10분

> **전기설비** Chapter 08 전원설비 및 기타설비
>
> 고압 및 특고압 전로의 시험전압은 전로와 대지 간(다심 케이블은 심선 상호 간 및 심선과 대지 간)에 연속하여 10분간 가하여 절연내력을 시험하였을 때 이에 견디어야 한다.

04. 비정현파를 여러 개의 정현파의 합으로 표시하는 방법은?

① 중첩의 원리   ② 노튼의 정리

③ 푸리에 분석   ④ 테일러의 분석

> **전기이론** Chapter 07 비정현파 교류회로
>
> 푸리에 해석(분석)
> ㉠ 비정현파를 여러 개의 정현파의 합으로 표현하는 방법이다.
> ㉡ 가장 낮은 주파수를 기본파, 기본파 주파수의 정수배수 주파수를 갖는 파형을 고조파(Harmonics)라 한다.
> ㉢ 비정현파는 직류파, 기본파, 고조파로 구성된다.

05. 정류자와 접촉하여 전기자 권선과 외부 회로를 연결하는 역할을 하는 것은?

① 계자   ② 전기자

③ 브러시   ④ 계자철심

> **전기기기** Chapter 01 직류기
>
> ① 계자 : 발전기, 전동기 등에서 여자현상으로 자속을 발생
> ② 전기자 : 계자에서 발생한 자속을 절단하여 기전력을 유도
> ③ 브러시 : 회전하는 전기자와 외부 회로와의 접속
> ④ 계자철심 : 계자의 일부분으로 자기 회로를 형성

06. 전선의 접속에 대한 설명으로 틀린 것은?

① 접속 부분의 전기저항을 20[%] 이상 증가되도록 한다.
② 접속 부분의 인장강도를 80[%] 이상 유지되도록 한다.
③ 접속 부분에 전선 접속 기구를 사용한다.
④ 알루미늄전선과 구리선의 접속 시 전기적인 부식이 생기지 않도록 한다.

> **전기설비** Chapter 01 전선 및 전선의 접속
>
> 전선 접속 시 전기적 저항을 증가시키지 않도록 한다.

07. 패러데이관(Faraday tube)에 대한 설명 중 틀린 것은?

① 패러데이관 내의 전속선 수는 일정하다.
② 진전하가 없는 점에서 패러데이관은 불연속적이다.
③ 패러데이관의 밀도는 전속밀도와 같다.
④ 단위 전위차당 패러데이관의 보유 에너지는 1/2[J]이다.

> **전기이론** Chapter 02 정전계와 정자계
>
> 패러데이관(Faraday tube)의 성질
> ㉠ 패러데이관 내의 전속 수는 일정하다.
> ㉡ 패러데이관 내부에 정, 부의 단위전하가 있다.
> ㉢ 진전하가 없는 면에서 패러데이관은 연속적이다.
> ㉣ 패러데이관의 밀도는 전속밀도와 같다.

08. 전기기기의 냉각 매체로 활용하지 않는 것은?

① 물   ② 수소
③ 공기   ④ 탄소

> **전기기기** Chapter 03 변압기
>
> 전기기기의 운전 중 과열을 방지하기 위한 냉각 방식에 사용되는 매질은 물, 수소, 공기 등이 있다.

09. 차단기에서 ELB의 명칭은?

① 유입 차단기   ② 진공 차단기
③ 배선용 차단기   ④ 누전 차단기

> **전기설비** Chapter 05 저압 전기설비 보호
>
> ① 유입 차단기 : OCB, Oil Circuit Breaker
> ② 진공 차단기 : VCB, Vacuum Circuit Breaker
> ③ 배선용 차단기 : MCCB, Molded Case Circuit Breaker 또는 No Fuse Breaker
> ④ 누전 차단기 : ELB, Earth Leakage Breaker

10. 다음 회로에서 a, b 간의 합성저항은?

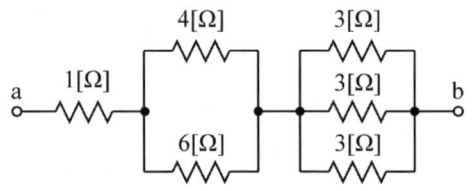

① 4[Ω]   ② 2.2[Ω]
③ 3[Ω]   ④ 4.4[Ω]

> **전기이론** Chapter 01 직류회로
>
> $R_{ab} = 1 + \dfrac{4 \times 6}{4 + 6} + \dfrac{3}{3} = 4.4\,[\Omega]$

11. 직류 전동기의 규약 효율을 표시하는 식은?

① $\dfrac{출력}{출력 + 손실} \times 100[\%]$

② $\dfrac{출력}{입력} \times 100[\%]$

③ $\dfrac{입력 - 손실}{입력} \times 100[\%]$

④ $\dfrac{입력}{출력 + 손실} \times 100[\%]$

> **전기기기** Chapter 01 직류기
>
> 규약 효율
> ㉠ 전동기 $\eta_M = \dfrac{입력 - 손실}{입력} \times 100[\%]$
> ㉡ 발전기 $\eta_G = \dfrac{출력}{출력 + 손실} \times 100[\%]$

12. 실내 전반 조명을 하고자 한다. 작업대로부터 광원의 높이가 $2.4[\mathrm{m}]$인 위치에 조명기구를 배치할 때 벽에서 한 기구 이상 떨어진 기구에서 기구 간의 거리는 일반적인 경우 최대 몇 $[\mathrm{m}]$로 배치하여 설치하는가? (단, $S \le 1.5H$를 사용하여 구하도록 한다.)

① 1.8 ② 2.4
③ 3.2 ④ 3.6

> **전기설비** **Chapter 08 전원설비 및 기타설비**
>
> 등기구 사이의 간격
> $S \le 1.5H = 1.5 \times 2.4 = 3.6\,[\mathrm{m}]$
> 여기서, H : 작업면에서 천장까지의 높이[m]

13. 그림과 같은 평형 3상 △회로를 등가 Y결선으로 환산하면 각 상의 임피던스는 몇 $[\Omega]$이 되는가? (단, $Z = 12[\Omega]$이다.)

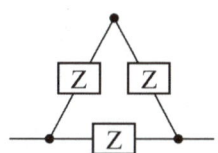

① 48[Ω] ② 36[Ω]
③ 4[Ω] ④ 3[Ω]

> **전기이론** **Chapter 06 3상 교류회로**
>
> △결선 부하를 Y결선 부하로 등가변환하면
> $\therefore Z_Y = \dfrac{1}{3}Z_\triangle = \dfrac{12}{3} = 4\,[\Omega]$

14. 다음 중 권선저항 측정 방법은?

① 메거 ② 전압 전류계법
③ 켈빈 더블 브리지법 ④ 휘이스톤 브리지법

> **전기기기** **Chapter 03 변압기**
>
> ㉠ 켈빈 더블 브리지법 : 굵은 나전선의 저항 측정
> ㉡ 휘이스톤 브리지법 : 수천옴의 가는 전선의 저항 측정
> ㉢ 메거 : 옥내 전등선의 절연저항 측정
> ㉣ 콜라우시 브리지법 : 전해액의 저항 및 접지저항 측정
> ㉤ 전압 전류계법 : 백열전구의 필라멘트 저항측정

15. 가정용 전등에 사용되는 점멸스위치를 설치하여야 할 위치에 대한 설명으로 가장 적당한 것은?

① 보호도체에 설치한다.
② 중성선에 설치한다.
③ 부하의 2차측에 설치한다.
④ 전압측 전선에 설치한다.

> **전기설비** **Chapter 02 배선재료와 공구**
>
> 점멸기(스위치)는 반드시 전압측에 설치하여야 한다. 만약 중성선(N) 또는 접지측 전선에 설치하면 잔광현상이 발생된다.

16. 환상 철심의 평균 자로 길이 $l\,[\mathrm{m}]$, 단면적 $A\,[\mathrm{m}^2]$, 비투자율 μ_s, 권선수 N_1, N_2인 두 코일의 상호 인덕턴스는?

① $\dfrac{2\pi\mu_s l N_1 N_2}{A} \times 10^{-7}\,[\mathrm{H}]$

② $\dfrac{A N_1 N_2}{2\pi\mu_s l} \times 10^{-7}\,[\mathrm{H}]$

③ $\dfrac{4\pi\mu_s A N_1 N_2}{l} \times 10^{-7}\,[\mathrm{H}]$

④ $\dfrac{4\pi^2\mu_s N_1 N_2}{A l} \times 10^{-7}\,[\mathrm{H}]$

> **전기이론** **Chapter 04 전자유도법칙**
>
> 상호 인덕턴스(상호 유도계수)
> $M = \dfrac{\mu_0\mu_s A N_1 N_2}{l} = \dfrac{4\pi\mu_s A N_1 N_2}{l} \times 10^{-7}\,[\mathrm{H}]$
> 여기서, 진공의 투자율 $\mu_0 = 4\pi \times 10^{-7}$

17. 변압기 내부고장 시 급격한 유류 또는 gas의 이동이 생기면 동작하는 부흐홀츠 계전기의 설치 위치는?

① 변압기 본체
② 변압기의 고압측 부싱
③ 컨서베이터 내부
④ 변압기 본체와 콘서베이터를 연결하는 파이프

전기기기　Chapter 03 변압기

브흐홀츠 계전기는 콘서베이터와 변압기 본체 사이를 연결하는 파이프 안에 설치한 계전기로, 수은접점으로 구성되어 변압기 내부에 고장이 발생하는 경우 내부고장 등을 검출하여 보호한다.

18. 지지선의 중간에 넣는 애자는?

① 저압 핀 애자
② 구형 애자
③ 인류 애자
④ 내장 애자

전기설비　Chapter 06 전선로 및 배전공사

㉠ 핀 애자 : 직선 가공전선로에 사용
㉡ 구형 애자 : 지선 중간에 설치하는 애자
㉢ 인류 애자 : 전선로의 인류 개소(끝부분)
㉣ 내장 애자 : 가공전선로 지지물의 지지물 간 거리차가 큰 부분에 사용

19. 단면적 $5[\text{cm}^2]$, 길이 $1[\text{m}]$, 비투자율 10^3인 환상 철심에 $600[회]$의 권선을 감고 이것에 $0.5[\text{A}]$의 전류를 흐르게 한 경우 기자력은?

① $100[\text{AT}]$
② $200[\text{AT}]$
③ $300[\text{AT}]$
④ $400[\text{AT}]$

전기이론　Chapter 03 전류의 자기현상

기자력 $F = NI = 600 \times 0.5 = 300[\text{AT}]$

20. $50[\text{kW}]$의 농형 유도전동기를 기동하려고 할 때, 다음 중 가장 적당한 기동 방법은?

① 분상기동법
② 기동보상기법
③ 권선형기동법
④ 2차저항기동법

전기기기　Chapter 04 유도기

농형 유도전동기의 기동보상기법은 $15[\text{kW}]$를 초과하는 대용량 유도전동기에 적용한다.

21. 일반주택 및 아파트 각 호실의 현관등과 같은 조명용 백열전등을 설치할 때에는 타임스위치를 시설하여야 한다. 몇 분 이내에 소등되는 것이어야 하는가?

① 1
② 3
③ 5
④ 7

전기설비　Chapter 02 배선재료와 공구

점멸기의 시설(KEC 234.6)
㉠ 「관광진흥법」과 「공중위생관리법」에 의한 관광숙박업 또는 숙박업(여인숙업을 제외한다)에 이용되는 객실의 입구등은 1분 이내에 소등되는 것
㉡ 일반주택 및 아파트 각 호실의 현관등은 3분 이내에 소등되는 것

22. 콘덴서 용량 $0.001[\text{F}]$과 같은 것은?

① $100[\mu\text{F}]$
② $1,000[\mu\text{F}]$
③ $10,000[\mu\text{F}]$
④ $100,000[\mu\text{F}]$

전기이론　Chapter 02 정전계와 정자계

$1[\mu\text{F}] = 10^{-6}[\text{F}] \rightarrow 1[\text{F}] = 10^6[\mu\text{F}]$
$\therefore 0.001[\text{F}] = 0.001 \times 10^6[\mu\text{F}] = 1,000[\mu\text{F}]$

23. 동기 발전기의 전기자 권선을 단절권으로 하면?

① 고조파를 제거한다.
② 절연이 잘 된다.
③ 역률이 좋아진다.
④ 기전력을 높인다.

전기기기 Chapter 02 동기기

분포권, 단절권을 사용하는 이유는 고조파를 제거하여 기전력의 파형을 개선하기 위함이다.

24. 변전소의 역할에 대한 내용이 아닌 것은?

① 전압의 변성
② 전력 생산
③ 전력의 집중과 배분
④ 역률 개선

전기설비 Chapter 06 전선로 및 배전공사

변전소의 역할
㉠ 전압의 변성 및 조정
㉡ 전압의 집중과 배분
㉢ 유효전력 및 무효전력 제어(역률 개선)
㉣ 전선로와 기기 보호

25. 어드미턴스의 허수부가 나타내는 것은?

① 컨덕턴스
② 임피던스
③ 리액턴스
④ 서셉턴스

전기이론 Chapter 05 단상 교류회로

㉠ 병렬회로의 임피던스

$$Z = \frac{1}{\frac{1}{R} \pm j\frac{1}{X}} = \frac{1}{G \pm jB}[\Omega]$$

여기서, R : 저항, X : 리액턴스
       G : 컨덕턴스, B : 서셉턴스

㉡ 병렬회로의 어드미턴스

$$Y = \frac{1}{Z} = G \pm jB[\mho]$$

∴ 어드미턴스의 실수부는 컨덕턴스(G)이고 허수부는 서셉턴스(B)가 된다.

26. 유도전동기에서 슬립이 가장 큰 경우는?

① 무부하 운전시
② 경부하 운전시
③ 정격부하 운전시
④ 기동시

전기기기 Chapter 04 유도기

회전자 속도 $N = (1-s)N_s$[rpm]
㉠ 회전자가 정지 또는 기동시 $N=0$이므로 $s=1$
㉡ 동기속도 또는 무부하로 회전시 $N=N_s$이므로 $s=0$

27. 폭발성 먼지가 존재하는 곳의 금속관 공사에 있어서 관 상호 및 관과 박스 기타의 부속품이나 풀박스 또는 전기 기계 기구와의 접속을 몇 턱 이상의 나사 조임으로 접속하여야 하는가?

① 2턱
② 3턱
③ 4턱
④ 5턱

전기설비 Chapter 07 특수설비

먼지 위험장소(KEC 242.2.1)
관 상호 간 및 관과 박스 기타의 부속품·풀박스 또는 전기 기계기구와는 5턱 이상의 나사조임으로 접속하는 방법 기타 이와 동등 이상의 효력이 있는 방법에 의하여 견고하게 접속하고 또는 내부에 먼지가 침입하지 아니하도록 접속하여야 한다.

28. $R = 5[\Omega]$, $L = 30[mH]$의 RL 직렬회로에 $V = 200[V]$, $f = 60[Hz]$의 교류전압을 가할 때 전류의 크기는 약 몇 $[A]$인가?

① 8.67
② 11.42
③ 16.18
④ 21.25

전기이론 Chapter 05 단상 교류회로

㉠ 유도 리액턴스
$$X_L = \omega L = 2\pi f L = 2\pi \times 60 \times 30 \times 10^{-3}$$
$$= 11.3[\Omega]$$
㉡ 합성 임피던스
$$Z = \sqrt{R^2 + X_L^2} = \sqrt{5^2 + 11.3^2} = 12.36[\Omega]$$
∴ 전류 $I = \dfrac{V}{Z} = \dfrac{200}{12.36} = 16.18[A]$

29. 직류 발전기 전기자의 주된 역할은?

① 기전력을 유도한다.
② 자속을 만든다.
③ 정류작용을 한다.
④ 회전자와 외부회로를 접속한다.

전기기기 **Chapter 01 직류기**

㉠ 전기자 : 계자에서 발생한 자속을 절단하여 기전력을 유도
㉡ 계자 : 여자현상으로 자속을 발생
㉢ 정류자 : 교류전력을 직류전력으로 변환하는 정류작용
㉣ 브러시 : 회전하는 전기자와 외부회로와의 접속

30. 450/750[V] 일반용 단심 비닐절연전선의 약호는?

① NRI
② NF
③ NFI
④ NR

전기설비 **Chapter 01 전선 및 전선의 접속**

전선 약호(내선규정 부록 100^{-2})
㉠ NRI : 300/500V 기기 배선용 단심 비닐절연전선
㉡ NF : 450/750V 일반용 유연성 단심 비닐절연전선
㉢ NFI : 300/500V 기기 배선용 유연성 단심 비닐절연전선
㉣ NR : 450/750V 일반용 단심 비닐절연전선

31. 일반적으로 교류전압계의 지시값은?

① 최댓값
② 순시값
③ 평균값
④ 실횻값

전기이론 **Chapter 05 단상 교류회로**

일반적으로 크기만 언급된 교류는 모두 실횻값이다.

32. 3상 유도전동기의 속도제어방법 중 인버터(inverter)를 이용한 속도 제어법은?

① 극수 변환법
② 전압 제어법
③ 초퍼 제어법
④ 주파수 제어법

전기기기 **Chapter 04 유도기**

주파수 제어법
인버터를 이용하여 주파수를 변화시켜 속도를 제어하는 방법으로 선박의 전기추진용 모터 및 포트모터에 사용된다.

33. 특고압과 저압을 결합하는 변압기에서 계산된 1선 지락전류가 30[A]일 때 변압기 중성점 접지 저항의 최댓값은 몇 [Ω]인가?

① 5
② 10
③ 50
④ 100

전기설비 **Chapter 06 전선로 및 배전공사**

KEC 142.5 변압기 중성점 접지
변압기의 고압·특고압측 전로 1선 지락전류로 150을 나눈 값과 같은 저항값 이하로 선정한다.
$$\therefore \ R = \frac{150}{30} = 5\,[\Omega]$$

34. 0.2[Wb/m²]의 평등자계 속에 자계와 직각방향으로 놓인 길이 90[cm]의 도선을 자계와 30° 각의 방향으로 50[m/sec]의 속도로 이동시킬 때 도체 양단에 유기되는 기전력은 몇 [V]인가?

① 0.45[V]
② 0.9[V]
③ 4.5[V]
④ 9.0[V]

전기이론 **Chapter 04 전자유도법칙**

플레밍 오른손 법칙에 의한 유도기전력
$e = Blv\sin\theta = 0.2 \times 0.9 \times 50 \times \sin 30°$
$= 4.5\,[V]$

35. 3상 변압기의 병렬운전이 불가능한 결선 방식으로 짝지은 것은?

① △ − △와 Y − Y ② △ − Y와 △ − Y
③ Y − Y와 Y − Y ④ △ − △와 △ − Y

36. 금속관 구부리기에 있어서 관의 굴곡이 3개소가 넘거나 관의 길이가 30[m]를 초과하는 경우 적용하는 것은?

① 커플링 ② 풀 박스
③ 로크너트 ④ 링 리듀서

37. 전기분해를 하면 석출되는 물질의 양은 통과한 전기량에 관계가 있다. 이것을 나타낸 법칙은?

① 옴의 법칙 ② 쿨롱의 법칙
③ 앙페르의 법칙 ④ 패러데이의 법칙

38. 변압기의 백분율 저항강하가 2%, 백분율 리액턴스강하가 3%일 때 부하역률이 80%인 변압기의 전압변동률[%]은?

① 1.2 ② 2.4
③ 3.4 ④ 3.6

39. 역률개선의 효과로 볼 수 없는 것은?

① 전력손실 감소
② 전압강하 감소
③ 감전사고 감소
④ 설비 용량의 이용률 증가

40. 단면적이 $0.5[m^2]$, 길이가 $0.8[m]$, 비투자율이 20인 막대 철심이 있다. 이 철심의 자기저항[AT/Wb]은?

① 6.37×10^4 ② 4.45×10^4
③ 3.60×10^4 ④ 9.70×10^5

41. 변압기에서 철손은 부하전류와 어떤 관계인가?

① 부하전류에 비례한다.
② 부하전류의 자승에 비례한다.
③ 부한전류에 반비례한다.
④ 부하전류와 관계없다.

> **전기기기** Chapter 03 변압기
>
> 변압기에서 철손은 무부하 시험으로 구해지는 값으로 부하전류의 크기와 관계없이 일정하다,단. 철손은 $P_i \propto \dfrac{V_1{}^2}{f}$ 으로 주파수(f)에 반비례하고 인가전압(V_1) 제곱에 비례한다.

42. 배전반을 나타내는 그림 기호는?

① ◨   ② ⊠
③ ⧓   ④ ┃ S ┃

> **전기설비** Chapter 08 전원설비 및 기타설비
>
> ① 분전반   ② 배전반
> ③ 제어반   ④ 개폐기

43. 서로 같은 방향으로 전류가 흐르고 있는 나란한 두 도선 사이에는 어떤 힘이 작용하는가?

① 서로 미는 힘
② 서로 당기는 힘
③ 하나는 밀고, 하나는 당기는 힘
④ 회전하는 힘

> **전기이론** Chapter 03 전류의 자기현상
>
> 평행도선 사이에 작용하는 힘(전자력)
> ㉠ 전류가 동일 방향으로 흐를 경우 : 흡인력
> ㉡ 전류가 반대 방향으로 흐를 경우 : 반발력
> ㉢ 전자력 : $f = \dfrac{2I_1 I_2}{d} \times 10^{-7}\,[\text{N/m}]$

44. 3상 농형유도전동기의 $Y-\triangle$ 기동시의 기동전류를 전전압 기동시와 비교하면?

① 전전압 기동전류의 1/3로 된다.
② 전전압 기동전류의 $\sqrt{3}$ 배로 된다.
③ 전전압 기동전류의 3배로 된다.
④ 전전압 기동전류의 9배로 된다.

> **전기기기** Chapter 04 유도기
>
> $Y-\triangle$ 기동법의 특성
> ㉠ 기동전류 : 전전압 기동에 비해 1/3로 감소
> ㉡ 기동토크 : 전전압 기동에 비해 1/3로 감소
> ㉢ 기동용량 : 5~15[kW]에 적용

45. $\dfrac{\text{부하의 평균 전력(1시간 평균)}}{\text{최대 수용 전력(1시간 평균)}} \times 100\,[\%]$ 의 관계를 가지고 있는 것은

① 부하율   ② 부등률
③ 수용률   ④ 설비율

> **전기설비** Chapter 05 저압 전기설비 보호
>
> ㉠ 수용률 $= \dfrac{\text{최대 수용전력}}{\text{설비용량}} \times 100\,[\%]$
> ㉡ 부등률 $= \dfrac{\text{개개의 최대 수용전력의 합}}{\text{최대수용전력}}$
> ㉢ 부하율 $= \dfrac{\text{부하의 평균전력}}{\text{최대 수용전력}} \times 100\,[\%]$

46. 그림에서 폐회로에 흐르는 전류는 몇 $[\text{A}]$인가?

① 1
② 1.25
③ 2
④ 2.5

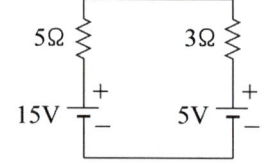

> **전기이론** Chapter 01 직류회로
>
> 전압의 극성이 서로 반대로 접속되어 있으므로 회로의 전위차는 $V = 15 - 5$ 가 된다.
> ∴ 전류 $I = \dfrac{V}{R} = \dfrac{15-5}{5+3} = 1.25\,[\text{A}]$

47. 3상 동기 발전기 병렬운전 조건이 아닌 것은?

① 전압의 크기가 같을 것
② 회전수가 같을 것
③ 주파수가 같을 것
④ 전압 위상이 같을 것

전기기기 **Chapter 02 동기기**

동기발전기의 병렬운전시 정격주파수가 같을 때 극수가 다를 경우 회전수는 달라진다.
예 6극, 8극 병렬운전시 6극 발전기는 1,200[rpm], 8극 발전기는 900[rpm]

48. 인텔리전트 빌딩(Intelligent building)에 사용되는 UPS 시스템의 설명으로 옳은 것은?

① 상시 전원 공급장치
② 비상발전기 전원장치
③ 정전압 정주파수 전원장치
④ 무정전 전원공급장치

전기설비 **Chapter 08 전원설비 및 기타설비**

UPS
Uniterruptible Power Supply의 약어로 상용전원 정전시 저장된 전력을 공급하는 무정전 전원공급장치를 의미한다.

49. 전계의 세기가 E인 균일한 전계 내에 있는 전자가 받는 힘은? (단, 전자의 전하량은 그 크기가 e이다.)

① 크기는 eE^2, 전계와 같은 방향
② 크기는 e^2E, 전계와 반대 방향
③ 크기는 eE, 전계와 같은 방향
④ 크기는 eE, 전계와 반대 방향

전기이론 **Chapter 02 정전계와 정자계**

전계 내에서 전하가 받는 힘 $F = qE[\text{N}]$에서 전자의 전기량 $q = e = -1.602 \times 10^{-19}[\text{C}]$이므로 $F = eE[\text{N}]$이고, 전자는 (−)전하량을 가지므로 전계와 반대 방향으로 힘을 받는다.

50. 상전압 300[V]의 3상 반파 정류 회로의 직류 전압은 약 몇 [V]인가?

① 520[V]   ② 350[V]
③ 260[V]   ④ 50[V]

전기기기 **Chapter 05 정류기**

3상 반파 정류회로 $E_d = 1.17E_a[\text{V}]$
여기서, E_d : 직류전압, E_a : 교류전압
$E_d = 1.17 \times 300 = 351 \fallingdotseq 350[\text{V}]$

51. 합성수지 전선관을 직각 구부리기 할 때 굽힘 반지름은 얼마 이상인가? (단, 전선관 안지름은 18[mm], 바깥지름은 22[mm]이다.)

① 119   ② 108
③ 121   ④ 115

전기설비 **Chapter 03 옥내배선공사**

곡률(굽힘) 반지름
$r = 6d + \dfrac{D}{2} = 6 \times 18 + \dfrac{22}{2} = 119[\text{mm}]$
여기서, d : 안지름, D : 바깥지름

52. 반지름이 2[m], 권수가 100회인 원형코일의 중심에 30[AT/m]의 자계를 발생시키려면 몇 [A]의 전류를 흘려야 하는가?

① 1.2[A]   ② 1.5[A]
③ 120[A]   ④ 150[A]

전기이론 **Chapter 03 전류의 자기현상**

원형코일 중심의 자계 $H = \dfrac{NI}{2a}[\text{AT/m}]$에서
$\therefore$ 전류 $I = \dfrac{2aH}{N} = \dfrac{2 \times 2 \times 30}{100} = 1.2[\text{A}]$

53. 슬립 4[%]인 3상 유도전동기의 2차 동손이 0.4[kW] 일 때 회전자의 입력[kW]은?

① 6 ② 8
③ 10 ④ 12

> **전기기기** Chapter 04 유도기
>
> ㉠ 2차 입력, 2차 손실, 기계적 출력과 슬립의 관계
> $$P_2 : P_c : P_o = 1 : s : 1-s$$
> $$P_2 : P_c = 1 : s\text{에서}$$
> ㉡ 회전자 입력(2차 입력)
> $$P_2 = \frac{1}{s}P_c = \frac{1}{0.04} \times 0.4 = 10[\text{kW}]$$

54. 충전부 전체를 대지로부터 절연시키거나, 한 점을 임피던스를 통해 대지에 접속시키는 방식은?

① IT ② TT
③ TN−S ④ TN−C

> **전기설비** Chapter 05 저압 전기설비 보호
>
> IT 계통의 분류
>
>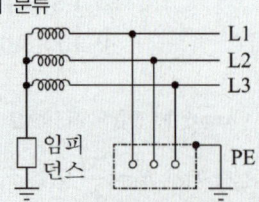
>
> ㉠ 계통접지 : 대지와 절연 또는 높은 임피던스 접지
> ㉡ 기기접지 : 전기적으로 독립적인 접지전극에 기기접지

55. 100[V], 300[W]의 전열선의 저항값은?

① 약 0.33[Ω] ② 약 3.33[Ω]
③ 약 33.3[Ω] ④ 약 333[Ω]

> **전기이론** Chapter 01 직류회로
>
> ㉠ 전열기기와 조명기구는 순수한 저항 부하로 취급한다.
> ㉡ 유효전력 $P = I^2 R = \dfrac{V^2}{R}$ [W] 에서
> ∴ 저항 $R = \dfrac{V^2}{P} = \dfrac{100^2}{300} = 33.3[\Omega]$

56. 유도 전동기가 회전하고 있을 때 생기는 손실 중에서 구리손이란?

① 브러시의 마찰손
② 베어링의 마찰손
③ 표유 부하손
④ 1차, 2차 권선의 저항손

> **전기기기** Chapter 04 유도기
>
> 구리손은 고정자 및 회전자에 감은 권선에서 발생하는 손실로서 열의 형태로 발생하는 저항손이다.

57. 성냥을 제조하는 공장의 공사 방법으로 틀린 것은?

① 금속관 공사
② 케이블 공사
③ 금속 몰드 공사
④ 합성수지관 공사(두께 2[mm] 미만 및 난연성이 없는 것은 제외)

> **전기설비** Chapter 07 특수설비
>
> 가연성 먼지 위험장소(KEC 242.2.2)
> 저압 옥내배선 등은 합성수지관 공사, 금속관 공사 또는 케이블 공사에 의할 것

58. 물질에 따라서 자석에 전혀 반응이 없는 물질은?

① 강자성체   ② 비자성체

③ 반자성체   ④ 상자성체

> **전기이론** Chapter 03 전류의 자기현상
>
> ㉠ 자석과 흡인하는 물질 : 강자성체, 상자성체
> ㉡ 자석과 반발하는 물질 : 반자성체
> ㉢ 자석과 반응없는 물질 : 비자성체

59. 보호구간에 유입하는 전류와 유출하는 전류의 차에 의해 동작하는 계전기는?

① 비율차동 계전기   ② 거리 계전기

③ 방향 계전기   ④ 부족전압 계전기

> **전기기기** Chapter 03 변압기
>
> 비율차동 계전기
> 유입전류와 유출전류의 크기를 비교하여 차이를 검출해서 고장을 판별하여 발전기, 변압기, 모선 등을 보호하는 장치이다.

60. 지중전선로 시설 방식이 아닌 것은?

① 직접매설식   ② 관로식

③ 트라이식   ④ 암거식

> **전기설비** Chapter 06 전선로 및 배전공사
>
> 지중전선로의 시설(KEC 334.1)
> 지중전선로는 전선에 케이블을 사용하고 또한 관로식, 암거식 또는 직접매설식에 의하여 시설하여야 한다.

정답

01	②	02	②	03	④	04	③	05	③
06	①	07	②	08	④	09	④	10	④
11	③	12	④	13	③	14	③	15	④
16	③	17	④	18	②	19	③	20	②
21	②	22	②	23	①	24	④	25	④
26	④	27	④	28	③	29	①	30	④
31	④	32	④	33	①	34	③	35	④
36	②	37	④	38	③	39	③	40	①
41	④	42	②	43	②	44	①	45	①
46	②	47	②	48	④	49	④	50	②
51	①	52	①	53	③	54	①	55	③
56	④	57	③	58	②	59	①	60	③

※ 본 교재에 수록된 모든 문제는 CBT 기출복원문제로서, 수험생의 기억에 따라 복원된 것이며, 실제 기출문제와 동일하지 않을 수 있습니다.

01. 전류가 흐를 때 발생되는 열량은?

① $H = 0.24 I^2 Rt \, [\text{cal}]$

② $H = 0.24 IRt \, [\text{cal}]$

③ $H = 0.24 IR^2 t \, [\text{cal}]$

④ $H = I^2 R \, [\text{cal}]$

전기이론 **Chapter 01 직류회로**

전류가 흐르면 열이 발생되는데, 이때 발생되는 열을 줄열이라 하고 이를 줄의 법칙이라 한다.
⊙ 전류가 흐를 때의 소비전력
  : $P = I^2 R [\text{W}]$
ⓛ 전류가 흐를 때 소비되는 에너지
  : $W = Pt = I^2 Rt \, [\text{W} \cdot \text{s} = \text{J}]$
ⓒ $1 [\text{J}] = 0.24 [\text{cal}]$이므로 전류가 흐를 때 발생되는 열량은 다음과 같다.
  $\therefore H = 0.24 W = 0.24 I^2 Rt \, [\text{cal}]$

02. 8극 중권 발전기의 전기자 도체수 500, 매극의 자속수 $0.02 [\text{Wb}]$, 회전수 $600 [\text{rpm}]$일 때 유기기전력은 몇 $[\text{V}]$인가?

① 50　　　　　② 100

③ 200　　　　　④ 250

전기기기 **Chapter 01 직류기**

병렬회로수(a)는 중권이므로 $a = P = 8$
유기기전력 $E = \dfrac{PZ\phi N}{a60} [\text{V}]$
여기서, P : 자극수, Z : 총도체수,
　　　　ϕ : 자속수[Wb], N : 매분회전수[rpm],
　　　　a : 병렬회로수(파권 : $a = 2$, 중권 : $a = P$)
$E = \dfrac{8 \times 500 \times 0.02 \times 600}{60 \times 8} = 100 \, [\text{V}]$

03. 금속관 공사에 필요한 공구가 아닌 것은?

① 스트리퍼　　　② 파이프 바이스

③ 리머　　　　　④ 오스터

전기설비 **Chapter 02 배선재료와 공구**

① 와이어 스트리퍼 : 절연전선의 피복절연물을 벗길 때 사용하는 공구
② 파이프 바이스 : 금속관을 절단하거나 금속관에 나사를 낼 때 관을 고정시키는 공구
③ 리머 : 금속관을 쇠톱이나 커터로 끊은 다음, 관 안에 날카로운 것을 다듬는 공구
④ 오스터 : 금속관 끝에 나사를 내는 공구

04. $100[\text{V}]$, $800[\text{W}]$, 역률 $80[\%]$인 회로의 리액턴스$[\Omega]$는?

① 12　　　　　② 10

③ 8　　　　　④ 6

전기이론 **Chapter 05 단상 교류회로**

⊙ 유효전력 : $P = IV\cos\theta \, [\text{W}]$
ⓛ 전류 : $I = \dfrac{P}{V\cos\theta} = \dfrac{800}{100 \times 0.8} = 10 \, [\text{A}]$
ⓒ $\sin^2\theta + \cos^2\theta = 1$에서 무효율은
  : $\sin\theta = \sqrt{1 - \cos^2\theta}$
  　　　$= \sqrt{1 - 0.8^2} = 0.6$
ⓔ 무효전력 : $Q = P_r = I^2 X = VI\sin\theta$
  　　　　　$= 100 \times 10 \times 0.6 = 600 \, [\text{Var}]$
$\therefore$ 리액턴스 : $X = \dfrac{Q}{I^2} = \dfrac{600}{10^2} = 6 \, [\Omega]$

05. 6극 36슬롯 3상 동기 발전기의 매극 매상당 슬롯 수는?

① 2   ② 3
③ 4   ④ 5

> **전기기기** Chapter 02 동기기
>
> 매극 매상당 슬롯수
>
> $$q = \frac{총 \ 슬롯수}{극수 \times 상수} = \frac{36}{6 \times 3} = 2$$

06. 자동화설비 등에서 위치결정 기구에 사용되는 것은?

① 스테핑 모터   ② 반동 전동기
③ 전기 동력계   ④ 서보 전동기

> **전기설비** Chapter 02 배선재료와 공구
>
> 스테핑 모터
> ㉠ 입력 펄스 신호에 따라 일정한 각도로 회전하는 전동기 이다.
> ㉡ 기동 및 정지 특성이 우수하다.
> ㉢ 특수 기계의 속도, 거리, 방향 등의 정확한 제어가 가능 하다.

07. 공기 중 자장의 세기가 20[AT/m]인 곳에 8×10^{-3}[Wb]의 자극을 놓으면 작용하는 힘[N]은?

① 0.16   ② 0.32
③ 0.43   ④ 0.56

> **전기이론** Chapter 02 정전계와 정자계
>
> 자기력 $F = mH = 8 \times 10^{-3} \times 20 = 0.16$ [N]

08. 농형 회전자에 비틀어진 홈을 쓰는 이유는?

① 회전수를 증가시킨다.
② 출력을 높인다.
③ 소음을 줄인다.
④ 미관상 좋다.

> **전기기기** Chapter 04 유도기
>
> 사구 슬롯(Skew slot)
> 농형 회전자는 소음 발생을 억제하기 위해 축방향과 비틀 어진 홈을 만든다.

09. 계통 전체에 대해 별도의 중성선 또는 PE 도체를 사용하며, 배전계통에서 PE 도체를 추가로 접지 할 수 있는 방식은?

① IT   ② TT
③ TN−S   ④ TN−C

> **전기설비** Chapter 05 저압 전기설비 보호
>
> TN 계통의 분류
>
>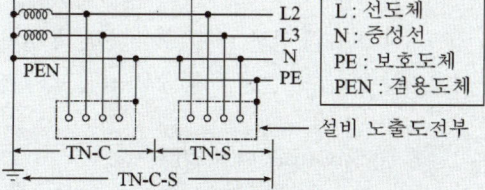
>
> ㉠ TN−S : 계통 전체에 N과 PE가 분리
> ㉡ TN−C : 계통 전체에 PE와 N이 PEN로 결합
> ㉢ TN−C−S : TN−C와 TN−S를 조합한 계통

10. 그림에서 a, b 간의 합성 정전용량은 $10[\mu F]$이다. C_X의 정전용량은?

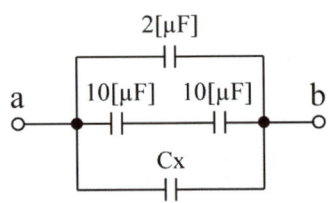

① $3[\mu F]$
② $4[\mu F]$
③ $5[\mu F]$
④ $6[\mu F]$

11. 다음은 3상 유도전동기 고정자 권선의 결선도를 나타낸 것이다. 맞는 사항을 고르시오.

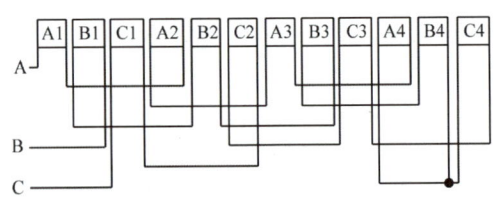

① 3상 2극, Y결선
② 3상 4극, Y결선
③ 3상 2극, △결선
④ 3상 4극, △결선

12. 옥외용 비닐절연전선의 약호(기호)는?

① VV
② DV
③ OW
④ NR

13. 가정용 전등 전압이 $220[V]$이다. 이 교류의 최댓값은 몇 $[V]$인가?

① 220
② 311
③ 330
④ 380

14. 3상 전원에서 2상 전원을 얻기 위한 변압기의 결선 방법은?

① △
② Y
③ V
④ T

15. 2차 접근상태라는 것은 가공전선이 다른 시설물로부터 수평거리 몇 [m] 미만인 곳에 시설되는 것을 말하는가?

① 1.5   ② 3

③ 3.5   ④ 5

> **전기설비** Chapter 06 전선로 및 배전공사
>
> 용어 정의(KEC 112)
> 제2차 접근상태는 가공전선이 다른 시설물과 접근하는 경우 그 가공전선이 다른 시설물의 위쪽 또는 옆쪽에서 수평거리로 3[m] 미만인 곳에 시설되는 상태를 말한다.

16. 니켈의 원자가는 2이고 원자량은 58.7이다. 이때 화학당량의 값은?

① 14.68   ② 29.35

③ 57.7   ④ 117.4

> **전기이론** Chapter 01 직류회로
>
> $$화학당량 = \frac{원자량}{원자가} = \frac{58.7}{2} = 29.35$$

17. 회전속도가 일정하며 속도를 광범위하고 정밀하게 조종할 수 있으므로 압연기나 엘리베이터 등에 사용되는 직류전동기는?

① 가동 복권전동기   ② 타여자전동기

③ 차동 복권전동기   ④ 직권전동기

> **전기기기** Chapter 01 직류기
>
> 타여자전동기
> 계자전류를 외부전원에서 일정하게 공급할 수 있으므로 부하변동에 의한 속도 변화가 적은 정속도 전동기이다.

18. 지지물에 전선 그 밖의 기구를 고정시키기 위해 완목, 완금, 애자 등을 장치하는 것을 무엇이라 하는가?

① 장주   ② 건주

③ 터파기   ④ 전선설치 공사

> **전기설비** Chapter 06 전선로 및 배전공사
>
> ① 장주 : 완목, 완금, 애자 등을 설치
> ② 건주 : 전주 버팀대, 지지선 등을 설치
> ③ 터파기 : 흙을 파내는 것
> ④ 전선설치 공사 : 송전선이나 전화선 등을 공중(가공)에 가설하는 공사

19. 다음 중 자장의 세기에 대한 설명으로 잘못된 것은?

① 자속밀도에 투자율을 곱한 것과 같다.

② 단위 자극에 작용하는 힘과 같다.

③ 단위 길이당 기자력과 같다.

④ 수직 단면의 자력선 밀도와 같다.

> **전기이론** Chapter 02 정전계와 정자계
>
> ① 자속밀도 $B = \mu H [\mathrm{Wb/m^2}]$이므로 $H = \dfrac{B}{\mu}[\mathrm{AT/m}]$이다.
>
> ② 자기력 $F = mH[\mathrm{N}]$에서 $H = \dfrac{F}{m}[\mathrm{N/Wb}]$이다.
>
> ③ 기자력 $F = IN[\mathrm{AT}]$에서 앙페르 법칙에 의한 자계 $H = \dfrac{NI}{\ell} = \dfrac{F}{\ell}[\mathrm{AT/m}]$이다.

20. 직류 발전기의 정격전압 100[V], 무부하전압 109[V]이다. 이 발전기의 전압변동률 $\epsilon[\%]$은?

① 1   ② 3

③ 6   ④ 9

> **전기기기** Chapter 01 직류기
>
> 전압변동률
> $$\epsilon = \frac{V_o - V_n}{V_n} \times 100[\%] = \frac{109 - 100}{100} \times 100 = 9[\%]$$
>
> 여기서, V_o : 무부하전압, V_n : 정격전압

21. 저압 이웃 연결 인입선의 시설기준에서 틀린 것은?

① 지름 2.6[mm] 이상의 인입용 비닐절연전선을 사용하지 않아야 한다.

② 인입선에서 분기하는 점으로부터 100[m]를 초과하는 지역에 미치지 않아야 한다.

③ 폭 5[m]를 초과하는 도로를 횡단하지 않아야 한다.

④ 옥내를 통과하지 않아야 한다.

전기설비 **Chapter 06 전선로 및 배전공사**

이웃 연결 인입선의 시설(KEC 221.1.2)
㉠ 인입선에서 분기하는 점으로부터 100m를 초과하지 말 것
㉡ 폭 5m를 초과하는 도로를 횡단하지 말 것
㉢ 옥내를 통과하지 말 것

22. 30[μF]과 40[μF]의 콘덴서를 병렬로 접속한 후 100[V] 전압을 가했을 때 전 전하량은 몇 [C]인가?

① 17×10^{-4} ② 34×10^{-4}
③ 56×10^{-4} ④ 70×10^{-4}

전기이론 **Chapter 02 정전계와 정자계**

㉠ 콘덴서 병렬 접속 시 합성 정전용량
$C = C_1 + C_2 = 30 + 40 = 70\,[\mu F]$
㉡ 콘덴서에 축적되는 전 전하량
$Q = CV = 70\times10^{-6}\times100 = 70\times10^{-4}\,[C]$

23. 변압기의 권수비가 60일 때 2차측 저항이 0.1[Ω]이다. 이것을 1차로 환산하면 몇 [Ω]인가?

① 310   ② 360
③ 380   ④ 410

전기기기 **Chapter 03 변압기**

㉠ 변압기의 권수비 및 저항비
$a = \dfrac{N_1}{N_2} = \dfrac{E_1}{E_2} = \dfrac{I_2}{I_1}, r_1 = a^2 r_2$
㉡ 1차로 환산한 저항
$r_1 = 60^2 \times 0.1 = 360\,[\Omega]$

24. 220[V] 저압 옥내배선의 인입구 가까운 곳에 반드시 시설해야 하는 인입구 설비로 옳은 것은?

① 분전반과 배선용 차단기

② 계량기와 누전차단기

③ 개폐기와 과전류 차단기

④ 계량기와 배선용 차단기

전기설비 **Chapter 05 저압 전기설비 보호**

저압 옥내배선(KEC 232.81)
옥내에 시설하는 저압 접촉전선에 전기를 공급하기 위한 전로에는 접촉전선 전용의 개폐기 및 과전류 차단기를 시설하여야 한다.

25. 내부저항이 0.1[Ω]인 전지 10개를 병렬로 접속시키면, 전체 내부저항은?

① 0.01[Ω]   ② 0.05[Ω]
③ 0.1[Ω]   ④ 1[Ω]

전기이론 **Chapter 01 직류회로**

전지를 병렬로 접속하면 전압은 전지 1개의 전압과 같고, 내부저항은 $1/n$배가 된다.
∴ 합성 내부저항 : $r_0 = \dfrac{r}{n} = \dfrac{0.1}{10} = 0.01\,[\Omega]$

26. 다음 단상 유도 전동기 중 기동 토크가 큰 것부터 옳게 나열한 것은?

| (ㄱ) 반발 기동형 | (ㄴ) 콘덴서 기동형 |
| (ㄷ) 분상 기동형 | (ㄹ) 셰이딩 코일형 |

① (ㄱ) > (ㄴ) > (ㄷ) > (ㄹ)
② (ㄱ) > (ㄹ) > (ㄴ) > (ㄷ)
③ (ㄱ) > (ㄷ) > (ㄹ) > (ㄴ)
④ (ㄱ) > (ㄴ) > (ㄹ) > (ㄷ)

전기기기 **Chapter 04 유도기**

단상 유도 전동기의 기동토크 크기 비교
반발 기동형 > 반발 유도형 > 콘덴서 기동형 > 분상 기동형 > 셰이딩 코일형 > 모노사이크릭형

27. 전선 접속 시 S형 슬리브 사용에 대한 설명으로 틀린 것은?

① 전선의 끝은 슬리브의 끝에서 조금 나오는 것이 바람직하다.
② 슬리브는 전선의 굵기에 적합한 것을 선정한다.
③ 열린 쪽 홈의 측면을 고르게 눌러서 밀착시킨다.
④ 단선은 사용 가능하나 연선접속 시에는 사용하지 않는다.

> **전기설비** Chapter 01 전선 및 전선의 접속
>
> S형 슬리브 분기 접속(내선규정 1430−8)
> S형 슬리브는 단선, 연선 어느 것에도 사용할 수 있다.

28. 두 전원 E_1과 E_2를 그림과 같이 접속했을 때 흐르는 전류 $I[\mathrm{A}]$는?

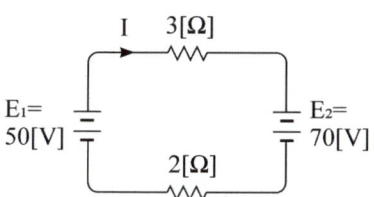

① 4[A]
② −4[A]
③ 24[A]
④ −24[A]

> **전기이론** Chapter 01 직류회로
>
> 전류는 전압이 높은 70[V]에서 전압이 낮은 50[V]로 흐른다. 따라서 문제에 제시되어 있는 전류의 역방향(−방향)으로 흐르게 된다.
> ∴ 전류 : $I = \dfrac{V}{R} = \dfrac{50-70}{3+2} = -4[\mathrm{A}]$

29. 어떤 변압기에서 임피던스 강하가 5[%]인 변압기가 운전 중 단락되었을 때 그 단락전류는 정격전류의 몇 배인가?

① 5
② 20
③ 50
④ 200

> **전기기기** Chapter 03 동기기
>
> 단락전류 $I_s = \dfrac{100}{\%Z} \times I_n = \dfrac{100}{5} \times I_n = 20I_n$
> 여기서, I_n : 정격전류

30. 저압 크레인 또는 호이스트 등의 트롤리선을 애자 사용 공사에 의하여 옥내의 노출장소에 시설하는 경우 트롤리선의 바닥에서의 최소 높이는 몇 [m] 이상으로 설치하는가?

① 2
② 2.5
③ 3
④ 3.5

> **전기설비** Chapter 03 옥내배선공사
>
> 옥내 저압 접촉전선 배선(KEC 232.81)
> 이동기중기, 자동청소기, 그 밖에 이동하며 사용하는 저압의 전기기계기구에 전기를 공급하기 위하여 사용하는 접촉전선을 옥내에 시설하는 경우에는 기계기구에 시설하는 경우 이외에는 전개된 장소 또는 점검할 수 있는 은폐된 장소에 애자공사 또는 버스덕트공사 또는 절연 트롤리공사에 의하여야 하며, 시설기준은 다음과 같다.
> ㉠ 전선의 바닥에서의 높이 : 3.5[m] 이상
> ㉡ 최대 사용전압 : 60[V] 이하

31. 자기 인덕턴스가 0.01[H]인 코일에 100[V], 60[Hz]의 사인파 전압을 가할 때 유도 리액턴스는 약 몇 [Ω]인가?

① 3.77
② 6.28
③ 12.28
④ 37.68

> **전기이론** Chapter 05 단상 교류회로
>
> 유도 리액턴스
> $X_L = 2\pi f L = 2\pi \times 60 \times 0.01 = 3.77[\Omega]$

32. 다음 중 턴 − 오프(소호)가 가능한 소자는?

① GTO   ② TRIAC

③ SCR   ④ LASCR

> **전기기기** Chapter 05 정류기
>
> GTO(Gate Turn off Thyristor)
> 주전류를 차단할 수 있는 소자로 게이트를 이용하여 소자
> 를 턴−오프시킬 수 있다.

33. 철근 콘크리트주의 길이가 12[m]이고, 설계하중이 6.8[kN] 이하일 때, 땅에 묻히는 표준 깊이는 몇 [m] 이상이어야 하는가?

① 2   ② 1.8

③ 1.5   ④ 1.2

> **전기설비** Chapter 06 전선로 및 배전공사
>
> 지지물의 매설 깊이(KEC 331.7)
> 전체 길이가 16[m] 이하, 설계하중이 6.8[kN] 이하(A
> 종)의 경우 매설 깊이는 다음과 같다.
>
> ㉠ 15[m] 이하 : 전장의 $\frac{1}{6}$ 이상
>
> ㉡ 15[m] 초과 : 2.5[m] 이상
>
> ∴ 매설 깊이 : $12 \times \frac{1}{6} = 2[m]$

34. 22[kVA]의 부하가 역률 0.8이라면 무효전력 [kVar]은?

① 16.6[kVar]   ② 17.6[kVar]

③ 15.2[kVar]   ④ 13.2[kVar]

> **전기이론** Chapter 06 3상 교류회로
>
> ㉠ $\sin^2\theta + \cos^2\theta = 1$에서 무효율
>
> $\sin\theta = \sqrt{1 - \cos^2\theta} = \sqrt{1 - 0.8^2} = 0.6$
>
> ㉡ 무효전력 : $Q = P_r = VI\sin\theta$
>
> $= 22 \times 0.6 = 13.2[kVar]$
>
> 여기서, 피상전력 : $P_a = S = VI = 22[kVA]$

35. 변압기의 퍼센트 저항강하가 3[%], 퍼센트 리액턴스 강하가 4[%]이고, 역률이 80[%] 지상이다. 이 변압기의 전압 변동률[%]은?

① 3.2   ② 4.8

③ 5.0   ④ 5.6

> **전기기기** Chapter 03 변압기
>
> 전압 변동률 $\epsilon = p\cos\theta + q\sin\theta$ [%]
> 여기서, p : 백분율 저항강하 q : 백분율 리액턴스강하
> ∴ $\epsilon = 3 \times 0.8 + 4 \times 0.6 = 4.8$ [%]

36. 케이블 공사에 의한 저압 옥내 배선에서 캡타이어 케이블을 조영재의 아랫면 또는 옆면에 따라 붙이는 경우에는 전선의 지지점 간의 거리는 몇 [m] 이하이어야 하는가?

① 1.5   ② 1

③ 2   ④ 0.8

> **전기설비** Chapter 03 옥내배선공사
>
> 케이블공사(KEC 232.51)
> ㉠ 케이블 지지점 간의 거리 : 2[m] 이하
>   (단, 캡타이어 케이블의 경우 : 1[m] 이하)
> ㉡ 사람이 접촉할 우려가 없는 장소에서 수직으로 설치하는
>   경우 : 6[m] 이하

37. 도체가 자기장에서 받는 힘의 관계 중 틀린 것은?

① 자기력선속 밀도에 비례

② 도체의 길이에 반비례

③ 흐르는 전류에 비례

④ 도체가 자기장과 이루는 각도에 비례(0~90°)

> **전기이론** Chapter 03 전류의 자기현상
>
> 전자력 : $F = IB\ell\sin\theta$ [N]
> ∴ 전자력은 전류, 자속밀도, 도체 길이에 비례

38. 교류 전동기를 기동할 때 그림과 같은 기동특성을 가지는 전동기는? [단, 곡선 (1)~(5)는 기동 단계에 대한 토크특성 곡선이다.]

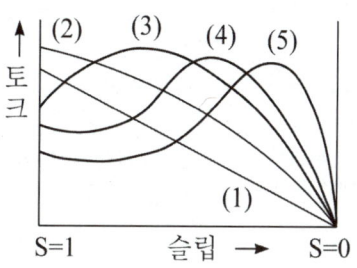

① 반발 유도 전동기
② 2중 농형 유도 전동기
③ 3상 분권 정류자 전동기
④ 3상 권선형 유도 전동기

> **전기기기** Chapter 04 유도기
>
> ㉠ 3상 권선형 유도 전동기의 비례추이를 나타내는 곡선이다.
> ㉡ 2차 저항[= 회전자 저항(r_2)]을 증가시키면 최대토크 발생 슬립이 $s = 1$쪽으로 변화되는 특성을 나타낸다.

39. 다음 중 과전류 차단기를 설치하는 곳은?

① 간선의 전원측 전선
② 접지공사의 접지선
③ 다선식 전로의 중성선
④ 접지공사를 한 저압 가공 전선로의 접지측 전선

> **전기설비** Chapter 05 저압 전기설비 보호
>
> 분기회로의 시설(KEC 212.6.5)
> ㉠ 분기회로의 과전류 차단기는 각 극에 시설할 것
> ㉡ 단, 다선식 전로의 중성극 및 접지측 도체의 극을 제외한다.
> ∴ 중성선, 접지선, 접지측 전선에는 차단기 및 퓨즈를 설치해서는 안 된다.

40. 어떤 콘덴서에 전압 20[V]를 가할 때 전하 800[μF]이 축적되었다면 이때 축적되는 에너지는?

① 0.008[J]   ② 0.16[J]
③ 0.8[J]   ④ 160[J]

> **전기이론** Chapter 02 정전계와 정자계
>
> 콘덴서에 저장되는 에너지
> $$W = \frac{1}{2}CV^2 = \frac{1}{2}QV = \frac{Q^2}{2C} \text{[J]에서}$$
> $$\therefore W = \frac{1}{2}QV = \frac{1}{2} \times 800 \times 10^{-6} \times 20 = 0.008\text{[J]}$$

41. 전기자 철심의 규소 강판의 규소 함유량은 몇 [%]인가?

① 0.5~1.0   ② 1~2
③ 5~6   ④ 7~8

> **전기기기** Chapter 01 직류기
>
> 전기자는 0.35~0.5[mm]의 연강판으로 성층(맴돌이 전류와 히스테리시스손의 손실을 감소시키기 위한 규소 함량 1~1.4[%] 정도의 규소 강판)한 전기자 철심과 전기자 권선으로 구성되어 있다.

42. 고압 배전선로의 주상 변압기의 2차측에 실시하는 변압기 중성점 접지공사의 접지저항값을 계산하는 식으로 옳은 것은? (단, I_g는 지락전류이고 고압측 전로가 저압 측 전로와 혼촉하는 경우 2초 이내 1초를 초과하여 자동적으로 차단하는 장치가 설치되어 있다.)

① $R = \dfrac{150}{I_g}$ ② $R = \dfrac{300}{I_g}$

③ $R = \dfrac{600}{I_g}$ ④ $R = \dfrac{900}{I_g}$

> **전기설비** Chapter 04 전로의 절연 및 접지공사
>
> 변압기 중성점 접지저항값
> ㉠ 일반적 저항값 : $R = \dfrac{150}{I_g}$
> ㉡ 1초 초과, 2초 이내 자동차단장치 설치 : $R = \dfrac{300}{I_g}$
> ㉢ 1초 이내 자동차단장치 설치 : $R = \dfrac{600}{I_g}$

43. 전원과 부하가 다같이 △결선된 3상 평형회로가 있다. 상전압이 $200[V]$, 부하 임피던스가 $Z = 6 + j8[\Omega]$인 경우 선전류는 몇 $[A]$인가?

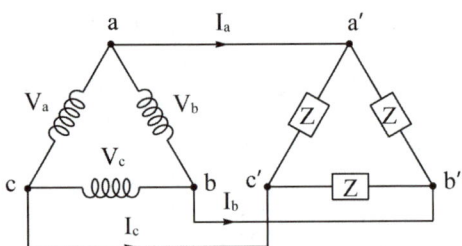

① 20

② $\dfrac{20}{\sqrt{3}}$

③ $20\sqrt{3}$

④ $10\sqrt{3}$

> **전기이론** Chapter 06 3상 교류회로
>
> ㉠ Z를 통과하는 상전류
> $$I_p = \frac{V}{Z} = \frac{200}{\sqrt{6^2 + 8^2}} = \frac{200}{10} = 20[A]$$
>
> ㉡ △결선 시 선전류는 상전류의 $\sqrt{3}$ 배이므로
> $$I_\ell = \sqrt{3}\, I_p = 20\sqrt{3}[A]$$

44. 직류전동기의 출력이 $50[kW]$, 회전수가 $1,800[rpm]$일 때 토크는 약 몇 $[kg \cdot m]$인가?

① 12

② 23

③ 27

④ 31

> **전기기기** Chapter 01 직류기
>
> 직류전동기의 토크
> $$T = 0.975\frac{P}{N} = 0.975 \times \frac{50 \times 10^3}{1,800} ≒ 27[kg \cdot m]$$

45. 소맥분, 전분 기타 가연성의 먼지가 존재하는 곳의 저압 옥내배선 공사 방법 중 적당하지 않은 것은?

① 애자 사용 공사

② 합성수지관 공사

③ 케이블 공사

④ 금속관 공사

> **전기설비** Chapter 07 특수설비
>
> 가연성 먼지 위험장소(KEC 242.2.2)
> 저압 옥내배선 등은 합성수지관 공사, 금속관 공사 또는 케이블 공사에 의할 것

46. $R = 15[\Omega]$인 RC 직렬회로에 $60[Hz]$, $100[V]$의 전압을 가하니 $4[A]$의 전류가 흘렀다면 용량 리액턴스$[\Omega]$는?

① $10[\Omega]$

② $15[\Omega]$

③ $20[\Omega]$

④ $25[\Omega]$

> **전기이론** Chapter 05 단상 교류회로
>
> ㉠ 임피던스 $Z = \sqrt{R^2 + X_C^2}$ 또는 $Z = \dfrac{V}{I}$ 로 구할 수 있다.
>
> ㉡ 임피던스 크기 : $Z = \dfrac{V}{I} = \dfrac{100}{4} = 25[\Omega]$
>
> ㉢ $Z^2 = R^2 + X_C^2$ 에서 $X_C^2 = Z^2 - R^2$ 이 되고, 양변에 제곱근(루트)을 취해서 용량 리액턴스 X_C를 구할 수 있다.
> $$\therefore X_C = \sqrt{Z^2 - R^2} = \sqrt{25^2 - 15^2} = 20[\Omega]$$

47. 동기 전동기의 V곡선(위상특성곡선)에서 종축이 표시하는 것은?

① 계자 전류

② 전기자 전류

③ 단자 전압

④ 토크

> **전기기기** Chapter 02 동기기
>
> V곡선(= 위상특성곡선)
> 계자 전류(I_f)와 전기자 전류(I_a)의 관계곡선
> ㉠ 횡축에 계자 전류
> ㉡ 종축에 전기자 전류

48. 접착제를 사용하여 합성 수지관을 삽입해서 접속하는 경우 관의 삽입 깊이는 관 외경의 최소 몇 배가 되는가?

① 0.8배
② 1배
③ 1.2배
④ 1.5배

49. 10[℃], 5,000[g]의 물을 40[℃]로 올리기 위하여 1[kW]의 전열기를 쓰면 몇 분이 걸리게 되는가? (단, 여기서 효율은 80[%]라고 한다.)

① 약 13분
② 약 15분
③ 약 25분
④ 약 50분

50. 3상 유도전동기의 슬립의 범위는?

① $0 < s < 1$
② $-1 < s < 0$
③ $1 < s < 2$
④ $0 < s < 2$

51. 애자사용 공사에서 전선 상호 간의 간격은 몇 [cm] 이상이어야 하는가?

① 4
② 5
③ 6
④ 8

52. 10[A]의 전류로 6시간 방전할 수 있는 축전지의 용량은?

① 2[Ah]
② 15[Ah]
③ 30[Ah]
④ 60[Ah]

53. 동기전동기의 직류 여자전류가 증가될 때의 현상으로 옳은 것은?

① 진상 역률을 만든다.
② 지상 역률을 만든다.
③ 동상 역률을 만든다.
④ 진상·지상 역률을 만든다.

전기기기 **Chapter 02 동기기**

V곡선(= 위상특성곡선)의 특징

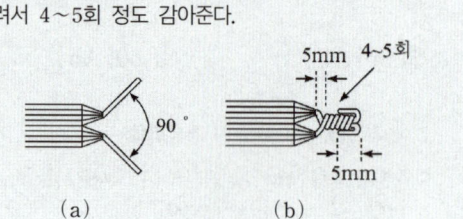

ⓐ 계자전류 I_f와 전기자전류 I_a 간의 관계 곡선
ⓑ V곡선상에서 역률이 1.0일 때 전기자전류는 최소가 된다.
ⓒ 과여자 시 → 콘덴서(S.C) 역할
ⓓ 부족여자 시 → 분로리액터(Sh. R) 역할
ⓔ 부하가 증가할 경우 V곡선은 위로 이동

54. 굵기가 같은 단선을 쥐꼬리 접속하는 경우 두 심선 사이에는 몇 도 정도 벌려서 접속하는 것이 적당한가?

① 30도
② 45도
③ 60도
④ 90도

전기설비 **Chapter 01 전선 및 전선의 접속**

쥐꼬리 접속방법은 아래 그림과 같이 두 심선 사이를 90° 벌려서 4~5회 정도 감아준다.

55. 정현파 교류의 왜형률(Distortion)은?

① 0
② 0.1212
③ 0.2273
④ 0.4834

전기이론 **Chapter 07 비정현파 교류회로**

왜형률 $THD = \dfrac{\text{고조파 만의 실횻값}}{\text{기본파의 실횻값}}$ 에서 정현파는 고조파가 없으므로 왜형률은 0이 된다.

56. 역률과 효율이 좋아서 가정용 선풍기, 전기 세탁기, 냉장고 등에 주로 사용되는 것은?

① 분상 기동형 전동기
② 반발 기동형 전동기
③ 콘덴서 기동형 전동기
④ 셰이딩 코일형 전동기

전기기기 **Chapter 04 유도기**

콘덴서 기동형 전동기
다른 기동방법을 사용하는 전동기에 비해 효율 및 역률이 좋고 진동과 소음이 적어 선풍기, 세탁기, 냉장고 등에 많이 사용하고 있다.

57. 다음 그림기호의 배선 명칭은?

① 천장 은폐 배선
② 바닥 은폐 배선
③ 노출 배선
④ 바닥면 노출 배선

전기설비 **Chapter 08 전원설비 및 기타설비**

일반 배선(배관, 덕트, 금속선, 홈통 등) 심벌
ⓐ ──────── : 천장 은폐 배선
ⓑ ─ ─ ─ ─ ─ : 바닥 은폐 배선
ⓒ ─ · ─ · ─ · ─ : 노출 배선

58. RL 직렬회로에서 R＝20[Ω], L＝10[H]인 경우 시정수 τ 는?

① 0.005[s] ② 0.5[s]
③ 2[s] ④ 200[s]

전기이론 **Chapter 05 단상 교류회로**

㉠ RL 회로의 시정수 : $\tau = \dfrac{L}{R}$ [sec]

㉡ RC 회로의 시정수 : $\tau = RC$ [sec]

∴ $\tau = \dfrac{L}{R} = \dfrac{10}{20} = 0.5$ [sec]

59. 단절권 계수를 나타내는 식은?

① $\sin \dfrac{\beta\pi}{2}$ ② $\cos \dfrac{\beta\pi}{2}$
③ $\sin\beta\pi$ ④ $\cos\beta\pi$

전기기기 **Chapter 02 동기기**

단절권 계수
n차 고조파에 대한 단절 계수

∴ $K_p = \sin \dfrac{n\beta\pi}{2}$ $\left(\beta = \dfrac{\text{코일간격}}{\text{극간격}} \right)$

여기서, n : 고조파 차수

60. 다음 전선의 접속법 중 틀린 것은?

① 전선의 세기를 30[%] 이상 감소시키지 않는다.
② 접속 부분을 절연 전선의 절연물과 동등 이상의 절연 효력이 있도록 충분히 피복한다.
③ 접속 부분은 접속관, 기타의 기구를 사용한다.
④ 알루미늄 도체의 전선과 동 도체의 전선을 접속할 때에는 전기적 부식이 생기지 않도록 한다.

전기설비 **Chapter 01 전선 및 전선의 접속**

전선 접속 시 유의사항
㉠ 전기저항을 증가시키지 말 것
㉡ 전선의 세기를 20[%] 이상 감소시키지 말 것
㉢ 코드 상호, 케이블 상호, 코드와 케이블 상호 : 코드 접속기, 접속함에서 접속

정답

01	①	02	②	03	①	04	④	05	①
06	①	07	①	08	③	09	③	10	①
11	②	12	③	13	②	14	①	15	①
16	②	17	②	18	①	19	①	20	④
21	①	22	④	23	②	24	③	25	①
26	①	27	④	28	②	29	②	30	④
31	①	32	①	33	①	34	④	35	②
36	②	37	②	38	④	39	①	40	①
41	②	42	②	43	③	44	③	45	①
46	③	47	②	48	①	49	①	50	①
51	③	52	④	53	①	54	④	55	①
56	③	57	①	58	②	59	①	60	①

※ 본 교재에 수록된 모든 문제는 CBT 기출복원문제로서, 수험생의 기억에 따라 복원된 것이며, 실제 기출문제와 동일하지 않을 수 있습니다.

01. 기전력 1.5[V], 내부 저항이 0.2[Ω]인 전지 5개를 직렬로 연결하고 이를 단락하였을 때의 단락 전류[A]는?

① 1.5   ② 4.5
③ 7.5   ④ 15

> **전기이론** Chapter 01 직류회로
>
> 전지의 단락회로는 다음과 같다.
>
>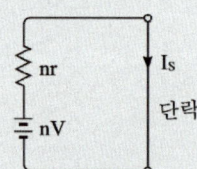
>
> ∴ 단락전류 $I_S = \dfrac{nV}{nr} = \dfrac{5 \times 1.5}{5 \times 0.2} = 7.5$[A]
>
> 여기서, nV : 전지의 합성 기전력
> nr : 전지의 합성 내부 저항

02. 동기발전기를 회전계자형으로 하는 이유가 아닌 것은?

① 고전압에 견딜 수 있게 전기자 권선을 절연하기가 쉽다.
② 전기자 단자에 발생한 고전압을 슬립링 없이 간단하게 외부회로에 인가할 수 있다.
③ 기계적으로 튼튼하게 만드는데 용이하다.
④ 전기자가 고정되어 있지 않아 제작비용이 저렴하다.

> **전기기기** Chapter 02 동기기
>
> 동기발전기를 회전계자형으로 하는 이유
> ㉠ 슬립링 및 브러시를 사용하지 않는다.
> ㉡ 기계적으로 튼튼하다.
> ㉢ 발전시 직류소요전력이 작다.
> ㉣ 절연이 용이하고 고전압에 견딜 수 있다.

03. 전선의 공칭단면적에 대한 설명으로 옳지 않은 것은?

① 소선 수와 소선의 지름으로 나타낸다.
② 단위는 [mm²]로 표시한다.
③ 전선의 실제 단면적과 같다.
④ 연선의 굵기를 나타내는 것이다.

> **전기설비** Chapter 01 전선 및 전선의 접속
>
> ㉠ 단선과 연선 모두 전선의 굵기를 공칭단면적으로 나타내며 단위는 [mm²]를 사용한다.
> ㉡ 전선의 공칭단면적은 전선의 실제 단면적과 같지 않고 근사값을 사용한다.

04. 자기회로의 길이 l [m], 단면적 A [m²], 투자율 μ [H/m]일 때 자기저항 R [AT/Wb]을 나타낸 것은?

① $R = \dfrac{\mu l}{A}$ ② $R = \dfrac{A}{\mu l}$

③ $R = \dfrac{\mu A}{l}$ ④ $R = \dfrac{l}{\mu A}$

> **전기이론** Chapter 03 전류의 자기현상
>
> 자기회로 공식
> ㉠ 기자력 $F = IN$[AT]
> ㉡ 자기저항 $R_m = \dfrac{l}{\mu A} = \dfrac{F}{\phi}$ [AT/Wb]
> ㉢ 옴의법칙 $\phi = \dfrac{F}{R_m} = \dfrac{IN}{\dfrac{l}{\mu A}} = \dfrac{\mu ANI}{l}$ [Wb]

05. 직류 전동기를 기동할 때 전기자 전류를 제한하는 가감 저항기를 무엇이라 하는가?

① 단속기   ② 제어기
③ 가속기   ④ 기동기

> **전기기기** Chapter 01 직류기
>
> 직류 전동기의 기동시 큰 기동전류가 흐르게 되므로 이를 제한하기 위해 기동기(= 기동장치)로 가감 저항기를 사용한다.

06. 나전선 등의 금속선에 속하지 않는 것은?

① 경동선(지름 12[mm] 이하)
② 연동선
③ 동합금선(단면적 35[mm²] 이하)
④ 경알루미늄선(단면적 35[mm²] 이하)

전기설비 Chapter 01 전선 및 전선의 접속
나전선의 종류
㉠ 경동선(지름 12[mm] 이하의 것)
㉡ 연동선
㉢ 동합금선(단면적 25[mm²] 이하)
㉣ 경알루미늄선(단면적 35[mm²] 이하)
㉤ 알루미늄합금선(단면적 35[mm²] 이하)
㉥ 아연도강선 · 아연도철선(방청도금한 철선 포함)

07. 어떤 사인파 교류전압의 평균값이 191[V]이면 최댓값은?

① 150[V]
② 250[V]
③ 300[V]
④ 400[V]

전기이론 Chapter 05 단상 교류회로
교류의 평균값 $V_a = \dfrac{2}{\pi} V_m = 0.637 V_m$에서
∴ 최댓값: $V_m = \dfrac{V_a}{0.637} = \dfrac{191}{0.637} = 300\,[\text{V}]$

08. 유도전동기의 동기속도 N_s, 회전속도 N일 때 슬립은?

① $s = \dfrac{N_s - N}{N}$
② $s = \dfrac{N - N_s}{N}$
③ $s = \dfrac{N_s - N}{N_s}$
④ $s = \dfrac{N_s + N}{N_s}$

전기기기 Chapter 04 유도기
슬립 $s = \dfrac{N_s - N}{N_s} \times 100\,[\%]$
여기서, N_s : 동기속도, N : 회전자 속도

09. 고압 주상변압기를 시가지 외에 설치할 경우 지표 상의 높이는 몇 [m] 이상인가?

① 3.5
② 4
③ 4.5
④ 5

전기설비 Chapter 06 전선로 및 배전공사
고압용 기계기구의 시설(KEC 341.8)
㉠ 시가지 : 4.5[m] 이상
㉡ 시가지 외 : 4[m] 이상

10. 평균값이 100[V]일 때 실횻값은 얼마인가?

① 63.2
② 70.7
③ 90
④ 111

전기이론 Chapter 05 단상 교류회로
교류의 평균값
$V_a = \dfrac{2}{\pi} V_m = 0.637 V_m = 0.9\,V$에서
∴ 실횻값 : $V = \dfrac{V_a}{0.9} = \dfrac{100}{0.9} = 111.1 ≒ 111\,[\text{V}]$
여기서, V_m : 전압의 최댓값 [V]

11. 동기발전기에 앞선 전류가 흐를 때 현상은?

① 효율 향상
② 속도 상승
③ 증자 작용
④ 감자 작용

전기기기 Chapter 02 동기기
동기발전기의 전기자 반작용
㉠ 교차 자화작용(= 횡축 반작용) : 기전력 E와 전기자 전류 I_a가 동상
㉡ 감자 작용(= 직축 반작용) : 기전력 E에 비해 전기자 전류 I_a가 지상
㉢ 증자 작용(= 직축 반작용) : 기전력 E에 비해 전기자 전류 I_a가 진상

12. 상향 광속과 하향 광속이 거의 동일한 조명 방식으로 하향 광속으로 직접 작업면에 직사하고 상부 방향으로 향한 빛이 천장과 상부의 벽을 부분 반사하여 작업면에 조도를 증가시키는 조명 방식은?

① 직접 조명   ② 반직접 조명
③ 반간접 조명   ④ 전반 확산 조명

전기설비 **Chapter 08 전원설비 및 기타설비**

배광에 의한 분류

조명	직접	반직접	전반 확산
상향 광속	0~10%	10~40%	40~60%
등기구			
하향 광속	100~90%	90~60%	60~40%
적용 장소	공장, 다운라이트, 천장매입	사무실, 학교, 상점	사무실, 학교, 상점

조명	반간접	간접
상향 광속	60~90%	90~100%
등기구		
하향 광속	40~10%	10~0%
적용 장소	병원, 침실, 다방·바	병원, 침실, 다방·바

13. 정전용량이 같은 콘덴서 2개를 병렬로 연결하였을 때의 합성 정전용량은 직렬로 접속하였을 때의 몇 배인가?

① 1/4   ② 1/2
③ 2   ④ 4

전기이론 **Chapter 02 정전계와 정자계**

㉠ 직렬 합성 정전용량: $C_S = \dfrac{C}{n}$

㉡ 병렬 합성 정전용량: $C_P = nC$

$\therefore \dfrac{C_P}{C_S} = \dfrac{nC}{\dfrac{C}{n}} = n^2 = 2^2 = 4$배

14. 동기 전동기의 자기 기동법에서 계자권선을 단락하는 이유는?

① 기동 권선으로 이용하기 위해서
② 전기자 반작용을 방지하기 위해서
③ 고전압이 유도되어 절연파괴 우려를 방지하기 위해서
④ 기동을 쉽게 하기 위해서

전기기기 **Chapter 02 동기기**

계자회로에 고전압이 유기되어 계자권선이 소손될 우려가 있으므로 기동 시 계자권선을 단락시켜야 한다.

15. 한국전기설비규정(KEC)에 의하여 가공전선에 케이블을 사용하는 경우 케이블을 조가선에 행거로 시설하여야 한다. 이 경우 사용전압이 고압인 때에는 그 행거의 간격은 몇 [cm] 이하로 시설하여야 하는가?

① 50   ② 60
③ 70   ④ 80

전기설비 **Chapter 06 전선로 및 배전공사**

가공케이블의 시설(KEC 332.2)
㉠ 케이블은 조가선에 행거로 시설할 것
㉡ 고압전선 행거의 간격 : 0.5[m] 이하

16. 기본파의 3[%]인 제3고조파와 4[%]인 제5고조파를 포함하는 전압파의 왜형률은?

① 3[%]   ② 4[%]
③ 5[%]   ④ 6[%]

전기이론 **Chapter 07 비정현파 교류회로**

$$V_{THD} = \dfrac{\text{고조파만의 실효값}}{\text{기본파의 실효값}}$$

$$= \dfrac{\sqrt{(0.03V)^2 + (0.04V)^2}}{V}$$

$$= \dfrac{\sqrt{0.03^2 + 0.04^2}}{1} = 0.05 = 5[\%]$$

17. 동기발전기의 전기자 권선법 중 분포권의 특징이 아닌 것은?

① 슬롯 간격은 상수에 반비례한다.
② 집중권에 비해 합성 유기기전력이 크다.
③ 집중권에 비해 권선의 리액턴스가 감소한다.
④ 집중권에 비해 기전력의 고조파가 감소한다.

> **전기기기** Chapter 02 동기기
>
> 분포권은 집중권에 비해서 유기기전력의 크기가 작다.

18. 전선 접속 시 사용되는 슬리브(sleeve)의 종류가 아닌 것은?

① E형 　　② S형
③ D형 　　④ P형

> **전기설비** Chapter 01 전선 및 전선의 접속
>
> 전선 접속 시 사용되는 슬리브의 종류
> E형, S형, P형, B형, 매킹타이어 슬리브 등이 있다.

19. 다음은 전기력선의 성질이다. 틀린 것은?

① 전기력선은 서로 교차하지 않는다.
② 전기력선은 도체의 표면에 수직이다.
③ 전기력선의 밀도는 전기자의 크기를 나타낸다.
④ 같은 전기력선은 서로 끌어당긴다.

> **전기이론** Chapter 02 정전계와 정자계
>
> 전기력선의 성질
> ㉠ 양전하 표면에서 나와 음전하 표면에서 끝난다.
> ㉡ 접선방향은 그 지점에 작용하는 전계의 방향이다.
> ㉢ 수축하려는 성질이 있으며 같은 전기력선끼리는 반발한다.
> ㉣ 등전위면과 직교한다.
> ㉤ 단면적의 전기력선 밀도는 그 곳의 전계의 세기와 같다.
> ㉥ 도체 표면에 수직으로 출입하며 도체 내부에는 전기력선이 없다.
> ㉦ 서로 교차하지 않는다.

20. 변압기 철심에 성층 철심을 사용하는 이유는 무엇인가?

① 히스테리시스손을 줄이기 위하여
② 동손을 줄이기 위해
③ 와류손을 감소시키기 위하여
④ 풍손을 줄이기 위하여

> **전기기기** Chapter 03 변압기
>
> 철손 = 히스테리시스손 + 와류손
> ㉠ 히스테리시스손 경감 → 규소를 함유한 규소강판 사용
> ㉡ 와류손 경감 → 얇은 두께의 철심을 성층하여 사용

21. 최대 사용전압이 $70[\text{kV}]$인 중성점 직접접지식 전로의 절연내력 시험전압은 몇 $[\text{V}]$인가?

① $35,000[\text{V}]$ 　　② $42,000[\text{V}]$
③ $44,800[\text{V}]$ 　　④ $50,400[\text{V}]$

> **전기설비** Chapter 04 전로의 절연 및 접지공사
>
> 전로의 절연저항 및 절연내력(KEC 132)
> 최대 사용전압이 $60[\text{kV}]$ 초과 $170[\text{kV}]$ 이하의 중성점 직접접지식 전로는 최대 사용전압의 0.72배의 전압을 인가하여 10분간 견뎌야 한다.
> $\therefore 70 \times 10^3 \times 0.72 = 50,400[\text{V}]$

22. 두 종류의 금속으로 하나의 폐회로를 만들고 여기에 전류를 흘리면 양 접속점에서 한쪽은 온도가 올라가고, 다른 쪽은 온도가 내려가서 열의 발생 또는 흡수가 생기고, 전류를 반대방향으로 변화시키면 열의 발생부와 흡수부가 바뀌는 현상이 발생한다. 이 현상을 지칭하는 효과로 알맞은 것은?

① 핀치 효과 　　② 펠티에 효과
③ 톰슨 효과 　　④ 제백 효과

> **전기이론** Chapter 01 직류회로
>
> 펠티에 효과
> 두 개의 다른 종류의 금속으로 폐회로를 만든 후 금속의 접합점에 전류를 흘려주면 접합점 주변에서 열의 흡수 또는 발생하는 현상이다.

23. 변압기 2차 회로의 과부하를 보호하기 위해 과전류를 차단하는 기능을 갖는 배선용차단기의 약호는?

① EOCR
② DS
③ ELB
④ MCCB

> **전기기기** **Chapter 03 변압기**
>
> 배선용차단기(MCCB, Molded Case Circuit Breaker) 과전류(과부하전류, 단락전류)로부터 선로 및 부하를 보호하기 위해 사용한다.

24. 단면적이 $0.75[\mathrm{mm}^2]$인 연동 연선에 염화 비닐 수지로 피복한 위에 "1,000VFL"이 쓰여 있다. "FL"은 무엇을 뜻하는가?

① 네온 전선
② 비닐 코드
③ 형광 방전등
④ 비닐 절연 전선

> **전기설비** **Chapter 01 전선 및 전선의 접속**
>
> ⊙ FL : 형광 방전등용 비닐전선
> ⓛ NV : 비닐절연 네온전선

25. $v = 8\sqrt{2}\sin\left(\omega t + \dfrac{\pi}{6}\right)[\mathrm{V}]$의 교류전압을 페이저 형식으로 맞게 변환한 것은?

① $4 - 4\sqrt{3}\,j$
② $4 + 4\sqrt{3}\,j$
③ $-4\sqrt{3} + 4j$
④ $4\sqrt{3} + 4j$

> **전기이론** **Chapter 05 단상 교류회로**
>
> ⊙ 순시값 : $i(t) = I_m \sin(\omega t \pm \theta)$
>   여기서, I_m : 최댓값($I_m = \sqrt{2} \times$실횻값)
> θ : 위상차
> ⓛ 전류의 실횻값 : $I = \dfrac{I_m}{\sqrt{2}} = 8[\mathrm{A}]$
> ⓒ 위상차 : $\theta = \dfrac{\pi}{6} = \dfrac{180^\circ}{6} = 30^\circ$
> ⓔ 극형식 : $\dot{I} = I \angle \theta = 8 \angle 30^\circ [\mathrm{A}]$
> ⓜ 복소수와 극형식의 관계
> $\dot{I} = I \angle \pm \theta = I(\cos\theta \pm j\sin\theta)[\mathrm{A}]$
> $\therefore \dot{I} = I(\cos\theta + j\sin\theta)$
> $= 8(\cos 30^\circ + \sin 30^\circ)$
> $= 4\sqrt{3} + j4[\mathrm{A}]$

26. $15[\mathrm{kW}]$, $60[\mathrm{Hz}]$, 4극 3상의 유도전동기가 있다. 전부하가 걸렸을 때의 슬립이 $4[\%]$라면 2차 측 동손은 약 몇 $[\mathrm{kW}]$인가?

① 1.2
② 0.8
③ 1.0
④ 0.6

> **전기기기** **Chapter 04 유도기**
>
> 2차 입력, 2차 동손, 출력과 슬립의 관계
> $P_2 : P_c : P_o = 1 : s : 1-s$
> $P_2 : P_c = 1 : s$ 에서
> $\therefore$ 2차 동손 : $P_c = sP_2 = 0.04 \times 15 = 0.6[\mathrm{kW}]$

27. 가공전선로의 지지물에 시설하는 지지선으로 연선을 사용할 경우 소선은 몇 가닥 이상이어야 하는가?

① 2
② 3
③ 4
④ 5

> **전기설비** **Chapter 06 전선로 및 배전공사**
>
> 지지선의 시설(KEC 331.11)
> ⊙ 소선의 지름 : $2.6[\mathrm{mm}]$ 이상
> ⓛ 허용 인장하중 : $4.31[\mathrm{kN}]$ 이상
> ⓒ 연선의 소선 수 : 3가닥 이상
> ⓔ 지지선의 안전율 : 2.5

28. 3개의 저항 R_1, R_2, R_3를 병렬 접속하면 합성저항은?

① $\dfrac{1}{R_1 + R_2 + R_3}$
② $R_1 + R_2 + R_3$
③ $\dfrac{1}{R_1} + \dfrac{1}{R_2} + \dfrac{1}{R_3}$
④ $\dfrac{1}{\dfrac{1}{R_1} + \dfrac{1}{R_2} + \dfrac{1}{R_3}}$

> **전기이론** **Chapter 01 직류회로**
>
> 저항의 병렬 접속은 각 저항의 역수 합의 역수로 나타낸다.
> $\therefore R = \dfrac{1}{\dfrac{1}{R_1} + \dfrac{1}{R_2} + \dfrac{1}{R_3}}[\Omega]$

29. 슬립이 0일 때 유도 전동기의 속도는?

① 동기 속도로 회전한다.
② 정지 상태가 된다.
③ 변화가 없다.
④ 동기 속도보다 빠르게 회전한다.

> **전기기기** Chapter 04 유도기
>
> 회전자 속도: $N=(1-s)N_s[\text{rpm}]$
> 여기서, N: 회전자속도, N_s: 동기속도
> ㉠ 회전자가 정지 또는 기동 시 $N=0$이므로 $s=1$
> ㉡ 동기속도 또는 무부하로 회전 시 $N=N_s$이므로 $s=0$

30. 가공전선로의 지지물에 시설하는 지지선의 인장 하중은 몇 [kN] 이상이어야 하는가?

① 2.31
② 3.31
③ 4.31
④ 5.31

> **전기설비** Chapter 06 전선로 및 배전공사
>
> 지지선의 시설(KEC 331.11)
> ㉠ 지지선의 안전율은 2.5 이상일 것
> ㉡ 지지선의 구성은 2.6[mm] 이상 금속선을 3조 이상 꼬아서 시설할 것(단, 인장강도 0.68[kN] 이상인 아연도 금강선은 2.0[mm] 이상도 가능)
> ㉢ 지지선의 최저 인장하중은 4.31[kN] 이상일 것
> ㉣ 지중 및 지표상 30[cm]까지의 부분에는 아연 도금한 철봉을 사용할 것
> ㉤ 지지선의 높이는 도로 횡단의 경우 5[m] 이상을 유지할 것. 다만, 기술상 부득이한 경우로서 교통에 지장을 초래할 우려가 없는 경우에는 지표상 4.5[m] 이상, 보도의 경우에는 2.5[m] 이상으로 할 수 있다.

31. 100회 감은 코일과 쇄교하는 자속이 3[sec] 동안 4.5[Wb]에서 1.5[Wb]로 변화하였다면 기전력의 크기는?

① 50[V]
② 100[V]
③ 120[V]
④ 150[V]

> **전기이론** Chapter 04 전자유도법칙
>
> 패러데이 전자유도법칙(유도기전력)
> $e=-N\dfrac{d\phi}{dt}=-100\times\dfrac{1.5-4.5}{3}=100[\text{V}]$

32. 다음 중 SCR 기호는?

> **전기기기** Chapter 05 정류기
>
> ① 다이악(DIAC) 기호
> ② 사이리스터(SCR) 기호
> ③ 다이오드 기호
> ④ 제너 다이오드 기호

33. 전주가 땅에 묻히는 깊이는 전주의 길이 15[m] 이하에서는 얼마를 묻어야 하는가?

① 1/6 이상
② 1/5 이상
③ 1/4 이상
④ 1/3 이상

> **전기설비** Chapter 06 전선로 및 배전공사
>
> 지지물의 매설 깊이(KEC 331.7)
> 전체 길이가 16[m] 이하, 설계하중이 6.8[kN] 이하(A종)의 경우 매설 깊이는 다음과 같다.
> ㉠ 15[m] 이하 : 전장의 $\dfrac{1}{6}$ 이상
> ㉡ 15[m] 초과 : 2.5[m] 이상

34. 자기저항 2,000[AT/Wb], 기자력 5,000[AT]인 자기회로의 자속[Wb]은?

① 2.5
② 25
③ 4
④ 0.4

> **전기이론** Chapter 03 전류의 자기현상
>
> 자기회로의 옴의 법칙
> 자속: $\phi=\dfrac{F}{R_m}=\dfrac{5,000}{2,000}=2.5[\text{Wb}]$

35. 변압기의 권수비에 관한 식으로 맞는 것은? (단, a는 권수비이다.)

① $a = \dfrac{V_1}{V_2} = \dfrac{N_1}{N_2} = \dfrac{I_2}{I_1}$

② $a = \dfrac{V_2}{V_1} = \dfrac{N_1}{N_2} = \dfrac{I_2}{I_1}$

③ $a = \dfrac{V_1}{V_2} = \dfrac{N_2}{N_1} = \dfrac{I_2}{I_1}$

④ $a = \dfrac{V_1}{V_2} = \dfrac{N_1}{N_2} = \dfrac{I_1}{I_2}$

전기기기 Chapter 03 변압기

권수비 : $a = \dfrac{N_1}{N_2} = \dfrac{V_1}{V_2} = \dfrac{I_2}{I_1}$

여기서, N_1: 1차 권수, N_2: 2차 권수

---

36. 자동화재탐지설비는 화재의 발생을 초기에 자동적으로 탐지하여 소방대상물의 관계자에게 화재의 발생을 통보해주는 설비이다. 이러한 자동화재탐지설비의 구성요소가 아닌 것은?

① 수신기   ② 비상경보기
③ 발신기   ④ 중계기

전기설비 Chapter 08 전원설비 및 기타설비

자동화재탐지설비는 감지기, 발신기, 중계기, 수신기로 구성되어 있다.

---

37. 다음과 같은 회로에서 흐르는 전류 I는 몇 [A]인가?

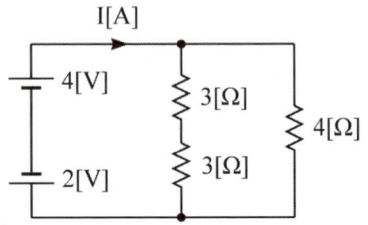

① 0.24   ② 0.83
③ 1.25   ④ 2.42

전기이론 Chapter 01 직류회로

㉠ 전체 기전력 : $V = 4 - 2 = 2\,[V]$

㉡ 합성저항 : $R = \dfrac{(3+3) \times 4}{(3+3)+4} = \dfrac{24}{10} = 2.4\,[\Omega]$

∴ 전류 : $I = \dfrac{V}{R} = \dfrac{2}{2.4} = 0.83\,[A]$

---

38. 다음 회로도에 대한 설명으로 옳지 않은 것은?

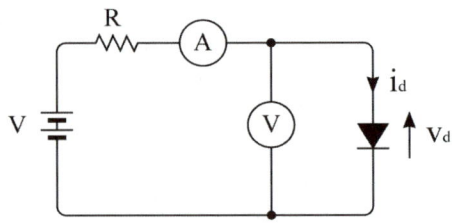

① 다이오드의 양극의 전압이 음극에 비하여 높을 때를 순방향 도통 상태라 한다.
② 다이오드의 양극의 전압이 음극에 비하여 낮을 때를 역방향 저지 상태라 한다.
③ 실제의 다이오드는 순방향 도통 시 양 단자 간의 전압 강하가 발생하지 않는다.
④ 역방향 저지 상태에서는 역방향으로(음극에서 양극으로) 약간의 전류가 흐르는데 이를 누설 전류라고 한다.

전기기기 Chapter 05 정류기

다이오드의 순방향 도통 시 전류가 흘러 양단자 사이에 전압 강하(0.7[V] 정도)가 발생한다.

39. 단상 2선식인 저압 전선로 중 절연 부분의 전선과 (2선 모두) 대지 간의 절연저항은 사용전압에 대한 누설전류가 최대공급 전류의 몇 배를 넘지 아니하도록 유지하여야 하는가?

① $\dfrac{1}{2,000}$ ② $\dfrac{1}{1,500}$

③ $\dfrac{1}{1,000}$ ④ $\dfrac{1}{500}$

전기설비 Chapter 04 전로의 절연 및 접지공사
㉠ 저압전선로 중 절연 부분의 전선과 대지 사이 및 전선의 심선 상호 간의 절연저항은 사용전압에 대한 누설전류가 최대 공급전류의 1/2,000을 넘지 않도록 하여야 한다.
㉡ 단상 2선식에서 2선을 모두 고려하면 허용 누설전류는 $\dfrac{1}{2,000} + \dfrac{1}{2,000} = \dfrac{1}{1,000}$ 을 넘지 않도록 하여야 한다.

40. 중첩의 원리를 이용하여 회로를 해석할 때 전류원과 전압원은 각각 어떻게 하여야 하는가?

① 전압원 – 개방, 전류원 – 개방
② 전압원 – 단락, 전류원 – 개방
③ 전압원 – 개방, 전류원 – 단락
④ 전압원 – 단락, 전류원 – 단락

전기이론 Chapter 01 직류회로
중첩의 정리
㉠ 다수의 전원을 포함하는 회로망에서 회로 내의 임의의 두 점 사이의 전류 또는 전위차는 각각의 전원이 단독으로 있을 때의 전류 또는 전압의 합과 같다.
㉡ 중첩의 정리를 적용할 때에는 기준이 되는 전원을 제외하고는 전압원은 단락, 전류원을 개방시킨 상태에서 해석해야 한다.

41. 그림과 같은 분상 기동형 단상 유도 전동기를 역회전시키기 위한 방법이 아닌 것은?

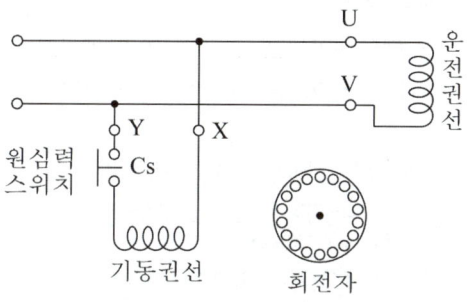

① 원심력스위치를 개로 또는 폐로한다.
② 기동권선이나 운전권선의 어느 한 권선의 단자 접속을 반대로 한다.
③ 기동권선의 단자접속을 반대로 한다.
④ 운전권선의 단자접속을 반대로 한다.

전기기기 Chapter 04 유도기
분상 기동형의 단상 유도 전동기를 역회전시키기 위해서는 기동권선 또는 운전권선 중 하나의 단자접속을 반대로 하여 접속한다.

42. 진동이 심한 전기 기계·기구의 단자에 전선을 접속할 때 사용되는 것은?

① 커플링   ② 압착단자
③ 링 슬리브   ④ 스프링 와셔

전기설비 Chapter 01 전선 및 전선의 접속
진동이 심해 접속단자가 풀릴 우려가 있는 경우에는 이중 너트 또는 스프링 와셔를 사용한다.

43. $R = 6\,[\Omega]$, $X_C = 8\,[\Omega]$일 때 임피던스 $Z = 6 - j8\,[\Omega]$으로 표시되는 것은 일반적으로 어떤 회로인가?

① RL 직렬회로 ② RL 병렬회로
③ RC 직렬회로 ④ RC 병렬회로

전기이론 **Chapter 05 단상 교류회로**

㉠ RL 직렬회로 시 합성 임피던스
$Z = R + jX_L\,[\Omega]$

㉡ RL 병렬회로 시 합성 임피던스
$$Z = \cfrac{1}{\cfrac{1}{R} + \cfrac{1}{jX_L}} = \cfrac{1}{\cfrac{1}{R} - j\cfrac{1}{X_L}}\,[\Omega]$$

㉢ RC 직렬회로 시 합성 임피던스
$Z = R - jX_C\,[\Omega]$

㉣ RC 병렬회로 시 합성 임피던스
$$Z = \cfrac{1}{\cfrac{1}{R} + \cfrac{1}{-jX_C}} = \cfrac{1}{\cfrac{1}{R} + j\cfrac{1}{X_C}}\,[\Omega]$$

---

44. 다음 그림의 직류전동기는 어떤 전동기인가?

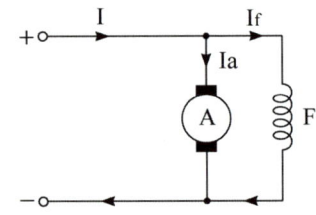

① 직권 전동기 ② 타여자 전동기
③ 분권 전동기 ④ 복권 전동기

전기기기 **Chapter 01 직류기**

계자권선(F)과 전기자권선(A)의 접속 관계
㉠ 직렬 접속 : 직권 전동기
㉡ 병렬 접속 : 분권 전동기
㉢ 계자권선이 별도 회로 : 타여자 전동기
㉣ 직·병렬 접속 : 복권 전동기

---

45. 가공전선로의 지지물에서 다른 지지물을 거치지 아니하고 수용장소의 인입선 접속점에 이르는 가공전선을 무엇이라 하는가?

① 이웃 연결 인입선 ② 가공인입선
③ 구내전선로 ④ 구내인입선

전기설비 **Chapter 06 전선로 및 배전공사**

전기설비기술기준 제3조
㉠ 이웃 연결 인입선 : 한 수용장소의 인입선에서 분기하여 지지물을 거치지 아니하고 다른 수용장소의 인입구에 이르는 전선
㉡ 가공인입선 : 가공전선로의 지지물로부터 다른 지지물을 거치지 아니하고 수용장소의 붙임점에 이르는 가공전선

---

46. 자기 히스테리시스 곡선의 횡축과 종축이 나타내는 것은?

① 투자율과 자속밀도
② 자기장의 세기와 자속밀도
③ 자기장의 세기와 보자력
④ 투자율과 잔류자기

전기이론 **Chapter 03 전류의 자기현상**

히스테리시스 곡선
자성체가 자화되는 특성을 나타낸 곡선으로 외부에서 인가한 자기력에 대한 자성체 내의 자속밀도를 나타낸 곡선

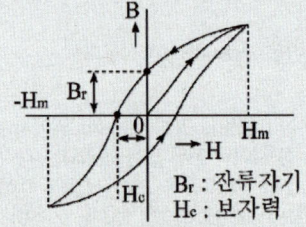

㉠ 가로축(횡축) : 자기장의 세기(H)
㉡ 세로축(종축) : 자속밀도(B)

47. $3[\mathrm{kW}]$, $1,500[\mathrm{rpm}]$ 유도 전동기의 토크$[\mathrm{N \cdot m}]$는 약 얼마인가?

① $1.91[\mathrm{N \cdot m}]$ ② $19.1[\mathrm{N \cdot m}]$
③ $29.1[\mathrm{N \cdot m}]$ ④ $114.6[\mathrm{N \cdot m}]$

> **전기기기** Chapter 04 유도기
> ㉠ $1[\mathrm{kg \cdot m}] = 9.8[\mathrm{N \cdot m}]$
> ㉡ 토크 $T = 0.975 \dfrac{P_o}{N}$
> $\qquad = 0.975 \times \dfrac{3 \times 10^3}{1,500} = 1.95[\mathrm{kg \cdot m}]$
> ∴ $[\mathrm{kg \cdot m}]$을 $[\mathrm{N \cdot m}]$으로 단위변환 시 9.8배를 해야하므로
> $1.95 \times 9.8 = 19.1[\mathrm{N \cdot m}]$

48. 굵은 전선이나 케이블을 절단할 때 사용되는 공구는?

① 클리퍼 ② 펜치
③ 나이프 ④ 플라이어

> **전기설비** Chapter 02 배선재료와 공구
> ㉠ 클리퍼 : 굵은 전선이나 케이블을 절단할 때 사용하는 공구(절단기)
> ㉡ 플라이어 : 로크너트를 조이거나 슬리브를 접속할 때 펜치와 같이 사용하는 공구

49. 무효전력이 $Q[\mathrm{Var}]$일 때 역률이 0.8이면 유효전력$[\mathrm{W}]$은?

① $0.6Q$ ② $0.8Q$
③ $3/4Q$ ④ $4/3Q$

> **전기이론** Chapter 05 단상 교류회로
> ㉠ 전력 삼각형에서 $\tan\theta = \dfrac{P_r}{P}$ 이 된다.
>
>
> ㉡ $\tan\theta = \dfrac{\sin\theta}{\cos\theta} = \dfrac{\sqrt{1-\cos^2\theta}}{\cos\theta}$
> $\qquad = \dfrac{\sqrt{1-0.8^2}}{0.8} = \dfrac{0.6}{0.8}$
> ∴ 유효전력 $P = \dfrac{P_r}{\tan\theta} = \dfrac{0.8}{0.6} \times P_r = \dfrac{0.8}{0.6} \times Q = \dfrac{4}{3}Q$

50. 직류 전동기의 규약효율을 표시하는 식은?

① $\dfrac{\text{출력}}{\text{출력}+\text{손실}} \times 100[\%]$

② $\dfrac{\text{출력}}{\text{입력}} \times 100[\%]$

③ $\dfrac{\text{입력}-\text{손실}}{\text{입력}} \times 100[\%]$

④ $\dfrac{\text{입력}}{\text{출력}+\text{손실}} \times 100[\%]$

> **전기기기** Chapter 01 직류기
> 규약효율
> ㉠ 전동기 $\eta_M = \dfrac{\text{입력}-\text{손실}}{\text{입력}} \times 100[\%]$
> ㉡ 발전기 $\eta_G = \dfrac{\text{출력}}{\text{출력}+\text{손실}} \times 100[\%]$

51. 전등 1개를 2개소에서 점멸하고자 할 때 3로 스위치는 최소 몇 개 필요한가?

① 4개 ② 3개
③ 2개 ④ 1개

> **전기설비** Chapter 02 배선재료와 공구
> 동극 점멸 방식
>
> | 구분 | 3로 스위치 | 4로 스위치 |
> | --- | --- | --- |
> | 2개소 점멸 | 2 | 0 |
> | 3개소 점멸 | 2 | 1 |
> | 4개소 점멸 | 2 | 2 |

52. 두 자극 사이에 작용하는 힘의 크기를 나타내는 법칙은?

① 쿨롱의 법칙 ② 렌츠의 법칙
③ 패러데이 법칙 ④ 앙페르 오른나사 법칙

> **전기이론** Chapter 02 정전계와 정자계
> ② 렌츠의 법칙 : 유도기전력의 방향을 결정한다.
> ③ 패러데이 법칙 : 시간적 변화에 따라 자속의 크기가 변화하면 기전력이 유도된다.
> ④ 앙페르 오른나사 법칙 : 전류에 따른 자기장의 방향을 결정한다.

53. 동기검정기로 알 수 있는 것은?

① 전압의 크기　　② 전압의 위상
③ 전류의 크기　　④ 주파수

> **전기기기**　Chapter 02 동기기
> 병렬운전하는 두 동기발전기의 상회전 방향 및 위상이 일
> 치하는지 시험하기 위해 동기검정기를 사용한다.

54. 배전반을 나타내는 그림 기호는?

① 　　② ⊠
③ 　　④ ⬚S

> **전기설비**　Chapter 08 전원설비 및 기타설비
> ① 분전반
> ② 배전반
> ③ 제어반
> ④ 개폐기

55. 반지름 10[cm], 권수 100[회]인 원형 코일에 15[A]의 전류가 흐를 때, 이 코일 중심의 자장의 세기는 몇 [AT/m]인가?

① 75[AT/m]　　② 750[AT/m]
③ 7,500[AT/m]　　④ 75,000[AT/m]

> **전기이론**　Chapter 03 전류의 자기현상
> 원형 코일의 중심의 자계(자장)의 세기
> $$H = \frac{NI}{2a} = \frac{100 \times 15}{2 \times 0.1} = 7,500[\text{AT/m}]$$

56. 동기 전동기의 계자 전류를 가로축에, 전기자 전류를 세로축으로 하여 나타낸 V곡선에 관한 설명으로 옳지 않은 것은?

① 위상 특성 곡선이라 한다.
② 부하가 클수록 V곡선은 아래쪽으로 이동한다.
③ 곡선의 최저점은 역률 1에 해당한다.
④ 계자전류를 조정하여 역률을 조정할 수 있다.

> **전기기기**　Chapter 02 동기기
>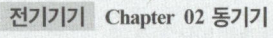
> V곡선(=위상특성곡선)의 특징
>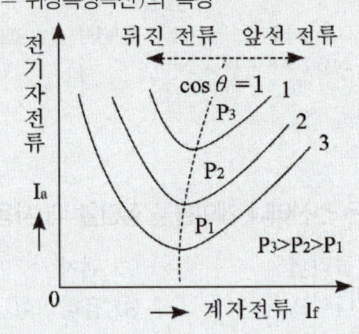
> ㉠ 계자전류 I_f와 전기자전류 I_a 간의 관계 곡선
> ㉡ V곡선상에서 역률이 1.0일 때 전기자전류는 최소가 된다.
> ㉢ 과여자 시 → 콘덴서(S.C) 역할
> ㉣ 부족여자 시 → 분로리액터(Sh. R) 역할
> ㉤ 부하가 증가할 경우 V곡선은 위로 이동

57. 연피 없는 케이블을 배선할 때 직각 구부리기(L형)는 대략 굴곡 반지름을 케이블의 바깥지름의 몇 배 이상으로 하는가?

① 3　　② 4
③ 6　　④ 10

> **전기설비**　Chapter 03 옥내배선공사
> 케이블의 굴곡 반지름(곡률 반경)
> ㉠ 일반 케이블 : 외경의 6배 이상
> ㉡ 단심 케이블 : 외경의 8배 이상
> ㉢ 연피 케이블 : 외경의 12배 이상
> ㉣ CD 케이블 덕트의 바깥지름이 35mm 이상
> 　: 외경의 10배 이상

58. 양전하 15[μF]과 음전하 10[μF]의 두 전하를 공기 중에서 1[m]의 거리에 놓았을 때, 두 전하 사이에 작용하는 힘은?

① 1.35[N]의 반발력
② 1.35[N]의 흡인력
③ 13.5[N]의 반발력
④ 13.5[N]의 흡인력

전기이론 Chapter 02 정전계와 정자계

두 전하 사이에 작용하는 힘(쿨롱의 법칙)

$$F = \frac{Q_1 Q_2}{4\pi\epsilon_0 r^2} = 9\times10^9 \times \frac{Q_1 Q_2}{r^2}$$

$$= 9\times10^9 \times \frac{15\times10^{-6} \times 10\times10^{-6}}{1^2}$$

$$= 135\times10^{-2} = 1.35\,[\text{N}]$$

여기서, 다른 극성의 전하끼리는 흡인력이 발생한다.

60. 접지저항을 측정하는 방법은?

① 휘트스톤 브리지법
② 켈빈 더블 브리지법
③ 콜라우시 브리지법
④ 테스터법

전기설비 Chapter 02 배선재료와 공구

㉠ 검류계의 내부저항 측정 : 휘트스톤 브리지법
㉡ 전지의 내부 저항 측정 : 전압계법, 전류계법, 콜라우시 브리지법
㉢ 전해액의 저항 측정 : 콜라우시 브리지법, 슈트라우스와 헨더슨법
㉣ 접지저항의 측정 : 접지저항계, 콜라우시 브리지법

59. 다음 그림은 직류발전기의 분류 중 어느 것에 해당되는가?

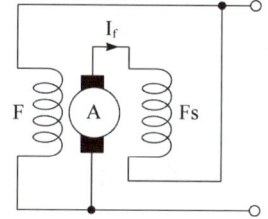

① 분권발전기　　② 직권발전기
③ 자석발전기　　④ 복권발전기

전기기기 Chapter 01 직류기

복권발전기
전기자(A)와 직렬로 직권 계자권선(F_s)이 접속되고 병렬로 분권 계자권선(F)이 접속되는 발전기이다.

정답

01	③	02	④	03	③	04	④	05	④
06	③	07	③	08	③	09	②	10	④
11	③	12	④	13	④	14	③	15	①
16	③	17	②	18	③	19	④	20	③
21	④	22	④	23	④	24	③	25	④
26	④	27	②	28	④	29	①	30	③
31	②	32	②	33	①	34	①	35	①
36	②	37	②	38	④	39	③	40	②
41	①	42	④	43	③	44	③	45	②
46	②	47	②	48	①	49	④	50	③
51	③	52	①	53	②	54	②	55	③
56	②	57	③	58	②	59	④	60	③

※ 본 교재에 수록된 모든 문제는 CBT 기출복원문제로서, 수험생의 기억에 따라 복원된 것이며, 실제 기출문제와 동일하지 않을 수 있습니다.

01. 비유전율 2.5의 유전체 내부의 전속밀도가 2×10^{-6} [C/m²]되는 점의 전기장의 세기[V/m]는?

① 18×10^4
② 9×10^4
③ 6×10^4
④ 3.6×10^4

> **전기이론** Chapter 02 정전계와 정자계
>
> 전속밀도 $D = \epsilon E = \epsilon_0 \epsilon_s E [\text{C/m}^2]$에서
> ∴ 전기장의 세기(전계의 세기)
> : $E = \dfrac{D}{\epsilon_0 \epsilon_s} = \dfrac{2 \times 10^{-6}}{8.855 \times 10^{-12} \times 2.5} = 9 \times 10^4 \,[\text{V/m}]$

02. 전력 계통에 접속되어 있는 변압기나 장거리 송전 시 정전 용량으로 인한 충전 특성 등을 보상하기 위한 기기는?

① 동기 조상기
② 유도 전동기
③ 동기 전동기
④ 유도 발전기

> **전기기기** Chapter 02 동기기
>
> 동기 조상기
> ㉠ 무부하상태에서 회전하는 동기 전동기
> ㉡ 과여자 운전 시 : 콘덴서로 작용
> ㉢ 부족여자 운전 시 : 리액터로 작용

03. 전환 스위치의 종류로 1개의 전등으로 2곳에서 전등을 자유롭게 점멸할 수 있는 스위치는?

① 펜던트 스위치
② 3로 스위치
③ 코드 스위치
④ 단로 스위치

> **전기설비** Chapter 02 배선재료와 공구
>
> 1개의 전등을 서로 다른 2곳에서 자유롭게 점멸할 수 있는 스위치는 3로 스위치이다.
>
>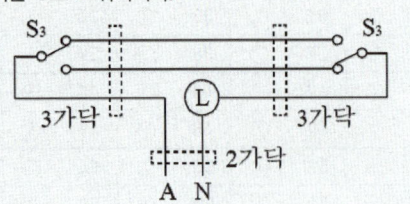

04. $i = 200\sqrt{2}\sin\left(\omega t + \dfrac{\pi}{2}\right)[\text{A}]$를 복소수로 표시 하면?

① 200
② $j200$
③ $200 + j200$
④ $200\sqrt{2} + j200$

> **전기이론** Chapter 05 단상 교류회로
>
> ㉠ 순시값 : $i(t) = I_m \sin(\omega t \pm \theta)$
> 여기서, I_m : 최댓값($I_m = \sqrt{2} \times$ 실횻값)
> θ : 위상차
> ㉡ 전류의 실횻값 : $I = \dfrac{I_m}{\sqrt{2}} = \dfrac{200\sqrt{2}}{\sqrt{2}} = 200\,[\text{A}]$
> ㉢ 위상차 : $\theta = \dfrac{\pi}{2} = \dfrac{180°}{2} = 90°$
> ㉣ 극형식 : $\dot{I} = I \angle \theta = 200 \angle 90°\,[\text{A}]$
> ㉤ 복소수와 극형식의 관계
> : $\dot{I} = I \angle \pm \theta = I(\cos\theta \pm j\sin\theta)\,[\text{A}]$
> ∴ $\dot{I} = I(\cos\theta + j\sin\theta) = 200(\cos 90° + \sin 90°)$
> $= j200\,[\text{A}]$

05. 직류 전동기의 속도 제어 방법이 아닌 것은?

① 전압 제어
② 계자 제어
③ 저항 제어
④ 주파수 제어

> **전기기기** Chapter 01 직류기
>
> 직류 전동기의 속도 제어법
> ㉠ 저항 제어법
> ㉡ 전압 제어법
> ㉢ 계자 제어법

06. 전기 울타리 시설의 사용 전압은 얼마 이하인가?

① 150　　　　　　② 250

③ 300　　　　　　④ 400

07. 복소수에 대한 설명으로 틀린 것은?

① 실수부와 허수부로 구성된다.
② 허수를 제곱하면 음수가 된다.
③ 복소수는 $A = a + jb$ 의 형태로 표시된다.
④ 거리와 방향을 나타내는 스칼라량으로 표시한다.

08. 직류 전동기에서 전부하 속도가 $1,200[\text{rpm}]$, 속도 변동률이 $2[\%]$일 때, 무부하 회전 속도는 몇 $[\text{rpm}]$인가?

① 1,154　　　　　② 1,200

③ 1,224　　　　　④ 1,248

09. 한국전기설비규정에 의하면 정격 전류가 $30[\text{A}]$ 인 저압 전로의 과전류 차단기를 산업용 배선용 차단기로 사용하는 경우 $39[\text{A}]$의 전류가 통과하였을 때 몇 분 이내에 자동적으로 동작하여야 하는가?

① 60　　　　　　② 120

③ 2　　　　　　④ 4

10. 저항이 있는 도선에 전류가 흐르면 열이 발생한다. 이와 같이 전류의 열작용과 가장 관계가 깊은 법칙은?

① 줄의 법칙　　　② 키르히호프의 법칙
③ 옴의 법칙　　　④ 패러데이의 법칙

11. 분상 기동형 단상 유도 전동기의 기동 권선은?

① 운전 권선보다 굵고 권선이 많다.
② 운전 권선보다 가늘고 권선이 많다.
③ 운전 권선보다 굵고 권선이 적다.
④ 운전 권선보다 가늘고 권선이 적다.

12. 접지선의 절연전선 색상은 특별한 경우를 제외하고는 어느 색으로 표시를 하여야 하는가?

① 적색 ② 황색
③ 녹색 − 황색 ④ 검은색

전기설비 Chapter 01 전선 및 전선의 접속

전선의 식별(KEC 121.2)

상(문자)	색상
L1	갈색
L2	검은색
L3	회색
N	파란색
PE(보호도체)	녹색−노란색

13. 비정현파를 여러 개의 정현파의 합으로 표시하는 식을 정의한 사람은?

① 노튼 ② 테브난
③ 푸리에 ④ 패러데이

전기이론 Chapter 07 비정현파 교류회로

푸리에 해석
㉠ 비정현파를 여러 개의 정현파의 합으로 표현한다.
㉡ 가장 낮은 주파수를 기본파, 기본파의 주파수의 정수 배수의 주파수를 갖는 파형을 고조파(Harmonics)라 한다.
㉢ 비정현파는 직류파, 기본파, 고조파로 구성된다.

14. 부하의 저항을 어느 정도 감소시켜도 전류는 일정하게 되는 수하 특성을 이용하여 정전류를 만드는 곳이나 아크 용접 등에 사용되는 직류 발전기는?

① 직권 발전기 ② 분권 발전기
③ 가동 복권 발전기 ④ 차동 복권 발전기

전기기기 Chapter 01 직류기

차동 복권 발전기의 경우 수하 특성을 이용하여 용접용으로 사용할 수 있다.

15. 어느 수용가의 설비 용량이 각각 $1[kW]$, $2[kW]$, $3[kW]$, $4[kW]$인 부하 설비가 있다. 그 수용률이 $60[\%]$인 경우 그 최대 수용 전력은 몇 $[kW]$인가?

① 3 ② 6
③ 30 ④ 60

전기설비 Chapter 05 저압 전기설비 보호

수용률 : $F_{de} = \dfrac{최대수용전력(P_m)}{설비용량(P_s)} \times 100$

∴ 최대 수용 전력
$P_m = F_{de} \times P_s = 0.6 \times (1+2+3+4) = 6[kW]$

16. $20[kVA]$의 단상변압기 2대를 이용하여 $V-V$ 결선으로 3상 전압을 얻으려고 한다. 이때 여기에 접속할 수 있는 3상 부하는 몇 $[kVA]$인가?

① 14.4 ② 40.0
③ 34.6 ④ 17.3

전기이론 Chapter 05 단상 교류회로

V결선 출력은 단상변압기 1대 용량 $P[kVA]$의 $\sqrt{3}$ 배이므로
∴ $P_V = \sqrt{3}P = \sqrt{3} \times 20 = 34.6[kVA]$

17. 주상변압기의 고압 측에 여러 개의 탭을 설치하는 이유는?

① 선로 고장 대비 ② 선로 전압 조정
③ 선로 역률 개선 ④ 선로 과부하 방지

전기기기 Chapter 03 변압기

주상변압기 탭 조정장치는 1차측에 약 5% 간격 정도의 5개의 탭을 설치한 것으로 이를 변화시켜 배전선로의 전압을 조정하기 위해 사용한다.

18. 다음 설비 불평형률에 대한 설명으로 틀린 것은?

① 중성선에 시설하는 개폐기는 개폐 시 전압 불평형이 발생하는 것을 방지하기 위하여 3극이 동시에 개폐되는 것으로 시설한다.

② 중성선에는 부하 불평형에 의한 중성선 단선 시 부하 양측 단자전압의 심한 불평형이 발생할 수 있으므로 중성선에는 과전류 차단기를 시설해야 한다.

③ 단상 3선식의 부하는 평형이 원칙으로 하지만, 부득이한 경우 발생하는 불평형률은 40[%] 이하로 할 수 있다.

④ 3상 4선식의 설비 불평형률은 30[%] 이하를 원칙으로 한다.

전기설비 Chapter 05 저압 전기설비 보호

중성선에는 부하 불평형에 의한 중성선 단선 시 부하 양측 단자 전압의 심한 불평형이 발생할 수 있으므로 중성선에는 과전류 차단기를 시설하지 않고 동선으로 직결한다.

19. 공기 중에서 5×10^{-4}[Wb]인 곳에서 10[cm] 떨어진 점에 3×10^{-4}[Wb]이 놓여 있을 경우 자기력의 세기[N]는?

① 9.5×10^{-1}
② 9.5×10^{-2}
③ 9.5×10^{-3}
④ 9.5×10^{-4}

전기이론 Chapter 02 정전계와 정자계

쿨롱의 법칙(두 자하 사이에 작용하는 힘)

$$F = \frac{m_1 m_2}{4\pi\mu_0 r^2} = 6.33 \times 10^4 \times \frac{m_1 m_2}{r^2}$$
$$= 6.33 \times 10^4 \times \frac{5 \times 10^{-4} \times 3 \times 10^{-4}}{0.1^2}$$
$$= 0.95 = 9.5 \times 10^{-1} [\text{N}]$$

20. 직류 분권 발전기가 있다. 극수 6, 전기자 도체수 400, 매극 자속수 0.01[Wb], 회전수 600[rpm]일 때 유기기전력은 몇 [V]인가? (단, 전기자 권선은 파권이다.)

① 120
② 140
③ 160
④ 180

전기기기 Chapter 01 직류기

직류기의 유기기전력

$$E = \frac{PZ\phi N}{a60} = \frac{6 \times 400 \times 0.01 \times 600}{60 \times 2} = 120 [\text{V}]$$

여기서, 파권의 병렬 회로수 : $a = 2$

21. 저압 개폐기를 생략하여도 무방한 개소는?

① 부하 전류를 끊거나 흐르게 할 필요가 있는 장소

② 인입구, 기타 고장, 점검, 측정, 수리 등에서 개로할 필요가 있는 개소

③ 퓨즈의 전원측으로 분기 회로용 과전류 차단기 이후의 퓨즈가 플러그 퓨즈와 같이 퓨즈 교환 시에 충전부에 접촉될 우려가 없을 경우

④ 퓨즈에 근접하여 설치한 개폐기인 경우의 퓨즈 전원측

전기설비 Chapter 05 저압 전기설비 보호

과전류 차단기 이후 설비 유지보수 시 충전부에 접촉(감전)될 우려가 없는 경우에는 저압 개폐기를 생략하여도 된다.

22. 자체 인덕턴스 2[H]의 코일에 25[J]의 에너지가 저장되어 있다면 코일에 흐르는 전류는?

① 2[A]
② 3[A]
③ 4[A]
④ 5[A]

전기이론 Chapter 04 전자유도법칙

코일에 저장되는 자기에너지 $W = \frac{1}{2}LI^2$에서

∴ 전류: $I = \sqrt{\dfrac{2W}{L}} = \sqrt{\dfrac{2 \times 25}{2}} = 5 [\text{A}]$

23. 변압기의 1차 전압 13,200[V], 무부하 전류 0.2[A], 철손 100[W]일 때 여자 어드미턴스는 약 몇 [℧]인가?

① 1.5×10^{-5}　　② 3×10^{-5}

③ 1.5×10^{-3}　　④ 3×10^{-3}

> **전기기기**　Chapter 03 변압기
>
> 여자전류 $I = VY$[A] 에서 여자 어드미턴스는
>
> $\therefore \ Y = \dfrac{I}{V} = \dfrac{0.2}{13,200} = 1.5 \times 10^{-5}$ [℧]

25. 직렬회로에 교류전압 $v = V_m \sin\theta$[V]를 가했을 때 회로의 위상각 θ를 나타낸 것은?

① $\theta = \tan^{-1}\dfrac{R}{\omega L}$

② $\theta = \tan^{-1}\dfrac{\omega L}{R}$

③ $\theta = \tan^{-1}\dfrac{1}{R\omega L}$

④ $\theta = \tan^{-1}\dfrac{R}{\sqrt{R^2 + (\omega L)^2}}$

> **전기이론**　Chapter 05 단상 교류회로
>
> ㉠ 임피던스 삼각형
>
>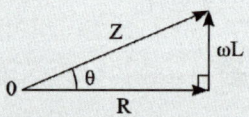
>
> ㉡ RL 직렬회로의 임피던스의 크기
>
> $Z = \sqrt{R^2 + (\omega L)^2}$ [Ω]
>
> ㉢ RL 직렬회로의 위상
>
> $\tan\theta = \dfrac{\omega L}{R}$ 에서 $\theta = \tan^{-1}\dfrac{\omega L}{R}$

24. 부식성 가스 등이 있는 장소에 시설할 수 없는 배선은?

① 금속관 공사

② 제1종 금속제 가요 전선관 공사

③ 케이블 공사

④ 캡타이어 케이블 공사

> **전기설비**　Chapter 07 특수설비
>
> 부식성 가스 등이 있는 장소(내선규정 4225)
> 부식성 가스가 존재하는 장소의 전기 배선은 금속관 공사, 합성수지관 공사, 케이블 공사, 제2종 가요 전선관 공사, 애자 사용 공사, 캡타이어 케이블 공사에 의하여 시설한다.

26. 직류 분권전동기에서 운전 중 계자권선의 저항을 증가하면 회전속도의 값은?

① 감소한다.　　② 증가한다.

③ 일정하다.　　④ 관계없다.

> **전기기기**　Chapter 01 직류기
>
> ㉠ 직류전동기 회전속도
>
> $n = k\dfrac{V_n - I_a \cdot r_a}{\phi}$ [rps]
>
> 여기서, V_n : 단자(= 정격)전압　I_a : 전기자전류
> 　　　　r_a : 전기자저항　k : 기계적상수　ϕ : 자속
>
> ㉡ 계자권선 저항 증가 → 계자전류 감소 → 자속 감소 → 회전수 증가

27. 지지선의 중간에 넣는 애자는?

① 저압 핀 애자   ② 구형 애자
③ 인류 애자   ④ 내장 애자

> **전기설비**   **Chapter 06 전선로 및 배전공사**
>
> ① 핀 애자 : 직선 가공전선로에 사용
> ② 구형 애자 : 지지선 중간에 설치하는 애자
> ③ 인류 애자 : 전선로의 인류 개소(끝부분)
> ④ 내장 애자 : 가공전선로 지지물의 지지물 간 거리차가
>   큰 부분에 사용

28. 황산구리($CuSO_4$)의 전해액에 2개의 동일한 구리판을 넣고 전원을 연결하였을 때 구리판의 변화를 옳게 설명한 것은 어느 것인가?

① 2개의 구리판 모두 얇아진다.
② 2개의 구리판 모두 두터워진다.
③ 양극 쪽은 얇아지고, 음극 쪽은 두터워진다.
④ 양극 쪽은 두터워지고, 음극 쪽은 얇아진다.

> **전기이론**   **Chapter 01 직류회로**
>
> 황산구리 전해액에 2개의 구리판을 전극으로 놓고 전기분해(electrolysis)하면 양극(anode) 구리판은 얇아지고, 음극(cathode) 구리판은 두꺼워진다.

29. 4극인 동기 전동기가 1,800[rpm]으로 회전할 때 전원 주파수는 몇 [Hz]인가?

① 50   ② 60
③ 70   ④ 80

> **전기기기**   **Chapter 02 동기기**
>
> 동기속도 $N_s = \dfrac{120f}{P}$ 에서 주파수는
>
> $\therefore$ 주파수: $f = \dfrac{N_s P}{120} = \dfrac{1,800 \times 4}{120} = 60\,[\text{Hz}]$

30. 금속관과 금속관을 접속할 때 커플링을 사용하는데 커플링을 접속할 때 사용되는 공구는?

① 히키   ② 녹아웃 펀치
③ 파이프 커터   ④ 파이프 렌치

> **전기설비**   **Chapter 03 옥내배선공사**
>
> ① 히키 벤더 : 금속관을 구부리는 공구
> ② 녹아웃 펀치 : 콘크리트 벽에 구멍을 뚫는 공구
> ③ 파이프 커터 : 금속관을 절단하는 공구
> ④ 파이프 렌치 : 금속관을 커플링으로 접속할 때 커플링을 물고 죄는 공구

31. 다음 중 상자성체에 속하는 물질은?

① Ag   ② O_2
③ Zn   ④ Fe

> **전기이론**   **Chapter 03 전류의 자기현상**
>
> 자성체의 종류
> ㉠ 강자성체 : 철(Fe), 니켈(Ni), 코발트(Co), 망간(Mn)
> ㉡ 상자성체 : 알루미늄(Al), 산소(O_2), 텅스텐(W), 백금(Pt)
> ㉢ 반자성체 : 구리(Cu), 은(Ag), 금(Au), 아연(Zn), 비스무트(Bi), 납(Pb), 안티몬(Sb)

32. 진성 반도체인 4가의 실리콘에 N형 반도체를 만들기 위하여 첨가하는 것은?

① 게르마늄   ② 칼륨
③ 인듐   ④ 안티몬

> **전기기기**   **Chapter 05 정류기**
>
> N형 반도체
> ㉠ 진성 반도체에 5가 원소를 첨가하여 전기 전도성을 높여주는 반도체
> ㉡ 5가 원소 : 인, 비소, 안티몬

33. 특고압 수변전 설비 약호가 잘못된 것은?

① LF − 전력 퓨즈 ② DS − 단로기

③ LA − 피뢰기 ④ CB − 차단기

34. 공기 중에서 1[Wb]의 자극에서 나오는 자력선의 수는 몇 개인가?

① 6.33×10^4 ② 7.958×10^5

③ 8.855×10^3 ④ 1.256×10^6

35. 직류 발전기에 있어서 전기자 반작용이 생기는 요인이 되는 전류는?

① 동손에 의한 전류

② 전기자 권선에 의한 전류

③ 계자 권선의 전류

④ 규소 강판에 의한 전류

36. 계통접지의 구성에 있어서, 저압전로의 보호도체 및 중성선의 접속 방식에 따른 접지계통 방식에 해당되지 않는 것은?

① TN 계통 ② TT 계통

③ IT 계통 ④ IM

37. 공기 중에서 자속밀도 $0.3[\text{Wb/m}^2]$의 평등 자기장 속에 길이 $50[\text{cm}]$의 직선 도선을 자기장의 방향과 $30°$의 각도로 놓고 여기에 $10[\text{A}]$의 전류를 흐르게 했을 때 도선이 받는 힘[N]은?

① 0.55 ② 0.75

③ 0.95 ④ 1.05

38. 병렬 운전 중인 동기 발전기의 유도 기전력이 $2,000[\text{V}]$, 위상차 $60°$일 경우 유효 순환전류[A]는 얼마인가? (단, 동기 임피던스는 $5[\Omega]$이다.)

① 500 ② 1,000

③ 20 ④ 200

39. 가공전선로의 지지물에 하중이 가하여지는 경우 그 하중을 받는 지지물의 기초 안전율은 일반적으로 얼마 이상이어야 하는가?

① 1.5
② 2.0
③ 2.5
④ 4.0

가공전선로 지지물 기초 안전율(KEC 331.7)
가공전선로의 지지물에 하중이 가하여지는 경우에는 그 하중을 받는 지지물의 기초의 안전율은 2 이상이어야 한다.

40. 다음 중 1차 전지에 해당하는 것은?

① 망간 건전지
② 니켈-카드뮴 전지
③ 납축 전지
④ 리튬 이온 전지

㉠ 1차 전지(충전할 수 없는 전지) : 망간 전지, 알카리·망간 전지, 산화은 전지, 수은 전지, 공기 전지, 리튬 전지 등
㉡ 2차 전지(충전할 수 있는 전지) : 납축 전지, 알칼리 전지(니켈-카드뮴 전지)

41. 200[V], 50[W] 전등 10개를 10시간 사용하였다면 사용 전력량은 몇 [kWh]인가?

① 5
② 6
③ 7
④ 10

전력량 $W = P \times t = 50 \times 10 \times 10$
$= 5,000[\text{Wh}] = 5[\text{kWh}]$

42. 한국전기설비규정에 의한 고압 가공 전선로 철탑의 지지물 간 거리는 몇 [m] 이하로 제한하고 있는가?

① 150
② 250
③ 500
④ 600

고압 가공전선로 지지물 간 거리의 제한(KEC 332.9)

지지물의 종류	지지물 간 거리
목주, A종 철주 또는 A종 철근 콘크리트주	150[m]
B종 철주 또는 B종 철근 콘크리트주	250[m]
철탑	600[m]

43. 환상 솔레노이드에 감겨진 코일의 권회수를 3배로 늘리면 자체 인덕턴스는 몇 배로 되는가?

① 1
② 3
③ 6
④ 9

자기 인덕턴스 $L = \dfrac{\mu S N^2}{l}$ [H]에서 권선수가 3배가 되면 인덕턴스는 권선수 제곱만큼 커지므로 9배가 된다.

44. 유도 전동기가 정지 상태일 때 슬립은?

① 2
② 1
③ 0
④ −1

회전자 속도 $N = (1-s)N_s$[rpm]
㉠ 회전자가 정지 또는 기동 시 $N=0$이므로
    슬립 $s=1$
㉡ 동기속도 또는 무부하로 회전 시 $N=N_s$이므로
    슬립 $s=0$

45. 화약류 저장소에서 백열전등이나 형광등 또는 이들에 전기를 공급하기 위한 전기설비를 시설하는 경우 전로의 대지전압[V]은?

① 100[V] 이하 ② 150[V] 이하
③ 220[V] 이하 ④ 300[V] 이하

> **전기설비** **Chapter 07 특수설비**
>
> 화약류 저장소 등의 위험장소(KEC 242.5)
> ㉠ 전로의 대지전압은 300[V] 이하일 것
> ㉡ 전기기계기구는 전폐형일 것
> ㉢ 배선 방법 : 금속관 공사, 케이블 공사

48. 욕실 내에 콘센트를 시설할 경우 콘센트의 시설 위치는 바닥면상 몇 [cm] 이상 설치하여야 하는가?

① 30[cm] ② 50[cm]
③ 80[cm] ④ 100[cm]

> **전기설비** **Chapter 02 배선재료와 공구**
>
> 콘센트 설치 위치
> ㉠ 옥내에 시설하는 일반 콘센트 : 30[cm] 이상
> ㉡ 욕실 내에 설치 : 80[cm] 이상

46. 그림과 같은 회로에서 합성저항은 몇 [Ω]인가?

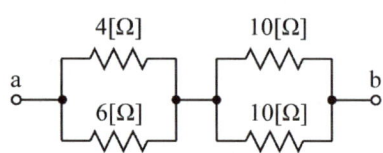

① 6.8[Ω] ② 7.4[Ω]
③ 8.7[Ω] ④ 9.4[Ω]

> **전기이론** **Chapter 01 직류회로**
>
> $$R_{ab} = \frac{4 \times 6}{4+6} + \frac{10 \times 10}{10+10} = 7.4[\Omega]$$

49. 같은 저항 4개를 그림과 같이 연결하여 a−b 간에 일정 전압을 가했을 때 소비전력이 가장 큰 것은 어느 것인가?

①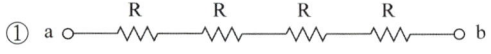

②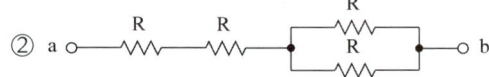

③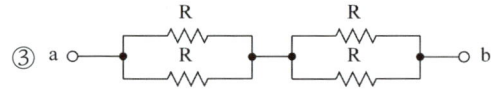

④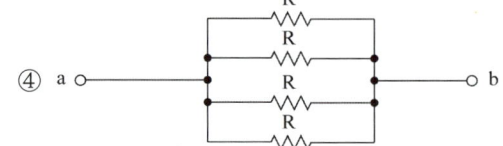

47. 전기자 지름이 0.2[m]의 직류발전기가 1.5[kW]의 출력에서 1,800[rpm]으로 회전하고 있을 때 전기자 주변 속도는 약 몇 [m/s]인가?

① 9.42 ② 18.84
③ 21.43 ④ 42.86

> **전기기기** **Chapter 01 직류기**
> 전기자 주변 속도
> $$v = \pi D \frac{N}{60} = 3.14 \times 0.2 \times \frac{1,800}{60} = 18.84[\text{m/sec}]$$

> **전기이론** **Chapter 01 직류회로**
>
> 회로의 합성저항과 소비전력($P = \dfrac{V^2}{R}$[W])
>
> | 구분 | 합성저항 | 소비전력 |
> |---|---|---|
> | ① | $R_{ab} = 4R$ | $P = \dfrac{V^2}{4R}$ |
> | ② | $R_{ab} = 2.5R$ | $P = \dfrac{V^2}{2.5R}$ |
> | ③ | $R_{ab} = R$ | $P = \dfrac{V^2}{R}$ |
> | ④ | $R_{ab} = 0.25R$ | $P = \dfrac{V^2}{0.25R}$ |

50. 3상 유도전동기의 원선도를 그리는 데 필요하지 않은 것은?

① 무부하 시험
② 구속 시험
③ 저항 측정
④ 슬립 측정

전기기기 Chapter 04 유도기

원선도 작성 시 필요시험
㉠ 무부하 시험
㉡ 구속 시험
㉢ 저항 측정

51. 일반적으로 가공 전선로의 지지물에 취급자가 오르고 내리는 데 사용하는 발판 볼트 등은 지표상 몇 [m] 미만에 시설하여서는 안 되는가?

① 0.75
② 1.2
③ 1.8
④ 2.0

전기설비 Chapter 06 전선로 및 배전공사

전주 오름 방지(KEC 331.4)
가공 전선로의 지지물에 취급자가 오르고 내리는 데 사용하는 발판 볼트 등을 지표상 1.8[m] 미만에 시설하여서는 아니 된다.

52. 평균 길이 40[cm], 권수 10회인 환상 솔레노이드에 4[A]의 전류가 흐르면 그 내부의 자장의 세기 [AT/m]는?

① 10
② 100
③ 200
④ 300

전기이론 Chapter 03 전류의 자기현상

환상 솔레노이드 내의 자기장(자계)의 세기
$$H = \frac{NI}{l} = \frac{10 \times 4}{0.4} = 100 \, [\text{AT/m}]$$

53. 직류 발전기의 정격전압 100[V], 무부하 전압 109[V]이다. 이 발전기의 전압변동률 ϵ [%]은?

① 1
② 3
③ 6
④ 9

전기기기 Chapter 01 직류기

전압변동률
$$\epsilon = \frac{V_o - V_n}{V_n} \times 100 \, [\%] = \frac{109 - 100}{100} \times 100 = 9 \, [\%]$$
여기서, V_o : 무부하 전압, V_n : 정격전압

54. 금속관 배관 공사에서 절연 부싱을 사용하는 이유는?

① 박스 내에서 전선의 접속을 방지
② 관이 손상되는 것을 방지
③ 관 단에서 전선의 인입 및 교체 시 발생하는 전선의 손상 방지
④ 관의 입구에서 조영재의 접속을 방지

전기설비 Chapter 03 옥내배선공사

부싱
전선의 절연 피복을 보호하기 위해서 금속관의 관 끝에 취부한다.

55. 세 변의 저항 $R_a = R_b = R_c = 15[\Omega]$인 Y결선 회로가 있다. 이것과 등가인 △결선 회로의 각 변의 저항은?

① $\frac{15}{\sqrt{3}}[\Omega]$
② $\frac{15}{3}[\Omega]$
③ $15\sqrt{3}[\Omega]$
④ $45[\Omega]$

전기이론 Chapter 06 3상 교류회로

Y결선 부하를 △결선 부하로 등가변환하면
$$\therefore R_\triangle = 3R = 3 \times 15 = 45 \, [\Omega]$$

56. 슬립이 0.05이고, 전원 주파수가 60[Hz]인 유도 전동기의 회전자 회로의 주파수[Hz]는?

① 1[Hz] ② 2[Hz]
③ 3[Hz] ④ 4[Hz]

57. 금속전선관 공사에서 금속관에 나사를 내기 위해 사용하는 공구는?

① 리머 ② 오스터
③ 프레셔 툴 ④ 히키 벤더

58. 4[F]와 6[F]의 콘덴서를 병렬 접속하고 10[V]의 전압을 가했을 때 축적되는 전하량 Q[C]는?

① 19 ② 50
③ 80 ④ 100

59. 변압기의 임피던스 전압이란?

① 정격전류가 흐를 때의 변압기 내의 전압강하
② 여자전류가 흐를 때의 2차측 단자 전압
③ 정격전류가 흐를 때의 2차측 단자 전압
④ 2차 단락 전류가 흐를 때의 변압기 내의 전압강하

60. 배전반 및 분전반의 설치 장소로 적합하지 못한 것은?

① 전기회로를 쉽게 조작할 수 있는 장소
② 개폐기를 쉽게 조작할 수 있는 장소
③ 안정된 장소
④ 은폐된 장소

정답

01	②	02	①	03	②	04	②	05	④
06	②	07	④	08	③	09	①	10	①
11	④	12	③	13	③	14	④	15	②
16	③	17	②	18	②	19	①	20	①
21	③	22	④	23	①	24	②	25	②
26	②	27	②	28	②	29	③	30	②
31	②	32	④	33	①	34	④	35	②
36	④	37	②	38	②	39	④	40	①
41	①	42	④	43	②	44	④	45	②
46	②	47	②	48	③	49	④	50	④
51	③	52	②	53	②	54	③	55	④
56	③	57	②	58	④	59	①	60	④

※ 본 교재에 수록된 모든 문제는 CBT 기출복원문제로서, 수험생의 기억에 따라 복원된 것이며, 실제 기출문제와 동일하지 않을 수 있습니다.

01. RC 병렬회로의 역률 $\cos\theta$는?

① $\dfrac{1}{\sqrt{1+\left(\dfrac{R}{\omega C}\right)^2}}$ ② $\dfrac{\dfrac{1}{R}}{\sqrt{R^2+\left(\dfrac{1}{\omega C}\right)^2}}$

③ $\dfrac{R}{\sqrt{R+(\omega C)^2}}$ ④ $\dfrac{1}{\sqrt{1+(\omega CR)^2}}$

> **전기이론** Chapter 05 단상 교류회로
>
> 병렬회로에서 역률
>
> $\cos\theta = \dfrac{X_C}{\sqrt{R^2+X_C^2}} = \dfrac{\dfrac{1}{\omega C}}{\sqrt{R^2+\left(\dfrac{1}{\omega C}\right)^2}}$
>
> $= \dfrac{1}{\sqrt{(\omega C)^2\left[R^2+\left(\dfrac{1}{\omega C}\right)^2\right]}} = \dfrac{1}{\sqrt{(\omega CR)^2+1}}$
>
> <참고>
>
> 직렬회로에서 역률 $\cos\theta = \dfrac{R}{\sqrt{R^2+X^2}}$

02. 동기 발전기의 공극이 넓을 때의 설명으로 틀린 것은?

① 여자 전류가 크다.
② 효율이 나쁘다.
③ 전압 변동률이 크다.
④ 전기자 반작용이 작다.

> **전기기기** Chapter 02 동기기
>
> 단락비가 큰 기계의 특징
> (철기계, 수차발전기 : 단락비 1.2 정도)
> ㉠ 동기 임피던스가 작다.
> ㉡ 전기자 반작용이 작다.
> ㉢ 전압 변동률이 작다.
> ㉣ 공극이 크다.
> ㉤ 안정도가 높다.
> ㉥ 철손이 크다.
> ㉦ 효율이 나쁘다.
> ㉧ 가격이 비싸다.
> ㉨ 선로에 충전용량이 크다.
> ㉩ 기계의 크기와 중량이 크다.

03. 다음의 심벌 명칭은 무엇인가?

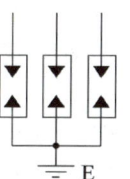

① 단로기   ② 파워퓨즈
③ 피뢰기   ④ 고압 컷아웃 스위치

> **전기설비** Chapter 08 전원설비 및 기타설비
>
> 피뢰기(LA, Lightning Arrester)
> 뇌 또는 개폐서지 등의 이상전압(Surge Voltage)을 신속하게 방전하여 제한전압 이하로 억제하여 기기 및 선로를 보호하는 장치를 말한다.

04. RL 직렬회로의 시정수 τ[sec]는 어떻게 되는가?

① $\dfrac{R}{L}$ ② $\dfrac{L}{R}$

③ RL ④ $\dfrac{1}{RL}$

> **전기이론** Chapter 05 단상 교류회로
>
> ㉠ RL 회로의 시정수 : $\tau = \dfrac{L}{R}$[sec]
>
> ㉡ RC 회로의 시정수 : $\tau = RC$[sec]

05. 변압기 명판에 표시된 정격에 대한 설명으로 틀린 것은?

① 변압기의 정격출력 단위는 [kW]이다.
② 변압기 정격은 2차측을 기준으로 한다.
③ 변압기의 정격은 용량, 전류, 전압, 주파수 등으로 결정된다.
④ 정격이란 정해진 규정에 적합한 범위 내에서 사용할 수 있는 한도이다.

> **전기기기** Chapter 03 변압기
>
> ㉠ 변압기의 정격출력은 2차 단자 사이의 피상전력으로 나타내고 [kVA]로 표시한다.
> ㉡ 변압기의 정격이란 제조자가 정격 상태의 조건하에 사용할 수 있도록 보장된 사용 한도로서 피상전력으로 나타내고 정격 용량이라 한다.
> ㉢ 정격 상태는 정격 용량에 대한 전압, 전류, 주파수와 역률을 변압기 명판에 기재되어 있다.

06. 최대 사용전압이 $70[kV]$인 중성점 직접접지식 전로의 절연내력 시험전압은 몇 $[V]$인가?

① $50,400[V]$ ② $44,800[V]$
③ $42,000[V]$ ④ $35,000[V]$

> **전기설비** Chapter 04 전로의 절연 및 접지공사
>
> 전로의 절연저항 및 절연내력(KEC 132)
> 최대 사용전압이 $60[kV]$ 초과 $170[kV]$ 이하의 중성점 직접접지식 전로는 최대 사용전압의 0.72배의 전압을 인가하여 10분간 견뎌야 한다.
> ∴ $70 \times 10^3 \times 0.72 = 50,400[V]$

07. 자기회로에 강자성체를 사용하는 이유는?

① 자기저항을 감소시키기 위하여
② 자기저항을 증가시키기 위하여
③ 공극을 크게하기 위하여
④ 주자속을 감소시키기 위하여

> **전기이론** Chapter 03 전류의 자기현상
>
> 강자성체의 비투자율은 매우 크므로 자기저항
> ($R_m = \dfrac{l}{\mu S} = \dfrac{l}{\mu_0 \mu_s S}$)을 감소시킬 수 있다.

08. $60[Hz]$의 변압기에 $50[Hz]$의 동일 전압을 가했을 때의 자속밀도는 $60[Hz]$ 때와 비교하였을 경우 어떻게 되는가?

① $\dfrac{5}{6}$ 로 감소 ② $\dfrac{6}{5}$ 으로 증가

③ $\left(\dfrac{5}{6}\right)^{1.6}$ 으로 감소 ④ $\left(\dfrac{6}{5}\right)^2$ 으로 증가

> **전기기기** Chapter 03 변압기
>
> ㉠ 변압기에 자속밀도(B)와 주파수(f)의 관계
> : $B \propto \dfrac{1}{f}$
> ㉡ $B_{50} : B_{60} = \dfrac{1}{50} : \dfrac{1}{60}$
> ∴ $50[Hz]$의 자속밀도 : $B_{50} = \dfrac{60}{50} \times B_{60} = \dfrac{6}{5} B_{60}$

09. 전자 개폐기에 부착하여 전동기의 소손 방지를 위하여 사용되는 것은?

① 퓨즈 ② 열동 계전기
③ 배선용 차단기 ④ 수은 계전기

> **전기설비** Chapter 05 저압 전기설비 보호
>
> 열동 계전기(THR, thermal relay)
> 바이메탈을 사용하여 전동기의 과부하로부터 보호해주는 계전기로, 전자접촉기(MC)와 결합하여 사용한다.

10. 그림의 단자 1-2에서 본 노튼 등가회로의 개방단 컨덕턴스는 몇 $[\mho]$인가?

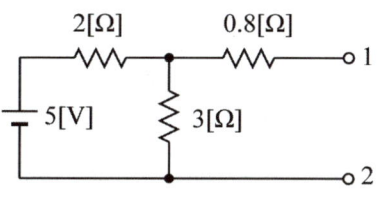

① 0.5
② 1
③ 2
④ 5.8

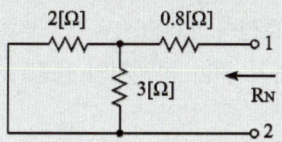
11. 동기 와트 P_2, 출력 P_0, 슬립 s, 동기속도 N_s, 회전속도 N, 2차 동손 P_{2c}일 때 2차 효율 표기로 틀린 것은?

① $1 - s$
② $\dfrac{P_{2c}}{P_2}$
③ $\dfrac{P_0}{P_2}$
④ $\dfrac{N}{N_s}$

12. 전선관 시스템에 시설하는 배선 방법이 아닌 것은?

① 합성수지관 공사
② 금속 몰드 공사
③ 가요전선관 공사
④ 금속관 공사

13. 다음 중 전동기의 원리에 적용되는 법칙은?

① 렌츠의 법칙
② 플레밍의 오른손 법칙
③ 플레밍의 왼손 법칙
④ 옴의 법칙

14. 극 수 6, 전기자 도체 수 400, 파권인 직류 발전기를 600$[\mathrm{rpm}]$의 회전속도로 무부하 운전할 때, 기전력이 120$[\mathrm{V}]$이다. 이 때의 1극에 대한 주자속은 몇 $[\mathrm{Wb}]$인가?

① 0.01
② 0.04
③ 0.02
④ 0.03

15. 케이블을 구부리는 경우는 피복이 손상되지 않도록 하고, 그 굴곡부의 곡률 반경은 원칙적으로 케이블이 단심의 경우 외경의 몇 배 이상이어야 하는가?

① 4　　　　　　　　② 6

③ 8　　　　　　　　④ 10

16. 200[V], 40[W]의 형광등에 정격전압이 가해졌을 때 흐르는 전류가 0.42[A]였다. 이 형광등의 역률[%]은?

① 25.7　　　　　　② 32.6

③ 40.7　　　　　　④ 47.6

17. 전기철도에 사용하는 직류 전동기로 가장 적합한 전동기는?

① 분권 전동기　　　② 직권 전동기

③ 가동 복권 전동기　④ 차동 복권 전동기

18. 합성수지관을 새들 등으로 지지하는 경우 지지점 간의 거리는 몇 [m] 이하인가?

① 1.5　　　　　　　② 2.0

③ 2.5　　　　　　　④ 3.0

19. 역률 0.8, 유효전력 4,000[kW]인 부하의 역률을 100[%]로 하기 위한 콘덴서의 용량[kVA]은 얼마인가?

① 3,200　　　　　　② 3,000

③ 2,800　　　　　　④ 2,400

20. 3상 66,000[kVA], 22,900[V] 터빈 발전기의 정격전류는 약 몇 [A]인가?

① 8,764　　　　　　② 3,367

③ 2,882　　　　　　④ 1,664

21. 전선의 식별에서 상(문자)과 전선의 색상이 맞는 것은?

① L1 − 검은색　　② L2 − 갈색
③ L3 − 회색　　　④ N − 백색

> **전기설비** Chapter 01 전선 및 전선의 접속
>
> 전선의 식별(KEC 121.2)
>
> | 상(문자) | 색상 |
> | --- | --- |
> | L1 | 갈색 |
> | L2 | 검은색 |
> | L3 | 회색 |
> | N | 파란색 |
> | PE(보호도체) | 녹색−노란색 |

22. 전기량 10[μF]이 1,000[V]로 콘덴서에 충전되어 있다면 축적되는 에너지는 몇 [J]인가?

① 2.5×10^{-3}　　② 5×10^{-2}
③ 5×10^{-3}　　　④ 5

> **전기이론** Chapter 02 정전계와 정자계
>
> 콘덴서에 축적되는 전기적 에너지
>
> $$W_C = \frac{1}{2}CV^2 = \frac{1}{2}QV = \frac{Q^2}{2C}\,[\text{J}]$$
>
> 여기서, 전하량 $Q = CV[\text{C}]$
>
> $$\therefore\ W_C = \frac{1}{2}QV = \frac{1}{2} \times 10 \times 10^{-6} \times 1,000$$
> $$= 5 \times 10^{-3}\,[\text{J}]$$

23. 직류 전동기의 속도 특성 곡선을 나타낸 것이다. 직권, 전동기의 속도 특성을 나타낸 것은?

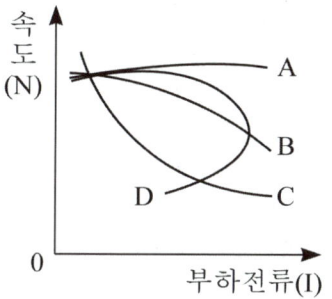

① A　　　　② B
③ C　　　　④ D

> **전기기기** Chapter 01 직류기
>
> 직권 전동기의 특징
>
>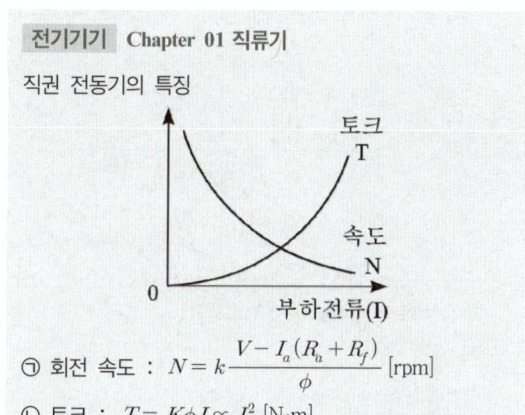
>
> ㉠ 회전 속도 : $N = k\dfrac{V - I_a(R_a + R_f)}{\phi}$ [rpm]
>
> ㉡ 토크 : $T = K\phi I \propto I^2$ [N·m]
>
> 여기서, R_a : 전기자 저항, R_f : 계자 저항

24. 다음 중 방수형 콘센트의 심벌은?

① ⬤E　　② ⬤WP
③ ⬤EX　　④ ⬤H

> **전기설비** Chapter 02 배선재료와 공구
>
> ① 접지극 붙이 콘센트
> ② 방수형 콘센트
> ③ 방폭형 콘센트
> ④ 의료용 콘센트

25. 다음 설명의 (㉠), (㉡)에 들어갈 내용으로 옳은 것은?

> 히스테리시스 곡선은 가로축(횡축)(㉠), 세로축(종축)(㉡)와의 관계를 나타낸다.

① ㉠ 자속밀도   ㉡ 투자율
② ㉠ 자기장의 세기   ㉡ 자속밀도
③ ㉠ 자화의 세기   ㉡ 자기장의 세기
④ ㉠ 자기장의 세기   ㉡ 투자율

전기이론   **Chapter 03 전류의 자기현상**

히스테리시스 곡선
자성체가 자화되는 특성을 나타낸 곡선으로 외부에서 인가한 자기력에 대한 자성체 내의 자속밀도를 나타낸 곡선

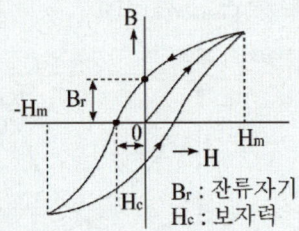

㉠ 가로축(횡축) : 자기장의 세기(H)
㉡ 세로축(종축) : 자속밀도(B)

---

26. 단자전압 $100[\mathrm{V}]$, 전기자전류 $10[\mathrm{A}]$, 전기자저항 $1[\Omega]$, 회전수 $1,800[\mathrm{rpm}]$인 직류 전동기의 역기전력은 몇 $[\mathrm{V}]$인가?

① 90   ② 100
③ 110   ④ 186

전기기기   **Chapter 01 직류기**

역기전력
$e = V - I_a R_a = 100 - 10 \times 1 = 90[\mathrm{V}]$

---

27. 배전반 및 분전반의 설치 장소로 적합하지 않은 곳은?

① 안정된 장소
② 밀폐된 장소
③ 개폐기를 쉽게 개폐할 수 있는 장소
④ 전기회로를 쉽게 조작할 수 있는 장소

전기설비   **Chapter 08 전원설비 및 기타설비**

저압용 배·분전반 등의 시설(KEC 232.84)
저압용 배·분전반은 쉽게 점검 및 보수할 수 있는 위치에 시설하여야 하므로 은폐 또는 밀폐된 장소에 설치해서는 안 된다.

---

28. 다음 전압 파형의 주파수는 약 몇 $[\mathrm{Hz}]$인가?

$$e = 100 \sin\left(377t - \frac{\pi}{5}\right)[\mathrm{V}]$$

① 50   ② 60
③ 80   ④ 100

전기이론   **Chapter 05 단상 교류회로**

교류의 순시값 $e = E_m \sin(\omega t \pm \theta)$에서
각주파수 $\omega = 2\pi f$이므로 주파수 f는
$\therefore f = \dfrac{\omega}{2\pi} = \dfrac{377}{2\pi} = 60[\mathrm{Hz}]$

---

29. 동기 발전기의 전기자 반작용 중에서 전기자 전류에 의한 자기장의 축이 항상 주자속의 축과 수직이 되면서 자극편 왼쪽에 있는 주자속은 증가시키고, 오른쪽에 있는 주자속은 감소시켜 편자 작용을 하는 전기자 반작용은?

① 증자 작용   ② 감자 작용
③ 교차 자화 작용   ④ 직축 반작용

전기기기   **Chapter 02 동기기**

교차 자화 작용(횡축 반작용)
기전력에 대해 동위상 특성을 갖는 전기자 전류가 흐를 경우 전기자 자속에 대해 주자속이 횡으로 교차하기 때문에 횡축 반작용이라고도 한다. 자극 끝 일부 증자 작용과 일부 감자 작용이 발생한다.

30. 저압 옥내간선으로부터 분기하는 곳에 설치하여야 하는 것은?

① 과전압 차단기   ② 과전류 차단기
③ 누전 차단기   ④ 지락 차단기

전기설비 Chapter 05 저압 전기설비 보호

저압 옥내배선(KEC 232.81)
옥내에 시설하는 저압 접촉전선에 전기를 공급하기 위한 전로에는 접촉전선 전용의 개폐기 및 과전류 차단기를 시설하여야 한다.

---

31. 납축전지의 전해액으로 사용되는 것은 어느 것인가?

① H_2SO_4 ② $2H_2O$
③ $PbSO_4$ ④ $PbSO_2$

전기이론 Chapter 01 직류회로

납축전지의 구성
㉠ 양극판 : 갈색의 과산화납(PbO_2)
㉡ 음극판 : 해면상의 회색 납(Pb)
㉢ 전해액 : 비중이 $1.2 \sim 1.3$인 묽은 황산(H_2SO_4)

---

32. 3상 유도전동기의 1차 입력 $60[kW]$, 1차 손실 $1[kW]$, 슬립 3%일 때 기계적 출력은 약 몇 $[kW]$인가?

① 57   ② 75
③ 95   ④ 100

전기기기 Chapter 04 유도기

㉠ 2차 입력(P_2)=1차 입력(P_1)−1차 손실(P_{1l})
㉡ 2차 입력 : $P_2 = 60 - 1 = 59[kW]$
㉢ 2차 손실(P_{2l})=동손(P_c)이므로
   $P_2 : P_c = 1 : s$에서
   $P_c = s \cdot P_2 = 0.03 \times 59 = 1.77[kW]$
∴ $P_o = P_2 - P_c = 59 - 1.77 = 57.23 ≒ 57[kW]$
   여기서, P_o : 기계적 출력, P_2 : 2차 입력
        P_c : 2차 손실(동손)

---

33. 한국전기설비규정에서 고압 가공 인입선이 도로를 횡단하는 경우에 지표상의 높이는 몇 $[m]$ 이상인가?

① 5   ② 6.5
③ 6   ④ 4

전기설비 Chapter 06 전선로 및 배전공사

가공 인입선의 높이(KEC 221.1.1, 331.12)

구분	저압	고압
도로 횡단	5m 이상	6m 이상
철도 횡단	6.5m 이상	6.5m 이상
횡단보도교	3m 이상	3.5m 이상
기타	4m 이상	5m 이상

고압 기타 장소에서 위험 표시를 할 경우 : 3.5m 이상

---

34. 어드미턴스 Y_1, Y_2가 병렬일 때 합성 어드미턴스$[℧]$는?

① $\dfrac{Y_1 Y_2}{Y_1 + Y_2}$ ② $Y_1 + Y_2$
③ $\dfrac{1}{Y_1 + Y_2}$ ④ $\dfrac{1}{Y_1} + \dfrac{1}{Y_2}$

전기이론 Chapter 05 단상 교류회로

㉠ Z_1, Z_2 병렬회로의 합성 임피던스
   $Z = \dfrac{1}{\dfrac{1}{Z_1} + \dfrac{1}{Z_2}} = \dfrac{1}{Y_1 + Y_2}[\Omega]$

㉡ Z_1, Z_2 병렬회로의 합성 어드미턴스
   $Y = \dfrac{1}{Z} = Y_1 + Y_2[℧]$

35. 직류 직권 전동기의 회전수(N)와 토크(τ)의 관계는?

① $\tau \propto N$ 　　② $\tau \propto \dfrac{1}{N^2}$

③ $\tau \propto \dfrac{1}{N}$ 　　④ $\tau \propto N^{\frac{3}{2}}$

> **전기기기** Chapter 01 직류기
>
> 직권 전동기의 특징
>
> ㉠ 회전 속도 : $N = k\dfrac{V - I_a(R_a + R_f)}{\phi}$ [rpm]
>
> ㉡ 토크 : $T = K\phi I \propto I^2$ [N·m]
>
> ∴ 속도는 부하전류에 반비례하고, 토크는 부하전류 제곱에 비례하므로 $\tau \propto \dfrac{1}{N^2}$의 관계를 갖는다.

36. 접지극이 있는 꽂음 플러그의 접지극이 타극에 비해 긴 이유는?

① 분간하기 위해
② 접지극부터 접속시키려고
③ 꽂은 것이 빠지지 않게 고정시키기 위해
④ 꽂음 플러그 접속을 용이하게 하기 위해

> **전기설비** Chapter 02 배선재료와 공구
>
> 배선작업 시 인체의 감전 등의 안전을 위하여 접속 시에는 접지를 먼저 접속하고, 분리시킬 때에는 접지를 마지막에 분리시킨다.

37. 전지의 전압강하 원인으로 틀린 것은?

① 국부 작용 　　② 산화 작용
③ 성극 작용 　　④ 자기 방전

> **전기이론** Chapter 01 직류회로
>
> 전지의 전압강하 원인
>
> ㉠ 국부 작용(local action) : 전극의 불순물로 인하여 기전력이 감소하는 현상이다.
>
> ㉡ 성극 작용 : 전지에 부하를 걸면 양극 표면에 수소 가스가 생겨 전류의 흐름을 방해하는 현상으로, 일정한 전압을 가진 전지에 부하를 걸면 단자전압이 저하한다.
>
> ㉢ 자기 방전 : 축전지가 전기 부하에 연결되지 않아도 방전을 일으키는 화학작용을 말한다.

38. 8극 100[V], 200[A]의 직류 발전기가 있다. 전기자 권선이 중권으로 되어 있는 것을 파권으로 바꾸면 전압은 몇 [V]로 되겠는가?

① 400 　　② 200
③ 100 　　④ 50

> **전기기기** Chapter 01 직류기
>
> ㉠ 직류기의 유도기전력 : $E = \dfrac{PZ\phi N}{a60}$ [V]
>
> ㉡ 중권의 경우 병렬 회로수 : $a = P = 8$
>
> ㉢ 파권의 경우 병렬 회로수 : $a = 2$
>
> ㉣ 전기자 권선을 중권에서 파권으로 바꾸면 병렬 회로수가 4배 감소하므로 유도기전력은 4배 상승하게 된다.
>
> ∴ $100 \times 4 = 400$ [V]

39. 엔트런스 캡의 주된 사용 장소는 다음 중 어느 것인가?

① 저압 인입선 공사 시 전선관 공사로 넘어갈 때 전선관의 끝부분
② 케이블 헤드를 시공할 때 케이블 헤드의 끝부분
③ 케이블 트레이 끝부분의 마감재
④ 부스덕트 끝부분의 마감재

> **전기설비** Chapter 03 옥내배선공사
>
> 엔트런스 캡(entrance cap : 입구 마개)
> 저압 인입선 공사에서 전선관 공사로 이어지는 전선관 끝부분에 엔트런스 캡을 사용하며 빗물이 타고 흘러내리지 않게 하여 누전을 방지한다.

40. 자기저항의 단위는?

① [H/m] 　　② [AT/Wb]
③ [AT/m] 　　④ [Wb/m²]

> **전기이론** Chapter 03 전류의 자기현상
>
> ㉠ 기자력 : $F = IN$[AT]
>
> ㉡ 자기회로의 옴의 법칙 : $\phi = \dfrac{F}{R_m}$ [Wb]
>
> ㉢ 자기저항 : $R_m = \dfrac{l}{\mu S} = \dfrac{F}{\phi}$ [AT/Wb]

41. 권수비 2, 2차 전압 100[V], 2차 전류 5[A], 2차 임피던스 20[Ω]인 변압기의 ㉠ 1차 환산 전압 및 ㉡ 1차 환산 임피던스는?

① ㉠ 200[V]   ㉡ 80[Ω]
② ㉠ 200[V]   ㉡ 40[Ω]
③ ㉠ 50[V]   ㉡ 10[Ω]
④ ㉠ 50[V]   ㉡ 5[Ω]

전기기기 Chapter 03 변압기

㉠ 1차 환산 전압
$E_1' = aE_2 = 2 \times 100 = 200\,[\text{V}]$
㉡ 1차 환산 임피던스
$Z_1' = a^2 Z_2 = 2^2 \times 20 = 80\,[\Omega]$

42. 연피케이블 접속에 반드시 사용하는 테이프는?

① 고무 테이프   ② 비닐 테이프
③ 리노 테이프   ④ 자기융착 테이프

전기설비 Chapter 01 전선 및 전선의 접속

리노 테이프
건조한 목면 위에 절연성 니스를 몇 차례 칠한 다음 건조시킨 것으로 점착성은 없으나, 내온성, 내유성 및 절연내력이 뛰어난 테이프로 연피케이블 접속 시에 사용한다.

43. 권수 50인 코일에 5[A]의 전류가 흘렀을 때 10^{-3}[Wb]의 자속이 코일 전체를 쇄교하였다면 이 코일의 자체 인덕턴스[mH]는?

① 10   ② 20
③ 30   ④ 40

전기이론 Chapter 04 전자유도법칙

자기 인덕턴스
$L = \dfrac{N\phi}{I} = \dfrac{50 \times 10^{-3}}{5} = 10 \times 10^{-3}\,[\text{H}] = 10\,[\text{mH}]$

44. 동기 발전기의 3상 단락 곡선은 무엇과 무엇의 관계 곡선인가?

① 계자 전류와 단락 전류
② 정격 전류와 계자 전류
③ 여자 전류와 계자 전류
④ 정격 전류와 단락 전류

전기기기 Chapter 02 동기기

단락 시험
전기자 전류가 동기기의 정격전류가 될 때까지의 필요한 계전 전류와 단락 전류와의 관계를 나타낸 선을 단락 곡선이라 한다.

45. 경질 비닐 전선관의 설명으로 틀린 것은?

① 1본의 길이는 3.6[m]가 표준이다.
② 굵기는 관 안지름의 크기에 가까운 짝수[mm]로 나타낸다.
③ 금속관에 비해 절연성이 우수하다.
④ 금속관에 비해 내식성이 우수하다.

전기설비 Chapter 03 옥내배선공사

전선관의 길이
㉠ 경질 비닐 전선관의 길이 : 4,000[mm]
㉡ 금속관의 길이 : 3,660[mm]

46. 자극의 세기 4[Wb], 자축의 길이 10[cm]의 막대자석이 100[AT/m]의 평등자장 내에서 20[N·m]의 회전력을 받았다면 이때 막대자석과 자장이 이루는 각도는?

① 0°   ② 30°
③ 60°   ④ 90°

전기이론 Chapter 02 정전계와 정자계

㉠ 막대자석의 회전력 : $T = mlH\sin\theta$
㉡ $\sin\theta = \dfrac{T}{mlH} = \dfrac{20}{4 \times 0.1 \times 100} = 0.5$
∴ $\theta = \sin^{-1}0.5 = 30°$

47. 6극 1,200[rpm]인 동기발전기와 병렬운전하는 8극 동기발전기의 회전수는 몇 [rpm]인가?

① 1,200 ② 1,000
③ 900 ④ 750

48. 선택 지락 계전기(selective ground relay)의 용도는?

① 다회선에서 지락고장 회선의 선택
② 단일 회선에서 지락전류의 방향의 선택
③ 단일 회선에서 지락사고 지속시간의 선택
④ 단일 회선에서 지락전류의 대소의 선택

49. 비정현파의 실횻값을 나타낸 것은?

① 최대파의 실횻값
② 각 고조파의 실횻값의 합
③ 각 고조파의 실횻값의 합의 제곱근
④ 각 고조파의 실횻값의 제곱의 합의 제곱근

50. 변압기의 절연내력 시험법이 아닌 것은?

① 유도시험 ② 가압시험
③ 단락시험 ④ 충격전압시험

51. 접지 공사 시 접지저항을 감소시키는 저감 대책이 아닌 것은?

① 접지봉의 길이를 증가시킨다.
② 접지판의 면적을 감소시킨다.
③ 접지극의 매설 깊이를 깊게 매설한다.
④ 접지 저항 저감제를 이용하여 토양의 고유 저항을 화학적으로 저감시킨다.

52. L만의 회로에서 전압, 전류의 위상 관계는?

① 동상이다.
② 전압이 전류보다 90° 앞선다.
③ 전압이 전류보다 90° 뒤진다.
④ 전압이 전류보다 30° 앞선다.

53. 1차 전압 3,300[V], 2차 전압 220[V]인 변압기의 권수비(turn ratio)는 얼마인가?

① 15
② 220
③ 3,300
④ 7,260

전기기기 Chapter 03 변압기

권수비 : $a = \dfrac{N_1}{N_2} = \dfrac{V_1}{V_2} = \dfrac{I_2}{I_1}$

여기서, N_1 : 1차 권수, N_2 : 2차 권수

$\therefore \ a = \dfrac{V_1}{V_2} = \dfrac{3,300}{220} = 15$

54. 전선 약호가 CNCV−W인 케이블의 품명은?

① 동심 중성선 수밀형 전력 케이블
② 동심 중성선 차수형 전력 케이블
③ 동심 중성선 수밀형 저독성 난연 전력 케이블
④ 동심 중성선 차수형 저독성 난연 전력 케이블

전기설비 Chapter 01 전선 및 전선의 접속

㉠ 동심 중성선 차수형 전력 케이블(CNCV) : 절연층은 가교 폴리에틸렌, 외장층은 PVC를 사용한 케이블이다.
㉡ 동심 중성선 수밀형 전력 케이블(CNCV−W) : CNCV 케이블의 중성선 층 및 도체 부분까지 수밀처리한 케이블이다.

55. RL 직렬회로에 직류전압 100[V]를 가했더니 전류가 20[A] 흘렀다. 여기에 교류전압 100[V], 60[Hz]를 인가하였더니 전류가 10[A] 흘렀다. 유도성 리액턴스는 몇 [Ω]인가?

① 5
② $5\sqrt{2}$
③ $5\sqrt{3}$
④ 10

전기이론 Chapter 05 단상 교류회로

㉠ 직류회로에서는 유도 리액턴스 $X_L = 0$ 이므로 R만의 회로가 된다. 따라서 저항은
$R = \dfrac{V}{I} = \dfrac{100}{20} = 5\,[\Omega]$이 된다.

㉡ 교류회로에서 합성 임피던스는
$Z = \dfrac{V}{I} = \dfrac{100}{10} = 10\,[\Omega]$이 된다.

㉢ 임피던스 $Z = \sqrt{R^2 + X_L^2}$ 에서 $Z^2 = R^2 + X_L^2$ 이 된다.
따라서 유도 리액턴스는
$\therefore \ X_L = \sqrt{Z^2 - R^2} = \sqrt{10^2 - 5^2}$
$\qquad = \sqrt{75} = \sqrt{5^2 \times 3} = 5\sqrt{3}\,[\Omega]$

56. 퍼센트 저항 강하 1.8[%] 및 퍼센트 리액턴스 강하 2[%]인 변압기가 있다. 부하의 역률이 1일 때의 전압변동률[%]은?

① 1.8
② 2.0
③ 2.7
④ 3.8

전기기기 Chapter 03 변압기

전압변동률
$e = p\cos\theta + q\sin\theta = 1.8 \times 1 + 2 \times 0 = 1.8\,[\%]$
여기서, p : 백분율 저항강하, q : 백분율 리액턴스강하

57. 저압용 배전반과 분전반을 옥내에 설치할 때 주의하여야 할 사항이 아닌 것은?

① 노출된 충전부가 있는 배전반 및 분전반은 취급자 이외의 사람이 쉽게 출입할 수 없도록 설치하여야 한다.
② 한 개의 분전반에는 한 가지 전원(1회선의 간선)만 공급하여야 한다.
③ 주택용 분전반은 노출된 장소에 시설하지 않아야 한다.
④ 옥내에 설치하는 배전반 및 분전반은 불연성 또는 난연성으로 시설한다.

> **전기설비** **Chapter 05 저압 전기설비 보호**
>
> 옥내에 시설하는 저압용 배·분전반 등의 시설(KEC 232.84)
> ㉠ 노출된 충전부가 있는 배·분전반은 취급자 이외의 사람이 쉽게 출입할 수 없도록 설치하여야 한다.
> ㉡ 한 개의 분전반에는 한 가지 전원(1회선의 가선)만 공급하여야 한다.
> ㉢ 주택용 분전반은 노출된 장소에 시설한다.
> ㉣ 옥내에 설치하는 배·분전반은 불연성 또는 난연성이 있도록 시설한다.

58. 다음 그림에서 a−b 사이의 합성저항은 얼마인가?

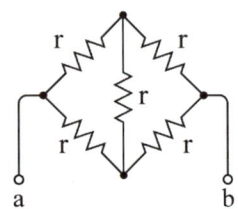

① 0.5r
② r
③ 2r
④ 3r

> **전기이론** **Chapter 01 직류회로**
>
> 휘트스톤 브리지 평형회로이므로 아래와 같이 등가 변환할 수 있다.
>
>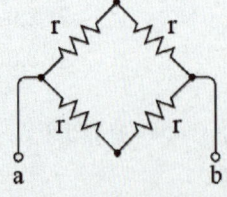
>
> $$\therefore R_{ab} = \frac{2r}{2} = r \ [\Omega]$$

59. 일반적으로 10[kW] 이하 소용량인 전동기는 동기속도의 몇 [%]에서 최대 토크를 발생시키는가?

① 2
② 5
③ 80
④ 98

> **전기기기** **Chapter 04 유도기**
>
> 일반적으로 10[kW] 이하 소용량 전동기는 동기 속도의 80[%] 정도에서 최대 토크를, 1,000[kW] 이상의 대용량 전동기는 98[%] 정도에서 최대 토크를 발생한다.

60. 화약고에 시설하는 전기설비에서 전로의 대지전압은 몇 [V] 이하로 하여야 하는가?

① 100[V] 이하
② 150[V] 이하
③ 300[V] 이하
④ 400[V] 이하

> **전기설비** **Chapter 07 특수설비**
>
> 화약류 저장소 등의 위험장소(KEC 242.5)
> ㉠ 전로의 대지전압은 300[V] 이하일 것
> ㉡ 전기기계기구는 전폐형일 것
> ㉢ 배선 방법 : 금속관 공사, 케이블 공사

정답

01	④	02	③	03	③	04	②	05	①
06	①	07	①	08	②	09	②	10	①
11	②	12	①	13	③	14	①	15	③
16	④	17	③	18	①	19	②	20	④
21	③	22	③	23	③	24	②	25	②
26	①	27	②	28	②	29	③	30	②
31	①	32	①	33	③	34	②	35	②
36	②	37	②	38	②	39	①	40	②
41	①	42	③	43	③	44	①	45	①
46	②	47	③	48	①	49	④	50	③
51	②	52	①	53	②	54	①	55	③
56	①	57	③	58	②	59	③	60	③

※ 본 교재에 수록된 모든 문제는 CBT 기출복원문제로서, 수험생의 기억에 따라 복원된 것이며, 실제 기출문제와 동일하지 않을 수 있습니다.

01. 물질에 따라 자석에 반발하는 물체는 어떤 것인가?

① 비자성체 ② 상자성체
③ 반자성체 ④ 가역성체

> **전기이론** Chapter 03 전류의 자기현상
>
>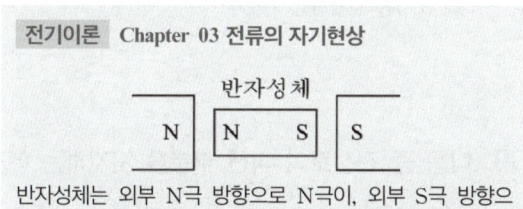
>
> 반자성체는 외부 N극 방향으로 N극이, 외부 S극 방향으로 S극이 되는 자성체이다. 따라서 자성체는 반발력을 갖는다.

02. 3상 교류 발전기의 기전력에 대하여 90° 늦은 전류가 통할 때의 반작용 기자력은?

① 자극축과 일치하고 감자작용
② 자극축보다 90° 빠른 증자작용
③ 자극축보다 90° 늦은 증자작용
④ 자극축과 직교하는 교차 자화작용

> **전기기기** Chapter 02 동기기
>
> 동기 발전기의 전기자 반작용
> ㉠ 교차 자화작용(= 횡축 반작용) : 기전력 E와 전기자 전류 I_a가 동상
> ㉡ 감자작용(= 직축 반작용) : 기전력 E에 비해 전기자 전류 I_a의 위상이 90° 늦은 경우
> ㉢ 증자작용(= 직축 반작용) : 기전력 E에 비해 전기자 전류 I_a의 위상이 90° 앞선 경우

03. 한국전기설비규정에 의한 중성점 접지용 접지 도체는 공칭 단면적 몇 $[mm^2]$ 이상의 연동선을 사용하여야 하는가? (단, 25[kV] 이하인 중성선 다중 접지식으로서 전로에 지락 발생 시 2초 이내에 자동적으로 이를 전로로부터 차단하는 장치가 되어 있는 경우이다.)

① 16 ② 6
③ 2.5 ④ 10

> **전기설비** Chapter 06 전선로 및 배전공사
>
> 중성점 접지용 접지 도체는 공칭 단면적 16$[mm^2]$ 이상의 연동선을 사용하여야 한다. 단, 25[kV] 이하인 중성선 다중 접지식으로서 전로에 지락 발생 시 2초 이내에 자동적으로 이를 전로로부터 차단하는 장치가 되어 있는 경우는 6$[mm^2]$를 사용하여야 한다.

04. 전기력선에 대한 설명으로 틀린 것은?

① 같은 전기력선은 흡인한다.
② 전기력선은 서로 교차하지 않는다.
③ 전기력선은 도체의 표면에 수직으로 출입한다.
④ 전기력선은 양전하의 표면에서 나와서 음전하의 표면에서 끝난다.

> **전기이론** Chapter 02 정전계와 정자계
>
> 같은 전기력선은 서로 반발한다.

05. 변압기 철심에는 철손을 적게 하기 위하여 철이 몇 [%]인 강판을 사용하는가?

① 약 50～55[%]　　② 약 60～70[%]

③ 약 76～86[%]　　④ 약 96～97[%]

> **전기기기** Chapter 03 변압기
>
> 변압기에서 철손을 적게 하기 위하여 철(Fe)은 96[%] 정도, 규소(Si)는 4[%] 정도로 하여 철심을 제작한다.

06. OW 전선의 명칭은 무엇인가?

① 450/750V 일반용 단심 비닐절연전선

② 배선용 단심 비닐절연전선

③ 인입용 비닐절연전선

④ 옥외용 비닐절연전선

> **전기설비** Chapter 01 전선 및 전선의 접속
>
> ㉠ VV : 0.6/1kV 비닐절연 비닐시스 케이블
> ㉡ DV : 인입용 비닐절연전선
> ㉢ OW : 옥외용 비닐절연전선
> ㉣ NR : 450/750V 일반용 단심 비닐절연전선

07. 기전력이 1.5[V]인 전지 5개를 직렬연결하고 여기에 부하 저항 2.5[Ω]인 전구에 접속하였을 때 전구에 흐르는 전류는 몇 [A]인가? (단, 전지의 내부 저항은 0.5[Ω]이다.)

① 1.5　　　　　② 2

③ 3　　　　　④ 2.5

> **전기이론** Chapter 01 직류회로
>
> 전지 회로는 아래와 같다.
>
>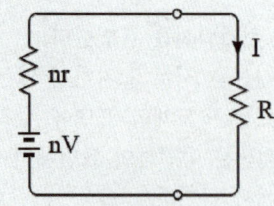
>
> $$\therefore I = \frac{nV}{nr+R} = \frac{5 \times 1.5}{5 \times 0.5 + 2.5} = 1.5 \, [A]$$
>
> 여기서, nV : 전지의 합성 기전력
> $\quad\quad\quad nr$: 전지의 합성 내부 저항

08. 전압을 일정하게 유지하기 위해서 이용되는 다이오드는?

① 발광 다이오드　　② 포토 다이오드

③ 제너 다이오드　　④ 바리스터 다이오드

> **전기기기** Chapter 05 정류기
>
> 제너 다이오드
> 정전압 다이오드라고도 하며, 넓은 전류 범위에서 안정된 전압 특성을 나타내므로 정전압을 만들거나 과전압으로부터 소자를 보호하는 용도로 사용된다.

09. 다음 중 전선로의 직선 부분을 지지하는 애자는?

① 핀 애자　　　② 지지 애자

③ 가지 애자　　④ 구형 애자

> **전기설비** Chapter 06 전선로 및 배전공사
>
> ① 핀 애자 : 전선의 직선 부분에 사용
> ② 지지 애자 : 전선의 지지부에 사용
> ③ 가지 애자 : 전선을 다른 방향으로 돌리는 부분에 사용
> ④ 구형 애자 : 인류용과 지지선용

10. 그림과 같이 $I\,[A]$의 전류가 흐르고 있는 도체의 미소 부분 $\triangle l$의 전류에 의해 이 부분이 $r\,[m]$ 떨어진 지점 P의 자기장 $\triangle H\,[A/m]$는?

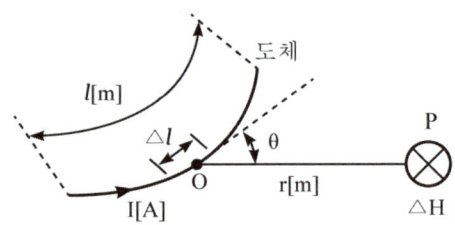

① $\triangle H = \dfrac{I^2 \triangle l^2 \sin\theta}{4\pi r}$　② $\triangle H = \dfrac{I \triangle l^2 \sin\theta}{4\pi r}$

③ $\triangle H = \dfrac{I^2 \triangle l \sin\theta}{4\pi r}$　④ $\triangle H = \dfrac{I \triangle l \sin\theta}{4\pi r^2}$

> **전기이론** Chapter 03 전류의 자기현상
>
> 비오－사바르의 법칙
> 임의 형상의 도선에 흐르는 전류에 의한 자기장을 계산하는 법칙

11. 계자권선이 전기자에 병렬로만 접속된 직류기는?

① 타여자기   ② 직권기
③ 분권기   ④ 복권기

> **전기기기**   Chapter 01 직류기
>
> 직류발전기의 종류
> ① 타여자기 : 계자권선과 전기자가 별개로 결선됨
> ② 직권기 : 계자권선과 전기자가 직렬로 접속
> ③ 분권기 : 계자권선과 전기자가 병렬로 접속
> ④ 복권기 : 직권 계자권선과 분권 계자권선이 전기자와 직
>   병렬로 접속됨

12. 보호를 요하는 회로의 전류가 어떤 일정한 값(정정값) 이상으로 흘렀을 때 동작하는 계전기는?

① 과전류 계전기   ② 과전압 계전기
③ 차동 계전기   ④ 비율 차동 계전기

> **전기설비**   Chapter 08 전원설비 및 기타설비
>
> ㉠ 과전류 계전기(OCR, Over Current Relay) : 보호
>   계전기 설정값 이상의 전류가 흘렀을 때 동작하여 차단
>   기를 트립시킨다.
> ㉡ 과전압 계전기(OVR Over Voltage Relay) : 보호
>   계전기 설정값 이상의 전압이 인가되었을 때 동작하여
>   차단기를 트립시킨다.

13. 비정현파를 발생시키는 요인이 아닌 것은?

① 철심의 자기 포화   ② 히스테리시스 현상
③ 전기자 반작용   ④ 옴의 법칙

> **전기이론**   Chapter 07 비정현파 교류회로
>
> 비정현파를 발생시키는 요인
> ㉠ 교류발전기에서 전기자 반작용에 의한 일그러짐
> ㉡ 변압기에서 철심의 자기 포화 및 히스테리시스 현상에
>   의한 여자전류의 일그러짐
> ㉢ 다이오드의 비직선성에 의한 전류의 일그러짐(전력변환
>   장치의 사용)

14. 3상 동기전동기의 토크에 대한 설명으로 옳은 것은?

① 공급전압 크기에 비례한다.
② 공급전압 크기의 제곱에 비례한다.
③ 부하각 크기에 반비례한다.
④ 부하각 크기의 제곱에 비례한다.

> **전기기기**   Chapter 05 정류기
>
> 3상 동기전동기의 토크
> $$T = 0.975 \times \frac{P_o}{N} [\text{kg} \cdot \text{m}]$$
> ∴ 출력 P_o는 공급전압에 비례한다.

15. 전시회나 쇼, 공연장 등의 전기 설비는 이동 전선으로 사용할 수 있는 케이블은?

① 0.6/1[kV] EP 고무 절연 클로로프렌 캡타이어 케이블
② 0.8/1[kV] EP 고무 절연 클로로프렌 캡타이어 케이블
③ 0.6/1.5[kV] EP 고무 절연 클로로프렌 캡타이어 케이블
④ 0.8/1.5[kV] 비닐 절연 클로로프렌 캡타이어 케이블

> **전기설비**   Chapter 01 전선 및 전선의 접속
>
> 전시회나 쇼, 공연장 등의 전기 설비는 이동 전선으로 사
> 용할 수 있는 케이블은 0.6/1[kV] EP 고무 절연 클로로
> 프렌 캡타이어 케이블이다.

16. 교류에서 파형률은?

① 파형률 = $\dfrac{최댓값}{실횻값}$ ② 파형률 = $\dfrac{실횻값}{평균값}$
③ 파형률 = $\dfrac{평균값}{실횻값}$ ④ 파형률 = $\dfrac{최댓값}{평균값}$

> **전기이론**   Chapter 05 단상 교류회로
>
> ㉠ 파고율 = $\dfrac{최댓값}{실횻값}$
> ㉡ 파형률 = $\dfrac{실횻값}{평균값}$

17. 직류 전동기의 전기자에 가해지는 단자 전압을 변화하여 속도를 조정하는 제어법이 아닌 것은?

① 워드 레오나드 방식　　② 일그너 방식
③ 직·병렬 제어　　　　　④ 계자 제어

20. 직류 전동기를 전원에 접속한 채로 전기자의 접속을 반대로 바꾸어 회전 방향과 반대 토크를 발생시켜 갑자기 정지 또는 역전시키는 방법을 무엇이라 하는가?

① 발전 제동　　　　　　② 회생 제동
③ 플러깅　　　　　　　④ 마찰 제동

18. 사무실, 은행, 상점, 이발소, 미장원에서 사용하는 표준부하[VA/m^2]는?

① 5　　　　　　　　　　② 10
③ 20　　　　　　　　　④ 30

21. 케이블 덕트 시스템에 시설하는 배선 방법이 아닌 것은?

① 플로어 덕트 공사　　② 셀룰러 덕트 공사
③ 버스 덕트 공사　　　④ 금속 덕트 공사

22. 어드미턴스의 실수부는 무엇인가?

① 임피던스　　　　　　② 리액턴스
③ 서셉턴스　　　　　　④ 컨덕턴스

19. 납축전지의 전해액으로 사용되는 것은 어느 것인가?

① H_2SO_4　　　　　　② $2H_2O$
③ $PbSO_4$　　　　　　④ $PbSO_2$

23. 주파수 50[Hz]용의 3상 유도전동기를 60[Hz] 전원에 접속하여 사용하면 그 회전속도는 어떻게 되는가?

① 20[%] 늦어진다.
② 변치 않는다.
③ 10[%] 빠르다.
④ 20[%] 빠르다.

전기기기 Chapter 04 유도기

동기속도($N_s = \dfrac{120f}{P}$[rpm])는 주파수에 비례한다. 따라서 주파수가 $\dfrac{60}{50}$배 증가하면 속도도 $\dfrac{60}{50} = 1.2$배 증가한다.

24. 합성수지 전선관 공사에서 관 상호 간 접속에 필요한 부속품은?

① 커플링
② 커넥터
③ 리머
④ 노멀 밴드

전기설비 Chapter 03 옥내배선공사

커플링
합성수지관 상호 접속하는 기구

25. 다음 중 옴의 법칙을 바르게 설명한 것은?

① 전압은 저항에 반비례한다.
② 전압은 전류에 반비례한다.
③ 전압은 전류의 제곱에 비례한다.
④ 전압은 저항과 전류의 곱에 비례한다.

전기이론 Chapter 01 직류회로

옴의 법칙 $I = \dfrac{V}{R}$[A], $V = IR$[V]

여기서, V : 기전력(전압)[V], R : 저항[Ω]

26. 1차 전압 6,300[V], 2차 전압 210[V], 주파수 60[Hz]의 변압기가 있다. 이 변압기의 권수비는?

① 30
② 40
③ 50
④ 60

전기기기 Chapter 03 변압기

권수비(= 전압비) $a = \dfrac{N_1}{N_2} = \dfrac{E_1}{E_2} = \dfrac{I_2}{I_1}$ 에서

$\therefore a = \dfrac{E_1}{E_2} = \dfrac{6,300}{210} = 30$

27. 금속덕트는 폭이 5[cm]를 초과하고 두께는 몇 [mm] 이상의 철판 또는 동등 이상의 세기를 가지는 금속제로 제작된 것이어야 하는가?

① 0.8
② 1.0
③ 1.2
④ 1.4

전기설비 Chapter 03 옥내배선공사

금속덕트 시설조건
㉠ 폭이 5[cm]를 넘고 또한 두께가 1.2[mm] 이상인 철판 또는 동등 이상의 세기를 가지는 금속제의 것으로 제작한 것일 것
㉡ 내면은 전선의 피복을 손상시키는 돌기가 없는 것일 것
㉢ 내면 및 외면에는 산화방지를 위하여 아연도금 또는 이와 동등 이상의 효과를 가지는 도장을 한 것일 것

28. Y−Y결선 회로에서 선간전압이 380[V]일 때 상전압은 약 몇 [V]인가?

① 100[V]
② 200[V]
③ 220[V]
④ 380[V]

전기이론 Chapter 06 3상 교류회로

3상 Y결선의 특징
㉠ 선간전압 : $V_\ell = \sqrt{3}\,V_p$
㉡ 선전류 : $I_\ell = I_p$

$\therefore$ 상전압 : $V_p = \dfrac{V_\ell}{\sqrt{3}} = \dfrac{380}{\sqrt{3}} = 220$[V]

29. 다음 단상 유도 전동기 중 기동 토크가 큰 것부터 옳게 나열한 것은?

> (ㄱ) 반발 기동형
> (ㄴ) 콘덴서 기동형
> (ㄷ) 분상 기동형
> (ㄹ) 셰이딩 코일형

① (ㄱ) > (ㄴ) > (ㄷ) > (ㄹ)
② (ㄱ) > (ㄹ) > (ㄴ) > (ㄷ)
③ (ㄱ) > (ㄷ) > (ㄹ) > (ㄴ)
④ (ㄱ) > (ㄴ) > (ㄹ) > (ㄷ)

> **전기기기** **Chapter 04 유도기**
> 단상 유도 전동기의 기동토크 크기 비교
> 반발 기동형 > 반발 유도형 > 콘덴서 기동형 > 분상 기동형 > 셰이딩 코일형 > 모노사이크릭형

30. 다음 저압 이웃 연결 인입선을 시설하는 경우 내용이 틀린 것은?

① 저압 이웃 연결 인입선이 횡단 보도를 횡단하는 경우 지면으로부터의 높이는 3.5[m] 이상 높이에 시설할 것
② 인입구에서 분기하여 100[m]를 초과하지 말 것
③ 도로 5[m]를 횡단하지 말 것
④ 옥내를 관통하지 말 것

> **전기설비** **Chapter 06 전선로 및 배전공사**
> 이웃 연결 인입선의 시설(KEC 221.1.2)
> ⊙ 인입선에서 분기하는 점으로부터 100[m]를 초과하지 말 것
> ⓛ 폭 5[m]를 초과하는 도로를 횡단하지 말 것
> ⓒ 옥내를 통과하지 말 것

31. 그림의 단자 1−2에서 본 노튼 등가회로의 개방단 컨덕턴스는 몇 [℧]인가?

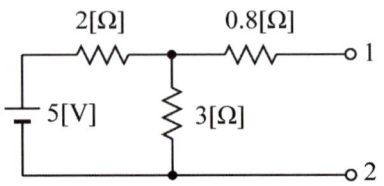

① 0.5
② 1
③ 2
④ 5.8

> **전기이론** **Chapter 01 직류회로**
> 노튼의 등가저항
> ⊙ 전압원은 단락, 전류원은 개방시킨 상태에서 1, 2단자에서 바라본 합성저항
>
>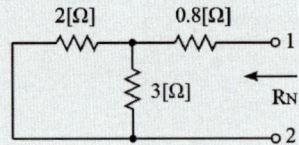
>
> ⓛ 등가저항 : $R_N = 0.8 + \dfrac{2 \times 3}{2+3} = 2\,[\Omega]$
>
> ∴ 컨덕턴스 : $G = \dfrac{1}{R_N} = \dfrac{1}{2} = 0.5\,[℧]$

32. 변압기 결선 방식 중 3상에서 6상으로 변환할 수 없는 것은?

① 환상 결선
② 2중 3각 결선
③ 포크 결선
④ 우드 브리지 결선

> **전기기기** **Chapter 03 변압기**
> 우드 브리지 결선은 3상을 2상으로 변환하는 결선이다.

33. 합성수지제 가요 전선관(PF관 및 CD관)의 호칭에 포함되지 않는 것은?

① 16
② 28
③ 32
④ 36

> **전기설비** **Chapter 03 옥내배선공사**
> 합성수지제 전선관의 규격[mm]
> 14, 16, 22, 28, 36, 42, 54, 70, 82

34. 히스테리시스 곡선이 세로축과 만나는 점의 값은 무엇을 나타내는가?

① 자속 밀도　　② 잔류자기
③ 보자력　　　④ 자기장

전기이론 Chapter 03 전류의 자기현상

히스테리시스 곡선
자성체가 자화되는 특성을 나타낸 곡선으로 외부에서 인가한 자기력에 대한 자성체 내의 자속밀도를 나타낸 곡선

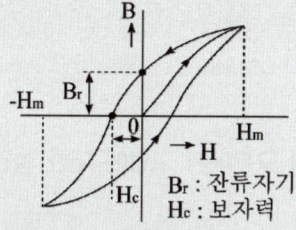

B_r : 잔류자기
H_c : 보자력

㉠ 횡축과 만나는 점 : 보자력 H_c
㉡ 종축과 만나는 점 : 잔류자기 B_r

---

35. 동기발전기의 병렬운전 중에 기전력의 위상차가 생기면?

① 위상이 일치하는 경우보다 출력이 감소한다.
② 부하 분담이 변한다.
③ 무효순환전류가 흘러 전기자 권선이 과열된다.
④ 동기화 전력이 생겨 두 기전력의 위상이 동상이 되도록 작용한다.

전기기기 Chapter 04 유도기

㉠ 동기발전기의 병렬운전 중 기전력의 크기가 다를 경우 무효순환전류가 흐른다.
㉡ 무효순환전류는 병렬운전인 발전기 중에 전압이 높은 발전기에는 감자작용이 발생하고 전압이 낮은 발전기에는 증자작용이 발생한다.
㉢ 무효순환전류는 발전기의 전기자권선에 불필요한 열을 발생시킨다.
㉣ 동기화 전력은 병렬운전 중인 발전기에 위상차가 나타날 경우 발생한다.

---

36. 보호 계전기 시험을 하기 위한 유의 사항으로 틀린 것은?

① 계전기 위치를 파악한다.
② 임피던스 계전기는 미리 예열하지 않도록 주의한다.
③ 계전기 시험 회로 결선 시 교류, 직류를 파악한다.
④ 계전기 시험 장비의 허용 오차, 지시 범위를 확인한다.

전기설비 Chapter 08 전원설비 및 기타설비

보호 계전기 시험 유의 사항
㉠ 보호 계전기의 배치된 상태를 확인
㉡ 임피던스 계전기는 미리 예열이 필요한지 확인
㉢ 시험 회로 결선 시에 교류와 직류를 확인해야 하며 직류인 경우 극성을 확인
㉣ 시험용 전원의 용량 계전기가 요구하는 정격 전압이 유지될 수 있도록 확인
㉤ 계전기 시험 장비의 지시 범위의 적합성, 오차, 영점의 정확성 확인

---

37. 그림과 같은 RC 병렬회로의 위상각 θ는?

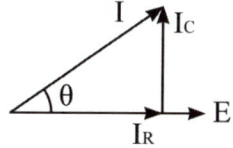

① $\tan^{-1}\dfrac{\omega C}{R}$　　② $\tan^{-1}\omega CR$

③ $\tan^{-1}\dfrac{R}{\omega C}$　　④ $\tan^{-1}\dfrac{1}{\omega CR}$

전기이론 Chapter 05 단상 교류회로

㉠ R 전류 : $I_R = \dfrac{E}{R}$[A]

㉡ C 전류 : $I_C = \dfrac{E}{X_C} = \omega CE$[A]

㉢ $\tan\theta = \dfrac{I_C}{I_R} = \dfrac{\omega CE}{\dfrac{E}{R}} = \omega CR$

∴ 위상각(위상차) : $\theta = \tan^{-1}\omega CR$

38. 출력 15[kW], 1,500[rpm]으로 회전하는 전동기의 토크는 약 [kg·m]인가?

① 6.54　　　② 9.75
③ 47.78　　④ 95.55

전기기기　Chapter 04 유도기

토크 $T = 0.975\dfrac{P_o}{N} = 0.975 \times \dfrac{15 \times 10^3}{1,500} = 9.75[\text{kg·m}]$

39. 금속관 공사의 장점이라고 볼 수 없는 것은?

① 전선관 접속이나 관과 박스를 접속 시 견고하고 완전하게 접속할 수 있다.
② 전선의 배선 및 배관 변경 시 용이하다.
③ 기계적 강도가 좋다.
④ 합성 수지관에 비해 내식성이 좋다.

전기설비　Chapter 03 옥내배선공사

금속관은 합성 수지관에 비해 습기에 의한 부식에 약하다.

40. 공기 중에서 자속밀도 0.3[Wb/m²]의 평등 자기장 속에 길이 50[cm]의 직선 도선을 자기장의 방향과 30°의 각도로 놓고 여기에 10[A]의 전류를 흐르게 했을 때 도선이 받는 힘[N]은?

① 0.55　　　② 0.75
③ 0.95　　　④ 1.05

전기이론　Chapter 03 전류의 자기현상

플레밍의 왼손 법칙
자계 내의 도체에 전류를 흘리면 도체에는 전자력 F가 발생한다.
∴ $F = IB\ell\sin\theta = 10 \times 0.3 \times 0.5 \times \sin 30° = 0.75[\text{N}]$

41. 회전자가 1초에 30회전을 하면 각속도는?

① 30π[rad/s]　　② 60π[rad/s]
③ 90π[rad/s]　　④ 120π[rad/s]

전기기기　Chapter 01 직류기

각속도 : $\omega = 2\pi n = 2\pi \times 30 = 60\pi\,[\text{rad/s}]$
여기서, n: 초당 회전수 [rad]

42. 전압의 구분에서 고압에 대한 설명으로 가장 옳은 것은?

① 직류는 1,500[V]를, 교류는 1,000[V] 이하인 것
② 직류는 1,000[V]를, 교류는 1,500[V] 이상인 것
③ 직류는 1,500[V]를, 교류는 1,000[V]를 초과하고 7[kV] 이하인 것
④ 7[kV]를 초과하는 것

전기설비　Chapter 01 전선 및 전선의 접속

전압의 구분(KEC 111.1)

구분	교류(AC)	직류(DC)
저압	1[kV] 이하	1.5[kV] 이하
고압	저압 초과 7[kV] 이하	
특고압	7[kV] 초과	

43. 비정현파의 실횻값을 나타낸 것은?

① 최대파의 실횻값
② 각 고조파의 실횻값의 합
③ 각 고조파의 실횻값의 합의 제곱근
④ 각 고조파의 실횻값의 제곱의 합의 제곱근

전기이론　Chapter 07 비정현파 교류회로

비정현파 교류의 실횻값 : 각 성분의 실횻값의 제곱의 합에 다시 제곱근(루트)을 취한 값
$V_{rms} = \sqrt{직류파^2 + 기본파^2 + 고조파^2}$

44. 단상 전파 정류회로에서 전원이 $220[\text{V}]$이면 부하에 나타나는 전압의 평균값은 약 몇 $[\text{V}]$인가?

① 99   ② 198

③ 257.4   ④ 297

전기기기   **Chapter 05 정류기**

정류회로의 평균값(여기서, V : 실횻값)

구분	평균값 전압
단상 반파	$V_a = 0.45\,V$
단상 전파	$V_a = 0.9\,V$
3상 반파	$V_a = 1.17\,V$
3상 전파	$V_a = 1.35\,V$

∴ 단상 전파 정류회로의 평균값 전압
$$V_a = 0.9\,V = 0.9 \times 220 = 198\,[\text{V}]$$

---

46. 교류전류 $i(t) = 10\sin\left(314t - \dfrac{\pi}{6}\right)[\text{A}]$를 복소수로 표시하면?

① $6.12 - j3.5$ ② $17.32 - j5$

③ $3.54 - j6.12$ ④ $5 - j17.32$

전기이론   **Chapter 05 단상 교류회로**

㉠ 순시값 : $i(t) = I_m \sin(\omega t \pm \theta)$

　여기서, I_m : 최댓값($I_m = \sqrt{2} \times$실횻값)

　　　　θ : 위상차

㉡ 전류의 실횻값 : $I = \dfrac{I_m}{\sqrt{2}} = \dfrac{10}{\sqrt{2}}\,[\text{A}]$

㉢ 위상차 : $\theta = -\dfrac{\pi}{6} = -\dfrac{180^\circ}{6} = -30^\circ$

㉣ 극형식 : $\dot{I} = I \angle\theta = \dfrac{10}{\sqrt{2}} \angle -30^\circ\,[\text{A}]$

㉤ 복소수와 극형식의 관계

　$\dot{I} = I \angle \pm\theta = I(\cos\theta \pm j\sin\theta)\,[\text{A}]$

∴ $\dot{I} = I(\cos\theta - j\sin\theta) = \dfrac{10}{\sqrt{2}}(\cos 30^\circ - \sin 30^\circ)$

　　$= 6.12 - j3.53$

　　$≒ 6.12 - j3.5\,[\text{A}]$

---

45. 고압 배전반에는 부하의 합계 용량이 몇 $[\text{kVA}]$를 넘는 경우 배전반에는 전류계, 전압계를 부착하는가?

① 100   ② 150

③ 200   ④ 300

전기설비   **Chapter 08 전원설비 및 기타설비**

고압 및 특고압 배전반에는 부하의 합계 용량이 $300[\text{kVA}]$를 넘는 경우 전류계, 전압계를 부착한다.

---

47. 반도체 내에서 양공은 어떻게 생성되는가?

① 결합전자의 이탈   ② 자유전자의 이동

③ 접합불량   ④ 확산용량

전기기기   **Chapter 05 정류기**

양공(정공)은 전자가 비어있는 자리로서 결합전자의 이탈로 생성된다.

48. 옥내 배선의 지름을 결정하는 가장 중요한 요소는?

① 허용 전류 ② 전압 강하
③ 기계적 강도 ④ 사용 주파수

> **전기설비** Chapter 01 전선 및 전선의 접속
>
> 전선의 구비조건
> 허용 전류, 전압 강하, 기계적 강도 중 가장 중요한 요소는 허용 전류이다.

49. 진공의 어느 한 점에서 전계의 세기가 $12[\mathrm{V/m}]$일 때 이 점에 작용하는 전속밀도의 크기는?

① $1.2[\mathrm{C/m^2}]$ ② $12[\mathrm{C/m^2}]$
③ $12\varepsilon_0[\mathrm{C/m^2}]$ ④ $12\mu_0[\mathrm{C/m^2}]$

> **전기이론** Chapter 02 정전계와 정자계
>
> 전속밀도 $D = \epsilon E = \epsilon_0 \epsilon_s E[\mathrm{C/m^2}]$에서 진공의 비유전율 $\epsilon_s = 1$이므로
> $\therefore\ D = \epsilon_0 E = 12\epsilon_0\,[\mathrm{C/m^2}]$

50. 유도전동기가 회전하고 있을 때 생기는 손실 중에서 구리손이란?

① 브러시의 마찰손
② 베어링의 마찰손
③ 표유 부하손
④ 1차, 2차 권선의 저항손

> **전기기기** Chapter 04 유도기
>
> 구리손은 고정자 및 회전자에 감은 권선에서 발생하는 손실로서 열의 형태로 발생하는 저항손이다.

51. 다음 중 배전 선로에 사용되는 개폐기의 종류와 그 특성의 연결이 바르지 못한 것은?

① 컷아웃 스위치 – 주된 용도로는 주상변압기의 고장이 배전 선로에 파급되는 것을 방지하고 변압기의 과부하 소손을 예방하고자 사용한다.
② 부하 개폐기 – 고장 전류와 같은 대 전류는 차단할 수 없지만 평상 운전 시의 부하 전류는 개폐할 수 있다.
③ 리클로저 – 선로에 고장이 발생하였을 때, 고장 전류를 검출하여 지정된 시간 내에 고속 차단하고 자동 재폐로 동작을 수행하여 고장 구간을 분리하거나 재송전하는 장치이다.
④ 섹셔널라이저 – 고장 발생 시 신속히 고장 전류를 차단하여 사고를 국부적으로 분리시키는 것으로 후비보호 장치와 직렬로 설치하여야 한다.

> **전기설비** Chapter 06 전선로 및 배전공사
>
> 섹셔널라이저(sectionalizer)
> 고압배전선에서 사용되는 차단 능력이 없는 유입 개폐로 리클로저의 부하쪽에 설치되고, 리클로저의 개방 동작 횟수보다 1~2회 적은 횟수로 리클로저의 개방 중에 자동적으로 개방 동작된다.

52. 권선 저항과 온도와의 관계는?

① 온도와는 무관하다.
② 온도가 상승하면 권선 저항은 감소한다.
③ 온도가 상승하면 권선 저항은 증가한다.
④ 온도가 상승하면 권선의 저항은 증가와 감소를 반복한다.

> **전기이론** Chapter 01 직류회로
>
> 금속의 온도계수
> 금속은 일반적으로 온도가 상승하면 저항값은 증가한다(양의 온도계수).

53. 다음 중 동기 발전기 단절권의 특징이 아닌 것은?

① 고조파를 제거해서 기전력의 파형이 좋아진다.
② 코일 단이 짧게 되므로 재료가 절약된다.
③ 전절권에 비해 합성 유기기전력이 증가한다.
④ 코일 간격이 극 간격보다 작다.

> **전기기기** Chapter 02 동기기
>
> 단절권(short pitch winding)
> ㉠ 코일 피치가 자극 피치보다 작은 권선법
> ㉡ 전절권에 비하여 파형(고조파 제거) 개선, 코일 단부 단축, 동량 감소 및 기계 길이가 단축되지만, 유도기전력이 감소한다.

54. 조명공학에서 사용되는 칸델라(cd)는 무엇의 단위인가?

① 광도   ② 조도
③ 광속   ④ 휘도

> **전기설비** Chapter 08 전원설비 및 기타설비
>
> 광도(Iuminous intensity) I[cd]
> 어떤 방향에 발산 광속의 입체각 밀도를 그 방향의 광도라 한다(빛의 진행방향에 수직한 면을 통과하는 빛의 양).

55. 극판의 면적이 $4[\text{cm}^2]$, 정전 용량이 $10[\text{pF}]$인 종이 콘덴서를 만들려고 한다. 비유전율 2.5, 두께 $0.01[\text{mm}]$의 종이를 사용하면 약 몇 장을 겹쳐야 되겠는가?

① 89장   ② 100장
③ 885장   ④ 8,850장

> **전기이론** Chapter 02 정전계와 정자계
>
> ㉠ 평행판 콘덴서의 용량 : $C = \dfrac{\epsilon S}{d}$
> ㉡ 극판의 간격(두께)
> $$d = \frac{\epsilon S}{C} = \frac{\epsilon_0 \epsilon_s S}{C}$$
> $$= \frac{8.855 \times 10^{-12} \times 2.5 \times (4 \times 10^{-4})}{10 \times 10^{-12}}$$
> $$= 8.855 \times 10^{-4} [\text{m}]$$
> ㉢ 종이 한 장의 두께 $\delta = 0.01[\text{mm}]$이므로
> $$\therefore N = \frac{d}{\delta} = \frac{8.855 \times 10^{-4}}{0.01 \times 10^{-3}} = 88.55 \fallingdotseq 89\text{장}$$

56. 그림과 같은 직류 분권 발전기 등가 회로에서 부하전류 $I[\text{A}]$는?

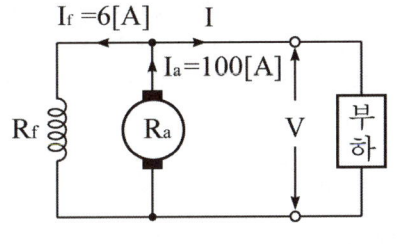

① 4   ② 94
③ 106   ④ 96

> **전기기기** Chapter 01 직류기
>
> 분기 발전기의 부하전류
> $I = I_a - I_f = 100 - 6 = 94[\text{A}]$

57. 접지 공사 시 접지저항을 감소시키는 저감 대책이 아닌 것은?

① 접지봉의 길이를 증가시킨다.
② 접지판의 면적을 감소시킨다.
③ 접지극의 매설 깊이를 깊게 매설한다.
④ 접지저항 저감제를 이용하여 토양의 고유저항을 화학적으로 저감시킨다.

> **전기설비** Chapter 04 전로의 절연 및 접지공사
>
> 접지저항 저감 대책
> ㉠ 접지봉의 길이를 증가시킨다.
> ㉡ 접지판의 면적을 증가시킨다.
> ㉢ 접지극의 매설 깊이를 깊게 매설한다.
> ㉣ 접지저항 저감제(어스락 등)를 이용하여 토양의 고유저항을 화학적으로 저감시킨다.

58. Δ−Y 결선(delta−star connection)한 경우에 대한 설명으로 옳지 않은 것은?

① Y결선의 중성점을 접지할 수 있다.
② 제3고조파에 의한 장해가 작다.
③ 1차 선간전압 및 2차 선간전압의 위상차는 60°이다.
④ 1차 변전소의 승압용으로 사용된다.

59. 속도를 광범위하게 조정할 수 있으므로 압연기나 엘리베이터 등에 사용되는 직류 전동기는?

① 직권 전동기　　② 분권 전동기
③ 타여자 전동기　④ 가동 복권 전동기

60. 저압 보안공사에서, 철탑의 지지물 간 거리는 몇 [m] 이하로 하면 되는가?

① 100　　② 150
③ 300　　④ 400

정답

01	③	02	①	03	②	04	①	05	④
06	④	07	①	08	③	09	①	10	④
11	③	12	①	13	④	14	①	15	①
16	②	17	④	18	④	19	①	20	③
21	③	22	④	23	②	24	①	25	④
26	①	27	③	28	③	29	①	30	①
31	①	32	④	33	③	34	②	35	④
36	②	37	②	38	②	39	④	40	②
41	②	42	③	43	④	44	②	45	④
46	①	47	①	48	①	49	③	50	④
51	④	52	①	53	③	54	①	55	①
56	②	57	②	58	③	59	③	60	④

※ 본 교재에 수록된 모든 문제는 CBT 기출복원문제로서, 수험생의 기억에 따라 복원된 것이며, 실제 기출문제와 동일하지 않을 수 있습니다.

01. 대칭 3상 교류 회로에서 각 상 간의 위상차[rad]는 얼마인가?

① $\dfrac{2\pi}{3}$　　　　② $\dfrac{\pi}{3}$

③ $\dfrac{\sqrt{3}}{2}\pi$　　　　④ $\dfrac{2}{\sqrt{3}}\pi$

> **전기이론** Chapter 06 3상 교류회로
>
> ㉠ $\pi\,[\text{rad}] = 180°$
> ㉡ 대칭 3상 교류의 의미 : 각 상(L1, L2, L3)의 크기는
> 　같고 위상차는 120°인 3상 교류
> ∴ $120° = \dfrac{360°}{3} = \dfrac{2\pi}{3}\,[\text{rad}]$

02. 변압기 온도시험을 하는 데 가장 좋은 방법은 어느 것인가?

① 반환 부하법　　② 실 부하법
③ 단락 시험법　　④ 내전압 시험법

> **전기기기** Chapter 03 변압기
>
> 반환 부하법
> 전력을 소비하지 않고, 온도가 올라가는 원인이 되는 철손과 구리손만을 공급하여 시험하는 방법으로 가장 좋은 방법이다.

03. 전선을 접속하는 경우 전선의 강도는 몇 [%] 이상 감소시키지 않아야 하는가?

① 10　　　　② 20
③ 40　　　　④ 80

> **전기설비** Chapter 01 전선 및 전선의 접속
>
> 전선 접속 시 유의사항
> ㉠ 전기저항을 증가시키지 말 것
> ㉡ 전선의 세기를 20[%] 이상 감소시키지 말 것
> ㉢ 코드 상호, 케이블 상호, 코드와 케이블 상호 : 코드 접속기, 접속함에서 접속

04. 2전력계법으로 3상 전력을 측정할 때 지시값이 $P_1 = 200\,[\text{W}]$, $P_2 = 200\,[\text{W}]$이었다. 부하전력 [W]은?

① 600　　　　② 500
③ 400　　　　④ 300

> **전기이론** Chapter 06 3상 교류회로
>
> 2전력계법
> 유효전력(부하전력) : $P = P_1 + P_2 = 200 + 200 = 400\,[\text{W}]$

05. 동기기의 전기자 권선법이 아닌 것은?

① 분포권　　　　② 2층권
③ 중권　　　　④ 전절권

> **전기기기** Chapter 02 동기기
>
> 동기기에서 고조파를 제거하여 기전력의 파형을 개선하기 위해 집중권, 전절권을 사용하지 않는다.

06. 캡타이어 케이블을 공사하는 경우 지지점을 지지하는 공사 방법으로 틀린 것은?

① 캡타이어 케이블을 조영재에 따라 시설하는 경우는 그 지지점 간의 거리는 1.0[m] 이하로 한다.
② 서까래와 서까래의 사이에 캡타이어 케이블을 시설하는 경우 지지점 간격은 1.2[m] 이하로 해야 한다.
③ 은폐 배선에 있어 부득이한 경우는 지지하지 않아도 된다.
④ 캡타이어 케이블 상호 및 캡타이어 케이블과 박스, 기구와의 접속 개소와 지지점 간의 거리는 0.15[m]로 하는 것이 바람직하다.

> **전기설비** Chapter 06 전선로 및 배전공사
>
> 서까래와 서까래의 사이에 간격이 1.0[m]를 초과하는 곳에 캡타이어 케이블을 시설하는 경우 판 사이를 가로질러 이 판을 고정하거나 캡타이어 케이블을 메신저 와이어에 의해 조가하여야 한다. 메신저 와이어(조가용선)는 가공 케이블을 매달아 지지할 때 사용하는 것이다.

07. 어떤 도체에 5초간 4[C]의 전하가 이동했다면 이 도체에 흐르는 전류는?

① 0.12[A]　　② 0.8[A]
③ 1.25[A]　　④ 8[A]

전기이론　**Chapter 01 직류회로**

전류의 정의 : $I = \dfrac{Q}{t} = \dfrac{4}{5} = 0.8\,[A]$

08. 주로 30[kV] 이하의 배전용 변압기에 사용되는 결선은?

① △−△ 결선　　② Y−Y 결선
③ Y−V 결선　　④ △−Y 결선

전기기기　**Chapter 04 변압기**

주로 30[kV] 이하의 배전용 변압기에 사용되는 결선은 △−△ 결선이다.

09. 절연전선으로 가선된 배전선로에서 활선 상태인 경우 전선의 피복을 벗기는 것은 매우 곤란한 작업이다. 이런 경우 활선 상태에서 전선의 피복을 벗기는 공구는?

① 전선 피박기　　② 애자커버
③ 와이어 통　　　④ 데드엔드 커버

전기설비　**Chapter 06 전선로 및 배전공사**

② 애자커버 : 활선작업 시 특고압 핀 및 라인포스트 애자를 절연하여 작업자의 부주의로 접촉되더라도 안전사고가 발생하지 않도록 사용되는 절연덮개
③ 와이어 통 : LP애자나 현수애자를 사용한 전기설비에서 활선장주를 이동하여 상부로 올리거나 작업권 밖으로 밀어낼 때 혹은 활선장주를 다른 장소로 이동할 때 사용하는 활선 공구
④ 데드엔드 커버 : 활선작업 시 전선 접속개소의 현수애자와 인류클램프 등의 충전부를 방호하기 위한 절연커버

10. 콘덴서의 정전 용량에 대한 설명으로 틀린 것은?

① 전압에 반비례한다.
② 극판의 넓이에 비례한다.
③ 이동 전하량에 비례한다.
④ 극판의 간격에 비례한다.

전기이론　**Chapter 02 정전계와 정자계**

평행판 콘덴서의 용량은 $C = \dfrac{\epsilon S}{d}$ 이므로 넓이 S에 비례하고 간격 d에 반비례한다.

11. 다음 중 단락비가 큰 동기 발전기를 설명하는 것으로 옳은 것은?

① 동기 임피던스가 작다.
② 단락 전류가 작다.
③ 전기자 반작용이 크다.
④ 전압 변동률이 크다.

전기기기　**Chapter 02 동기기**

단락비가 큰 기기의 특징
㉠ 동기 임피던스가 작다(단락전류가 크다).
㉡ 전기자 반작용이 작다.
㉢ 전압 변동률이 작다.
㉣ 공극이 크다.
㉤ 안정도가 높다.
㉥ 철손이 크다.
㉦ 효율이 낮다.
㉧ 가격이 높다.
㉨ 송전선의 충전용량이 크다.

12. 분기회로에 사용하는 것으로 개폐기 및 자동차단기의 두 가지 역할을 하는 것은?

① 동형 퓨즈　　　② 유입 차단기
③ 배선용 차단기　④ 컷아웃 스위치

전기설비　**Chapter 05 저압 전기설비 보호**

배선용 차단기(MCCB)
부하전류를 개폐하고, 과부하 및 과전류를 차단시킬 수 있다.

13. 1[cm]당 권선 수가 10인 무한 길이 솔레노이드에 1[A]의 전류가 흐르고 있을 때 솔레노이드 외부 자계의 세기는?

① 0[AT/m] ② 5[AT/m]
③ 10[AT/m] ④ 20[AT/m]

전기이론 **Chapter 03 전류의 자기현상**

솔레노이드에 의한 자계의 세기
㉠ 솔레노이드 외부 자계 : $H = 0$
㉡ 솔레노이드 내부 자계 : $H = \dfrac{NI}{\ell} = n_0 I$
여기서, n_0 : 단위 길이당 권선 수

14. 정지 상태에 있는 3상 유도 전동기의 슬립 값은?

① ∞ ② 0
③ 1 ④ −1

전기기기 **Chapter 04 유도기**

슬립($s = \dfrac{N_s - N}{N_s}$)은 동기속도와 회전자속도의 비로서 크기는 다음과 같다.
㉠ 슬립의 범위 : $0 < s < 1$
㉡ 무부하 시($N_s = N$) 슬립 : $s = 0$
㉢ 정지 시($N = 0$) 및 기동 시 슬립 : $s = 1$

15. 한국전기설비규정(KEC)에 의하여 애자사용공사를 건조한 장소에 시설하고자 한다. 사용 전압이 400[V] 이하인 경우 전선과 조영재 사이의 간격은 최소 몇 [cm] 이상이어야 하는가?

① 2.5 ② 4.5
③ 6.0 ④ 12

전기설비 **Chapter 03 옥내배선공사**

애자공사 시설조건(KEC 232.56.1)
㉠ 전선은 절연전선일 것
㉡ 전선 상호 간의 간격 : 6[cm] 이상
㉢ 전선의 지지점 간의 거리 : 2[m] 이하
 (단, 400[V] 초과인 경우 : 6[m] 이하)
㉣ 전선과 조영재 사이의 간격
 • 400[V] 이하 : 2.5[cm] 이상
 • 400[V] 초과 : 4.5[cm] 이상
  (단, 건조한 장소 : 2.5[cm] 이상)

16. 3[kW]의 전열기를 정격 상태에서 20분간 사용하였을 때의 열량은 몇 [kcal]인가?

① 430 ② 4,200
③ 2,400 ④ 860

전기이론 **Chapter 01 직류회로**

㉠ $W = Pt = 3[\text{kW}] \times \dfrac{20}{60}[\text{h}] = 1[\text{kWh}]$
㉡ $1[\text{kWh}] = 860[\text{kcal}]$

17. 다음 중 3상 변압기의 장점에 해당되지 않는 것은?

① 사용 철심량이 약 15[%] 경감된다.
② 고장 시 수리가 쉽다.
③ 설치 면적이 작아진다.
④ 경제적으로 보아 가격이 싸다.

전기기기 **Chapter 03 변압기**

3상 변압기의 특징
㉠ 단일 기기로 3상 교류 전력을 변성하는 변압기이며, 대전력용 변압기로서 널리 쓰인다.
㉡ 고장 수리가 어렵고 수리비가 비싸다.
㉢ 철심량이 15~20[%] 정도 줄어 무게와 철손이 줄고 효율이 좋다.
㉣ 가격부담, 설치면적 등이 적다.

18. 가공전선의 지지물에 승탑 또는 승강용으로 사용하는 발판 볼트 등은 지표상 몇 [m] 미만에 시설하여서는 안 되는가?

① 1.2 ② 1.5
③ 1.6 ④ 1.8

전기설비 **Chapter 06 전선로 및 배전공사**

전주 오름 방지(KEC 331.4)
가공전선로의 지지물에 취급자가 오르고 내리는 데 사용하는 발판 볼트 등을 지표상 1.8[m] 미만에 시설하여서는 아니 된다.

19. 회로망의 임의의 접속점에 유입되는 전류는
$\sum I = 0$ 라는 법칙은?

① 쿨롱의 법칙
② 패러데이의 법칙
③ 키르히호프의 제1법칙
④ 키르히호프의 제2법칙

> **전기이론** Chapter 01 직류회로
>
> 키르히호프의 법칙
> ① 제1법칙 − 전류 법칙(kcL) : 임의의 마디에 유입되는
>   전류와 유출되는 전류는 같다.
> ② 제2법칙 − 전압 법칙(kV1) : 임의의 폐회로 내의 기
>   전력의 총합과 전기소자의 단자전압의 총합은 같다.

20. 퍼센트 저항강하 $3[\%]$, 리액턴스 강하 $4[\%]$인
변압기의 최대 전압변동률 $[\%]$은?

① 1
② 5
③ 7
④ 12

> **전기기기** Chapter 03 변압기
>
> ⊙ 퍼센트 저항강하 : $p = 3[\%]$,
> ⓛ 퍼센트 리액턴스 강하 : $q = 4[\%]$
> ⓒ 최대 전압변동률 $\dfrac{d\epsilon}{d\theta}=0$일 경우로 $\epsilon_m = \sqrt{p^2 + q^2}$ 로
>   나타낼 수 있다.
> ∴ 최대 전압변동률 : $\epsilon_m = \sqrt{3^2 + 4^2} = 5[\%]$

21. 부식성 가스 등이 있는 장소에서 시설이 허용되는
것은?

① 개폐기
② 콘센트
③ 과전류 차단기
④ 전등

> **전기설비** Chapter 07 특수설비
>
> 부식성 가스 등이 있는 장소(내선규정 4225)
> ⊙ 부식성 가스 등이 있는 장소는 개폐기, 콘센트 및 과전
>   류차단기를 시설하여서는 안 된다.
> ⓛ 전등은 틀어 끼우는 글로브 등이 구비되어 내부에 부식
>   성 가스 또는 용액의 침입을 방지할 수 있는 기구를 사
>   용하여야 한다.

22. 정격 $200[V]$, $1,000[W]$인 부하에 전압을 $100[V]$
로 인가하면 소비 전력은 몇 $[W]$가 되겠는가?

① 800
② 600
③ 500
④ 250

> **전기이론** Chapter 01 직류회로
>
> ⊙ 전열기의 내부저항
> $R = \dfrac{V^2}{P} = \dfrac{200^2}{1,000} = 40[\Omega]$
> ⓛ $100[V]$ 인가 시 소비전력
> $P = \dfrac{V^2}{R} = \dfrac{100^2}{40} = 250[W]$

23. 변압기를 $\triangle - Y$로 연결할 때 1, 2차 간의 위상차는?

① 30°
② 45°
③ 60°
④ 90°

> **전기기기** Chapter 05 정류기
>
> $Y - \triangle$결선은 1차, 2차 결선상의 차로 인해 30°의 위상차
> 가 발생한다.

24. 한국전기설비규정에서 고압 가공 인입선이 도로를
횡단하는 경우에 지표상의 높이는 몇 $[m]$ 이상인가?

① 5
② 6.5
③ 6
④ 4

> **전기설비** Chapter 01 전선 및 전선의 접속
>
> 가공 인입선의 높이(KEC 221.1.1, 331.12)
>
> | 구분 | 저압 | 고압 |
> |---|---|---|
> | 도로 횡단 | 5m 이상 | 6m 이상 |
> | 철도 횡단 | 6.5m 이상 | 6.5m 이상 |
> | 횡단보도교 | 3m 이상 | 3.5m 이상 |
> | 기타 | 4m 이상 | 5m 이상 |
>
> 고압 기타 장소에서 위험 표시를 할 경우 : 3.5m 이상

25. 자력선은 다음과 같은 성질을 가지고 있다. 잘못된 것은?

① N극에서 나와서 S극에서 끝난다.
② 자력선에 그은 접선은 그 접점에서의 자장 방향을 나타낸다.
③ 자력선은 상호 간에 서로 교차한다.
④ 한 점의 자력선 밀도는 그 점의 자장 세기를 나타낸다.

전기이론 **Chapter 02 정전계와 정자계**

자석의 특징
㉠ 자석은 항상 N극과 S극이 함께 공존하며, 자극은 자석의 양 끝에서 가장 강하게 나타난다.
㉡ N극과 S극의 세기는 같다.
㉢ 자석은 같은 극끼리는 반발력, 다른 극끼리는 흡인력이 발생된다.

26. 주파수 $60[\text{Hz}]$의 회로에 접속되어 슬립 $3[\%]$, 회전수 $1,164[\text{rpm}]$으로 회전하고 있는 유도 전동기의 극수는?

① 4
② 6
③ 8
④ 10

전기기기 **Chapter 04 유도기**

㉠ 회전자 속도 : $N = (1-s)N_s = (1-s)\dfrac{120f}{P}[\text{rpm}]$

㉡ 유도전동기 극수 : $P = (1-0.03) \times \dfrac{120 \times 60}{1,164} = 6$극

27. 가공 케이블 시설 시 조가선에 금속 테이프 등을 사용하여 케이블 외장을 견고하게 붙여 조가하는 경우 나선형으로 금속 테이프를 감는 간격은 몇 $[\text{cm}]$ 이하를 확보하여 감아야 하는가?

① 50
② 30
③ 20
④ 10

전기설비 **Chapter 06 전선로 및 배전공사**

가공 케이블의 시설(KEC 332.2)
㉠ 케이블은 조가선에 행거로 시설할 것
㉡ 고압전선 행거의 간격 : $0.5[\text{m}]$ 이하
㉢ 조가선에 접촉시키고 그 위에 금속 테이프 등을 $20[\text{cm}]$ 이하 간격으로 나선형으로 감아 붙일 것

28. 전기분해를 통하여 석출된 물질의 양은 통과한 전기량 및 화학당량과 어떤 관계인가?

① 전기량과 화학당량에 비례한다.
② 전기량과 화학당량에 반비례한다.
③ 전기량에 비례하고 화학당량에 반비례한다.
④ 전기량에 반비례하고 화학당량에 비례한다.

전기이론 **Chapter 01 직류회로**

패러데이 법칙: $W = KQ = KIt[\text{g}]$
여기서, W : 석출된 물질의 양 Q : 전기량[C]
    I : 전류[A] t : 통전 시간[s]
    K : 전기 화학당량

29. 양방향으로 전류를 흘릴 수 있는 양방향 소자는?

① TRIAC
② MOSFET
③ GTO
④ SCR

전기기기 **Chapter 05 정류기**

사이리스터의 방향성
㉠ 단방향성 : SCR, GTO, SCS, LASCR
㉡ 양방향성 : SSS, TRIAC, DIAC

30. 금속관 배관 공사에서 절연 부싱을 사용하는 이유는?

① 박스 내에서 전선의 접속을 방지
② 관이 손상되는 것을 방지
③ 관 단에서 전선의 인입 및 교체 시 발생하는 전선의 손상 방지
④ 관의 입구에서 조영재의 접속을 방지

전기설비 **Chapter 03 옥내배선공사**

전선의 절연 피복을 보호하기 위해서 금속관의 관 끝에 취부한다.

31. 비사인파 교류회로의 전력에 대한 설명으로 옳은 것은?

① 전압의 제3고조파와 전류의 제3고조파 성분 사이에서 소비 전력이 발생한다.

② 전압의 제2고조파와 전류의 제3고조파 성분 사이에서 소비 전력이 발생한다.

③ 전압의 제3고조파와 전류의 제5고조파 성분 사이에서 소비 전력이 발생한다.

④ 전압의 제5고조파와 전류의 제7고조파 성분 사이에서 소비 전력이 발생한다.

전기이론 **Chapter 07 비정현파 교류회로**

비정현파 교류의 전력
전력은 주파수가 같은 전압성분과 전류성분 사이에서만 발생한다.

---

32. 6극 파권 발전기의 전기자 도체 수 300, 매극 자속 0.02[Wb], 회전수 900[rpm]일 때 유도기전력[V]은?

① 90　　　　　　② 110

③ 220　　　　　④ 270

전기기기 **Chapter 01 직류기**

병렬회로수(a)는 파권이므로 $a=2$

유기기전력 $E = \dfrac{PZ\phi}{a}\dfrac{N}{60}$ [V]

여기서, P : 자극수　　　　Z : 총도체수,
　　　　ϕ : 자속수[Wb]　　N : 매분회전수[rpm],
　　　　a : 병렬회로수(파권 : $a=2$, 중권 : $a=P$)

$E = \dfrac{6 \times 300 \times 0.02}{2} \times \dfrac{900}{60} = 270$ [V]

---

33. 굵기가 같은 단선을 쥐꼬리 접속하는 경우 두 심선 사이에는 몇 도 정도 벌려서 접속하는 것이 적당한가?

① 30도　　　　　② 45도

③ 60도　　　　　④ 90도

전기설비 **Chapter 01 전선 및 전선의 접속**

쥐꼬리 접속방법은 아래 그림과 같이 두 심선 사이를 90° 벌려서 4~5회 정도 감아준다.

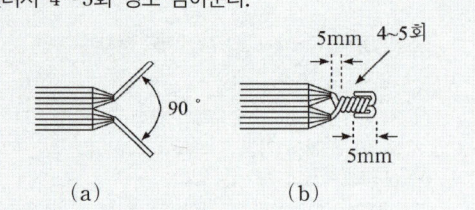

(a)　　　　　　　　(b)

---

34. 10[mA]의 전류계가 있다. 이 전류계에 분류기를 써서 최대 100[mA]의 전류를 측정하려고 한다. 분류기 값은? (단, 전류계의 내부 저항은 2[Ω]이다.)

① 0.22[Ω]　　　　② 2.2[Ω]

③ 0.44[Ω]　　　　④ 4.4[Ω]

전기이론 **Chapter 01 직류회로**

분류기 저항

$$R_s = \frac{R_a}{m-1} = \frac{R_a}{\dfrac{I}{I_a}-1} = \frac{2}{\dfrac{100}{10}-1} = 0.22[\Omega]$$

여기서, I_a : 전류계 최대전류, m : 배율,
　　　　I : 측정하고자 하는 최대전류

---

35. 다음 중 3상 전원을 이용하여 2상 전압을 얻고자 할 때 사용하는 결선 방법은?

① Scott 결선　　　② Fork 결선

③ 환상 결선　　　④ 2중 3각 결선

전기기기 **Chapter 03 변압기**

3상 전원을 2상 전원으로 변환시키는 결선 방법
㉠ 스코트 결선(= T결선)
㉡ 메이어 결선
㉢ 우드브리지 결선
<참고>
스코트 결선은 3상을 2상으로 변환

36. 전선관 지지점 간의 거리에 대한 설명으로 옳은 것은?

① 합성수지관을 새들 등으로 지지하는 경우 지지점 간의 거리는 2.0[m] 이하로 한다.

② 금속관을 조영재에 따라서 시설하는 경우 새들 등으로 견고하게 지지하고 그 간격을 2.5[m] 이하로 하는 것이 바람직하다.

③ 금속제 가요전선관을 새들 등으로 지지하는 경우 그 지지점 간의 거리는 2.5[m] 이하로 한다.

④ 사람이 접촉될 우려가 있을 때 가요전선관을 새들 등으로 지지하는 경우 그 지지점 간의 거리는 1[m] 이하로 한다.

> **전기설비** Chapter 03 옥내배선공사
>
> 전선관 지지점 간의 거리
> ㉠ 합성수지관 : 1.5[m] 이하
> ㉡ 금속관 : 2.0[m] 이하
> ㉢ 가요전선관 : 1[m] 이하
> (사람이 접촉될 우려가 있는 것도 포함)
> ㉣ 케이블 : 2[m] 이하(수직 시 : 6[m] 이하)
> ㉤ 금속덕트 : 3[m] 이하(수직 시 : 6[m] 이하)
> ㉥ 라이팅덕트 : 2[m] 이하

37. $R = 5[\Omega]$, $L = 30[mH]$의 RL 직렬회로에 $V = 200[V]$, $f = 60[Hz]$의 교류전압을 가할 때 전류의 크기는 약 몇 [A]인가?

① 8.67 　　　　② 11.42
③ 16.18 　　　　④ 21.25

> **전기이론** Chapter 05 단상 교류회로
>
> ㉠ 유도 리액턴스
> $X_L = \omega L = 2\pi f L = 2\pi \times 60 \times 30 \times 10^{-3}$
> $= 11.3[\Omega]$
> ㉡ 임피던스의 크기
> $Z = \sqrt{R^2 + X_L^2} = \sqrt{5^2 + 11.3^2} = 12.36[\Omega]$
> ∴ 전류 : $I = \dfrac{V}{Z} = \dfrac{200}{12.36} = 16.18[A]$

38. 그림과 같은 회로에서 사인파 교류입력 12[V] (실횻값)를 가했을 때, 저항 R 양단에 나타나는 전압[V]은?

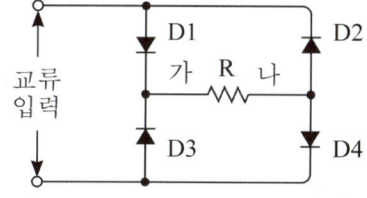

① 5.4V 　　　　② 6V
③ 10.8V 　　　　④ 12V

> **전기기기** Chapter 05 정류기
>
> 정류에 정류소자의 구분
> ㉠ 단상반파 : 소자 1개
> ㉡ 단상전파 : 소자 2개 또는 4개
> ∴ 저항(R) 양단의 직류전압은
> $E_d = 0.9 E_a = 0.9 \times 12 = 10.8[V]$

39. 저압 옥내 간선에서 분기하여 전기사용 기계기구에 이르는 저압 옥내 전로에서 저압 옥내 간선과의 분기점에서 전선의 길이가 몇 [m] 이하인 곳에 개폐기 및 과전류차단기를 설치하여야 하는가?

① 2 　　　　② 3
③ 5 　　　　④ 6

> **전기설비** Chapter 05 저압 전기설비 보호
>
> 단락보호장치의 설치위치(KEC 212.5.2)
> 분기회로의 과부하 보호장치의 전원 측에 다른 분기회로 또는 콘센트의 접속이 없으며 아래의 조건에서는 설치위치를 조정할 수 있다.
>
>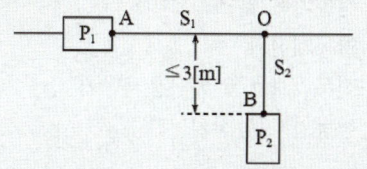
>
> ㉠ 단락의 위험과 화재 및 인체에 대한 위험성이 최소화 되도록 시설한 경우 : 3[m] 이내
> ㉡ 단락보호가 이루어지고 있는 경우 : 거리 제한 없음(임의의 장소에 설치 가능)

40. 대칭 3상 △결선에서 선전류와 상전류의 위상 관계는?

① 상전류가 $\dfrac{\pi}{3}$ [rad] 앞선다.

② 상전류가 $\dfrac{\pi}{3}$ [rad] 뒤진다.

③ 상전류가 $\dfrac{\pi}{6}$ [rad] 앞선다.

④ 상전류가 $\dfrac{\pi}{6}$ [rad] 뒤진다.

> **전기이론** Chapter 06 3상 교류회로
>
> ㉠ △결선에서 선전류의 크기는 상전압의 $\sqrt{3}$ 배이고, 위상은 30° 뒤진다.
> ㉡ Y결선에서 선간전압의 크기는 상전압의 $\sqrt{3}$ 배이고, 위상은 30° 앞선다.
> 여기서, $\dfrac{\pi}{6}$[rad] = 30°

41. 동기조상기를 부족여자로 하여 운전하면?

① 콘덴서로 작용　　② 뒤진 역률 보상
③ 리액터로 작용　　④ 저항손의 보상

> **전기기기** Chapter 02 동기기
>
> 동기조상기
> ㉠ 무부하상태에서 회전하는 동기전동기
> ㉡ 과여자 운전 시 : 콘덴서로 작용
> ㉢ 부족여자 운전 시 : 리액터로 작용

42. 전동기 과부하 보호장치에 해당되지 않는 것은?

① 전동기용 퓨즈
② 열동계전기
③ 전동기보호용 배선용차단기
④ 전동기 기동장치

> **전기설비** Chapter 05 저압 전기설비 보호
>
> 전동기 기동장치는 전동기 기동전류를 억제하기 위하여 사용된다.

43. 어떤 도체의 길이를 n배로 하고 단면적을 $\dfrac{1}{n}$ 배로 하였을 때의 저항은 원래 저항보다 어떻게 되는가?

① n배로 된다.　　② n^2배로 된다.
③ $\sqrt{n}$ 배로 된다.　　④ $\dfrac{1}{n}$ 배로 된다.

> **전기이론** Chapter 01 직류회로
>
> 전기저항 $R = \rho\dfrac{\ell}{S}$ 에서
> $\therefore R' = \rho\dfrac{n\ell}{\frac{S}{n}} = n^2\rho\dfrac{\ell}{S} = n^2 R$

44. 변압기의 퍼센트 저항강하가 3[%], 퍼센트 리액턴스강하가 4[%]이고, 역률이 80[%] 지상이다. 이 변압기의 전압변동률[%]은?

① 3.2　　② 4.8
③ 5.0　　④ 5.6

> **전기기기** Chapter 03 변압기
>
> 전압변동률 $\epsilon = p\cos\theta + q\sin\theta$ [%]
> 여기서, p : 백분율 저항강하
> 　　　　q : 백분율 리액턴스강하
> $\therefore \epsilon = 3\times0.8 + 4\times0.6 = 4.8$ [%]

45. 합성수지관을 새들 등으로 지지하는 경우 지지점 간의 거리는 몇 [m] 이하인가?

① 1.5　　② 2.0
③ 2.5　　④ 3.0

> **전기설비** Chapter 03 옥내배선공사
>
> 합성수지관의 지지(내선규정 제2220-6절)
> ㉠ 새들의 지지점의 거리 : 1.5[m] 이하
> ㉡ 관의 끝부분 : 0.3[m] 정도
> ㉢ 합성수지제 가요전선관의 경우 지지점 간의 거리 : 1[m] 이하

46. 다음 전기와 자기의 요소 중 서로 상대관계가 성립되지 않는 것은?

① 전속 − 자속
② 기전력 − 기자력
③ 전류밀도 − 자속밀도
④ 전기저항 − 자기저항

전기이론 Chapter 03 전류의 자기현상

전기회로와 자기회로의 대응 관계
㉠ 기전력 − 기자력
㉡ 전기저항 − 자기저항
㉢ 도전율 − 투자율
㉣ 전류(전류밀도) − 자속(자속밀도)

47. 4극의 3상 유도전동기가 $60[\text{Hz}]$의 전원에 연결되어 $4[\%]$의 슬립으로 회전할 때 회전수는 몇 $[\text{rpm}]$인가?

① 1,656
② 1,700
③ 1,728
④ 1,880

전기기기 Chapter 04 유도기

㉠ 동기속도 $N_s = \dfrac{120f}{P} = \dfrac{120 \times 60}{4} = 1,800$

㉡ 회전수 $N = (1-s)N_s = (1-0.04) \times 1800 = 1,728$

48. 화약고의 배선공사 시 개폐기 및 과전류차단기에서 화약고 인입구까지는 어떤 배선공사에 의하여 시설하여야 하는가?

① 합성수지관 공사로 지중선로
② 금속관 공사로 지중선로
③ 합성수지몰드 지중선로
④ 케이블 사용 지중선로

전기설비 Chapter 07 특수설비

화약고에 시설하는 전기설비(내선규정 4220−1)
개폐기 및 과전류 차단기에서 화약고의 인입구까지의 배선은 케이블을 사용하고 또한 이것을 지중에 시설하여야 한다.

49. 다음 중 $1[\text{V}]$와 같은 값을 갖는 것은?

① $1[\text{J/C}]$
② $1[\text{Wb/m}]$
③ $1[\Omega/\text{m}]$
④ $1[\text{A} \cdot \sec]$

전기이론 Chapter 01 직류회로

전위차 : $V = \dfrac{W}{Q}[\text{J/C} = \text{V}]$

여기서, W : 전하가 운반될 때 필요한 에너지(일) 또는 전하가 운반될 때 소비되는 에너지

50. 직류 전동기의 규약 효율을 표시하는 식은?

① $\dfrac{\text{출력}}{\text{출력} + \text{손실}} \times 100[\%]$

② $\dfrac{\text{출력}}{\text{입력}} \times 100[\%]$

③ $\dfrac{\text{입력} - \text{손실}}{\text{입력}} \times 100[\%]$

④ $\dfrac{\text{입력}}{\text{출력} + \text{손실}} \times 100[\%]$

전기기기 Chapter 01 직류기

규약 효율
㉠ 전동기 : $\eta_M = \dfrac{\text{입력} - \text{손실}}{\text{입력}} \times 100[\%]$

㉡ 발전기 : $\eta_G = \dfrac{\text{출력}}{\text{출력} + \text{손실}} \times 100[\%]$

51. 먼지가 많은 곳에 시설하는 저압 옥내전기설비의 공사 방법이 아닌 것은?

① 플로어덕트 공사
② 금속덕트 공사
③ 금속관 공사
④ 애자사용 공사

전기설비 Chapter 07 특수설비

먼지가 많은 그 밖의 위험장소(KEC 242.2.3)
저압 옥내배선 등은 애자 공사, 합성수지관 공사, 금속관 공사, 유연성 전선관 공사, 금속덕트 공사, 버스덕트 공사 또는 케이블 공사에 의하여 시설하여야 한다.

52. 황산구리($CuSO_4$)의 전해액에 2개의 동일한 구리판을 넣고 전원을 연결하였을 때 구리판의 변화를 옳게 설명한 것은 어느 것인가?

① 2개의 구리판 모두 얇아진다.
② 2개의 구리판 모두 두터워진다.
③ 양극 쪽은 얇아지고, 음극 쪽은 두터워진다.
④ 양극 쪽은 두터워지고, 음극 쪽은 얇아진다.

> **전기이론** Chapter 01 직류회로
>
> 황산구리 전해액에 2개의 구리판을 전극으로 놓고 전기분해(electrolysis)하면 양극(anode) 구리판은 얇아지고, 음극(cathode) 구리판은 두꺼워진다.

53. 변압기의 절연내력 시험법이 아닌 것은?

① 유도 시험
② 가압 시험
③ 단락 시험
④ 충격 전압 시험

> **전기기기** Chapter 03 변압기
>
> 변압기의 절연내력 시험법
> ㉠ 유도 시험
> ㉡ 가압 시험
> ㉢ 충격 전압 시험
> ※ 단락 시험 : 권선의 온도 상승을 구하는 시험법

54. 중성점 접지용 접지 도체는 공칭 단면적 몇 [mm^2] 이상의 연동선 또는 동등 이상의 단면적 및 강도를 가져야 하는가?

① 4
② 6
③ 10
④ 16

> **전기설비** Chapter 04 전로의 절연 및 접지공사
>
> 변압기 중성점 접지(KEC 142.5)
> ㉠ 접지 도체의 굵기 : 16[mm^2] 이상의 연동선
> ㉡ 7[kV] 이하 또는 25[kV] 이하인 전로(단, 지락 시 2초 이내 차단) : 6[mm^2] 이상의 연동선

55. 가장 일반적인 저항기로 세라믹봉에 탄소계의 저항체를 구워서 붙이고, 여기에 나선형으로 홈을 파서 원하는 저항값을 만든 저항기는?

① 금속 피막 저항기
② 탄소 피막 저항기
③ 가변 저항기
④ 어레이 저항기

> **전기이론** Chapter 01 직류회로
>
> 탄소 피막 저항기
> 세라믹봉에 탄소계의 저항체를 구워서 붙이고, 여기에 나선형으로 홈을 파서 원하는 저항값을 만든 저항기이다. 대량 생산으로 가격이 저렴하고 높은 저항값을 소형으로 얻을 수 있으나 온도계수가 크고 전류 잡음도 크다.

56. 변압기의 임피던스 전압에 대한 설명으로 옳은 것은?

① 여자 전류가 흐를 때의 2차측 단자 전압이다.
② 정격 전류가 흐를 때의 2차측 단자 전압이다.
③ 정격 전류에 의한 변압기 내부 전압강하이다.
④ 2차 단락 전류가 흐를 때의 변압기 내의 전압강하이다.

> **전기기기** Chapter 03 변압기
>
> 변압기 2차측을 단락한 상태에서 1차측의 인가전압을 서서히 증가시켜 정격전류가 흐를 때의 변압기 내부 전압강하이다.

57. 전선 약호가 VV인 케이블의 종류로 옳은 것은?

① 0.6/1kV 비닐절연 비닐시스 케이블
② 0.6/1kV EP 고무절연 클로로프렌시스 케이블
③ 0.6/1kV EP 고무절연 비닐시스 케이블
④ 0.6/1kV 비닐절연 비닐캡타이어 케이블

> **전기설비** Chapter 01 직류회로
>
> ① VV
> ② PN
> ③ PV
> ④ VCT

58. 다음 중 자기작용에 관한 설명으로 틀린 것은?

① 기자력의 단위는 [AT]를 사용한다.
② 자기회로의 자기저항이 작은 경우는 누설 자속이 거의 발생되지 않는다.
③ 자기장 내에 있는 도체에 전류를 흘리면 힘이 작용하는데, 이 힘을 기전력이라 한다.
④ 평행한 두 도체 사이에 전류가 동일한 방향으로 흐르면 흡인력이 작용한다.

> **전기이론** Chapter 03 전류의 자기현상
>
> 자기장 내에 있는 도체에 전류를 흘렸을 때 작용하는 힘을 전자력이라고 한다.

59. V결선을 이용한 변압기의 결선은 △결선한 때보다 출력비가 몇 [%]인가?

① 57.7[%]
② 86.6[%]
③ 95.4[%]
④ 96.2[%]

> **전기기기** Chapter 03 변압기
>
> V−V 결선
> △−△결선 방식으로 운전 중에 변압기 1대 고장 시 변압기 2대를 이용하여 3상 전력공급이 가능하다.
> ㉠ 출력비 : 57.7[%]
> ㉡ 이용률 : 86.6[%]

60. 고압전선과 저압전선이 동일 지지물에 병행설치로 설치되어 있을 때 저압전선의 위치는?

① 설치 위치는 무관하다.
② 먼저 설치한 전선이 위로 위치한다.
③ 고압전선 아래로 위치한다.
④ 고압전선 위로 위치한다.

> **전기설비** Chapter 06 전선로 및 배전공사
>
> 병행설치(竝架)
> ㉠ 동일 지지물에 저·고압 가공전선을 동일 지지물에 가설하는 방식이다.
> ㉡ 저압전선은 고압전선 아래로 위치한다.

정답

01	①	02	①	03	②	04	③	05	④
06	②	07	②	08	①	09	①	10	④
11	①	12	③	13	①	14	③	15	①
16	④	17	②	18	④	19	③	20	②
21	④	22	④	23	①	24	③	25	③
26	②	27	③	28	①	29	①	30	③
31	①	32	④	33	④	34	①	35	①
36	④	37	③	38	③	39	②	40	③
41	③	42	④	43	②	44	②	45	①
46	①	47	③	48	④	49	①	50	③
51	①	52	③	53	③	54	④	55	②
56	③	57	①	58	③	59	①	60	③

※ 본 교재에 수록된 모든 문제는 CBT 기출복원문제로서, 수험생의 기억에 따라 복원된 것이며, 실제 기출문제와 동일하지 않을 수 있습니다.

01. 3상 교류회로에서 무효전력의 값[Var]은?

① $\sqrt{3}\,VI$
② $\sqrt{3}\,VI\tan\theta$
③ $\sqrt{3}\,VI\cos\theta$
④ $\sqrt{3}\,VI\sin\theta$

> **전기이론** **Chapter 06 3상 교류회로**
>
> 3상 교류 전력 공식
> ㉠ 피상전력
> $$P_a = \sqrt{3}\,V_\ell I_\ell = 3I_Z^2 Z = 3\frac{V_Z^2}{Z}\,[\text{VA}]$$
> ㉡ 유효전력
> $$P = \sqrt{3}\,V_\ell I_\ell \cos\theta = 3I_R^2 R = 3\frac{V_R^2}{R}\,[\text{W}]$$
> ㉢ 무효전력
> $$P_r = \sqrt{3}\,V_\ell I_\ell \sin\theta = 3I_X^2 X = 3\frac{V_X^2}{X}\,[\text{Var}]$$

02. 그림과 같은 분상 기동형 단상 유도 전동기를 역회전시키기 위한 방법이 아닌 것은?

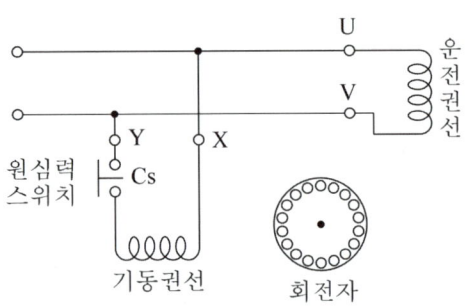

① 원심력스위치를 개로 또는 폐로 한다.
② 기동권선이나 운전권선의 어느 한 권선의 단자접속을 반대로 한다.
③ 기동권선의 단자접속을 반대로 한다.
④ 운전권선의 단자접속을 반대로 한다.

> **전기기기** **Chapter 04 유도기**
>
> 분상 기동형의 단상 유도 전동기를 역회전시키기 위해서는 기동권선 또는 운전권선 중 하나의 단자접속을 반대로 하여 접속한다.

03. 접지 막대기 2개와 동판과 계기를 도선에 연결하여 절환스위치로 검류계의 지침이 "0"이 되게 하여 접지저항을 측정하는 기기는?

① 콜라우시 브리지
② 켈빈더블 브리지
③ 휘트스톤 브리지
④ 접지저항계

> **전기설비** **Chapter 04 전로의 절연 및 접지공사**
>
> 콜라우시 브리지
> 저저항 측정용 계기로 전해액의 저항과 접지저항 측정에 사용된다.

04. 자기저항 2,000[AT/Wb], 기자력 5,000[AT]인 자기회로에 자속 [Wb]은?

① 2.5
② 25
③ 4
④ 0.4

> **전기이론** **Chapter 03 전류의 자기현상**
>
> 자기회로의 옴의 법칙
> $$\phi = \frac{F}{R_m} = \frac{5,000}{2,000} = 2.5\,[\text{Wb}]$$

05. 변압기 유가 구비해야 할 조건 중 맞는 것은?

① 절연내력이 작고 산화하지 않을 것
② 비열이 작아서 냉각 효과가 클 것
③ 인화점이 높고 응고점이 낮을 것
④ 절연재료나 금속에 접촉할 때 화학작용을 일으킬 것

> **전기기기** **Chapter 03 변압기**
>
> 변압기 유가 갖추어야 할 조건
> ㉠ 절연내력이 높을 것
> ㉡ 점도가 낮을 것
> ㉢ 인화점이 높고 응고점이 낮을 것
> ㉣ 산화 및 열화현상이 없을 것
> ㉤ 비열이 커서 냉각효과가 클 것

06. 전선의 굵기가 6[mm²] 이하의 가는 단선의 전선 접속은 어떤 접속을 하여야 하는가?

① 브리타니아 접속   ② 트위스트 접속
③ 쥐꼬리 접속   ④ 슬리브 접속

07. 기전력 1.5[V], 내부저항 0.1[Ω]인 전지 10개를 직렬로 연결하여 이것에 외부저항 0.5[Ω]을 직렬 연결하였을 때 흐르는 전류 I[A]는?

① 10   ② 12
③ 13   ④ 15

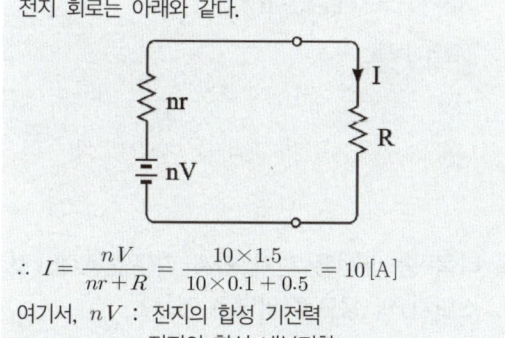
08. 양방향성 3단자 사이리스터의 대표적인 것은 어느 것인가?

① SCR   ② SSS
③ DIAC   ④ TRIAC

09. 전선에 안전하게 흘릴 수 있는 최대 전류를 무엇이라 하는가?

① 과전 전류   ② 전도 전류
③ 허용 전류   ④ 맥동 전류

10. R=4[Ω], X_L=8[Ω], X_C=5[Ω]이 직렬로 연결된 회로에 100[V]의 교류를 가했을 때 흐르는 ㉠ 전류와 ㉡ 임피던스는?

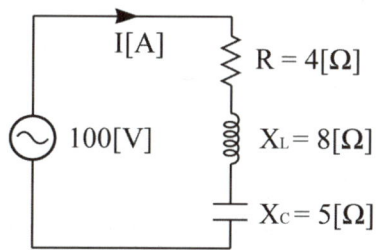

① ㉠ 5.9[A]   ㉡ 용량성
② ㉠ 5.9[A]   ㉡ 유도성
③ ㉠ 20[A]   ㉡ 용량성
④ ㉠ 20[A]   ㉡ 유도성

11. 농형 유도전동기의 기동법이 아닌 것은?

① 2차 저항기법
② Y－△ 기동법
③ 전전압 기동법
④ 기동보상기에 의한 기동법

전기기기 Chapter 04 유도기

3상 유도전동기의 기동법
㉠ 농형 유도전동기 기동법
  • 전전압 기동
  • Y－△ 기동
  • 기동보상기법(= 단권변압기 기동)
  • 리액터 기동
  • 콘드로퍼 기동
㉡ 권선형 유도전동기 기동법
  • 2차 저항 기동(= 기동 저항기법)
  • 게르게스 기동

---

12. 전주를 건주할 때 철근 콘크리트주의 길이가 $7[\text{m}]$ 이면 땅에 묻히는 깊이는 얼마인가? (단, 설계 하중이 $6.81[\text{kN}]$ 이하이다.)

① 1.0 ② 1.2
③ 2.0 ④ 2.5

전기설비 Chapter 06 전선로 및 배전공사

지지물의 매설 깊이(KEC 331.7)
전체 길이가 16[m] 이하, 설계하중이 6.8[kN] 이하(A종)의 경우 매설 깊이는 다음과 같다.
㉠ 15[m] 이하 : 전장의 $\frac{1}{6}$ 이상
㉡ 15[m] 초과 : 2.5[m] 이상
∴ 매설 깊이 : $7 \times \frac{1}{6} \fallingdotseq 1.2[\text{m}]$

---

13. RLC 직렬회로에서 전압과 전류가 동상이 되기 위한 조건은?

① $L = C$ ② $\omega LC = 1$
③ $\omega^2 LC = 1$ ④ $(\omega LC)^2 = 1$

전기이론 Chapter 05 단상 교류회로

㉠ 전압과 전류가 동위상이 되기 위해서는 순저항(R)만의 회로가 되어야 한다.
㉡ RLC 직렬회로에서 합성 임피던스
  $Z = R + j(X_L - X_C)$
㉢ $X_L = X_C$의 조건. 즉 직렬공진 시 R만의 회로가 된다.
㉣ $X_L = X_C \rightarrow \omega L = \dfrac{1}{\omega C}$에서
∴ $\omega^2 LC = 1$

---

14. 직류 발전기의 정격전압 $100[\text{V}]$, 무부하 전압 $109[\text{V}]$이다. 이 발전기의 전압변동률 $\epsilon[\%]$은?

① 1 ② 3
③ 6 ④ 9

전기기기 Chapter 01 직류기

전압변동률
$\epsilon = \dfrac{V_o - V_n}{V_n} \times 100[\%] = \dfrac{109 - 100}{100} \times 100 = 9[\%]$
여기서, V_o : 무부하 전압, V_n : 정격전압

---

15. 다음 중 배전용 전기 기계 기구인 COS(컷 아웃 스위치)의 용도로 알맞은 것은?

① 배전용 변압기의 1차측에 시설하여 변압기의 단락 보호용으로 쓰인다.
② 배전용 변압기의 2차측에 시설하여 변압기의 단락 보호용으로 쓰인다.
③ 배전용 변압기의 1차측에 시설하여 배전구역 전환용으로 쓰인다.
④ 배전용 변압기의 2차측에 시설하여 배전 구역 전환용으로 쓰인다.

전기설비 Chapter 06 전선로 및 배전공사

컷 아웃 스위치(COS : cut out switch)
주로 배전용 변압기 1차측에 설치하여 변압기의 단락보호와 개폐를 위하여 단극으로 제작되며 내부에 퓨즈를 내장하고 있다.

16. L=40[mH]의 코일에 흐르는 전류가 0.2초 사이 10[A]가 변화했다. 코일에 유도되는 기전력[V]은?

① 1　　　　　　　② 2
③ 3　　　　　　　④ 4

> **전기이론**　Chapter 04 전자유도법칙
>
> 유도기전력
> $$e = -L\frac{di}{dt} = -40 \times 10^{-3} \times \frac{10}{0.2} = -2[V]$$
> 여기서, $-$ 는 유도기전력의 방향을 의미한다.

17. 전기기기의 철심 재료로 규소 강판을 사용하는 이유로 가장 적당한 것은?

① 동손 감소
② 히스테리시스손 감소
③ 맴돌이 전류손 감소
④ 풍손 감소

> **전기기기**　Chapter 03 변압기
>
> 철손 = 히스테리시스손 + 와류손
> ㉠ 히스테리시스손 경감 → 규소를 함유한 규소강판 사용
> ㉡ 와류손(=맴돌이 전류손) 경감 → 얇은 두께의 철심을 성층하여 사용

18. 전압의 구분에서 저압 직류 전압은 몇 [kV] 이하인가?

① 0.5　　　　　　② 1.0
③ 1.5　　　　　　④ 2.0

> **전기설비**　Chapter 01 전선 및 전선의 접속
>
> 전압의 구분(KEC 111.1)
>
> | 구분 | 교류(AC) | 직류(DC) |
> |------|----------|----------|
> | 저압 | 1kV 이하 | 1.5kV 이하 |
> | 고압 | 저압 초과 7kV 이하 | |
> | 특고압 | 7kV 초과 | |

19. 다음 물질 중 강자성체가 아닌 것은?

① 철　　　　　　　② 구리
③ 니켈　　　　　　④ 코발트

> **전기이론**　Chapter 03 전류의 자기현상
>
> 자성체의 종류
> ㉠ 강자성체 : 철, 니켈, 코발트, 망간
> ㉡ 상자성체 : 알루미늄, 산소, 텅스텐, 백금
> ㉢ 반자성체 : 구리, 아연, 비스무트, 납, 안티몬

20. 다음 중 분권 전동기의 토크와 회전수 관계를 올바르게 표시한 것은?

① $T \propto \dfrac{1}{N}$　　　　② $T \propto N$

③ $T \propto \dfrac{1}{N^2}$　　　　④ $T \propto N^2$

> **전기기기**　Chapter 01 직류기
>
> 타여자 전동기와 분권 전동기는 토크와 회전속도의 관계가 다음과 같이 나타나는 정속도 전동기이다.
> $$\therefore T \propto I_a \propto \frac{1}{N}$$

21. 다음 중 금속관 공사의 공구사용에 대하여 잘못 설명한 것은?

① 쇠톱을 이용하여 금속관을 절단하였다.
② 리머를 이용하여 금속관의 절단면 안쪽을 다듬었다.
③ 녹아웃 펀치를 이용하여 나사산을 내었다.
④ 파이프 밴더를 이용하여 관을 구부렸다.

> **전기설비**　Chapter 03 옥내배선공사
>
> 녹아웃 펀치(knock out punch)
> ㉠ 배전반, 분전반 등의 캐비닛에 구멍을 뚫을 때 필요한 공구이다.
> ㉡ 수동식과 유압식이 있으며, 크기는 15, 19, 25[mm] 등으로 각 금속관에 맞는 것을 사용한다.

22. RC 병렬회로의 임피던스는?

① $\sqrt{R^2 + \left(\dfrac{1}{\omega C}\right)}$ ② $\sqrt{\dfrac{1}{R} + (\omega C)^2}$

③ $\dfrac{1}{\sqrt{\left(\dfrac{1}{R}\right)^2 + (\omega C)^2}}$ ④ $\sqrt{R^2 + \left(\dfrac{1}{\omega C}\right)^2}$

전기이론 **Chapter 05 단상 교류회로**

RC 병렬회로의 임피던스

$$Z = \cfrac{1}{\cfrac{1}{R} + \cfrac{1}{-jX_C}} = \cfrac{1}{\cfrac{1}{R} + j\cfrac{1}{X_C}}$$

$$= \cfrac{1}{\sqrt{\left(\cfrac{1}{R}\right)^2 + \left(\cfrac{1}{X_C}\right)^2}} = \cfrac{1}{\sqrt{\left(\cfrac{1}{R}\right)^2 + (\omega C)^2}}$$

여기서, $X_C = \dfrac{1}{\omega C} = \dfrac{1}{2\pi f C}\,[\Omega]$

23. 역회전이 불가능한 단상 유도 전동기는 다음 중 어느 것인가?

① 분상 기동형 ② 셰이딩 기동형
③ 콘덴서 기동형 ④ 반발 기동형

전기기기 **Chapter 04 유도기**

셰이딩 기동형
㉠ 한쪽 방향으로만 회전 가능(역회전 불가능)
㉡ 돌출된 극(돌극형)의 고정자와 회전자로 구성된 단상 유도 전동기
㉢ 단락된 구리 코일을 설치

24. 노출장소 또는 점검 가능한 은폐장소에서 제2종 가요전선관을 시설하고 제거하는 것이 부자유하거나 점검 불가능한 경우의 곡률 반지름은 안지름의 몇 배 이상으로 하여야 하는가?

① 2 ② 3
③ 5 ④ 6

전기설비 **Chapter 03 옥내배선공사**

케이블의 굴곡 반지름(곡률 반경)
㉠ 일반 케이블 : 외경의 6배 이상
㉡ 단심 케이블 : 외경의 8배 이상
㉢ 연피 케이블 : 외경의 12배 이상
㉣ CD 케이블 덕트의 바깥지름이 35mm 이상 : 외경의 10배 이상

25. 반파 정류회로에서 변압기 2차 전압의 실효치를 $E\,[\mathrm{V}]$라 하면 직류 전류 평균치는? (단, 정류기의 전압강하는 무시한다.)

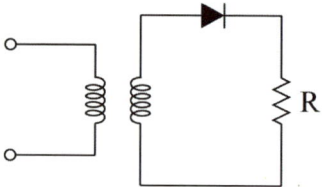

① $\dfrac{E}{R}$ ② $\dfrac{1}{2} \cdot \dfrac{E}{R}$

③ $\dfrac{2\sqrt{2}}{\pi} \cdot \dfrac{E}{R}$ ④ $\dfrac{\sqrt{2}}{\pi} \cdot \dfrac{E}{R}$

전기이론 **Chapter 05 단상 교류회로**

㉠ 반파 출력 전압 평균값 : $E_d = \dfrac{\sqrt{2}}{\pi} E\,[\mathrm{V}]$

㉡ 직류 전류 평균값 : $I_d = \dfrac{E_d}{R} = \dfrac{\sqrt{2}}{\pi} \cdot \dfrac{E}{R}\,[\mathrm{A}]$

26. 직류 분권발전기가 있다. 전기자 총 도체수 220, 매 극의 자속수 0.01[Wb], 극수 6, 회전수 1,500[rpm] 일 때 유기 기전력은 몇 [V]인가? (단, 전기자 권선은 파권이다.)

① 60
② 120
③ 165
④ 240

전기기기 Chapter 01 직류기

직류기의 유기기전력

$$E = \frac{PZ\phi N}{a60} = \frac{6 \times 220 \times 0.01 \times 1,500}{60 \times 2} = 165 \,[\text{V}]$$

여기서, a : 병렬회로 수(파권의 경우 : $a = 2$)

27. 전선의 보호를 위하여 사용하는 것으로 수평의 전선관 끝에 부착하여 전선의 인출 시 보호를 위하여 사용하는 부속 재료는?

① 엔트런스 캡
② 터미널 캡
③ 파이프커터
④ 링 슬리브

전기설비 Chapter 03 옥내배선공사

㉠ 터미널 캡(terminal cap) : 수평 전선관의 끝에 부착하여 전선을 보호한다.
㉡ 엔트런스 캡(enterance cap) : 수직 전선관의 끝에 부착하여 전선을 보호한다.

28. 평균값이 100[V]일 때 실횻값은 얼마인가?

① 63.2
② 70.7
③ 90
④ 111

전기이론 Chapter 05 단상 교류회로

교류의 평균값

$$V_a = \frac{2}{\pi} V_m = 0.637 V_m = 0.9 V \text{에서}$$

∴ 실횻값 : $V = \frac{V_a}{0.9} = \frac{100}{0.9} = 111.1 \fallingdotseq 111 \,[\text{V}]$

여기서, V_m : 전압의 최댓값[V]

29. 단락비가 1.2인 동기발전기의 % 동기 임피던스는 약 몇 [%]인가?

① 68
② 83
③ 100
④ 120

전기기기 Chapter 02 동기기

단락비 $K_S = \dfrac{I_s}{I_n} = \dfrac{100}{\%Z}$

여기서, I_s : 단락전류 I_n : 정격전류,
        $\%Z$: % 동기 임피던스

∴ $\%Z = \dfrac{100}{1.2} = 83.3 \fallingdotseq 83 \,[\%]$

30. 가요 전선관 공사에서 가요 전선관과 금속관의 상호 접속에 사용하는 것은?

① 유니언 커플링
② 2호 커플링
③ 스플릿 커플링
④ 콤비네이션 커플링

전기설비 Chapter 03 옥내배선공사

㉠ 가요전선관 상호 접속 : 스플릿 커플링
㉡ 가요전선관과 금속관 접속 : 콤비네이션 커플링

31. 다음 중 전동기의 원리에 적용되는 법칙은?

① 렌츠의 법칙
② 플레밍의 오른손 법칙
③ 플레밍의 왼손 법칙
④ 옴의 법칙

전기이론 Chapter 03 전류의 자기현상

㉠ 플레밍의 오른손 법칙(발전기의 원리) : 자계 내의 도체가 운동하면 도체에는 기전력이 유도된다.
㉡ 플레밍의 왼손 법칙(전동기의 원리) : 자계 내의 도체에 전류가 흐르면 도체에는 전자력이 발생된다.

32. 3상 권선형 유도 전동기의 전부하 슬립이 $4[\%]$ 인 경우 외부 저항은 2차 저항값의 몇 배인가?

① 4 ② 20
③ 24 ④ 25

> **전기기기** Chapter 04 유도기
>
> 권선형 유도기의 2차 저항
> $$R = \frac{1-s}{s}r_2 = \frac{1-0.04}{0.04} \times r_2 = 24r_2$$

33. 가공전선의 지지물에 승탑 또는 승강용으로 사용하는 발판 볼트 등은 지표상 몇 $[\mathrm{m}]$ 미만에 시설하여서는 안 되는가?

① 1.2 ② 1.5
③ 1.6 ④ 1.8

> **전기설비** Chapter 06 전선로 및 배전공사
>
> 전주 오름 방지(KEC 331.4)
> 가공전선로의 지지물에 취급자가 오르고 내리는 데 사용하는 발판 볼트 등을 지표상 $1.8[\mathrm{m}]$ 미만에 시설하여서는 아니 된다.

34. 대칭 3상 교류 회로에서 각 상 간의 위상차$[\mathrm{rad}]$는 얼마인가?

① $\dfrac{\pi}{3}$ ② $\dfrac{2\pi}{3}$
③ $\dfrac{\sqrt{3}}{2}\pi$ ④ $\dfrac{2}{\sqrt{3}}\pi$

> **전기이론** Chapter 06 3상 교류회로
>
> ㉠ $\pi[\mathrm{rad}] = 180°$
> ㉡ 대칭 3상 교류의 의미 : 각 상(L1, L2, L3)의 크기는 같고 위상차는 120°인 3상 교류
> $\therefore 120° = \dfrac{360°}{3} = \dfrac{2\pi}{3}[\mathrm{rad}]$

35. 반도체 내에서 양공은 어떻게 생성되는가?

① 결합전자의 이탈 ② 자유전자의 이동
③ 접합불량 ④ 확산용량

> **전기기기** Chapter 05 정류기
>
> 양공(정공)은 전자가 비어있는 자리로서 결합전자의 이탈로 생성된다.

36. 피뢰 시스템에 접지도체가 접속된 경우 접지선의 굵기는 구리선인 경우 최소 몇 $[\mathrm{mm}^2]$ 이상이어야 하는가?

① 6 ② 10
③ 16 ④ 22

> **전기설비** Chapter 04 전로의 절연 및 접지공사
>
> 접지도체의 단면적 선정(KEC 142.3.1)
> ㉠ 큰 고장전류가 접지도체에 흐르지 않을 경우
> • 구리 : $6[\mathrm{mm}^2]$ 이상
> • 철제 : $50[\mathrm{mm}^2]$ 이상
> ㉡ 접지도체에 피뢰 시스템이 접속된 경우
> • 구리 : $16[\mathrm{mm}^2]$ 이상
> • 철제 : $50[\mathrm{mm}^2]$ 이상

37. 어떤 회로의 소자에 일정한 크기의 전압으로 주파수를 2배로 증가시켰더니 흐르는 전류의 크기가 1/2로 되었다. 이 소자의 종류는?

① 저항 ② 코일
③ 콘덴서 ④ 다이드

> **전기이론** Chapter 05 단상 교류회로
>
> ㉠ 저항만의 회로 전류
> $$I_R = \frac{V}{R} \rightarrow \text{주파수에 관계없음}$$
> ㉡ 코일(인덕턴스)만의 회로 전류
> $$I_L = \frac{V}{X_L} = \frac{V}{2\pi fL} \rightarrow \text{주파수에 반비례}$$
> ㉢ 콘덴서(정전용량)만의 회로 전류
> $$I_C = \frac{V}{X_C} = 2\pi fCV \rightarrow \text{주파수에 비례}$$
> $\therefore$ 코일만의 회로에서 주파수를 2배 증가시키면 전류는 1/2배가 된다.

38. 6극 1,200[rpm]인 동기발전기와 병렬운전하는 8극 동기발전기의 회전수는 몇 [rpm]인가?

① 1,200　　　　② 1,000
③ 900　　　　　④ 750

전기기기　Chapter 02 동기기
㉠ 동기발전기의 병렬운전 조건에 의해 주파수가 같아야 한다.
㉡ 동기발전기의 회전속도: $N_s = \dfrac{120f}{P}$[rpm]
㉢ 6극의 경우: $1,200 = \dfrac{120f}{6} \rightarrow f = 60$[Hz]
㉣ 8극 발전기도 $f = 60$[Hz]를 발생시켜야 하므로
∴ 동기속도: $N_s = \dfrac{120f}{P} = \dfrac{120 \times 60}{8} = 900$[rpm]

39. 셀룰로이드, 성냥, 석유류 등 기타 가연성 위험 물질을 제조 또는 저장하는 장소의 배선으로 틀린 것은?

① 금속관 공사
② 케이블 공사
③ 플로어 덕트 공사
④ 합성수지관(CD관 제외) 공사

전기설비　Chapter 07 특수설비
가연성 먼지 위험장소(KEC 242.2.2)
㉠ 저압 옥내배선 등은 합성수지관 공사, 금속관 공사 또는 케이블 공사에 의할 것
㉡ 단, 두께 2[mm] 미만의 합성수지 전선관 및 난연성이 없는 콤바인 덕트관을 사용하는 것을 제외한다.

40. 자체 인덕턴스 40[mH]의 코일에 10[A]의 전류가 흐를 때 저장되는 에너지는 몇 [J]인가?

① 2　　　　　② 3
③ 4　　　　　④ 8

전기이론　Chapter 04 전자유도법칙
코일에 저장되는 자기에너지
$W_L = \dfrac{1}{2}LI^2 = \dfrac{1}{2} \times 0.04 \times 10^2 = 2$[J]

41. 변압기의 권수비가 30일 때, 2차 측의 전압이 120[V]이면 1차 전압[V]은?

① 4　　　　　② 40
③ 360　　　　④ 3,600

전기기기　Chapter 03 변압기
㉠ 권수비 : $a = \dfrac{N_1}{N_2} = \dfrac{E_1}{E_2} = 30$
㉡ 1차 전압 : $E_1 = aE_2 = 30 \times 120 = 3,600$[V]

42. 애자사용 배선공사 시 사용할 수 없는 전선은?

① 고무 절연 전선
② 폴리에틸렌 절연 전선
③ 플루오르 수지 절연 전선
④ 인입용 비닐 절연 전선

전기설비　Chapter 03 옥내배선공사
애자공사 시설조건(KEC 232.56.1)
전선은 절연 전선일 것. 다만, 옥외용 비닐 절연 전선 및 인입용 비닐 절연 전선은 사용할 수 없다.

43. 다음 중 아래의 법칙은 무엇인가?

> 전기량이 일정할 때 여러 가지 화합물이 전해되어 석출되는 물질의 양은 그 물질의 화학당량에 비례한다.

① 렌츠의 법칙　　　② 패러데이의 법칙
③ 앙페르의 법칙　　④ 줄의 법칙

전기이론　Chapter 01 직류회로
패러데이의 법칙: $W = KQ = KIt$[g]
여기서, W : 석출된 물질의 양　　Q : 전기량[C]
　　　　　I : 전류[A]　　　　　　t : 통전 시간[s]
　　　　　K : 전기 화학당량

44. 복권 발전기의 병렬운전을 안전하게 하기 위해서 두 발전기의 전기자와 직권 권선의 접속점에 연결해야 하는 것은?

① 집전환   ② 균압선
③ 안정 저항   ④ 브러시

> **전기기기** Chapter 01 직류기
>
> 균압선을 설치해야 하는 직류 발전기
> ㉠ 직권 발전기
> ㉡ 복권(평복권, 과복권) 발전기

45. 다음 중 금속관 공사의 특징에 대한 설명이 아닌 것은?

① 전선이 기계적으로 완전히 보호된다.
② 접지 공사를 완전히 하면 감전의 우려가 없다.
③ 단락 사고, 접지 사고 등에 있어서 화재의 우려가 적다.
④ 중량이 가볍고 시공이 용이하다.

> **전기설비** Chapter 03 옥내배선공사
>
> 금속 전선관 배선의 특징
> ㉠ 전선이 기계적으로 보호된다.
> ㉡ 단락 사고, 접지 사고 등에 있어서 화재의 우려가 적다.
> ㉢ 접지 공사를 완전하게 하면 감전의 우려가 없다.
> ㉣ 방습 장치를 할 수 있으므로, 전선을 방수할 수 있다.
> ㉤ 전선의 노후나 배선 방법의 변경이 필요한 경우 전선의 교환이 쉽다.

46. △결선 V_ℓ(선간전압), V_p(상전압), I_ℓ(선전류), I_p(상전류)의 관계식으로 옳은 것은?

① $V_\ell = \sqrt{3}\,V_p$, $I_\ell = I_p$
② $V_\ell = V_p$, $I_\ell = \sqrt{3}\,I_p$
③ $V_\ell = \dfrac{1}{\sqrt{3}}\,V_p$, $I_\ell = I_p$
④ $V_\ell = V_p$, $I_\ell = \dfrac{1}{\sqrt{3}}\,I_p$

> **전기이론** Chapter 06 3상 교류회로
>
> 3상 교류 결선법의 특징
>
> | 구분 | 선간전압 | 선전류 |
> |---|---|---|
> | Y결선 | $V_\ell = \sqrt{3}\,V_p$ | $I_\ell = I_p$ |
> | △결선 | $V_\ell = V_p$ | $I_\ell = \sqrt{3}\,I_p$ |

47. 역률과 효율이 좋아서 가정용 선풍기, 전기세탁기, 냉장고 등에 주로 사용되는 것은?

① 분상 기동형 전동기
② 콘덴서 기동형 전동기
③ 반발 기동형 전동기
④ 셰이딩 코일형 전동기

> **전기기기** Chapter 04 유도기
>
> 콘덴서 기동형 전동기
> 다른 기동방법을 사용하는 전동기에 비해 효율 및 역률이 좋고 진동과 소음이 적어 선풍기, 세탁기, 냉장고 등에 많이 사용하고 있다.

48. 고압 가공전선로의 지지물로 철탑을 사용하는 경우 지지물 간 거리는 몇 [m] 이하로 제한하는가?

① 150   ② 300
③ 500   ④ 600

> **전기설비** Chapter 06 전선로 및 배전공사
>
> 고압 가공전선로 지지물 간 거리의 제한(KEC 332.9)
>
> | 지지물의 종류 | 지지물 간 거리 |
> |---|---|
> | 목주, A종 철주 또는 A종 철근 콘크리트주 | 150[m] |
> | B종 철주 또는 B종 철근 콘크리트주 | 250[m] |
> | 철탑 | 600[m] |

49. 전류에 의해 만들어지는 자기장의 자기력선 방향을 간단하게 알아보는 법칙은?

① 앙페르의 오른나사의 법칙
② 렌츠의 자기유도 법칙
③ 플레밍의 왼손 법칙
④ 패러데이의 전자유도 법칙

> **전기이론** Chapter 03 전류의 자기현상
>
> ② 렌츠의 법칙 : 유도기전력의 방향을 결정
> ③ 플레밍의 왼손 법칙 : 자계 내의 도체에 전류를 흘렸을 때 도체에는 전자력이 발생한다.
> ④ 패러데이의 전자유도 법칙 : 도체를 통과하는 자속이 시간에 따라 그 크기가 변화하면 도체에는 기전력이 유도된다.

50. 전동기의 제동에서 전동기가 가지는 운동에너지를 전기에너지로 변화시키고 이것을 전원에 환원시켜 전력을 회생시킴과 동시에 제동하는 방법은?

① 발전 제동(dynamic braking)
② 역전 제동(plugging braking)
③ 맴돌이전류 제동(eddy current braking)
④ 회생 제동(regenerative braking)

51. 폭발성 먼지가 존재하는 곳의 금속관 공사에 있어서 관 상호 및 관과 박스 기타의 부속품이나 풀박스 또는 전기 기계 기구와의 접속을 몇 턱 이상의 나사 조임으로 접속하여야 하는가?

① 2턱
② 3턱
③ 4턱
④ 5턱

52. 어느 자기장에 의하여 생기는 자기장의 세기를 1/2로 하려면 자극으로부터의 거리를 몇 배로 하여야 하는가?

① 2배
② $\sqrt{2}$ 배
③ $\sqrt{3}$ 배
④ 3배

53. 다음 중 직선형 전동기는?

① 서보 모터
② 기어 모터
③ 스테핑 모터
④ 리니어 모터

54. 전로 이외를 흐르는 전류로서 전로의 절연체 내부 및 표면과 공간을 통하여 선간 또는 대지 사이를 흐르는 전류를 무엇이라 하는가?

① 지락전류
② 누설전류
③ 정격전류
④ 영상전류

55. 두 자극의 세기가 m_1, m_2[Wb], 거리가 r[m]일 때, 작용하는 자기력의 크기[N]는 얼마인가?

① $k\dfrac{m_1 m_2}{r}$
② $k\dfrac{r}{m_1 m_2}$
③ $k\dfrac{r^2}{m_1 m_2}$
④ $k\dfrac{m_1 m_2}{r^2}$

56. 고압 전로에 지락 사고가 생겼을 때, 지락전류를 검출하는 데 사용하는 것은?

① CT   ② MOF
③ ZCT   ④ PT

> **전기기기**   **Chapter 03 변압기**
>
> 영상변류기(ZCT)
> 지락전류 또는 영상전류를 검출하여 누전경보기(ELD) 및 지락계전기(GR)에 신호를 전달하는 기기이다.

57. 지지선의 중간에 넣는 애자는?

① 저압 핀 애자   ② 구형 애자
③ 인류 애자   ④ 내장 애자

> **전기설비**   **Chapter 06 전선로 및 배전공사**
>
> ㉠ 핀 애자 : 직선 가공전선로에 사용
> ㉡ 구형 애자 : 지지선 중간에 설치하는 애자
> ㉢ 인류 애자 : 전선로의 인류 개소(끝부분)
> ㉣ 내장 애자 : 가공전선로 지지물의 지지물 간 거리차가 큰 부분에 사용

58. 전기와 자기의 요소를 서로 대칭되게 나타내지 않은 것은?

① 전속 − 자속
② 기전력 − 기자력
③ 전류밀도 − 자속밀도
④ 전기저항 − 자기저항

> **전기이론**   **Chapter 03 전류의 자기현상**
>
> 전기회로와 자기회로의 대응 관계
> ㉠ 기전력 − 기자력
> ㉡ 전기저항 − 자기저항
> ㉢ 도전율 − 투자율
> ㉣ 전류(전류밀도) − 자속(자속밀도)

59. 직류발전기에서 교류 기전력을 직류 기전력으로 변환하는 데 필요한 것은?

① 정류자 − 브러시   ② 슬립링 − 브러시
③ 회전자 − 브러시   ④ 전기자 − 브러시

> **전기기기**   **Chapter 01 직류기**
>
> 정류자와 브러시는 교류전력을 정류하여 직류 전력을 얻을 수 있게 해준다.

60. 한국전기설비규정에 의하면 정격 전류가 30[A]인 저압 전로의 과전류 차단기를 산업용 배선용 차단기로 사용하는 경우 39[A]의 전류가 통과하였을 때 몇 분 이내에 자동적으로 동작하여야 하는가?

① 60   ② 120
③ 2   ④ 4

> **전기설비**   **Chapter 05 저압 전기설비 보호**
>
> 보호장치의 특성(KEC 212.3.4)
> 산업용 배선차단기 동작 특성
>
> | 정격전류의 구분 | 시간 | 부동작 전류 | 동작 전류 |
> | --- | --- | --- | --- |
> | 63A 이하 | 60분 | 1.05 | 1.3 |
> | 63A 초과 | 120분 | 1.05 | 1.3 |

정답

01	④	02	①	03	①	04	①	05	③
06	②	07	①	08	④	09	③	10	④
11	①	12	②	13	③	14	④	15	①
16	②	17	②	18	③	19	②	20	①
21	③	22	③	23	④	24	④	25	④
26	③	27	②	28	④	29	②	30	④
31	③	32	③	33	④	34	②	35	①
36	③	37	②	38	③	39	③	40	②
41	④	42	④	43	②	44	②	45	④
46	②	47	②	48	④	49	①	50	④
51	④	52	①	53	②	54	②	55	④
56	③	57	②	58	①	59	①	60	①

※ 본 교재에 수록된 모든 문제는 CBT 기출복원문제로서, 수험생의 기억에 따라 복원된 것이며, 실제 기출문제와 동일하지 않을 수 있습니다.

01. 20분간에 $876,000[\mathrm{J}]$의 일을 할 때 전력은 몇 $[\mathrm{kW}]$인가?

① 0.73   ② 7.3
③ 73   ④ 730

> **전기이론** Chapter 01 직류회로
>
> 전력의 정의식
> $$P = \frac{W}{t} = \frac{876,000}{20 \times 60} = 0.73 \times 10^3 [\mathrm{W}] = 0.73 [\mathrm{kW}]$$

02. 3단자 소자가 아닌 것은?

① SCR   ② SSS
③ GTO   ④ TRIAC

> **전기기기** Chapter 05 정류기
>
> 3단자 반도체 소자
> ㉠ SCR : 단방향성 3단자
> ㉡ SSS : 양방향성 2단자
> ㉢ GTO : 단방향성 3단자
> ㉣ TRIAC : 양방향성 3단자

03. 욕실 내에 방수형 콘센트를 시설하는 경우 바닥면 상 설치 높이는?

① 30[cm]   ② 60[cm]
③ 80[cm]   ④ 150[cm]

> **전기설비** Chapter 08 전원설비 및 기타설비
>
> 일반적인 옥내 장소에 시설 시 콘센트 설치 높이는 바닥면 상 30[cm] 정도, 욕실 내에 시설 시 방수형의 것으로 바닥면상 80[cm] 이상으로 한다. 옥측의 우선 외 또는 옥외에 시설하는 경우 지상 1.5[m] 이상의 높이에 시설하고 방수함 속에 넣거나 방수형 콘센트를 사용한다.

04. 직렬회로에 교류전압 $v = V_m \sin\theta[\mathrm{V}]$를 가했을 때 회로의 위상각 θ를 나타낸 것은?

① $\theta = \tan^{-1}\dfrac{R}{\omega L}$

② $\theta = \tan^{-1}\dfrac{\omega L}{R}$

③ $\theta = \tan^{-1}\dfrac{1}{R\omega L}$

④ $\theta = \tan^{-1}\dfrac{R}{\sqrt{R^2 + (\omega L)^2}}$

> **전기이론** Chapter 05 단상 교류회로
>
> ㉠ 임피던스 삼각형
>
>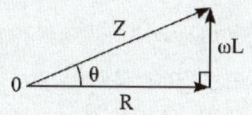
>
> ㉡ RL 직렬회로의 임피던스의 크기
> $$Z = \sqrt{R^2 + (\omega L)^2}\,[\Omega]$$
> ㉢ RL 직렬회로의 위상
> $$\tan\theta = \frac{\omega L}{R} \text{ 에서 } \theta = \tan^{-1}\frac{\omega L}{R}$$

05. 6극 36슬롯 3상 동기 발전기의 매극 매상당 슬롯 수는?

① 2   ② 3
③ 4   ④ 5

> **전기기기** Chapter 02 동기기
>
> 매극 매상당 슬롯수
> $$q = \frac{\text{총 슬롯수}}{\text{극수} \times \text{상수}} = \frac{36}{6 \times 3} = 2$$

06. 구리 전선과 전기 기계 기구 단자를 접속하는 경우에 진동 등으로 인하여 헐거워질 염려가 있는 곳에는 어떤 것을 사용하여 접속하여야 하는가?

① 평와셔 2개를 끼운다.
② 스프링 와셔를 끼운다.
③ 코드 패스너를 끼운다.
④ 정슬리브를 끼운다.

> **전기설비** Chapter 01 전선 및 전선의 접속
>
> 진동이 심해 접속단자가 풀릴 우려가 있는 경우에는 이중 너트 또는 스프링 와셔를 사용한다.

07. 두 평행 도선의 길이가 1[m], 거리가 1[m]인 왕복 도선 사이에 단위 길이당 작용하는 힘의 세기가 18×10^{-7}[N]일 경우 전류의 세기[A]는?

① 4
② 3
③ 1
④ 2

> **전기이론** Chapter 03 전류의 자기현상
>
> ⊙ 평행 도선 사이에 작용하는 힘
>
> $f = \dfrac{2I_1I_2}{d} \times 10^{-7} = \dfrac{2I^2}{d} \times 10^{-7}$ [N/m]
>
> (단, 왕복전류인 경우 $I_1 = I_2 = I$이 된다.)
>
> ⊙ 전류 $I = \sqrt{\dfrac{fd}{2 \times 10^{-7}}} = \sqrt{\dfrac{18 \times 10^{-7}}{2 \times 10^{-7}}}$
>
> $\qquad = \sqrt{9} = 3$ [A]

08. 다음 그림의 직류전동기는 어떤 전동기인가?

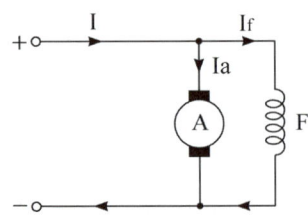

① 직권 전동기
② 타여자 전동기
③ 분권 전동기
④ 복권 전동기

> **전기기기** Chapter 01 직류기
>
> 계자권선(F)과 전기자권선(A)의 접속 관계
> ⊙ 직렬 접속 : 직권 전동기
> ⊙ 병렬 접속 : 분권 전동기
> ⊙ 계자권선이 별도 회로 : 타여자 전동기
> ⊙ 직·병렬 접속 : 복권 전동기

09. 전기욕기용 전원 변압기 2차측 전로의 사용 전압은 몇 [V] 이하의 것에 한하는가?

① 50
② 30
③ 20
④ 10

> **전기설비** Chapter 08 전원설비 및 기타설비
>
> 전기욕기용 전원 변압기 2차측 전로의 사용 전압(KEC 241.2) 10[V] 이하일 것

10. 6[Ω], 8[Ω], 9[Ω]의 저항 3개를 직렬로 접속하여 5[A]의 전류를 흘려줬다면 이 회로의 전압은 몇 [V]인가?

① 117
② 115
③ 100
④ 90

> **전기이론** Chapter 01 직류회로
>
> ⊙ 직렬회로 시 합성저항 : $R = 6 + 8 + 9 = 23$ [Ω]
> ⊙ 회로 전압 : $V = IR = 5 \times 23 = 115$ [V]

11. 다음 그림에서 직류 분권 전동기의 속도특성곡선은?

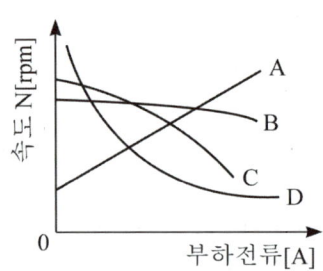

① A
② B
③ C
④ D

> **전기기기** Chapter 01 직류기
>
> 속도 특성 곡선
> ⊙ A : 차동 복권 전동기
> ⊙ B : 분권 전동기
> ⊙ C : 가동 복권 전동기
> ⊙ D : 직권 전동기

12. 저압 옥내배선에서 합성수지관 공사에 대한 설명 중 잘못된 것은?

① 합성수지관 안에는 전선에 접속점이 없도록 한다.
② 합성수지관을 새들 등으로 지지하는 경우는 그 지지점 간의 거리를 3[m] 이상으로 한다.
③ 합성수지관 상호 및 관과 박스는 접속 시에 삽입하는 깊이를 관 바깥지름의 1.2배 이상으로 한다.
④ 관 상호의 접속은 박스 또는 커플링(coupling) 등을 사용하고 직접 접속하지 않는다.

전기설비 Chapter 03 옥내배선공사

합성수지관 및 부속품의 시설(KEC 232.11.3)
㉠ 관 상호 간 접속 시에는 커플링 등을 사용하여 접속
㉡ 커플링 삽입 깊이 : 관 바깥지름의 1.2배 이상
  (단, 접착제 사용 시 0.8배 이상)
㉢ 관의 지지점 간의 거리 : 1.5[m] 이하

13. 저항이 있는 도선에 전류가 흐르면 열이 발생한다. 이와 같이 전류의 열작용과 가장 관계가 깊은 법칙은?

① 줄의 법칙
② 키르히호프의 법칙
③ 옴의 법칙
④ 패러데이의 법칙

전기이론 Chapter 01 직류회로

저항이 있는 도선에 전류가 흐르면 열이 발생한다. 이와 같이 전류의 열작용과 가장 관계가 깊은 법칙은 줄의 법칙이다.

14. 애벌런치 항복 전압은 온도 증가에 따라 어떻게 변화하는가?

① 감소한다.
② 증가한다.
③ 무관하다.
④ 증가했다 감소한다.

전기기기 Chapter 05 정류기

애벌런치 항복 전압은 온도 또는 농도가 증가하게 되면 증가하게 된다.

15. 화약류 저장장소의 배선공사에서 전용 개폐기에서 화약류 저장소의 인입구까지는 어떤 공사를 하여야 하는가?

① 케이블을 사용한 옥측 전선로
② 금속관을 사용한 지중 전선로
③ 케이블을 사용한 지중 전선로
④ 금속관을 사용한 옥측 전선로

전기설비 Chapter 07 특수설비

화약류 저장소 등의 위험장소(KEC 242.5)
화약류 저장소 안에는 전기설비를 시설해서는 안 된다. 다만, 조명기구에 전기를 공급하기 위한 전기설비는 다음에 따라 시설할 것
㉠ 전로에 대지전압은 300V 이하일 것
㉡ 전기기계기구는 전폐형의 것일 것
㉢ 케이블을 전기기계기구에 인입할 때에는 인입구에서 케이블이 손상될 우려가 없도록 시설할 것
<참고>
케이블을 이용하여 옥측전선로는 시설하지 않음

16. 두 개의 콘덴서가 병렬로 접속된 경우 합성 정전용량[F]은?

① $\dfrac{1}{C_1} + \dfrac{1}{C_2}$

② $\dfrac{C_1 C_2}{C_1 + C_2}$

③ $C_1 + C_2$

④ $\dfrac{1}{C_1 + C_2}$

전기이론 Chapter 02 정전계와 정자계

㉠ 직렬접속시 합성 정전용량
$$C = \dfrac{1}{\dfrac{1}{C_1} + \dfrac{1}{C_2}} = \dfrac{C_1 \times C_2}{C_1 + C_2} \, [\text{F}]$$
㉡ 병렬접속시 합성 정전용량
$$C = C_1 + C_2 \, [\text{F}]$$

17. 직류기에서 전압 변동률이 (+)값으로 표시되는 발전기는?

① 과복권 발전기 ② 직권 발전기
③ 평복권 발전기 ④ 분권 발전기

전기기기 Chapter 01 직류기

평복권 발전기는 전압변동률 $\epsilon = 0$으로써 부하의 변동에 대하여 단자전압의 변화가 적게 나타난다. 직류 발전기의 전압변동률은 다음과 같다.

㉠ $\epsilon(+)$: 타여자, 분권, 부족복권
㉡ $\epsilon(0)$: 평복권
㉢ $\epsilon(-)$: 과복권

18. 접지를 하는 목적으로 설명이 틀린 것은?

① 감전 방지
② 대지 전압 상승 방지
③ 전기 설비 용량 감소
④ 화재와 폭발 사고 방지

전기설비 Chapter 04 전로의 절연 및 접지공사

접지의 목적
㉠ 보안용 접지
 • 간접 접촉에 의한 감전 재해 방지
 • 변압기 혼촉에 의한 감전 재해 방지
 • 유도 감전 재해 방지
 • 뇌에 의한 재해 방지
㉡ 기능용 접지
 • 보호계전기의 동작 확보용
 • 잡음, 유도장애 방지용
 • 전식 방지용
 • 기준전위 확보용

19. 권수가 150인 코일에서 2초간 1[Wb]의 자속이 변화한다면, 코일에 발생되는 유도기전력의 크기는 몇 [V]인가?

① 50 ② 75
③ 100 ④ 150

전기이론 Chapter 04 전자유도법칙

전자유도법칙

$$e = -N\frac{d\phi}{dt} = -150 \times \frac{1}{2} = -75\,[V]$$

여기서, '−'는 자속의 변화를 방해하는 방향을 의미한다.

20. 유도 전동기의 동기속도 N_s, 회전속도 N일 때 슬립은?

① $s = \dfrac{N_s - N}{N}$ ② $s = \dfrac{N - N_s}{N}$

③ $s = \dfrac{N_s - N}{N_s}$ ④ $s = \dfrac{N_s + N}{N_s}$

전기기기 Chapter 04 유도기

슬립 $s = \dfrac{N_s - N}{N_s} \times 100\,[\%]$

여기서, N_s : 동기속도, N : 회전자 속도

21. 활선 작업 시 작업자가 현수애자 및 데드엔드 클램프에 접촉 되는 것을 방지하기 위한 공사 재료는?

① 전선 피박이 ② 애자 커버
③ 와이어 통 ④ 데드 엔드 커버

전기설비 Chapter 06 전선로 및 배전공사

① 전선 피박이 : 가공 배전선로에서 활선 상태인 경우 전선의 피복을 벗기는 공구
② 애자 커버 : 활선작업 시 특고압핀 및 라인포스트 애자를 절연하여 작업자의 부주의로 접촉되더라도 안전사고가 발생하지 않도록 사용되는 절연덮개
③ 와이어 통 : LP애자나 현수애자를 사용한 전기설비에서 활선장주를 이동하여 상부로 올리거나 작업권 밖으로 밀어낼 때 혹은 활선장주를 다른 장소로 이동할 때 사용하는 활선 공구

22. 자속을 발생시키는 원천을 무엇이라 하는가?

① 기전력 ② 전자력
③ 기자력 ④ 정전력

전기이론 Chapter 03 전류의 자기현상

① 기전력 : 전류를 발생시키는 원천
② 전자력 : 자계 내에 있는 도체에 전류가 흘렀을 때 도체에서 받아지는 힘
③ 기자력 : 자속을 발생시키는 원천
④ 정전력 : 정지한 상태에 있는 전하 사이에 작용하는 힘 (쿨롱의 법칙)

23. 변압기에 철심의 두께를 2배로 하면 와류손은 약 몇 배가 되는가?

① 2배 ② 1/2배

③ 1/4배 ④ 4배

24. 수전설비의 저압 배전반 앞에서 계측기를 판독하기 위하여 앞면과 최소 몇 [m] 이상 유지하는 것을 원칙으로 하고 있는가?

① 0.6[m] ② 1.2[m]

③ 1.5[m] ④ 1.7[m]

25. 자기 인덕턴스가 각각 L_1과 L_2인 2개의 코일이 직렬로 가동 접속되었을 때, 합성 인덕턴스는? (단, 자기력선에 의한 영향을 서로 받는 경우이다.)

① $L = L_1 + L_2 + 2M$

② $L = L_1 + L_2 + M$

③ $L = L_1 + L_2 - 2M$

④ $L = L_1 + L_2 - M$

26. 단락비가 큰 동기 발전기에 대한 설명 중 맞는 것은?

① 안정도가 높다.

② 기기가 소형이다.

③ 전압 변동률이 크다.

④ 전기자 반작용이 크다.

27. 다음 중 금속 덕트 공사 방법과 거리가 가장 먼 것은?

① 덕트의 말단을 열어 놓을 것

② 금속 덕트는 3[m] 이하의 간격으로 견고하게 지지할 것

③ 금속 덕트의 뚜껑은 쉽게 열리지 않도록 시설할 것

④ 금속 덕트 상호는 견고하고 또한 전기적으로 완전하게 접속할 것

28. 평형 3상 교류 회로에서 부하의 한 상의 임피던스가 Z_Δ일 때, 등가 변환한 Y부하의 한 상의 임피던스 Z_Y는 얼마인가?

① $Z_Y = \sqrt{3}\,Z_\Delta$ ② $Z_Y = 3Z_\Delta$

③ $Z_Y = \dfrac{1}{\sqrt{3}}Z_\Delta$ ④ $Z_Y = \dfrac{1}{3}Z_\Delta$

> **전기이론** Chapter 06 3상 교류회로
> 3상 부하 결선의 변환 $Z_Y : Z_\Delta = 1 : 3$에서
> $\therefore Z_Y = \dfrac{1}{3}Z_\Delta$

29. 상전압 $300[\text{V}]$의 3상 반파 정류 회로의 직류 전압은 약 몇 $[\text{V}]$인가?

① 520 ② 350
③ 50 ④ 260

> **전기기기** Chapter 05 정류기
> 3상 반파 정류회로의 직류전압
> $E_d = 1.17E_a[\text{V}]$
> $E_d = 1.17 \times 300 = 351 \fallingdotseq 350[\text{V}]$

30. 다음 중 과전류 차단기를 설치해야 하는 금지 장소가 아닌 곳은?

① 접지 공사의 접지측 전선
② 다선식 선로의 중성선
③ 배전 선로의 전원측 전선
④ 전로의 일부에 접지 공사를 한 저압 가공 전선로의 접지측 전선

> **전기설비** Chapter 05 저압 전기설비 보호
> 분기회로의 시설(KEC 212.6.5)
> ㉠ 분기회로의 과전류 차단기는 각 극에 시설할 것
> ㉡ 단, 다선식 전로의 중성극 및 접지측 도체의 극을 제외한다.
> ∴ 중성선, 접지선, 접지측 전선에는 차단기 및 퓨즈를 설치해서는 안 된다.

31. $50[\text{kVA}]$의 단상 변압기 2대를 사용하여 얻을 수 있는 최대 3상 부하용량은 약 몇 $[\text{kVA}]$인가?

① 50 ② 43
③ 86.6 ④ 100

> **전기이론** Chapter 06 3상 교류회로
> V결선 시 출력 $P_V = \sqrt{3}\,P = 50\sqrt{3} = 86.6[\text{kVA}]$
> 여기서, P : 단상 변압기 용량

32. 교류 전동기를 기동할 때 그림과 같은 기동특성을 가지는 전동기는? [단, 곡선 $(1) \sim (5)$는 기동 단계에 대한 토크특성 곡선이다.]

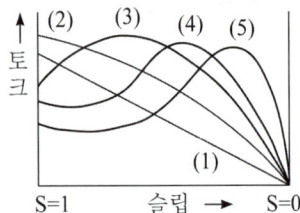

① 반발 유도 전동기
② 2중 농형 유도 전동기
③ 3상 분권 정류자 전동기
④ 3상 권선형 유도 전동기

> **전기기기** Chapter 04 유도기
> ㉠ 3상 권선형 유도 전동기의 비례추이를 나타내는 곡선이다.
> ㉡ 2차 저항[= 회전자 저항(r_2)]을 증가시키면 최대토크 발생 슬립이 $s = 1$ 쪽으로 변화되는 특성을 나타낸다.

33. 고압전선과 저압전선이 동일 지지물에 병행설치되어 있을 때 저압전선의 위치는?

① 설치 위치는 무관하다.
② 먼저 설치한 전선이 위로 위치한다.
③ 고압전선 아래로 위치한다.
④ 고압전선이 위로 위치한다.

> **전기설비** Chapter 06 전선로 및 배전공사
> 병행설치(竝架)
> ㉠ 동일 지지물에 저·고압 가공전선을 동일 지지물에 가설하는 방식이다.
> ㉡ 저압전선은 고압전선 아래로 위치한다.

34. 같은 크기의 저항 4개를 접속하는 경우 소비전력이 가장 큰 것은?

① 직렬과 병렬은 관계없다.
② 둘 다 같다.
③ 모두 병렬로 접속
④ 모두 직렬로 접속

> **전기이론** Chapter 01 직류회로
>
> $P = \dfrac{V^2}{R}$ [W]에서 소비전력은 저항에 반비례하므로 저항이 작을수록 소비전력은 커진다. 따라서 저항을 모두 병렬로 접속했을 때 소비전력은 가장 커지게 된다.

35. 유입 변압기에 기름을 사용하는 목적이 아닌 것은?

① 열 방산을 좋게 하기 위하여
② 냉각을 좋게 하기 위하여
③ 절연을 좋게 하기 위하여
④ 효율을 좋게 하기 위하여

> **전기기기** Chapter 03 변압기
>
> 변압기 유의 사용 목적 및 조건
> ㉠ 사용 목적 : 절연 및 냉각
> ㉡ 조건
> • 절연내력이 높을 것
> • 점도가 낮을 것
> • 인화점이 높고 응고점이 낮을 것
> • 산화 및 열화현상이 없을 것
> • 비열이 커서 냉각효과 클 것

36. 절연 전선을 동일 플로어 덕트 내에 넣을 경우 플로어 덕트 크기는 전선의 피복 절연을 포함한 단면적의 총 합계가 플로어 덕트 단면적의 몇 [%] 이하가 되도록 선정하여야 하는가?

① 12
② 22
③ 32
④ 42

> **전기설비** Chapter 03 옥내배선공사
>
> 플로어 덕트(내선규정 2255-4)
> 절연 전선을 동일 플로어 덕트 내에 넣을 경우, 전선의 피복 절연물을 포함한 단면적의 총 합계가 플로어 덕트 내 단면적의 32[%] 이하가 되도록 선정하여야 한다.

37. 100[V]의 전압계가 있다. 이 전압계를 써서 200[V]의 전압을 측정하려면 최소 몇 [Ω]의 저항을 외부에 접속해야 하겠는가? (단, 전압계의 내부저항은 5,000[Ω]이라 한다.)

① 10,000
② 5,000
③ 2,500
④ 1,000

> **전기이론** Chapter 01 직류회로
>
> 배율기 저항
> $R_m = (m-1) \times R_v = (2-1) \times 5,000 = 5,000\,[\Omega]$
> 여기서, 배율 : $m = \dfrac{200}{100} = 2$

38. 정격이 10,000[V], 500[A], 역률 90[%]의 3상 동기발전기의 단락전류 I_s[A]는? (단, 단락비는 1.3으로 하고, 전기자저항은 무시한다.)

① 450
② 550
③ 650
④ 750

> **전기기기** Chapter 02 동기기
>
> 단락비 $K_s = \dfrac{I_s}{I_n}$ 에서 단락전류 I_s 는
> $\therefore\ I_s = K \times I_n = 1.3 \times 500 = 650\,[\text{A}]$
> 여기서, I_n : 정격전류

39. 하나의 콘센트에 두 개 이상의 플러그를 꽂아 사용할 수 있는 기구는?

① 키리스 소켓
② 멀티 탭
③ 테이블 탭
④ 아이언 플러그

> **전기설비** Chapter 02 배선재료와 공구
>
> ① 키리스 소켓 : 전구를 끼울 수 있는 소켓으로 먼지가 많은 장소에 사용한다.
> ② 멀티 탭 : 하나의 콘센트에 둘 이상의 기구를 연결할 때 사용한다.
> ③ 테이블 탭(익스텐션 코드) : 코드의 길이가 짧을 때 연장하여 사용한다.
> ④ 아이언 플러그 : 전기다리미나 온탕기 등에 사용한다.

40. 평균 길이 4[cm], 권수 10회인 환상 솔레노이드에 4[mA]의 전류가 흐르면 그 내부의 자장의 세기[AT/m]는?

① 30   ② 20
③ 10   ④ 1

전기이론 **Chapter 03 전류의 자기현상**

환상 솔레노이드 내의 자기장(자계)의 세기

$$H = \frac{NI}{\ell} = \frac{10 \times 4 \times 10^{-3}}{0.04} = 1 [AT/m]$$

41. 변압기 유의 열화 방지를 위해 쓰이는 방법이 아닌 것은?

① 방열기   ② 브리더
③ 콘서베이터   ④ 질소봉입

전기기기 **Chapter 03 변압기**

㉠ 방열기는 열을 발산시켜 변압기를 냉각시키는 기구이다.
㉡ 변압기 유의 열화방지를 위해 질소봉입 방식으로 변압기의 활성화를 억제하고 브리더(= 호흡기)가 부착된 콘서베이터를 설치한다.

42. 전기울타리의 시설에 관한 내용 중 틀린 것은 어느 것인가?

① 수목과의 간격은 30[cm] 이상일 것
② 전선은 지름이 2[mm] 이상의 경동선일 것
③ 전선과 이를 지지하는 기둥 사이의 간격은 2[cm] 이상일 것
④ 전기울타리용 전원장치에 전기를 공급하는 전로의 사용 전압은 250[V] 이하일 것

전기설비 **Chapter 07 특수설비**

전기울타리의 시설(KEC 241.1)
㉠ 사용전압 : 250[V] 이하
㉡ 사람이 쉽게 출입하지 아니하는 곳에 시설
㉢ 전선과 다른 시설물 또는 수목과의 간격 : 0.3[m] 이상
㉣ 전선과 이를 지지하는 기둥 사이의 간격 : 2.5[cm] 이상

43. 실훗값 20[A], 주파수 $f = 60$[Hz], 0°인 전류의 순시값을 수식으로 옳게 표현한 것은?

① $i = 20\sin(60\pi t)$
② $i = 20\sin(120\pi t)$
③ $i = 20\sqrt{2}\sin(120\pi t)$
④ $i = 20\sqrt{3}\sin(120\pi t)$

전기이론 **Chapter 05 단상 교류회로**

순시값 : $i(t) = I_m \sin(\omega t \pm \theta)$
여기서, I_m : 최댓값($I_m = \sqrt{2} \times$ 실훗값)
  θ : 위상차
  $\omega = 2\pi f = 2\pi \times 60 = 120\pi$: 각주파수
∴ $i(t) = 20\sqrt{2}\sin\omega t = 20\sqrt{2}\sin 120\pi t$ [A]

44. 동기전동기의 계자 전류를 가로축에, 전기자 전류를 세로축으로 하여 나타낸 V곡선에 관한 설명으로 옳지 않은 것은?

① 위상 특성 곡선이라 한다.
② 부하가 클수록 V곡선은 아래쪽으로 이동한다.
③ 곡선의 최저점은 역률 1에 해당한다.
④ 계자 전류를 조정하여 역률을 조정할 수 있다.

전기기기 **Chapter 02 동기기**

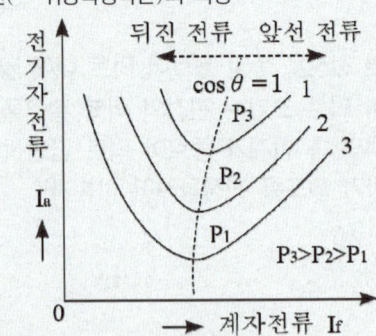

V곡선(= 위상특성곡선)의 특징

㉠ 계자전류 I_f와 전기자전류 I_a 간의 관계 곡선
㉡ V곡선상에서 역률이 1.0일 때 전기자전류는 최소가 된다.
㉢ 과여자 시 → 콘덴서(S.C) 역할
㉣ 부족여자 시 → 분로리액터(Sh. R) 역할
㉤ 부하가 증가할 경우 V곡선은 위로 이동

45. 전선의 접속에 대한 설명으로 틀린 것은?

① 접속 부분의 전기 저항이 20[%] 이상 증가되
도록 한다.
② 접속 부분의 인장 강도가 80[%] 이상 유지되
도록 한다.
③ 접속 부분에 전선 접속 기구를 사용한다.
④ 알루미늄 전선과 구리선의 접속 시 전기적인 부
식이 생기지 않도록 한다.

> **전기설비** Chapter 01 전선 및 전선의 접속
>
> 전선 접속 시 유의사항
> ㉠ 전기저항을 증가시키지 말 것
> ㉡ 전선의 세기를 20[%] 이상 감소시키지 말 것
> ㉢ 코드 상호, 케이블 상호, 코드와 케이블 상호 : 코드 접
> 속기, 접속함에서 접속

46. 히스테리시스 곡선이 세로축과 만나는 점의 값은
무엇을 나타내는가?

① 자속밀도   ② 보자력
③ 잔류자기   ④ 자기장

> **전기이론** Chapter 03 전류의 자기현상
>
> 히스테리시스 곡선
>
>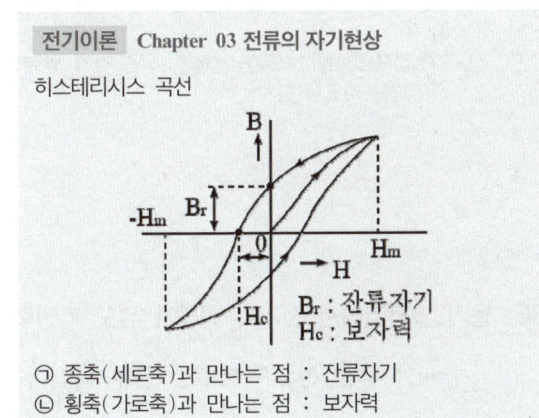
>
> ㉠ 종축(세로축)과 만나는 점 : 잔류자기
> ㉡ 횡축(가로축)과 만나는 점 : 보자력

47. 슬립이 0.05이고 전원 주파수가 60[Hz]인 유도
전동기의 회전자 회로의 주파수[Hz]는?

① 1   ② 2
③ 3   ④ 4

> **전기기기** Chapter 04 유도기
>
> 회전자 회로의 주파수 $f_2 = s f_1$ [Hz]
> 여기서, f_1 : 전원주파수, f_2 : 회전시 주파수
> ∴ $f_2 = s f_1 = 0.05 \times 60 = 3$ [Hz]

48. 건축물의 종류에서 표준부하를 $20[\text{VA/m}^2]$으로
하여야 하는 건축물은 다음 중 어느 것인가?

① 교회, 극장   ② 학교, 음식점
③ 은행, 상점   ④ 아파트, 미장원

> **전기설비** Chapter 05 저압 전기설비 보호
>
> 표준 부하[VA/m^2](내선규정 제3315절)
>
> | 종류 | 표준부하 |
> |---|---|
> | 공장, 공회당, 사원, 교회, 영화관, 연회장 등 | 10 |
> | 기숙사, 여관, 호텔, 병원, 학교, 음식점, 다방, 대중목욕탕 등 | 20 |
> | 사무실, 은행, 상점, 이발소, 미장원 등 | 30 |
> | 주택, 아파트 | 40 |

49. 다음 파형 중 비정현파가 아닌 것은?

① 펄스파   ② 사각파
③ 삼각파   ④ 주기 사인파

> **전기이론** Chapter 07 비정현파 교류회로
>
> 사인(sin) 주기파는 정현파를 의미한다.

50. 보호를 요하는 회로의 전류가 어떤 일정한 값(정
정값) 이상으로 흘렀을 때 동작하는 계전기는?

① 과전류 계전기   ② 과전압 계전기
③ 부족 전압 계전기   ④ 비율 차동 계전기

> **전기기기** Chapter 03 변압기
>
> 보호를 요하는 회로의 전류가 어떤 일정한 값(정정값) 이상
> 으로 흘렀을 때 동작하는 계전기는 과전류 계전기이다.

51. 전기울타리 시설의 사용 전압은 얼마 이하인가?

① 150　　　　　　② 250

③ 300　　　　　　④ 400

52. 전기력선에 대한 설명으로 틀린 것은?

① 같은 전기력선은 흡인한다.
② 전기력선은 서로 교차하지 않는다.
③ 전기력선은 도체의 표면에 수직으로 출입한다.
④ 전기력선은 양전하의 표면에서 나와서 음전하의 표면으로 끝난다.

53. 병렬운전 중인 동기 발전기의 유도 기전력이 2,000[V], 위상차 60°일 경우 유효 순환 전류[A]는 얼마인가? (단, 동기 임피던스는 5[Ω]이다.)

① 500　　　　　　② 1,000

③ 20　　　　　　　④ 200

54. 다음 중 450/750 일반용 단심 비닐절연전선의 알맞은 약호는?

① NR　　　　　　② CV

③ MI　　　　　　④ OC

55. 1차 전지로 가장 많이 사용되는 것은?

① 니켈·카드뮴 전지　　② 연료 전지

③ 망간건전지　　　　　④ 납축 전지

56. 동기 발전기에서 전기자 전류가 유도 기전력보다 $\frac{\pi}{2}$[rad] 앞선 전류가 흐르는 경우 나타나는 전기자 반작용은?

① 교차 자화 작용　　② 증자 작용

③ 감자 작용　　　　④ 직축 반작용

57. 사람이 접촉될 우려가 있는 곳에 시설하는 경우 접지극은 지하 몇 [cm] 이상의 깊이에 매설하여야 하는가?

① 30　　　　　　② 45
③ 50　　　　　　④ 75

> **전기설비**　Chapter 04 전로의 절연 및 접지공사
>
> 접지극 시스템(KEC 152.3)
> 접지극 매설 깊이 : 0.75[m] 이상
>
>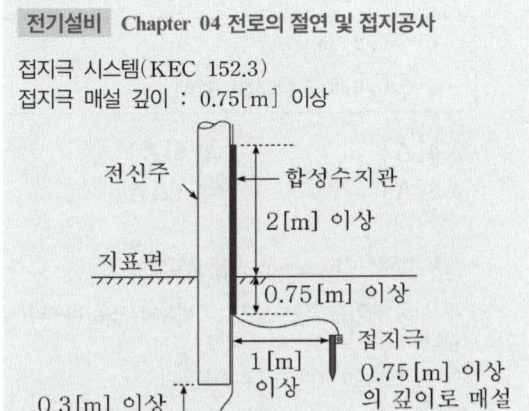
>
> 철주 및 금속체를
> 따라서 시설 경우

58. 두 금속을 접속하여 여기에 전류를 흘리면, 줄열 외에 그 접점에서 열의 발생 또는 흡수가 일어나는 현상은?

① 줄 효과　　　　② 홀 효과
③ 제벡 효과　　　④ 펠티에 효과

> **전기이론**　Chapter 01 직류회로
>
> ③ 제벡 효과 : 서로 다른 두 금속을 접속하여 한 접합부에 온도변화를 주면 기전력이 발생하는 현상이다.
> ④ 펠티에 효과 : 서로 다른 두 금속을 접속하여 여기에 전류를 흘리면, 줄열 외에 그 접점에서 열의 발생 또는 흡수가 일어나는 현상이다.

59. ON, OFF를 고속도로 변환할 수 있는 스위치로써 직류 변압기 등에 사용되는 회로는 무엇인가?

① 초퍼 회로　　　　② 인버터 회로
③ 컨버터 회로　　　④ 정류기 회로

> **전기기기**　Chapter 05 정류기
>
> 초퍼 제어(chopper)
> 전류의 ON−OFF를 반복하는 것을 통해 DC−DC, AC−DC 어댑터 등에 사용한다.

60. 애자 사용 공사에서 전선 상호 간의 간격은 몇 [cm] 이상이어야 하는가?

① 4　　　　　　② 5
③ 6　　　　　　④ 8

> **전기설비**　Chapter 03 옥내배선공사
>
> 애자공사 시설조건(KEC 232.56.1)
> ㉠ 전선은 절연전선일 것
> ㉡ 전선 상호 간의 간격 : 6[cm] 이상
> ㉢ 전선의 지지점 간의 거리 : 2[m] 이하
> 　(단, 400[V] 초과인 경우 : 6[m] 이하)
> ㉣ 전선과 조영재 사이의 간격
> 　• 400[V] 이하 : 2.5[cm] 이상
> 　• 400[V] 초과 : 4.5[cm] 이상
> 　(단, 건조한 장소 : 2.5[cm] 이상)

정답

01	①	02	②	03	③	04	②	05	①
06	②	07	②	08	③	09	④	10	②
11	②	12	②	13	①	14	②	15	③
16	③	17	④	18	③	19	②	20	③
21	④	22	③	23	④	24	③	25	①
26	①	27	①	28	④	29	②	30	④
31	③	32	④	33	③	34	③	35	④
36	③	37	③	38	③	39	②	40	④
41	①	42	③	43	③	44	②	45	①
46	③	47	③	48	②	49	④	50	①
51	②	52	①	53	③	54	③	55	①
56	②	57	④	58	④	59	①	60	③

2020년 제4회

※ 본 교재에 수록된 모든 문제는 CBT 기출복원문제로서, 수험생의 기억에 따라 복원된 것이며, 실제 기출문제와 동일하지 않을 수 있습니다.

01. 그림과 같은 비사인파의 제3고조파 주파수는?
(단, V=20[V], T=10[ms]이다.)

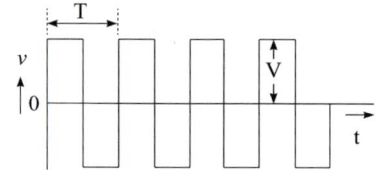

① 100[Hz]　　　② 200[Hz]
③ 300[Hz]　　　④ 400[Hz]

> **전기이론** **Chapter 07 비정현파 교류회로**
>
> ㉠ 그림에서 T=10[ms]=0.01[s] 동안 한 개의 파형이 나오므로 1초 동안에 발생되는 파형의 수(주파수)는 100개가 된다. 즉, 기본파의 주파수 : $f_1 = 100$[Hz]
> ㉡ 제3고조파는 기본파에 비해 파고치는 3배 작고, 주파수와 전기각은 3배 크므로 제3고조파의 주파수는
> ∴ $f_3 = 3 \times 100 = 300$[Hz]

02. 분권 발전기의 회전 방향을 반대로 하면?

① 전압이 유기된다.
② 발전기가 소손된다.
③ 고전압이 발생한다.
④ 잔류 자기가 소멸된다.

> **전기기기** **Chapter 01 직류기**
>
> 자여자 발전기(직권 및 분권 발전기)의 경우 역회전 시 잔류 자기가 소멸되어 발전이 되지 않는다.

03. 금속관에 여러 가닥의 전선을 넣을 때 매우 편리하게 넣을 수 있는 방법으로 쓰이는 것은?

① 비닐전선　　　② 철망그리프
③ 전지선　　　　④ 호밍사

> **전기설비** **Chapter 03 옥내배선공사**
>
> ㉠ 전선 한 가닥을 넣을 때 : 피시테이프
> ㉡ 전선 여러 가닥을 넣을 때 : 철망그리프

04. 아래 두 전류의 차에 상당한 전류의 실횻값은?

$$i_1 = 8\sqrt{2}\sin\omega t\,[A]$$
$$i_2 = 4\sqrt{2}\sin(\omega t + 180°)\,[A]$$

① 4[A]　　　　② 6[A]
③ 8[A]　　　　④ 12[A]

> **전기이론** **Chapter 05 단상 교류회로**
>
> 두 식을 페이저 표현(실횻값∠위상차)으로 바꾸면 다음과 같다.
> ㉠ $\dot{I_1} = 8∠0°$, $\dot{I_2} = 4∠180°$
> ㉡ $\dot{I} = \dot{I_1} - \dot{I_2} = 8∠0° - 4∠180° = 12$[A]

05. 유도 전동기의 회전자에 슬립 주파수의 전압을 공급하여 속도 제어를 하는 것은?

① 2차 저항법　　　② 2차 여자법
③ 자극수 변환법　　④ 인버터 주파수변환법

> **전기기기** **Chapter 04 유도기**
>
> 유도 전동기의 2차 회로에 2차 주파수와 같은 주파수(슬립 주파수)로 적당한 크기와 위상의 전압을 외부에서 가하여 속도를 제어하는 것을 2차 여자법이라 한다.

06. 변전소의 역할에 대한 내용이 아닌 것은?

① 전압의 변성　　　② 전력 생산
③ 전력의 집중과 배분 ④ 역률 개선

> **전기설비** **Chapter 06 전선로 및 배전공사**
>
> 변전소의 역할
> ㉠ 전압의 변성 및 조정
> ㉡ 전압의 집중과 배분
> ㉢ 유효전력 및 무효전력 제어(역률 개선)
> ㉣ 전선로와 기기 보호

07. 일반적인 경우 교류를 사용하는 전기난로의 저압과 전류의 위상에 대한 설명으로 옳은 것은?

① 전압과 전류는 동상이다.
② 전압이 전류보다 90도 앞선다.
③ 전류가 전압보다 90도 앞선다.
④ 전류가 전압보다 60도 앞선다.

전기이론 **Chapter 05 단상 교류회로**

전기난로(전열기)는 순저항 부하로 취급하므로 전압과 전류는 동위상이다.

08. $50[\mathrm{Hz}]$의 변압기에 $60[\mathrm{Hz}]$의 같은 전압을 가했을 때 자속밀도는 $50[\mathrm{Hz}]$ 때의 몇 배인가?

① $\dfrac{6}{5}$　　　　② $\dfrac{5}{6}$

③ $\left(\dfrac{6}{5}\right)^{2}$　　　④ $\left(\dfrac{6}{5}\right)^{1.6}$

전기기기 **Chapter 03 변압기**

㉠ 변압기에 자속밀도(B)와 주파수(f)의 관계

$$B \propto \dfrac{1}{f}$$

㉡ $B_{50} : B_{60} = \dfrac{1}{50} : \dfrac{1}{60}$

㉢ $60[\mathrm{Hz}]$의 자속밀도

$$\therefore B_{60} = \dfrac{1}{60} \times B_{50} \times 50 = \dfrac{50}{60} B_{50} = \dfrac{5}{6} B_{50}$$

09. 최대 사용전압이 $70[\mathrm{kV}]$인 중성점 직접접지식 전로의 절연내력 시험전압은 몇 $[\mathrm{V}]$인가?

① $35,000[\mathrm{V}]$　　② $42,000[\mathrm{V}]$
③ $44,800[\mathrm{V}]$　　④ $50,400[\mathrm{V}]$

전기설비 **Chapter 04 전로의 절연 및 접지공사**

전로의 절연저항 및 절연내력(KEC 132)
최대 사용전압이 $60[\mathrm{kV}]$ 초과 $170[\mathrm{kV}]$ 이하의 중성점 직접접지식 전로는 최대 사용전압의 0.72배의 전압을 인가하여 10분간 견뎌야 한다.

$$\therefore 70 \times 10^{3} \times 0.72 = 50,400[\mathrm{V}]$$

10. $2[\Omega]$의 저항과 $3[\Omega]$의 저항을 직렬로 접속할 때 합성 컨덕턴스는 몇 $[\mho]$인가?

① 5　　　　② 2.5
③ 1.5　　　④ 0.2

전기이론 **Chapter 01 직류회로**

합성저항 $R = 2 + 3 = 5[\Omega]$이므로

$$\therefore \text{합성 컨덕턴스: } G = \dfrac{1}{R} = \dfrac{1}{5} = 0.2[\mho]$$

11. 평행 2회선의 선로에서 단락 고장회선을 선택하는 데 사용하는 계전기는?

① 선택단락 계전기　　② 방향단락 계전기
③ 차동단락 계전기　　④ 거리단락 계전기

전기기기 **Chapter 03 변압기**

선택단락 계전기는 평행 2회선의 선로에서 단락 고장 시 고장 여부를 판단하는 계전기이다.

12. 한국전기설비규정(KEC)에 의하여 애자사용공사를 건조한 장소에 시설하고자 한다. 사용 전압이 $400[\mathrm{V}]$ 이하인 경우 전선과 조영재 사이의 간격은 최소 몇 $[\mathrm{cm}]$ 이상이어야 하는가?

① 2.5　　　　② 4.5
③ 6.0　　　　④ 12

전기설비 **Chapter 03 옥내배선공사**

애자공사 시설조건(KEC 232.56.1)
㉠ 전선은 절연전선일 것
㉡ 전선 상호 간의 간격 : $6[\mathrm{cm}]$ 이상
㉢ 전선의 지지점 간의 거리 : $2[\mathrm{m}]$ 이하
　(단, $400[\mathrm{V}]$ 초과인 경우 : $6[\mathrm{m}]$ 이하)
㉣ 전선과 조영재 사이의 간격
　• $400[\mathrm{V}]$ 이하 : $2.5[\mathrm{cm}]$ 이상
　• $400[\mathrm{V}]$ 초과 : $4.5[\mathrm{cm}]$ 이상
　　(단, 건조한 장소 : $2.5[\mathrm{cm}]$ 이상)

13. 콘덴서의 정전용량이 커질수록 용량 리액턴스의 값은 어떻게 되는가?

① 무한대로 접근한다.
② 커진다.
③ 작아진다.
④ 변화하지 않는다.

> **전기이론** **Chapter 05 단상 교류회로**
>
> 용량 리액턴스 $X_C = \dfrac{1}{\omega C}$ 이므로 정전용량에 반비례한다. 따라서 정전용량이 상승하면 용량 리액턴스는 작아진다.

14. 다음 그림에 대한 설명으로 틀린 것은?

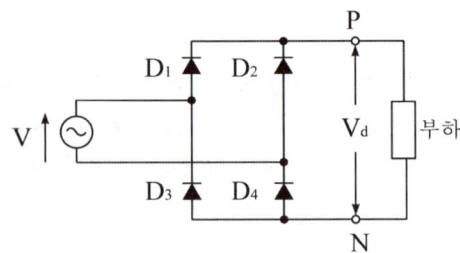

① 브리지(bridge) 회로라고도 한다.
② 실제의 정류기로 널리 사용한다.
③ 전체 한 주기 파형 중 절반만 사용한다.
④ 전파 정류 회로라고도 한다.

> **전기기기** **Chapter 05 정류기**
>
> ㉠ 단상 반파 : 정류소자를 1개 사용
> ㉡ 단상 전파 : 정류소자를 2개 또는 4개 사용(4개 사용 시 브리지 회로라고 함)
> ㉢ 3상 반파 : 정류소자를 3개 사용
> ㉣ 3상 전파 : 정류소자를 6개 사용

15. 정격전류가 20[A]인 주택용 배선차단기는 정격전류 1.45배의 동작전류에 대해서 몇 분 이내에 자동적으로 동작하여야 하는가?

① 1분   ② 60분
③ 120분   ④ 240분

> **전기설비** **Chapter 05 저압 전기설비 보호**
>
> 보호장치의 특성(KEC 212.3.4)
> 주택용 배선차단기 동작 특성
>
> | 정격전류의 구분 | 시간 | 부동작전류 | 동작전류 |
> |---|---|---|---|
> | 63A 이하 | 60분 | 1.13배 | 1.45배 |
> | 63A 초과 | 120분 | 1.13배 | 1.45배 |

16. 반지름 50[cm], 권수 10[회]인 원형 코일에 0.1[A]의 전류가 흐를 때, 이 코일 중심의 자계의 세기[H]는?

① 1[AT/m]   ② 2[AT/m]
③ 3[AT/m]   ④ 4[AT/m]

> **전기이론** **Chapter 06 3상 교류회로**
>
> 원형 코일 중심의 자계
> $$H = \frac{NI}{2r} = \frac{10 \times 0.1}{2 \times 0.5} = 1[\text{AT/m}]$$

17. 전기기계 효율 중 발전기의 규약 효율 η_G는? (단, 입력 P, 출력 Q, 손실 L로 표현한다.)

① $\eta_G = \dfrac{P-L}{P} \times 100[\%]$

② $\eta_G = \dfrac{P-L}{P+L} \times 100[\%]$

③ $\eta_G = \dfrac{Q}{P} \times 100[\%]$

④ $\eta_G = \dfrac{Q}{Q+L} \times 100[\%]$

> **전기기기** **Chapter 01 직류기**
>
> 규약 효율(η_G)
> ㉠ 발전기 $\eta_G = \dfrac{\text{출력}}{\text{출력}+\text{손실}} \times 100 = \dfrac{Q}{Q+L} \times 100[\%]$
> ㉡ 전동기 $\eta_M = \dfrac{\text{입력}-\text{손실}}{\text{입력}} \times 100 = \dfrac{P-L}{P} \times 100[\%]$

18. 전선에 압착 단자 접촉 시 사용되는 공구는?

① 와이어 스트리퍼　　② 프레셔 툴
③ 클리퍼　　　　　　④ 니퍼

19. 코일이 접속되어 있을 때, 누설 자속이 없는 이상적인 코일 간의 상호 인덕턴스는?

① $M = \sqrt{L_1 + L_2}$　　② $M = \sqrt{L_1 - L_2}$

③ $M = \sqrt{L_1 L_2}$　　④ $M = \sqrt{\dfrac{L_1}{L_2}}$

20. 전기자 전압을 전원 전압으로 일정히 유지하고, 계자 전류를 조정하여 자속 ϕ[Wb]를 변화시킴으로써 속도를 제어하는 제어법은?

① 계자제어법　　　　② 전기자전압제어법
③ 저항제어법　　　　④ 전압제어법

21. 가공전선의 지지물에 승탑 또는 승강용으로 사용하는 발판 볼트 등은 지표상 몇 [m] 미만에 시설하여서는 안 되는가?

① 1.2　　　　　　② 1.5
③ 1.6　　　　　　④ 1.8

22. 임피던스 $Z_1 = 12 + j16[\Omega]$과 $Z_2 = 8 + j24[\Omega]$이 직렬로 접속된 회로에 전압 $V = 200[V]$를 가할 때 이 회로에 흐르는 전류[A]는?

① 2.35[A]　　　　② 4.47[A]
③ 6.02[A]　　　　④ 10.25[A]

23. 동기 전동기의 특징과 용도에 대한 설명으로 잘못된 것은?

① 진상, 지상의 역률 조정이 된다.
② 속도 제어가 원활하다.
③ 시멘트 공장의 분쇄기 등에 사용된다.
④ 난조가 발생하기 쉽다.

24. 절연저항 측정 시 영향을 주거나 손상을 받을 수 있는 SPD 또는 기타 기기 등은 측정 전에 분리시켜야 하고, 부득이하게 분리가 어려운 경우에는 시험 전압을 몇 [V] 이하로 낮추어서 측정하여야 하는가?

① 100   ② 200
③ 250   ④ 300

> **전기설비** Chapter 04 전로의 절연 및 접지공사
>
> 전기설비기술기준 제52조
> 측정 시 영향을 주거나 손상을 받을 수 있는 SPD 또는 기타 기기 등은 측정 전에 분리시켜야 하고, 부득이하게 분리가 어려운 경우에는 시험 전압을 250[V] DC로 낮추어 측정할 수 있지만 절연저항 값은 1[MΩ] 이상이어야 한다.

25. 정전기 발생 방지책으로 틀린 것은?

① 대전 방지제의 사용
② 접지 및 보호구의 착용
③ 배관 내 액체의 흐름 속도 제한
④ 대기의 습도를 30% 이하로 하여 건조함을 유지

> **전기이론** Chapter 02 정전계와 정자계
>
> 정전기는 일반적으로 건조한 환경에서 자주 발생한다.

26. 변압기에 콘서베이터(conservator)를 설치하는 목적은?

① 열화 방지   ② 코로나 방지
③ 강제 순환   ④ 통풍 장치

> **전기기기** Chapter 03 변압기
>
> 콘서베이터는 절연 및 냉각을 위해 사용되는 변압기 유의 열화 및 산화를 방지하기 위한 설비이다.

27. 접지 공사 시 접지저항을 감소시키는 저감 대책이 아닌 것은?

① 접지봉의 길이를 증가시킨다.
② 접지판의 면적을 감소시킨다.
③ 접지극의 매설 깊이를 깊게 매설한다.
④ 접지저항 저감제를 이용하여 토양의 고유 저항을 화학적으로 저감시킨다.

> **전기설비** Chapter 04 전로의 절연 및 접지공사
>
> 접지저항 저감 대책
> ㉠ 접지봉의 길이를 증가시킨다.
> ㉡ 접지판의 면적을 증가시킨다.
> ㉢ 접지극의 매설 깊이를 깊게 매설한다.
> ㉣ 접지저항 저감제(어스락 등)를 이용하여 토양의 고유저항을 화학적으로 저감시킨다.

28. 다음 중 가장 무거운 것은?

① 양성자의 질량과 중성자의 질량의 합
② 양성자의 질량과 전자의 질량의 합
③ 원자핵의 질량과 전자의 질량의 합
④ 중성자의 질량과 전자의 질량의 합

> **전기이론** Chapter 01 직류회로
>
> 보어 원자 모형

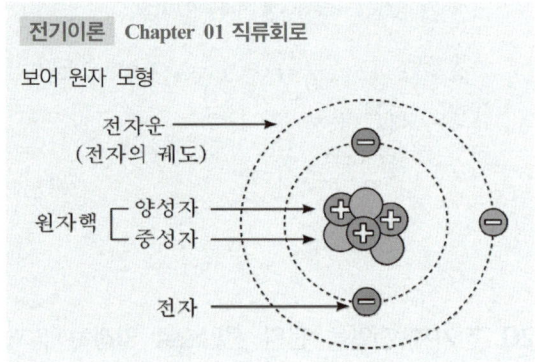

29. 60[Hz] 3상 반파 정류회로의 맥동주파수는?

① 60[Hz]   ② 120[Hz]
③ 180[Hz]   ④ 360[Hz]

> **전기기기** Chapter 05 정류기
>
> 맥동주파수 = 전원주파수×상수×K
> 여기서, 반파 K=1, 전파 K=2
> ∴ 맥동주파수=60×3×1=180[Hz]

30. 폭발성 먼지가 존재하는 곳의 금속관 공사에 있어서 관 상호 및 관과 박스 기타의 부속품이나 풀박스 또는 전기 기계 기구와의 접속을 몇 턱 이상의 나사 조임으로 접속하여야 하는가?

① 2턱
② 3턱
③ 4턱
④ 5턱

전기설비 **Chapter 07 특수설비**

먼지 위험장소(KEC 242.2.1)
관 상호 간 및 관과 박스 기타의 부속품·풀박스 또는 전기기계기구와는 5턱 이상의 나사조임으로 접속하는 방법 기타 이와 동등 이상의 효력이 있는 방법에 의하여 견고하게 접속하고 또는 내부에 먼지가 침입하지 아니하도록 접속하여야 한다.

31. 50회 감은 코일과 쇄교하는 자속이 $0.5[\sec]$ 동안 $0.1[\mathrm{Wb}]$에서 $0.2[\mathrm{Wb}]$로 변화하였다면 기전력의 크기는?

① $5[\mathrm{V}]$
② $10[\mathrm{V}]$
③ $12[\mathrm{V}]$
④ $15[\mathrm{V}]$

전기이론 **Chapter 04 전자유도법칙**

패러데이 전자유도법칙(유도기전력)
$$e = -N\frac{d\phi}{dt} = -50 \times \frac{0.2-0.1}{0.5} = -10[\mathrm{V}]$$
여기서, $-$ 기호는 자속변화의 반대방향으로 기전력이 유도된다는 의미이다.

32. 다음 중 2대의 동기발전기가 병렬운전하고 있을 때 무효횡류(무효 순환전류)가 흐르는 경우는?

① 부하 분담에 차가 있을 때
② 기전력의 주파수에 차가 있을 때
③ 기전력의 위상에 차가 있을 때
④ 기전력의 크기에 차가 있을 때

전기기기 **Chapter 02 동기기**

무효 순환전류는 동기발전기를 2대 이상 병렬운전 시 발전기의 기전력(전압)의 크기가 다를 경우 동기발전기의 사이를 순환하는 전류이다.

33. 케이블 덕트 시스템에 시설하는 배선 방법이 아닌 것은?

① 플로어 덕트 공사
② 셀룰러 덕트 공사
③ 버스 덕트 공사
④ 금속 덕트 공사

전기설비 **Chapter 03 옥내배선공사**

케이블 덕팅 시스템의 종류
㉠ 금속 덕트 공사
㉡ 플로어 덕트 공사
㉢ 셀룰러 덕트 공사

34. 정전용량 C_1, C_2를 병렬로 접속하였을 때의 합성 정전용량은?

① $C_1 + C_2$
② $\dfrac{1}{C_1 + C_2}$
③ $\dfrac{1}{C_1} + \dfrac{1}{C_2}$
④ $\dfrac{C_1 C_2}{C_1 + C_2}$

전기이론 **Chapter 02 정전계와 정자계**

합성 정전용량
㉠ 직렬접속: $C_S = \dfrac{1}{\dfrac{1}{C_1} + \dfrac{1}{C_2}} = \dfrac{C_1 \times C_2}{C_1 + C_2} [\mathrm{F}]$

㉡ 병렬접속: $C_P = C_1 + C_2 [\mathrm{F}]$

35. 교류회로에서 양방향 점호(ON) 및 소호(OFF)를 이용하며, 위상제어를 할 수 있는 소자는?

① TRIAC
② SCR
③ GTO
④ IGBT

전기기기 **Chapter 05 정류기**

트라이액(TRIAC)

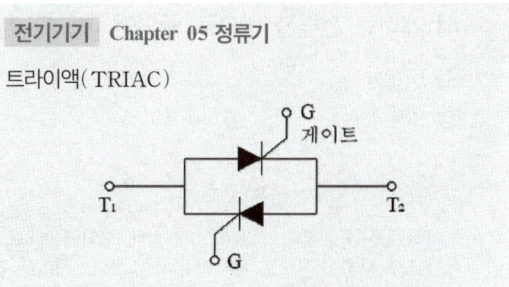

SCR 2개를 연결하여 양방향 스위칭을 하는 소자이다.

36. 절연저항을 측정하는데 정전이 어려워 측정이 곤란한 경우에는 누설전류를 몇 [mA] 이하로 유지하여야 하는가?

① 1
② 2
③ 5
④ 10

전기설비 **Chapter 04 전로의 절연 및 접지공사**

전로의 절연저항 및 절연내력(KEC 132)
저압 전로에서 정전이 어려운 경우 절연저항 측정이 곤란한 경우 저항성분의 누설전류 1[mA] 이하이면 그 전로의 절연성능은 적합한 것으로 본다.

37. 자속밀도 $B[\text{Wb/m}^2]$되는 균등한 자계 내에 길이 $\ell[\text{m}]$의 도선을 자계에 수직인 방향으로 운동시킬 때 도선에 $e[\text{V}]$의 기전력이 발생한다면 이 도선의 속도[m/s]는?

① $B\ell e\sin\theta$
② $B\ell e\cos theta$
③ $\dfrac{B\ell\sin\theta}{e}$
④ $\dfrac{e}{B\ell\sin\theta}$

전기이론 **Chapter 04 전자유도법칙**

플레밍의 오른손 법칙
자계 내의 도체가 운동을 하면 도체에는 기전력이 유도된다.
㉠ 유도기전력: $e = vB\ell\sin\theta\,[\text{V}]$
㉡ 운동속도: $v = \dfrac{e}{B\ell\sin\theta}\,[\text{m/s}]$

38. SCR의 애노드 전류가 20[A]로 흐르고 있었을 때 게이트 전류를 반으로 줄이면 애노드 전류는?

① 5[A]
② 10[A]
③ 20[A]
④ 40[A]

전기기기 **Chapter 05 정류기**

게이트 전류가 흘러 SCR이 ON 상태가 되면 애노드 전류가 유지전류 이상으로 유지되고 있을 경우 게이트 전류의 크기에 관계없이 항상 일정하게 흐른다.

39. 변압기 고압측 전로의 1선 지락 전류값이 5[A]일 때 변압기 중성점의 접지 저항[Ω]의 최대는?

① 30
② 40
③ 50
④ 100

전기설비 **Chapter 04 전로의 절연 및 접지공사**

변압기 중성점접지 저항값(KEC 142.5)
일반적으로 변압기의 고·특고압 전로 1선 지락 전류로 150을 나눈 값과 같은 저항값 이하이어야 한다.
$$\therefore R = \frac{150}{I_g} = \frac{150}{5} = 30\,[\Omega]$$

40. 진공 중에 10[μF]과 20[μF]의 점전하를 1[m]의 거리로 놓았을 때 작용하는 힘[N]은?

① 18×10^{-1}
② 2×10^{-2}
③ 9.8×10^{-9}
④ 98×10^{-9}

전기이론 **Chapter 02 정전계와 정자계**

쿨롱의 법칙(두 전하 사이의 작용하는 힘)
$$F = \frac{Q_1 Q_2}{4\pi\varepsilon_0 r^2} = 9\times10^9 \times \frac{10\times10^{-6}\times20\times10^{-6}}{1^2}$$
$$= 18\times10^{-1}\,[\text{N}]$$

41. 주파수 60[Hz]의 회로에 접속되어 슬립 4[%], 회전수 1,728[rpm]으로 회전하고 있는 유도 전동기의 극수는?

① 4극
② 6극
③ 8극
④ 10극

전기기기 **Chapter 04 유도기**

회전자 속도
$$N = (1-s)N_s = (1-s)\frac{120f}{P}\,[\text{rpm}]$$
$\therefore$ 유도 전동기 극수
$$P = (1-0.04)\times\frac{120\times60}{1,728} = 4\text{극}$$

42. 보호를 요하는 회로의 전류가 어떤 일정한 값(정정값) 이상으로 흘렀을 때 동작하는 계전기는?

① 과전류 계전기　　② 과전압 계전기
③ 차동 계전기　　　④ 비율 차동 계전기

전기설비　Chapter 08 전원설비 및 기타설비

㉠ 과전류 계전기(OCR, Over Current Relay) : 보호계전기 설정값 이상의 전류가 흘렀을 때 동작하여 차단기를 트립시킨다.
㉡ 과전압 계전기(OVR Over Voltage Relay) : 보호계전기 설정값 이상의 전압이 인가되었을 때 동작하여 차단기를 트립시킨다.

43. 그림의 회로에서 전압 100[V]의 교류전압을 가했을 때 유효분 전류는?

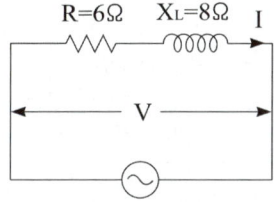

① 4[A]　　　　　② 6[A]
③ 8[A]　　　　　④ 10[A]

전기이론　Chapter 05 단상 교류회로

㉠ 부하전류: $I = \dfrac{V}{Z} = \dfrac{V}{\sqrt{R^2 + X^2}}$

$\qquad = \dfrac{100}{\sqrt{6^2 + 8^2}} = 10\,[\mathrm{A}]$

㉡ 직렬회로에서 역률

$\quad : \cos\theta = \dfrac{R}{\sqrt{R^2 + X_L^2}} = \dfrac{6}{\sqrt{6^2 + 8^2}} = 0.6$

㉢ 부하전류의 정지벡터는 다음과 같다.

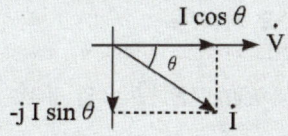

∴ 유효분 전류 : $I\cos\theta = 10 \times 0.6 = 6\,[\mathrm{A}]$
　무효분 전류 : $I\sin\theta = 10 \times 0.8 = 8\,[\mathrm{A}]$

44. 동기 발전기의 전기자 반작용 중에서 전기자 전류에 의한 자기장의 축이 항상 주자속의 축과 수직이 되면서 자극편 왼쪽에 있는 주자속은 증가시키고, 오른쪽에 있는 주자속은 감소시켜 편자 작용을 하는 전기자 반작용은?

① 증자 작용　　　② 감자 작용
③ 교차 자화 작용　④ 직축 반작용

전기기기　Chapter 02 동기기

교차 자화 작용은 전기자에서 발생한 누설자속이 계자극에 영향을 주는 현상으로 자극편을 중심으로 좌우에 나타난 자속의 증가와 감소가 교차로 발생하는 현상이다.

45. 정격전압 3상 24[kV], 정격차단전류 300[A]인 수전설비의 차단용량은 몇 [MVA]인가?

① 17.26　　　　　② 28.34
③ 12.47　　　　　④ 24.94

전기설비　Chapter 08 전원설비 및 기타설비

차단기 차단용량

$P_s = \sqrt{3}\,V_n I_s = \sqrt{3} \times 24 \times 10^3 \times 0.3 \times 10^3$

$\quad = 12.47 \times 10^6\,[\mathrm{VA}] = 12.47\,[\mathrm{MVA}]$

46. 100[V]의 전압계가 있다. 이 전압계를 써서 200[V]의 전압을 측정하려면 최소 몇 [Ω]의 저항을 외부에 접속해야 하는가? (단, 전압계의 내부 저항은 5,000[Ω]이다.)

① 10,000　　　　② 5,000
③ 2,500　　　　　④ 1,000

전기이론　Chapter 01 직류회로

배율저항 $R_m = R_v(m-1)$

$\qquad\qquad = 5,000 \times \left(\dfrac{200}{100} - 1\right) = 5,000\,[\Omega]$

여기서, m : 배율　R_v : 전압계 내부 저항[Ω]

47. 3상 유도전동기의 원선도를 그리려면 등가회로의 정수를 구할 때 몇 가지 시험이 필요하다. 이에 해당하지 않는 것은?

① 무부하시험 　　② 권선의 저항 측정
③ 회전수 측정 　　④ 구속시험

전기기기　Chapter 04 유도기

원선도 작성 시 필요시험
㉠ 무부하시험
㉡ 구속시험
㉢ 저항 측정

48. 다음과 같은 전선의 접속방법으로 옳게 나열된 것은?

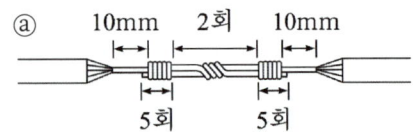

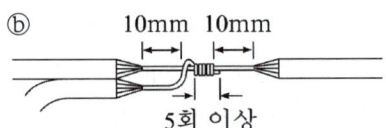

① ⓐ : 종단접속, 　ⓑ : 분기접속
② ⓐ : 직선접속, 　ⓑ : 분기접속
③ ⓐ : 분기접속, 　ⓑ : 종단접속
④ ⓐ : 분기접속, 　ⓑ : 직선접속

전기설비　Chapter 01 전선 및 전선의 접속

ⓐ 트위스트 직선접속
ⓑ 트위스트 분기접속

49. 같은 저항 4개를 그림과 같이 연결하여 a−b 간에 일정 전압을 가했을 때 소비전력이 가장 큰 것은 어느 것인가?

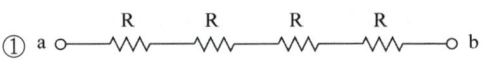

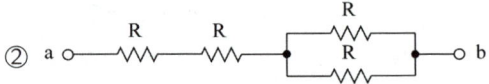

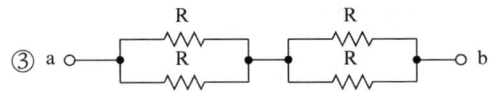

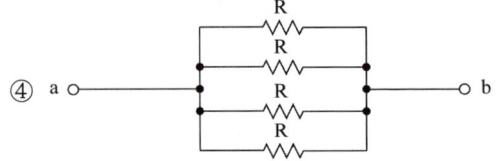

전기이론　Chapter 01 직류회로

회로의 합성저항과 소비전력($P = \dfrac{V^2}{R}$ [W])

구분	합성저항	소비전력
①	$R_{ab} = 4R$	$P = \dfrac{V^2}{4R}$
②	$R_{ab} = 2.5R$	$P = \dfrac{V^2}{2.5R}$
③	$R_{ab} = R$	$P = \dfrac{V^2}{R}$
④	$R_{ab} = 0.25R$	$P = \dfrac{V^2}{0.25R}$

50. 퍼센트 저항강하 $3[\%]$, 리액턴스 강하 $4[\%]$인 변압기의 최대 전압변동률은?

① 1[%] 　　② 5[%]
③ 7[%] 　　④ 12[%]

전기기기　Chapter 03 변압기

㉠ 퍼센트 저항강하 : $p = 3\%$
㉡ 퍼센트 리액턴스 강하 : $q = 4\%$
㉢ 최대 전압변동률 $\dfrac{d\epsilon}{d\theta} = 0$ 일 경우로

$\epsilon_m = \sqrt{p^2 + q^2}$ 로 나타낼 수 있다.

∴ 최대 전압변동률 : $\epsilon_m = \sqrt{3^2 + 4^2} = 5\%$

51. 합성수지관 상호 및 관과 박스는 접속 시에 삽입하는 깊이를 관 바깥지름의 몇 배 이상으로 하여야 하는가? (단, 접착제를 사용하지 않은 경우이다.)

① 0.2   ② 0.5
③ 1   ④ 1.2

> **전기설비** Chapter 03 옥내배선공사
>
> 합성수지관 및 부속품의 시설(KEC 232.11.3)
> ㉠ 관 상호 간 및 박스와 관을 삽입하는 깊이 : 관의 바깥지름의 1.2배 이상(단, 접착제 사용 시 : 0.8배 이상)
> ㉡ 관의 지지점 간의 거리 : 1.5[m] 이하

52. 최댓값이 110[V]인 사인파 교류 전압이 있다. 평균값은 약 몇 [V]인가?

① 30[V]   ② 70[V]
③ 100[V]   ④ 110[V]

> **전기이론** Chapter 05 단상 교류회로
>
> 교류의 평균값
> $$V_a = \frac{2}{\pi} \times V_m = 0.637 V_m$$
> $$= 0.637 \times 110 = 70.07 ≒ 70[V]$$

53. 스위칭 주기 10[μs], 온(ON)시간 5[μs]일 때 강압형 초퍼의 출력 전압 E_2와 입력 전압 E_1의 관계는?

① $E_2 = 3E_1$ ② $E_2 = 2E_1$
③ $E_2 = E_1$ ④ $E_2 = 0.5E_1$

> **전기기기** Chapter 05 정류기
>
> $$E_2 = \frac{t_{on}}{T} \times E_1 [V]$$
> 여기서, E_1 : 입력전압 E_2 : 출력전압,
> t_{on} : 온시간 T : 스위칭 주기
> $$∴ E_2 = \frac{5}{10} \times E_1 = 0.5E_1 [V]$$

54. 콘크리트 조영재에 볼트를 시설할 때 필요한 공구는?

① 파이프 렌치   ② 볼트 클리퍼
③ 노크 아웃 펀치   ④ 드라이브이트

> **전기설비** Chapter 02 배선재료와 공구
>
> ① 파이프 렌치 : 금속관을 커플링으로 접속할 때 커플링을 물고 죄는 공구
> ② 볼트 클리퍼 : 전선, 철선, 강철류를 절단하는 작업하는 공구(절단기)
> ③ 노크 아웃 펀치 : 유압에 의해 철판에 구멍을 뚫는 공구
> ④ 드라이브이트(drive-it) : 대형의 권총의 형태로 내부에 화약을 충전하여 그 폭발력을 이용하여 경화 후의 콘크리트에 볼트나 특수 못을 박을 때 사용하는 공구

55. 20[Ω], 30[Ω], 60[Ω]의 저항 3개를 병렬로 접속하고 여기에 60[V]의 전압을 가했을 때, 이 회로에 흐르는 전체 전류는 몇 [A]인가?

① 3[A]   ② 6[A]
③ 30[A]   ④ 60[A]

> **전기이론** Chapter 01 직류회로
>
> ㉠ 병렬 합성저항 : $R = \dfrac{1}{\dfrac{1}{20} + \dfrac{1}{30} + \dfrac{1}{60}} = 10[Ω]$
> ㉡ 전체 전류 : $I = \dfrac{V}{R} = \dfrac{60}{10} = 6[A]$

56. 일정한 주파수의 전원에서 운전하는 3상 유도전동기의 전원 전압이 80[%]가 되었다면 토크는 약 몇 [%]가 되는가? (단, 회전수는 변하지 않은 상태로 한다.)

① 55   ② 64
③ 76   ④ 82

> **전기기기** Chapter 04 유도기
>
> ㉠ 3상 유도전동기의 토크 $T \propto V_1^2$
> ㉡ $T : xT = V_1^2 : (0.8V_1)^2$
> ㉢ $xT = T \times 0.64 V_1^2 \times \dfrac{1}{V_1^2} = 0.64T$
> ∴ %로 환산하면 $0.64 \times 100 = 64[\%]$

57. 분기회로에 사용하는 것으로 개폐기 및 자동차단기의 두 가지 역할을 하는 것은?

① 통형 퓨즈　　　　② 유입차단기
③ 배선용 차단기　　④ 컷아웃 스위치

58. 2분간에 876,000[J]의 일을 하였다. 그 전력은 얼마인가?

① 7.3[kW]　　　　② 29.2[kW]
③ 73[kW]　　　　④ 438[kW]

59. 직류전동기에 있어 무부하일 때의 회전수는 n_o은 1,200[rpm], 정격부하일 때의 회전수는 n_n은 1,150[rpm]이라 한다. 속도변동률은?

① 약 3.45[%]　　　② 약 4.16[%]
③ 약 4.35[%]　　　④ 약 5.0[%]

60. 물기가 없는 장소에 시설하는 저압용 전로에 인체 감전 보호용 누전 차단기 설치는?

① 정격 감전 전류 30[mA]
　　─ 동작시간 0.03초 이내의 전류 동작형
② 정격 감전 전류 40[mA]
　　─ 동작시간 0.05초 이내의 전류 동작형
③ 정격 감전 전류 50[mA]
　　─ 동작시간 0.03초 이내의 전류 동작형
④ 정격 감전 전류 60[mA]
　　─ 동작시간 0.05초 이내의 전류 동작형

정답

01	③	02	④	03	②	04	④	05	②
06	②	07	①	08	②	09	④	10	④
11	①	12	①	13	②	14	④	15	②
16	①	17	④	18	②	19	③	20	①
21	④	22	②	23	②	24	②	25	④
26	①	27	②	28	②	29	③	30	④
31	②	32	④	33	②	34	①	35	①
36	①	37	②	38	②	39	①	40	①
41	①	42	①	43	②	44	②	45	③
46	②	47	③	48	②	49	④	50	②
51	②	52	②	53	④	54	②	55	②
56	②	57	③	58	①	59	③	60	①

2020년 제3회

☐ **1**회독 ☐ **2**회독 ☐ **3**회독

※ 본 교재에 수록된 모든 문제는 CBT 기출복원문제로서, 수험생의 기억에 따라 복원된 것이며, 실제 기출문제와 동일하지 않을 수 있습니다.

01. 어떤 물질이 정상 상태보다 전자수가 많아져 전기를 띠게 되는 현상을 무엇이라 하는가?

① 충전　　　　② 방전
③ 대전　　　　④ 분극

> **전기이론** Chapter 01 직류회로
>
> 대전 현상은 정전 유도라고도 하며 이렇게 만들어진 전기를 정전기라고 한다.

03. 다음 중 금속관 공사의 설명으로 잘못된 것은?

① 교류회로는 1회로의 전선 전부를 동일 관 내에 넣는 것을 원칙으로 한다.
② 교류회로에서 전선을 병렬로 사용하는 경우에는 관 내에 전자적 불평형이 생기지 않도록 시설한다.
③ 금속관 내에서는 절대로 전선 접속점을 만들지 않아야 한다.
④ 관의 두께는 콘크리트에 매입하는 경우 1[mm] 이상이어야 한다.

> **전기설비** Chapter 03 옥내배선공사
>
> 금속관의 두께
> ㉠ 콘크리트에 매입할 경우 : 1.2[mm] 이상
> ㉡ 기타의 경우 : 1.0[mm] 이상
> ㉢ 이음매가 없는 길이 4[m] 이하의 것을 건조한 노출장소에 시설할 경우 : 0.5[mm] 이상

02. $5.5[kW]$, $220[V]$ 유도전동기의 전전압 기동 시의 기동전류가 $150[A]$이었다. 여기에 $Y-\triangle$ 기동 시 기동전류는 몇 $[A]$가 되는가?

① 50　　　　② 70
③ 87　　　　④ 95

> **전기기기** Chapter 04 유도기
>
> $Y-\triangle$ 기동 시 기동전류는 전전압 기동 시에 비해 기동전류가 $\frac{1}{3}$ 배로 감소된다.
>
> ∴ 기동전류 : $I_s = I_n \times \frac{1}{3} = 150 \times \frac{1}{3} = 50[A]$

04. 어떤 사인파 교류전압의 평균값이 $191[V]$이면 최댓값은?

① $150[V]$　　　　② $250[V]$
③ $300[V]$　　　　④ $400[V]$

> **전기이론** Chapter 05 단상 교류회로
>
> 교류의 평균값 $V_a = \frac{2}{\pi}V_m = 0.637V_m$ 에서
>
> ∴ 최댓값 : $V_m = \frac{V_a}{0.637} = \frac{191}{0.637} ≒ 300[V]$

05. 동기 전동기의 자기 기동에서 계자권선을 단락하는 이유는?

① 기동이 쉽다.
② 기동 권선으로 이용한다.
③ 고전압이 유도된다.
④ 전기자 반작용을 방지한다.

> **전기기기** **Chapter 02 동기기**
>
> 동기 전동기의 자기 기동 시에 고정자에서 발생하는 회전자계가 계자권선과 쇄교하여 고전압이 발생하고 이때 흐르는 전류로 계자권선의 과열 소손되는 것을 방지하기 위해 단락하여 기동한다.

06. 설치 면적과 설치비용이 많이 들지만 가장 이상적이고 효과적인 진상용 콘덴서 설치 방법은?

① 수전단 모선에 설치
② 수전단 모선과 부하측에 분산하여 설치
③ 부하측에 분산하여 설치
④ 가장 큰 부하측에만 설치

> **전기설비** **Chapter 08 전원설비 및 기타설비**
>
> 진상용 콘덴서 설치 방법
> ㉠ 수전단 모선에 집중하여 설치
> • 장점 : 관리가 용이하고 경제적이다.
> • 단점 : 역률개선 효과가 가장 작다.
> ㉡ 부하측에 분산하여 설치
> • 장점 : 역률개선 효과가 크다.
> • 단점 : 관리가 힘들고 비경제적이다.

07. 자기회로에 기자력을 주면 자로에 자속이 흐른다. 그러나 기자력에 의해 발생되는 자속 전부가 자기회로 내를 통과하는 것이 아니라, 자로 이외의 부분을 통과하는 자속도 있다. 이와 같이 자기회로 이외 부분을 통과하는 자속을 무엇이라 하는가?

① 종속자속
② 누설자속
③ 주자속
④ 반사자속

> **전기이론** **Chapter 03 전류의 자기현상**
>
> 자기회로 이외 부분을 통과하는 자속은 누설자속이다.

08. 유도전동기의 슬립을 측정하는 방법으로 옳은 것은?

① 전압계법
② 전류계법
③ 평형 브리지법
④ 스트로보스코프법

> **전기기기** **Chapter 04 유도기**
>
> 슬립 측정방법
> ㉠ 직류밀리볼트계법
> ㉡ 수화기법
> ㉢ 스트로보스코프법

09. 가공전선로의 지지물에서 다른 지지물을 거치지 아니하고 수용장소의 인입선 접속점에 이르는 가공전선을 무엇이라 하는가?

① 이웃 연결 인입선
② 가공인입선
③ 구내전선로
④ 구내인입선

> **전기설비** **Chapter 06 전선로 및 배전공사**
>
> 전기설비기술기준 제3조
> ㉠ 이웃 연결 인입선 : 한 수용장소의 인입선에서 분기하여 지지물을 거치지 아니하고 다른 수용장소의 인입구에 이르는 전선
> ㉡ 가공인입선 : 가공전선로의 지지물로부터 다른 지지물을 거치지 아니하고 수용장소의 붙임점에 이르는 가공전선

10. $\omega L = 5[\Omega]$, $\dfrac{1}{\omega C} = 25[\Omega]$의 $L-C$ 직렬회로에서 $100[V]$의 교류를 가할 때 전류[A]는?

① 3.3[A], 유도성
② 5[A], 유도성
③ 3.3[A], 용량성
④ 5[A], 용량성

> **전기이론** **Chapter 05 단상 교류회로**
>
> ㉠ 합성 임피던스
> $$Z = jX_L - jX_C = j\omega L - j\frac{1}{\omega C}$$
> $$= j5 - j25 = -j20\,[\Omega]$$
> ㉡ 전류 $I = \dfrac{V}{Z} = \dfrac{100}{-j20} = j5\,[A]$
> ㉢ $X_L < X_C$이거나 전류가 양의 허수값($+j$)이면 용량성이 된다.

11. 다음 변압기의 냉각 방식 종류가 아닌 것은?

① 건식 자냉식　　② 유입 자냉식
③ 유입 예열식　　④ 유입 송유식

변압기의 냉각방식에는 건식 자냉식, 건식 풍냉식, 유입 자냉식, 유입 풍냉식, 유입 수냉식, 송유 풍냉식, 송유 수냉식 등이 있다.

12. 전선과 기구 단자 접속 시 나사를 덜 죄었을 경우 발생할 수 있는 위험과 거리가 먼 것은?

① 누전　　②　화재 위험
③ 과열 발생　　④ 저항 감소

전선과 기구 단자 접속 시 나사를 덜 죄게 되면 접촉불량에 의해 접촉저항을 증가하여 단자부의 과열, 누전, 화재 등의 사고를 일으킬 수 있다.

13. 다음 중 자장의 세기에 대한 설명으로 잘못된 것은?

① 자속밀도에 투자율을 곱한 것과 같다.
② 단위자극에 작용하는 힘과 같다.
③ 단위 길이당 기자력과 같다.
④ 수직 단면의 자력선 밀도와 같다.

① 자속밀도 $B = \mu H [\text{Wb/m}^2]$ 이므로

$H = \dfrac{B}{\mu} [\text{AT/m}]$ 이다.

② 자기력 $F = mH[\text{N}]$ 에서

$H = \dfrac{F}{m} [\text{N/Wb}]$ 이다.

③ 기자력 $F = IN[\text{AT}]$ 에서 앙페르 법칙에 의한 자계

$H = \dfrac{NI}{\ell} = \dfrac{F}{\ell} [\text{AT/m}]$ 이다.

④ 가우스 법칙에서 수직 단면을 통과하는 자력선의 밀도를 자계의 세기라 한다.

∴ 자계의 세기는 자속밀도 B 를 투자율 μ 로 나눈 값이다.

14. 4극 60[Hz], 슬립 5[%]인 유도 전동기의 회전수는 몇 [rpm]인가?

① 1,836　　② 1,710
③ 1,540　　④ 1,200

동기속도: $N_s = \dfrac{120f}{P} = \dfrac{120 \times 60}{4} = 1,800 [\text{rpm}]$

∴ 회전수: $N = (1-s)N_s$

$= (1-0.05) \times 1,800 = 1,710 [\text{rpm}]$

15. 한국전기설비규정에서 고압 가공 인입선이 도로를 횡단하는 경우에 지표상의 높이는 몇 [m] 이상인가?

① 5　　② 6.5
③ 6　　④ 4

가공 인입선의 높이 (KEC 221.1.1, 331.12)

구분	저압	고압
도로 횡단	5m 이상	6m 이상
철도 횡단	6.5m 이상	6.5m 이상
횡단보도교	3m 이상	3.5m 이상
기타	4m 이상	5m 이상

고압 기타 장소에서 위험 표시를 할 경우 : 3.5m 이상

16. 단상 100[V], 800[W], 역률 80[%]인 회로의 리액턴스는 몇 [Ω]인가?

① 10　　② 8
③ 6　　④ 2

㉠ 유효전력 $P = VI\cos\theta [\text{W}]$ 에서 전류는

$I = \dfrac{P}{V\cos\theta} = \dfrac{800}{100 \times 0.8} = 10 [\text{A}]$

㉡ $\sin^2\theta + \cos^2\theta = 1$ 에서 무효율 $\sin\theta$ 는

$\sin\theta = \sqrt{1 - \cos^2\theta}$

$= \sqrt{1 - 0.8^2} = 0.6$

㉢ 무효전력 $P_r = VI\sin\theta = I^2 X$ 에서 리액턴스는

∴ $X = \dfrac{V\sin\theta}{I} = \dfrac{100 \times 0.6}{10} = 6 [\Omega]$

17. 농형 유도전동기의 기동법이 아닌 것은?

① 2차 저항기법
② Y-△ 기동법
③ 전전압 기동법
④ 기동보상기에 의한 기동법

18. 전력용 콘덴서를 회로로부터 개방하였을 때 전하가 잔류함으로써 일어나는 위험의 방지와 재투입할 때 콘덴서에 걸리는 과전압의 방지를 위하여 무엇을 설치하는가?

① 직렬 리액터
② 전력용 콘덴서
③ 방전 코일
④ 피뢰기

19. 단면적 $5[\text{cm}^2]$, 길이 $1[\text{m}]$, 비투자율 10^3인 환상 철심에 $600[회]$의 권선을 감고 이것에 $0.5[\text{A}]$의 전류를 흐르게 한 경우 기자력은?

① $100[\text{AT}]$
② $200[\text{AT}]$
③ $300[\text{AT}]$
④ $400[\text{AT}]$

20. 분권전동기에 대한 설명으로 옳지 않은 것은?

① 토크는 전기자 전류의 자승에 비례한다.
② 부하전류에 따른 속도변화가 거의 없다.
③ 계자회로에 퓨즈를 넣어서는 안 된다.
④ 계자권선과 전기자권선이 전원에 병렬로 접속되어 있다.

21. 저압개폐기를 생략하여도 무방한 개소는?

① 부하 전류를 끌어가 흐르게 할 필요가 있는 개소
② 인입구 기타 고장, 점검, 측정 수리 등에서 개로할 필요가 있는 개소
③ 퓨즈의 전원측으로 분기회로용 과전류차단기 이후의 퓨즈가 플러그 퓨즈와 같이 퓨즈교환 시에 충전부에 접촉될 우려가 없을 경우
④ 퓨즈에 근접하여 설치한 개폐기인 경우의 퓨즈 전원측

22. 200[V]의 교류전원에 선풍기를 접속하고 전력과 전류를 측정하였더니 600[W], 5[A]이었다. 이 선풍기의 역률은?

① 0.5   ② 0.6

③ 0.7   ④ 0.8

> **전기이론**   Chapter 05 단상 교류회로
>
> 역률 : $\cos\theta = \dfrac{P}{P_a} = \dfrac{P}{VI} = \dfrac{600}{200 \times 5} = 0.6$
>
> 여기서, P : 유효전력[W]
> P_a : 피상전력[VA]

23. 반도체 내에서 정공은 어떻게 생성되는가?

① 결합전자의 이탈   ② 자유전자의 이동

③ 접합불량   ④ 확산용량

> **전기기기**   Chapter 05 정류기
>
> 정공은 전자가 비어있는 자리로서 결합전자의 이탈로 생성된다.

24. 자동화재탐지설비는 화재의 발생을 초기에 자동적으로 탐지하여 소방대상물의 관계자에게 화재의 발생을 통보해주는 설비이다. 이러한 자동화재탐지설비의 구성요소가 아닌 것은?

① 수신기   ② 비상경보기

③ 발신기   ④ 중계기

> **전기설비**   Chapter 08 전원설비 및 기타설비
>
> 자동화재탐지설비는 감지기, 발신기, 중계기, 수신기로 구성되어 있다.

25. 교류 전력에서 일반적으로 전기기기의 용량을 표시하는 데 쓰이는 전력은?

① 피상전력   ② 유효전력

③ 무효전력   ④ 기전력

> **전기이론**   Chapter 05 단상 교류회로
>
> 일반적으로 기기의 용량은 피상전력으로 나타낸다.

26. 다음 중 변압기의 원리와 가장 관계가 있는 것은?

① 전자유도 작용   ② 표피 작용

③ 전기자 반작용   ④ 편자 작용

> **전기기기**   Chapter 03 변압기
>
> 변압기는 전자유도 작용을 이용하여 1차 권선에 전류가 흘러 발생한 자속이 2차 권선과 쇄교하여 유도기전력이 발생한다.

27. 금속관 공사에서 로크아웃의 지름이 금속관의 지름보다 큰 경우에 사용하는 재료는?

① 로크너트   ② 부싱

③ 콘넥터   ④ 링 리듀서

> **전기설비**   Chapter 03 옥내배선공사
>
> ① 로크너트 : 박스에 금속관을 고정할 때 사용
> ② 부싱 : 전선의 절연피복을 보호하기 위해서 금속관의 관 끝에 취부
> ③ 콘넥터 : 금속관 상호 간 또는 금속관과 박스를 연결할 때 사용
> ④ 링 리듀서 : 금속관을 아웃트렛 박스의 로크아웃에 취부할 때 로크아웃 구멍이 관의 구멍보다 클 때 보조적으로 사용

28. 도체계에서 임의의 도체를 일정 전위의 도체로 완전 포위하면 내외 공간의 전계를 완전히 차단할 수 있다. 이것을 무엇이라 하는가?

① 자기차폐　　　② 정전차폐
③ 홀(Hall) 효과　④ 핀치(Pinch) 효과

> **전기이론** **Chapter 04 전자유도법칙**
>
> ① 자기차폐 : 내부장치 또는 공간을 물질(강자성체)로 포위시켜 외부자계의 영향을 차폐시키는 방식을 자기차폐라 한다.
> ③ 홀 효과 : 도체나 반도체에 전류를 흘려 이것과 직각으로 자계를 가하면 이 두방향과 직각방향으로 전압(홀전압)이 생기는 현상이다.
> ④ 핀치 효과 : 액체상태의 원통상 도선에 직류전압을 인가하면 전류가 원통 중심 방향으로 수축하는 현상이다.

29. 변압기의 권수비가 60일 때 2차측 저항이 0.1[Ω]이다. 이것을 1차로 환산하면 몇 [Ω]인가?

① 310　　　② 360
③ 390　　　④ 410

> **전기기기** **Chapter 03 변압기**
>
> 변압기의 권수비 및 저항비
> $a = \dfrac{N_1}{N_2} = \dfrac{E_1}{E_2} = \dfrac{I_2}{I_1}, \ r_1 = a^2 r_2$
> ∴ 1차로 환산한 저항: $r_1 = 60^2 \times 0.1 = 360[\Omega]$

30. 플로어덕트 공사에서 금속제 박스는 강판의 몇 [mm] 이상 되는 것을 사용하여야 하는가?

① 2.0　　　② 1.5
③ 1.2　　　④ 1.0

> **전기설비** **Chapter 03 옥내배선공사**
>
> 금속제의 플로어덕트 및 박스 기타 부속품은 두께 2.0[mm] 이상의 강판으로 견고하게 제작하여야 한다.

31. 임의의 폐회로에서 키르히호프의 제2법칙을 가장 잘 나타낸 것은?

① 기전력의 합 = 합성 저항의 합
② 기전력의 합 = 전압 강하의 합
③ 전압 강하의 합 = 합성 저항의 합
④ 합성 저항의 합 = 회로 전류의 합

> **전기이론** **Chapter 01 직류회로**
>
> ㉠ 키르히호프의 제1법칙(KCL) : 임의의 마디(node)에 유입·유출되는 전류는 같다.
> ㉡ 키르히호프의 제2법칙(KVL) : 기전력의 합은 전압 강하의 합과 같다.

32. 극수 10, 동기속도 600[rpm]인 동기 발전기에서 나오는 전압의 주파수는 몇 [Hz]인가?

① 50　　　② 60
③ 80　　　④ 120

> **전기기기** **Chapter 02 동기기**
>
> 동기속도 : $N_s = \dfrac{120f}{P}[\text{rpm}]$
> 여기서, f : 주파수, P : 극수
> ∴ 주파수 : $f = \dfrac{N_s \times P}{120} = \dfrac{600 \times 10}{120} = 50[\text{Hz}]$

33. 합성수지관 상호 및 관과 박스는 접속 시에 삽입하는 깊이를 관 바깥지름의 몇 배 이상으로 하여야 하는가? (단, 접착제를 사용하지 않은 경우이다.)

① 0.2　　　② 0.5
③ 1　　　　④ 1.2

> **전기설비** **Chapter 03 옥내배선공사**
>
> 합성수지관 및 부속품의 시설(KEC 232.11.3)
> ㉠ 관 상호 간 및 박스와 관의 삽입하는 깊이 : 관의 바깥지름의 1.2배 이상(단, 접착제 사용 시 : 0.8배 이상)
> ㉡ 관의 지지점 간의 거리 : 1.5[m] 이하

34. RLC 직렬회로에서 전압과 전류가 동상이 되기 위한 조건은?

① $L = C$ ② $\omega LC = 1$

③ $\omega^2 LC = 1$ ④ $(\omega LC)^2 = 1$

전기이론 **Chapter 05 단상 교류회로**

ⓐ RLC 회로에서 전압과 전류의 위상차가 없다면 회로는 공진이 일어나 순수한 저항의 회로가 되었다고 볼 수 있다.

ⓑ RLC 회로의 임피던스는 $Z = R + j(X_L - X_C)$이고 공진회로가 되기 위해서는 임피던스의 허수부(리액턴스)가 0이 되어야 하므로 $X_L = X_C$이다.

ⓒ 공진조건 $\omega L = \dfrac{1}{\omega C}$에서 이를 정리하면

$$\therefore \omega^2 LC = 1$$

35. 단상 유도 전동기 중 (ㄱ) 반발 기동형, (ㄴ) 콘덴서 기동형, (ㄷ) 분상 기동형, (ㄹ) 셰이딩 코일형이라 할 때, 기동 토크가 큰 것부터 옳게 나열한 것은?

① (ㄱ) > (ㄴ) > (ㄷ) > (ㄹ)

② (ㄱ) > (ㄹ) > (ㄴ) > (ㄷ)

③ (ㄱ) > (ㄷ) > (ㄹ) > (ㄴ)

④ (ㄱ) > (ㄴ) > (ㄹ) > (ㄷ)

전기기기 **Chapter 04 유도기**

단상 유도 전동기 기동토크의 크기 순서
반발 기동형 > 반발 유도형 > 콘덴서 기동형 > 분상 기동형 > 셰이딩 코일형 > 모노사이클릭형

36. 접지설비에 사용하는 접지선을 사람이 접촉할 우려가 있는 곳에 시설하는 경우에는 동결깊이를 감안하여 지하 몇 [cm] 이상 까지 매설하여야 하는가?

① 50   ② 100

③ 75   ④ 150

전기설비 **Chapter 04 전로의 절연 및 접지공사**

접지극의 시설 및 접지저항(KEC 142.2)
ⓐ 접지극은 매설하는 토양을 오염시키지 않아야 하며, 가능한 다습한 부분에 설치한다.
ⓑ 접지극의 매설 깊이 : 지하 0.75[m] 이상
ⓒ 금속체와 접지극의 간격
 • 철주 밑면으로 0.3[m] 이상의 깊이로 매설한다.
 • 금속체로부터 1[m] 이상 이격하여 매설한다.

37. 납축전지가 완전히 방전되면 음극과 양극은 무엇으로 변하는가?

① $PbSO_4$ ② $PbSO_2$

③ H_2SO_4 ④ Pb

전기이론 **Chapter 01 직류회로**

양극판에서는 과산화납(PbO_2)과 묽은 황산(H_2SO_4)이 반응하여 황산화납($PbSO_4$)이 되고 음극판에서는 납(Pb)과 묽은 황산(H_2SO_4)이 반응하여 황산화납($PbSO_4$)이 된다.

38. SCR의 특성 중 적합하지 않은 것은?

① pnpn 구조로 되어 있다.

② 정류 작용을 할 수 있다.

③ 정방향 및 역방향의 제어 특성이 있다.

④ 고속도의 스위칭 작용을 할 수 있다.

전기기기 **Chapter 05 정류기**

SCR의 특성
ⓐ P-N-P-N 접합의 4층 구조로 된 단방향 3단자 사이리스터
ⓑ 정류 작용을 통해 위상 및 전압 제어가 가능
ⓒ 고속도 스위칭이 가능

39. 가공전선로의 지지물을 지지선으로 보강하여서는 안되는 것은?

① 목주
② A종 철근콘크리트주
③ B종 철근콘크리트주
④ 철탑

> **전기설비** Chapter 01 직류회로
>
> 지지선의 시설(KEC 331.11)
> 가공전선로의 지지물로 사용하는 철탑은 지지선을 사용하여 그 강도를 분담시켜서는 안 된다.

40. Y−Y결선 회로에서 선간 전압이 $200[V]$일 때 상전압은 약 몇 $[V]$인가?

① $100[V]$
② $115[V]$
③ $120[V]$
④ $135[V]$

> **전기이론** Chapter 06 3상 교류회로
>
> 3상 Y결선의 특징
> ㉠ 선간 전압: $V_\ell = \sqrt{3}\, V_p$
> ㉡ 선전류: $I_\ell = I_p$
> ∴ 상전압: $V_p = \dfrac{V_\ell}{\sqrt{3}} = \dfrac{200}{\sqrt{3}} = 115.47 ≒ 115[V]$
> 여기서, V_p: 상전압, I_p: 상전류

41. 12극과 8극인 2개의 유도전동기를 종속법에 의한 직렬 종속법으로 속도 제어할 때 전원 주파수가 $50[Hz]$인 경우 무부하 속도 N은 몇 $[rps]$인가?

① 5
② 50
③ 300
④ 3,000

> **전기기기** Chapter 04 유도기
>
> ㉠ 직렬 종속법: $N = \dfrac{120f}{P_1 + P_2} = \dfrac{120 \times 50}{12 + 8} = 300\,[rpm]$
> ㉡ $[rpm]$을 $[rps]$로 변환하기 위해서는 1분을 1초로 환산하여야 하므로
> ∴ 무부하 속도: $N = 300 \times \dfrac{1}{60} = 5\,[rps]$

42. 전주가 땅에 묻히는 깊이는 전주의 길이 $15[m]$ 이하에서는 얼마를 묻어야 하는가?

① 1/6 이상
② 1/5 이상
③ 1/4 이상
④ 1/3 이상

> **전기설비** Chapter 06 전선로 및 배전공사
>
> 지지물의 매설 깊이(KEC 331.7)
> 전체 길이가 $16[m]$ 이하, 설계하중이 $6.8[kN]$ 이하(A종)의 경우 매설 깊이는 다음과 같다.
> ㉠ $15[m]$ 이하 : 전장의 $\dfrac{1}{6}$ 이상
> ㉡ $15[m]$ 초과 : $2.5[m]$ 이상

43. $1[Ah]$는 몇 $[C]$인가?

① 1,200
② 2,400
③ 3,600
④ 4,800

> **전기이론** Chapter 01 직류회로
>
> 전류의 정의식 $I = \dfrac{Q}{t}\,[C/s = A]$에서
> 전하량 $Q = It\,[C = As]$가 된다.
> ∴ $1[Ah] = 3,600\,[As] = 3,600[A]$

44. 직류 복권 발전기를 병렬운전할 때 반드시 필요한 것은?

① 과부하 계전기
② 균압선
③ 용량이 같을 것
④ 외부특성 곡선이 일치할 것

> **전기기기** Chapter 01 직류기
>
> 직권 및 복권 발전기의 경우 안정된 운전을 위해 균압선(균압모선)을 설치한다.

45. 사무실, 은행, 상점, 이발소, 미장원에서 사용하는 표준 부하[VA/m²]는?

① 5　　　　　　　② 10
③ 20　　　　　　　④ 30

전기설비　Chapter 05 저압 전기설비 보호

표준 부하[VA/m²](내선규정 제3315)

종류	표준 부하
공장, 공회당, 사원, 교회, 영화관, 연회장 등	10
기숙사, 여관, 호텔, 병원, 학교, 음식점, 다방, 대중목욕탕 등	20
사무실, 은행, 상점, 이발소, 미장원 등	30
주택, 아파트	40

46. 저항과 코일이 직접 연결된 회로에서 직류 220[V]를 인가하면 20[A]의 전류가 흐르고, 교류 220[V]를 인가하면 10[A]의 전류가 흐른다. 이 코일의 리액턴스[Ω]는?

① 약 19.05[Ω]　　　② 약 16.06[Ω]
③ 약 13.06[Ω]　　　④ 약 11.04[Ω]

전기이론　Chapter 05 단상 교류회로

㉠ 직류회로($f=0$)에서는 리액턴스는 0이므로

$$R = \frac{V}{I} = \frac{220}{20} = 11[\Omega]$$

㉡ 교류회로에서 임피던스

$$Z = \frac{V}{I} = \frac{220}{10} = 22[\Omega]$$

㉢ 임피던스 $|Z| = \sqrt{R^2 + X^2}$ 에서 리액턴스는

$$\therefore X = \sqrt{Z^2 - R^2} = \sqrt{22^2 - 11^2} = 19.05[\Omega]$$

47. 동기 발전기의 전기자 권선을 단절권으로 하면?

① 고조파를 제거한다.
② 절연이 잘 된다.
③ 역률이 좋아진다.
④ 기전력을 높인다.

전기기기　Chapter 02 동기기

분포권, 단절권을 사용하는 이유는 고조파를 제거하여 기전력의 파형을 개선하기 위함이다.

48. 다음 중 옥내에 시설하는 저압 전로와 대지 사이의 절연저항 측정에 사용되는 계기는?

① 멀티 테스터　　　② 메거
③ 어스 테스터　　　④ 훅 온 미터

전기설비　Chapter 04 전로의 절연 및 접지공사

① 멀티 테스터 : 전압, 전류, 저항 등을 측정
② 메거(절연저항계) : 절연저항을 측정
③ 어스 테스터 : 접지저항을 측정
④ 훅 온 미터 : 교류 전류를 측정

49. $V = 200[\text{V}]$, $C_1 = 10[\mu\text{F}]$, $C_2 = 5[\mu\text{F}]$인 2개의 콘덴서가 병렬로 접속되어 있다. 콘덴서 C_1에 축적되는 전하[μC]는?

① 100[μC]　　　② 200[μC]
③ 1,000[μC]　　　④ 2,000[μC]

전기이론　Chapter 02 정전계와 정자계

㉠ 병렬접속이므로 C_1 양단에는 전체 전압 200[V]가 걸리게 된다.
㉡ 콘덴서 C_1에 축적되는 전하량(전기량)

$$Q_1 = C_1 V = 10 \times 200 = 2,000[\mu\text{C}]$$

50. 동기 전동기의 장점이 아닌 것은?

① 직류 여자가 필요하다.
② 전부하 효율이 양호하다.
③ 역률 1로 운전할 수 있다.
④ 동기 속도를 얻을 수 있다.

전기기기　Chapter 02 동기기

㉠ 동기 전동기의 계자는 직류전원을 사용하므로 정류장치 또는 축전지를 필요로 하여 비용이 높아지고 유지보수가 어려워진다.
㉡ 동기 전동기의 특성
 • 역률 1.0으로 운전이 가능하다.
 • 다른 기기에 비해 효율이 높다.
 • 여자전류를 조정하여 역률의 조정이 가능하다.
 • 동기 속도로 회전한다.

51. 전동기 과부하 보호장치에 해당되지 않는 것은?

① 전동기용 퓨즈
② 열동계전기
③ 전동기보호용 배선용차단기
④ 전동기 기동장치

> **전기설비** Chapter 05 저압 전기설비 보호
>
> 전동기 기동장치는 전동기 기동전류를 억제하기 위하여 사용된다.

52. 그림의 회로에서 전압 100[V]의 교류전압을 가했을 때 전력은?

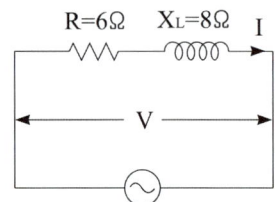

① 10[W]
② 60[W]
③ 100[W]
④ 600[W]

> **전기이론** Chapter 05 단상 교류회로
>
> ㉠ 임피던스의 크기
> : $|Z| = \sqrt{R^2 + X^2} = \sqrt{6^2 + 8^2} = 10[\Omega]$
> ㉡ 부하 전류 $I = \dfrac{V}{Z} = \dfrac{100}{10} = 10[A]$
> ∴ 유효전력: $P = I^2 R = 10^2 \times 6 = 600[W]$

53. 8극 파권인 직류발전기의 전기자 권선의 병렬회로수 a는 얼마로 하고 있는가?

① 1
② 2
③ 6
④ 8

> **전기기기** Chapter 01 직류기
>
> 직류발전기의 병렬회로수(a)
> ㉠ 파권: $a = 2$
> ㉡ 중권: $a = P_{극수}$

54. 지중배전선로에서 케이블을 개폐기와 연결하는 몸체는?

① 스틱형 접속단자
② 엘보 커넥터
③ 절연 캡
④ 접속플러그

> **전기설비** Chapter 06 전선로 및 배전공사
>
> 엘보 커넥터
> L형 커넥터로 지중배전선로에서 케이블을 개폐기와 연결할 때 사용한다.

55. 절연체 중에서 플라스틱, 고무, 종이, 운모 등과 같이 전기적으로 분극 현상이 일어나는 물체를 특히 무엇이라 하는가?

① 도체
② 유전체
③ 도전체
④ 반도체

> **전기이론** Chapter 02 정전계와 정자계
>
> 절연체 중에서 플라스틱, 고무, 종이, 운모 등과 같이 전기적으로 분극 현상이 일어나는 물체를 유전체라 한다.

56. 직류 발전기의 무부하 특성곡선은?

① 부하전류와 무부하 단자전압과의 관계이다.
② 계자전류와 부하전류와의 관계이다.
③ 계자전류와 무부하 단자전압과의 관계이다.
④ 계자전류와 회전력과의 관계이다.

> **전기기기** Chapter 01 직류기
>
> 직류 발전기의 특성곡선
> ㉠ 무부하 포화곡선 : 계자전류와 유기기전력과의 관계곡선
> ㉡ 부하 포화곡선 : 계자전류와 부하전압과의 관계곡선
> ㉢ 외부 특성곡선 : 부하전류와 단자전압과의 관계곡선
> ㉣ 위상 특성곡선(= V곡선) : 계자전류와 부하전류와의 관계 곡선

57. 옥내배선의 은폐, 또는 건조하고 전개된 곳의 노출 공사에 사용하는 애자는?

① 현수 애자   ② 놉(노브) 애자

③ 장간 애자   ④ 구형 애자

> **전기설비** Chapter 03 옥내배선공사
>
> ⊙ 핀 애자 : 가공전선로 직부분에 사용
> ○ 가지 애자 : 가공전선로의 방향을 바꾸는 부분에 사용
> © 인류 애자 : 가공전선로의 시작과 끝부분과 같이 장력이 작용하는 곳에 사용
> @ 구형(지선) 애자 : 가공전선로 지지선의 중간 부분에 사용
> © 놉(노브) 애자 : 저압 옥내배선에서 사용되며, 건조하고 전개된 곳의 노출 공사에 사용

58. 전류에 의해 발생되는 자기장에서 자력선의 방향을 간단하게 알아내는 법칙은?

① 오른나사의 법칙   ② 플레밍의 왼손 법칙

③ 주회적분의 법칙   ④ 줄의 법칙

> **전기이론** Chapter 03 전류의 자기현상
>
> 앙페르의 오른나사 법칙
> 오른손 엄지를 전류의 방향으로 둘 때 자기장은 나머지 손가락이 말리는 방향과 같다.

59. 직류 분권발전기가 있다. 전기자 총도체수 220, 매극의 자속수 0.01[Wb], 극수 6, 회전수 1,500 [rpm]일 때 유기기전력은 몇 [V]인가? (단, 전기자 권선은 파권이다.)

① 60   ② 120

③ 165   ④ 240

> **전기기기** Chapter 01 직류기
>
> 유기기전력 : $E = \dfrac{PZ\phi N}{a60}$ [V]
>
> 여기서, P : 자극수, Z : 총도체수,
> ϕ : 자속수[Wb], a : 병렬회로수
> N : 매분회전수[rpm]
> $\therefore E = \dfrac{6 \times 220 \times 0.01 \times 1,500}{2 \times 60} = 165$ [V]

60. 화약고 등의 위험장소의 배선 공사에 전로의 대지 전압을 몇 [V] 이하이어야 하는가?

① 300   ② 400

③ 500   ④ 600

> **전기설비** Chapter 07 특수설비
>
> 화약류 저장소 등의 위험장소(KEC 242.5)
> ⊙ 전로의 대지전압은 300[V] 이하일 것
> ○ 전기기계기구는 전폐형일 것
> © 배선 방법 : 금속관 공사, 케이블 공사

정답

01	③	02	①	03	④	04	③	05	③
06	③	07	②	08	④	09	②	10	④
11	③	12	④	13	①	14	②	15	③
16	③	17	①	18	③	19	③	20	①
21	③	22	②	23	①	24	②	25	①
26	①	27	④	28	②	29	③	30	①
31	②	32	①	33	④	34	③	35	①
36	③	37	①	38	①	39	④	40	①
41	①	42	①	43	④	44	②	45	④
46	①	47	①	48	②	49	③	50	①
51	④	52	④	53	②	54	②	55	①
56	③	57	②	58	①	59	③	60	①

01. $R = 4[\Omega]$, $\omega L = 3[\Omega]$의 직렬회로에 $v = 100\sqrt{2}\sin\omega t + 30\sqrt{2}\sin 3\omega t$ [V]의 전압을 가할 때 전력은 약 몇 [W]인가?

① 1,170[W] ② 1,563[W]
③ 1,637[W] ④ 2,116[W]

02. 고장에 의하여 생긴 불평형의 전류차가 평형 전류의 어떤 비율 이상으로 되었을 때 동작하는 것으로, 변압기 내부 고장의 보호용으로 사용되는 계전기는?

① 과전류 계전기 ② 방향 계전기
③ 비율차동 계전기 ④ 역상 계전기

03. 낙뢰, 수목 접촉, 일시적인 섬락 등 순간적인 사고로 계통에서 분리된 구간을 신속히 계통에 투입시킴으로써 계통의 안정도를 향상시키고 정전 시간을 단축시키기 위해 사용되는 계전기는?

① 차동 계전기 ② 과전류 계전기
③ 거리 계전기 ④ 재폐로 계전기

04. $Z_1 = 5 + j3[\Omega]$과 $Z_2 = 7 - j3[\Omega]$이 직렬 연결된 회로에 $V = 36[V]$를 가한 경우의 전류 [A]는?

① 1[A] ② 3[A]
③ 6[A] ④ 10[A]

05. 3상 유도 전동기의 원선도를 그리는 데 필요하지 않은 것은?

① 저항측정 ② 무부하시험
③ 구속시험 ④ 슬립측정

06. 화약류 저장장소의 배선공사에서 전용 개폐기에서 화약류 저장소의 인입구까지는 어떤 공사를 하여야 하는가?

① 케이블을 사용한 옥측 전선로
② 금속관을 사용한 지중 전선로
③ 케이블을 사용한 지중 전선로
④ 금속관을 사용한 옥측 전선로

전기설비 Chapter 07 특수설비

화약류 저장소 등의 위험장소(KEC 242.5)
화약류 저장소 안에는 전기설비를 시설해서는 안 된다. 다만, 조명기구에 전기를 공급하기 위한 전기설비는 다음에 따라 시설할 것
㉠ 전로에 대지전압은 300[V] 이하일 것
㉡ 전기기계기구는 전폐형의 것일 것
㉢ 케이블을 전기기계기구에 인입할 때에는 인입구에서 케이블이 손상될 우려가 없도록 시설할 것
<참고>
케이블을 이용하여 옥측 전선로는 시설하지 않음

07. 다음 중 상자성체는 어느 것인가?

① 탄소 　　② 금
③ 공기 　　④ 은

전기이론 Chapter 03 전류의 자기현상

㉠ 강자성체 : 철(Fe), 니켈(Ni), 코발트(Co)
㉡ 상자성체 : 공기(N_2), 산소(O_2), 백금(Pt), 알루미늄(Al)
㉢ 반자성체 : 금(Au), 은(Ag), 동(Cu), 물(H_2O), 비스무트(Bi)

08. 다음은 3상 유도전동기 고정자 권선의 결선도를 나타낸 것이다. 맞는 사항을 고르시오.

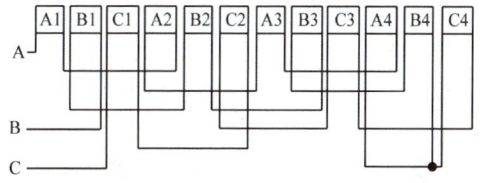

① 3상 2극, Y결선 　② 3상 4극, Y결선
③ 3상 2극, △결선 　④ 3상 4극, △결선

전기기기 Chapter 04 유도기

㉠ 3상 : 전원이 A, B, C로 구성
㉡ Y결선 : A_4, B_4, C_4가 한점에 접속
㉢ 4극 : 각 극이 1, 2, 3, 4로 구성

09. 가공전선로의 지지물에서 다른 지지물을 거치지 아니하고 수용장소의 인입선 접속점에 이르는 가공전선을 무엇이라 하는가?

① 이웃 연결 인입선 　② 가공인입선
③ 구내전선로 　　　 ④ 구내인입선

전기설비 Chapter 06 전선로 및 배전공사

전기설비기술기준 제3조
㉠ 이웃 연결 인입선 : 한 수용장소의 인입선에서 분기하여 지지물을 거치지 아니하고 다른 수용장소의 인입구에 이르는 전선
㉡ 가공인입선 : 가공전선로의 지지물로부터 다른 지지물을 거치지 아니하고 수용장소의 붙임점에 이르는 가공전선

10. 어떤 회로의 소자에 일정한 크기의 전압으로 주파수를 2배로 증가시켰더니 흐르는 전류의 크기가 1/2이 되었다. 이 소자의 종류는?

① 저항   ② 코일

③ 콘덴서   ④ 다이오드

전기이론 **Chapter 05 단상 교류회로**

㉠ 저항만의 회로 전류

$I_R = \dfrac{V}{R}$ → 주파수와 관계없음

㉡ 코일(인덕턴스)만의 회로 전류

$I_L = \dfrac{V}{X_L} = \dfrac{V}{2\pi f L}$ → 주파수에 반비례

㉢ 콘덴서(정전용량)만의 회로 전류

$I_C = \dfrac{V}{X_C} = 2\pi f C V$ → 주파수에 비례

∴ 코일만의 회로에서 주파수를 2배 증가시키면 전류는 1/2배가 된다.

---

11. 직류 분권전동기를 운전 중에 계자 저항을 감소시키면 회전속도는?

① 증가한다.   ② 감소한다.

③ 변화 없다.   ④ 정지한다.

전기기기 **Chapter 01 직류기**

직류 분권전동기를 운전 중에 계자 저항을 감소시키면 계자전류가 증가하여 자속이 증가되어 회전속도는 감소한다.

---

12. 접지공사의 종류에서 제3종 접지공사의 접지 저항값은 몇 [Ω] 이하로 유지하여야 하는가?

① 10   ② 50

③ 100   ④ 150

전기설비 **한국전기설비규정(KEC) 삭제 문제**

규정 변경 및 삭제(2021.01.01. 기준)

---

13. 진공에 두 자극 m_1, m_2를 $r\,[\mathrm{m}]$의 거리에 놓았을 때 작용하는 힘 F의 식으로 옳은 것은?

① $F = \dfrac{1}{4\pi\mu_0} \times \dfrac{m_1 m_2}{r}\,[\mathrm{N}]$

② $F = \dfrac{1}{4\pi\mu_0} \times \dfrac{m_1 m_2}{r^2}\,[\mathrm{N}]$

③ $F = 4\pi\mu_0 \times \dfrac{m_1 m_2}{r}\,[\mathrm{N}]$

④ $F = 4\pi\mu_0 \times \dfrac{m_1 m_2}{r^2}\,[\mathrm{N}]$

전기이론 **Chapter 02 정전계와 정자계**

두 자극 사이의 작용하는 힘(쿨롱의 법칙)

$F = \dfrac{m_1 m_2}{4\pi\mu_0 r^2} = 6.33 \times 10^4 \times \dfrac{m_1 m_2}{r^2}$

---

14. 변압기를 △−Y 결선한 경우에 대한 설명으로 옳지 않은 것은?

① 1차 선간전압 및 2차 선간전압의 위상차는 60˚이다.

② 제3고조파에 의한 장해가 적다.

③ 1차 변전소의 승압용으로 사용된다.

④ Y결선의 중성점을 접지할 수 있다.

전기기기 **Chapter 03 변압기**

△−Y 결선 시 1차와 2차 간의 위상차는 30˚가 발생한다.

---

15. 금속전선관 공사에서 사용되는 박강전선관의 규격 [mm]이 아닌 것은?

① 16   ② 19

③ 25   ④ 31

전기설비 **Chapter 03 옥내배선공사**

금속전선관의 종류(KS C 8401)

㉠ 후강전선관(근사내경, 짝수, 10종)

   16, 22, 28, 36, 42, 54, 70, 82, 92, 104

㉡ 박강전선관(근사외경, 홀수, 7종)

   19, 25, 31, 39, 51, 63, 75

16. 다음 중 파형률을 나타내는 것은?

① $\dfrac{실횻값}{평균값}$

② $\dfrac{최댓값}{실횻값}$

③ $\dfrac{평균값}{실횻값}$

④ $\dfrac{실횻값}{최댓값}$

> **전기이론** Chapter 05 단상 교류회로
>
> ㉠ 파고율 $= \dfrac{최댓값}{실횻값}$
>
> ㉡ 파형률 $= \dfrac{실횻값}{평균값}$

17. 기동전동기로서 유도전동기를 사용하려고 한다. 동기전동기의 극수가 10극인 경우 유도전동기의 극수는?

① 8극

② 10극

③ 12극

④ 14극

> **전기기기** Chapter 02 동기기
>
> 동기전동기 기동시 유도전동기를 이용할 경우 유도전동기가 sN_s만큼 동기전동기 보다 늦게 회전하므로 동기전동기보다 2극 적은 유도전동기를 사용하여 기동한다. 이때 동기전동기의 극수가 10극인 경우 유도전동기의 극수는 8극을 사용한다.

18. 옥내배선의 접속함이나 박스 내에서 접속할 때 주로 사용하는 접속법은?

① 슬리브 접속

② 쥐꼬리 접속

③ 트위스트 접속

④ 브리타니아 접속

> **전기설비** Chapter 01 전선 및 전선의 접속
>
> ㉠ 쥐꼬리 접속 : 박스 내 접속법
>
> 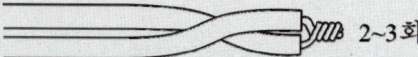 2~3회
>
> ㉡ 와이어 커넥터 : 누전방지를 위해 절연
>
>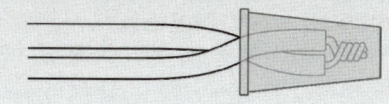

19. 각속도 $\omega = 300\,[\mathrm{rad/sec}]$인 사인파 교류의 주파수[Hz]는 얼마인가?

① $\dfrac{70}{\pi}$

② $\dfrac{150}{\pi}$

③ $\dfrac{180}{\pi}$

④ $\dfrac{360}{\pi}$

> **전기이론** Chapter 05 단상 교류회로
>
> 각속도(각주파수) $\omega = 2\pi f$에서
>
> $\therefore f = \dfrac{\omega}{2\pi} = \dfrac{300}{2\pi} = \dfrac{150}{\pi}\,[\mathrm{Hz}]$

20. 변압기의 효율이 가장 좋을 때의 조건은?

① 철손 = 동손

② 철손 = 1/2동손

③ 동손 = 1/2철손

④ 동손 = 2철손

> **전기기기** Chapter 03 변압기
>
> 변압기의 최대 효율 조건 : 철손(P_i) = 동손(P_c)

21. 보호를 요하는 회로의 전류가 어떤 일정한 값(정정값) 이상으로 흘렀을 때 동작하는 계전기는?

① 과전류 계전기

② 과전압 계전기

③ 차동 계전기

④ 비율 차동 계전기

> **전기설비** Chapter 08 전원설비 및 기타설비
>
> ㉠ 과전류 계전기(OCR, Over Current Relay) : 보호계전기 설정값 이상의 전류가 흘렀을 때 동작하여 차단기를 트립시킨다.
>
> ㉡ 과전압 계전기(OVR Over Voltage Relay) : 보호계전기 설정값 이상의 전압이 인가되었을 때 동작하여 차단기를 트립시킨다.

22. 10[A]의 전류로 6시간 방전할 수 있는 축전지의 용량은?

① 2[Ah]　　　　② 15[Ah]

③ 30[Ah]　　　　④ 60[Ah]

> **전기이론**　Chapter 01 직류회로
>
> 축전지 용량: $Q = I \times t = 10 \times 6 = 60 [Ah]$

23. 50[Hz]의 변압기에 60[Hz]의 같은 전압을 가했을 때 자속 밀도는 50[Hz] 때의 몇 배인가?

① $\dfrac{6}{5}$　　　　② $\dfrac{5}{6}$

③ $\left(\dfrac{6}{5}\right)^2$　　　　④ $\left(\dfrac{6}{5}\right)^{1.6}$

> **전기기기**　Chapter 03 변압기
>
> ㉠ 변압기에 자속밀도(B)와 주파수(f)의 관계
>
> $B \propto \dfrac{1}{f}$
>
> ㉡ $B_{50} : B_{60} = \dfrac{1}{50} : \dfrac{1}{60}$ 이므로
>
> ㉢ 60[Hz]의 자속밀도
>
> $\therefore B_{60} = \dfrac{1}{60} \times B_{50} \times 50 = \dfrac{50}{60} B_{50} = \dfrac{5}{6} B_{50}$

24. 다음 중 과전류 차단기를 설치하는 곳은?

① 간선의 전원측 전선

② 접지공사의 접지선

③ 다선식 전로의 중성선

④ 접지공사를 한 저압 가공 전선로의 접지측 전선

> **전기설비**　Chapter 05 저압 전기설비 보호
>
> 분기회로의 시설(KEC 212.6.5)
> ㉠ 분기회로의 과전류 차단기는 각 극에 시설할 것
> ㉡ 단, 다선식 전로의 중성극 및 접지측 도체의 극을 제외한다.
> ∴ 중성선, 접지선, 접지측 전선에는 차단기 및 퓨즈를 설치해서는 안 된다.

25. 220[V]용 100[W] 전구와 200[W] 전구를 직렬로 연결하여 220[V]의 전원에 연결하면?

① 두 전구의 밝기가 같다.

② 100[W]의 전구가 더 밝다.

③ 200[W]의 전구가 더 밝다.

④ 두 전구 모두 안 켜진다.

> **전기이론**　Chapter 01 직류회로
>
> 전구를 직렬로 접속하면 용량이 적은 전구가 더 밝고, 병렬로 접속하면 용량이 큰 전구가 더 밝다.

26. 동기발전기의 무부하 포화곡선에 대한 설명으로 옳은 것은?

① 정격전류와 단자전압의 관계이다.

② 정격전류와 정격전압의 관계이다.

③ 계자전류와 부하전압의 관계이다.

④ 계자전류와 유기기전력의 관계이다.

> **전기기기**　Chapter 02 동기기
>
> 동기발전기의 특성곡선
> ㉠ 무부하 포화곡선 : 계자전류와 유기기전력과의 관계곡선
> ㉡ 부하 포화곡선 : 계자전류와 부하전압과의 관계곡선
> ㉢ 외부 특성곡선 : 부하전류와 단자전압과의 관계곡선
> ㉣ 위상 특성곡선(= V곡선) : 계자전류와 부하전류와의 관계곡선

27. 인류(끝나는 부분)하는 곳이나 분기하는 곳에 사용하는 애자는?

① 구형 애자　　　　② 가지 애자

③ 새클 애자　　　　④ 현수 애자

> **전기설비**　Chapter 01 직류회로
>
> ① 구형 애자 : 지지선 중간에 설치하는 애자
> ② 가지 애자 : 전선의 방향을 돌릴 때 사용하는 애자
> ④ 현수 애자 : 인류점(끝나는 부분) 및 분기점 등에 설치하는 애자

28. 전하의 특징에 대한 설명 중 옳지 않은 것은?

① 같은 종류의 전하는 흡인하고 다른 종류의 전하 끼리는 반발한다.
② 대전체에 들어 있는 전하를 없애려면 접지시킨다.
③ 대전체의 영향으로 비대전체에 전기가 유도된다.
④ 전하는 가장 안정한 상태를 유지하려는 성질이 있다.

> **전기이론** Chapter 02 정전계와 정자계
>
> ㉠ 같은 종류의 전하 : 반발력(척력) 발생
> ㉡ 다른 종류의 전하 : 흡인력(인력) 발생

29. 발전기를 정격 전압 $220[\mathrm{V}]$로 운전하다가 무부하로 운전하였더니, 단자 전압이 $253[\mathrm{V}]$가 되었다. 이 발전기의 전압변동률은 몇 $[\%]$인가?

① $15[\%]$　　② $25[\%]$
③ $35[\%]$　　④ $45[\%]$

> **전기기기** Chapter 01 직류기
>
> 전압변동률 : $\varepsilon = \dfrac{V_o - V_n}{V_n} \times 100\,[\%]$
>
> 여기서, V_o : 무부하 전압, V_n : 정격전압
>
> $\therefore \varepsilon = \dfrac{253 - 220}{220} \times 100 = 15\,[\%]$

30. $450/750[\mathrm{V}]$ 일반용 단심 비닐 절연전선의 약호는?

① FL　　② RL
③ NR　　④ NF

> **전기설비** Chapter 01 전선 및 전선의 접속
>
> 전선 약호(내선규정 부록 100−2)
> ① FL : 형광방전등용 비닐전선
> ② RL : 300/500V 고무 시스 리프트 케이블
> ③ NR : 450/750V 일반용 단심 비닐 절연전선
> ④ NF : 450/750V 일반용 유연성 단심 비닐 절연전선

31. 자기 인덕턴스 $200[\mathrm{mH}]$, $450[\mathrm{mH}]$인 두 코일의 상호 인덕턴스는 $60[\mathrm{mH}]$이다. 두 코일의 결합계수는?

① 0.1　　② 0.2
③ 0.3　　④ 0.4

> **전기이론** Chapter 04 전자유도법칙
>
> 결합계수 $k = \dfrac{M}{\sqrt{L_1 L_2}} = \dfrac{60}{\sqrt{200 \times 450}} = 0.2\,[\mathrm{mH}]$

32. 변압기의 2차측을 개방하였을 경우 1차측에 흐르는 전류는 무엇에 의하여 결정되는가?

① 저항　　② 임피던스
③ 누설 리액턴스　　④ 여자 어드미턴스

> **전기기기** Chapter 03 변압기
>
> 무부하 전류(= 여자전류) $I_o = YV_1\,[\mathrm{A}]$
> 여기서, Y : 여자 임피던스(= 여자 어드미턴스)
> 　　　　V_1 : 1차 정격전압

33. 코드나 케이블 등을 기계 기구의 단자 등에 접속할 때 몇 $[\mathrm{mm}^2]$가 넘으면 그림과 같은 터미널 러그(압착 단자)를 사용해야 하는가?

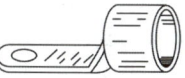

① 6　　② 4
③ 8　　④ 10

> **전기설비** Chapter 01 전선 및 전선의 접속
>
> 터미널 러그란, 코드 또는 캡타이어 케이블을 전기 사용 기계기구에 접속하는 압착 단자로 단면적 6$[\mathrm{mm}^2]$를 초과하는 연선에는 반드시 터미널 러그를 사용하여 접속하여야 한다.

34. 회로에서 a−b단자 간의 합성저항[Ω] 값은?

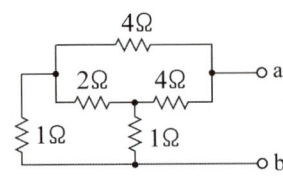

① 1.5   ② 2

③ 2.5   ④ 4

전기이론 Chapter 01 직류회로

㉠ 주어진 회로는 아래와 같이 그릴 수 있다.

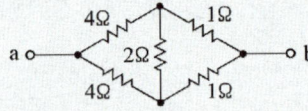

㉡ 위 회로는 휘트스톤 브리지 회로이며 평형 조건을 갖추었으므로 아래와 같이 등가변환 할 수 있다.

∴ 합성저항 $R = \dfrac{(1+4) \times (1+4)}{(1+4)+(1+4)} = 2.5\,[\Omega]$

---

36. 화약류의 분말이 전기설비가 발화원이 되어 폭발할 우려가 있는 곳에 시설하는 저압 옥내배선의 공사 방법으로 가장 알맞은 것은?

① 금속관 공사   ② 애자 사용 공사

③ 버스덕트 공사   ④ 합성수지몰드 공사

전기설비 Chapter 07 특수설비

폭연성 먼지 위험장소(KEC 242.2.1)
폭발할 우려가 있는 곳에 시설하는 저압 옥내배선, 저압 관등회로 배선 및 소세력 회로의 전선은 금속관 공사 또는 케이블 공사(캡타이어케이블 제외)에 의하여 시설하여야 한다.

---

35. 3권선 변압기에 대한 설명으로 옳은 것은?

① 한 개의 전기회로에 3개의 자기회로로 구성되어 있다.

② 3차권선에 조상기를 접속하여 송전선의 전압조정과 역률개선에 사용된다.

③ 3차권선에 단권변압기를 접속하여 송전선의 전압조정에 사용된다.

④ 고압배전선의 전압을 10% 정도 올리는 승압용이다.

전기기기 Chapter 03 변압기

3권선 변압기의 특성
㉠ 1차 변전소에 설치된 변압기로 초고압의 변성에 사용한다.
㉡ 1개의 자기회로와 3개의 전기회로로 구성된다.
㉢ 3차 권선을 조상설비접속(전압조정 및 역률개선), △결선(3고조파 제거), 소내 전원공급용으로 사용한다.

---

37. 직류 250[V]의 전압에 두 개의 150[V]용 전압계를 직렬로 접속하여 측정하면 각 계기의 지시값 V_1, V_2는 각각 몇 [V]인가? (단, 전압계의 내부 저항은 $V_1 = 15\,[\text{k}\Omega]$, $V_2 = 10\,[\text{k}\Omega]$이다.)

① $V_1 = 250\,[\text{V}]$, $V_2 = 150\,[\text{V}]$

② $V_1 = 150\,[\text{V}]$, $V_2 = 100\,[\text{V}]$

③ $V_1 = 100\,[\text{V}]$, $V_2 = 150\,[\text{V}]$

④ $V_1 = 150\,[\text{V}]$, $V_2 = 250\,[\text{V}]$

전기이론 Chapter 01 직류회로

전압계의 내부저항이 다르므로 전압이 분배되어 측정된다.

㉠ $V_1 = \dfrac{15}{15+10} \times 250 = 150\,[\text{V}]$

㉡ $V_2 = \dfrac{10}{15+10} \times 250 = 100\,[\text{V}]$

38. 그림과 같은 회로에서 사인파 교류입력 12[V] (실횻값)를 가했을 때, 저항 R 양단에 나타나는 전압[V]은?

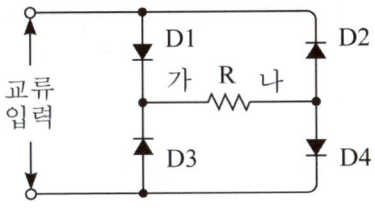

① 5.4V

② 6V

③ 10.8V

④ 12V

전기기기 **Chapter 05 정류기**

정류에 따른 정류소자의 구분
㉠ 단상 반파 : 소자 1개
㉡ 단상 전파 : 소자 2개 또는 4개
㉢ 저항(R) 양단의 직류전압은
∴ $E_d = 0.9E_a = 0.9 \times 12 = 10.8$ [V]

39. 저압 옥내배선 공사 시 전선의 굵기를 결정하는 요소가 아닌 것은?

① 허용전류

② 기계적 강도

③ 전선색깔

④ 전압강하

전기설비 **Chapter 01 전선 및 전선의 접속**

전선의 굵기를 결정하는 요소
㉠ 전선의 허용전류
㉡ 기계적 강도
㉢ 전압강하

40. 전압계의 측정 범위를 넓히는 데 사용되는 기기는?

① 배율기

② 분류기

③ 정압기

④ 정류기

전기이론 **Chapter 01 직류회로**

① 배율기 : 전압계의 측정 범위를 넓히기 위해 사용
② 분류기 : 전류계의 측정 범위를 넓히기 위해 사용

41. 3[kW], 1,500[rpm] 유도 전동기의 토크[N·m]는 약 얼마인가?

① 1.91[N·m]

② 19.1[N·m]

③ 29.1[N·m]

④ 114.6[N·m]

전기기기 **Chapter 04 유도기**

$$T = 0.975 \frac{P_o}{N} = 0.975 \times \frac{3 \times 10^3}{1,500} = 1.95 \text{ [kg·m]}$$
$$= 1.95 \times 9.8 = 19.1 \text{ [N·m]}$$
여기서, 1 [kg·m] = 9.8 [N·m]

42. 사람이 쉽게 접촉하는 장소에 설치하는 누전차단기의 사용전압 기준은 몇 [V] 초과인가?

① 50

② 110

③ 150

④ 220

전기설비 **Chapter 05 저압 전기설비 보호**

누전차단기의 시설(KEC 211.2.4)
금속제 외함을 가지는 사용전압이 50[V]를 초과하는 저압의 기계기구로서 사람이 쉽게 접촉할 우려가 있는 곳에 시설하여야 한다.

43. 서로 다른 종류의 안티몬과 비스무트의 두 금속을 접속하여 여기에 전류를 통하면, 그 접점에서 열의 발생 또는 흡수가 일어난다. 줄열과 달리 전류의 방향에 따라 열의 흡수와 발생이 다르게 나타나는 이 현상은?

① 펠티에 효과

② 제벡 효과

③ 제3금속의 법칙

④ 열전 효과

전기이론 **Chapter 01 직류회로**

㉠ 펠티에 효과 : 서로 다른 두 금속을 접속하여 여기에 전류를 흘리면, 줄열 외에 그 접점에서 열의 발생 또는 흡수가 일어나는 현상
㉡ 제벡 효과 : 서로 다른 두 금속을 접속하여 한 접합부에 온도변화를 주면 기전력이 발생하는 현상

44. 교류기를 구성하는 3가지 요소 중에 자속을 발생시키는 것은?

① 정류자   ② 계자
③ 회전자   ④ 전기자

> **전기기기** Chapter 02 동기기
>
> 교류기의 3가지 요소 : 계자, 전기자, 슬립링
> ㉠ 계자 : 전류를 흘려 자속을 발생
> ㉡ 정류자 : 교류전력을 직류전력으로 변환하는 정류작용
> ㉢ 회전자 : 회전하며 기전력 및 회전력을 발생시키는 부분
> ㉣ 전기자 : 계자에서 발생한 자속을 절단하여 기전력을 유도

45. 피뢰기가 구비해야 할 조건 중 잘못 설명된 것은?

① 충격 방전개시전압이 낮을 것
② 방전내량이 작으면서 제한전압이 높을 것
③ 상용주파 방전개시전압이 높을 것
④ 속류의 차단능력이 충분할 것

> **전기설비** Chapter 08 전원설비 및 기타설비
>
> 피뢰기 구비조건
> ㉠ 제한전압 또는 충격방전 개시전압이 기기의 충격 절연레벨보다 충분히 낮을 것
> ㉡ 속류차단이 행해져 동작책무 특성이 양호할 것
> ㉢ 대전류의 방전, 속류차단의 반복동작에 대하여 장기간 사용에 견딜 수 있을 것
> ㉣ 상용주파 방전개시전압은 계통의 지속성 이상전압보다 훨씬 높을 것

46. 자기력선에 대한 설명으로 옳지 않은 것은?

① 자석의 N극에서 시작하여 S극에서 끝난다.
② 자기장의 방향은 그 점을 통과하는 자기력선의 방향으로 표시한다.
③ 자기력선은 상호 간에 교차한다.
④ 자기장의 크기는 그 점에 있어서의 자기력선의 밀도를 나타낸다.

> **전기이론** Chapter 02 정전계와 정자계
>
> 자기력선끼리는 서로 교차하지 않는다.

47. 3상 농형유도전동기의 $Y-\triangle$ 기동 시의 기동전류를 전전압 기동시와 비교하면?

① 전전압 기동전류의 1/3로 된다.
② 전전압 기동전류의 $\sqrt{3}$ 배로 된다.
③ 전전압 기동전류의 3배로 된다.
④ 전저압 기동전류의 9배로 된다.

> **전기기기** Chapter 04 유도기
>
> $Y-\triangle$ 기동법의 특성
> ㉠ 전전압 기동에 비해 기동전류 $\frac{1}{3}$, 기동토크 $\frac{1}{3}$ 로 감소
> ㉡ 기동용량은 $5\sim15[\mathrm{kW}]$에 적용

48. 금속관 공사에 필요한 공구가 아닌 것은?

① 스트리퍼   ② 파이프 바이스
③ 리머   ④ 오스터

> **전기설비** Chapter 02 배선재료와 공구
>
> ㉠ 와이어 스트리퍼 : 절연전선의 피복절연물을 벗길 때 사용하는 공구
> ㉡ 파이프 바이스 : 금속관을 절단하거나 금속관에 나사를 낼 때 관을 고정시키는 공구
> ㉢ 리머 : 금속관을 쇠톱이나 커터로 끊은 다음, 관 안에 날카로운 것을 다듬는 공구
> ㉣ 오스터 : 금속관 끝에 나사를 내는 공구

49. $L = 0.05[\mathrm{H}]$의 코일에 흐르는 전류가 $0.05[\sec]$ 동안에 $2[\mathrm{A}]$가 변했다. 코일에 유도되는 기전력 $[\mathrm{V}]$은?

① $0.5[\mathrm{V}]$ ② $2[\mathrm{V}]$
③ $10[\mathrm{V}]$ ④ $25[\mathrm{V}]$

> **전기이론** Chapter 04 전자유도법칙
>
> 유도기전력: $e = -L\dfrac{di}{dt} = -0.05\times\dfrac{2}{0.05} = -2[\mathrm{V}]$
> 여기서, $(-)$는 전류 변화의 반대방향을 의미한다.

50. 전기기기의 철심 재료로 규소 강판을 많이 사용하는 이유로 가장 적당한 것은?

① 와류손을 줄이기 위해
② 맴돌이 전류를 없애기 위해
③ 히스테리시스손을 줄이기 위해
④ 구리손을 줄이기 위해

전기기기 Chapter 01 직류기

철손 = 히스테리시스손 + 와류손
㉠ 히스테리시스손 경감 → 규소를 함유한 규소강판 사용
㉡ 와류손 경감 → 얇은 두께의 철심을 성층하여 사용

51. 전주 외등 설치 시 조명기구를 부착하는 경우 조명기구의 부착 높이는 지표면으로부터 최소 몇 [m] 이상이어야 하는가? (단, 교통에 지장이 없는 경우이다.)

① 3[m]
② 3.5[m]
③ 4[m]
④ 4.5[m]

전기설비 Chapter 08 전원설비 및 기타설비

전주 외등(내선규정 제3330절)
대지전압 300[V] 이하의 형광등, 고압방전등, LED등 등을 배전선로의 지지물등에 시설하는 경우에 적용한다.
㉠ 기구 인출선 도체 단면적 : 0.75[mm²] 이상
㉡ 중량 : 부속 금구류를 포함하여 100[kg] 이하
㉢ 기구 부착 높이 : 하단에서 지표상 4.5[m] 이상
  (단, 교통에 지장이 없을 경우 : 3[m] 이상)
㉣ 돌출 수평 거리 : 1.0[m] 이상

52. 플레밍의 왼손 법칙에서 전류의 방향을 나타내는 손가락은?

① 엄지
② 검지
③ 중지
④ 약지

전기이론 Chapter 03 전류의 자기현상

㉠ 엄지 : 전자력(F)의 방향
㉡ 검지 : 자속밀도(B)의 방향
㉢ 중지 : 전류(I)의 방향

53. 10극의 직류 파권 발전기의 전기자 도체수 400, 매극의 자속수 0.02[Wb], 회전수 600[rpm]일 때 기전력은 몇 [V]인가?

① 200
② 220
③ 380
④ 400

전기기기 Chapter 01 직류기

㉠ 병렬회로수(a)는 파권이므로 $a = 2$
㉡ 유기기전력: $E = \dfrac{PZ\phi N}{a60}$ [V]
  여기서, P : 자극수, Z : 총도체수,
    ϕ : 자속수[Wb], N : 매분회전수[rpm],
    a : 병렬회로수
∴ $E = \dfrac{10 \times 400 \times 0.02 \times 600}{2 \times 60} = 400$[V]

54. 가공 전선로의 지지물에 시설하는 지지선의 안전율은 2.5 이상이어야 한다. 이 경우 허용 최저 인장하중은 몇 [kN] 이상으로 하여야 하는가?

① 4.31
② 6.8
③ 9.8
④ 0.68

전기설비 Chapter 06 전선로 및 배전공사

지지선의 시설(KEC 331.11)
㉠ 지지선의 안전율은 2.5 이상일 것
㉡ 지지선의 구성은 2.6[mm] 이상 금속선을 3조 이상 꼬아서 시설할 것(단, 인장강도 0.68[kN] 이상인 아연도금 강선은 2.0[mm] 이상도 가능)
㉢ 지지선의 최저 인장하중은 4.31[kN] 이상일 것
㉣ 지중 및 지표상 30[cm]까지의 부분에는 아연 도금한 철봉을 사용할 것
㉤ 지지선의 높이는 도로 횡단의 경우 5[m] 이상을 유지할 것. 다만, 기술상 부득이한 경우로서 교통에 지장을 초래할 우려가 없는 경우에는 지표상 4.5[m] 이상, 보도의 경우에는 2.5[m] 이상으로 할 수 있다.

55. 1상의 R=12[Ω], X_L=16[Ω]을 직렬로 접속하여 선간전압 200[V]의 대칭 3상 교류 전압을 가할 때의 역률은?

① 60[%] ② 70[%]
③ 80[%] ④ 90[%]

56. 슬립이 0.05이고 전원 주파수가 60[Hz]인 유도전동기의 회전자 회로의 주파수[Hz]는?

① 1 ② 2
③ 3 ④ 4

57. COS를 설치하는 경우 완금의 설치 위치는 전력선용 완금으로부터 몇 [m] 위치에 설치해야 하는가?

① 0.75 ② 0.45
③ 0.9 ④ 1.0

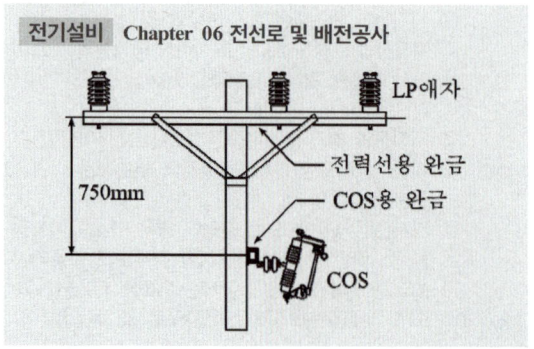
58. 묽은 황산(H_2SO_4) 용액에 구리(Cu)와 아연(Zn)판을 넣었을 때 아연판은?

① 수소기체를 발생한다.
② 음극이 된다.
③ 양극이 된다.
④ 황산아연으로 변한다.

59. 발전기의 전압변동률을 표시하는 식은? (단, V_o : 무부하전압, V_n : 정격전압)

① $\epsilon = \left(\frac{V_o}{V_n} - 1\right) \times 100\,[\%]$

② $\epsilon = \left(1 - \frac{V_o}{V_n}\right) \times 100\,[\%]$

③ $\epsilon = \left(\frac{V_n}{V_o} - 1\right) \times 100\,[\%]$

④ $\epsilon = \left(1 - \frac{V_n}{V_o}\right) \times 100\,[\%]$

60. 접지전극의 매설 깊이는 몇 [m] 이상인가?

① 0.6   ② 0.65

③ 0.7   ④ 0.75

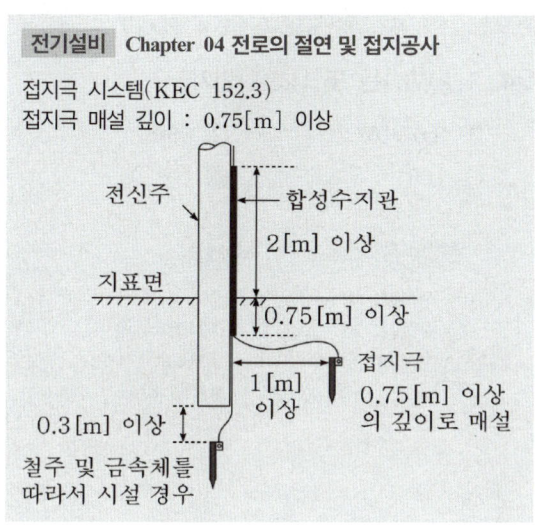

전기설비 Chapter 04 전로의 절연 및 접지공사

접지극 시스템(KEC 152.3)
접지극 매설 깊이 : 0.75[m] 이상

전신주
합성수지관
2[m] 이상
지표면
0.75[m] 이상
접지극
0.75[m] 이상
의 깊이로 매설
1[m]
이상
0.3[m] 이상
철주 및 금속체를
따라서 시설 경우

정답

01	③	02	③	03	④	04	②	05	④
06	③	07	③	08	②	09	②	10	②
11	②	12	③	13	②	14	①	15	①
16	①	17	①	18	②	19	②	20	①
21	①	22	④	23	②	24	①	25	②
26	④	27	④	28	①	29	①	30	③
31	②	32	④	33	①	34	③	35	②
36	①	37	②	38	③	39	③	40	①
41	②	42	①	43	①	44	②	45	②
46	③	47	①	48	①	49	②	50	③
51	①	52	③	53	④	54	①	55	①
56	③	57	①	58	②	59	①	60	④

※ 본 교재에 수록된 모든 문제는 CBT 기출복원문제로서, 수험생의 기억에 따라 복원된 것이며, 실제 기출문제와 동일하지 않을 수 있습니다.

01. 부하의 전압과 전류를 측정하기 위한 전압계와 전류계의 접속방법으로 옳은 것은?

① 전압계 : 직렬, 전류계 : 병렬
② 전압계 : 직렬, 전류계 : 직렬
③ 전압계 : 병렬, 전류계 : 직렬
④ 전압계 : 병렬, 전류계 : 병렬

> **전기이론** Chapter 01 직류회로
>
> 전압계와 전류계 접속은 다음과 같다.
>
>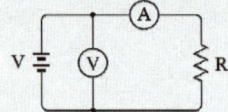
>
> ㉠ 전압계 : 병렬접속
> ㉡ 전류계 : 직렬접속

02. 다음 그림의 전동기는 어떤 전동기인가?

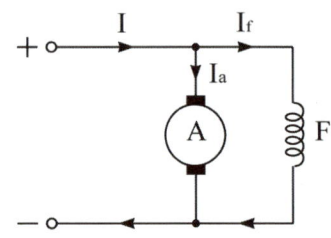

① 직권 전동기   ② 타여자 전동기
③ 분권 전동기   ④ 복권 전동기

> **전기기기** Chapter 01 직류기
>
> 계자권선(F)과 전기자권선(A)이 병렬로 접속되어 있으므로 분권 전동기이다.

03. 심벌 ⒺⓆ 는 무엇을 의미하는가?

① 지진감지기   ② 전하량기
③ 변압기   ④ 누전경보기

> **전기설비** Chapter 08 전원설비 및 기타설비
>
> 옥내배선의 그림 기호(내선규정 부록 100−5)
> EQ : 지진감지기(EarthQuake Detector)

04. 1[kWh]는 몇 [kcal]인가?

① 3.6×10^6 ② 860
③ 10^3 ④ 10^6

> **전기이론** Chapter 01 직류회로
>
> ㉠ 전력량: $W = Pt\,[\mathrm{Ws} = \mathrm{J}]$
> ㉡ 발열량: $H = 0.24W = 0.24Pt\,[\mathrm{cal}]$
> ∴ $1[\mathrm{kWh}] = 3,600[\mathrm{kWs}] = 3,600[\mathrm{kJ}]$
> $= 24 \times 3,600 ≒ 860\,[\mathrm{kcal}]$

05. 직류기에서 보극을 두는 가장 주된 목적은?

① 기동 특성을 좋게 한다.
② 전기자 반작용을 크게 한다.
③ 정류 작용을 돕고 전기자 반작용을 약화시킨다.
④ 전기자 자속을 증가시킨다.

> **전기기기** Chapter 01 직류기
>
> 보극의 설치목적
> ㉠ 전기자 반작용 발생 시 감자 작용 완화
> ㉡ 정류 시 발생하는 전압강하 경감

06. 일반적으로 가공전선로의 지지물에 취급자가 오르고 내리는 데 사용하는 발판 볼트 등은 지표상 몇 [m] 미만에 시설하여서는 안 되는가?

① 0.75   ② 1.2
③ 1.8   ④ 2.0

> **전기설비** Chapter 06 전선로 및 배전공사
>
> 전주 오름 방지(KEC 331.4)
> 가공전선로의 지지물에 취급자가 오르고 내리는 데 사용하는 발판 볼트 등을 지표상 1.8[m] 미만에 시설하여서는 아니 된다.

07. 1.5[kW]의 전열기를 정격 상태에서 30분간 사용할 때의 발열량은 몇 [kcal]인가?

① 648
② 1,290
③ 1,500
④ 2,700

> **전기이론** Chapter 01 직류회로
>
> 발열량: $H = 0.24Pt = 0.24 \times 1.5 \times 30 \times 60$
> $= 648\,[\text{kcal}]$

08. P형 반도체의 전기 전도의 주된 역할을 하는 반송자는?

① 전자
② 가전자
③ 불순물
④ 정공

> **전기기기** Chapter 05 정류기
>
> 주요 반송자의 구분
> ㉠ P형 반도체 : 정공
> ㉡ N형 반동체 : 전자

09. 설계하중 6.8[kN] 이하인 철근 콘크리트 전주의 길이가 7[m]인 지지물을 건주하는 경우 땅에 묻히는 깊이[m]로 가장 옳은 것은?

① 1.2
② 1.0
③ 0.8
④ 0.6

> **전기설비** Chapter 06 전선로 및 배전공사
>
> 지지물의 매설 깊이(KEC 331.7)
> 전체 길이가 16[m] 이하, 설계하중이 6.8[kN] 이하(A종)의 경우 매설 깊이는 다음과 같다.
> ㉠ 15[m] 이하 : 전장의 $\frac{1}{6}$ 이상
> ㉡ 15[m] 초과 : 2.5[m] 이상
> ∴ 매설 깊이 : $7 \times \frac{1}{6} = 1.2\,[\text{m}]$ 이상

10. 0.2[H]인 자기 인덕턴스에 5[A]의 전류가 흐를 때 축적되는 에너지[J]는?

① 0.2
② 2.5
③ 5
④ 10

> **전기이론** Chapter 05 단상 교류회로
>
> 코일(인덕턴스)에 축적되는 에너지
> $W_L = \frac{1}{2}LI^2 = \frac{1}{2} \times 0.2 \times 5^2 = 2.5\,[\text{J}]$

11. 3상 동기 발전기에 무부하 전압보다 90° 뒤진 전기자 전류가 흐를 때 전기자 반작용은?

① 감자 작용을 한다.
② 증자 작용을 한다.
③ 교차 자화 작용을 한다.
④ 자기 여자 작용을 한다.

> **전기기기** Chapter 02 동기기
>
> 동기 발전기의 전기자 반작용
> ㉠ 교차 자화 작용 : 유기 기전력 E와 전기자 전류 I_a가 동상
> ㉡ 감자 작용 : 유기 기전력 E에 비해 전기자 전류 I_a의 위상이 90° 지상
> ㉢ 증자 작용 : 유기 기전력 E에 비해 전기자 전류 I_a의 위상이 90° 앞선

12. 한국전기설비규정(KEC)에 의한 고압가공 전선로 철탑의 지지물 간 거리는 몇 [m] 이하로 제한하고 있는가?

① 150
② 250
③ 500
④ 600

> **전기설비** Chapter 06 전선로 및 배전공사
>
> 고압 가공전선로 지지물 간 거리의 제한(KEC 332.9)
>
> | 지지물의 종류 | 지지물 간 거리 |
> |---|---|
> | 목주, A종 철주 또는 A종 철근 콘크리트주 | 150[m] |
> | B종 철주 또는 B종 철근 콘크리트주 | 250[m] |
> | 철탑 | 600[m] |

13. 전하의 성질에 대한 설명 중 옳지 않은 것은?

① 같은 종류의 전하는 흡인하고 다른 종류의 전하
   끼리는 반발한다.
② 대전체에 들어 있는 전하를 없애려면 접지시킨다.
③ 대전체의 영향으로 비대전체에 전기가 유도된다.
④ 전하의 가장 안정한 상태를 유지하려는 성질이
   있다.

> **전기이론** **Chapter 02 정전계와 정자계**
>
> 같은 종류의 전하는 반발하고, 다른 종류의 전하는 흡인한다.

14. 평행 2회선의 선로에서 단락 고장회선을 선택하는
데 사용하는 계전기는?

① 선택단락 계전기　　② 방향단락 계전기
③ 차동단락 계전기　　④ 거리단락 계전기

> **전기기기** **Chapter 03 변압기**
>
> 선택단락 계전기
> 평행 2회선의 선로에서 단락 고장 시 고장 여부를 판단하는
> 계전기이다.

15. 저압 옥내배선에서 합성수지관 공사에 대한 설명
중 잘못된 것은?

① 합성수지관 안에는 전선에 접속점이 없도록 한다.
② 합성수지관을 새들 등으로 지지하는 경우는 그
   지지점 간의 거리를 3[m] 이상으로 한다.
③ 합성수지관 상호 및 관과 박스는 접속 시에 삽입
   하는 깊이를 관 바깥지름의 1.2배 이상으로 한다.
④ 관 상호의 접속은 박스 또는 커플링(coupling)
   등을 사용하고 직접 접속하지 않는다.

> **전기설비** **Chapter 03 옥내배선공사**
>
> 합성수지관 및 부속품의 시설(KEC 232.11.3)
> ㉠ 관 상호 간 접속 시에는 커플링 등을 사용하여 접속
> ㉡ 커플링 삽입 깊이: 관 바깥지름의 1.2배 이상
>   (단, 접착제 사용 시 0.8배 이상)
> ㉢ 관의 지지점 간의 거리: 1.5[m] 이하

16. 다음은 전기력선의 성질이다. 틀린 것은?

① 전기력선은 서로 교차하지 않는다.
② 전기력선은 도체의 표면에 수직이다.
③ 전기력선의 밀도는 전기장의 크기를 나타낸다.
④ 같은 전기력선은 서로 끌어당긴다.

> **전기이론** **Chapter 02 정전계와 정자계**
>
> 전기력선은 서로 밀어낸다.

17. 4극인 동기전동기가 1,800[rpm]으로 회전할 때
전원 주파수는 몇 [Hz]인가?

① 50[Hz]　　　　② 60[Hz]
③ 70[Hz]　　　　④ 80[Hz]

> **전기기기** **Chapter 02 동기기**
>
> 동기속도: $N_s = \dfrac{120f}{P}$[rpm]
>
> 여기서, f: 주파수, P: 극수
>
> 주파수: $f = \dfrac{N_s P}{120} = \dfrac{1,800 \times 4}{120} = 60$[Hz]

18. 접지선의 절연전선의 색상은 특별한 경우를 제외
하고는 어느 색으로 표시를 하여야 하는가?

① 적색　　　　　② 검은색
③ 녹색－노란색　④ 회색

> **전기설비** **Chapter 04 전로의 절연 및 접지공사**
>
> 전선의 식별(KEC 121.2)
>
> | 상(문자) | 색상 |
> | --- | --- |
> | L1 | 갈색 |
> | L2 | 검은색 |
> | L3 | 회색 |
> | N | 파란색 |
> | PE(보호도체) | 녹색－노란색 |

19. 같은 전기량에 의하여 전극에 석출되는 물질의 양은 그 물질의 어느 값에 비례하는가?

① 원자량　　　　② 분자량
③ 화학당량　　　④ 원자가

전기이론　Chapter 01 직류회로

석출된 물질의 양: $W = KQ = KIt$[g]
여기서, W : 석출된 물질의 양
　　　　Q : 전기량[C]
　　　　I : 전류[A]
　　　　t : 통전 시간[s]
　　　　K : 전기 화학당량

20. 권수비 30인 변압기의 1차에 6,600[V]를 가할 때 2차 전압은?

① 220[V]　　　　② 380[V]
③ 420[V]　　　　④ 660[V]

전기기기　Chapter 03 변압기

㉠ 권수비 : $a = \dfrac{N_1}{N_2} = \dfrac{V_1}{V_2} = \dfrac{I_2}{I_1}$

㉡ 2차 전압 : $V_2 = \dfrac{V_1}{a} = \dfrac{6,600}{30} = 220$[V]

21. 지지물의 지지선에 연선을 사용하는 경우 소선 몇 가닥 이상의 연선을 사용하는가?

① 1　　　　② 2
③ 3　　　　④ 4

전기설비　Chapter 06 전선로 및 배전공사

지지선의 시설(KEC 331.11)
㉠ 소선의 지름 : 2.6[mm] 이상
㉡ 허용 인장하중 : 4.31[kN] 이상
㉢ 연선의 소선 수 : 3가닥 이상
㉣ 지지선의 안전율 : 2.5

22. 공기 중 +1[Wb]의 자극에서 나오는 자기력선의 수는 몇 개인가?

① 6.33×10^4　　　② 7.958×10^5
③ 8.855×10^3　　　④ 1.256×10^6

전기이론　Chapter 02 정전계와 정자계

㉠ 전기력선의 총수: $N = \dfrac{Q}{\epsilon_0}$ 개(공기 중)

㉡ 자기력선의 총수: $N = \dfrac{m}{\mu_0}$ 개(공기 중)

$\therefore N = \dfrac{m}{\mu_0} = \dfrac{1}{4\pi \times 10^{-7}} = 7.958 \times 10^5$

여기서, 진공의 유전율: $\epsilon_0 = 8.855 \times 10^{-12}$
　　　　진공의 투자율: $\mu_0 = 4\pi \times 10^{-7}$

23. 단중 중권의 극수가 P인 직류기에서 전기자 병렬 회로수 a는 어떻게 되는가?

① 극수 P와 무관하게 항상 2가 된다.
② 극수 P와 같게 된다.
③ 극수 P의 2배가 된다.
④ 극수 P의 3배가 된다.

전기기기　Chapter 01 직류기

전기자 권선법의 중권과 파권 비교

구분	중권	파권
a	P극수	2
b	P극수	2
용도	저전압, 대전류	고전압, 소전류
균압환	사용함	사용 안 함

* a : 병렬회로 수, b : 브러시 수

24. 금속전선관의 종류에서 후강전선관 규격[mm]이 아닌 것은?

① 16　　　　② 22
③ 30　　　　④ 42

전기설비　Chapter 03 옥내배선공사

금속전선관의 종류(KS C 8401)
㉠ 후강전선관(근사내경, 짝수, 10종)
　: 16, 22, 28, 36, 42, 54, 70, 82, 92, 104
㉡ 박강전선관(근사외경, 홀수, 7종)
　: 19, 25, 31, 39, 51, 63, 75

25. 평균 반지름 r[m]의 환상 솔레노이드 I[A]의 전류가 흐를 때, 내부 자계가 H[AT/m]이었다면 권수 N는?

① $N = \dfrac{2\pi r H}{I}$ ② $N = \dfrac{rH}{I}$

③ $N = \dfrac{2\pi r^2 H}{I}$ ④ $N = \dfrac{2rH}{I}$

전기이론 **Chapter 03 전류의 자기현상**

환상 솔레노이드의 내부자계 $H = \dfrac{NI}{2\pi r}$ 에서

∴ 권수: $N = \dfrac{2\pi r H}{I}$

26. △결선 변압기의 한 대가 고장으로 제거되어 V결선으로 공급할 때 공급할 수 있는 전력은 고장 전 전력에 대하여 약 몇 [%]인가?

① 57.7[%] ② 66.7[%]
③ 70.5[%] ④ 86.6[%]

전기기기 **Chapter 03 변압기**

㉠ 출력비

 : $\dfrac{\text{고장 후 전력}(V)}{\text{고장 전 전력}(\triangle)} = \dfrac{\sqrt{3}\,P_1}{3P_1} = 0.577 = 57.7$[%]

㉡ 이용률

 : $\dfrac{V\text{결선 출력}}{\text{변압기 2대 용량}} = \dfrac{\sqrt{3}\,VI}{2\,VI} = 0.866 = 86.6$[%]

27. 지락전류를 검출할 때 사용하는 계기는?

① ZCT ② PT
③ CT ④ OCR

전기설비 **Chapter 08 전원설비 및 기타설비**

㉠ 영상변류기(ZCT) : 지락사고 시 지락전류(=영상전류)를 검출할 때 사용
㉡ 계기용 변압기(PT, VT) : 고전압을 저전압(110V)으로 변압할 때 사용
㉢ 변류기(CT) : 대전류를 소전류(5A)로 변류할 때 사용
㉣ 과전류계전기(OCR) : 과전류 검출 시 차단기를 트립(Trip)할 때 사용

28. 교류회로에서 코일과 콘덴서를 병렬로 연결한 상태에서 주파수가 증가하면 어느 쪽이 전류가 잘 흐르는가?

① 코일
② 콘덴서
③ 코일과 콘덴서에 같이 흐른다.
④ 모두 흐르지 않는다.

전기이론 **Chapter 05 단상 교류회로**

㉠ 유도 리액턴스: $X_L = 2\pi f L \propto f$
㉡ 용량 리액턴스: $X_C = \dfrac{1}{2\pi f C} \propto \dfrac{1}{f}$
㉢ 코일과 콘덴서를 병렬로 접속하고 주파수를 증가하면 코일의 유도 리액턴스는 증가하고, 콘덴서의 용량 리액턴스는 감소한다.
∴ 전류는 리액턴스가 작은 콘덴서 측으로 많이 흐르게 된다.

29. 유도 전동기의 2차에 있어 E_2가 127[V], r_2가 0.03[Ω], x_2가 0.05[Ω], s가 5[%]로 운전하고 있다. 이 전동기의 2차 전류 I_2는? (단, s는 슬립, x_2는 2차 권선 1상의 누설리액턴스, r_2는 2차 권선 1상의 저항, E_2는 2차 권선 1상의 유기 기전력이다.)

① 약 201[A] ② 약 211[A]
③ 약 221[A] ④ 약 231[A]

전기기기 **Chapter 04 유도기**

운전 시 2차 전류

$I_2 = \dfrac{E_2}{\sqrt{(\frac{r_2}{s})^2 + x_2^2}} = \dfrac{127}{\sqrt{(\frac{0.03}{0.05})^2 + 0.05^2}}$

$= 210.93 ≒ 211$[A]

30. 코드 상호, 캡타이어케이블 상호 접속 시 사용해야 하는 것은?

① 와이어 커넥터
② 케이블 타이
③ 코드 접속기
④ 테이블 탭

31. 대칭 3상 △결선에서 선전류와 상전류와의 위상 관계는?

① 상전류가 π/6[rad] 앞선다.
② 상전류가 π/6[rad] 뒤진다.
③ 상전류가 π/3[rad] 앞선다.
④ 상전류가 π/3[rad] 뒤진다.

32. 단상 반파의 정류 효율은?

① $\dfrac{4}{\pi^2} \times 100[\%]$
② $\dfrac{\pi^2}{4} \times 100$
③ $\dfrac{8}{\pi^2} \times 100$
④ $\dfrac{\pi^2}{8} \times 100$

33. 가요전선관과 금속관의 상호 접속에 쓰이는 재료는?

① 스플릿 커플링
② 콤비네이션 커플링
③ 스트레이트 박스 커넥터
④ 앵글 박스 커넥터

34. 가정용 전등 전압이 220[V]이다. 이 교류의 최댓값은 몇 [V]인가?

① 220
② 311
③ 330
④ 380

35. 변압기 내부 고장 보호에 쓰이는 계전기로서 가장 적당한 것은?

① 차동 계전기
② 접지 계전기
③ 과전류 계전기
④ 역상 계전기

36. 접지저항을 측정하는 방법은?

① 휘트스톤 브리지법 ② 켈빈더블 브리지법
③ 콜라우시 브리지법 ④ 테스터법

> **전기설비** Chapter 04 전로의 절연 및 접지공사
>
> 저항 측정 시 사용하는 계기
> ㉠ 휘트스톤 브리지법 : 검류계의 내부저항 측정 시 사용
> ㉡ 켈빈더블 브리지법 : 저저항(1Ω 이하) 측정 시 사용
> ㉢ 머레이 루프법 : 중저항 측정 시 사용
> ㉣ 콜라우시 브리지법 : 전해액 또는 접지저항 측정 시 사용

37. 자기 인덕턴스가 $0.01[H]$인 코일에 $100[V]$, $60[Hz]$의 사인파 전압을 가할 때 유도 리액턴스는 약 몇 $[\Omega]$인가?

① 3.77 ② 6.28
③ 12.28 ④ 37.68

> **전기이론** Chapter 05 단상 교류회로
>
> 유도 리액턴스
> $X_L = 2\pi f L = 2\pi \times 60 \times 0.01 = 3.77[\Omega]$

38. 3상 유도전동기의 속도제어 방법 중 인버터(inverter)를 이용한 속도 제어법은?

① 극수 변환법 ② 전압 제어법
③ 초퍼 제어법 ④ 주파수 제어법

> **전기기기** Chapter 04 유도기
>
> 주파수 제어법
> 인버터를 이용하여 주파수를 변화시켜 속도를 제어하는 방법으로 선박의 전기추진용 모터 및 포트모터에 사용된다.

39. 전기울타리 시설의 사용 전압은 얼마 이하인가?

① 150 ② 250
③ 300 ④ 400

> **전기설비** Chapter 01 직류회로
>
> 전기울타리의 시설(KEC 241.1)
> ㉠ 사용전압 : 250[V] 이하
> ㉡ 사람이 쉽게 출입하지 아니하는 곳에 시설
> ㉢ 전선과 다른 시설물 또는 수목과의 간격 : 0.3[m] 이상

40. 세 변의 저항 $R_a = R_b = R_c = 15[\Omega]$인 Y결선 회로가 있다. 이것과 등가인 △결선회로의 각 변의 저항은 몇 $[\Omega]$인가?

① 5 ② 10
③ 25 ④ 45

> **전기이론** Chapter 06 3상 교류회로
>
> △결선된 임피던스를 Y결선으로 등가변환했을 때 각 상의 임피던스는 다음과 같다(단, 각 상의 임피던스의 크기는 모두 같을 것).
> $\therefore R_\triangle = 3R_Y = 3 \times 15 = 45[\Omega]$

41. 농형 유도 전동기의 기동법이 아닌 것은?

① 기동보상기에 의한 기동법
② 2차 저항기법
③ 리액터 기동법
④ Y−△ 기동법

> **전기기기** Chapter 04 유도기
>
> 3상 유도 전동기의 기동법
> ㉠ 농형 유도 전동기 기동법
> • 전전압 기동
> • Y−△ 기동
> • 기동보상기법(= 단권변압기 기동)
> • 리액터 기동
> • 콘드로퍼 기동
> ㉡ 권선형 유도 전동기
> • 2차 저항기동
> • 게르게스 기동

42. 고압 배전반에는 부하의 합계 용량이 몇 [kVA]를 넘는 경우 배전반에는 전류계, 전압계를 부착하는가?

① 100   ② 150
③ 200   ④ 300

> **전기설비**   **Chapter 01 직류회로**
>
> 고압 및 특고압 배전반에는 부하의 합계 용량이 300[kVA]를 넘는 경우 전류계, 전압계를 부착한다.

43. 다음 설명의 ㉠, ㉡에 들어갈 내용으로 옳은 것은?

> 히스테리시스 곡선에서 종축과 만나는 점은 (㉠)이고, 횡축과 만나는 점은 (㉡)이다.

① ㉠ 보자력   ㉡ 잔류자기
② ㉠ 잔류자기   ㉡ 보자력
③ ㉠ 자속밀도   ㉡ 자기저항
④ ㉠ 자기저항   ㉡ 자속밀도

> **전기이론**   **Chapter 03 전류의 자기현상**
>
> 히스테리시스 곡선
> ㉠ 종축(세로축)과 만나는 점 : 잔류자기
> ㉡ 횡축(가로축)과 만나는 점 : 보자력

44. 3상 변압기의 병렬운전 시 병렬운전이 불가능한 결선 조합은?

① △-△와 Y-Y   ② △-△와 △-Y
③ △-Y와 △-Y   ④ △-△와 △-△

> **전기기기**   **Chapter 03 변압기**
>
> △-△와 △-Y, △-Y와 Y-Y의 결선은 위상차가 30°발생하여 순환전류가 흐르기 때문에 병렬운전이 불가능하다.

45. 가공전선로의 지지물에 지지선을 사용해서는 안되는 곳은?

① A종 철근 콘크리트 주
② 목주
③ A종 철주
④ 철탑

> **전기설비**   **Chapter 06 전선로 및 배전공사**
>
> 지지선의 시설(KEC 331.11)
> 가공전선로의 지지물로 사용하는 철탑은 지지선을 사용하여 그 강도를 분담시켜서는 안 된다.

46. 교류 220[V], 40[W]의 형광등에 흐르는 전류가 0.2[A]이고 소비전력이 35[W]였다면 역률은 약 얼마인가?

① 0.85   ② 0.75
③ 0.9   ④ 0.8

> **전기이론**   **Chapter 05 단상 교류회로**
>
> 유효전력 $P = VI\cos\theta$ 에서
> ∴ 역률 $\cos\theta = \dfrac{P}{VI} = \dfrac{35}{220 \times 0.2} = 0.79 ≒ 0.8$

47. 200[V], 50[Hz], 8극, 15[kW]의 3상 유도전동기에서 전부하 회전수가 720[rpm]이면 이 전동기의 2차 효율은 몇 [%]인가?

① 86   ② 96
③ 98   ④ 100

> **전기기기**   **Chapter 04 유도기**
>
> ㉠ 동기속도: $N_s = \dfrac{120f}{P_{극수}} = \dfrac{120 \times 50}{8} = 750$
> ㉡ $P_2 : P_{2c} : P_o = 1 : s : 1-s$
> ㉢ 2차 효율: $\eta_2 = \dfrac{출력}{2차\ 입력} \times 100 = \dfrac{P_o}{P_2} \times 100$
> $\qquad\qquad = (1-s) \times 100 = \dfrac{N}{N_s} \times 100$
> ∴ $\eta_2 = \dfrac{N}{N_s} \times 100 = \dfrac{720}{750} \times 100 = 96[\%]$

48. 절연저항을 측정하는데 정전이 어려워 측정이 곤란한 경우에는 누설전류를 몇 [mA] 이하로 유지하여야 하는가?

① 1 　　　　② 2
③ 5 　　　　④ 10

전기설비 **Chapter 04 전로의 절연 및 접지공사**

전로의 절연저항 및 절연내력(KEC 132)
저압 전로에서 정전이 어려운경우 절연저항 측정이 곤란한 경우 저항성분의 누설전류 1[mA] 이하이면 그 전로의 절연성능은 적합한 것으로 본다.

---

50. 다음 회로도에 대한 설명으로 옳지 않은 것은?

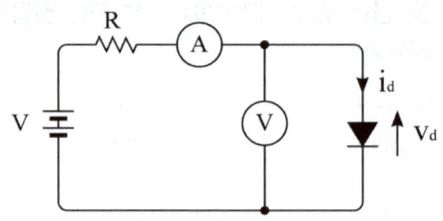

① 다이오드의 양극의 전압이 음극에 비하며 높을 때를 순방향 도통 상태라 한다.
② 다이오드의 양극의 전압이 음극에 비하여 낮을 때를 역방향 저지 상태라 한다.
③ 실제의 다이오드는 순방향 도통 시 양 단자 간의 전압 강하가 발생하지 않는다.
④ 역방향 저지 상태에서는 역방향으로(음극에서 양극으로) 약간의 전류가 흐르는데 이를 누설전류라고 한다.

전기기기 **Chapter 05 정류기**

다이오드의 순방향 도통 시 전류가 흘러 양 단자 사이에 전압강하(0.7[V] 정도)가 발생한다.

---

49. 서로 가까이 나란히 있는 두 도체에 전류가 반대 방향으로 흐를 때 각 도체 간에 작용하는 힘은?

① 흡인한다.
② 반발한다.
③ 흡인과 반발을 되풀이한다.
④ 처음에는 흡인하다가 나중에는 반발한다.

전기이론 **Chapter 03 전류의 자기현상**

평형 도선 사이의 작용력(전자력)
㉠ 전자력: $f = \dfrac{2I_1 I_2}{d} \times 10^{-7} [\text{N/m}]$
㉡ 두 도체의 전류가 같은 방향 : 흡인력
㉢ 두 도체의 전류가 반대 방향 : 반발력
여기서, d: 두 도선 간의 거리[m]

---

51. 배전반 및 분전반의 설치 장소로 적합하지 않은 곳은?

① 안정된 장소
② 밀폐된 장소
③ 개폐기를 쉽게 개폐할 수 있는 장소
④ 전기회로를 쉽게 조작할 수 있는 장소

전기설비 **Chapter 08 전원설비 및 기타설비**

저압용 배·분전반 등의 시설(KEC 232.84)
저압용 배·분전반은 쉽게 점검 및 보수할 수 있는 위치에 시설하여야 하므로 은폐 또는 밀폐된 장소에 설치해서는 안 된다.

52. RLC 직렬공진 회로에서 최소가 되는 것은?

① 저항 값　　　② 임피던스 값
③ 전류 값　　　④ 전압 값

전기이론 Chapter 05 단상 교류회로

공진회로의 특징은 다음과 같다.

구분	직렬공진	병렬공진
임피던스	최소	최대
전류	최대	최소

53. 동기발전기의 권선을 분포권으로 사용하는 이유로 옳은 것은?

① 파형이 좋아진다.
② 권선의 누설 리액턴스가 커진다.
③ 집중권에 비하여 유기기전력이 높아진다.
④ 전기자 권선이 과열되어 소손되기 쉽다.

전기기기 Chapter 02 동기기

현재 동기기의 전기자 권선법은 고조파를 제거하여 파형을 개선하기 위해 집중권 및 전절권을 사용하지 않고 분포권 및 단절권을 사용한다.

54. 전주 외등을 전주에 부착하는 경우 전주 외등은 하단으로부터 몇 [m] 이상 높이에 시설하여야 하는가? (단, 교통 지장이 없는 경우이다.)

① 3.0　　　② 3.5
③ 4.0　　　④ 4.5

전기설비 Chapter 08 전원설비 및 기타설비

전주 외등(내선규정 제3330절)
대지전압 300[V] 이하의 형광등, 고압방전등, LED등 등을 배전선로의 지지물등에 시설하는 경우에 적용한다.
㉠ 기구 인출선 도체 단면적 : 0.75[mm²] 이상
㉡ 중량 : 부속 금구류를 포함하여 100[kg] 이하
㉢ 기구 부착 높이 : 하단에서 지표상 4.5[m] 이상
　　(단, 교통에 지장이 없을 경우 : 3[m] 이상)
㉣ 돌출 수평 거리 : 1.0[m] 이상

55. 다음 중 강자성체가 아닌 것은?

① 철　　　② 아연
③ 니켈　　　④ 코발트

전기이론 Chapter 03 전류의 자기현상

㉠ 강자성체 : 철(Fe), 니켈(Ni), 코발트(Co)
㉡ 상자성체 : 공기(N_2), 산소(O_2), 백금(Pt), 알루미늄(Al)
㉢ 반자성체 : 금(Au), 은(Ag), 동(Cu), 물(H_2O), 비스무트(Bi)

56. 역저지 3단자에 속하는 것은?

① SCR　　　② SSS
③ SCS　　　④ TRIAC

전기기기 Chapter 05 정류기

① SCR : 단방향(= 역저지) 3단자
② SSS : 양방향 2단자
③ SCS : 단방향 4단자
④ TRIAC(트라이액) : 양방향 3단자

57. 큰 건물의 공장에서 콘크리트에 구멍을 뚫어 드라이브 핀을 고정하는 공구는?

① 스패너　　　② 드라이브이트 툴
③ 오스터　　　④ 녹 아웃 펀치

전기설비 Chapter 02 배선재료와 공구

전기 공사용 공구
㉠ 스패너 : 너트를 죄고 푸는 데 사용
㉡ 드라이브이트 툴 : 화약의 폭발력을 이용하여 콘크리트에 구멍을 뚫는 공구
㉢ 오스터 : 금속관 끝에 나사를 내는 공구
㉣ 녹 아웃 펀치 : 전기 박스 또는 판넬에 구멍을 만드는데 사용되는 공구

58. 다음 설명에서 빈칸 ⓐ, ⓑ에 알맞은 말을 쓰시오.

> 다수의 전압원과 전류원이 존재할 때 특정점에 흐르는 전류의 크기를 산출하려면 전압원은 (ⓐ)로, 전류원은 (ⓑ)로 하여야 한다. 이를 중첩의 원리라 한다.

① ⓐ 개방회로   ⓑ 개방회로
② ⓐ 단락회로   ⓑ 개방회로
③ ⓐ 개방회로   ⓑ 단락회로
④ ⓐ 단락회로   ⓑ 단락회로

전기이론 **Chapter 01 직류회로**

㉠ 중첩의 원리 : 다수의 전원을 포함한 회로망에서 회로 내의 임의의 두 점 사이의 전류 또는 전위차는 각각의 전원이 단독으로 있을 때의 전류 또는 전압의 합과 같다.
㉡ 중첩의 원리는 선형회로망에서만 적용된다.
㉢ 다른 전압원은 단락, 다른 전류원은 개방 상태로 해석한다.

---

59. 변압기에서 철손과 부하전류와 어떤 관계인가?

① 부하전류에 비례한다.
② 부하전류의 자승에 비례한다.
③ 부하전류에 반비례한다.
④ 부하전류와 관계없다.

전기기기 **Chapter 03 변압기**

변압기에서 철손은 무부하 시험으로 구해지는 값으로 부하 전류의 크기와 관계없이 일정하다.

단, 철손은 $P_i \propto \dfrac{V_1^2}{f}$ 으로 주파수(f)에 반비례하고 인가전압(V_1) 제곱에 비례한다.

---

60. 전등 1개를 2개소에서 점멸하고자 할 때 올바른 배선은?

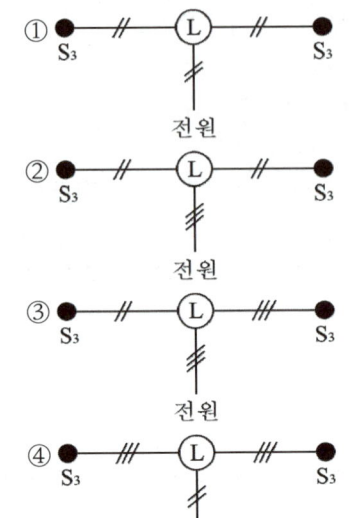

전기설비 **Chapter 02 배선재료와 공구**

동극 점멸 방식

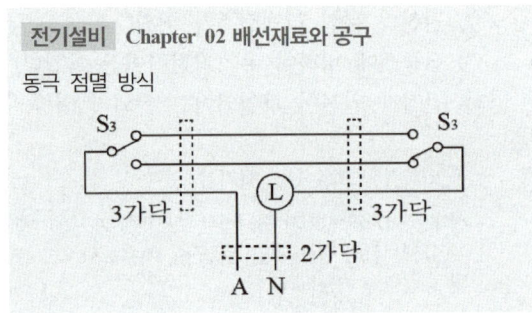

정답

01	③	02	③	03	①	04	②	05	③
06	③	07	①	08	④	09	①	10	②
11	①	12	④	13	①	14	①	15	②
16	④	17	②	18	③	19	③	20	①
21	②	22	③	23	②	24	③	25	①
26	①	27	①	28	②	29	②	30	①
31	①	32	①	33	②	34	②	35	①
36	③	37	③	38	④	39	②	40	④
41	②	42	④	43	②	44	②	45	④
46	④	47	②	48	①	49	②	50	③
51	②	52	②	53	①	54	①	55	②
56	①	57	②	58	②	59	④	60	④

※ 본 교재에 수록된 모든 문제는 CBT 기출복원문제로서, 수험생의 기억에 따라 복원된 것이며, 실제 기출문제와 동일하지 않을 수 있습니다.

01. 그림에서 $a-b$ 간의 합성저항은 $c-d$ 간의 합성 저항보다 몇 배인가?

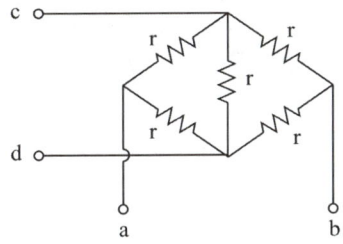

① 1배   ② 2배
③ 3배   ④ 4배

> **전기이론** Chapter 01 직류회로
>
> ㉠ $a-b$회로는 브리지 회로이고 평형조건이 성립하므로 2개의 r로 이루어진 직렬 회로가 병렬로 2개 이어진 것으로 볼 수 있다.
>
> ∴ $R_{ab} = \dfrac{2r \times 2r}{2r + 2r} = r$
>
> ㉡ $c-d$회로는 2개의 r로 이루어진 직렬 회로 2개와 1개의 r로 이루어진 병렬 회로이다.
>
> ∴ $R_{cd} = \dfrac{1}{\dfrac{1}{2r} + \dfrac{1}{r} + \dfrac{1}{2r}} = \dfrac{1}{2}r$
>
> ㉢ 따라서 R_{ab}의 합성저항은 R_{cd} 합성저항보다 2배 크다.

02. 동기속도 $1,800[\mathrm{rpm}]$, 주파수 $60[\mathrm{Hz}]$인 동기 발전기의 극수는 몇 극인가?

① 2   ② 4
③ 8   ④ 10

> **전기기기** Chapter 02 동기기
>
> ㉠ 동기속도: $N_s = \dfrac{120f}{P}[\mathrm{rpm}]$
>
> 여기서, f : 주파수, P : 극수
>
> ㉡ 극수: $P = \dfrac{120f}{N_s} = \dfrac{120 \times 60}{1,800} = 4$극

03. 케이블 공사에 의한 저압 옥내 배선에서 캡타이어 케이블을 조영재의 아랫면 또는 옆면에 따라 붙이는 경우에는 전선의 지지점 간의 거리는 몇 $[\mathrm{m}]$ 이하이어야 하는가?

① 1.5   ② 1
③ 2   ④ 0.8

> **전기설비** Chapter 03 옥내배선공사
>
> 케이블 공사(KEC 232.51)
> ㉠ 케이블 지지점 간의 거리: 2[m] 이하
>   (단, 캡타이어 케이블의 경우: 1m 이하)
> ㉡ 사람이 접촉할 우려가 없는 장소에서 수직으로 설치하는 경우: 6[m] 이하

04. $i = I_m \sin \omega t\,[\mathrm{A}]$인 사인파 교류에서 ωt가 몇 도일 때 순시값과 실횻값이 같게 되는가?

① 30° ② 45°
③ 60° ④ 90°

> **전기이론** Chapter 05 단상 교류회로
>
> ㉠ 교류의 순시값 $i = I_m \sin \omega t$
>
> ㉡ 실횻값: $I = \dfrac{I_m}{\sqrt{2}}$
>
> ㉢ $I_m \sin \omega t = \dfrac{I_m}{\sqrt{2}}$에서 $\sin \omega t = \dfrac{1}{\sqrt{2}}$ 이므로
>
> ∴ $\theta = \omega t = \sin^{-1} \dfrac{1}{\sqrt{2}} = 45^\circ$

05. 다음 중 역률이 가장 좋은 단상 유도 전동기는?

① 셰이딩 코일형   ② 분상형 전동기
③ 반발형 전동기   ④ 콘덴서형 전동기

> **전기기기** Chapter 04 유도기
>
> 콘덴서 기동형 전동기
> 다른 기동방법을 사용하는 전동기에 비해 효율 및 역률이 좋고 진동과 소음이 적어 선풍기, 세탁기, 냉장고 등에 많이 사용하고 있다.

06. 다음 중 나전선 상호 간 또는 나전선과 절연 전선 접속 시 접속 부분의 전선의 세기는 일반적으로 어느 정도 유지해야 하는가?

① 80[%] 이상　　② 70[%] 이상
③ 60[%] 이상　　④ 50[%] 이상

전기설비　**Chapter 01 전선 및 전선의 접속**

전선 접속 시 유의사항
㉠ 전기저항을 증가시키지 말 것
㉡ 전선의 세기를 20[%] 이상 감소시키지 말 것
㉢ 코드 상호, 케이블 상호, 코드와 케이블 상호 : 코드 접속기, 접속함에서 접속

07. 10[Ω]의 저항과 R[Ω]의 저항이 병렬로 접속되고 10[Ω]의 전류가 5[A], R[Ω]의 전류가 2[A]이면 저항 R[Ω]은?

① 10　　　　　② 20
③ 25　　　　　④ 30

전기이론　**Chapter 01 직류회로**

병렬회로에서 10[Ω]과 R[Ω]의 단자전압은 동일하므로
$V = 5 \times 10 = 2 \times R$에서
$\therefore R = \dfrac{5 \times 10}{2} = 25[\Omega]$

08. 부흐홀쯔 계전기의 설치 위치로 가장 적당한 것은?

① 변압기 주 탱크 내부
② 콘서베이터 내부
③ 변압기 고압측 부싱
④ 변압기 주 탱크와 콘서베이터 사이

전기기기　**Chapter 03 변압기**

변압기 내부 고장보호에 사용되는 기계적 보호장치인 부흐홀쯔 계전기는 변압기의 주 탱크와 콘서베이터 사이의 관에 설치한다.

09. 금속 덕트를 조영재에 붙이는 경우에는 지지점 간의 거리는 최대 몇 [m] 이하로 하여야 하는가?

① 1.5[m] 이하　　② 2.0[m] 이하
③ 3.0[m] 이하　　④ 3.5[m] 이하

전기설비　**Chapter 03 옥내배선공사**

금속덕트의 시설(KEC 232.31.3)
㉠ 지지점 간의 거리 : 3[m] 이하
㉡ 취급자 이외의 자가 출입할 수 없고 수직으로 붙이는 경우 : 6[m] 이하

10. $m_1 = 4 \times 10^{-5}[\text{Wb}]$, $m_2 = 6 \times 10^{-3}[\text{Wb}]$, $r = 10[\text{cm}]$이면, 두 자극 m_1, m_2 사이에 작용하는 힘은 약 몇 [N]인가?

① 1.52　　　　　② 2.4
③ 24　　　　　④ 152

전기이론　**Chapter 02 정전계와 정자계**

두 자극 사이의 작용하는 힘(쿨롱의 법칙)

$$F = \frac{m_1 m_2}{4\pi\mu_0 r^2} = 6.33 \times 10^4 \times \frac{m_1 m_2}{r^2}$$

$$= 6.33 \times 10^4 \times \frac{4 \times 10^{-5} \times 6 \times 10^{-3}}{0.1^2} = 1.52$$

여기서, 쿨롱 상수: $\dfrac{1}{4\pi\mu_0} = 6.33 \times 10^4$

11. 동기기의 자기여자 현상의 방지법이 아닌 것은?

① 단락비 증대　　② 리액턴스 접속
③ 발전기 직렬연결　④ 변압기 접속

전기기기　**Chapter 02 동기기**

자기여자 현상의 방지대책
㉠ 수전단에 병렬로 리액터(리액턴스)를 설치
㉡ 변압기를 설치하여 지상전류를 흘림
㉢ 수전단에 부족여자로 운전하는 동기조상기를 설치하여 지상전류를 흘림
㉣ 발전기를 2대 이상 병렬로 설치
㉤ 단락비가 큰 기계를 사용

12. 박스 내의 전선접속에 있어서 절연 커넥터를 쓰는 것이 쥐꼬리 접속하는 것보다 유리한 점은 무엇인가?

① 시간이 절약된다.
② 접지사고 우려가 감소한다.
③ 전기저항이 감소한다.
④ 기계적 강도가 크기 때문이다.

전기설비 **Chapter 01 전선 및 전선의 접속**

절연 커넥터(와이어 커넥터)는 금속박스 내에서 전선 접속부의 절연파괴에 의한 누전 및 지락(접지)사고를 방지하기 위해 사용한다.

13. Y결선의 전원에서 각 상전압이 $100[\text{V}]$일 때 선간전압은 약 몇 $[\text{V}]$인가?

① 100
② 150
③ 173
④ 195

전기이론 **Chapter 06 3상 교류회로**

Y결선에서 선간전압은 상전압의 $\sqrt{3}$ 배이다.
$\therefore V_\ell = \sqrt{3}\, V_p = 100\sqrt{3} = 173.2 \fallingdotseq 173[\text{V}]$

14. 유도전동기에서 슬립 $4[\%]$인 경우 등가 부하 저항은 2차 저항의 몇 배인가?

① 5
② 19
③ 20
④ 24

전기기기 **Chapter 04 유도기**

등가 부하 저항: $R = (\frac{1}{s} - 1)r_2 [\Omega]$

여기서, s: 슬립, r_2: 2차 저항

$R = (\frac{1}{0.04} - 1)r_2 = 24r_2$

15. 설비용량 $600[\text{kW}]$, 부등률 1.2, 수용률 0.6일 때 합성 최대 전력$[\text{kW}]$은?

① 240
② 300
③ 432
④ 833

전기설비 **Chapter 05 저압 전기설비 보호**

합성 최대 전력

$P = \dfrac{\sum (\text{설비용량} \times \text{수용률})}{\text{부등률}} = \dfrac{600 \times 0.6}{1.2} = 300[\text{kW}]$

16. L_1, L_2 두 코일이 접속되어 있을 때, 누설자속이 없는 이상적인 코일 간의 상호 인덕턴스는?

① $M = \sqrt{L_1 + L_2}$
② $M = \sqrt{L_1 - L_2}$
③ $M = \sqrt{L_1 L_2}$
④ $M = \sqrt{\dfrac{L_1}{L_2}}$

전기이론 **Chapter 04 전자유도법칙**

결합계수 $k = \dfrac{M}{\sqrt{L_1 L_2}}$ 에서 누설자속이 없으면 결합계수 $k = 1$(완전결합)이 된다.

$\therefore$ 상호 인덕턴스: $M = \sqrt{L_1 L_2}\,[\text{H}]$

17. 어떤 변압기에서 임피던스 강하가 $5[\%]$인 변압기가 운전 중 단락되었을 때 그 단락전류는 정격전류의 몇 배인가?

① 5
② 20
③ 50
④ 200

전기기기 **Chapter 03 변압기**

단락전류

$I_s = \dfrac{100}{\%Z} \times \text{정격전류} = \dfrac{100}{5} \times I_n = 20 I_n [\text{A}]$

여기서, I_n: 정격전류

18. 한국전기설비규정(KEC)에 의하여 애자사용공사를 건조한 장소에 시설하고자 한다. 사용 전압이 $400[\mathrm{V}]$ 이하인 경우 전선과 조영재 사이의 간격은 최소 몇 $[\mathrm{cm}]$ 이상이어야 하는가?

① 2.5   ② 4.5
③ 6.0   ④ 12

> **전기설비** **Chapter 03 옥내배선공사**
>
> 애자공사 시설조건(KEC 232.56.1)
> ㉠ 전선은 절연전선일 것
> ㉡ 전선 상호 간의 간격 : 6[cm] 이상
> ㉢ 전선의 지지점 간의 거리 : 2[m] 이하
>   (단, 400[V] 초과인 경우 : 6[m] 이하)
> ㉣ 전선과 조영재 사이의 간격
>   • 400[V] 이하 : 2.5[cm] 이상
>   • 400[V] 초과 : 4.5[cm] 이상
>   (단, 건조한 장소 : 2.5[cm] 이상)

19. 그림과 같은 회로의 저항값이 $R_1 > R_2 > R_3 > R_4$일 때 전류가 최소로 흐르는 저항은?

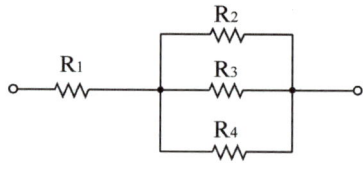

① R_1 ② R_2
③ R_3 ④ R_4

> **전기이론** **Chapter 01 직류회로**
>
> R_1에는 회로 전체 전류가 흐르기 때문에 가장 크고, 이 전류가 R_2, R_3, R_4에 나누어 흐르게 된다. 이때 전류는 저항 크기에 의해 분배되기 때문에 저항이 가장 큰 R_2 측으로 가장 작은 전류가 흐르게 된다.

20. 다음 중 전기 용접기용 발전기로 가장 적당한 것은?

① 직류 분권형 발전기
② 차동 복권형 발전기
③ 가동 복권형 발전기
④ 직류 타여자식 발전기

> **전기기기** **Chapter 01 직류기**
>
> 차동 복권 발전기의 경우 수하특성을 이용하여 용접용으로 사용할 수 있다.

21. 완전 확산면은 어느 방향에서 보아도 무엇이 동일한가?

① 광속   ② 휘도
③ 조도   ④ 광도

> **전기설비** **Chapter 08 전원설비 및 기타설비**
>
> 어느 방향에서 보더라도 동일한 휘도를 가진 반사면 또는 투과면을 완전 확산면이라 한다. 여기서, 휘도는 광원의 단위 면적당 빛의 밝기로 눈부신 정도를 나타낸다.

22. $3[\mathrm{kW}]$의 전열기를 정격 상태에서 20분간 사용하였을 때의 열량은 몇 $[\mathrm{kcal}]$인가?

① 430   ② 520
③ 610   ④ 860

> **전기이론** **Chapter 01 직류회로**
>
> 발열량: $H = 0.24Pt$
> $= 0.24 \times 3 \times 20 \times 60 = 864 ≒ 860 [\mathrm{kcal}]$
> 여기서, P : 소비전력[kw]
> t : 사용시간[s]

23. 다이오드를 사용한 정류회로에서 다이오드를 여러 개 직렬로 연결하여 사용하는 경우의 설명으로 가장 옳은 것은?

① 다이오드를 과전류로부터 보호할 수 있다.
② 다이오드를 과전압으로부터 보호할 수 있다.
③ 부하출력의 맥동률을 감소시킬 수 있다.
④ 낮은 전압 전류에 적합하다.

전기기기 **Chapter 05 정류기**

다이오드 보호방식
㉠ 과전류로부터 다이오드 보호 : 다이오드를 병렬로 추가 접속한다.
㉡ 과전압으로부터 다이오드 보호 : 다이오드를 직렬로 추가접속한다.

24. 철근 콘크리트 주에 완금을 고정시키려면 어떤 밴드를 사용하는가?

① 암 밴드
② 지지선 밴드
③ 래크 밴드
④ 행거 밴드

전기설비 **Chapter 06 전선로 및 배전공사**

① 암 밴드 : 완금을 고정시킬 때 사용
② 지지선 밴드 : 지지선을 고정시킬 때 사용
③ 래크 밴드 : 저압 래크를 고정시킬 때 사용
④ 행거 밴드 : 변압기를 고정시킬 때 사용

25. 다음 중 반도체로 만든 PN 접합은 주로 무슨 작용을 하는가?

① 증폭작용
② 발진작용
③ 정류작용
④ 변조작용

전기이론 **Chapter 05 단상 교류회로**

반도체로 만든 PN 접합은 주로 정류작용을 한다.

26. 효율 80[%], 출력 10[kW]일 때 입력은 몇 [kW]인가?

① 7.5
② 10
③ 12.5
④ 20

전기기기 **Chapter 01 직류기**

효율 $\eta = \dfrac{출력}{입력} \times 100[\%]$ 에서

입력 $= \dfrac{출력}{효율} = \dfrac{10}{0.8} = 12.5[kW]$

27. 보호를 요하는 회로의 전류가 어떤 일정한 값(정정값) 이상으로 흘렀을 때 동작하는 계전기는?

① 과전류 계전기
② 과전압 계전기
③ 차동 계전기
④ 비율 차동 계전기

전기설비 **Chapter 08 전원설비 및 기타설비**

㉠ 과전류 계전기(OCR, Over Current Relay) : 보호 계전기 설정값 이상의 전류가 흘렀을 때 동작하여 차단기를 트립시킨다.
㉡ 과전압 계전기(OVR, Over Voltage Relay) : 보호 계전기 설정값 이상의 전압이 인가되었을 때 동작하여 차단기를 트립시킨다.

28. 묽은 황산(H_2SO_4)용액에 구리(Cu)와 아연(Zn) 판을 넣으면 전지가 된다. 이때 양극($+$)에 대한 설명으로 옳은 것은?

① 구리판이며 수소 기체가 발생한다.
② 구리판이며 산소 기체가 발생한다.
③ 아연판이며 산소 기체가 발생한다.
④ 아연판이며 수소 기체가 발생한다.

전기이론 **Chapter 01 직류회로**

볼타 전지
동판과 아연판을 전선으로 연결하면 아연판에서 발생한 전자는 도선을 따라 동판 측으로 흘러가 동판 표면에서 묽은 황산 중의 수소이론과 반응하여 수소(H_2)를 발생시켜 전류는 동판에서 아연판으로 흘러가게 된다.

29. 직류전동기의 속도 제어 방법 중 광범위한 속도 제어가 가능하고 운전 효율이 좋은 것은?

① 계자제어　　　② 병렬 저항제어
③ 직렬 저항제어　④ 전압제어

> **전기기기** Chapter 01 직류기
>
> 전압제어는 광범위한 속도제어가 가능하고 손실이 적어 효율이 높은 속도제어 방법이다.

30. 다음 중 1차 전지에 해당하는 것은?

① 망간 건전지　　② 니켈-카드뮴 전지
③ 납축 전지　　　④ 리튬 이온 전지

> **전기설비** Chapter 08 전원설비 및 기타설비
>
> ㉠ 1차 전지(충전할 수 없는 전지)
>   : 망간 전지, 알카리·망간 전지, 산화은 전지, 수은 전지, 공기 전지, 리튬 전지 등
> ㉡ 2차 전지(충전할 수 있는 전지)
>   : 납축 전지, 알칼리 전지(니켈-카드뮴 전지)

31. RLC 직렬회로에서 전압과 전류가 동상이 되기 위한 조건은?

① $L = C$　　　　② $\omega LC = 1$
③ $\omega^2 LC = 1$　④ $(\omega LC)^2 = 1$

> **전기이론** Chapter 05 교류회로
>
> ㉠ 직교류회로에서 잔압과 전류의 위상차가 없다는 것은 전체 회로가 공진상태가 되어 순 저항만의 회로가 되었다고 볼 수 있다.
> ㉡ RLC 회로의 임피던스는 아래와 같고
> $Z = R + j(X_L - X_C)$ 여기서 공진상태가 되기 위해서는 임피던스의 허수 즉, 리액턴스 $X = 0$이 되어야 하므로 $X_L = X_C$이 되어야 한다.
> ㉢ 공진조건 $\omega L = \dfrac{1}{\omega C}$에서 이를 정리하면
> $\therefore \omega^2 LC = 1$

32. 변압기 내부 고장 보호에 쓰이는 계전기로서 가장 적당한 것은?

① 차동 계전기　　② 접지 계전기
③ 과전류 계전기　④ 역상 계전기

> **전기기기** Chapter 03 변압기
>
> 차동 계전기
> 피보호설비(또는 구간)에 유입하는 어떤 입력의 크기와 유출되는 출력의 크기 간의 차이가 일정값 이상이 되면 동작하는 계전기로 발전기, 변압기 등의 층간 단락 사고 및 내부 고장보호에 사용된다.

33. 작업면에서 천장까지의 높이가 $3[m]$일 때 직접 조명인 경우의 광원의 높이는 몇 $[m]$인가?

① 1　　　　② 2
③ 3　　　　④ 4

> **전기설비** Chapter 08 전원설비 및 기타설비
>
> 조명기구 간격 및 배치(직접조명의 경우)
>
>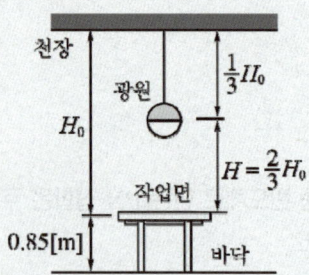
>
> ㉠ 작업면에서 천장까지 높이 : H_0
> ㉡ 등기구와 작업면 사이 간격 : $H = \dfrac{2}{3}H_0$
> ㉢ 등기구 사이의 간격 : $S \leq 1.5H$
> $\therefore H = \dfrac{2}{3}H_0 = \dfrac{2}{3} \times 3 = 2[m]$

34. 대칭 3상 전압에 △결선으로 부하가 구성되어 있다. 3상 중 한 선이 단선되는 경우, 소비되는 전력은 끊어지기 전과 비교하여 어떻게 되는가?

① 3/2으로 증가한다.
② 2/3로 줄어 든다.
③ 1/3로 줄어든다.
④ 1/2로 줄어든다.

전기이론 Chapter 06 3상 교류회로

(a)   (b)

㉠ 정상상태(△결선)에서 소비전력

$$P_\triangle = 3\frac{V^2}{R}\,[\text{W}]$$

㉡ 한 선(b상)이 단선된 경우 소비전력(한 선이 끊어지면 단상 회로가 된다.)

$$P_o = \frac{V^2}{\dfrac{2R \times R}{2R + R}} = \frac{3V^2}{2R}\,[\text{W}]$$

$$\therefore \frac{P_o}{P_\triangle} = \frac{\dfrac{3V^2}{R}}{\dfrac{3V^2}{2R}} = \frac{1}{2}$$

35. 직류기의 3대 요소가 아닌 것은?

① 전기자   ② 계자
③ 공극   ④ 정류자

전기기기 Chapter 01 직류기

㉠ 직류기 3요소 : 전기자, 계자, 정류자
㉡ 교류기 3요소 : 전기자, 계자, 슬립링

36. 저압 개폐기를 생략하여도 무방한 개소는?

① 부하 전류를 끊거나 흐르게 할 필요가 있는 장소
② 인입구, 기타 고장, 점검, 측정, 수리 등에서 개로할 필요가 있는 개소
③ 퓨즈의 전원측으로 분기 회로용 과전류 차단기 이후의 퓨즈가 플러그 퓨즈와 같이 퓨즈 교환 시에 충전부에 접촉될 우려가 없을 경우
④ 퓨즈에 근접하여 설치한 개폐기인 경우의 퓨즈 전원측

전기설비 Chapter 05 저압 전기설비 보호

과전류 차단기 이후 설비 유지보수 시 충전부에 접촉(감전)될 우려가 없는 경우에는 저압 개폐기를 생략하여도 된다.

37. 전류계의 측정범위를 확대시키기 위하여 전류계와 병렬로 접속하는 것은?

① 분류기   ② 배율기
③ 검류기   ④ 전위차계

전기이론 Chapter 01 직류회로

① 분류기 : 분류저항을 전류계와 병렬로 접속하여 전류의 측정범위를 확대시킨다.
② 배율기 : 배율저항을 전압계와 직렬로 접속하여 전압의 측정범위를 확대시킨다.
③ 검류계 : 전기회로의 매우 작은 전류, 전압, 전기량을 측정하는 기구를 말한다.
④ 전위차계 : 일반적으로 전압을 나누는 목적으로 만들어진 가변저항을 말한다.

38. 변압기 유의 열화방지와 관계가 가장 먼 것은?

① 브리더   ② 콘서베이터
③ 불활성 질소   ④ 부싱

전기기기 Chapter 03 변압기

변압기 유의 열화방지를 위해 질소봉입 방식으로 변압기의 활성화를 억제하고 브리더(= 호흡기)가 부착된 콘서베이터를 설치한다.

<참고>
부싱은 변압기 내부의 코일 단자를 외부로 인출할 때 사용되는 것으로 변압기의 외함과 절연을 위해 사용된다.

39. 셀룰로이드, 성냥, 석유류 등 가연성 위험 물질을 제조 또는 저장하는 장소의 저압 옥내배선 공사 방법이 틀린 것은?

① 금속관은 박강 전선관 또는 이와 동등 이상의 전선관을 사용한다.

② 두께 2.0[mm] 미만의 합성수지제 전선관을 사용한다.

③ 배선은 금속관 배선, 합성수지관 배선(두께 2.0[mm] 이상) 또는 케이블 배선을 한다.

④ 합성수지관 배선에 사용하는 합성수지관 및 박스, 기타 부속품은 손상될 우려가 없도록 시설해야 한다.

> **전기설비** Chapter 07 특수설비
>
> 가연성 분진 위험장소(KEC 242.2.2)
> ㉠ 저압 옥내배선 등은 합성수지관 공사, 금속관 공사 또는 케이블 공사에 의할 것
> ㉡ 단, 두께 2[mm] 미만의 합성수지 전선관 및 난연성이 없는 콤바인 덕트관을 사용하는 것을 제외한다.

40. 교류에서 파형률은?

① 파형률 = 최댓값 / 실횻값

② 파형률 = 실횻값 / 평균값

③ 파형률 = 평균값 / 실횻값

④ 파형률 = 최댓값 / 평균값

> **전기이론** Chapter 05 단상 교류회로
>
> ㉠ 파고율 = $\dfrac{최댓값}{실횻값}$ ㉡ 파형률 = $\dfrac{실횻값}{평균값}$

41. 무부하에서 119[V]되는 분권 발전기의 전압변동률이 6[%]이다. 정격전압은 약 몇 [V]인가?

① 110

② 112

③ 122

④ 125

> **전기기기** Chapter 01 직류기
>
> ㉠ 전압변동률 $\epsilon = \dfrac{V_o - V_n}{V_n} \times 100[\%]$
>
> ㉡ 정격전압
>
> $V_n = \dfrac{V_o}{1 + \dfrac{\epsilon}{100}} = \dfrac{119}{1 + \dfrac{6}{100}} = 112.26 \fallingdotseq 112[V]$

42. 다음 중 방수형 콘센트의 심벌은?

① ⬤E   ② ⬤WP

③ ⬤EX   ④ ⬤H

> **전기설비** Chapter 02 배선재료와 공구
>
> ① 접지극붙이 콘센트
> ② 방수형 콘센트
> ③ 방폭형 콘센트
> ④ 의료용 콘센트

43. 그림의 회로에서 전압 100[V]의 교류전압을 가했을 때 전력은?

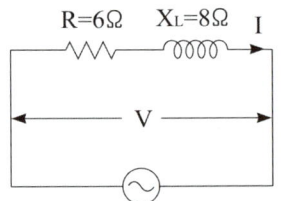

① 10[W]

② 60[W]

③ 100[W]

④ 600[W]

> **전기이론** Chapter 05 단상 교류회로
>
> ㉠ 임피던스의 크기
>
> $|Z| = \sqrt{R^2 + X^2} = \sqrt{6^2 + 8^2} = 10[\Omega]$
>
> ㉡ 부하 전류 $I = \dfrac{V}{Z} = \dfrac{100}{10} = 10[A]$
>
> ∴ 유효전력 $P = I^2 R = 10^2 \times 6 = 600[W]$

44. 3상 전파 정류회로에서 출력전압의 평균전압값은? (단, V는 선간 전압의 실횻값이다.)

① 0.45V

② 0.9V

③ 1.17V

④ 1.35V

> **전기기기** Chapter 01 직류회로
>
> 정류방식에 따른 직류전압
> ㉠ 단상 반파 : $E_d = 0.45 E_a$
> ㉡ 단상 전파 : $E_d = 0.9 E_a$
> ㉢ 3상 반파 : $E_d = 1.17 E_a$
> ㉣ 3상 전파 : $E_d = 1.35 E_a$

45. 지지물에 전선 그 밖의 기구를 고정시키기 위해 완목, 완금, 애자 등을 장치하는 것을 무엇이라 하는가?

① 장주   ② 건주
③ 터파기   ④ 전선설치 공사

> **전기설비** Chapter 06 전선로 및 배전공사
>
> ① 장주 : 완목, 완금, 애자 등을 설치
> ② 건주 : 전주 버팀대, 지지선 등을 설치
> ③ 터파기 : 흙을 파내는 것
> ④ 전선설치 공사 : 송전선이나 전화선 등을 공중(가공)에 가설하는 공사

46. 14[C]의 전기량이 이동해서 560[J]의 일을 했을 때 기전력은 얼마인가?

① 40[V]   ② 140[V]
③ 200[V]   ④ 240[V]

> **전기이론** Chapter 01 직류회로
>
> 기전력(전위차) : $V = \dfrac{W}{Q} = \dfrac{560}{14} = 140[V]$

47. 직류기에서 전기자 반작용을 방지하기 위한 보상 권선의 전류 방향은 어떻게 되는가?

① 전기자 권선의 전류 방향과 같다.
② 전기자 권선의 전류 방향과 반대이다.
③ 계자권선의 전류 방향과 같다.
④ 계자권선의 전류 방향과 반대이다.

> **전기기기** Chapter 01 직류기
>
> 전기자 권선에 흐르는 전기자 전류에 의해 발생된 누설자속을 전기자 전류와 반대 방향으로 보상권선에 흐르는 전류에 의한 자속으로 상쇄시켜 공극의 자속분포를 수정할 수 있다.

48. 절연전선을 동일 플로어 덕트 내에 넣을 경우 플로어 덕트 크기는 전선의 피복 절연물을 포함한 단면적의 총 합계가 플로어 덕트 단면적의 몇 [%] 이하가 되도록 선정하여야 하는가?

① 12   ② 22
③ 32   ④ 42

> **전기설비** Chapter 03 옥내배선공사
>
> 플로어 덕트(내선규정 2255−4)
> 절연전선을 동일 플로어 덕트 내에 넣을 경우, 전선의 피복 절연물을 포함한 단면적의 총 합계가 플로어 덕트 내 단면적의 32[%] 이하가 되도록 선정하여야 한다.

49. 전기력선의 성질 중 맞지 않는 것은?

① 전기력선은 양(+)전하에서 나와 음(−)전하에서 끝난다.
② 전기력선의 접선방향이 전장의 방향이다.
③ 전기력선은 도중에 만나거나 끊어지지 않는다.
④ 전기력선은 등전위면과 교차하지 않는다.

> **전기이론** Chapter 02 정전계와 정자계
>
> 전기력선은 등전위면과 수직으로 만난다.

50. 유도전동기의 동기속도 N_s, 회전속도 N일 때 슬립은?

① $s = \dfrac{N_s - N}{N}$ ② $s = \dfrac{N - N_s}{N}$

③ $s = \dfrac{N_s - N}{N_s}$ ④ $s = \dfrac{N_s + N}{N_s}$

> **전기기기** Chapter 04 유도기
>
> 슬립 : $s = \dfrac{N_s - N}{N_s} \times 100[\%]$
>
> 여기서, N_s : 동기속도, N : 회전자속도

51. 일반적으로 특고압 전로에 시설하는 피뢰기의 접지공사는?

① 제1종 접지공사
② 제2종 접지공사
③ 제3종 접지공사
④ 특별 제3종 접지공사

> **전기설비** 한국전기설비규정(KEC) 삭제 문제
>
> 규정 변경 및 삭제(2021.01.01. 기준)

52. 평등자장 내에 있는 도선에 전류가 흐를 때 자장의 방향과 어떤 각도로 되어 있으면 작용하는 힘이 최대가 되는가?

① 30°   ② 45°
③ 60°   ④ 90°

> **전기이론** Chapter 03 전류의 자기현상
>
> ㉠ 플레밍의 왼손 법칙에 의한 전자력
> $F = IB\ell \sin\theta[N] \propto \sin\theta$ (비례관계)
> ㉡ 전기력은 $\theta = 0°$일 때 최소, $\theta = 90°$일 때 최대가 된다. 여기서, 전기력 F란, 자계 내에 흐르는 전류에 의해 작용하는 힘을 말한다.

53. 복잡한 전기회로를 등가 임피던스를 사용하여 간단히 변화시킨 회로는?

① 유도회로   ② 전개회로
③ 등가회로   ④ 단순회로

> **전기기기** Chapter 03 변압기
>
> 등가회로
> 복잡하고 비선형적으로 구성된 회로를 해석이 용이하게 등가 임피던스를 이용하여 간단하게 표현한 회로로 전압, 전류, 전력 등을 계산할 수 있다.

54. 조명 기구를 배광에 따라 분류하는 경우 특정한 장소만을 고조도로 하기 위한 조명 기구는?

① 광천장 조명 기구
② 직접 조명 기구
③ 전반 확산 조명 기구
④ 반직접 조명 기구

> **전기설비** Chapter 08 전원설비 및 기타설비
>
> ㉠ 배광에 의한 분류
>
> | 조명 | 직접 | 반직접 | 전반확산 |
> |---|---|---|---|
> | 상향 광속 | 0~10% | 10~40% | 40~60% |
> | 등기구 | | | |
> | 하향 광속 | 100~90% | 90~60% | 60~40% |
> | 적용 장소 | 공장, 다운라이트, 천장매입 | 사무실, 학교, 상점 | 사무실, 학교, 상점 |
>
> | 조명 | 반간접 | 간접 |
> |---|---|---|
> | 상향 광속 | 60~90% | 90~100% |
> | 등기구 | | |
> | 하향 광속 | 40~10% | 10~0% |
> | 적용 장소 | 병원, 침실, 다방·바 | 병원, 침실, 다방·바 |
>
> ㉡ 직접 조명(Direct Lighting)
> 광원으로부터 빛이 대부분 작업면에 직접 조사되는 조명방식을 말한다.

55. 그림에서 a-b 간의 합성 정전용량은?

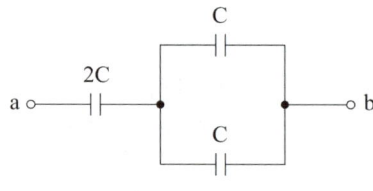

① C   ② 2C
③ 3C   ④ 4C

> **전기이론** Chapter 02 정전계와 정자계
>
> 병렬로 접속된 C를 합성하면 다음과 같다.
>
> $$\therefore \text{합성 정전용량 : } C_{ab} = \frac{2C \times 2C}{2C + 2C} = C$$

56. 정격 속도에 비하여 기동 회전력이 가장 큰 전동기는?

① 타여자기   ② 직권기
③ 분권기   ④ 복권기

> **전기기기**   Chapter 01 직류기
>
> 직권전동기 $T \propto I_a^2 \propto \dfrac{1}{N^2}$
>
> 직권전동기의 경우 토크가 전류의 제곱에 비례하므로 기동 회전력이 크다.

57. 저압 수전 방식 중 단상 3선식은 평형이 되는 게 원칙이지만 부득이한 경우 설비 불평형률은 몇 [%] 이내로 유지해야 하는가?

① 10   ② 20
③ 30   ④ 40

> **전기설비**   Chapter 05 저압 전기설비보호
>
> 허용 설비 불평형률(내선규정)
> ㉠ 단상 : 40[%] 이하
> ㉡ 3상 : 30[%] 이하

58. 자기저항의 단위는?

① AT/m   ② Wb/AT
③ AT/Wb   ④ Ω/AT

> **전기이론**   Chapter 03 전류의 자기현상
>
> 자기회로 공식
> ㉠ 기자력 : $F = IN[\mathrm{AT}]$
> ㉡ 자기저항 : $R_m = \dfrac{\ell}{\mu S} = \dfrac{F}{\phi}$ [AT/Wb]
> ㉢ 옴의법칙 : $\phi = \dfrac{F}{R_m} = \dfrac{IN}{\dfrac{\ell}{\mu S}} = \dfrac{\mu SNI}{\ell}$ [Wb]

59. E종 절연물의 최고 허용온도는 몇 [℃]인가?

① 40   ② 60
③ 120   ④ 125

> **전기기기**   Chapter 03 변압기
>
> 절연물의 절연에 따른 허용온도의 종별 구분
> Y종(90℃), A종(105℃), E종(120℃), B종(130℃),
> F종(150℃), H종(180℃), C종(180℃ 초과)

60. 제1종 접지공사의 접지선의 굵기로 알맞은 것은? (단, 공칭단면적으로 나타내며, 연동선의 경우이다.)

① 0.75[mm²] 이상   ② 2.5[mm²] 이상
③ 6[mm²] 이상   ④ 16[mm²] 이상

> **전기설비**   한국전기설비규정(KEC) 삭제 문제
>
> 규정 변경 및 삭제(2021.01.01. 기준)

정답

01	②	02	②	03	②	04	②	05	④
06	①	07	③	08	④	09	③	10	①
11	③	12	②	13	③	14	④	15	②
16	③	17	②	18	②	19	③	20	②
21	②	22	②	23	②	24	①	25	③
26	③	27	①	28	②	29	④	30	①
31	③	32	①	33	②	34	④	35	③
36	②	37	①	38	②	39	②	40	②
41	②	42	②	43	④	44	④	45	①
46	②	47	②	48	③	49	④	50	③
51	①	52	②	53	②	54	②	55	①
56	②	57	④	58	③	59	③	60	③

2019년 제3회

※ 본 교재에 수록된 모든 문제는 CBT 기출복원문제로서, 수험생의 기억에 따라 복원된 것이며, 실제 기출문제와 동일하지 않을 수 있습니다.

01. 서로 가까이 나란히 있는 두 도체에 전류가 반대 방향으로 흐를 때 각 도체 간에 작용하는 힘은?

① 흡인한다.
② 반발한다.
③ 흡인과 반발을 되풀이 한다.
④ 처음에는 흡인하다가 나중에는 반발한다.

> **전기이론** Chapter 03 전류의 자기현상
>
> 평형 도선 사이의 작용력(전자력)
> ㉠ 전자력 : $f = \dfrac{2I_1 I_2}{d} \times 10^{-7}\,[\text{N/m}]$
> 여기서, d : 두 도선 간의 거리[m]
> ㉡ 두 도체의 전류가 같은 방향 : 흡인력
> ㉢ 두 도체의 전류가 반대 방향 : 반발력

02. 단상 유도 전압조정기의 단락권선의 역할은?

① 철손 경감   ② 절연 보호
③ 전압 조정 용이   ④ 전압강하 경감

> **전기기기** Chapter 04 유도기
>
> 단상 유도 전압조정기에 사용되는 단락권선은 전압강하 경감을 목적으로 사용된다.

03. 지지선의 중간에 넣는 애자는?

① 저압 핀 애자   ② 구형 애자
③ 인류 애자   ④ 내장 애자

> **전기설비** Chapter 06 전선로 및 배전공사
>
> ① 핀 애자 : 직선 가공전선로에 사용
> ② 구형 애자 : 지지선 중간에 설치하는 애자
> ③ 인류 애자 : 전선로의 인류 개소(끝부분)
> ④ 내장 애자 : 가공전선로 지지물의 지지물 간 거리차가 큰 부분에 사용

04. $R = 4\,[\Omega]$, $X_L = 15\,[\Omega]$, $X_C = 12\,[\Omega]$ 의 RLC 직렬회로에 $100\,[\text{V}]$의 교류전압을 가할 때 전류와 전압의 위상차는 약 얼마인가?

① 0°   ② 37°
③ 53°   ④ 90°

> **전기이론** Chapter 05 단상 교류회로
>
> ㉠ 임피던스
> $\dot{Z} = R + j(X_L - X_C) = 4 + j(15 - 12)$
> $= 4 + j3 = \sqrt{4^2 + 3^2}\,\angle \tan^{-1}\dfrac{3}{4} = 5\angle 37°\,[\Omega]$
> ㉡ 전류
> $I = \dfrac{V}{Z} = \dfrac{100}{5\angle 37°} = 20\angle -37°\,[\text{A}]$
> ∴ 전류는 전압보다 위상이 37° 느리다.

05. 직류기에 있어서 불꽃 없는 정류를 얻는게 가장 유효한 방법은?

① 보극과 탄소브러시
② 탄소브러시와 보상권선
③ 보극과 보상권선
④ 자기포화와 브러시 이동

> **전기기기** Chapter 01 직류기
>
> 직류기의 정류시 불꽃 없는 정류를 하기 위해 보극과 탄소브러시를 사용한다.

06. 무효전력을 조정하는 전기기계기구는?

① 무효전력 보상설비   ② 개폐설비
③ 차단설비   ④ 보상설비

> **전기설비** Chapter 08 전원설비 및 기타설비
>
> 무효전력 보상설비
> 기계적으로 무부하 운전을 하면서 여자전류를 가감하여 무효전력의 조정을 통하여 전압조정이나 역률 등을 개선하여 전력손실을 경감시키기 위해 설치한 회전기기를 말한다.

07. RL 직렬회로의 시정수 $\tau[s]$는 어떻게 되는가?

① $\dfrac{R}{L}$

② $\dfrac{L}{R}$

③ RL

④ $\dfrac{1}{RL}$

전기이론 Chapter 05 단상 교류회로

㉠ RL 직렬회로의 시정수 : $\tau = \dfrac{L}{R}[s]$

㉡ RC 직렬회로의 시정수 : $\tau = RC[s]$

08. 교류 전압의 실횻값이 200V일 때 단상 반파 정류에 의하여 발생하는 직류 전압의 평균값은 약 몇 [V]인가?

① 45

② 90

③ 105

④ 110

전기기기 Chapter 05 정류기

단상 전파 정류: $E_d = 0.45 E_a \ [V]$

$E_d = 0.45 \times 200 = 90[V]$

<참고>

• 단상 반파: $E_d = 0.45 E_a \ [V]$

• 단상 전파: $E_d = 0.9 E_a \ [V]$

• 3상 반파: $E_d = 1.17 E_a \ [V]$

• 3상 전파: $E_d = 1.35 E_a \ [V]$

09. 고압 전로에 접속된 콘덴서를 개방한 후 잔류되어 있는 충전전하에 의한 감전사고를 방지하기 위하여 설치하는 것은?

① 방전 코일

② 직렬 리액터

③ 차단기

④ 단로기

전기설비 Chapter 08 전원설비 및 기타설비

방전 코일 설치 목적

㉠ 잔류전하를 방전시켜 인체 감전 방지

㉡ 콘덴서 투입 시 과전압 방지

10. 선간전압이 13,200[V], 선전류가 800[A], 역률 80[%]인 3상 부하의 소비전력[kW]은?

① 약 4,878

② 약 8,448

③ 약 14,632

④ 약 25,344

전기이론 Chapter 06 3상 교류회로

소비전력(= 유효전력 = 평균전력)

$P = \sqrt{3} \, VI\cos\theta = \sqrt{3} \times 13,200 \times 800 \times 0.8 \times 10^{-3}$

$\quad = 14,632.36 \fallingdotseq 14,632 \, [kW]$

11. 전기자 저항 0.1[Ω], 전기자 전류 104[A], 유도기전력 110.4[V]인 직류 분권발전기의 단자 전압은 몇 [V]인가?

① 98V

② 100V

③ 102V

④ 105V

전기기기 Chapter 01 직류기

분권발전기의 유기기전력: $E_a = V_n + I_a \cdot r_a[V]$

여기서, V_n : 단자전압, I_a: 전기자전류, r_a: 전기자저항

$V_n = E_a - I_a \cdot r_a = 110.4 - 104 \times 0.1 = 100[V]$

12. 고압 또는 특고압 가공전선로에서 공급을 받는 수용장소의 인입구 또는 이와 근접한 곳에 시설해야 하는 것은?

① 계기용 변성기

② 과전류 계전기

③ 접지 계전기

④ 피뢰기

전기설비 Chapter 08 전원설비 및 기타설비

피뢰기

㉠ 발전소, 변전소 또는 이에 준하는 장소의 가공전선 인입구 및 인출구

㉡ 가공전선로에 접속되는 배전용 변압기의 고압 및 특고압측

㉢ 고압 및 특고압 가공전선로부터 공급받는 수용장소의 인입구

㉣ 가공전선로와 지중전선로가 접속되는 곳

13. 비오 – 사바르(Biot – Savart)의 법칙과 가장 관계가 깊은 것은?

① 전류가 만드는 자장의 세기
② 전류와 전압의 관계
③ 기전력과 자계의 세기
④ 기전력과 자속의 변화

전기이론　Chapter 03 전류의 자기현상

비오 – 사바르의 법칙과 앙페르의 법칙은 전류에 대해서 발생되는 자계(자기장)의 세기를 구하는 법칙이다.

14. 분권 발전기는 잔류 자속에 의해서 잔류 전압을 만들고 이때 여자 전류가 전류 자속을 증가시키는 방향으로 흐르면, 여자 전류가 점차 증가하면서 단자 전압이 상승하게 된다. 이러한 현상을 무엇이라 하는가?

① 자기 포화　　② 여자 조절
③ 보상 전압　　④ 전압 확립

전기기기　Chapter 01 직류기

자여자 발전기인 분권 발전기는 잔류 자속을 이용하여 기전력을 발생시켜 이때 흐르는 전류의 일부가 여자 전류가 되어 잔류 자속을 증가시키는 과정이 반복적으로 나타나며 단자 전압이 상승하게 되는데 이를 전압 확립이라 한다.

15. 링 리듀서의 용도는?

① 박스 내의 전선 접속에 사용
② 로크아웃 직경이 접속하는 금속관보다 큰 경우 사용
③ 로크아웃 구멍을 막는 데 사용
④ 로크너트를 고정하는 데 사용

전기설비　Chapter 03 옥내배선공사

링 리듀서
금속관을 아웃트렛 박스의 로크아웃에 취부할 때 로크아웃 구멍이 관의 구멍보다 클 때 보조적으로 사용한다.

16. 무한장 직선 도체에 전류를 흘릴 때 $10[\text{cm}]$ 떨어진 점의 자계의 세기가 $2[\text{AT/m}]$라면 전류의 크기는 약 몇 $[\text{A}]$인가?

① 1.26　　　　② 2.16
③ 2.84　　　　④ 3.14

전기이론　Chapter 03 전류의 자기현상

무한장 직선전류에 의한 자계의 세기

$H = \dfrac{I}{2\pi r}[\text{AT/m}]$에서 전류는

$\therefore I = 2\pi r H = 2\pi \times 0.1 \times 2 = 1.26[\text{A}]$

17. 동기 발전기의 병렬운전에 필요한 조건이 아닌 것은?

① 기전력의 주파수가 같을 것
② 기전력의 크기가 같을 것
③ 기전력의 용량이 같을 것
④ 기전력의 위상이 같을 것

전기기기　Chapter 02 동기기

3상 동기 발전기의 병렬운전 조건
㉠ 유기기전력의 크기가 같을 것
㉡ 유기기전력의 위상이 같을 것
㉢ 유기기전력의 주파수가 같을 것
㉣ 유기기전력의 파형 및 상회전 방향이 같을 것

18. 전압 $22.9\text{kV} - \text{y}$ 이하의 배전선로에서 수전하는 설비의 피뢰기 정격전압은 몇 $[\text{kV}]$로 적용하는가?

① $18[\text{kV}]$　　② $24[\text{kV}]$
③ $144[\text{kV}]$　　④ $288[\text{kV}]$

전기설비　Chapter 08 전원설비 및 기타설비

피뢰기 정격전압

전력계통	피뢰기 정격전압[kV]	
전압[kV]	변전소	배전선로
345	288	–
154	144	–
66	72	–
22	24	–
22.9	21	18
6.6	7.5	7.5
3.3	7.2	7.5

19. 그림과 같은 RL 병렬회로에서 $R = 25\,[\Omega]$, $\omega L = \dfrac{100}{3}\,[\Omega]$일 때, 200 [V]의 전압을 가하면 코일에 흐르는 전류 $I_L\,[\mathrm{A}]$은?

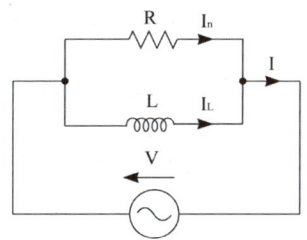

① 3.0

② 4.8

③ 6.0

④ 8.2

> **전기이론** Chapter 05 단상 교류회로
>
> 병렬접속 시 전압은 일정하기 때문에 R과 L의 단자전압은 V가 된다.
>
> $$\therefore \; I_L = \frac{V}{X_L} = \frac{V}{\omega L} = \frac{200}{\dfrac{100}{3}} = 6\,[\mathrm{A}]$$

20. 동기기의 전기자 권선법이 아닌 것은?

① 전절권

② 분포권

③ 2층권

④ 중권

> **전기기기** Chapter 02 동기기
>
> 현재 동기기의 전기자 권선법은 고조파를 제거하여 파형을 개선하기 위해 집중권 및 전절권을 사용하지 않고 분포권 및 단절권을 사용한다.

21. 전자 개폐기에 부착하여 전동기의 소손 방지를 위하여 사용되는 것은?

① 퓨즈

② 열동 계전기

③ 배선용 차단기

④ 수은 계전기

> **전기설비** Chapter 05 저압 전기설비 보호
>
> 열동 계전기(THR, thermal relay)
> 바이메탈을 사용하여 전동기의 과부하로부터 보호해주는 계전기로 전자접촉기(MC)와 결합하여 사용한다.

22. 공기 중에서 전하로부터 3×10^{-7}[C]인 10[cm] 떨어진 점의 전위[V]는?

① 3×10^{2}

② 27×10^{-3}

③ 27×10^{3}

④ 3×10^{-2}

> **전기이론** Chapter 02 정전계와 정자계
>
> 전위: $V = \dfrac{Q}{4\pi\epsilon_0 r} = 9 \times 10^9 \times \dfrac{Q}{r}$
>
> $$= 9 \times 10^9 \times \frac{3 \times 10^{-7}}{0.1} = 27 \times 10^3\,[\mathrm{V}]$$

23. 변압기 권선과 철심의 건조법이 아닌 것은?

① 열풍법

② 단락법

③ 반환부하법

④ 진공법

> **전기기기** Chapter 03 변압기
>
> ㉠ 변압기의 권선과 철심을 건조함으로써 습기를 없애고 절연을 향상시킬 수 있는데 건조방법에는 열풍법, 단락법, 진공법이 있다.
> ㉡ 반환부하법은 온도시험이다.

24. 계기용 변압기의 2차측 단자에 접속하는 기기는?

① 과전류 계전기

② 전압계

③ 전류계

④ 지락 계전기

> **전기설비** Chapter 08 전원설비 및 기타설비
>
> ㉠ 계기용 변압기(PT) 2차측 접속 기기 : 전압계, 부족전압 계전기, 과전압 계전기
> ㉡ 변류기(CT) 2차측 접속 기기 : 전류계, 과전류 계전기, 지락 과전류 계전기

25. 콘덴서의 정전용량에 대한 설명으로 틀린 것은?

① 전압에 반비례한다.

② 이동 전하량에 비례한다.

③ 극판의 넓이에 비례한다.

④ 극판의 간격에 비례한다.

> **전기이론** Chapter 02 정전계와 정자계
>
> 평행판 콘덴서의 용량은 $C = \dfrac{\epsilon S}{d}$ 이므로 넓이 S에 비례하고 간격 d에 반비례한다.

26. 3상 유도전동기의 1차 입력 60[kW], 1차 손실 1[kW], 슬립 3[%]일 때 기계적 출력[kW]은?

① 62 ② 60

③ 59 ④ 57

27. 피시 테이프(fish tape)의 용도는?

① 전선을 테이핑하기 위해서 사용

② 전선관의 끝마무리를 위해서 사용

③ 전선관에 전선을 넣을 때 사용

④ 합성수지관을 구부릴 때 사용

28. 자기 인덕턴스가 각각 L_1과 L_2인 2개의 코일이 직렬로 가동접속 되었을 때, 합성 인덕턴스는? (단, 자기력선에 의한 영향을 서로 받는 경우이다.)

① $L = L_1 + L_2 - M$

② $L = L_1 + L_2 - 2M$

③ $L = L_1 + L_2 + M$

④ $L = L_1 + L_2 + 2M$

29. 3상 유도전동기의 회전방향을 바꾸기 위한 방법은?

① 3상의 3선 접속을 모두 바꾼다.

② 3상의 3선 중 2선의 접속을 바꾼다.

③ 3상의 3선 중 1선에 리액턴스를 연결한다.

④ 3상의 3선 중 2선에 같은 리액턴스를 연결한다.

30. 건물의 모서리(직각)에서 가요 전선관을 박스에 연결할 때 필요한 접속기는?

① 스플릿 박스 커넥터

② 앵글 박스 커넥터

③ 플렉시블 커플링

④ 콤비네이션 커플링

31. 교류 220[V], 40[W]의 형광등에 흐르는 전류가 0.2[A]이고 소비전력이 35[W]였다면 역률은 약 얼마인가?

① 0.85 ② 0.75

③ 0.9 ④ 0.8

32. 동기기에서 사용되는 절연재료로 B종 절연물의 온도상승한도는 약 몇 [℃]인가? (단, 기준온도는 공기 중에서 40[℃]이다.)

① 65
② 75
③ 90
④ 120

전기기기 Chapter 02 동기기

㉠ B종 절연물의 허용온도 : 130[℃]
㉡ 기준온도 : 40[℃]
∴ 온도상승한도 = 절연물 허용온도－기준온도
= 130－40＝90[℃]

33. 전선에 안전하게 흘릴 수 있는 최대 전류를 무엇이라 하는가?

① 과전 전류
② 전도 전류
③ 허용 전류
④ 맥동 전류

전기설비 Chapter 01 전선 및 전선의 접속

허용 전류
전선에서 안전하게 흘릴 수 있는 전류의 한도를 말하며, 주위온도와 공사방법에 따라 그 크기가 달라진다.

34. 전력선의 일반적인 성질로서 틀린 것은?

① 전기력선의 접선방향은 그 점의 전계의 방향과 일치한다.
② 전력선은 전위가 높은 점에서 낮은 점으로 향한다.
③ 전기력선 밀도는 전계의 세기와 무관하다.
④ 두 개의 전기력선은 교차하지 않으며, 그 자신만으로 폐곡선이 되는 일은 없다.

전기이론 Chapter 02 정전계와 정자계

전기력선의 방향은 그 점의 전계의 방향과 같으며, 전기력선의 밀도는 그 점에서 전계의 세기와 같다.

35. 200[V], 50[Hz], 8극, 15[kW]의 3상 유도전동기에서 전부하 회전수가 720[rpm]이면 이 전동기의 2차 효율은 몇 [%]인가?

① 86
② 96
③ 98
④ 100

전기기기 Chapter 04 유도기

㉠ 동기속도 : $N_s = \dfrac{120f}{P_{극수}} = \dfrac{120 \times 50}{8} = 750$
㉡ $P_2 : P_{2c} : P_o = 1 : s : 1-s$
㉢ 2차효율 $\eta_2 = \dfrac{출력}{2차\ 입력} \times 100 = \dfrac{P_o}{P_2} \times 100$
$= (1-s) \times 100 = \dfrac{N}{N_s} \times 100$
$\therefore \eta_2 = \dfrac{N}{N_s} \times 100 = \dfrac{720}{750} \times 100 = 96[\%]$

36. 일반적으로 학교 건물이나 은행 건물 등의 간선의 수용률은 얼마인가?

① 50[%]
② 60[%]
③ 70[%]
④ 80[%]

전기설비 Chapter 05 저압 전기설비 보호

간선의 전선 굵기(내선규정 3315－8)

종류	수용률
주택, 기숙사, 여관, 호텔, 병원, 창고	50[%]
학교, 사무실, 은행	70[%]

37. 물질에 따라 자석에 반발하는 물체를 무엇이라 하는가?

① 비자성체
② 상자성체
③ 반자성체
④ 가역성체

전기이론 Chapter 03 전류의 자기현상

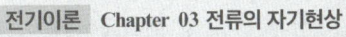
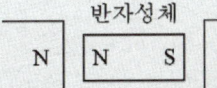

반자성체는 외부 N극 방향으로 N극이, 외부 S극 방향으로 S극이 되는 자성체이다. 따라서 자성체는 반발력을 갖는다.

38. 변압기의 손실에 해당되지 않는 것은?

① 동손　　　② 와전류손

③ 히스테리시스손　　　④ 기계손

> **전기기기** **Chapter 03 변압기**
>
> ㉠ 기계손 : 발전기, 전동기 등의 회전하는 설비에서 발생되는 손실
> ㉡ 변압기 손실
> · 무부하손 : 철손(히스테리시스손+와류손)
> · 부하손 : 동손

39. 전시회나 쇼, 공연장 등의 전기설비는 옥내배선이나 이동 전선인 경우 사용 전압이 몇 [V] 이하이어야 하는가?

① 100[V] 이하　　　② 200[V] 이하

③ 300[V] 이하　　　④ 400[V] 이하

> **전기설비** **Chapter 07 특수설비**
>
> 전시회, 쇼 및 공연장의 전기설비(KEC 242.6)
> 무대, 무대마루 밑, 오케스트라 박스, 영사실 기타 사람이나 무대 도구가 접촉할 우려가 있는 곳에 시설하는 저압 옥내배선, 전구선 또는 이동전선은 사용전압이 400[V] 이하이어야 한다.

40. 전기분해를 하면 석출되는 물질의 양은 통과한 전기량에 관계가 있다. 이것을 나타낸 법칙은?

① 옴의 법칙　　　② 쿨롱의 법칙

③ 앙페르의 법칙　　　④ 패러데이의 법칙

> **전기이론** **Chapter 01 직류회로**
>
> 패러데이 법칙: $W = KQ = KIt[g]$
> 여기서, W : 석출된 물질의 양　Q : 전기량[C]
> 　　　　I : 전류[A]　t : 통전 시간[s]
> 　　　　K : 전기 화학당량

41. 다음 중 단락비가 큰 동기 발전기를 설명하는 것으로 옳은 것은?

① 동기 임피던스가 작다.

② 단락 전류가 작다.

③ 전기자 반작용이 크다.

④ 전압 변동률이 크다.

> **전기기기** **Chapter 02 동기기**
>
> 단락비가 큰 기기의 특징
> ㉠ 동기 임피던스가 작다(단락전류가 크다).
> ㉡ 전기자 반작용이 작다.
> ㉢ 전압 변동률이 작다.
> ㉣ 공극이 크다.
> ㉤ 안정도가 높다.
> ㉥ 철손이 크다.
> ㉦ 효율이 낮다.
> ㉧ 가격이 높다.
> ㉨ 송전선의 충전용량이 크다.

42. 합성수지 전선관을 직각 구부리기 할 때 굽힘 반지름은 얼마 이상인가? (단, 전선관 안지름은 18[mm], 바깥지름은 22[mm]이다.)

① 119　　　② 108

③ 121　　　④ 115

> **전기설비** **Chapter 03 옥내배선공사**
>
> $$r = 6d + \frac{D}{2} = 6 \times 18 + \frac{22}{2} = 119[\text{mm}]$$
>
> 여기서, d : 안지름, D : 바깥지름

43. 복소수에 대한 설명으로 틀린 것은?

① 실수부와 허수부로 구성된다.

② 허수를 제곱하면 음수가 된다.

③ 복소수 $A = a + jb$ 의 형태로 표시한다.

④ 거리와 방향을 나타내는 스칼라 양으로 표시한다.

> **전기이론** **Chapter 05 단상 교류회로**
>
> 거리(크기)와 방향을 나타내는 것은 벡터이고, 크기만 나타내는 것을 스칼라라 한다.

44. 정격이 10,000[V], 500[A], 역률 90[%]의 3상 동기발전기의 단락전류 I_s[A]는? (단, 단락비는 1.3으로 하고, 전기자저항은 무시한다.)

① 450   ② 550

③ 650   ④ 750

> **전기기기** Chapter 02 동기기
>
> 단락비 : $K_s = \dfrac{I_s}{I_n}$
>
> 여기서, I_s : 단락전류, I_n : 정격전류
>
> ∴ 단락전류: $I_s = K \times I_n = 1.3 \times 500 = 650$[A]

45. 다음 중 과전류 차단기를 설치하는 곳은?

① 간선의 전원측 전선
② 접지공사의 접지선
③ 접기공사를 한 저압 가공 전선의 접지측 전선
④ 다선식 전로의 중성선

> **전기설비** Chapter 05 저압 전기설비 보호
>
> 분기회로의 시설(KEC 212.6.5)
> ㉠ 분기회로의 과전류 차단기는 각 극에 시설할 것
> ㉡ 단, 다선식 전로의 중성극 및 접지측 도체의 극을 제외한다.
> ∴ 중성선, 접지선, 접지측 전선에는 차단기 및 퓨즈를 설치해서는 안 된다.

46. Q[C]의 전기량이 도체를 이동하면서 한 일을 W[J]이라 했을 때 전위차 V[V]를 나타내는 관계식으로 옳은 것은?

① $V = QW$ ② $V = \dfrac{W}{Q}$

③ $V = \dfrac{Q}{W}$ ④ $V = \dfrac{1}{QW}$

> **전기이론** Chapter 01 직류회로
>
> 전위차(전압)의 정의식: $V = \dfrac{W}{Q}$ [J/C = V]

47. 10[kW]의 농형 유도전동기를 기동하려고 할 때, 다음 중 가장 적당한 기동 방법은?

① 분상기동형   ② Y−△ 기동법
③ 셰이딩코일형   ④ 기동보상기법

> **전기기기** Chapter 04 유도기
>
> Y−△ 기동은 약 5~15[kW] 정도의 농형 유도전동기에 적용하는 방법이다.

48. 일반적으로 가공전선로의 지지물에 취급자가 오르내리는 데 사용하는 발판 볼트 등은 일반인의 승주를 방지하기 위하여 지표상 몇 [m] 미만에 시설하여서는 안 되는가?

① 0.75   ② 1.2

③ 1.8   ④ 2.0

> **전기설비** Chapter 06 전선로 및 배전공사
>
> 전주 오름 방지(KEC 331.4)
> 가공전선로의 지지물에 취급자가 오르고 내리는 데 사용하는 발판 볼트 등을 지표상 1.8[m] 미만에 시설하여서는 아니 된다.

49. 코일의 자기 인덕턴스는 다음 어느 매개 상수에 따라 변화하는가?

① 도전율   ② 투자율
③ 절연저항   ④ 유전율

> **전기이론** Chapter 02 전자유도법칙
>
> 자기 인덕턴스 $L = \dfrac{\mu S N^2}{\ell}$ [H]이므로 투자율 μ에 의해 변화한다.

50. 동기조상기가 전력용 콘덴서보다 우수한 점은?

① 손실이 적다.

② 보수가 쉽다.

③ 지상 역률을 얻는다.

④ 가격이 싸다.

> **전기기기** Chapter 02 동기기
>
> 동기조상기
> ㉠ 무부하상태에서 회전하는 동기전동기
> ㉡ 과여자 운전 시 : 콘덴서(진상역률)로 작용
> ㉢ 부족여자 운전 시 : 리액터(지상역률)로 작용

51. 가공 케이블 시설 시 조가선에 금속 테이프 등을 사용하여 케이블 외장을 견고하게 붙여 조가하는 경우 나선형으로 금속제 테이프를 감는 간격은 몇 [cm] 이하를 확보하여 감아야 하는가?

① 50 　　　　② 30

③ 20 　　　　④ 10

> **전기설비** Chapter 06 전선로 및 배전공사
>
> 가공케이블의 시설(KEC 332.2)
> ㉠ 케이블은 조가선에 행거로 시설할 것
> ㉡ 고압전선 행거의 간격 : 0.5m 이하
> ㉢ 테이프 사용 시 0.2[m] 이하로 감는다.

52. 자체 인덕턴스 40[mH]의 코일에 10[A]의 전류가 흐를 때 저장되는 에너지[J]는?

① 2 　　　　② 3

③ 4 　　　　④ 8

> **전기이론** Chapter 04 전자유도법칙
>
> 코일의 저장되는 자기에너지
> $$W = \frac{1}{2}LI^2 = \frac{1}{2} \times 40 \times 10^{-3} \times 10^2 = 2\,[\text{J}]$$

53. 다음 중 SCR 기호는?

> **전기기기** Chapter 05 정류기
>
> ① 다이악(DIAC) 기호
> ② 사이리스터(SCR) 기호
> ③ 다이오드 기호
> ④ 제너 다이오드 기호

54. 전선에 압착 단자 접촉 시 사용되는 공구는?

① 와이어 스트리퍼 　　② 프레셔 툴

③ 클리퍼 　　　　　　④ 니퍼

> **전기설비** Chapter 02 배선재료와 공구
>
> 전선에 압착 단자 접촉 시 사용되는 공구는 프레셔 툴이다.

55. 권수가 150인 코일에서 2초간 1[Wb]의 자속이 변화한다면, 코일에 발생 되는 유도 기전력의 크기는 몇 [V]인가?

① 50 　　　　② 75

③ 100 　　　　④ 150

> **전기이론** Chapter 04 전자유도법칙
>
> 유도기전력 $e = -N\dfrac{d\phi}{dt} = -150 \times \dfrac{1}{2} = -75\,[\text{V}]$
>
> 여기서, $-$는 자속변화의 반대 방향을 의미한다.

56. 동기 전동기에서 난조를 방지하기 위하여 자극면에 설치하는 권선을 무엇이라 하는가?

① 제동권선 　　　　② 계자권선

③ 전기자권선 　　　④ 보상권선

> **전기기기** Chapter 02 동기기
>
> 부하가 급변하는 경우 동기 발전기의 회전수가 동기속도 부근에서 진동하는 난조현상이 발생하는데, 이를 방지하기 위해 제동권선을 설치하여 방지한다.

57. 점유 면적이 좁고 운전, 보수에 안전하므로 공장, 빌딩 등의 전기실에 많이 사용되며, 큐비클(cubicle)형이라고 불리는 배전반은?

① 라이브 프런트식 배전반

② 데드 프런트식 배전반

③ 포우스트형 배전반

④ 폐쇄식 배전반

전기설비 Chapter 08 전원설비 및 기타설비

폐쇄식 수배전반(Metal Clad Switchgear)
폐쇄식 배전반은 큐비클 및 메탈 클래더라 하며 차단기, 단로기 등의 전력용 개폐기, 계기용 변성기, 모선, 접속도체 및 감시제어에 필요한 기구로 구성된 집합장치를 말한다.

58. 10[Ω]의 저항과 R[Ω]의 저항이 병렬로 접속되고 10[Ω]의 전류가 5[A], R[Ω]의 전류가 2[A]이면 저항 R[Ω]은?

① 10

② 20

③ 25

④ 30

전기이론 Chapter 01 직류회로

병렬회로에서 10[Ω]과 $R[Ω]$의 단자전압은 동일하므로
$V = 5 \times 10 = 2 \times R$에서
$\therefore R = \dfrac{5 \times 10}{2} = 25[Ω]$

59. 직류 분권 발전기의 병렬운전의 조건에 해당되지 않는 것은?

① 극성이 같을 것

② 단자전압이 같을 것

③ 외부특성곡선이 수하특성일 것

④ 균압모선을 접속할 것

전기기기 Chapter 01 직류기

직류 발전기 병렬운전 조건
① 발전기의 극성이 같을 것
② 정격(단자)전압이 같을 것
③ 외부특성곡선이 일치할 것
　→ 수하특성(용접기, 누설변압기, 차동복권기)
④ 직권 및 복권발전기의 경우 균압(모)선을 접속할 것
　(분권 발전기는 설치하지 않음)

60. 애자 사용 공사에 의한 저압 옥내 배선에서 일반적으로 전선 상호 간의 간격은 몇 [cm] 이상이어야 하는가?

① 2.5

② 6

③ 25

④ 60

전기설비 Chapter 03 옥내배선공사

애자공사 시설조건(KEC 232.56.1)
㉠ 전선은 절연전선일 것
㉡ 전선 상호 간의 간격 : 6[cm] 이상
㉢ 전선의 지지점 간의 거리 : 2[m] 이하
　(단, 400[V] 초과인 경우 : 6[m] 이하)
㉣ 전선과 조영재 사이의 간격
　• 400[V] 이하 : 2.5[cm] 이상
　• 400[V] 초과 : 4.5[cm] 이상
　(단, 건조한 장소 : 2.5[cm] 이상)

정답

01	②	02	④	03	②	04	②	05	①
06	①	07	②	08	②	09	①	10	③
11	②	12	④	13	①	14	④	15	②
16	①	17	③	18	①	19	③	20	①
21	②	22	②	23	③	24	②	25	④
26	④	27	②	28	②	29	②	30	②
31	④	32	③	33	③	34	③	35	②
36	③	37	②	38	④	39	④	40	④
41	①	42	②	43	④	44	③	45	①
46	②	47	②	48	③	49	②	50	③
51	③	52	①	53	②	54	②	55	②
56	①	57	④	58	③	59	④	60	②

※ 본 교재에 수록된 모든 문제는 CBT 기출복원문제로서, 수험생의 기억에 따라 복원된 것이며, 실제 기출문제와 동일하지 않을 수 있습니다.

01. RL 병렬회로의 합성 임피던스$[\Omega]$는? (단, $\omega[\text{rad/s}]$는 이 회로의 각 주파수이다.)

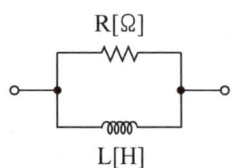

① $R\left(1 + j\dfrac{\omega L}{R}\right)$ ② $R\left(1 - j\dfrac{1}{\omega L}\right)$

③ $\dfrac{R}{\left(1 - j\dfrac{R}{\omega L}\right)}$ ④ $\dfrac{R}{\left(1 + j\dfrac{R}{\omega L}\right)}$

> **전기이론** Chapter 05 단상 교류회로
>
> $Z = \dfrac{1}{\dfrac{1}{R} + \dfrac{1}{j\omega L}} = \dfrac{R}{1 - j\dfrac{R}{\omega L}}$
>
> 여기서, $\dfrac{1}{j} = -j$

02. 철심에 권선을 감고 전류를 흘려서 공극(air gap)에 필요한 자속을 만드는 것은?

① 정류자 ② 계자
③ 회전자 ④ 전기자

> **전기기기** Chapter 01 직류기
>
> ① 정류자 : 교류전력을 직류전력으로 변환하는 정류작용
> ② 계자 : 전류를 흘려 자속을 발생
> ③ 회전자 : 회전하며 기전력 및 회전력을 발생시키는 부분
> ④ 전기자 : 계자에서 발생한 자속을 절단하여 기전력을 유도

03. 지중전선로의 매설 방법이 아닌 것은?

① 암거식 ② 직접 매설식
③ 랭거식 ④ 관로 인입식

> **전기설비** Chapter 06 전선로 및 배전공사
>
> 지중전선로의 시설(KEC 334.1)
> 지중전선로는 전선에 케이블을 사용하고 또한 관로식, 암거식 또는 직접 매설식에 의하여 시설하여야 한다.

04. $R = 5[\Omega]$, $L = 30[\text{mH}]$의 RL 직렬회로에 $V = 200[\text{V}]$, $f = 60[\text{Hz}]$의 교류전압을 가할 때 전류의 크기는 약 몇 $[\text{A}]$인가?

① 8.67 ② 11.42
③ 16.18 ④ 21.25

> **전기이론** Chapter 05 단상 교류회로
>
> ㉠ 유도 리액턴스
> $X_L = \omega L = 2\pi f L = 2\pi \times 60 \times 30 \times 10^{-3}$
> $= 11.3[\Omega]$
> ㉡ 합성 임피던스
> $Z = \sqrt{R^2 + X_L^2} = \sqrt{5^2 + 11.3^2} = 12.36[\Omega]$
> ∴ 전류 $I = \dfrac{V}{Z} = \dfrac{200}{12.36} = 16.18[\text{A}]$

05. 3상 유도전동기의 슬립의 범위는?

① $0 < s < 1$ ② $-1 < s < 0$
③ $1 < s < 2$ ④ $0 < s < 2$

> **전기기기** Chapter 04 유도기
>
> 슬립은 동기속도와 회전자속도의 비로서 크기는 다음과 같다.
> ㉠ 유도전동기 슬립의 범위 : $0 < s < 1$
> ㉡ 유도발전기 슬립의 범위 : $-1 < s < 0$

06. 고압 가공 전선로의 전선의 조 수가 3조일 때 완금의 길이는?

① 1,200[mm]　　② 1,400[mm]
③ 1,800[mm]　　④ 2,400[mm]

전기설비　Chapter 06 전선로 및 배전공사

완금의 표준 길이[mm]

전선의 조 수	특고압	고압	저압
2조	1,800	1,400	900
3조	2,400	1,800	1,400

07. 전원과 부하가 다같이 △결선된 3상 평형회로가 있다. 상전압이 200[V], 부하 임피던스가 $Z = 6 + j8$ [Ω]인 경우 선전류는 몇 [A]인가?

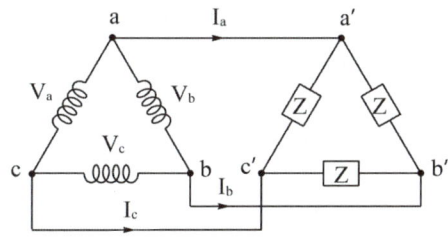

① 20
② $\dfrac{20}{\sqrt{3}}$
③ $20\sqrt{3}$
④ $10\sqrt{3}$

전기이론　Chapter 06 3상 교류회로

㉠ Z를 통과하는 상전류
$$I_p = \frac{V}{Z} = \frac{200}{\sqrt{6^2+8^2}} = \frac{200}{10} = 20[\text{A}]$$
㉡ △결선 시 선전류는 상전류의 $\sqrt{3}$ 배이므로
$$I_\ell = \sqrt{3}\,I_p = 20\sqrt{3}\,[\text{A}]$$

08. 급정지하는 데 가장 좋은 제동법은?

① 발전제동　　② 회생제동
③ 단상제동　　④ 역전제동

전기기기　Chapter 04 유도기

유도전동기의 제동방법
㉠ 역전제동(= 역상제동) : 1차 권선의 3선 중 2선의 접속을 바꾸어 역방향의 회전자계를 발생시켜 급제동하는 방법
㉡ 발전제동 : 회전 중인 유도전동기를 전원으로부터 분리한 후 전원에 직류 전원을 공급하여 발전기로 동작시켜서 제동하는 방식으로 발생된 전류로 역방향의 힘을 발생시켜 제동하고 발생된 전류는 저항에서 열로써 소비하는 방법
㉢ 회생제도 : 유도전동기를 유도발전기로 운전하여 그때 발생된 전력을 전원에 반환하여 제동하는 방법
㉣ 단상제동 : 단상 유도전동기의 2차 저항이 큰 경우는 토크가 제동력이 되는 성질을 나타내므로 이것을 제동토크로 이용하는 방법

09. 절연전선의 피복에 "15[kV] NRV"라고 표시되어 있다. 여기서 NRV는 무엇을 나타내는 약호인가?

① 형광등 전선
② 고무절연 폴리에틸렌 시스 네온전선
③ 고무절연 비닐 시스 네온전선
④ 폴리에틸렌 절연 비닐 시스 네온전선

전기설비　Chapter 01 전선 및 전선의 접속

① FL : 형광방전등용 비닐전선
② NRC : 고무절연 클로로프렌 시스 네온전선
③ NRV : 고무절연 비닐 시스 네온전선
④ NEV : 폴리에틸렌 절연 비닐 시스 네온전선

10. L_1, L_2 두 코일이 접속되어 있을 때, 누설자속이 없는 이상적인 코일 간의 상호 인덕턴스는?

① $M = \sqrt{L_1 + L_2}$ ② $M = \sqrt{L_1 - L_2}$

③ $M = \sqrt{L_1 L_2}$ ④ $M = \sqrt{\dfrac{L_1}{L_2}}$

전기이론 **Chapter 04 전자유도법칙**

결합계수 $k = \dfrac{M}{\sqrt{L_1 L_2}}$ 에서 누설자속이 없으면 결합계수 $k = 1$(완전결합)이 된다.

∴ 상호 인덕턴스: $M = \sqrt{L_1 L_2}$ [H]

11. 동기속도 $1,800[\mathrm{rpm}]$, 주파수 $60[\mathrm{Hz}]$인 동기 발전기의 극수는 몇 극인가?

① 2   ② 4

③ 8   ④ 10

전기기기 **Chapter 02 동기기**

동기속도: $N_s = \dfrac{120f}{P}[\mathrm{rpm}]$

여기서, f : 주파수, P : 극수

∴ 극수: $P = \dfrac{120f}{N_s} = \dfrac{120 \times 60}{1,800} = 4$극

12. 다음 중 고압에 속하는 것은?

① AC $440[\mathrm{V}]$ ② DC $600[\mathrm{V}]$

③ AC $1,200[\mathrm{V}]$ ④ DC $700[\mathrm{V}]$

전기설비 **Chapter 01 전선 및 전선의 접속**

전압의 구분(KEC 111.1)

구분	교류(AC)	직류(DC)
저압	1kV 이하	1.5kV 이하
고압	저압 초과 7kV 이하	
특고압	7kV 초과	

13. 다음 회로의 합성 정전용량$[\mu\mathrm{F}]$은?

① 5   ② 4
③ 3   ④ 2

전기이론 **Chapter 02 정전계와 정자계**

콘덴서의 합성 정전용량

$C = \dfrac{3 \times (2+4)}{3 + (2+4)} = 2\,[\mu\mathrm{F}]$

14. 단상 유도전압조정기의 단락권선의 역할은?

① 절연 보호   ② 철손 경감
③ 전압강하 경감   ④ 전압조정 수월

전기기기 **Chapter 04 유도기**

단상 유도전압조정기에 사용되는 단락권선은 전압강하 경감을 목적으로 사용된다.

15. ACB의 약호는?

① 기중 차단기   ② 유입 차단기
③ 공기 차단기   ④ 단로기

전기설비 **Chapter 08 전원설비 및 기타설비**

차단기 문자 기호(CB, Circuit Breaker)
㉠ ACB(Air CB) : 기중 차단기
㉡ OCB(Oil CB) : 유입 차단기
㉢ ABB(Air Blast CB) : 공기 차단기
㉣ VCB(Vacuum CB) : 진공 차단기
㉤ GCB(Gas CB) : 가스 차단기

16. △결선 V_ℓ(선간전압), V_p(상전압), I_ℓ(선전류), I_p(상전류)의 관계식으로 옳은 것은?

① $V_\ell = \sqrt{3}\, V_p, \qquad I_\ell = I_p$

② $V_\ell = V_p, \qquad I_\ell = \sqrt{3}\, I_p$

③ $V_\ell = \dfrac{1}{\sqrt{3}}\, V_p, \qquad I_\ell = I_p$

④ $V_\ell = V_p, \qquad I_\ell = \dfrac{1}{\sqrt{3}}\, I_p$

전기이론 Chapter 06 3상 교류회로

3상 교류 결선법의 특징

구분	선간전압	선전류
Y결선	$V_\ell = \sqrt{3}\, V_p$	$I_\ell = I_p$
△결선	$V_\ell = V_p$	$I_\ell = \sqrt{3}\, I_p$

17. 동기 전동기의 특성으로 잘못된 것은?

① 일정한 속도로 운전이 가능하다.
② 난조가 발생하기 쉽다.
③ 역률을 조정하기 힘들다.
④ 공극이 넓어 기계적으로 견고하다.

전기기기 Chapter 02 동기기

동기 전동기의 특성
㉠ 역률 1.0으로 운전이 가능
㉡ 다른 기기에 비해 기계적으로 견고하고 효율이 높음
㉢ 여자전류를 변화하여 역률 조정이 가능
㉣ 일정 속도인 동기속도로 회전이 가능하고 난조가 발생하기 쉬움

18. 피뢰시스템에 접지도체가 접속된 경우 접지선의 굵기는 몇 [mm²] 이상이어야 하는가? (단, 접지도체는 구리도체이다.)

① 6 　　　　　 ② 10
③ 16 　　　　　 ④ 22

전기설비 Chapter 04 전로의 절연 및 접지공사

접지도체의 단면적 선정(KEC 142.3.1)
㉠ 큰 고장전류가 접지도체에 흐르지 않을 경우
 • 구리 : 6[mm²] 이상
 • 철제 : 50[mm²] 이상
㉡ 접지도체에 피뢰시스템이 접속된 경우
 • 구리 : 16[mm²] 이상
 • 철제 : 50[mm²] 이상
㉢ 고장 시 고장전류가 안전하게 통전할 경우
 • 구리 : 6[mm²] 이상의 연동선
 • 철제 : 50[mm²] 이상의 연동선

19. 자극의 세기 m [Wb], 자축의 길이 ℓ [m]일 때 자기 모멘트[Wb·m]는?

① $m\ell$ 　　　　　 ② $m\ell^2$

③ $\dfrac{m}{\ell}$ 　　　　　 ④ $\dfrac{\ell}{m}$

전기이론 Chapter 02 정전계와 정자계

㉠ 전기 쌍극자 모멘트 $M = Q\ell$ [C·m]
㉡ 자기 쌍극자 모멘트 $M = m\ell$ [Wb·m]
여기서, ℓ : 서로 극성이 다른 두 전하 Q 또는 두 자하 m 사이의 거리(쌍극자 간의 거리)

20. 2대의 3상 동기 발전기에서 동기임피던스가 각각 5[Ω]이고 유도 기전력 사이에 100[V]의 전압 차이가 있다면 무효 순환 전류는?

① 10[A] 　　　　　 ② 15[A]
③ 20[A] 　　　　　 ④ 25[A]

전기기기 Chapter 02 동기기

무효 순환 전류는 병렬운전 시 두 발전기의 기전력의 크기가 다를 경우 발전기 사이를 순환하는 전류이다.
무효 순환 전류 $I_o = \dfrac{E_A - E_B}{2Z_s} = \dfrac{100}{2 \times 5} = 10$ [A]

21. 인류(끝나는 부분)하는 곳이나 분기하는 곳에 사용하는 애자는?

① 구형 애자　　　　② 가지 애자

③ 새클 애자　　　　④ 현수 애자

전기설비　Chapter 06 전선로 및 배전공사

① 구형 애자 : 지지선 중간에 설치하는 애자
② 가지 애자 : 전선의 방향을 돌릴 때 사용하는 애자
④ 현수 애자 : 인류점(끝나는 부분) 및 분기점 등에 설치하는 애자

22. 공기 중 자장의 세기가 20[AT/m]인 곳에 8×10^{-3}[Wb]의 자극을 놓으면 작용하는 힘[N]은?

① 0.16　　　　② 0.32

③ 0.43　　　　④ 0.56

전기이론　Chapter 02 정전계와 정자계

자기력 $F = mH = 8 \times 10^{-3} \times 20 = 0.16$[N]

23. 다음 중 자기소호 기능이 가장 좋은 소자는?

① SCR　　　　② GTO

③ TRLAC　　　　④ LASCR

전기기기　Chapter 05 정류기

GTO(Gate Turn-Off thyristor)
㉠ SCR의 일종으로서, 게이트에 역방향의 전류를 흐르게 하는 것으로 턴-오프할 수 있다.
㉡ 자기소호능력을 갖는 고내압용 소자로서 초기에 2.5[kV], 최근 6[kV] 등 고전압에 사용되고 있다.

24. 전선 접속 시 사용되는 슬리브(sleeve)의 종류가 아닌 것은?

① E형　　　　② S형

③ D형　　　　④ P형

전기설비　Chapter 01 전선 및 전선의 접속

전선 접속 시 사용되는 슬리브의 종류
E형, S형, P형, B형, 매킹타이어 슬리브 등이 있다.

25. 두 금속을 접속하여 여기에 전류를 흘리면, 줄열 외에 그 접점에서 열의 발생 또는 흡수가 일어나는 현상은?

① 줄 효과　　　　② 홀 효과

③ 제벡 효과　　　　④ 펠티에 효과

전기이론　Chapter 01 직류회로

㉠ 펠티에 효과 : 서로 다른 두 금속을 접속하여 여기에 전류를 흘리면, 줄열 외에 그 접점에서 열의 발생 또는 흡수가 일어나는 현상
㉡ 제벡 효과 : 서로 다른 두 금속을 접속하여 한 접합부에 온도변화를 주면 기전력이 발생하는 현상

26. 수전단 변전소용 변압기 결선에 주로 사용하고 있으며 한 쪽은 중성점을 접지할 수 있고 다른 한쪽은 제3고조파에 의한 영향을 없애주는 장점을 가지고 있는 3상 결선방식은?

① Y-Y　　　　② △-△

③ Y-△　　　　④ V

전기기기　Chapter 03 변압기

Y-△결선방식의 특성
㉠ 1차측 Y결선으로 중성점 접지가 가능
㉡ 2차측 △결선에서 제3고조파의 제거

27. 전선의 공칭단면적에 대한 설명으로 옳지 않은 것은?

① 소선 수와 소선의 지름으로 나타낸다.

② 단위는 [mm²]로 표시한다.

③ 전선의 실제 단면적과 같다.

④ 연선의 굵기를 나타내는 것이다.

전기설비　Chapter 01 전선 및 전선의 접속

㉠ 단선과 연선 모두 전선의 굵기를 공칭단면적으로 나타내며 단위는 [mm²]를 사용한다.
㉡ 전선의 공칭단면적은 전선의 실제 단면적과 같지 않고 근사값을 사용한다.

28. 히스테리시스 곡선에서 가로축과 만나는 점과 관계있는 것은?

① 보자력
② 잔류자기
③ 자속밀도
④ 기자력

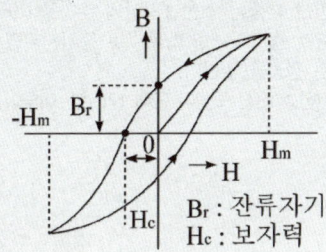
29. 동기 전동기의 계자 전류를 가로축에, 전기자 전류를 세로축으로 하여 나타낸 V곡선에 관한 설명으로 옳지 않은 것은?

① 위상특성곡선이라 한다.
② 부하가 클수록 V곡선은 아래쪽으로 이동한다.
③ 곡선의 최저점은 역률 1에 해당한다.
④ 계자전류를 조정하여 역률을 조정할 수 있다.

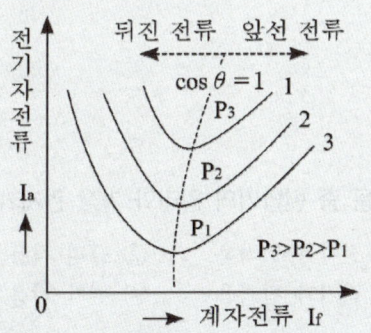
30. 다음 그림기호의 배선 명칭은?

──────────

① 천장 은폐 배선
② 바닥 은폐 배선
③ 노출 배선
④ 바닥면 노출 배선

31. 기전력이 V_0 [V], 내부저항이 r [Ω]인 n 개의 전지를 직렬 연결하였다. 전체 내부저항을 옳게 나타낸 것은?

① $\dfrac{r}{n}$
② nr

③ $\dfrac{r}{n^2}$
④ nr^2

32. 변압기의 무부하 시험, 단락 시험에서 구할 수 없는 것은?

① 동손
② 철손
③ 전압변동률
④ 절연 내력

33. 배전반 및 분전반과 연결된 배관을 변경하거나 이미 설치되어 있는 캐비닛에 구멍을 뚫을 때 필요한 공구는?

① 오스터　　　　　② 녹 아웃 펀치
③ 토치 램프　　　　④ 클리퍼

34. PN 접합의 순방향 저항은 (㉠), 역방향 저항은 매우 (㉡), 따라서 (㉢) 작용을 한다. ㉠~㉢에 들어갈 말로 옳은 것은?

① ㉠ 크고　　㉡ 크다　　㉢ 정류
② ㉠ 작고　　㉡ 크다　　㉢ 정류
③ ㉠ 작고　　㉡ 작다　　㉢ 검파
④ ㉠ 작고　　㉡ 크다　　㉢ 검파

35. 정류회로에서 60[Hz] 3상 전파의 경우 맥동 주파수[Hz]는?

① 360　　　　　　② 180
③ 120　　　　　　④ 60

36. 다음 전선 중 부드럽고 도전율이 커 옥내배선에 사용하는 전선은?

① 연동선　　　　　② 경동선
③ 연선　　　　　　④ 단선

37. 열의 전달 방법이 아닌 것은?

① 복사　　　　　　② 대류
③ 확산　　　　　　④ 전도

38. 다음 중 변압기의 원리와 가장 관계가 있는 것은?

① 전자유도 작용　　② 표피 작용
③ 전기자 반작용　　④ 편자 작용

39. 한 개의 전등을 두 곳에서 점멸할 수 있는 배선으로 옳은 것은?

①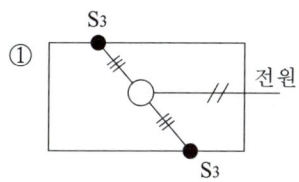

전원

②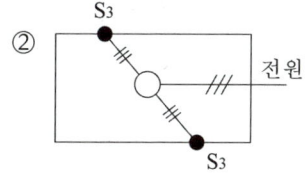

전원

③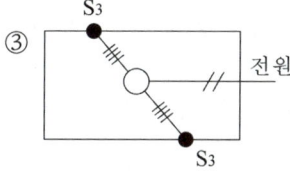

전원

④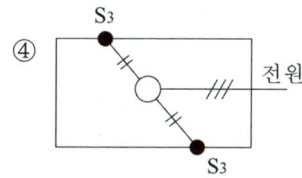

전원

40. 어떤 부하의 피상전력이 5[kVA]이고 무효전력이 3[kVar]일 때 유효전력[kW]은?

① 10   ② 5

③ 4   ④ 3

41. 분권전동기에 대한 설명으로 옳지 않은 것은?

① 토크는 전기자 전류의 자승에 비례한다.
② 부하전류에 따른 속도 변화가 거의 없다.
③ 계자회로에 퓨즈를 넣어서는 안 된다.
④ 계자권선과 전기자권선이 전원에 병렬로 접속되어 있다.

42. 저압 옥내 간선에서 분기하여 전기사용 기계기구에 이르는 저압 옥내 전로에서 저압 옥내 간선과의 분기점에서 전선의 길이가 몇 [m] 이하인 곳에 개폐기 및 과전류차단기를 설치하여야 하는가?

① 2   ② 3
③ 5   ④ 6

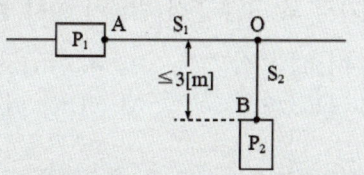

43. 다음 중 자장의 세기에 대한 설명으로 잘못된 것은?

① 자속밀도에 투자율을 곱한 것과 같다.
② 단위자극에 작용하는 힘과 같다.
③ 단위 길이당 기자력과 같다.
④ 수직 단면의 자력선 밀도와 같다.

> **전기이론** Chapter 02 정전계와 정자계
>
> ① 자속밀도 $B = \mu H [\text{Wb/m}^2]$이므로
> $H = \dfrac{B}{\mu} [\text{AT/m}]$가 된다.
> ② 자기력 $F = mH[\text{N}]$에서
> $H = \dfrac{F}{m} [\text{N/Wb}]$가 된다.
> ③ 기자력 $F = IN[\text{AT}]$에서 암페어 법칙에 의한 자계
> $H = \dfrac{NI}{\ell} = \dfrac{F}{\ell} [\text{AT/m}]$가 된다.
> ④ 가우스 법칙에서 수직 단면을 통과하는 자력선의 밀도를 자계의 세기라 한다.
> ∴ 자계의 세기는 자속밀도 B에 투자율 μ를 나누어야 한다.

44. 계기용 변압기의 2차측 단자에 접속하여야 할 것은?

① O.C.R
② 전압계
③ 전류계
④ 전열부하

> **전기기기** Chapter 03 변압기
>
> ㉠ 계기용 변압기(PT, Potential Transformer) : 고전압을 저전압(110V)으로 변성하는 설비로 2차측에 전압계를 설치함
> ㉡ 변류기(CT, Current Transformer) : 대전류를 소전류(5A)로 변성하는 설비로 2차측에 전류계를 설치함

45. 시가지 외 고압 주상 변압기 설치 높이는?

① 4[m] 이상
② 4.5[m] 이상
③ 5[m] 이상
④ 6[m] 이상

> **전기설비** Chapter 06 전선로 및 배전공사
>
> 고압용 기계기구의 시설(KEC 341.8)
> ㉠ 시가지 : 4.5[m] 이상
> ㉡ 시가지 외 : 4[m] 이상

46. 20분간 876,000[J]의 일을 할 때 전력은 몇 [kW]인가?

① 0.73
② 7.3
③ 73
④ 730

> **전기이론** Chapter 01 직류회로
>
> 전력의 정의
> $$P = \frac{W}{t} = \frac{876,000}{20 \times 60} = 730[\text{W}] = 0.73[\text{kW}]$$

47. 직류기에서 보극을 두는 가장 주된 목적은?

① 기동 특성을 좋게 한다.
② 전기자 반작용을 크게 한다.
③ 정류 작용을 돕고 전기자 반작용을 약화시킨다.
④ 전기자 자속을 증가시킨다.

> **전기기기** Chapter 01 직류기
>
> 보극의 설치목적
> ㉠ 전기자 반작용 발생 시 감자 작용 완화
> ㉡ 정류 시 발생하는 전압강하 경감

48. 전선의 접속법에서 두 개 이상의 전선을 병렬로 사용하는 경우의 시설기준으로 틀린 것은?

① 각 전선의 굵기는 구리인 경우 50[mm²] 이상이어야 한다.
② 각 전선의 굵기는 알루미늄인 경우 70[mm²] 이상이어야 한다.
③ 병렬로 사용하는 전선은 각각에 퓨즈를 설치할 것
④ 동극의 각 전선은 동일한 터미널러그에 완전히 접속할 것

> **전기설비** Chapter 01 전선 및 전선의 접속
>
> 병렬접속(KEC 232.3.2)
> 병렬도체 사이에는 부하전류가 균일하게 배분될 수 있도록 조치를 취한다. → 병렬도체를 사용 중 한쪽 도체의 퓨즈가 용단되면 다른 한쪽의 도체에 과부하 전류가 흘러 소손이 발생할 우려가 있다. 따라서 병렬도체에는 차단기 및 퓨즈를 설치해서는 안 된다.

49. 전기분해를 통하여 석출된 물질의 양은 통과한 전기량 및 화학당량과 어떤 관계인가?

① 전기량과 화학당량에 비례한다.
② 전기량과 화학당량에 반비례한다.
③ 전기량에 비례하고 화학당량에 반비례한다.
④ 전기량에 반비례하고 화학당량에 비례한다.

> **전기이론** Chapter 01 직류회로
>
> 패러데이 법칙 $W = KQ = KIt\,[\mathrm{g}]$
> 여기서, W : 석출된 물질의 양
> Q : 전기량[C], I : 전류[A]
> t : 통전 시간[s], K : 전기 화학당량

50. 유도 전동기에서 비례추이를 적용할 수 없는 것은?

① 토크
② 1차 전류
③ 부하
④ 역률

> **전기기기** Chapter 04 유도기
>
> ㉠ 비례추이 가능 : 토크, 1차 전류, 2차 전류, 역률, 동기와트
> ㉡ 비례추이 불가능 : 출력, 2차 동손, 효율

51. 물탱크의 물의 양에 따라 동작하는 자동 스위치는?

① 부동 스위치
② 압력 스위치
③ 타임 스위치
④ 3로 스위치

> **전기설비** Chapter 02 배선재료와 공구
>
> 물탱크의 수위를 조절하는 스위치
> : 부동(float) 스위치, 플로트리스 스위치

52. 평행한 왕복 도체에 흐르는 전류에 의한 작용은?

① 흡인력
② 반발력
③ 회전력
④ 작용력이 없다.

> **전기이론** Chapter 03 전류의 자기현상
>
> 평행 도선에 흐르는 전류에 의한 전자력
> ㉠ 두 도선에 흐르는 전류의 방향이 동일한 경우
>   : 흡인력 발생
> ㉡ 두 도선에 흐르는 전류의 방향이 반대인 경우(왕복 전류)
>   : 반발력 발생

53. 변압기 철심에는 철손을 적게 하기 위하여 철이 몇 [%]인 강판을 사용하는가?

① 약 $50 \sim 55[\%]$
② 약 $60 \sim 70[\%]$
③ 약 $76 \sim 86[\%]$
④ 약 $96 \sim 97[\%]$

> **전기기기** Chapter 03 변압기
>
> 변압기에서 발생하는 철손의 일부분인 히스테리시스손을 감소시키기 위해 규소강판(철 $96 \sim 97\%$, 규소 $3 \sim 4\%$)을 사용한다.

54. 설치 면적과 설치 비용이 많이 들지만 가장 이상적이고 효과적인 진상용 콘덴서 설치 방법은?

① 수전단 모선에 설치한다.
② 수전단 모선에 분산하여 설치한다.
③ 가장 큰 부하측에만 설치한다.
④ 부하측에 분산하여 설치한다.

> **전기설비** Chapter 08 전원설비 및 기타설비
>
> 진상용 콘덴서 설치 방법
> ㉠ 수전단 모선에 집중하여 설치
>   • 장점 : 관리가 용이하고 경제적이다.
>   • 단점 : 역률개선 효과가 가장 작다.
> ㉡ 부하측에 분산하여 설치
>   • 장점 : 역률개선 효과가 크다.
>   • 단점 : 관리가 힘들고 비경제적이다.

55. 변압기 2대를 V결선 했을 때의 이용률은 몇 [%]인가?

① $57.7[\%]$
② $70.7[\%]$
③ $86.6[\%]$
④ $100[\%]$

> **전기이론** Chapter 06 3상 교류회로
>
> V결선의 특징
> ㉠ 출력량 $P_V = \sqrt{3}\,P[\mathrm{kVA}]$
>   여기서, P : 변압기 1대 용량[kVA]
> ㉡ 출력비 $\dfrac{\sqrt{3}\,P}{3P} = \dfrac{\sqrt{3}}{3} = 57.7\%$
> ㉢ 이용률 $\dfrac{\sqrt{3}\,P}{2P} = \dfrac{\sqrt{3}}{2} = 86.6\%$

56. 직류 직권 전동기에서 벨트를 걸고 운전하면 안 되는 가장 큰 이유는?

① 벨트가 벗겨지면 위험 속도로 도달하므로
② 손실이 많아지므로
③ 직결하지 않으면 속도 제어가 곤란하므로
④ 벨트가 마멸 보수가 곤란하므로

> **전기기기** Chapter 01 직류기
>
> 직권전동기는 운전 중 벨트가 벗겨지면 무부하상태가 되어 위험속도에 도달하므로 기어 및 체인을 이용하여 회전력을 전달한다.

57. 알칼리 축전지의 대표적인 축전지로 널리 사용되고 있는 2차 전지는?

① 망간 전지
② 산화은 전지
③ 페이퍼 전지
④ 니켈−카드뮴 전지

> **전기설비** Chapter 08 전원설비 및 기타설비
>
> ㉠ 1차 전지(충전할 수 없는 전지)
>   : 망간 전지, 알카리·망간 전지, 산화은 전지, 수은 전지, 공기 전지, 리튬 전지 등
> ㉡ 2차 전지(충전할 수 있는 전지)
>   : 납축 전지, 알칼리 전지(니켈−카드뮴 전지)

58. RLC 병렬공진회로에서 공진주파수는?

① $\dfrac{1}{\pi\sqrt{LC}}$
② $\dfrac{1}{\sqrt{LC}}$
③ $\dfrac{2\pi}{\sqrt{LC}}$
④ $\dfrac{1}{2\pi\sqrt{LC}}$

> **전기이론** Chapter 05 단상 교류회로
>
> 공진주파수 $f_r = \dfrac{1}{2\pi\sqrt{LC}}$ [Hz]
>
> 여기서, 공진회로 조건 $X_L = X_C$

59. 동기 전동기의 부하각(load angle)은?

① 공급전압 V와 역기전압 E와의 위상각
② 역기전압 E와 부하전류 I와의 위상각
③ 공급전압 V와 부하전류 I와의 위상각
④ 3상 전압의 상전압과 선간전압과의 위상각

> **전기기기** Chapter 02 동기기
>
> 부하각은 동기 전동기의 공급전압 V와 역기전압 E와의 위상각 차이를 나타낸다.

60. 디지털 계전기의 장점이 아닌 것은?

① 점검 중에도 작동을 한다.
② 오동작이 작다.
③ 오차가 작다.
④ 진동에 영향을 받지 않는다.

> **전기설비** Chapter 08 전원설비 및 기타설비
>
> 디지털 계전기의 장점(아날로그와 비교)
> ㉠ 고성능, 다기능화
> ㉡ 수변전반의 소형화
> ㉢ 무접점 타입으로 접점의 신뢰성이 높음
> ㉣ 소비전력이 작아 변성기의 부담이 적음
> ㉤ 고장내역이 저장되기 때문에 운영의 신뢰도가 높음
> ∴ 보호계전기를 점검할 때에는 정전작업을 원칙으로 하므로 점검 중에 작동할 수 없다.

정답

01	③	02	②	03	③	04	③	05	①
06	③	07	③	08	④	09	③	10	①
11	②	12	③	13	④	14	③	15	①
16	②	17	③	18	③	19	①	20	①
21	④	22	①	23	②	24	③	25	④
26	③	27	③	28	①	29	②	30	①
31	②	32	④	33	②	34	④	35	①
36	①	37	③	38	①	39	①	40	①
41	①	42	②	43	①	44	②	45	①
46	①	47	③	48	③	49	①	50	③
51	①	52	②	53	④	54	④	55	③
56	①	57	④	58	④	59	①	60	①

2019년 제1회

2019년 제1회 1회독 2회독 3회독

※ 본 교재에 수록된 모든 문제는 CBT 기출복원문제로서, 수험생의 기억에 따라 복원된 것이며, 실제 기출문제와 동일하지 않을 수 있습니다.

01. 전류계의 측정범위를 확대시키기 위하여 전류계와 병렬로 접속하는 것은?

① 분류기
② 배율기
③ 검류기
④ 전위차계

> **전기이론** Chapter 01 직류회로
>
> ① 분류기 : 분류저항을 전류계와 병렬로 접속하여 전류의 측정범위를 확대시킨다.
> ② 배율기 : 배율저항을 전압계와 직렬로 접속하여 전압의 측정범위를 확대시킨다.
> ③ 검류계 : 전기회로의 매우 작은 전류, 전압, 전기량을 측정하는 기구를 말한다.
> ④ 전위차계 : 일반적으로 전압을 나누는 목적으로 만들어진 가변저항을 말한다.

02. SCR의 특성 중 적합하지 않은 것은?

① pnpn 구조로 되어 있다.
② 정류 작용을 할 수 있다.
③ 정방향 및 역방향의 제어 특성이 있다.
④ 고속도의 스위칭 작용을 할 수 있다.

> **전기기기** Chapter 05 정류기
>
> SCR의 특성
> ㉠ P−N−P−N 접합의 4층 구조로 된 단방향 3단자 사이리스터
> ㉡ 정류 작용을 통해 위상 및 전압제어가 가능
> ㉢ 고속도 스위칭이 가능

03. 터널·갱도 기타 이와 유사한 장소에서 사람이 상시 통행하는 터널 내의 배선방법으로 적절하지 않은 것은?

① 라이팅 덕트 공사
② 금속제 가요전선관 공사
③ 합성수지관 공사
④ 애자 사용 공사

> **전기설비** Chapter 07 특수설비
>
> 터널 내의 저압 배선(내선규정 4255−1절)
> ㉠ 애자 사용 공사
> ㉡ 금속관 공사
> ㉢ 합성수지관 공사
> ㉣ 금속제 가요전선관 공사
> ㉤ 케이블 공사

04. C_1, C_2인 콘덴서가 직렬로 접속되어 있다. 그 합성 정전용량을 C라 하면 C는 C_1, C_2와 어떤 관계가 있는가?

① $C < C_1$
② $C = C_1 + C_2$
③ $C > C_2$
④ $C > C_1$

> **전기이론** Chapter 02 정전계와 정자계
>
> 콘덴서를 직렬로 접속하면 정전용량은 두 개의 콘덴서 정전용량보다 작아진다.

05. 다음 중 유도 전동기의 속도 제어에 사용되는 인버터 장치의 약호는?

① CVCF
② VVVF
③ CVVF
④ VVCF

> **전기기기** Chapter 04 유도기
>
> 유도전동기 속도제어를 위해 인버터를 이용한 가변전압 가변주파수 공급장치(VVVF)를 이용한다.

06. 두 개 이상의 회로에서 선행동작 우선회로 또는 상대동작 금지회로인 동력배선의 제어회로는?

① 자기유지 회로 ② 인터록 회로
③ 동작지연 회로 ④ 타이머 회로

> **전기설비** **Chapter 08 전원설비 및 기타설비**
>
> 인터록 회로(interlock circuit)
> 인터록은 서로 맞물린다는 의미로 병렬회로가 동시에 동작하는 것을 방지하기 위한 회로를 말한다. 즉, 먼저동작(선행동작)한 회로만 동작하는 형태로 전동기 정역회로, Y-△ 기동 등에 사용된다.

07. 코일의 자체 인덕턴스(L)와 권수(N)의 관계로 옳은 것은?

① $L \propto N$ ② $L \propto N^2$
③ $L \propto N^3$ ④ $L \propto \dfrac{1}{N}$

> **전기이론** **Chapter 04 전자유도법칙**
>
> 코일의 자체 인덕턴스(L)와 권수(N)의 관계로 옳은 것은 $L \propto N^2$ 이다.

08. 직류 스테핑 모터(DC stepping motor)의 특징이다. 다음 중 가장 옳은 것은?

① 교류 동기 서보 모터에 비하여 효율이 나쁘고 토크 발생도 작다.
② 입력되는 전기신호에 따라 계속하여 회전한다.
③ 일반적인 공작 기계에 많이 사용된다.
④ 출력을 이용하여 특수기계의 속도, 거리, 방향 등을 정확하게 제어할 수 있다.

> **전기기기** **Chapter 01 직류기**
>
> 스테핑 모터는 가·감속 운전과 정·역전 및 변속이 용이하고 속도 및 위치 제어가 가능하다.

09. 수변전 설비에서 전력퓨즈의 용단 시 결상을 방지하는 목으로 사용하는 것은?

① 자동 고장 구분 개폐기
② 선로 개폐기
③ 부하 개폐기
④ 기중 부하 개폐기

> **전기설비** **Chapter 08 전원설비 및 기타설비**
>
> 부하 개폐기(LBS, Load Breaker Switch)
> ㉠ 정식 수전설비 인입개폐기로 사용
> ㉡ 3상 연동 개폐스위치로 630[A]의 정격전류를 갖는다.
> ㉢ 개폐기 2차측에 한류형 전력퓨즈(PF)를 직렬로 접속하여 사용한다(PF가 없는 타입도 있음).
> ㉣ 전력퓨즈(PF)의 결상보호 대책이 있다.

10. 공기의 비투자율은?

① 0 ② 1
③ 2 ④ 10

> **전기이론** **Chapter 02 정전계와 정자계**
>
> 투자율 $\mu = \mu_0 \times \mu_s$
> ㉠ 진공의 투자율 $\mu_0 = 4\pi \times 10^{-7}$ [H/m]
> ㉡ 진공(공기)의 비투자율 $\mu_s = 1$

11. 3단자 사이리스터가 아닌 것은?

① SCS ② SCR
③ TRIAC ④ GTO

> **전기기기** **Chapter 05 정류기**
>
> 정류소자 구분
> ㉠ SCS : 단방향성 4단자
> ㉡ SCR : 단방향성 3단자
> ㉢ TRIAC : 양방향성 3단자
> ㉣ GTO : 단방향성 3단자

12. 화약고에 시설하는 전기설비에서 전로의 대지전압은 몇 [V] 이하로 하여야 하는가?

① 100V 이하   ② 150V 이하
③ 220V 이하   ④ 300V 이하

> **전기설비** Chapter 07 특수설비
>
> 화약류 저장소 등의 위험장소(KEC 242.5)
> ㉠ 전로의 대지전압은 300[V] 이하일 것
> ㉡ 전기기계기구는 전폐형일 것
> ㉢ 배선 방법 : 금속관 공사, 케이블 공사

13. 선간전압 210[V], 선전류 10[A]의 Y결선 회로가 있다. 상전압과 상전류는 각각 얼마인가?

① 121[V], 5.77[A]
② 121[V], 10[A]
③ 210[V], 5.77[A]
④ 210[V], 10[A]

> **전기이론** Chapter 06 3상 교류회로
>
> Y결선의 특징
> ㉠ 선간전압 $V_\ell = \sqrt{3}\,V_p$ 에서 상전압
>
> $$V_p = \frac{V_\ell}{\sqrt{3}} = \frac{210}{\sqrt{3}} = 121\,[\text{V}]$$
>
> ㉡ 선전류 $I_\ell = I_p$ 에서 상전류 $I_p = I_\ell = 10\,[\text{A}]$

14. 변압기 유의 열화 방지를 위해 쓰이는 방법이 아닌 것은?

① 방열기   ② 브리더
③ 콘서베이터   ④ 질소봉입

> **전기기기** Chapter 03 변압기
>
> 방열기
> 열을 발산시켜 변압기를 냉각시키는 기구이다. 변압기 유의 열화방지를 위해 질소봉입 방식으로 변압기의 활성화를 억제하고 브리더(= 호흡기)가 부착된 콘서베이터를 설치한다.

15. 최대 사용전압이 70[kV]인 중성점 직접접지식 전로의 절연내력 시험전압은 몇 [V]인가?

① 35,000[V]   ② 42,000[V]
③ 44,800[V]   ④ 50,400[V]

> **전기설비** Chapter 04 전로의 절연 및 접지공사
>
> 전로의 절연저항 및 절연내력(KEC 132)
> 최대 사용전압이 60[kV] 초과 170[kV] 이하의 중성점 직접접지식 전로는 최대 사용전압의 0.72배의 전압을 인가하여 10분간 견뎌야 한다.
> $\therefore 70 \times 10^3 \times 0.72 = 50,400\,[\text{V}]$

16. 같은 전기량에 의하여 전극에 석출되는 물질의 양은 그 물질의 어느 값에 비례하는가?

① 원자량   ② 분자량
③ 화학당량   ④ 원자가

> **전기이론** Chapter 01 직류회로
>
> 석출된 물질의 양 $W = KQ = KIt\,[\text{g}]$
> 여기서, K : 전기 화학당량, Q : 전기량

17. 단상 변압기를 병렬운전하는 경우 부하전류의 분담은 어떻게 되는가?

① 용량에 비례하고 누설 임피던스에 비례한다.
② 용량에 비례하고 누설 임피던스에 역비례한다.
③ 용량에 역비례하고 누설 임피던스에 비례한다.
④ 용량에 역비례하고 누설 임피던스에 역비례한다.

> **전기기기** Chapter 03 변압기
>
> 변압기의 병렬운전 시 부하전류의 분담은 정격용량에 비례하고 누설 임피던스의 크기에 반비례하여 운전된다.

18. 선택 지락 계전기(selective ground relay)의 용도는?

① 다회선에서 지락고장 회선의 선택
② 단일 회선에서 지락전류의 방향의 선택
③ 단일 회선에서 지락사고 지속시간의 선택
④ 단일 회선에서 지락전류의 대소의 선택

> **전기설비**　Chapter 08 전원설비 및 기타설비
>
> 선택 지락 계전기(SGR)
> ㉠ 다회선에서 지락이 발생한 선로만 선택차단할 수 있도록 고장된 회선을 검출할 수 있는 보호계전기를 말한다.
> ㉡ 일반적으로 비접지 계통에서 지락사고 검출용으로 사용된다.

19. 도면과 같이 공기 중에 놓은 2×10^{-8}[C]의 전하에서 2[m] 떨어진 점 P와 1[m] 떨어진 점 Q와의 전위차는 몇 [V]인가?

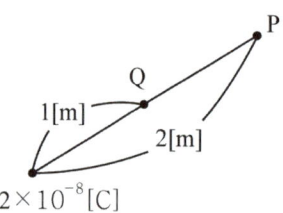

① 110
② 90
③ 80
④ 100

> **전기이론**　Chapter 02 정전계와 정자계
>
> 전위 공식 $V = \dfrac{Q}{4\pi\varepsilon_0 r} = 9 \times 10^9 \times \dfrac{Q}{r}$ 에서
> ㉠ Q점의 전위
> 　: $V_Q = 9 \times 10^9 \times \dfrac{2 \times 10^{-8}}{1} = 180$[V]
> ㉡ P점의 전위
> 　: $V_P = 9 \times 10^9 \times \dfrac{2 \times 10^{-8}}{2} = 90$[V]
> ∴ 전위차: $V_{QP} = V_Q - V_P = 180 - 90 = 90$[V]

20. 3상 전원에서 2상 전원을 얻기 위한 변압기의 결선 방법은?

① △
② Y
③ V
④ T

> **전기기기**　Chapter 03 변압기
>
> 3상 전원을 2상 전원으로 변환시키는 결선 방법
> ㉠ 스코트 결선(= T결선)
> ㉡ 메이어 결선
> ㉢ 우드브리지 결선

21. 점착성은 없으나 절연성, 내온성 및 내유성이 있어 연피 케이블 접속에 사용되는 테이프는?

① 고무 테이프
② 리노 테이프
③ 비닐 테이프
④ 자기 융착 테이프

> **전기설비**　Chapter 01 전선 및 전선의 접속
>
> 리노 테이프
> 건조한 목면 위에 절연성 니스를 몇 차례 칠한 다음 건조시킨 것으로, 점착성은 내온성, 내유성 및 절연내력이 뛰어난 테이프로 연피 케이블 접속 시에 사용한다.

22. 공심 솔레노이드 내부 자장의 세기가 200 [AT/m]일 때 자속밀도[Wb/m²]는?

① $2\pi \times 10^{-7}$
② $4\pi \times 10^{-5}$
③ $8\pi \times 10^{-5}$
④ $16\pi \times 10^{-4}$

> **전기이론**　Chapter 02 정전계와 정자계
>
> 자속밀도와 자계의 세기의 관계
> $B = \mu_0 H = 4\pi \times 10^{-7} \times 200 = 8\pi \times 10^{-5}$ [Wb/m²]

23. 6극 전기자 도체수 400, 매극 자속수 0.01[wb], 회전수 600[rpm]인 파권 직류기의 유기 기전력은 몇 [V]인가?

① 120 　　② 140

③ 160 　　④ 180

전기기기　Chapter 01 직류기

㉠ 병렬회로수(a)는 파권이므로 $a=2$

㉡ 유기기전력 : $E = \dfrac{PZ\phi N}{a60}$ [V]

여기서, P : 자극수, Z : 총도체수

ϕ : 자속수[Wb],

N : 매분 회전수[rpm]

$\therefore E = \dfrac{6 \times 400 \times 0.01 \times 600}{2 \times 60} = 120$ [V]

---

24. 금속덕트에 전광표시장치·출퇴표시등 또는 제어회로등의 배선에 사용하는 전선만을 넣을 경우 금속덕트의 크기는 전선의 피복절연물을 포함한 단면적의 총 합계가 금속덕트 내 단면적의 몇 [%] 이하가 되도록 선정하여야 하는가?

① 20[%] 　　② 30[%]

③ 40[%] 　　④ 50[%]

전기설비　Chapter 03 옥내배선공사

금속덕트 공사(KEC 232.9)

㉠ 일반회로 입선 : 20[%] 이하

㉡ 제어회로 입선 : 50[%] 이하

---

25. MKS 단위계에서 고유저항의 단위는?

① $[\Omega \cdot m]$ 　　② $[\Omega \cdot mm^2/m]$

③ $[\mu\Omega \cdot cm]$ 　　④ $[\Omega \cdot cm]$

전기이론　Chapter 01 직류회로

전기저항 $R = \rho \dfrac{\ell}{S}$ [Ω] 에서 고유저항은

$\therefore \rho = \dfrac{RS}{\ell}$ [$\Omega \cdot m^2/m = \Omega \cdot m$]

---

26. 일정한 주파수의 전원에서 운전하는 3상 유도전동기의 전원 전압이 80[%]가 되었다면 토크는 약 몇 [%]가 되는가? (단, 회전수는 변하지 않은 상태로 한다.)

① 55 　　② 64

③ 76 　　④ 82

전기기기　Chapter 04 유도기

㉠ 유도전동기의 특성 : $T \propto V_1^2$

㉡ 토크(T)는 전압(V_1)의 제곱에 비례하므로 전원전압(V_1)이 80[%]가 되면 다음과 같다.

$T : T' = 100^2 : 80^2$ 에서

㉢ $T' = \dfrac{80^2}{100^2} T = 0.64T$

$\therefore$ %로 환산하면 $0.64 \times 100 = 64\%$

---

27. 발전기나 변압기 내부 고장 보호에 쓰이는 계전기로서 가장 알맞은 것은?

① 차동계전기 　　② 접지계전기

③ 과전류계전기 　　④ 역상계전기

전기설비　Chapter 08 전원설비 및 기타설비

비율차동계전기(RDR, Ratio Differential Relay)

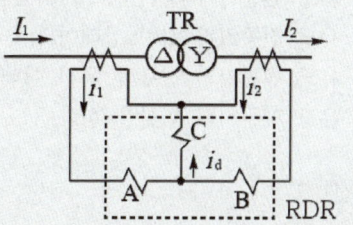

비율차동계전기는 보호구간에 유입하는 전류와 유출되는 전류의 벡터차와 출입하는 전류의 관계비로 동작하는 것으로 발전기, 변압기 내부고장 보호에 사용된다. 여기서, A, B는 억제코일, C는 동작코일이 된다.

28. 기전력 1.5[V], 내부저항 0.1[Ω]인 전지 4개를 직렬로 연결하고 이를 단락했을 때의 단락전류 [A]는?

① 10   ② 12.5

③ 15   ④ 17.5

전기이론 **Chapter 01 직류회로**

전지의 단락회로는 다음과 같다.

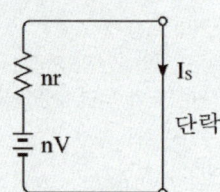

∴ 단락전류 $I_S = \dfrac{nV}{nr} = \dfrac{4 \times 1.5}{4 \times 0.1} = 15\,[\text{A}]$

여기서, nV : 전지의 합성 기전력

nr : 전지의 합성 내부 저항

---

29. 유도 전동기에서 슬립이 0이란 것은 어느 것과 같은가?

① 유도 전동기가 동기속도로 회전한다.
② 유도 전동기가 정지 상태이다.
③ 유도 전동기의 전부하 운전 상태이다.
④ 유도 제동기의 역할을 한다.

전기기기 **Chapter 04 유도기**

회전자속도 $N = (1-s)N_s\,[\text{rpm}]$

여기서, N : 회전자속도, N_s : 동기속도

㉠ 회전자가 정지 또는 기동 시 $N=0$이므로 $s=1$

㉡ 동기속도 또는 무부하로 회전 시 $N=N_s$이므로 $s=0$

---

30. 합성수지관 상호 및 관과 박스는 접속 시에 삽입하는 깊이를 관 바깥지름의 몇 배 이상으로 하여야 하는가? (단, 접착제를 사용하는 경우이다.)

① 0.6배   ② 0.8배

③ 1.2배   ④ 1.6배

전기설비 **Chapter 03 옥내배선공사**

합성수지관 및 부속품의 시설(KEC 232.11.3)
㉠ 관 상호 간 접속 시에는 커플링 등을 사용하여 접속
㉡ 커플링 삽입 깊이 : 관 바깥지름의 1.2배 이상
   (단, 접착제 사용 시 0.8배 이상)
㉢ 관의 지지점 간의 거리 : 1.5[m] 이하

---

31. 어떤 콘덴서에 $V[\text{V}]$의 전압을 가해서 $Q[\text{C}]$의 전하를 충전할 때 저장되는 에너지[J]는?

① $2QV$ ② $2QV^2$

③ $\dfrac{1}{2}QV$ ④ $\dfrac{1}{2}QV^2$

전기이론 **Chapter 02 정전계와 정자계**

콘덴서에 저장되는 에너지

$W = \dfrac{1}{2}CV^2 = \dfrac{1}{2}QV = \dfrac{Q^2}{2C}\,[\text{J}]$

여기서, 전하량 $Q = CV\,[\text{C}]$

---

32. 직류 분권 전동기의 기동방법 중 가장 적당한 것은?

① 기동저항기를 전기자와 병렬 접속한다.
② 기동 토크를 작게 한다.
③ 계자 저항기의 저항값을 크게 한다.
④ 계자 저항기의 저항값을 0으로 한다.

전기기기 **Chapter 01 직류기**

토크 $T \propto k\phi I_a$

토크 T는 자속에 비례하고 기동 시 토크가 크게 발생하여야 하므로 계자측 저항을 최소로 하여 계자전류를 크게 흘려주어 자속을 크게 해야 한다.

---

33. 일반적으로 저압 가공 인입선이 도로를 횡단하는 경우 노면상 높이는?

① 4[m] 이상 　　② 5[m] 이상
③ 6[m] 이상 　　④ 6.5[m] 이상

> **전기설비** Chapter 06 전선로 및 배전공사
>
> 가공인입선의 높이(KEC 221.1.1, 331.12)
>
> | 구분 | 저압 | 고압 |
> |---|---|---|
> | 도로 횡단 | 5m 이상 | 6m 이상 |
> | 철도 횡단 | 6.5m 이상 | 6.5m 이상 |
> | 횡단보도교 | 3m 이상 | 3.5m 이상 |
> | 기타 | 4m 이상 | 5m 이상 |
>
> 고압 기타 장소에서 위험 표시를 할 경우 : 3.5m 이상

34. 유전율 ϵ의 유전체 내에 있는 전하 $Q[\mathrm{C}]$에서 나오는 전력선 수는?

① Q 　　② $\dfrac{Q}{\epsilon}$

③ $\dfrac{Q}{\epsilon_s}$ 　　④ $\dfrac{Q}{\epsilon_0}$

> **전기이론** Chapter 02 정전계와 정자계
>
> 가우스의 법칙
>
> ㉠ 전기력선의 총수: $N = \dfrac{Q}{\epsilon} = \dfrac{Q}{\epsilon_0 \epsilon_s}$
>
> ㉡ 자기력선의 총수: $N = \dfrac{m}{\mu} = \dfrac{m}{\mu_0 \mu_s}$
>
> 여기서, m : 자하[Wb], ϵ_0 : 진공의 유전율,
> 　　　　ϵ_s : 비유전율, μ_0 : 진공의 투자율, μ_s : 비투자율

35. 직류 발전기에서 계자 철심에 잔류 자기가 없어도 발전을 할 수 있는 발전기는?

① 분권 발전기 　　② 직권 발전기
③ 복권 발전기 　　④ 타여자 발전기

> **전기기기** Chapter 01 직류기
>
> 타여자 발전기
> 계자권선이 별도의 회로이므로 잔류 자기가 없어도 발전이 가능하다.

36. 활선 작업 시 작업자가 현수애자 및 데드엔드 클램프에 접촉 되는 것을 방지하기 위한 공사 재료는?

① 전선 피박이 　　② 애자 커버
③ 와이어 통 　　④ 데드 엔드 커버

> **전기설비** Chapter 06 전선로 및 배전공사
>
> ① 전선 피박이 : 가공 배전선로에서 활선 상태인 경우 전선의 피복을 벗기는 공구
> ② 애자 커버 : 활선작업 시 특고핀 및 라인포스트 애자를 절연하여 작업자의 부주의로 접촉되더라도 안전사고가 발생하지 않도록 사용되는 절연덮개
> ③ 와이어 통 : LP애자나 현수애자를 사용한 전기설비에서 활선장주를 이동하여 상부로 올리거나 작업권 밖으로 밀어낼 때 혹은 활선장주를 다른 장소로 이동할 때 사용하는 활선 공구

37. 그림과 같은 자극사이에 있는 도체에 전류 (I)가 흐를 때 힘은 어느 방향으로 작용하는가?

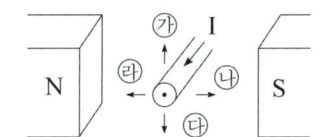

① 가 　　② 나
③ 다 　　④ 라

> **전기이론** Chapter 03 전류의 자기현상
>
> 플레밍의 왼손 법칙
> 왼손 중지를 전류, 왼손 검지를 자기장의 방향으로 놓을 때 엄지의 방향이 힘이 작용하는 방향이다.

38. 전기자 지름이 0.2[m]의 직류 발전기가 1.5[kW]의 출력에서 1,800[rpm]으로 회전하고 있을 때 전기자 주변속도는 약 몇 [m/s]인가?

① 9.42 　　② 18.84
③ 21.43 　　④ 42.86

> **전기기기** Chapter 01 직류기
>
> 전기자 주변속도
> $$v = \pi D \frac{N}{60} = 3.14 \times 0.2 \times \frac{1,800}{60} = 18.84\,[\mathrm{m/s}]$$

39. 전선의 접속에 대한 설명으로 틀린 것은?

① 접속 부분의 전기저항을 20[%] 이상 증가
② 접속 부분의 인장강도를 80[%] 이상 유지
③ 접속 부분에 전선 접속 기구를 사용함
④ 알루미늄전선과 구리선의 접속 시 전기적인 부식이 생기지 않도록 함

> **전기설비** Chapter 01 전선 및 전선의 접속
>
> 전선 접속 시 유의사항
> ㉠ 전기저항을 증가시키지 말 것
> ㉡ 전선의 세기를 20[%] 이상 감소시키지 말 것
> ㉢ 코드 상호, 케이블 상호, 코드와 케이블 상호 : 코드 접속기, 접속함에서 접속

40. RLC 직렬 회로의 공진 주파수는?

① $2\pi\sqrt{LC}$ ② $\dfrac{1}{2\pi LC}$

③ $2\pi LC$ ④ $\dfrac{1}{2\pi\sqrt{LC}}$

> **전기이론** Chapter 05 단상 교류회로
>
> 직렬회로에서 공진조건은 유도 리액턴스 X_L과 용량 리액턴스 X_C가 같아야 하므로
> $X_L = X_C$는 $\omega L = \dfrac{1}{\omega C}$에서 $\omega^2 = \dfrac{1}{LC}$가 되고
> $\omega = \dfrac{1}{\sqrt{LC}}$에서 $\omega = 2\pi f$이므로
> ∴ 공진 주파수 $f_r = \dfrac{1}{2\pi\sqrt{LC}}$ [Hz]

41. 다음 중 변압기에서 자속과 비례하는 것은?

① 권수   ② 주파수
③ 전압   ④ 전류

> **전기기기** Chapter 03 변압기
>
> ㉠ 변압기 유도기전력 : $E_1 = 4.44 f N_1 \phi_m$ [V]
>   여기서, E_1 : 1차 전압, f : 주파수
> N_1 : 1차 권선수, ϕ_m : 최대자속
> ㉡ 변압기의 유도기전력(= 전압)은 자속, 주파수, 권수와 비례한다.

42. 저압 이웃 연결 인입선의 시설과 관련된 설명으로 잘못된 것은?

① 옥내를 통과하지 아니할 것
② 전선의 굵기는 1.5[mm²] 이하일 것
③ 폭 5[m]를 넘는 도로를 횡단하지 아니할 것
④ 인입선에서 분기하는 점으로부터 100[m]를 넘는 지역에 미치지 아니할 것

> **전기설비** Chapter 06 전선로 및 배전공사
>
> 이웃 연결 인입선의 시설(KEC 221.1.2)
> ㉠ 인입선에서 분기하는 점으로부터 100[m]를 초과하지 말 것
> ㉡ 폭 5[m]를 초과하는 도로를 횡단하지 말 것
> ㉢ 옥내를 통과하지 말 것

43. $\text{Y}-\text{Y}$ 평형 회로에서 상전압 V_p가 $100\,[\text{V}]$, 부하 $Z = 8 + j6\,[\Omega]$이면 선전류 I_ℓ의 크기는 몇 $[\text{A}]$인가?

① 2   ② 5
③ 7   ④ 10

> **전기이론** Chapter 06 3상 교류회로
>
> ㉠ Y결선 부하의 상전류
> $I_p = \dfrac{V_p}{Z} = \dfrac{100}{\sqrt{8^2 + 6^2}} = 10[\text{A}]$
> ㉡ Y결선을 취하면 상전류(I_p)와 선전류(I_ℓ)의 크기는 같으므로
> ∴ 선전류 $I_\ell = I_p = 10[\text{A}]$

44. 직류기에서 전기자 반작용을 방지하기 위한 보상 권선의 전류 방향은 어떻게 되는가?

① 전기자 권선의 전류 방향과 같다.
② 전기자 권선의 전류 방향과 반대이다.
③ 계자권선의 전류 방향과 같다.
④ 계자권선의 전류 방향과 반대이다.

> **전기기기** Chapter 01 직류기
>
> 전기자 권선에 흐르는 전기자 전류에 의해 발생된 누설자속을 전기자 전류와 반대 방향으로 보상권선에 흐르는 전류에 의한 자속으로 상쇄시켜 공극의 자속분포를 수정할 수 있다.

45. 다음 그림과 같이 금속관을 구부릴 때 일반적으로 R과 D의 관계식은?

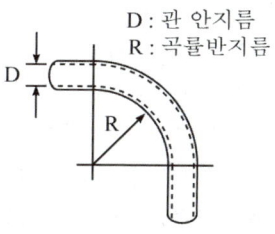

D : 관 안지름
R : 곡률반지름

① R = 2D   ② R ≥ 2D
③ R = 5D   ④ R ≥ 6D

전기설비 Chapter 03 옥내배선공사

금속관의 굴곡(내선규정 2225−8)
금속관을 구부릴 때 금속관의 단면이 심하게 변형되지 않도록 구부려야 하며, 그 안측의 반지름은 관 안지름의 6배 이상이 되어야 한다.

46. 동일 전압의 전지 3개를 접속하여 각각 다른 전압을 얻고자 한다. 접속방법에 따라 몇 가지의 전압을 얻을 수 있는가? (단, 극성은 같은 방향으로 설정한다.)

① 1가지 전압   ② 2가지 전압
③ 3가지 전압   ④ 4가지 전압

전기이론 Chapter 01 직류회로

㉠ 3개를 직렬로 연결하는 경우
㉡ 3개를 병렬로 연결하는 경우
㉢ 2개를 병렬로 연결하고 남은 하나를 직렬로 연결하는 경우

47. 타여자 전동기의 경우 전원의 극성을 바꾸면 회전방향은?

① 정지된다.   ② 과속으로 운전된다.
③ 역회전한다.   ④ 변하지 않는다.

전기기기 Chapter 01 직류기

타여자 전동기의 경우 전원의 극성을 바꾸게 되면 전기자 전류의 방향은 바뀌고 계자 전류의 방향은 바뀌지 않아서 이로 인한 전기자에서 발생한 자속의 방향이 바뀌어서 역회전하게 된다.

48. 경질 비닐 전선관의 호칭으로 맞는 것은?

① 굵기는 관 안지름의 크기에 가까운 짝수의 [mm]로 나타낸다.
② 굵기는 관 안지름의 크기에 가까운 홀수의 [mm]로 나타낸다.
③ 굵기는 관 바깥지름의 크기에 가까운 짝수의 [mm]로 나타낸다.
④ 굵기는 관 바깥지름의 크기에 가까운 홀수의 [mm]로 나타낸다.

전기설비 Chapter 03 옥내배선공사

합성수지관의 굵기[mm](근사내경, 짝수)
14, 16, 22, 28, 36, 42, 54, 70, 82

49. 반지름 0.2[m], 권수 50회의 원형 코일이 있다. 코일 중심의 자기장의 세기가 850[AT/m]이었다면 코일에 흐르는 전류의 크기는?

① 0.68[A]   ② 6.8[A]
③ 10[A]   ④ 20[A]

전기이론 Chapter 02 정전계와 정자계

원형코일의 중심에서의 자계의 세기 $H = \dfrac{NI}{2r}$ 에서 전류를 구하면 다음과 같다.

$$\therefore I = \frac{2rH}{N} = \frac{2 \times 0.2 \times 850}{50} = 6.8[A]$$

50. 정격전압 200[V], 정격전류 2[A]에서 역률이 80[%]인 단상 전동기의 경우에 소비전력[W]은?

① 120   ② 220
③ 320   ④ 420

전기기기 Chapter 04 유도기

소비전력: $P = V_n I_n \cos\theta[W]$
여기서, V_n : 정격전압, I_n : 정격전류, $\cos\theta$: 역률
$\therefore P = 200 \times 2 \times 0.8 = 320[W]$

51. 보호를 요하는 회로의 전류가 어떤 일정한 값(정정값) 이상으로 흘렀을 때 동작하는 계전기는?

① 과전류 계전기　　② 과전압 계전기
③ 차동 계전기　　　④ 비율 차동 계전기

> **전기설비** **Chapter 08 전원설비 및 기타설비**
>
> ㉠ 과전류 계전기(OCR, Over Current Relay) : 보호 계전기 설정값 이상의 전류가 흘렀을 때 동작하여 차단기를 트립시킨다.
> ㉡ 과전압 계전기(OVR, Over Voltage Relay) : 보호 계전기 설정값 이상의 전압이 인가되었을 때 동작하여 차단기를 트립시킨다.

52. $i = I_m \sin \omega t \,[\text{A}]$인 정현파 교류에서 ωt가 몇 °일 때 순시값과 실횻값이 같게 되는가?

① 90°　　　　　　② 60°
③ 45°　　　　　　④ 0°

> **전기이론** **Chapter 05 단상 교류회로**
>
> ㉠ 최댓값이 I_m 이므로 실횻값은 $\dfrac{I_m}{\sqrt{2}}$ 이다.
> ㉡ 문제 조건에 따라 $I_m \sin \omega t = \dfrac{I_m}{\sqrt{2}}$ 에서
>
> $\therefore \ \omega t = \sin^{-1}\dfrac{1}{\sqrt{2}} = 45°$

53. 3상 유도전동기의 2차 저항을 2배로 하면 그 값이 2배로 되는 것은?

① 슬립　　　　　　② 토크
③ 전류　　　　　　④ 역률

> **전기기기** **Chapter 04 유도기**
>
> ㉠ 최대토크를 발생하는 슬립 : $s_t \propto \dfrac{r_2}{x_2}$
>　여기서, x_t는 일정
> ㉡ 최대토크 $T_m \propto \dfrac{r_2}{s_t} = \dfrac{mr_2}{ms_t}$ 이므로 2차 저항이 2배로 되면 슬립이 2배로 된다.

54. 전선관 지지점 간의 거리에 대한 설명으로 옳은 것은?

① 합성수지관을 새들 등으로 지지하는 경우 지지점 간의 거리는 2.0[m] 이하로 한다.
② 금속관을 조영재에 따라서 시설하는 경우 새들 등으로 견고하게 지지하고 그 간격을 2.5[m] 이하로 하는 것이 바람직하다.
③ 금속제 가요전선관을 새들 등으로 지지하는 경우 그 지지점 간의 거리는 2.5[m] 이하로 한다.
④ 사람이 접촉될 우려가 있을 때 가요전선관을 새들 등으로 지지하는 경우 그 지지점 간의 거리는 1[m] 이하로 한다.

> **전기설비** **Chapter 03 옥내배선공사**
>
> 전선관 지지점 간의 거리
> ㉠ 합성수지관 : 1.5[m] 이하
> ㉡ 금속관 : 2.0[m] 이하
> ㉢ 가요전선관 : 1[m] 이하(사람이 접촉될 우려가 있는 것도 포함)
> ㉣ 케이블 : 2[m] 이하(수직 시 : 6[m] 이하)
> ㉤ 금속덕트 : 3[m] 이하(수직 시 : 6[m] 이하)
> ㉥ 라이팅덕트 : 2[m] 이하

55. 평등자장 내에 있는 도선에 전류가 흐를 때 자장의 방향과 어떤 각도로 되어 있으면 작용하는 힘이 최대가 되는가?

① 30°　　　　　　② 45°
③ 60°　　　　　　④ 90°

> **전기이론** **Chapter 03 전류의 자기현상**
>
> ㉠ 플레밍의 왼손 법칙에 의한 전자력
>　: $F = IB\ell \sin \theta [\text{N}] \propto \sin \theta$ (비례관계)
> ㉡ 전자력은 $\theta = 0°$일 때 최소, $\theta = 90°$일 때 최대가 된다. 여기서, 전자력 F 란, 자계 내에 흐르는 전류에 의해 작용하는 힘을 말한다.

56. 3상 동기기에 제동권선을 설치하는 주된 목적은?

① 출력 증가　　② 효율 증가
③ 역률 개선　　④ 난조 방지

부하가 급변하는 경우 동기발전기의 회전수가 동기속도 부근에서 진동하는 난조 현상이 발생하는데 이를 방지하기 위해 제동권선을 설치하여 방지한다.

57. 다음 중 전선의 굵기를 측정할 때 사용되는 것은?

① 와이어 게이지　　② 파이어 포트
③ 스패너　　④ 프레셔 툴

① 와이어 게이지 : 전선의 굵기 및 원형 도체의 굵기를 측정할 때 사용하는 계기
② 파이어 포트 : 운반이 가능한 가열기로, 가솔린을 연료로 사용하는 버너형식이 많고 납이나 땜납을 용해할 때 사용
③ 스패너 : 볼트 · 너트를 조이거나 풀 때 사용
④ 프레셔 툴 : 솔더리스(solderless) 커넥터 또는 솔더리스 터미널을 압축할 때 사용하며, 압착기라고도 한다.

58. $V = 200\,[\mathrm{V}]$, $C_1 = 10\,[\mu\mathrm{F}]$, $C_2 = 5\,[\mu\mathrm{F}]$인 2개의 콘덴서가 병렬로 접속되어 있다. 콘덴서 C_1에 축적되는 전하$[\mu C]$는?

① $100\,[\mu C]$　　② $200\,[\mu C]$
③ $1,000\,[\mu C]$　　④ $2,000\,[\mu C]$

㉠ 병렬접속이므로 C_1 양단에는 전체 전압 200[V]가 걸리게 된다.
㉡ 콘덴서 C_1에 축적되는 전하량(전기량)
$Q_1 = C_1 V = 10 \times 200 = 2,000\,[\mu C]$

59. 동기기의 전기자 권선법이 아닌 것은?

① 전절권　　② 분포권
③ 2층권　　④ 중권

현재 동기기의 전기자 권선법은 고조파를 제거하여 파형을 개선하기 위해 집중권 및 전절권을 사용하지 않고 분포권 및 단절권을 사용한다.

60. 저 · 고압 가공전선이 철도 또는 궤도를 횡단하는 경우 높이는 궤도면상 몇 [m] 이상이어야 하는가?

① $5[\mathrm{m}]$　　② $3.5[\mathrm{m}]$
③ $5.5[\mathrm{m}]$　　④ $6.5[\mathrm{m}]$

저 · 고압 가공전선의 높이(KEC 222.7, 333.7)

구분	저압	고압
도로 횡단	5m 이상	6m 이상
철도 횡단	6.5m 이상	6.5m 이상
횡단보도교	* 3m 이상	3.5m 이상
기타	4m 이상	5m 이상

* 절연전선 및 케이블인 경우 3m 이상

정답

01	①	02	③	03	①	04	①	05	②
06	②	07	②	08	④	09	③	10	②
11	①	12	③	13	②	14	①	15	②
16	③	17	②	18	④	19	②	20	④
21	②	22	③	23	②	24	②	25	①
26	②	27	②	28	④	29	②	30	②
31	③	32	④	33	②	34	②	35	④
36	④	37	①	38	②	39	①	40	④
41	③	42	②	43	②	44	②	45	②
46	③	47	②	48	②	49	②	50	③
51	①	52	②	53	②	54	④	55	④
56	④	57	①	58	④	59	①	60	④

전기입문가이드 목차

부록
전기입문가이드

기초수학노트

01 삼각함수 공식

1. 삼각함수의 정의

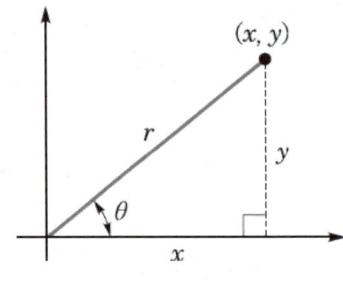

【그림 1】삼각비

(1) 직각삼각형에서 각(θ)이 결정되면 임의의 변의 비는 삼각형의 크기에 관계없이 일정하다. 이를 그 각의 삼각비라 한다.

(2) 삼각비를 정의하는 식

① $\sin\theta = \dfrac{y}{r} \ \rightarrow \ y = r\sin\theta$

② $\cos\theta = \dfrac{x}{r} \ \rightarrow \ x = r\cos\theta$

③ $\tan\theta = \dfrac{y}{x} = \dfrac{\sin\theta}{\cos\theta}$

④ 참고 : $r = \sqrt{x^2 + y^2}$, $\theta = \tan^{-1}\dfrac{y}{x}$

2. 특수각 삼각비

θ	$0°$	$30°$	$45°$	$60°$	$90°$
$\sin\theta$	0	$\dfrac{1}{2}$	$\dfrac{\sqrt{2}}{2}$	$\dfrac{\sqrt{3}}{2}$	1
$\cos\theta$	1	$\dfrac{\sqrt{3}}{2}$	$\dfrac{\sqrt{2}}{2}$	$\dfrac{1}{2}$	0
$\tan\theta$	0	$\dfrac{1}{\sqrt{3}}$	1	$\sqrt{3}$	—

【표 1】특수각 삼각비

3. 삼각비의 상호관계

(1) 예각의 삼각비

    ① $\sin(90°-\theta)=\cos\theta$

    ② $\cos(90°-\theta)=\sin\theta$

    ③ $\tan(90°-\theta)=\dfrac{1}{\tan\theta}$

(2) 보각의 삼각비

    ① $\sin(180°-\theta)=\sin\theta$

    ② $\cos(180°-\theta)=-\cos\theta$

    ③ $\tan(180°-\theta)=-\tan\theta$

(3) 같은 각의 삼각비

    ① $\sin^2\theta+\cos^2\theta=1$

    ② $\tan\theta=\dfrac{\sin\theta}{\cos\theta}$

    ③ $1+\tan^2\theta=\dfrac{1}{\cos^2\theta}$

4. 삼각함수의 가법정리와 반각공식

(1) 가법정리

    ① $\sin(\theta_1\pm\theta_2)=\sin\theta_1\cos\theta_2\pm\cos\theta_1\sin\theta_2$

    ② $\cos(\theta_1\pm\theta_2)=\cos\theta_1\cos\theta_2\mp\sin\theta_1\sin\theta_2$

(2) 반각공식(③, ④식)

    ① $\cos(\theta-\theta)=\cos\theta\cos\theta+\sin\theta\sin\theta=\cos^2\theta+\sin^2\theta$

    ② $\cos(\theta+\theta)=\cos\theta\cos\theta-\sin\theta\sin\theta=\cos^2\theta-\sin^2\theta$

    ③ ①+② : $1+\cos 2\theta=2\cos^2\theta$에서

       $\therefore\ \cos^2\theta=\dfrac{1+\cos 2\theta}{2}$

    ④ ①−② : $1-\cos 2\theta=2\sin^2\theta$에서

       $\therefore\ \sin^2\theta=\dfrac{1-\cos 2\theta}{2}$

02 곱셈 공식과 인수분해 공식

1. 정의

(1) 곱셈공식은 항들의 곱을 전개하는 것을 말한다.

(2) 인수분해는 곱셈공식을 거꾸로 적용하여 다항식을 다항식들의 곱의 형태로 나타내는 것을 말한다.

2. 자주 사용하는 공식

(1) $(a+b)^2 = a^2 + 2ab + b^2$

(2) $(a-b)^2 = a^2 - 2ab + b^2$

(3) $(a+b)(a-b) = a^2 - b^2$

(4) $(x+a)(x+b) = x^2 + (a+b)x + ab$

(5) $(a+b)^3 = a^3 + 3a^2b + 3ab^2 + b^3$

(6) $(a-b)^3 = a^3 - 3a^2b + 3ab^2 - b^3$

(7) $(x+a)(x+b)(x+c) = x^3 + (a+b+c)x^2 + (ab+bc+ca)x + abc$

(8) $(x-a)(x-b)(x-c) = x^3 - (a+b+c)x^2 + (ab+bc+ca)x - abc$

03 제곱근과 지수법칙

1. 정의

(1) 제곱근(square root)이란, 제곱하여 a가 되는 수를 a의 제곱근이라고 한다. 즉, 어떤 수 a에 대하여 $x^2 = a$가 되는 x를 a의 제곱근이라고 하며 표기법으로 $\sqrt{}$ (루트)를 사용한다.

(2) 지수법칙(exponential law)이란, 같은 문자 또는 수의 거듭제곱의 곱셈·나눗셈을 지수의 덧셈·뺄셈으로 계산할 수 있는 법칙이다.

2. 자주 사용하는 제곱근 공식

(1) $\sqrt{a^2} = a$ (여기서, $a > 0$)

(2) $\sqrt{a^2} = -a$ (여기서, $a < 0$)

(3) $\sqrt{a}\,\sqrt{b} = \sqrt{ab}$

(4) $a\sqrt{b} = \sqrt{a^2b}$

(5) $\dfrac{\sqrt{b}}{\sqrt{a}} = \sqrt{\dfrac{b}{a}}$

(6) $\dfrac{\sqrt{b}}{\sqrt{a}} = \dfrac{\sqrt{b}}{\sqrt{a}} \times \dfrac{\sqrt{a}}{\sqrt{a}} = \dfrac{\sqrt{ab}}{a}$

(7) $\dfrac{1}{\sqrt{a}+\sqrt{b}} = \dfrac{1}{\sqrt{a}+\sqrt{b}} \times \dfrac{\sqrt{a}-\sqrt{b}}{\sqrt{a}-\sqrt{b}} = \dfrac{\sqrt{a}-\sqrt{b}}{a-b}$

3. 자주 사용하는 지수 공식

(1) $a^0 = 1$

(2) $a^m \times a^n = a^{m+n}$

(3) $a^m \div a^n = \dfrac{a^m}{a^n} = a^{m-n}$

(4) $a^{-n} = a^{0-n} = \dfrac{a^0}{a^n} = \dfrac{1}{a^n}$

(5) $(a^m)^n = a^{mn}$

(6) $(ab)^m = a^m b^m$

(7) $\left(\sqrt{a+b}\right)^m = \left[(a+b)^{1/2}\right]^m = (a+b)^{m/2}$

4. (참고) 분수식(fractional expression)

(1) 약분 : $\dfrac{bc}{ac} = \dfrac{b}{a}$

(2) 가감법 : $\dfrac{b}{a} \pm \dfrac{d}{c} = \dfrac{bc \pm ad}{ac}$

(3) 곱셈 : $\dfrac{b}{a} \times \dfrac{d}{c} = \dfrac{bd}{ac}$

(4) 번분수 : $\dfrac{\dfrac{b}{a}}{\dfrac{d}{c}} = \dfrac{b}{a} \div \dfrac{d}{c} = \dfrac{b}{a} \times \dfrac{c}{d} = \dfrac{bc}{ad}$

1. 개요

자격증 시험에서는 로그에 관련된 결과공식만 나오지 로그공식을 이용하여 계산하는 문제는 많지 않으므로 개념만 정리한다.

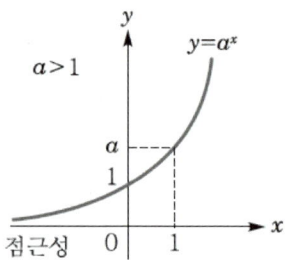 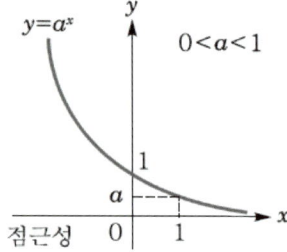

(a) 지수함수

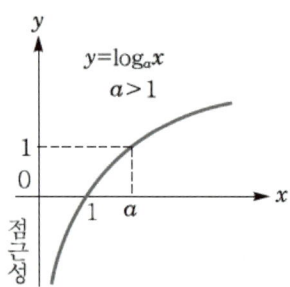 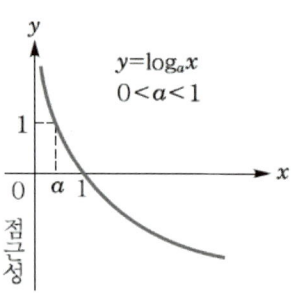

(b) 로그함수

【그림 2】 함수 그래프

(1) 로그함수 $y = \log_a x$는 지수함수 $y = a^x$의 역함수이므로 지수함수를 연관지어 공부한다.

(2) 지수함수에서 a를 밑수, x를 지수라 하며, 로그함수에서 a를 밑수, x를 진수라 한다. 또한 로그함수의 a의 조건은 $a > 0$, $a \neq 1$이어야 한다.

2. 로그의 기본공식

(1) $\log_a 1 = 0$

(2) $\log_a a = 1$

(3) $\log_a MN = \log_a M + \log_a N$

(4) $\log_a \dfrac{M}{N} = \log_a M - \log_a N$

(5) $\log_a M^k = k \log_a M$

(6) $\log_a M = \dfrac{\log_b M}{\log_b a}$

여기서, $a > 0$, $a \neq 1$, $b > 0$, $b \neq 1$, $M > 0$, $N > 0$

05 복소수(complex number)

1. 정의

(1) 복소수는 두 개의 요소로 이루어진 수라는 뜻으로 $a+jb$ 꼴의 수를 말하며, 여기서 a는 실수부(real part), b는 허수부(imaginary part)라 한다.

(2) 허수단위 j는 제곱해서 -1이 되는 수를 말한다. 즉, $j = \sqrt{-1}$이 된다.

2. 복소수(complex number)의 연산

(1) 복소수의 가감승제

① 복소수의 가감

    ㉠ 가감법은 실수는 실수끼리, 허수는 허수끼리의 합 또는 차를 구하면 된다.

    ㉡ $\dot{A} + \dot{B} = (a + jb) + (c + jd) = (a + c) + j(b + d)$

    ㉢ $\dot{A} - \dot{B} = (a + jb) - (c + jd) = (a - c) + j(b - d)$

② 복소수의 곱하기(乘法)

    ㉠ 승법계산에서 허수의 단위크기 j는 $\sqrt{-1}$이므로 $j^2 = -1$을 기본으로 승법을 구하면 된다.

    ㉡ $\dot{A} \times \dot{B} = (a + jb) \times (c + jd) = ac + j(ad + bc) + j^2 bd$
           $= (ac - bd) + j(ad + bc)$

③ 복소수의 나누기(除法)

    ㉠ 공액 복소수(conjugate complex number)

        ⓐ 복소평면(complex plane)에서 실수축에 대해 대칭관계에 있는 두 복소수 즉, $a + jb$와 $a - jb$상의 관계를 공액이라 하며, $\dot{A}$의 공액 복소수는 $\dot{A}^*$로 표시한다.

        ⓑ $\dot{A} + \dot{A}^* = (a + jb) + (a - jb) = 2a$

        ⓒ $\dot{A} - \dot{A}^* = (a + jb) - (a - jb) = j2b$

        ⓓ $\dot{A} \times \dot{A}^* = (a + jb) \times (a - jb) = a^2 + b^2$

    ㉡ $\dfrac{\dot{A}}{\dot{B}} = \dfrac{a + jb}{c + jd} = \dfrac{(a + jb) \times (c - jd)}{(c + jd) \times (c - jd)} = \dfrac{ac + j(bc - ad) - j^2 bd}{c^2 + d^2}$
        $= \dfrac{ac + bd}{c^2 + d^2} + j\dfrac{bc - ad}{c^2 + d^2}$

(2) 오일러의 급수

① 지수함수(exponential function)

⊙ 지수함수 e를 사용하면 삼각함수 연산을 보다 손쉽게 구할 수 있다.

⊙ 지수함수 : $e = \lim_{x \to \infty} \left(1 + \dfrac{1}{x}\right)^2 \simeq 2.71828...$

② 매클로린 급수(Maclaurin series)

⊙ $e^x = 1 + x + \dfrac{x^2}{2!} + \dfrac{x^3}{3!} + ... + \dfrac{x^n}{n!}$

⊙ $\sin x = x - \dfrac{x^3}{3!} + \dfrac{x^5}{5!} - \dfrac{x^7}{7!} + ...$

⊙ $\cos x = 1 - \dfrac{x^2}{2!} + \dfrac{x^4}{4!} - \dfrac{x^6}{6!} + ...$

③ 오일러의 정리

⊙ $e^{j\theta} = 1 + j\theta + \dfrac{(j\theta)^2}{2!} + \dfrac{(j\theta)^3}{3!} + ... + \dfrac{(j\theta)^n}{n!}$

$= \left(1 - \dfrac{\theta^2}{2!} + \dfrac{\theta^4}{4!} - ...\right) + j\left(\theta - \dfrac{\theta^3}{3!} + \dfrac{\theta^5}{5!} - ...\right)$

$= \cos\theta + j\sin\theta$

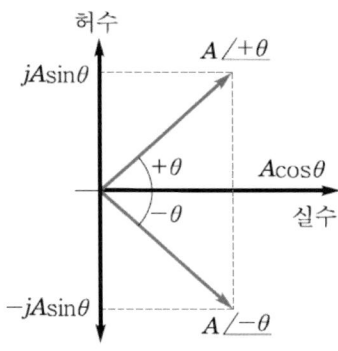

【그림 3】 복소수와 극형식 관계

⊙ $A \angle \theta_1 \times B \angle \theta_2 = A(\cos\theta_1 + j\sin\theta) \times B(\cos\theta + j\sin\theta)$

$= A e^{j\theta_1} \times B e^{j\theta_2} = AB\, e^{j(\theta_1 + \theta_2)} = AB \angle \theta_1 + \theta_2$

⊙ $\dfrac{A \angle \theta_1}{B \angle \theta_2} = \dfrac{A e^{j\theta_1}}{B e^{j\theta_2}} = \dfrac{A}{B} e^{j\theta_1 - \theta_2} = \dfrac{A}{B} \angle \theta_1 - \theta_2$

06 연립방정식과 행렬

1. 행렬(matrix, 메트릭스)의 정의

(1) 수나 식을 직사각형 모양으로 배열한 것으로 가로를 행, 세로를 열이라 한다.

(2) 행렬을 이용하면 연립방정식을 손쉽게 풀이할 수 있으며, 연립방정식을 풀이할 때 사용되는 것을 행렬식 (determinant, 디터미넌트)이라 한다.

2. 행렬과 행렬식

연립방정식	행렬	행렬식
$a_1 x + b_1 y = d_1$ $a_2 x + b_2 y = d_2$	$\begin{bmatrix} a_1 & b_1 \\ a_2 & b_2 \end{bmatrix} \begin{bmatrix} x \\ y \end{bmatrix} = \begin{bmatrix} d_1 \\ d_2 \end{bmatrix}$	$\Delta = \begin{bmatrix} a_1 & b_1 \\ a_2 & b_2 \end{bmatrix} = a_1 b_2 - a_2 b_1$

(1) x, y를 미지수라 하고 a_1, a_2, b_1, b_2, d_1, d_2를 기지수라 한다.

(2) 또한 a_1, a_2를 x항, b_1, b_2를 y항, d_1, d_2를 상수항이라 한다.

(3) Δ(델타)는 행렬식의 기호로, [D] 또는 [det]으로 나타내는 경우도 있다.

3. 행렬에 따른 2원 연립방정식의 풀이방법

미지수 x	미지수 y
$x = \dfrac{\Delta x}{\Delta} = \dfrac{\begin{bmatrix} d_1 & b_1 \\ d_2 & b_2 \end{bmatrix}}{\begin{bmatrix} a_1 & b_1 \\ a_2 & b_2 \end{bmatrix}} = \dfrac{d_1 b_2 - d_2 b_1}{a_1 b_2 - a_2 b_1}$	$y = \dfrac{\Delta y}{\Delta} = \dfrac{\begin{bmatrix} a_1 & d_1 \\ a_2 & d_2 \end{bmatrix}}{\begin{bmatrix} a_1 & b_1 \\ a_2 & b_2 \end{bmatrix}} = \dfrac{a_1 d_2 - a_2 d_1}{a_1 b_2 - a_2 b_1}$

(1) Δx를 구할 때는 'x항 1열'에 '상수항'을 삽입한다.

(2) Δy를 구할 때는 'y항 2열'에 '상수항'을 삽입한다.

4. 행렬에 따른 3원 연립방정식의 풀이방법

연립방정식	행렬	행렬식
$a_1 x + b_1 y + c_1 z = d_1$ $a_2 x + b_2 y + c_2 z = d_2$ $a_3 x + b_3 y + c_3 z = d_3$	$\begin{bmatrix} a_1 & b_1 & c_1 \\ a_2 & b_2 & c_2 \\ a_3 & b_3 & c_3 \end{bmatrix} \begin{bmatrix} x \\ y \\ z \end{bmatrix} = \begin{bmatrix} d_1 \\ d_2 \\ d_3 \end{bmatrix}$	$\Delta = \begin{bmatrix} a_1 & b_1 & c_1 \\ a_2 & b_2 & c_2 \\ a_3 & b_3 & c_3 \end{bmatrix}$

(1) 행렬식 : $\Delta = \begin{vmatrix} a_1 & b_1 & c_1 \\ a_2 & b_2 & c_2 \\ a_3 & b_3 & c_3 \end{vmatrix} = a_1 \begin{bmatrix} b_2 & c_2 \\ b_3 & c_3 \end{bmatrix} - b_1 \begin{bmatrix} a_2 & c_2 \\ a_3 & c_3 \end{bmatrix} + c_1 \begin{bmatrix} a_2 & b_2 \\ a_3 & b_3 \end{bmatrix}$

$\qquad\qquad\quad = a_1(b_2 c_3 - b_3 c_2) - b_1(a_2 c_3 - a_3 c_2) + c_1(a_2 b_3 - a_3 b_2)$

(2) $\Delta x = \begin{vmatrix} d_1 & b_1 & c_1 \\ d_2 & b_2 & c_2 \\ d_3 & b_3 & c_3 \end{vmatrix}$, $\Delta y = \begin{vmatrix} a_1 & d_1 & c_1 \\ a_2 & d_2 & c_2 \\ a_3 & d_3 & c_3 \end{vmatrix}$, $\Delta z = \begin{vmatrix} a_1 & b_1 & d_1 \\ a_2 & b_2 & d_2 \\ a_3 & b_3 & d_3 \end{vmatrix}$

(3) $x = \dfrac{\Delta x}{\Delta}$, $y = \dfrac{\Delta y}{\Delta}$, $z = \dfrac{\Delta z}{\Delta}$

Chapter 02 계산기 사용법

01 SETUP 설정하기

(1) [shift]를 누른 다음 [MODE]를 누르면 설정 메뉴가 표시

(2) 아래와 같이 ▲, ▼의 키를 사용해 메뉴를 이동할 수 있다.

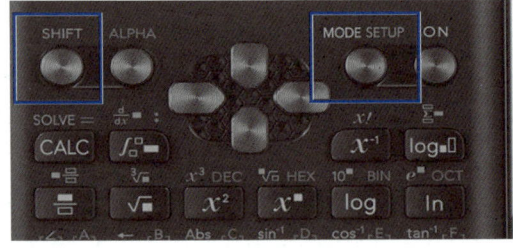

(3) 입출력 표기의 지정 방법

입출력 표기 지정:	키 조작:
Math	SHIFT MODE 1 (MthIO)
Linear	SHIFT MODE 2 (LineIO)

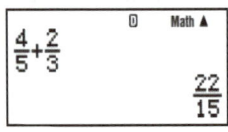 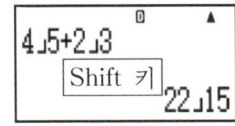

Math 표기   Linear 표기

(4) 각도 단위의 지정 방법(Deg 모드로 사용)

각도 단위 지정:	키 조작:
도	SHIFT MODE 3 (Deg)
라디안	SHIFT MODE 4 (Rad)
그리드	SHIFT MODE 5 (Gra)

(5) 표시 자리수 지정 방법

자리수:	키 조작:
소수점 이하의 자리수	SHIFT MODE 6 (Fix) 0 - 9
유효 숫자의 자리수	SHIFT MODE 7 (Sci) 0 - 9
지수 표시 범위	SHIFT MODE 8 (Norm) 1 (Norm1) 또는 2 (Norm2)

(6) 복소수 표시의 지정 방법

복소수 표시:	키 조작:
직교좌표	SHIFT MODE ▼ 3 (CMPLX) 1 ($a+bi$)
극좌표	SHIFT MODE ▼ 3 (CMPLX) 2 ($r\angle\theta$)

(7) 표시 콘트라스트(밝기) 조절 방법

SHIFT MODE (SETUP) ▼ 6 (◀CONT▶)

```
CONTRAST
LIGHT          DARK
[◀]            [▶]
```

02 MODE - 1 : COMP(표준 계산)

(1) 모드 변경 방법

[그림 1]   [그림 2]

① [그림 1]과 같이 [MODE] 버튼을 누른다.

② [그림 2]와 같이 메뉴가 나오면 [1]을 눌러 '1 : COMP'를 선택 한다.

(2) 상수, 분수, 지수 계산

① 상수 사용법

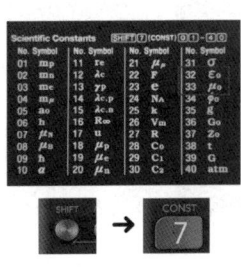 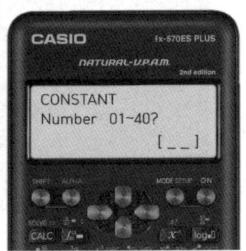

[그림 3]   [그림 4]

ㄱ [그림 3]과 같이 계산기 뚜껑을 보면 'Constants' 표가 있다.

ㄴ 뚜껑에 표시된 것처럼 [SHIFT]키를 누른 다음 [7]을 누르면

ㄷ [7]버튼 위에 있는 [CONST, 상수]를 누를 수 있다.

ㄹ 상수키를 누르면 [그림 4]와 같이 화면에 표시되누를 수 있다.

② 예제 계산

[그림 5]   [그림 6]

$$E = \frac{5 \times 10^{-5} \times 6 \times 10^{-5}}{4\pi\epsilon_0 \times 3^2} = 2.9958 \,[\text{V/m}]$$

ㄱ [그림 5]와 같이 '분수 키 ▤'를 누른 다음 수식을 입력

ㄴ 10^{-5}를 표현할 때에는 10을 누른 후 지수 키 $x^\blacksquare$ 를 누르면 $10^\square$로 표시될 때 -5를 누르면 된다.

ㄷ π를 누를 때에는 [SHIFT]키를 누른 다음 숫자 키 3번 밑의 $[\times 10^x]$키를 누르면 π를 입력할 수 있다.

ㄹ 단순히 3^2과 같이 제곱을 누를 때에는 x^2 키를 누른다.

ㅁ 모두 입력이 끝났으면 결과를 확인한다.

(3) SOLVE 기능

아래 예제의 X값을 구할 때 사용한다.

$$\frac{1000}{5(1+X)} = 100$$

 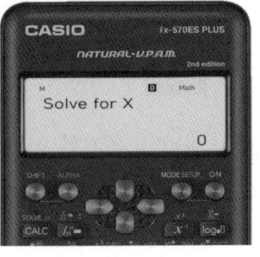

[그림 7]   [그림 8]

① 미지수 X 입력 방법 : [SHIFT]키 옆에 있는 [ALPHA]키를 누른 다음 ▮) 키를 누르면 알파벳 X를 누를 수 있다.

② 화면에 [=] 입력 방법 : [ALPHA]키를 누른 다음 [SHIFT] 밑에 있는 [CALC]키를 누르면 된다.

③ [그림 7]과 같이 화면에 누른 다음 [SOLVE]기능 키를 누르면 미지수 X를 구할 수 있다.

④ [SOLVE] 입력 방법 : [SHIFT]키를 누른 다음 [SHIFT]밑에 있는 [CALC]키를 누르면 되고, [SOLVE]를 누르면

⑤ [그림 8]과 같이 표시되면 [=]를 눌러 답을 확인하면 된다.

⑥ $X = 1$이 나온다.

(4) 적분 기능

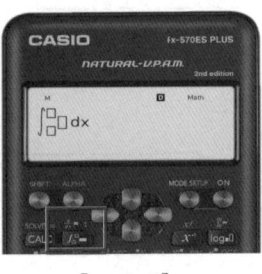 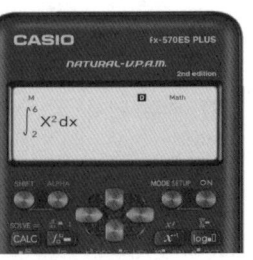

[그림 9]   [그림 10]

① 적분 키를 누르면 [그림 9]와 같이 표현 된다.

② 방향키를 ▷를 눌러 가며 [그림 10]과 같이 작성한다.

여기서 X는 미지수 이므로([ALPHA]를 누른 후 [ ]키를 눌러 X를 입력한다.)

$$\int_2^6 X^2 \, dx$$

③ 작성이 완료되면 [=] 키를 눌러 $\dfrac{208}{3}$ 이 나오는 것을 확인한다.

(5) 위 결과의 $\dfrac{208}{3}$ 을 소수점을 변경하려는 방법

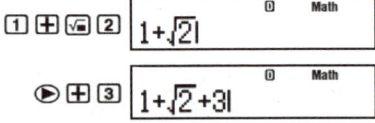 를 누르면 $\dfrac{208}{3} = 69.333\ldots$로 변경된다.

(6) 계산기 초기화 하는 방법

① 계산기를 입력하다가 조금이라도 이상하면 초기화를 시켜주는 것이 편하다.

② [shift]를 누른 다음 [9](CLR) 선택

③ [=]를 눌러 초기화시킨다.

---

03 계산기 기본 입력하기

(1) 지수 입력

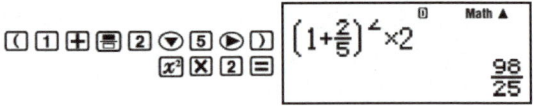

(2) 루트 입력

(3) 분수 입력

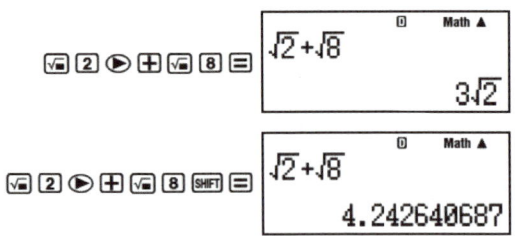

(4) 결과 표시 방법

---

(5) S−D 변환 기능

(6) 앤서(Ans) 메모리 기능

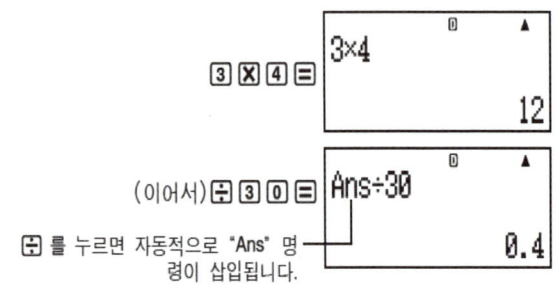

⊞ 를 누르면 자동적으로 "Ans" 명령이 삽입됩니다.

---

04 복소수와 극형식 계산하기

(1) 복소수 모드(Complex mode) 변경

복소수의 계산은 CMPLX 모드(MODE 2)로 지정합니다.

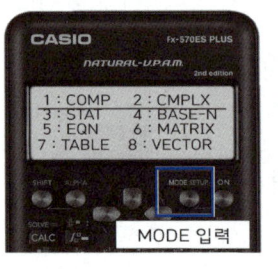 

① [mode]를 누른 다음 (평상시에는 1(comp)에서 사용)

② [2]−complex 설정 (복소수, 극형식에서만 2 (complx) 사용)

③ [그림]과 같이 화면상에 표시된 것을 확인한다.

(2) 복소수와 극형식 입력 방법

CMPLX 모드에서는 [ENG] 키가 허수 입력용 i 입력 키로 바뀝니다.

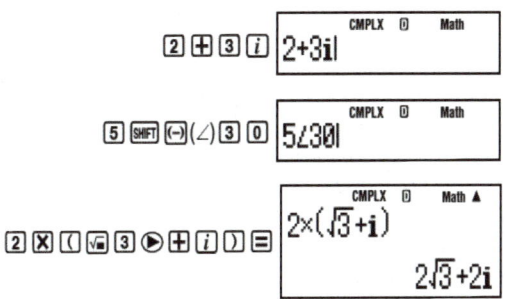

(3) 복소수와 극형식 표기법 변경

① 수치 입력

극형식으로 입력하고 답을 확인하면 복소수로 표시된다.

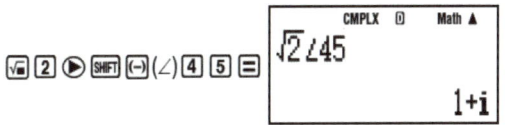

② 결과 표시 방법 변경

위 ① 화면에서 아래 명령어 입력하여 복소수 값을 확인한다.

[SHIFT] [2] (CMPLX) [3] (▶r∠θ)

 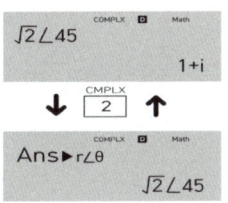

③ 다시 복소수로 변경

[SHIFT] [2] (CMPLX) [4] (▶a+bi)

---

(1) 복소수 입력

$$\frac{10}{(1+i)(1+10i)}$$

① [□/□]를 누른 다음 $\dfrac{10}{(1+i)(1+10i)}$ 로 입력하자.

② 복소수 i는 [ENG]키를 그냥 누르면 된다.

③ 주의할 점 : i를 숫자 앞에(i 10) 입력하면 에러가 발생

(2) 복소수의 분수를 소수점으로 변경

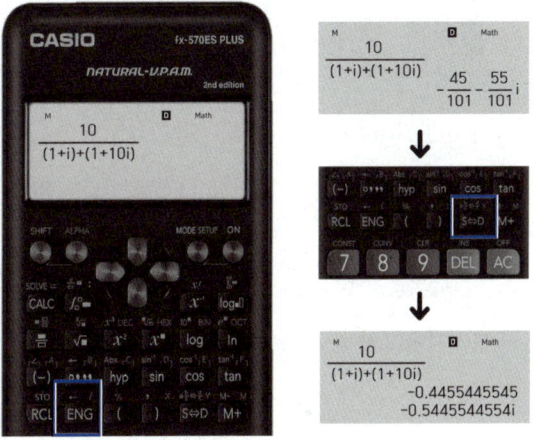

[=]를 눌러 답(복소수)을 확인한다.

$$답 : -\frac{45}{101} - \frac{55}{101} i$$

(3) 복소수를 극형식으로 변경

① [그림]과 같이 답이 분수 형태로 표시되면 S⇔D 버튼으로 소수점 형태로 변경할 수 있다.

② 소수점 형태에서 다시 S⇔D 버튼을 누르면 분수 형태로 돌아온다.

06 방정식(EQN) 계산하기

(1) 방정식 모드(Equation mode) 설정

> 방정식을 풀려면 EQN 모드 (MODE 5)를 지정합니다.

키	메뉴 항목	방정식의 종류
1	$a_nX + b_nY = c_n$	2개의 미지수를 가지는 연립 1차방정식
2	$a_nX + b_nY + c_nZ = d_n$	3개의 미지수를 가지는 연립 1차방정식
3	$aX^2 + bX + c = 0$	2차 방정식
4	$aX^3 + bX^2 + cX + d = 0$	3차 방정식

(2) 3개의 미지수를 갖는 연립 1차 방정식 선택

```
1 : COMP    2 : CMPLX
3 : STAT    4 : BASE-N
5 : EQN     6 : MATRIX
7 : TABLE   8 : VECTOR
```

```
1 : anX+bnY=cn
2 : anX+bnY+cnZ=dn
3 : aX²+bX+c=0
4 : aX³+bX²+cX+d=0
```

(3) 미지수 입력

```
            Math
    a    b    c
1 [ 1    0    0 ]
2 [ 0    0    0 ]
3 [ 0    0    0 ] 0
```

```
            Math
    b    c    d
1 [ -2   -2   1 ]
2 [ 0    0    0 ]
3 [ 0    0    0 ] 0
```

① 연립 1차 방정식

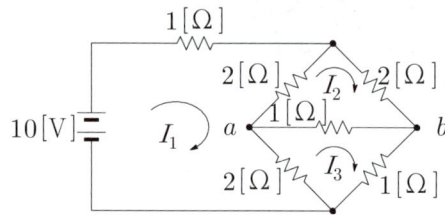

$$5I_1 - 2I_2 - 2I_3 = 10\,[\mathrm{V}]$$
$$-2I_1 + 5I_2 - I_3 = 0\,[\mathrm{V}]$$
$$-2I_1 - I_2 + 4I_3 = 0\,[\mathrm{V}]$$

$$\Rightarrow \begin{bmatrix} 5 & -2 & -2 \\ -2 & 5 & -1 \\ -2 & -1 & 4 \end{bmatrix} \begin{bmatrix} I_1 \\ I_2 \\ I_3 \end{bmatrix} = \begin{bmatrix} 10 \\ 0 \\ 0 \end{bmatrix}$$

② 계산기 입력

$$\begin{array}{c} \quad\; a \quad\;\; b \quad\;\; c \qquad\qquad d \\ \begin{matrix} 1 \\ 2 \\ 3 \end{matrix} \begin{bmatrix} 5 & -2 & -2 \\ -2 & 5 & -1 \\ -2 & -1 & 4 \end{bmatrix} \begin{bmatrix} I_1 \\ I_2 \\ I_3 \end{bmatrix} = \begin{bmatrix} 10 \\ 0 \\ 0 \end{bmatrix} \end{array}$$

$$\begin{array}{c} \quad\; a \quad\;\; b \quad\;\; c \quad\; d \\ \begin{matrix} 1 \\ 2 \\ 3 \end{matrix} \begin{bmatrix} 5 & -2 & -2 & 10 \\ -2 & 5 & -1 & 0 \\ -2 & -1 & 4 & 0 \end{bmatrix} \end{array}$$

③ 결과 보기

입력이 끝나면 [=]을 누를 때마다 X, Y, Z 값이 차례로 표시된다.

이때, $X = I_1$, $Y = I_2$, $Z = I_3$가 된다.

④ 회로에서 a, b 사이의 흐르는 지로전류를 구하기 위해서는 $I_2 - I_3 = Y - Z$로 구하면 된다.

2026 대비 최신개정판

해커스
전기기능사
필기
한권합격 이론+최신기출+핵심노트

개정 4판 1쇄 발행 2025년 11월 7일

지은이	오우진
펴낸곳	㈜챔프스터디
펴낸이	챔프스터디 출판팀

주소	서울특별시 서초구 강남대로61길 23 ㈜챔프스터디
고객센터	02-537-5000
교재 관련 문의	publishing@hackers.com
동영상강의	pass.Hackers.com

ISBN	978-89-6965-659-9 (13560)
Serial Number	04-01-01

자격증 교육 1위

해커스자격증
pass.Hackers.com

· 전기 강의 경력 18년차 선생님의 **본 교재 인강**(교재 내 할인쿠폰 수록)
· 전기기능사 **무료 특강&이벤트**, **최신 기출 문제** 등 다양한 학습 콘텐츠

주간동아 선정 2022 올해의 교육브랜드 파워 온·오프라인 자격증 부문 1위

이젠 기출도 컴퓨터로 간편하게!
해커스 CBT 모의고사

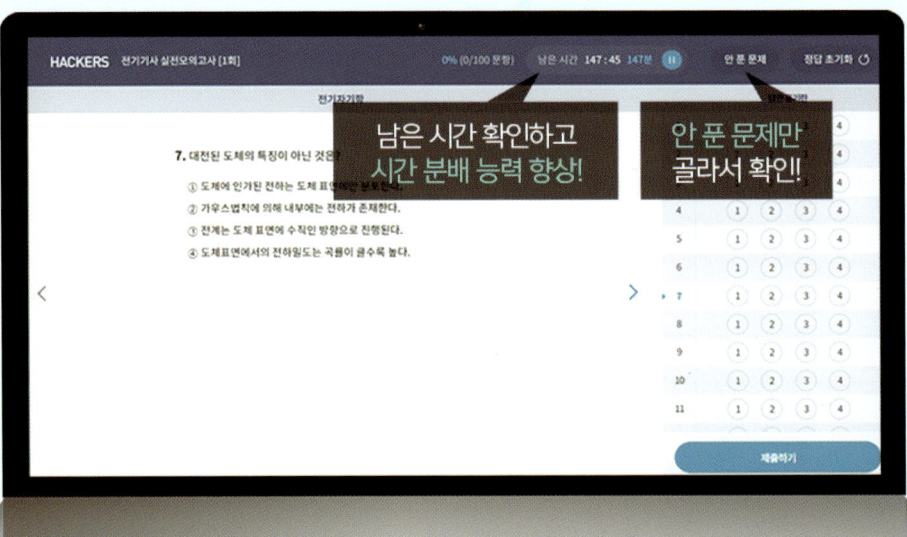

남은 시간 확인하고
시간 분배 능력 향상!

안 푼 문제만
골라서 확인!

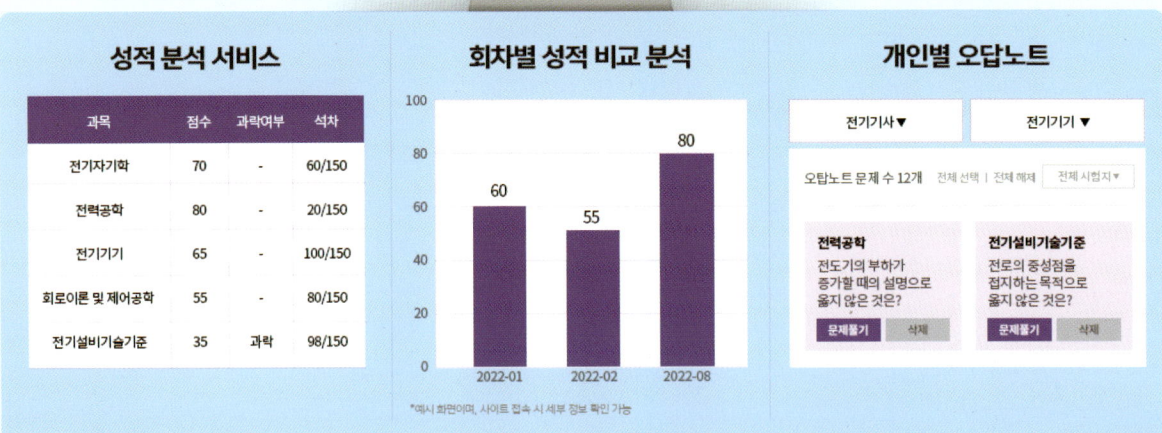

성적 분석 서비스

과목	점수	과락여부	석차
전기자기학	70	-	60/150
전력공학	80	-	20/150
전기기기	65	-	100/150
회로이론 및 제어공학	55	-	80/150
전기설비기술기준	35	과락	98/150

회차별 성적 비교 분석

*예시 화면이며, 사이트 접속 시 세부 정보 확인 가능

개인별 오답노트

2026 대비 최신개정판

해커스
전기기능사
필기
한권합격

시험장에 꼭 가져가야 할

핵심노트

해커스
전기기능사
필기
한권합격

시험장에 꼭 가져가야 할

핵심노트

해커스

핵심노트 목차

핵심노트

01 직류회로(Direct current circuit)

1 물질과 전기

(a) 물질과 전기

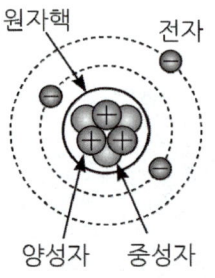

(b) 보어의 원자 모형

(1) 양자와 전자의 질량

① 양자 1개의 질량 : $m = 1.67261 \times 10^{-27}\,[\mathrm{kg}]$

② 전자 1개의 질량 : $m = 9.10955 \times 10^{-31}\,[\mathrm{kg}]$

③ 양자의 질량이 전자의 약 1,840배 무겁다.

(2) 전자 1개가 가지는 전하량

$$e = -1.602 \times 10^{-19}\,[\mathrm{C}]$$

여기서, 음($-$)의 부호는 전자 자체가 음전하임을 나타내는 것

(3) 용어 정리

① 전하(electric charge) : 물체가 띠고 있는 정전기의 양(기호 : Q / 단위 : $[\mathrm{C}]$, 쿨롱)

② 자하(magnetic charge) : 물체가 띠고 있는 정자기의 양(기호 : m / 단위 : $[\mathrm{Wb}]$, 웨버)

③ 자유전자 : 원자핵의 구속력으로부터 벗어나서 물질 내에서 자유롭게 이동이 가능한 전자

④ 대전 : 물체에 전기를 띠는 현상

⑤ ($-$)대전상태 : 중성인 물체에 외부에서 자유전자가 주어진 상태

⑥ 기전력 : 전위차를 만들어주는 힘 또는 전류를 발생시키는 힘

⑦ 기자력 : 자석이나 전류끼리 또는 자석과 전류 사이에 작용하는 힘

⑧ 전자력 : 자계 중에 전류가 흐를 때 전류에 작용하는 힘

(4) 문자 기호의 약속

① I(대문자) : 시간에 따라 일정한 전류(예 : 직류 전류)

② $i(t)$(소문자) : 시간에 따라 변화하는 전류(예 : 교류 전류)

2 전압(Potential 또는 Voltag)

(1) 전압(Voltage)

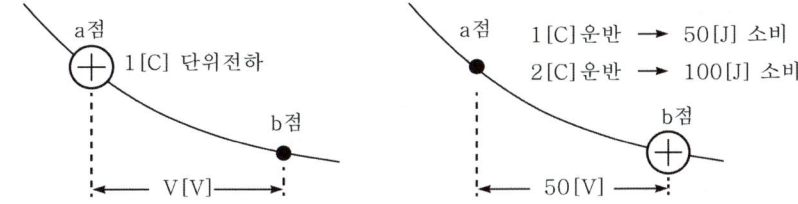

① 정의 : 전압은 두 전위의 차를 말하며, 단위전하(1 [C], unit charge)가 a에서 b점까지 운반하기 위해 필요한 에너지 W[J, 줄]로 정의하며, 전압의 기호는 V, 단위는 볼트(V)라 한다.

② 정의식

$$V_{ab} = \frac{W}{Q} \text{ [J/C = V]}$$

여기서, W : 전하가 운반될 때 소비되는 에너지[J]

(2) 운반하기 위해 필요한 에너지(= 전하가 운반될 때 소비되는 에너지)

$$W = QV \text{ [J]}$$

(3) 전자가 운반될 때 소비되는 에너지

$$W = eV \text{ [eV]} = 1.602 \times 10^{-19} \times V \text{[J]}$$

여기서, [eV, 전자볼트] 단위를 [J]로 변환시키려면 전자 e를 전하량으로 변환하여야 한다.
(전자 1개의 전하량 : $e = 1.602 \times 10^{-19}$ [C])

3 전류(Current)

(1) 정의 : 단면적이 $S[\text{m}^2]$인 도체에 직각인 단면을 단위 시간에 통과하는 전하량

(2) 전류의 정의식("초당 얼마만큼의 전하가 이동했느냐?"의 의미)

$$I = \frac{Q}{t} \text{ [C/s = A]}$$

(3) 도체를 이동한 총 전하량(= 전기량)

$$Q = It \text{ [A·s = C]}$$

4 전기저항과 옴의 법칙

(1) 전기저항(Resistance)

① 전기저항은 전류의 흐름을 방해하는 성분으로 도체의 재질, 모양, 온도에 따라 변화한다.

② 전기저항

$$R = \rho \frac{\ell}{S} = \frac{\ell}{kS} \, [\Omega]$$

③ 컨덕턴스

$$G = \frac{1}{R} = k\frac{S}{\ell} = \frac{S}{\rho\ell} \, [1/\Omega]$$

여기서, ρ : 저항률 또는 고유저항$[\Omega \cdot m]$ ℓ : 도체의 길이$[m]$

k (또는 σ) : 도전율$[(\Omega \cdot m)^{-1}]$ S : 도체의 단면적$[m^2]$

(2) 고유저항

① 고유저항 : 단위길이($1[m]$)와 단위면적($1[m^2]$)을 가진 도체의 전기저항

② 도전율 : 고유저항의 역수로 전류가 잘 흐르는 정도를 나타낸다.

③ 고유저항의 단위

$$\rho = \frac{R \cdot S}{\ell} \, [\frac{\Omega \cdot m^2}{m} = \Omega \cdot m]$$

④ 현장 고유저항의 단위와 **MKS** 단위의 관계

ㄱ $1[\Omega \cdot mm^2/m] = 10^{-6}[\Omega \cdot m]$

ㄴ $1[\Omega \cdot m] = 10^6[\Omega \cdot mm^2/m]$

(3) 전류가 잘 흐르는 도체 순서 : 은 → 구리 → 금 → 알루미늄

(4) 옴의 법칙

① 정의 : 도체에 흐르는 전류는 도체 양단 간의 전위차 V에 비례하고 도체의 저항 $R[\Omega]$에 반비례한다.

② 옴의 법칙

$$I = \frac{V}{R} \, [V/\Omega = A]$$

5 전력과 전력량

(1) 전력(Power)

① 전력의 정의 : 단위 시간에 행한 전기적인 일을 전력이라 한다.

② 전력의 정의식

$$P = \frac{W}{t} = \frac{QV}{t} = \frac{ItV}{t} = VI\,[\text{W}]$$

③ 전력의 일반식(옴의 법칙 대입)

$$P = VI = I^2R = \frac{V^2}{R}\,[\text{W}]$$

여기서, I^2R : I는 R을 통과하는 전류로 본 공식은 직렬회로에 사용

$\dfrac{V^2}{R}$: V는 R의 단자전압으로 본 공식은 병렬회로에 사용

(2) 전력량 : 전력 × 사용 시간

$$W = Pt = VIt = I^2Rt = \frac{V^2}{R}t\,[\text{W}\cdot\sec = \text{J}]$$

(3) 줄의 법칙

① 정의 : 도선에 전위차(전압)를 가하면 전하가 이동하면서(전류가 흐르면서) 에너지를 소비하게 된다. 이 에너지는 도선 내에서 열로 소비되는데, 이 열을 줄열이라 한다.

② 줄열($1\,[\text{J}] = 0.2389 \fallingdotseq 0.24\,[\text{cal}]$)

$$H = 0.24W = 0.24VIt = 0.24I^2Rt = 0.24\frac{V^2}{R}t\,[\text{cal}]$$

③ 단위 환산($1\,[\text{h}] = 3600\,[\text{sec}]$, $[\text{W}\cdot\text{s} = \text{J}]$)

$$1\,[\text{kWh}] = 3600\,[\text{kWs} = \text{kJ}] = 3600 \times 0.24 \fallingdotseq 860\,[\text{kcal}]$$

Part 01 전기이론 **7**

6 배율기와 분류기

회로도	특징
	배율기(multiplier) ① 배율 : $m = \dfrac{V_0}{V} = \dfrac{I_v\,(R_m + R_v)}{I_v R_v} = 1 + \dfrac{R_m}{R_v}$ ② 배율저항 : $R_m = R_v\,(m-1)\,[\Omega]$
	분류기(shunt) ① 배율 : $m = \dfrac{I_0}{I_a} = \dfrac{I_a + I_s}{I_a} = 1 + \dfrac{I_s}{I_a} = 1 + \dfrac{R_a}{R_s}$ ② 분류저항 : $R_s = \dfrac{R_a}{m-1}\,[\Omega]$

여기서, R_v : 전압계 내부저항 R_a : 전류계 내부저항

7 저항 접속법

구분	직렬 접속	병렬 접속
회로		
특징	① 전류는 일정 ② 전압은 분배	① 전압이 일정 ② 전류는 분배

합성
저항
	① 저항이 2개인 경우
	  : $R_0 = R_1 + R_2\,[\Omega]$
	② 저항이 n개인 경우
	  : $R_0 = R_1 + R_2 + \dots + R_n\,[\Omega]$
	③ 동일 크기의 저항 n개가 직렬인 경우
	  : $R_0 = nR\,[\Omega]$
		① 저항이 2개인 경우 : $R_0 = \dfrac{1}{\dfrac{1}{R_1}+\dfrac{1}{R_2}} = \dfrac{R_1 \times R_2}{R_1 + R_2}$
		② 저항이 n개인 경우 : $R_0 = \dfrac{1}{\dfrac{1}{R_1}+\dfrac{1}{R_2}+\dots+\dfrac{1}{R_n}}$
		③ 동일 크기의 저항 n개가 병렬인 경우 : $R_0 = \dfrac{R}{n}\,[\Omega]$

합성 컨덕턴스	$G_0 = \dfrac{1}{\dfrac{1}{G_1}+\dfrac{1}{G_2}} = \dfrac{G_1 \times G_2}{G_1 + G_2}\,[\mho]$	$G_0 = G_1 + G_2\,[\mho]$
전압 분배 법칙	① $V_1 = \dfrac{R_1}{R_1 + R_2} \times V_0 = \dfrac{G_2}{G_1 + G_2} \times V_0\,[V]$ ② $V_2 = \dfrac{R_2}{R_1 + R_2} \times V_0 = \dfrac{G_1}{G_1 + G_2} \times V_0\,[V]$	① $I_1 = \dfrac{R_2}{R_1 + R_2} \times I_0 = \dfrac{G_1}{G_1 + G_2} \times I_0\,[A]$ ② $I_2 = \dfrac{R_1}{R_1 + R_2} \times I_0 = \dfrac{G_2}{G_1 + G_2} \times I_0\,[A]$

8 휘트스톤 브리지 평형회로

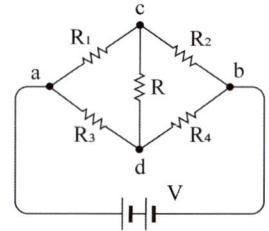

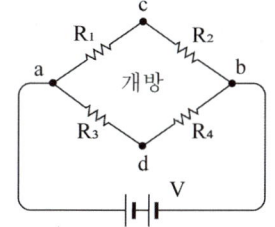

(a) 휘트스톤 브리지 회로

(b) 평형 시 등가회로

(1) $R_1 R_4 = R_2 R_3$의 조건은 만족하면 $V_{cd} = 0$이 되어 c, d 간의 지로(branch)에는 전류가 흐르지 않는다.

(2) 따라서 그림 (b)와 같이 등가변환 시킬 수 있다.

9 △-Y 결선의 등가변환

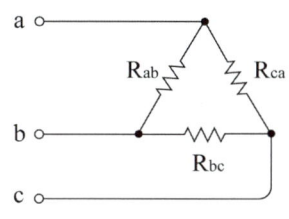

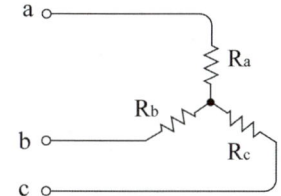

(a) △결선

(b) Y결선

△결선에서 Y결선으로 등가변환	Y결선에서 △결선으로 등가변환
① $R_a = \dfrac{R_{ab} \cdot R_{ca}}{R_{ab} + R_{bc} + R_{ca}} \, [\Omega]$	① $R_{ab} = \dfrac{R_a \cdot R_b + R_b \cdot R_c + R_c \cdot R_a}{R_c} \, [\Omega]$
② $R_b = \dfrac{R_{ab} \cdot R_{bc}}{R_{ab} + R_{bc} + R_{ca}} \, [\Omega]$	② $R_{bc} = \dfrac{R_a \cdot R_b + R_b \cdot R_c + R_c \cdot R_a}{R_a} \, [\Omega]$
③ $R_c = \dfrac{R_{bc} \cdot R_{ca}}{R_{ab} + R_{bc} + R_{ca}} \, [\Omega]$	③ $R_{ca} = \dfrac{R_a \cdot R_b + R_b \cdot R_c + R_c \cdot R_a}{R_b} \, [\Omega]$
④ $R_{ab} = R_{bc} = R_{ca} = R_\triangle$ 인 경우 $\quad : R_Y = R_a = R_b = R_c = \dfrac{R_\triangle}{3}$	④ $R_a = R_b = R_c = R_Y$ 인 경우 $\quad : R_\triangle = R_{ab} = R_{bc} = R_{ca} = 3R_Y$

10 전류의 열작용(열전현상)

(1) 제벡 효과(Seebeck effect, 지벡 또는 제어백 효과로도 표현)

두 종류의 금속을 접속하고 온도차를 주면 기전력이 발생하여 전류가 흐르는 현상(두 금속 → 온도차 → 열기전력 발생)

(2) 펠티에 효과(Peltier effect)

두 종류의 금속의 접속점에 전류를 흘리면 줄열 이외의 열의 흡수, 방출 현상이 생기는 것(두 금속 → 전류 → 방열 / 흡열 발생)

(3) 톰슨 효과(Thomson effect)

온도차가 있는 한 물체에 전류를 흘릴 때 이 물체 내에 줄열 이외의 열을 흡수, 방출하는 현상(동일 금속 → 전류 → 방열 / 흡열 발생)

(4) 중간 금속의 법칙

열전대를 구성하는 두 금속의 한쪽 접점은 서로 접해있고, 반대편 접점은 제3의 금속과 연결되어 있을 때, 두 접점이 같은 온도라면 기전력이 발생하지 않는다.

11 전류의 화학작용(패러데이 법칙)

(1) 전기 분해에 의하여 전극에 석출되는 물질의 양(W)은 전해액을 통과하는 총 전기량(Q)과 그 물의 화학당량 (K, chemical equivalent)에 비례한다. 이를 패러데이 법칙이라 한다.

(2) 석출된 물질의 양

$$W = KQ = KIt \text{ [g]}$$

여기서, K : 화학당량 Q : 전기량[C] t : 통전 시간[s] I : 전해액을 통과한 전류의 크기[A]

(3) 전기 화학당량

$$K = \frac{\text{원자량}}{\text{원자가}}$$

여기서, 화학당량이란 어떤 원소의 원자량을 원자가로 나눈 값으로, 원자가란 한 원자가 다른 원자와 결합할 수 있는 능력을 말한다.

02   정전계와 정자계

1 점전하 관련 공식(쿨롱의 법칙)

(1) 두 전하 사이의 작용하는 힘(전기력)

$$F = \frac{Q_1 Q_2}{4\pi\epsilon_0 r^2} = 9 \times 10^9 \times \frac{Q_1 Q_2}{r^2} \text{ [N]}$$

여기서, 쿨롱 상수 : $K = \dfrac{1}{4\pi\epsilon_0} = 9 \times 10^9$ r : 두 전하 사이의 거리[m]

① 유전율 : $\epsilon = \epsilon_0 \epsilon_s \,[\text{F/m}]\,(\epsilon$: 입실론)

② 진공의 유전율 : $\epsilon_0 = 8.855 \times 10^{-12}\,[\text{F/m}]$

③ 진공의 비유전율 : $\epsilon_s = \epsilon_r = 1$

④ 유전율 정의 : 전기적 절연체(유전체)의 전기적 특성을 나타내는 상수, 여기서 전기적 특성이란 유전체의 삽입에 따라 전계의 세기, 정전용량 등 변화하는 특성을 말한다(전계의 세기 감소, 정전용량 증가).

(2) 전계의 세기

① 전계 내의 임의의 한점에서 작용하는 힘

② 쿨롱의 힘(전기력)에서 $Q_2 = 1$ (단위 전하)로 대치하여 구함

$$E = \frac{Q}{4\pi\epsilon_0 r^2} = 9 \times 10^9 \times \frac{Q}{r^2}\,[\text{V/m}]\,[\text{N/C}]$$

(3) 전위(전기적인 위치에너지)

$$V = \frac{Q}{4\pi\epsilon_0 r} = 9 \times 10^9 \times \frac{Q}{r}\,[\text{V}]\,[\text{J/C}]$$

(4) 전속밀도

$$D = \frac{\phi}{S_구} = \frac{Q}{4\pi r^2}\,[\text{C/m}^2]$$

여기서, ϕ : 자속(벡터) Q : 전하(스칼라)   구의 면적 : $S = 4\pi r^2$

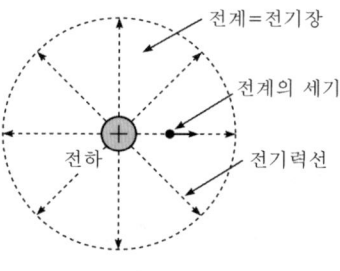

(a) 전계와 전기력선

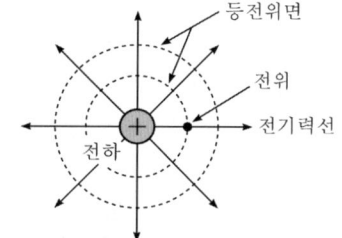

(b) 전위와 등전위면

① 전기력선 : 전하 $Q\,[\text{C}]$ 주변에는 전기장이 만들어지고 그 위치에 따라 전계의 세기와 크기와 방향이 결정된다. 이때 전계의 세기를 여러 방향의 선으로 표현한 것을 전기력선이라 한다.

② 전속 : 전기력선을 확장해서 유전율(매질)의 크기와 관계없이 단위전하(1 [C])에서 1개의 선이 나간다고 가정한 것을 전속 ϕ 또는 유전속이라 한다.

(5) 전계의 세기와 관계식

$$F = QE\,[\text{N}], \qquad V = rE\,[\text{V}], \qquad D = \epsilon_0 E\,[\text{C/m}^2]$$

2 가우스의 법칙

(1) 가우스 법칙의 정의

임의의 폐곡면을 관통하여 밖으로 나가는 전력선의 총수는 폐곡면 내부에 있는 전하의 $1/\epsilon_0$배와 같다. 이를 가우스의 정리라고 한다.

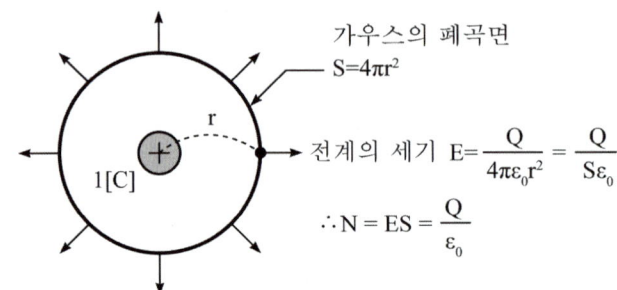

가우스의 폐곡면
$S = 4\pi r^2$

전계의 세기 $E = \dfrac{Q}{4\pi\epsilon_0 r^2} = \dfrac{Q}{S\epsilon_0}$

$\therefore N = ES = \dfrac{Q}{\epsilon_0}$

$$N = E\,S = \frac{Q}{\epsilon_0}$$

(2) 전기력선의 총수

$$N = \frac{Q}{\epsilon_0} \ [\text{개}]$$

(3) 전속선의 총수

$$N = Q \ [\text{개}]$$

3 전기력선(electric field lines)의 특징

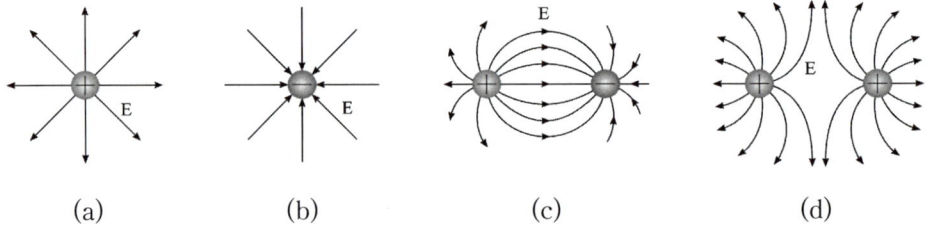

(a)   (b)   (c)   (d)

(1) 전기력선의 방향은 그 점의 전계의 방향과 같으며 전기력선의 밀도는 그 점에서 전계의 세기와 같다.

(2) 전기력선은 정전하($+$)에서 시작하여 부전하($-$)에서 끝난다.

(3) 전하가 없는 곳에서는 전기력선의 발생, 소멸이 없다. 즉, 연속적이다.

(4) 단위 전하(1[C])에서는 $1/\epsilon_0$[개]의 전기력선이 출입한다.

(5) 전기력선은 전위가 낮아지는 방향으로 향한다.

(6) 전기력선은 그 자신만으로 폐곡선을 만들지 않는다.

(7) 전계가 0이 아닌 곳에서는 2개의 전기력선은 교차하지 않는다.

(8) 전기력선은 등전위면과 직교한다.

(9) 도체 내부에는 전기력선이 존재하지 않는다.

4 각 도체에 따른 전계의 세기

구분	중요 공식
구도체 또는 점전하	① 전계의 세기 : $E = \dfrac{Q}{4\pi\epsilon_0 r^2}$ [V/m] ② $\dfrac{1}{4\pi\epsilon_0} = 9 \times 10^9$ ③ (참고) 체적 전하 밀도 : $\rho = \dfrac{Q}{v}$ [C/m³] (읽는 법 - ρ : 로우, σ : 시그마, λ : 람다)
무한장 직선 (원주형) 도체	① 전계의 세기 : $E = \dfrac{\lambda}{2\pi\epsilon_0 r} \propto \dfrac{1}{r}$ [V/m] ② $\dfrac{1}{2\pi\epsilon_0} = 18 \times 10^9$ ③ 선전하 밀도 : $\rho_\ell = \lambda = \dfrac{Q}{\ell}$ [C/m]
평행판 도체	① 무한면도체 전계의 세기 : $E = \dfrac{\sigma}{2\epsilon_0}$ [V/m] ㉠ 거리에 관계없이 일정한 전계를 갖는다. ㉡ 이러한 전계를 평등전계라 한다. ② 외부 전계 : $E = E_1 - E_2 = 0$ ③ 내부 전계 : $E = E_1 + E_2 = \dfrac{\sigma}{\epsilon_0}$ [V/m] ④ 면전하 밀도 : $\rho_s = \sigma = \dfrac{Q}{s}$ [C/m²]

5 정전용량(Electrostatic capacity)

(1) 정전용량이란 도체에 전위차 V를 주었을 때 축적되는 전하량 Q의 관계를 표시한 것으로 전위차와 전하량의 비례상수이다.

(2) 정전용량 정의식

$$C = \frac{Q}{V} = \frac{전기량}{전위차} \ [\text{F : 패럿}]$$

여기서, $\dfrac{1}{C} = P$: 엘라스턴스 또는 전위계수

6 정전용량 필수 공식

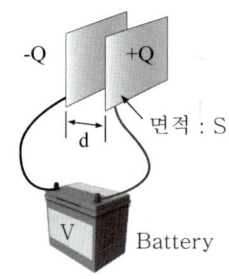
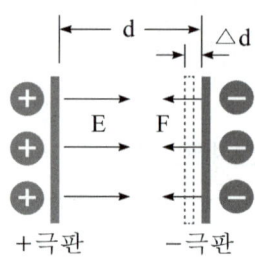

(a) 콘덴서에 전하를 충전   (b) 양 극판에 작용하는 힘

(1) 전하가 운반될 때 소비되는 에너지

$$W = QV[\text{J}]$$

(2) 콘덴서에 축적된 전하량(전기량)

$$Q = CV[\text{C}]$$

(3) 콘덴서에 저장된 전기적 에너지

$$W_C = \frac{1}{2}CV^2 = \frac{1}{2}QV = \frac{Q^2}{2C}[\text{J}]$$

(4) 정전에너지 밀도

$$w_e = \frac{1}{2}\epsilon_0 E^2 = \frac{1}{2}ED = \frac{D^2}{2\epsilon_0}[\text{J/m}^3]$$

(5) 단위 면적당 받아지는 힘

$$f = \frac{1}{2}\epsilon_0 E^2 = \frac{1}{2}ED = \frac{D^2}{2\epsilon_0} = \frac{\sigma^2}{2\epsilon_0}[\text{N/m}^2]$$

여기서, f : 맥스웰의 변형력(정전응력), 극판을 떼어내는 데 필요한 힘

7 콘덴서 접속 방법

구분	직렬 회로	병렬 회로
회로		
합성 용량	$C_0 = \dfrac{1}{\dfrac{1}{C_1}+\dfrac{1}{C_2}} = \dfrac{C_1 \times C_2}{C_1 + C_2}\,[\text{F}]$	$C_0 = C_1 + C_2\,[\text{F}]$
분배 법칙	① $V_1 = \dfrac{C_2}{C_1 + C_2} \times V$ ② $V_2 = \dfrac{C_1}{C_1 + C_2} \times V$	① $Q_1 = \dfrac{C_1}{C_1 + C_2} \times Q$ ② $Q_2 = \dfrac{C_2}{C_1 + C_2} \times Q$

(1) 크기가 동일한 정전용량을 n개 사용하여 회로를 구성한 경우

① 직렬 시 합성 정전용량

$$C_S = \frac{1}{\dfrac{1}{C_1}+\dfrac{1}{C_2}+\ldots+\dfrac{1}{C_n}} = \frac{1}{\dfrac{n}{C}} = \frac{C}{n}\,[\text{F}]$$

여기서, $C_1 = C_2 = C_3 = \cdots = C_n = C$

② 병렬 시 합성 정전용량

$$C_P = C_1 + C_2 + \ldots + C_n = nC\,[\text{F}]$$

(2) 동일 크기의 정전용량을 병렬로 접속했을 때와 직렬 접속했을 때의 차이

$$\frac{C_P}{C_S} = \frac{nC}{\dfrac{C}{n}} = n^2$$

8 각 도체에 따른 정전용량

구분	전위차	정전용량
구도체	$V = \dfrac{Q}{4\pi\epsilon_0 a}\,[\text{V}]$	$C = \dfrac{Q}{V} = \dfrac{Q}{\dfrac{Q}{4\pi\epsilon_0 a}}$ $= 4\pi\epsilon_0 a = \dfrac{a}{9\times 10^9}[\text{F}]$
평행판 도체	$V = dE = \dfrac{\sigma d}{\epsilon_0}\,[\text{V}]$	$C = \dfrac{Q}{V} = \dfrac{\sigma S}{\dfrac{d\sigma}{\epsilon_0}} = \dfrac{\epsilon_0 S}{d}\,[\text{F}]$

9 진공의 정자계

(1) 두 자하사이의 작용력

$$F = \frac{m_1 m_2}{4\pi\mu_0 r^2} = 6.33\times 10^4 \times \frac{m_1 m_2}{r^2} = mH[\text{N}]$$

① 투자율이란 자성체에 자계를 가했을 때 자화되는 정도를 나타내는 상수이다.

② 투자율 : $\mu = \mu_0 \mu_s\,[\text{H/m}]$

③ 진공의 투자율 : $\mu_0 = 4\pi\times 10^{-7}\,[\text{H/m}]$

④ 진공의 비투자율 : $\mu_s = \mu_r = 1$

(2) 점자하의 자계의 세기

$$H = \frac{m}{4\pi\mu_0 r^2} = 6.33\times 10^4 \times \frac{m}{r^2}\,[\text{AT/m}]$$

(3) 점자하의 자위

$$U = \frac{m}{4\pi\mu_0 r} = 6.33\times 10^4 \times \frac{m}{r} = rH[\text{A, AT, 암페어턴}]$$

(4) 자속밀도

$$B = \frac{\phi}{S} = \frac{m}{S} = \frac{m}{4\pi r^2} = \mu_0 H[\text{Wb/m}^2]\,[\text{T, 테슬라}]$$

(5) 자기력선의 총수

$$N = \frac{m}{\mu_0} \, [개]$$

(6) 자속선의 총수

$$N = m \, [개]$$

(7) 자기력선의 특징

① 자기력선은 양(＋)자하에서 방사되어 음(－)자하로 흡수된다.

② 자기력선 상의 어느 한 점에서 접선 방향은 그 점의 자계의 방향을 나타낸다.

③ 자기력선은 서로 반발한다.

④ $m \, [\mathrm{Wb}]$의 자하는 진공에서 $\frac{m}{\mu_0}$ 개의 자기력선을 발산한다.

⑤ 자기력선은 등자위면과 직교한다.

(8) 막대자석의 회전력

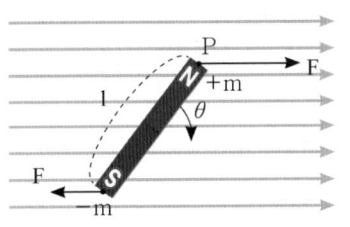

(a) 자계 내의 막대자석

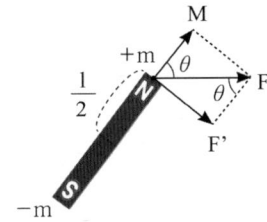

(b) 회전력의 방향

$$T = m \times \frac{\ell}{2} \times H \sin\theta \, [\mathrm{N \cdot m}]$$

1 앙페르의 법칙(암페어의 법칙)

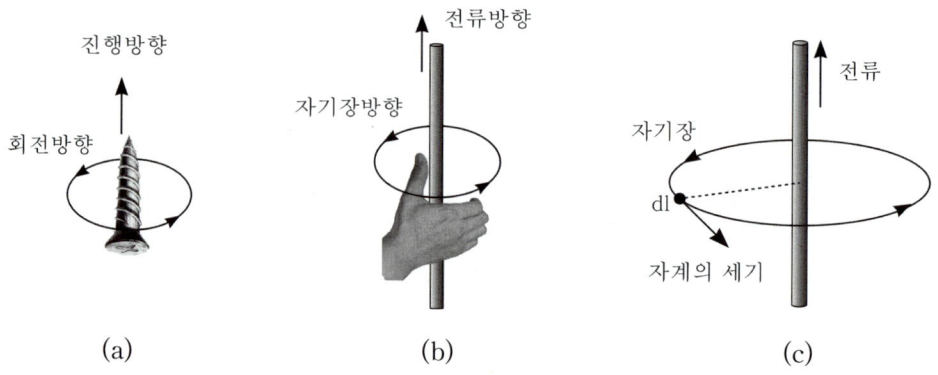

(a)　　　　　　　(b)　　　　　　　(c)

(1) 앙페르의 주회적분

한 폐곡선에 대한 H(자계의 세기)의 선적분이 이 폐곡선으로 둘러싸이는 전류와 같음을 정의한 것을 앙페르의 주회적분이라 하고, 정의식은 다음과 같다.

$$\oint_c H \, d\ell = \sum_{N=1}^{n} NI$$

(2) 자계의 세기

$$H = \frac{NI}{\ell} \ [\text{AT/m}]$$

여기서, N : 권선 수[T]　　I : 전류[A]　　ℓ : 자계의 경로 길이[m]

(3) 도체 외부 자계의 세기

$$H = \frac{I}{2\pi r} \ [\text{AT/m}]$$

여기서, $N = 1$(직선 도체의 경우 권선 수는 1이 된다.)　　자계의 경로 길이 : $\ell = 2\pi r \ [\text{m}]$

(4) 솔레노이드의 특징

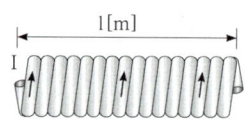

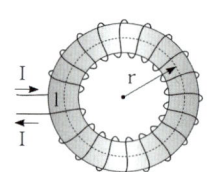

(a) 솔레노이드　　　　　(b) 환상 솔레노이드

① 내부 자계 : 평등자계
② 외부 자계 : 0

(5) 유한장 솔레노이드

$$H_i = \frac{NI}{\ell} \ [\mathrm{AT/m}]$$

(6) 무한장 솔레노이드

$$H_i = \frac{NI}{\ell} = n_0 I \ [\mathrm{AT/m}]$$

여기서, $n_0 = \dfrac{N}{\ell}$: 단위 길이당 권선 수

(7) 환상 솔레노이드(= 무단 솔레노이드), 트로이달

$$H_i = \frac{NI}{\ell} = \frac{NI}{2\pi r} \ [\mathrm{AT/m}]$$

여기서, r : 환상 철심의 평균 반지름 ℓ : 자로의 길이

② 비오 - 사바르의 법칙

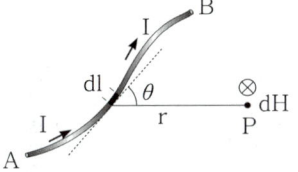

(a) 비오-사바르의 법칙

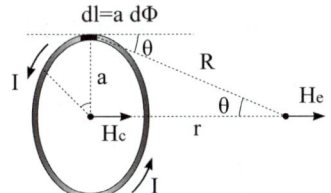

(b) 원형 코일 전류

(1) 비오-사바르 법칙의 실험식

$$dH = \frac{I d\ell \sin\theta}{4\pi r^2} \ [\mathrm{AT/m}]$$

(2) 원형 코일 중심에서의 자계의 세기

$$H_c = \frac{I}{2a} \ [\mathrm{A/m}]$$

(3) 권선이 N회인 원형 코일 중심에서의 자계의 세기

$$H_c = \frac{NI}{2a} \ [\mathrm{AT/m}]$$

3 플레밍의 왼손 법칙

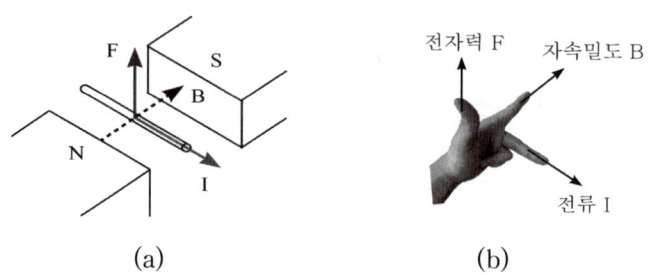

(a)   (b)

(1) 자계 내에 있는 도체에 전류를 흘리면 도체에는 전자력이 발생한다.

자계 내 → 전류 → 전자력 발생

(2) 전자력의 크기

$$F = IB\ell \sin\theta \, [\text{N}]$$

여기서, I : 전류[A] B : 자속밀도 $[\text{Wb}/\text{m}^2]$
       ℓ : 도선의 길이[m] θ : 전류와 자속밀도의 사이각

4 평형 도체 전류 사이에 작용하는 힘(전자력)

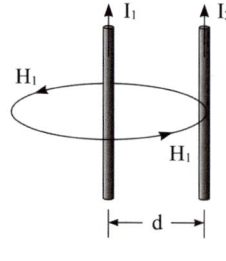 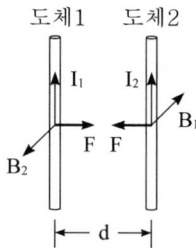 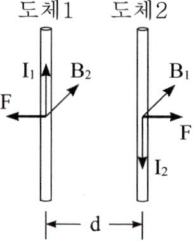

(a) 자계 발생   (b) 흡인력 작용   (c) 반발력 작용

(1) 전자력

$$f = \frac{2I_1 I_2}{d} \times 10^{-7} \, [\text{N/m}]$$

① 전류가 동일 방향으로 흐를 경우 : 흡인력 작용
② 전류가 반대 방향으로 흐를 경우 : 반발력 작용

(2) 평행 왕복 도선의 경우

$$f = \frac{2I^2}{d} \times 10^{-7} \, [\text{N/m}]$$

여기서, 두 도선에 흐르는 전류의 크기는 같고 방향을 반대로 작용

5 히스테리시스 곡선(자기이력곡선, B - H 곡선)

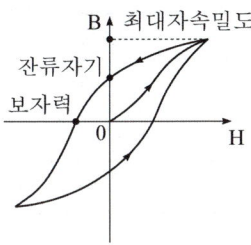

(a) 히스테리시스 곡선

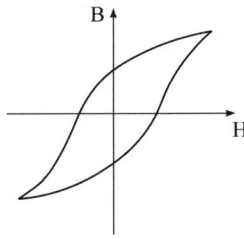

(b) 영구자석

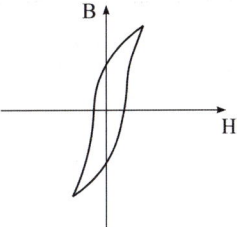

(c) 전자석

(1) 히스테리시스 곡선

① 종축(자속밀도 축)과 만나는 점 : 잔류자기

② 횡축(자화력 축)과 만나는 점 : 보자력

(2) 히스테리시스 곡선의 종류

① 영구자석 : 잔류자기, 보자력이 크므로 큰 경철(hard iron)에 적합

② 전자석 : 보자력이 작아 전자석 재료인 연철, 규소강판 등에 적합

6 자성체와 자화현상

(1) 자화의 세기의 정의

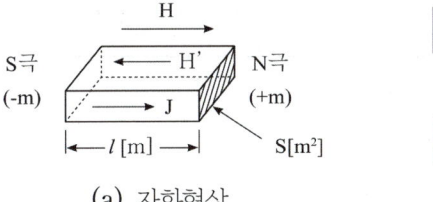

(a) 자화현상

(b) 상자성체

(c) 반자성체

① 자화(磁化)란 자성체에 자계를 가하여 자석의 성질을 가지게 되는 현상을 말하며, 자성체 내 전자의 자전운 동에 의해 발생된다.

② 정의식

$$J = \frac{m}{S} = \frac{M}{V} \, [\text{Wb/m}^2]$$

여기서, 쌍극자 모멘트 : $M = m\,\ell \, [\text{Wb} \cdot \text{m}]$

(2) 자계와 자화의 세기의 관계

$$J = \mu_0(\mu_s - 1)H = B - \mu_0 H = B\left(1 - \frac{1}{\mu_s}\right)[\text{Wb/m}^2]$$

① 자화율 : $\chi = \mu_0(\mu_s - 1)[\text{H/m}]$

② 비자화율 : $\chi_{er} = \frac{\chi}{\mu_0} = \mu_s - 1$ (비투자율 : $\mu_s = \frac{\chi}{\mu_0} + 1$)

(3) 자성체의 종류

자성체 종류	물질의 종류	자화율	비자화율	비투자율
비자성체	–	$\chi = 0$	$\chi_{er} = 0$	$\mu_s = 1$
강자성체	철, 니켈, 코발트 등	$\chi \gg 0$	$\chi_{er} \gg 0$	$\mu_s \gg 1$
상자성체	알루미늄, 산소, 텅스텐 등	$\chi > 0$	$\chi_{er} > 0$	$\mu_s > 1$
반자성체	구리, 비스무트, 탄소 등	$\chi < 0$	$\chi_{er} < 0$	$\mu_s < 1$

7 전기회로와 자기회로의 관계

전기회로	자기회로
① 기전력 : $V = \ell E$ [V]	① 기자력 : $F = IN$ [AT]
② 전기저항 : $R = \dfrac{\ell}{kS} = \rho \dfrac{\ell}{S}$ [Ω] ($k = \sigma$: 도전율, ρ : 고유저항)	② 자기저항 : $R_m = \dfrac{\ell}{\mu S} = \dfrac{F}{\phi}$ [AT/Wb] (μ : 투자율)
③ 옴의 법칙 : $I = \dfrac{V}{R} = \dfrac{\ell E}{\dfrac{\ell}{kS}} = kES$	③ 옴의 법칙 : $\phi = \dfrac{F}{R_m} = \dfrac{\mu SNI}{\ell}$ [Wb]
④ 전류밀도 $i = \dfrac{I}{S} = kE = \dfrac{E}{\rho}$ [A/m²]	④ 자속밀도 $B = \dfrac{\phi}{S} = \mu H = \dfrac{\mu NI}{\ell}$ [Wb/m²]

04 전자유도법칙(Electromagnetic induction)

1 유도기전력

(1) 패러데이, 노이만, 렌츠의 실험식

$$e = -N \frac{d\phi}{dt} \text{ [V]}$$

① 패러데이의 전자유도법칙

회로에 쇄교하는 자속이 변화할 때 그 회로에는 자속이 감소되는 비율에 비례하는 기전력을 유기한다. 이러한 현상을 전자유도라 하며, 발생된 기전력을 유도기전력 또는 유기기전력이라 한다.

② 노이만의 법칙

전자유도법칙을 수식화한 것으로 유도기전력의 크기를 결정하였다.

③ 렌츠의 법칙

전자유도에 의해서 회로에 생기는 유도전류는 쇄교자속의 변화를 방해하는 방향(관성의 법칙)이 된다.

(2) 최대 유도기전력

$$e_m = \omega N \phi_m = 2\pi f N \phi_m \, [\text{V}]$$

(3) 유도기전력과 자속과의 위상

자속 ϕ 보다 $\dfrac{\pi}{2}$ [rad]만큼 위상이 느리다.

2 플레밍의 오른손 법칙

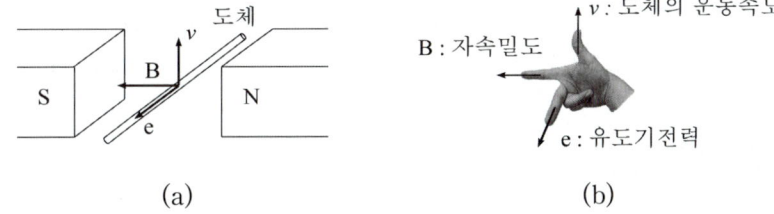

v : 도체의 운동속도
B : 자속밀도
e : 유도기전력

(a)　　　　　　　　(b)

(1) 자계 내에 있는 도체가 v [m/s]의 속도로 운동하면 도체에는 기전력이 유도된다(유도기전력이 발생한다).

자계 내 → 도체가 운동 → 유도기전력 발생

(2) 유도기전력

$$e = vB\ell \sin\theta \, [\text{V}]$$

3 인덕턴스 관련 공식

(1) 유도기전력

$$e = -N\frac{d\phi(t)}{dt} = -L\frac{di(t)}{dt} \, [\text{V}]$$

여기서, $\dfrac{d\phi}{dt}$: 자속의 시간적 변화율　　$\dfrac{di}{dt}$: 전류의 시간적 변화율

(2) 쇄교자속

$$\Phi = N\phi = LI \, [\text{Wb}]$$

(3) 인덕턴스

$$L = \frac{\Phi}{I} = \frac{N}{I} \times \phi = \frac{N}{I} \times \frac{F}{R_m} = \frac{N^2}{R_m} = \frac{\mu S N^2}{\ell} \, [\text{H}]$$

여기서, 자속 : $\phi = \dfrac{F}{R_m}$ 기자력 : $F = IN$ 자기저항 : $R_m = \dfrac{\ell}{\mu S}$

(4) 인덕턴스에 축적되는 에너지(전류에 의한 자계에너지)

$$W_L = \frac{1}{2} L I^2 = \frac{1}{2} \Phi I = \frac{\Phi^2}{2L} = \frac{1}{2} N\phi I = \frac{1}{2} F\phi \, [\text{J}]$$

(5) 자계에너지 밀도

$$w_m = \frac{1}{2} \mu H^2 = \frac{1}{2} HB = \frac{B^2}{2\mu} \, [\text{J/m}^3]$$

4 변압기 1 · 2차측 단자전압

(1) 1차측 단자전압

$$e_1 = -N_1 \frac{d\phi_1}{dt} = -L_1 \frac{di_1}{dt} \, [\text{V}]$$

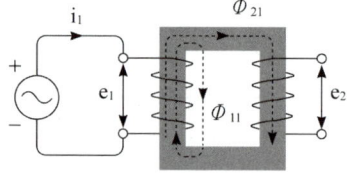
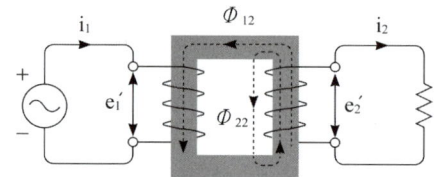

(a) 1차 회로에 전류가 흐를 경우   (b) 2차 회로에도 전류가 흐를 경우

(2) 2차측 단자전압

$$e_2 = -N_2 \frac{d\phi_{21}}{dt} = -M \frac{di_1}{dt} \, [\text{V}]$$

여기서, L_1 : 1차측 자기 인덕턴스 M : 상호 인덕턴스

5 인덕턴스 접속법

(1) 인덕턴스 직·병렬 접속법

구분	가동 결합(가극성)	차동 결합(감극성)
직렬 접속	 $\therefore\ L_a = L_1 + L_2 + 2M$	 $\therefore\ L_b = L_1 + L_2 - 2M$
병렬 접속	 $\therefore\ L_a = \dfrac{L_1 L_2 - M^2}{L_1 + L_2 - 2M}\,[\text{H}]$	 $\therefore\ L_b = \dfrac{L_1 L_2 - M^2}{L_1 + L_2 + 2M}\,[\text{H}]$

(2) 상호 인덕턴스 계산

① 직렬접속 시 가동 결합(인덕턴스 접속의 최댓값)

$$L_a = L_1 + L_2 + 2M$$

② 직렬접속 시 차동 결합(인덕턴스 접속의 최소값)

$$L_b = L_1 + L_2 - 2M$$

③ 위 두식의 차 : $L_a - L_b = 4M$

$$M = \frac{L_a - L_b}{4}\,[\text{H}]$$

05 단상 교류회로(Single-Phase Alternating Current)

1 교류의 표현법

(1) 순시값(instantaneous value)

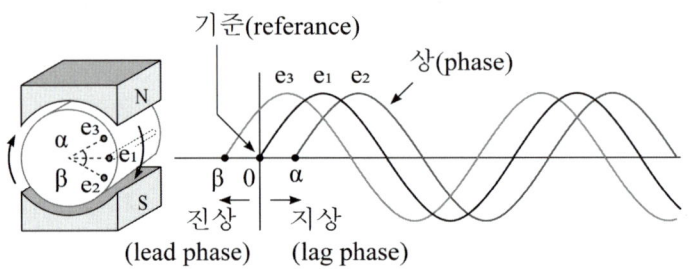

기준(referance)
상(phase)
e_3 e_1 e_2
β 0 α
진상 지상
(lead phase) (lag phase)

① 정의 : 시간적 변화에 따라 순간순간 나타나는 정현파의 값을 의미하고, 일반적으로 기호는 소문자로 표시한다.

② 도체 1의 순시값(e_1을 기준으로 위상관계를 표시)

$$e_1 = E_m \sin \omega t \,[\text{V}]$$

③ 도체 2의 순시값(e_1보다 α만큼 위상이 느리다, 지상)

$$e_2 = E_m \sin (\omega t - \alpha) \,[\text{V}]$$

④ 도체 3의 순시값(e_1보다 β만큼 위상이 빠르다, 진상)

$$e_3 = E_m \sin (\omega t + \beta) \,[\text{V}]$$

(2) 정현파의 평균값(average value 또는 mean value)

① 정의 : 한주기를 평균내면 수학적으로 0이 되므로 반주기로 평균값을 구한다.

② 평균값

$$I_{av} = \frac{1}{T} \int_0^T i(t)\ dt = \frac{I_m}{\pi} \times 2 = 0.637\, I_m = 0.9\, I$$

여기서, T : 주기시간[sec] I_m : 전류의 최댓값 I : 전류의 실횻값

(3) 정현파의 실횻값(effective value 또는 root mean square value)

① 정의 : 부하에서 소비되는 열량을 기준으로 교류를 직류로 환산한 값

② 실횻값

$$I = \sqrt{\frac{1}{T} \int_0^T i^2(t)\ dt} = \frac{I_m}{\sqrt{2}} = 0.707\, I_m$$

(4) 각종 파형에 따른 실횻값과 평균값

종별	파형	실횻값		평균값		파형률	파고율
		전파	반파	전파	반파	전파	전파
구형파		V_m	$\dfrac{V_m}{\sqrt{2}}$	V_m	$\dfrac{V_m}{2}$	1	1
정현파		$\dfrac{V_m}{\sqrt{2}}$	$\dfrac{V_m}{2}$	$\dfrac{V_m}{\pi}\times 2$	$\dfrac{V_m}{\pi}$	1.11	$\sqrt{2}$
삼각파		$\dfrac{V_m}{\sqrt{3}}$	$\dfrac{V_m}{\sqrt{6}}$	$\dfrac{V_m}{2}$	$\dfrac{V_m}{4}$	1.155	$\sqrt{3}$

① 파고율 $= \dfrac{\text{최댓값}}{\text{실횻값}}$

② 파형률 $= \dfrac{\text{실횻값}}{\text{평균값}}$

(5) 페이저의 표시

① 순시값 표현

$$i(t) = I_m \sin(\omega t + \theta) = I\sqrt{2}\,\sin(\omega t + \theta)\,[\mathrm{A}]$$

② 페이저 표현

$$\dot{I} = I\angle\theta\,[\mathrm{A}] = \sqrt{\alpha^2 + \beta^2}\,\angle\tan^{-1}\dfrac{\beta}{\alpha}\,[\mathrm{A}]$$

③ 복소수 표현

$$\dot{I} = \alpha + j\beta = I(\cos\theta + j\sin\theta)\,[\mathrm{A}]$$

④ 지수형식 표현

$$\dot{I} = Ie^{j\theta}\,[\mathrm{A}]$$

2 R, L, C 회로 특성

(1) R, L, C 단일 회로 특성

구분	R만의 회로	L만의 회로	C만의 회로
회로도			
페이저도			
정지 벡터도			
전류	$I_R = \dfrac{V}{R}$ [A]	$I_L = \dfrac{V}{X_L} = \dfrac{V}{\omega L}$ [A]	$I_C = \dfrac{V}{X_C} = \omega C V$ [A]
특징	전류는 전압과 동위상	90° 지상 전류 (전류의 위상이 늦음)	90° 진상 전류 (전류의 위상이 빠름)

(2) R－X 직렬회로

구분	회로가 유도성(R-L)의 경우	회로가 용량성(R-C)의 경우
회로도		
합성 임피 던스	$Z = R + jX_L = \sqrt{R^2 + X_L^2}$ $= \sqrt{R^2 + (\omega L)^2}$ [Ω]	$Z = R - jX_C = \sqrt{R^2 + X_C^2}$ $= \sqrt{R^2 + \left(\dfrac{1}{\omega C}\right)^2}$ [Ω]

(3) R−X 병렬회로

구분	회로가 유도성(R-L)의 경우	회로가 용량성(R-C)의 경우
회로도		
합성 임피 던스	$Z = \dfrac{1}{\dfrac{1}{R} + \dfrac{1}{jX_L}} = \dfrac{jRX_L}{R + jX_L}$ $= \dfrac{RX_L}{\sqrt{R^2 + X_L^2}} = \dfrac{R\omega L}{\sqrt{R^2 + (\omega L)^2}}$	$Z = \dfrac{1}{\dfrac{1}{R} + \dfrac{1}{-jX_C}} = \dfrac{-jRX_C}{R - jX_C}$ $= \dfrac{RX_C}{\sqrt{R^2 + X_C^2}} \,[\Omega]$

(4) 역률($\cos\theta = \dfrac{P}{P_a} = \dfrac{\text{유효전력}}{\text{피상전력}}$)과 공진

구분	직렬회로	병렬회로
회로도		
역률	$\cos\theta = \dfrac{R}{\sqrt{R^2 + X^2}} = \dfrac{V_R}{V}$	$\cos\theta = \dfrac{X}{\sqrt{R^2 + X^2}} = \dfrac{I_R}{I}$
공진의 특징	① 공진 조건 : $X_L = X_C$ ② 공진 주파수 : $f_r = \dfrac{1}{2\pi\sqrt{LC}}$ ③ 임피던스 최소 ④ 전류는 최대	① 공진 조건 : $B_L = B_C$ ② 공진 주파수 : $f_r = \dfrac{1}{2\pi\sqrt{LC}}$ ③ 어드미턴스 최소 ④ 전류는 최소

(5) 전력 공식

① 피상전력

$$P_a = S = VI = I^2 Z = \frac{V^2}{Z} \, [\text{VA}]$$

② 유효전력(소비전력 = 평균전력)

$$P = VI\cos\theta = I^2 R = \frac{V^2}{R} \, [\text{W}]$$

③ 무효전력

$$P_r = Q = VI\sin\theta = I^2 X = \frac{V^2}{X} \, [\text{Var}]$$

3 최대 전력 전달 조건

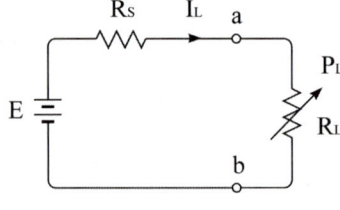

(a) 회로도

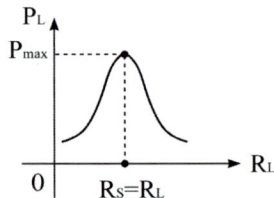

(b) 최대 전력 전달 조건

(1) 최대 전력 전달 조건

$$R_L = R_s$$

만약, 전원측 임피던스가 $Z_0 = R + jX$였을 때 최대 전력 전달조건은 $Z_L = \overline{Z_0} = R - jX$가 되어야 한다.

(2) 부하 전류

$$I_L = \frac{E}{R_s + R_L} = \frac{E}{2R_L} \, [\text{A}]$$

여기서, E : 전압의 실횻값[V]

(3) 최대 출력

$$P_{\max} = \frac{E^2}{(2R_L)^2} \times R_L = \frac{E^2}{4R_L} \, [\text{W}]$$

06 3상 교류회로(3 - Phase Alternating Current)

1 대칭(= 평형) 3상 교류

(1) 3상 벡터 오퍼레이터(vector operator)

① $a = 1 \angle 120° = 1 \angle -240° = -\dfrac{1}{2} + j\dfrac{\sqrt{3}}{2}$

② $a^2 = 1 \angle 240° = 1 \angle -120° = -\dfrac{1}{2} - j\dfrac{\sqrt{3}}{2}$

③ $a^3 = 1 \angle 360° = 1 \angle 0° = 1 = a^0$

④ $a + a^2 = \left(-\dfrac{1}{2} + j\dfrac{\sqrt{3}}{2}\right) + \left(-\dfrac{1}{2} - j\dfrac{\sqrt{3}}{2}\right) = -1$

∴ $1 + a + a^2 = 0$

(2) 대칭 3상 교류의 순시값

① $v_a(t) = V_m \sin \omega t = V\sqrt{2} \sin \omega t \,[\mathrm{V}]$

② $v_b(t) = V_m \sin (\omega t - 120°) = V\sqrt{2} \sin \left(\omega t - \dfrac{2\pi}{3}\right)[\mathrm{V}]$

③ $v_c(t) = V_m \sin (\omega t - 240°) = V\sqrt{2} \sin \left(\omega t - \dfrac{4\pi}{3}\right)[\mathrm{V}]$

(3) 대칭 3상 교류의 페이저 표현

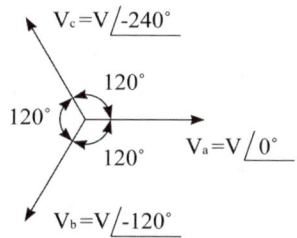

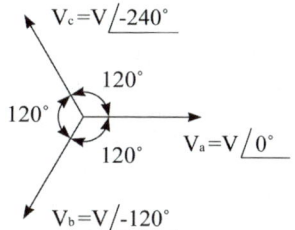

(a) 3상 교류 정지 벡터도   (b) 대칭 3상 교류 조건

① $\dot{V}_a = V \angle 0° = V[\mathrm{V}]$

② $\dot{V}_b = V \angle -120° = V \angle 240° = a^2 V[\mathrm{V}]$

③ $\dot{V}_c = V \angle -240° = V \angle 120° = a V[\mathrm{V}]$

④ $\dot{V}_b + \dot{V}_c = V(a^2 + a) = -V = -\dot{V}_a$

∴ 대칭 조건 : $\dot{V}_a + \dot{V}_b + \dot{V}_c = 0$

2 3상 회로 결선법의 특징

(1) Y결선(성형결선, 스타결선)

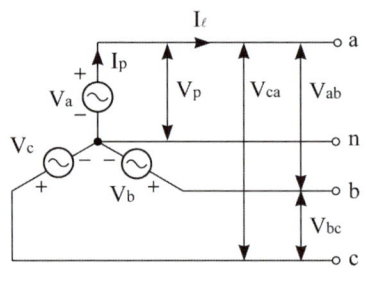

(a) Y결선 회로

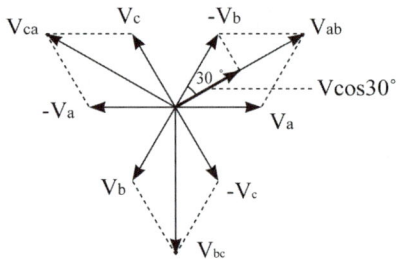

(b) 정지 벡터도

① 선전류(부하전류) : $I_\ell = I_p \angle 0°$　　　　② 선간전압(단자전압) : $V_\ell = \sqrt{3}\, V_p \angle 30°$

여기서, I_ℓ : 선전류[A]　　　I_p : 상전류[A]　　　V_ℓ : 선간전압[V]　　　V_p : 상전압[V]

(2) △결선(환상결선)

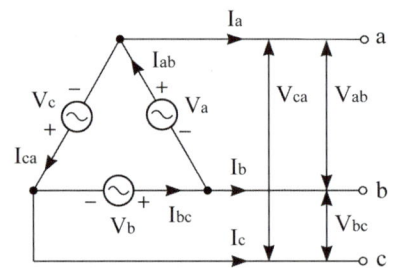

(a) △결선 회로

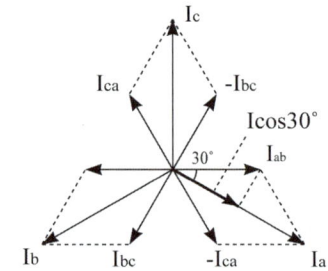

(b) 정지 벡터도

① 선전류(부하전류) : $I_\ell = \sqrt{3}\, I_p \angle -30°$　　　　② 선간전압(단자전압) : $V_\ell = V_p \angle 0°$

여기서, I_ℓ : 선전류[A]　　　I_p : 상전류[A]　　　V_ℓ : 선간전압[V]　　　V_p : 상전압[V]

(3) V결선

① 3대의 변압기를 △결선으로 운전하던 중 변압기 1대가 고장 또는 보수로 인하여 변압기 2대로 3상을 공급하는 방식을 말한다.

② 3상 출력

$$P_V = \sqrt{3}\, P_1\,[\text{kVA}]$$

여기서, P_1 : 변압기 1대 용량[kVA]

③ 이용률

$$\epsilon_1 = \frac{P_V}{P_2} = \frac{\sqrt{3}\, P_1}{2P_1} = 0.866 = 86.6\,[\%]$$

④ 출력비

$$\epsilon_2 = \frac{P_V}{P_\triangle} = \frac{\sqrt{3}\,P_1}{3\,P_1} = 0.577 = 57.7\,[\%]$$

(4) 전력 공식

① 피상전력

$$P_a = \sqrt{3}\,VI = 3\,I_Z^2\,Z = 3\,\frac{V_Z^2}{Z}\,[\mathrm{VA}]$$

② 유효전력(소비전력 = 평균전력)

$$P = \sqrt{3}\,VI\cos\theta = 3\,I_R^2\,R = 3\,\frac{V_R^2}{R}\,[\mathrm{W}]$$

③ 무효전력

$$P = \sqrt{3}\,VI\sin\theta = 3\,I_X^2\,X = 3\,\frac{V_X^2}{X}\,[\mathrm{Var}]$$

여기서, V : 부하의 단자전압[V]　　　I : 부하전류(선전류)[A]　　　I_Z : Z를 통과하는 전류[A]
　　　　V_Z : Z의 단자전압[V]　　　I_R : R를 통과하는 전류[A]　　　V_R : R의 단자전압[V]
　　　　I_X : X를 통과하는 전류[A]　　　V_X : X의 단자전압[V]

(5) 동일 크기의 부하 R을 Y와 △결선 시 부하전류 비교

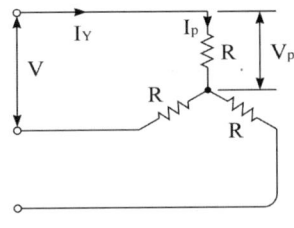
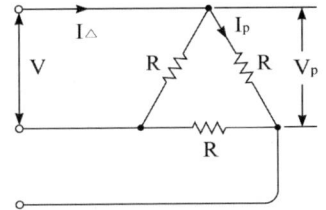

(a) Y결선 회로　　　　　　　　　　(b) △결선 회로

① Y결선 : $I_Y = \dfrac{V_p}{R} = \dfrac{V}{R\sqrt{3}}\,[\mathrm{A}]$

② △결선 : $I_\triangle = \sqrt{3}\,I_p = \sqrt{3}\,\dfrac{V_p}{R} = \dfrac{\sqrt{3}\,V}{R}\,[\mathrm{A}]$

$$\frac{I_Y}{I_\triangle} = \frac{1}{3}\quad \text{또는}\quad I_Y = \frac{1}{3}\,I_\triangle$$

(6) 동일 크기의 부하 R을 Y와 △결선 시 소비전력 비교

① Y결선 : $P_Y = 3\,\dfrac{V_R^2}{R} = \dfrac{3\,V_p^2}{R} = \dfrac{3\left(\dfrac{V}{\sqrt{3}}\right)^2}{R} = \dfrac{V}{R}\,[\mathrm{W}]$

② △결선 : $P_\triangle = 3\,\dfrac{V_R^2}{R} = \dfrac{3\,V_p^2}{R} = \dfrac{3\,V}{R}\,[\mathrm{W}]$

$$\dfrac{P_Y}{P_\triangle} = \dfrac{1}{3} \ \ \text{또는} \ \ P_Y = \dfrac{1}{3}\,P_\triangle$$

3 3상 전력 측정법

(1) 2전력계법

① 유효전력

$$P = W_1 + W_1 = \sqrt{3}\,VI\cos\theta\,[\mathrm{W}]$$

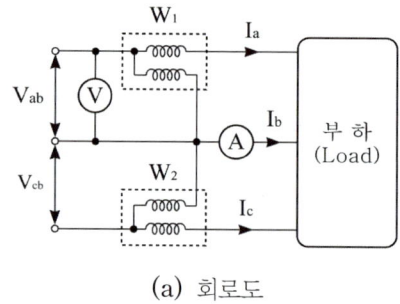

(a) 회로도

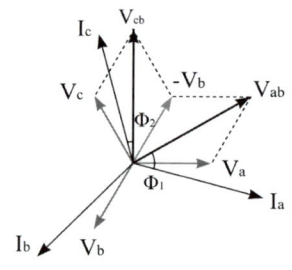

(b) 정지 벡터도

② 무효전력

$$P_r = \sqrt{3}\,(W_2 - W_1) = \sqrt{3}\,VI\sin\theta\,[\mathrm{Var}]$$

③ 피상전력

$$P_a = 2\sqrt{W_1^2 + W_2^2 - W_1 W_2} = \sqrt{3}\,VI[\mathrm{VA}]$$

④ 역률

$$\cos\theta = \dfrac{W_1 + W_2}{2\sqrt{W_1^2 + W_2^2 - W_1 W_2}} = \dfrac{W_1 + W_2}{\sqrt{3}\,VI}$$

(2) 부하조건에 따른 역률 값

① W_1, W_2 둘 중 하나의 측정량이 0일 경우($W_2 = 0$의 경우)

$$\cos\theta = \dfrac{W_1}{2 \times W_1} = \dfrac{1}{2} = 0.5$$

② W_1, W_2 둘의 측정량이 같은 경우($W_1 = 1$, $W_2 = 1$의 경우)

$$\cos\theta = \frac{2}{2\sqrt{1+1^2-1}} = \frac{2}{2\sqrt{1}} = 1$$

③ W_1, W_2 둘 중 하나가 측정량이 2배일 경우($W_1 = 1$, $W_2 = 2$의 경우)

$$\cos\theta = \frac{3}{2\sqrt{1+2^2-2}} = \frac{3}{2\sqrt{3}} = 0.866$$

07 | 비정현파 교류회로(Non - sinusoidal wave)

1 푸리에 급수

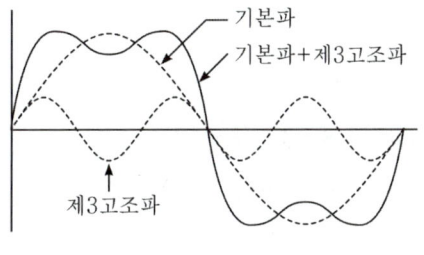

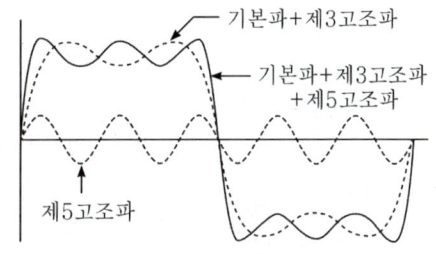

(a) 기본파＋제3고조파   (b) 기본파＋제3고조파＋제5고조파

(1) 주기적으로 반복되는 비정현파는 위 그림과 같이 여러 개의 정현파(sin)와 여현파(cos)의 합성으로 나타낼 수 있다.

(2) 이때 주파수가 60[Hz]인 파형을 기본파, 주파수가 기본파보다 정수배 큰 파형을 고조파(Harmonics)라 한다.

(3) 비정현파(＝ 비사인파)의 구성 : 직류파, 기본파, 고조파

2 고조파의 크기와 위상 관계

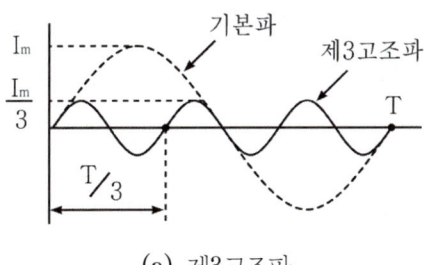

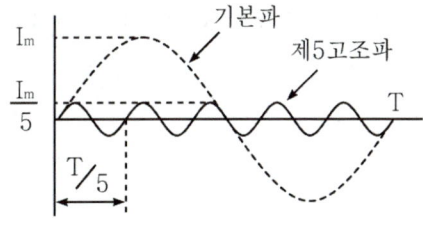

(a) 제3고조파   (b) 제5고조파

(1) 제3고조파 : 기본파 한주기 동안 파형이 3번 발생하므로 제3고조파의 크기는 기본파의 1/3, 주파수는 3배가 된다.

(2) 제5고조파 : 기본파 한주기 동안 파형이 5번 발생하므로 제5고조파의 크기는 기본파의 1/5, 주파수는 5배가 된다.

3 비정현파의 회로 해석

(1) 비정현파 교류의 실횻값

① 각 성분의 실횻값의 제곱의 합에 다시 제곱근(루트)을 취한 값

② 전압의 실횻값

$$|E| = \sqrt{|E_0|^2 + |E_1|^2 + |E_2|^2 + \dots + |E_n|^2}$$

여기서, $|E_0|$: 직류분의 실횻값 $\qquad |E_1|$: 기본파의 실횻값

$\qquad\quad |E_2|$: 제2고조파의 실횻값 $\qquad |E_n|$: 제n고조파의 실횻값

(2) 종합 고조파 왜형률(THD : Total Harmonics Distortion)

① 기본파의 실횻값과 고조파의 실횻값의 비율 값

② 왜형률

$$THD = \frac{고조파만의\ 실효치}{기본파의\ 실효치}$$

(3) 비정현파 교류회로 해석 예제

· $v(t) = 12 + 30\sqrt{3}\sin\omega t + 10\sqrt{2}\sin 3\omega t$
· $R = 1\,[\Omega]$
· $X_L = \omega L = 1\,[\Omega]$

① 직류분 전류 : $I_0 = \dfrac{V_0}{R} = \dfrac{12}{4} = 3\,[\text{A}]$

② 기본파 전류의 실횻값 : $I_1 = \dfrac{V_1}{\sqrt{R^2 + (\omega L)^2}} = \dfrac{30}{\sqrt{4^2 + 1^2}} = 7.28\,[\text{A}]$

③ 제3고조파 전류의 실횻값 : $I_3 = \dfrac{V_3}{\sqrt{R^2 + (3\omega L)^2}} = \dfrac{10}{\sqrt{4^2 + 3^2}} = 2\,[\text{A}]$

④ 전류의 실횻값 : $|I| = \sqrt{I_0^2 + I_1^2 + I_3^2} = \sqrt{3^2 + 7.28^2 + 2^2} = 8.12\,[\text{A}]$

⑤ 유효전력 : $P = I^2 R = 8.12 \times 3 = 24.36\,[\text{W}]$

PART 01 PART 02 PART 03

핵심노트 해커스 전기기능사 필기 한권합격 이론 + 최신기출 + 핵심노트

01 직류기

1 직류 발전기의 이론

(1) 직류발전기의 구성

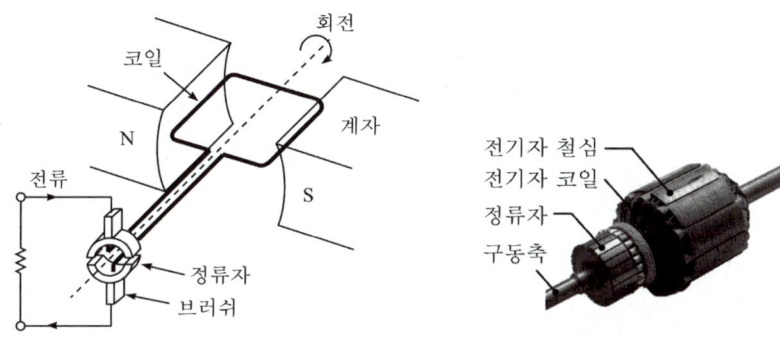

① 계자 : 철심에 권선을 감아 직류전류를 흘려 자속을 발생시키는 부분

② 전기자 : 계자에서 발생한 자속을 절단하여 기전력(발전기) 및 회전력(전동기)을 발생시키는 부분

③ 정류자 : 교류를 직류로 변환시키는 부분

(2) 전기자권선법

① 중권과 파권의 비교

비교 항목	중권(병렬권)	파권(직렬권)
병렬회로 수(a)	극수와 같다($a = P$).	극수와 관계없이 2($a = 2$)
브러시 수(b)	극수와 같다($b = P$).	2개
균압환	○	×
용도	저전압, 대전류용	고전압, 소전류용

② 코일 수

$$코일 \ 수 = \frac{총 \ 도체 \ 수}{2} = \frac{슬롯 \ 수 \times 슬롯 \ 내부 \ 도체 \ 수}{2} = 정류자편 \ 수$$

(3) 유기기전력(E)

① 도체 1개당 기전력

$$E = B\,l\,v\,[\text{V}]$$

ⓐ 자속밀도 : $B = \dfrac{\text{총 자속}}{\text{전기자 단면적}} = \dfrac{P_{\text{극수}} \times \phi_{\text{극당}}}{\pi D l}\,[\text{Wb/m}^2]$

ⓑ 도체 길이 : $l\,[\text{m}]$

ⓒ 주변 속도 : $v = \pi Dn = \pi D\,\dfrac{N}{60}\,[\text{m/s}]$

여기서, n : 초당 회전 수$[\text{rps}]$ N : 분당 회전 수$[\text{rpm}]$

② 직류발전기의 유도기전력

$$E = \dfrac{PZ\phi}{a} \cdot \dfrac{N}{60}\,[\text{V}]\ (\text{중권}{:}a = P,\ \text{파권}{:}a = 2)$$

여기서, P : 극수 Z : 총 도체 수 ϕ : 극당 자속
       N : 분당 회전수$[\text{rpm}]$ a : 병렬회로 수

③ $E \propto k\phi N\,[\text{V}]$ (기계적 상수 $k = \dfrac{PZ}{a}$)

ⓐ 유기기전력은 자속 및 회전수와 비례 → $E \propto \phi$, $E \propto n$

ⓑ 유기기전력이 일정할 경우 자속과 회전수는 반비례 → $\text{E} = \text{일정},\ \phi \propto \dfrac{1}{n}$

(4) 전기자반작용

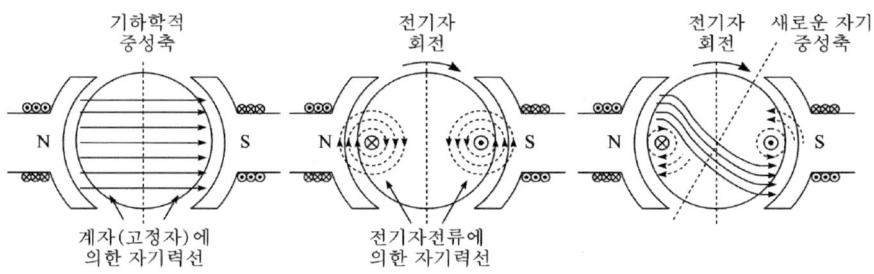

① 정의 : 누설자속이 계자 극에서 발생하는 주자속에게 영향을 주는 현상

② 전기자 기자력(AT_a)의 2분력

ⓐ 감자 기자력 : 주자속 감속

$$AT_d = \dfrac{I_a Z}{2aP} \cdot \dfrac{2\alpha}{180}\,[\text{AT/극}]$$

ⓛ 교차 기자력 : 중성축 이동

$$AT_c = \frac{I_a Z}{2aP} \cdot \frac{\beta}{180} \, [\mathrm{AT/극}]$$

③ 전기자반작용으로 인한 문제점

ⓐ 편자작용으로 전기적 중성축 이동

ⓐ 전기 : 회전 방향으로 이동

ⓑ 전동기 : 회전 반대 방향

ⓛ 감자작용으로 유기기전력 감소

ⓒ 정류불량 : 정류자와 브러시의 접촉면에서 불꽃 빛 섬락 발생

④ 전기자반작용 방지법

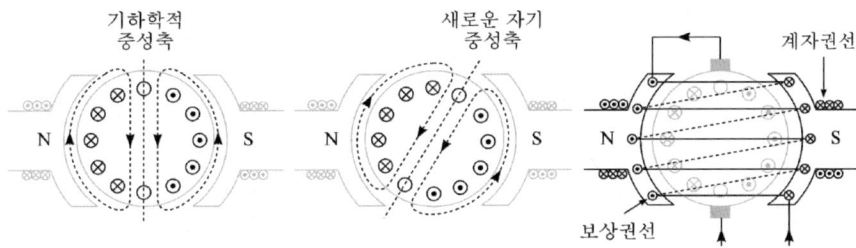

ⓐ 보극 설치 : 감자현상으로 인한 전압강하 방지

ⓛ 보상권선 설치 : 전기자에 흐르는 전류와 반대방향의 전류

ⓒ 중성축 이동 : 로커를 이용하여 브러시를 기기의 회전방향과 같은 방향으로 이동(전동기의 경우 회전반대 방향)

(5) 정류 작용

① 정의 : 전기자권선에서 발생한 교류전력을 직류전력으로 변환

② 리액턴스 전압

ⓐ 전기자권선에 전류가 흘러 자속이 발생할 때 전기자권선 자체 인덕턴스에 의해 발생되는 역기전력의 크기만을 표현한 전압

ⓛ 정류 불량의 원인이 되는 전압

$$e_L = L \frac{2\,i_c}{T_c} [\mathrm{V}]$$

여기서, L : 자기인덕턴스 i_c : 정류전류 T_c : 정류주기

③ 양호한 정류를 얻는 방법

ⓐ 리액턴스 전압(e_L)이 작을 것

ⓛ 인덕턴스(L)가 작을 것

ⓒ 정류주기(T_c)가 클 것 → 회전속도가 적을 것

ⓔ 보극을 설치할 것 → 전압 정류

ⓜ 브러시 접촉저항이 클 것 → 저항정류

ⓗ 리액턴스 전압 < 브러시 전압 강하

2 직류 발전기의 종류 및 특성

(1) 여자 방식에 의한 분류

　① 타여자 발전기 : 외부 기전력으로 계자권선에 여자전류를 공급하는 발전기

　② 자여자 발전기

　　전기자에 발생한 기전력으로 계자권선에 여자전류를 공급하는 발전기

　　㉠ 직권 발전기

　　㉡ 분권 발전기

　　㉢ 복권 발전기(내분권, 외분권)

(2) 타여자 발전기

　① 외부 직류전원에서 여자전류를 공급하여 계자를 여자시키는 방식의 발전기

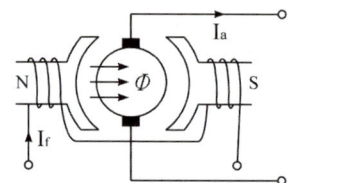

　　여기서, R_f : 계자저항　　R_a : 전기자저항　　I_a : 전기자전류

　　　　　　I_f : 계자전류　　I : 부하전류　　　V : 단자전압

　② 정상 상태(부하 존재)

　　㉠ 전기자 전류 : $I_a = I(I_a \neq I_f)$

　　㉡ 유기기전력

$$E = V + I_a R_a \, [\text{V}]$$

　③ 무부하 상태(부하 없음)

　　㉠ 전기자 전류 : $I_a = I = 0$

　　㉡ 유기기전력 : $E = V_0$(무부하 단자 전압)

　④ 발전기 운용 시 전압 변화가 작기 때문에 안정된 운전이 가능하므로 화학공장의 전원 및 실험실 전원으로 사용한다.

(3) 직권 발전기

① 계자 권선이 전자자 권선과 직렬로 연결된 발전기

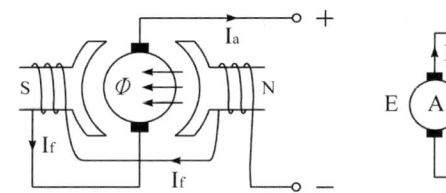 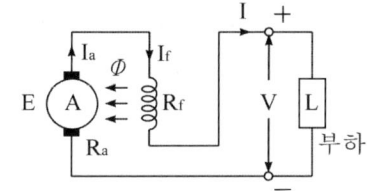

여기서, $R_s(R_f)$: 계자저항　　R_a : 전기자저항　　E : 유기기전력

　　　　$I_s(I_f)$: 계자전류　　I_a : 전기자전류　　V : 단자전압

② 정상 상태(부하 존재)

㉠ 전기자전류

$$I_a = I_f = I\,[\text{A}]$$

㉡ 유기기전력

$$E = V + I_a R_a + I_f R_f = V + I_a(R_a + R_f)[\text{V}]$$

③ 무부하 상태 : 회로가 개방되어 전류가 흐르지 않기 때문에 전압이 확립되지 않는다. 즉, 무부하 상태에서는 발전하지 못한다($I_a = I_f = I = 0$).

(4) 분권 발전기

① 계자 권선이 전자자 권선과 병렬로 연결된 발전기

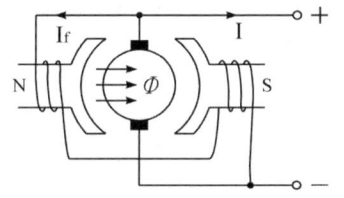 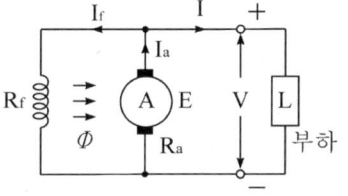

여기서, R_f : 계자저항　　R_a : 전기자저항　　E : 유기기전력

　　　　I_f : 계자전류　　I_a : 전기자전류　　V : 단자전압

② 정상 상태(부하 존재)

㉠ 전기자전류

$$I_a = I + I_f\,[\text{A}]$$

㉡ 유기기전력

$$E = V + I_a R_a\,[\text{V}]$$

ⓒ 부하의 단자전압

$$V = I_f R_f [\text{V}]$$

③ 계자권선의 잔류자기를 이용하여 발전하므로 전기자의 회전 방향을 반대로 할 경우 잔류자기가 소멸하여 발전이 되지 않는다.

(5) 복권 발전기

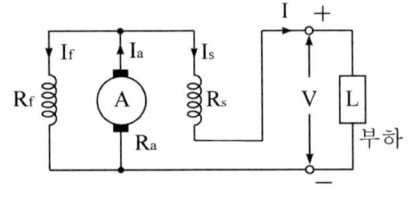
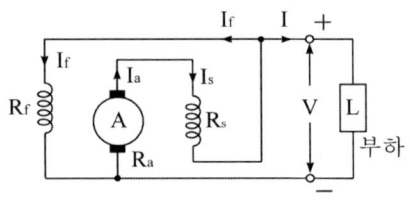

(a) 내분권   (b) 외분권

여기서, R_f : 병렬로 접속된 계자저항 I_f : R_f 측 계자전류

        R_s : 직렬로 접속된 계자저항 I_s : R_s 측 계자전류

        R_a : 전기자저항 I_a : 전기자전류

① 복권 발전기의 변환 특성

    ⓐ 복권 발전기를 분권 발전기로 사용 : 직권 계자권선을 단락

    ⓑ 복권 발전기를 직권 발전기로 사용 : 분권 계자권선을 개방

② 복권 발전기의 외부 특성

    ⓐ 가동 복권 발전기

       직권 계자권선에 의한 자속과 분권 계자권선에 자속이 서로 합쳐져서($\phi = \phi_s + \phi_f$) 전체 유도기전력을 증가시키는 발전기

    ⓑ 차동 복권 발전기

       분권 계자의 기자력을 직권 계자의 기자력으로 감소되어 전체 유기기전력을 감소($\phi = \phi_s - \phi_f$)시키는 발전기

③ 복권 발전기의 용도

    ⓐ 평복권 발전기

       부하가 증가해도 전압이 일정하므로 직류전원 및 기기의 여자전원으로 사용

    ⓑ 과복권 발전기

       급전선의 전압강하 보상용으로 사용

    ⓒ 차동복권 발전기

       수하특성을 갖는 정전류 발전기로 아크용접용 발전기로 사용(수하특성 : 부하 증가 시 단자전압이 현저하게 강하되면서 부하전류가 급격히 감소되어 전류가 일정해지는 정전류 특성을 말한다.)

3 직류 발전기의 특성

(1) 전압 변동률

$$\varepsilon = \frac{V_o - V_n}{V_n} \times 100\,[\%]$$

여기서, V_o : 무부하전압[V] V_n : 정격전압[V]

① $\varepsilon > 0$: 타여자 발전기, 분권 발전기, 부족 복권 발전기

② $\varepsilon = 0$: 평복권 발전기

③ $\varepsilon < 0$: 직권 발전기, 과복권 발전기

(2) 직류 발전기의 병렬운전 조건

어떤 부하의 크기가 크거나 발전기 용량이 작은 경우 발전기 1대로는 수요를 감당할 수 없다. 따라서 수요에 맞게 여러 대의 발전기를 동시에 운용하는 방법을 병렬운전이라 하며, 부하에 안정적으로 전기를 공급할 수 있다.

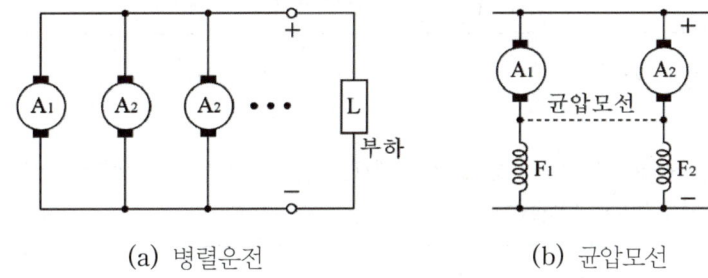

(a) 병렬운전   (b) 균압모선

① 직류 발전기의 극성이 같을 것

② 정격(단자)전압이 같을 것

③ 부하전류 부담은 용량에 비례할 것

④ 외부 특성 곡선이 수하 특성일 것(수하 특성을 이용한 기기 : 용접기, 누설변압기, 차동 복권기)

⑤ 직권 및 복권발전기의 경우 균압모선을 설치하여 안정된 운전이 가능할 것

4 직류 전동기의 이론

(1) 직류 전동기의 이론

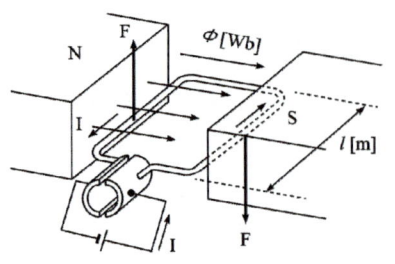

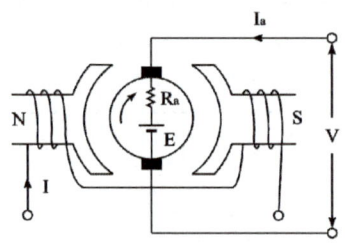

(a) 직류 전동기의 구성   (b) 등가회로

① 플레밍의 왼손 법칙

자기장 내에 있는 도체에 전류가 흐르면 도체에는 전자력이 발생한다.

$$F = BI\ell \sin\theta \, [\text{N}]$$

여기서, B : 자속밀도$[\text{Wb}/\text{m}^2]$ I : 전류$[\text{A}]$ ℓ : 코일 변의 길이$[\text{m}]$

② 역기전력

전동기가 회전하면 전기자 도체가 자속을 끊게 되므로 발전기와 같이 기전력이 만들어진다. 이때 유도기전력의 방향은 전원측 단자전압과 반대방향이므로 역기전력이라 한다.

$$E_c = \frac{PZ\phi}{a} \times \frac{N}{60} = k\phi N \, [\text{V}] \quad (k = \frac{PZ}{a60})$$

여기서, P : 극수 Z : 도체 수 ϕ : 극당 자속

  N : 분당 회전수 a : 병렬회로 수 k : 기계적 상수

③ 역기전력과 단자전압

$$E_c = V - I_a R_a \, [\text{V}]$$

④ 회전 속도

$$n = k\frac{E_c}{\phi} = k\frac{V - I_a R_a}{\phi} \, [\text{rps}]$$

⑤ 토크$(1\,[\text{kg}\cdot\text{m}] = 9.8\,[\text{N}\cdot\text{m}])$

$$\text{㉠} \ \ T = \frac{PZ\phi I_a}{2\pi a} \, [\text{N}\cdot\text{m}]$$

$$\text{㉡} \ \ T = 0.975\frac{P_0}{N} \, [\text{kg}\cdot\text{m}]$$

ⓐ 전동기 출력 : $P_0 = EI_a = \omega T [\text{W}]$

ⓑ $T = \dfrac{P_0}{\omega} = \dfrac{EI_a}{2\pi n} = \dfrac{PZ\phi N}{a60} \times \dfrac{I_a}{\dfrac{2\pi N}{60}} = \dfrac{PZ\phi I_a}{2\pi a} = K\phi I_a [\text{N·m}]$

ⓒ $T = \dfrac{P_0}{\omega} = \dfrac{P_0}{\dfrac{2\pi N}{60}} = \dfrac{60}{2\pi} \times \dfrac{P_0}{N}[\text{N·m}] = \dfrac{1}{9.8} \times \dfrac{60}{2\pi} \times \dfrac{P_0}{N} = 0.975\dfrac{P_0}{N}[\text{kg·m}]$

5 직류 전동기의 종류 및 특징

(1) 직권 전동기

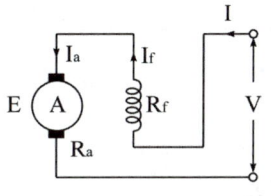

(a) 등가회로

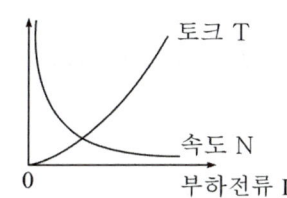

(b) 속도 · 토크 특성

① 전기자 전류

$$I_a = I_f = I [\text{A}]$$

여기서, I_a : 전기자전류 I_f : 계자전류 I : 부하전류

② 역기전력

$$E = V - I_a(R_a + R_f) [\text{V}]$$

여기서, V : 단자전압 R_a : 전기자저항 R_f : 계자저항

③ 회전 속도

$$N = k\frac{V - I_a(R_a + R_f)}{\phi} [\text{rpm}]$$

㉠ 무부하 운전 금지 : 전동기 축에 벨트를 걸어 사용하는 운전 금지
㉡ 이유 : 무부하에서는 회로에 전류가 흐르지 않으므로($I = I_f = I_a = 0$) 계자권선의 자속도 0이 되어 전동기는 위험속도($N = \infty$)가 된다.
㉢ 단자전압의 극성을 바꾸어도 회전 방향은 변하지 않는다.

④ 토크

$$T = K\phi I \propto I^2 [\text{N·m}]$$

㉠ 자속은 부하전류에 비례하므로 토크는 전류 제곱에 비례
㉡ 권상기, 기중기, 크레인 등과 같이 큰 토크가 요구되는 부하에 사용

(2) 분권 전동기

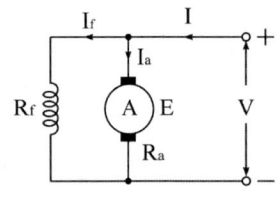
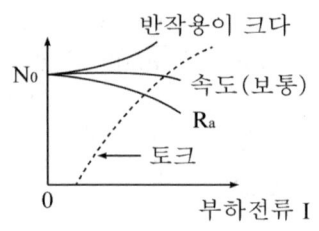

(a) 등가회로　　　　　　　(b) 속도·토크 특성

① 전기자 전류

$$I_a = I - I_f \,[\mathrm{A}]$$

여기서, I_a : 전기자전류　　I_f : 계자전류　　I : 부하전류

② 역기전력

$$E = V - I_a R_a \,[\mathrm{V}]$$

여기서, V : 단자전압　　R_a : 전기자저항　　R_f : 계자저항

③ 회전 속도

$$N = k \frac{V - I_a R_a}{\phi} \,[\mathrm{rpm}]$$

㉠ 계자회로에 퓨즈 및 과전류차단기 설치 금지

㉡ 이유(부족 여자 특성) : 계자회로 단선 시 계자전류가 0이 되어 자속이 0으로 변해 회전 속도가 급격히 상승하여 위험속도에 도달하게 된다.

㉢ 단자전압의 극성을 바꾸어도 회전 방향은 변하지 않는다. → 전기자전류(I_a)와 계자전류(I_f)의 방향이 모두 변하기 때문에 플레밍 왼손 법칙에 의한 전자력의 방향은 항상 일정하게 된다.

④ 토크

$$T = K\phi I \propto I \,[\mathrm{N \cdot m}]$$

여기서, 기계적 상수 : $K = \dfrac{PZ}{2\pi a}$

6 직류 전동기의 속도 제어

$$\text{회전 속도} : n = k\frac{E_c}{\phi} = k\frac{V - I_a R_a}{\phi}\ [\text{rps}]$$

(1) 전압 제어법

　① 워드 레오나드 방식

　　㉠ 광범위한 속도제어가 용이하고, 효율이 높은 것이 특징

　　㉡ 권상기, 압연기, 엘리베이터 등에 사용

　② 일그너 방식

　　㉠ 플라이 휠(fly−wheel) 효과 이용

　　㉡ 제철용 압연기 등 부하 변동이 심할 경우 사용

(2) 계자 제어법

　① 자속 ϕ를 조정하여 속도를 제어(계자전류가 적어 손실이 작다.)

　② 정출력 제어 방식

(3) 저항 제어법

　① 전기자 회로에 삽입된 가변저항을 조정하여 속도를 제어

　② 제어가 용이하고 보수 및 점검이 쉽고 가격이 저렴함

　③ 전력손실이 크고 전압강하가 커져서 속도변동률이 크게 나타남

(4) 속도 변동률

　① 직류 전동기가 일정한 전원에서 정격상태로 운전하고 있을 때 무부하 상태부터 정격부하 상태까지의 변화한 속도와 정격속도의 비율을 의미

$$\text{속도 변동률}\ \epsilon_n = \frac{N_0 - N_n}{N_n} \times 100\ [\%]$$

여기서, N_0 : 무부하 속도　　　　　　N_n : 정격속도

　② 직류 전동기의 속도·토크 특성 곡선

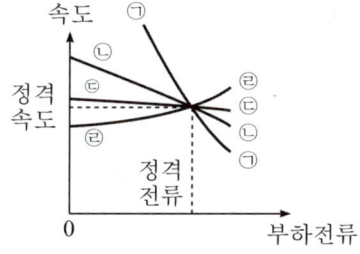 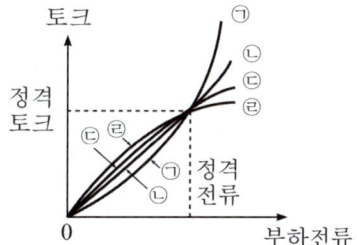

　㉠ 직권 전동기　㉡ 가동 복권 전동기　㉢ 분권 전동기　㉣ 차동 복권 전동기

　　ⓐ 속도 변동이 가장 작은 전동기 : 타여자 전동기(정속도 전동기)

　　ⓑ 속도 변동이 가장 큰 전동기 : 직권 전동기

7 직류 전동기의 전기적 제동법

(1) 역상 제동(플러깅 제동)

전동기를 전원에 접속된 상태에서 전기자의 접속을 반대로 하여 회전 방향과 반대 방향으로 토크를 만들어 낸다. 전동기를 급히 정지시키거나 역전시킬 때 사용하는 방법이다.

(2) 발전 제동

운전 중인 전동기를 전원에서 분리시키고 전원으로부터 분리된 전동기에 저항을 연결하면 직류발전기가 된다. 여기서 발생된 기전력을 저항에서 열로 소비하여 제동하는 방법이다.

(3) 회생 제동

발전 제동과 마찬가지로 운전 중인 전동기를 전원으로부터 분리한 후, 이때 발생된 전력을 전원에 반환하여 제동하는 방법이다.

8 직류기의 손실 및 효율

(1) 손실

① 동손($P_c = I^2 R$ [W]) : 부하전류의 제곱에 비례하여 변화

② 철손(P_i) : 전기자 철심 내에 자속의 변화로 인하여 발생

　㉠ 히스테리시스 손($P_h \propto f B_m^2$) → 규소강판 사용으로 손실 감소

　㉡ 와류 손($P_e \propto f^2 B_m^2$) → 성층철심 사용으로 손실 감소

(2) 효율

① 실측 효율

$$\eta = \frac{출력}{입력} \times 100 [\%]$$

② 발전기의 규약효율

$$\eta = \frac{출력}{출력 + 손실} \times 100 [\%]$$

③ 전동기의 규약효율

$$\eta = \frac{입력 - 손실}{입력} \times 100 [\%]$$

(3) 최대 효율 조건

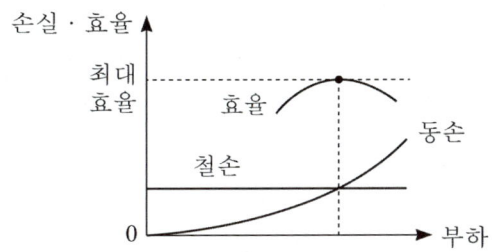

① 무부하손(고정손) = 부하손(가변손)

② 철손(P_i) = 동손(P_c)

02 동기기

1 동기 발전기의 원리 및 구조

(1) 동기기의 개요

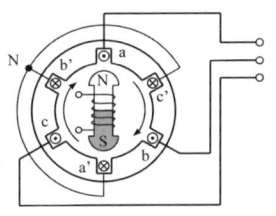

(a) 회전 계자형

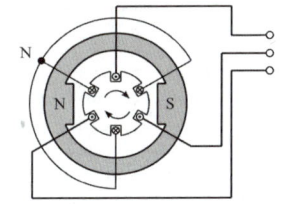

(b) 회전 전기자형

① 동기기는 속도(N_s)와 주파수(f)가 일정한 회전기를 말한다.

② 동기 발전기는 회전 계자형과 회전 전기자형으로 구분되며, 대부분 회전 계자형을 사용한다.

(2) 동기기의 원리

① 회전자 도체에 직류 전류를 흘려 자속을 발생시킨 후 회전자를 일정 속도로 회전시키면 고정자 권선에는 각각 위상차가 120°만큼의 3상 교류 기전력이 발생한다.

② 동기속도

회전계자형의 계자가 한바퀴 회전했을 때 2극기(N, S극)의 경우에는 정현파 파형이 1개, 4극기(N, S, N, S극)의 경우에는 파형이 2개 만들어진다.

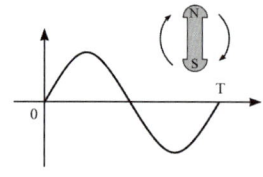
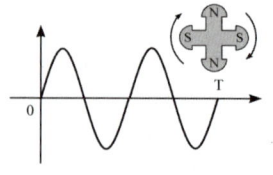

(a) 2극기   (b) 4극기

$$N_s = \frac{120f}{P}\,[\text{rpm}] \ \text{또는} \ n_s = \frac{2f}{P}\,[\text{rps}]$$

여기서, f : 주파수[Hz] P : 자극 수

N_s : 동기속도(분당)[rpm] n_s : 동기속도(초당)[rps]

③ 전기자 도체를 Y결선으로 하는 이유

　㉠ 선간전압에 비해 상전압이 $\sqrt{3}$ 배 작아 △결선에 비해 절연에 유리

　㉡ 제3고조파 등에 의한 순환 전류가 흐르지 않음

　㉢ 중성점 접지를 할 수 있어 이상전압에 대한 방지 대책이 용이

(3) 회전자에 따른 분류

구분	특징
회전 계자형	① 계자회로는 직류소요전력이 적음 ② 기계적 특성이 우수하여 장시간 사용 가능 ③ 대용량 부하에 적합하고 전기자권선의 결선 복잡
회전 전기자형	① 대전력용으로 제작이 어려움 ② 저전압·소용량에 사용
유도자형	고주파발전기, 유도발전기로 사용

(4) 회전자 형태에 따른 분류

구분	돌극형 발전기	비돌극형 발전기
회전속도	저속도기	고속도기
극수	다극기	2극 또는 4극
냉각방식	공기냉각방식	수소냉각방식
적용	수차발전기	터빈발전기
최대 출력 부하각	60°	90°

(5) 수소 냉각 방식

① 장점 : 수소의 비중이 공기에 비해 작고, 비열이 공기에 비해 크다.

ㄱ 비중이 공기의 약 7[%] 정도이므로 풍손이 약 1/10 정도로 감소

ㄴ 비열이 공기의 약 14배이므로 열전도율이 약 7배가 되어 냉각효과 증가

ㄷ 산화현상이 적어 절연능력이 장시간 유지

ㄹ 냉각 효과 증대에 의한 발전기 출력이 약 25[%] 정도 증가

ㅁ 폐쇄형이므로 수명이 길고 소음이 작음

② 단점 : 수소의 순도가 떨어질 경우 폭발의 우려가 있다.

ㄱ 수소가스 순도를 85[%] 이상 유지

ㄴ 방폭 설비를 갖추어야 함

ㄷ 설비비가 고가

(6) 전기자 권선법

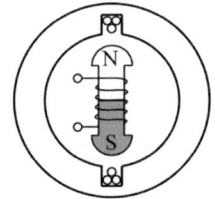 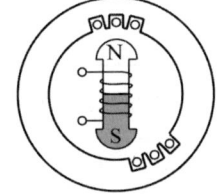 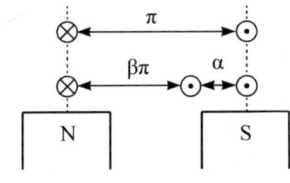

(a) 전절권, 집중권   (b) 단절권, 분포권   (c) 전절권, 단절권

① 전절권 : 코일 간격과 극 간격을 같게 하는 권선법

② 단절권 : 코일 간격을 극 간격보다 작게 하는 권선법

③ 집중권 : 매극 매상의 도체를 한 슬롯에 집중시켜 감아주는 권선법

④ 분포권 : 매극 매상의 도체를 각각의 슬롯에 분포시켜 감아주는 권선법

⑤ 동기 발전기는 대부분 단절권과 분포권을 채용한다.

구분	분포권	단절권
특징	ㄱ 집중권에 비해 유기기전력 감소 ㄴ 고조파가 감소하여 파형 개선 ㄷ 권선의 누설리액턴스가 감소 ㄹ 열방산효과가 양호	ㄱ 전절권에 비해 유기기전력 감소 ㄴ 고조파를 제거하여 파형 개선 ㄷ 기기 치수 감소 및 구리 사용량 감소
관련 식	ㄱ 분포권 계수 $K_d = \dfrac{\sin \dfrac{\pi}{2m}}{q\sin \dfrac{\pi}{2mq}}$ ㄴ 매극 매상당 슬롯 수 $q = \dfrac{\text{총 슬롯수}}{\text{상수} \times \text{극수}}$	ㄱ 단절권 계수 $K_p = \sin \dfrac{\beta\pi}{2}$ ㄴ 단절계수 $\beta = \dfrac{\text{코일피치}}{\text{극피치}}$

2 동기 발전기의 특성

(1) 유기기전력

    ① 도체 1개당 기전력

$$E = B\,l\,v\,[\text{V}]$$

       ⊙ 자속밀도 : $B = \dfrac{총\ 자속}{전기자단면적} = \dfrac{P_{극수} \times \phi_{극당}}{\pi D l}\,[\text{Wb/m}^2]$

       ⊙ 도체 길이 : $l\,[\text{m}]$

       ⊙ 주변 속도 : $v = \pi D N \dfrac{1}{60} = \pi D \dfrac{2f}{P}\,[\text{m/s}]$

       ⊙ 파형률 $= \dfrac{총\ 자속}{전기자단면적} \to$ 실횻값 = 파형률×평균값

       (정현파의 파형률 1.11을 적용)

    ② 1상의 유기기전력

$$E = 4.44\,k_w\,f\,N\phi\,[\text{V}]$$

    여기서, 권선계수 : $K_w = K_p \times K_d$ f : 주파수[Hz]

              N : 한 상의 권수 ϕ : 매극당 자속[Wb]

    ③ 3상의 단자전압

$$V_n = \sqrt{3} \times 4.44\,k_w\,f\,N\phi\,[\text{V}]$$

(2) 전기자반작용

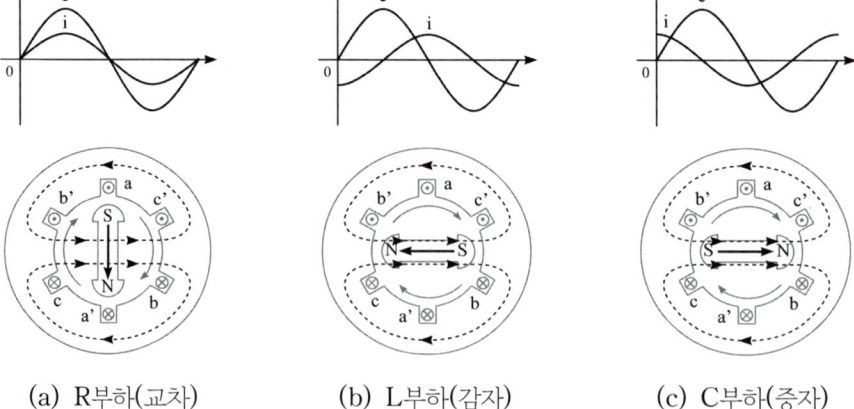

      (a) R부하(교차)   (b) L부하(감자)   (c) C부하(증자)

① 전기자전류에 의한 자속이 공극을 지나 계자에서 만들어지는 주자속에 영향을 미치는 현상

② 전기자반작용의 구분

구분		내용
교차 자화작용	I_a가 E_a와 동상일 때	㉠ 횡축 반작용: $I_n\cos\theta$ ㉡ 자속량의 변화가 없음
감자작용	I_a가 E_a에 지상일 때	㉠ 직축 반작용: $I_a\sin\theta$ ㉡ 자속 감소 → 기전력 감소
증자작용	I_a가 E_a에 진상일 때	㉠ 직축 반작용 : $I_n\sin\theta$ ㉡ 자속 증가 → 기전력 증가

③ 기전력에 비해 일정한 위상차를 유지하는 전류가 흐를 경우

  ㉠ 유효분 $I_n\cos\theta$에 의해 교차자화작용 발생

  ㉡ 무효분 $I_a\sin\theta$에 의해 늦은 역률일 경우 감자작용 발생

  ㉢ 무효분 $I_a\sin\theta$에 의해 앞선 역률일 경우 증자작용 발생

④ 전기자권선에 의해 만들어지는 동기리액턴스 x_s

$$x_s = x_a + x_l$$

여기서, x_a : 계자와 쇄교하는 부분인 전기자반작용 리액턴스

  x_l : 전기자 자신에게만 쇄교하는 누설리액턴스

3 동기 발전기의 1상당 등가회로 및 벡터도

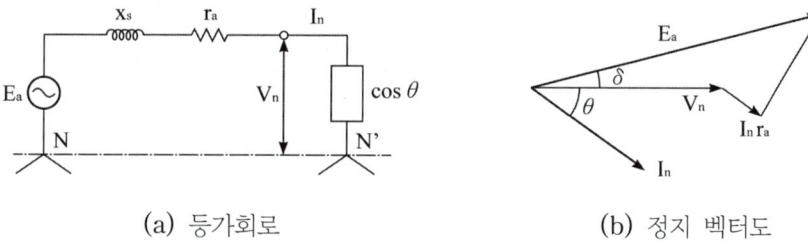

(a) 등가회로   (b) 정지 벡터도

(1) 동기임피던스의 특성

① 동기 리액턴스 : $x_s = x_a + x_l\,[\,\Omega\,]$

② 동기 임피던스 : $Z_s = r_a + jx_s\,[\,\Omega\,]$

여기서, x_a : 전기자전류가 흘러서 만들어지는 전기자반작용 리액턴스

  x_l : 전기자 누설리액턴스 x_s : 동기 리액턴스

  r_a : 전기자 권선의 저항

(2) 등가회로 간이 벡터도

① 전기자권선의 저항 r_a는 동기리액턴스에 비해 너무 작으므로 이를 무시할 수 있다($Z_s = r_a + jx_s = x_s\,[\Omega]$, $r_a \ll x_s$).

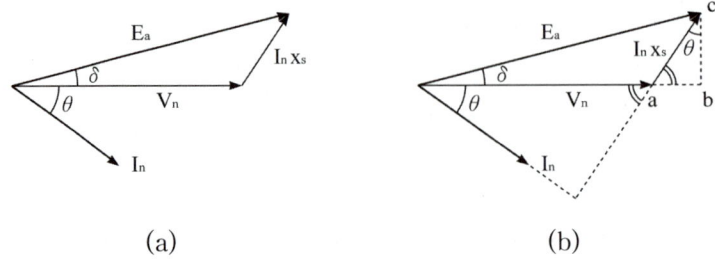

(a)   (b)

② 지상전류 시 유기기전력 : $E_a = V_n + I_n \cdot x_s\,[\mathrm{V}]$

③ 진상전류 시 유기기전력 : $E_a = V_n - I_n \cdot x_s\,[\mathrm{V}]$

④ 동기 발전기의 출력

　㉠ 1상당 출력 : $P = V_n I_n \cos\theta\,[\mathrm{kW}]$

　㉡ 간이 벡터도에서 $\overline{bc} = x_s I_n \cos\theta = E_a \sin\delta$ 이므로 $I_n \cos\theta = \dfrac{E_a \sin\delta}{x_s}$

　㉢ 비돌극형 발전기 출력식

$$P = V_n I_n \cos\theta = \frac{E_a V_n}{x_s} \sin\delta\,[\mathrm{kW}]$$

　여기서, 최대출력 부하각 : $\delta = 90\,°$

　㉣ 돌극형 발전기 출력식

$$P = \frac{E_a V_n}{x_d} \sin\delta + \frac{(x_d + x_q)}{2\,x_d x_q}\,V_n^2 \sin 2\delta\,[\mathrm{kW}]$$

　여기서, 최대출력 부하각 : $\delta = 60\,°$　돌극형의 경우 $x_d \gg x_q$

　　x_d : 직축 리액턴스　　　　x_q : 횡축 리액턴스

4 동기 발전기의 특성

(1) 무부하 포화 곡선과 단락 곡선

① 무부하시험

　㉠ 3상 동기발전기를 개방 또는 무부하상태에서 정격전압이 될 때까지 필요한 계자전류

　㉡ 포화율 : 무부하 포화곡선과 공극선의 비율로 발전기의 포화 정도를 나타냄

② 단락시험

　㉠ 3상 동기발전기를 단락하고 정격전류가 될 때까지의 필요한 계자전류

ⓛ 돌발단락 전류는 처음엔 크나 시간이 지나면 점차 감소하여 일정해 진다.

　　→ 돌발 단락전류 억제 : 전기자 누설리액턴스

ⓒ 지속 단락전류 : $I_s = \dfrac{E_a}{x_s}$ [A] → 지속 단락전류의 크기가 변하지 않고 직선인 이유 : 전기자반작용 때문

ⓔ %동기임피던스

$$\%Z_s = \frac{I_n \cdot Z_n}{E} \times 100 = \frac{P \cdot Z_s}{10 \cdot E^2} \,[\%]$$

③ 단락비 K_s

정격속도에서 무부하 정격전압 V_n[V]를 발생시키는 데 필요한 계자전류 $I_f{'}$[A]와 정격전류 I_n[A]와 같은 지속 단락전류가 흐르도록 하는 데 필요한 계자전류 $I_f{''}$[A]의 비

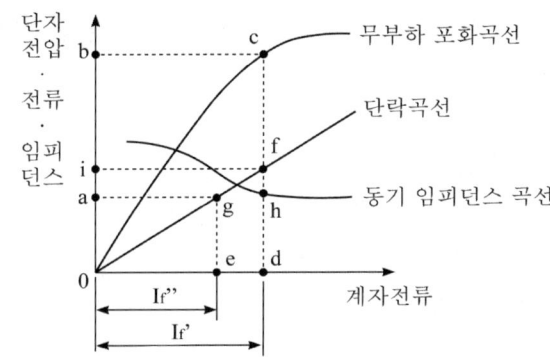

$$K_s = \frac{I_f{'}}{I_f{''}} = \frac{\overline{0d}}{\overline{0e}} = \frac{I_s}{I_n} = \frac{100}{\%Z_s} = \frac{1}{Z_s\,[\mathrm{pu}]} = \frac{10^3 V^2}{PZ_s}$$

여기서, I_s : 단락전류　　　　　I_n : 정격전류　　　V : 정격전압

　　　　$\%Z_s$: %임피던스 강하　P : 정격용량

④ 동기발전기의 특성곡선

　ⓐ 무부하 포화곡선

　　무부하 시의 계자전류 I_f와 유기기전력 E(단자전압, V)와의 관계 곡선

　ⓑ 부하 포화곡선

　　정격속도에서 부하전류 및 역률을 일정하게 하였을 때 계자전류와 단자전압의 관계곡선

　ⓒ 단락곡선

　　발전기를 단락시킨 상태에서 정격속도로 운전할 때 계자전류와 단락전류와의 관계 곡선

　ⓓ 동기 임피던스 곡선

　　단락전류 I_s와 유기기전력 E와의 비를 나타내는 곡선 $Z_s = \dfrac{E}{I_s}$ [Ω] → 철심이 포화하면 기전력이 일

　　정한 상태에서 단락곡선이 증가하여 동기임피던스는 감소한다.

⑤ 단락비가 큰 기계의 특징

  ㉠ 철기계, 수차발전기(1.2 정도), 터빈발전기(0,6~1.0)

  ㉡ 동기임피던스, 전기자반작용, 전압변동률이 작다.

  ㉢ 공극이 크다.

  ㉣ 안정도가 높다.

  ㉤ 철손이 커서 효율이 나쁘다.

  ㉥ 가격이 비싸다.

  ㉦ 선로에 충전용량이 크다.

  ㉧ 기계의 크기와 중량이 크다.

(2) 자기여자현상 및 안정도 증진 대책

① 자기여자현상의 정의

무부하 동기발전기를 장거리 송전선로에 접속한 경우 선로의 충전용량(진상전류)에 의해 발전기가 스스로 여자되어 단자전압이 상승하는 현상

② 자기여자현상의 방지대책

  ㉠ 수전단에 병렬로 리액턴스를 접속하여 진상전류를 보상

  ㉡ 변압기의 자화전류(지상전류)를 선로에 공급

  ㉢ 동기조상기를 부족여자로 운전하여 수전단에 지상전류 공급

  ㉣ 발전기를 2대 이상 모선에 접속하여 운전

  ㉤ 단락비(1.73 이상)가 큰 발전기를 사용

③ 안정도 증진 대책

  ㉠ 정상 과도리액턴스는 작게 하고 단락비를 높게 하여 운전

  ㉡ 자동전압조정기의 속응도를 향상시킴

  ㉢ 회전자의 관성력을 크게 운영

  ㉣ 영상·역상 임피던스를 크게 하여 운전

  ㉤ 관성을 크게 하거나 플라이휠 효과를 크게 하여 운전

(3) 난조

① 부하가 급변하는 경우 발전기의 회전수가 동기속도 부근에서 진동하는 현상

② 방지책 : 제동권선을 설치

5 동기 발전기의 병렬운전 조건

(1) 유도기전력의 크기가 같을 것

   ① 크기가 다를 경우($E_A > E_B$)

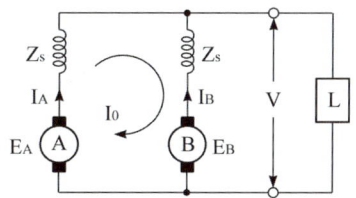

     ㉠ 무효순환전류(무효 횡류)가 흐름

$$I_0 = \frac{E_A - E_B}{2Z_s}\,[\text{A}]$$

     ㉡ A 발전기 : I_0는 90° 지상전류 → 감자작용 → 역률 감소

     ㉢ B 발전기 : I_0는 90° 진상전류 → 증자작용 → 역률 증가

   ② 해결 방법 : 여자전류의 변화

(2) 유도기전력의 위상이 같을 것

   ① 위상이 다를 경우

     ㉠ 유효 순환전류(동기화 전류)가 흐름

     ㉡ 수수 전력(주고받는 전력)

$$P = \frac{E^2}{2x^2}\sin\delta\,[\text{kW}]$$

   ② 해결 방법 : 원동기의 출력변화

(3) 유도기전력의 주파수가 같을 것

   ① 주파수가 다를 경우 : 난조 발생

   ② 해결 방법 : 원동기의 속도를 조정

(4) 유도기전력의 파형이 같을 것

   ① 파형이 다를 경우 : 고주파 무효순환전류가 흐름

   ② 해결 방법 : 발전기에서 발생하는 기전력의 고조파를 제거

(5) 유도기전력의 상회전 방향이 같을 것

   ① 상회전 방향이 다를 경우 : 단락전류가 흐름

   ② 확인 방법 : 동기검정기 이용

6 동기전동기

(1) 동기전동기의 장·단점

장점	단점
① 역률 1로 운전이 가능	① 기동토크가 없어 기동장치가 필요
② 필요시 지상·진상으로 변환 가능	② 구조가 복잡하고 가격이 높음
③ 정속도 전동기로 속도가 불변	③ 속도 조정하기가 어려움
④ 타기기에 비해 효율이 양호	④ 난조가 일어나기 쉬움

(2) 동기전동기의 기동법

    ① 자기 기동법

        회전자의 제동권선을 이용하여 기동토크를 발생시켜 기동하는 방식

    ② 타전동기 기동법

        기동용 전동기로 유도전동기를 이용하여 기동하는 방법으로 동기전동기에 비해 2극 적은 전동기를 선정

(3) 동기전동기의 전기자반작용

    ① 교차자화작용(동상전류)

        ㉠ 전기자전류 I_a가 유기기전력 E_a와 동상일 때 발생(R 부하)

        ㉡ 횡축 반작용

    ② 감자작용(진상전류)

        ㉠ 전기자전류 I_a가 유기기전력 E_a보다 위상이 90° 앞설 때 발생(L 부하)

        ㉡ 직축 반작용

    ③ 증자작용(지상전류)

        ㉠ 전기자전류 I_a가 유기기전력 E_a보다 위상이 90° 뒤질 때 발생(C 부하)

        ㉡ 직축 반작용

7 동기조상기

(1) 동기조상기의 기능

    동기전동기를 무부하상태에서 회전시켜 무효전력의 크기를 조절하여 전압 조정 및 역률을 개선하는 역할

(2) V곡선(위상특성 곡선)의 특징

    ① 계자전류(여자전류) I_f와 전기자전류 I_a 간의 관계 곡선

    ② 전기자전류가 최소의 점이 역률 1.0

    ③ 과여자 시 : 콘덴서(SC) 역할

    ④ 부족여자 시 : 분로리액터(Sh.R) 역할

    ⑤ 출력의 크기 순서 : ③ < ② < ①

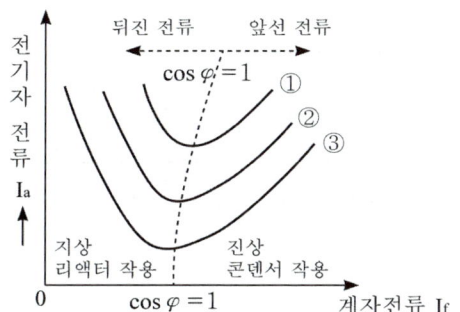

03 변압기

1 변압기의 원리

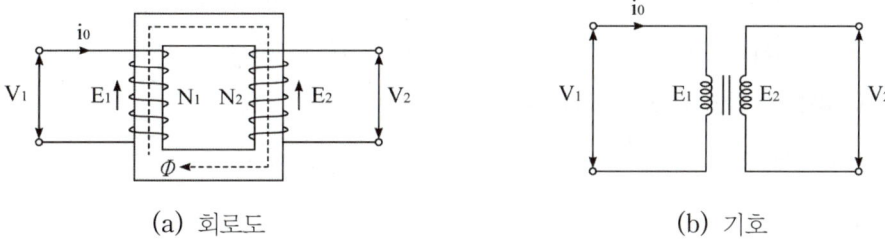

(a) 회로도 (b) 기호

① 변압기는 패러데이 전자유도법칙을 따르며 한쪽 권선에 교류전력을 공급했을 때 반대쪽 권선에 같은 크기와 주파수의 교류전력을 만드는 역할을 한다.

② 변압기 1, 2차 권선의 감은 횟수에 따라 교류 전압의 크기가 변경됨

2 유도기전력 및 권수비

① 1차 유도기전력

$$E_1 = 4.44 f N_1 \phi_m [\text{V}]$$

② 2차 유도기전력

$$E_2 = 4.44 f N_2 \phi_m [\text{V}]$$

③ 1·2차의 권수비 및 전압비

$$a = \frac{E_1}{E_2} = \frac{4.44 f N_1 \phi_m}{4.44 f N_2 \phi_m} = \frac{N_1}{N_2}$$

④ 권수비

$$a = \frac{E_1}{E_2} = \frac{N_1}{N_2} = \frac{I_2}{I_1}$$

(참고) 2차측 저항을 1차로 환산(등가 변환) : $r_1 = a^2 r_2$

3 변압기의 특성시험

(1) 무부하시험

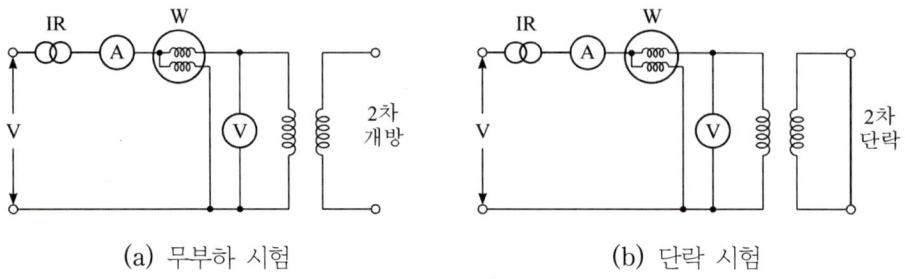

(a) 무부하 시험   (b) 단락 시험

여기서, IR : 전압조정기 V : 전압계 A : 전류계 W : 전력계

① 무부하전류(여자전류) : $I_0 = Y V_1 \, [\text{A}]$, $\dot{I}_0 = \dot{I}_m + \dot{I}_i$

여기서, $\dot{I}_0$: 무부하 전류 $\dot{I}_m$: 자화 전류 $\dot{I}_i$: 철손 전류

② 철손(전력계의 지시 값) : $P_i = g V^2 \, [\text{W}]$

③ 여자어드미턴스 : $Y = \sqrt{g^2 + b^2} = \dfrac{I_0}{V_1} \, [\text{℧}]$

　　㉠ 여자 컨덕턴스 : $g = \dfrac{P_i}{v_1^2} [\text{℧}]$

　　㉡ 여자 서셉턴스 : $b = \sqrt{Y^2 - g^2} \, [\text{℧}]$

(2) 단락시험

　① 임피던스전압(V_z) : 변압기 내에 정격전류가 흐를 때의 내부 전압강하 $V_z = Z I_1$ → 임피던스 $Z = \dfrac{V_z}{I_1} [\Omega]$

　　㉠ 퍼센트임피던스(%Z): 정격전압에 대한 임피던스전압의 비율

　　㉡ $\%Z = \dfrac{I_n Z}{V_n} \times 100 = \dfrac{PZ}{10 V_n^2}$

　② 임피던스 와트

　　㉠ 임피던스 전압을 측정 시 전력계의 지시 값으로 동손의 크기와 같음

　　㉡ 전부하 시 발생하는 부하손인 동손을 구할 수 있다.

　③ 저항 측정 : 저항계를 가지고 1차 권선의 저항을 측정

4 변압기의 등가회로

(1) 등가회로

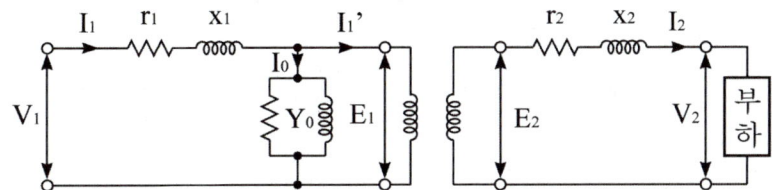

두 개의 독립된 회로를 하나의 전기회로로 변환시킨 것을 등가회로라 한다.

(2) 2차 회로를 1차 회로로 환산한 값

① 저항의 등가변환 : $r_1 = a^2 r_2$

② 리액턴스의 등가변환 : $x_1 = a^2 x_2$

③ 임피던스의 등가변환 : $Z_1 = a^2 Z_L$

5 전압변동률

(1) 전압변동률과 구성

① 변압기에 부하를 접속하면 단자전압이 변화하는데, 이것은 일정 변압기에서 부하 역률에 따라 다르며 일정 역률에서의 전압변동률은 다음과 같다.

$$\varepsilon = \frac{V_{20} - V_{2n}}{V_{2n}} \times 100 = p\cos\theta + q\sin\theta \,(V_{20} = E_2)$$

여기서, V_{20} : 2차 무부하 전압 $\qquad V_{2n}$: 2차 정격전압 $\qquad \theta$: 정격부하 시의 역률각

② %저항 강하 : $p = \dfrac{I_n r_2}{V_{2n}} \times 100 \,[\%]$

③ %리액턴스 강하 : $q = \dfrac{I_n x^2}{V_{2n}} \times 100 \,[\%]$

④ %임피던스강하

$$Z = \frac{I_n Z_2}{V_{2n}} \times 100 = \frac{P Z_2}{10\, V_{2n}^{\,2}} = \sqrt{P^2 + q^2} \,[\%]$$

⑤ 역률 : $\cos\theta = \dfrac{r}{Z} = \dfrac{\%p}{\%Z} = \dfrac{p}{\sqrt{p^2 + q^2}}$

⑥ 최대전압변동률 : $\dfrac{d\varepsilon}{d\theta} = -p\sin\theta + q\cos\theta = 0 \ \rightarrow \ \varepsilon_m = \sqrt{p^2 + q^2} = \%Z$

(2) 역률에 따른 전압변동률

① 전류가 전압보다 위상이 θ_2 늦은 경우 : $\varepsilon = p\cos\theta + q\sin\theta$

② 전류가 전압보다 위상이 θ_2 앞선 경우 : $\varepsilon = p\cos\theta - q\sin\theta$

③ 부하역률 $\cos\theta = 1$인 경우 : $\varepsilon \fallingdotseq p\,[\%]$

6 단락전류

① 변압기의 2차측에 단락사고가 발생하면 큰 단락전류가 흐르게 되는데, 이 전류의 크기는 고장점의 %임피던스에 의해 결정

② 단상 변압기의 단락전류

$$I_s = \frac{100}{\%Z} \times I_n = \frac{100}{\%Z} \times \frac{P}{E}\,[\text{A}]$$

③ 3상 변압기의 단락전류

$$I_s = \frac{100}{\%Z} \times I_n = \frac{100}{\%Z} \times \frac{P}{\sqrt{3}\,V_n}\,[\text{A}]$$

7 변압기의 손실 및 효율

(1) 변압기의 손실

① 변압기에서 나타나는 손실은 회전기기인 발전기나 전동기에 비해 기계손이 없고 무부하손과 부하손만이 있으므로 회전기에 비해 효율이 좋다.

② 무부하손

㉠ 철손$(P_i)=$히스테리시스손$(P_h)+$와류손(P_e) → $P_i \propto \dfrac{V_1^{\,2}}{f}$

㉡ 히스테리시스손 $P_h = k_h \cdot f \cdot B_m^{\,2.0}\,[\text{W}]$ → $P_h \propto \dfrac{1}{f}$

㉢ 와류손 $P_e = k_h k_e\,(t \cdot f \cdot B_m)^2\,[\text{W}]$ → $P_e \propto V_1^{\,2} \propto t^2$

③ 부하손

㉠ 동손 $P_e = I_n^{\,2} \cdot r\,[\text{W}]$ → 동손은 부하전류 2승에 비례

㉡ 표유부하손

부하전류가 흐를 때 권선 이외의 철심, 외함 등에서 누설자속에 의한 와류손 등에 의해 발생

(2) 변압기의 효율

① 실측효율

부하를 접속한 상태에서 직접 측정하여 나타내는 것

$$\eta = \frac{출력}{입력} \times 100 \, [\%]$$

② 규약효율

직접 측정이 곤란한 경우에 입력을 출력과 손실의 합으로 나타내는 것

$$\eta = \frac{출력}{출력+손실} \times 100\,[\%] = \frac{P_o}{P_o + P_i + P_c} \times 100\,[\%] = \frac{V_{2n}I_{2n}\cos\theta}{V_{2n}I_{2n}\cos\theta + P_i + P_c} \times 100\,[\%]$$

여기서, V_{2n}, I_{2n} : 정격 2차 전압 및 전류 $\cos\theta$: 부하 역률

③ 최대 효율 조건 : 무부하손(P_i) = 부하손(P_c)

ㄱ 전부하인 경우 : $P_i = P_c$

ㄴ 부하율이 $\dfrac{1}{m}$인 경우

$$P_i = \left(\frac{1}{m}\right)^2 P_c \;\rightarrow\; \frac{1}{m} = \sqrt{\frac{P_i}{P_c}}$$

④ 전일 효율

$$\eta = \frac{\dfrac{1}{m}P_o h}{\dfrac{1}{m}P_o h + 24P_i + \left(\dfrac{1}{m}\right)^2 P_c h} \times 100\,[\%]$$

여기서, h : 사용 시간[h]

8 변압기 보호방식

(1) 변압기의 건조법

변압기의 권선과 철심을 건조함으로써 습기를 없애고 절연을 향상시킬 수 있고 건조방법은 열풍법, 단락법, 진공법 등이 있다.

(2) 냉각방식

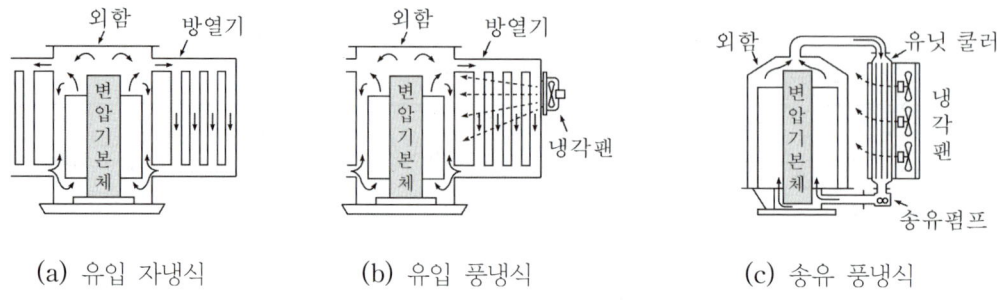

(a) 유입 자냉식   (b) 유입 풍냉식   (c) 송유 풍냉식

① 건식 자냉식(AN) : 공기의 자연대류에 의하여 방열하는 방식

② 건식 풍냉식(AF) : 특수통풍기에 강제로 전동송풍기를 사용하여 송풍함으로써 열을 방산하는 방식

③ 유입 자냉식(ONAN) : 절연유가 채워진 외함 속에 변압기 본체를 넣고 기름의 대류작용으로 열이 방열기에 전달되어 냉각하는 방식

④ 유입 풍냉식(ONAF) : 방열기에 송풍기를 달고 강제 냉각하는 방식

⑤ 송유 풍냉식(OFAF) : 절연유를 펌프를 사용하여 다른 냉각기로 가져가 송풍기로 강제 냉각시키고 다시 외함 속에 송유, 순환시키는 방식

(3) 절연의 종류와 최고허용온도

절연 종별 구분	Y	A	E	B	F	H	C
최고허용온도[℃]	90	105	120	130	155	180	180 초과

(4) 변압기 유와 열화 방지

① 변압기 유(절연유)의 사용 목적 : 절연 및 냉각

② 변압기 유의 조건

　㉠ 절연내력이 클 것

　㉡ 점도가 낮고 냉각작용이 양호할 것

　㉢ 인화점이 높고 응고점이 낮을 것

　㉣ 화학적으로 안정되고 변질되지 말 것

③ 밀봉방식 : 절연유가 공기와 접촉되지 않도록 질소가스 및 절연유로 밀봉하여 열화 방지

④ 콘서베이터 방식 : 내부 절연유의 팽창 및 수축에 따라 고무막 유동으로 절연유의 열화 방지

(5) 온도상승시험

유입변압기의 경우 변압기 유와 권선의 온도 상승이 규정치 이하인지를 확인할 필요가 있으며, 반환부하법, 실부하법, 등가부하법 등이 있다.

(6) 절연내력시험

변압기의 외함과 대지 간 또는 대지와 권선 간, 충전부분 상호 간 등의 절연강도를 보안하기 위한 시험으로 유도시험, 충격전압시험, 사압시험 등이 있다.

(7) 보호계전기

비율차동계전기, 차동계전기, 부흐홀츠계전기

9 변압기의 결선

(1) 변압기의 극성(우리나라는 감극성을 표준)

구분	감극성(차동결합)	가극성(가동결합)
회로구성		
극성시험	전압계 $V = V_1 - V_2$	전압계 $V = V_1 + V_2$
특징	① 단자 A와 a, B와 b는 동일 방향 ② 1차와 2차 권선 간의 전압은 경감	① 단자 A와 a, B와 b는 반대 방향 ② 1차와 2차 권선 간의 전압은 증대

(2) 3상 결선방식

구분	장점	단점
$\triangle - \triangle$	① 제3고조파가 나타나지 않아 파형의 왜곡이 없음 ② 대전류 부하에 적합 $\left(상전류 = 선전류 \times \dfrac{1}{\sqrt{3}}\right)$ ③ 1대 고장 시 V결선 가능	① 중성점접지가 되지 않음 ② 지락사고 검출이 곤란 ③ 지락사고 시 대지전압 상승 및 이상전압이 발생
$Y - Y$	① 중성점접지가 가능(단절연) ② 순환전류가 없고 지락전류 검출 용이 ③ 고전압 결선에 적합 $\left(상전압 = 선간전압 \times \dfrac{1}{\sqrt{3}}\right)$	① 제3고조파로 인해 통신선에 유도장해 발생 ② 1대 고장 시 3상 전력 공급 불가능
$\triangle - Y$ 또는 $Y - \triangle$	① △결선으로 제3고조파가 나타나지 않음 ② Y결선 시 중성점접지가 가능하여 이상전압 억제 ③ 지락사고 시 검출이 용이	① 1차와 2차 간에 30°의 위상차가 발생 ② 1대가 고장 나면 송전이 불가능
$V - V$	① △결선 1상 고장 시 V결선 사용 가능 ② V결선으로 3상 전력 공급 가능	① 이용률 $= \dfrac{\sqrt{3}}{2} = 86.6[\%]$ ② 출력비 $= \dfrac{\sqrt{3}}{3} = 57.7[\%]$

(3) 상수의 변환

　① 3상 → 2상 변환

　　㉠ 단상 변압기 2대를 사용하여 3상 전력을 2상으로 변환

　　㉡ 스코트 결선(T결선) T좌 변압기 권수비 $a_T = a \times 0.866$

　　㉢ 메이어결선, 우드브리지결선

　② 3상 → 6상 변환

　　㉠ 파형 개선 및 정류기 전원용으로 사용

　　㉡ 2차 2중 Y결선, 2차 2중 △결선, 대각결선, 포크결선

10 변압기의 병렬운전

(1) 단상 변압기의 병렬운전 조건

　① 극성이 일치할 것

　② 권수비가 같을 것

　③ 각 변압기의 %임피던스 강하가 같을 것

　④ 저항과 리액턴스 비가 같을 것

　⑤ 3상의 경우 상회전 방향 및 각변위가 같을 것

(2) 병렬운전 가능 결선과 불가능 결선

　① 단상 변압기의 병렬운전 조건 외에 상회전 방향 및 1차, 2차 권선 간 유도기전력의 위상차(= 각변위)가 같아야 한다.

　② 3상 변압기 병렬운전이 가능한 조합과 불가능한 조합

가능 결선		불가능 결선	
A 변압기	B 변압기	A 변압기	B 변압기
△-△	△-△	△-△	△-Y
Y-Y	Y-Y	△-△	Y-△
△-△	Y-Y	Y-Y	Y-△
△-Y	△-Y	Y-Y	△-Y
△-Y	Y-△		
Y-△	Y-△		

11 특수 변압기

(1) 3권선 변압기

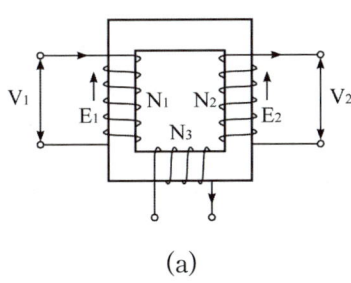

(a)

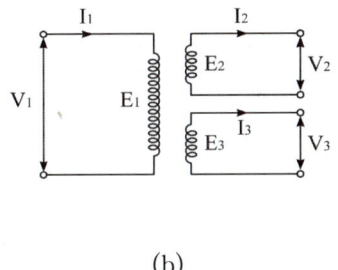

(b)

① 1개의 철심에 3개의 권선이 있는 변압기를 말한다.

② 3차 권선의 용도

    ㉠ $Y-Y-\triangle$ 결선을 하여 제3고조파를 제거

    ㉡ 조상기를 접속하여 송전선의 전압과 역률을 조정

    ㉢ 발전소나 변전소에서 소내용 전력을 공급

(2) 단권변압기

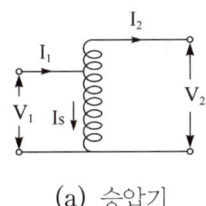

(a) 승압기

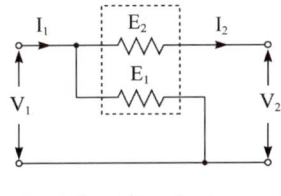

(b) 등가 회로도

① 2차측 전압(승압기)

$$V_2 = E_1 + E_2 = V_1 + \frac{V_1}{a} = V_1\left(1 + \frac{1}{a}\right)$$

여기서, 권수비 : $a = \dfrac{N_1}{N_2} = \dfrac{E_1}{E_2} = \dfrac{I_2}{I_1}$

② 단권 변압기 용량

$$P = P_L \times \frac{V_2 - V_1}{V_2} = P_L\left(1 - \frac{V_1}{V_2}\right)$$

여기서, P : 단권변압기의 자기용량(권선용량, 고유용량)

     P_L : 단권변압기의 부하용량(출력용량, 정격용량)

$$\frac{자기용량}{부하용량} = \frac{P}{P_L} = \frac{(V_2 - V_1)I_2}{V_2 I_2} = \frac{V_2 - V_1}{V_2} = 1 - \frac{V_1}{V_2}$$

③ 용도

    ㉠ 가정용의 작은 승압 및 강압용으로 사용

    ㉡ 배전선로의 승압기나 정전압 공급전원용 슬라이닥스 등으로 사용

    ㉢ $Y-Y-\triangle$ 결선의 계통 연계용으로 사용

    ㉣ 초고압용 승압기로 사용

④ 장점

    ㉠ 철심 및 권선을 적게 사용하여 변압기의 소형, 경량화가 가능하다.

    ㉡ 철손 및 동손이 적어 효율이 높다.

    ㉢ 부하용량이 자기용량 보다 크므로 경제적이다.

    ㉣ 누설자속이 거의 없으므로 전압변동률이 작고 안정도가 높다.

⑤ 단점

    ㉠ 누설 임피던스가 적어 단락전류가 크다.

    ㉡ 고압측에 이상전압이 발생시 저압측에 영향을 미친다.

⑥ 단권 변압기의 결선 특성

    ㉠ 단권 변압기 V결선 : $\dfrac{\text{자기용량}}{\text{부하용량}} = \dfrac{2}{\sqrt{3}}\left(\dfrac{V_2 - V_1}{V_2}\right)$

    ㉡ 단권 변압기 △결선 : $\dfrac{\text{자기용량}}{\text{부하용량}} = \dfrac{1}{\sqrt{3}}\dfrac{V_2^2 - V_1^2}{V_2 V_1}$

(3) 계기용 변성기

구분	계기용 변압기(PT)	변류기(CT)
회로 구성		
정격	2차측 표준 정격전류 : 110[V]	2차측 표준 정격전류 : 5[A]
특징	① 1차측 권선과 병렬로 접속 ② $V_1 = \dfrac{N_1}{N_2}\times V_2 = aV_2$ ③ 1·2차측 단락보호용 퓨즈 설치	① 1차측 권선과 직렬로 접속 ② $I_1 = \dfrac{N_2}{N_1}\times I_2 = \dfrac{1}{a}I_2$ ③ 2차측 개방 금지 → 절연파괴 방지

(4) 변압기의 Tap 절환 장치

배전선로의 전압강하로 인해 수전단의 전압이 변화가 필요할 때 사용하는 것으로 고압측의 5Tap을 이용하여 권수비를 바꾸어 수전단의 전압을 조정

1 유도전동기의 원리 및 특징

(1) 3상 교류의 회전자계

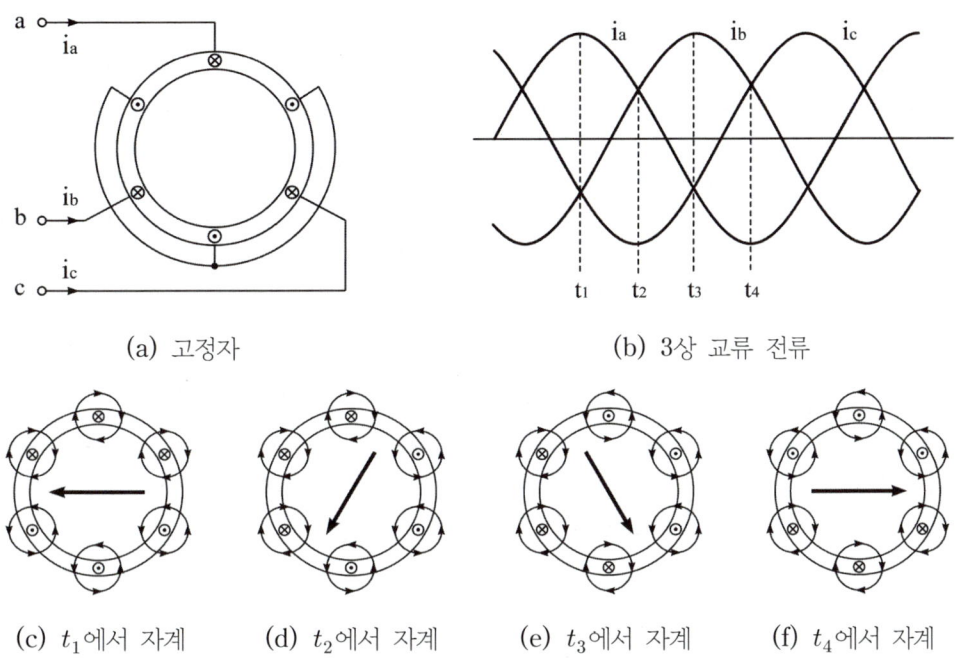

(a) 고정자   (b) 3상 교류 전류

(c) t_1에서 자계   (d) t_2에서 자계   (e) t_3에서 자계   (f) t_4에서 자계

① 유도전동기는 영구자석 대신 교류가 만들어내는 교류 회전자계를 사용

② 고정자에 3상 교류전력을 인가하면 그림과 같이 회전자계가 발생한다.

(2) 유도전동기의 구조

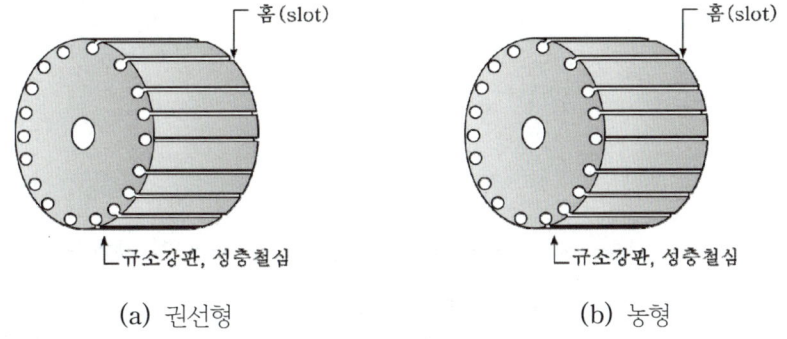

(a) 권선형   (b) 농형

① 권선형 유도전동기

    ㉠ 슬립링을 이용하여 외부저항을 접속하여 기동 및 속도 특성을 개선

    ㉡ 속도 제어가 용이

    ㉢ 가격이 높고 슬립링에서 불꽃 발생 우려

② 농형 유도전동기

　　㉠ 구조는 대단히 견고하고 취급이 용이

　　㉡ 가격이 저렴하고 기동토크가 작음

　　㉢ 슬립링이 없기 때문에 불꽃이 없음

　　㉣ 속도 제어가 어려움

(3) 슬립(slip)

① 3상 유도전동기에서는 동기속도 N_s와 회전자 속도 N 사이에 차이

$$\text{슬립} : s = \frac{N_s - N}{N_s} \times 100\,[\%]$$

여기서, 상대속도 : $N_s - N = sN_s$

② 전동기 회전 속도

$$N = (1-s)N_s = (1-s)\frac{120f}{P}\,[\text{rpm}]$$

　　㉠ 전동기 정지 상태 : $s = 1\,(N = 0)$

　　㉡ 전동기 동기 속도 회전 : $s = 0\,(N = N_s)$

　　㉢ 슬립의 범위 : $0 < s < 1$

　　㉣ 전부하 운전 시 슬립 : $s = 2.5 \sim 5\,[\%]$　정도

③ 슬립 측정 방법

　　㉠ 직류밀리볼트계법

　　㉡ 수화기법

　　㉢ 스트로보스코프법

2 유도전동기의 등가회로

(1) 전동기가 정지하고 있는 경우

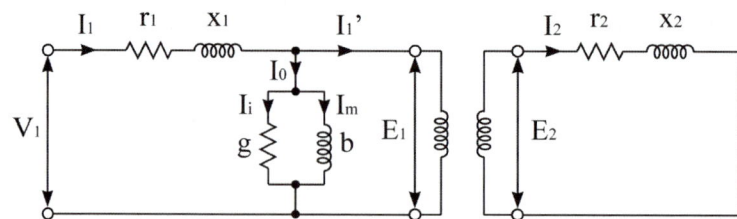

① 1차 유도기전력

$$E_1 = 4.44\,K_{w1}f_1N_1\phi_m\,[\mathrm{V}]$$

② 2차 유도기전력

$$E_2 = 4.44\,K_{w2}f_2N_2\phi_m\,[\mathrm{V}]$$

여기서, N_1, N_2 : 전동기 1·2차 권선 수

K_{w1}, K_{w2} : 전동기 1·2차 권선 계수

ϕ_m : 고정자 권선으로 만들어진 1극당 평균 자속

㉠ 주파수 관계 : $f_2 = f_1$

㉡ 권수비 : $a = \dfrac{E_1}{E_2} = \dfrac{K_{w1}N_1}{K_{w2}N_2}$

(2) 전동기가 회전하고 있는 경우

① 1차 유도기전력

$$E_1 = 4.44\,K_{w1}f_1N_1\phi_m\,[\mathrm{V}]$$

② 2차 유도기전력

$$E_{s2} = 4.44\,K_{w2}f_2N_2\phi_m = 4.44\,K_{w2}sf_1N_2\phi_m\,[\mathrm{V}]$$

㉠ 주파수 관계 : $f_2 = sf_1$(슬립 주파수)

㉡ 유도기전력 관계 : $E_{2s} = sE_2$

㉢ 권수비 : $a' = \dfrac{E_1}{E_{2s}} = \dfrac{E_1}{sE_2} = \dfrac{a}{s} = \dfrac{K_{w1}N_1}{sK_{w2}N_2}$

(3) 유도전동기의 등가 회로(등가 변환)

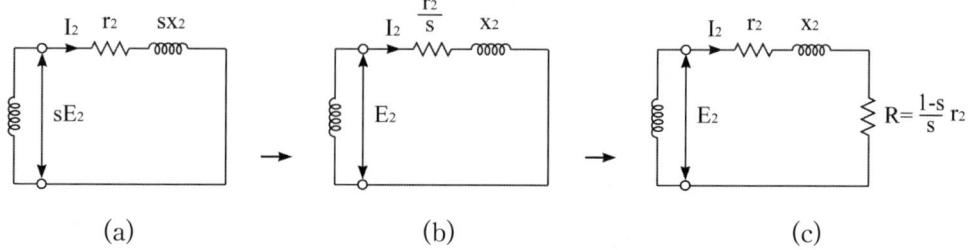

(a)　　　　　　　　　(b)　　　　　　　　　(c)

① 그림 (a) : 유도전동기가 운전하면 고정자 회로는 변화가 없고 회전자 회로의 2차 유도기전력(sE_2)과 유도 리액턴스(sx_2)가 변화한다.

② 그림 (b) : 전기소자를 모두 슬립 s로 나눈다.

③ 그림 (c) : $\dfrac{r_2}{s} = \dfrac{r_2}{s} - r_2 + r_2 = r_2 + \left(\dfrac{1}{s} - 1\right)r_2 = r_2 + \left(\dfrac{1-s}{s}\right)r_2$로 변환

여기서, $R = \dfrac{1-s}{s}\,r_2$: 기계적인 2차 출력을 발생시키는 상수

(4) 유도전동기의 전력 변환

① 운전 시 2차 전류

$$I_2 = \frac{sE_2}{\sqrt{r_2^2 + (sx_2)^2}} = \frac{E_2}{\sqrt{(r_2/s)^2 + x_2^2}}$$

② 2차 입력 : $P_2 = P_o + P_{c2} = I_2^{\,2}\,\dfrac{r_2}{s}\,[\mathrm{W}]$

③ 2차 동손 : $P_{c2} = I_2^{\,2}r_2 = I_2^2 \times \dfrac{r_2}{s} \times s = s\,P_2\,[\mathrm{W}]$

④ 2차 출력 : $P_o = \left(\dfrac{1}{s} - 1\right)r_2\,I_2^{\,2} = I_2^{\,2}\dfrac{r_2}{s} - I_2^{\,2}r_2 = P_2 - P_{c2}\,[\mathrm{W}]$

⑤ 2차 입력, 2차 손실(2차 동손), 기계적 출력과 슬립의 관계

$$P_2 : P_{c2} : P_o = 1 : s : 1-s$$

3 유도전동기 토크 특성

(1) 토크와 출력

① 출력

$$P_o = \omega\,T = 2\pi \times \frac{N}{60} \times T = 4\pi f \times \frac{1-s}{P} \times T\,[\mathrm{W}]$$

여기서, 회전자 속도 : $N = (1-s)N_s = (1-s)\dfrac{120f}{P}\,[\mathrm{rpm}]$

② 토크

$$T = 0.975\,\frac{P_o}{N} = 0.975\,\frac{P_2}{N_s}\,[\mathrm{kg \cdot m}]$$

(2) 동기 와트

① 2차 입력과 토크는 비례하게 되고 토크를 표현할 때 2차 입력의 값을 가지고도 나타낼 수 있고 이 2차 입력을 동기와트라 한다.

② 동기와트

$$P_2 = 1.026 \cdot T \cdot N_s \times 10^{-3} \, [\mathrm{kW}]$$

(3) 토크와 1차 전압, 주파수와 관계

① 토크

$$T = \frac{P}{4\pi f} \cdot V_1{}^2 \cdot \frac{\dfrac{r_2}{s}}{\left(r_1 + \dfrac{r_2}{s}\right)^2 + (x_1 + x_2)^2} \, [\mathrm{N \cdot m}]$$

② 토크는 극수에 비례하고 주파수에 반비례하며 1차측 정격전압의 제곱에 비례하고 $\dfrac{r_2}{s}$ 에 비례 :

$$T \propto P_{극수} \propto \frac{1}{f} \propto V_1{}^2 \propto \frac{r_2}{s}$$

④ 비례추이

(1) 토크 곡선

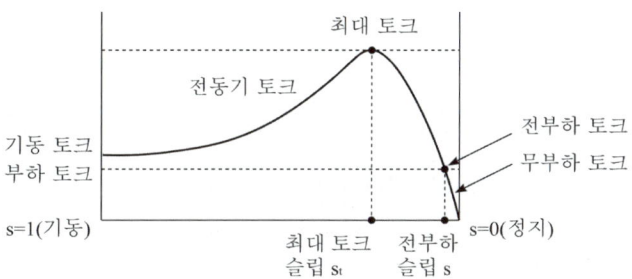

① 2차 입력과 토크는 정비례하므로 2차 입력식을 통해서 토크와 슬립의 관계를 알 수 있다.

② 최대 토크 슬립

$$s_t = \frac{r_2}{\sqrt{r_1{}^2 + (x_1 + x_2)^2}} \fallingdotseq \frac{r_2}{x_2}$$

(2) 슬립과 토크와의 관계

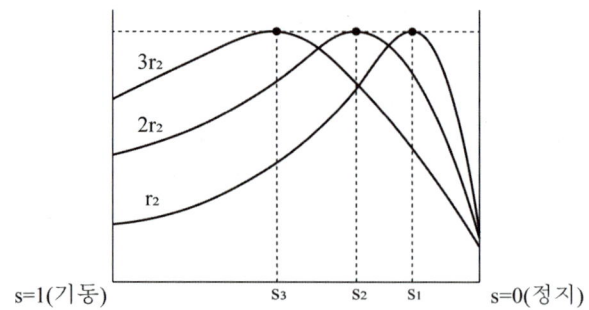

s=1(기동) s_3 s_2 s_1 s=0(정지)

① 비례추이 : 최대토크 T_m의 크기는 $s_t \doteq \dfrac{r_2}{x_2}$에 관계로 인해 2차 저항을 m배 증가하면 s_t도 m배 증가하므로 크기가 변하지 않고 일정하다.

$$T_m \propto \frac{r_2}{s_t} = \frac{2r_2}{2s} = \frac{mr_2}{m_8}$$

② 비례추이 가능 : 토크, 1차 전류, 2차 전류, 역률, 동기 와트

③ 비례추이 불가능 : 2차 동손, 효율

(3) 원선도

유도전동기의 특성을 알기 위해 원선도를 그린다. 원선도를 그리기 위해서는 무부하시험, 구속시험, 저항측정을 한다.

5 유도전동기의 효율

(1) 효율

$$\eta = \frac{출력}{입력} \times 100[\%] = \frac{입력 - 손실}{입력} \times 100[\%]$$

(2) 2차 효율

$$\eta_2 = \frac{P_o}{P_2} \times 100[\%] = (1 - s) \times 100[\%] = \frac{N}{N_s} \times 100[\%]$$

여기서, P_2 : 2차 입력 P_o : 출력

6 유도전동기의 기동법

(1) 농형 유도전동기

　① 전전압 기동법(직입기동)

　　㉠ 5[kW] 이하의 소용량 농형 유도전동기에 적용

　　㉡ 직접 전동기에 정격전압을 가하여 기동

　　㉢ 기동전류는 정격전류의 약 4~6배 정도 흐름

　　㉣ 기동시간이 오래 걸리거나 기동회수가 빈번한 경우에 부적합

　② Y－△ 기동법

　　㉠ 약 5~15[kW] 정도의 농형 유도전동기에 적용

　　㉡ 기동 시에는 Y결선으로, 운전 시에는 △결선으로 운전하는 방법

　　㉢ 기동전류 및 기동토크가 전전압기동 시의 1/3로 감소

　③ 기동보상기법(단권변압기의 기동)

　　㉠ 15[kW] 이상의 대용량의 농형 유도전동기에 적용

　　㉡ 단권변압기를 이용하여 감전압 기동

　④ 리액터 기동법

　　㉠ 펌프나 송풍기와 같이 부하토크가 가동할 때 작고, 가속하며 증가하는 부하의 전동기에 적합

　　㉡ 리액터를 이용하여 감전압 기동

(2) 권선형 유도전동기

　① 권선형 유도전동기의 기동법에는 2차 저항기동법(기동저항기법)과 게르게스기동법이 있다.

　② 2차 저항기동법

　　㉠ 비례추이 특성을 이용하여 기동

　　㉡ 외부저항을 삽입하여 기동전류는 감소시키고 기동토크는 증가

7 유도전동기의 속도제어법

(1) 농형 유도전동기

　① 극수변환법

　　코일의 접속을 바꾸어 극수를 변화시켜 속도를 제어

　② 1차 전압제어

　　SCR의 위상각을 조정하여 1차 전압을 변화시켜 속도를 제어

　③ 1차 전압제어

　　㉠ 선박 전기추진용 모터, 방직공장, 인견공장의 포트모터에 적용

　　㉡ 공급주파수를 변경하여 속도를 제어

(2) 권선형 유도전동기

　① 2차 저항제어

　　회전자에 연결되어 있는 슬립링을 통해 외부의 저항을 가감하는 2차 회로의 저항변화에 의한 토크－속도특성의 비례추이를 이용하여 속도를 제어

　② 2차 여자법

　　슬립주파수의 2차 여자전압을 제어하여 속도제어를 하는 방법

　③ 종속법

　　㉠ 직렬종속 : $N = \dfrac{120f}{P_1 + P_2}[\text{rpm}]$

　　㉡ 차동종속 : $N = \dfrac{120f}{P_1 - P_2}[\text{rpm}]$

　　㉢ 병렬종속 : $N = \dfrac{2 \times 120f}{P_1 + P_2}[\text{rpm}]$

8 유도전동기의 이상현상

(1) 크로우링현상 : 농형 유도전동기 계자에 고조파가 유기되거나 공극이 일정하지 않을 때 전동기 회전자가 정격속도에 이르지 못하고 저속도로 운전되는 현상(슬롯을 사구의 형태로 하여 방지)

(2) 게르게스현상 : 권선형 유도전동기가 무부하 또는 경부하로 운전 중 회전자 한 상이 결상되어도 전동기가 소손되지 않고 정격속도의 50[%]의 속도에서 운전되는 현상으로 슬립이 대략 0.5 정도 나타남

9 유도전동기의 제동법

(1) 발전제동 : 유도전동기를 발전기로 작용시켜 그 출력을 저항에서 소비시킴으로써 제동력을 발생시키는 방법

(2) 역상제동 : 3상 유도전동기가 운전하고 있을 때 3단자 중 임의의 2단자 접속을 바꾸면 회전자계의 방향이 반대로 되어 역상제동이 이루어져서 급제동하는 방법

(3) 회생제동 : 유도전동기는 외력에 의해 동기속도 이상의 속도로 회전시키면 유도발전기가 되어 제동력을 발생한다. 이 경우에 발생한 전력을 전원에 반환되는 방법

10 단상 유도전동기

(1) 단상 유도전동기의 특성

　① 회전자구조는 3상 농형 유도전동기의 회전자와 같이 농형

　② 단상 전원은 교번자계가 발생(2회전자계설)

　③ 기동토크가 없음

　④ 3상 유도전동기가 운전하고 있을 때 3개의 퓨즈 중 1개가 끊어져도 전동기는 계속 회전하는 원리를 응용

(2) 단상 유도전동기의 기동방법에 의한 분류

① 분류

    ㉠ 반발형기동형

    ㉡ 분상기동형

    ㉢ 콘덴서기동형

    ㉣ 셰이딩코일형

② 분상기동형의 특징

    ㉠ 주권선과 기동권선으로 구성되어 있는데 기동권선은 전동기의 기동 시에만 접속이 되고 기동완료가 되면 분리

    ㉡ 운전권선 $R\downarrow$ X(리액턴스)$\uparrow$, 기동권선 $R\uparrow$ X(리액턴스)$\downarrow$

    ㉢ 운전 중 회전방향 변경 필요 시 기동권선의 극성 교체

    ㉣ 기동토크가 작은 편으로 팬, 송풍기 등 소형에만 적용

③ 셰이딩코일형의 특징

    ㉠ 셰이딩코일의 방향으로 회전하므로 역회전이 안 됨

    ㉡ 구조가 간단하나 기동토크가 작고 효율 및 역률이 낮음

    ㉢ 레코드플레이어, 계량기 등에 적용

④ 기동토크 크기 비교

> 반발기동형 > 반발유도형 > 콘덴서기동형 > 분상기동형 > 셰이딩코일형 > 모노사이클릭형

11 유도전압조정기

단상 유도전압조정기	3상 유도전압조정기
① 1상 용량 : $P = E_2 I_2 [\text{VA}]$	① 3상 용량 : $P = \sqrt{3}\, E_2 I_2 [\text{VA}]$
② 교번자계 이용	② 회전자계 이용
③ 단락권선(전압강하 방지)이 있음	③ 단락권선이 없음
④ 1 · 2차 전압 사이 위상차가 없음	④ 1 · 2차 전압 사이에 위상차가 있음

1 다이오드의 종류 특성

(1) PN 접합 다이오드(정류기) : 교류를 직류로 변환할 때 사용

(2) 제어다이오드 : 정전압특성을 이용하여 전압의 안정화에 사용

(3) 발광다이오드(LED) : 전기에너지를 빛에너지로 바꾸는 발광특성을 이용

(4) 환류다이오드 : 온－오프 동작에 따라 부하에 방전전류가 전원으로 역류하지 못하도록 환류시키는 역할

2 다이오드의 정류회로

(1) 단상 정류회로

구분	단상 반파	단상 전파
회로도		
직류전압	$E_d = \dfrac{\sqrt{2}}{\pi} E_a = 0.45 E_a [\mathrm{V}]$	$E_d = \dfrac{2\sqrt{2}}{\pi} E_a = 0.9 E_a [\mathrm{V}]$
직류전류	$I_d = \dfrac{\sqrt{2}}{\pi} I_a = 0.45 I_a [\mathrm{A}]$	$I_d = \dfrac{2\sqrt{2}}{\pi} I_a = 0.9 I_a [\mathrm{A}]$
최대역전압 (PIV)	$\mathrm{PIV} = E_m = \sqrt{2} E_a [\mathrm{V}]$	소자 2개시 : $\mathrm{PIV} = 2\sqrt{2} E_a [\mathrm{V}]$ 소자 4개시 : $\mathrm{PIV} = \sqrt{2} E_a [\mathrm{V}]$
정류효율	$40.6 [\%]$	$81.2 [\%]$
맥동률	$\dfrac{교류분}{직류분} \times 100 [\%]$	

여기서, I_a : 교류전류 I_d : 직류전류 E_a : 교류전압 E_d : 직류전압

(2) 3상 정류 회로

구분	3상 반파 정류회로	3상 전파 정류회로
회로도		
직류전압	$E_d = 1.17 E [\mathrm{V}]$	$E_d = 1.35 E [\mathrm{V}]$

(3) 정류 방식별 맥동률

단상 반파 정류	단상 전파 정류	3상 반파 정류	3상 전파 정류
121[%]	48[%]	17[%]	4[%]

③ 사이리스터(Thyristor)

(1) SCR(Silicon Controlled Rectifier)의 특성

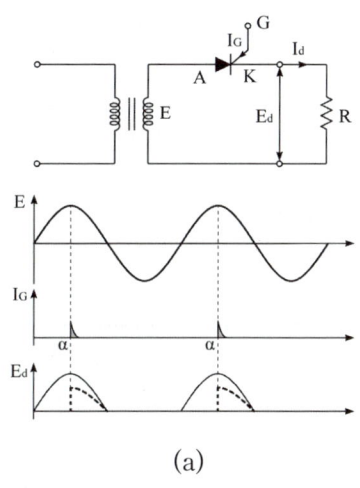
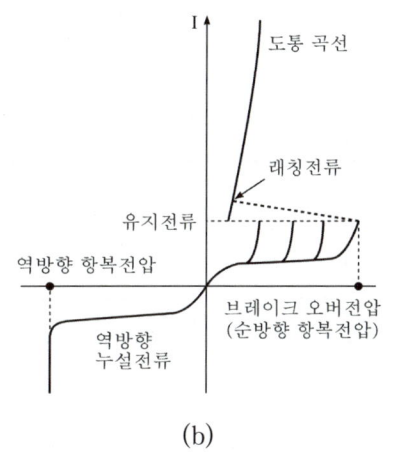

(a)   (b)

① SCR turn on 조건

  ㉠ 양극(Anode, 애노드)과 음극(Cathode, 캐소드) 간에 브레이크 오버 전압 이상의 전압을 인가한다.

  ㉡ 게이트(Gate)에 트리거 펄스 전류를 인가한다.

② SCR turn off 조건

  ㉠ 전원을 역으로 걸어준다(A에 음극, K에 양극을 인가).

  ㉡ SCR에 흐르는 전류를 유지전류 이하로 한다.

③ 용어정리

  ㉠ 래칭전류 : SCR을 turn on시키기 위하여 흘러야 할 최소전류

  ㉡ 유지전류 : SCR을 ON상태로 유지에 필요한 최소한의 전류

(2) 사이리스터의 종류

  ① 단방향 3단자 : SCR, LASCR, GTO

  ② 단방향 4단자 : SCS

  ③ 양방향 2단자 : SSS, 역도통 사이리스터

  ④ 양방향 3단자 : TRIAC

06 특수기기

1 정류자 전동기

구분	단상 직권 정류자전동기	3상 직권 정류자전동기
원리 및 구조	① 계자권선과 전기자권선이 직렬로 접속 ② 교류, 직류 양용으로 사용	고정자는 3상 유도전동기의 고정자와 같고, 회전자는 직류기의 전기자와 같음
종류 및 특성	① 직권형, 보상직권형, 유도보상직권형 ② 리액턴스전압 감소, 정류 개선을 위해 전기자에 직렬로 보상권선 설치	중간변압기를 고정자권선과 회전자권선이 직렬로 접속
용도	믹서기, 재봉틀, 휴대용 드릴, 영사기	① 기동토크 및 속도제어 범위가 큰 곳 ② 송풍기, 펌프, 공작기계

2 서보모터

구분	AC 서보모터	DC 서보모터
장점	① 브러시가 없어 보수 용이 ② 정류 우수, 고속과 큰 토크 운전 ③ 고정자에 코일이 있어 방열 우수	① 기동토크가 크고 응답성이 우수 ② 회전 시 광범위한 속도제어 가능
단점	제어가 어렵고 가격이 높음	브러시 마모에 의한 손실이 크고 발열현상과 보수가 어려움

3 리니어 모터

(1) 장점

　　① 구조가 간단하여 신뢰성이 높고 보수가 용이

　　② 기어·벨트 등 동력변환기구가 필요 없음

　　③ 원심력에 의한 가속제한이 없고 고속운전 가능

(2) 단점

　　① 리니어 유도전동기의 경우 회전형에 비해 역률, 효율이 낮음

　　② 저속도운전 및 관성제어가 어려움

　　③ 1·2차의 갭을 일정하게 유지하는 기술이 필요하며 구조적으로 복잡

(3) 용도

　　① 수송밀도가 높은 컨베이어, 큰 공장의 공작기계, 밸브장치

　　② 감속기계나 연결기구를 사용하지 않고 직접 동력을 전달하는 턴테이블, 릴 등

4 스테핑 모터

(1) 총 회전각도는 입력 펄스신호의 수에 비례하고 회전속도는 펄스주파수에 비례

(2) 모터의 제어가 간단하고 디지털제어회로와 조합이 용이

(3) 기동, 정지, 정회전, 역회전이 용이하고 신호에 대한 응답성이 양호

(4) 브러시 등의 접촉부분이 없어 수명이 길고 신뢰성이 높음

(5) 제어가 간단하고 정밀한 동기운전이 가능

01 전선 및 전선의 접속

1 전압의 구분 및 전선의 식별

(1) 전압의 구분

구분	교류(AC)	직류(DC)
저압	1,000[V] 이하	1,500[V] 이하
고압	저압을 초과하고 7,000[V] 이하의 것	
특고압	7,000[V]를 초과하는 것	

(2) 전선의 식별

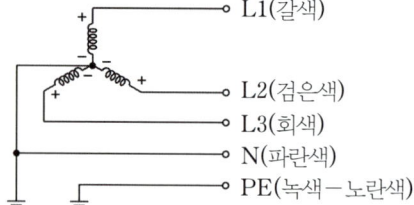

L1(갈색)
L2(검은색)
L3(회색)
N(파란색)
PE(녹색−노란색)

L(Line) : 상도체
N(Neutral) : 중성선
PE : 보호도체(Protective Earthing Conductor)

2 전선의 종류 및 용도

(1) 전선의 구비조건

① 도전율이 높고 고유저항이 낮을 것

② 기계적인 강도가 클 것

③ 신장률(팽창률)이 클 것

④ 내구성이 클 것

⑤ 가선작업이 용이할 것

⑥ 가요성이 클 것

⑦ 비중이 작을 것(중량이 가벼울 것)

(2) 전선 굵기를 결정하는 3요소

    ① 전선의 허용전류(허용전류 : 전선에 안전하게 흘릴 수 있는 최대 전류)

    ② 기계적 강도

    ③ 전압강하

(3) 단선과 연선의 표시법

    ① 단선 : 전선의 크기는 직경[mm] 및 단면적[mm²]으로 표시

    ② 연선 : 여러 가닥을 꼬아 만든 전선으로 크기는 [mm²]로 표시

(4) 연선

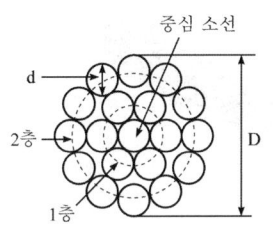

IEC 전선 규격[mm²]				
1.5	2.5	4	6	10
16	25	35	50	70
95	120	150	185	240
300	400	500	630	

       (a) 연선의 구조   (b) IEC 전선의 규격

    ① 특징 : 얇은 소선 여러 개를 규칙적으로 배열시켜 만듦

    ② 장점 : 표피효과가 적고 가요성이 우수

    ③ 연선 소선 총수

$$N = 3n(n+1) + 1$$

여기서, N : 연선 소선 총수 n : 소선 층수

층수	1층	2층	3층	4층	5층
소선 수	7	19	37	61	91

    ④ 연선의 바깥지름(외경)

$$D = (1 + 2n)d \, [\text{mm}]$$

여기서, D : 연선의 바깥지름 d : 소선의 지름

    ⑤ 연선의 총 단면적

$$A = SN = \pi r^2 N = \pi \times \left(\frac{d}{2}\right)^2 N = \frac{N\pi d^2}{4} \, [\text{mm}^2]$$

여기서, A : 연선의 총 단면적 S : 연선 한 가닥의 단면적

(5) 경동선 → 옥외배선으로 활용

$$\text{저항률 } \rho = \frac{1}{55} \, [\Omega \cdot \text{mm}^2/\text{m}]$$

(6) 연동선 → 옥내배선 및 접지선으로 활용

$$저항률 \ \rho = \frac{1}{58} \ [\Omega \cdot mm^2/m]$$

(7) 알루미늄선 → 장거리 송전선로로 활용

$$저항률 \ \rho = \frac{1}{35} \ [\Omega \cdot mm^2/m]$$

(8) 강심 알루미늄연선(ACSR)

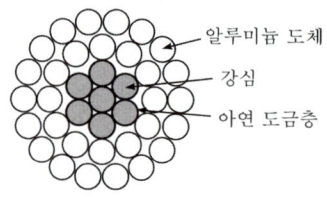

① 동일 전력 공급 시 바깥지름이 커짐

② 코로나 현상 방지에 유리

③ 장경간 선로에 적합하고 온천지역에 적용

3 절연전선 및 케이블의 약호 및 종류

(1) 절연전선(insulated wire)

약호	명칭
NR	450/750[V] 일반용 단심 비닐절연전선
IV	600[V] 비닐절연전선(허용온도 : 60℃)
HIV	내열용 비닐절연전선(허용온도 : 75℃)
DV	인입용 비닐절연전선
OW	옥외용 비닐절연전선
N	네온 방전등용 전선
FL	형광 방전등용 전선
IC	600[V] 폴리에틸렌 절연전선
NF	450/750[V] 일반용 유연성 단심 비닐절연전선
NFI	300/500[V] 기기 배선용 유연성 단심비닐절연전선
HR	450/750]V] 이하 고무절연전선

(2) 케이블

약호	명칭	약호	명칭
C	클로로프렌	V	비닐
E	폴리에틸렌	R	고무
B	부틸고무	N	네온전선

(3) 캡타이어 케이블의 심선 색깔

　① 단심 : 검정

　② 2심 : 검정, 흰색

　③ 3심 : 검정, 흰색, 빨강

　④ 4심 : 검정, 흰색, 빨강, 녹색

　⑤ 5심 : 검정, 흰색, 빨강, 녹색, 노랑

(4) 특고압용 지중 케이블의 종류

　① 동심 중성선 차수형 전력 케이블(CNCV) : 절연층은 가교 폴레에틸렌, 외장층은 PVC를 사용한 케이블

　② 동심 중성선 수밀형 전력 케이블(CNCV-W) : CNCV 케이블의 중성선 층 및 도체 부분까지 수밀처리한 케이블

　③ 트리 억제형 동심 중성성 수밀형 전력 케이블(TR CNCV-W) : CNCV-W 케이블에서 사용한 절연체를 수트리 억제형 가교 폴리 에틸렌으로 대체한 케이블

　④ 동심 중성선 수밀형 저독성 난연 전력 케이블(FR-CNCO-W) : CNCV-W에서 시즈를 PVC 대신 할로겐프리 폴리올레핀을 사용

4 전선의 접속 시 유의사항

(1) 전선 접속 시 유의사항

　① 전기저항을 증가시키지 말 것

　② 전선의 세기를 20[%] 이상 감소시키지 말 것

　③ 코드 상호, 케이블 상호, 코드와 케이블 상호 : 코드 접속기, 접속함에서 접속

(2) 두 개 이상의 전선을 병렬로 사용 시 유의사항

　① 전선의 굵기는 구리선 50[mm²] 이상, 알루미늄선 70[mm²] 이상일 것

　② 도체의 재질 및 크기가 같을 것

　③ 병렬전선에는 퓨즈를 사용하지 말 것

5 단선의 직선 접속

(1) 트위스트 직선 접속 : 단면적 6[mm²] 이하의 단선에 적용

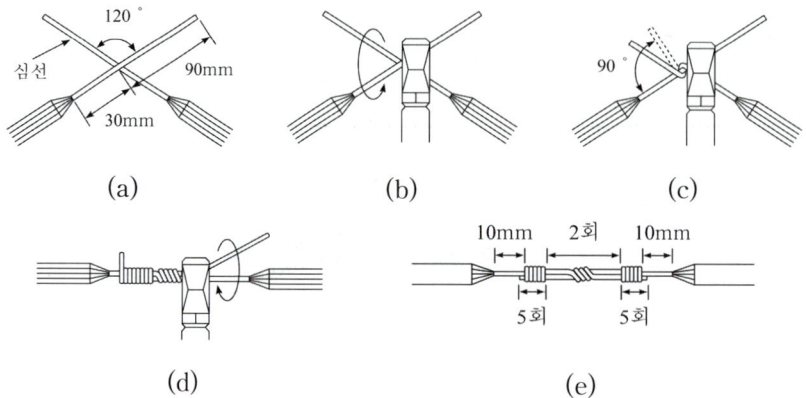

(2) 브리타니어 직선 접속 : 단면적 10[mm²] 이상에 적용

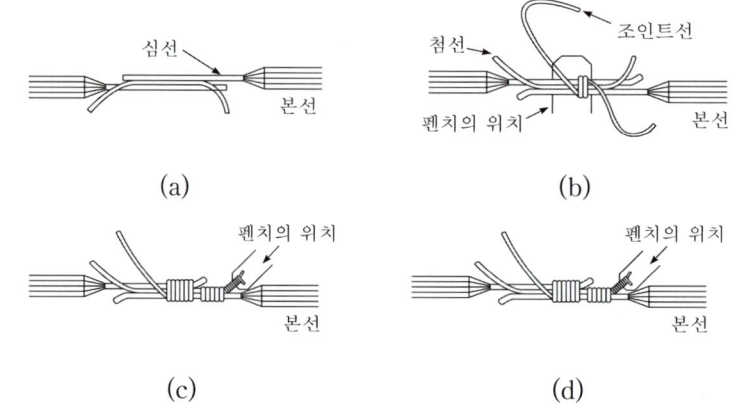

(3) 쥐꼬리 접속 : 배선과 기구 또는 박스 내 전선 간 직선 접속

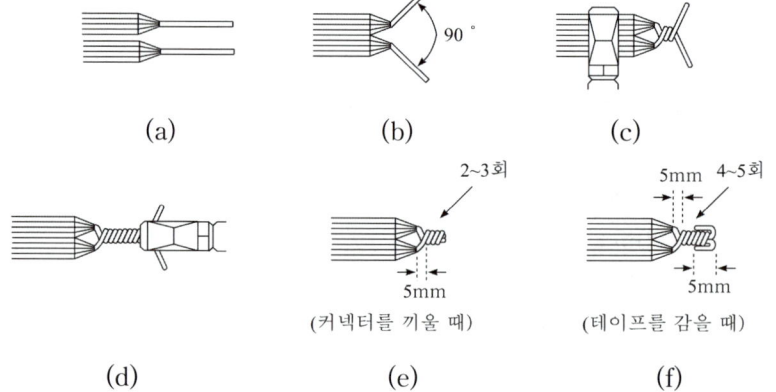

(4) 옥내배선의 접속함이나 박스 내에서 접속

쥐꼬리 접속	와이어 커넥터
2~3회	

와이어 커넥터(절연 커넥터)는 금속박스 내에서 전선 접속부의 절연파괴에 의한 누전 및 지락사고를 방지하기 위해 사용한다.

(5) 슬리브를 사용하여 전선 접속

① 슬리브(sleeve)의 종류 : E형, S형, P형, B형, 매킹타이어 슬리브 등

② S형 슬리브 : 단선, 연선 모두 사용 가능

③ S형 슬리브 접속 시 : 2회 이상 꼬아서 접속

④ 종단 겹침용 슬리브 : 압착공구를 사용하여 보통 2개소를 압착

6 전선과 기계기구의 단자 접속

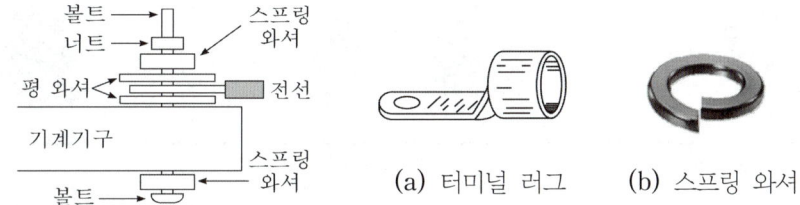

(a) 터미널 러그   (b) 스프링 와셔

(1) 터미널 러그

코드 또는 캡타이어 케이블을 전기 사용 기계기구에 접속하는 압착 단자로 단면적 $6[mm^2]$를 초과하는 연선에 반드시 터미널 러그를 사용하여 접속

(2) 스프링 와셔

전동이 심해 접속단자가 풀릴 우려가 있는 경우 이중너트 또는 스프링 와셔를 사용

(3) 고리형 단자

전선의 굵기가 비교적 굵지 않은 $10[mm^2]$ 이하 등에서 기계기구의 단자에 전선을 직접 접속하는 단자

7 납땜과 테이프

(1) 리노 테이프

① 점착성은 없으나 내온성, 내유성 및 절연내력이 뛰어난 테이프

② 연피 케이블 접속 시 사용

(2) 자기 융착 테이프(셀로폰 테이프)

① 클로로프렌 외장 케이블 접속 시 사용

② 테이프를 감을 때 약 1.2배 정도 늘려서 감을 것

1 개폐기(Switch)

(1) 스위치의 종류

커버 나이프 스위치(KS)	텀블러 스위치(매입형)	단로와 3로 스위치
(고리퓨즈)	노브	
텀블러 스위치(노출형)	누름 단추 스위치	로터리 스위치
	ON OFF / ON OFF	
풀 스위치	코드 스위치	팬던트 스위치
		① 녹색(흑색) : 개방 ② 적색(백색) : 투입
도어 스위치	토글(스냅) 스위치	리미트 스위치

(2) 동극 점멸(전환) 방식

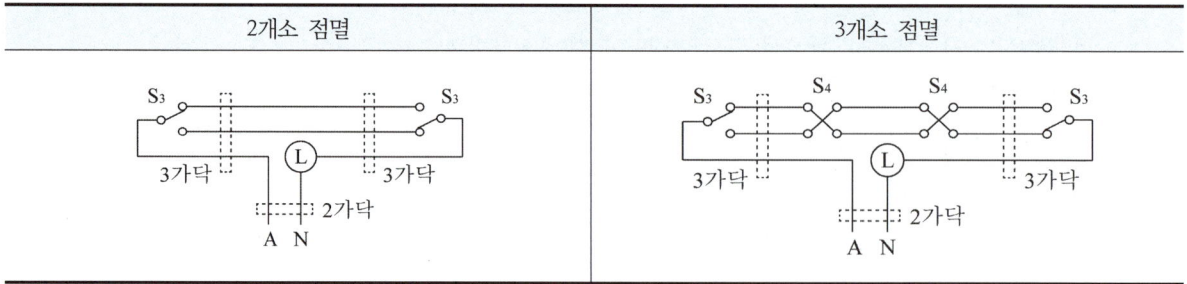

2개소 점멸	3개소 점멸
S_3 — S_3 3가닥 ⓛ 3가닥 2가닥 A N	S_3 S_4 S_4 S_3 3가닥 ⓛ 3가닥 2가닥 A N

① 스위치는 전압측에 설치해야 함. 만약 N선에 설치하면 잔광현상 발생

② 2개소 점멸 시 : 3로 스위치 2개를 사용

③ 3개소 점멸 시 : 3로 스위치 2개, 4로 스위치 1개 사용

④ 4개소 점멸 시 : 3로 스위치 2개, 4로 스위치 2개 사용

⑤ 4로 스위치가 없을 경우 3로 스위치 2개를 활용하여 결선 가능

⑥ 1개의 점멸기에 등기구 수 : 6개 이하(최근 규정에서 삭제)

(3) 각종 스위치 심벌

점멸기	정격 15A	2극 스위치	3로 스위치	4로 스위치
●	●15A	●2P	●3	●4
파일럿 램프	방수형	방폭형	타이머 붙이	
●L	●WP	●EX	●T	

① 용량 표시 : 15[A] 이상은 전류치를 표기(10[A]는 표기 안함)

② 극수 표시 : 2극은 2P, 3로와 4로는 3, 4의 숫자를 방기(단극은 표기 안함)

③ 파일럿 램프를 내장하면 L을 따로 놓여진 경우에는 ○● 로 표시

(4) 타임 스위치 설치 기준

① 숙박업 객실의 입구등 : 1분 이내 소등

② 주택 및 아파트 현관등 : 3분 이내 소등

2 콘센트와 플러그 및 소킷

(1) 각종 콘센트(concentric plug 또는 outlet) 심벌

벽붙이용	천장 부착용	바닥 부착용	20A 이상
◗	⊙	◉	◗20A
2구 콘센트	3구 콘센트	3극 콘센트	빠짐 방지형
◗2	◗3	◗3P	◗LK
걸림형	타이머 붙이	접지극 붙이	접지단자 붙이
◗T	◗TM	◗E	◗ET
누전차단기 붙이	방수형	방폭형	의료용
◗EL	◗WP	◗EX	◗H

(2) 콘센트 시설기준

　① 일반적인 옥내 장소 : 바닥면상 30[cm] 이상

　② 옥외 : 지상 1.5[m] 이상

　③ 욕실, 의료용 : 바닥면상 80[cm] 이상(방수용 사용)

(3) 플러그(plug)

　　　　(a) 코드 접속기　　　　　(b) 멀티탭　　　(c) 테이블 탭

　① 코드 접속기 : 코드 상호 접속할 때 사용

　② 멀티탭 : 둘 이상의 기구를 접속할 때 사용

　③ 테이블 탭 : 코드 길이를 연장할 때 사용

(4) 소켓과 리셉터클

　　　　(a) 키 소켓　　　(b) 키 리스 소켓　　(c) 리셉터클　　(d) 로우젯

　① 키 소켓 : 코드의 끝에 점멸장치(키 스위치)가 달려 있음

　② 키 리스 소켓 : 먼지가 많은 장소에 사용

　③ 리셉터클 : 코드 없이 천장이나 벽에 직접 붙이는 소켓

　④ 로우젯 : 천장에 절연전선 인출용 구멍에 부착(1980년 이후 사용 안함)

(1) 측정용 계기

공구	명칭 및 특징
	와이어 게이지 전선의 굵기를 측정하는 데 사용
	버니어 캘리퍼스 어미자와 아들자의 눈금을 이용하여 두께, 깊이, 안지름 및 바깥지름 측정용으로 사용
	마이크로 미터 미소한 길이까지 측정할 수 있는 공구
	절연저항계(megger) 전선로 및 전기기기 등의 전기설비의 절연저항을 측정하여 설비의 누전상태를 점검할 수 있다.
	접지저항계(earth tester) 접지저항을 측정하는 장비로 2전극법과 3전극법이 있다.
	후크 온 미터(클램프 미터) 통전 중의 전선에 흐르는 전류를 측정할 수 있다. 클램프 미터는 전압, 전류, 저항, 도통시험 등을 측정할 수 있어 회로시험기라 한다.

(2) 공사용 공구

공구	명칭 및 특징
	전공 칼(jack knife) ① 전선의 피복 절연물을 벗길 때 사용 ② 20°의 각도로 연필을 깎듯이 벗김
	펜치(cutting pliers) 철사나 전선을 끊거나 구부릴 때 사용 ① 150mm : 소기구 전선에 사용 ② 175mm : 일반 옥내 공사에 사용 ③ 200mm : 일반 옥외 공사에 사용
	와이어 스트리퍼(wire stripper) 전선의 피복을 벗길 때 사용하는 공구
	플라이어(plier) 금속관 공사 등에서 나사나 로크너트, 볼트, 너트 등을 조여줄 때 사용하는 공구
	클리퍼(절단기) 펜치로 절단하기 힘든 굵은 전선을 절단할 때 사용하는 공구
	프레셔툴(압착기, Y35) 전선에 압착 단자를접속시키는 공구
	파이프 바이스(pipe vise) 금속관을 절단하거나 금속관에 나사를 낼 때 관을 공정시키는 공구
	파이프 커터(pipe cutter) ① 금속관을 절단하는 공구 ② 파이프 커터로 80% 절단, 나머지는 쇠톱
	리머(reamer) 금속관 안에 날카로운 것은 다듬는 공구
	오스터(oster) 금속관 끝에 나사를 내는 공구

공구	명칭 및 특징
	히키 밴더(hickey bender) 금속관을 구부리는 공구
	녹 아웃 펀치(knockout punch) 배전반이나 분전반 등의 금속제 캐비닛의 구멍을 확대하거나 철판의 구멍을 뚫을 때 사용
	홀쏘(hole saw) 녹 아웃 펀치와 같이 캐비닛 또는 분전반에 구멍을 뚫을 때 사용
	드라이브이트 툴(drive-it tool) 화약의 폭발력을 이용하여 콘크리트에 드라이브 핀을 박을 때 사용
	토치 램프(torch lamp) 전선 접속의 납땜과 합성수지관의 가공할 때 열을 가하는 장비
	피시 테이프(요비선) 전선관에 전선을 넣기 위한 강철선

4 저항 측정

(1) 저저항 측정(1[Ω] 이하)

① 전위강하법(전압·전류계법)

② 전위차계법

③ 켈빈더블 브리지법 : $10^{-5} \sim 1[\Omega]$ 정도의 저저항 정밀 측정, 굵은 나전선의 저항을 측정하는 방법이다.

(2) 중저항 측정(1[Ω] ~ 10[kΩ] 정도)

① 머레이 루프법(휘트스톤 브리지법의 일종) : 수천 Ω의 가는 전선의 저항 측정

② 저항계(ohm meter)

③ 전위강하법(전압·전류계법)

　　㉠ 백열전구의 필라멘트 저항 측정(단, 백열상태에서는 광고온계를 이용)

　　㉡ 발전기나 변압기 권선 저항 측정

(3) 특수 저항 측정

　　① 검류계의 내부 저항 측정 : 휘트스톤 브리지법

　　② 전지의 내부 저항 측정 : 전압계법, 전류계법, 콜라우시 브리지법

　　③ 전해액의 저항 측정 : 콜라우시 브리지법, 슈트라우스와 헨더슨법

　　④ 접지저항의 측정 : 접지저항계, 콜라우시 브리지법

03　옥내배선공사

1 배선설비 공사방법의 종류

(1) 전선관 시스템(conduit system)

　　① 합성수지관 공사

　　② 금속관 공사

　　③ 가요전선관 공사

(2) 케이블 트렁킹 시스템(cable trunking system)

　　① 합성수지 몰드 공사

　　② 금속 몰드 공사

　　③ 금속 트렁킹 공사

　　④ 케이블 트렌치 공사

(3) 케이블 덕팅 시스템(cable duction system)

　　① 금속 덕트 공사

　　② 플로어 덕트 공사

　　③ 셀룰러 덕트 공사

(4) 케이블 트레이 시스템(cable tray system)

(5) 케이블 공사

(6) 애자 공사

(참고) 케이블 트렁킹과 덕팅 시스템의 차이

　　① 케이블 트렁킹 : 함의 커버를 개방할 수 있다.

　　② 케이블 덕팅 : 함의 커버를 개방시킬 수 없다.

(7) 배선설비의 가용 장소

구분	옥내						옥측 / 옥외	
	노출 장소		은폐 장소				우선 내	우선 외
			점검 가능		점검 불가능			
	①	②	①	②	①	②	우선 내	우선 외
합성수지관 공사	○	○	○	○	○	○	○	○
금속관 공사	○	○	○	○	○	○	○	○
1종 가요전선관	○	×	○	×	×	×	×	×
2종 가요전선관	○	×	○	×	○	×	○	×
몰드공사	○	×	○	×	×	×	×	×
금속 트렁킹 공사	○	×	○	×	×	×	×	×
금속 덕트 공사	○	×	○	×	×	×	×	×
셀룰러 덕트 공사	×	×	○	×	③	×	×	×
애자 공사	○	○	○	○	×	×	④	④

① : 건조한 장소　　　② : 습기가 많은 장소 또는 물기가 있는 장소
③ : 콘크리트 등 매입　④ : 노출장소 및 점검가능 은폐장소에 한하여 시설

2 합성수지관공사

(1) 합성수지관공사의 시설 (KEC 232.11)

　① 전선은 절연전선일 것(단, OW 제외)

　② 전선은 연선일 것(동선 $10[mm^2]$, 알루미늄선 $16[mm^2]$ 이하)

　③ 전선관 내에 접속점이 없도록 할 것

　④ 중량물의 압력 및 기계적 충격을 받을 우려가 없을 것

　⑤ 이중천장(반자 속 포함) 내에서 시설 금지

(2) 합성수지관의 특징

장점	단점
① 무게가 가볍고 시공이 쉽다.	① 금속관에 비하여 기계적 강도가 약하므로 외상을 받
② 관 자체가 절연물이므로 누전의 우려가 없다.	을 우려가 크다.
③ 내식성이 크므로 약품 등에 의한 부식의 우려가 적다.	② 온도 변화에 따른 신축 작용이 커서 고온이나 저온
	등에 파열될 우려가 크다.

(3) 합성수지관(경질 비닐 전선관)의 호칭과 길이

　① 굵기는 관 안지름의 크기에 가까운 짝수로 표시(근사내경, 짝수)

　② 굵기[mm] : 14, 16, 22, 28, 36, 42, 54, 70, 82

　③ 합성수지관 1본의 표준 길이 : 4,000[mm]

　④ 금속관 1본의 길이 : 3,660[mm]

(4) 합성수지관 및 부속품의 시설 (KEC 232.11.3)

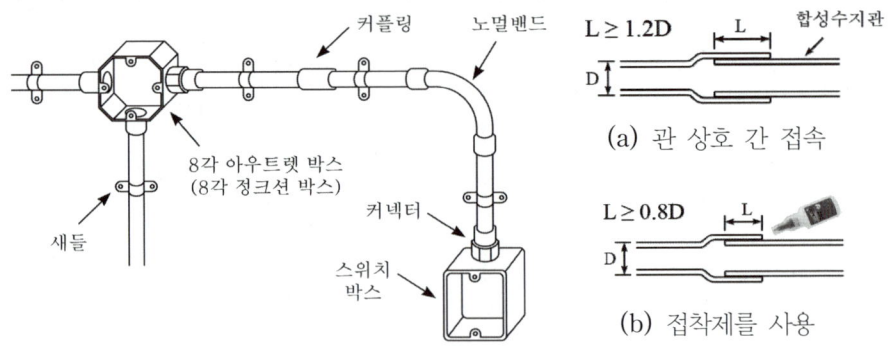

① 관 상호 간 접속 시에는 커플링을 사용하여 접속

② 전선관 상호 간 접속

ㄱ 접착제를 사용하지 않는 경우 : 관 바깥지름의 1.2배 이상

ㄴ 접착제를 사용할 경우 : 관 바깥지름의 0.8배 이상

③ 새들의 지지점의 거리 : 1.5[m] 이하(단, 합성수지제 가요전선관의 경우 : 1[m] 이하)

④ 관의 끝부분에서 새들의 지지점 거리 : 0.3[m] 이하

⑤ 직각 구부리기 : 곡률 반지름은 내경의 6배 이상

(5) 합성수지관 공사 시 유의사항

① 풀박스 설치 간격 : 25[m]를 초과하는 경우 25[m]마다 설치

② 굴곡부위가 있는 경우 15[m]를 초과할 수 없다.

③ 3개소를 초과하는 직각 또는 직각에 가까운 굴곡개소를 만들 수 없다.

④ 전선관 내 전선의 단면적 : 32[%] 이하(피복절연물 등을 포함)

(6) 지중에 전선관을 시설하는 경우

① 전선은 케이블을 사용하여야 한다.

② 지중 매설 깊이 : 1.0[m] 이상

③ 중량물의 압력을 받을 우려가 없는 경우 : 0.6[m] 이상

③ 금속관공사

(1) 금속관공사의 시설 및 유의사항

① 전선은 절연전선일 것(단, OW 제외)

② 전선은 연선일 것(동선 10[mm²], 알루미늄선 16[mm²] 이하)

③ 전선관 내에 접속점이 없도록 할 것

④ 금속관 직각으로 구부리기 : 관 안지름의 6배 이상

⑤ 금속관 등의 철재에는 접지공사를 하여야 한다.

(2) 합성수지관(경질 비닐 전선관)의 호칭[mm]

 ① 후강(근사내경, 짝수) : 16, 22, 28, 36, 42, 54, 70, 82, 92, 104

 ② 박강(근사외경, 홀수) : 19, 25, 31, 39, 51, 63, 75

(3) 금속관의 두께

 ① 콘크리트에 매입할 경우 : 1.2[mm] 이상

 ② 기타의 경우 : 1.0[mm] 이상

 ③ 이음매가 없는 길이 4[m] 이하의 것을 건조한 노출장소에 시설하는 경우 : 0.5[mm] 이상

(4) 관내 허용 가능한 전선 및 케이블의 면적

 ① 전선관(합성수지관, 금속관, 가요전선관 등) : 내 단면적의 32[%] 이하

 ② 금속트렁킹 및 금속몰드, 금속덕트 : 내 단면적의 20[%] 이하

 ③ 금속덕트 내에 제어회로 배선의 경우 : 내 단면적의 50[%] 이하

(5) 전자적 평형

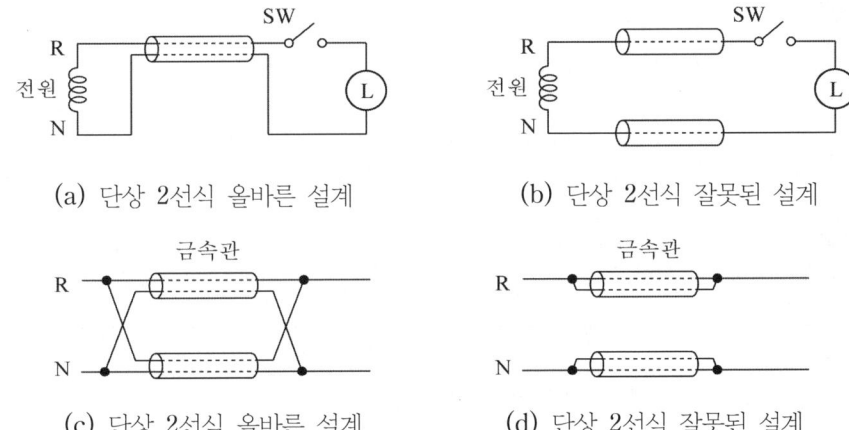

(a) 단상 2선식 올바른 설계   (b) 단상 2선식 잘못된 설계

(c) 단상 2선식 올바른 설계   (d) 단상 2선식 잘못된 설계

 ① 교류회로는 1회로의 전선 전부를 동일 관내에 넣는 것을 원칙으로 한다. 다만, 동극 왕복선을 동일 관 내에 넣는 경우 같이 전자적 평형상태로 시설하는 것은 적용하지 않는다.

 ② 1회로의 전선 전부란 단상 2선식 회로는 2선을, 단상 3선식 회로 및 3상 3선식 회로는 3선을, 3상 4선식 회로는 4선을 말한다.

(6) 풀박스(Full Box)의 시설

 ① 굴곡 개소가 많은 경우 또는 관의 길이가 30[m]를 초과하는 장소에 사용

 ② 케이블을 배관 속에 넣어 시공할 때 배관 중간에서 케이블을 당기기 위한 박스

(7) 금속관공사 부품 및 공구

구분	명칭 및 특징
엔트런스 캡과 터미널 캡의 구분	 엔트런스 캡 / 터미널 캡 전선관이 수직 / 전선관이 수평
	엔트런스 캡(entrance cap, 입구마개) 인입구, 인출구의 관 단에 설치하여 금속관에 접속하여 옥외의 빗물을 막는 데 사용한다.
	터미널 캡(entrance cap, 입구마개) 저압 가공 인입선에서 금속관 공사로 옮겨지는 곳 또는 금속관으로부터 전선을 뽑아 전동기 단자부분에 접속할 때 사용하며, A형, B형이 있다.
	로트너트(lock nut) 박스에 금속관을 고정할 때 사용한다.
	부싱(bushing) 전선을 절연피복을 보호하기 위해서 금속관의 끝에 취부한다.
	노멀밴드(normal band) 전선관이 직각으로 구부리는 곳에 사용한다.
	커플링(coupling) 전선관 상호를 접속할 때 사용한다.
	유니온 커플링(union coupling) 금속관 상호 접속용으로 관이 고정되어 있을 때, 또는 관의 양측을 돌려서 접속할 수 없는 경우에 사용한다.
	유니버셜 엘보(universal elbow) 노출 배선공사에서 관을 직각으로 굽히는 곳에 사용, 강제전선관 공사 중 노출배관 공사에서 관을 직각으로 굽히는 곳에 사용한다.
	아우트렛 박스(outlet box) 전선관 공사에 있어 전등 기구나 점멸기 또는 콘센트의 고정, 접속함으로 사용되며 4각 및 8각이 있다.

4 가요전선관공사

(1) 2종 가요전선관을 구부리기

　　① 관 제거가 쉬운 경우 : 관 안지름의 3배 이상

　　② 관 제거가 어렵거나, 점검이 불가한 경우 : 관 안지름의 6배 이상

　　(참고) 1종 가요전선관 : 관 안지름의 6배 이상

(2) 가요전선관의 접속

구분	명칭 및 특징
가요전선관	스플릿 커플링 가요전선관 상호 간 접속 시에 사용한다.
앵글 박스 커넥터 / 조임나사 / 박스 / 부싱 / 로크너트	앵글 박스 커넥터 직각 개소에서 가요전선관과 박스 접속 시에 사용한다.
스트레이트 박스 커넥터 / 박스 / 부싱 / 로크너트 / 박스 커넥터 덮개	스트레이트 박스 커넥터 가요전선관과 박스 접속 시에 사용한다.
금속관(경질비닐관)	콤비네이션 커플링 가요전선관과 금속관 접속 시에 사용한다.

5 케이블 트렁킹 시스템

(1) 몰드공사 시설조건

　　① 전선은 절연전선(옥외용 비닐절연전선을 제외) 또는 케이블을 사용하여야 한다(단, 합성수지몰드 덮개를 제거할 수 있는 경우에만 절연전선의 사용이 가능하고 그 외에는 케이블을 사용하여야 한다).

　　② 전선의 단면적 10[mm²](알루미늄은 16[mm²])를 초과하는 경우에는 연선을 사용해야 한다.

　　③ 몰드 안에서는 전선의 접속점이 없도록 하여야 한다.

　　④ 몰드 공사는 옥내의 건조한 장소로 전개된 장소 또는 점검할 수 있는 은폐된 장소에 사용할 수 있다.

　　⑤ 몰드 공사를 적용하는 경우 사용전압은 400[V] 이하이어야 한다.

(2) 합성수지몰드공사

　① 홈의 폭 및 깊이 : 35[mm] 이하

　② 두께 : 2[mm] 이상

　③ 사람이 쉽게 접속할 우려가 없도록 시설하는 경우 : 폭이 50[mm] 이하, 두께 1[mm] 이상일 것

(3) 금속몰드공사

　① 전선은 절연전선 또는 케이블 사용(OW 제외)

　② 금속몰드 안에는 전선에 접속점이 없도록 할 것

　③ 황동제 또는 동제의 몰드는 폭이 50[mm] 이하, 두께 0.5[mm] 이상인 것일 것

　④ 몰드 상호 간 및 몰드 박스 기타의 부속품과는 견고하고 또한 전기적으로 완전하게 접속할 것

　⑤ 금속몰드 내에 전선 수

　　㉠ 1종 금속몰드 : 10본 이하

　　㉡ 2종 금속몰드 : 몰드 내 단면적의 20[%] 이하(피복절연물 포함)

　　㉢ 제어회로 등의 배선 : 몰드 내 단면적의 50[%] 이하

　⑥ 2종 금속몰드의 조인트 금속의 종류 : L형, T형, 크로스형 등

(4) 금속트렁킹공사

　① 전선은 절연전선 또는 케이블 사용(OW 제외)

　② 금속트렁킹 안에는 전선에 접속점이 없도록 할 것

　③ 지지점 간의 거리 : 3[m](취급자 이외의 자가 출입할 수 없도록 설비한 곳에서 수직으로 붙이는 경우 : 6[m])

6 케이블 덕팅 시스템

(1) 금속덕트공사

　① 전선은 절연전선 또는 케이블 사용(OW 제외)

　② 금속덕트의 시설

　　㉠ 지지점 간의 거리 : 3[m] 이하

　　㉡ 취급자 이외의 자가 출입할 수 없고 수직으로 붙이는 경우 : 6[m] 이하

　③ 폭이 5[cm]를 넘고 또한 두께가 1.2[mm] 이상인 철판 또는 동등 이상의 세기를 가지는 금속제의 것으로 제작한 것일 것

　④ 덕트의 본체와 구분하여 뚜껑을 설치하는 경우에는 쉽게 열리지 아니하도록 시설할 것

　⑤ 덕트의 끝부분은 막을 것

⑥ 금속덕트 내에 전선 수

　⑦ 일반회로 배선 : 덕트 내 단면적의 20[%] 이하(피복절연물 포함)

　ⓛ 제어회로 등의 배선 : 덕트 내 단면적의 50[%] 이하

(2) 라이팅덕트공사

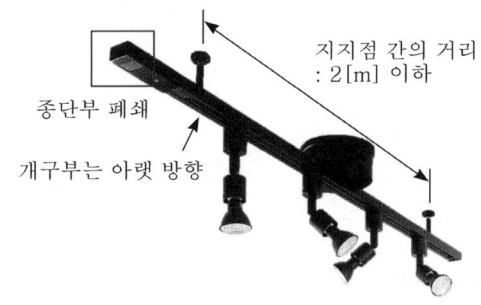

지지점 간의 거리
: 2[m] 이하

종단부 폐쇄

개구부는 아랫 방향

① 덕트 상호 간 및 전선 상호 간은 견고하게 또한 전기적으로 완전히 접속할 것

② 덕트는 조영재에 견고하게 붙일 것

③ 덕트의 지지점 간의 거리 : 2[m] 이하

④ 덕트의 끝부분은 막을 것

⑤ 덕트의 개구부는 아래로 향하여 시설(단, 덕트 내부에 먼지가 들어가지 않을 경우에 한하여 옆으로 향하여 시설할 수 있다.)

(3) 플로어덕트공사

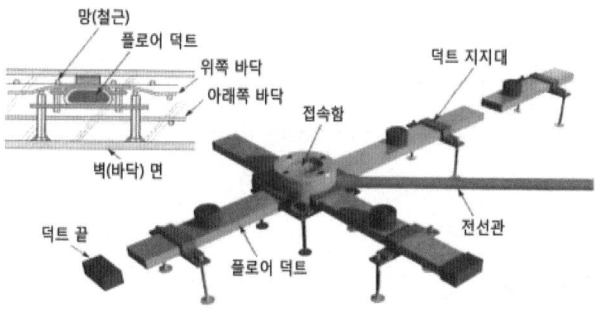

망(철근)
플로어 덕트
위쪽 바닥
아래쪽 바닥
벽(바닥) 면
덕트 끝
플로어 덕트
접속함
덕트 지지대
전선관

① 전선은 절연전선 또는 케이블 사용(OW 제외)

② 플로어덕트 배선의 사용전압은 400[V] 미만이어야 한다.

③ 금속제의 플로어덕트 및 박스 기타 부속품은 두께 2.0[mm] 이상의 강판으로 견고하게 제작하여야 한다.

④ 덕트 내의 전선 수 : 덕트 내 단면적의 32[%] 이하

(4) 셀룰러덕트공사

① 덕트의 끝부분은 막을 것

② 덕트 내의 전선 수 : 덕트 내 단면적의 20[%] 이하

7 케이블 트레이의 종류

구분	명칭 및 특징
	사다리형 길이 방향의 양 측면 레일에 직각의 가로 방향 부재로 연결한 구조로 되어 있다.
	바닥 밀폐형 일체식 또는 분리식으로, 바닥에 통풍구가 없는 구조이다.
	펀칭형(통풍채널형) 일체식 또는 분리식으로, 바닥에 통풍구가 있는 구조이다.
	메시형(바닥통풍형) 일체식 또는 분리식으로 모든 면에서 통풍구가 있는 그물형 조립 조립 구조의 철재로 되어 있다.

8 케이블 공사

(1) 지지점 간의 거리

　① 케이블 지지점 간의 거리 : 2[m] 이하(단, 캡타이어 케이블의 경우 : 1[m] 이하)

　② 사람이 접촉할 우려가 없는 장소에서 수직으로 설치 : 6[m] 이하

(2) 케이블의 굴곡 반지름(곡률 반경)

　① 일반(다심) 케이블 : 외경의 6배 이상

　② 단심 케이블 : 외경의 8배 이상

　③ 연피 케이블 : 외경의 12배 이상

　④ CD 케이블 덕터의 바깥지름이 35mm 이상 : 외경의 10배 이상

9 애자공사

(1) 애자공사의 시설조건

　① 전선은 절연전선 또는 케이블 사용(OW, DV 제외)

　② 애자공사에 사용하는 애자는 절연성, 난연성 및 내수성일 것

　③ 나전선을 사용하는 경우

　　㉠ 전기로용 전선

　　㉡ 전선의 피복 절연물이 부식하는 장소

　　㉢ 취급자 이외의 자가 출입할 수 없도록 설비한 장소

(2) 애자공사 시 전선과 조영재 사이의 간격

　① 400[V] 이하 : 2.5[cm] 이상

　② 400[V] 초과 : 4.5[cm] 이상(단, 건조한 장소 : 2.5[cm] 이상)

(3) 전선 상호 및 지지점 간의 거리

　① 전선 상호 간의 거리 : 6[cm] 이상

　② 전선 지지점 간의 거리 : 2[m] 이하(단, 400[V] 초과 : 6[m] 이하)

(4) 애자의 종류

　① 핀 애자 : 가공전선로 직선부분에 사용

　② 가지 애자 : 가공전선로의 방향을 바꾸는 부분에 사용

　③ 인류 애자 : 가공전선로의 시작과 끝부분과 같이 장력이 작용하는 곳에 사용

　④ 구형(지선) 애자 : 가공전선로 지선의 중간 부분에 사용

　⑤ 놉(노브) 애자 : 저압 옥내배선에서 사용되며, 건조하고 전개된 곳의 노출 공사에 사용

(5) 놉(노브) 애자의 바인드법

　① 일자 바인드의 경우 : 10[mm²] 이하

　② 십자 바인드의 경우 : 16[mm²] 이상

1 전로의 절연

(1) 허용 누설전류 (전기설비기술기준 제27조)

① 저압전선로 중 절연 부분의 전선과 대지 사이 및 전선의 심선 상호 간의 절연저항은 사용전압에 대한 누설 전류가 최대 공급전류의 1/2,000을 넘지 않도록 하여야 한다.

② 만약, 단상 2선식에서 2선을 모두 고려하면 최대 공급전류의 1/1,000을 넘지 않도록 하여야 한다.

(2) 절연저항 측정 방법

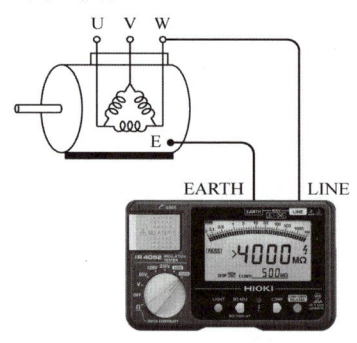

① 절연저항계(Megger, 메거)를 이용하여 측정

② 기기 및 선로의 전원단자와 접지단자에 DC 시험전압을 인가했을 때 흐르는 누설전류 크 기에 따라 절연저항을 측정

③ 절연저항 : $R = \dfrac{\text{DC 시험전압}}{\text{누설전류}}$

(3) 전로에 따른 허용 절연저항 (전기설비기술기준 제52조)

① 전기사용 장소의 사용전압이 저압인 전로의 전선 상호 간 및 전로와 대지 사이의 절연저항은 개폐기 또는 과전류차단기로 구분할 수 있는 전로마다 다음 표에서 정한 값 이상이어야 한다.

전로의 사용전압[V]	DC 시험전압[V]	절연저항[MΩ]
SELV 및 PELV	250	0.5
FELV, 500V 이하	500	1.0
500V 초과	1,000	1.0

㉠ SELV : Safety ELV, 1차와 2차가 전기적으로 절연되었고 비접지

㉡ PELV : Protected ELV, 1차와 2차가 전기적으로 절연되었고 접지

㉢ FELV : Functional ELV, 1차와 2차가 전기적으로 절연되어 있지 않음

㉣ 특별저압(ELV) : 2차 전압이 AC 50V, DC 120V 이하인 계통

② 측정 시 영향을 주거나 손상을 받을 수 있는 SPD 또는 기타 기기 등은 측정 전에 분리시켜야 하고, 부득이 하게 분리가 어려운 경우에는 시험전압을 250V DC로 낮추어 측정할 수 있지만 절연저항 값은 1[MΩ] 이 상이어야 한다.

③ 저압 전로에서 정전이 어려운 경우 절연저항 측정이 곤란한 경우 저항성분의 누설전류 1[mA] 이하이면 그 전로의 절연성능은 적합한 것으로 본다.

(4) 전로의 절연 제한 장소

① 접지공사 접지점

② 시험용 변압기, 전기 울타리 전원장치

③ 전기로, 전기 보일러

2 전로의 절연저항 및 절연내력

(1) 전로의 절연저항 및 절연내력 (KEC 132)

① 고압 및 특고압의 전로는 시험전압을 전로와 대지 사이에 연속하여 10분간 가하여 절연내력을 시험하였을 때 이에 견디어야 한다.

② 절연내력 시험전압(최저 시험전압)

최대 사용 전압	전로의 접지 방식	절연내력 시험전압(최저 시험전압)
7[kV] 이하	비접지	1.5배
7[kV] 초과 25[kV] 이하	중성점 다중 접지	0.92배
7[kV] 초과 60[kV] 이하	중성점 접지	1.25배 (최저 10.5[kV])
60[kV] 초과 170[kV] 이하	중성점 비접지식 전로	1.25배
	중성점 접지(성형결선 또는 스콧 결선)로서 중성점 접지식 전로(전위 변성기를 사용 하여 접지)	1.1배 (최저 75[kV])
	중성점 직접 접지	0.72배
170[kV] 초과	중성점 직접 접지	0.64배
60[kV] 초과	정류기에 접속하는 권선, 교류 및 직류에 접속하는 기구	1.1배 (직류, 교류 동일)

(2) 변압기 전로의 절연저항 및 절연내력 (KEC 135)

최대 사용 전압	전로의 접지 방식	절연내력 시험전압(최저 시험전압)
7[kV] 이하	비접지	1.5배 (최저 500[V])
7[kV] 초과 25[kV] 이하	중성점 다중 접지	0.92배
7[kV] 초과 60[kV] 이하	중성점 접지	1.25배 (최저 10.5[kV])
60[kV] 초과 170[kV] 이하	중성점 비접지식 전로	1.25배
	중성점 접지(성형결선 또는 스콧 결선)로서 중성점 접지식 전로(전위 변성기를 사용 하여 접지)	1.1배 (최저 75[kV])
	중성점 직접 접지	0.72배
170[kV] 초과	중성점 직접 접지	0.64배 (중성점에 피뢰기 시설한 경우 0.3배)
60[kV] 초과	정류기에 접속하는 권선, 교류 및 직류에 접속하는 기구	1.1배 (직류, 교류 동일)
기타 권선		1.1배 (최저 75[kV])

3 접지공사

(1) 접지공사의 목적

보안용 접지	기능용 접지
간접 접촉에 의한 감전 재해 방지	보호계전기의 동작 확보용
변압기 혼촉에 의한 감전 재해 방지	잡음, 유도장애 방지용
유도 감전 재해 방지	전식 방지용
뇌에 의한 재해 방지	기준전위 확보용

(2) 중요 접지 개소

① 일반기기 및 제어반 외함 접지

② 피뢰기 접지

③ 피뢰침 접지

④ 옥외 철구 및 경계책

⑤ 케이블 실드선 접지

(3) 접지저항 저감시키는 방법(물리적 저감 방법)

① 접지봉의 길이를 증가시킨다.

② 접지판의 면적을 증가시킨다.

③ 접지극의 매설 깊이를 깊게 매설한다.

④ 접지저항 저감제(어스락 등)를 이용하여 토양의 고유저항을 화학적으로 저감시킨다.

(4) 계통접지와 기기접지

구분	계통접지	기기접지
접지선 연결		
기능	고저압 혼촉 시 저압측 전위상승 억제	감전예방 및 화재예방

(5) 접지극 시스템 (KEC 152.3)

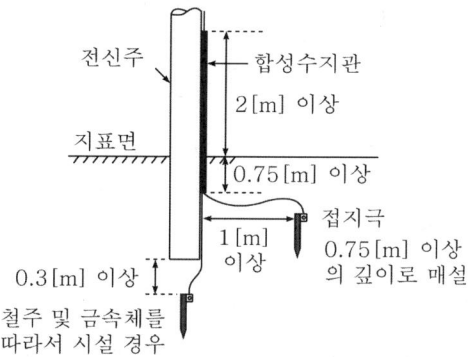

① 접지극은 매설하는 토양을 오염시키지 않아야 하며, 가능한 다습한 부분에 설치한다.

② 접지극의 매설 깊이 : 지하 0.75[m] 이상

③ 금속체와 접지극의 이격거리

    ㉠ 철주 밑면으로 0.3[m] 이상의 깊이로 매설

    ㉡ 금속체로부터 1[m] 이상 이격하여 매설

(6) 수도관 등을 접지극으로 사용 (KEC 142.2)

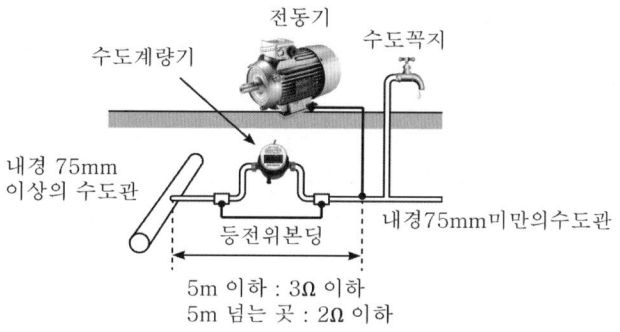

① 지중에 매설되어 있고 대지와의 전기저항 3[Ω] 이하의 값을 유지하고 있는 금속제 수도관로는 접지극으로 사용이 가능하다.

② 접지도체와 금속제 수도관로의 접속은 안지름 75[mm] 이상인 부분 또는 여기에서 분기한 안지름 75[mm] 미만인 분기점으로부터 5[m] 이내의 부분에서 하여야 한다.

③ 다만, 금속제 수도관로와 대지 사이의 전기저항 값이 2[Ω] 이하인 경우에는 분기점으로부터의 거리는 5[m]를 넘을 수 있다.

(7) 건축물, 구조물의 철골 기타의 금속제를 접지로 이용 : 2[Ω] 이하 유지

(8) 변압기 및 전로의 중성점 접지

① 고·저압 혼촉에 의해 변압기 2차측 전압상승을 억제하기 위해 변압기 2차측에 접지를 실시한다.

② 일반적으로 변압기의 고·특고압 전로 1선 지락전류로 150을 나눈 값과 같은 저항 값 이하이어야 한다.

$$변압기\ 중성점\ 접지저항값 : R_2 = \frac{150}{I_g}\,[\Omega]$$

여기서, I_g : 변압기의 고압측 또는 특고압측의 1선 지락전류[A]

③ 단, 변압기의 고압측 전로 또는 사용전압이 $35[kV]$ 이하의 특고압측 전로가 저압측 전로와 혼촉하여 저압측 전로의 대지전압이 $150[V]$를 초과하는 경우에는 아래의 저항에 따른다.

> ⊙ 1초를 초과, 2초 이내 자동차단 경우 : $R_2 = \dfrac{300}{I_g}[\Omega]$
>
> ⓛ 1초 이내에 차단하는 장치가 있는 경우 : $R_2 = \dfrac{600}{I_g}[\Omega]$

(9) 전로의 중성점 접지

① 접지도체의 굵기 : $16[mm^2]$ 이상의 연동선

② $7[kV]$ 이하 또는 $25[kV]$ 이하인 전로(단, 지락 시 2초 이내 차단) : $6[mm^2]$ 이상의 연동선

4 단독접지와 비교한 공통접지의 장점과 단점

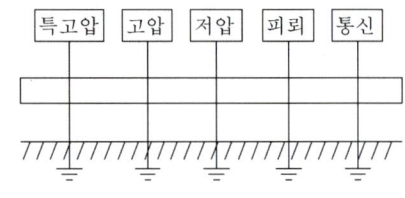

(a) 단독접지

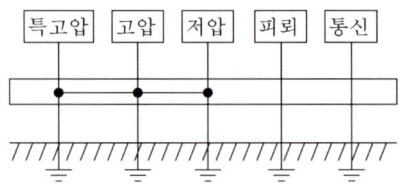

(b) 공통접지

(1) 공통접지와 통합접지

① 공통접지 : 특고압, 고압, 저압 접지계통을 공통으로 접지하는 방식

② 통합접지 : 전기설비뿐만 아니라 피뢰설비와 통신설비까지 공통으로 접지

(2) 공통접지의 장점

① 독립접지에 비해 시설비 절감

② 접지 단순화로 접지극 감소(유지보수가 용이)

③ 접지전극이 병렬로 연결되어 합성저항을 낮추기 쉽다.

④ 건축의 철골 구조체를 연결하여 접지 성능을 향상시킨다.

⑤ 등전위가 구성되어 장비 간의 전위차가 발생되지 않는다.

(3) 공통접지의 단점

① 접지극의 손상이나 접지 성능이 악화되면 접속된 모든 설비에 동시에 영향이 파급된다.

② 사고(뇌서지, 개폐서지 등)가 타 계통에 파급될 우려가 있다.

③ 접지선을 통해 노이즈가 침투될 우려가 있다.

(4) 단독접지의 이격거리를 결정하게 되는 요인

① 발생하는 접지전류의 최댓값

② 전위상승의 허용값

③ 그 지점의 대지저항률

5 접지시스템의 구성

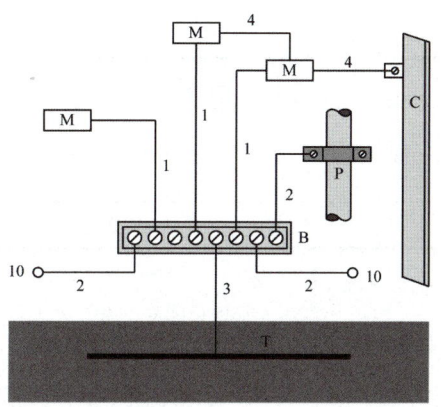

1 : 보호도체(PE)
2 : 보호등전위본딩용 도체
3 : 접지도체
4 : 보조 보호등전위본딩용 도체
10 : 기타기기(정보통신, 피뢰시스템)
B : 주 접지단자
M : 전기기기의 노출도전부
C : 철골, 금속덕트 등 계통외도전부
P : 수도관, 가스관 등 계통외도전부
T : 접지극

(1) 접지시스템의 구성은 접지극, 접지도체, 보호도체 및 기타설비로 구성된다.

(2) 보호 본딩도체, 접지도체(접지극), 보호도체 및 기능성 접지도체 등은 주접지단자를 설치하고 주접지단자에 직접 접속하여야 함을 규정하고 있다.

(3) 주접지단자란 접지설비의 일부로서 접지를 목적으로 여러 개의 도체가 전기적으로 결합할 수 있는 단자 또는 부스바를 말한다.

6 접지도체의 단면적 선정 (KEC 142.3.1)

(1) 큰 고장전류가 접지도체에 흐르지 않을 경우
　① 구리 : $6[mm^2]$ 이상
　② 철제 : $50[mm^2]$ 이상

(2) 접지도체에 피뢰시스템이 접속되는 경우
　① 구리 : $16[mm^2]$ 이상
　② 철제 : $50[mm^2]$ 이상
　(참고) 뇌격전류는 수십 $[kA]$의 전류가 흐를 수 있으나 지속시간이 상당히 짧으므로 접지도체의 최소 규격을 구리 $16[mm^2]$, 철 $50[mm^2]$로 사용할 수 있다.

(3) 고장 시 고장전류가 안전하게 통할 수 있는 경우
　① 특고압, 고압 전기설비용 접지도체 : $6[mm^2]$ 이상의 연동선
　② 중성점 접지용 접지도체 : $16[mm^2]$ 이상의 연동선

7 보호도체의 단면적 선정 (KEC 142.3.2)

(1) 표에 의한 단면적 선정

선도체의 단면적(S[mm²], 구리)	보호도체의 최소 단면적([mm²], 구리)
$S \leq 16$	S
$16 < S \leq 35$	16
$S > 35$	$S/2$

(2) 계산식에 의한 최소 단면적(차단시간이 5초 이하인 경우에 적용)

$$S = \frac{\sqrt{I^2 t}}{K}\ [\text{mm}^2]$$

여기서, I : 보호장치를 통해 흐를 수 있는 예상 고장전류[A]

　　　　t : 자동차단을 위한 보호장치의 동작시간[s]

　　　　K : 보호도체, 절연, 기타 부위의 재질 및 초기온도와 최종온도에 따라 정해지는 계수(문제 조건이 없을 경우 143 적용)

8 보호등전위본딩의 굵기

(1) 주접지단자에 접속하기 위한 등전위본딩 도체는 설비 내에 있는 가장 큰 보호접지도체 단면적의 1/2 이상의 단면적을 가져야 하고, 다음의 단면적 이상이어야 한다.

　① 구리 : 6[mm²] 이상

　② 알루미늄 : 16[mm²] 이상

　③ 강철 : 50[mm²] 이상

(2) 주접지단자에 접속하기 위한 보호본딩도체의 단면적

　① 구리 : 25[mm²] 이상

　② 다른 재질의 동등한 단면적을 초과할 필요는 없다.

9 외부 피뢰시스템 (KEC 152)

(1) 피뢰시스템의 분류

　① 전기전자설비가 설치된 건축물 및 구조물로서 낙뢰로부터 보호가 필요한 곳 또는 지상으로부터 높이가 20[m] 이상인 경우 피뢰시스템을 설치하여야 한다.

　② 외부 피뢰시스템

　　　㉠ 직격뢰로부터 대상물을 보호하기 위한 시스템

　　　㉡ 보호대책 : 수뢰부 시스템, 인하도선 시스템, 접지 시스템

③ 내부 피뢰시스템

    ㉠ 간접뢰 및 유도뢰로부터 대상물을 보호하기 위한 시스템

    ㉡ 보호대책 : 등전위본딩(EB), 서지 보호 장치(SPD)

(2) 외부 피뢰시스템

  ① 수뢰부 시스템

    ㉠ 구성요소 : 돌침, 수평도체, 그물망도체

    ㉡ 배치방법 : 보호각법, 회전구체법, 그물망법

등급	I	II	III	IV
회전구체법	20	30	45	60
메시치수	5×5	5×5	5×5	5×5
보호각법				

  ② 인하도선 시스템

    ㉠ 뇌전류를 불꽃 현상 없이 접지시스템으로 흐르게 한다.

    ㉡ 다수의 병렬전류 통로를 형성하며, 전류 통로 길이는 최소로 유지한다.

피뢰시스템 등급	I	II	III	IV
병렬 인하도선 간의 평균간격[m]	10	10	15	20

    여기서, I등급 : 그 자체로 가장 큰 피해가 우려되는 건축물(원자력, 화합물 취급 공장 등)

           II등급 : 건축물 주변에 피해(화재, 폭발)를 줄 우려가 있는 건축물(주요소 등)

           III등급 : 공공 서비스의 상실의 피해가 우려되는 건축물(통신사, 발전소 등)

           IV등급 : 일반 건축물(주택, 농장 등)

    ㉢ 직접 배선을 했을 경우 지표면에서 수직거리 20[m]마다 수평환 도체로 상호 접속을 한다.

    ㉣ 철근 구조물의 총 저항이 0.2[Ω] 이하이면 인하도선으로 활용 가능

  ③ 접지 시스템

    ㉠ 낮은 접지저항을 통과 과전압을 최소화하여, 뇌전류를 대지로 방류시킨다.

    ㉡ 접지극 : A형(봉형, 방사형, 판형), B형(환상접지극, 기초접지극)

    ㉢ 지표면상 0.75[m] 이상 깊이로 매설

1 계통접지 구성 (KEC 203.1)

(1) 저압전로의 계통접지의 구성 : TN 계통, TT 계통, IT 계통

(2) 계통접지에서 사용되는 문자의 정의

구분	의미	종류
제1문자	전원계통과 대지의 관계	① T : 한 점을 대지에 직접 접속 ② I : 모든 충전부를 대지와 절연시키거나 높은 임피던스를 통하여 대지에 접속
제2문자	전기설비의 노출도전부와 대지의 관계	① T : 노출도전부를 대지로 직접 접속(단, 전원계통의 접지와는 무관) ② N : 노출도전부를 전원계통의 접지점에 접속 　ⓐ 중성점 접지계통에서는 중성점에 접속 　ⓑ 중성점이 없으면 선도체에 접속
제3문자	중성선과 보호도체의 배치	① S : 중성선(N)과 보호도체(PE) 분리 ② C : N과 PE를 한 개의 도체로 겸용(겸용도체, PEN)

여기서, T : Terra(테라)　　　I : Insulation(인슐레이션)
　　　　N : Neutral(뉴트럴)　　S : Separate(세퍼레이트)
　　　　C : Combined(콤바인드)
　　　　노출도전부 : 충전부는 아니지만 고장 시에 충전될 위험이 있는 금속체 외함으로 사람이 쉽게 접촉할 수 있는 기기의 도전성 부분을 말한다.

(3) 각 계통에서 나타내는 그림의 기호

구분	기호 설명
─────╱─────	중성선(N), 중간도체(M)
─────╤─────	보호도체(PE)
─────╤─────	중성선과 보호도체 겸용(PEN)

2 TN 계통 방식

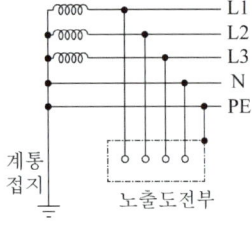

(a) TN−S

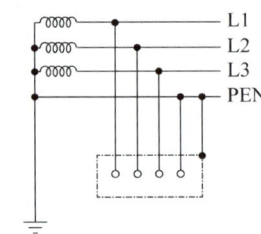

(b) TN−C

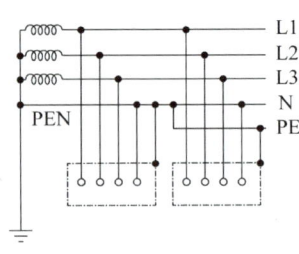

(c) TN−C−S

(1) 계통접지 : 전원의 한점을 대지에 직접 접속

(2) 기기접지 : 설비의 노출도전부를 보호도체로 계통 중성선에 접속

(3) TN 계통의 분류

    ① TN−S : 계통 전체에 중성선(N)과 보호도체(PE)가 분리

    ② TN−C : 계통 전체에 PE와 N이 겸용도체(PEN)로 결합

    ③ TN−C−S : TN−C와 TN−S를 조합한 계통

(4) 보호장치 : 과전류 차단기(MCCB), 누전차단기(ELB)

    ① 누전차단기를 사용하는 경우 과전류 보호 겸용의 것을 사용

    ② TN−C 계통에서는 누전차단기 사용 금지

    ③ TN−C−S 계통에서 누전차단기를 사용하는 경우 부하측에는 PEN 도체 사용 금지

3 TT 계통 방식

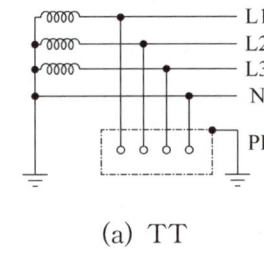 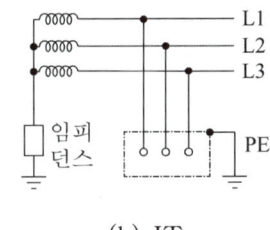

        (a) TT   (b) IT

(1) 계통접지 : 전원의 한점을 대지에 직접 접속

(2) 기기접지 : 계통접지와 전기적으로 독립된 접지전극에 접지

(3) 보호장치 : 과전류 차단기(MCCB), 누전차단기(ELB)

4 IT 계통 방식

(1) 계통접지 : 대지와 절연 또는 높은 임피던스 접지

(2) 기기접지 : 전기적으로 독립적인 접지전극에 기기접지

(3) 보호장치 : 감시장치와 보호장치를 사용할 수 있으며, 1차 고장이 지속되는 동안 작동되어야 한다.

    ① 절연 감시 장치(음향 및 시각신호를 갖추어야 함)

    ② 누설전류 감시 장치

    ③ 절연 고장점 검출 장치

    ④ 과전류 보호 장치

    ⑤ 누전차단기

5 과전류 차단기의 시설

(1) 옥내에 시설하는 저압 접촉전선에 전기를 공급하기 위한 전로에는 접촉전선 전용의 개폐기 및 과전류 차단기를 시설하여야 한다.

(2) 분기회로의 시설 (KEC 212.6.5)

① 분기회로의 과전류 차단기는 각 극에 시설하여야 한다.

② 단, 다선식 전로의 중성극 및 접지측 도체의 극을 제외한다.

(3) 저압용 배선차단기 동작 특성 (KEC 212.3.4)

① 주택용 배선차단기 동작 특성

정격전류의 구분	시간	정격전류의 배수	
		부동작 전류	동작 전류
63A 이하	60분	1.13배	1.45배
63A 초과	120분	1.13배	1.45배

② 산업용 배선차단기 동작 특성

정격전류의 구분	시간	정격전류의 배수	
		부동작 전류	동작 전류
63A 이하	60분	1.05배	1.3배
63A 초과	120분	1.05배	1.3배

(4) 고압 및 특고압 전로의 과전류 차단기의 시설 (KEC 341.10)

① 포장퓨즈 : 정격전류의 1.3배에 견디고, 2배의 전류로 120분 안에 용단

② 비포장퓨즈 : 정격전류의 1.25배에 견디고, 2배의 전류로 2분 안에 용단

6 누전차단기의 시설

(1) 누전차단기의 시설 (KEC 211.2.4)

금속제 외함을 가지는 사용전압이 50V를 초과하는 저압의 기계기구로서 사람이 쉽게 접촉할 우려가 있는 곳에 전기를 공급하는 전로에는 지락 및 누전에 의한 감전보호 대책으로 누전차단기를 설치하여야 한다.

(2) 교통신호등의 누전차단기의 시설 (KEC 234.15.6)

사용전압이 150V를 넘는 경우는 전로에 지락이 생겼을 경우 자동적으로 전로를 차단하는 누전차단기를 시설하여야 한다.

(3) 누전차단기의 정격 선정

① 물기가 없는 장소 : 정격감도전류 30mA 이하, 동작시간 0.03초 이하의 전류 동작형

② 욕실, 화장실 등 인체가 물에 젖어있는 장소 : 정격감도전류 15mA 이하, 동작시간 0.03초 이하의 전류 동작형

7 보호장치의 설치 위치

(1) 분기회로(S_2)의 보호장치(P_2)의 전원 측에 다른 분기회로 또는 콘센트의 접속이 없고 분기회로에 대한 단락보호가 이루어지고 있는 경우, P_2는 분기회로의 분기점(O)으로부터 부하 측으로 거리를 조정할 수 있다.

(a) 3m 이내 설치   (b) 거리 제한 없음

(2) 보호장치의 설치 위치

① 단락의 위험과 화재 및 인체에 대한 위험성이 최소화 되도록 시설한 경우 : 3[m] 이내

② 전원측에 설치된 보호장치(P_1)가 분기회로의 보호장치(P_2)의 전원측(B)까지 보호가 이루어지고 있는 경우 : 거리 제한 없음(임의의 장소에 설치)

8 차단기 분기회로 수의 결정

(1) 건축물 종류에 따른 표준 부하

건축물의 종류	표준 부하 [VA/m²]
공장, 공회당, 사원, 교회, 극장, 영화관, 연회장 등	10
기숙사, 여관, 호텔, 병원, 학교, 음식점, 다방, 대중 목욕탕	20
은행, 상점, 이발소, 미장원	30
주택, 아파트	40

(2) 건축물(주택, 아파트는 제외) 중 별도 계산할 부분의 표준 부하

건축물의 종류	표준 부하 [VA/m²]
복도, 계단, 세면장, 창고, 다락	5
강당, 관람석	10

(3) 설비 부하 용량

$$P = SA + QB + C \text{ [VA]}$$

여기서, S : 건축물의 바닥 면적[m²](Q 부분은 제외)

Q : 별도 계산할 부분의 바닥 면적[m²]

A : S 부분의 표준 부하[VA/m²]

B : Q 부분의 표준 부하[VA/m²]

C : 가산해야 할 부하[VA/m²]

(4) 분기회로 수

$$N = \frac{\text{부하용량 [W]}}{\text{전압[V]} \times \text{분기회로전류[A]} \times \text{허용치} \times \text{역률}}$$

(주 1) 계산 결과에 단수(端數)가 생겼을 때에는 절상한다.

(주 2) 대형전기기계기구에 대하여는 별도로 전용 분기회로를 만들 것
여기서, 대형전기기계기구는 정격소비전력이 공칭전압 220V는 3kW 이상, 공칭전압 110V는 1.5kW 이상인 냉난방 장치 등을 말한다.

06 전선로 및 배전공사

1 가공 전선로

(1) 용어 정리

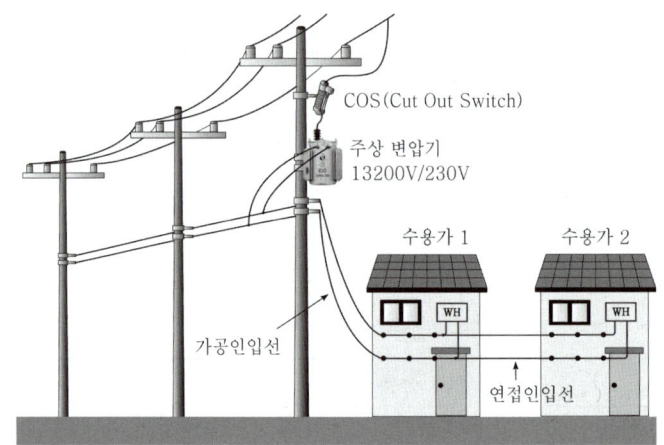

① 가공인입선 : 가공전선로의 지지물로부터 다른 지지물을 거치지 아니하고 수용장소의 붙임점에 이르는 가공전선을 말한다.

② 이웃연결인입선 : 한 수용장소의 인입선에서 분기하여 지지물을 거치지 아니하고 다른 수용장소의 인입구에 이르는 전선을 말한다.

(2) 저압 가공인입선의 시설 (KEC 221.1.1)

① 전선은 절연전선 또는 케이블을 사용하여야 한다.

② 전선이 케이블인 경우 이외에는 인장강도 2.30[kN] 이상의 것 또는 지름 2.6[mm] 이상의 인입용 비닐절연전선을 사용하여야 한다.

③ 지지물 간 거리가 15[m] 이하인 경우는 인장강도 1.25[kN] 이상의 것 또는 지름 2[mm] 이상의 인입용 비닐절연전선을 사용할 수 있다.

(3) 이웃연결인입선의 시설 (KEC 221.1.2)

① 인입선에서 분기하는 점으로부터 100m를 초과하지 말 것

② 폭 5m를 초과하는 도로를 횡단하지 말 것

③ 옥내를 통과하지 말 것

(4) 가공인입선의 높이

구분	저압	고압
도로 횡단	5[m] 이상	6[m] 이상
철도 횡단	6.5[m] 이상	6.5[m] 이상
횡단 보도교	3[m] 이상	3.5[m] 이상
기타 장소	4[m] 이상	5[m] 이상
고압 기타 장소에서 위험 표시를 할 경우 : 3.5[m] 이상		

2 지지물의 매설 깊이 (KEC 331.7)

(1) 전주의 길이가 16[m] 이하(설계하중 6.8[kN] 이하의 경우)

① 15[m] 이하 : 전장의 $\frac{1}{6}$ 이상

② 15[m] 초과 : 2.5[m] 이상

(2) 설계하중이 6.8[kN] 초과 9.8[kN] 이하의 경우

① 15[m] 이하 : 전장의 $\frac{1}{6} + 0.3$ [m] 이상

② 15[m] 초과 : 2.8[m] 이상

3 가공전선로의 시설

(1) 용어 정리

① 장주 : 완목, 완금, 애자 등을 설치

② 건주 : 근가, 지선 등을 설치

③ 터파기 : 흙을 파내는 것

④ 전선설치 공사 : 송전선이나 전화선 등을 공중(가공)에 가설하는 공사

⑤ 전선 피박이 : 활선 상태인 경우 전선의 피복을 벗기는 공구

⑥ 애자커버 : 활선작업 시 특고핀 및 라인포스트 애자를 절연하여 작업자의 부주의로 접촉되더라도 안전사고가 발생하지 않도록 사용되는 절연덮개

⑦ 와이어 통 : LP애자나 현수애자를 사용한 전기설비에서 활선장주를 이동하여 상부로 올리거나 작업권 밖으로 밀어낼 때 혹은 활선장주를 다른 장소로 이동할 때 사용하는 활선 공구

⑧ 데드엔드커버 : 활선작업 시 전선 접속개소의 현수애자와 인류클램프 등의 충전부를 방호하기 위한 절연커버

⑨ 래크 : 저압용 애자를 사용하여 저압선 또는 특고압의 중성선을 수직으로 가선하기 위해 사용하는 전주용 부속품

⑩ 암 밴드 : 완금을 고정시킬 때 사용

⑪ 지지선 밴드 : 지지선을 고정시킬 때 사용

⑫ 래크 밴드 : 저압 래크를 고정시킬 때 사용

⑬ 행거 밴드 : 변압기를 고정시킬 때 사용

⑭ 구형 애자 : 지지선 중간에 설치하는 애자

(2) 지지물 승탑용 발판 볼트의 높이 : 지표상 1.8[m] 미만 설치 금지

(3) 완금의 표준 길이

전선의 조 수	특고압	고압	저압
2조	1,800	1,400	900
3조	2,400	1,800	1,400

(4) 고압 주상 변압기 설치 높이

① 시가지 : 4.5[m] 이상

② 시가지 외 : 4[m] 이상

(5) 주상 변압기 1·2차측 보호장치

① 1차측 : COS(Cut Out Switch)

② 2차측 : 캣치 홀더 또는 전선용 퓨즈

(6) 고압 가공전선로 지지물 간 거리의 제한 (KEC 332.9)

지지물의 종류	지지물 간 거리
목주, A종 철주 또는 A종 철근 콘크리트주	150[m]
B종 철주 또는 B종 철근 콘크리트주	250[m]
철탑	600[m]

(7) 고압 보안공사 지지물 간 거리의 제한 (KEC 332.10)

지지물의 종류	지지물 간 거리
목주, A종 철주 또는 A종 철근 콘크리트주	100[m]
B종 철주 또는 B종 철근 콘크리트주	150[m]
철탑	400[m]

(8) 가공케이블의 시설 (KEC 332.2)

① 케이블은 조가선에 행거로 시설하여야 한다.

② 고압전선 행거의 간격 : 0.5[m] 이하

③ 테이프 사용 시 0.2[m] 이하로 감는다.

(9) 특고압 가공전선의 굵기의 종류

① 인장강도 8.71[kN] 이상의 연선

② 단면적 22[mm²] 이상의 경동연선

③ 동등 이상의 인장강도를 갖는 알루미늄 전선이나 절연전선

(10) 가공전선로 지지물의 기초 안전율 (KEC 331.7)

① 하중이 가해지는 경우 : 하중을 받는 지지물의 기초의 2 이상

② 철탑의 경우 : 하중을 받는 지지물의 기초의 1.33 이상

(11) 특고압과 저고압 가공전선의 병가 (KEC 333.17)

구분	간격
35[kV] 이하	1.2[m] 이상 (특고압 가공전선이 케이블인 경우 : 0.5[m] 이상)
35[kV] 초과 60[kV] 이하	2[m] 이상 (특고압 가공전선이 케이블인 경우 : 1[m 이상])
60[kV] 초과	35[kV] 초과 60[kV] 이하의 이격거리에서 60[kV]을 초과하는 10[kV] 또는 그 단수마다 0.12[m]를 더한 값

4 지지선의 시설

(1) 가공전선로의 지지물로 사용하는 철탑은 지지선을 사용하여 그 강도를 분담시켜서는 안 된다.

(2) 지지선의 종류

① 보통지지선 : 전선로가 끝나는 부분에 설치하는 지지선

② 수평지지선 : 도로나 하천 등을 횡단하는 부분에 지지선주를 사용하여 설치하는 지지선

③ Y지지선 : 여러 개의 완금을 시설하거나 수평 장력이 크게 작용하는 부분 또는 H주 등에 설치하는 지지선

④ 궁지지선 : 비교적 장력이 작으면서 건물 등이 인접하여 타 종류의 지지선 설치가 곤란한 장소 등에 설치하는 지지선

(3) 지지선의 시설 (KEC 331.11)

① 지지선의 안전율 : 2.5 이상

② 지지선의 최저 인장하중 : 4.31[kN] 이상

③ 지지선의 구성은 2.6[mm] 이상 금속선을 3조 이상 꼬아서 시설할 것(단, 인장강도 0.68[kN] 이상인 아연 도금강선은 2.0[mm] 이상도 가능)

④ 지중 및 지표상 30[cm]까지의 부분에는 아연 도금한 철봉을 사용할 것

⑤ 지지선의 높이는 도로 횡단의 경우 5[m] 이상을 유지할 것. 다만, 기술상 부득이한 경우로서 교통에 지장을 초래할 우려가 없는 경우에는 지표상 4.5[m] 이상, 보도의 경우에는 2.5[m] 이상으로 할 수 있다.

5 지중전선로 (KEC 334)

(1) 지중전선로의 시설

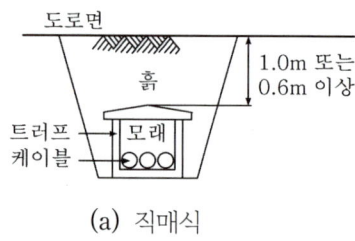 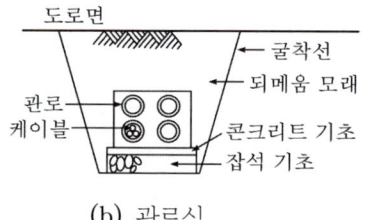

(a) 직매식   (b) 관로식

① 지중전선로는 케이블을 사용하여야 한다.

② 종류 : 관로식, 암거식, 직접매설식

(2) 직접 매설식의 매설 깊이 (KEC 334.1)

① 차량 기타 중량물의 압력을 받을 우려가 있는 장소 : 1.0[m] 이상

② 기타 장소 : 0.6[m] 이상

1 특수 장소

(1) 저압 옥내배선 공사

구분	공사 방법
폭연성 먼지 위험장소 (화약류 저장 장소)	① 금속관공사 ② 케이블공사(단, 캡타이어 케이블은 제외)
가연성 먼지 위험장소	① 합성수지관공사 ② 금속관공사 ③ 케이블공사 ④ 두께 2[mm] 미만의 합성수지관 및 난연성 없는 콤바인 덕트관(CD관)은 제외
먼지가 많은 그 밖의 위험장소	① 애자공사 ② 합성수지관공사 ③ 금속관공사 ④ 유연성 전선관공사 ⑤ 금속덕트공사 ⑥ 버스덕트공사 ⑦ 케이블공사
부식성 가스가 있는 장소	① 합성수지관공사 ② 금속관공사 ③ 금속제 가요전선관 ④ 케이블 또는 캡타이어케이블공사 ⑤ 두께 2[mm] 미만의 합성수지관 및 난연성 없는 콤바인 덕트관(CD관)은 제외
습기 또는 물기가 많은 장소	① 애자공사(점검할 수 없는 은폐장소 제외) ② 합성수지관공사 ③ 금속관공사 ④ 금속제 가요전선관 ⑤ 케이블 또는 캡타이어케이블공사 ⑥ 두께 2[mm] 미만의 합성수지관 및 난연성 없는 콤바인 덕트관(CD관)은 제외

(2) 먼지 위험장소에서 관 상호 간 및 관과 박스 기타의 부속품 및 풀박스 또는 전기기계기와는 5턱 이상의 나사 조임으로 접속하여야 한다.

(3) 화약류 저장소 등의 위험장소 (KEC 242.5)

    ① 전로의 대지전압은 300[V] 이하일 것

    ② 전기기계기구는 전폐형일 것

    ③ 배선 방법 : 금속관공사, 케이블공사

(4) 부식성 가스 등이 있는 장소 (내선규정 4225)

　① 부식성 가스 등이 있는 장소는 개폐기, 콘센트 및 과전류차단기를 시설하여서는 안 된다.

　② 전등은 틀어 끼우는 글로브 등이 구비되어 내부에 부식성 가스 또는 용액의 침입을 방지할 수 있는 기구를 사용하여야 한다.

(5) 전시회, 쇼 및 공연장의 전기설비

　① 사용전압 : 400[V], 대지전압 : 300[V] 이하

　② 이동전선 : 0.6/1[kV] EP 고무절연 클로로프렌 캡타이어케이블 또는 0.6/1[kV] 비닐절연 비닐캡타이어케이블일 것

　③ 개폐기 및 과전류차단기를 시설할 것

　④ 정격감도 전류 30[mA] 이하의 누전차단기로 보호

(6) 터널, 갱도 기타 이와 유사한 장소

　① 사용전압 : 저압

　② 2.5[mm²]의 연동선 및 절연전선(OW, DV 제외)

　③ 배선 공사는 합성수지관공사, 금속관공사, 애자공사, 금속제 가요전선관공사, 케이블공사에 의할 것

　④ 노면상 2.5[m] 이상에 시설

2 특수 시설

(1) 전기울타리

　① 사용전압 : 250[V] 이하

　② 인장강도 : 1.38[kV] 이상, 2[mm] 이상의 경동선

　③ 전선과 지지하는 기둥 사이 : 2.5[cm] 이상

　④ 수목 사이 : 30[cm] 이상

　⑤ 개폐기 시설

(2) 전기욕기

　① 2차측 전로의 사용전압 : 10[V] 이하

　② 전극까지의 배선 : 2.5[mm²](캡타이어케이블 : 1.5[㎟])

　③ 욕탕 안의 전극간의 거리 : 1[m]

(3) 교통신호등

　① 사용전압 : 300[V] 이하(누전차단기 시설 : 150[V])

　② 지표상 2.5[m] 이상

(4) 소세력회로 / 출퇴표시등

　① 대지전압 300[V] 이하, 최대사용전압 60[V] 이하

　② 절연변압기 사용

　③ 소세력 회로의 전선 : 1[mm²] 이상의 연동선

(5) 전기부식방지시설

    ① 직류 60[V] 이하

    ② 지중 매설하는 양극의 매설 깊이 : 75[cm] 이하

    ③ 수중에 시설하는 양극과 주위 1[m] 이내 임의의 점과의 사이의 전위차 10[V] 이하

    ④ 지표 또는 수중 1[m] 간격의 임의의 2점과 전위차 5[V] 이하

    ⑤ 전선 : 4[mm²] 이상의 연동선(부속 전선 : 2.5[mm²])

(6) 자동차 전원설비

    ① 사용전압은 저압

    ② 전용의 개폐기 및 과전류차단기 시설

    ③ 충전부분이 노출되지 아니하도록 시설

    ④ 저압용의 비포장 퓨즈는 불연성일 것

    ⑤ 충전장치의 충전 케이블 인출부

        ㉠ 옥내 : 지면으로 0.45[m]~0.12[m] 이내

        ㉡ 옥외 : 지면으로 0.6[m] 이상

(7) 전기집진장치

    ① 변압기 근처 개폐기 시설

    ② 잔류전하 방전하기 위한 장치 시설

08 전원설비 및 기타설비

1 전원설비

(1) 배·분전반 함의 두께 (내선규정 1455-6)

    ① 난연성 합성수지 : 1.5[mm] 이상

    ② 강판제 : 1.2[mm] 이상(단, 가로 또는 세로의 길이가 30[cm] 이하인 경우 두께 1.0[mm] 이상)

(2) 저압용 배·분전반 등의 설치장소 (KEC 232.84)

    ① 안정된 장소

    ② 개폐기를 쉽게 개폐할 수 있는 장소

    ③ 전기회로를 쉽게 조작할 수 있는 장소

    ④ 은폐 또는 밀폐된 장소에 설치해서는 안 된다.

(3) 수배전 설비의 구성

① 폐쇄 배전반은 큐비클 및 메탈 클래드라 하며, 차단기, 단로기 등의 전력용 개폐기, 계기용 변성기, 모선, 접속도체 및 감시제어에 필요한 기구로 구성된 집합장치를 말한다.

② 고압 및 특고압 배전반에는 부하의 합계 용량이 300[kVA]를 넘는 경우 전류계와 전압계를 부착하여야 한다.

③ 수전설비 앞에서 계측기 판독을 위한 최소 유지거리[m]

종류	앞면	뒷면	열 상호 간	기타 면
특고압 배전반	1.7	0.8	1.4	−
고압 배전반	1.5	0.6	1.2	−
저압 배전반	1.5	0.6	1.2	−
변압기	0.6	0.6	1.2	0.3

2 수전설비 인입개폐기

(1) 수전설비 인입개폐기의 종류

① ASS(고장구간 자동개폐기) : 간이 수전설비 인입개폐기로 사용

② LBS(부하개폐기) : 정식 수전설비 인입개폐기로 사용

③ LS(선로개폐기) : 수전전압 66[kV] 이상의 경우 사용

(2) 부하개폐기(LBS, Load Breaker Switch) 특징

① 정식 수전설비 인입개폐기로 사용

② 3상 연동 개폐스위치로 630[A]의 정격전류를 갖는다.

③ 개폐기 2차측에 한류형 전력퓨즈(PF)를 직렬로 접속하여 사용

④ 전력퓨즈(PF)의 결상보호 대책이 있다.

3 피뢰기(LA, Lightning Arrester)

(1) 뇌 또는 개폐서지 등의 이상전압(Surge Voltage)을 신속하게 방전하여 제한전압 이하로 억제하여 기기 및 선로를 보호하는 장치를 말한다.

(2) 피뢰기 설치 장소

① 발전소, 변전소 또는 이에 준하는 장소의 가공전선 인입구 및 인출구

② 가공전선로에 접속되는 배전용 변압기의 고압 및 특고압측

③ 고압 및 특고압 가공전선로로부터 공급받는 수용장소의 인입구

④ 가공전선로와 지중전선로가 접속되는 곳

(3) 피뢰기 정격전압

전력계통 전압[kV]	피뢰기 정격전압[kV]	
	변전소	배전선로
345	288	–
154	144	–
66	72	–
22	24	–
22.9	21	18
6.6	7.5	7.5
3.3	7.2	7.5

(4) 피뢰기 구비조건

① 제한전압 또는 충격방전 개시전압이 기기의 충격 절연레벨보다 충분히 낮을 것

② 속류차단이 행해져 동작책무 특성이 양호할 것

③ 대전류의 방전, 속류차단의 반복동작에 대하여 장기간 사용에 견딜 수 있을 것

④ 상용주파 방전개시전압은 계통의 지속성 이상전압보다 훨씬 높을 것

4 차단기(CB, Circuit Breaker)

(1) 차단기 종류 및 소호 원리

구분	약호	소호 원리
가스차단기	GCB	SF_6(육불화황) 가스를 흡수해서 차단
공기차단기	ABB	압축공기를 아크에 불어 넣어서 차단
유입차단기	OCB	아크에 의한 절연유 분해가스의 흡부력을 이용하여 차단
진공차단기	VCB	고진공 속에서 전자의 고속도 확산을 이용하여 차단
자기차단기	MBB	전자력을 이용하여 아크를 소호실 내로 유도하여 냉각 차단
기중차단기	ACB	대기 중에서 아크를 길게하여 소호실에서 냉각 차단

(2) SF_6 가스의 특징

물리적 화학적 특징	전기적 특징
① 열 전달성이 뛰어나다(공기의 약 1.6배).	① 절연내력이 높다(공기의 2.5~3.5배).
② 안정도가 높은 불활성 기체이다.	② 소호능력이 뛰어나다.
③ 무독, 무취, 불연성 기체로 유독가스를 발생하지 않는다.	③ Arc가 안정되어 있다.
④ 열적 안정성이 뛰어나다.	④ 절연회복이 빠르다.

5 계기용 변성기

(1) 계기용 변압기(PT, Potential Transformer)

① 고전압을 110[V]의 저압으로 변압하여 계기나 계전기에 공급하는 기기

② 2차측에 접속하는 기기 : 전압계, 부족전압계전기, 과전압계전기 등

(2) 변류기(CT, Current Transformer)

① 대전류를 5[A]의 소전류로 변류하여 계기나 계전기에 공급하는 기기

② 2차측에 접속하는 기기 : 전류계, 과전류계전기, 지락 과전류계전기 등

(3) CT 2차측 개방 불가

① CT의 사용 중 2차측을 개방하면 1차측 부하전류가 모두 여자전류가 되어 2차측에 고전압이 유기되어 절연 파괴의 우려가 있다.

② 따라서 CT 2차측 기기를 교체하고자 하는 경우는 반드시 CT 2차측을 단락시켜야 한다.

(4) 영상변류기(ZCT, Zero Phase Current Transformer)

① 지락사고 시 영상전류를 검출할 때 사용

② 검출한 영상전류를 지락계전기(GR)에 신호를 보내 차단기를 트립시킨다.

(5) 전력수급용 계기용 변성기(MOF, Metering Out Fit)

하나의 함 내에 계기용 변압기(PT)와 변류기(CT)를 조합하여 고압을 110[V]의 저압으로 대전류를 5[A]의 소전류로 변압·변류하여 한전에서 수용가의 전력을 적산하기 위해 설치한 기기를 말한다.

6 전력용 콘덴서(SC, Static Capacitor)

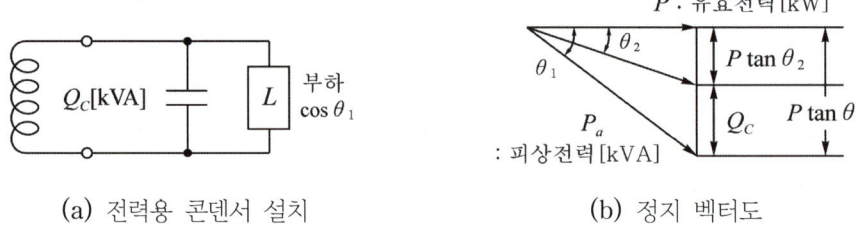

(a) 전력용 콘덴서 설치   (b) 정지 벡터도

(1) 유도성 부하로 인하여 발생하는 무효전류와 전력용 콘덴서(역률 보상용 진상 콘덴서)에 흐르는 무효전류의 위상은 서로 반대가 된다. 따라서 유도성 부하에 병렬로 전력용 콘덴서를 설치하면 무효전류가 서로 상쇄되어 역률을 개선시킬 수 있다.

(2) 역률 개선용 콘덴서 용량(부하전력이 일정할 때)

$$Q_C = P(\tan\theta_1 - \tan\theta_2) = P\left(\frac{\sin\theta_1}{\cos\theta_1} - \frac{\sin\theta_2}{\cos\theta_2}\right) = P\left(\frac{\sqrt{1-\cos^2\theta_1}}{\cos\theta_1} - \frac{\sqrt{1-\cos^2\theta_2}}{\cos\theta_2}\right)$$
$$= P\left(\sqrt{\frac{1}{\cos^2\theta_1}-1} - \sqrt{\frac{1}{\cos^2\theta_2}-1}\right)[\mathrm{kVA}]$$

여기서, Q_C : 콘덴서 용량[kVA], P : 부하전력[kW]

$\cos\theta_1$: 개선 전 역률, $\cos\theta_2$: 개선 후 역률

$\sin\theta_1$: 개선 전 무효율, $\sin\theta_2$: 개선 후 무효율

(3) 전력용 콘덴서(진상 콘덴서) 설치 효과

① 변압기와 배전선의 전력손실 경감

② 전압강하 감소

③ 설비 용량의 여유도(이용률) 증가

④ 전기 요금의 감소

(4) 직렬리액터 회로

단선도	명칭	역할
	방전 coil(DC)	잔류전하를 방전시켜 인체 감전사고를 방지한다.
	직렬리액터(SR)	제5고조파를 제거하여 파형을 개선한다.
	전력용 콘덴서(SC)	부하의 역률을 개선한다.

(5) 전력용 콘덴서 설치 방법

설치 방법	장점	단점
수전단 모선에 집중하여 설치한다.	관리가 용이하고 경제적이다.	역률개선 효과가 가장 작다.
부하측에 분산하여 설치한다.	역률개선 효과가 크다.	관리가 힘들고 비경제적이다.

7 보호계전기의 종류

(1) 과전류계전기(OCR, Over Current Relay)

① 정정치 이상의 전류가 유입되면 동작하는 계전기

② 제어번호 : 51(한시형), 50(순시형)

(2) 지락 과전류계전기(OCGR, Over Current Ground Relay)

　① 과전류 계전기의 동작 전류를 작게한 것으로 지락보호용으로 사용

　② 제어번호 : 51G 또는 51N(한시형), 50G 또는 50N(순시형)

(3) 과전압계전기(OVR, Over Voltage Relay)

　① 정정치 이상의 전압이 유입되면 동작하는 계전기

　② 제어번호 : 59

(4) 부족전압계전기(UVR, Under Voltage Relay)

　① 정정치 이하의 전압이 유입되면 동작하는 계전기

　② 제어번호 : 27

(5) 지락 과전압계전기(OVGR, Over Voltage Ground Relay)

　① 비접지계통의 GPT 3차측에 설치하여 지락사고 시 발생되는 영상전압이 정정치 이상일 때 동작하는 계전기

　② 제어번호 : 64

(6) 선택 지락계전기(SGR, Selective Ground Relay)

　① 비접지계통의 GPT 3차측에 설치하여 다회선 배전선로에서 지락사고 시 지락 회선을 선택 차단하는 계전기

　② 제어번호 : 67

(7) 방향성 지락계전기(DGR, Directional Ground Relay)

　① 지락 과전류계전기에 방향성을 준 계전기

　② 제어번호 : 67N 또는 67G

(8) 방향성 과전류계전기(DOCR, Directional Over Current Relay)

　① 어느 일정한 방향으로 정정치 이상의 단락전류가 흘렀을 때 동작하는 계전기

　② 제어번호 : 67S

(9) 거리계전기(DR, Distance Relay)

　① 계전기가 설치점에서 고장점의 임피던스(전압과 전류의 비)가 일정 값 이하일 때 동작하는 계전기

　② 임피던스는 사고점까지의 거리에 비례하므로 거리계전기라 한다.

　③ 제어번호 : 21

(10) 비율차동계전기(RDR, Ratio Differential Relay)

　① 발전기나 변압기 내부 고장에 대한 보호용으로 사용되는 계전기

　② 제어번호

　　㉠ 87 : 전류차동계전기(비율차동계전기)

　　㉡ 87B : 모선 보호용 차동계전기

　　㉢ 87G : 발전기 보호용 차동계전기

　　㉣ 87T : 변압기 보호용 차동계전기

8 변압기 용량 선정

(1) 수용률(Demand Factor)

$$수용률 = \frac{최대\ 수요전력[kW](1시간평균)}{부하설비\ 합계[kW]} \times 100[\%]$$

① 수용가의 부하설비는 전부가 동시에 사용되는 일이 거의 없고, 최대 수요전력은 항상 부하설비의 정격용량의 총합계보다 작은 것이 된다.

② 수용률은 최대 수요전력(1시간 평균치)을 부하설비 합계에 대한 비율로 나타낸 것으로서 항상 1보다 작은 값이 된다.

(2) 부등률(Diversity Factor)

$$부등률 = \frac{각\ 부하의\ 최대\ 수요전력의\ 합[kW]}{합성\ 최대전력[kW]} \geq 1$$

① 수용가 상호 간, 배전 변압기 상호 간, 급전선 상호 간 또는 변전소 상호 간에서 각각의 최대 부하는 그 발생 시기가 약간씩 차이가 있게 되는 것이 보통이므로 각각의 최대 부하의 합은 그 군의 전체 합성 최대전력보다는 크게 된다.

② 부등률은 각 군의 최대 수요가 시간적으로 서로 어긋나는 정도를 나타내는 지표로서, 1보다 크며 [%]로 표현하지 않고 단순히 숫자로 나타낸다.

(3) 부하율(Load Factor)

$$부하율 = \frac{어느\ 기간\ 중의\ 평균\ 수요전력[kW](1시간\ 평균)}{동일\ 기간\ 중의\ 최대\ 수요전력[kW](1시간\ 평균)} \times 100[\%] = \frac{부하의\ 평균전력}{총\ 설비용량} \times \frac{부등률}{수용률}$$

① 어느 기간 중의 수요전력(부하)의 변동의 정도를 나타내는 것으로서 일부하율, 월부하율, 연부하율 등이 있으며, 기간을 길게 잡을수록 부하율은 작아지는 경향이 있다. 따라서 부하율을 나타낼 때는 반드시 범위와 기간을 표시하여야 한다.

② 수용률과 부등률은 오로지 최대 전력에만 관계되는 것으로서 공급설비의 용량을 산정하는 데 적용되는 개념이다. 이에 비하여 부하율은 공급설비의 이용도를 나타내는 지표로서 변압기 등의 공급설비가 결정된 이후에 적용되는 개념이며, 부하율이 높을수록 공급설비의 이용률이 높아서 유효하게 사용된다는 것을 의미한다.

③ 부하율은 설비 이용률에 따른 투자 효과를 검토하거나 전기요금의 산정 등에 중요한 요소가 된다.

(4) 변압기 용량 P_T

$$P_T \geq 합성\ 최대수용전력 = \frac{개별\ 부하의\ 최대\ 수용전력의\ 합계}{부등률}$$
$$= \frac{설비용량[kVA] \times 수용률}{부등률} = \frac{설비용량[kW] \times 수용률}{부등률 \times 역률}[kVA]$$

9 설비 불평형률

(1) 단상 3선식 설비

설비 불평형률($\%\,U$)은 40% 이하로 설계하여야 한다.

$$\%\,U = \frac{중성선과\ 각\ 전압측\ 선간에\ 접속되는\ 부하설비용량의\ 차}{총\ 부하설비\ 용량의\ \dfrac{1}{2}} \times 100\,[\%]$$

(2) 3상 3선식 또는 3상 4선식 설비

설비 불평형률($\%\,U$)은 30% 이하로 설계하여야 한다.

$$\%\,U = \frac{각\ 선간에\ 접속되는\ 단상부하의\ 총\ 설비용량의\ 최대와\ 최소의\ 차}{총\ 부하설비\ 용량의\ \dfrac{1}{3}} \times 100\,[\%]$$

해커스 자격증

이번 전기(산업)기사, 합격일까? 불합격일까?

1분 만에 알아보는
해커스 자가진단 테스트

응시 분야와
시험 종류 선택

내 수준을 알아보는
테스트 응시

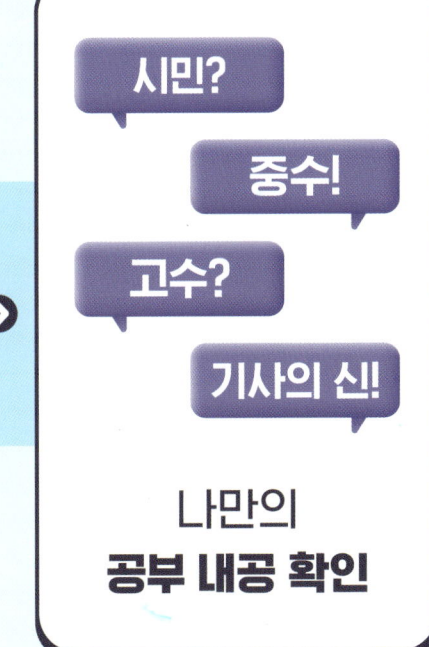

나만의
공부 내공 확인

쉽고 빠른 합격의 비결,
해커스자격증
국가기술·가산자격 시리즈

해커스 산업안전기사 · 산업기사 시리즈

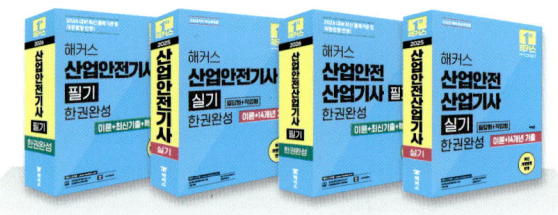

해커스 위험물산업기사

해커스 전기기사 · 산업기사 시리즈

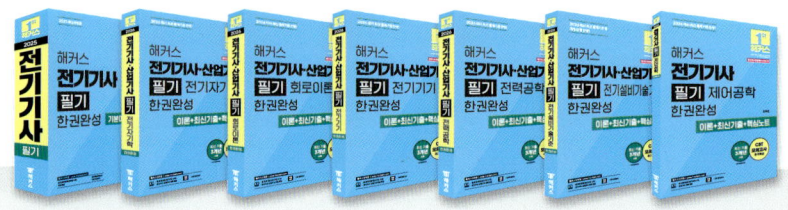

해커스 전기기능사

해커스 소방설비기사 · 산업기사 시리즈

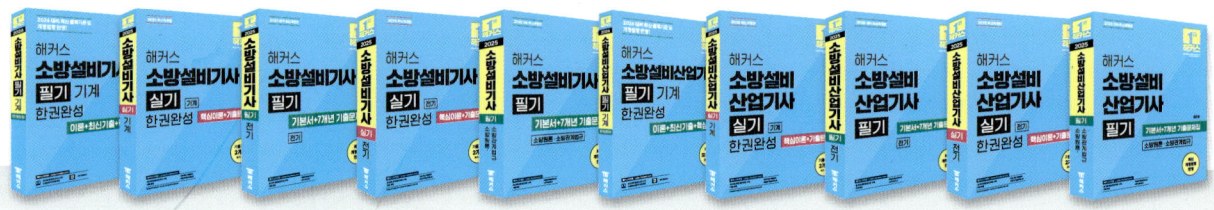